환산 계수

통합 원자 질량 단위	$1\,\mathrm{u} = 931.5\,\mathrm{MeV}/c^2 = 1.661 \times 10^{-27}\,\mathrm{kg}$
충돌 단면적	$1\,\mathrm{b} = 10^{-28}\,\mathrm{cm}^2$
전자 볼트	$1\,\mathrm{eV} = 1.602 \times 10^{-19}\,\mathrm{J}$
	$1\,\mathrm{keV} = 10^3\,\mathrm{eV}$ $1\,\mathrm{MeV} = 10^6\,\mathrm{eV}$ $1\,\mathrm{GeV} = 10^9\,\mathrm{eV}$

|개정판|

양자물리학

강주상 저

홍릉과학출판사

양자 물리학 量子 物理學 Quantum Physics

姜 周 相

ISBN 978-89-7283-687-2

I seem to have been only like a boy playing on the seashore, and diverting myself in now and then finding a smoother pebble or a prettier shell than ordinary, whilst the great ocean of truth lay all undiscovered before me.

Issac Newton

머 리 말

우리는 지금 21세기에 살고 있다. 그러나 20세기 한 세기 동안에 인간이 터득한 자연의 섭리는 그 이전 수천년 동안 인간 역사에서 얻은 지식을 능가할 정도로 과학은 급속도로 발전하였다. 역사에 큰 획을 긋는 몇 가지 사례는 시간과 공간에 대한 새로운 인식, 미시 세계에 관한 새로운 원리 이해, 생명의 기원인 생명 분자의 발견, 컴퓨터 기술의 발전과 지구 밖 외계로의 우주 탐사 등일 것이다.

양자 물리학은 미시 세계에서 일어나는 자연 현상을 공부하는 학문 분야이다. 그러나 그 원리는 거시 세계까지 적용되어 Newton 에 의해 완성된 거시 세계의 물리학을 포용한다. 더욱이 상대론을 적용한 미시 세계의 물리학은 자연을 가장 근본적으로 이해할 수 있는 도구로 활용되고 있다. 그래서 궁극에는 우주의 생성과 진화 과정도 미시 세계의 현상으로 이해할 수 있으리라는 인간의 기대가 크다.

양자물리학의 기틀은 대부분 20세기 전반부에 다져졌고 이에 근거하여 물리학의 모든 분야에 파급되었으며 그 영향과 효과는 압도적이다. 물리학 이외의 다른 과학 분야에서도 근본 원리를 정립하려면 양자 현상을 이해해야 할 상황에 직면하게 된다. 그만큼 양자 원리는 과학 발전에 뿌리가 되는 것이다.

양자 현상의 제일 큰 특징은 우리가 상식적으로 생각하는 개념, 즉 물리량은 연속적으로 변할 수 있다는 개념에서 벗어나 불연속적으로 존재한다는 것이다. 19세기까지 확립된 고전 역학을 아날로그 역학이라 한다면 20세기에 발전한 양자역학은 디지털 역학이라 할 수 있다.

양자 물리학에서 물리학 탐구의 기본 원리를 배운다. 따라서 가급적 개념을 빨리 이해하고 응용할 수 있는 능력의 배양이 과학도들에게 중요하다. 시장에 유통되는 양자 물리학에 관한 다양한 문헌들은 이러한 물리학도들의 요구를 반영하고 있다. 그런데 양자물리학은 실로 광범위한 주제들을 다룬다. 미시 세계의 모든 자연 현상이 취급 대상이 된다. 이들의 핵심을 어떻게 요령 있게 물리학도들에게 제시하는가는 큰 과제이다. 저자마다 취향이 서로 다르고 전문 분야의 배경이 다르기 때문이다.

이 책은 저자가 고려 대학교에서 여러 해 동안 학부와 대학원에서 강의한 내용을 근거로 집필하였다. 소파 방정환 선생이 "어린이는 어른의 상투가 재미있다고 생각하면 상투를 크게 그린다"고 언급했듯이 저자가 중요하다고 생각하는 부분이 강조되었다. 내용의 전개는 이론 제시와 현상론 배경이 병행하도록 노력하였다. 흔히 구체적 문제 풀이에서 독자는 특수 함수에 많이 직면하게 되는데 이에 대한 충분한 준비가 안된 물리학도는 수학 논리에 휘말리어 양자 역학의 진수를 이해하는데 오히려 걸림돌이 될 수 있다. 논의가 핵심에서 벗어나는 것을 피하기 위해 이러한 수학 내용은 부록으로 요약하였다. 필요하면 이를 근거로 수리 물리학에 관한 참고 문헌을 공부하면 될 것이다.

양자 세계에서의 개념 이해가 이루어진 후에는 결합 상태와 벌판 산란이 물리학의 여러 분야에서 실용적으로 중요하다. 결합 상태에 관하여는 전통적인 섭동 이론, 변분 이론의 소개와 더불어 고유값 문제에 관한 새로운 이론을 제시하였다. 10.5 절과 부록 E 에 상술한 최적점근시도함수를 사용하는 변분 이론은 필자가 1970년대에 수행한 연구 결과인데 그 동안 학술지에 게재할 기회가 없던 차에 본서에 싣게 되었다.

산란과 전이 현상의 기본이 되는 시간 의존성 섭동 이론은 다각도로 접근하여 일관성이 있음을 강조하였다. 특히 Feynman 도식 방법을 도입하여 비상대론적 양자론에서도 현대 물리학적 이해 방법을 제시하였다. 전자기 벌판에 관한 문제는 양자 물리학의 핵심인데 양자화 과정을 포함시켰다. 마지막으로 상대론적 Dirac 방정식의 비상대론적 근사를 통하여 각종 보정항을 체계적으로 유도하였다.

부록에서는 통상적인 본문의 보강 내용과 함께 미시세계에서 수치 계산 요령을 소개하였고 물리학 한글 용어에 관한 저자의 소신을 피력하였다. 그래서 찾아 보기는 물리학 용어 모음집의 역할을 한다.

이 책은 저자의 교육 경험을 통해 학부와 대학원에서 함께 교과서가 될 수 있도록 구성되었다. 책 내용을 대충 세 부분으로 나누어서 처음 2/3 정도는 학부 과정에서, 뒤의 2/3 정도는 대학원에서 집중하여 공부하면 될 것이다. 그렇다고 경계가 있는 것은 아니다. 중간의 1/3 정도는 강의계획에 따라서 학부나 대학원에서 다룰 수 있다.

이 책의 원고 작성과 출간을 위하여 여러 사람의 도움을 받았다. 그 중 특히 초판의 원고 정리와 편집 및 입력에 강한 집착과 열의로 도와준 박영희 씨에게 고맙게 생각한다. 그리고 원고 교정을 통하여 좀더 충실한 저서가 되도록 힘써 준 박차원, 박성균, 최지훈 세 사람의 도움에 감사한다. 이번 개정판에서는 초판의 오타를 바로잡았을 뿐만 아니라 예제와 연습문제를 보완하여 이해를 돕도록 하였다.

이미 출판된 많은 양자 물리학 문헌들과 더불어 한글 원서인 이 책이 많은 과학도들의 양자 현상 이해에 도움이 되기를 바라는 마음이다.

2008년 4월　　옥수 마을　독서당 터에서　　　　강 주상

차 례

1. 양자 시대의 열림

1.1 역사적 배경

서기 1894년 우리 나라에서 갑오개혁이 일어나서 서구의 문물을 적극 받아들이던 무렵, 서양의 물리학은 세 개의 큰 기둥을 토대로 굳건히 확립되어 있었다. 이들은 Newton의 역학법칙, Maxwell의 전자기 이론 및 열역학 법칙이었다. 당시 대부분의 물리학자들은 우주가 물질과 복사로 구성되었다고 믿었으며 물질에 관하여는 역학법칙, 복사에 대하여는 전자기학 이론으로 설명할 수 있다고 생각했었다. 그리고 물질과 복사의 상호작용은 Lorentz 힘에 관한 방정식으로 연결되었다.

당시 Newton 역학과 Maxwell 이론은 수많은 실험을 통하여 그 유효성이 확인되었다. 특히 Adams, Leverrier의 이론적 계산에 근거하여 1846년 Galle이 새로운 행성인 해왕성을 발견하여 Newton 역학의 기반은 확고하였고, Maxwell 이론의 예측대로 1887년 Hertz가 전자기 파동의 존재를 실험으로 입증함으로써 두 이론 체계에는 조금도 의심의 여지가 없었다. 그렇지만 상대 운동하는 두 좌표계에서 역학과 전자기학은 이론적으로 상호간에 약간 불분명한 점이 있었고 이러한 개념적 결점 이외에는 자연계의 모든 현상을 잘 설명해 주었다. 물론 사소한 듯한 문제점은 시공간에 대한 우리의 인식을 근본적으로 바꾸어서 1905년 Einstein의 특수상대성 이론으로 해결되었다.

한편 열역학법칙은 모든 자연현상에 적용된다는 면에서 역학이나 전자기 이론과 아주 달랐다. 영구 기관이 불가능함을 보여주는 열역학 제1법칙과 제2법칙을 근거로 일상생활에서 보는 많은 주위 현상들을 설명할 수 있었다. 그러나 열역학 현상의 시간적 비가역성은 역학이나 전자기 이론에서는 볼 수 없는 특이한 현상이다. 우주는 물질과 복사로 되어 있고 따라서 각각 Newton 및 Maxwell 이론으로 설명이 되며 이 이론들에 의하면 모든 기본 현상은 시간적으로 가역(reversible)이다. 그런데 가역인 현상들이 모여서 거시적으로 복합된 상황에서는 비가역적인 현상으로 나타나는 것이다. 이러한 신비를 해결하기 위해 확률의 개념을 도입한 통계 역학이 발전하였고 통계 역학은 열역학 현상에 대한 기본 원리를 제공하였다.

1895년을 전후하여 물리학은 커다란 도약의 토대를 닦았다고 볼 수 있는데 새로운 많은 자연현상의 발견 중에 특히 1895년 Röntgen의 x선 발견, 1896년 Becquerel의 방사능 발견과 1897년 Thomson의 전자(電子, electron) 발견으로 새로운 물리학의 지평이 열리었다.

그리고 새로운 물리실험 결과로 거대한 우주현상을 원자 이하 미시 세계의 현상으로 설명할 수 있도록 터전이 마련되었고 원자가 Democritus의 철학 개념을 넘어서 물리학의 현실로서 근거를 가지게 되었다.[1]

우선 Lavoisier, Dalton, Avogadro, Mendeleev, Perrin 등 그 외에도 여러 과학자들에 의하여 물질의 원자적 성질이 밝혀지기 시작했다. Faraday, Thomson, Millikan 등은 전기의 원자적 양상을 규명하였으며, Hertz, Planck, Einstein 등은 복사의 원자적 형태를 알아내는데 큰 공헌을 하였다. 그러나 원자는 크기가 매우 작아서 육안으로는 물론 아무리 배율 높은 현미경으로도 직접 볼 수는 없고, 간접적으로 원자 모형을 연상함으로써 원자들의 집합체가 거시적으로 나타내는 물리 현상을 설명하려 하였다. 유명한 Thomson의 원자 모형은 원자의 크기가 약 100 pm (= 10^{-10} m) 되는 작은 구형의 균일한 양전하를 띄운 구조를 가졌으며 그 속에 마치 인삼차 안의 잣 알처럼 전자가 흩어져 분포되었다고 가정했다. 이 모형은 Rutherford의 α 입자 산란실험을 통하여 태양계처럼 중심핵과 궤도전자로 구성된 원자핵 모형으로 바뀌었다. 이것은 후에 Bohr의 모형을 걸쳐 양자이론 발전에 필수불가결한 요소가 되었으며 오늘날 핵물리학의 효시라 할 수 있다.

여러 의미에서 양자이론은 1900년에 탄생하였다고 할 수 있다. Planck의 흑체복사에 관한 법칙이 세상의 빛을 보았기 때문이다. 흑체복사에 관하여는 당시 여러 실험 물리학자들에 의하여 정밀하게 조사된 상태였다. 이 실험 결과를 기존 물리 이론으로 설명한 것은 Rayleigh-Jeans 법칙이다. 그러나 이 법칙은 복사선의 파장이 길 경우에만 실험과 일치할 뿐, 짧은 파장 영역에서는 상치하는 결과를 제시하였다. 파장이 짧을 때에는 경험적으로 발견한 Wien의 공식이 오히려 잘 들어 맞는데 물론 이론적 근거는 없었다. Planck는 복사선의 에너지가 불연속이라는 엉뚱한 가정하에 모든 파장에 잘 맞는 흑체복사의 법칙을 알아 내었다. 이것은 단지 한 개의 매개상수를 포함할 뿐이지만 긴 파장에서는 Rayleigh-Jeans 법칙과 일치하고 짧은 파장의 경우에도 Wien의 공식을 잘 설명하였다.

Planck의 흑체복사 법칙은 실험 테이타에서 자연의 규칙성을 알아내는 "data fitting"으로 아마 물리학 역사상 가장 위대한 두 가지 성공 사례 중의 하나라고 볼 수 있다. 다른 한 가지는 Brahe의 행성관측 데이터를 종합하여 정리한 Kepler의 행성운동 법칙이다. Planck는 이렇게 복사법칙의 유도에 성공한 후 오랫동안 당시의 물리학, 즉 Newton 역학과 Maxwell 전자기학으로 설명하려 애썼으나 실패하였다.

한편 Einstein은 광전효과를 설명하기 위해 복사선은 파동이 아니고 빛의 알갱이인 광자

---

[1] 19세기 말 이후 현대 물리학 발전에 관하여 E. Segre, *From x-rays to quarks*를 참고할 것

(光子, photon)로 구성되었다는 개념을 도입하였고 에너지는 연속이 아니며 낱개로 헤아릴 수 있는 양자(量子, quantum)의 상태로 되어 있음을 밝혔다. 또한 Compton은 x 선 산란실험으로 빛이 양자화되었음을 직접 입증하였다. 결국 빛은 Huygens와 Maxwell 이론이 제시하는 파동의 성질을 가진 것이 아니라 입자의 형태를 가지고 있음이 판명되었다.

앞서 말한 바와 같이 우주는 물질과 복사로 구성되었고 물질은 입자들로, 복사는 파동으로 이루어져 있다. 그러나 광자의 발견은 파동의 입자성을 분명하게 보여준다. 그렇다면 자연의 조화와 대칭을 위해서 입자도 파동성을 갖고 있어야 할 것이 아닌가? 이 주제는 de Broglie의 박사 논문에서 다루어졌는데 그는 입자도 파동성을 가져야 한다고 주장하고 한 걸음 더 나아가서 그 물질 파동의 파장이 어떻게 되어야 하는가를 제시했다. 이 예측은 x 선처럼 전자가 결정체에서 회절 산란하는 것이 실험으로 확인됨으로써 입증되었다. 그러므로 보통 우리가 생각하고 있는 입자나 파동은 엄격히 구별되는 개체가 아니라 입자와 파동의 이중성(duality)을 가지고 있는 것으로 이해하게 되었다.

양자의 개념을 Rutherford의 원자핵 모형에 이용한 사람은 Bohr이었다. 수소 기체의 방전에서 나오는 선 스펙트럼은 경험적인 Balmer의 공식으로 잘 알려져 있었으며 1913년 Bohr는 원자핵 모형과 양자화된 궤도 운동을 가정하여서 이론적으로 설명하였다. 그 후 Bohr의 이론은 Sommerfeld와 Wilson의 구식 양자론(old quantum theory)으로 발전하였고 제한된 범위에서나마 상당한 성공을 거두었다. 그 동안 양자 이론은 점점 틀이 단단히 잡히기 시작했고 실험적으로도 계속 발전되면서 한편으로는 새로운 현상들이 계속 발견되어서 구식 양자론을 탈피한 더 근본적인 양자 이론이 필요하게 되었다.

지금 우리가 배우는 양자론은 1925년 Heisenberg의 행렬 역학과 1926년 Schrödinger의 파동 역학으로 확립되었다고 할 수 있다. 양자 역학은 Born의 파동 함수에 대한 확률 해석으로 원자 크기인 100 pm 정도의 짧은 거리에서 일어나는 미시세계의 역학 현상을 잘 설명해 주었고 물론 Newton 역학이 성립하는 거시적 세계에서도 합당한 이론이 되었다. 즉 양자 역학은 고전 역학보다 훨씬 더 넓은 영역에서 유효한 더욱 일반성을 띠운 이론으로 등장하였다.

Einstein은 1905년 Newton 역학과 Maxwell 전자기학이 관성계와 얽힌 문제점을 해결하기 위하여 특수 상대성 이론을 제창하였고 우리는 종래의 시간과 공간에 대한 개념을 새롭게 인식하게 되었다. 이십 세기에 발전한 양자 이론과 상대성 이론을 흔히 현대 물리학이라 하며 그 이전의 Newton 역학과 Maxwell 전자기학은 고전 역학 및 고전 전자기학 또는 이들을 합쳐서 고전 물리학이라고 부른다. 따라서 상대성 이론과 양자 역학을 통합한 상대성 양자 이론이 불가피하였는데 Dirac 이론은 최초로 이 방면으로 성공한 사례라 할 수 있다. 수소 원자 내의 전자에 적용하여 에너지 스펙트럼의 미세 구조와 전자의 자기적 성질을 설명할 수 있었고 무엇보다 중요한 공헌은 반대 입자 (反對粒子, antiparticle) 의 예측이었다.

전자기 현상의 양자 이론은 양자 전자기학 (quantum electrodynamics: QED) 으로 발전하였으며 곧 양자 벌판 이론 (quantum field theory: QFT) 으로 이어졌다. 역학에서 시간의 함수로서 입자의 변위를 다루는 것과 달리 전자기학에서는 시간과 공간의 함수로서 벌판의 변화를 알아내려 한다. 전자기 벌판은 대표적인 물리 벌판의 한 종류로서 이를 양자화하여야 광전 효과와 광자를 설명할 수 있다. 아울러 고에너지 물리 현상에서는 입자들의 생성과 소멸이 빈번히 발생하므로 양자화된 벌판이 이에 상응하는 대안으로 받아들여졌다.

양자 전자기학은 그 자체의 어색한 면이 있음에도 불구하고 아직까지 실험과 이론 사이에 모순이 발견되지 않았으며, 어떤 경우에는 10^{-12} 의 정밀도 내에서 실험 사실과 이론 예측이 잘 일치한다. 이처럼 정밀하게 서울-부산간의 거리를 재려면 μm 이하의 유효 숫자까지 측정해야 할 것이다. 양자 전자기학은 현재 인류가 알고 있는 가장 정확한 과학 이론 중의 하나이며 새 이론으로 수정될 수는 있어도 부정되지는 않으리라고 많은 물리학자들이 믿고 있다. 더구나 1970년 이후 발달한 새로운 양자 벌판 이론은 입자간의 상호 작용을 하나로 통합된 입장에서 모든 자연 현상을 기술할 수 있는 통합 벌판 이론 (unified field theory) 의 가능성을 열어주는 기틀이 되었다. 여기에도 양자 전자기학의 공헌은 지대하다고 할 수 있다. 핵력으로 상징되는 강작용을 전자기학의 게이지 이론과 같은 원리로 다루는 양자 색채역학 (quantum chromodynamics) 이 발달하였고 핵의 베타 붕괴같은 약작용에도 게이지 대칭의 자연 파괴 현상으로 표준 모형 (standard model) 의 양자 벌판 이론이 확립되었다. 전자기학은 우리가 자연의 깊은 원리를 파악하는데 늘 횃불과 같은 역할을 하고 있다.

양자 물리학은 매우 중요한 학문 분야이다. 그 특징은 원자 이하의 작은 거리에서 두드러지게 나타나므로 일상 생활과는 거리가 먼 듯한 느낌이 들지만 사실은 정반대이다. 그 적용 범위는 소립자, 원자핵, 원자, 분자 등에 관한 기본 구조 이해와 고체의 물성, 화학 반응, 통계 열역학 현상 등 광범위하다. 이러한 미시 현상들이 복합적으로 작용하여 거시 현상이 일어나므로 양자 역학은 자연을 이해하는데 핵심 역할을 한다. 생명체 자체도 원자들이 모인 DNA 분자로 구성되어 있으므로 궁극적으로는 생명의 신비도 양자 물리학으로 설명할 수 있을 것이다. 만물의 근본은 원자 현상이므로 어떤 의미에서는 양자 물리학은 자연 현상을 가장 기본적으로 다루는 학문이라 할 수 있다. 특히 최근에 급속히 발달한 우주론에서는 우주의 태초 생성과 그 이후 지금까지의 진화 과정에 관한 신비를 물리학의 범주 내에서 이해하려 하는데 생성 초기의 우주 현상을 이해하려면 무엇보다 미시 세계의 현상을 잘 알아야 한다. 양자 이론은 철학의 개념이나 실생활 응용에서 인류가 창안해낸 가장 위대한 업적 중의 하나이다.

1.2 흑체 복사

고체나 액체 같은 응축된 상태의 물체는 모두 연속 스펙트럼의 복사선을 방출한다. 온도가 높아지면 적외선 열을 통하여 알 수 있고, 더 올라가면 가시 광선을 방출함으로써 볼 수 있다. 그러나 어떤 온도에서든지 항상 복사 에너지를 내보내고 온도가 떨어진다. 물론 주위 물체도 똑같은 상태이므로 복사의 방출과 흡수가 병행해 일어나며 열 평형을 이루게 된다. 복사량은 물체의 종류, 표면의 상태 및 온도 등에 따라 복잡하지만 이상적인 상태에서 최대의 복사선을 방출할 경우에는 물질의 종류와 관계없고 온도에만 의존하는 복사 스펙트럼을 내는 것이 실험을 통하여 알려졌다. 즉 응축 물체의 복사는 구체적 물질과 무관한 공통의 물성이다.

Kirchhoff 의 법칙에 의하면 어떤 물체가 특정 온도에서 열 평형 상태에 있으려면 복사선의 방출율과 흡수율이 같아야 하므로 최대의 방출율을 가질 때 흡수율도 최대임을 알 수 있다. 이러한 물체는 마치 까만 색의 물체처럼 복사선을 최대로 흡수한다. 따라서 최대의 방출율을 가진 이상적인 물체를 흑체라 하고 흑체에서 나오는 복사를 흑체 복사(黑體 輻射, blackbody radiation)라고 부른다.[2]

흑체는 그 표면에 입사하는 복사선을 완전히 흡수하는 물체이다. 실제로 물체의 표면을 아무리 잘 처리하더라도 모든 복사선을 전부 흡수할 수는 없지만 동굴(cavity)처럼 움푹 파진 것을 이용하여 훌륭한 흑체를 만들 수 있다. 동굴에 작은 입구를 뚫어 놓으면 동굴로 들어온 복사선은 동굴 안에서 몇 번이고 반사하여 결국 모두 그 안에서 흡수되며 다시 입구를 통해 밖으로 나아갈 수 없다. 그러기에 밖에서는 동굴 안을 들여다 볼 수 없는 것이다. 이것은 마치 암실의 작은 틈을 통하여 들어온 빛이 암실 벽에 몇 번 반사된 후 다시 그 틈으로 되돌아 나아갈 수 없는 것과 같다. 따라서 어떤 물질이든지 속에 빈 공간을 만들고 작은 구멍을 뚫으면 그 곳에서 나오는 복사선은 흑체의 복사와 똑같다. 그래서 흑체 복사를 같은 의미로 동굴 복사라고도 한다.

흑체의 복사는 실험적으로 19세기말에 이미 정밀하게 측정되었다. 흑체 표면에 수직으로 단위면적-단위 시간에 방출하는 에너지를 복사도(radiancy) R 이라 하며 파장 분포에 따른 에너지인 복사도 스펙트럼(spectral radiancy) $dR/d\lambda$ 는 그림 1.1에 나타나 있다. 온도가 일정할 때 파장이 짧거나 긴 경우에 복사도는 낮고 어떤 파장 λ_{max} 에서 복사도 스펙트럼이 최대임을 알 수 있다. 온도 T 가 높아지면 λ_{max} 는 짧아지는데 경험적으로 얻은 Wien 의 (파장) 이동 법칙(displacement law)에 의하면 다음과 같은 관계가 있다.

$$\lambda_{max} \cdot T = \text{상수} = 2.898 \text{ mm} \cdot \text{K} \tag{1.1}$$

[2] 흑체 복사나 광전 효과, Compton 산란 등은 현대 물리학에 관한 책을 참고할 것.
보기: A. Beiser, *Concepts of Modern Physics 6th ed*, J. W. Rohlf, *Modern Physics from α to Z_0*

또한 복사도 R은 스펙트럼의 모든 파장에 걸쳐서 흑체 표면에서 단위 면적-단위 시간에 방출하는 전체 에너지인데 온도의 네 제곱 T^4에 비례함이 알려졌고 Stefan의 법칙이라 부른다.

$$\begin{aligned} R &= \sigma T^4 \\ \sigma &= 5.671\times10^{-8}\ \mathrm{W/(m^2K^4)} \end{aligned} \tag{1.2}$$

여기서 σ는 Stefan-Boltzmann 상수라고 불리운다.

복사도 스펙트럼을 이론적으로 설명하려는 시도는 양자 역학을 잉태하는 계기가 되었다. 고전 물리학의 테두리 안에서 다음의 Rayleigh-Jeans 법칙을 유도할 수 있다.

$$\frac{dR}{d\lambda} = \frac{2\pi ckT}{\lambda^4} \tag{1.3}$$

그림 1.1 흑체의 복사도 스펙트럼.

긴 파장에서는 Rayleigh-Jeans 법칙이, 짧은 파장에서는 Wien의 공식이 실험값과 일치한다. Planck의 법칙은 모든 영역에서 합치한다.

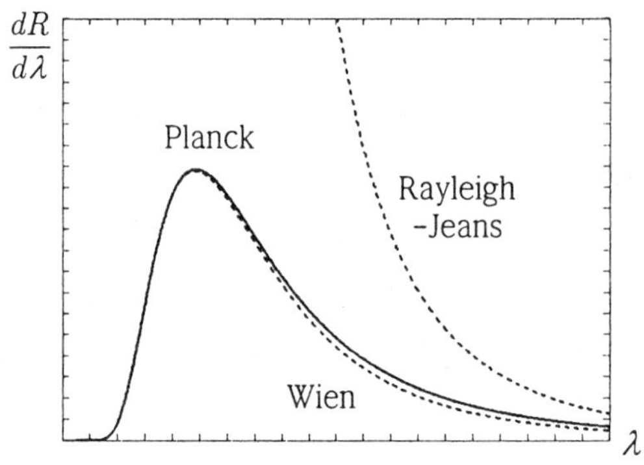

이 법칙은 파장이 길 때에는 실험과 잘 일치하지만 짧은 파장의 영역에서는 문제가 된다. 파장이 영에 가까우면 윗식에서 $dR/d\lambda$는 무한대가 되는데 실험 결과는 그렇지 않다. 즉 파장이 짧을수록 복사도는 증가해야는데 이는 사실과 다르다. 전등에서 나오는 빛을 보면 가시광선보다 파장이 짧은 x선은 거의 방출하지 않기 때문이다. 오히려 짧은 파장의 경우에는 경험적인 Wien의 공식이 잘 들어 맞는다.

$$\frac{dR}{d\lambda} = \frac{c_1}{\lambda^5}\exp\left(-\frac{c_2}{\lambda T}\right) \tag{1.4}$$

두 매개 상수 c_1, c_2는 실험값과 일치하도록 정해져야 한다. 그러나 Wien의 공식은 긴 파장의 영역에서 맞지 않는 것을 알 수 있다.

앞서 언급한대로 Planck 는 모든 파장에서 실험값과 일치하는 공식을 알아 내었는데 우선 Rayleigh-Jeans 법칙을 유도해 보자. 문제를 간단하게 다루기 위하여 한 변이 L 인 정육면체인 금속체 내부의 동굴이 온도 T 로 열평형을 이룬 상태라고 생각하자. 여기에 작은 구멍을 뚫으면 구멍에서 나오는 복사는 흑체복사라 할 수 있다. 동굴 공간은 전자기 복사파동으로 충만하였으며 복사선은 여러 파장의 스펙트럼을 포함하고 있다. 그러나 복사는 동굴의 안쪽 면에 있는 원자나 분자들의 진동에서 나오는 것이므로 정류파 (standing wave) 를 이룰 수 있는 파장의 전자기파만 허용됨을 알 수 있다. 즉 $2L$ 이 파장 λ의 정수배가 되어야 한다.[3]

$$2L = n\lambda \qquad (n = 1,\, 2,\, 3,\, \cdots) \tag{1.5}$$

파장 λ 대신 진동수 ν 를 도입하면 $\nu\lambda = c$ 이므로 $2L\nu = nc$ 이고 n 은 양의 정수이다. 물론 복사선은 삼차원 공간에서 진행하므로 x, y, z-축 방향으로도 마찬가지여서 이러한 관계식들이 세 개가 존재한다.[4]

$$\nu_x = \frac{c}{2L} n_x \qquad \nu_y = \frac{c}{2L} n_y \qquad \nu_z = \frac{c}{2L} n_z$$
$$(n_x, n_y, n_z = 0,\, 1,\, 2,\, 3, \cdots) \tag{1.6}$$

진동수 벡터 $(\nu_x,\, \nu_y,\, \nu_z)$ 는 삼차원 ν-공간에서 허용되는 정류파의 세 방향 진동수를 의미한다. 식 (1.6) 에 의하면 진동 벡터 ν-공간의 모든 점에 해당되는 파동들이 정류파를 형성하는 것이 아니고 $c/2L$ 만큼씩 떨어진 삼차원 격자 점들에 대응하는 파동만 가능하다. 실제로 L 은 거시적인 크기이고 λ 는 매우 짧으므로 n 은 상당히 큰 수이다. 보기로 $L = 5\,\mathrm{cm}$, $\lambda = 500\,\mathrm{nm}$ 라 하면 $n = 2 \times 10^5$ 개 정도의 파동 모드를 각 방향으로 가지고 동굴 전체로서는 $(2 \times 10^5)^3 \approx 10^{16}$ 개의 정류파를 포함한다. 따라서 진동수 벡터의 크기가 ν 와 $\nu + d\nu$ 사이에 있는 파동의 가능한 진동 상태 수는 다음과 같이 표현할 수 있다.

$$dN = 2 \times \frac{1}{8} \times \frac{4\pi\nu^2 d\nu}{(c\,/\,2L)^3} = V\,\frac{8\pi\nu^2 d\nu}{c^3} \tag{1.7}$$

반지름 ν, 두께 $d\nu$ 인 구면 껍질의 부피는 $4\pi\nu^2 d\nu$ 이고 부피 $(c/2L)^3$ 마다 새로운 모드의 정류파동이 가능하므로 이들을 나누면 정류파 모드 수가 된다. 그러나 $\nu_x,\, \nu_y,\, \nu_z$ 는 모두 영 이상의 양수이어야 하므로 진동수 격자 공간에서 1/8 구면만 택하고 또 각각의 정류 파동마다 두

---

[3] 수학에서는 정수 $(0, \pm1, \pm2, \pm3, \cdots)$ 와 자연수 $(1, 2, 3, \cdots)$ 를 구분하는데 물리학에서는 이들을 혼용하는 경우가 많다.

[4] 엄밀하자면 $n_x = n_y = n_z = 0$ 을 제외해야겠지만 실제로 n은 매우 큰 수이므로 무시한다.

편광 방향을 고려하면 식 (1.7)은 쉽게 이해 할 수 있다. 여기서 $V = L^3$ 은 동굴 전체의 부피이다. 다시 정리하면 다음처럼 쓸 수 있다.

$$\frac{1}{V}\frac{dN}{d\nu} = \frac{8\pi}{c^3}\nu^2 \tag{1.8}$$

이 식은 동굴 내에 있는 전자기파 복사선에 대한 상태 밀도의 진동수 스펙트럼을 기술한다. 즉 단위 부피 속에 있는 단위 진동수마다 전자기 정류 파동의 수이다.

정류파를 이루는 전자기파의 수는 식 (1.8)로 알 수 있지만 그 에너지는 전혀 별개의 문제이다. 고전 역학에서 진동자의 에너지는 진폭의 제곱에 비례하므로 영부터 무한대까지 모든 값을 연속적으로 가질 수 있다. 그러나 수많은 진동자가 일정한 온도에서 평형 상태를 이루므로 열역학 법칙을 적용하면 된다. 열역학의 에너지 균등 분배 법칙 (equipartition law)에 의하면 입자들의 운동에서 각각의 자유도마다 $1/2kT$ 의 에너지가 평균적으로 분배된다. 상수 k 는 Boltzmann 상수로 알려졌고 통계 역학에서 중요한 기본 상수이며 크기는 $k = 1.381\times10^{-23}$ J/K 이다. 복사 파동은 단진동이므로 운동 에너지와 위치 에너지에 각각 $1/2kT$ 씩 분배되고, 합하여 $\langle E\rangle = kT$ 의 에너지를 매 진동 모드마다 가진다. 따라서 식 (1.8)의 각 상태마다 에너지가 kT 라면 복사선의 에너지는 아래와 같다.

$$\frac{d\rho}{d\nu} = \frac{1}{V}\frac{dN}{d\nu}\langle E\rangle = \frac{8\pi\nu^2 kT}{c^3} \tag{1.9}$$

윗식에서 ρ 는 단위 부피에 포함된 에너지이므로 에너지 밀도이고 $d\rho/d\nu$ 는 동굴 내에서의 에너지 밀도 스펙트럼이다. 그런데 단위 면적, 단위 시간당 동굴의 입구에서 방출하는 복사도 스펙트럼 $dR/d\nu$ 는 에너지 밀도 스펙트럼 $d\rho/d\nu$ 에 $c/4$ 를 곱하여야 한다. 동굴의 열린 입구를 통하여 나갈 수 있는 모든 방향을 고려하고, 각 진동 모드의 정류파는 양쪽으로 진행하는 두 파동의 중첩이므로 흑체 복사에서는 한 방향 성분만 방출한다는 것을 감안하면 $c/4$ 를 이해할 수 있다. [연습문제 1.4]

$$\frac{dR}{d\nu} = \frac{2\pi\nu^2 kT}{c^2} \tag{1.10}$$

이것이 Rayleigh-Jeans 법칙이다. 물론 그림 1.1에서 보듯이 이 법칙은 파장이 길 때, 즉 진동수가 낮을 때에만 실험값과 일치한다.

Planck는 균등 분배 법칙이 수정되어야 한다는 점에 착상했다. 조화 진동자의 평균 에너지 $\langle E\rangle = kT$ 는 낮은 진동수의 영역에서만 적용될 뿐 높은 진동수에서는 $\langle E\rangle \to 0$ 이 되어야 실험 결과를 설명할 수 있을 것이다. 한편 복사도 스펙트럼과 상태 밀도 스펙트럼 사이에는

$$\frac{dR}{d\nu} = \frac{c}{4} \cdot \frac{1}{V} \frac{dN}{d\nu} \cdot \langle E \rangle = \frac{2\pi\nu^2}{c^2} \langle E \rangle \tag{1.11}$$

의 관계가 성립하므로 $\langle E \rangle$를 ν 의 함수로 그려 보면 실험값이 균등 분배 법칙에서 어떻게 어긋나는지를 알 수 있다. [그림 1.2 참고]

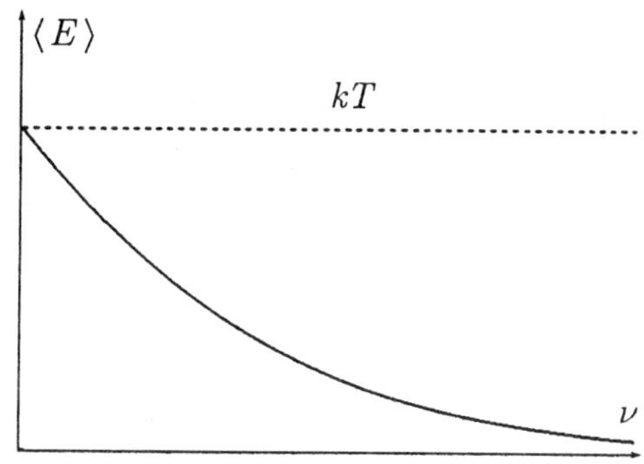

그림 1.2 진동 모드당 평균 에너지

고전 이론에 의하면 진동수와 관련 없이 $\langle E \rangle = kT$ 이지만 실제로는 높은 진동수에서 영이 된다.

우선 고전 물리학에서 $\langle E \rangle = kT$ 를 어떻게 얻는가 살펴보자. 통계 물리학에서 사용하는 확률 분포는 유명한 Boltzmann 인자, $\exp(-E/kT)$ 로 결정된다. 즉 온도 T 로 열평형인 어떤 물리계가 에너지 E 인 상태에 있을 확률 함수 $P(E)$ 는 Boltzmann 인자에 비례한다.

$$P(E) \propto \exp(-E / kT) \tag{1.12}$$

에너지가 커지면 확률은 지수적으로 감소하고 물리계는 가급적 낮은 에너지 상태에 있으려 한다. 에너지는 영부터 무한대까지 어떤 값도 가능하므로 평균 에너지 $\langle E \rangle$ 는 통계학에서 평균값을 구하는 과정을 통하여 다음과 같이 얻는다.

$$\langle E \rangle = \int_0^\infty E\, P(E)\, dE = \frac{\int_0^\infty E \exp(-E / kT)\, dE}{\int_0^\infty \exp(-E / kT)\, dE} = kT \tag{1.13}$$

분모의 적분은 확률 함수를 규격화하기 위해서 필요하다. 이렇게 얻은 에너지가 Rayleigh-Jeans 법칙에 사용된 $\langle E \rangle = kT$ 이다.

식 (1.13) 에서 에너지는 연속이므로 적분 형태로 표시하였다. 그러나 이 적분은 정의에 따라 구분 구적법 (quadrature) 으로 계산하고 극한을 택함으로써 얻을 수도 있다. 에너지 변수를 여러 개의 좁은 등간격 구간으로 잘게 나누어 $0, \varepsilon, 2\varepsilon, 3\varepsilon, \cdots$ 일반적으로 $E = n\varepsilon$ 으로 다시 쓰고 이들 구간에서의 면적들을 합한 후 $\varepsilon \to 0$ 극한을 조사하면 된다.

$$\langle E\rangle = \lim_{\varepsilon\to 0}\frac{\varepsilon\sum_{n=0}^{\infty} n\varepsilon\exp(-n\varepsilon/kT)}{\varepsilon\sum_{n=0}^{\infty}\exp(-n\varepsilon/kT)} \tag{1.14}$$

이 식은 손쉽게 계산할 수 있다. 분모는 무한 등비 급수이고 이것을 $\beta\equiv 1/kT$ 로 미분하면 분자를 얻을 수 있기 때문이다.

$$\begin{aligned}\langle E\rangle &= \lim_{\varepsilon\to 0}\left(-\frac{\partial}{\partial\beta}\right)\ln\sum_{n=0}^{\infty}\exp(-n\varepsilon\beta) = \lim_{\varepsilon\to 0}\left(-\frac{\partial}{\partial\beta}\right)\ln\frac{1}{1-\exp(-\beta\varepsilon)} \\ &= \lim_{\varepsilon\to 0}\frac{\varepsilon}{\exp(\varepsilon/kT)-1} = kT\end{aligned} \tag{1.15}$$

극한을 취하기 전에 $\langle E\rangle = \varepsilon/\big(\exp(\varepsilon/kT)-1\big)$ 을 보면 재미있다. ε은 적분에 사용한 단위 구간의 에너지 폭이다. 예상대로 $\varepsilon\to 0$ 극한에서는 $\langle E\rangle = kT$ 가 되어 식 (1.13) 과 일치하지만 $\varepsilon\to\infty$ 에서는 $\langle E\rangle\to 0$ 이 된다. 한편 그림 1.2에 보는 바처럼 $\langle E\rangle$는 낮은 진동수에서 kT, 높은 진동수에서는 영이 됨을 알 수 있다. 따라서 간단하게 에너지 폭 ε이 진동수 ν에 비례한다고 가정하면 극한을 택하기 전의 식 (1.15)는 모든 진동수에서의 $\langle E\rangle$의 값으로 해석이 가능하다. 적분의 수학적 정의에 물리학의 의미를 부여한 것이다! 그러므로 $\varepsilon = h\nu$ 라 할 때 다음을 유추할 수 있다.

$$E = nh\nu \quad (n = 0, 1, 2, 3, \cdots) \tag{1.16}$$

$$\langle E\rangle = \frac{h\nu}{\exp(h\nu/kT)-1} \tag{1.17}$$

여기서 h는 비례 상수이다. 식 (1.17) 을 식 (1.11) 의 $\langle E\rangle$에 대입하면 복사도 스펙트럼은

$$\frac{dR}{d\nu} = \frac{2\pi h\nu^3}{c^2}\frac{1}{\exp(h\nu/kT)-1} \tag{1.18}$$

이고 복사도의 파장 스펙트럼은 아래와 같다.

$$\frac{dR}{d\lambda} = \frac{dR}{d\nu}\left|\frac{d\nu}{d\lambda}\right| = \frac{2\pi hc^2}{\lambda^5}\frac{1}{\exp(hc/\lambda kT)-1} \tag{1.19}$$

Planck는 이 식이 모든 진동수 (또는 파장) 에서 실험값과 완전히 일치함을 발견했다.

낮은 진동수 (긴 파장) 영역에서는 Rayleigh-Jeans 법칙과 일치하고, 높은 진동수 (짧은 파장) 에서는 Wien의 공식과 합치한다. 식 (1.18) 또는 (1.19)를 Planck의 흑체 복사의 법칙이라고 부르며 이 법칙은 전자기파 복사선의 에너지가 연속적이 아니고 진동수에 비례하는 $h\nu$ 의 정수 배만으로 양자화된 에너지 $nh\nu$ 를 갖는다면 설명할 수 있다.

흑체의 복사도 스펙트럼은 물질의 종류와 관계가 없으므로 Planck의 법칙은 일반적으로 적용되는 공식이고 여기에 포함된 상수 h 도 특정 물질과 무관한 보편적인 일반 상수이다. 이 상수를 Planck 상수라고 부르는데 회전 운동량의 차원을 가지고 있으며 크기는 다음과 같다.

$$h = 6.626\,0755\,(40) \times 10^{-34}\ \mathrm{J \cdot s} \tag{1.20}$$

여기서 괄호 안의 숫자는 측정 유효숫자의 마지막 두 자리의 오차, 즉 측정의 불확정도이다. Planck 상수 h의 수치는 매우 작은 값이기 때문에 거시적 일상생활에서는 거의 느낄 수가 없다.

[예 제] 1.1 에너지 양자화의 감지

에너지의 양자화는 거시 세계에서 직접 관찰하기 어렵다. 보기로 질량 1 kg 의 추를 1 m 길이의 실 끝에 매달고 수평으로 1 cm 잡아당긴 후 단진동 운동을 시켰다고 가정하자. 그러면 이 추의 에너지와 진동 주기는 다음과 같다.

$$E = mgl(1 - \cos\theta) = 4.9 \times 10^{-4}\ \mathrm{J} \qquad \tau = 2\pi\sqrt{\frac{l}{g}} = 2\ \mathrm{s}$$

그러므로 진동수는 $\nu = 1/\tau = 0.5\ \mathrm{Hz}$ 이다. 따라서 Planck의 양자화 공식에서 $E = nh\nu$ 이므로 n 을 구할 수 있다.

$$n = \frac{E}{h\nu} = \frac{4.9 \times 10^{-4}}{6.63 \times 10^{-34} \times 0.5} = 1.5 \times 10^{30}$$

그런데 중간의 계산 단계에서 단위를 명기하지 않은 이유는 국제 단위계 (SI)를 쓰기 때문이다. [부록 F 참고] 따라서 인접한 두 양자화 상태의 상대적 에너지 차이는 $\Delta E/E \approx 10^{-30}$ 이고 진폭의 상대적 차이도 마찬가지 정도이다. 이것을 실험으로 확인하려면 길이를 10^{-30} 의 정밀도로 잴 수 있어야 한다. 현재 길이의 측정 정밀도는 10^{-9} 수준이므로 양자화의 변화는 감지할 수 없고 우리는 거시 세계에서 에너지가 연속으로 변한다고 간주해도 무방하다.

그러나 미시 세계에서는 다르다. 보기로 수소를 생각해 보자. 수소 원자는 양성자 주위를 전자가 반경 50 pm 정도의 원운동하는 것으로 모형화할 수 있다. [2.2절 참고] 그러면 수소 원자의 에너지는 운동 에너지와 위치 에너지의 합이므로

$$E = \frac{1}{2}mv^2 - \frac{1}{4\pi\varepsilon_0}\frac{e^2}{r}$$

인데 $\nu = v/2\pi r$ 이고 한편 $mv^2/r = 1/4\pi\varepsilon_0 \, e^2/r^2$ 이므로 E 와 ν 를 모두 r 로 표현하여 계산하면 다음을 얻는다.

$$E = 2.3\times 10^{-18}\,\mathrm{J} \qquad \nu = 7.2\times 10^{15}\,\mathrm{Hz} \qquad h\nu = 4.7\times 10^{-18}\,\mathrm{J}$$

그러면 양자 번호 n 이 작은 수가 되어 양자 현상이 뚜렷이 나타난다. ≺≺

Planck 법칙은 실제의 복사도 스펙트럼과 일치할 뿐만 아니라 Wien의 이동법칙과 Stefan의 T^4 법칙도 설명해 준다. 식 (1.19) 에서 $dR/d\lambda$ 를 최대로 하는 파장 $\lambda_{\max}$ 를 구하기 위하여 $d/d\lambda(dR/d\lambda) = 0$ 방정식을 풀면

$$\lambda_{\max}\cdot T = \frac{hc}{kx} \simeq 2.898\,\mathrm{mm\cdot K} \tag{1.21}$$

이고 x 는 방정식 $xe^x = 5(e^x - 1)$ 의 풀이로서 $x \simeq 4.965$ 이다.

또한 전체 복사도는 복사도 스펙트럼을 모든 파장 또는 진동수에 대해 합한 것이므로

$$\begin{aligned} R &= \int_0^\infty \frac{dR}{d\nu}d\nu = \int_0^\infty d\nu \frac{2\pi h\nu^3}{c^2}\frac{1}{\exp(h\nu/kT) - 1} = \frac{2\pi k^4 T^4}{h^3 c^2}\int_0^\infty dx \frac{x^3}{e^x - 1} \\ &= \frac{2\pi^5 k^4}{15h^3 c^2}T^4 \end{aligned} \tag{1.22}$$

가 되어 Stefan의 법칙을 얻는다. 윗식에서 무한 적분의 값은 $\pi^4/15$ 이다.[5] 따라서 Planck의 복사법칙은 Stefan-Boltzmann 상수 σ 를 물리 기본상수인 Planck 상수 h 와 Boltzmann 상수 k 및 빛의 속도 c 로 계산할 수 있게 해 준다.

$$\sigma = \frac{2\pi^5 k^4}{15h^3 c^2} = 5.671\times 10^{-8}\,\mathrm{W/(m^2\cdot K^4)} \tag{1.23}$$

실제로 Planck는 윗식의 수치에서 상수 h 의 값을 계산하였다. 흑체 복사에 관한 Planck의 복사법칙은 전자기파의 에너지가 양자화되어 있음을 입증하며 고전 물리학의 한계성을 나타내는 최초의 보기가 되었다.

---

5 I.S.Gradshteyn & I.M.Ryzhik, *Table of Integrals, Series and Products*, 3.411−2 & Sect 9.71

Planck의 복사법칙은 물리량의 양자화를 제시하는 기본적인 의미를 가졌으나 이에서 유도할 수 있는 Wien의 이동법칙이나 Stefan의 법칙들도 실용적으로 중요하다.

예 제 1.2 흑체복사 법칙의 응용

복사법칙 (1.1)에서 온도 T와 최대 복사도 스펙트럼에서의 파장 λ_{max}는 서로 역비례한다. 즉 온도가 올라가면 파장은 짧아진다. 물체를 가열하면 처음에는 적외선을 많이 방출하지만 온도가 1000 K (≈700°C) 정도에 이르면 λ_{max}는 3 μm가 되어 붉은 색의 가시광선이 상당히 나와서 빛을 내고 더 고온이 되면 푸른색으로 변한다.

지구에서 받는 태양 에너지는 광선에 수직일 때 태양상수 1.34 kW/m² 로 알려졌는데 지구-태양 사이의 거리를 이용하여 태양의 전체 복사도를 계산할 수 있다. 그래서 Stefan의 법칙 (1.2)로 얻은 태양의 표면 온도는 약 5800 K 정도이다. 그러면 Wien의 이동법칙에서 λ_{max}가 500 nm 정도이며 이는 관측 결과와 일치하고 가시 영역에 속한다. 태양의 내부 온도는 더 높다.

또한 지구가 받는 태양 에너지는 태양상수와 지구의 단면적 $\pi R_{\oplus}^2$ ($R_{\oplus}$는 지구 반경)을 곱하면 된다. 지구가 흑체이고 이 에너지를 모두 흑체 복사한다는 가정하에 지구의 온도가 평균적으로 280 K 근처임도 확인할 수 있다.

우주의 배경 복사도 이동법칙에서 알 수 있다. 우주는 약 150억 년전 천지개벽 (big bang)이 일어나서 초기에는 매우 고온이었는데 그동안 우주가 팽창하면서 온도가 내려가고 현재 우주의 평균 온도는 3 K (-270°C)인데 λ_{max}가 1 mm인 배경복사로 나타난다. 이것은 마이크로파의 영역에 속하며 열운동이므로 잡신호 (noise)로 관측된다. 지구의 평균 온도 280 K와 비교하면 우리는 우주의 따뜻한 양지에 살고 있다. ≺≺

1.3 광전 효과

전자기파의 존재를 입증하는 유명한 실험에서 Hertz는 전극에 자외선을 쪼일 때 전기방전이 더 잘 일어나는 것을 우연히 발견하였다. 그 후에 여러 실험을 통하여 금속에 빛을 쪼이면 표면에서 전자가 튀어 나오는 사실이 알려졌다. 이러한 전자를 광전자 (光電子, photoelectron), 광전자가 생기는 현상을 광전 효과 (photoelectric effect)라고 부른다. 전극을 가열해도 전자가 방출할 수 있는데 이때에는 열전자 (熱電子, thermal electron)가 된다. 두 경우 생성 과정만 다를 뿐 똑같은 전자들이다.

광전자들은 어떤 속도 분포를 가지고 있으며 외부에서 전위차를 걸면 가속할 수도, 감속할 수도 있다. 그림 1.3에는 광전자가 만드는 광전류 i와 광전관에 걸어준 전압 V의 관계가 나타나 있다. 전압이 어느 정도 이상으로 되면 광전류 i는 더 이상 증가하지 않고 포화 상태의 전류가 되는데 이는 발생한 광전자가 모두 (+)극에 전류로 흡수되었음을 의미한다. 전압을 전혀 안 걸거나 반대 방향으로 걸어도 광전류가 갑자기 영으로 사라지지 않는다. 극성이 바뀌어 광전자의 운동이 저지되고 감속하더라도 일부는 상당한 에너지를 가지고 전극으로 진행하기 때문이다. 그러나 충분히 큰 음전압 $-V_s$ 를 걸면 광전류가 없어지는데 이 전압 V_s 를 저지 전압 (stopping potential)이라 한다. 가장 빠른 전자조차 전극에 도달하지 못하기 때문이다. 광전 효과로 발생하는 광전자의 최대 운동 에너지를 K_{max} 라 하면 저지 전압 V_s 와 다음의 관계가 성립한다.

$$K_{\text{max}} = e \cdot V_s \tag{1.24}$$

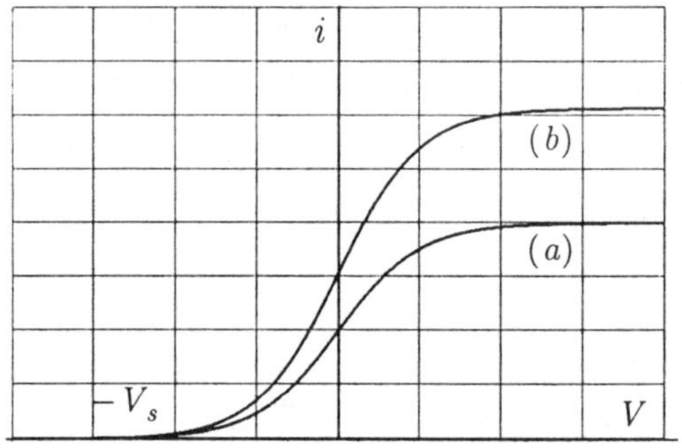

그림 1.3
광전자가 방출되는 전극에 걸어준 전압 V와 광전류 i의 관계.

입사 광도가 변하면 포화 전류만 변할 뿐 ($a \to b$) 저지 전압 V_s는 변하지 않는다.

입사 광선의 강도를 변하면 그림 1.3에서 보는 바처럼 광전류도 변하여 새로운 곡선을 나타낸다. 그러나 저지 전압 V_s 는 입사 광선의 강도와는 아무 관계가 없음이 알려졌다. 저지 전압을 변화시키려면 입사광의 파장을 바꾸어야 한다.

입사광의 파장 대신에 진동수 ν 로 표시한 저지 전압 V_s 의 변화가 그림 1.4에 나타나 있다. Millikan은 V_s 와 ν 의 직선적 관계를 실험으로 알아냈나. 이 결과에 의하면 입사광의 진동수가 어떤 값 ν_0 보다 작을 때, 즉 파장이 어떤 값보다 길 때에는 입사광이 아무리 강하더라도 광전자가 생기지 않는다. 이 진동수를 문턱 진동수 (threshold frequency)라고 한다. 입사광을 쪼이는 금속면을 바꾸면 그림 1.4의 다른 직선에 해당하는 데이터를 얻는다. 주목할 것은 문턱 진동수만 변할 뿐 직선의 기울기는 금속의 종류에 관계없이 똑같은 기본적인 의미를 가진다. 즉 기울기는 모든 물질에 공통되는 자연계의 기본적 성질이다. 한편 문턱 진동수는 특정 물질의 물성과 관련된다.

광전 효과는 Maxwell의 전자기 이론으로 다음과 같이 설명한다. 빛은 전자기 파동이므로 금속 내부의 전자를 강제 진동시키고 에너지가 흡수될 때 전자의 운동 에너지는 커지며 충분한 에너지를 받으면 전자는 금속의 원자 핵에 속박된 상태로부터 해방되어 금속 밖으로 방출한다.

이것이 음극선의 실체이다. 그러나 정량적으로 고찰하면 고전 전자기이론으로는 이해하기 힘든 점들이 많다. 우선 입사광의 강도는 전기 벌판의 제곱에 비례하므로 강도가 커지면 광전자의 최대에너지 $K_{\max}$ 도 증가해야 할 것이다. 그러나 실험결과에 의하면 $K_{\max}$ 즉 V_s 는 입사광의 강도와는 무관하다. 또한 고전적으로 보면 광전효과는 입사광의 진동수와 무관하게 강도가 충분히 세면 어떤 진동수에서도 일어나야 하겠지만 실제로는 문턱 진동수 ν_0 가 존재하여 낮은 진동수에서는 입사광이 아무리 강하더라도 광전효과는 전혀 일어나지 않는다. 더욱이 전자기 파동은 에너지가 골고루 파동의 파면 전체에 퍼져 있으므로 금속 내의 전자에 충분한 에너지가 축적되어 광전자로 방출될 때까지 보통 수 분 정도의 시간이 걸릴 것이 예상된다. 그렇지만 이러한 시간 지연은 측정되지 않았다. 문턱 진동수보다 높은 상황에서 광전자는 즉시 발생하고 광전 효과를 일으킨다.

그림 1.4
저지전압 V_s와 입사 진동수 ν

문턱 진동수 ν_0 보다 낮으면 광전 효과는 일어나지 않는다. 또한 금속면을 바꾸면 문턱진동수만 변할 뿐 ($a \to b$), 직선의 기울기는 변하지 않는다.

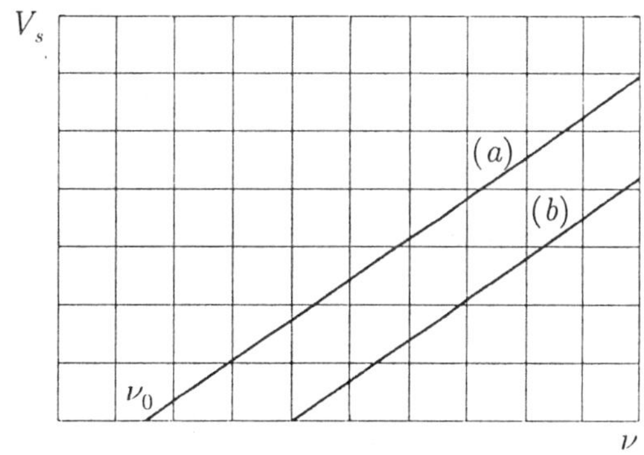

광전효과의 올바른 이해는 Einstein의 광양자(光量子) 이론으로 해결되었다. Einstein은 빛은 미시적으로 볼 때 광자(光子, photon)라고 불리는 작은 양자상태의 입자로 구성되었고 이미 잘 알려져 있는 간섭, 회절 같은 파동의 특이한 광학 현상은 모두 많은 수의 광자들이 나타내는 거시 현상이라고 주장하는 이론을 제창하였다. 광자가 가진 에너지 E 는 이들이 만드는 전자기파의 진동수 ν 에 비례하며 다음의 관계가 있다.

$$E = h\nu \tag{1.25}$$

여기에서 h 는 흑체 복사 법칙에 나오는 Planck 상수이다. 그러므로 전자기파의 강도가 센 것은 단순히 $E = h\nu$ 의 에너지를 가진 광자의 수가 많은 상황이라고 해석할 수 있다. 각개 광자의 에너지는 진동수(또는 파장)에만 관계되지만 이들이 많이 모이면 파동 성질을 나타내고 그 진폭은 광자들의 총 에너지에 따라 결정된다.

한 전자가 2개 이상의 광자를 동시에 흡수하는 경우를 배제하고 광자와 전자가 개별적으로 작용한다고 가정하자. Einstein의 광양자 이론에 의하면 전자기파를 구성하고 있는 광자가 금속 내의 전자에 완전히 흡수되어서 광자의 에너지 $h\nu$ 만큼 전자의 에너지가 증가한다. 그러나 전자는 금속 내부에 속박되어 있기에 금속 밖으로 해방되려면 최소한도의 해방 에너지 또는 일 함수(work function) W라고 불리우는 만큼의 일이 필요하다. 따라서 광전자가 방출할 때 가지는 운동에너지의 최대값 K_{max}는 광자로부터 흡수한 에너지 $h\nu$와 해방에 필요한 최소의 에너지 W의 차이이다.

$$K_{\text{max}} = h\nu - W \tag{1.26}$$

따라서 문턱 진동수 ν_0의 존재를 쉽게 이해할 수 있다. 진동수가 작으면 전자가 흡수하는 에너지가 충분하지 못하여 금속 내부에서 벗어날 수 없기 때문이다. 입사광의 강도가 세다는 것은 광자 수가 많다는 것을 의미할 뿐 각각의 광자가 가지는 에너지는 모두 똑같으므로 진동수가 작으면 아무리 강도가 세더라도 광전 효과는 일어날 수 없다. 물론 광전자가 발생할 경우 광전류는 입사광의 강도에 따라서 변한다.

빛이 광자라는 입자로 구성되었다는 Einstein의 양자 이론은 고전 전자기학으로 이해할 수 없는 난점들을 모두 잘 설명해 준다. 식 (1.24)와 식 (1.26)을 종합하면 다음 관계식을 얻는다.

$$V_s = \frac{h}{e}\nu - \frac{W}{e} = \frac{h}{e}(\nu - \nu_0) \tag{1.27}$$

이 식은 그림 1.4와 잘 일치한다. 저지 전압 V_s는 ν에 대해 직선형이고 기울기는 h/e로 물질의 종류에 무관함을 곧바로 알 수 있다! Millikan은 기름 방울 실험으로 전자의 전하 e의 값을 전혀 다른 방법으로 측정하였고 흑체 복사에서 얻은 Planck의 h와 광전 효과에서 구한 기울기 h/e가 서로 일치함을 입증하였다. 양자 역학의 발달 초기에 양자 이론을 증명할 수 있는 좋은 보기였다. 식 (1.27)에 의하면 해방 에너지 W는 문턱 진동수 ν_0에 의하여 다음으로 결정된다.

$$W = h\nu_0 \tag{1.28}$$

금속마다 해방 에너지 W는 다르므로 문턱 진동수도 다를 것은 당연하다.

Planck의 복사 에너지 양자화나 Einstein의 광양자 이론은 모두 미시 세계의 양자 이론이지만 Planck는 흑체 복사 법칙을 설명하기 위한 계산 도구로 복사 에너지의 양자화를 채택하였고, Einstein은 양자화에 물리적 기본 의미를 부여한 것이 차이점이다. 하여튼 빛의 파동성을 입증하는 Hertz 실험은 오히려 빛의 입자성을 밝혀주는 계기가 되었다.

광자가 $E=h\nu$ 의 에너지를 가진 입자라면 운동량은 어떠한가? 그것은 Maxwell 이론에서 추론할 수 있다. 고전 전자기학에서 전자기파는 에너지뿐만 아니라 운동량도 전달하고 $p=E/c$ 의 관계이다. 그런데 전자기파는 광자로 구성되었으므로 이 관계는 광자에도 적용된다고 가정하는 것이 자연스럽다. 그러면 광자의 운동량도 같은 식으로 표현할 수 있다.

$$p=\frac{E}{c}=\frac{h\nu}{c}=\frac{h}{\lambda} \tag{1.29}$$

따라서 운동량은 파장에 역비례함을 알 수 있다. 파장과 운동량의 이 관계식은 1.5절에서 다시 다루겠지만 광자에만 적용되는 것이 아니라 자연계의 기본 성질을 나타내는 일반성을 지닌다.

예 제 1.3 광자 에너지

가시광선의 스펙트럼은 400 ~ 700 nm 이다. 파장과 진동수 사이의 관계식 $\nu\lambda=c$ 를 이용하여 이 파장에 대한 광자 에너지를 계산하면[6]

$$\lambda=400\,\text{nm}: E=h\nu=\frac{hc}{\lambda}=\frac{6.626\times10^{-34}\times3\times10^{8}}{400\times10^{-9}}\,\text{J}=3.1\,\text{eV}$$

이고, $\lambda=700$ nm 일 때에는 $E=1.8$ eV 가 되어 가시광선 스펙트럼을 구성하는 광자는 대략 1.8 ~ 3.1 eV 정도의 에너지를 가진다. 대부분의 금속에서 해방에너지는 2 ~ 5 eV 정도이므로 자외선으로 광전효과를 확인할 수 있다. 광전자 한 개의 에너지는 비록 작더라도 광전자 증배관(photomultiplier)을 사용하여 광자를 낱개로 관측하는 것이 가능하다. 처음에 생기는 광전자는 한 개지만 이를 가속시켜 신호를 증폭시키기 때문이다.

최대 복사도 스펙트럼을 이루는 광자의 에너지는 Wien의 파장 이동 법칙을 사용하여

$$E_{\text{max}}=(h\nu)_{\text{max}}=\frac{hc}{\lambda_{\text{max}}}=\frac{hc}{\lambda_{\text{max}}\cdot T}T\simeq 4.3\times10^{-4}\,T\ (\text{eV/K})$$

공식을 얻고 실온(≈300 K)의 깜깜한 빈 방안이라도 0.1 eV의 광자들로 가득차 있음을 안다.

광센서로 사용되는 장비는 사람의 눈, 디지털 카메라 등 모두 광전효과를 이용한다. 태양전지는 태양 빛의 광전효과로 생긴 광전자를 기전력으로 만드는 장치이다. ◀◀

---

[6] 윗식에서는 예제 1.1 에서처럼 SI를 사용했지만 미시세계와 관련된 계산에서는 다음 요령으로 계산하는 것이 편리하다. [부록 F 참고]

$$\lambda=400\,\text{nm}: E=h\nu=\frac{hc}{\lambda}=\frac{2\pi\hbar c}{\lambda}=\frac{2\times3.14\times197\ \text{eV}\cdot\text{nm}}{400\,\text{nm}}=3.1\,\text{eV}$$

광전 효과에서 광자가 전자에 흡수된다 하지만 자유 전자는 흡수할 수 없다. 에너지와 운동량을 동시에 보존할 수 없기 때문이다. [연습문제 1.11] 그러나 원자나 결정체에 결합된 전자는 광자를 완전히 흡수하여 해방 에너지 (원자에서는 이온화 에너지) 보다 에너지가 커지면 전자가 외부로 방출한다.

Einstein의 광양자 이론은 가시 광선에만 국한한 것이 아니라 모든 진동수 (파장) 에 적용된다. 자외선, x선, γ선 등으로 진동수가 커지면서 광자의 에너지도 커진다. 에너지가 MeV 영역의 광자는 핵에 흡수될 수도 있지만 핵을 변환시키거나 붕괴시키는 광핵 반응을 야기시킬 수도 있다.

1.4 Compton 산란

전자기파의 입자성을 결정적으로 증명한 사람은 Compton이다. 광전 효과가 빛과 속박 전자와의 관계를 다루는 현상인 것과 대조적으로 빛과 자유 전자와의 상호 작용에서도 빛이 입자의 성질을 가지고 있음을 직접 확인할 수 있을 것이다. 어떤 시료 표적에 x선을 쪼이면 산란한 x선에 입사선의 파장보다 긴 성분이 있는 것이 알려졌다. 이것을 Compton 효과라고 부른다.

고전 물리학으로 이 문제를 고찰하면 산란한 전자기파는 입사파와 똑같은 파장을 가져야 한다. 이를 흔히 Thomson 산란이라고 부른다. 입사한 전자기파는 전자를 진동시키고 강제 진동하는 음전하의 전자는 가속하므로 전자기파를 방출한다. 전자의 강제 진동은 입사파의 진동수와 같으므로 산란하는 전자기파도 입사파와 진동수, 즉 파장이 같아야 한다. 다시 말하면 고전적으로 볼 때 산란한 x선의 파장은 입사파와 같고 파장이 다른 성분이 있을 수 없다.

Compton 효과는 빛이 광자라고 가정하고 x선 산란을 광자와 전자의 두 입자 충돌로 보면 쉽게 설명할 수 있다. 이러한 충돌은 상대론적 충돌이 되므로 우선 상대론적 에너지와 운동량을 생각해 보자. 특수 상대성 이론에 의하면 정지 질량 m 인 입자가 가지는 에너지와 운동량은 다음과 같다. [부록 A 참고]

$$\mathbf{p} = m\gamma\mathbf{v} \qquad \gamma = \frac{1}{\sqrt{1 - v^2/c^2}}$$
$$E = m\gamma c^2 \tag{1.30}$$

여기서 γ 는 Lorentz 인자이다. 따라서 입자의 속도는

$$\mathbf{v} = \frac{\mathbf{p}c^2}{E} \tag{1.31}$$

으로 표현할 수 있고 에너지와 운동량 사이에는 아래의 관계식이 성립한다. [식(A.10) 참고]

$$E^2 = m^2c^4 + \mathbf{p}^2c^2 \tag{1.32}$$

이 식은 모든 입자에 적용되는 Einstein의 질량 공식이다.

예 제 1.4 Einstein의 질량 공식

Einstein의 유명한 공식 $E=mc^2$은 실제로 윗식이다. 입자가 정지해 있어도 $E=mc^2$의 정지 질량(rest mass) 에너지를 가진다는 뜻이다. 그러나 이 식을 풀면 $E=\pm\sqrt{m^2c^4+\mathbf{p}^2c^2}$ 이 되어 2개의 풀이를 얻는다. 상대론에서는 비상대성 극한을 고려하여 (−) 풀이는 연관없는 풀이로 처리하고 $E=\sqrt{m^2c^4+\mathbf{p}^2c^2}$ 를 채택한다. 그리고 운동 에너지를 다음처럼 정의한다.

$$K = E - mc^2 = \sqrt{m^2c^4 + \mathbf{p}^2c^2} - mc^2 = \frac{\mathbf{p}^2}{2m} - \frac{(\mathbf{p}^2)^2}{8m^3c^2} + \cdots$$

그러나 양자론에서는 (−) 풀이도 함께 다루어야한다. 그 해석 여하에 따라 반대입자(anti-particle)의 존재같은 중요한 물리 현상을 예측할 수 있다. ≺≺

광자에 대하여 $E=pc$를 질량공식 (1.32)에 대입하면 $m=0$을 얻는다. 즉 광자는 질량이 영인 무질량(無質量, massless) 입자라고 생각할 수 있다. 또한 식 (1.31)에서 $v=c$가 되어 광자는 항상 빛의 속도와 같은 빠르기를 갖는다! 다시 말하면 모든 광자의 속도는 c 이다. 이것이 Einstein의 특수상대성 이론의 가정중 하나이다. 광자의 속도는 에너지와도 무관하므로 허공에서 빛의 속도는 파장과도 무관하게 항상 c 이다. 그러나 식 (1.31), (1.32)를 살펴보면 무질량 입자라면 $(m=0)$ 어느 것이나 빛의 속도로 움직인다.

상식적으로 생각할 때 입자의 속도가 정해지면 에너지도 결정되므로 모든 광자는 동일한 에너지를 가져야 할 것 같다. 그러나 양자이론에 의하면 에너지는 진동수에 비례하므로 모든 에너지가 가능하다. 이들이 서로 모순이 아닌 것은 식 (1.30)에서 알 수 있다. 광자의 경우 $m=0$, $\gamma=\infty$ 이므로 에너지는 확정된 값을 가지지 않고 따라서 식 (1.30)은 무질량 입자에는 적용되지 않는다.

Compton 산란으로 다시 돌아와서 그림 1.5는 광자와 자유전자의 충돌을 나타낸다. 광자는 질량이 영인 입자로서 빛의 속도로 정지상태의 전자에 마치 당구공들이 충돌하듯이 부딪히며 전자는 튕겨나가고 광자는 빗겨나간다. 구체적으로 광자는 E, p 의 에너지와 운동량으로 입사하여 전자와 충돌한 후 E', p' 으로 산란하고 전자는 정지 상태에서 $(m_e^2c^4+p_e^2c^2)^{1/2}$, p_e 의 에너지와 운동량을 가지고 반동한다. 충돌 전후의 광자의 에너지와 운동량은 다음과 같다.

$$E = h\nu \quad p = \frac{h\nu}{c} \qquad E' = h\nu' \quad p' = \frac{h\nu'}{c} \tag{1.33}$$

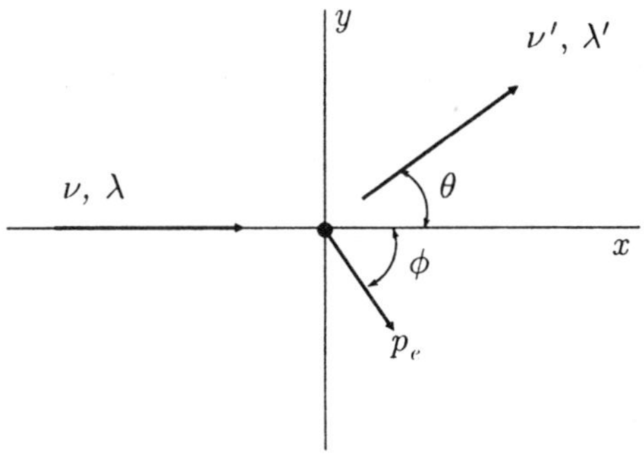

그림 1.5
광자와 전자의 Compton 충돌.

충돌 후 광자는 θ 의 각도로 산란하고 전자는 ϕ 의 각도로 반동한다. 이 때 전체의 운동량과 에너지는 보존된다.

충돌 과정에서 에너지와 운동량은 보존된다. 운동량은 벡터이므로 성분별로 보존된다. 일반적으로 3차원 벡터들이지만 운동량 보존법칙에 따라서 이들은 동일 평면에 있어야 하고 그림 1.5 에서 보듯이 θ 는 광자의 산란 각도, ϕ 는 전자의 반동 각도이다.

$$\begin{aligned} h\nu + m_e c^2 &= h\nu' + \sqrt{m_e^2 c^4 + p_e^2 c^2} \\ \frac{h\nu}{c} &= \frac{h\nu'}{c}\cos\theta + p_e\cos\phi \\ 0 &= \frac{h\nu'}{c}\sin\theta - p_e\sin\phi \end{aligned} \tag{1.34}$$

위의 세 식에서 두 개의 변수를 제거하고 나머지 변수들 간의 관계식을 유도할 수 있다. 측정하기 힘든 전자의 반동 각도 ϕ 와 운동량 p_e 를 제거하고 $\nu\lambda = \nu'\lambda' = c$ 의 관계를 이용하면 다음 식을 얻는다.

$$\Delta\lambda = \lambda' - \lambda = \frac{h}{m_e c}(1 - \cos\theta) \tag{1.35}$$

윗식을 살펴보면 산란하는 광자의 파장 변화는 전방 $(\theta = 0)$ 으로 산란할 때 영이고 후방 $(\theta = \pi)$ 으로 산란할 경우에 최대값을 갖는다. 또한 파장은 항상 길어짐에 유의하라. 그 이유는 광자가 충돌로 인해 에너지의 일부를 전자에게 잃게 되므로 진동수가 낮아지고 결과로서 파장이 길어지기 때문이다. 광자의 후방 산란은 두 입자의 정면 충돌을 의미한다.

식 (1.35) 에서 $h/m_e c$ 는 길이의 차원을 가지는데 전자의 Compton 파장이라 부른다.

$$\lambda_e = \frac{h}{m_e c} = 2.426\,\mathrm{pm} \tag{1.36}$$

Compton 파장은 전자 이외의 입자에도 그 개념을 확대하여 적용시킬 수 있다. 양자 벌판 이론에서 입자간의 상호 작용은 가상 입자의 교환으로 생기며 그 때 힘의 작용 범위를 나타내는 척도도 Compton 파장이다.

실제로 실험 결과에 의하면 산란하는 x선에는 Thomson 산란처럼 파장의 변화가 없는 성분이 존재한다. 이는 실험 장치가 완전히 자유로운 전자에 산란시키는 것이 아니라 원자핵에 속박된 전자를 충돌 표적으로 사용하기 때문이다. 원자 외곽에 배치된 전자들은 느슨하게 속박되었으므로 원자에서 분리되어 식 (1.34) 에 주어진 바와 같이 거의 자유 전자처럼 취급할 수 있고 따라서 파장의 변화가 생긴다. 그러나 광자가 원자핵 근처에 아주 단단하게 속박되어 있는 전자나 시료의 핵 자체와 충돌할 경우에는 원자 전체와 충돌하는 것과 마찬가지이므로 식 (1.36) 에서 보듯이 Compton 파장은 질량에 역비례하여 전자 질량 대신 원자 질량을 사용해야 하므로 파장의 변화도 보통 λ_c의 몇 만분의 일 정도이다. 가령 탄소를 시료로 사용한다면 파장 변화는 $\lambda_e/12\times1836\simeq4\times10^{-4}\lambda_e$ 일 것이다. 그러므로 이 경우에는 파장의 변화를 거의 측정하기 어렵고 Thomson 산란이나 다름없다. Compton 파장이 시료와 무관한 이유도 이 때문이다.

식 (1.35) 를 보면 반드시 x선을 사용할 필요는 없다. 모든 파장에서 성립하기 때문이다. 그러나 λ_e가 2.4 pm 정도이므로 짧은 파장의 빛이라야 그 효과가 두드러질 것이다. 실제로 Compton 은 2.2 pm 의 x선을 사용하였다.

예 제 1.5 가시 광선, x선, γ선의 Compton 파장 변화

눈에 가장 민감한 가시 광선의 파장은 550 nm, 전형적 x선은 0.1 nm, ^{137}Cs 에서 방출하는 γ선은 1.88 pm 이다. 단위를 pm (=10^{-12}m) 로 표기하면 각각 5.50×10^5 pm, 100 pm, 1.88 pm 이다. 파장 변화는 후방 산란 ($\theta=\pi$) 할 때 최대이고 Compton 파장 $2\lambda_e$ 만큼 늘어난다. [식 (1.35) 참고] 한편 광자의 에너지 감소는 반동하는 전자의 운동 에너지가 되고 에너지 손실과 손실률을 파장으로 표현할 수 있다.

$$\Delta E = E - E' = h\nu - h\nu' = hc\frac{\lambda'-\lambda}{\lambda\lambda'} = hc\frac{\lambda_e}{\lambda\lambda'}(1-\cos\theta)$$

$$\frac{\Delta E}{E} = \frac{E-E'}{E} = \frac{h\nu - h\nu'}{h\nu} = \frac{\lambda'-\lambda}{\lambda'} = \frac{\lambda_e}{\lambda'}(1-\cos\theta)$$

광자의 에너지 손실은 다음처럼 계산하는 것이 편리하다. (x선이 $\theta=\pi/2$ 인 경우)

$$\Delta E = hc\frac{\lambda_e}{\lambda\lambda'} = 2\pi\hbar c\frac{\lambda_e}{\lambda\lambda'} = \frac{2\times3.14\times197\,\mathrm{keV\cdot pm}\times2.43\,\mathrm{pm}}{100\,\mathrm{pm}\times102.4\,\mathrm{pm}} = 0.29\,\mathrm{keV}$$

세가지 입사파동의 경우를 비교하면 다음과 같다.

		가시 광선	x 선	γ 선
입사 파장	λ	550 nm	0.1 nm	1.88 pm
Compton 파장	λ_e	2.43 pm	2.43 pm	2.43 pm
반사 파장	λ'	≈550 nm	102.43 pm	4.31 pm
파장 변화율	$(\lambda'-\lambda)/\lambda$	4×10^{-6}	0.024(2.4%)	1.29(129%)
(전자)운동 에너지	$E-E'$	1.0×10^{-5} eV	0.29 keV	371 keV
에너지 손실률	$(E-E')/E$	4.4×10^{-6}	0.023(2.3%)	0.56(56%)

550 nm 가시 광선을 사용하면 파장의 상대적 변화가 10^{-6} 이 되어 Thomson 산란 효과만 보게 된다. 원자에서 외각 전자는 대략 eV 정도, 내부의 전자는 keV 정도의 에너지로 결합되어서 가시 광선은 외각 전자를 자유전자처럼 행동하지 못하게 한다. 반면에 x선보다 짧은 γ선을 사용하면 내부 전자까지 분리되어 항상 Compton 산란이 일어난다.

광자 비임이 물질(시료)을 지나갈 때 낮은 에너지(eV 영역)에서는 주로 광전 효과로, keV 영역에서는 Compton 효과로 에너지를 잃는다. 그러나 에너지가 1.02 MeV 이상이 되면 전자-양전자 쌍생성 (pair production) 으로 에너지가 감소한다. 어느 반응을 일으켰든지 에너지가 줄어든 광자는 결국 시료에 흡수되고 비임의 강도는 약해진다. ◀◀

우리는 전자기파가 파동이라는 것을 잘 알고 있으며 이를 입증할 수 있는 실험 사실은 여러 가지로 많다. 그러나 광전 효과와 Compton 산란은 전자기파가 파동이 아니라 입자라고 가정할 때에만 설명이 가능하다. 그러면 자연계의 어떤 실체가 어느 때는 파동이 되고 또 다른 때에는 입자가 되겠는가? 여기에서 파동-입자의 이중성을 엿볼 수 있다.

고전적 사고방식대로 따르면 자연의 실체는 파동이든 입자이든 두 가지 중 하나이어야 하며 두 성질을 함께 가질 수는 없다. 입자는 단지 입자일 뿐 파동이 아니며 파동은 단지 파동일 뿐 입자가 아니다. 그리고 입자는 Newton의 역학 방정식, 복사 파동은 Maxwell의 전자기 방정식으로 기술한다. 그러나 Compton 산란은 입자와 파동의 이중성을 나타내는 대표적인 보기이다. 산란 실험을 수행하기 위해서 스펙트럼 중 특정한 파장의 x선을 선별하려면 파동적인 성질, 즉 간섭을 활용한다. 그러나 전자와의 충돌에서는 입자적 성질을 이용한다. 이렇게 파동이 파동과 입자의 이중성을 가지는 것은 당연하게 보인다. 다음에는 입자의 파동-입자 이중성을 살펴보자.

1.5 물질 파동

광전 효과와 Compton 산란에서 전자기파인 복사는 파동적인 성질 이외에 입자의 모습도 가지는 것이 확실해졌다. 양자 역학이 충분히 발달하기 전에 사람들은 우주가 복사와 물질로 구성되었다고 믿었으므로 자연의 대칭을 이루기 위하여는 물질도 파동적인 성질을 나타내는 것이 바람직하였다. 이것이 de Broglie의 물질 파동 이론이다.

진동수 ν 파장 λ 인 파동과 관련하여 광자의 에너지는 Einstein의 에너지 공식 (1.25) 로 운동량은 식 (1.29) 로 나타낼 수 있음을 알았다. 파동성과 입자성이 대칭을 이룬다면 이 성질들을 입자에도 적용할 수 있을 것이다. 즉 에너지 E, 운동량 p 인 입자와 관련된 파동의 진동수와 파장은 다음과 같다.

$$\begin{aligned} E = h\nu \qquad &\rightarrow \qquad \nu = \frac{E}{h} \\ p = \frac{h}{\lambda} \qquad &\rightarrow \qquad \lambda = \frac{h}{p} \end{aligned} \tag{1.37}$$

윗식에서 λ 는 입자의 운동량 p 에 따라서 결정된다. 원래 식 (1.37) 은 광자에게만 적용되었으나 모든 입자에까지 확대하여 물질의 파동에도 적용된다고 해석할 수 있다. 물질과 복사 간의 대칭성이 있다면 복사에 성립하는 식 (1.37) 의 유효성을 물질에도 연장하는 것은 자연스럽다. 물론 궁극적인 검증은 자연 현상, 즉 물리 실험을 통하여만 가능하다. 특히 운동량 p 인 입자의 파장 λ 는 중요한 의미가 있으며 de Broglie 가 제안하였다. 에너지에 관한 Einstein 의 공식과 파장에 관한 de Broglie 공식은 양자 역학에서 가장 기본적인 관계식들이다.

$$E = h\nu \qquad \text{(Einstein)} \tag{1.38}$$

$$\lambda = \frac{h}{p} \qquad \text{(de Broglie)} \tag{1.39}$$

윗식으로 표현한 파장과 진동수를 갖는 파동을 물질 파동 (matter wave) 이라 한다. 물질 파동은 파동과 입자의 성질을 동시에 갖고 있다.

한 가지 주의할 점은 물질 파동에서 $\nu\lambda = c$ 의 식이 항상 적용되지는 않는다는 것이다. 이 식은 전자기파에 대하여만 유효하고 일반적으로는 Einstein의 질량 공식 $E^2 = m^2c^4 + p^2c^2$ 에 의하여 다음 관계가 성립한다.

$$\nu^2 = \left(\frac{mc^2}{h}\right)^2 + \frac{c^2}{\lambda^2} \tag{1.40}$$

물론 광자처럼 무질량 입자인 경우 $(m=0)$ 에는 $\nu\lambda=c$ 성립한다. 이 때에는 de Broglie 파장과 복사선의 파장은 똑같다.

예 제 1.6 물질 파동의 인지

거시적인 현상에서는 물질파를 관측하기 힘드는데 그 이유는 관련된 de Broglie 파장이 아주 짧기 때문이다. 보기로서 질량 0.1 kg 인 쇠 구슬을 사람 키 정도의 높이에서 떨어뜨리면 속도가 6 m/s 정도가 되는데 de Broglie 파장은 $\lambda = 10^{-33}$ m 정도이고 이는 쇠 구슬의 크기에 비하여 엄청나게 작은 크기이다. 일반적으로 광학적인 현상의 특징은 물체의 크기가 관련된 파동의 파장보다 매우 클 때에는 기하 광학적으로 다룰 수 있고, 크기와 파장이 같은 정도일 때 비로소 파동적인 특성이 나타난다. 따라서 거시적으로 물질파를 관측하기는 거의 불가능하다. 물론 이론적으로 속도 v 가 충분히 느리면 de Broglie 파장 λ 를 얼마든지 길게 할 수 있다. 하지만 이 경우에 파장을 10^{-15} m 까지 길게 하려면 $v=0.1$ nm/yr 가 되어 쇠 구슬은 1 년에 겨우 원자 한 개의 거리 정도 움직이도록 느리게 운동해야 한다.

그러나 100 V 의 전위차에서 가속한 전자의 경우에는 $\lambda=1.2\times10^{-10}$ m 이어서 x 선의 파장 영역에 속한다. 그리고 원자 세계에서는 그 특성이 더욱 뚜렷하다. 원자 내의 전자들은 전형적으로 10^{-10} m 정도의 de Broglie 파장을 갖고, 원자 핵 내의 핵자나 소립자 내의 쿼크 입자들의 파장은 10^{-15} m 정도이어서 미시 세계에서는 de Broglie 파장이 중요한 역할을 한다. ≺≺

De Broglie의 공헌은 물질 파동의 존재를 예언할 수 있었을 뿐만 아니라 파장을 $\lambda=h/p$ 로 계산할 수 있게 한 것이다. Huygens 가 빛의 파동설을 제창할 때에는 빛의 파장이 어느 정도인지 예측할 수 없었고 후에 Young 의 실험으로 결정되었을 뿐이다. 물질 파동은 Davisson 과 Germer 가 단일 결정에서, 또 G. P. Thomson 은 분말 결정에서 전자의 물질 파동으로 일어나는 간섭 현상을 측정함으로써 실험으로 입증되었다. 지금까지 수소, 헬륨 원자나 중성자의 물질파도 관측되었으며 전자 현미경 등 실용적인 분야에 응용되기도 한다.

고전 물리학의 입장에서 생각할 때 물질과 복사는 완전히 구분되므로 입자와 파동도 마찬가지로 구별되어야 할 것 같다. 그러나 이제까지 배운 바로는 파동이 입자성을 가지고 또한 입자도 파동성을 띄운다. 파동과 입자는 서로 불가분의 관계이다. Bohr 는 이들을 보완하기 위하여 상보성 원리 (complementary principle) 를 제창하였다. 이 원리에 의하면 어떤 실험으로 입자성을 증명할 수 있다면 파동성은 증명할 수 없고 그 반대로 파동성을 확인할 수 있다면 입자성을 입증할 수 없다. 또한 우리가 자연 현상을 올바로 이해하려면 두 가지를 모두 알아야 완전하다고 할 수 있다. 물질이나 복사는 모두 입자성과 파동성을 동시에 지니므로 입자-파동의 이중성 (duality) 을 띄운 서술 방법이 필요하게 된다.

입자-파동의 이중적이면서도 상보적인 성질은 파동 다발 (wave packet) 을 생각함으로써 해결된다. 우리에게 친숙한 파동은 평면파로서 공간에 무한히 퍼져 있는 단일 파장의 싸인 파동을 의미하는 경우가 많다. 그러나 실제로 모든 파동은 유한한 공간에 국한되었으므로 파동의 다발로 간주하여야 한다. 따라서 우리는 모든 입자에 특유한 파동 다발을 대응시킬 수 있다. 고전 역학에서는 공간에 있는 질량을 갖는 점으로 이상적인 입자를 정의하지만 실제로 모든 물리적 입자는 유한한 크기를 가진다. 그러나 양자 역학에서는 파동 다발로 입자를 표현하므로 파동 다발이 차지하는 공간에 입자가 분포되어 있다 할 수 있다. 한편 파동 다발은 파동이므로 입자-파동의 이중성을 모두 가진다. 따라서 양자 역학에서 입자라고 할 때에는 항상 파동 다발로 생각해야 하고 고전적인 점으로 간주해서는 안 된다.

파동을 수학적으로 기술할 때에는 파동의 크기를 나타내는 파동 함수를 사용한다. 이 파동 함수는 일반적으로 시간과 공간의 함수로서 어떤 방정식을 만족한다. 어떤 파동인가, 또 어떤 조건 하에 있는가에 따라서 어떤 방정식을 풀어야 하는가를 결정하게 되는데 양자 역학에서는 물질 파동의 파동 방정식이 중심 역할을 한다. 또한 방정식의 풀이로 얻는 파동 함수를 어떻게 해석하여 물리적 측정량과 연관시키는가도 매우 중요한데 이는 양자 역학의 출발점이 된다.

1.6 불확정성 원리

입자는 파동의 성질을 가지므로 간섭과 회절을 일으킨다. 그리고 de Broglie 의 공식 (1.39) 에 따른 파동이므로 고전 물리학적으로는 이해할 수 없는 새로운 현상이 생기는데 전자의 회절 실험은 그 중 하나이다. 파동성에 기인하는 또 다른 특이한 현상은 Heisenberg 의 불확정성 원리 (uncertainty principle) 이다.

모든 물리 실험은 물리량의 측정을 토대로 한다. 또한 어떤 측정에서든지 항상 불확정도라는 오차를 포함하게 된다. 그러나 이 불확정도는 고전 물리학 이론에서는 별로 중요한 개념이 아니다. 고전적인 면에서 볼 때 물리량은 항상 얼마든지 정확히 이론적으로 측정할 수 있으며 불확정도는 단순히 실험 기구의 결함이나 실험자의 미숙한 측정 기술 때문에 일어난다. 그러나 양자 이론에서는 전혀 이야기가 다르다. 물리량의 측정에 근본적으로 수반되는 이론적인 불확정도가 항상 존재하고 이들 불확정도 사이에 특별한 관계가 성립하는 불확정성 원리는 자연계의 본질이며 기본 원리이다.

그림 1.6 에 보이는 단일 틈새로 입자-파동의 이중성을 지닌 것이 지나가는 현상을 생각해 보자. 파동이 지나간다면 간격 a 가 작을 때 회절각 θ 는 커진다. 그러나 입자가 틈새를 지날 때에는 y 방향으로 a 만큼 위치 측정의 불확정도 Δy 가 있다. 따라서 y 방향 운동량이

가지는 불확정도 때문에 입자가 회절각 θ 까지 벗어난다고 생각할 수 있으므로 운동량의 불확정도 Δp_y 는 다음이라고 예측할 수 있다.

$$\Delta p_y \approx p_x \cdot \theta \tag{1.41}$$

광학에서 파동으로서 빛이 회절할 때 θ 는 λ/a 정도의 크기이고 λ 는 빛의 파장이다. 물질파동의 산란 실험에서는 입자의 de Broglie 파장으로 바꾸어 놓을 수 있고 식 (1.41) 은

$$\Delta p_y \approx p_x \cdot \frac{\lambda}{a} \approx p_x \cdot \frac{\lambda}{\Delta y} \approx \frac{h}{\lambda}\frac{\lambda}{\Delta y} \tag{1.42}$$

로 바꾸어 쓸 수 있다. 그러므로 불확정도 사이에 $\Delta y \cdot \Delta p_y \approx h$ 의 관계식이 성립한다. 물론 실험 기구 자체가 불완전하고 실험자의 측정 능력 부족 때문에 실제 측정하는 불확정도는 이론값보다 모두 크고 이 식은 실험값 사이의 하한으로 보아야 한다. 따라서 다음처럼 쓸 수 있다.

$$\Delta y \cdot \Delta p_y \gtrsim h \tag{1.43}$$

이것이 불확정성 원리이다. 윗식을 보면 Planck 상수 h 가 또 나타난다. 비록 h 의 값은 작더라도 영은 아니므로 위치 측정의 불확정도 Δy 와 운동량 측정의 불확정도 Δp_y 사이에 제한을 받게 된다. 입자의 위치를 좀 더 정확히 재려면 운동량 측정의 오차가 커지고 반대로 운동량을 보다 정확히 재려면 위치 측정의 오차가 커진다. 따라서 두 가지 물리량을 동시에 임의의 정밀도로 정확히 측정하는 것은 불가능하게 된다. 이 관계는 x 방향, z 방향에도 적용되므로 전체적으로 다음과 같이 표현할 수 있다.

$$\Delta x \cdot \Delta p_x \gtrsim h \qquad \Delta y \cdot \Delta p_y \gtrsim h \qquad \Delta z \cdot \Delta p_z \gtrsim h \tag{1.44}$$

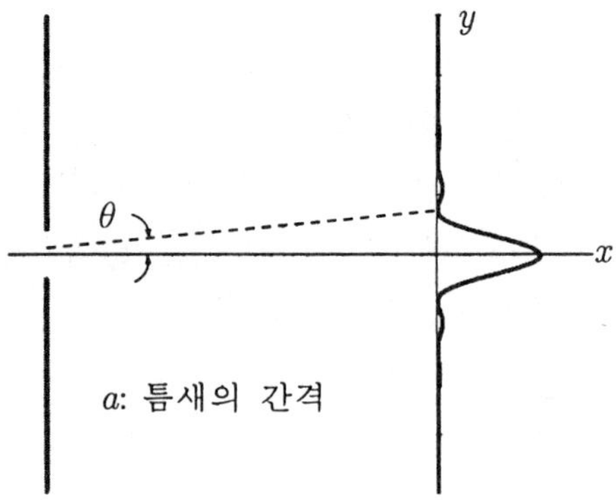

그림 1.6 물질 파동의 회절 실험

파동이라면 틈새의 간격때문에 회절무늬가 생기지만, 입자라면 운동량의 불확정도 때문에 검출판에 퍼짐이 일어난다.

불확정성 원리가 자연계의 속성임은 여러 시각에서 볼 수 있다. 가령 전자의 위치와 운동량을 현미경으로 측정하는 실험을 상상해 보자. 빛의 파동성 때문에 현미경의 배율을 어느 한계 이상으로 높일 수 없고 분해능을 높이려면 짧은 파장의 빛을 사용해야 한다. 한편 운동량을 측정하려면 속도 측정이 앞서야 하는데 속도는 위치의 변화로 알 수 있다. 그러나 측정을 목적으로 빛을 쪼이는 것 자체가 전자를 광자와 충돌시키는 것이므로 그 결과 전자의 운동이 변하고 짧은 파장의 빛일수록 에너지가 크므로 속도, 즉 운동량 측정의 오차가 커진다. 운동량의 오차를 줄이려고 긴 파장의 빛을 사용하면 회절 현상으로 인하여 위치 측정의 오차가 커진다. 거시 세계에서는 광자의 충돌에 의한 물체의 운동 변화를 무시할 수 있지만 미시 세계에서는 다르다. 결국 우리는 불확정성 원리를 자연의 본질적인 속성으로 받아들여야 할 것이다.

불확정성 원리로 인하여 원자에 속박된 전자나 원자핵에 결합된 핵자는 정지 상태에 있을 수 없고 최소 어느 정도의 운동 에너지를 가져야 한다. 만일 정지해 있다면 평균 운동 에너지가 $\langle K\rangle=\langle p^2\rangle/2m=0$ 이므로 $\langle p^2\rangle=0$ 이고 또한 $\langle p\rangle=0$ 이므로 $\Delta p^2=\langle p^2\rangle-\langle p\rangle^2=0$ 이어서 불확정성 원리에 어긋난다. 오히려 이 원리를 이용하여 결합 상태의 결합 에너지를 추정할 수 있다. 가령 어떤 입자가 크기 a 인 상자 안에 속박되었다면 $\Delta x=\Delta y=\Delta z\approx a$ 로 보고 다음처럼 어림 계산을 할 수 있다.

$$\langle K\rangle=\frac{1}{2m}\left(\langle p_x^2\rangle+\langle p_y^2\rangle+\langle p_z^2\rangle\right)=\frac{1}{2m}\left(\Delta p_x^2+\Delta p_y^2+\Delta p_z^2\right)\approx\frac{3a^2}{2mh^2} \tag{1.45}$$

에너지와 시간 측정 사이에도 마찬가지로 다음과 같은 식이 성립한다.

$$\Delta t\cdot\Delta E\gtrsim\ h \tag{1.46}$$

시간과 에너지의 불확정도는 대략 이렇게 추론할 수 있기 때문이다.

$$\begin{aligned}&2E\Delta E\simeq\Delta\left(p^2c^2+m^2c^4\right)\simeq 2pc^2\Delta p\\&\Rightarrow\Delta E\,\Delta t\simeq\frac{pc^2}{E}\Delta p\cdot\frac{\Delta x}{v}=\Delta p\cdot\Delta x\simeq h\end{aligned} \tag{1.47}$$

식 (1.46) 에서 에너지의 불확정도 ΔE 는 보통 선 스펙트럼의 선폭 (line width) 과 관련되고 시간의 불확정도 Δt 는 어떤 양자 상태의 평균 수명이라 할 수 있다. 그러므로 식 (1.46) 은 선폭과 평균 수명 사이의 관계를 나타내며 한 가지를 측정하면 다른 물리량을 자동적으로 계산할 수 있다. 물론 두 가지 ΔE, Δt 를 함께 측정할 수 있다면 시간-에너지의 불확정성 원리 (1.46) 의 유효성을 실험적으로 입증하는 것이 가능한데 이는 Mössbauer 실험으로 증명되었다.[7]

---

[7] 참고: A. Beiser, *Concepts of Modern Physics 6th ed.* J. W. Rohlf, *Modern Physics from α to Z_0*

1.7 양자론

지금까지 미시 세계에서 고전 물리학으로 이해할 수 없는 양자 현상을 몇 가지 고찰하였다. 이들은 미시 세계의 특유한 현상이고 이론 들이지만 거시 세계의 이론 즉 고전 물리학과 전혀 별개가 아니다. 오히려 고전 물리학을 포용하고 더욱 넓은 영역에서 성립하는 일반 이론이다.

Newton의 공헌은 당시 알려져 있는 역학의 적용 영역을 확장한 것이다. 그 이전에는 지상에서 일어나는 자연 현상 (Galileo 법칙)과 하늘의 천체 현상 (Kepler 법칙)이 각각 다른 이론이었으나 Newton은 운동법칙과 중력법칙으로 고전 역학이라는 테두리 안에서 땅 위와 하늘에서 일어나는 운동을 통합된 이론으로 확립하였다. 한편 양자 이론은 Newton 역학의 적용범위를 넓힌 것이다. 천왕성 궤도의 이상 징후에서 Newton 역학이 한계에 부딪히지 않았는가라는 의문이 제기되었으나 해왕성의 발견으로 오히려 입지가 튼튼해졌고 적용 범위는 훨씬 더 큰 거시 세계로 넓혀졌다. 그러나 원자 크기의 미시 세계까지는 Newton 역학의 유효성이 확장되지 못하였고 양자 역학으로 대체되었다. 이 양자 역학은 원자와 원자 핵을 포함하여 최소한도 10^{-15}m 정도까지 유효 적용 범위임이 알려졌고 물론 큰 거리에서는 고전 역학과 일치한다.

Maxwell의 전자기 이론도 마찬가지이다. 그 이전의 전기학, 자기학 및 광학의 법칙으로 각각 따로 존재하는 이론들을 고전 전자기학이라는 통합된 하나의 원리로 전기, 자기, 복사 현상의 설명이 가능해졌다. 그러나 이것도 미시 세계에서는 한계에 부딪혀 광전 효과와 Compton 산란에서 보듯이 전자기 파동은 양자화되어야 하며 Maxwell의 고전 전자기학을 미시 세계로 확장한 것이 양자 전자기학이다.

양자 이론의 특징은 모두 Planck 상수 h 를 포함한다는 것이다. 이론적으로 이 상수를 영으로 하면 모든 양자론적 현상이 사라진다. Planck의 복사 법칙도 광전 효과도 실험 결과와 다르며 Compton 산란이나 Davisson-Germer의 전자 회절은 존재하지 않는다. 즉 모든 실험은 고전 역학에서 예견한대로 자연 현상이 일어날 것이다. Planck 상수는 기본 물리 상수이므로 마음대로 변할 수 없지만 h 를 영으로 하는 가상 극한에서는 양자 역학은 고전 역학과 동일하다.

$$\lim_{h\to 0} \text{양자 역학} = \text{고전 역학} \tag{1.48}$$

그러나 고전 역학에서 양자 역학으로의 과정은 단순한 극한이 아닌 특별한 경로로만 가능하다.

상대성 이론에 대하여도 비슷한 논리가 통한다. 상대성 이론은 빨리 움직이는 물체에 적용되는 이론이며 빛의 속도 c 가 핵심 역할을 한다. c 의 값이 무한대가 아니고 유한하기 때문에 모든 상대론적 현상이 일어난다. 따라서 상대론 역학은 c 를 무한대로 하는 이론적 극한에서는 고전 역학과 일치한다.

$$\lim_{c \to \infty} \text{상대성 이론} = \text{고전 역학 이론} \tag{1.49}$$

식 (1.48), (1.49) 는 어떤 의미에서는 다음 장에서 배울 대응원리의 근간이라 볼 수 있다. 현대 물리학은 상대성 이론과 양자 역학의 발달로 이루어졌다 할 수 있으며 두 개의 상수 c 와 h 는 현대 물리학에서 가장 근본적인 의미를 가진 자연계의 기본상수이다.

거리가 10^{-15}m 이하로 짧은 척도에서의 자연 현상을 조사하려면 단순한 양자 역학적 요소를 초월한 새로운 양자 이론이 필요하다. 우선 이 정도의 미시 세계를 탐색하려면 그에 걸맞는 짧은 파장의 물질 파동이 필요한데 그러한 de Broglie 파동을 얻으려면 높은 운동량, 즉 고에너지의 입자가 있어야 한다. 짧은 거리를 조사하고자 할수록 더욱 높은 에너지가 필수적이다. 고에너지의 물리 현상은 저에너지에서와 달리 새로운 입자가 자주 생성하고 소멸되므로 보통의 양자 역학으로는 미흡한데 현재의 널리 활용되는 것은 양자 벌판 이론 (quantum field theory) 이다. 이 이론은 완전하다고 할 수 없다. 실험과 비교할 실용적 계산을 해보면 결과가 무한대로 발산하는 현상이 잦기 때문이다. 그러나 무한대 현상을 잘 다스리는 재규격화 방법이 개발되었고 그 결과 놀랍게도 어떤 경우에는 소수점 이하 12 자리까지의 정밀도까지 이론적 계산과 실험적 측정이 일치한다.

양자 벌판 이론의 유효 한계가 어떤가는 확실하지 않다. 현재 우리가 생각할 수 있는 가장 짧은 거리는 Planck 척도로 알려졌는데 그 크기는 10^{-35}m 정도이다.[8] 이러한 영역에 이르면 새로운 물리 이론이 알려질 것인지 또는 시간과 공간에 대해 Einstein 재인식 이래로 또 다른 혁기적 이해가 필요하게 될지 현재로서는 모두 불가사의하다. 그러나 분명한 것은 인간이 자연을 이해하는 범위가 더욱 넓어지고 깊어지며 좀더 통합된 물리 이론으로 더욱 다양한 우주 현상을 설명할 수 있으리라는 점이다. 이 책에서 공부할 양자 물리학은 이렇게 우리 앞에 펼쳐있는 신비의 미시 세계로 통하는 첫 관문인 것이다.

---

8 길이, 질량, 시간의 SI 단위는 m, kg, s 인데 이들은 인위적으로 정의한 것이다. 특정 입자와 무관한 물리 기본상수들의 조합으로 기본단위를 삼을 수 있는데 Newton 의 중력 상수 G와 빛의 속도 c 가 대표적 상수이다. Planck 상수 $\hbar$ 의 발견으로 $\hbar, c, G$ 를 조합하여 길이 차원을 갖는 $(G\hbar/c^3)^{1/2} = 1.6\times10^{-35}$m 를 얻는다. 마찬가지로 시간은 $(G\hbar/c^5)^{1/2} = 5.4\times10^{-44}$s , 질량은 $(\hbar c/G)^{1/2} = 2.2\mu\text{g} = 1.2\times10^{16}\text{TeV}/c^2$ 의 단위를 얻는다. 이들을 Planck 척도라 부른다.

연 습 문 제

1.1 복사도 스펙트럼 $dR/d\nu$ 를 적분하여 전체 복사도 R 이 Stefan 의 법칙[식 (1.2)]을 따름을 확인하고 Stefan-Boltzmann 상수 σ [식 (1.23)]를 계산하라. 실외 온도가 32℃ 인 더운날 실내 냉방을 하는데 실내 온도를 27℃ 와 24℃ 로 유지하는데 필요한 전력 소비량을 비교하라. 유리 창문을 통하여 입사, 방출하는 열복사는 흑체복사로 가정하라.

1.2 Planck 의 흑체 복사 법칙에서 Wien 의 파장 이동 법칙[식 (1.1)]을 유도하라. $\lambda_{\max}$ 는 복사도 스펙트럼 $dR/d\lambda$ 를 최대로 하는 파장이다. 또한 복사 스펙트럼을 진동수로 측정할 때에는 $dR/d\nu$ 를 최대로 하는 $\nu_{\max}$ 가 온도에 비례하는 $\nu_{\max} \propto T$ 의 법칙을 만족한다. 비례 상수를 계산하라. 그런데 $\nu_{\max} \cdot \lambda_{\max} \neq c$ 이다. 그 이유를 설명하라.

1.3 Planck 의 복사 법칙을 전개하여 긴 파장과 짧은 파장의 극한에서 Rayleigh-Jeans 법칙[식 (1.3)]과 Wien 의 법칙[식 (1.4)]을 유도하고 상수 c_1, c_2 를 수치 계산하라.

1.4 복사도 스펙트럼 $dR/d\nu$ 와 에너지 밀도 스펙트럼 $d\rho/d\nu$ 사이에는 다음 관계식이 성립함을 증명하라. 동굴 복사에서 동굴 안의 정류 파동이 입구를 통하여 빛의 속도로 사방으로 퍼져 나가므로 진행 파동의 방향성에 유의하라.

$$\frac{dR}{d\lambda} = \frac{c}{4}\frac{d\rho}{d\lambda}$$

1.5 다음을 흑체 복사로 가정하고 최대 복사도로 방출되는 스펙트럼 파장을 구하라.
(a) 표면 온도가 5700 K 인 태양
(b) 10^7 K 의 온도로 올라가는 열 핵반응
(c) 체온 36℃ 인 사람의 신체
(d) 3 K 의 온도를 가진 우주의 배경 복사

1.6 태양 상수는 1.34 kW/m^2 로 알려져 있다. 태양의 반경을 6.96×10^8 m, 지구의 공전 반경을 1.49×10^{11} m 라 하고 태양이 흑체처럼 복사를 한다면 태양 표면의 온도가 얼마나 되겠는가? 또한 이러한 에너지를 방출하는데 필요한 핵 반응으로 매일 태양의 질량이 얼마나 감소하겠는가?

1.7 파장 550 nm 인 단색광을 내는 동력 1 W 의 광원이 있다. 1 m 떨어진 지점에 얼마나 많은 광자가 매초 당 1 cm^2 의 넓이를 가진 금속면에 부딪히겠는가?

1.8 진동수 93.1 MHz 출력 10 kW 의 FM 방송국에서 사방으로 균일하게 전자기파를 방출한다. 거리 1 km 떨어진 지점에 있는 단면적 5 cm^2 의 안테나에 매초 부딪히는 광자의 수를 계산하라.

1.9 알루미늄 표면에 파장 250 nm 의 자외선이 쪼이고 있다. 알루미늄의 해방 에너지는 4.2 eV 이다. 다음을 계산하라.
(a) 가장 빠르거나 가장 느린 광 전자의 운동 에너지
(b) 저지 전압
(c) 광전 효과가 일어날 수 있는 최장 파장
(d) 자외선의 Compton 산란 효과

1.10 나트륨의 문턱 진동수는 548 THz 이다. 나트륨의 해방 에너지 (work function) 를 계산하라.

1.11 자유로운 전자가 광자를 흡수할 때 에너지와 운동량이 동시에 보존하지 않음을 증명하라. 따라서 광전 효과는 속박된 전자에서만 일어날 수 있다. 왜 그러한가?

1.12 이상적인 상태에서는 파장 550 nm 의 광자가 매초 당 100 개 정도만 육안에 들어와도 감지할 수 있다고 한다. 동력으로 계산하면 얼마인가?

1.13 전자의 정지 질량 에너지 ($m_e c^2 = 0.511\,\text{MeV}$) 와 똑같은 에너지를 가지는 광자의 운동량, 파장 및 진동수를 계산하라.

1.14 Compton 산란에서 파장의 변화를 나타내는 식 (1.35) 를 유도하라.

1.15 100 MeV 의 광자가 정지한 양성자와 충돌한 후 직각 방향으로 산란한다. 산란 광자의 에너지는 얼마인가? 또 양성자의 반동 에너지와 반동 각도를 구하라.

1.16 Compton 산란에서 반동하는 전자의 최대 운동 에너지는 어떨 때 가능하고 또한 얼마인가?

1.17 다음의 운동 에너지를 가진 입자의 de Broglie 파장을 계산하라. 수치 계산에서 한번은 SI 를 이용하고 또한번은 부록 F 에서 제시한 원자 단위로 계산하여 비교하라.
(a) 1 eV 전자
(b) 1 MeV 양성자
(c) 1 MeV 전자
(d) 실온에서 열 평형을 이루고 있는 열 중성자
(e) 고에너지 가속기에서 나오는 10 TeV 양성자 [$1\,\text{TeV} = 10^{12}\,\text{eV}$)]

1.18 질량 m 전하 e 인 입자가 전위차 V 에서 가속되었을 때 이 입자의 de Broglie 파장은 다음과 같음을 증명하라. 또한 $V = 100\,\text{V}$ 일 때 파장을 계산하라.

$$\lambda = \frac{h}{\sqrt{2meV}}\left(1 + \frac{eV}{2mc^2}\right)^{-1/2}$$

1.19 크기 a 인 물체의 내부 구조를 조사하려면 파장이 $\lambda \approx a$ 이하의 빛을 사용해야 한다. 마찬가지로 입자의 구조를 밝히려면 역시 같은 크기의 파장을 갖는 de Broglie 물질파가 필요하다. 원자 (0.1 nm = 10^{-10} m), 원자핵 (10^{-14} m), 핵자 (1 fm = 10^{-15} m) 의 내부 구조를 탐색하려면 각각 어느 정도의 에너지를 갖는 광자 비임이 있어야 하겠는가?

1.20 입자의 운동 에너지 $K = E - mc^2$ 로 표현한 de Broglie 파장은 다음과 같음을 보이라.

$$\lambda = \frac{hc}{\sqrt{2mc^2K + K^2}}$$

또 비 상대론적(non-relativistic) 및 극 상대론적(ultra-relativistic) 극한을 비교하라. 그리고 이들 양 극한의 계산 결과가 원래의 공식에서 10 % 벗어나는 한계를 제시하라.

1.21 불확정 원리에 근거한 식 (1.45) 에서 다음 경우 입자가 가질 최소한의 에너지를 어림 계산하라.

(a) 크기 0.1 nm 인 원자 안에 있는 전자

(b) 크기 10 fm 인 원자핵 안에 있는 중성자

(c) 크기 1 cm 인 상자 안에 있는 모래알갱이(질량: 1 mg)

1.22 중성자는 평균 수명 $\tau = 925\,\text{s}$ 를 가지고 붕괴한다. 중성자의 질량을 이론적으로 얼마 정도까지 정확히 측정할 수 있는가?

1.23 수소 원자에서 $n = 2 \rightarrow n = 1$ 전이는 평균적으로 1.6 ns 가 걸린다. 이 전이로 발생하는 광자의 파장과 그 불확정도를 계산하라.

1.24 수소 기체의 분자 운동 에너지가 수소 원자의 결합 에너지와 같으려면 온도가 얼마나 높아야 하겠는가?

2. 구식 양자론

2.1 서 론

20세기 초기에 여러 가지 새로운 자연 현상의 발견과 더불어 많은 이론이 제기되었는데 1926년 Schrödinger 방정식과 Heisenberg 행렬 역학으로 양자 이론은 일단 완성되었다고 볼 수 있다. 그러나 1913년에 시작한 Bohr 이론과 이를 주기 운동하는 물리계로 일반화한 Sommerfeld-Wilson의 양자화 규칙은 올바른 양자 역학이 발달할 때까지 교량 역할을 하였고 역사적으로도 중요한 의미가 있다. Schrödinger 이론이 나오기 이전의 양자론을 우리는 흔히 구식 양자론 (old quantum theory)이라 부른다.

구식 양자론은 나름대로 성공한 면도 많았지만 실패 사례도 적지 않다. 특히 Schrödinger 방정식으로 모든 것을 이해한 단계에서는 불필요한 이론같이 보이기도 한다. 그러나 구식 양자론은 고전 역학에 근거를 두고 양자화에 관한 새로운 법칙을 제시함으로써 양자 역학에 숙달되지 않은 단계에서도 직관적으로 양자 현상을 이해하도록 도움을 준다. 따라서 일상 개념을 사용하여 양자 역학 현상을 정성적으로 이해하고 특히 양자 역학의 복잡한 수식에 얽매이기 전에 기본 개념 파악에 중요하다. 그리고 Schrödinger 이론의 WKB 근사법과 매우 비슷하므로 양자 번호가 클 때의 양자론을 이해할 때에도 도움이 된다.

2.2 Bohr 이론

기체는 응축된 물체와 달리 불연속적인 선 스펙트럼을 방출하는 것은 이미 19세기에 널리 알려졌다. 그 중에서 가장 간단한 수소 원자의 선 스펙트럼 (line spectrum)은 규칙성을 쉽게 파악할 수 있었고 Balmer 공식으로 잘 설명된다. Balmer는 수소 원자에서 나오는 스펙트럼의 파장이 다음의 간단한 공식으로 표현할 수 있음을 경험적으로 발견하였다.

$$\frac{1}{\lambda} = R_H\left(\frac{1}{2^2} - \frac{1}{n^2}\right) \qquad R_H = 1.096\,775\,76 \times 10^7 \mathrm{m}^{-1} = \frac{1}{92.2\,\mathrm{nm}} \tag{2.1}$$

여기서 n 은 3 이상의 정수이고 R_H 는 수소 원자에 대한 Rydberg 상수라 한다.

제 1 장에서 기술한 현상들과 마찬가지로 원자의 선 스펙트럼도 고전 물리학으로는 이해할 수 없는 현상이다. 원자 내부에서 궤도 운동을 하는 전자는 전하를 띄고 있으며 원 운동으로

전하가 가속할 때에는 전자기파를 방출한다. 그 파동의 진동수는 전자의 궤도 회전수와 같다. 그러나 전자기파는 에너지를 가지므로 결과적으로 원자 내 전자의 에너지가 감소하고 그 운동 궤도는 점점 작아진다. 그러면 전자는 더 빨리 궤도 운동을 하게 되고 더욱 높은 진동수의 전자기파를 방출한다. 그러므로 원자에서 나오는 스펙트럼은 연속적이어야 한다. 그리고 궁극에는 전자가 핵에 흡수되어야 한다. 즉 원자 핵이 존재할 수 없다.

Bohr 이론은 Balmer 공식을 성공적으로 설명하였는데 그 당시 알려진 원자 모형과 회전 운동량의 양자화를 결합한 것이 특징이다. Rutherford는 α 입자 산란실험에서 원자 핵의 존재를 발견하였고, Bohr는 핵 주위를 전자가 돌고 있는 원자 모형을 사용하였다. Bohr는 다음과 같은 기본적인 가정을 하였다.

(A) 전자는 원자 핵 주위의 원형 궤도를 돌고 있다.

(B) 전자의 궤도는 회전 운동량이 $h/2\pi$의 정수배인 궤도만 허용된다.

$$L = n\frac{h}{2\pi} \qquad (n=1,\ 2,\ 3\cdots) \tag{2.2}$$

(C) 허용된 궤도 상에서 운동하고 있는 전자는 안정하며 복사선을 방출하지 않는다.

(D) 에너지가 다른 궤도 사이에 전자가 전이할 때에는 광자의 형태로 복사선을 방출하며 그 진동수는 다음과 같다.

$$h\nu = E_2 - E_1 \tag{2.3}$$

Rutherford의 원자 모형에서 가정 (A)는 쉽게 수긍이 간다. 물론 일반화한 타원 궤도를 생각할 수도 있겠으나 원형 궤도가 가장 간단하다. 가정 (B)는 흔히 Bohr의 양자화 규칙이리 부른다.

양자 역학에서는 h 보다 $h/2\pi$가 자주 쓰이므로 새로운 기호 $\hbar$ 를 도입한다.

$$\hbar = \frac{h}{2\pi} = 6.582\,122\,0\,(20)\times 10^{-16}\ \mathrm{eV\cdot s} = 1.054\,572\,66\,(63)\times 10^{-34}\ \mathrm{J\cdot s} \tag{2.4}$$

h-bar 라고 읽는다. 그러면 식 (2.2)는 $L=n\hbar$ 가 된다. 가정 (C)는 전자 궤도의 안정성을 가정한다. 고전 이론에서는 전자가 원 운동을 하므로 가속에 따르는 복사선이 방출되어야 하겠으나, Bohr의 이론에서는 궤도가 안정하므로 전자의 에너지는 변하지 않고 아무 복사선도 방출하지 않는다. 그리고 가정 (D)는 Einstein의 광양자 이론과 에너지 보존 법칙을 결합한 것이다.

구체적으로 질량 m인 전자가 전하 $+Ze$인 핵 주위에서 (수소 원자의 경우 $Z=1$) 반지름 r 속도 v로 움직인다고 생각하자. 이러한 원자를 수소 같은 원자 (hydrogenlike atom)라고 부른다. 원자에서 한 개의 전자 이외에는 모두 제거된 이온화 원자를 생각하면 된다.

우선 운동 에너지와 위치 에너지의 합이 전체 에너지이므로 다음의 보존 법칙이 성립한다.

$$E = \frac{1}{2}mv^2 + \frac{1}{4\pi\varepsilon_0}\frac{-Ze^2}{r} \tag{2.5}$$

한편 Newton의 운동 법칙에 따르면 질량과 구심 가속도의 곱은 Coulomb 힘과 같다.

$$m\frac{v^2}{r} = \frac{1}{4\pi\varepsilon_0}\frac{Ze^2}{r^2} \tag{2.6}$$

그리고 Bohr의 가정 (B)는 다음과 같이 쓸 수 있다.

$$mvr = n\hbar \quad (n = 1, 2, 3, \cdots) \tag{2.7}$$

식 (2.5) - (2.7)로 부터 E, v 및 r에 대하여 풀고 양자 번호 n을 부치면 다음 결과를 얻는다.

$$r_n = \frac{4\pi\varepsilon_0 n^2\hbar^2}{mZe^2} = \frac{n^2}{Z}a_B \qquad a_B = \frac{4\pi\varepsilon_0\hbar^2}{me^2} \simeq 53.0\,\text{pm} \tag{2.8}$$

$$v_n = \frac{Ze^2}{4\pi\varepsilon_0\hbar n} = \frac{Z}{n}\alpha c \qquad \alpha = \frac{e^2}{4\pi\varepsilon_0\hbar c} \simeq \frac{1}{137} \tag{2.9}$$

$$E_n = -\frac{mZ^2e^4}{(4\pi\varepsilon_0)^2 2\hbar^2 n^2} = -\frac{1}{8\pi\varepsilon_0}\frac{Z^2e^2}{n^2 a_B} = -\frac{Z^2}{2n^2}\alpha^2 mc^2 \simeq -\frac{Z^2}{n^2}\times 13.6\ \text{eV} \tag{2.10}$$

식 (2.8)을 보면 전자의 궤도 반경은 n^2에 비례함을 알 수 있고 a_B는 에너지가 가장 낮은 바닥상태에 있는 수소 원자의 반지름이다. a_B는 Bohr 반경이라 불리며 원자 물리학에서 길이의 척도가 된다. 속도 v에 관한 식 (2.9)는 전자의 속도가 n에 역비례함을 말해주고 바닥상태의 수소 원자에서는 빛의 속도의 약 1/137 임을 알 수 있다. 상수 α는 무차원의 물리량으로 측정 단위계와는 무관한 자연계의 기본 상수이며 미세 구조 상수 (fine structure constant)라고 부른다. 원자 스펙트럼의 미세 구조는 상수 α로 특징이 나타나기 때문이다.

식 (2.10)에는 양자화된 에너지가 보이는데 n^2 에 역비례한다. 또한 전자의 정지 질량 에너지 mc^2의 α^2배에 비례하는 양이기도 하다. 실제로 미세 구조 상수는 전자기 상호작용을 대표하는 상수로서 원자 스펙트럼의 미세 구조 이외에도 모든 전자기적 현상에 항상 나타나는 기본 상수이다.

Bohr 반경 a_B는 다음처럼 Compton 파장 $\lambda\!\!\!^{-}_e = \lambda_c/2\pi$로 바꿔 쓸 수 있다.

$$a_B = \frac{4\pi\varepsilon_0\hbar^2}{me^2} = \frac{4\pi\varepsilon_0\hbar c}{e^2}\frac{\hbar}{mc} = \alpha^{-1}\lambda\!\!\!^{-}_e \tag{2.11}$$

그런데 전자의 전하 e 인 전기량이 반지름 r_e 인 구에 골고루 분포되었을 때 그 전기 에너지가 전자의 정지 질량 에너지와 대략 같다고 가정하면 전자의 고전 반경 r_e 를 계산할 수 있다.

$$r_e = \frac{e^2}{4\pi\varepsilon_0 mc^2} = \alpha\lambda\!\!\!^{-}_e \tag{2.12}$$

따라서 a_B, $\lambda\!\!\!^{-}_e$, r_e 사이에는 다음 관계식이 성립한다.

$$\frac{a_B}{1} = \frac{\lambda\!\!\!^{-}_e}{\alpha} = \frac{r_e}{\alpha^2} \tag{2.13}$$

Bohr의 가정중 특이한 것은 회전운동량의 양자화, $L=n\hbar$ 에 대한 가정이다. 무슨 까닭에 특별한 회전량의 값들만 허용되는지 쉽게 이해되지 않는다. 이것은 de Broglie의 물질 파동과 연관시켜 볼 수 있다. 궤도전자는 운동량 mv 를 가지므로 이에 해당하는 de Broglie 파장 $\lambda=h/mv$ 를 가진 물질 파동이다. 따라서 회전량의 양자화 식 (2.7)은 다음처럼 쓸 수 있다.

$$2\pi r = n\lambda \quad (n = 1, 2, 3, \cdots) \tag{2.14}$$

즉 궤도의 둘레는 de Broglie 파장의 정수배가 된다. 따라서 궤도전자의 물질 파동은 정류파 (standing wave)이고 Bohr의 양자화 규칙은 물질파가 정류파로 되기 위한 필요충분 조건이다. 전자의 물질파가 궤도를 한 바퀴 돌아 제자리에 왔을 때 시작할 때와 위상이 같으면 계속 보강되어 정류파를 이루고, 그렇지 않으면 간섭 효과 때문에 소멸되어 아무런 파동도 없게 된다. 그러므로 식 (2.14) 또는 식(2.7)에 명시한 조건을 만족하는 궤도만 허용한다.

전자의 궤도가 양자화되었으므로 원자 에너지도 이들 궤도에 대응하는 에너지인 식 (2.10)으로 양자화됨을 알 수 있다. 궤도반경 r_n 인 원자의 운동에너지와 위치에너지의 합, 즉 전체 에너지 E_n 은 식 (2.10)으로 표현된다. 따라서 전자가 양자번호 n_2 인 궤도에서 $n_1(<n_2)$ 인 궤도로 전이할 때 방출하는 광자의 진동수는 Bohr의 전이 가정 (D)에 의하면 다음과 같다.

$$h\nu = E_2 - E_1 = \frac{Z^2e^2}{8\pi\varepsilon_0 a_B}\left(\frac{1}{n_1^2} - \frac{1}{n_2^2}\right) \tag{2.15}$$

또는 아래처럼 다시 쓸 수 있다.

$$\frac{1}{\lambda} = Z^2\frac{e^2}{16\pi^2\varepsilon_0\hbar c a_B}\left(\frac{1}{n_1^2} - \frac{1}{n_2^2}\right) \tag{2.16}$$

윗식에서 Balmer 공식은 $n_2=n$ 인 상태에서 $n_1=2$ 인 상태로 전이할 때 방출하는 복사선의 파장을 나타낸다. 물론 $n_1=2$ 인 상태로만 전이할 필요는 없고 $n_1=1,3,4,5\cdots$ 등 다른 값으로 전이하는 경우도 가능하며 이들은 모두 발견되었다. Bohr 이론은 Balmer의 공식을 잘 설명할 뿐만 아니라 한 걸음 더 나아가서 Rydberg 상수를 다른 기본 상수들로 표현한다.

$$\begin{aligned} \frac{1}{\lambda} &= Z^2 R_\infty \left(\frac{1}{n_1^2} - \frac{1}{n_2^2} \right) \\ R_\infty &= \frac{me^4}{64\pi^3 \varepsilon_0^2 \hbar^3 c} = \frac{\alpha}{4\pi a_B} = 1.097\,373\,15 \times 10^7 \text{ m}^{-1} \end{aligned} \tag{2.17}$$

윗식에서 m 을 전자의 질량 m_e 로 계산한 R_∞ 는 실험값 R_H 와 비교적 잘 일치한다.

식 (2.1) 의 R_H 는 정밀도에서 R_∞ 와 약 10^{-3} 정도의 차이가 있다. 실제로 수소원자는 양성자와 전자가 결합한 두 입자의 물리계이므로 환산질량 (reduced mass) 효과를 고려해야 한다.[1] 두개의 입자가 상호작용하여 운동하는 계에서 이들간의 상대 운동은 상대좌표와 환산질량으로 기술할 수 있다. [7.1절 참고] 그러므로 식(2.5) - (2.7) 에서 질량 m 을 전자의 질량 m_e 와 양성자 질량 m_p 로 구성된 물리계의 환산질량으로 대체하면 식 (2.1) 의 R_H 를 얻는다.

$$m = \frac{m_p m_e}{m_p + m_e} = \frac{m_e}{1 + m_e / m_p} = 0.999\,456\ m_e \tag{2.18}$$

따라서 이 보정 결과를 식 (2.17) 에 고려하면 R_∞ 와 R_H 는 오차 범위내에서 일치한다. 환산질량 효과는 다른 원자 스펙트럼에도 영향을 미치고 실험으로 확인 가능하다.

궤도반경, 전자속도 및 원자에너지를 나타내는 식 (2.8) - (2.10) 은 원자물리학을 정성적으로 이해하는데 큰 도움이 되는 식들이다.

예 제 2.1 미시세계에서 중력의 영향

원자나 분자는 전기적으로 결합되었으나 이들은 또한 중량을 가지므로 중력도 작용한다. 중력의 영향을 알아보기 위하여 수소원자를 생각해보자. 수소원자에서 전하에 의한 Coulomb 힘과 중량에 기인한 중력을 고려하면 전체 에너지는 다음과 같다.

$$E = \frac{1}{2} m_e v^2 - \frac{1}{4\pi\varepsilon_0} \frac{e^2}{r} - G \frac{m_e m_p}{r}$$

---

[1] 참고 : G. R. Fowles and G. L. Cassiday, *Analytical Mechanics, 6th ed*, Sect 7.3

그러면 앞의 식(2.5)-(2.10)에서 $e^2/4\pi\varepsilon_0 \to e^2/4\pi\varepsilon_0 + Gm_em_p$ 로 대체함으로써 똑같은 논의를 할 수 있다. 특히 양자화된 에너지는 다음과 같다.

$$E_n = -\frac{1}{2n^2}\left(\alpha + \frac{Gm_em_p}{\hbar c}\right)^2 m_ec^2 \simeq -\frac{1}{2n^2}\alpha^2\left(1 + \frac{2Gm_em_p}{\alpha\hbar c}\right)m_ec^2 \tag{2.19}$$

이를 보면 중력에 의한 상대적 에너지 변화는 $\Delta E/E = 2Gm_em_p/\alpha\hbar c = 8\times 10^{-40}$ 가 되어 원자세계에서 중력은 지극히 미약하고 무시해도 좋다. 그러나 양자벌판 이론에서 Planck 척도같이 극미소한 세계에서는 오히려 중력의 영향이 중요해진다.

중력은 원자에서 무시할 수 있지만 거시적으로는 오히려 더욱 두드러져서 Kepler의 행성 운동을 다룰 때에는 행성과 태양을 구성하는 입자들의 Coulomb 힘을 고려하지 않는다. 그 이유는 전하에는 양, 음의 두 종류가 있어서 끄는 힘과 미는 힘이 공존하여 상쇄하지만 중력은 끄는 힘만 있으므로 거시적으로 중력이 행성 운동에 더 중요한 영향을 미치기 때문이다. ≺≺

2.3 Sommerfeld-Wilson 양자화

Planck는 단진동 운동을 하는 전자가 $E = nh\nu$ 의 에너지로 양자화 되었다는 가정하에 흑체 복사를 설명하였고, Bohr는 회전 운동량의 양자화 $L = n\hbar$ 로 수소원자의 선 스펙트럼에 관한 Balmer 공식을 유도하였다. 새로운 원자 세계의 현상은 양자화를 전제로 삼아야 이해가 가능한데 일반적으로 어떤 양자화 규칙을 따르는지는 경우마다 다른 것 같고 신비스럽기도 하다. Sommerfeld와 Wilson의 양자화 규칙은 이들을 일반화한 것인데 Planck의 에너지 양자화나 Bohr의 회전량 양자화는 Sommerfeld-Wilson의 양자화 규칙의 특별한 경우에 해당한다.

이들의 양자화 규칙은 de Broglie의 물질파로 이해할 수 있다. 통상적으로 운동량은 공간 좌표 q의 함수이므로 de Broglie 파장도 공간 좌표의 함수이다.

$$\lambda(q) = \frac{h}{p(q)} \tag{2.20}$$

파동수 k 는 2π 길이에 포함된 파장의 수, $k = 2\pi/\lambda$ 이다. 그러므로 $kdq = 2\pi dq/\lambda$ 는 좌표 증분 dq 구간의 파동수를 각도로 본 위상 변화와 같다. [식 (3.2) 참고] 따라서 주기 운동하는 물리계에서 한 주기 동안 물질파의 총 위상 변화는 다음처럼 쓸 수 있다.

$$\oint k\,dq = \oint \frac{2\pi}{\lambda}dq = \frac{2\pi}{h}\oint p\,dq \tag{2.21}$$

운동의 한 주기 동안에 위상 변화인 위의 적분이 2π 의 정수배가 되어야 물질파는 정류파를 형성할 것이다. 식 (2.21) 에서 보듯이 운동량 p 의 공간 좌표 q 에 대한 적분을 작용적분 (action integral) 이라 한다.[2]

작용적분은 위상 공간에서 간단한 기하학적 의미를 갖는다. 위상 공간은 입자계의 운동을 기술하기 위하여 변위 q 와 운동량 p 를 기준 좌표로 하는 공간이다. [부록 B 참고] 이 공간에서 물리계의 운동은 Hamilton의 정준방정식을 풀어서 알아낸다. Newton의 운동방정식이나 Lagrange 방정식과 달리 Hamilton 방정식은 시간에 대한 1계 미분방정식이므로 변위와 운동량의 초기값 q_0, p_0 만 알면 그 이후의 운동은 확정된다. p_0 에 초기 속도에 관한 정보가 담겨있기 때문이다. 위상 공간은 각 운동 자유도마다 두 개의 변수가 있으므로 다차원의 세계이다. 3차원 물리 공간에서 움직이는 한 입자를 기술하려면 6차원 위상 공간이 필요하며 두 입자라면 12차원 공간이 있어야 한다. 그러나 운동을 분석할 때에는 서로 공액인 q, p 의 2차원 하부 공간 (q-p 위상 평면) 을 다루는 것이 편리하다. 이들에게는 불확정성 원리가 적용되기에 위상 공간은 양자 역학에서 중요한 역할을 한다. 시간이 지나면서 물리계의 운동은 위상 공간에서 점이 이동하는 궤적으로 표현된다.

주기 운동을 하는 입자는 일정 시간이 지난 후 다시 제자리로 돌아와서 같은 운동을 반복해야 하므로 위상 공간에서 이 궤도는 닫혀 있다. [그림 2.1 참고] 그리고 닫힌 궤도는 교차점을 가질 수 없다. 만일 갖는다면 그 점에서는 똑같은 위치와 속도를 초기 조건으로 하는 운동이 두 가지가 일어나는데 Newton의 운동방정식의 풀이는 유일하기 때문이다. 주기 운동하는 닫힌 궤도의 서로 공액인 변위와 해당 운동량으로 구성된 2차원 하부 위상 공간 (위상 평면) 으로의 투영도 폐곡선을 이룬다.

그림 2.1
주기 운동하는 물리계의 위상 공간.

물리계의 운동 궤도는 폐곡선으로 기술된다.

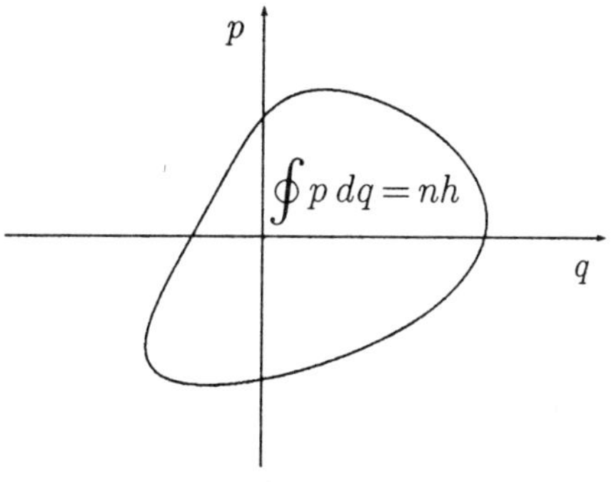

[2] 여기서 인용하는 작용적분은 Hamilton 원리에 나오는 적분이 아니라 "최소작용 원리"에서 말하는 적분이다. 참고: H.Goldstein, *Classical Mechanics, 2nd ed*, Sect 8.6

예 제 2.2 등속 원운동하는 입자의 위상 공간

반지름 a 인 원 위를 회전 속도 ω 로 돌고있는 입자를 생각해 보자. 원운동은 2차원 운동이므로 다음으로 기술한다.

$$x = a\cos\omega t \qquad y = a\sin\omega t \tag{2.22}$$

그러면 운동량은 각각 다음과 같고

$$p_x = mv_x = -m\,\omega\,a\sin\omega t \qquad p_y = mv_y = m\,\omega\,a\cos\omega t \tag{2.23}$$

입자의 운동은 x, y, p_x, p_y 의 4차원 위상 공간에서 한 점의 궤적으로 표현한다. 4차원 공간에서 2차원 하부 공간을 고려해 보자. 6개의 하부 공간을 생각할 수 있으나 관심대상인 공간에서 궤도를 살펴보자.

원운동은 주기 운동이며 위상 공간 궤도는 닫힌 곡선이고 2차원 하부 공간에서도 역시 궤도는 닫혔다. x-y 하부 공간은 물리 공간이고 궤도는 반지름 a 인 원이다. p_x-p_y 운동량 공간에서는 반지름 $m\omega a$ 인 원이 된다. 등속 원운동이기에 속도가 일정하고 따라서 운동량도 일정하기 때문이다. 그러나 x-p_x, y-p_y 위상 평면에서는 타원이 된다. 위상 평면은 식 (2.21) 의 의미 파악에 중요하다. ◀◀

식 (2.21) 의 적분은 바로 이들 좌표-운동량 하부 공간에서 폐곡선으로 덮인 부분의 넓이이고 한 주기 동안의 총 위상 변화가 2π 의 정수배인 궤도만 정류 파동을 만든다. 그러므로 작용 적분에 관하여 다음과 같이 말할 수 있다:

> Sommerfeld-Wilson 의 양자화 규칙
>
> 주기 운동을 하는 자유도 N 인 물리계에서 각각의 자유도에 대한 작용 적분은 다음의 양자화 조건을 만족한다.
>
> $$\oint p_\alpha\, dq_\alpha = n_\alpha h \qquad \begin{matrix}(\alpha = 1,2,3,\cdots,N) \\ (n_\alpha = 0,1,2,3\cdots)\end{matrix} \tag{2.24}$$
>
> - 지표 α 는 자유도를 나타내며 n_α 는 각 자유도에 대한 양자 번호이다.
> - q_α 는 각 자유도에 대한 공간 좌표이고 p_α 는 이에 상응하는 공액 운동량이다.
> - 작용 적분은 운동의 한 주기에 대하여 실행한다.

식 (2.24) 는 닫힌 궤도로 덮인 넓이가 $nh(n = 0,1,2,3,\cdots)$ 인 작용적분을 갖는 궤도 운동만 허용됨을 의미한다. 또한 인접한 두 궤도 사이의 넓이는 Planck 상수 h 와 같다. 식 (2.24) 는 Sommerfeld-Wilson 의 양자화 규칙이라 부른다.

식 (2.24) 의 양자화 규칙에서 양자 번호 $n_\alpha=0$ 이 포함된다. 이 경우 $p_\alpha=0$ 이 되어 위상 공간에서 궤도는 점이 되고 무의미한 것 같지만 운동의 다른 자유도를 고려하면 전체 위상 공간의 점궤도는 아니다. 모든 자유도가 영인 경우에는 $p_1=p_2=\cdots=p_N=0$ 이 되어 궤도 전체가 점인데 역시 이것도 양자화 규칙에 따라 포함한다.

궤도 사이의 넓이가 h 라는 것은 Heisenberg 의 불확정성 원리를 상기시킨다. 변위와 운동량의 불확정도 곱이 h 정도라는 것은 위상 공간에서 한 양자 상태가 각각의 운동 자유도에 대하여 h 정도의 넓이를 갖는 영역내에서는 불확실함을 의미한다. 각 궤도는 어떤 양자 상태를 나타내는데 양자화 규칙 (2.24) 는 각각의 양자 상태가 정확히 h 크기의 위상 공간을 점유한다고 해석할 수 있다. 그러므로 위상 공간을 h 로 나누어서 전체 양자 상태의 수를 계산할 수 있다.

Sommerfeld-Wilson 의 양자화 규칙은 에너지 준위를 정할 뿐 전자의 전이에 따른 선 스펙트럼에 대하여는 조금도 예측할 수 없다. Bohr 는 이론적 결함을 보완하기 위하여 대응 원리 (correspondence principle) 를 도입하였는데 다음과 같이 표현한다.

(A) 양자 번호가 매우 클 때의 양자론적 현상은 고전 물리학적으로 얻은 결과와 일치한다.

(B) 위의 결과로 얻은 양자 번호에 관한 선택 규칙은 모든 양자 번호에 적용된다.

Bohr 의 대응 원리 중에서 가정 (A) 는 다음과 같이 쓸 수 있다.

$$\lim_{n\to\infty} \text{양자 역학} = \text{고전 역학} \tag{2.25}$$

그러나 식 (2.24) 에서 n 이 대단히 클 때에는 인접한 작용적분의 차이가 상대적으로 $1/n$ 이 되어 허용 궤도들이 거의 연속적인 분포를 이룬다. 이는 마치 h 를 영으로 가까이 하는 것과 마찬가지 효과이다. 따라서 대응 원리 (2.25) 는 이미 기술한 식 (1.48) 과 대등함을 알게 된다.

대응 원리의 가정 (A) 는 어떤 면에서 자연스럽다. 물리학의 목표는 보편성을 가진 법칙을 추구하는 것이므로 새로운 이론은 기존 이론 보다 넓은 영역에서 적용되어야 한다. 그러나 기존 이론은 나름대로 어느 영역에서는 유효하므로 새 이론은 이러한 영역에서 기존 이론과 일치해야 한다. 보기로 상대성 이론은 입자의 속도가 빠른 영역에까지 적용되는 이론이므로 입자가 느리게 움직일 때에는 고전 역학과 동일한 결과를 주어야 한다. 마찬가지로 양자론은 매우 작은 척도의 길이에까지 성립되는 이론이므로 거시적 거리에서는 고전 이론과 일치하여야 한다.

반면에 대응 원리의 가정 (B) 에서는 고전 역학의 결과를 새로운 영역에까지 연장하여 성립한다고 가정하므로 그 진위는 실험 사실과 비교하여서 밝혀져야 한다. 다음 몇 가지 보기에서 Sommerfeld-Wilson 의 양자화 규칙과 Bohr 의 대응 원리가 예견하는 현상을 살펴보도록 한다.

2.4 양자화의 몇 가지 보기

예 제 2.3 Bohr의 회전량 양자화

등속 원운동을 하는 입자의 경우 공간좌표는 각도 θ 이고 이에 상응하는 공액 운동량은 회전 운동량 L 이다. 등속 원운동에서 회전량은 항상 보존되어 상수이므로 따라서 식 (2.24)는

$$\oint L d\theta = L \cdot 2\pi = nh \qquad (n=0,1,2,3,\cdots)$$

로 쓸 수 있고 Bohr의 가정 (B)인 회전량 양자화 공식을 얻게 된다.

$$L = n\hbar \qquad (n=0,1,2,3,\cdots) \tag{2.26}$$

윗식은 식 (2.2)와 비교할 때 $n=0$ 을 추가로 허용한다. Bohr 모형에서는 E가 $-\infty$ 여서 제외한 경우이다. 실제로 제대로 양자화할 때 회전량은 $L=0$ 을 포함한다. 그러나 그 과정은 더욱 복잡하다. [7.3절 참고]

수소 같은 원자에 대응 원리를 적용하여 선택 규칙을 구해보자. 우선 식 (2.15)에서 n_1, n_2가 매우 클 때 $n_1=n$, $n_2=n+\Delta n$ 이라 하면 방출되는 광자의 진동수는 다음과 같다.

$$\nu = \frac{Z^2e^2}{8\pi\varepsilon_0 h a_B}\left(\frac{1}{n^2} - \frac{1}{(n+\Delta n)^2}\right) \simeq \frac{Z^2e^2}{4\pi\varepsilon_0 h a_B}\frac{\Delta n}{n^3} \tag{2.27}$$

한편 고전 물리학에서 전자는 궤도 회전 빈도수와 같은 진동수의 전자기파를 외부로 방출하고 고전적 진동수는 다음으로 표현할 수 있다.

$$\nu_{cl} = \frac{v_n}{2\pi r_n} = \frac{Z^2e^2}{4\pi\varepsilon_0 h a_B}\frac{1}{n^3} \tag{2.28}$$

따라서 식 (2.27)과 (2.28)을 비교하면 다음의 선택 규칙을 얻는다.

$$\Delta n = \pm 1 \tag{2.29}$$

부호 $\pm$는 광자의 흡수까지도 고려하여 취해진 것이다.

식 (2.29)에서 양자번호가 매우 클 때에는 인접한 양자상태 간에만 전자의 전이가 일어남을 말해 준다. 그러나 Bohr의 대응원리에 관한 가정 (B)는 식 (2.29)가 모든 양자번호에 적용됨을 의미한다. 즉 $n=1,2,3,\cdots$ 같은 낮은 에너지를 가진 양자 상태에도 적용된다는 뜻이다.

Bohr 모형에서는 선택 규칙이 $\Delta n=\pm1$ 이어서 Balmer 스펙트럼에서 $n_2=3 \rightarrow n_1=2$ 인 선 하나만 존재하여야 하는데 그렇지 않은 실험 사실은 구식 양자론인 Bohr 모형의 한계를 드러낸다. 이것은 Bohr 모형이 원형 궤도에만 국한하였기 때문이다. 실제로 타원 궤도까지 포함

하는 Sommerfeld 수소 원자 모형에서는 추가로 선택 규칙이 있어서 스펙트럼의 다른 선들도 설명해준다. [예제 2.7 참고] ≺≺

예 제 2.4 조화 진동자의 양자화

탄성 계수 k 인 단순 조화 운동을 하고 있는 질량 m 인 진동자를 생각해 보자. 주기 운동을 하고 전체 에너지는 보존되어 일정하므로 다음이 성립한다

$$E = \frac{p^2}{2m} + \frac{1}{2}kx^2 = \text{상수} \tag{2.30}$$

입자는 위상 공간에서 타원 궤도를 그린다. [그림 2.2 참고] 따라서 작용적분 (2.24) 는 타원의 넓이이고, $\pi \times$ 장반축 $\times$ 단반축 이므로 다음 결과를 얻는다.

$$\oint p dx = \pi\sqrt{\frac{2E}{k}}\sqrt{2mE} = nh \qquad (n = 0, 1, 2, 3, \cdots) \tag{2.31}$$

탄성 계수 k 는 진동수와 $k = m\omega^2$ 의 관계이므로 양자화한 에너지는 다음과 같다.

$$E = n\hbar\omega = nh\nu \qquad (n = 0, 1, 2, 3, \cdots) \tag{2.32}$$

이것은 바로 Planck 의 양자화 공식이다. Planck 는 흑체 복사를 설명하기 위하여 에너지 양자화를, Bohr 는 선 스펙트럼에 대한 이론으로 회전량의 양자화를 가정하였으나 이들은 모두 Sommerfeld-Wilson 의 양자화 규칙에서 유도되었다.

대응 원리를 적용해 보면 $n_2 = n + \Delta n$ 에서 $n_1 = n$ 상태로 전이할 때 발생하는 복사선의 진동수는 다음과 같다.

$$\nu = \frac{E_2 - E_1}{h} = \Delta n \cdot \frac{\omega}{2\pi} \tag{2.33}$$

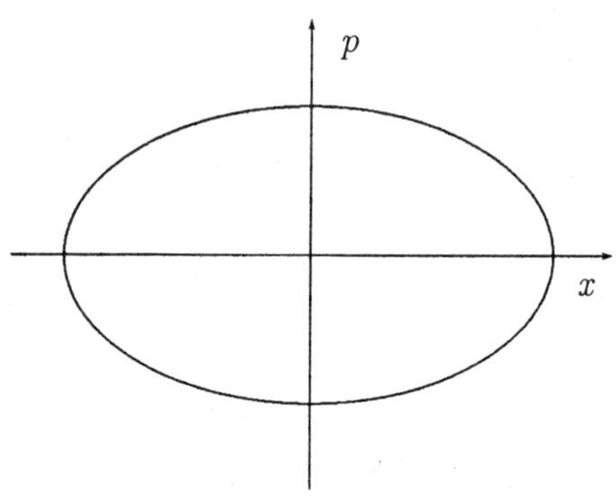

그림 2.2
위상 공간의 조화 진동자 궤도.

장반축과 단반축이 $\sqrt{2E/k}$ 와 $\sqrt{2mE}$ 인 타원 궤도이다.

이것은 n 이 매우 클 때 고전적인 진동수 $\nu_{cl}(=\omega/2\pi)$ 과 같아야 하므로 수소 원자와 마찬가지로 선택 규칙 $\Delta n = \pm 1$ 을 얻고 인접한 에너지 준위의 에너지 상태 사이에서만 전이가 생긴다. 이번에도 Bohr 의 대응 원리는 선택 규칙 $\Delta n = \pm 1$ 이 모든 n 에서 성립한다는 뜻이다. ≺≺

예 제 2.5 단단한 수평면에 자유 낙하하는 입자

수평면 위의 높이 l 되는 지점에서 질량 m 인 입자를 자유 낙하시켰다고 하자. 그러면 수평면에서 탄성 충돌하여 원래의 높이까지 되튀어 올라가고 같은 운동을 반복한다. 즉 주기 운동을 한다. 위상 공간에서 입자의 궤적을 구하기 위하여 에너지 보존법칙을 활용한다.

$$E = \frac{p^2}{2m} + mqz = mgl = \text{상수} \tag{2.34}$$

입자가 수평면에 충돌하는 순간 운동량의 방향이 바뀐다. 그러므로 z-p 위상 공간에서 포물선과 직선으로 궤도가 형성된다. [그림 2.3 참고]

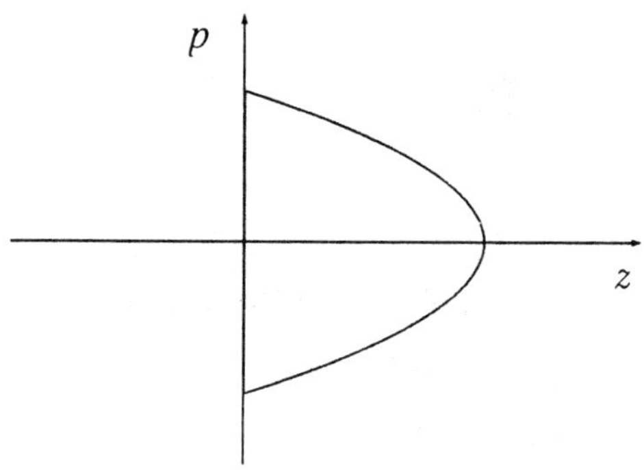

그림 2.3
자유 낙하하는 입자의 위상 공간 궤도.

포물선과 직선 선분으로 둘러싸여 있다.

다음에는 식(2.21)에 따라 양자화 조건을 다루어야 한다. 작용 적분은 다음과 같다.

$$\oint p\,dq = 2\int_0^{E/mg} p\,dz = 2\int_0^{E/mg} \sqrt{2m(E-mgz)}\,dz = \frac{4}{3g}\sqrt{\frac{2}{m}}E^{3/2} \tag{2.35}$$

이 값은 nh 와 같고 E 에 관해 풀면 양자화된 에너지를 얻는다.

$$E_n = \left(\frac{m}{2}\right)^{1/3}\left(\frac{3g}{4}nh\right)^{2/3} \tag{2.36}$$

입자가 낙하하는 시간이 $\sqrt{2l/g}$ 이므로 고전 역학적 진동수는 $\nu_{cl} = \sqrt{g/8l}$ 이다. 대응 원리를 적용하면 이번에도 $\Delta n = \pm 1$ 의 선택 규칙을 얻는다. ≺≺

예 제 2.6 상자 속의 입자

한 변이 L 인 정육면체의 상자 속에서 움직이는 자유 입자의 에너지는 다음과 같다.

$$E = \frac{1}{2m}\mathbf{p}^2 = \frac{1}{2m}(p_x^2 + p_y^2 + p_z^2) \tag{2.37}$$

그러나 이 입자는 완전히 자유로운 입자가 아니고 상자 안에 유폐되어 있으므로 위상 공간에서 x 성분 궤도는 그림 2.4와 같다. 상자 속에서 움직일 때에는 등속 운동이므로 직선 궤도이고 벽에 부딪힐 때 운동 방향이 바뀌므로 궤도도 바뀐다. 따라서 x 성분에 대한 작용 적분은

$$\oint p_x\, dx = 2L\sqrt{2mE_x} = n_x h \qquad (n_x = 0, 1, 2, 3, \cdots) \tag{2.38}$$

인데 여기서 $E_x = p_x^2/2m$ 이다. 윗식을 E_x 에 대하여 풀면

$$E_x = \frac{h^2}{8mL^2}n_x^2 = \frac{\pi^2\hbar^2}{2mL^2}n_x^2 \tag{2.39}$$

이 되고 이러한 식은 y 및 z 성분에 대하여도 성립하므로 전체 에너지 E 는 다음과 같다.

$$E = E_x + E_y + E_z = \frac{\pi^2\hbar^2}{2mL^2}\left(n_x^2 + n_y^2 + n_z^2\right) \qquad (n_x, n_y, n_z = 0, 1, 2, 3, \cdots) \tag{2.40}$$

입자는 삼차원 운동을 하므로 자유도는 3 이고 따라서 3 개의 양자 번호 n_x, n_y, n_z 가 필요하다.

이번에는 대응 원리를 적용하여 선택 규칙을 구한다. x 성분에 관한 식 (2.39) 에서 n_x 가 매우 클 때 $n_x + \Delta n_x$ 에서 n_x 상태로 전이할 때 발생하는 복사선의 진동수는 다음과 같다.

$$\nu_x = \frac{E_{2x} - E_{1x}}{h} \simeq \frac{h}{4mL^2}n_x\,\Delta n_x \tag{2.41}$$

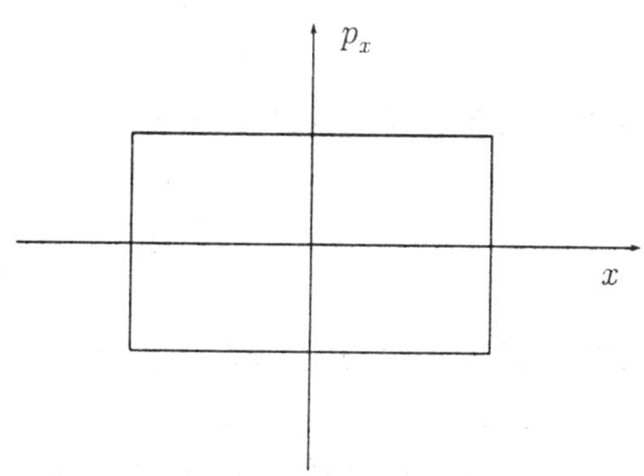

그림 2.4
상자 안에 있는 자유 입자의 위상 공간

실제로는 6차원 공간이지만 x-p_x의 2차원 부분 공간의 궤도만 표시하였다.

한편 고전적 진동수는 입자가 단위 시간에 상자 안에서 두 벽에 부딪히면서 오가는 회수이므로

$$(\nu_x)_{cl} = \frac{v_x}{2L} = \frac{1}{2L}\sqrt{\frac{2E_x}{m}} = \frac{h}{4mL^2}n_x \tag{2.42}$$

이 성립하고 식 (2.41) 과 (2.42) 를 비교하면 $\Delta n_x = \pm 1$ 의 선택 규칙을 얻는다. 물론 y 및 z 성분에 대하여도 마찬가지로 $\Delta n_y = \pm 1$, $\Delta n_z = \pm 1$ 의 선택 규칙이 성립한다. 그리고 이 선택 규칙은 작은 n 까지 모든 값에 대해 성립한다는 것이다. ◁◁

예 제 2.7 Sommerfeld의 수소 원자 모형

Bohr의 원자 모형은 원형의 전자 궤도를 가정하고 있다. 그러나 Kepler 문제에서 보듯이 거리에 역비례하는 위치 에너지를 가진 입자의 궤도는 일반적으로 평면 위에서 원뿔 곡선이고 속박된 운동을 할 경우에는 타원 운동을 포함된다. 따라서 운동의 자유도는 2 이며 평면 극좌표를 사용할 때 회전각만 주기적 운동을 하는 것이 아니고 지름 좌표도 주기 운동을 한다. 그러므로 Sommerfeld-Wilson 의 양자화 규칙은 각각의 좌표에 적용된다.

$$\oint p_\theta \, d\theta = n_\theta \, h \qquad (n_\theta = 0, 1, 2, 3, \cdots) \tag{2.43}$$

$$\oint p_r \, dr = n_r \, h \qquad (n_r = 0, 1, 2, 3, \cdots) \tag{2.44}$$

첫번째 식 (2.43) 은 Bohr의 회전량 양자화 규칙이다. 따라서 회전 운동량 보존때문에 $p_\theta = L$ 은 일정하고 양자화 조건식 (2.43) 은 손쉽게 계산된다.

$$L = n_\theta \hbar \qquad (n_\theta = 0, 1, 2, 3, \cdots) \tag{2.45}$$

지름 방정식은 좀 복잡한데 이차원 중심력 벌판에서의 극 좌표를 이용한 에너지 방정식을 쓰면 편리하다.[3]

$$\frac{1}{2m}\left(\dot{r}^2 + r^2\dot{\theta}^2\right) + V(r) = E \tag{2.46}$$

이 식을 지름 방향의 운동량 p_r 과 회전량 $L = mr^2\dot{\theta}$ 로 표현하면

$$\frac{1}{2m}p_r^2 + \frac{L^2}{2mr^2} + V(r) = E \tag{2.47}$$

가 되고 지름 운동량 p_r 은 다음과 같다.

---

[3] 참고: G. R. Fowles and G. L. Cassiday, *Analytical Mechanics, 6th ed*, Sect 6.9

$$p_r = \sqrt{2m\left(E - V(r) - \frac{L^2}{2mr^2}\right)} \tag{2.48}$$

수소 같은 원자의 경우 $V(r) = -Ze^2/4\pi\varepsilon_0 r$ 이므로 양자화 조건식 (2.44) 는

$$2 \cdot \sqrt{2m} \int_{r_1}^{r_2} \sqrt{E + \frac{Ze^2}{4\pi\varepsilon_0 r} - \frac{L^2}{2mr^2}}\, dr = n_r h \qquad (n_r = 0, 1, 2, 3, \cdots) \tag{2.49}$$

로 되는데 r_1, r_2 는 전향점의 위치이고 피적분 함수의 두 근이다. 이 적분은 초급 함수로 쉽게 적분이 가능하며 일반적으로 다음 공식[4]

$$\int_\alpha^\beta \frac{dx}{x} \sqrt{(x-\alpha)(\beta - x)} = \pi\left(\frac{\alpha+\beta}{2} - \sqrt{\alpha\beta}\right) \qquad (0 < \alpha < \beta) \tag{2.50}$$

을 활용할 수 있고 적분을 수행하면 다음 결과를 얻는다.

$$E_n = -\frac{mZ^2e^4}{(4\pi\varepsilon_0)^2\, 2\hbar^2 n^2} \qquad (n = n_r + n_\theta = 0, 1, 2, 3, \ldots) \tag{2.51}$$

식 (2.51) 은 식 (2.10) 과 동일하지만 회전 운동량에 대한 양자 번호가 $n = n_r + n_\theta$ 로 바뀌었다. 윗식의 양자 번호 n 은 에너지 준위와 연관되므로 스펙트럼에서 중요한 역할을 하고 주 양자 번호 (principal quantum number) 라고 불리운다.

Bohr 의 원자 모형은 Sommerfeld 모형의 특별한 경우이다. $n_r = 0$ 의 경우 식 (2.44) 에서 $p_r = 0$ 이고 식 (2.48) 에서 r 은 상수이어서 원 운동을 하게 된다. ≺≺

Bohr 모형의 선택 규칙은 $\Delta n = \pm 1$ 이어서 Balmer 스펙트럼에서 하나의 선만 존재하는데 Sommerfeld 이론에서는 $\Delta n_\theta = \pm 1$ 의 선택 규칙이 적용되어 $n_2 = 2, 3, 4, 5, \cdots$ 에서 $n_1 = 1$ 로 전이가 가능하다. 그리고 마지막 준위가 $n_1 = 2$ 인 Balmer 계열 이외에도 $n_1 = 1$ 로 전이하는 Lyman 계열 (자외선 영역), $n_1 = 3, 4, 5$ 로 전이하는 Paschen, Brackett 및 Pfund 계열 (적외선 영역) 등이 존재하는데 이들은 모두 $\Delta n_\theta = \pm 1$ 의 선택 규칙으로 설명할 수 있다.

식 (2.51) 을 살펴보면 비록 에너지 준위가 같아도 양자 번호까지 동일한 것은 아니다. 다른 양자 번호에 대하여 같은 에너지 준위가 해당될 수 있다. 이러한 현상을 겹침 (degenerated) 이라 하며 똑같은 에너지 상태에 대응하는 양자 상태의 수를 겹침도 (degeneracy) 라고 한다.

---

[4] 참고: I. S. Gradshteyn and I. M. Ryzhik, *Table of Integrals, Series and Products*, 2.267_1

겹침도가 1일 경우에는 안 겹쳤다고 (nondegenerated) 한다. 일반적으로 에너지가 양자화 되었을 때 가장 에너지가 낮은 양자 상태를 바닥 상태 (ground state), 그 이외의 다른 양자 상태들을 들뜬 상태 (excited state) 라고 한다.

Sommerfeld는 수소 원자에서 상대론적 보정을 통하여 겹침 현상을 제거하였으며 실제로 선 스펙트럼의 미세 구조를 계산하였다. 미세 구조에 대한 그의 계산은 양자 역학의 발달 초기에 구식 양자론의 성공적인 보기로 알려졌으나 Coulomb 법칙 때문에 생기는 우연한 현상임이 알려졌다. 특히 전자의 스핀을 무시한 Sommerfeld의 모형은 물리학자들을 한동안 혼동시킨 이론 모형이 되었다. Coulomb 힘은 다른 종류의 힘과 달라서 우연한 겹침 현상이 생기는데 이 때문에 위치 에너지에 관련된 일반적인 성질을 이해할 때 오히려 저해 요인이 될 수가 있다.

수소 원자에 관한 Bohr 모형이나 Sommerfeld 모형을 액면 그대로 받아드릴 필요는 없지만 원자의 여러 성질을 파악하기에 좋은 지표가 된다. 우선 Bohr 반경이 53 pm 이므로 수소 원자의 크기는 100 pm 정도이다. 원자 번호가 큰 원자의 경우에는 식 (2.8) 에서 보듯이 궤도 반경이 n^2에 비례하고 Z에 역비례하므로 전체적으로 Z에 비례하여 원자가 커져야 할 것 같지만 겹침도 때문에 원자는 원자 번호와 무관하게 대략 200~300 pm의 크기를 가지고 있다. Z가 커지면서 핵 부근의 전자 궤도는 작아지는 한편 최외각 전자는 큰 변화 없이 Bohr 반경 정도의 궤도를 유지하는 것이다.

2.5 구식 양자론의 퇴장

Sommerfeld-Wilson의 양자화 규칙과 Bohr의 대응 원리로 절정을 이룬 구식 양자론은 많은 성공을 거두었다고 할 수 있다. 그러나 새로운 실험 사실의 발견 및 더욱 정밀한 측정은 구식 양자론의 한계성을 나타내었다.

구식 양자론의 제일 큰 약점은 주기 운동을 하는 물리계에만 적용된다는 것이다. 비주기 운동은 위상 공간에서 닫힌 궤도가 안되므로 식 (2.24) 의 닫힌 곡선에 대한 위상 공간의 적분을 어떻게 수정해야 할지 큰 문제가 된다. 물리학에서는 조화 운동 같은 주기적 운동뿐만 아니라 각종 반응, 붕괴, 충돌, 산란 같은 비주기적 운동도 중요하므로 구식 양자론은 매우 제한된 이론임을 알 수 있다.

다음으로는 수소 원자나 이온화 한 He^+ 원자같이 단일 전자를 가진 원자에나 잘 적용될 뿐 여러 개의 전자를 가진 원자에 대하여는 거의 활용할 수 없다는 점이다. 중성 He 원자처럼 단 두 개의 전자를 가진 원자에 대하여도 Sommerfeld-Wilson 이론은 사실과 상당히 다른 결과를 제시한다.

또한 구식 양자론은 에너지 준위간의 어떤 전이가 가능한지 대응원리로 선택규칙을 말해주고 있으나 불충분하다. 더구나 특정한 전이가 일어난다 해도 어느 정도 빨리 일어나는지를 전혀 언급하지 못한다. 전이가 잘 일어나면 기체방전에서 같은 에너지를 갖는 광자들이 더욱 많이 방출할 것이므로, 스펙트럼 선의 강도가 진해질 터인데 어느 정도인지에 관하여는 조금도 정보를 제공하지 못한다. 실제로 스펙트럼 선을 보면 각양각색의 강도를 가진 선들이 존재한다.

개념에서도 문제가 있다. 제 1 장에서 입자-파동의 이중성 때문에 불확정성 원리가 적용됨을 Sommerfeld-Wilson 양자화 규칙으로는 애매하다. 예제 2.4, 2.5에서 보듯이 에너지가 제일 낮은 상태는 입자의 에너지가 영, 즉 입자가 정지한 상태인데 이 경우에는 위치와 운동량의 불확정도가 모두 영이어서 불확정성 원리와 어긋난다. 결국 구식 양자론은 불완전한 이론에 불과함을 알 수 있다.

이러한 문제점들은 1920년대 중반에 나온 Heisenberg의 행렬역학 및 Schrödinger의 파동역학과 더불어 우리가 현재 알고 있는 형태를 가진 양자물리학으로서의 토대가 굳건히 다져졌다. 제 1 장 끝에서 언급한 바와 같이 입자는 파동다발로 생각해야 하므로 이러한 파동이 만족해야 할 Schrödinger 방정식을 공부하기 전에 우선 다음 장에서는 파동에 관한 일반적인 성질을 살펴 보도록 한다.

연 습 문 제

2.1 질량 m 인 입자가 탄성계수 k 인 용수철에 연결되어 있다. 위치에너지는 $V = 1/2\,kr^2$ 이다. 수평면에서 원운동을 할 때 Bohr의 양자화 규칙에서 양자화된 에너지를 구하라. 또한 양자화한 궤도 반경과 양자 번호의 관계를 조사하라. 그리고 Bohr 의 수소 원자 이론에서 얻은 결과와 비교하라. 만일 이러한 원자가 존재한다면 선 스펙트럼에 관한 Balmer 공식은 어떤 형태를 하겠는가?

2.2 Bohr 모형에서 전자 궤도가 만드는 자기 쌍극 능률과 회전 운동량의 비는 양자 번호에 관계 없음을 증명하고 그 값을 구하라.

2.3 원자가 들뜬 상태 E_2 에서 낮은 에너지 E_1 의 상태로 전이할 경우 원자의 반동 에너지 때문에 $h\nu = E_2 - E_1$ 보다 작은 에너지를 갖는 광자를 방출한다. 반동으로 인한 광자 에너지의 감소를 근사적으로 계산하고 수소 원자의 전이를 보기로 그 크기를 추정하라.

2.4 삼차원 조화 진동자는 구면 좌표와 정방 좌표로 다음과 같다.

$$V = \frac{1}{2}m\omega^2 r^2 = \frac{1}{2}m\omega^2(x^2 + y^2 + z^2)$$

(a) 구면 좌표계에서 Sommerfeld-Wilson 양자화 규칙을 적용하여 양자화된 에너지를 구하라. 그리고 그 결과가 어떤 경우에 연습문제 2.1 과 일치하는가? [예제 2.7 참고]

(b) 정방 좌표계에서 에너지는 $E_n = n\hbar\omega$ $(n = n_x + n_y + n_z), (n_x, n_y, n_z = 0, 1, 2, \cdots)$ 로 양자화됨을 증명하라. [예제 2.4, 2.6 참고] 이들 에너지 준위의 겹침도를 계산하라.

2.5 반지름 R 인 구형 상자 안에서 입자가 움직이고 있다. 양자화된 에너지에 관한 식을 쓰고 $L = 0$ 인 경우 다음과 같음을 증명하라.

$$E_n = \frac{\pi^2\hbar^2}{2mR^2}n^2 \quad (n = 0, 1, 2, 3, \cdots)$$

2.6 회전 관성이 I 인 강체로 된 회전체가 있다. 이 회전체의 양자화된 에너지를 구하고 대응 원리를 적용하여 선택 규칙을 결정하라.

2.7 표면 장력을 받으며 움직이는 입자의 위치 에너지는 $V(x) = k|x|$ 이며 운동은 주기적이다. 이 입자의 가능한 에너지를 구하고 대응 원리를 적용하여 전이에 관한 규칙을 유도하라.

2.8 예제 2.5 의 자유 낙하하는 입자 문제에서 대응 원리를 적용하여 선택 규칙 $\Delta n = \pm 1$ 을 유도하라.

2.9 삼차원에서 $V(r) = ar^k$ 인 위치 에너지를 가지는 입자의 운동은 $ak > 0$ 일 때 속박된 주기 운동이다. 원 운동의 경우만 고려하고 양자화된 에너지를 계산하라. 그리고 $k = -1, +1, +2$ 일 경우를 보기로 들어 논하라.

2.10 일차원 상자 속에서 질량 m 인 상대론적 입자가 움직이고 있다. 구식 양자론을 적용하여 양자화된 에너지를 구하고 비 상대론 및 극 상대론 극한을 계산하라.

2.11 질량 m 인 입자가 탄성 계수 k 인 스프링에 수직으로 매달린 진동자의 에너지 양자화를 논하라. 입자에 작용하는 힘은 스프링 힘과 중력뿐이므로 수직 상 방향을 $+z$-축으로 선정할 때 위치 에너지는 다음과 같다.

$$V(z) = \frac{1}{2}kz^2 + mgz$$

3. 파동의 일반적 성질

3.1 평면 파동

물질파동도 파동의 일종이므로 그 일반 성질을 우선 살펴보고 물질파의 특수한 성격을 알아보는 것이 바람직하다. 물리학의 여러 분야에서 파동 현상을 다루지만 많은 경우에 선형파동(linear wave)을 의미한다. 즉 파동 방정식이 선형의 미분방정식이므로 두 개의 풀이들을 선형 결합하여도 또한 새로운 풀이가 된다. 다시 말하면 중첩 원리 (superposition principle)가 성립한다. 이 책에서는 선형 파동만 다룰 것이다.

선형파동 중에서 가장 간단한 것은 일차원에서의 싸인 파동이다. 삼차원에서 보면 일정한 방향으로 진행하는 평면 파동이다. 물론 엄밀한 의미에서 시공간에 무한히 펼쳐 있는 평면파는 존재하지 않지만 이상적인 평면파를 고려해 보자. 평면파동은 파장, 진동수, 초기 위상 및 진폭으로 그 특징을 나타내는데 다음과 같은 형태로 표현한다.

$$\Psi(x,t) = A\cos(kx-\omega t+\delta), \quad A\sin(kx-\omega t+\delta)$$
$$\text{또는} \qquad \Psi(x,t) = A\,e^{+i(kx-\omega t)} \tag{3.1}$$

이 책에서는 주로 지수 형태의 파동을 사용하겠는데 초기 위상 (initial phase) δ 는 복소수인 진폭 A 에 포함하였다.

파동의 위상은 파동 함수의 위상 각도로 나타낸다. 위의 경우 $kx-\omega t+\delta$ 가 파동의 위상이 된다. 그림 3.1(a) 처럼 우선 시각을 임의의 시점 $t=t_0$ 에 고정시키면 위치의 변화에 따라서 변하는 파동이 되는데 파동의 한 마루에서 다음 마루까지의 길이를 파장 (wavelength) 이라고 하며 λ 로 표기한다. 한 파장의 구간동안 위상의 변화는 2π rad 이므로 다음 식을 얻는다.

$$k\lambda = 2\pi \qquad \text{또는} \qquad k = \frac{2\pi}{\lambda} \tag{3.2}$$

따라서 k 는 2π 거리에 포함된 파동의 개수이며 파동수 (wave number) 라고 부른다. 다음에 그림 3.1(b) 처럼 위치를 임의의 지점 $x=x_0$ 에 고정시키면 시간 변화에 따른 진동인데 위상이 2π rad 변하는 동안 시간 변화는 주기 (period) τ 가 된다.

$$\omega\tau = 2\pi \qquad \text{또는} \quad \omega = \frac{2\pi}{\tau} = 2\pi\nu \tag{3.3}$$

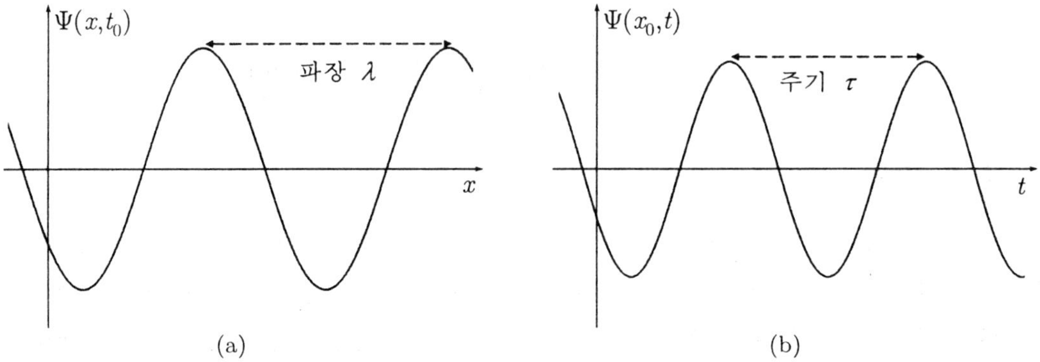

그림 3.1 (a) 고정 순간에 위치의 함수로 본 파동 함수, $\Psi(x, t_0)$,
(b) 고정 위치에서 시간의 함수로 본 파동 함수, $\Psi(x_0, t)$

그러므로 $\nu = 1/\tau$ 는 단위 시간에 파동이 반복되는 빈도수 (frequency) 또는 진동수이다. 파동이 반복할 때마다 위상은 2π rad 씩 변하므로 ω 는 회전 빈도수 (angular frequency) 라 한다.

위상이 일정한 점의 시간 변화를 살펴보면

$$kx - \omega t = \text{상수} \quad \text{또는} \qquad x = \frac{\omega}{k}t + \text{상수} \tag{3.4}$$

이고 ω/k 의 속도로 움직임을 알 수 있다. 이 속도를 위상 속도 (phase velocity) v_p 라 부른다. 위상이 일정한 점이 움직이는 속도이기 때문이다.

$$v_p = \frac{\omega}{k} = \nu\lambda \tag{3.5}$$

식 (3.1) 에서 위상을 $kx - \omega t$ 대신에 $-kx - \omega t$ 로 택하면 파장, 진동수 및 위상 속도에 관하여 동일한 관계식을 얻겠지만 이번에는 음의 x-축 방향으로 진행하는 파동을 나타낸다. 일반적으로 삼차원의 공간에서 어느 한 쪽 방향으로 진행하는 평면 파동은 파동수 k 를 벡터화함으로써 표시할 수 있다. 즉 평면파를

$$\Psi(\mathbf{x}, t) = Ae^{+i(\mathbf{k}\cdot\mathbf{x} - \omega t)} \tag{3.6}$$

로 표현하면 $\mathbf{k}$ 의 방향으로 파장 $\lambda = 2\pi/k$ 를 가지고 진행하는 파동임을 알 수 있다. 따라서 일반 평면파는 다음과 같이 요약된다.

$$\begin{aligned} &\text{파동수} \quad k = \frac{2\pi}{\lambda} && \text{회전빈도수} \quad \omega = 2\pi\nu \\ &\text{진행방향} \quad \mathbf{k} && \text{위상속도} \quad v_p = \frac{\omega}{k} = \nu\lambda \end{aligned} \tag{3.7}$$

그리고 $\mathbf{k}\cdot\mathbf{x} - \omega t$ 는 파동의 위상이 된다. 파동의 마루나 골은 관측자의 운동과 무관하므로 위상값은 Lorentz 불변이다. 즉 상대적으로 등속도로 움직이는 어느 두 관측자에게도 마루는 똑같이 마루로 관측된다. 그런데 $(\mathbf{x}, ct)$ 가 Minkowski 세계에서 세계 벡터 (world vector) 임에 유의하면 $(c\mathbf{k}, \omega)$ 역시 세계 벡터가 되어 위상각은 이들 세계 벡터의 스칼라 곱임을 알 수 있다. [부록 A 참고]

실험적으로는 파장이나 진동수의 측정이 용이하지만 수식으로 다룰 때에는 파동수와 회전빈도수가 더 편리하다. 이 책에서는 λ 와 ν 대신 k 와 ω 를 더 자주 사용하겠으며 필요한 경우에는 파장과 진동수로 쉽게 환산할 수 있을 것이다.

3.2 Fourier 변환

이미 독자는 수리 물리학에서 Fourier 변환을 자세히 배웠을 것이다. 양자 물리학에서 Fourier 변환은 매우 중요한 적분 변환이다. 여기에서는 기본적인 면만 살펴보려 하는데 수학적 엄밀성보다는 양자 물리학에 응용할 방법론에 더 중점을 두고자 한다. 또한 이 책에서 사용할 규약을 정하는 데에도 목적이 있다.

주기가 L 인 함수 $f(x)$ 를 생각하자. 그러면 한 주기 후에는 당연히 똑같은 함수값을 가져야 하므로 다음 조건을 만족한다.

$$f(x+L) = f(x) \tag{3.8}$$

편의상 한 주기 구간을 $[-L/2, +L/2]$ 로 택하면 $\cos 2\pi nx/L$ 및 $\sin 2\pi nx/L$ 은 주기 조건을 충족한다. 그러므로 임의의 주기 함수 $f(x)$ 는 이들 삼각 함수의 급수로 전개 가능하다.

$$f(x) = \sum_{n=0}^{\infty} A_n \cos\frac{2\pi nx}{L} + \sum_{n=1}^{\infty} B_n \sin\frac{2\pi nx}{L} = \sum_{n=-\infty}^{+\infty} f_n e^{+i2\pi nx/L} \tag{3.9}$$

첫째 전개식에서 싸인 및 코싸인을 지수형으로 바꾸면 둘째 무한 급수가 되는데 이 때 f_n 의 n 은 $-\infty$ 에서 $+\infty$ 까지의 모든 정수값을포함한다. 이들은 Fourier 계수로 불리우는데 지수 함수의 직교성[1]

[1] 함수의 직교성에 관하여는 부록 D 참고

$$\frac{1}{L}\int_{-L/2}^{+L/2} dx \left(e^{i2\pi mx/L}\right)^* \left(e^{i2\pi nx/L}\right) = \delta_{mn} \tag{3.10}$$

에서 다음과 같이 구할 수 있다.

$$f_n = \frac{1}{L}\int_{-L/2}^{+L/2} dx\, e^{-i2\pi nx/L} f(x) \tag{3.11}$$

주기 L 인 함수를 식 (3.11) 에 주어진 계수로 식 (3.9) 처럼 전개하는 것을 Fourier 급수라 한다.

일반적으로 식 (3.10) 과 같은 직교성을 가지는 함수의 집합으로 임의의 함수를 전개하는 것이 가능할 때 이들 직교 함수들은 완전성 (completeness) 을 가지고 있다고 한다. 제 6 장에서 좀 더 체계적으로 다룰 것이다.

다음에는 주기 L 이 무한대가 되는 극한을 생각해 보자. 비 주기적인 어떤 함수라도 주기가 무한대인 함수로 간주할 수 있으므로 임의의 함수를 다루는 일반 논리가 된다. 이 때 지수 함수의 위상은 $1/L$ 때문에 점점 작아지므로 n 대신 다음의 불연속 변수 k_n 을 도입한다.

$$k_n = \frac{2\pi}{L} n \qquad \Delta k_n = \frac{2\pi}{L}\Delta n = \frac{2\pi}{L} \tag{3.12}$$

그러면 변수 n 은 간격이 $\Delta n = 1$ 씩 떨어져 있지만 변수 k_n 은 $\Delta k_n = 2\pi/L$ 씩 나누어 진다. 따라서 n 에 대한 합은 k_n 에 대한 합으로 바꾸어 쓸 수 있다.

$$\sum_n \quad \Rightarrow \quad \sum_n \Delta n = L \sum_{k_n} \frac{\Delta k_n}{2\pi} \tag{3.13}$$

Fourier 계수도 새롭게 다음과 같이 정의하면

$$\tilde{f}(k_n) = L \cdot f_n \tag{3.14}$$

식 (3.9), (3.11) 은 각각 이렇게 쓸 수 있다.

$$f(x) = \sum_{k_n} \frac{\Delta k_n}{2\pi} \tilde{f}(k_n) e^{+ik_n x} \tag{3.15}$$

$$\tilde{f}(k_n) = \int_{-L/2}^{+L/2} dx\, f(x) e^{-ik_n x} \tag{3.16}$$

아직 $L \to \infty$ 의 극한을 취하지 않았다. 주기가 무한대가 될 때에는 식 (3.12) 에서 보다시피 k_n 은 연속인 변수 k 가 되고 식 (3.15) 의 합은 적분으로 바뀐다. 따라서 다음을 얻는다.

$$f(x) = \int_{-\infty}^{+\infty} \frac{dk}{2\pi} \tilde{f}(k)\, e^{+ikx} \tag{3.17}$$

$$\tilde{f}(k) = \int_{-\infty}^{+\infty} dx\, f(x)\, e^{-ikx} \tag{3.18}$$

이것이 Fourier 적분 변환, 또는 Fourier 변환이다.

위처럼 극한을 택하는 방법은 양자 물리학에서 자주 응용되고 있다. 제 1 장의 흑체 복사에서 비슷한 과정을 이미 보았고 뒷 장에서도 이용될 것이다. 불연속적인 변수를 연속적인 변수로 바꾸는 편리한 방법 중의 하나이다.

삼차원으로의 일반화는 간단하다. 변수 x, y, z 에 대응하는 k 변수는 k_x, k_y, k_z 이므로 $d^3x = dx\,dy\,dz$, $d^3k = dk_x\,dk_y\,dk_z$ 의 기호를 사용하면 식 (3.17), (3.18) 에 해당하는 삼차원의 Fourier 변환은 다음과 같다.

$$f(\mathbf{x}) = \int \frac{d^3k}{(2\pi)^3} \tilde{f}(\mathbf{k})\, e^{+i\mathbf{k}\cdot\mathbf{x}} \tag{3.19}$$

$$\tilde{f}(\mathbf{k}) = \int d^3x\, f(\mathbf{x})\, e^{-i\mathbf{k}\cdot\mathbf{x}} \tag{3.20}$$

Fourier 변환을 표현하는 식은 유일하지 않다. 인자 2π 를 x-적분에 넣을 수도 있고, $1/\sqrt{2\pi}$ 씩 x -적분과 k -적분에 나누어 넣을 수도 있으며, 한편 2π 를 지수에 포함시킴으로써 나머지 부분을 대칭적으로 보이게 하는 것도 가능하다. 이 책에서는 식 (3.17) - (3.20) 의 규약을 따르기로 한다.

3.3 파동 다발

평면파는 이상적인 파동의 형태로서 모든 시공간에 퍼져 있으나 실제의 파동은 정도의 차이만 있을 뿐 모두 한정된 시간과 특정한 공간에 국한된 파동의 다발, 즉 파동 다발 (wave packet) 이다. 단일 파장을 갖는 평면파는 수학적으로 다루기 쉽기 때문에 임의의 파동 다발은 여러 파장의 평면 파동들이 모여 중첩된 것으로 간주할 수 있다. 이것이 바로 Fourier 변환의 물리학적 의미이다. 평면파는 선형 파동이므로 중첩이 가능하고 이들의 합성 파동은 각각의 평면파를 합함으로써 쉽게 얻는다. 파장에 대한 스펙트럼 대신, 이와 마찬가지인 파동수에 대한 스펙트럼으로 생각해 보자. 일차원에서 파동수가 k 와 $k + dk$ 사이에 있는 파동의 진폭을

$$\frac{dk}{2\pi} \tilde{\phi}(k)$$

라 하면 이 스펙트럼이 만드는 전체의 파동은 중첩 원리에 의해 다음과 같다.

$$\Psi(x,t) = \int_{-\infty}^{+\infty} \frac{dk}{2\pi}\, \tilde{\phi}(k)\, e^{+i(kx-\omega t)} \tag{3.21}$$

윗식에서 시각 $t=0$ 일 때에는

$$\Psi(x,t{=}0) = \Psi(x,0) \equiv \phi(x) = \int_{-\infty}^{+\infty} \frac{dk}{2\pi}\, \tilde{\phi}(k)\, e^{+ikx} \tag{3.22}$$

가 되는데 이것은 바로 앞 절에서 공부한 Fourier 변환이다. 따라서 윗식을 Fourier 역변환하여 $\tilde{\phi}(k)$ 에 대하여 풀면 식 (3.18) 에 의하여 다음을 얻는다.

$$\tilde{\phi}(k) = \int_{-\infty}^{+\infty} dx\, \phi(x)\, e^{-ikx} = \int_{-\infty}^{+\infty} dx\, \Psi(x,0)\, e^{-ikx} \tag{3.23}$$

초기 파동에서 이렇게 얻은 $\tilde{\phi}(k)$ 를 식 (3.21) 에 대입하면 임의의 시각에서의 파동 다발은 Fourier 변환으로 자연스럽게 표현된다.

Fourier 변환으로 얻은 파동 다발이 국소적 파동임은 정성적으로 쉽게 이해할 수 있다. 식 (3.22) 는 진폭이 $\tilde{\phi}(k)$ 에 비례하고 위상이 kx 인 평면 파동들의 중첩이다. 우선 $\tilde{\phi}(k)$ 를 최대로 하는 k_0 주위의 파동이 두드러질 터이므로 $\exp(+ik_0x)$ 의 형태에 가까울 것이다. 또한 x 가 작을 때에는 k 가 k_0 주위에서 상당히 변하여도 상대적 위상은 비슷하므로 결과적으로 보강간섭이 일어나 이들의 중첩으로 전체적인 진폭은 커진다. 그러나 x 가 클 때에는 k 가 조금만 변하여도 상대적 위상은 많이 변하고 상쇄 간섭이 되어 합성파의 진폭이 작아진다. 그러므로 시각 $t=0$ 일 때의 파동 $\Psi(x,0)$ 는 공간의 일부에 국한된 파동, 즉 파동 다발을 나타낸다.

삼차원으로의 일반화는 간단하다. 파동 벡터 $\mathbf{k}$ 를 사용하여야 하므로 식 (3.21) - (3.23) 을 다음과 같이 쓰면 된다.

$$\Psi(\mathbf{x},t) = \int \frac{d^3k}{(2\pi)^3}\, \tilde{\phi}(\mathbf{k})\, e^{+i(\mathbf{k}\cdot\mathbf{x}-\omega t)} \tag{3.24}$$

$$\Psi(\mathbf{x},0) \equiv \phi(\mathbf{x}) = \int \frac{d^3k}{(2\pi)^3}\, \tilde{\phi}(\mathbf{k})\, e^{+i\mathbf{k}\cdot\mathbf{x}} \tag{3.25}$$

$$\tilde{\phi}(\mathbf{k}) = \int d^3x\, \phi(\mathbf{x})\, e^{-i\mathbf{k}\cdot\mathbf{x}} = \int d^3x\ \Psi(\mathbf{x},0)\, e^{-i\mathbf{k}\cdot\mathbf{x}} \tag{3.26}$$

평면파들을 합성하여 식 (3.24) 를 만들 때 파동 상호간의 상대적인 위상을 어떻게 추가해야 할지 문제가 생길 수 있다. 이 위상차는 $\tilde{\phi}(\mathbf{k})$ 에 포함시키면 된다. 따라서 $\tilde{\phi}(\mathbf{k})$ 및 $\Psi(\mathbf{x},0)$ 는 복소수로 생각해야 하며 평면파를 지수 형태로 쓰는 것이 편리함을 다시 깨닫게 된다.

식 (3.25) 에서 보듯이 파동 함수 $\phi(\mathbf{x})$ 는 진폭 함수 $\tilde{\phi}(\mathbf{k})$ 로 결정되지만 식 (3.26) 에서는 $\tilde{\phi}(\mathbf{k})$ 가 $\phi(\mathbf{x})$ 로 표현된다. 따라서 $\tilde{\phi}(\mathbf{k})$ 는 파동 벡터 k-공간에서의 파동이라 볼 수 있다. 또한 $\phi(\mathbf{x})$, $\tilde{\phi}(\mathbf{k})$ 두 파동 중 하나만 알면 다른 하나는 Fourier 변환으로 구해지므로 파동을 기술하는 면에서는 대등하다. 실제로 이 두 함수간에는 연관성이 깊으며 그 관계를 다음 예제들에서 살펴보기로 하자.

예 제 3.1 k-공간 일부에서 균일한 스펙트럼을 가지는 파동

그림 3.2(a) 에서 k-스펙트럼은 $-\Lambda < k < +\Lambda$ 구간에만 균일하게 분포되어 있고 그 외의 구간에서는 해당하는 파동이 없다.

$$\begin{aligned} \tilde{\phi}(k) &= N \qquad (-\Lambda \le k \le +\Lambda) \\ &= 0 \qquad \text{기타 구간} \end{aligned} \tag{3.27}$$

따라서 식 (3.22) 를 써서 x-공간에서의 파동 함수 $\phi(x)$ 를 계산할 수 있다. 결과는 다음과 같고

$$\phi(x) = \int_{-\infty}^{+\infty} \frac{dk}{2\pi} \tilde{\phi}(k) e^{+ikx} = \frac{N}{2\pi} \int_{-\Lambda}^{+\Lambda} dk\, e^{ikx} = N \frac{\sin \Lambda x}{\pi x} \tag{3.28}$$

그림 3.2(b) 에 $\phi(x)$ 가 보이는데 원점 주위에 폭이 $1/\Lambda$ 인 영역에 집중된 파동 다발의 형태이다.

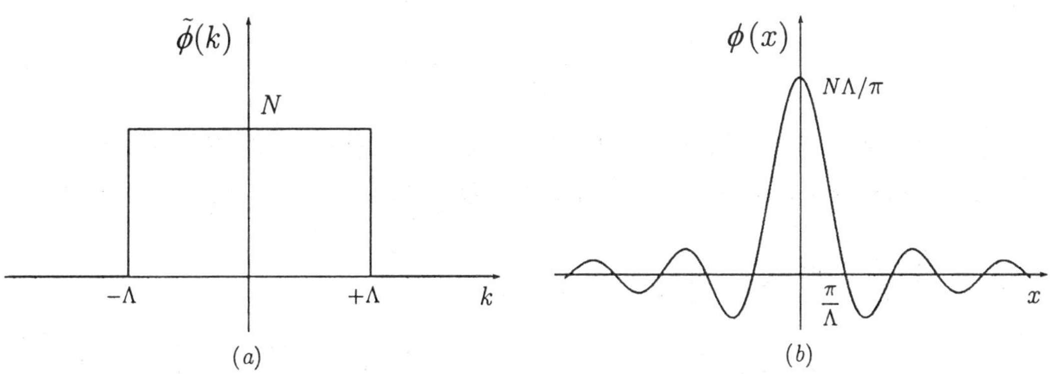

그림 3.2 (a) k-공간 일부에서 균일한 스펙트럼을 갖는 파동,
(b) x-공간에서의 파동

이 계산에서 파동에 관한 일반적 특징을 두 가지 엿보게 된다. 우선 k-공간에서 $k=0$ 주위에 스펙트럼이 퍼져 있지 않고 $k=k_0$ 근방에 두드러지게 분포한 경우이다. 그러면 $k'=k-k_0$ 으로 변수를 이동함으로써 $k=0$ 주위에 몰려 있는 파동 다발로 바꾸고 식 (3.22)에서 보듯이 x-공간에서 $\exp(+ik_0x)$의 위상 변화가 있을 뿐이다. 즉 k-공간에서의 스펙트럼 이동은 x-공간에서 파동 함수의 위상을 변하게 된다.

다음으로는 x 및 k-공간에서 파동 다발이 퍼져있는 정도간에 존재하는 상관 관계이다. 이들은 파동들의 불확정도로 해석하여 서로 비교할 수 있다. 그림 3.2를 살펴보면 $\tilde{\phi}(k)$ 는 $\Delta k=2\Lambda$ 범위에 국한되었으며 $\phi(x)$ 는 가장 두드러진 봉우리만 고려하여 $\Delta x\approx 2\pi/\Lambda$ 범위 정도 이내에 퍼져있다. 따라서 그들의 곱은 10 정도의 크기이다.

$$\Delta x\cdot\Delta k\approx 4\pi=O(1) \tag{3.29}$$

그러므로 k-공간에서 좁게 퍼진 파동은 x-공간에서는 넓게 퍼져있고 Λ의 크기와 무관하게 $\phi(x)$ 및 $\tilde{\phi}(k)$ 의 불확정도의 곱은 대략 상수이고 그리 크지 않으므로 $O(1)$ 로 표기하였다.

Λ가 영에 가까워 가지만 $N\Lambda$는 일정해지는 경우에는 k-공간에서 단일 파동수 (즉 단일 파장) 를 가지고 x-공간에서는 상수가 되어 무한히 퍼져 있어서 평면파가 된다. 반면에 Λ가 무한대가 되는 극한에서는 모든 파장의 파동이 골고루 섞였으며 $\phi(x)$가 $x=0$에 국한된 파동 다발이 된다. ⋞⋞

예 제 3.2 가우시안 파동 다발

실제적이며 정확한 계산이 가능한 대표적 보기는 그림 3.3(a) 에 보이는 가우시안 (gaussian) 파동 다발이다.

$$\tilde{\phi}(k)=N\exp\left(-\frac{1}{2}\sigma^2k^2\right) \tag{3.30}$$

가우시안 적분은 변수 변환을 통하여 감마 함수 [식 (C.7)] 의 형태로 쉽게 계산되므로 식 (3.30)을 식 (3.22) 에 대입하여 파동 함수 $\phi(x)$ 를 구하면 다음을 얻는다.[2]

$$\begin{aligned}\phi(x)&=\frac{N}{2\pi}\int_{-\infty}^{+\infty}dk\exp\left(ikx-\frac{1}{2}\sigma^2k^2\right)\\&=\frac{N}{2\pi}\int_{-\infty}^{+\infty}dk\exp\left(ikx-\frac{1}{2}\sigma^2\left(k-\frac{ix}{\sigma^2}\right)^2-\frac{x^2}{2\sigma^2}\right)=\frac{N}{\sqrt{2\pi}\sigma}\exp\left(-\frac{x^2}{2\sigma^2}\right)\end{aligned} \tag{3.31}$$

[2] 참고: I. S. Gradshteyn and I. M. Ryzhik, *Table of Integrals, Series and Products*, 3.323_2

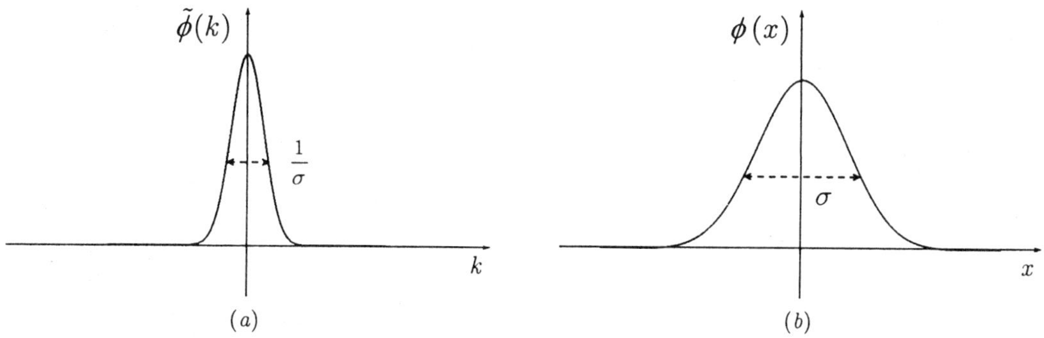

그림 3.3 (*a*) k-공간에서 가우시안 스펙트럼을 갖는 파동,
(*b*) 이 파동의 x-공간에서의 파동

가우시안 함수의 특징은 그 Fourier 변환도 가우시안이다! 따라서 그림 3.3(b) 에서 보듯이 비록 크기와 폭은 다를지언정 x-공간에서도 파동 함수는 가우시안 형태를 유지한다.

예제 3.1 에서 고찰한 것과 똑같은 현상을 이번에도 엿볼 수 있다. 즉 $k = k_0$ 주위에 분포된 가우시안 스펙트럼일 경우에는 x-공간에서 $\exp(ik_0x)$의 위상 변화를 가져온다. 또한 k-공간에서의 불확정도는 $\Delta k \approx 1/\sigma$ 이고, x-공간에서는 $\Delta x \approx \sigma$ 이므로 다음의 관계식이 성립할 수 있음을 깨닫게 된다.

$$\Delta x \cdot \Delta k \approx 1 = O(1) \tag{3.32}$$

◁◁

모든 파동 다발에 대하여 윗식이 유효함을 Fourier 변환에서 정성적으로 엿볼 수 있다. k-공간에서 Δk 정도 퍼져 있는 파동은 위상 $\Delta k \cdot x$ 가 1 정도인 x-공간에서만 보강 간섭을 일으키고 그 파동 다발의 퍼짐 Δx 는 식 (3.32) 를 만족하는 것이다.

식 (3.32) 에서 x-공간 및 k-공간에서의 퍼짐 정도인 Δx 및 Δk 를 동시에 작게 하는 것은 불가능한 것을 말해 준다. 실제로 물리량의 측정에는 항상 체계적 오차가 따르기 마련이므로 오히려 식 (3.32) 는 다음과 같이 쓸 수 있다.

$$\Delta x \cdot \Delta k \geq O(1) \tag{3.33}$$

독자는 이 식에서 Heisenberg의 불확정성 원리를 느낄 수 있을 것이다. 3.6 절에서 알게 되겠지만 이 관계식을 물질 파동에 적용할 때 한 걸음만 더 나아가면 불확정성 원리가 된다.

불확정도 사이의 관계식 (3.33) 에서 중요한 점은 두 불확정도의 곱에 하한이 존재하는 것이다. 이 하한의 정확한 값은 Δk 와 Δx 의 정의와 파동 다발의 구체적 형태에 따라 다르다.

위의 두 예제에서 보듯이 예제 3.2의 가우시안 파동 다발이 예제 3.1의 경우 보다 불확정도가 더 작은 것을 알 수 있다. 이것은 파동의 일반적인 성질로서 후에 배우겠지만 최소의 불확정도를 가진 파동 다발은 가우시안 형이다.

3.4 파동 다발의 전파

주어진 순간에 어떤 파동 다발의 모양을 알고 있을 때 이 파동 다발이 시간이 지나면서 어떻게 진행하는지를 고찰해 보자. 파동 다발은 일반적으로 무한히 많은 평면파의 중첩으로 이루어졌으므로 이들 평면파들이 각각 어떻게 진행하는가를 알면 전체적인 파동 다발의 진행 형태를 알 수 있다. 이들에 관한 기본적 수학 관계는 이미 식 (3.24) - (3.26) 에 나타나 있다. 시각 $t=0$ 일 때 파동 $\Psi(\mathbf{x},0)$ 즉 $\phi(\mathbf{x})$ 가 식 (3.25) 처럼 알려졌다고 가정하자. 그러면 식 (3.26) 에서 k-공간의 파동 함수 $\tilde{\phi}(\mathbf{k})$ 를 계산한다. 일단 $\tilde{\phi}(\mathbf{k})$ 가 알려지면 임의의 시각 t 에서의 파동 $\Psi(\mathbf{x},t)$ 는 식 (3.24) 에서 바로 계산할 수 있다. 따라서 $t=0$ 인 시각의 파동 다발 $\Psi(\mathbf{x},0)$ 을 알면 시간이 지나면서 그 파동이 어떻게 진행하는가가 밝혀진다. 일반적으로 k 성분마다 위상 속도가 같거나 다른 경우 파동 다발의 진행을 살펴보자.

식 (3.24) 의 계산에서는 $\tilde{\phi}(\mathbf{k})$ 의 정보 이외에도 ω 가 k 의 어떤 함수인가를 알아야 한다. 위상 속도 v_p 가 일정할 때에는 ω 가 k 에 비례하지만 항상 성립하는 것은 아니다. 그렇지만 모든 파장에 대해 위상 속도가 동일한 경우를 먼저 생각해 보자. 이 때 ω 는 다음과 같다.

$$\omega = k\,v_p = \mathbf{k}\cdot\mathbf{v}_p \tag{3.34}$$

벡터 $\mathbf{k}$ 와 $\mathbf{v}_p$ 는 평행하기 때문이다. 그러므로 $\Psi(\mathbf{x},t)$ 는 다음과 같다.

$$\begin{aligned}\Psi(\mathbf{x},t) &= \int \frac{d^3k}{(2\pi)^3}\,\tilde{\phi}(\mathbf{k})\,e^{+i(\mathbf{k}\cdot\mathbf{x}-\omega t)} \\ &= \int \frac{d^3k}{(2\pi)^3}\,\tilde{\phi}(\mathbf{k})\,e^{+i\,\mathbf{k}\cdot(\mathbf{x}-\mathbf{v}_p t)} \;=\; \Psi(\mathbf{x}-\mathbf{v}_p t,\; t=0)\end{aligned} \tag{3.35}$$

윗식의 의미는 간단하다. 임의 시각의 파동 형태는 최초 시각의 파형을 $\mathbf{v}_p t$ 만큼 옮겨 놓은 것과 같다. 그러므로 ω 가 k 에 비례할 때, 즉 위상 속도가 파장에 관계없이 일정할 때에는 파동 다발은 조금도 그 형태가 변하지 않고 v_p 의 속도로 움직인다. 위상 속도가 일정한 보기는 허공에서 진행하는 빛의 경우이며 $\omega = ck$ 가 된다. 허공에서 빛의 속도가 파장에 관계없이 일정하다는 것은 Einstein 의 특수 상대성 이론에서 암시적으로 가정하는 것이다.

다음에는 위상 속도가 일정하지 않은 경우를 생각해 보자. 이 때에는 ω 가 k 에 비례하지 않고 다른 함수 관계를 갖는다. 앞서 언급한 바처럼 파동 다발은 많은 평면파의 집합이지만 각각의 평면파는 다른 위상 속도로 전파하므로 파동 다발의 형태는 더욱 복잡하다. 문제를 간단히 하기 위해서 k-공간에서 $\mathbf{k}=\mathbf{k}_0$ 주위에 국한되어 있는 파동 다발을 고려해 보자. 파동 다발의 대부분은 $\mathbf{k}=\mathbf{k}_0$ 근방의 스펙트럼으로 결정될 것이므로 $\omega(\mathbf{k})$는 그 주위에서 다음과 같이 전개할 수 있다.

$$\omega(\mathbf{k}) = \omega(\mathbf{k}_0) + (\mathbf{k}-\mathbf{k}_0)\cdot\nabla_k\omega(\mathbf{k}_0) + \cdots = \omega_0 + (\mathbf{k}-\mathbf{k}_0)\cdot\mathbf{v}_0 + \cdots \tag{3.36}$$

$$\omega_0 \equiv \omega(\mathbf{k}_0), \qquad \mathbf{v}_0 \equiv \nabla_k\omega(\mathbf{k}_0)$$

임의 시각에 파동 다발은 근사적으로 다음과 같다.

$$\begin{aligned}\Psi(\mathbf{x},t) &= \int \frac{d^3k}{(2\pi)^3}\tilde{\phi}(\mathbf{k})\,e^{+i(\mathbf{k}\cdot\mathbf{x}-\omega t)} \\ &\simeq \int \frac{d^3k}{(2\pi)^3}\tilde{\phi}(\mathbf{k})\exp[i(\mathbf{k}\cdot\mathbf{x}-\omega_0 t) - i(\mathbf{k}-\mathbf{k}_0)\cdot\mathbf{v}_0 t] \\ &= e^{+i(\mathbf{k}_0\cdot\mathbf{v}_0-\omega_0)t}\int \frac{d^3k}{(2\pi)^3}\tilde{\phi}(\mathbf{k})\,e^{+i\mathbf{k}\cdot(\mathbf{x}-\mathbf{v}_0 t)} = e^{+i(\mathbf{k}_0\cdot\mathbf{v}_0-\omega_0)t}\,\Psi(\mathbf{x}-\mathbf{v}_0 t,\ t=0)\end{aligned} \tag{3.37}$$

식 (3.35) 와 비교하면 시간에 관한 위상차 이외에는 최초의 파동 다발이 형태의 변화 없이 $\mathbf{v}_0$ 의 속도로 진행함을 알 수 있다. 이렇게 위상 속도가 다른 여러 파동의 무리로 구성된 파동 다발의 전파 속도를 그룹 속도 (group velocity) 라고 부른다.

$$\mathbf{v}_g = \boldsymbol{\nabla}_k\,\omega(\mathbf{k})\Big|_{\mathbf{k}=\mathbf{k}_0} \qquad\qquad v_g = \frac{d\omega}{dk}\Big|_{k=k_0}\ \ (1\text{차원}) \tag{3.38}$$

파동 다발을 이루는 각각 성분의 평면파들은 다른 위상 속도로 진행하지만 파동 다발 전체로서는 그룹 속도 v_g 로 진행한다. 만일에 위상 속도가 일정하면 식 (3.38) 에서 그룹 속도와 위상 속도는 같게 된다. 즉 다음이 성립한다.

$$v_p = \text{일정}\quad (\text{파장과 무관}) \quad\Rightarrow\quad v_g = v_p \tag{3.39}$$

보기로서 매질 속에서 태양 광선은 스펙트럼 색깔 (파장) 에 따라 진행 (위상) 속도가 다르지만 파란 빛보다 빨간 빛이 먼저 진행하는 것이 아니라 광선은 파동 다발의 그룹 속도로 진행한다.

3.5 파동 다발의 퍼짐

우리는 식 (3.37)에서 파동 다발이 1차 근사로는 형태의 변화 없이 그룹 속도 v_g 로 진행함을 알았다. 그러나 2 차 근사에서는 시간이 지남에 따라서 파동이 점점 퍼지게 됨을 배우게 된다. 이제 가장 간단한 가우시안 파동 다발이 일차원에서 전파하는 경우를 생각해 보자.

최초의 순간 $t=0$ 일 때 파장 $\lambda_0=2\pi/k_0$ 이고 x-공간에서 σ 정도 퍼진 가우시안 파동 다발은 k-공간에서 $1/\sigma$ 정도 퍼졌으므로 다음과 같이 나타낼 수 있다.

$$\tilde{\phi}(k) = (2\sigma\sqrt{\pi})^{1/2}\ \exp\left(-\frac{1}{2}\sigma^2(k-k_0)^2\right) \tag{3.40}$$

규격화 상수는 후에 $|\phi(x)|^2$ 의 $[-\infty, +\infty]$ 구간 적분이 1 이 되도록 정하였다. [식 (4.41) 참고] 그러면 초기 $(t=0)$의 파동 $\Psi(x,0)$ 은 식 (3.22) 를 사용하여 계산할 수 있다.

$$\Psi(x,t=0) = \phi(x) = \left(\frac{1}{\sqrt{\pi}\sigma}\right)^{1/2} \exp\left(-\frac{x^2}{2\sigma^2}\right)e^{ik_0x} \tag{3.41}$$

이 파동은 k-공간에서 $k=k_0$ 주위에 스펙트럼이 몰려 있으므로 식 (3.31) 과 비교할 때 위상차 $\exp(ik_0x)$가 추가되었음이 주목된다.

이제 (3.40) 을 식 (3.21) 에 대입하여 $\Psi(x,t)$ 를 계산할 순서이다. 식 (3.40) 에서 보듯이 $\tilde{\phi}(k)$ 는 $k=k_0$ 에 집중되었으므로 회전 빈도수 ω 를 $k=k_0$ 주위에서 2차항까지 전개한다.

$$\omega(k) \cong \omega(k_0) + \left.\frac{d\omega}{dk}\right|_{k_0}(k-k_0) + \frac{1}{2}\left.\frac{d^2\omega}{dk^2}\right|_{k_0}(k-k_0)^2 \tag{3.42}$$

물론 $\omega(k)$ 가 k 의 2차식이라면 위상 속도는 일정하지 않더라도 윗식은 근사식이 아니라 정확한 식이 된다. 아래와 같은 간략한 기호

$$\omega_0 = \omega(k_0),\quad v_g = \left.\frac{d\omega}{dk}\right|_{k_0},\quad \alpha = \left.\frac{d^2\omega}{dk^2}\right|_{k_0} \tag{3.43}$$

를 사용하여 식 (3.21) 을 계산하면 다음 결과를 얻는다.

$$\begin{aligned}\Psi(x,t) &= \int_{-\infty}^{+\infty}\frac{dk}{2\pi}\tilde{\phi}(k)e^{i(kx-\omega t)} \\ &= \left(\frac{\sigma^2}{4\pi^3}\right)^{1/4}\int_{-\infty}^{+\infty} dk\ e^{-\frac{\sigma^2}{2}(k-k_0)^2}\exp i\left(kx-\omega_0t-(k-k_0)v_gt-\frac{\alpha}{2}(k-k_0)^2t\right)\end{aligned} \tag{3.44}$$

적분해야 할 함수의 지수는 k 에 관한 2차식이므로 완전제곱형으로 바꾼 후 좌표 이동의 변수 변환을 하면 눈에 익은 가우시안 적분이 되고 식 (3.44) 는 쉽게 계산된다. [식 (C.7) 참고] 결과는 다음과 같다.

$$\Psi(x,t) = \left(\frac{\sigma}{\sqrt{\pi}(\sigma^2 + i\alpha t)}\right)^{1/2} \exp\left(-\frac{1}{2}\frac{(x - v_g t)^2}{\sigma^2 + i\alpha t}\right) e^{i(k_0 x - \omega_0 t)} \tag{3.45}$$

윗식은 매우 복잡한 모양이지만 파동의 진폭이 큰 지점은 그룹 속도 v_g 로 움직이며 최초의 파동 $\Psi(x,0)$ 은 위상의 변화가 있을 뿐 계속 진행함을 알 수 있다. 진폭의 제곱을 계산하면

$$|\Psi(x,t)|^2 = \frac{1}{\sqrt{\pi}} \frac{\sigma}{\sqrt{\sigma^4 + \alpha^2 t^2}} \exp\left(-\frac{\sigma^2}{\sigma^4 + \alpha^2 t^2}(x - v_g t)^2\right) \tag{3.46}$$

이 되어 그룹 속도의 의미가 더욱 분명해 진다. 그러나 파동이 퍼져 있는 폭은 시간이 지나면서 점점 더 커진다.

$$\Delta x = \sigma \sqrt{1 + \frac{\alpha^2 t^2}{\sigma^4}} \tag{3.47}$$

퍼짐 현상은 α 에 관계되는데 회전 빈도수 ω 를 2 차 근사까지 택한 결과이다.

파동 다발이 시간에 따라 퍼지는 것은 일반적인 현상이다. 허공에서 빛의 전파처럼 ω 가 정확히 k 에 비례할 경우에는 파동 다발은 퍼지지 않는다. 그러나 빛이 매질을 통과할 때에는 파장에 따라서 위상 속도가 다르므로 역시 파동 다발의 퍼짐 현상이 일어난다. 물질 파동은 ω 와 k 사이의 관계식이 더 복잡하므로 파동 다발의 퍼짐은 더욱 뚜렷할 수 있다.

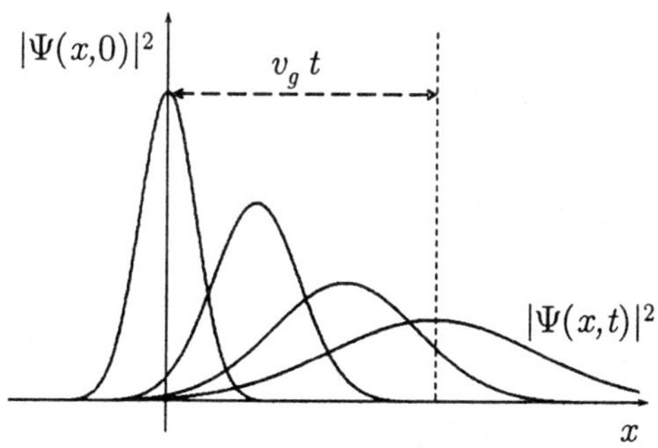

그림 3.4　가우시안 파동 다발의 전파.
파동의 정점은 그룹 속도 v_g 로 움직이지만 파동의 폭은 점점 커진다.

3.6 물질 파동

지금까지 선형 파동의 일반적인 성질을 살펴보았다. 파동 다발의 그룹 속도 및 파동 다발의 퍼짐 현상 등은 파동의 종류에 관계없이 공통적이다. 이들 특성은 회전 빈도수 ω 가 파동 벡터 $\mathbf{k}$ 의 어떤 함수인가에 달려 있다. 물질 파동도 일종의 선형 파동이므로 이번에는 양자 물리학적인 파동을 고려해 보자.

파동은 파장과 진동수로 특성을 표현하는데 이들은 이미 de Broglie 와 Einstein 에 의해서 해결되었다. Einstein의 광자 이론에서 진동수와 에너지 사이에는

$$E = h\nu = \hbar\omega \qquad \text{(Einstein)} \tag{3.48}$$

이 성립하고, de Broglie의 물질파동 이론에서 입자의 운동량과 물질파의 파장 사이의 $\lambda = h/p$ 의 관계를 파동 벡터 $\mathbf{k}$ 에 적용하면 다음 일반식을 얻는다.

$$\mathbf{p} = \hbar\mathbf{k} \qquad \text{(de Broglie)} \tag{3.49}$$

원래 Einstein 은 광자의 경우에만 식 (3.48) 을 de Broglie 는 비 상대론적 입자의 경우에만 식 (3.49) 를 제창하였으나 실험적으로 결과가 입증된 후에는 이 두 식들은 모든 입자에 대하여 상대론적으로도 성립되어야 한다고 추론할 수 있다.

물질 파동의 ω 와 $\mathbf{k}$ 사이의 관계는 E 와 $\mathbf{p}$ 사이의 질량 공식으로 결정된다. 우선 광자에 대하여 고찰하면 식 (1.29) 에서 $E = pc$ 이므로

$$\omega = ck \quad (\text{광자}) \tag{3.50}$$

가 된다. 이 경우에는 ω 가 k 에 비례하므로 위상 속도 v_p 와 그룹 속도 v_g 는 동일하며 허공에서 빛의 속도와 같다.

$$v_p = v_g = c \quad (\text{광자}) \tag{3.51}$$

비 상대론적 입자에 대하여는 에너지와 운동량 사이에

$$E = \frac{\mathbf{p}^2}{2m} \tag{3.52}$$

의 관계가 있으므로 ω 는 k^2 에 비례한다.

$$\omega = \frac{\hbar k^2}{2m} \tag{3.53}$$

따라서 위상 속도와 그룹 속도는 같지 않다. 그룹 속도는 식 (3.38) 에서

$$v_g = \frac{\hbar k}{m} = \frac{p}{m} = v_{cl} \tag{3.54}$$

가 되며 여기서 v_{cl} 은 고전 물리학적 의미에서 입자의 속도를 나타낸다.

일반적으로 질량 m 인 입자가 상대론적 속도로 움직일 때 에너지와 운동량 사이에는 Einstein의 질량 공식에 따라 [부록 A 참고]

$$E^2 = m^2c^4 + \mathbf{p}^2c^2 \tag{3.55}$$

의 관계가 있으므로 식 (3.48), (3.49) 를 대입하면 다음을 얻는다.

$$\omega^2 = \left(\frac{mc^2}{\hbar}\right)^2 + c^2\mathbf{k}^2 \tag{3.56}$$

윗 식에서 보는 바처럼 ω 는 k 에 비례하지 않고 위상 속도도 일정하지 않으며 이러한 물질 파동의 그룹 속도는 다음과 같다.

$$\mathbf{v}_g = \nabla_k\omega = \nabla_p E = \frac{\mathbf{p}c^2}{E} \tag{3.57}$$

에너지와 운동량은 $E = m\gamma c^2$, $\mathbf{p} = m\gamma\mathbf{v}_{cl}$ 의 관계이므로

$$\mathbf{v}_g = \mathbf{v}_{cl} \tag{3.58}$$

가 되어 이번에도 비 상대론적 입자의 경우처럼 그룹 속력은 고전적 입자의 속력과 같다. 속력 $\mathbf{v}_{cl}$ 는 파동 다발과 관련된 입자가 고전적인 입자라고 가정했을 때 입자의 속력을 말한다. 윗식은 상대론적 고려를 하였으므로 항상 성립하며 비 상대론적 운동에 관하여는 식 (3.54), 광자의 운동에 대하여는 식 (3.51) 이 되어 두 극한에서도 맞는 것을 알 수 있다.

식 (3.58) 은 당연해야 한다. 입자는 파동 다발이다. 거시적으로 보면 마치 질량을 가진 점으로 볼 수 있고 이 고전적 입자는 속도 v_{cl} 로 움직인다. 그러나 미시적으로는 수많은 평면파동이 모인 파동 다발이다. 각개의 평면파는 상이한 위상 속도 v_p 로 움직이지만 파동 다발은 그룹 속도 v_g 로 진행하게 된다. 파동 다발은 거시적으로 고전적 입자와 같을 것이므로 입자의 속도는 파동 다발의 그룹 속도와 같아야 한다. 물질 파동의 위상 속도는 식 (3.5) 에 따라서

$$v_p = \frac{\omega}{k} = \frac{E}{p} \tag{3.59}$$

가 되며 그룹 속도에 대한 식 (3.57)과 결합하면 다음 관계식을 얻는다.

$$v_g \cdot v_p = c^2 \tag{3.60}$$

즉 그룹 속도와 위상 속도의 곱은 허공에서 빛의 속도의 제곱과 같다. 그러나 그룹 속도는 고전적 입자의 속도이므로 Einstein의 특수 상대성 이론에 의하면 빛의 속도 c 보다 빠를 수가 없으며 따라서 위상 속도는 c 보다 느릴 수가 없다. 광자처럼 무질량 입자인 경우에만 그룹 속도와 위상 속도는 같고 둘 다 c 의 값을 갖는다.

위상 속도가 c 이상이어야 하는 것은 특수 상대성 이론과 모순이 되지 않는다. 왜냐하면 물리적으로 신호가 전달되는 것은 입자가 움직임으로써만 가능하고 입자의 속도, 즉 입자와 관련된 파동 다발의 그룹 속도는 c 이하이기 때문이다. 물론 이 파동 다발을 이루고 있는 평면파는 c 보다 클 수 있으나 c 보다 빨리 전파되는 신호는 서로 상쇄되고 그룹 속도로 전파되는 신호만 남게 된다. 상쇄되는 신호는 물리학적으로 측정할 수 없다.

한편 상대론적 입자의 위상 속도는 c^2/v 이지만 비 상대론의 경우에는 $v/2$ 이어서 대응 원리와 상치되지 않는가 의문이 생긴다. 그러나 앞서 강조한 바처럼 물리적인 의미가 있는 것은 입자의 속도나 파동의 그룹 속도이고 위상 속도는 물리적인 속도가 아니므로 문제가 안된다.

예 제 3.3 물질 파동의 퍼짐

식 (3.47)에서 물질 파동도 시간이 지나면서 퍼짐을 알았다. 자유 입자에 관한 식 (3.56)을 사용하면 $\alpha = \hbar m^2 c^6 / E^3$ 을 얻는다. 따라서 정지 상태의 입자라도 $\alpha = \hbar / m$ 이다. 한편 파동의 퍼짐이 일어나는 시간의 척도를 식 (3.47)의 $\alpha^2 t^2 / \sigma^4$ 이 1 정도되는 t_{spread} 라 하면 다음과 같다.

$$t_{spread} = \frac{\sigma^2}{\alpha} = \frac{\sigma^2 m}{\hbar} \tag{3.61}$$

먼저 거시 세계에서 $m = 1\,\mathrm{g}$, $\sigma = 1\,\mathrm{mm}$ 인 입자의 물질 파동을 생각해 보자. 이 경우에는 $t_{spread} \approx 10^{25}\,\mathrm{s}$ 가 되어 우주의 나이 ($5 \times 10^{17}\,\mathrm{s}$) 보다 훨씬 많으므로 무시해도 상관없다. 그러나 미시 세계에서는 다르다. 수소 원자의 전자가 Bohr 반경 a_B 정도에 퍼져서 $\sigma = a_B$ 로 계산하면 $t_{spread} = 10^{-17}\,\mathrm{s}$ 를 얻는다. 전자의 물질 파동은 순식간에 크게 퍼진다. 그리고 파동-입자의 이중성에 문제가 있어 보인다. 이 난관은 측정에 관한 환원 명리로 이해할 수 있다.[3] ◁◁

특수 상대론과 양자 이론은 조화를 잘 이룬다. 실제로 물질 파동 다발의 입자-파동 이중성에서 입자로서의 속도 v_{cl} 와 파동으로서의 그룹 속도 v_g 가 같아야 한다는 조건하에 Einstein

---

[3] 참고: A.Goswami, *Quantum Machanics*, p 43

의 질량공식 $E^2 = m^2c^4 + \mathbf{p}^2c^2$ 과 에너지 양자화 공식 $E = \hbar\omega$ 에서 de Broglie 공식 $p = \hbar k$ 를 유도 할 수 있다. 즉 다음과 같다.

$$\left.\begin{aligned} E^2 &= m^2c^4 + p^2c^2 \\ E &= \hbar\omega \\ v_g &= v_{cl} \end{aligned}\right\} \quad \Rightarrow \quad p = \hbar k$$

입자 파동의 그룹 속도 $v_g = d\omega/dk$ 는 상대론적 속도 $v = pc^2/E$ 와 같아야 하므로

$$v_g = \frac{d\omega}{dk} = \frac{dE}{\hbar dk} \qquad v = \frac{pc^2}{E} \quad \Rightarrow \quad E\,dE = \hbar c^2 p\,dk$$

인데 한편 Einstein 의 공식에서 $E\,dE = pc^2dp$ 이므로 다음을 알 수 있다.

$$\frac{dp}{dk} = \hbar \quad \Rightarrow \quad p = \hbar\, k + \text{상수}$$

이 상수는 질량과 무관하므로 광자의 경우를 적용하면 적분 상수는 영이 되고 결과는 de Broglie 공식 $p = \hbar k$ 가 질량에 관계없이 항상 성립한다. 이것은 Einstein 과 de Broglie 의 양자공식 (3.48), (3.49) 와 Einstein 의 질량-에너지 공식 (3.55) 및 입자-파동 이중성에서 입자의 상대론적 속도와 파동의 그룹 속도와의 동일성 [식 (3.58)] 은 양자론과 상대론이 서로 모순 없이 조화를 이루어 공존할 수 있음을 의미한다. 또한 양자 공식에서 보는 바처럼 세계 벡터 $(c\mathbf{k}, \omega)$ 는 $(c\mathbf{p}, E)$ 에 비례하고 $(c\mathbf{p}, E)$ 는 Minkowski 세계에서의 세계 벡터이므로 상대성 이론으로 일관성 있게 다루기에 편리하다.

운동량과 파동 벡터에 관한 식 (3.49) 는 Heisenberg의 불확정성 원리를 새로운 각도에서 볼 수 있게 한다. 식 (3.33) 에서 $p = \hbar k$ 의 관계식을 쓰면

$$\Delta x \cdot \Delta p \geq O(\hbar) \tag{3.62}$$

가 되어 식 (1.44) 와 일치한다. 1.6 절에서는 물질파의 회절 현상을 고찰함으로써 사고실험 (gedanken experiment) 으로 불확정성 원리를 보였으나 이번에는 파동에 관한 일반적 성질에서 이론적으로 입증이 된 것이다. 제 6 장에서 좀 더 수학적으로 엄밀한 정의를 도입하고 관계식을 유도하게 될 것이다.

에너지와 운동량이 회전 빈도수와 파동수에 직접 연관이 되므로 물질 파동의 평면파는 다음과 같이 표현할 수 있다.

$$\Psi(\mathbf{x}, t) = A\,e^{i(\mathbf{k}\cdot\mathbf{x} - \omega t)} = A\,e^{\frac{i}{\hbar}(\mathbf{p}\cdot\mathbf{x} - Et)} \tag{3.63}$$

3.7 델타 함수

델타 함수도 Fourier 변환과 마찬가지로 수리 물리학에서 자세히 다루며 양자 물리학에서 매우 긴요한 함수이다. 델타 함수는 보통의 의미에서 함수라기 어려우나 양자 역학을 좀 더 간명하게 표현하기 위하여 Dirac 이 '발명'하였으며 후에 수학자들이 체계적으로 개발하여 오늘날에는 분포 또는 일반 함수 (generalized function) 라고 불리우기도 한다.

식 (3.18) 의 $\tilde{f}(k)$ 를 식 (3.17) 에 대입하면 임의의 함수 $f(x)$ 자신에 관한 항등식을 얻는다.

$$\begin{aligned} f(x) &= \int_{-\infty}^{+\infty}\frac{dk}{2\pi}e^{+ikx}\int_{-\infty}^{\infty}dx'\,f(x')\,e^{-ikx'} \\ &= \int_{-\infty}^{\infty}dx'\,f(x')\int_{-\infty}^{+\infty}\frac{dk}{2\pi}\,e^{+ik(x-x')} \end{aligned} \tag{3.64}$$

위의 계산에서 적분 순서를 바꾸었는데 엄밀한 의미에서 수학적으로 문제가 될 수 있다. 그러나 우리는 물리학에서 함수를 미분할 때 일일이 미분 가능성을 점검하지 않는 것과 마찬가지로 적분 순서도 필요에 따라서 임의로 바꾸어 쓰겠다. 대부분의 경우 수학적으로 증명할 수 있기 때문이다. 식 (3.64) 의 둘째 식에서 k-적분은 $x-x'$ 의 함수가 되므로

$$\delta(x) = \int_{-\infty}^{+\infty}\frac{dk}{2\pi}e^{ikx} \tag{3.65}$$

라고 새로운 함수 $\delta(x)$ 를 정의하면 식 (3.64) 는 다음처럼 다시 쓸 수 있다.

$$f(x) = \int_{-\infty}^{+\infty}dx'\,f(x')\,\delta\big(x-x'\big) \tag{3.66}$$

이 식은 $f(x)$ 에 대한 항등식이다. 그리고 Fourier 변환이 가능한 모든 함수에 대하여 성립한다. 그런데 Fourier 변환은 매우 폭 넓은 부류의 함수에 적용되고 불연속인 함수까지도 포함하고 있다. 이러한 임의의 함수에 대하여 식 (3.66) 는 재미있는 관계를 나타내고 있다. 점 x 에서의 함수값을 구하려면 x 이외의 모든 값 x' 에서 함수가 어떤 값을 갖는지를 알아야 하는데 $f(x)$ 는 $x' \neq x$ 인 $f(x')$ 가 어떤 값이든지 이에 얽매일 필요가 조금도 없다. 따라서 $\delta(x-x')$ 는 특수한 형태를 가진 함수임이 분명하다.

델타 함수 (3.65) 는 그대로 적분이 안 되므로 다음처럼 극한으로 생각한다.

$$\delta(x) = \lim_{\Lambda\to\infty}\int_{-\Lambda}^{+\Lambda}\frac{dk}{2\pi}e^{ikx} = \lim_{\Lambda\to\infty}\frac{\sin\Lambda x}{\pi x} \tag{3.67}$$

이러한 형태의 함수는 이미 예제 3.1 에서 나왔으나 그림 3.5 에 다시 몇 가지 유한값 Λ 에 대한 함수 모양이 나타나 있다. 극한 $\Lambda \to \infty$ 일 경우에는 $x=0$ 에 위치한 최대점은 무한대로 커진다. 반대로 파형의 폭은 영으로 줄어들므로 결과적으로 x 가 영이 아닌 한 이 함수는 영이라고 할 수 있다. 그러나 함수 자체가 항상 영이라는 것은 아니다. 왜냐하면 극한을 택하기 이전의 함수 $\sin \Lambda x/\pi x$ 를 x 에 대하여 적분하면 항상 1 이기 때문이다.[4]

$$\int_{-\infty}^{+\infty} dx \frac{\sin \Lambda x}{\pi x} = 1 \tag{3.68}$$

이것은 Λ 와 무관하므로 $\delta(x)$ 도 똑같은 성질을 가질 것이 예상된다. 따라서 $\delta(x)$ 는 $x=0$ 에서 무한히 높고 무한히 좁은 돌기를 가지고 x -축과 이 돌기로 이루어진 부분의 넓이는 1 인 함수라고 상상하면 된다. 또한 다음과 같이 표현할 수 있다.

$$\begin{aligned} \delta(x-a) &= 0 \qquad\qquad (x \neq a) \\ \int_{-\infty}^{+\infty} dx\ \delta(x-a) f(x) &= f(a) \end{aligned} \tag{3.69}$$

윗식은 쉽게 이해할 수 있다. 델타 함수 $\delta(x-a)$는 $x=a$ 에서만 돌기를 이루고 $x \neq a$ 일 때에는 영이므로 $f(x)$ 가 어떤 형태이건 $f(a)$ 만이 중요하게 된다. $x=a$ 근처에서 $f(x)$ 는 상수로 취급하여 적분 밖으로 뽑아내면 나머지는 1 이 되고 식 (3.69) 의 관계가 성립한다.

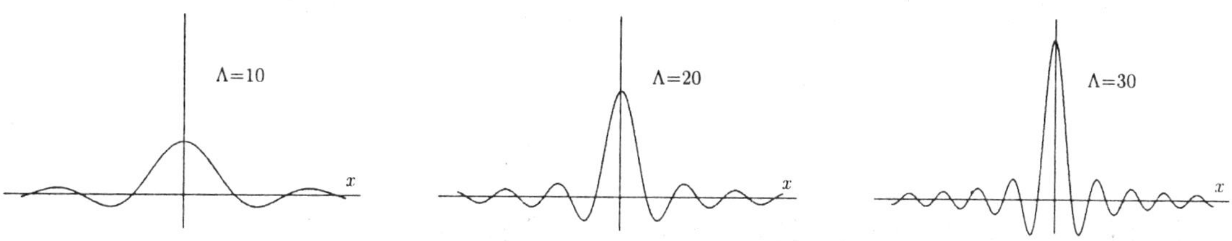

그림 3.5 극한을 택하기 전의 델타 함수
극한 $\Lambda \to \infty$ 에서 $x=0$ 에 있는 정점은 무한히 높아지지만 폭이 영으로 좁아지므로 x 가 영이 아닌 한 이 함수는 영이라고 할 수 있다.

[4] 참고: I. S. Gradshteyn and I. M. Ryzhik, *Table of Integrals, Series and Products*, 3.879, M. L. Boas, *Mathematical Methods in the Physical Sciences, 2nd ed*, Sect 14.7 Example 4, G. B. Arfken and H. J. Weber, *Mathematical Methods for Physicists, 5th ed*, Example 7.2.3

델타 함수는 Kronecker 델타 δ_{ij} 를 함수로 일반화하였다고 간주할 수도 있다. 윗식과 다음을 비교하면 쉽게 이해된다.

$$\delta_{ij} = 0 \quad (i \neq j) \qquad \sum_j \delta_{ij} f_j = f_i \tag{3.70}$$

델타 함수의 물리학적 의미는 이렇게 이해할 수 있다. 식 (3.65)를 보면 $\delta(x)$ 는 무한히 많은 평면파가 골고루 섞인 합성파이다. k 가 $-\infty$ 부터 $+\infty$ 까지 같은 진폭의 모든 평면파가 똑같게 기여하며 $x \neq 0$ 인 점에서 이들 평면파들은 간섭으로 모두 상쇄되므로 파동이 존재하지 않는다. 그러나 $x=0$ 일 경우에는 평면파들이 모두 같은 위상을 가지므로 보강간섭을 하여 무한히 큰 진폭의 파형이 형성된다.

델타 함수의 표현은 식 (3.67)만이 유일한 것은 아니다. 식 (3.69)을 만족하면 되고 다음 정의식들은 모두 델타 함수로 사용하기에 적합하다.

$$\delta(x) = \lim_{\varepsilon \to 0} \frac{1}{\sqrt{\pi}\varepsilon} e^{-x^2/\varepsilon^2} \tag{3.71}$$

$$\delta(x) = \lim_{\varepsilon \to 0} \frac{1}{\pi} \frac{\varepsilon}{x^2 + \varepsilon^2} \tag{3.72}$$

$$\delta(x) = \lim_{\varepsilon \to 0} \frac{1}{\varepsilon}\left[\theta\left(x + \frac{\varepsilon}{2}\right) - \theta\left(x - \frac{\varepsilon}{2}\right)\right] = \frac{d}{dx}\theta(x) \tag{3.73}$$

마지막 식에서 $\theta(x)$ 는 계단 함수(step function)로 다음과 같이 정의된다.

$$\begin{aligned} \theta(x) &= 0 \qquad (x < 0) \\ &= 1 \qquad (x > 0) \end{aligned} \tag{3.74}$$

델타 함수는 다음과 같은 성질들을 가지고 있는데 증명 없이 열거하겠다.

$$\delta(-x) = \delta(x) \tag{3.75}$$

$$x\,\delta(x) = 0 \tag{3.76}$$

$$\delta(ax) = \frac{1}{|a|}\delta(x) \tag{3.77}$$

$$\int_{-\infty}^{+\infty} dx\ \delta'(x-a)f(x) = -f'(a) \tag{3.78}$$

$$\delta\left(x^2 - a^2\right) = \frac{1}{2\,|a|}\left[\delta(x-a) + \delta(x+a)\right] \tag{3.79}$$

예 제 3.4 질량 껍질

Eeinstein 의 질량공식 $E^2 = m^2c^4 + p^2c^2$ 은 입자의 에너지와 운동량 사이의 관계식으로 E-p Minkowski 공간에서 3차원 하부공간을 이룬다. 이것을 질량껍질 (mass shell) 이라 한다. E, p 의 값이 질량껍질에 있으면 실재 입자, 없는 경우에는 가상의 입자가 된다. 양자론에서는 질량공식을 만족시키는 실재 입자와 그렇지 않은 가상 입자를 모두 다룬다. 즉 Minkowski 공간 전체를 고려한다. 그리고 흔히 입자가 질량껍질에 있을 조건을 델타 함수 $\delta(E^2 - m^2c^4 - p^2c^2)$ 로 표기한다. 이 델타 함수는 통상 E 나 p 에 대한 적분을 실행하게 되므로 적절하게 변환해주는 것이 편리하다. 이 목적으로 식 (3.79) 를 이용하면 다음을 얻는다.

$$\delta(E^2 - m^2c^4 - p^2c^2) = \frac{1}{2\sqrt{m^2c^4 + p^2c^2}}\left[\delta\left(E - \sqrt{m^2c^4 + p^2c^2}\right) + \delta\left(E + \sqrt{m^2c^4 + p^2c^2}\right)\right] \tag{3.80}$$

이 식을 보면 $E = -\sqrt{m^2c^4 + p^2c^2}$ 도 포함되어 제거할 필요가 있다. 그러려면 식 (3.74) 의 계단 함수 $\theta(E)$ 를 곱해주면 된다. 즉 입자가 실제 입자가 되는 조건으로 E-p Minkowski 공간에서 $\theta(E)\,\delta(E^2 - m^2c^4 - p^2c^2)$ 을 사용하면 된다. ≪

삼차원으로 델타 함수를 연장하는 것은 곧바로 가능하다. 식 (3.65) 를 y, z 방향으로 고려하고 이들을 모두 곱하면 $\delta(x)\,\delta(y)\,\delta(z)$ 를 얻는데 이 식은 보통 이렇게 표기한다.

$$\delta^3(\mathbf{x}) = \delta(x)\,\delta(y)\,\delta(z) \tag{3.81}$$

따라서 다음의 삼차원 델타 함수에 관한 표현식을 얻는다

$$\delta^3(\mathbf{x}) = \int \frac{d^3k}{(2\pi)^3}\ e^{+i\mathbf{k}\cdot\mathbf{x}} \tag{3.82}$$

이 델타 함수는 원점 이외에서는 0 이고 원점을 포함한 공간 적분은 1 이다. 윗 식은 또한 다음처럼 쓸 수도 있다.

$$(2\pi)^3\delta^3(\mathbf{k}) = \int d^3x\ e^{-i\mathbf{k}\cdot\mathbf{x}} \tag{3.83}$$

식 (3.82) 에서 보듯이 $\delta^3(\mathbf{x})$ 는 방향성이 없다. 즉 삼차원 회전에 대하여 불변이다.

마지막으로 삼차원에서 Parseval의 정리에 대하여 살펴보고자 한다. 식 (3.19), (3.20) 을 이용하여 $|f(\mathbf{x})|^2$ 을 전체 공간에서 적분하는데 Fourier 변환을 사용한다.

$$\begin{aligned}\int d^3x\,|f(\mathbf{x})|^2 &= \int d^3x\left(\int \frac{d^3k}{(2\pi)^3}e^{-i\mathbf{k}\cdot\mathbf{x}}\,\tilde{f}(\mathbf{k})^*\right)\left(\int \frac{d^3k'}{(2\pi)^3}e^{+i\mathbf{k}'\cdot\mathbf{x}}\,\tilde{f}(\mathbf{k}')\right)\\ &= \int \frac{d^3k}{(2\pi)^3}\int \frac{d^3k'}{(2\pi)^3}\tilde{f}(\mathbf{k})^*\tilde{f}(\mathbf{k}')\int d^3x\,e^{-i(\mathbf{k}-\mathbf{k}')\cdot\mathbf{x}}\end{aligned}$$

그리고 적분 순서를 바꾸어서 x-적분을 먼저 수행한다. 처음의 3차원의 공간 적분을 9차원에서의 적분으로 복잡하게 만든 것 같지만 x-적분이 다음과 같이 델타 함수가 되므로

$$\int d^3x\;e^{-i(\mathbf{k}-\mathbf{k}')\cdot\mathbf{x}} = (2\pi)^3\delta^3(\mathbf{k}-\mathbf{k}') \tag{3.84}$$

k'-적분도 쉽게 실행된다. 단순히 $\mathbf{k}'\rightarrow\mathbf{k}$ 로 바꾸면 된다. 그리고 결과는 다음처럼 간단하다.

$$\int d^3x\,|f(\mathbf{x})|^2 = \int \frac{d^3k}{(2\pi)^3}\,|\tilde{f}(\mathbf{k})|^2 \tag{3.85}$$

그러므로 Fourier 변환으로 연관된 두 함수의 절대값의 제곱을 각각의 공간에서 적분한 것은 서로 같다. 이것이 Parseval의 정리이다. 이 정리는 양자 물리학에서 확률 개념과 관련하여 매우 중요한 의미를 가진다.

물질 파동에 적용하려면 de Broglie의 식 $\mathbf{p}=\hbar\mathbf{k}$ 를 사용한다. 그러면 식 (3.82), (3.84), (3.85) 에 해당하는 식들은 다음과 같다.

$$\begin{aligned}\int d^3x\,e^{-\frac{i}{\hbar}(\mathbf{p}-\mathbf{p}')\cdot\mathbf{x}} &= (2\pi\hbar)^3\,\delta^3(\mathbf{p}-\mathbf{p}')\\ \int \frac{d^3p}{(2\pi\hbar)^3}\;e^{+\frac{i}{\hbar}\mathbf{p}\cdot(\mathbf{x}-\mathbf{x}')} &= \delta^3(\mathbf{x}-\mathbf{x}')\end{aligned} \tag{3.86}$$

$$\int d^3x|f(\mathbf{x})|^2 = \int \frac{d^3p}{(2\pi\hbar)^3}|\tilde{f}(\mathbf{p})|^2 \tag{3.87}$$

식 (3.82) 는 상수의 Fourier 변환이 델타 함수임을 의미한다. 한편 델타 함수의 Fourier 변환은 상수임을 쉽게 알 수 있다. 그러므로 단일 파장만으로 구성된 파동은 무한히 펼쳐있는 평면파이며 모든 파장이 골고루 섞인 파동은 점처럼 작은 파동 다발이 된다.

3.8 파동의 편광

파동 함수는 시공간의 함수이다. 그리고 임의의 파동은 평면 파동의 중첩으로 기술할 수 있다는 것이 Fourier 변환의 의미이다. 파동의 형태가 아니더라도 시공간의 함수가 물리적 의미를 가질 때 우리는 벌판(field)을 다루게 된다. 보기를 들면 방안의 온도, 압력 등은 시간이 지나거나 위치가 바뀌면 따라서 변하므로 시공간의 함수이고 벌판이 된다. 벌판은 온도, 압력처럼 스칼라일 수 있지만 전기 벌판(electric field)처럼 벡터의 형태를 가질수도 있다.

벌판은 파동이 될수도 있다. 음파는 압력의 파동 벌판으로 볼 수 있고 압력은 시공간의 함수로 스칼라 파동의 형태로 표현된다. 그러나 전기벌판 $\mathbf{E}$나 자기벌판 $\mathbf{B}$가 파동의 형태를 갖출 때에는 벡터 파동 함수를 다루어야 한다. 일반적으로 삼차원 공간에서 정방좌표계의 단위 벡터를 ϵ_1, ϵ_2, ϵ_3라 할 때 벡터 벌판은

$$\mathbf{A}(x,y,z,t) = \epsilon_1 A_1(x,y,z,t) + \epsilon_2 A_2(x,y,z,t) + \epsilon_3 A_3(x,y,z,t) \tag{3.88}$$

로 쓸 수 있고 파동이 되는 경우에는 $A_\lambda(x,y,z,t)$는 평면파동 $\exp i(\mathbf{k}\cdot\mathbf{x} - \omega t)$의 선형 중첩으로 간주하므로 다음처럼 쓸 수 있다.

$$\mathbf{A}(\mathbf{x},t) = \sum_{\lambda=1}^{3} \epsilon_\lambda \int \frac{d^3k}{(2\pi)^3} A_\lambda(\mathbf{k},\omega)\, e^{+i(\mathbf{k}\cdot\mathbf{x}-\omega t)} \tag{3.89}$$

그러므로 논의를 평면파동에 국한하기로 한다. 파동의 진행방향은 $\mathbf{k}$이고 벡터 파동벌판은 다음처럼 쓰는데

$$\mathbf{A}(\mathbf{x},t) = \mathbf{A}_0 e^{+i(\mathbf{k}\cdot\mathbf{x}-\omega t)} \tag{3.90}$$

초기위상 δ는 복소수 진폭 $\mathbf{A}_0$에 포함되었다. 이러한 파동에서 $\mathbf{A}_0$가 $\mathbf{k}$에 평행인 경우에는 세로파동(longitudinal wave), 수직인 경우에는 가로파동(transverse wave)이라 부른다. 음파는 전자에 속하고 전자기파는 후자의 대표적 보기이다. 세로파동은 하나의 파동 함수로서 기술이 가능하므로 스칼라로 취급하여 지금까지의 논의를 적용한다.

그러나 가로파동은 2개의 독립된 성분이 있고 성분 파동들의 진폭과 위상간에 어떤 관계가 존재할 때 "편광 또는 쏠림(polarization) 상태"에 있다고 한다. 세로파동은 한 개의 성분만 가지므로 편광을 논하지 않고 가로파동만 고려한다. 편의상 z-축 방향으로 진행하는 파동을 고려하고 ϵ_3를 $\mathbf{k}$방향으로 택하여 $\epsilon_1, \epsilon_2, \mathbf{k}$가 직교정방 기준(orthonormal basis) 벡터가 되게 하면 가로파동을 나타내는 벡터 파동벌판을 다음처럼 쓸 수 있다.

$$\mathbf{A}(z,t) = (A_1\epsilon_1 + A_2\epsilon_2)\, e^{+i(kz-\omega t)} \tag{3.91}$$

그리고 $\boldsymbol{\epsilon}_1$, $\boldsymbol{\epsilon}_2$, $\mathbf{k}$ 사이에는 다음의 직교 관계가 성립한다.

$$\boldsymbol{\epsilon}_1 \cdot \boldsymbol{\epsilon}_1 = 1 \qquad \boldsymbol{\epsilon}_2 \cdot \boldsymbol{\epsilon}_2 = 1 \qquad \boldsymbol{\epsilon}_1 \cdot \boldsymbol{\epsilon}_2 = 0 \qquad \boldsymbol{\epsilon}_1 \cdot \mathbf{k} = \boldsymbol{\epsilon}_2 \cdot \mathbf{k} = 0 \tag{3.92}$$

$\mathbf{A}$는 전기벌판 $\mathbf{E}(z,t)$일 수도, 자기 벌판 $\mathbf{B}(z,t)$일 수도 있으나 전자기학에서는 $\mathbf{E}$의 방향을 편광 방향으로 규약을 정한다. A_1, A_2는 복소수로서 상대적인 위상 관계를 내포한다.

가로파동 $\mathbf{A}$에서 $A_2=0$ 이거나 $A_1=0$ 이면 $\mathbf{A}$는 $(\boldsymbol{\epsilon}_1, \mathbf{k})$ 또는 $(\boldsymbol{\epsilon}_2, \mathbf{k})$ 평면에 국한되고 이러한 편광 상태를 선형 편광 (linear polarization) 이라 한다. 이때 파동 벌판은 다음과 같다.

$$\mathbf{A}(z,t) = A_1 \boldsymbol{\epsilon}_1 e^{i(kz-\omega t)} \qquad \text{또는} \qquad \mathbf{A}(z,t) = A_2 \boldsymbol{\epsilon}_2 e^{i(kz-\omega t)} \tag{3.93}$$

다른 편광 상태를 알아보기 위하여 다음의 복소 기준 벡터를 도입한다.

$$\begin{aligned} \boldsymbol{\epsilon}_+ &= \frac{1}{\sqrt{2}}\left(\boldsymbol{\epsilon}_1 + i\,\boldsymbol{\epsilon}_2\right) \\ \boldsymbol{\epsilon}_- &= \frac{1}{\sqrt{2}}\left(\boldsymbol{\epsilon}_1 - i\,\boldsymbol{\epsilon}_2\right) \end{aligned} \quad \Leftrightarrow \quad \begin{aligned} \boldsymbol{\epsilon}_1 &= \frac{1}{\sqrt{2}}\left(\boldsymbol{\epsilon}_+ + \boldsymbol{\epsilon}_-\right) \\ \boldsymbol{\epsilon}_2 &= \frac{1}{\sqrt{2}\,i}\left(\boldsymbol{\epsilon}_+ - \boldsymbol{\epsilon}_-\right) \end{aligned} \tag{3.94}$$

그러면 식 (3.91)은 다음처럼 쓸 수 있다.

$$\mathbf{A}(z,t) = \left(A_- \boldsymbol{\epsilon}_+ + A_+ \boldsymbol{\epsilon}_-\right) e^{i(kz-\omega t)} \tag{3.95}$$

그리고 $\boldsymbol{\epsilon}_+, \boldsymbol{\epsilon}_-, \mathbf{k}$ 사이에는 다음의 직교 관계가 성립한다.

$$\boldsymbol{\epsilon}_\pm{}^* \cdot \boldsymbol{\epsilon}_\pm = 1 \qquad \boldsymbol{\epsilon}_\pm^* \cdot \boldsymbol{\epsilon}_\mp = 0 \qquad \boldsymbol{\epsilon}_\pm{}^* \cdot \mathbf{k} = 0 \tag{3.96}$$

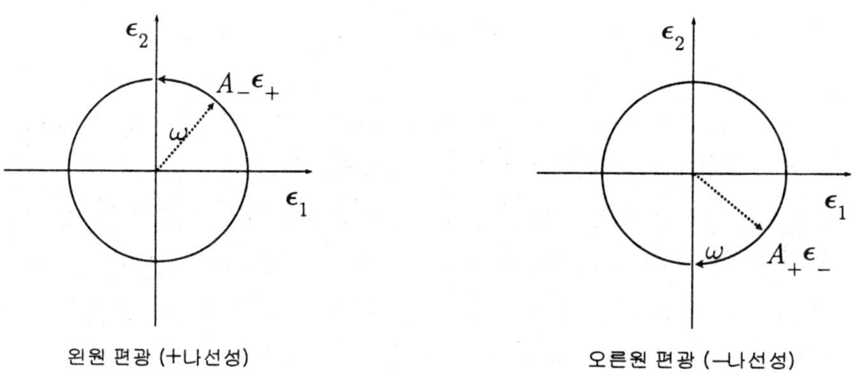

그림 3.6 원 편광. 파동이 진행하는 앞에서 보면 (+) 나선성을 지닌 파동은 역시침 방향으로 돌고 왼원 편광이 된다. (−) 나선성을 지닌 파동은 반대이다.

이제 $A_+=0$ 또는 $A_-=0$ 인 경우를 살펴보자. $A_+=0$ 일 때에는

$$\mathbf{A}(z,t)=A_-\boldsymbol{\epsilon}_+\, e^{i(kz-\omega t)}=\frac{A_-}{\sqrt{2}}\left(\boldsymbol{\epsilon}_1 e^{i(kz-\omega t)}+\boldsymbol{\epsilon}_2\, e^{i(kz-\omega t+\pi/2)}\right) \tag{3.97}$$

인데 고정된 위치 ($z=$ 상수) 에서 **A** 벡터의 시간적 변화를 보면 일정한 크기의 **A** 벡터가 역시침 방향으로 ω 의 회전속도로 돌고 있다. $\mathbf{A}(z,t)=A_+\boldsymbol{\epsilon}_-\, e^{i(kz-\omega t)}$ 의 경우는 시침방향으로 돌고 있다. [그림 3.6 참고] 이러한 편광상태를 원형편광 (circular polarization) 이라 한다.

진행하는 파동의 전면에서 보면 $A_-\boldsymbol{\epsilon}_+$ 파동의 경우 편광방향이 왼쪽으로 변하므로 왼원편광이라 한다. $A_+\boldsymbol{\epsilon}_-$ 는 오른원편광이다. 그러나 편광방향의 변화에 오른손 법칙을 적용하면 왼원편광은 (+) 의 나선성 (helicity), 오른원편광은 (−) 의 나선성을 갖는다. 일반적으로 가로파동은 타원편광이 되며 경우에 따라 직선편광이나 원형편광 상태가 된다.

3.9 Huygens의 원리

Huygens가 빛의 파동설을 주창했을 때 파동이 전파 과정을 설명하려고 다음을 가정하였다:

> Huygens의 파동 원리
>
> • 어떤 순간에 파동의 각 점은 새로운 작은 파동 (wavelet) 의 근원이 되며 이들 작은 파동의 중첩으로 그 다음 순간의 파동이 결정된다.

따라서 파동의 전파는 각 순간 무한히 많은 작은 파동들이 중첩되는 연속과정으로 해석할 수 있다. 이렇게 반복되는 과정을 통해서 파동은 미래로 전파하며 Huygens는 빛의 직진, 반사 및 굴절현상을 설명하였다. 그러나 빛에 국한하지 않고 물질파동을 포함한 모든 종류의 파동에 대하여도 마찬가지로 이 원리가 적용된다.

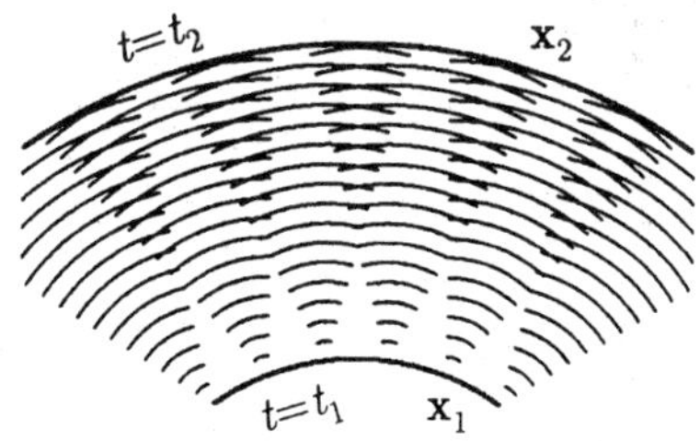

그림 3.7
파동 전파에 관한 Huygens 원리.

시각 t_1 일 때 공간 모든 점에서의 작은 파동들은 미래로 전파하여 시각 t_2 의 파동을 만든다.

그림 3.7 에는 시공간에서 파동의 전파에 대한 개요가 나타나 있는데 주어진 시각 t_1 에 공간의 모든 점 $\mathbf{x}_1$ 에서 발생하는 작은 파동은 다음 순간에 이루어질 파동의 근원이 된다. 이 작은 파동은 시각 $t_2(> t_1)$ 에 일반적으로 $\mathbf{x}_2$ 를 포함한 공간의 모든 곳으로 전파할 것이므로 반대로 생각하면 $\mathbf{x}_2$ 의 파동은 시각 $t_1(< t_2)$ 에 모든 점 $\mathbf{x}_1$ 에서 나온 파동들의 중첩이라고 할 수 있다. 이것을 수학적으로 기술하기 위하여 전파자 (propagator) 를 도입하는 것이 편리하다.

시각 t_1 일 때 공간 $\mathbf{x}_1$ 에 단위 진폭을 가진 파동을 생각하자. 이 파동이 시각 t_2 일 때 공간 $\mathbf{x}_2$ 로 전파한 파동의 크기를

$$G(\mathbf{x}_2, t_2;\ \mathbf{x}_1, t_1)$$

로 표시하면 $\Psi(\mathbf{x}_1, t_1)$ 의 진폭을 가진 파동은 점 $(\mathbf{x}_2, t_2)$ 에 $G(\mathbf{x}_2, t_2; \mathbf{x}_1, t_1)\Psi(\mathbf{x}_1, t_1)$ 의 크기로 전파할 것이다. 선형 파동을 다루기 때문이다. 그런데 Huygens 의 원리에 의하여 모든 $\mathbf{x}_1$ 의 파동이 중첩되어야 하므로 다음 관계식이 성립한다.

$$\theta(t_2 - t_1)\Psi(\mathbf{x}_2, t_2) = \int G(\mathbf{x}_2, t_2; \mathbf{x}_1, t_1)\, \Psi(\mathbf{x}_1, t_1)\, d^3\mathbf{x}_1 \tag{3.98}$$

여기서 θ 함수는 파동이 미래로만 전파되는 것을 분명히 하기 위하여 삽입하였다. 파동이 과거로 전파하지 않고 미래로만 전파하는 것을 인과율 (causality) 이라 한다. 물리적 신호는 파동의 전파와 함께 전달되고 항상 원인이 있은 후에 결과가 나타나기 때문이다. 과거로 전파하지 않는다는 파동의 인과율은 수학적으로 다음처럼 표현할 수도 있다.

$$t_2 < t_1 \quad \text{이면} \quad G(\mathbf{x}_2, t_2;\ \mathbf{x}_1, t_1) = 0 \tag{3.99}$$

식 (3.98) 은 수학으로서 자명하지 않다. 적분 후에는 일반적으로 $\mathbf{x}_2$, t_2 및 t_1 의 함수가 되어야 하겠지만 $t_2 > t_1$ 인 조건을 만족하기만 하면 t_1 과 무관하다는 것이 Huygens 의 원리이다. 함수 $G(\mathbf{x}_2, t_2; \mathbf{x}_1, t_1)$ 은 전파자 함수인데 핵함수 (kernel) 또는 Green 함수로도 불리운다. 파동의 전파를 나타내는 모든 정보는 Green 함수에 포함되어 있으므로 이 함수는 파동함수 자체만큼 중요한 역할을 하며 파동 방정식보다 이 함수에 관한 방정식의 풀이를 구하는 과정으로 물리 문제를 다룰 수도 있다. 식 (3.98) 에서 전파자 함수가 알려지면 어느 시각에서의 파동이 그 이후 시각에 어떤 파동의 형태로 전파하는가를 보여준다.

제 13 장에서는 전파자 Green 함수를 이용하여 시간 의존성 섭동 이론을 공부할 것이다.

연 습 문 제

3.1 평면 파동의 위상 $\mathbf{k}\cdot\mathbf{x}-\omega t$ 이 Lorentz 변환에 대하여 불변하려면 $(\mathbf{k}, \omega/c)$는 세계 벡터가 되어야 함을 보이고 변환식을 구하라. 그리고 운동량-에너지 세계 벡터 $(\mathbf{p}, E/c)$와의 관계도 확인하라. [부록 A 참고]

3.2 파동 다발이 k-공간에서 다음과 같을 때 x-공간에서의 파동 다발을 구하라. 또한 이 파동 다발의 x-공간 및 k-공간에서의 퍼진 정도에 관하여 논하라.

$$\begin{aligned}\tilde{\phi}(k) &= \quad N &&(-\Lambda < k < +\Lambda)\\ &= -N &&(-3\Lambda < k < -\Lambda, \quad +\Lambda < k < +3\Lambda)\\ &= \quad 0 &&\text{기타 구간}\end{aligned}$$

3.3 다음과 같이 N 개의 조화 진동으로 구성된 파동의 Fourier 변환을 계산하라.

$$\begin{aligned}\phi(t) &= \sin\omega_0 t &&-N\pi < \omega_0 t < +N\pi\\ &= 0 &&(\text{기타 시간영역})\end{aligned}$$

3.4 파동 다발이 삼차원 k-공간에서 다음과 같이 가우시안 형태를 이룰 때 x-공간에서의 파동 다발을 계산하라.

$$\tilde{\phi}(\mathbf{k}) = N\exp\left(-\frac{1}{2}\sigma^2\mathbf{k}^2\right)$$

그리고 두 공간에서의 파동 함수에서 직접 Parseval의 정리를 확인하라.

3.5 삼차원에서의 가우시안 파동 다발이 $t=0$ 일 때

$$\Psi(\mathbf{x}, t=0) = N\exp\left(-\frac{\mathbf{x}^2}{2\sigma^2}\right)e^{i\mathbf{k}_0\cdot\mathbf{x}}$$

로 표현된다. 이 파동 다발을 이루는 입자를 비 상대론으로 다룰 때 그 파동 다발이 전파하는 상태를 논하라.

3.6 수소 원자에서 바닥 상태에 있는 전자의 물질 파동은 다음의 형태를 갖는다.

$$\phi(\mathbf{x}) = \exp(-r/a_B)$$

운동량 p-공간에서의 파동을 구하라.

3.7 어떤 전자의 de Broglie 파장이 2 pm $(=2\times10^{-12}\,\mathrm{m})$로 알려져 있다. 이 문제를 상대론으로 다루어야 할지, 아니면 비상대론으로도 충분할지를 판정하고 전자의 위상 속도, 그룹 속도 및 운동 에너지를 계산하라.

3.8 델타 함수에 관한 정의식 (3.71) - (3.73) 이 타당함을 증명하라. 즉 다음 성질을 만족함을 보이라.

$$\delta(x) = 0 \quad (x \neq 0) \qquad\qquad \int_{-\infty}^{+\infty} dx\, \delta(x) = 1$$

3.9 델타 함수의 성질에 관한 식 (3.75) - (3.79) 를 증명하라.

3.10 도파관 내에서 전자기파의 파장과 진동수 사이에는 다음 관계가 있다. 그룹 속도를 구하라.

$$\lambda = \frac{c}{\sqrt{\nu^2 - \nu_0^2}}$$

3.11 함수 $f(x)$가 여러 개의 단일 근을 가질 때 다음이 성립함을 보이라.

$$\delta[f(x)] = \sum_i \frac{1}{|f'(x_i)|}\, \delta(x - x_i)$$

x_i는 $f(x) = 0$ 의 단일근이다.

3.12 구면 좌표계에서 $1/r$ 의 라플라시안을 계산하고 또한 원점을 포함한 체적 적분을 수행함으로써 다음을 증명하라.

$$\nabla^2 \left(\frac{1}{r}\right) = -4\pi\, \delta^3(\mathbf{x})$$

3.13 자유롭게 움직이는 전자에 대한 파동 다발의 퍼지는 정도를 계산하라. 전자는 Bohr 반경의 크기를 갖는 파동 다발이라 가정한다.

3.14 자유 입자가 초기에 다음과 같은 형태로 알려져 있다.

$$\Psi(x, t = 0) = \psi(x) \exp\left(\frac{i}{\hbar} p_0 x\right)$$

$\psi(x)$ 는 실함수로서 $|x| < a$ 인 영역에서만 두드러지게 큰 값을 갖는다. 임의의 순간 t 에서의 파동은 어디서 두드러지게 나타나는가?

3.15 식 (3.95) 에서 $A_+ = 0$ 또는 $A_- = 0$ 이면 원형 편광, $|A_+| = |A_-|$이면 선형 편광임을 알았다. 그 이외의 경우에는 타원 편광임을 밝히라.

3.16 Huygens 의 원리를 적용하여 빛의 직진, 반사 및 굴절 현상을 설명하라.

4. SCHRÖDINGER 방정식

4.1 Schrödinger 방정식

앞에서 몇 번 강조한 바처럼 Schrödinger 방정식은 미시 세계를 기술하는 양자 물리학의 가장 핵심적인 요소라 할 수 있다. 이제 이 방정식을 '유도'해 보도록 하자. 한가지 경계해야 할 점은 다음의 논의가 Schrödinger 방정식이 자연을 옳게 기술해야 한다는 당위성의 제시로 받아들여서는 안 된다. 오직 그럴듯한 논리의 한가지 가능성을 전개하는 것에 불과할 뿐이다.

우리가 찾아내고자 하는 것은 물질파의 파동 함수 $\Psi(\mathbf{x}, t)$ 가 만족하는 방정식이다. 우선 파동 방정식은 다음 조건들을 만족해야 할 것이다.

(A) 에너지와 진동수에 관한 Einstein 공식 및 운동량과 파동수에 관한 de Broglie 공식들을 충족해야 한다.

$$E = \hbar\omega \qquad \mathbf{p} = \hbar\mathbf{k} \tag{4.1}$$

(B) 역학적 에너지에 대한 관계를 설명해야 한다. 비상대론적인 입자의 운동 에너지는 $\mathbf{p}^2/2m$ 이므로 위치 에너지를 $V(\mathbf{x}, t)$ 라 하면 다음 식과 일관성을 유지하여야 한다.

$$E = \frac{\mathbf{p}^2}{2m} + V(\mathbf{x}, t) \tag{4.2}$$

(C) 파동 함수 $\Psi(\mathbf{x}, t)$ 는 선형이어야 한다. 즉 $\Psi_1(\mathbf{x}, t)$ 및 $\Psi_2(\mathbf{x}, t)$ 가 방정식의 풀이라면 $c_1\Psi_1(\mathbf{x}, t) + c_2\Psi_2(\mathbf{x}, t)$ 도 풀이가 되어야 한다.

광전 효과, Compton 산란, 전자 회절 등 많은 실험적 근거가 있으므로 조건 (A)는 당연히 만족해야 하며, 조건 (B)는 에너지-운동량 보존을 위해 성립해야 할 관계식이다. 선형 방정식의 조건 (C)는 물질파의 간섭 현상에서 이해할 수 있고 중첩 원리를 가장 간단하게 설명한다.

평면 파동을 입자의 에너지와 운동량으로 표현하면 식 (3.63)에 이미 표현한 바와 같이 $\exp i(\mathbf{k}\cdot\mathbf{x} - \omega t) = \exp i/\hbar(\mathbf{p}\cdot\mathbf{x} - Et)$ 가 된다. 따라서 파동 함수 $\Psi(\mathbf{x}, t)$ 는 수많은 평면파들의 중첩이라 생각할 수 있으므로 운동량 $\mathbf{p}$ 인 파동의 진폭을 $a(\mathbf{p})$ 라 하면 파동 함수는 다음의 적분으로 표현할 수 있다.

$$\Psi(\mathbf{x},t)=\int\frac{d^3p}{(2\pi\hbar)^3}\,a(\mathbf{p})\,e^{+\frac{i}{\hbar}(\mathbf{p}\cdot\mathbf{x}-Et)} \tag{4.3}$$

$a(\mathbf{p})$ 는 $1/(2\pi\hbar)^3$ 인자를 무시하면 운동량이 $(\mathbf{p},\ \mathbf{p}+d\mathbf{p})$ 인 평면파의 진폭이다. 이 식을 시간과 공간에 대하여 미분하면 다음을 얻는다.

$$i\hbar\frac{\partial}{\partial t}\Psi(\mathbf{x},t)=\int\frac{d^3p}{(2\pi\hbar)^3}E\,a(\mathbf{p})\;e^{+\frac{i}{\hbar}(\mathbf{p}\cdot\mathbf{x}-Et)} \tag{4.4}$$

$$-i\hbar\,\nabla\Psi(\mathbf{x},t)=\int\frac{d^3p}{(2\pi\hbar)^3}\mathbf{p}\,a(\mathbf{p})\;e^{+\frac{i}{\hbar}(\mathbf{p}\cdot\mathbf{x}-Et)} \tag{4.5}$$

그러므로 조건 (B) 는 파동 함수가 아래의 방정식을 만족하면 된다.

$$i\hbar\frac{\partial}{\partial t}\Psi(\mathbf{x},t)=-\frac{\hbar^2}{2m}\nabla^2\Psi(\mathbf{x},t)+V(\mathbf{x},t)\,\Psi(\mathbf{x},t) \tag{4.6}$$

이 식은 선형 방정식이다. 그러므로 Ψ_1, Ψ_2 가 풀이라면 $c_1\Psi_1+c_2\Psi_2$ 도 풀이가 되고 조건 (C) 를 충족시킨다.

식 (4.6) 은 물질 파동 함수 $\Psi(\mathbf{x},t)$ 가 만족하여야 할 미분 방정식의 하나이며 Schrödinger 방정식이라 부른다. Schrödinger 는 수소 원자에 이 방정식을 적용하여 Bohr 의 에너지 준위를 유도하였고 전자의 파동 함수를 구했다. 수소 원자 이외의 물리계에 응용하였을 때에도 실험 사실과 일치하는 결론을 얻었고 구식 양자론과는 달리 비 주기적 물리계에도 적용시킬 수 있다.

Schrödinger 방정식에 관하여 몇 가지 논의하고자 한다. 우선 이 방정식 자체로는 물리학의 기본 법칙이 아니다. 물리학의 기본 법칙은 유도될 수 없다. 식 (4.6) 은 여러 면에서 볼 때 타당성이 있으리라 보인다고 할 정도이다. 이렇게 얻은 방정식의 유효 여부는 궁극에는 자연 현상인 물리 실험을 통하여만 검증할 수 있는 것이다. 다음으로 Schrödinger 방정식은 조건 (B) 에 근거하므로 비 상대론적 이론이다. 비록 작은 거리에서의 미시 현상을 설명하는 양자 이론이라도 입자의 속도가 빛의 속도 보다 훨씬 느릴 경우에만 성립한다. 또한 Schrödinger 방정식은 시간에 대한 1계 도함수를 포함하고 있으므로 초기의 파동 $\Psi(\mathbf{x},\ t=0)$ 를 알면 $\Psi(\mathbf{x},t)$ 는 유일하게 결정된다. 이것은 Newton 방정식과 대조적이다. 고전 운동 방정식은 2계 시간 도함수를 포함하므로 $t=0$ 인 시각의 입자의 위치와 속도 $\mathbf{x}_0,\mathbf{v}_0$ 를 알아야 입자의 운동이 확정된다. 양자 역학을 다루는 많은 방정식 중에서 Schrödinger 방정식이 제일 널리 알려져 있다.

엄밀한 의미에서 Schrödinger 방정식은 위치 에너지가 $V(\mathbf{x}, t)$ 인 벌판의 영향을 받으며 움직이는 한 개의 입자 운동을 기술한다. 실제의 물리 현상은 여러 개의 입자가 모여서 상호 작용하면서 운동을 하므로 물리계의 파동 함수는 운동 자유도만큼 많은 변수들의 함수이다. 이들은 흔히 식 (4.6) 의 형태로 표현되도록 바꾸어서 문제를 다룬다.

Schrödinger 방정식은 Newton 방정식을 미시 세계로 확장한 이론이다. Einstein 의 상대성 이론도 Newton 역학을 확장한 이론이다. 입자의 속도가 빠른 영역까지 적용되는 역학이 상대성 이론이고, 미시 세계의 영역까지 성립하는 물리학이 바로 Schrödinger 이론인 것이다.

따라서 미시 세계에서 빠른 속도로 움직이는 입자에 대한 이론이 바람직한 것은 당연하다. Schrödinger 방정식은 비 상대론적인 입자에 대하여 성립하므로 비록 위치 에너지가 없는 자유 입자이더라도 $E = \mathbf{p}^2/2m$ 이 된다. 그러나 우리는 특수 상대성 이론에서 자유 입자의 에너지가

$$E^2 = m^2c^4 + \mathbf{p}^2c^2 \tag{4.7}$$

임을 배웠으므로 Schrödinger 방정식보다 더 일반적인 파동 방정식을 얻는 것이 가능하다. 실제로 식 (4.4), (4.5) 를 살펴보면 에너지와 운동량에 대하여 다음처럼 도함수의 연산자로 바꾸어 생각할 수 있다.

$$E \to +i\hbar \frac{\partial}{\partial t} \qquad\qquad \mathbf{p} \to -i\hbar\,\nabla \tag{4.8}$$

그러므로 비상대론적 조건 (4.2) 대신 Einstein 의 질량 공식 (4.7) 을 충족하는 파동 방정식은 다음처럼 표현할 수 있다.

$$-\hbar^2 \frac{\partial^2}{\partial t^2} \Psi(\mathbf{x}, t) = \left(m^2c^4 - c^2\hbar^2\,\nabla^2\right)\Psi(\mathbf{x}, t) \tag{4.9}$$

이것은 Klein-Gordon 방정식으로 알려져 있다. 그러나 더 일반 성격을 가진 이 방정식의 풀이는 Schrödinger 방정식에서 볼 수 없는 문제점을 지니기 때문에 양자 물리학의 발전 초기에는 고려되지 않았다. 상대론적인 양자 방정식은 Klein-Gordon 방정식 이외에도 Dirac 방정식이 있는데 17 장에서 상술할 것이다.

양자 물리학의 기본 방정식은 편미분 방정식이므로 식 (4.6) 의 풀이는 수학적인 문제로 귀착된다. 위치 에너지의 종류에 대하여는 점차적으로 공부하고 네 가지 특수한 경우에 대한 파동 함수를 예제로 살펴보겠다.

예 제 4.1 일차원 상자 속의 입자

질량 m 인 입자가 길이 $L(=2a)$ 인 일차원 상자 안에 유폐되어 있는 경우를 생각하자. 양 벽이 완전히 투과 불능 ($|x|>a$ 일 때 $V=\infty$) 이지만 상자 안에서는 입자가 자유로이 움직인다면 바닥 상태에 있는 입자의 파동 함수는 다음과 같다. 이를 구하는 과정은 5.6 절에서 다룰 것이다. [식 (5.57) 참고]

$$\Psi(x,t) = \sqrt{\frac{2}{L}}\cos\frac{\pi x}{L}e^{-\frac{i}{\hbar}Et} \qquad (|x|\le a) \qquad E=\frac{\pi^2\hbar^2}{2mL^2} \tag{4.10}$$
$$= 0 \qquad (|x|>a)$$

≺≺

예 제 4.2 조화 진동자

질량 m 인 입자가 $V(x)=m\omega^2x^2/2$ 의 단순 조화 운동을 하고 있을 때 이 조화 진동자는 바닥 상태에서 다음의 파동 함수를 갖는다. 이 파동 함수는 가우시안 형태이다. [식 (5.84) 참고]

$$\Psi(x,t) = \left(\frac{m\omega}{\pi\hbar}\right)^{1/4}\exp\left(-\frac{m\omega}{2\hbar}x^2-\frac{i}{2}\omega t\right) \qquad E=\frac{1}{2}\hbar\omega \tag{4.11}$$

≺≺

예 제 4.3 수소 원자

Coulomb 힘으로 결합된 수소 원자가 바닥 상태에 있을 때 파동 함수는 다음과 같다.

$$\Psi(\mathbf{x},t) = \frac{1}{\sqrt{\pi a_B^3}}\exp\left(-\frac{r}{a_B}\right)e^{-\frac{i}{\hbar}E_0 t} \qquad E_0 = -\frac{e^2}{8\pi\varepsilon_0}\frac{1}{a_B} \tag{4.12}$$

여기서 a_B 는 Bohr 반경이다. 파동 함수는 일반적으로 r, θ, ϕ 의 함수이지만 바닥 상태의 수소 원자는 θ, ϕ 변수와 무관하다. [식 (7.40), (7.105) 참고] ≺≺

예 제 4.4 자유 입자

아무 위치 에너지가 없는 질량 m 인 자유 입자 $[V(x)=0]$ 에 대한 파동 다발은

$$\Psi(x,t) = \left(\frac{1}{\pi\sigma^2}\right)^{1/4}\frac{1}{\left(1+i\dfrac{\alpha t}{\sigma^2}\right)^{1/2}}\exp\left(-\frac{1}{2}\frac{(x-v_0t)^2}{\sigma^2+i\alpha t}\right)e^{+\frac{i}{\hbar}(p_0x-E_0t)} \tag{4.13}$$

인데 이 입자는 시간 $t=0$ 일 때 퍼짐이 σ 이고 주로 p_0, $E_0(=p_0^2/2m)$ 의 운동량과 에너지를 가지고 $v_0=p_0/m$ 의 속도로 움직이고 있다. [식 (3.45) 참고] 그러나 자유 입자의 파동 다발이 무한히 퍼져 있을 때에는 평면파이고 다음과 같이 쓸 수 있다.

$$\Psi(x,t) = Ae^{+\frac{i}{\hbar}(p_0 x - E_0 t)} \tag{4.14}$$

식 (3.1) 의 평면파에 $E = \hbar\omega,\ p = \hbar k$ 를 대입하여서 얻을 수도 있으나 Schrödinger 방정식을 풀어서 직접 구할 수 있다. ◁◁

네 개의 보기에서 제시한 파동함수를 구하는 것은 방정식 (4.6) 을 풀어야 하는 과정이고 우리가 당면한 과제이다. 그러나 이들을 미분방정식에 대입하여 Schrödinger 방정식을 만족하는지 여부는 쉽게 검산할 수 있을 것이다.

4.2 파동 함수에 대한 Born 의 해석

위치 에너지 $V(\mathbf{x},t)$ 를 아는 경우 Schrödinger 방정식을 풀어서 파동함수 $\Psi(\mathbf{x},t)$ 를 찾아내더라도 그 물리학적 의미가 무엇인지를 모르면 아무 소용이 없다. 더구나 파동함수는 복소수이고 실제로 측정하는 물리량은 실수이므로 이들 사이의 연관성이 중요하다.

고전 물리학의 파동에서 복소수를 사용할 때 실수 부분만이 물리량에 대응하는 것이 관례이다. 그러나 양자 물리학에서는 $\mathrm{Re}\,\Psi(\mathbf{x},t)$ 보다 $|\Psi(\mathbf{x},t)|^2$ 이 물리량에 연관된다. 전자기 파동은 고전 역학에서 잘 알려져 있고 Einstein 의 광자 이론으로 양자화되었으므로 물질파 $\Psi(\mathbf{x},t)$ 의 일반 성질을 추론하는데 도움이 된다.

고전 전자기학 이론에 의하면 빛의 강도 I 는 전기 벌판 세기의 제곱 $\mathbf{E}^2$ 에 비례한다. 한편 빛은 광자로 구성되었으므로 I 는 광자의 수 N 에도 비례한다. 즉

$$I \propto Nh\nu \propto \mathbf{E}^2 \tag{4.15}$$

전기 벌판 $\mathbf{E}$ 는 파동이다. 따라서 광자의 수는 파동함수의 제곱에 비례한다.

실제로 전자기파의 파동 $\mathbf{E}(\mathbf{x},t)$ 와 물질파의 파동 $\Psi(\mathbf{x},t)$ 사이에는 상당한 비유가 성립한다. 전자기파는 복사선과 관련된 파동인 반면 물질파는 입자의 파동을 기술한다. Maxwell 의 방정식에서 전기 벌판의 파동함수 $\mathbf{E}$ 를 구할 수 있고 물질의 파동함수 Ψ 는 Schrödinger 방정식을 풀어서 알아 낼 수 있다. 두 파동 방정식이 모두 선형이므로 중첩 원리는 자동적으로 만족한다. 즉 $\mathbf{E}_1$ 과 $\mathbf{E}_2$ 가 Maxwell 방정식의 풀이라면 그들의 선형결합 $\mathbf{E} = c_1\mathbf{E}_1 + c_2\mathbf{E}_2$ 도 풀이이며 물질파에 대하여도 마찬가지이다. 따라서 파동의 회절 및 간섭에 대한 설명이 가능하다. 마지막으로 광자의 수를 나타내는 $\mathbf{E}^2$ 은 $|\Psi|^2$ 과 연관시킬 수 있다.

앞 절에서 언급한 바처럼 Schrödinger 방정식은 한 개의 입자에 대한 파동 다발을 나타내는 파동함수 $\Psi(\mathbf{x},t)$ 를 제시하므로 전자기파의 경우와 같이 $|\Psi|^2$ 을 입자의 수로 보기는 힘들

지만 입자에 대한 확률로 간주할 수는 있다. 더구나 확률과 $|\Psi|^2$은 모두 음수가 될 수 없으므로 파동 함수에 대한 Born의 해석은 그럴 듯 하다. Born의 해석은 다음과 같이 표현한다.

> 파동 함수에 대한 Born의 해석:
>
> 한 입자가 시각 t 일 때 위치 $\mathbf{x}$ 에 있는 체적소 d^3x 에 존재할 확률은 $|\Psi(\mathbf{x},t)|^2\, d^3x$ 이다.
> 그러므로 $|\Psi(\mathbf{x},t)|^2$ 은 단위 부피당 입자를 발견할 확률이다.

$|\Psi(\mathbf{x},t)|^2$

우리는 간단하게 $|\Psi(\mathbf{x},t)|^2$ 을 시각 t, 위치 $\mathbf{x}$ 에서 입자의 확률 밀도 (probability density) 라 부른다.

양자 물리학에서 말하는 입자는 파동 다발이다. 거시적으로는 점의 운동으로 볼 수 있지만 미시적면에서는 공간의 일부에 국한된 파동의 다발이다. 그러므로 파동 함수가 큰 곳에 입자가 존재함직한 것은 당연하다. 그러나 입자가 파동을 따라서 움직인다고 생각해서는 안 된다. 오히려 입자는 파동 다발의 어느 곳에 존재하는데 $|\Psi|^2$이 큰 곳에 존재할 확률이 더 크다고 이해할 수 있을 뿐이다. 그러므로 입자의 위치를 측정하는 실험을 반복하면 공간의 여러 곳에서 입자가 측정되고 그 입자 위치의 분포는 $|\Psi(\mathbf{x},t)|^2$ 을 따르게 된다. 결국 물질 파동은 확률 파동이라 할 수 있다.

바닥 상태의 조화 진동자를 보기로 들자. 입자의 확률 밀도 $|\Psi(\mathbf{x},t)|^2$ 는 식 (4.11) 에서 쉽게 구하고 그림 4.1에 나타나 있다. 이 경우에 확률 분포는 전형적인 정상 분포이고 평형점 $(x=0)$

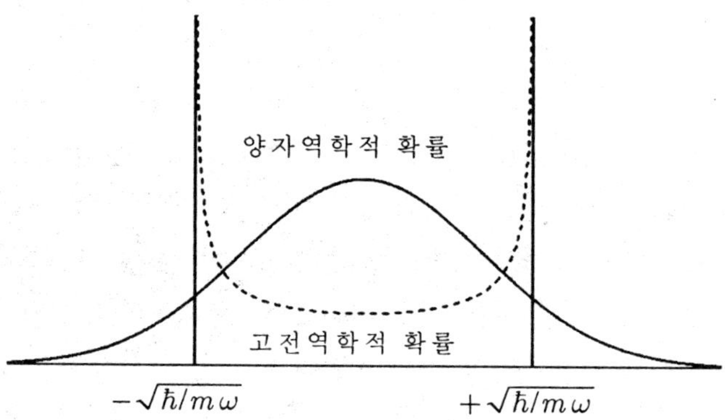

그림 4.1 바닥 상태의 조화 진동자에 대한 확률 밀도.
고전 역학적 확률은 전혀 다르고, 또 고전적으로는 금지된 영역에서도 양자 역학적 확률 밀도는 영이 아님에 유의하라.

에서 최대이다. 참고로 고전 역학에서의 확률분포도 함께 표시하였는데 대조적이다. 고전적인면에서는 오히려 확률이 최소이다. 고전 역학적 입자는 평형점을 최대 속도로 지나므로 단위구간 에서 입자를 발견할 확률은 $x=0$ 에서 최소가 된다. 또한 고전 역학에서는 입자 운동이 구간 $[-\sqrt{\hbar/m\omega}, +\sqrt{\hbar/m\omega}]$ 에만 국한되고 단진동을 하므로 구간 밖에서는 당연히 확률이 영이다.

그러나 양자 역학적 확률 밀도는 고전적으로 금지된 구역에서도 영이 아니다. 즉 고전적으로 입자가 없어야 할 장소에서도 입자를 발견할 확률이 존재한다. 이렇게 고전적으로 허용되지 않는 구간에까지 입자가 투과할 수 있는 것은 양자 물리학의 일반적 특징이다.

조화 진동자의 보기에서와 같이 확률 밀도는 위치의 함수이므로 입자가 정확히 어느 장소에 존재한다고 말할 수는 없다. 주어진 시각 t 에서 입자의 위치를 여러번 측정하면 실험 결과가 그림 4.1 에 보이는 분포를 나타낼 뿐이다. 따라서 위치 측정에 수반하는 오차인 불확정도가 필연적으로 존재하며 양자 역학이 예측하는 결과는 확률적 (probabilistic) 이라 할 수 있다. 반면에 고전 물리학의 예측은 확정적 (deterministic) 이다. 임의의 순간에 입자의 위치는 Newton 의 운동 방정식으로부터 정확히 예측이 가능하다. 그러므로 통계적인 의미 밖에 부여 못하는 양자 이론이 과연 자연계를 기술하는 기본 이론이 될 수 있는가 하는 의문이 생긴다. 이에 대하여는 상당한 논란이 있었고 특히 Einstein 과 Bohr 의 논쟁은 역사적으로 유명하지만 이 책에서는 부연하지 않고 우리는 Born 의 해석을 전적으로 받아 들이기로 하겠다.[1] 지금까지의 실험 결과 중 Born 의 확률 해석과 모순되는 것이 발견되지 않았기 때문이다.

파동 함수에 대한 Born 의 해석은 Bohr 이론에서 내세운 가정을 뒷받침해 준다. 4.6 절에서 자세히 다루겠지만 특정한 에너지 E 의 양자 상태 파동 함수는 일반적으로 다음처럼 쓸 수 있고

$$\Psi(\mathbf{x},t) = \psi(\mathbf{x})\ e^{-\frac{i}{\hbar}Et} \tag{4.16}$$

따라서 확률 밀도는 시간과 무관하고 위치만의 함수이다. [식 (4.74) 참고]

$$|\ \Psi(\mathbf{x},t)\ |^2 = |\ \psi(\mathbf{x})\ |^2 \tag{4.17}$$

한편 전자는 전하를 띄우고 입자가 존재할 확률이 큰 곳에 전하가 많을 터이며 확률 밀도는 전자의 전하 밀도에 비례한다고 볼 수 있다. 따라서 윗식은 $|\psi(\mathbf{x})|^2$ 가 전하 분포로서 시간에 따라 변하지 않음을 의미한다. 그런데 가속하는 전하는 전자기파를 내보내지만 정지 전하는 그렇지 않다. Bohr 의 궤도에 있는 전자는 전하 밀도가 시간에 따라 변하지 않아서 가속한다고 볼 수 없으며 따라서 안정된 궤도가 된다.

---

[1] 참고: A. Goswami, *Quantum Mechanics*, Sect 5.2

전자가 에너지 E_2 인 준위에서 에너지 $E_1(<E_2)$ 인 준위로 전이하는 경우에도 마찬가지로 Born의 해석을 적용한다. 이 때 파동 함수는 두 에너지 준위로 양자화된 파동들의 중첩이고

$$\Psi(\mathbf{x},t)=a_1\psi_1(\mathbf{x})e^{-\frac{i}{\hbar}E_1t}+a_2\psi_2(\mathbf{x})e^{-\frac{i}{\hbar}E_2t} \tag{4.18}$$

라 쓸 수 있으므로 확률 밀도는 다음과 같다.

$$|\Psi(\mathbf{x},t)|^2=|a_1\psi_1(\mathbf{x})|^2+|a_2\psi_2(\mathbf{x})|^2+a_1a_2^*\psi_2^*(\mathbf{x})\psi_1(\mathbf{x})\,e^{+\frac{i}{\hbar}(E_2-E_1)t}+cc \tag{4.19}$$

여기서 cc 는 앞에 있는 항의 복소 공액을 의미한다. 이번에는 $|\Psi(\mathbf{x},t)|^2$ 이 시간 독립이 아니다. 첫번의 두 항은 시간에 따라 불변이지만 나중의 항들이 진동을 나타내므로 전하 자체가 진동하고 있음을 알 수 있다. 그 진동수는 다음과 같다.

$$\nu=\frac{1}{2\pi}\omega=\frac{1}{2\pi}\frac{E_2-E_1}{\hbar}=\frac{E_2-E_1}{h} \tag{4.20}$$

고전 전자기학에 의하면 전하가 진동할 때 그 진동수와 똑같은 전자기파가 발생하므로 식 (4.20)의 진동수는 전자가 전이하면서 방출하는 복사파의 진동수이다. 이것이 Bohr의 가정 (D)이다. 그러므로 Schrödinger 방정식은 Born의 해석과 더불어 전자 궤도의 안정성은 물론 복사선을 방출하는 전이에 관하여 Bohr의 이론보다 훨씬 그럴듯한 설명을 제시한다.

지금까지는 x-공간의 파동 함수 $\Psi(\mathbf{x},t)$에 대한 Born의 해석을 다루었지만 Parseval의 정리를 이용하여 p-공간의 파동 함수 $\Psi(\mathbf{p},t)$ 에 대하여도 Born의 해석을 확대 적용시킬 수 있다.[2] 두 공간의 파동 함수는 각각 $\Psi(\mathbf{x},t)$ 및 $\Psi(\mathbf{p},t)$는 Fourier 변환으로 연결되고

$$\Psi(\mathbf{p},t)=\int d^3x\,\Psi(\mathbf{x},t)\,e^{-\frac{i}{\hbar}\mathbf{p}\cdot\mathbf{x}} \tag{4.21}$$

이므로 Parseval의 정리 (3.87)에 의하면 다음 식이 성립한다.

$$\int d^3x\,|\Psi(\mathbf{x},t)|^2=\int\frac{d^3p}{(2\pi\hbar)^3}\,|\Psi(\mathbf{p},t)|^2 \tag{4.22}$$

[2] 식 (4.21), (4.23), (4.24)를 살펴보면 $\Psi(\mathbf{x},t)$, $\tilde{\Psi}(\mathbf{p},t)$, $\tilde{\Psi}(\mathbf{p},E)$는 서로 Fourier 변환으로 연결되었고 Fourier 변환의 역변환도 Fourier 변환이므로 앞으로는 변환을 의미하는 "~"를 부치지 않고 변수로 확인 가능할 때에는 $\Psi(\mathbf{x},t)$, $\Psi(\mathbf{p},t)$, $\Psi(\mathbf{p},E)$ 등으로 표기한다. 그러면 $\Psi(\mathbf{p},E)$는 $\Psi(\mathbf{x},t)$에 $\mathbf{x}\to\mathbf{p}$, $t\to E$를 대입한 것이 아니라 Fourier 변환한 $\tilde{\Psi}(\mathbf{p},E)$를 의미한다.

Born의 해석대로 $|\Psi(\mathbf{x},t)|^2$을 x-공간에서 입자의 위치가 $\mathbf{x}$일 확률밀도로 해석하는 것과 마찬가지로 $|\Psi(\mathbf{p},t)|^2/(2\pi\hbar)^3$은 p-공간에서 입자의 운동량이 $\mathbf{p}$ 일 확률밀도로 이해한다.

파동 함수 $\Psi(\mathbf{x},t)$는 통상 시간 t 와 공간 $\mathbf{x}$ 의 함수인데 공간 $\mathbf{x}$ 에 대한 Fourier 변환을 하면 식 (4.21) 에서와 같이 p-공간에서의 파동 함수 $\Psi(\mathbf{p},t)$ 를 얻는다. 그러나 시간에 대한 Fourier 적분을 하면 에너지-운동량의 공간, (p,E)-공간에서의 파동 함수 $\Psi(\mathbf{p},E)$ 가 된다. 즉

$$\Psi(\mathbf{p},E) = \int d^3x\,dt\,\Psi(\mathbf{x},t)\,e^{-\frac{i}{\hbar}(\mathbf{p}\cdot\mathbf{x}-Et)} \tag{4.23}$$

이며 Fourier 역 변환은 다음과 같다.

$$\Psi(\mathbf{x},t) = \int \frac{d^3p\,dE}{(2\pi\hbar)^4}\,\Psi(\mathbf{p},E)\,e^{+\frac{i}{\hbar}(\mathbf{p}\cdot\mathbf{x}-Et)} \tag{4.24}$$

위의 두 식에서 시간과 공간 및 에너지와 운동량이 대칭적으로 나타나므로 이들을 함께 다루어야 할 상대성 양자 이론에서 매우 편리하다. d^3x, d^3p 가 삼차원 공간에서 회전에 대하여 불변이듯이 $d^3x\,dt$, $d^3p\,dE$ 는 사차원 Minkowski 공간에서의 회전이랄 수 있는 Lorentz 변환에 대하여 불변이다.

예제 4.5 조화 진동자의 운동량 공간 파동 함수

식(4.11)의 x-공간 파동함수를 식 (4.21) 의 1 차원 형태에 대입하면 다음과 같은데

$$\Psi(p,t) = \int dx\ \Psi(x,t)\,e^{-\frac{i}{\hbar}px} = \left(\frac{m\omega}{\pi\hbar}\right)^{1/4}\int_{-\infty}^{\infty} dx\ \exp\left(-\frac{m\omega}{2\hbar}x^2 - \frac{i}{\hbar}px - \frac{i}{2}\omega t\right) \tag{4.25}$$

식(3.31)의 계산과 같은 요령으로 쉽게 계산할 수 있다. 즉 지수함수의 지표는 x 에 관한 2차식이므로 완전 제곱형으로 바꾸고 가우시안 형태의 적분을 하면 된다. 결과는 아래와 같다.

$$\Psi(p,t) = \frac{1}{\sqrt{2\pi}}\left(\frac{\pi\hbar}{m\omega}\right)^{1/4}\exp\left(-\frac{p^2}{2\hbar m\omega} - \frac{i}{2}\omega t\right) \tag{4.26}$$

x-공간의 파동함수가 가우시안이므로 예상대로 p-공간 파동함수도 가우시안이다. ◀◀

파동 함수 $\Psi(\mathbf{x},t)$는 고려 대상인 물리계에 관한 모든 정보를 포함하고 있다. 즉 파동 함수를 알면 산란 단면적, 붕괴율, 평균 수명, 반응 속도 등 우리가 알고 싶은 물리량을 얻을 수 있다. 앞으로 측정 가능한 물리량을 해당 연산자의 기대값으로 계산하면서 그 의미를 깊이 새기게 될 것이다.

4.3 확률 보존의 법칙

앞 절에서 Born의 해석에 따라 $|\Psi(\mathbf{x},t)|^2$을 어떤 입자가 $\mathbf{x}$에 존재할 확률 밀도로 받아드렸다. 더욱 자세히 분석하기 위하여 $|\Psi(\mathbf{x},t)|^2$에 관한 방정식을 살펴 보자. 확률 밀도 $|\Psi(\mathbf{x},t)|^2$에 대한 식은 Ψ 및 Ψ^*에 관한 양자 방정식에서 유도할 수 있다. 식 (4.6)을 다시 쓰면

$$i\hbar\frac{\partial}{\partial t}\Psi(\mathbf{x},t)=\left(-\frac{\hbar^2}{2m}\nabla^2+V(\mathbf{x},t)\right)\Psi(\mathbf{x},t) \tag{4.27}$$

가 되고 이 식의 복소 공액을 택하면 아래와 같다.

$$-i\hbar\frac{\partial}{\partial t}\Psi^*(\mathbf{x},t)=\left(-\frac{\hbar^2}{2m}\nabla^2+V^*(\mathbf{x},t)\right)\Psi^*(\mathbf{x},t) \tag{4.28}$$

따라서 식 (4.27)에 Ψ^*를, 식 (4.28)에는 Ψ를 곱하여 서로 빼면 다음 식을 얻는다.

$$i\hbar\frac{\partial}{\partial t}(\Psi^*\Psi)=-\frac{\hbar^2}{2m}\left(\Psi^*(\nabla^2\Psi)-(\nabla^2\Psi^*)\Psi\right)+(V-V^*)\,\Psi^*\Psi \tag{4.29}$$

벡터 해석의 결과를 사용하여 윗식을 정리하면 다음과 같다.[3]

$$\frac{\partial}{\partial t}(\Psi^*\Psi)+\nabla\cdot\left(-\frac{i\hbar}{2m}\Psi^*\overleftrightarrow{\nabla}\Psi\right)=\frac{2}{\hbar}(\mathrm{Im}\,V)\,\Psi^*\Psi \tag{4.30}$$

여기서 우선 위치 에너지 V는 복소수의 가능성을 배제하지 않기 위해서 고려하였으나 실제로는 실수이고 $\mathrm{Im}\,V=0$ 이다. 또한 연산자 $\overleftrightarrow{\nabla}$는 다음으로 정의한다.

$$\Psi^*\overleftrightarrow{\nabla}\Psi\equiv\Psi^*\overrightarrow{\nabla}\Psi-\Psi^*\overleftarrow{\nabla}\Psi=\Psi^*(\nabla\Psi)-(\nabla\Psi^*)\Psi=\Psi^*(\nabla\Psi)-cc \tag{4.31}$$

그러면 실수인 $V(\mathbf{x},t)$에 대하여 식 (4.30)은 다음과 같이 쓸 수 있다.

$$\frac{\partial}{\partial t}\rho(\mathbf{x},t)+\nabla\cdot\mathbf{J}(\mathbf{x},t)=0 \tag{4.32}$$

$$\rho(\mathbf{x},t)=\left|\Psi(\mathbf{x},t)\right|^2 \qquad \mathbf{J}(\mathbf{x},t)=-\frac{i\hbar}{2m}\Psi^*(\mathbf{x},t)\overleftrightarrow{\nabla}\Psi(\mathbf{x},t) \tag{4.33}$$

식 (4.32)는 유명한 흐름의 보존 법칙 (current conservation law)이다. 전자기학과 유체 역학에서 이미 다루었으므로 눈에 익숙하다. 전자기학에서는 ρ가 전하 밀도, $\mathbf{J}$는 전기의 흐름 밀도 즉 전류 밀도이고, 유체 역학에서는 ρ가 질량 밀도, $\mathbf{J}$는 유체의 흐름 밀도이다.

---

[3] $\psi_1(\nabla^2\psi_2)-(\nabla^2\psi_1)\psi_2=\psi_1(\nabla\cdot\nabla\psi_2)-(\nabla\cdot\nabla\psi_1)\psi_2=\nabla\cdot\left[\psi_1(\nabla\psi_2)-(\nabla\psi_1)\psi_2\right]$ 에서 $\psi_1=\psi^*,\psi_2=\psi$를 대입

전자기학에서 전하가 움직이면 전류가 생기는데 한 곳에 전하가 집적되면 다른 곳에서는 부족해진다. 유체 역학에서도 마찬가지로 유체가 모이는 곳이 있으면 희박해지는 곳이 생긴다. 양자 역학에서는 한 곳의 확률 밀도가 커지면 다른 곳에서는 작아지며 이는 확률 밀도가 큰 지역에서 입자를 발견할 확률이 더 큰 것을 의미하므로 그 곳으로 입자가 이동함을 나타낸다. 따라서 우리는 식 (4.33)에 주어진 ρ 를 확률 밀도, $\mathbf{J}$ 를 확률 흐름 밀도 (probability current density) 라고 할 수 있다. 그리고 식 (4.32), (4.33) 은 확률 흐름의 보존 법칙이다.

흐름 밀도 $\mathbf{J}$ 가 밀도와 속도의 곱 즉 $\mathbf{J}=\rho\mathbf{v}$ 인 것은 전자기학과 유체 역학에서 잘 알려졌다. 확률 흐름 밀도에 대하여도 마찬가지 개념이 적용된다. 식 (4.5) 를 보면 $-i\hbar\nabla$ 가 운동량 $\mathbf{p}$ 에 대응하는데 식 (4.33) 에서 대략 $(\Psi^*\Psi)\mathbf{p}/m$ 이 되어 형식적으로 $\rho\mathbf{v}$ 라고 간주할 수 있다.

어떤 물리량의 보존 법칙에서든지 흐름의 보존 법칙을 유도할 수 있다. 그림 4.2에 보이는 것처럼 임의의 부피 V 인 공간을 생각하면 그 안에 있는 물리량 (전기량 또는 질량) 의 증가는 그 표면에서 상응하는 흐름 (전기 또는 유체 흐름) 으로 인한 증가와 같아야 한다.

$$\frac{d}{dt}\int_V d^3x\ \rho(\mathbf{x},t) = -\int_S d\mathbf{a}\cdot\mathbf{J}(\mathbf{x},t) \tag{4.34}$$

윗식의 우변은 벡터 해석의 발산 정리를 사용하여 부피 적분으로 바꿀 수 있고

$$\int_V d^3x\left(\frac{\partial}{\partial t}\rho(\mathbf{x},t)+\nabla\cdot\mathbf{J}(\mathbf{x},t)\right)=0$$

인데 이 식은 임의의 V 에 대하여 성립하므로 흐름의 보존 법칙 (4.32) 는 모든 $\mathbf{x},t$ 에 대하여 성립한다. 아니라면 피적분 함수는 양수나 음수여야 할 것이다. 그러면 양수인 영역만 골라서 V 로 택할 때 윗식이 성립하지 않으므로 흐름이 보존되어야 한다. 음수인 경우도 마찬가지이다.

이번에는 흐름의 보존 법칙에서 물리량의 보존 법칙을 생각해 보자. 식 (4.32) 를 모든 공간에서 적분하면

$$\frac{d}{dt}\int d^3x\ \rho(\mathbf{x},t)+\int d^3x\ \nabla\cdot\mathbf{J}(\mathbf{x},t)=0 \tag{4.35}$$

인데 둘째 적분은 벡터 해석의 발산 정리를 사용하여 표면 적분으로 바꿀 수 있다. 즉

$$\frac{d}{dt}\int d^3x\ \rho(\mathbf{x},t)\ +\int d\mathbf{a}\cdot\mathbf{J}(\mathbf{x},t)=0 \tag{4.36}$$

그런데 모든 공간에 대한 적분이므로 그 표면은 무한대에 있다. 흐름은 어떤 영역내에 국한되어 그 외부에서는 영이 되거나 무한히 퍼져 있더라도 그 크기가 표면적보다 빨리 영에 가까워 가는 것이 대부분의 물리계에 일어나는 현상이므로 표면 적분은 영이 된다.

그림 4.2 부피 V 내부의 어떤 물리량의 증가는 표면 S를 통하여 출입하는 물리량의 증가량과 같다.

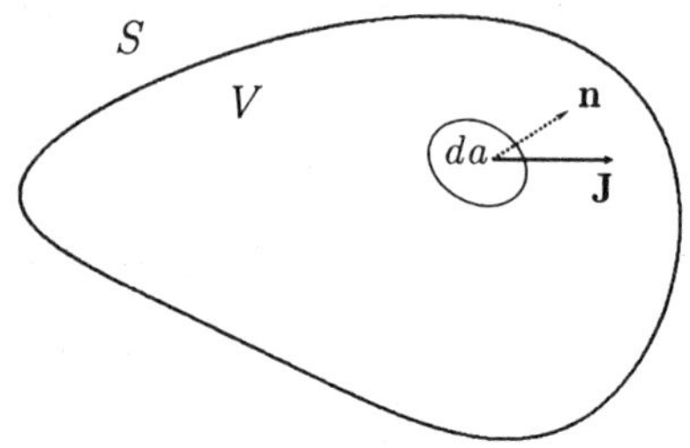

따라서 다음 식을 얻는다.

$$\frac{d}{dt}\int d^3x \ \rho(\mathbf{x},t) = 0 \tag{4.37}$$

윗식은 중요한 의미를 지닌다. 밀도 $\rho(\mathbf{x},t)$는 일반적으로 시간과 공간의 함수여야 한다. 그러므로 ρ를 공간 적분하더라도 통상 시간의 함수여야 하겠지만 식 (4.37)에 의하면 시간에 관계없이 항상 일정하다.

$$\int d^3x \ \rho(\mathbf{x},t) = \text{상수} \quad \text{(시간에 관계없음)} \tag{4.38}$$

이것은 전적으로 흐름의 보존 법칙에서 연유되는 결과이고 어떤 물리량이 보존되고 있음을 의미한다. 전자기학의 경우에는 전체의 전기량이 보존되고 유체 역학의 경우는 전체의 질량이다. 양자 물리학에서는 입자가 존재할 전체의 확률이다. 그러므로 확률 흐름의 보존 법칙은 입자 보존의 법칙이라 할 수 있다.

입자는 공간에 존재하므로 전체 공간 어덴가에서 입자를 발견할 확률은 1 이어야 하고 진실로 $\rho = |\Psi|^2$이 확률 밀도가 되려면 규격화 (normalized) 되어야 한다. 규격화 과정은 간단하다.

확률 밀도의 적분이 존재하면 플러스의 유한한 수일 터이므로

$$\int d^3x \ |\Psi(\mathbf{x},t)|^2 = \frac{1}{N^2} \tag{4.39}$$

이라 하면 윗식에서 N은 시간과 무관하므로 파동 함수에 상수 N을 곱함으로써

$$\Psi(\mathbf{x},t) \to N\Psi(\mathbf{x},t) \tag{4.40}$$

식 (4.39)는 다음과 같이 규격화 된다.

$$\int d^3x \left| \Psi(\mathbf{x},t) \right|^2 = 1 \tag{4.41}$$

식 (4.39) 의 적분은 영보다 크므로 $1/N^2$ 으로 놓을 수 있었다. N 은 규격화 상수라 불리는데 유일하지는 않다. 왜냐하면 적분 (4.39) 는 $|\Psi(\mathbf{x},t)|^2$ 을 포함하므로 임의의 실수 α 에 대하여 다음처럼

$$\Psi(\mathbf{x},t) \to Ne^{i\alpha}\Psi(\mathbf{x},t) \tag{4.42}$$

파동 함수를 택하여도 규격화 (4.41) 은 가능하다. 따라서 파동 함수에 포함되는 임의의 위상은 현재로서는 아무 의미가 없고 규격화 상수 N 에 흡수시킬 수 있으며 가장 간편한 형태로 위상 α 를 정하면 된다.

예 제 4.6 파동 함수의 규격화

예제 4.1-4.4 의 제시한 파동함수들은 규격화된 상태이다. 보기로 상자 속에서 자유로이 움직이는 입자의 경우 Schrödinger 방정식을 풀면 $\cos(\pi x/L)\exp(-i/\hbar Et)$ 의 풀이를 얻는다. 이를 규격화하려면 $|\Psi(x,t)|^2$ 를적분하여

$$\int dx \left| \psi(x,t) \right|^2 = \int_{-1/2}^{+1/2} dx \cos^2 \frac{\pi x}{L} = \frac{L}{2} \tag{4.43}$$

이므로 $\sqrt{2/L}$ 이 규격화 상수가 되고 식 (4.10) 은 규격화된 파동 함수이다.

수소 원자의 경우에는 $\exp(-r/a_B)\exp(-i/\hbar E_0 t)$ 가 풀이이므로 규격화 상수를 구하기 위하여 다음을 계산한다.

$$\begin{aligned} \int d^3x \left| e^{-r/a_B} e^{-i/\hbar E_0 t} \right|^2 &= \int_0^\infty e^{-2r/a_B} r^2 dr \int_0^\pi \sin\theta d\theta \int_0^{2\pi} d\phi \\ &= 4\pi \int_0^\infty dr\, r^2 e^{-2r/a_B} = 4\pi \left(\frac{a_B}{2}\right)^3 \int_0^t dt\, t^2\, e^{-t} \\ &= \pi a_B^3 \end{aligned} \tag{4.44}$$

따라서 $1/\sqrt{\pi a_B^3}$ 으로 규격화 되고 식 (4.12) 는 규격화된 파동 함수이다. ≺≺

규격화 상수를 결정하기에 앞서 우선 적분 (4.39) 가 존재하여야 한다. 적분은 무한 영역에서 수행되므로 적분이 수렴하고 유한한 적분값의 존재가 확률 밀도를 정의하기 위한 필요조건이 된다. 그러므로 파동 함수 $\Psi(\mathbf{x},t)$ 는 Schrödinger 방정식 (4.6) 을 만족하는 이외에도

파동 함수 제곱의 무한 적분이 존재하여야 하며 수학적으로 다음과 같이 표기하도록 하겠다.

$$\int d^3x \left| \Psi(\mathbf{x}, t) \right|^2 < \infty \tag{4.45}$$

이러한 성질을 가진 함수를 제곱 적분이 가능 (square integrable) 하다고 한다. 양자 물리학에서는 Schrödinger 방정식의 풀이 중에서 제곱 적분 가능한 풀이만 물리학적 파동 함수로 허용한다.

Schrödinger 방정식의 자명한 풀이 $\Psi(\mathbf{x}, t) = 0$ 는 물론 제곱 적분이 가능하다. 그러나 식 (4.41) 로 규격화할 수 없다. 그리고 확률 밀도는 항상 영이다. 따라서 $\Psi(\mathbf{x}, t) = 0$ 인 양자 상태는 존재하지 않는다. 따라서 자명하지 않는 풀이로서 제곱 적분이 가능한 Schrödinger 방정식의 풀이를 구해야 한다. 앞으로 "제곱 적분이 가능" 하다는 것은 이런 뜻으로 사용하기로 한다.

규격화 조건 (4.41) 은 한 개의 입자가 공간 어느 곳에 존재할 확률에 관한 것이고 입자는 우주 공간의 어딘가에는 항상 있을 터이므로 당연히 1 이 되어야 한다. 이것은 양자 역학에서 당연히 중요시하는 조건이지만 실제로는 비판적으로 받아들여야 한다. 고 에너지의 입자 현상에서는 입자가 새로 생성되거나 소멸될 수 있다. 소멸하는 입자의 경우 전체 공간에 그 입자가 존재할 확률은 항상 1 이 아니고 시간이 지나면서 영으로 줄어든다. 그러므로 우리는 규격화 조건을 입자의 생성과 소멸이 안 일어나는 낮은 에너지 영역에서만 성립하는 식으로 이해해야 한다. 규격화 조건은 확률 흐름의 보존 법칙에서 유도된 것이므로 입자가 소멸 또는 생성되는 경우는 식 (4.30) 처럼 위치 에너지를 복소수로 택함으로써 설명이 가능하지만 현재에는 양자 벌판 이론 (quantum field theory) 이 가장 바람직한 이론으로 알려져 있다.

평면파에 대한 식 (4.14) 의 경우는 무한 공간에서 제곱 적분이 발산하여 규격화 상수 A 가 분명하지 않지만 4.7 절에서 자세히 논할 것이다. 또한 확률 밀도 ρ 와 확률 흐름 밀도 $\mathbf{J}$ 는 식 (4.33) 에서 직접 계산할 수 있다. 예제 4.1, 4.2 의 경우에는 ρ 가 시간에 독립이고 $\mathbf{J}$ 는 영이다. 확률 흐름이 없으므로 확률 밀도는 시간이 지나도 변하지 않는다. 예제 4.4 의 파동 다발에 대한 확률 흐름의 계산은 좀 복잡하지만 평면파 (4.14) 로 진행하는 파동에 대하여 확률 흐름 밀도는 다음과 같다.

$$J = |A|^2 \frac{p_0}{m} = |A|^2 \, v_0 \tag{4.46}$$

여기서 $|A|^2$ 은 바로 확률 밀도 $|\Psi|^2$ 이므로 유체의 흐름 밀도나 전류 밀도처럼 $J = \rho v$ 의 형태로 표현될 수 있음을 알게 된다. 그리고 확률 흐름으로 인하여 입자는 v_0 의 속도로 움직임을 의미한다.

4.4 기대값

입자가 정확히 어느 한 점에 위치하지 않고 확률적으로 공간에 퍼져 있다면 입자의 위치를 측정하는 실험의 결과는 확률 분포에 따른 평균값이 기대될 것이다. Schrödinger 방정식을 풀어서 얻은 파동 함수 $\Psi(\mathbf{x},t)$ 자체를 직접 측정할 수는 없다. 또한 물리량의 정확한 직접 측정도 할 수 없다. 오로지 측정 가능한 것은 이러한 파동 함수에 의한 확률 밀도를 가중값으로 결정한 평균값, 즉 기대값 (expectation value) 일 뿐이다. 그러므로 기대값의 계산은 양자 물리학에서 실험으로 확인할 수 있는 유일한 검증 방법이다.

우선 입자의 위치에 대한 기대값을 생각해 보자. 통계학에서의 의미를 도입하여 적용하면 다음처럼 $\rho(\mathbf{x},t)$ 를 가중값으로 하는 $\mathbf{x}$ 의 평균값이다.

$$\langle\mathbf{x}\rangle = \int d^3x \ \mathbf{x} \ \rho(\mathbf{x},t) = \int d^3x \ \mathbf{x}\left|\Psi(\mathbf{x},t)\right|^2 = \int d^3x \, \Psi^*(\mathbf{x},t)\,\mathbf{x}\,\Psi(\mathbf{x},t) \tag{4.47}$$

여기서 파동 함수는 규격화 되어 있으며 $\mathbf{x}$ 를 Ψ^* 와 Ψ 사이에 삽입하였다. 곧 알게 되겠지만 다른 물리량의 기대값 계산과 일관성을 갖게 하기 위함이다. 물론 위치 에너지 $V(\mathbf{x},t)$ 처럼 위치에 관계되는 어떤 물리량 $F(\mathbf{x})$ 의 기대값은 다음과 같이 계산한다.

$$\langle F(\mathbf{x})\rangle = \int d^3x \ \Psi^*(\mathbf{x},t)\,F(\mathbf{x})\,\Psi(\mathbf{x},t) \tag{4.48}$$

다음에는 입자가 가진 운동량의 기대값을 계산해 보자. 위치 측정과 마찬가지로 기대값을 같은 맥락에서 다룰 수 있지만 이번에는 확률 밀도를 운동량 공간의 파동 함수로 사용하는 것이 편리하다. 입자가 운동량 $\mathbf{p}$ 를 가질 확률 밀도는 운동량 공간에서 $|\Psi(\mathbf{p},t)|^2/(2\pi\hbar)^3$ 이므로 운동량의 기대값은 다음처럼 $\mathbf{p}$ 를 Ψ^* 와 Ψ 사이에 삽입한 형태로 쓸 수 있다.

$$\langle\mathbf{p}\rangle = \int \frac{d^3p}{(2\pi\hbar)^3} \ \mathbf{p} \left|\Psi(\mathbf{p},t)\right|^2 = \int \frac{d^3p}{(2\pi\hbar)^3} \ \Psi^*(\mathbf{p},t)\,\mathbf{p}\,\Psi(\mathbf{p},t) \tag{4.49}$$

파동 함수는 경우에 따라서 x-공간의 $\Psi(\mathbf{x},t)$ 를 사용하거나 p-공간의 $\Psi(\mathbf{p},t)$ 를 이용하였다. 이들은 Fourier 변환으로 연관되므로 식 (4.49) 는 x-공간에서의 파동 함수 $\Psi(\mathbf{x},t)$ 로 표현이 가능하다. 따라서 식 (4.21) 의 Fourier 역변환을 사용하면

$$\langle\mathbf{p}\rangle = \int \frac{d^3p}{(2\pi\hbar)^3}\left(\int d^3x' \ \Psi(\mathbf{x}',t)\,e^{-\frac{i}{\hbar}\mathbf{p}\cdot\mathbf{x}'}\right)^*\mathbf{p}\left(\int d^3x \ \Psi(\mathbf{x},t)\,e^{-\frac{i}{\hbar}\mathbf{p}\cdot\mathbf{x}}\right) \tag{4.50}$$

가 되어 상당히 복잡한 형태가 된다. 그렇지만 피적분 함수 중 일부인 $\mathbf{p}\Psi(\mathbf{p},t)$를 살펴보면

$$\begin{aligned}\mathbf{p}\,\Psi(\mathbf{p},t) &= \mathbf{p}\int d^3x\ \Psi(\mathbf{x},t)e^{-\frac{i}{\hbar}\mathbf{p}\cdot\mathbf{x}} = \int d^3x\ \Psi(\mathbf{x},t)\left(i\hbar\nabla e^{-\frac{i}{\hbar}\mathbf{p}\cdot\mathbf{x}}\right) \\ &= \int d^3x\ [-i\hbar\nabla\Psi(\mathbf{x},t)]e^{-\frac{i}{\hbar}\mathbf{p}\cdot\mathbf{x}}\end{aligned} \tag{4.51}$$

인데 마지막 단계에서 부분 적분을 할 때 무한공간의 표면에서 파동 함수가 영이 됨을 가정하였다. 따라서 식 (4.50) 은 다음과 같다.

$$\langle\mathbf{p}\rangle = \int\frac{d^3p}{(2\pi\hbar)^3}\int d^3x\int d^3x'\ e^{+\frac{i}{\hbar}\mathbf{p}\cdot(\mathbf{x}'-\mathbf{x})}\ \Psi^*(\mathbf{x}',t)(-i\hbar\nabla)\Psi(\mathbf{x},t) \tag{4.52}$$

적분 순서를 바꾸어 p- 적분부터 실행하면 식 (3.86) 을 이용하여 결과는 델타 함수이고 나머지 x- 적분도 쉬워진다. 그리고 운동량의 기대값은 다음처럼 x-공간의 파동 함수로 표현된다.

$$\begin{aligned}\langle\mathbf{p}\rangle &= \int d^3x'\int d^3x\ \delta^3(\mathbf{x}'-\mathbf{x})\ \Psi^*(\mathbf{x}',t)(-i\hbar\nabla)\,\Psi(\mathbf{x},t) \\ &= \int d^3x\ \Psi^*(\mathbf{x},t)(-i\hbar\nabla)\Psi(\mathbf{x},t)\end{aligned} \tag{4.53}$$

운동 에너지 $K=\mathbf{p}^2/2m$ 처럼 운동량의 함수로 표현되는 물리량의 기대값은 마찬가지 과정을 통해서 다음과 같게 된다.

$$\langle F(\mathbf{p})\rangle = \int d^3x\ \Psi^*(\mathbf{x},t)\,F(-i\hbar\nabla)\,\Psi(\mathbf{x},t) \tag{4.54}$$

적분에 나타나는 $F(-i\hbar\,\nabla)$ 는 함수 $F(\mathbf{p})$ 의 운동량 $\mathbf{p}$ 를 모두 $-i\hbar\,\nabla$ 의 미분 연산자로 바꾸어 놓은 것이다.

식 (4.47) 에서 왜 $\mathbf{x}$를 Ψ^*과 Ψ 사이에 넣었는지를 이제 알 수 있다. 두 기대값 $\langle\mathbf{x}\rangle$, $\langle\mathbf{p}\rangle$ 의 계산에서 보는 바처럼 기대값의 계산에서는 측정하고자 하는 어떤 물리량 $F(\mathbf{x},\mathbf{p})$ 는 연산자가 된다. 즉 다음의 형태로 되며

$$\langle F(\mathbf{x},\mathbf{p})\rangle = \int d^3x\ \Psi^*(\mathbf{x},t)\,F(\mathbf{x},-i\hbar\nabla)\,\Psi(\mathbf{x},t) \tag{4.55}$$

식 (4.48), (4.54), (4.55) 에서 위치와 운동량에 해당하는 연산자는 다음과 같다.

$$\begin{aligned}\mathbf{x} &\rightarrow \mathbf{x} \\ \mathbf{p} &\rightarrow -i\hbar\,\nabla\end{aligned} \tag{4.56}$$

에너지에 대한 연산자도 쉽게 구할 수 있다. 즉

$$\begin{aligned}\langle E\rangle = \left\langle \frac{\mathbf{p}^2}{2m} + V(\mathbf{x},t)\right\rangle &= \int d^3x\ \Psi^*(\mathbf{x},t)\left(-\frac{\hbar^2}{2m}\nabla^2 + V(\mathbf{x},t)\right)\Psi(\mathbf{x},t) \\ &= \int d^3x\ \Psi^*(\mathbf{x},t)\left(i\hbar\frac{\partial}{\partial t}\right)\Psi(\mathbf{x},t)\end{aligned} \tag{4.57}$$

가 되므로 에너지에 대응하는 연산자는 다음과 같다.

$$E \to +i\hbar\frac{\partial}{\partial t} \tag{4.58}$$

예 제 4.7 기대값의 계산

상자 속의 입자 [식 (4.10)] 나 조화 진동자 [식 (4.11)] 의 경우에 위치의 기대값이 영임을 쉽게 알 수 있다. 파동 함수는 x 의 우함수이고 기대값 계산에 필요한 피적분 함수는 기함수이므로 무한 적분은 영이 되기 때문이다. 확률 밀도가 $x=0$ 을 중심으로 좌우 대칭이므로 입자의 위치를 반복 측정하면 평균값은 영이다. 마찬가지로 운동량의 기대값도 영이다.

$$\begin{aligned}&\text{상자속의 입자} \qquad \langle x\rangle = 0 \qquad \langle p\rangle = 0 \\ &\text{조화 진동자} \qquad \langle x\rangle = 0 \qquad \langle p\rangle = 0\end{aligned} \tag{4.59}$$

이번에는 수소 원자에서 기대값을 계산해 보자. 구하는 적분은 다음과 같다. 삼차원 파동 함수이므로 기대값 계산에도 삼차원 적분이 필요하다.

$$\begin{aligned}\langle r\rangle = \int d^3x\ r\left|\Psi(\mathbf{x},t)\right|^2 &= \frac{1}{\pi a_B^3}\int_0^\infty r\,e^{-2r/a_B}r^2dr\int_0^\pi \sin\theta\,d\theta\int_0^{2\pi}d\phi \\ &= \frac{4}{a_B^3}\left(\frac{a_B}{2}\right)^4\int_0^\infty t^3e^{-t}dt = \frac{a_B}{4}\Gamma(4) = \frac{3}{2}a_B\end{aligned} \tag{4.60}$$

마지막 적분은 감마 함수이다. [식 (C.3) 참고]

Bohr 이론에서 a_B 는 바닥 상태 수소 원자의 궤도 반경이다. 따라서 $\langle r\rangle$ 이 a_B 일 것으로 예상되지만 계산에 의하면 $3/2\,a_B$ 이다. ◀◀

식 (4.55) 의 적분에서 $\mathbf{x}$ 와 $\mathbf{p}$ 는 연산자가 되므로 기대값의 애매성 때문에 혼동의 염려가 있다. 보기로 $\mathbf{x}\cdot\mathbf{p}$ 와 $\mathbf{p}\cdot\mathbf{x}$ 는 고전 역학에서는 동일하지만 양자 역학적인 기대값은 다를 수 있다. 운동량이 이제는 미분 연산자가 되고 결과는 연산자의 위치에 관계되기 때문이다. 만일 이들이 $\mathbf{x}\cdot\mathbf{p}+\mathbf{p}\cdot\mathbf{x}$의 형태로 나타나면 문제가 되지 않는다.

변위와 운동량에 대한 식 (4.56), (4.58)의 연산자 대응은 유일하지 않다. 파동 함수로 p-공간의 $\Psi(\mathbf{p},t)$를 사용하면 식 (4.49)와 같이 $\langle\mathbf{p}\rangle$의 계산에서는 $\mathbf{p}$를 직접 확률밀도와 곱해 주고 오히려 $\langle\mathbf{x}\rangle$를 계산할 때 $+i\hbar\nabla_p$의 미분 연산자로 바꾸어야 한다. 에너지도 마찬가지이다. 시간 파동 함수를 사용할 때에는 $+i\hbar\,\partial/\partial t$의 연산자가 되지만 E-공간 파동 함수의 경우에는 단순히 E를 곱하면 된다. 따라서 물리량은 이에 대응하는 연산자로 바꾸어야 하지만 구체적으로 어떤 연산자가 되는가 하는 것은 어느 공간의 파동 함수를 쓰는가에 관계된다. 표 4.1에 사용하는 파동 함수에 대한 연산자 대응 관계가 나타나있다. 이 책에서는 주로 x-공간에서의 파동 함수 $\Psi(\mathbf{x},t)$를 활용할 터이므로 식 (4.56), (4.58)의 대응 관계를 많이 사용할 것이다.

표 4.1 파동 함수와 이에 대한 물리 관측량의 연산자

파동 함수	$\Psi(\mathbf{x},t)$	$\Psi(\mathbf{p},t)$	$\Psi(\mathbf{p},E)$
위치 $(\mathbf{x})$	$\mathbf{x}$	$+i\hbar\,\nabla_p$	$+i\hbar\,\nabla_p$
시간 (t)	t	t	$-i\hbar\dfrac{\partial}{\partial E}$
운동량 $(\mathbf{p})$	$-i\hbar\,\nabla_x$	$\mathbf{p}$	$\mathbf{p}$
에너지 (E)	$+i\hbar\dfrac{\partial}{\partial t}$	$+i\hbar\dfrac{\partial}{\partial t}$	E

입자의 파동 함수에서 계산한 물리량의 기대값은 바로 물리적 측정값이 되므로 양자 번호가 클 때, 즉 고전적 극한에서는 Newton 역학의 법칙을 따라야 하리라 예상된다. 그러나 실제로는 양자 번호에 관계없이 항상 물리량의 기대값은 고전적 역학 법칙을 만족함을 알 수 있다. 운동에 관한 Newton 법칙은 $\mathbf{F}=d\mathbf{p}/dt$ 이므로 운동량의 기대값을 시간으로 미분해서 기대값들 사이의 관계를 살펴보자.

$$\begin{aligned}\frac{d}{dt}\langle\mathbf{p}\rangle &= \frac{d}{dt}\int d^3x\,\Psi^*(-i\hbar\nabla)\Psi \\ &= \int d^3x\left[\left(\frac{\partial}{\partial t}\Psi^*\right)(-i\hbar\nabla\Psi)+\Psi^*\left(-i\hbar\nabla\frac{\partial}{\partial t}\Psi\right)\right]\end{aligned} \tag{4.61}$$

파동 함수의 시간 미분은 Schrödinger 방정식을 써서 공간 미분으로 바꿀 수 있고 Green 정리를 이용하면 다음과 같게 된다.[4]

$$\begin{aligned}\frac{d}{dt}\langle\mathbf{p}\rangle &= \int d^3x\left[\left(-\frac{\hbar^2}{2m}\nabla^2+V\right)\Psi^*(\nabla\Psi)-\Psi^*\nabla\left(-\frac{\hbar^2}{2m}\nabla^2+V\right)\Psi\right] \\ &= \int d^3x\Psi^*(-\nabla V)\Psi=\langle-\nabla V\rangle=\langle\mathbf{F}(\mathbf{x})\rangle\end{aligned} \tag{4.62}$$

그러므로 물리량의 기대값들은 고전 역학 방정식을 만족한다. 이것은 Ehrenfest의 정리로 불리운다. 윗식에서 $d\langle\mathbf{p}\rangle/dt\neq\mathbf{F}(\langle\mathbf{x}\rangle)$ 임에 유의하라. 8.1절에서 그 조건을 자세히 다룰 것이다.

이 정리는 식 (4.62)처럼 운동방정식에만 적용되는 것이 아니고 다른 물리량 사이의 관계식에도 적용된다. 예를 들면 다음을 쉽게 증명할 수도 있다.

$$m\frac{d}{dt}\langle\mathbf{x}\rangle=\langle\mathbf{p}\rangle \tag{4.63}$$

Ehrenfest의 정리는 고전 역학과 양자 역학 사이의 개념적 간격을 메워 주는 교량 역할을 한다.

4.5 불확정도

파동 함수로 인한 확률 분포 때문에 물리적 측정은 기대값, 즉 평균값을 결정하는 과정이 되고 측정에 따른 오차인 불확정도가 반드시 따르게 된다. 이것은 성능이 뒤지는 측정 기구나 측정 기술의 미흡으로 일어나는 것이 아니라 입자가 파동성을 지니고 있어서 발생하는 자연계에 존재하는 본질로서 필연적인 이론상 불확정도이다. 이미 불확정성 원리를 1.6절, 3.6절에서 개념적으로 설명하였으나 이제는 Schrödinger 방정식에서 얻은 파동 함수를 사용하여 좀 더 정량적으로 계산할 수 있다.

우리는 실험 데이타를 분석할 때 통상 측정값들의 평균을 우선 계산한다. 만일 일부 데이터가 더욱 정밀하면 가중치를 두어 평균을 구한다. 양자 역학에서 기대값은 확률 밀도를 가중치로 하는 평균값이다. 평균값을 얻은 다음에는 실험 결과의 불확정도인 오차를 계산한다. 표준편차는 데이터가 평균값에서 벗어난 정도를 재는 수단으로 편차의 제곱에 대한 평균으로 정의한다. 따라서 양자 역학에서도 위치와 운동량의 이론적인 불확정도는 마찬가지로 다음처럼 정의하는 것이 자연스럽다.

---

[4] 벡터 해석의 발산 정리 $\int_V d^3x\,\nabla\cdot\mathbf{B}=\int_S d\mathbf{a}\cdot\mathbf{B}$ 에서 $\mathbf{B}=\psi_1\nabla\psi_2-\psi_2\nabla\psi_1$ 을 대입하면 Green 정리 $\int_V d^3x\,(\psi_1\nabla^2\psi_2-\psi_2\nabla^2\psi_1)=\int_S d\mathbf{a}\cdot(\psi_1\nabla\psi_2-\psi_2\nabla\psi_1)$ 를 얻는데 이를 적용하면 된다. 제곱 적분의 조건으로 인하여 무한 경계 표면에서 파동 함수는 충분히 빨리 영에 가까워 가므로 면적 적분은 영이 된다.

$$
\begin{aligned}
(\Delta x)^2 &= \langle (x - \langle x \rangle)^2 \rangle = \langle x^2 \rangle - \langle x \rangle^2 \\
(\Delta p)^2 &= \langle (p - \langle p \rangle)^2 \rangle = \langle p^2 \rangle - \langle p \rangle^2
\end{aligned} \tag{4.64}
$$

여기서 $\langle x^2 \rangle$과 $\langle x \rangle^2$은 서로 다른 점에 유의해야 한다. $\langle x^2 \rangle$은 x 제곱의 기대값이고 $\langle x \rangle^2$은 x의 기대값의 제곱이다. 이것은 제곱-평균-제곱근(root-mean-square)을 구하는 과정과 같다.

Heisenberg의 불확정성 원리(uncertainty principle)는 Δx와 Δp의 곱이 Planck 상수 $\hbar$ 정도임을 예견하지만 구체적 크기는 식 (4.64)를 사용하여 직접 계산이 가능하다.

예 제 4.8 상자속 입자의 불확정도

일차원 상자 속에서 움직이는 입자가 바닥상태에 있을 때 이미 $\langle x \rangle = \langle p \rangle = 0$ 을 알았으므로 $\langle x^2 \rangle$, $\langle p^2 \rangle$ 을 계산하면 된다. [식 (4.59) 참고]

$$
\begin{aligned}
(\Delta x)^2 &= \left\langle x^2 \right\rangle = \int_{-\infty}^{+\infty} dx\, \Psi^*(x,t)\, x^2\, \Psi(x,t) \\
&= \frac{2}{L} \int_{-L/2}^{+L/2} dx\, x^2 \cos^2 \frac{\pi x}{L} = \frac{L^2}{12} \frac{\pi^2 - 6}{\pi^2} \\
(\Delta p)^2 &= \left\langle p^2 \right\rangle = \int_{-\infty}^{+\infty} dx\, \Psi^*(x,t) \left(-i\hbar \frac{\partial}{\partial x}\right)^2 \Psi(x,t) \\
&= \frac{2}{L} \int_{-L/2}^{+L/2} dx \cos \frac{\pi x}{L} \left(-\hbar^2 \frac{d^2}{dx^2}\right) \cos \frac{\pi x}{L} = \frac{\pi^2 \hbar^2}{L^2}
\end{aligned} \tag{4.65}
$$

그러므로 불확정도 사이에는 다음 관계가 성립한다.

$$
\Delta x \cdot \Delta p = \sqrt{\frac{\pi^2 - 6}{12}}\, \hbar \tag{4.66}
$$

◀◀

예 제 4.9 조화 진동자의 불확정도

조화진동자의 경우에도 위치와 운동량의 평균값은 $\langle x \rangle = \langle p \rangle = 0$ 이므로 [식 (4.59) 참고] $\langle x^2 \rangle$, $\langle p^2 \rangle$을 계산하면

$$
\begin{aligned}
(\Delta x)^2 &= \langle x^2 \rangle = \int_{-\infty}^{+\infty} dx\ \Psi^*(x,t)\, x^2\, \Psi(x,t) = \frac{1}{2} \frac{\hbar}{m\omega} \\
(\Delta p)^2 &= \langle p^2 \rangle = \int_{-\infty}^{+\infty} dx\ \Psi^*(x,t) \left(-i\hbar \frac{\partial}{\partial x}\right)^2 \Psi(x,t) = \frac{1}{2} \hbar m\omega
\end{aligned} \tag{4.67}
$$

가 되어서 다음의 불확정도간의 관계를 얻게 된다.

$$\Delta x \cdot \Delta p = \frac{1}{2}\hbar \tag{4.68}$$

상자 속의 입자와 비교하면 조화진동자의 부확정도 곱이 더 작은 것을 알 수 있다. 6.4절에서 알게 되겠지만 조화진동자처럼 가우시안 형태로 표현되는 파동의 경우에만 두 불확정도의 곱 $\Delta x \cdot \Delta p$가 최소값 $\hbar/2$이며 다른 파동의 경우는 항상 이 값보다 크다. ≺≺

4.6 시간 독립인 Schrödinger 방정식

임의의 위치에너지 $V(\mathbf{x},t)$에 대한 양자 현상은 Schrödinger 방정식 (4.6)으로 기술됨을 여러 번 강조하였다. 그러나 흔히 위치에너지는 시간과 명시적으로 무관하고 위치만의 함수 $V(\mathbf{x})$인 경우가 많으며 이 때에는 고전역학에서도 특별한 의미를 가진다. 고전역학에서는 위치에너지가 시간을 명시적으로 포함하지 않을 때 그 물리계의 에너지는 보존된다.[5] 따라서 양자역학에서도 비슷한 현상이 기대된다.

위치만의 함수인 $V(\mathbf{x})$에 대한 Schrödinger 방정식의 풀이는 미분방정식 이론에서 변수분리 (separation of variables)라는 방법으로 잘 알려져 있다. 우선 파동함수 $\Psi(\mathbf{x},t)$가 두 함수의 곱으로 되어 있다고 가정하자.

$$\Psi(\mathbf{x},t) = \psi(\mathbf{x})\,T(t) \tag{4.69}$$

이 식을 Schrödinger 방정식에 대입한 후 양변을 $\Psi(\mathbf{x},t)$로 나누면 아래와 같다.

$$i\hbar \frac{1}{T(t)}\frac{d}{dt}T(t) = \frac{1}{\psi(\mathbf{x})}\left(-\frac{\hbar^2}{2m}\nabla^2 + V(\mathbf{x})\right)\psi(\mathbf{x}) \tag{4.70}$$

이 방정식의 좌변은 시간 t 만의 함수이고 우변은 공간 $\mathbf{x}$만의 함수이다. 한편 이 방정식은 모든 $\mathbf{x}$ 및 t 에 대하여 만족하여야 하므로 양편 모두 $\mathbf{x}, t$ 와 무관한 상수이어야 한다. 이 상수를 E 라 하면 식 (4.70)은 다음과 같이 두 방정식으로 분리된다.

$$i\hbar \frac{d}{dt}T(t) = E\,T(t) \tag{4.71}$$

$$\left(-\frac{\hbar^2}{2m}\nabla^2 + V(\mathbf{x})\right)\psi(\mathbf{x}) = E\,\psi(\mathbf{x}) \tag{4.72}$$

---

[5] 참고: H. Goldstein, *Classical Mechanics, 2nd ed.* Sect 8.2

첫째 방정식 (4.71) 은 $V(\mathbf{x})$ 와 무관하므로 쉽게 적분이 된다. 즉

$$T(t) = e^{-\frac{i}{\hbar}Et} \tag{4.73}$$

인데 적분상수는 규격화 상수에 포함될 수 있으므로 관심을 두지 않는다. 따라서 시간을 명시적으로 포함하지 않는 위치에너지 $V(\mathbf{x})$에 대한 Schrödinger 방정식은 식 (4.72) 만 풀면 되고 파동 함수는 다음의 형태로 쓸 수 있으며

$$\Psi(\mathbf{x},t) = \psi(\mathbf{x})e^{-\frac{i}{\hbar}Et} \tag{4.74}$$

식 (4.72) 를 시간 독립인 Schrödinger 방정식이라 한다. 두 파동 함수 $\psi(\mathbf{x})$ 와 $\Psi(\mathbf{x},t)$ 를 구별할 필요가 있을 경우에는 각각 공간 파동 함수 및 전체 파동 함수라 한다. 운동에너지와 위치에너지의 합에 대한 연산자는 하밀토니안 (hamiltonian) 이라 부르며 다음과 같이 나타낸다. 이것은 고전 역학에서 다루는 하밀토니안을 연산자화한 것이다.

파동 함수는 시간만의 함수와 공간만의 함수의 곱으로 나타낼 수 있다. 앞 절의 에너지에 대한 연산자가 $+i\hbar\,\partial/\partial t$ 임을 기억하면 분리 상수 E는 바로 물리계의 에너지이다. [식 (4.8) 참고]

$$H(\mathbf{x},\mathbf{p}) = \frac{\mathbf{p}^2}{2m} + V(\mathbf{x},t) \tag{4.75}$$

여기서 우변에 $\mathbf{p}$와 $\mathbf{x}$에 대응하는 연산자를 대입하여야 한다. 그러면 Schrödinger 방정식은

$$i\hbar\frac{\partial}{\partial t}\Psi(\mathbf{x},t) = H(\mathbf{x},\mathbf{p})\Psi(\mathbf{x},t) \tag{4.76}$$

처럼 쓸 수 있고 시간 독립인 Schrödinger 방정식은 이렇게 표현할 수 있다.

$$H(\mathbf{x},\mathbf{p})\,\psi(\mathbf{x}) = E\,\psi(\mathbf{x}) \tag{4.77}$$

위의 두 방정식은 비슷한 형태이지만 실제로 의미는 매우 다르다. 식 (4.76) 은 시간을 포함한 미분 방정식이고 파동 함수 $\Psi(\mathbf{x},t)$가 시간이 흐르면서 어떻게 변하는지를 나타낸다. 반면에 식 (4.77) 은 물리계의 에너지가 E일 때 공간 부분의 파동 함수가 어떻게 되는가를 표현하고 있다. 한편 전체 파동 함수 $\Psi(\mathbf{x},t)$ 가 규격화 되려면 제곱 적분의 조건을 만족해야 하는데 똑같은 조건이 공간 파동 함수 $\psi(\mathbf{x})$ 에도 적용된다.

$$\int d^3x\,\left|\psi(\mathbf{x})\right|^2 < \infty \tag{4.78}$$

방정식 (4.72)는 선형 동차 (homogeneous) 미분 방정식이다. 그리고 제곱적분이 가능한 함수 중에서 자명하지 않은 풀이 (nontrivial solution) [$\psi(\mathbf{x})=0$ 이 아닌 풀이]가 존재하려면 E 는 특별한 값, 즉 시간 독립 방정식 (4.72)에 고유한 값을 가져야 한다. 따라서 시간 독립인 Schrödinger 방정식을 푸는 것은 고유값 문제를 푸는 과제로 환원된다. 결과로 얻는 고유값 (eigenvalue)은 에너지 E이고 고유 함수 (eigenfunction)는 공간 파동 함수 $\psi(\mathbf{x})$이다.

모든 고유값 E 에 대한 파동함수는 Schrödinger 방정식의 풀이가 되므로 중첩 원리에 따라서 이들의 어떤 선형 결합도 또한 풀이이며, Schrödinger 방정식의 일반 풀이는

$$\Psi(\mathbf{x},t)=\sum_E C_E\,\psi_E(\mathbf{x})\,e^{-\frac{i}{\hbar}Et} \tag{4.79}$$

처럼 쓸 수 있다. 여기서 $\psi_E(\mathbf{x})$는 고유값 E에 대한 고유 함수이며 가능한 모든 E에 대한 합이다. 에너지에 대한 고유값은 띄엄띄엄 불연속일 수도 있고 연속인 경우도 있다. 따라서 합은 E 가 불연속일 때에는 보통의 합으로, 연속일 때에는 E 에 대한 적분으로 생각해야 한다.

식 (4.79)는 시간 변화에 따른 파동 전파를 나타낸다. 즉 최초의 시각 $t=0$ 에서의 파동은

$$\Psi(\mathbf{x},\ t{=}0)=\sum_E C_E\,\psi_E(\mathbf{x}) \tag{4.80}$$

이므로 어떤 순간 입자의 파동다발 $\Psi(\mathbf{x},0)$을 알면 이 파동을 에너지에 대한 고유 함수로 전개하여 그 계수 C_E를 구한다. [전개 가능성에 관하여는 6.6절 참고] 그 다음에는 에너지에 대한 각 성분에 시간 인자 $\exp(-iEt/\hbar)$를 곱해주어 식 (4.79)을 계산하면 곧바로 임의의 순간 t 에서의 파동 $\Psi(\mathbf{x},t)$를 알게 된다. 그러므로 시간 독립인 Schrödinger 방정식, 즉 고유값 방정식의 풀이는 양자 역학에서 기본적인 중심 역할을 한다.

고유값의 에너지를 가지고 있는 양자상태는 특별한 의미를 가진다. 그 파동함수는 식 (4.74)의 형태이므로 확률 밀도는

$$\rho(\mathbf{x},\mathbf{t})=|\,\Psi(\mathbf{x},t)\,|^2=|\,\psi(\mathbf{x})\,|^2 \tag{4.81}$$

이 되고 확률 흐름 밀도도

$$\mathbf{J}(\mathbf{x},t)=-\frac{i\hbar}{2m}\Psi^*(\mathbf{x},t)\overleftrightarrow{\nabla}\Psi(\mathbf{x},t)=-\frac{i\hbar}{2m}\psi^*(\mathbf{x})\overleftrightarrow{\nabla}\psi(\mathbf{x}) \tag{4.82}$$

가 되어 시간 변수는 없어지고 모두 공간 파동 함수 $\psi(\mathbf{x})$로 표현된다. 여기서 주목할 것은 확률 밀도가 이제는 시간의 함수가 아니라는 점이다.

$$\frac{\partial \rho}{\partial t} = 0 \tag{4.83}$$

따라서 확률 흐름의 연속 방정식 (4.32)에서 다음을 얻는다.

$$\nabla \cdot \mathbf{J} = 0 \tag{4.84}$$

밀도가 공간 위치에 따라서 변할 수는 있으나 시간과 무관한 상태를 전자기학이나 유체역학에서 정상(定常)상태 (steady state)라 한다. 양자 역학에서도 고유 에너지의 양자 상태를 정상 상태라 한다. 입자의 발견 확률은 시간이 지나도 변하지 않기 때문이다. 그러나 정상 상태라고 해서 반드시 확률 흐름 $\mathbf{J}$ 가 영이 되지는 않는다. 유체나 전하의 흐름처럼 공간 어데서나 항상 유입량과 유출량이 같아서 유속 또는 전류 밀도가 일정하면 성립하기 때문이다.

파동 함수 $\psi(\mathbf{x})$ 는 제곱 적분이 가능하고 시간 독립인 Schrödinger 방정식의 풀이이다. 위치 에너지 $V(\mathbf{x})$ 가 연속 함수일 때에 파동 함수는 물론 그 1계 및 2계 도함수까지도 연속이어야 한다. 그러나 비록 $V(\mathbf{x})$ 는 불연속이더라도 유한하면 식 (4.72)에서 파동 함수의 2계 도함수가 존재하기 위하여 파동 함수와 1계 도함수가 연속이어야 한다. 이 조건은 다음 장에서 경계 조건으로 자주 사용하게 될 것이다.

반면에 위치 에너지가 공간의 어떤 영역에서 무한대이면 이 영역에서 파동 함수가 항상 영, 즉 $\psi(\mathbf{x})=0$ 이 아닌 이상 $V\psi(\mathbf{x})$ 도 무한대가 되고 방정식의 의미를 잃는다. 그러나 이러한 함수는 다른 영역에서는 영이 아닐 수 있으므로 일반적으로 제곱 적분이 존재할 수 있다. 그러므로 공간의 유한한 부분에서 위치 에너지 $V(\mathbf{x})$ 가 무한대이면 이 영역에서 파동 함수는 항상 영이어야 한다. 따라서 이 영역에서는 확률 밀도도 영이며 입자를 발견할 확률도 전혀 없다.

어떤 물리량의 연산자에 대한 기대값은 측정 가능한 양이므로 기대값은 일가 함수 (single-valued function)이어야 한다. 그러므로 파동 함수 자체도 일가 함수일 것이 바람직하다. 그러나 기대값의 계산에는 파동 함수의 제곱 $|\psi(\mathbf{x})|^2$ 이 항상 관계되므로 일가 함수의 파동 함수를 요구하는 것은 너무 무리한 조건이 될 수도 있다.

4.7 자유 입자에 대한 풀이

제일 간단한 Schrödinger 방정식은 아무 힘도 작용하지 않을 때, 즉 $V(\mathbf{x})=0$ 일 때 움직이는 입자에 대한 방정식이다. 이러한 입자를 자유 입자 (free particle)라 한다. 이 경우에 시간 독립인 Schrödinger 방정식은 다음과 같다.

$$-\frac{\hbar^2}{2m}\left(\frac{\partial^2}{\partial x^2} + \frac{\partial^2}{\partial y^2} + \frac{\partial^2}{\partial z^2}\right)\psi(x,y,z) = E\,\psi(x,y,z) \tag{4.85}$$

이번에도 변수분리가 가능한가를 보기 위하여 공간 파동함수를 각 좌표만의 함수들의 곱이라고 가정하자.

$$\psi(x,y,z) = X(x)Y(y)Z(z) \tag{4.86}$$

이 식을 식 (4.85)에 대입한 후 $\psi(x,y,z)$로 나누면 다음 식을 얻는다.

$$-\frac{\hbar^2}{2m}\left(\frac{1}{X}\frac{d^2X}{dx^2}+\frac{1}{Y}\frac{d^2Y}{dy^2}+\frac{1}{Z}\frac{d^2Z}{dz^2}\right) = E \tag{4.87}$$

이 방정식의 우변은 상수이지만 좌변은 세 독립변수의 함수들의 합이다. 독립변수들이 어떤 값을 가지더라도 이 방정식은 성립하여야 하므로 좌변의 세 함수는 각각 상수가 되어야 한다. 편의상 그 상수들을 각각

$$E_x = \frac{p_x^2}{2m} \qquad E_y = \frac{p_y^2}{2m} \qquad E_z = \frac{p_z^2}{2m} \tag{4.88}$$

이라 하면 $X(x)$,$Y(y)$ 및 $Z(z)$는 같은 형태의 각 변수들만의 미분 방정식으로 변수 분리되고 쉽게 풀린다.

$$X(x) = e^{\pm\frac{i}{\hbar}p_x x} \qquad Y(y) = e^{\pm\frac{i}{\hbar}p_y y} \qquad Z(z) = e^{\pm\frac{i}{\hbar}p_z z} \tag{4.89}$$

이 과정은 물리학적으로도 쉽게 이해할 수 있다. 자유 입자는 운동 에너지가 일정할 뿐만 아니라 운동량도 보존되므로 운동량의 각 성분에 대한 에너지가 식 (4.88)과 같이 각각 별도로 보존된다. 따라서 변수 분리가 가능하고 식 (4.89)를 얻게 된다.

식 (4.89)에서 양, 음의 부호를 운동량 p_x, p_y 및 p_z에 포함시켜 일반화하여 생각하면 전체 파동 함수는 다음과 같이 쓸 수 있다.

$$\Psi(\mathbf{x},t) = Ae^{+\frac{i}{\hbar}(\mathbf{p}\cdot\mathbf{x}-Et)} \qquad E = \frac{\mathbf{p}^2}{2m} = \frac{1}{2m}\left(p_x^2+p_y^2+p_z^2\right) \tag{4.90}$$

이것은 바로 평면파동을 의미한다. 일정한 에너지 E 를 가진 입자의 파동은 윗식으로 표현되는 평면파이며 기대했던 바이다. 상수 A 는 진폭이며 규격화 상수이다.

위의 식 (4.90)은 명확한 에너지 E 만 가지는 자유 입자에 대한 파동 함수이다. 그러나 자유 입자의 파동다발은 에너지의 불확정도 ΔE 를 가지고 있으므로 일반적인 자유 입자의 파동 함수는 식 (4.3)과 같이 평면파의 중첩으로 이루어진다.

자유 입자의 파동 함수 (4.90) 에 대한 확률 밀도는

$$\rho(\mathbf{x},t) = |\Psi(\mathbf{x},t)|^2 = |A|^2 \tag{4.91}$$

이 되어 시간과 공간에 관계없이 일정하다. 공간의 어느 점에서나 발견될 확률이 같다는 것은 이해하기 어려울지 모르지만 이 파동은 명확한 운동량과 에너지를 가진 파동이므로 운동량의 불확정도는 영이다. 즉 $\Delta p = 0$ 이므로 $\Delta x = \infty$ 이고 따라서 x-공간의 파동은 무한히 퍼져 있음을 알 수 있다. 또한 확률 흐름은

$$\mathbf{J}(\mathbf{x},t) = -\frac{i\hbar}{2m}\Psi^*(\mathbf{x},t)\overleftrightarrow{\nabla}\Psi(\mathbf{x},t) = |A|^2\,\frac{\mathbf{p}}{m} = |A|^2\,\mathbf{v} \tag{4.92}$$

이 되어서 일반적인 $\mathbf{J} = \rho\mathbf{v}$ 의 관계와 일치함을 알 수 있다.

자유 입자에 대한 평면 파동의 규격화에는 문제점이 있다. 규격화 상수 A 를 계산하기 위하여 확률 밀도를 전체 공간에서 적분하면 결과는 발산한다.

$$\int d^3x\,|\Psi(\mathbf{x},t)|^2 < |A|^2 \int d^3x \quad = \quad \infty \tag{4.93}$$

그러므로 자유 입자의 파동 함수 (4.90) 은 제곱 적분이 안되고 규격화할 수 없음을 깨닫게 된다. 그러나 이러한 문제점은 자유 입자의 파동 다발을 평면파로 지나친 단순화 과정을 통하여 이상적으로 다루었기 때문에 발생하는 것이고 실제로 당면하는 입자의 파동 다발에서는 일어나지 않는다.

평면파 (4.90) 을 규격화하는 간단한 방법은 입자를 그보다 훨씬 더 크고 단단한 상자 내부에 가두어 두는 것이다. 편의상 한 변이 L 이고 부피 $V = L^3$ 인 상자 내부에서만 위치 에너지가 영이고 외부에서는 무한대라고 한다면 파동 함수는 상자 외부에서 영이 되어 규격화 과정에 필요한 적분 영역에서 제외되고 유한 영역의 적분이 된다. 상자 내부에 있는 입자는 상자 벽에 충돌하여 반사하므로 비록 에너지는 일정하더라도 운동량의 방향이 바뀐다. 또한 벽이 매우 단단하므로 파동 함수는 벽에서 영이 되어서 운동량은 $p_x L/\hbar = n_x \pi$ 등으로 양자화되고 규격화된 파동 함수는 다음과 같이 쓸 수 있다.

$$\Psi(\mathbf{x},t) = \sqrt{\frac{8}{V}}\sin\frac{p_x x}{\hbar}\sin\frac{p_y y}{\hbar}\sin\frac{p_z z}{\hbar}\,e^{-\frac{i}{\hbar}Et} \tag{4.94}$$

여기서 운동량은 양자화되는 것을 알 수 있고 따라서 에너지도 양자화된다.

$$E = \frac{1}{2m}\mathbf{p}^2 = \frac{\pi^2\hbar^2}{2mL^2}\left(n_x^2 + n_y^2 + n_z^2\right) \quad (n_x, n_y, n_z = 0, 1, 2, 3, \cdots) \tag{4.95}$$

이 식은 구식 양자론에서 계산한 식 (2.40) 과 일치한다. 단지 Schrödinger 방정식을 이용하면 파동 함수 (4.94) 까지도 구할 수 있다.

그러나 식 (4.90) 을 그대로 사용하고 상자의 두 대응면에서 파동의 위상이 같도록, 즉 파동 함수도 같은 값을 갖도록 주기적 경계 조건 (periodic boundary condition) 을 사용하는 수도 있다. 그러면 운동량이 $p_x L/\hbar = 2\pi n_x$ 등으로 양자화되고 규격화된 파동 함수는 다음과 같다.

$$\Psi(\mathbf{x}, t) = \frac{1}{\sqrt{V}}\, e^{+\frac{i}{\hbar}\left(\mathbf{p}\cdot\mathbf{x} - Et\right)} \tag{4.96}$$

주기적 경계 조건으로 규격화할 때의 양자화된 에너지는 다음과 같다.

$$\begin{aligned} &E = \frac{\mathbf{p}^2}{2m} = \frac{2\pi^2\hbar^2}{mL^2}\left(n_x^2 + n_y^2 + n_z^2\right) \qquad (n_x, n_y, n_z = 0, \pm1, \pm2, \pm3, \cdots) \\ &p_x = \frac{2\pi\hbar}{L}n_x \qquad p_y = \frac{2\pi\hbar}{L}n_y \qquad p_z = \frac{2\pi\hbar}{L}n_z \end{aligned} \tag{4.97}$$

엄밀한 의미에서 식 (4.94), (4.95) 의 단단한 상자 규격화 과정과 식 (4.96), (4.97) 의 주기적 경계 조건의 상자 규격화 방법 사이에는 차이가 있다. 그러나 상자의 크기가 커질수록 그 차이는 점점 줄어들므로 우리는 주기적 경계 조건을 이용한 상자의 규격화 방법을 활용하겠다.

입자의 에너지는 양자화되었으므로 에너지가 E 와 $E+dE$ 사이에 있는 양자 상태의 수 dN 을 계산할 수 있다. N 이 크면 에너지는 벡터 $\mathbf{n}$ 의 크기에만 의존하고

$$\begin{aligned} &E = \frac{2\pi^2\hbar^2}{mL^2}\mathbf{n}^2 \quad \Rightarrow \quad dn = \left(\frac{mL^2}{2\pi^2\hbar^2}\right)^{1/2}\frac{dE}{2\sqrt{E}} \\ &dN = 4\pi n^2 dn = \frac{mL^3\sqrt{2mE}}{2\pi^2\hbar^3}dE \end{aligned} \tag{4.98}$$

이며 부피는 $V = L^3$ 이므로 양자 상태 밀도의 스펙트럼은 다음과 같이 쓸 수 있다.

$$\frac{1}{V}\frac{dN}{dE} = \frac{1}{4\pi^2\hbar^3}(2m)^{3/2}\sqrt{E} \tag{4.99}$$

이 관계식은 식 (4.94), (4.95) 의 단단한 상자 규격화에서도 동일하다.

양자 상태 밀도의 에너지 스펙트럼은 다른 시각에서 유도가 가능하다. Heisenberg의 불확정성 원리에서 불확정도의 곱 $\Delta x \cdot \Delta p$ 는 임의로 작을 수 없고 h 정도 보다 커야 하므로 어떤 양자 상태든지 최소한 h^3 정도의 위상 공간을 차지하리라 예상된다. 따라서 양자 상태의 크기를 정확히 $h^3 = (2\pi\hbar)^3$ 으로 가정하면 위상 공간의 전체 양자 상태의 수는 다음처럼 위상 공간을 적분하여 얻을 수 있고

$$N = \int d^3n = \int \frac{d^3x\, d^3p}{(2\pi\hbar)^3} = \int \frac{L^3}{(2\pi\hbar)^3} d^3p \tag{4.100}$$

적분은 구식 양자론적, 즉 고전 역학적으로 허용되는 영역에서만 수행하여야 한다. 윗식에서 $E = \mathbf{p}^2/2m$ 을 이용하면 식 (4.99)를 유도할 수 있다.

$$\begin{aligned} &E = \frac{p^2}{2m} \qquad \Rightarrow \qquad dp = \sqrt{2m}\,\frac{dE}{2\sqrt{E}} \\ &N = \int \frac{L^3}{(2\pi\hbar)^3} d^3p = \frac{L^3}{(2\pi\hbar)^3} \int p^2\, dp \int \sin\theta\, d\theta \int d\phi \\ &\Rightarrow \frac{1}{L^3}\frac{dN}{dE} = \frac{1}{2\pi^2\hbar^3} p^2 \frac{dp}{dE} = \frac{1}{4\pi^2\hbar^3}(2m)^{3/2}\sqrt{E} \end{aligned} \tag{4.101}$$

실제로 식 (4.100)은 상대론적 입자에도 적용되는 일반적인 관계식이다. 특히 식 (4.100)은 일차원, 이차원 양자 역학에서 양자 상태의 밀도 계산에 편리하다. 해당되는 위상 공간에서 적분을 하면 되기 때문이다. 주기적 경계조건으로 규격화된 방법으로도 똑같이 다음 결과를 얻는다.

$$\begin{aligned} &1\text{차원} \qquad \frac{1}{L}\frac{dN}{dE} = \frac{\sqrt{2m}}{2\pi\hbar}\frac{1}{\sqrt{E}} \\ &2\text{차원} \qquad \frac{1}{L^2}\frac{dN}{dE} = \frac{m}{2\pi\hbar^2} \\ &3\text{차원} \qquad \frac{1}{L^3}\frac{dN}{dE} = \frac{(2m)^{3/2}}{4\pi^2\hbar^3}\sqrt{E} \end{aligned} \tag{4.102}$$

상자 규격화에서 상자의 크기 V 는 임의이므로 실험적으로 측정하는 물리량은 V 에 의존하고 따라서 규격화의 임의성에 대하여 의문을 가지게 된다. 그러나 실제로 모든 측정량의 계산에서 V 에 대한 부분은 상쇄되고 결과적으로 물리량의 측정값은 V 와 무관하다. 그러므로 상자는 자유 입자의 파동 함수를 규격화하려고 편의상 도입한 개념이라 할 수 있다. 상자의 크기가

무한히 클 때에는 운동량이 연속 스펙트럼을 가지므로 식 (4.96) 의 평면 파동을 그대로 사용할 수 있다. 단지 규격화 상수 $A=1/\sqrt{V}$ 가 무한히 작아질 뿐이다. 이 문제를 해결하기 위하여

$$\Psi(\mathbf{x},t)=\psi_{\mathbf{p}}(\mathbf{x})e^{-\frac{i}{\hbar}Et} \qquad \psi_{\mathbf{p}}(\mathbf{x})=e^{+\frac{i}{\hbar}\mathbf{p}\cdot\mathbf{x}} \tag{4.103}$$

로 파동 함수를 택하자. 그러면 공간 파동 함수는 다음의 관계식을 만족하며

$$\int d^3x\ \psi_{\mathbf{p}}^*(\mathbf{x})\psi_{\mathbf{p}'}(\mathbf{x})=(2\pi\hbar)^3\,\delta^3(\mathbf{p}-\mathbf{p}') \tag{4.104}$$

물론 $\mathbf{p}=\mathbf{p}'$ 이면 확률 밀도의 적분은 무한대가 된다. 그렇지만 식 (4.103) 으로 규격화할 때에도 측정량 계산에는 아무 차이가 없다. 이러한 규격화를 델타 함수에 의한 규격화라고 부른다.

이상에서 단일 파장을 갖고 무한히 퍼진 평면파를 다루었으나 실제로 자유 입자라도 일부 공간에 국한된 파동 다발로 간주해야 한다. 공간에서 $t=0$ 일 때 σ 정도 퍼지고 시간이 지나면서 더욱 퍼지는 가우시안 파동 다발을 고려하면 확률 밀도는 다음으로 표현된다.

$$\rho(x,t)=|\Psi(x,t)|^2=\frac{\sigma}{\sqrt{\pi}\sqrt{\sigma^4+\alpha^2t^2}}\exp\left(-\frac{\sigma^2\left(x-v_gt\right)^2}{\sigma^4+\alpha^2t^2}\right) \tag{4.105}$$

식 (3.46) 에서 파동 함수의 제곱을 다루었는데 그것이 바로 양자 역학적 확률 밀도이다.

4.8 다른 형태의 양자 역학 방정식

식 (4.6) 에서 보듯이 Schrödinger 방정식은 편미분 방정식으로 표현된다.

$$ih\frac{\partial}{\partial t}\Psi(\mathbf{x},t)=\left(-\frac{\hbar^2}{2m}\nabla^2+V(\mathbf{x},t)\right)\Psi(\mathbf{x},t) \tag{4.106}$$

그러나 Schrödinger 방정식만이 비 상대성 양자 물리학의 유일한 방정식은 아니다. 이 방정식은 x-공간의 파동 함수에 대한 방정식이므로 p-공간의 파동 함수 $\Psi(\mathbf{p},t)$ 로 바꾸어 쓸 수도 있고 또 제 3 장에서 도입한 Green 함수에 대한 방정식으로 다루는 것도 가능하다. 한걸음 더 나아가서 물리량을 나타내는 연산자들의 방정식으로 표현할 수도 있는데 이것을 Heisenberg 의 운동 방정식이라고 한다. Heisenberg 방정식 [식 (6.92) 참고] 이나 Green 함수에 대한 방정식 [식 (13.50) 참고] 은 뒷 장에서 상술할 것이며 여기서는 p-공간 함수 $\Psi(\mathbf{p},t)$ 에 대한 파동 방정식을 Schrödinger 방정식에서 유도하겠다.

우리는 4.4절에서 파동 함수 $\Psi(\mathbf{p},t)$에 관하여 다음과 같은 물리량의 연산자가 대응됨을 알았다. [표 4.1 참고]

$$\mathbf{x} \to +i\hbar\nabla_p, \qquad \mathbf{p} \to \mathbf{p}, \qquad E \to +i\hbar\frac{\partial}{\partial t} \tag{4.107}$$

그러므로 Schrödinger 방정식을 추리할 때와 똑같은 논리를 적용하면 $\Psi(\mathbf{p},t)$에 관한 파동 방정식은 다음과 같다.

$$ih\frac{\partial}{\partial t}\Psi(\mathbf{p},t) = \left(\frac{\mathbf{p}^2}{2m} + V(+i\hbar\nabla_{\mathbf{p}},\ t)\right)\Psi(\mathbf{p},t) \tag{4.108}$$

여기서는 위치 에너지의 $\mathbf{x}$를 미분 연산자 $+i\hbar\nabla_p$로 바꾸어 놓았다.

식 (4.108)은 그럴듯 하지만 실제로 문제에 응용할 경우에는 어려운 점이 많다. 위치 에너지가 $\mathbf{x}$의 다항식으로 표현되면 별로 문제가 없지만 Coulomb 힘 같이 거리에 역비례하는 위치 에너지에 대하여는 미분 연산을 정의하기 힘들다. 따라서 식 (4.108)은 바람직한 방정식이 될 수 없고 조화 진동자처럼 $\mathbf{x}$ 의 2 차식이거나 선형 에너지의 1 차식의 경우에 응용되는 정도이다.

파동 함수 $\Psi(\mathbf{p},t)$에 대한 방정식을 얻는 다른 방법으로서 $\mathbf{x}$를 $+i\hbar\nabla_p$ 연산자로 대치하는 대신 $V(\mathbf{x},t)$의 Fourier 변환을 사용한다. 즉 p-공간의 위치 에너지를 $V(\mathbf{p},t)$라 하면

$$V(\mathbf{x},t) = \int\frac{d^3p}{(2\pi\hbar)^3}V(\mathbf{p},t)\ e^{+\frac{i}{\hbar}\mathbf{p}\cdot\mathbf{x}} \tag{4.109}$$

의 관계가 성립하고 이 식을 Schrödinger 방정식에 대입한 후 파동 함수 $\Psi(\mathbf{x},t)$를 Fourier 변환하면 다음을 얻는다.

$$i\hbar\frac{\partial}{\partial t}\Psi(\mathbf{p},t) = \frac{\mathbf{p}^2}{2m}\Psi(\mathbf{p},t) + \int\frac{d^3q}{(2\pi\hbar)^3}\ V(\mathbf{p}-\mathbf{q},t)\ \Psi(\mathbf{q},t) \tag{4.110}$$

이 방정식은 미분-적분 방정식이다. Fourier 변환은 넓은 범위의 함수 $V(\mathbf{x},t)$에 대하여 존재하므로, 식 (4.108)에서 부딪히는 위치 에너지와 관련된 연산자 때문에 문제가 생기지 않는다. 그러므로 시간 독립인 고유값 문제에서는 p-공간의 파동 함수 $\Psi(\mathbf{p},t)$를 이용한 적분방정식 (4.110)을 다루는 것이 더 바람직하다. 실제로 많은 경우에 미분 방정식은 이에 대응하는 적분 방정식으로 변환할 수 있으며 편의에 따라서 한가지를 풀면 된다. 일반적으로 적분 방정식보다 미분 방정식이 더욱 많이 연구되었고 눈에 익으므로 이 책에서는 주로 미분 형태로 표현된 Schrödinger 방정식을 사용하겠다.

연 습 문 제

4.1 고전 역학에서는 위치 에너지가 상수 V_0 만큼 변하여도 아무런 물리적 영향이 없다. 양자 역학에서도 상수 V_0 의 효과는 파동 함수의 전체 위상을 변화시키는 결과가 되어 물리량의 기대값 계산에 전혀 영향을 미치지 않음을 보이라.

4.2 위치 에너지가 $V(x) = 1/2\ m\omega^2 x^2$ 인 조화 진동자의 바닥 상태에서 파동 함수는 다음과 같다. 이 파동 함수가 Schrödinger 방정식을 만족함을 확인하라.

$$\Psi(x,t) = \exp\left(-\frac{m\omega}{2\hbar}x^2 - \frac{i}{2}\omega t\right)$$

4.3 바닥 상태의 조화 진동자에서 규격화된 파동 함수는 식 (4.11) 임을 증명하라

4.4 수소 원자의 바닥상태에 있는 전자의 공간 파동 함수는 다음과 같다.

$$\psi(\mathbf{x}) = \exp\left(-r/a_B\right)$$

여기서 a_B 는 Bohr 반경이다. 이 파동 함수는 Schrödinger 방정식을 만족함을 증명하라. 또한 바닥 상태의 에너지 준위 E_0 를 구하라. 그리고 이 파동 함수를 규격화하라

4.5 연습문제 4.4 의 수소 원자 바닥 상태의 파동 함수를 사용하여 다음을 증명하라.

$$\left\langle\frac{1}{r}\right\rangle = \frac{1}{a_B}$$

$\langle 1/r\rangle \neq 1/\langle r\rangle$ 에 유의하라. 실제로 계산하여 확인하라.

4.6 진폭이 A 인 조화 진동자의 확률 밀도를 고전적으로 다음과 같음을 증명하고 바닥 상태의 양자 역학적인 확률 밀도와 비교하라.

$$\frac{dP}{dx} = \frac{1}{\pi}\frac{1}{\sqrt{A^2 - x^2}}$$

4.7 일차원 상자 안에서 움직이는 입자의 고전적 확률 밀도를 구하고 바닥 상태의 양자 역학적인 확률 밀도와 비교하라.

4.8 위치 에너지가 복소수일 때 허수부를 $-i\Gamma/2$ (Γ는 상수) 라 하면 입자가 공간 어느 곳에 존재할 확률 $P(t)$ 는 지수적으로 감소함을 보이라.

$$P(t) = P(0)\ e^{-\frac{\Gamma}{\hbar}t} \qquad P(t) = \int d^3x \left|\Psi(\mathbf{x},t)\right|^2$$

4.9 일차원, 이차원, 삼차원에서 양자 상태 밀도에 관한 에너지 스펙트럼 (4.102)에 관한 공식을 위상 공간을 이용하여 유도하라. 또 주기적 경계 조건으로 상자 규격화된 방법으로도 확인하라.

4.10 바닥 상태의 수소 원자에서 p-공간 파동 함수는 다음과 같음을 증명하라.

$$\psi(\mathbf{p}) = 8\sqrt{\pi a_B^3}\,\frac{1}{\left(1+(a_B p/\hbar)^2\right)^2}$$

4.11 일차원 상자 안에서 움직이는 입자가 바닥 상태에 있을 때 p-공간 파동 함수는 다음과 같음을 증명하라.

$$\Psi(p,t) = 2\pi\hbar^2\sqrt{2L}\,\frac{1}{p^2L^2-\pi^2\hbar^2}\cos\frac{L}{2\hbar}p\ e^{-\frac{i}{\hbar}Et}$$

4.12 Klein-Gordon 방정식 (4.9) 에서 다음의 확률 흐름 보존 법칙을 유도하라.

$$\frac{\partial}{\partial t}\rho(\mathbf{x},t)+\nabla\cdot\mathbf{J}(\mathbf{x},t)=0$$

$$\rho=\frac{i\hbar}{2mc^2}\left[\psi^*\left(\frac{\partial\psi}{\partial t}\right)-\left(\frac{\partial\psi^*}{\partial t}\right)\psi\right]\qquad \mathbf{J}=-\frac{i\hbar}{2m}\left[\psi^*(\nabla\psi)-\left(\nabla\psi^*\right)\psi\right]$$

4.13 양자 상태 밀도의 에너지 스펙트럼 [식(4.100)] 은 n 차원으로 확장할 수 있다. n 차원에서는 다음과 같음을 증명하고 $n=1,2,3$ 차원 경우 식(4.102)과 일치함을보이라.

$$\frac{1}{L^n}\frac{dN}{dE}=\frac{1}{\Gamma(n/2)}\left(\frac{m}{2\pi\hbar^2}\right)^{n/2}E^{n/2-1}$$

참고 : n 차원에서 반경 R인 구의 부피, $V_n=\dfrac{\pi^{n/2}}{\Gamma(n/2+1)}R^n$

5. 일차원 양자 역학

5.1 서 론

우리들은 삼차원 세계에서 살고 있으므로 현실의 문제를 다루려면 삼차원에서의 Schrödinger 방정식 (4.6) 또는 (4.72) 를 풀어야 한다. 그러나 삼차원의 문제 중 해석적으로 정확히 풀릴 수 있는 경우는 그 수가 극히 제한되어 있고 대개 특수 함수들을 포함한 상당한 수학적 지식을 필요로 하므로 자칫하면 세부적인 수학에 휘말려서 물리의 본질을 잊기 쉽다. 해석적으로 풀 수 있는 삼차원의 모형들도 실존하는 물리계를 근사적으로 기술한다는 점을 감안하면 수학적으로 가장 간단한 일차원에서 Schrödinger 방정식을 심도 있게 다루어 양자 세계의 본질을 파악하는 것도 바람직하다.

일차원의 양자 역학에서도 비 고전적인 결과가 잘 나타난다. 일차원에서 물질 파동의 투과나 반사 현상은 삼차원에서의 충돌에 해당한다. 그리고 대칭과 보존 법칙도 비슷한 비유를 찾아볼 수 있다. 즉 삼차원의 본질적인 면을 일차원의 양자 역학에서 엿보게 된다. 또한 흔히 삼차원 문제는 대칭성 때문에 일차원의 문제로 환원되는 경우가 많다. 그러므로 어느 면에서는 일차원 문제가 실용가치를 갖는다.

이제 여러가지 일차원 모형들을 풀어 봄으로써 비 고전적인 효과를 쉽게 이해하고자 한다. 우리는 구체적인 문제를 일차원의 모형으로 근사시켜 양자 역학적 현상을 알 수 있다. 물론 시간 독립인 Schrödinger 방정식 (4.72) 는 일차원에서 상미분 방정식이 된다.

$$-\frac{\hbar^2}{2m}\frac{d^2\psi(x)}{dx^2}+V(x)\psi(x)=E\psi(x) \tag{5.1}$$

따라서 위치 에너지가 어떤 형태의 함수인가에 따라서 이 미분 방정식은 정확히 풀릴 수도 있고 경우에 따라서는 컴퓨터를 이용하여 근사 풀이를 구할 수도 있다. 그리고 확률 밀도와 확률 흐름 밀도도 일차원에서는 다음과 같이 간단해진다.

$$\rho(x)=|\psi(x)|^2 \qquad J(x)=-\frac{i\hbar}{2m}\left(\psi^*(x)\frac{d\psi(x)}{dx}-\frac{d\psi^*(x)}{dx}\psi(x)\right) \tag{5.2}$$

우리는 특히 조각 조각 부분적으로 상수 (piecewise constant) 인 위치 에너지의 여러가지 모형에 대하여 자세히 공부하겠는데 그 이유는 위치 에너지가 상수일 때 식 (5.1) 은 자유 입자의 경우처럼 쉽게 풀리고 경계 조건으로 연결하면 되므로 일차원 문제 중에서도 더욱 간단해지기 때문이다. 상수가 아닌 경우에는 일반적인 미분 방정식을 풀어야한다.

5.2 파동 함수의 일반적 성질

파동 함수 $\psi(x)$ 는 위치 에너지 $V(x)$ 에 의하여 결정되므로 우선 $V(x)$ 에 대하여 살펴보자. 그림 5.1 에 일반 형태를 가진 $V(x)$ 가 그려져 있다. 고전 역학의 역학 에너지 보존 법칙에서

$$E = \frac{p^2}{2m} + V(x) \tag{5.3}$$

인데, $p^2/2m$ 은 입자의 운동 에너지 $1/2\ mv^2$ 이다.

그림 5.1 의 위치 에너지 곡선에 $V(x)=E$ 인 직선을 점선으로 추가하면 입자의 운동을 직관적으로 이해할 수 있다. 즉 x 축 위 어느 지점에서의 위치 에너지는 그림에 그래프로 나타나있으며 에너지 준위 E 까지의 나머지 길이가 운동 에너지 $p^2/2m$ 에 해당한다. 위치 에너지가 증가하면 운동 에너지는 감소하고 그 합은 보존되어 항상 일정한 값 E 를 유지한다. 우선 전체 에너지가 E_1 인 경우를 생각해보자. 그러면 두 점 $x=a$ 와 $x=b$ 에서는 위치 에너지가 전체 에너지 E_1 과 같아져서 운동 에너지는 영 $(p=0)$ 이 된다. 그리고 $x<a$ 또는 $x>b$ 인 영역에서는 운동 에너지가 음의 값을 갖게 되는데 고전 역학에서 이것은 불가능하고 따라서 입자의 운동은 $a \le x \le b$ 의 영역에만 국한된다. 이 영역을 고전적으로 허용된 영역, $x<a$ 또는 $x>b$ 를 고전적으로 금지된 영역이라고 부른다. 두 점 $x=a$, $x=b$ 에서는 입자가 순간적으로 정지하고 운동 방향이 바뀌므로 전향점 (turning point) 이라 부른다. 이처럼 유한한 영역에서만 움직이는 입자는 결합 상태 (bound state) 에 있다고 한다.

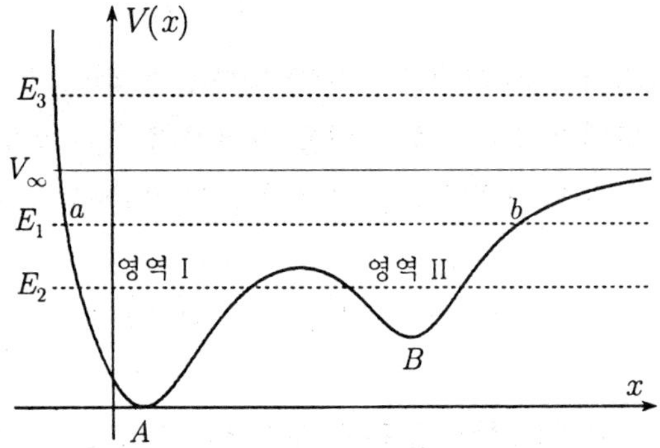

그림 5.1 위치 에너지 곡선.

이 곡선에서 평형점, 전향점, 결합 상태 등을 쉽게 살펴볼 수 있다.

에너지가 E_2 인 경우에는 허용영역이 두 곳이므로 두 가지 결합 상태가 가능하다. 반면에 입자의 에너지가 충분히 큰 E_3 의 경우에는 비록 일부의 공간에서는 금지될지라도 무한히 큰 영역에서 입자가 움직일 수 있다. 이 때에는 입자가 속박되어 있지 않고 결합 상태도 아니다.

식 (5.1) 은 다음과 같이 쓸 수 있다.

$$\frac{d^2}{dx^2}\psi(x) + k^2(x)\psi(x) = 0 \qquad k^2(x) = \frac{2m}{\hbar^2}[E - V(x)] \tag{5.4}$$

그림 5.2 에서 보듯이 함수 $k^2(x)$ 는 고전적으로 허용된 영역에서는 양의 값을 갖고 $k(x)$ 는 실수이다. 더욱이 식 (5.4) 와 de Broglie 공식 $p = \hbar k$ 를 비교하면 $k(x)$ 는 바로 임의의 위치 x 에서의 파동수이다. 물론 $k(x)$ 가 상수라면 식 (5.4) 는 $\exp(+ikx)$ 또는 $\exp(-ikx)$ 로 쉽게 풀리지만 $k(x)$ 가 x 에 대하여 완만한 함수일 때에도 정성적으로 비슷한 형태의 풀이를 갖는다.

고전물리학적으로 허용된 영역의 풀이

$$\psi(x) \approx e^{+ik(x)x} \quad \text{또는} \quad e^{-ik(x)x} \qquad k(x) = +\sqrt{2m[E - V(x)]}\,/\,\hbar \tag{5.5}$$

반면에 고전적으로 금지된 영역에서는 $k^2(x)$ 가 음의 값을 가지므로 $k(x)$ 는 허수가 되고 따라서 식 (5.5) 같이 진동하는 함수가 아니고 지수적으로 증가하거나 또는 감소하는 함수의 형태를 가진 풀이가 된다.

고전물리학적으로 금지된 영역의 풀이

$$\psi(x) \approx e^{+\kappa(x)x} \quad \text{또는} \quad e^{-\kappa(x)x} \qquad \kappa(x) = +\sqrt{2m[V(x) - E]}\,/\,\hbar \tag{5.6}$$

그러므로 파동 함수는 고전 역학 의미로 허용 영역에서는 de Broglie 파장을 갖는 파동의 형태로 나타나는데, 금지 영역에서는 파동 함수가 영이 되는 것이 아니라 지수적으로 감소하는 함수가 된다. 또한 파장은 파동수에 역비례하므로 $(\lambda = 2\pi/k)$ 운동 에너지가 클 때에는 k 도 크고 따라서 짧은 파장의 물질 파동이 된다. 그림 5.2 는 위치 에너지와 이에 대한 파동 함수의 관계를 보여 주고 있다.

파동 함수의 일반적인 성질에서 에너지가 양자화되는 이유도 이해가 된다. Schrödinger 방정식 (5.1) 은 2 계 선형 미분 방정식이므로 적당한 초기 조건을 가진 풀이는 항상 존재한다. 그러나 우리는 단순히 식 (5.1) 을 푸는 것이 아니라 Born 의 해석을 적용할 수 있는 풀이, 즉 제곱 적분이 가능한 파동 함수를 찾아야 한다. 그림 5.1 에서 에너지가 E_1 인 경우를 생각해 보자.

금지 영역 $x<a$ 에서 파동 함수의 제곱 적분이 존재하려면 식 (5.6)의 $\exp(+\kappa x)$, $\exp(-\kappa x)$ 중에서 한가지 형태의 풀이만 허용된다. 그러나 이러한 풀이는 $x>b$ 인 영역에서도 마찬가지이다. 그렇지 않으면 일반적으로 파동 함수가 증가하여 발산한다. 따라서 제곱 적분이 가능하려면 방정식 중 어떤 매개 변수 (이 경우에는 E_1) 가 특별한 값을 가져야 한다. 그러므로 결합 상태의 에너지는 불연속으로 양자화됨을 알 수 있다.

그림 5.2
위치 에너지와 영역별 파동 함수.

고전적으로 허용된 영역에서는 de Broglie 파동으로 진동하고, 금지된 영역에서는 지수형으로 감쇠한다.

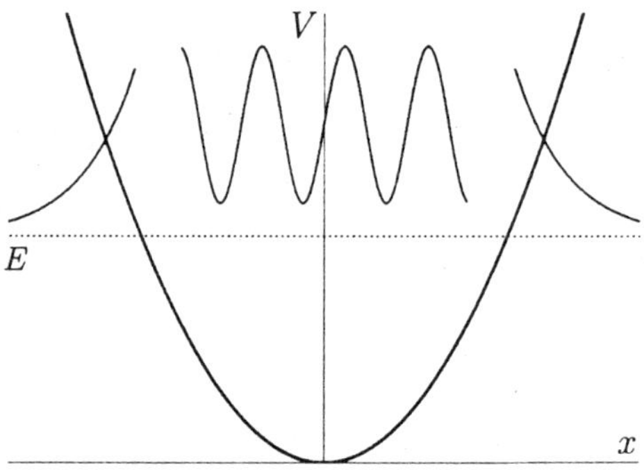

입자가 속박되어 있지 않을 경우 즉 그림 5.1에서 에너지가 E_3 일 때에는 큰 값의 x 에 대하여 파동 함수가 식 (5.5) 형태로 진동하는 함수이므로 제곱 적분에 관하여 별문제가 없다. 따라서 무한대에서의 위치 에너지 값 V_∞ 보다 큰 E 인 경우, 즉 $E>V_\infty$ 일 때에는 에너지가 연속적으로 양자화 된다.

식 (5.6) 은 고전 역학에서 불가능한 투과 현상을 보여 주고 있다. 고전적인 관점에서는 금지 영역에 입자가 절대로 들어갈 수 없으므로 입자를 발견할 확률은 당연히 영이다. 그러나 양자 역학적 파동 함수는 그렇지 않다. 고전적으로 금지된 영역에서 영이 아니어서 입자가 발견될 확률이 유한하고 입자가 이 영역으로 침투함을 의미한다.

더욱 흥미 있는것은 고전적인 장벽을 완전히 투과하는 현상이다. 그림 5.1에서 에너지가 E_2 인 경우에는 중간의 금지 영역에서 식 (5.6) 형태의 지수형 파동 함수가 다시 두번째 허용 영역에서 식 (5.5) 형태의 진동형 파동 함수로 연결되므로 결국 두 영역에서의 파동 함수들은 서로 연관을 갖게 된다. 그러므로 한 허용 영역에 있는 입자는 다른 허용 영역에서도 발견될 확률이 있고 고전 역학적으로 불가능한 금지 영역을 양자 역학에서는 투과할 수가 있다.

고전 역학에서도 그러하지만 양자 역학에서도 $E<V_{\min}$ 인 양자 상태는 존재할 수 없다. 이 경우에는 식 (5.4) 에서 보듯이 $k^2(x)$ 는 항상 음수이고 $\psi''(x)$ 는 $\psi(x)$ 와 같은 부호를 갖는다.

따라서 ψ가 양수(음수)일 때에는 $+\infty$ $(-\infty)$ 로 파동 함수가 발산하여 규격화 시킬 수 없다. 그러므로 파동 함수는 자명한 풀이 $\psi(x)=0$ 뿐인데 이것은 물리학적 의미가 없다.

에너지 양자화 이외에도 장벽 투과 현상 때문에 양자 역학에서는 위치 에너지에 대한 특별한 제한 조건이 요구된다. 입자는 고전 역학에서는 마찰, 양자 역학에서는 광자의 방출로 인하여 에너지를 잃고 그보다 낮은 에너지의 상태로 전이한다. 가령 그림 5.1 에서 에너지가 E_1인 고전 입자를 고려하면 에너지를 잃고 점 A 또는 B 의 상태로 전이한다. 양자 역학에서도 마찬가지이다. 물론 일반적으로 점 A, B 는 양자화 상태가 아니기 때문에 그 근처의 바닥 상태로 전이한다. 그러나 에너지가 E_2 인 경우는 상황이 다르다. 고전 역학에서는 초기 조건에 의해서 결정되므로 처음에 입자가 영역(I)에 있으면 점 A 로, 영역(II)에 있으면 점 B 로 전이한다. 그런데 양자 역학에서는 처음에 입자가 영역(II)에 있었다 하더라도 장벽을 투과할 확률이 있고 특히 점 B 인 바닥 상태에서도 영역(I)로 투과한 후, 계속하여 에너지를 잃고 결국은 점 A 로 전이하게 된다. 따라서 고전 역학에서는 위치 에너지가 극소점 (local minimum) 으로 전이하며, 양자 역학에서는 최소점 (global minimum) 으로 전이하게 된다. 그러므로 양자 역학에서는 하한이 없는 위치 에너지는 생각할 수 없다.

5.3 경계 조건과 위치 에너지의 대칭성

위치 에너지 $V(x)$ 가 알려지면 Schrödinger 방정식을 풀게 된다. 그러나 $V(x)$ 가 불연속일 경우에는 연속인 구간에서 따로 풀이를 구하고 이들을 적당한 경계 조건으로 연결시켜 주는 것이 관례이다. 이 조건도 Schrödinger 방정식에서 유도한다. 우선 식 (5.1) 을 만족하려면 $\psi'(x), \psi''(x)$ 가 존재해야 하고 따라서 $\psi(x), \psi'(x)$는 항상 연속이어야 한다. ε 을 양의 무한소라 할 때 경계 조건은 다음과 같다.

$$\diamond \left\{ \begin{array}{l} x=a \text{ 에서 } V(x) \text{가 불연속인 경우 } \psi(x),\ \psi'(x) \text{는 } x=a \text{ 에서 연속임} \\ \text{즉, } \varepsilon \to 0 \text{ 일 때, } \quad \psi(a+\varepsilon) = \psi(a-\varepsilon), \quad \psi'(a+\varepsilon) = \psi'(a-\varepsilon) \end{array} \right. \tag{5.7}$$

위치 에너지 $V(x)$가 $x=a$에서 델타 함수 $\delta(x-a)$의 형태로 불연속일 경우에는 식 (5.1) 을 $[\,x-\varepsilon,\ x+\varepsilon\,]$의 매우 좁은 구간에서 적분함으로써 경계 조건을 얻는다. 가령 점 $x=a$에서 $V(x)=\hbar^2/2m\ \delta(x-a)$ 의 에너지 형태라면

$$\lim_{\varepsilon\to 0}\left[\frac{d\psi(x)}{dx}\right]_{a-\varepsilon}^{a+\varepsilon} = \lim_{\varepsilon\to 0}\frac{2m}{\hbar^2}\int_{a-\varepsilon}^{a+\varepsilon} dx\,[V(x)-E]\,\psi(x) = Q\,\psi(a) \tag{5.8}$$

가 되어 $\psi'(x)$ 가 $x=a$ 에서 불연속이다. 그러므로 다음의 경계 조건을 얻는다.

$$\diamond \begin{cases} x=a \text{ 에서 } V(x)=\dfrac{\hbar^2 Q}{2m}\delta(x-a)+\text{유한항 인 경우} \\ \varepsilon\to 0 \text{ 일 때} \quad \psi(a+\varepsilon)=\psi(a-\varepsilon), \quad \psi'(a+\varepsilon)-\psi'(a-\varepsilon)=Q\,\psi(a) \end{cases} \tag{5.9}$$

문제의 성격상 적분상수가 한 개만 포함되는 풀이를 가질 때에는 경계 조건 (5.7)은 더욱 간단하게 표현할 수 있다. 경계점 좌우에서

$$\begin{aligned} \psi(x) &= A_I\psi_I(x) \qquad (x<a) \\ &= A_{II}\psi_{II}(x) \quad\ (x>a) \end{aligned} \tag{5.10}$$

라 하면 경계 조건에 의하여 파동함수의 로그 도함수 $(d/dx)\ln\psi(x)$가 $x=a$에서 연속이어야 함을 쉽게 증명할 수 있다. 즉 다음과 같다.

$$\diamond \left(\frac{\psi_I'(a)}{\psi_I(a)}=\frac{\psi_I'(a)}{\psi_{II}(a)} \qquad \text{또는} \qquad \frac{d}{dx}\ln\psi(x)\bigg|_I=\frac{d}{dx}\ln\psi(x)\bigg|_{II} \right. \tag{5.11}$$

자연 현상을 연구함에 있어서 대칭성은 핵심 역할을 한다. 자연의 대칭은 불변의 물리량을 암시하고 보존 법칙과 깊은 관련이 있기 때문이다. 이는 실용적으로도 중요하다. 고전 역학에서 Newton의 운동법칙 대신 에너지와 운동량 보존법칙을 활용하면 문제 풀이가 훨씬 용이한 경우가 많은데 양자 역학에서도 마찬가지이다. 삼차원에서의 대칭은 제 9장으로 미루고 여기서는 일차원에서 위치 에너지가 좌우 대칭인 우함수인 경우와 주기 함수적 대칭인 두 가지 경우를 살펴 보겠다.

위치 에너지가 원점을 중심으로 좌우 대칭일 때에는 다음 조건을 반족한다.

$$V(-x)=+V(x) \tag{5.12}$$

Schrödinger 방정식은 2 계 미분 방정식이므로 일반적으로 두개의 독립 풀이 $\phi_1(x)$, $\phi_2(x)$를 가진다. 그러나 위치 에너지의 대칭성 때문에 $x\to x'=-x$ 를 식 (5.1)에 대입하여도 성립하므로 $\phi_1(-x)$, $\phi_2(-x)$ 도 방정식의 풀이가 된다. 그러므로 이들은 기존의 독립 풀이인 $\phi_1(x)$, $\phi_2(x)$ 의 선형 결합이어야 하고 다음 관계식이 성립한다.

$$\begin{aligned} \phi_1(-x) &= c_{11}\,\phi_1(x)+c_{12}\,\phi_2(x) \\ \phi_2(-x) &= c_{21}\,\phi_1(x)+c_{22}\,\phi_2(x) \end{aligned} \tag{5.13}$$

그러면 $\phi_1(x)$, $\phi_2(x)$ 의 적당한 선형결합 $\psi(x)=\alpha\phi_1(x)+\beta\phi_2(x)$ 를 만들어서 다음 관계를

만족하도록 α, β 를 구할 수 있고[1]

$$\psi(-x) = \lambda\, \psi(x) \tag{5.14}$$

이 식에 x 대신 $-x$ 를 대입하고 윗식을 다시 활용함으로써 λ 의 값을 얻을 수 있다.

$$\begin{aligned} &\psi(x) = \lambda\, \psi(-x) = \lambda^2 \psi(x) \\ &\Rightarrow \quad \lambda^2 = 1 \qquad \therefore \lambda = \pm 1 \end{aligned} \tag{5.15}$$

따라서 $\psi(-x) = +\psi(x)$ 또는 $\psi(-x) = -\psi(x)$ (5.16)

이고 파동함수는 x 의 우함수 또는 기함수가 되게 할 수 있다.

다음에는 위치 에너지가 주기 L 인 함수의 경우를 생각해 보자.

$$V(x+L) = V(x) \tag{5.17}$$

이번에도 $\phi_1(x)$, $\phi_2(x)$ 두 개의 독립 풀이가 존재할 때 $x \rightarrow x' = x + L$ 의 변환을 통하여 Schrödinger 방정식은 불변이므로 $\phi_1(x+L)$, $\phi_2(x+L)$ 도 풀이임을 알 수 있고 이들은 $\phi_1(x)$, $\phi_2(x)$ 의 선형 결합으로 표현되어야 한다.

$$\begin{aligned} \phi_1(x+L) &= c_{11}\, \phi_1(x) + c_{12}\, \phi_2(x) \\ \phi_2(x+L) &= c_{21}\, \phi_1(x) + c_{22}\, \phi_2(x) \end{aligned} \tag{5.18}$$

그리고 식 (5.13) 과 같은 논리로 $\phi_1(x)$, $\phi_2(x)$ 의 적당한 선형 결합 $\psi(x) = \alpha\phi_1(x) + \beta\phi_2(x)$ 를 만들어서 다음이 성립하도록 할 수 있다.

$$\psi(x+L) = \lambda\, \psi(x) \tag{5.19}$$

윗식에서 $\psi(x+nL) = \lambda^n \psi(x)$ 를 쉽게 확인할 수 있다. 그런데 만일 $|\lambda| > 1$ 이라면 $n \rightarrow +\infty$ 의 극한을 분석하여 $x \rightarrow +\infty$ 일 때 $|\psi(+\infty)| \rightarrow \infty$ 가 되어 파동함수가 발산하고 제곱 적분이가능하지 않다.[2] 또한 $\psi(x-nL) = \lambda^{-n}\psi(x)$ 이므로 만일 $|\lambda| < 1$ 이면 같은 논리로 $x \rightarrow -\infty$ 일 때 발산한다. 그러므로 제곱적분이 가능하려면 해결 방안은 $|\lambda| = 1$ 이어야 하고 다음처럼 쓸 수 있다.

---

[1] 식 (5.13) 에서 $\phi_1(x), \phi_2(x)$가 독립 풀이인 점을 감안하면 $\begin{pmatrix} c_{11}-\lambda & c_{21} \\ c_{12} & c_{22}-\lambda \end{pmatrix}\begin{pmatrix} \alpha \\ \beta \end{pmatrix} = 0$ 을 얻는데 2x2 행렬식이 영이 되도록 λ 를 정하면 원하는 α, β 를 구할 수 있다.

[2] $\lim_{n\rightarrow\infty} \psi(x+nL) = \psi(+\infty) = \lim_{n\rightarrow\infty} \lambda^n\, \psi(x) = \infty$

$$
\begin{aligned}
\lambda &= e^{iKL} \qquad (-\pi < KL \leq +\pi) \\
\psi(x+L) &= e^{iKL}\,\psi(x)
\end{aligned}
\tag{5.20}
$$

이제 파동 함수를 다음과 같이 다시 쓰면 $u_K(x)$ 는 주기 L 인 주기 함수가 된다.

$$
\psi(x) = e^{iKx}u_K(x) \qquad u_K(x+L) = u_K(x) \tag{5.21}
$$

그러므로 주기 함수 위치 에너지에 대한 파동 함수는 평면 파동과 주기 함수의 곱으로 나타낼 수 있다. 이것을 Floquet의 정리라 하고, 이런 형태의 파동 함수를 Bloch 파동 함수라 부른다. 금속 결정체 내부에서는 위치 에너지가 공간적으로 주기성을 가지므로 도체나 반도체 물성 이론에서 중요하다.

5.4 계단형 벌판

이제 여러가지 위치 에너지에 대한 양자 방정식을 푸는 준비가 되었다. 위치 에너지는 공간의 위치에 관계되지만 시간에 따라 변할 수도 있어서 $\mathbf{x}$, t 의 함수이다. 시간과 공간의 함수인 물리량은 벌판 (field, 場) 이라 부른다. 벌판은 특별한 성질을 가진 시공간이어서 그 변하는 정도가 물리적 영향을 미친다. 위치 에너지 벌판 $V(\mathbf{x},t)$ 에서 그 변화는 물체에 힘을 미치게 한다. 그 종류에 따라서 중력 벌판이 될 수도 있고 또 전자기 벌판일 수도 있다. 우리는 주로 시간 독립인 벌판, 즉 시간이 지나도 변하지 않고 공간의 위치에만 의존하는 벌판을 생각하겠는데 특히 이 장에서는 일차원 공간의 벌판을 다루어서 벌판의 개념을 적용하는 것이 지나친 듯하지만 삼차원 벌판과 전자기 현상이 포함된 문제에서 그 뜻이 더욱 분명해질 것이다.

자유 입자 다음으로 간단한 위치 에너지는 그림 5.3 에 보이는 계단형 벌판이다.[3] 점 $x=0$ 을 중심으로 양쪽에서 위치 에너지는 일정하므로 경계 $x=0$ 이외에는 입자가 아무 힘을 받지 않고 자유로이 운동한다. 경계에서는 입자에 순간적인 힘이 작용하여 곧바로 가속 또는 감속하게 된다. 왼쪽에서 입사하는 입자의 경우에 에너지가 충분하지 못하면 경계에서 뒤로 튕기고 V_0 보다 크면 줄어든 속도로 직진한다.

현실의 모델로서 금속 내부에서 움직이는 전자를 생각할 수 있다. 원자 외각에 느슨하게 결합되어 금속 내에서 자유롭게 움직이는 전도 전자는 금속 밖에서도 자유 전자로 자유롭게 움직이므로 두 영역에서 위치 에너지는 상수이다. 그러나 전자가 금속 표면을 벗어나려면 광전

[3] 흔히 퍼텐셜 (potential) 이라 통칭하는데 전자기학에서는 퍼텐셜 에너지와 달리 퍼텐셜은 단위 전하당 에너지이므로 혼동의 여지가 있다. 그래서 계단형 벌판, 장벽형 벌판, 우물형 벌판 등으로 양자 역학의 퍼텐셜을 벌판으로 해석한다.

효과에서 본 것처럼 상당한 에너지가 필요하고 금속 표면이 계단형 위치에너지 역할을 하고 그림 5.3과 같은 계단형 벌판으로 근사 시킬 수 있다.

또한 핵의 표면 근처에서 움직이는 중성자에 대하여도 계단형 벌판으로 다룰 수 있다. 핵력은 1 fm 정도의 근거리에서만 전기력보다 훨씬 강하게 작용하는데 중성자가 핵 내부에 있을 때에는 주위에서 받는 강한 핵력이 서로 상쇄되어 자유 입자처럼 행동하며, 핵 외부에서는 단거리 강작용의 성격때문에 역시 자유입자처럼 움직인다. 핵의 표면에서는 힘이 균형을 이루지 못하고 핵 내부쪽으로 강한 인력을 받는데 이 경우에도 그림 5.3의 벌판으로 근사 시킬 수 있다.

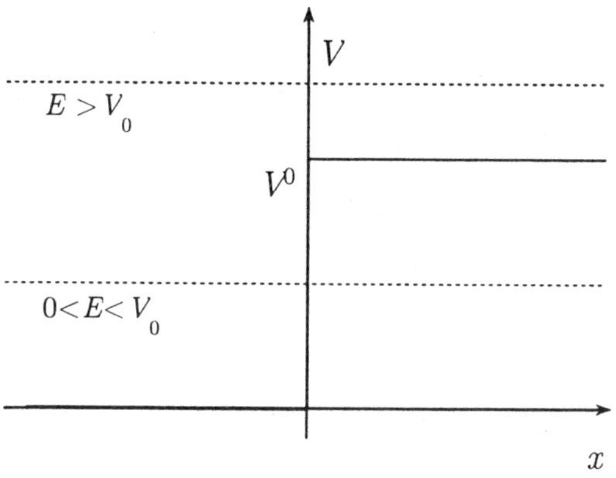

그림 5.3 계단형 벌판

풀이는 $0<E<V_0$와 $E>V_0$의 두 경우로 나누어서 풀어야 한다.

계단형 벌판은 경계에서 불연속이므로 두 영역에서 Schrödinger 방정식을 따로 풀어서 파동함수를 계산하고 경계 조건을 적용하여 완전한 풀이를 구하여야 한다. 우선 두 영역에서 $V(x)$가 일정하므로 $k^2(x)$도 상수가 되어 Schrödinger 방정식은 쉽게 풀린다. 계단형 벌판에 관하여 다음처럼 상수들을 정의하여 여러 경우의 에너지 E 에 대하여 계산해 보자.

$$k = +\frac{1}{\hbar}\sqrt{2mE} \qquad k_1 = +\frac{1}{\hbar}\sqrt{2m(E-V_0)} \qquad \kappa = \frac{1}{\hbar}\sqrt{2m(V_0-E)} \tag{5.22}$$

$\boxed{0 < E < V_0}$ 두 영역으로 나누어서 Schrödinger 방정식을 풀면 다음과 같다.

$$\begin{aligned} \psi(x) &= A_+ e^{+ikx} + A_- e^{-ikx} \qquad &(x<0) \\ &= B_- e^{-\kappa x} \qquad &(x>0) \end{aligned} \tag{5.23}$$

우선 $x \to +\infty$ 일 때 파동함수가 유한하기 위하여 $\exp(+\kappa x)$ 풀이는 제외하였다. 이제 $x=0$ 에서의 경계 조건 (5.7)을 적용하면 다음과 같다.

$$A_+ + A_- = B_- \qquad ik\big(A_+ - A_-\big) = -\kappa B_- \tag{5.24}$$

위의 두 식은 세 개의 변수를 포함하므로 오직 이들간의 비를 구할 수 있을 뿐이다.

$$\begin{aligned}\frac{B_-}{A_+} &= \frac{2ik}{ik-\kappa} \\ \frac{A_-}{A_+} &= \frac{ik+\kappa}{ik-\kappa} = -e^{2i\delta} \qquad \tan\delta = \sqrt{\frac{E}{V_0 - E}}\end{aligned} \tag{5.25}$$

풀이 (5.23) 에서 $x<0$ 영역의 파동은 오른쪽으로 입사하는 $A_+\exp(+ikx)$ 평면파와 왼쪽으로 반사하는 $A_-\exp(-ikx)$ 평면파의 중첩으로 생각할 수 있다. 따라서 입사하는 파동이 경계에서 반사되어 돌아가는 것이다. 그러나 고전적으로 금지된 영역에도 $(x>0)$ 입자의 파동이 침투함을 보여준다. 이 영역에서 입자를 발견할 확률 밀도가 경계면에서의 e^{-1} 인 특성 길이를 침투 길이 (penetration length) 라 한다.

$$\Delta = \frac{1}{2\kappa} = \frac{\hbar}{\sqrt{8m(V_0 - E)}} \tag{5.26}$$

고전 역학에서는 입자가 경계에서 곧바로 반사하며 침투 현상이 일어나지 않는다. 이는 윗식에서 $\hbar\to 0$ 인 극한의 경우 $\Delta=0$ 이 되는 것으로 확인할 수 있다. 그러나 양자 역학에서는 어느 정도의 깊이까지 침투한 후 반사하므로 시차가 있고 그 결과는 반사파의 위상차로 나타난다. 식 (5.25) 를 보면 $|A_-/A_+|=1$ 이지만 위상차는 영이 아니라 2δ 이다.

입사 파동, 반사 파동 및 투과 파동의 확률 흐름을 식 (5.2) 에 따라 계산하면

$$J_{\text{입사}} = \frac{\hbar k}{m}\big|A_+\big|^2 \qquad J_{\text{반사}} = -\frac{\hbar k}{m}\big|A_-\big|^2 \qquad J_{\text{투과}} = 0 \tag{5.27}$$

이고, 우리는 반사 확률과 투과 확률을 다음과 같이 정의할 수 있다.

$$R = \frac{|J_{\text{반사}}|}{|J_{\text{입사}}|} = \left|\frac{A_-}{A_+}\right|^2 = 1 \qquad T = \frac{|J_{\text{투과}}|}{|J_{\text{입사}}|} = 0 \tag{5.28}$$

$\boxed{E > V_0}$ 이번에도 두 영역으로 나누어서 Schrödinger 방정식을 풀면 다음과 같다.

$$\begin{aligned}\psi(x) &= A_+\,e^{+ikx} + A_-\,e^{-ikx} \qquad &(x<0) \\ &= B_+\,e^{+ik_1x} \qquad &(x>0)\end{aligned} \tag{5.29}$$

문제를 간단히 하기 위하여 초기에 입자가 왼쪽에서 입사하는 경우를 다루었고 이 때 $x>0$ 영역에서 오른쪽으로부터 입사하는 파동은 없을 것이므로 $B_- \exp(-ik_1x)$ 파동은 생략하였다. 입자가 오른쪽에서 입사하는 경우에는 $x<0$ 에서 $A_+ \exp(+ikx)$ 파동을 고려하지 않는다. 그러면 $x=0$ 에서의 경계 조건은 다음과 같고

$$A_+ + A_- = B_+ \qquad ik\left(A_+ - A_-\right) = ik_1B_+ \tag{5.30}$$

그 풀이는 쉽게 찾을 수 있다.

$$\frac{B_+}{A_+} = \frac{2k}{k+k_1} \qquad \frac{A_-}{A_+} = \frac{k-k_1}{k+k_1} \tag{5.31}$$

이번에는 A_-/A_+ 가 실수가 되며 반사 파동은 경계면에서 위상 변화가 없음을 보여준다. 또한 입사 파동, 반사 파동, 투과 파동의 확률 흐름은 각각

$$J_{\text{입사}} = \frac{\hbar k}{m}\left|A_+\right|^2 \qquad J_{\text{반사}} = -\frac{\hbar k}{m}\left|A_-\right|^2 \qquad J_{\text{투과}} = \frac{\hbar k_1}{m}\left|B_+\right|^2 \tag{5.32}$$

이 되어 다음과 같이 반사 확률 $R(E)$ 와 투과 확률 $T(E)$ 를 얻는다.

$$R(E) = \left(\frac{k-k_1}{k+k_1}\right)^2 \qquad T(E) = \frac{4kk_1}{\left(k+k_1\right)^2} \tag{5.33}$$

k, k_1 이 식 (5.22) 에 정의된 바처럼 에너지 E 의 함수이므로 반사 확률과 투과 확률, R 과 T 도 E 의 함수이다.

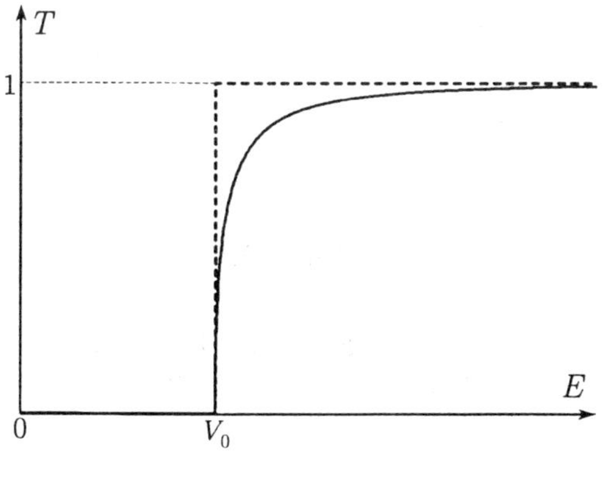

그림 5.4
계단형 벌판에서 입자의 투과 확률

고전 역학적 투과확률은 굵은 점선으로 표시하였다.

확률 보존 법칙에 의하여 에너지에 관계없이 식 (5.27), (5.32) 에서 반사 확률과 투과 확률의 합은 항상 1 이 되어야 한다.

$$R(E) + T(E) = 1 \tag{5.34}$$

그림 5.4 에는 투과 확률 T 가 에너지 E 의 함수로 나타나 있다. 고전 역학에서는 $E > V_0$ 일 때 $T = 1$ 이어서 항상 투과하지만 실제로는 $E > V_0$ 인 경우에도 입자가 반사할 확률이 약간 있다. 그러므로 문턱 진동수 근처에서는 광전자가 효율적으로 발생하지 않는다.

물질 파동이 $x = 0$ 에서 일부는 반사하고 일부는 투과할 때 이에 해당하는 입자가 쪼개진다고 생각해서는 안된다. 고전적인 파동과 물질 파동의 차이는 바로 여기에 있다. 물질 파동은 확률과 관계되므로 반사할 확률과 투과할 확률이 각각 반사파와 투과파의 파동 함수 절대값의 제곱에 비례한다고 생각해야 한다. 빛처럼 많은 개수의 광자가 입사하면 확률에 따라 반사하거나 투과할 것이므로 이에 해당하는 전자기파는 고전적으로 생각할 수 있는 것처럼 투과하는 파동과 반사하는 파동의 두 가지로 분리된다.

5.5 장벽형 벌판

그 다음으로 간단한 것은 그림 5.5 에 보듯이 폭이 $L(=2a)$인 직사각형의 장벽형 벌판을 생각할 수 있다. 그러나 실제로 물리적 장벽이 있는 것은 아니다. 단지 입자가 왼쪽에서 입사할 때 $x = -a$ 에서 척력을 받아 입자가 갑자기 느려지고 $x = +a$ 에서는 인력으로 인하여 원래의 속도로 복원되는 것이다. 핵의 α 붕괴에서는 핵의 표면에 에너지 장벽이 있는데 장벽형 벌판으로 양자 역학적 효과를 조사할 수 있다.

고전 역학에서 입사 에너지가 $E < V_0$ 인 경우에는 척력이 매우 강해서 장벽에서 항상 반사되고, $E > V_0$ 인 경우에는 척력을 이기고 항상 투과하는데 양자 역학에서는 어떤가를 살펴보자.

그림 5.5 장벽형 벌판

풀이는 $0 < E < V_0$ 와 $E > V_0$ 의 두 경우로 나누어서 다룬다.

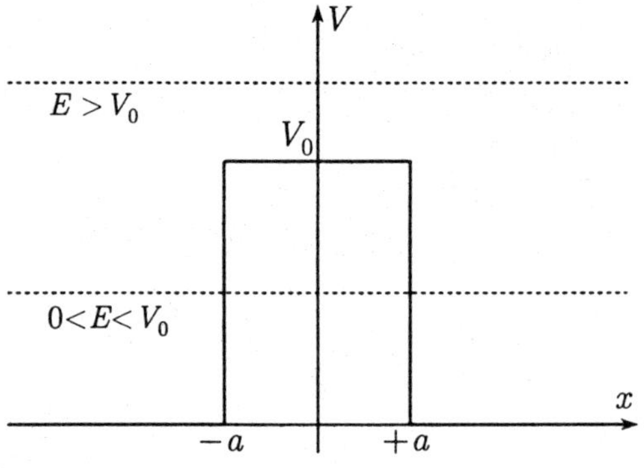

이번에도 $V(x)$ 가 상수인 세 영역으로 나누어서 각각 풀이를 구하고 경계에서 연결시켜 주어야 한다. 편의상 식 (5.22) 와 똑같이 k, k_1, κ 의 상수들을 도입하고 영역별로 고려해 보자.

$$k = +\frac{1}{\hbar}\sqrt{2mE} \qquad k_1 = +\frac{1}{\hbar}\sqrt{2m(E-V_0)} \qquad \kappa = \frac{1}{\hbar}\sqrt{2m(V_0-E)} \tag{5.35}$$

$\boxed{0 < E < V_0}$ 세 영역에서의 파동 함수는 각각 다음과 같다.

$$\begin{aligned} \psi(x) &= A_+\, e^{+ikx} + A_-\, e^{-ikx} && (x < -a) \\ &= B_+\, e^{+\kappa x} + B_-\, e^{-\kappa x} && (-a < x < +a) \\ &= C_+\, e^{+ikx} && (x > +a) \end{aligned} \tag{5.36}$$

계단형 벌판의 경우처럼 입자는 왼쪽으로부터 입사한다고 가정하여 $C_-\exp(-ikx)$ 파동은 고려하지 않는다. 그러나 계산의 편의상 $C_- \neq 0$ 으로 가정하고 경계 조건을 $x = \pm a$ 에 적용하면 계수 A, B, C 들의 선형 방정식이 되는데 다음과 같이 행렬의 형태로 쓰는 것이 편리하다.

$$\begin{aligned} x=-a: &\quad \begin{pmatrix} e^{-ika} & e^{+ika} \\ ik\,e^{-ika} & -ik\,e^{+ika} \end{pmatrix}\begin{pmatrix} A_+ \\ A_- \end{pmatrix} = \begin{pmatrix} e^{-\kappa a} & e^{+\kappa a} \\ \kappa\, e^{-\kappa a} & -\kappa\, e^{+\kappa a} \end{pmatrix}\begin{pmatrix} B_+ \\ B_- \end{pmatrix} \\ x=+a: &\quad \begin{pmatrix} e^{+\kappa a} & e^{-\kappa a} \\ \kappa\, e^{+\kappa a} & -\kappa\, e^{-\kappa a} \end{pmatrix}\begin{pmatrix} B_+ \\ B_- \end{pmatrix} = \begin{pmatrix} e^{+ika} & e^{-ika} \\ ik\,e^{+ika} & -ik\,e^{-ika} \end{pmatrix}\begin{pmatrix} C_+ \\ C_- \end{pmatrix} \end{aligned} \tag{5.37}$$

윗식들을 풀면 4 개의 2x2 행렬의 곱으로 $A_\pm$, $C_\pm$ 관계를 계산하고 다음 결과들을 쉽게 얻는다.

$$\begin{aligned} \frac{A_-}{A_+} &= \frac{-i\eta\sinh\kappa L}{\cosh\kappa L + i\xi\sinh\kappa L}\, e^{-ikL} & \xi &= \frac{1}{2}\left(\frac{\kappa}{k} - \frac{k}{\kappa}\right) \\ \frac{C_+}{A_+} &= \frac{1}{\cosh\kappa L + i\xi\sinh\kappa L}\, e^{-ikL} & \eta &= \frac{1}{2}\left(\frac{\kappa}{k} + \frac{k}{\kappa}\right) \end{aligned} \tag{5.38}$$

그러므로 $0 < E < V_0$ 인 경우에 투과 확률은 다음과 같다.

$$T(E) = \left|\frac{C_+}{A_+}\right|^2 = \frac{1}{\cosh^2\kappa L + \xi^2\sinh^2\kappa L} \underset{\kappa L \gg 1}{\simeq} \left(\frac{k\kappa}{k^2+\kappa^2}\right)^2 e^{-2\kappa L} \tag{5.39}$$

고전 역학에서는 $E < V_0$ 인 경우 입자가 장벽을 지나갈 확률이 영 이지만 양자 역학에서는 그렇지 않다. 이러한 장벽 투과 (barrier penetration) 또는 양자 투과 (quantum tunneling) 는 양자 역학의 특별한 성질이며 미시 세계의 기본적인 자연 현상이다.

$\boxed{E > V_0}$ 두 영역 $x < -a$, $x > +a$ 에서 파동함수 풀이는 $0 < E < V_0$ 인 경우와 같다. $-a < x < +a$ 에서는 식 (5.36)의 κ 대신 ik_1로 대치하면 된다. 그러면 식 (5.38)에서

$$\begin{aligned} \frac{A_-}{A_+} &= \frac{i\eta \sin k_1 L}{\cos k_1 L - i\xi \sin k_1 L} e^{-ikL} & \xi &= \frac{1}{2}\left(\frac{k_1}{k} + \frac{k}{k_1}\right) \\ \frac{C_+}{A_+} &= \frac{1}{\cos k_1 L - i\xi \sin k_1 L} e^{-ikL} & \eta &= \frac{1}{2}\left(\frac{k_1}{k} - \frac{k}{k_1}\right) \end{aligned} \tag{5.40}$$

을 얻는데 이번에는 투과 확률이 다음과 같다.

$$T(E) = \left|\frac{C_+}{A_+}\right|^2 = \frac{1}{\cos^2 k_1 L + \xi^2 \sin^2 k_1 L} \tag{5.41}$$

입자는 장벽을 투과하거나 반사할 것이므로 투과 확률과 반사 확률의 합은 항상 1 이 되어야 한다. 실제로 식 (5.38), (5.40)에서 $E > V_0$, $E < V_0$ 두 경우 모두 쉽게 증명할 수 있다.

$$\left|\frac{A_-}{A_+}\right|^2 + \left|\frac{C_+}{A_+}\right|^2 = 1 \qquad R(E) + T(E) = 1 \tag{5.42}$$

그림 5.6에는 투과 확률 $T(E)$와 고전 역학적 결과의 비교가 나타나 있다. 고전 역학에서 $E < V_0$일 때에는 $T = 0$, $E > V_0$일 때에는 $T = 1$ 이어서 전혀 투과하지 못하든지, 항상 투과하든지가 분명한데 양자 역학에서는 현저히 다르고 오직 확률적으로이해해야 한다. 입자가 갈라져서 일부는 투과, 나머지는 반사하는 것이 아니다.

장벽의 높이보다 낮은 에너지를 갖는 입자가 장벽을 투과할 확률은 식 (5.39)에서 보는 바처럼 $\exp(-2\kappa L)$에 의하여 큰 영향을 받는다. 다음에 두 가지 보기에서 왜 고전적으로 투과 현상을 보기 힘든지를 살펴보자.

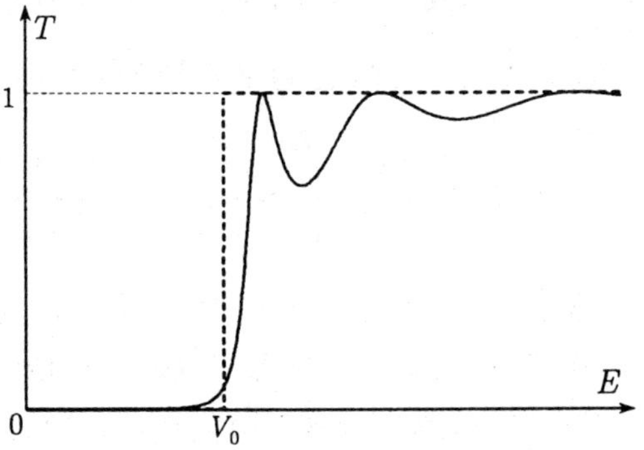

그림 5.6
장벽형 벌판에서 입자의 투과 확률.

고전 역학적 투과확률은 굵은 점선으로 표시하였다.

예 제 5.1 거시 세계에서의 투과 확률

일정한 속도로 움직이는 질량 10 g 인 입자가 폭 10 cm, 높이 2 cm 인 언덕을 1 cm 높이까지 올라간다고 하자. 이 언덕을 근사적으로 장벽이라 생각하면 투과 확률의 지수항은 다음과 같다.

$$\begin{aligned} 2\kappa L &= 2L\sqrt{2m(V_0 - E)}\,/\,\hbar = 8.4\times 10^{+30} \\ e^{-2\kappa L} &= e^{-8.4\times 10^{30}} = 10^{-3.7\times 10^{30}} \end{aligned} \tag{5.43}$$

이것은 지극히(!) 작은 값이다. 1/1000⋯000 (1 다음에 0 이 10^{30} 개) 로 확률이 작아서 거시 세계에서는 장벽의 투과 현상이 전혀 없다고 단언할 수 있을 정도의 작은 확률이다. ◁◁

예 제 5.2 미시 세계에서의 투과 확률

$^{212}_{84}$Po 핵은 반경이 6 fm 정도인데 약 8 MeV 의 α 입자를 방출하며 붕괴한다. 핵 내부에서는 핵력이 균형을 이루어 α 입자는 마치 자유입자처럼 움직이지만 핵 외부에서는 핵력이 사라지고 척력인 Coulomb 힘만 작용한다. α 입자의 위치 에너지를 폭 10 fm, 높이 23 MeV 의 장벽으로 어림 계산으로 투과 확률은 10^{-15} 정도가 된다. 핵 시료는 통상 10^{23} 개 정도 (Avogadro 수) 의 핵을 포함하므로 이는 충분히 측정 가능하며 우리는 핵 붕괴를 통하여 관찰하고 있다. ◁◁

그림 5.6 에서 보듯이 $E > V_0$ 일 때에도 고전 역학에서와는 달리 입자가 항상 완전 투과하는 것은 아니다. 식 (5.41) 에서 $k_1 L = n\pi\,(n = 1, 2, 3, \cdots)$ 인 경우에만 $T = 1$ 이 되어 완전 투과 현상이 일어나고 그렇지 않으면 부분적으로 투과한다. 완전 투과하는 입자의 에너지는 다음과 같다.

$$E = V_0 + \frac{n^2\pi^2\hbar^2}{2mL^2} \tag{5.44}$$

이것을 순수하게 파동의 입장에서 본다면 $x = -a$ 에서 반사하는 파동과 $x = +a$ 에서 반사하는 파동이 서로 상쇄하여 왼쪽으로 반사하는 파동은 존재하지 않고 모두 장벽을 투과한다. 두 경계에서 물질파동이 반사될 때 광학에서와 같이 위상차가 π 이므로 두 파동의 위상차, 즉 $2k_1 L$ 이 2π 의 정수배일 때 두 반사 파동은 상쇄한다.

5.6 우물형 벌판

이번에는 그림 5.7 에 보이는 폭이 $L(=2a)$ 인 우물형 위치 에너지를 고찰해 보자. 자연계를 이루는 입자들은 그보다 기본적인 입자들의 결합상태로 되어 있다. 원자는 핵과 전자로, 원자핵은 핵자로, 핵자는 쿼크로 결합되어 있다. 우물형 벌판은 결합 상태들을 기술할 수 있는 가장 간단한 모형이다.

이 벌판은 장벽형 벌판에서 V_0 를 $-V_0$ 로 바꾸기만 하면 될 것 같지만 경계 조건 때문에 조심해야 한다. 우선 다음과 같이 상수들을 정의하자.

$$k = +\frac{1}{\hbar}\sqrt{2mE} \qquad k_1 = +\frac{1}{\hbar}\sqrt{2m(E+V_0)} \qquad \kappa = \frac{1}{\hbar}\sqrt{-2mE} \tag{5.45}$$

$\boxed{V_0 < E < 0}$ 세 영역에서의 파동 함수는 각각 다음과 같다.

$$\begin{aligned} \psi(x) &= A_+ e^{+\kappa x} + A_- e^{-\kappa x} && (x < -a) \\ &= B_+ e^{+ik_1 x} + B_- e^{-ik_1 x} && (-a < x < +a) \\ &= C_+ e^{+\kappa x} + C_- e^{-\kappa x} && (x > +a) \end{aligned} \tag{5.46}$$

파동 함수가 제곱 적분이 가능하려면 $A_- = C_+ = 0$ 이 되어야 한다. 식 (5.37) 처럼 $x = \pm a$ 에서의 경계 조건을 행렬로 표현하면 아래와 같다.

$$\begin{gathered} \begin{pmatrix} A_+ \\ 0 \end{pmatrix} = \begin{pmatrix} (\cos k_1 L - \xi \sin k_1 L)\, e^{+\kappa L} & \eta \sin k_1 L \\ -\eta \sin k_1 L & (\cos k_1 L + \xi \sin k_1 L)\, e^{-\kappa L} \end{pmatrix} \begin{pmatrix} 0 \\ C_- \end{pmatrix} \\ \xi = \frac{1}{2}\left(\frac{\kappa}{k_1} - \frac{k_1}{\kappa}\right) \qquad \eta = \frac{1}{2}\left(\frac{\kappa}{k_1} + \frac{k_1}{\kappa}\right) \end{gathered} \tag{5.47}$$

그러므로 다음의 두 식을 얻는다.

$$\begin{aligned} A_+ &= C_- \eta \sin k_1 L \\ 0 &= C_- \big(\cos k_1 L + \xi \sin k_1 L\big) e^{-\kappa L} \end{aligned} \tag{5.48}$$

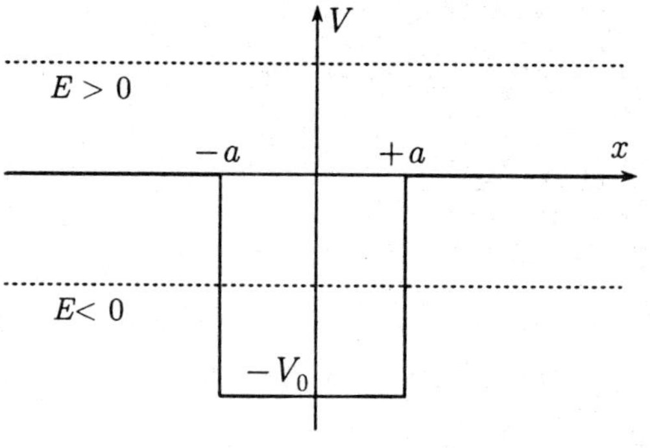

그림 5.7 우물형 벌판

풀이는 $E>0$ 와 $-V_0<E<0$ 의 두 경우로 나누어서 다룬다.

그런데 $C_- = 0$ 이면 $\psi(x)$는 영이고 자명한 풀이가 되어 무의미하므로 다음이 성립해야 한다.

$$\cos k_1 L + \frac{1}{2}\left(\frac{\kappa}{k_1} - \frac{k_1}{\kappa}\right)\sin k_1 L = 0 \tag{5.49}$$

한편 k_1, κ 는 식 (5.45) 에 보이듯이 E 에 의하여 결정되므로 무차원의 두 변수 x, y 를 다음처럼 정의하여 식 (5.49) 를 간단히 할 수 있다.

$$y^2 \sin x + 2y \cos x - \sin x = 0 \qquad x = k_1 L \qquad y = \frac{\kappa}{k_1} \tag{5.50}$$

그리고 x, y 사이에는 다음 관계가 있다.

$$y = \frac{\sqrt{\lambda^2 - x^2}}{x} \qquad \lambda = \frac{\sqrt{2mV_0}}{\hbar} L \tag{5.51}$$

식 (5.50), (5.51) 은 우물 벌판의 고유값에 관한 방정식이다. 특별한 E 값에 대하여만 두 방정식이 만족되기 때문이다. 이 두 식에서 x, y 를 구하면 식 (5.45) 에서 결합상태의 에너지 E 를 얻을 수 있다. 우선 식 (5.50) 을 y 에 대하여 풀면 다음의 두 가지 가능성이 있다.

$$y = +\tan\frac{x}{2} \quad \text{또는} \quad y = -\cot\frac{x}{2} \tag{5.52}$$

그러면 $\eta \sin k_1 L$ 은 $+1$ 이나 -1 이 되어 식 (5.48) 에서 $A_+ = \pm C_-$ 이다. B 계수에 대하여도 계산하면 $B_+ = +B_-$ 이거나 $B_+ = -B_-$ 가 된다. 따라서 식 (5.52) 의 두 경우에 파동함수는 다음처럼 우함수나 기함수로 표현할 수 있다.

$$\begin{array}{lll} y = +\tan\frac{x}{2} & y = -\cot\frac{x}{2} & \\ \hline \psi(x) = Ae^{+\kappa x} & \psi(x) = Ae^{+\kappa x} & (x < -a) \\ \quad = B\cos k_1 x & \quad = B\sin k_1 x & (-a < x < +a) \\ \quad = Ae^{-\kappa x} & \quad = -Ae^{-\kappa x} & (x > a) \end{array} \tag{5.53}$$

이것은 우리가 이미 위치에너지의 대칭성에서 예상했던 현상이다. 우물형 벌판은 좌우 대칭이어서 $V(-x) = +V(x)$ 이므로 식 (5.16) 에서 파동함수는 우함수 또는 기함수가 되게 할 수 있다.

실제로 식 (5.51), (5.52)의 풀이를 그래프로 살펴보는 것이 매우 편리하다. 그림 5.8에서 교차점들이 가능한 풀이가 되기 때문이다. 구체적인 값들은 수치 계산으로나 가능하겠으나 x가 에너지 고유값 E 의 증가 함수임을 염두에 두면 다음을 쉽게 이해할 수 있다.

- 우함수와 기함수의 양자 상태가 교대로 일어난다. 그리고 바닥 상태는 우함수이다.
- 우물이 깊거나 (큰 V_0), 넓어질수록 (큰 L) 결합 상태의 수는 증가한다.
  그러나 임의의 V_0, 즉 λ에 대하여 최소한 한 개의 우함수 풀이가 존재한다.
- 우물이 매우 깊은 경우($V_0 \to \infty$ 즉 $\lambda \to \infty$) 에너지 고유값은 다음과 같다.

$$E = -V_0 + \frac{\hbar^2 \pi^2}{2mL^2} n^2 \qquad (n = 1, 2, 3, \cdots) \tag{5.54}$$

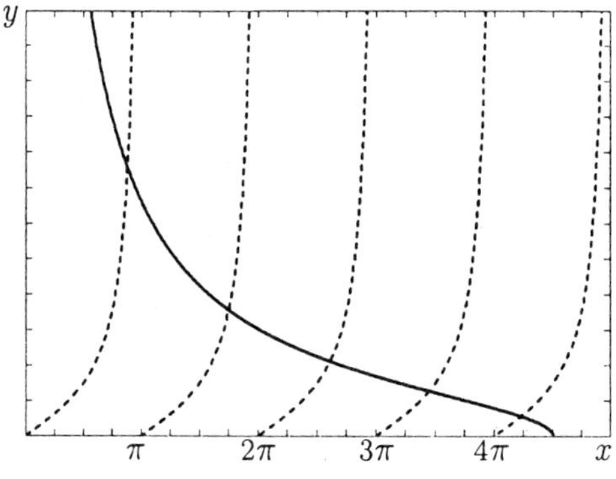

그림 5.8 식 (5.51),(5.52) 그래프.

식 (5.51)은 실선으로 표현되었고, 식 (5.52)는 우함수부터 시작하여 짝홀이 교대로 점선 표시되었다.

우물형 벌판에서 최소 한 개의 고유값, 즉 결합상태가 존재하는데 일반적으로 일차원 인력형 벌판에서 항상 최소 한 개의 결합상태가 존재함을 증명할 수 있다. [예제 10.6 참고] 그러나 삼차원 우물에서는 사정이 달라서 우물이 너무 낮으면 결합 상태가 존재하지 않을 수도 있다.

$\boxed{E > 0}$ 이 때에는 장벽형 벌판에서 $E > V_0$ 인 경우의 결과식에 V_0 를 $-V_0$ 로 대치한 것과 똑같은 결과이다. 이미 식 (5.40)의 k_1 의 정의에 그 의미가 포함되었으므로 입사 파동, 반사 파동, 투과 파동의 계수간에는 다음 관계식들이 성립한다.

$$\begin{aligned} \frac{A_-}{A_+} &= \frac{i\eta \sin k_1 L}{\cos k_1 L - i\xi \sin k_1 L} e^{-ikL} \qquad \xi = \frac{1}{2}\left(\frac{k_1}{k} + \frac{k}{k_1}\right) \\ \frac{C_+}{A_+} &= \frac{1}{\cos k_1 L - i\xi \sin k_1 L} e^{-ikL} \qquad \eta = \frac{1}{2}\left(\frac{k_1}{k} - \frac{k}{k_1}\right) \end{aligned} \tag{5.55}$$

이번에도 투과 확률은 식 (5.41) 과 똑같지만

$$T(E) = \left| \frac{C_+}{A_+} \right|^2 = \frac{1}{\cos^2 k_1 L + \xi^2 \sin^2 k_1 L} \tag{5.56}$$

V_0 의 부호때문에 E 의 함수로서의 $T(E)$ 는 그림 5.9 처럼 약간 다르다.

우물형 벌판의 경우에도 $k_1 L = n\pi$ 일 때 완전 투과가 일어난다. 그러나 우물이 깊어질 때에는 $k_1 L = (n+1/2)\pi$ 일 경우 $T = 1/\xi^2$ 이 영에 가까워져서 입사 파동은 완전히 흡수되어 공명 상태가 일어난다. 장벽이나 우물형 벌판에서의 완전 투과는 두 경계면에서 반사한 파동이 완전히 상쇄 간섭을 일으키기 때문이다. 원자 물리학에서 저 에너지의 전자가 Ne 이나 Ar 같은 불활성 기체를 유난히 쉽게 투과하는 Ramsauer 효과나, 핵 물리학에서 저 에너지의 중성자가 핵을 쉽게 투과하는 체적 공명 (size resonance) 의 현상에서 볼 수 있는 현상이다.

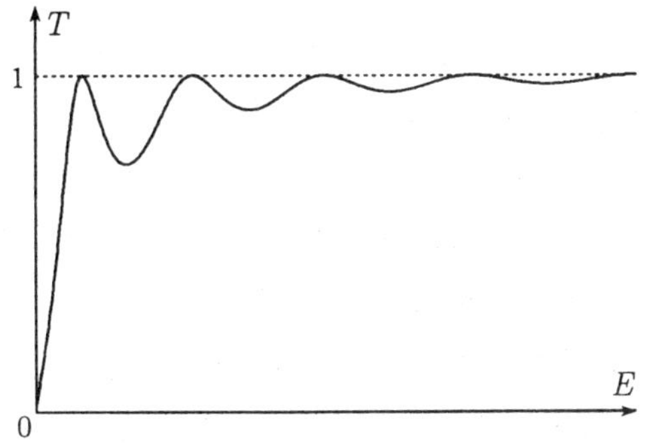

그림 5.9 우물형 벌판에서 입자의 투과 확률. 고전 역학적 투과 확률은 점선으로 표시하였다.

결합 상태 에너지 고유값에 관한 방정식 (5.49) 는 식 (5.55) 의 투과 진폭 C_+/A_+ 의 분모와 매우 비슷하다. 실제로 C_+/A_+ 의 특이점 (singularity) 을 구하기 위하여 그 분모의 근을 찾아보면 $\xi > 0 (E > 0)$ 인 경우에는 존재하지 않는다. 그러나 $E < 0$ 인 경우에는 $k = i\kappa$ 로 쓸 수 있고 허수가 되므로 투과 진폭 C_+/A_+ 의 분모는 결합 에너지의 고유 방정식 (5.49) 와 일치하여 투과 진폭의 특이점으로 결합 상태의 에너지 고유값들을 구할 수 있다. 이것은 삼차원은 물론 상대론적 양자론까지 확장될 수 있는 중요한 개념이다.

우물형 벌판의 극단적인 경우를 두 가지 생각해 볼 수 있다. 먼저 우물이 대단히 깊어서 $V_0 \to \infty$ 인 경우에 위치 에너지의 기준을 우물 바닥으로 이동하여 $V(x)$ 가 $-a < x < +a$ 일 때에는 영이지만 그 이외에는 무한대가 되는 "단단한 상자"로 간주할 수 있다. 상자 안에서 움직이는 입자는 무한히 높은 벽을 침투할 수 없으므로 파동 함수와 에너지 고유값은 다음과 같다.

$$\psi(x) = A\cos\frac{n\pi}{L}x \quad \text{또는} \quad A\sin\frac{n\pi}{L}x \qquad (-a < x < +a)$$
$$= 0 \qquad \text{(기타 영역)} \tag{5.57}$$
$$E_n = \frac{\hbar^2\pi^2}{2mL^2}n^2 \qquad (n = 1, 2, 3, \cdots)$$

이들은 위치 에너지의 극소값을 기준으로 하고 $V_0 \to \infty$ 인 극한에서 식 (5.54)의 극한으로도 쉽게 얻을 수 있다. $|x|<a$ 인 영역에서 파동 함수는 n 이 홀수(짝수) 일때에는 우함수(기함수) 인 코싸인 (싸인) 함수로 택하여야 한다.

위의 에너지 고유값은 구식 양자론의 결과 (2.39) 와 일치한다. 그렇지만 식 (5.57) 이 유한 우물형 벌판의 극한이므로 구식 양자론은 Schrödinger 이론을 근사적으로 기술한다고 볼 수 있다. 그리고 구식 양자론은 파동 함수에 관하여는 아무 정보도 제공하지 못하는 불완전한 이론에 불과하다.

식 (5.57) 에서 바닥 상태의 에너지 $E=\pi^2\hbar^2/2mL^2$ 은 크기 L 인 공간에 유폐된 입자의 결합 에너지를 추정할 수 있는 좋은 방도이다. 자세한 것은 Schrödinger 방정식을 풀어야 하겠으나 결합 에너지가 $\pi^2\hbar^2/2mL^2$ 의 크기 정도라는 것은 쉽게 받아들일 수 있다. 참고로 크기 $L=10^{-10}\,\text{m}$ 인 원자 내에 속박된 전자 ($m_e=0.511\,\text{MeV}/c^2$) 의 경우 결합 에너지 값은 약 $40\,\text{eV}$ 정도로 추산되고, 크기 $L=10^{-14}\,\text{m}$ 인 원자핵 내에 있는 질량 $m_n=940\,\text{MeV}/c^2$ 인 중성자의 경우에는 약 $2\,\text{MeV}$ 정도이다.

다음에는 $V_0 \to \infty$, $L \to 0$ 이지만 $V_0 L$ 은 일정한 극한에 가까워지는 경우를 고려해 보자. 즉 위치 에너지는 다음과 같은 델타 함수의 모양이 된다고 하자.

$$V(x) = -\frac{\hbar^2}{2m}Q\,\delta(x) \tag{5.58}$$

$E<0$ 인 경우의 Schrödinger 방정식은 $x<0$, $x>0$ 두 영역에서만 구하면 되고

$$\psi(x) = Ae^{+\kappa x} \qquad (x<0)$$
$$= Ce^{-\kappa x} \qquad (x>0) \tag{5.59}$$

경계 조건 (5.9) 를 적용하면 에너지 고유값은 다음과 같이 한 개만 존재한다.

$$E = -\frac{\hbar^2 Q^2}{8m} \tag{5.60}$$

이 결합 상태는 유한한 우물형 벌판의 극한으로도 생각할 수 있다. 델타 함수의 극한에서 $\lambda \to 0$ 이므로 그림 5.8 에서 오직 한 개의 풀이가 존재할 뿐이고 식 (5.52) 에서 $\tan x/2 \simeq x/2$ 로 근사시켜서 쉽게 에너지 고유값을 얻게 된다. 이미 간소화 시킨 우물형 벌판을 더욱 간단히 하여 델타 함수로 근사시키는 것은 지나친 단순 모형이라고 생각될지 모르지만 분자 모형 등의 기본적 성질을 정성적으로 이해하려면 델타 함수 벌판도 큰 도움이 된다.

5.7 이중 우물형 벌판

분자는 2개 이상의 핵 주위에 전자가 결합되어 전체적으로 결합 상태를 이룬다. 전자들은 핵 주위에 결합될 수 있으므로 위치 에너지는 우물형의 벌판이 여러 개 있는 형태라고 단순하게 생각할 수 있다. 보기로 이온화된 수소 분자에서 전자는 두 원자핵에 결합될 수 있다. 매우 간단한 분자 모형으로 일차원에서 델타 함수로 근사시킨 이중 우물형 벌판의 결합 상태를 조사해 보자. [그림 5.10 참고] 다음과 같은 위치 에너지에 대한 Schrödinger 방정식을 풀면 된다.

$$V(x) = -\frac{\hbar^2}{2m} Q\left[\delta(x+d) + \delta(x-d)\right] \qquad (Q>0) \tag{5.61}$$

결합 상태는 $E<0$ 인 경우에만 일어난다. 그리고 $V(x)$ 는 x 의 우함수이어서 좌우 대칭이므로 파동 함수는 우함수나 기함수가 될 터이고 따라서 두 경우로 분리하여 생각하는 것이 편리하다. 이번에는 $x<-d$, $-d<x<+d$, $x>+d$ 의 세 영역에서 따로 Schrödinger 방정식을 풀어서 경계 조건으로 연결해야 한다. 각 영역에서 우함수, 기함수 파동 함수는 다음과 같다.

우함수 풀이	기함수 풀이	
$\psi(x) = Ae^{+\kappa x}$	$\psi(x) = Ae^{+\kappa x}$	$(x<-d)$
$= B\cosh\kappa x$	$= B\sinh\kappa x$	$(-d<x<+d)$
$= Ae^{-\kappa x}$	$= -Ae^{-\kappa x}$	$(x>+d)$

(5.62)

여기서 $\kappa = +\sqrt{-2mE}/\hbar$ 이다. 델타 함수에 관한 경계 조건 (5.9) 를 적용하면 에너지 고유값에 관한 다음 방정식들을 얻는다.

$$\begin{aligned} \kappa(1+\tanh\kappa d) &= Q \quad (\text{우함수의 경우}) \\ \kappa(1+\coth\kappa d) &= Q \quad (\text{기함수의 경우}) \end{aligned} \tag{5.63}$$

이 방정식도 그래프를 이용하여 푸는 것이 편리하다. 무차원의 변수 $x=\kappa d$ 를 도입하면 윗식은 다음과 같이 표현할 수 있다.

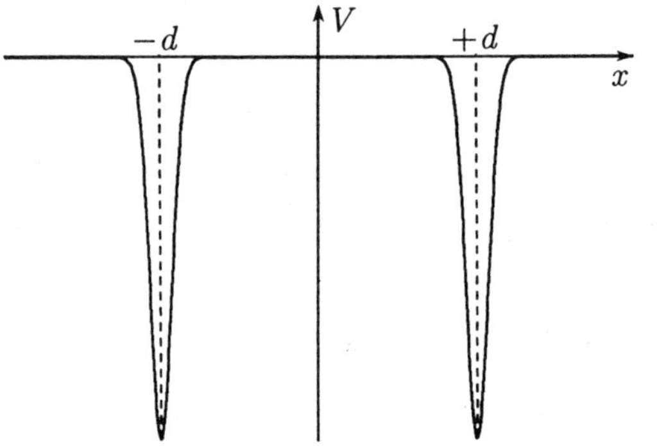

그림 5.10 이중 우물형 벌판

돌기의 면적은 일정하게 유지한 채 점점 뾰죽해 지면서 가늘어 지는 극한이 델타 함수이다.

$$\begin{aligned} x\tanh x &= Qd - x \quad \text{(우함수의 경우)} \\ x\coth x &= Qd - x \quad \text{(기함수의 경우)} \\ x = \kappa d, &\quad \kappa = +\sqrt{-2mE}\,/\,\hbar \end{aligned} \tag{5.64}$$

이들의 그래프가 그림 5.11(a)에 나타나 있다. 그래프들의 교점이 풀이이다. 구체적으로 계산하지 않더라도 우리는 다음을 쉽게 알 수 있다.

- 일반적으로 두 개의 풀이가 존재하며 따라서 에너지 고유값도 두 개가 있다. 그런데 $x_{odd} < x_{even}$ 이므로 항상 $E_{odd} > E_{even}$ 이고 바닥 상태는 우함수 상태이다.
- E_{odd} 가 존재하려면 $Qd \geq 1$, 즉 두 우물간의 거리가 얼마 이상 떨어져야 한다.
- 두 우물간의 거리가 멀어지면 $x \gg 1$ 일 때 $x\tanh x \simeq x\coth x \simeq x$ 이므로 $x = Qd/2$, 즉 $E = -\hbar^2 Q^2/8m$ 이 되고 한 개의 델타 함수 우물에 관한 결합 에너지 (5.60)과 같다.

그림 5.11(b)에는 우물간의 거리의 함수로서 결합 상태의 에너지가 나타나 있다. 기함수 상태는 우함수 상태보다 항상 느슨하게 결합되어 있고 바닥상태는 우함수이다. 이들을 $\psi_+(x)$, $\psi_-(x)$ 라 하고 그 선형 결합으로 이루어진 파동 함수를 생각해보자.

$$\psi(x,t) = c_+\psi_+(x)\, e^{-\frac{i}{\hbar}E_+ t} + c_-\psi_-(x)\, e^{-\frac{i}{\hbar}E_- t} \tag{5.65}$$

$\Psi(x,0) = c_+\psi_+(x) + c_-\psi_-(x)$를 $x = -d$ 주위에 국한토록 c_+, c_- 를 정하면 $\psi_+(x), \psi_-(x)$의 대칭성에서 c_+, c_- 간의 상대적인 부호가 바뀔 때에는 $x = +d$ 부근에 국한된 파동이 된다. 식 (5.65)에서 입자의 확률 밀도는 $\nu = (E_+ - E_-)/h$ 의 진동수로 두 우물간을 진동하는 것을 알 수 있고 이 현상은 NH_3 분자 모형 등을 기술하는데 적합하다. [11.3절 참고]

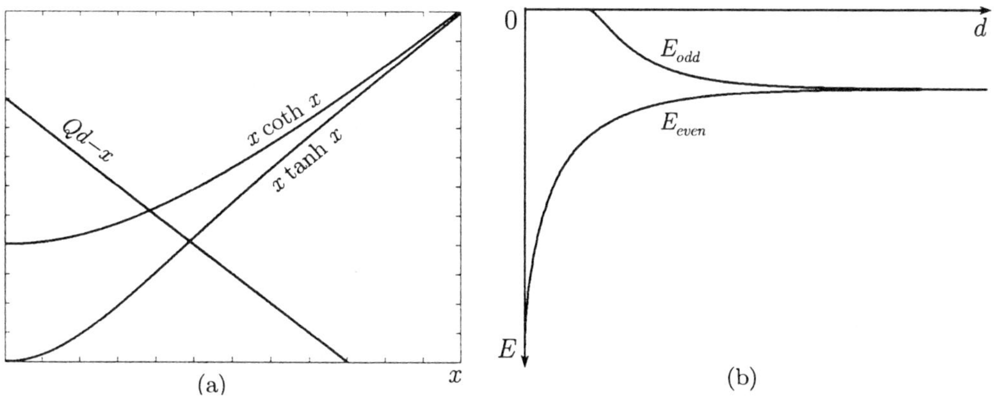

그림 5.11 (a) 직선과 두 곡선의 교점에서 고유 에너지를 알 수 있다.
(b) 두 우물간의 거리로 본 결합 에너지. 우물들이 서로 멀리 떨어져 있으면 두 에너지는 겹쳐지지만 가까워지면 분리된다.

두 우물이 멀리 떨어져 있을 때 두 에너지는 일치하게 되고 겹침 현상이 생긴다. 두 우물은 서로 아무 관련이 없고 각 우물에 국한되어 있는 양자 상태들은 똑같은 에너지를 가짐으로써 우물마다 한 양자 상태가 가능하여 겹침도가 2 가 된다. 그러나 우물들이 가까우면 겹침은 제거되고 그림 5.11(b) 는 이를 잘 표현하고 있다.

우물의 수가 증가하면 결합된 양자 상태들의 수도 증가하고 서로 멀리 떨어져 있을 때에는 겹침도도 증가한다. 그러나 우물의 수가 무한히 많아질 경우에 불연속적인 양자 상태의 수가 무한히 증가하는 것이 아니라 몇 개의 띠 (band) 를 이루어 같은 띠 안에서는 연속인 스펙트럼을 갖게 된다. 다음에는 무한 격자 벌판에서 이러한 현상을 살펴 보도록 하자.

5.8 무한 격자 벌판

금속은 일반적으로 결정 구조를 가지고 있어서 이온들이 주기적으로 배열되어 있다. 이때의 에너지 양자화는 앞서 기술한 벌판들과 다르다. 실제로 Avogadro 수만큼 큰 수는 무한대나 다름없으므로 무한히 많은 우물이 주기적으로 배열된 벌판을 생각할 수 있다. 이것을 Kronig-Penney 벌판이라 한다. [연습문제 5.12] 그러나 여기서는 그림 5.12 에 보이듯이 무한히 많은 델타 함수 벌판이 주기적으로 배열된 경우를 고려하겠다.

$$V(x) = +\frac{\hbar^2}{2m} Q \sum_{n=-\infty}^{+\infty} \delta(x - nd) \qquad (Q > 0) \tag{5.66}$$

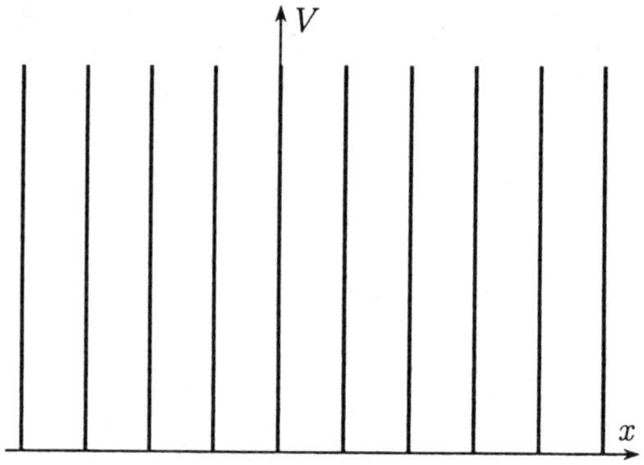

그림 5.12
델타 함수의 무한 격자 벌판

우선 $0<x<d$ 구간에서 입자는 자유 입자처럼 움직이므로 그 풀이는 간단하다.

$$\psi(x) = A_+ e^{+ikx} + A_- e^{-ikx} \qquad (0 < x < d)$$
$$k = +\sqrt{2mE}\,/\,\hbar \tag{5.67}$$

한편 구간 $-d<x<0$ 구간에서의 파동 함수는 Floquet의 정리 (5.20)을 사용하여 평면 파동과 주기 함수의 곱으로 쓸 수 있으므로 다음의 결과를 얻는다.

$$\psi(x-d) = e^{-iKd}\,\psi(x) = e^{-iKd}\left(A_+ e^{+ikx} + A_- e^{-ikx}\right) \qquad (0 < x < d)$$
$$\Rightarrow \psi(x) = e^{-iKd}\left(A_+ e^{+ik(x+d)} + A_- e^{-ik(x+d)}\right) \qquad (-d < x < 0) \tag{5.68}$$

그리고 $x=0$ 에서 델타 함수 위치 에너지에 관한 경계 조건 (5.9)를 적용해야 한다.

$$A_+ + A_- = e^{-iKd}\left(A_+ e^{+ikd} + A_- e^{-ikd}\right)$$
$$ik\left(A_+ - A_-\right) - ik\,e^{-iKd}\left(A_+ e^{+ikd} - A_- e^{-ikd}\right) = Q\left(A_+ + A_-\right) \tag{5.69}$$

위의 방정식은 상수항이 없는 선형 1차 방정식이다. A_+, A_- 가 동시에 영이 되는 풀이는 물리학적으로 의미가 없으므로 자명하지 않은 풀이 (nontrivial solution)가 존재하려면 그 계수들로 이루어진 행렬식이 영이 되어야 한다.

$$\begin{vmatrix} e^{+iKd} - e^{+ikd} & e^{+iKd} - e^{-ikd} \\ e^{+iKd} - e^{+ikd} + \dfrac{iQ}{k} e^{+iKd} & -e^{+iKd} + e^{-ikd} + \dfrac{iQ}{k} e^{+iKd} \end{vmatrix} = 0 \qquad (5.70)$$

이것은 $\exp(+iKd)$ 에 대한 2차 방정식이므로 계수들을 정리하면 다음을 얻는다.

$$\cos Kd = \cos kd + \frac{Q}{2k}\sin kd \qquad (5.71)$$

그런데 $|\cos Kd| \le 1$ 이므로 윗식의 우변의 값이 ± 1 이내에 오도록 k, 즉 E 의 값을 정해야 한다. 이것도 그래프로 살펴보는 것이 편리한데 그림 5.13(a) 에 식 (5.71) 의 우변이 kd 의 함수로 그려져 있다. 그림에서 풀이가 허용되는 kd 구간과 금지되는 구간이 교대로 존재한다. 한편 입자의 에너지는 $E = \hbar^2 k^2/2m$ 이므로 그 스펙트럼도 허용되는 띠와 금지되는 띠가 교대로 나타난다. 우물이 무한히 많으면 에너지 준위도 마찬가지로 무한히 많을 것이 예상되지만 이들이 모두 불연속 스펙트럼을 이루는 것이 아니라 띠의 형태로 존재하는 것은 무한 격자 벌판의 특징이다. 그림 5.13(b) 에서 보듯이 허용된 띠의 시작점은 벌판의 크기 Q 에 의해 결정되지만 금지된 띠의 시작점은 이와 관계없이 $kd = n\pi\,(n = 1, 2, 3, \cdots)$ 에 따라서 정해진다.

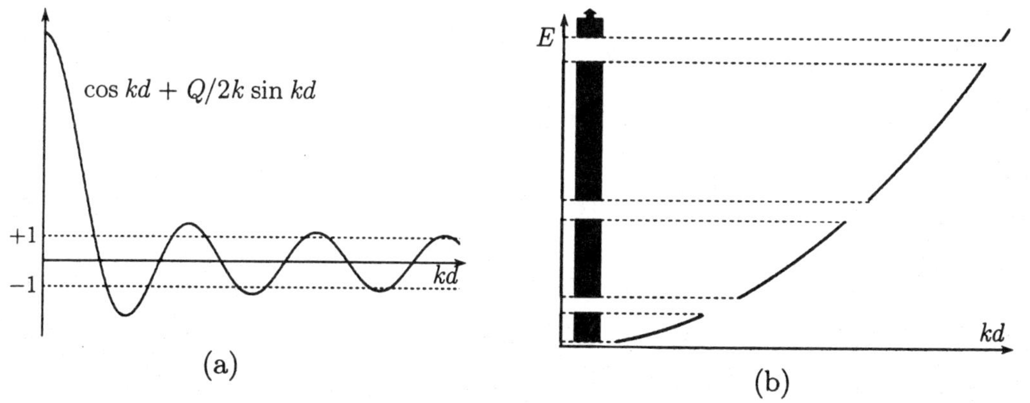

그림 5.13　식 (5.71) 의 우변 식의 그래프 (a) 와 에너지 띠 (b)

무한격자 벌판은 고체 물리학에서 중요한 모형이다. 전자들이 어떤 허용된 띠를 모두 채우지 못하면 외부 전기장에 의하여 인접한 연속 스펙트럼의 다른 에너지 상태로 전이하면서 고체 속을 자유로이 움직인다. 이것이 도체이다. 반면에 어느 띠까지 전자가 꽉 차 있으면 외부 전기장에 의하여 움직일 수 있는 에너지 준위가 없으므로 전자는 움직이지 못하여 부도체가 된다. 반도체는 꽉 찬 띠와 다음의 허용된 띠 사이의 간격이 매우 좁은 부도체이다. 열 운동 등 조건의 변화에 따라서 전자가 다음의 허용된 띠로 전이할 수 있고 도체가 되기 때문이다.

5.9 조화 진동 벌판

주기 운동의 대표적 보기는 단순 조화 진동자이다. 고전 역학에서 잘 알려져 있는 벌판이지만 양자 역학에서 특히 중요하다. 안정된 평형 상태 부근에서 소폭의 진동은 일차적으로 항상 조화 운동으로 근사시켜 기술되므로 응용 범위가 넓다. 또한 조화 진동자에 대한 Schrödinger 방정식은 이미 알려진 특수 함수로 정확히 풀리므로 양자 역학의 기본개념 파악에도 큰 도움이 된다. 우리가 풀어야 할 방정식은 위치 에너지가 $V(x)=1/2\,m\omega^2x^2$ 에 대한 파동 방정식이다. [그림 5.14 참고]

$$-\frac{\hbar^2}{2m}\frac{d^2\psi}{dx^2}+\frac{1}{2}m\omega^2x^2\psi=E\psi \tag{5.72}$$

이제는 $V(x)$ 가 상수가 아니므로 지금까지 다루었던 부분적으로 조각 조각 상수인 위치 에너지에 대한 문제 풀이와는 다른 방법을 써야 한다. 우선 무차원의 변수 ε, α

$$E=\frac{1}{2}\hbar\,\omega\,\varepsilon \qquad x=\sqrt{\frac{\hbar}{m\omega}}\,\xi \qquad \xi=\alpha x \qquad \alpha=\sqrt{\frac{m\omega}{\hbar}} \tag{5.73}$$

를 도입하여 식 (5.72) 을 간단히 하면 다음과 같다.

$$\frac{d^2\psi}{d\xi^2}+\left(\varepsilon-\xi^2\right)\psi=0 \tag{5.74}$$

에너지 단위는 $1/2\,\hbar\omega$ 로, 이에 해당하는 고전 진동자의 진폭을 α^{-1} 로 채택하였다.

이 미분 방정식은 간단해 보이지만 일반 풀이는 수리 물리학에서 다루는 특수 함수가 된다. 먼저 $\xi\to\pm\infty$ 인 극한에서 파동 함수는 점근적으로 $\exp(-\xi^2/2)$ 형태이므로 파동 함수를

$$\psi(\xi)=e^{-\xi^2/2}\;v(\xi) \tag{5.75}$$

로 새롭게 정의하면 v 에 관한 미분 방정식은 다음과 같다.

$$\frac{d^2v}{d\xi^2}-2\xi\frac{dv}{d\xi}+(\varepsilon-1)v=0 \tag{5.76}$$

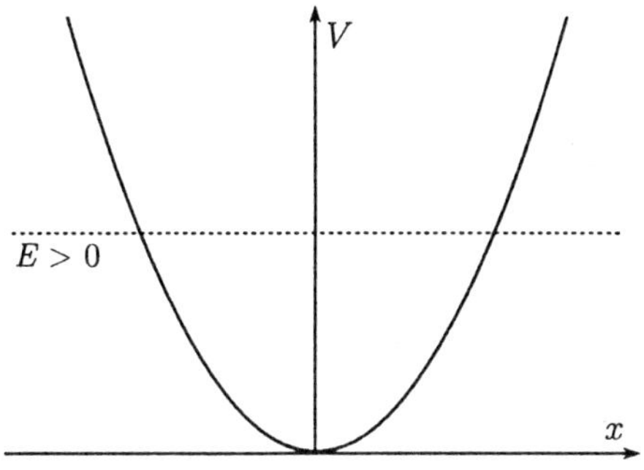

그림 5.14 조화 진동 벌판

이것은 수리 물리학에서 Hermite 미분 방정식으로 알려져 있다. 여기서는 미분 방정식의 전형적인 풀이 방법인 급수 전개법을 사용하겠다. [부록 C 참고] 방정식의 풀이로 무한 급수

$$v(\xi) = \sum_{m=0}^{\infty} a_m \xi^m \tag{5.77}$$

을 가정하여 식 (5.76) 에 대입하여 얻은 무한 급수에서 각 차수마다 모든 계수가 영이어야 하고 다음의 회귀 공식을 얻는다.

$$(m+1)(m+2)a_{m+2} = -(\varepsilon - 1 - 2m)a_m \tag{5.78}$$

그러므로 a_0, a_1 을 알면 모든 계수 a_m 을 알 수 있고 일반 풀이는 다음과 같다.

$$\begin{aligned} v(\xi) = a_0 &\left(1 - \frac{\varepsilon-1}{1\cdot2}\xi^2 + \frac{(\varepsilon-1)(\varepsilon-5)}{1\cdot2\cdot3\cdot4}\xi^4 - \frac{(\varepsilon-1)(\varepsilon-5)(\varepsilon-9)}{1\cdot2\cdot3\cdot4\cdot5\cdot6}\xi^6 + \cdots\right) \\ + a_1 &\left(\xi - \frac{\varepsilon-3}{1\cdot2\cdot3}\xi^3 + \frac{(\varepsilon-3)(\varepsilon-7)}{1\cdot2\cdot3\cdot4\cdot5}\xi^5 - \frac{(\varepsilon-3)(\varepsilon-7)(\varepsilon-11)}{1\cdot2\cdot3\cdot4\cdot5\cdot6\cdot7}\xi^5 + \cdots\right) \end{aligned} \tag{5.79}$$

극한 $\xi \to \pm\infty$ 에서 $V(\xi)$ 함수의 형태를 알기 위하여 회귀 공식 (5.78) 에서 m 이 커지는 점근 상태를 살펴보면 다음과 같은데

$$a_{m+2} \simeq \frac{2}{m} a_m \tag{5.80}$$

점근적으로 $\exp(+\xi^2)$의 형태의 함수이다. [부록 C 참고] 그러면 $\psi(\xi)$는 $\exp(+\xi^2/2)$에 점근하므로 파동 함수의 제곱 적분이 발산한다. 그러므로 제곱 적분이 가능하려면 식 (5.79)에서 두 계수 a_0, a_1 중 하나는 영이 되고 나머지 급수는 다항식으로 끝나면 된다. 즉 적당한 n 에 대하여 다음이 성립해야 된다.

$$\varepsilon - 1 - 2n = 0 \qquad (n = 0, 1, 2, 3, \cdots) \tag{5.81}$$

양자 번호 n 이 짝수일 경우에는 식 (5.79)에서 $a_1 = 0$ 으로 한 우함수의 다항식, n 이 홀수일 경우에는 $a_0 = 0$ 으로 한 기함수의 다항식을 $V(\xi)$의 풀이로 채택함으로써 제곱 적분이 가능한 파동 함수를 구할 수 있다. 이 다항식은 Hermite 다항식, $H_n(\xi)$ 라는 특수 함수로 알려져 있다. $H_n(x)$의 성질과 보기가 부록 C에 실려 있다.

위의 과정은 미분 방정식을 푸는 전형적인 방법으로 파동 방정식의 경우에는 나중에 제곱 적분 가능성을 검사를 위하여 미리 점근 형태를 분리하였을 뿐이다. 급수 풀이를 구하고 수렴 반경을 확인하는 것이 중요한데 2계 선형 미분 방정식은 심도 있게 연구되었고 풀이에 해당하는 특수 함수들이 많이 알려져 있다. 부록 C는 간단한 요약인데 본문에서 미분 방정식의 풀이가 필요할 때 자주 인용될 것이다.

Hermite 다항식은 아래의 직교 조건을 만족하고

$$\int_{-\infty}^{+\infty} dx\, e^{-x^2} H_m(x) H_n(x) = 2^n n! \sqrt{\pi}\, \delta_{mn} \tag{5.82}$$

조화 진동자의 규격화된 파동 함수와 에너지 고유값은 다음과 같이 요약할 수 있다.

$$\begin{aligned} \psi_n(x) &= \left(\frac{m\omega}{\hbar}\right)^{1/4} \left(\frac{1}{2^n n! \sqrt{\pi}}\right)^{1/2} e^{-\xi^2/2} H_n(\xi) \qquad \xi = \sqrt{\frac{m\omega}{\hbar}}\, x \\ E_n &= \left(n + \frac{1}{2}\right)\hbar\omega \qquad\qquad (n = 0, 1, 2, 3, \cdots) \end{aligned} \tag{5.83}$$

Planck 이론을 비롯한 구식 양자론에서는 에너지가 $E_n = n\hbar\omega$ 이었으나 Schrödinger 이론에서는 $E_n = (n + 1/2)\hbar\omega$ 가 되어 서로 다르다. 큰 양자 번호를 다룰 때에는 문제가 안 되지만 Schrödinger 이론은 일관성이 있다. 특히 바닥 상태의 에너지가 구식 양자론에서는 영이 되어 위치 에너지의 최소값과 같다. 하지만 Schrödinger 이론에서는 바닥 상태의 영점 에너지 (zero point energy) 가 $1/2\,\hbar\omega$ 이다.

이것은 불확정성 원리로 설명할 수 있다. 만일에 $V_{\min}$ 인 $E = 0$ 이 바닥 상태가 된다면 입자는 원점에 정지해 있으므로 위치와 운동량이 모두 영이고 또한 불확정도도 영이어서 $\Delta x \cdot \Delta p = 0$ 이 되고 불확정성 원리를 만족할 수 없다. 바닥 상태의 에너지가 $V_{\min}$ 이 아닌 현상은 우물형 벌판에서 이미 알게 되었다.

조화 진동자의 파동 함수는 양자번호 n 이 짝수일 때에는 우함수, 홀수일 때에는 기함수가 된다. 이것은 위치 에너지가 $V(-x) = V(x)$ 이어서 대칭이므로 식 (5.16) 에서 예상한 결과이다. 그리고 바닥 상태는 우함수이고 파동 함수는 가우시안 함수가 된다.

$$E_0 = \frac{1}{2}\hbar\omega \qquad \psi_0(x) = \left(\frac{m\omega}{\pi\hbar}\right)^{1/4} e^{-\xi^2/2} \tag{5.84}$$

바닥 상태의 확률 밀도는 고전적인 확률 밀도와 비교하여 이미 제 4 장에서 살펴보았다. [그림 4.1 참고] 고전적인 결과를 얻으려면 n 이 커져야 하는데 그림 5.15 에서 보듯이 두 확률 밀도를 비교해 보면 점근적으로 일치함을 알 수 있고 그 경향은 $n = 10$ 정도에서 이미 뚜렷하다.

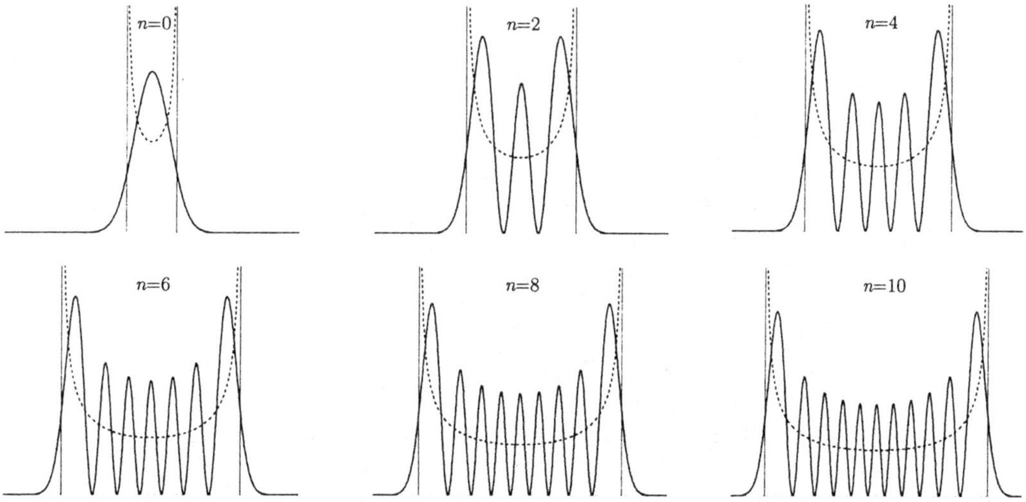

그림 5.15 고전적인 확률 밀도 (점선) 와 양자 역학적 확률 밀도 (실선).
양자 번호 n 이 증가하면서 에너지는 높아지고 두 확률 밀도는 $n = 10$ 정도일 때 상당히 일치함을 알 수 있다. 그림에서 수직 점선은 고전 조화 진동자의 진폭이다.

연 습 문 제

5.1 일차원 파동 함수와 그 1 계 도함수가 $x=a$ 에서 연속인 경계 조건을 생각하자. 경계 양쪽에서의 파동 함수가 다음과 같으면

$$x<a : \psi_I(x) = A_{I+}\phi_{I+}(x) + A_{I-}\phi_{I-}(x)$$
$$x>a : \psi_{II}(x) = A_{II+}\phi_{II+}(x) + A_{II-}\phi_{II-}(x)$$

경계 조건은 아래처럼 표현할 수 있음을 보여라. 그리고 이 경계 조건은 항상 풀이가 존재함을 밝혀라.

$$\begin{pmatrix} \phi_+(a) & \phi_-(a) \\ \phi_+'(a) & \phi_-'(a) \end{pmatrix}_I \begin{pmatrix} A_+ \\ A_- \end{pmatrix}_I = \begin{pmatrix} \phi_+(a) & \phi_-(a) \\ \phi_+'(a) & \phi_-'(a) \end{pmatrix}_{II} \begin{pmatrix} A_+ \\ A_- \end{pmatrix}_{II}$$

5.2 계단형 벌판 문제에서 $0<E<V_0$ 인 경우 침투 현상으로 인하여 입사파와 반사파간에 위상차 (5.25) 가 존재한다. 입사파와 반사파의 그룹 속도를 비교하여 침투 시간 τ 는 다음과 같음을 보이라.

$$\tau = \frac{\hbar}{\sqrt{E(V_0 - E)}}$$

5.3 다음을 모두 계단형 벌판으로 가정하고 침투길이를 계산하라.

(a) 거시 현상: 질량 1 g 인 입자가 속도 1 cm/s 로 높이 10 cm 인 벽에 부딪힐 경우

(b) 핵에 유폐된 중성자: $V_0-E=2.5\,\text{eV}$ 인 중성자가 핵 표면에서 벗어날 수 있는 거리

(c) 금속 표면의 전자: 해방 에너지가 4.5 eV ($V_0-E=4.5\,\text{eV}$) 인 전자가 금속 표면에서 벗어날 수 있는 거리

5.4 무한히 깊은 우물형 벌판 문제의 파동 방정식의 풀이 (5.57) 을 써서 입자의 평균 위치와 불확정도는 다음과 같음을 증명하라. 또한 양자 번호 n 이 매우 클 때에는 고전적인 결과와 일치함을 보이라.

$$\langle x \rangle = 0 \qquad (\Delta x)^2 = \frac{L^2}{12}\left(1 - \frac{6}{n^2\pi^2}\right)$$

5.5 양자 역학에서 바닥 상태의 조화 운동을 하는 입자는 식 (5.84) 로 기술한다. 바닥 상태의 에너지를 갖는 고전 진동자의 진폭을 계산하라. 그리고 Born 의 해석에 따라서 입자를 고전적으로 금지된 영역에서 발견할 확률은 16 % 정도임을 계산하라.

5.6 우물형 벌판에서 깊은 우물의 경우 ($V_0 \to \infty$) 에너지 고유값은 구식 양자론으로 얻은

값에 가까워 간다. [식 (5.54) 와 식 (2.39) 를 비교] 그러나 $n=0$ 상태는 없다. 그 이유를 설명하라.

5.7 델타 함수 모양의 우물 벌판 곁에 무한히 높은 장벽이 있다. 에너지 고유값을 구하고 결합 상태가 존재할 조건을 제시하라. 위치 에너지는 다음과 같다.

$$\begin{aligned} V(x) &= \infty & (x<0) \\ &= -\frac{\hbar^2 Q}{2m}\,\delta(x-a) & (x>0) \end{aligned}$$

5.8 그림에 보이는 이중 우물 벌판의 결합 상태를 구하려 한다. 벌판 함수의 대칭성을 활용하여 각각 직선 영역에서 경계조건을 연결하여 고유 방정식을 유도하라. 중간 과정에서 델타 함수의 극한

$$V_0 \to \infty, \varepsilon \to 0 \quad \text{이며} \quad V_0 \varepsilon \to \frac{\hbar^2 Q}{2m}$$

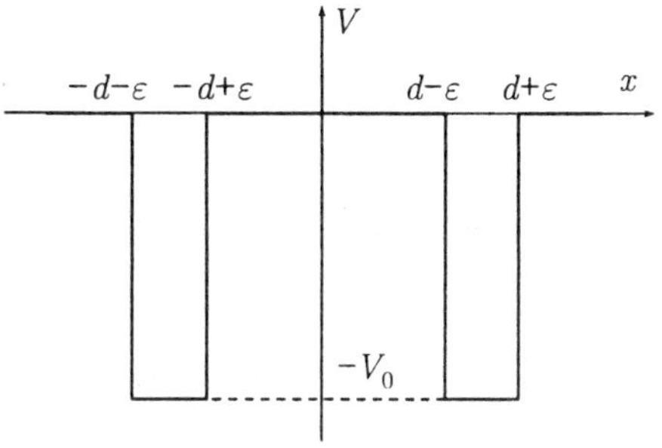

를 활용하여 델타 함수로의 근사가 계산을 간편화함을 체험하라.

5.9 일차원 조화 진동자의 벌판 함수가 다음과 같을 때 에너지 고유값과 고유 함수를 구하라. 이 결과는 삼차원 조화 진동자와 관련이 있다.

$$\begin{aligned} V(x) &= \frac{1}{2} m\,\omega^2 x^2 & (x>0) \\ &= \infty & (x<0) \end{aligned}$$

5.10 조화 진동자에 관한 Schrödinger 방정식을 p-공간에서의 형태 식 (4.108) 로 쓰면 다음과 같다. 이 방정식을 풀고 에너지 고유 함수와 고유값을 구하라. 고유 함수는 x-공간에서처럼 Hermite 함수임을 유의하라.

$$\left(\frac{1}{2m} p^2 - \frac{1}{2} m\omega^2 \hbar^2 \frac{d^2}{dp^2}\right) \tilde{\psi}(p) = E\, \tilde{\psi}(p)$$

5.11 입자가 델타 함수 형태의 장애물에 입사하고 있다. 입자의 투과 확률을 계산하라.

$$V(x) = \Lambda\, \delta(x) \qquad (\Lambda > 0)$$

그리고 그 결과를 장벽형 벌판 [5.5절] 의 극한으로 얻는 결과와 비교하라.

5.12 델타 함수의 무한 격자 벌판에서 델타 함수를 유한한 높이의 장벽으로 대체한 Kronig-Penney 벌판에서 에너지 고유값 문제를 풀어라.

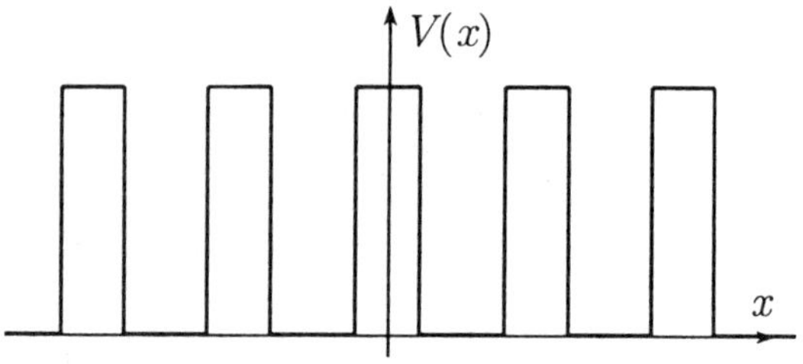

5.13 고체 내부에서 움직이는 전자의 유효 질량 (effective mass) 은 다음으로 정의된다.

$$\frac{1}{m^*} = \frac{1}{\hbar^2}\frac{d^2E}{dk^2}$$

무한 격자 벌판 [5.8절] 의 가장 낮은 에너지 띠의 양 끝에서의 유효 질량 m^* 를 계산하고 그 물리적 의미를 생각해보라.

5.14 우물형 벌판의 투과 계수 [식 (5.55)] 를 에너지의 복소 함수로 간주하고 특이점이 에너지 고유값에 해당함 [식 (5.49)] 을 보이라.

5.15 단단한 수평면에 자유 낙하하는 입자의 위치 에너지는 다음과같다.

$$\begin{aligned} V(x) &= mgx \qquad && (x>0) \\ &= \infty && (x<0) \end{aligned}$$

$x<0$ 영역에서는 $\psi(x)=0$ 가 풀이이고, $x>0$ 영역에서 p-공간 방정식은 1차 미분 방정식이다. 에너지고유값을구하라.

$$\left(\frac{p^2}{2m} + i\hbar mg\frac{d}{dp}\right)\psi(p) = E\psi(p)$$

6. 양자 역학의 구조

6.1 파동 함수

우리는 제 4 장에서 물질파동 함수 $\Psi(\mathbf{x}, t)$ 가 만족하는 Schrödinger 방정식을 풀어서 Born 의 해석을 충족하는 풀이가 물리학적으로 의미 있는 파동함수임을 강조하였다. 또한 양자화 과정에서 고전적인 물리량들은 파동함수에 작용하는 연산자로 바뀌었고 실제의 측정값은 해당 연산자의 기대값과 같음을 배웠다. 이렇게 파동함수의 중심 역할 때문에 양자 역학을 파동역학 (wave mechanics) 이라고도 부른다. 고전적인 Newton 의 입자 역학에 대응하는 뜻을 내포하고 있기 때문이다. 이제 파동 함수의 뜻을 다시 음미해보자.

파동 함수 $\Psi(\mathbf{x}, t)$ 는 시공간 세계의 함수이다. 그러나 식 (4.21), (4.23) 에서처럼 Fourier 변환으로 운동량-시간 세계 또는 운동량-에너지 세계에서의 파동함수 $\Psi(\mathbf{p}, t)$, $\Psi(\mathbf{p}, E)$ 등으로 바꿀 수 있다. 따라서 파동함수는 유일하지 않고 어느 세계에서 표현했는가에 따라서 다르다. 하지만 입자의 양자화를 나타내는 양자상태 Ψ 는 엄연히 존재하므로 $\Psi(\mathbf{x}, t)$, $\Psi(\mathbf{p}, E)$ 는 단지 양자상태 Ψ 를 기술하는 방편들에 불과하다. 우리는 $\Psi(\mathbf{x}, t)$ 를 시공간 세계에서 Ψ 의 표현 (representation), $\Psi(\mathbf{p}, E)$ 를 에너지-운동량 세계에서 Ψ 의 표현이라 부르겠다. 이 책에서는 시공간 세계에서의 표현인 $\Psi(\mathbf{x}, t)$ 파동함수를 많이 쓰겠지만 다른 표현방법도 존재한다는 것을 잊어서는 안된다.

양자상태 Ψ 의 표현방법에 따라서 방정식도 바뀐다. $\Psi(\mathbf{x}, t)$ 를 택하면 눈익은 식 (4.6) 이 되고, $\Psi(\mathbf{p}, t)$ 의 경우에는 식 (4.108) 의 미분방정식 또는 식 (4.110) 의 적분방정식이 된다. 기대값도 마찬가지이다. 어떤 물리량 F 의 기대값은 식 (4.55) 에서 다음과 같이 계산하며 적분 속의 F 는 연산자이다.

$$\langle F \rangle = \int d^3x\ \Psi^*(\mathbf{x}, t)\, F\, \Psi(\mathbf{x}, t) \tag{6.1}$$

고전적으로 물리량은 통상 $\mathbf{x}$ 와 $\mathbf{p}$ 의 함수 $F(\mathbf{x}, \mathbf{p})$ 이므로 적분 속에서 $F(\mathbf{x}, -i\hbar\nabla)$ 로 치환하면 된다. 물론 $\Psi(\mathbf{x}, t)$ 대신 $\Psi(\mathbf{p}, t)$ 를 사용할 때에는 $F(+i\hbar\nabla, \mathbf{p})$ 로 치환하여야 한다. 그러나 실제 계산 과정에서는 문제가 생길 수 있다. $F(\mathbf{x}, \mathbf{p})$ 가 $\mathbf{x}$, $\mathbf{p}$ 중 어느 한 변수에 대하여도 다항식이 아닐 경우에는 의미를 상실한다. 그보다 중요한 것은 $\mathbf{x} \cdot \mathbf{p}$ 나 $\mathbf{p} \cdot \mathbf{x}$ 같은 연산자 표현에서 배열 문제이다. 고전 역학에서는 이들은 서로 같기 때문에 아무 문제가 없지만 양자

역학에서는 그렇지 않다.[9] 연산자로서의 x 와 p_x 를 임의의 함수 $f(\mathbf{x})$ 에 작용하면 그 순서에 따라 결과가 다르다.

$$\begin{aligned} x p_x f(\mathbf{x}) &= x\left(-i\hbar\frac{\partial}{\partial x}\right) f(\mathbf{x}) = -i\hbar x \frac{\partial}{\partial x} f(\mathbf{x}) \\ p_x x f(\mathbf{x}) &= -i\hbar\frac{\partial}{\partial x}[x f(\mathbf{x})] = -i\hbar f(\mathbf{x}) - i\hbar x \frac{\partial}{\partial x} f(\mathbf{x}) = -i\hbar f(x) + x p_x f(x) \\ &\Rightarrow \left(x p_x - p_x x\right) f(\mathbf{x}) = i\hbar f(\mathbf{x}) \qquad f(x): \text{ 임의의 함수} \end{aligned} \tag{6.2}$$

연산자로서 $xp_x - p_x x$ 는 $i\hbar$ 와 같다. 양자 역학에서 $AB-BA$ 형태의 연산자가 자주 쓰이므로 $[A, B] \equiv AB-BA$ 로 교환자 (commutator) 를 표기하면 다음과 같다.[10]

$$[x, p_x] = +i\hbar \tag{6.3}$$

비록 x 와 p_x 는 가환이 아니더라도 y 와 p_x 는 가환이다. y 를 곱하는 것과 $\partial/\partial x$ 는 순서를 바꾸어도 괜찮기 때문이다. 그러므로 $[y, p_x]=0$ 이고 이러한 관계를 일반화해서 다음과 같이 $\mathbf{x}$, $\mathbf{p}$ 연산자 사이의 양자화 규칙을 얻는다.

$$[x_i, p_j] = +i\hbar\,\delta_{ij} \tag{6.4}$$

변위, 운동량 $\mathbf{x}$, $\mathbf{p}$ 이외에도 다른 고전적 물리량은 그에 상응하는 연산자를 생각할 수 있다. 특히 회전량 $\mathbf{L}=\mathbf{x}\times\mathbf{p}$ 나 에너지 $H=\mathbf{p}^2/2m+V(\mathbf{x})$ 등이 자주 사용되는 보기이다. 그리고 일반적으로 다음 성질을 만족시킨다.

$$F\Big(c_1 f_1(\mathbf{x}) + c_2 f_2(\mathbf{x})\Big) = c_1 F f_1(\mathbf{x}) + c_2 F f_2(\mathbf{x}) \tag{6.5}$$

여기서 c_1, c_2 는 임의의 상수이고 복소수가 될 수도 있다. $f_1(\mathbf{x})$, $f_2(\mathbf{x})$ 는 연산자 F 의 작용을 받는 함수들이다. 이러한 연산자를 선형 연산자 (linear operator) 라 부른다. 양자 역학에서 물질 파동의 중첩은 잘 알려져 있으며 물리적인 회절, 간섭 현상을 수학적으로는 선형 연산자의 성질을 이용하여 쉽게 이해할 수 있다.

연산자는 가환이 아니므로 두 연산자의 곱 F_1F_2 는 일반적으로 F_2F_1 과 다를 수 있고 교환자 $[F_1, F_2]$ 가 양자 역학에서 중요한 의미를 갖는다. 교환자에 관한 다음 관계식들은 쉽게 증명할 수 있다.

---

[9] 참고: E. Merzbacher, *Quantum Mechanics*, Chap 8

[10] 엄밀히 말하자면 $+i\hbar I$ 로 표기하여 연산자임을 강조해야겠으나 단위 연산자 I 를 생략키로 한다.

$$
\begin{aligned}
&[A, B] = -[B, A] \\
&[A, B+C] = [A, B] + [A, C] \\
&[A, BC] = B[A, C] + [A, B]C \\
&[A, [B, C]] + [B, [C, A]] + [C, [A, B]] = 0
\end{aligned}
\tag{6.6}
$$

위에서 마지막 이중 교환자에 관한 식은 Jacobi 항등식이라 불리운다.

연산자 F 의 실재 공액 (hermitian conjugate) 연산자 $F^\dagger$ 는 다음으로 정의한다.[11]

$$
\int d^3x\, \psi_1^*(\mathbf{x})\,[F\,\psi_2(\mathbf{x})] = \int d^3x\,[F^\dagger \psi_1(\mathbf{x})]^* \psi_2(\mathbf{x}) \tag{6.7}
$$

$\psi_2(\mathbf{x})$ 에 작용하는 연산과 동일한 결과를 주는 $\psi_1(\mathbf{x})$ 에 작용하는 연산자가 $F^\dagger$ 이다. 그런데 실재 공액의 연산자 $F^\dagger$ 가 원래 연산자 F 와 같으면 실재 연산자 (hermitian operator) 라 부른다. 이를 강조하기 위하여 H 를 쓰겠는데 하밀토니안 연산자와 혼동될 우려가 있지만 하밀토니안 연산자도 실재 연산자이므로 어떤 의미에서는 편리하다.

$$
H^\dagger = H \qquad \text{(실재 연산자)} \tag{6.8}
$$

보기로 $F=\partial/\partial x$ 편미분 연산자의 실재 공액 연산자는 $F^\dagger = -\partial/\partial x$ 가 되어 실재 연산자가 아니다. 그렇지만 $F=i\,\partial/\partial x$ 는 $F^\dagger = i\,\partial/\partial x$ 가 되어 실재 연산자이다.

6.2 고유값 문제

이미 시간 독립인 Schrödinger 방정식에서 에너지에 대한 고유값 문제를 다루었지만 모든 고전 물리량으로 확대하여 해석할 수 있다. 임의의 물리량을 나타내는 연산자를 A 라 하면 이에 해당하는 측정값은 일반적으로 여러 값을 가지리라 기대할 수 있고, 우리는 그 평균값 $\langle A\rangle$ 를 연산자 A 의 물리량을 나타내는 측정값으로 받아들인다. 물론 이 측정에는 불확정도 ΔA 가 따른다. 그렇다면 가능한 측정값들은 어떠한가? 모든 값이 가능한가 아니면 특정한 값만 가능한가? 이 문제를 다루기 위하여 A 의 측정값이 유일하게 한 특정값 α 만 갖는 양자 상태 ψ 를 생각해 보자. 이 상태에서는 물리량 A 를 측정할 때마다 측정값이 똑같은 α 이므로 그 기대값인 평균값도 α 일 것이다. 그리고 측정값 데이타에 아무 분산이 없으므로 측정 표준 편차, 즉 불확정도는 $\Delta A = 0$ 이 될 것이다.

수학적으로는 다음과 같이 쓸 수 있다.

---

[11] 에르미트 연산자 등 "hermitian" 을 실재(實在)로 옮긴다. 부록 G 참고

$$(\Delta A)^2 = \int d^3x\, \psi^*(A-\alpha)^2\,\psi \;=\; \int d^3x\,\big[(A-\alpha)\,\psi\big]^*\big[(A-\alpha)\,\psi\big]$$
$$= \int d^3x \Big|(A-\alpha)\,\psi\Big|^2 = 0 \tag{6.9}$$

여기서 $A-\alpha$ 는 실재 연산자로 가정하였다. 그 의미는 곧 분명해질 것이다. 그런데 분산이 영이려면 $(A-\alpha)\psi = 0$, 즉 다음 식이 성립해야 한다.

$$A\,\psi(\mathbf{x}) = \alpha\,\psi(\mathbf{x}) \tag{6.10}$$

윗식은 연산자 A 에 대한 고유값 방정식이다. 물리적인 의미는 물리량 A 의 측정값이 그 고유값 중의 하나인 α 여야 함을 나타낸다. 고유값을 갖지 않는 양자 상태는 유일한 측정값을 가질 수 없기 때문이다. 그러므로 우리는 물리량 A 의 측정 가능한 값들은 그 고유값들 중의 하나임을 알게 되었다. 한편 물리량의 측정값은 항상 실수이어야 하므로 α 도 실수이어야 하고 A 가 실재 연산자라면 이 조건은 만족된다.

고유값 α 의 집합을 물리량 A 의 스펙트럼 (spectrum) 이라 부른다. A 가 하밀토니안이면 에너지 스펙트럼, 운동량이면 운동량 스펙트럼이다. 식 (6.10) 에 ψ^* 를 곱하여 적분하고, 다음에는 식 (6.10) 의 복소 공액인 식에 ψ 를 곱하여 적분한 후 빼면 다음을 얻는다.

$$\Big(\alpha-\alpha^*\Big)\int d^3x\,\psi^*(\mathbf{x})\,\psi(\mathbf{x}) \;=\; \int d^3x\,\psi^*(\mathbf{x})\Big(A-A^\dagger\Big)\psi(\mathbf{x}) \tag{6.11}$$

그런데 $A^\dagger = A$ 이므로 실재 연산자의 고유값은 실수임을 알게 되었다. 우리는 고전적 물리량을 실재 연산자로 나타낼 수 있고 그 물리량의 측정값은 고유값 중의 하나이다.

실재 연산자를 H 로 표기하면 다음과 같이 쓸 수 있다.

$$H^\dagger = H \qquad H\psi(\mathbf{x}) = \lambda\,\psi(\mathbf{x}) \qquad \Rightarrow \qquad \lambda:\text{ 실수} \tag{6.12}$$

하밀토니안 연산자는 대표적인 실재 연산자인데 이 경우 실수 λ 는 에너지 고유값 E 이다. 하밀토니안은 특별히 중요한 연산자이다. 그러므로 물리계의 운동은 양자 역학적으로 다음과 같이 기술할 수 있다.

- 어떤 물리계의 모든 정보는 파동 함수 $\Psi(\mathbf{x},t)$ 로 기술한다.
  파동 함수는 일가 (single valued) 함수이고 제곱 적분이 가능해야 한다.
- 관측할 수 있는 물리량은 실재 연산자로 표현되며 이 연산자는 파동 함수에 작용하고 실수의 고유값들은 실제로 측정 가능한 값들이다.

이번에는 하밀토니안이나 임의의 실재 연산자 $H\,(H^\dagger = H)$의 두 고유값에 대한 고유함수 ψ_1, ψ_2 를 생각해 보자.

$$H\psi_1(\mathbf{x}) = \lambda_1\psi_1(\mathbf{x})$$
$$H\psi_2(\mathbf{x}) = \lambda_2\psi_2(\mathbf{x}) \tag{6.13}$$

물론 하밀토니안의 경우에 λ 는 에너지 고유값 E 가 된다. 첫식에 $\psi_2{}^*(\mathbf{x})$ 를 곱하여 적분한 것과, 둘째식의 복소 공액에 $\psi_1(\mathbf{x})$ 를 곱하여 적분한 식에서 다음을 얻는다.

$$\int d^3x \left(\psi_2{}^*(\mathbf{x})\,[H\psi_1(\mathbf{x})] - [H\psi_2(\mathbf{x})]^*\psi_1(\mathbf{x}) \right) = (\lambda_1 - \lambda_2)\int d^3x\, \psi_2^*(\mathbf{x})\,\psi_1(\mathbf{x}) \tag{6.14}$$

그런데 좌변은 영이 되므로 $\lambda_1 \neq \lambda_2$ 라면 다음이 성립하는데

$$\int d^3x\, \psi_2{}^*(\mathbf{x})\,\psi_1(\mathbf{x}) = 0 \tag{6.15}$$

이것은 함수 공간에서 스칼라 곱이고, 상이한 고유값에 해당하는 고유 함수들은 서로 직교한다.

만일 $\lambda_1 = \lambda_2$ 인 두 독립적 고유함수 $\psi_1(\mathbf{x})$, $\psi_2(\mathbf{x})$ 가 존재할 때에는 양자 역학적으로 겹침 현상이 있는 경우이다. 그러면 두 고유함수가 직교할 필요가 없는데 이 경우에는 적당한 선형 결합을 만들어 직교하게 만들 수 있다. 가령

$$H\psi_1(\mathbf{x}) = \lambda\,\psi_1(\mathbf{x})$$
$$H\psi_2(\mathbf{x}) = \lambda\,\psi_2(\mathbf{x}) \tag{6.16}$$

를 만족하는 두 고유함수가 존재한다면 임의의 선형결합 $c_1\psi_1(\mathbf{x}) + c_2\psi_2(\mathbf{x})$ 도 고유함수가 된다. 그러면 상수 c_1, c_2 를 적당히 조정하여 $\psi_1(\mathbf{x})$와 직교하게 하는 것은 간단하다. 즉

$$\tilde{\psi}_2(\mathbf{x}) = \psi_2(\mathbf{x})\int d^3x'\, \psi_1{}^*(\mathbf{x}')\,\psi_1(\mathbf{x}') - \psi_1(\mathbf{x})\int d^3x'\, \psi_1{}^*(\mathbf{x}')\,\psi_2(\mathbf{x}') \tag{6.17}$$

는 $\psi_1(\mathbf{x})$ 와 직교하는 고유함수이다. 이러한 과정은 동일한 고유값을 갖는 고유함수가 3개 이상일 경우까지 연장할 수 있는데 Schmidt 의 직교화 과정으로 알려져 있다. [부록 D 참고]

고유 함수들은 제곱 적분이 가능해야 하므로 적당한 규격화 상수를 곱하여 자신과의 스칼라 곱이 1 이 되도록 규격화 시킬 수 있고 일관성을 유지하면서 다음처럼 직교 규격화 (ortho-normalized) 된 형태로 쓸 수 있다.

$$\int d^3x\, \psi_i(\mathbf{x})^*\psi_j(\mathbf{x}) = \delta_{ij} \tag{6.18}$$

6.3 동시 측정

양자 상태가 고유상태에 있을 때에만 그 측정값은 유일한 한가지 값만을 가지므로 이 경우 양자 상태에 대한 물리량은 임의의 정밀도로 정확하게 측정할 수 있다. 따라서 어떤 양자 상태가 두개의 물리량 A, B 에 대하여 분명한 측정값을 가지고 있다면 그 상태는 A 와 B 의 공통적인 고유상태이어야 한다. 이들의 고유값들을 각각 α, β 라 하면 다음과 같이 쓸 수 있다.

$$A\,\psi_{\alpha\beta} = \alpha\,\psi_{\alpha\beta}, \qquad B\,\psi_{\alpha\beta} = \beta\,\psi_{\alpha\beta} \tag{6.19}$$

이 식에서 두 연산자 A, B 의 공통 고유상태는 다음 식을 만족한다.

$$(AB - BA)\,\psi_{\alpha\beta} = 0 \tag{6.20}$$

두 연산자가 공통으로 완전한 직교함수 집합을 공유하며 모든 고유함수에 대하여 윗식을 만족한다면 이들로 전개 가능한 임의의 함수에 대하여도 성립하므로 $AB - BA$ 연산자는 영 연산자가 될 수 밖에 없다.

$$AB - BA = 0 \tag{6.21}$$

그러므로 두 물리량이 동시에 측정 가능하려면 이들은 가환이어야 한다.

역(逆)도 성립한다. 즉 두 연산자가 가환이면 이 물리량은 동시 측정이 가능하다. 연산자 A 의 고유상태를 ψ_α 로 나타내자. 그러면 다음 관계가 성립하는데

$$A\,\psi_\alpha = \alpha\,\psi_\alpha \tag{6.22}$$

양변에 B 연산자를 곱한 후 가환성을 사용하면 다음식을 얻는다.

$$AB\psi_\alpha = BA\psi_\alpha = B(A\psi_\alpha) = B(\alpha\psi_\alpha) = \alpha(B\psi_\alpha) \tag{6.23}$$

윗식에서 $B\psi_\alpha$ 는 연산자 A 의 고유상태임을 알게 되었다. 만일 고유값 α 인 상태가 안 겹쳐서 오직 한가지 고유상태 ψ_α 만 존재한다면 $B\psi_\alpha$ 는 ψ_α 에 비례해야 하고

$$B\psi_\alpha = \beta\,\psi_\alpha \tag{6.24}$$

로 쓸 수 있으며 A 의 고유상태 ψ_α 는 B 의 고유상태이기도 한다.

한편 겹쳐진 경우에는 고유값 α 인 양자 상태들이 여러개 $\phi_{\alpha 1}, \phi_{\alpha 2}, \cdots$ 존재할 것이다. 그런데 이들의 어떤 선형 결합도 고유상태가 되므로 $B\phi_{\alpha 1}, B\phi_{\alpha 2}, \cdots$ 들은 $\phi_{\alpha 1}, \phi_{\alpha 2}, \cdots$ 의 선형 결합으로 나타낼 수 있다.

$$\begin{aligned} B\phi_{\alpha 1} &= b_{11}\,\phi_{\alpha 1} + b_{12}\,\phi_{\alpha 2} + \cdots \\ B\phi_{\alpha 2} &= b_{21}\,\phi_{\alpha 1} + b_{22}\,\phi_{\alpha 2} + \cdots \\ &\cdots\cdots\cdots\cdots \end{aligned} \tag{6.25}$$

그러면 $\phi_{\alpha k}$ 들을 적당히 선형결합하여 $\psi_\alpha = \sum c_k \phi_{\alpha k}$ 가 연산자 B 의 고유상태, $B\psi_\alpha = \beta\psi_\alpha$ 가 되게 할 수 있다. 행렬식 $\det|b_{ij} - \beta\delta_{ij}| = 0$ 을 풀면 되기 때문이다.[12] 겹침도의 수만큼 근이 존재할 것이므로 이들을 $\beta_1, \beta_2, \cdots$ 라 하면 다음을 얻는다.

$$B\,\psi_{\alpha j} = \beta_j\,\psi_{\alpha j} \tag{6.26}$$

근 β_j 들은 일반적으로 상이하겠지만 등근이 존재할 수도 있다. 그러면 $\psi_{\alpha j}$ 는 A 의 고유상태이므로 가환인 두 연산자 A, B 의 공통 고유상태를 구하게 된 것이다. 위의 결과는 다음과 같이 요약할 수 있다.

- 두 물리량 A, B 가 임의의 정밀도로 정확하게 동시에 측정이 가능하기 위한 필요 충분 조건은 이들이 서로 가환 $[A, B] = 0$ 일 때이다. 이 때 두 연산자의 공통된 고유상태가 존재한다.

가환 연산자로 표현되는 두 물리량의 측정은 독립적이고 서로 아무 영향을 미치지 않는다. 그런 의미에서 가환 물리량은 양립성 (compatibility) 을 가지고 있다.

가환 연산자는 겹친 에너지 상태를 분류하는 좋은 수단이 된다. A 에 대해 겹쳐진 고유상태에 대해 B 의 고유상태가 되는 식 (6.26) 에서 β 는 일반적으로 모두 같지 않으므로 A 와 가환 연산자 B 는 겹친 상태들을 분리하는 기능을 한다. 물론 B 로 모든 겹침이 구분되지 않을 경우에는 또 다른 가환 연산자 C 를 이용할 수 있다. 이때 C 는 A 및 B 와 가환이어야 한다. 즉 A, B, C 중 어느 두 연산자도 가환이어야 한다. 이 과정을 계속해서 서로 가환인 모든 연산자를 찾아내면 겹침이 완전히 구별되어 양자 상태들을 명시할 수 있다. 더 이상 가환 연산자가 없는데 아직도 겹쳐진 양자 상태들은 물리적으로 구별할 수 없고 똑같은 상태 (identical state) 가 된다. 똑같은 양자 상태들은 미시 세계에서 중요한 통계적 성질을 나타낸다.

그러므로 양자 상태는 서로 가환인 모든 연산자들의 고유값들로 유일하게 특성지을 수 있다. 그리고 이 상태는 가환 연산자들의 공통 고유상태이므로 고유값들은 동시 측정이 가능하다. 양자 상태의 기술에서 상호 가환인 연산자의 집합을 알아내는 것은 중요하다.

---

12 $B\psi_\alpha = \sum c_k B\phi_{\alpha k} = \sum c_k b_{kj}\phi_{\alpha j}$, $\beta\psi_\alpha = \beta\sum c_k\phi_{\alpha k}$ 이므로 $B\psi_\alpha = \beta\psi_\alpha$ 는 $\sum c_k b_{kj}\phi_{\alpha j} = \beta\sum c_k\phi_{\alpha k}$ 을 의미한다. 따라서 $\sum c_k b_{kj} = \beta\sum c_k\delta_{kj}$ 의 자명하지 않은 풀이를 찾으면 된다.

6.4 불확정성 원리

이미 우리는 양자 역학의 한 특징으로 불확정성 원리를 여러 각도에서 살펴왔다. 물질 파동의 회절에 관한 사고실험과 파동의 일반적 성질에서 퍼짐 현상으로 다루었으며 파동 함수에서 불확정도를 직접 계산하였다. 이제 양자 역학의 일반 논리로 엄밀하게 수학적으로 고찰해보자.

앞 절에서 두 물리량이 동시에 임의의 정밀도로 측정 가능하려면 이들의 가환성이 필요 충분 조건임을 알았다. 그렇다면 비가환일 경우에는 동시 측정이 불가능하고 교환자, $[A, B]$는 동시 측정이 불가능한 척도가 될 것이다. 물리량을 나타내는 A, B는 실재 연산자이므로 $[A,B]$는 반대 실재 (antihermitian) 연산자가 되고 다음처럼 실재 연산자 C를 도입할 수 있다.

$$[A,B] = iC \tag{6.27}$$

그러면 A, B의 측정에서 분산은 이미 정의한 바처럼 다음과 같다.

$$\begin{aligned}(\Delta A)^2 &= \int d^3x\ \psi^* (A-\alpha)^2\, \psi \\ (\Delta B)^2 &= \int d^3x\ \psi^* (B-\beta)^2\, \psi\end{aligned} \tag{6.28}$$

여기서 $\alpha = \langle A\rangle$, $\beta = \langle B\rangle$ 는 물리량 A, B 의 평균 측정값들이다. 그러면 물리량 A, B 간의 불확정도 사이에 다음 관계식이 성립함을 증명할 수 있다.

$$\Delta A \cdot \Delta B \geq \frac{1}{2}\left|\langle C\rangle\right| \tag{6.29}$$

우선 A는 실재 연산자이므로 그 분산은 다음과 같이 쓸 수 있다.

$$(\Delta A)^2 = \int d^3x\ [(A-\alpha)\psi]^* [(A-\alpha)\psi] = \int d^3x\ \left|(A-\alpha)\psi\right|^2 \tag{6.30}$$

연산자 B에 관해서도 비슷한 식을 쓸 수 있다. 그런데 Hilbert 공간에서 일반적으로 성립하는 Schwartz 부등식은[13]

$$\left(\int d^3x\ \left|f(x)\right|^2\right)\left(\int d^3x\ \left|g(x)\right|^2\right) \geq \left|\int d^3x\ f^*(x)\, g(x)\right|^2 \tag{6.31}$$

인데 이것은 유한 차원의 공간에서의 $\mathbf{A}^2 \cdot \mathbf{B}^2 \geq (\mathbf{A}\cdot\mathbf{B})^2$을 함수 공간으로 연장한 것이다. 등호는 $\mathbf{A}$, $\mathbf{B}$ 가 평행인 경우, 즉 $f(x) = \lambda g(x)$ 인 경우에만 성립한다. $(\Delta A)^2, (\Delta B)^2$에 대한 식 (6.28)을 Schwartz 부등식에 대입하면 다음과 같다.

---

[13] Dirac 기호를 이용한 증명은 부록 D 참고

$$(\Delta A)^2(\Delta B)^2 \geq \left|\int d^3x\ \psi^*(A-\alpha)(B-\beta)\psi\right|^2 = \left|\left\langle(A-\alpha)(B-\beta)\right\rangle\right|^2 \tag{6.32}$$

윗식에서 등호는 다음 경우에만 성립한다.

$$(B-\beta)\psi = \lambda(A-\alpha)\psi \tag{6.33}$$

그런데 임의의 연산자는 다음처럼 실재 연산자와 반대 실재 연산자의 합으로 표현할 수 있다.

$$F = \frac{1}{2}(F+F^\dagger) + \frac{1}{2}(F-F^\dagger) \tag{6.34}$$

이제 $F=(A-\alpha)(B-\beta)$ 로 택하면 다음식을 얻는다.

$$\begin{aligned} (A-\alpha)(B-\beta) &= \frac{1}{2}S + \frac{1}{2}T \\ S &= (A-\alpha)(B-\beta)+(B-\beta)(A-\alpha) \\ T &= (A-\alpha)(B-\beta)-(B-\beta)(A-\alpha) = [A,B] = iC \end{aligned} \tag{6.35}$$

연산자 C, S 는 실재, T 는 반대 실재 연산자이다. 식 (6.35) 를 식 (6.32) 에 대입하면

$$(\Delta A)^2\cdot(\Delta B)^2 \geq \frac{1}{4}\,|\langle S\rangle|^2 + \frac{1}{4}\,|\langle T\rangle|^2 \geq \frac{1}{4}\,|\langle C\rangle|^2 \tag{6.36}$$

을 얻는다. 첫번째 등호는 이미 언급한 것처럼 식 (6.33) 이 성립할 때 유효하고, 두번째 등호는

$$\langle S\rangle = \int d^3x\ \psi^*\Big[(A-\alpha)(B-\beta)+(B-\beta)(A-\alpha)\Big]\psi = 0 \tag{6.37}$$

일 때 성립한다. 그러므로 우리는 물리 관측량의 불확정도에 관한 중요한 결론을 얻는다.

$$(\Delta A)\cdot(\Delta B) \geq \frac{1}{2}\Big|\langle[A,B]\rangle\Big| \tag{6.38}$$

윗식은 일반화된 Heisenberg 불확정성 원리이고 두 연산자의 비가환성에서 비롯됨을 알 수 있다. 이식을 유도하기 위하여 Schwartz 의 부등식인 수학적 결과만을 사용하였을 뿐이다. 보기로 $A=x$, $B=p_x$ 로 택하면 $[x,\ p_x]=i\hbar$ 이므로 다음 관계식을 쉽게 얻을 수 있다.

$$\Delta x\cdot\Delta p_x \geq \frac{1}{2}\hbar \tag{6.39}$$

이제 물리량의 불확정도를 분명하게 정의하였으므로 윗식에서 이들 곱의 최소값은 $\hbar/2$ 이고, x 와 p_x 를 동시에 측정할 때 아무리 정밀도를 높여도 그 곱은 이론상으로 $\hbar/2$ 이상임이 확인되었다. 최소 불확정도를 갖는 양자 상태는 식 (6.36) 에서 등호가 성립하여야 하므로 식 (6.33) 과 식 (6.37) 을 동시에 만족하여야 한다. 일차원 양자 상태에서는 다음과 같다.

$$\begin{gathered}\left(-i\hbar\frac{d}{dx}-\langle p\rangle\right)\psi(x)=\lambda\left(x-\langle x\rangle\right)\psi(x)\\ \int dx\,\psi^*\left(-i\hbar\frac{d}{dx}-\langle p\rangle\right)\left(x-\langle x\rangle\right)\psi+\int dx\,\psi^*\left(x-\langle x\rangle\right)\left(-i\hbar\frac{d}{dx}-\langle p\rangle\right)\psi=0\end{gathered}\tag{6.40}$$

위의 첫째식을 이용하여 둘째 식에서 첫번째 적분은 p 연산자만의 적분으로, 두번째 적분은 x 연산자만의 적분으로 바꾸어 쓰면 $\lambda=i\hbar/2(\Delta x)^2$ 을 쉽게 유도할 수 있다. 그러므로 최소 불확정도를 갖는 파동 함수 $\psi(x)$ 는 다음 미분 방정식을 만족한다.

$$\left(-i\hbar\frac{d}{dx}-\langle p\rangle\right)\psi(x)=\frac{i\hbar}{2(\Delta x)^2}\left(x-\langle x\rangle\right)\psi(x)\tag{6.41}$$

여기서 $\langle x\rangle$, $\langle p\rangle$ 는 이미 평균값으로 계산된 상수임을 염두에 두면 위의 미분 방정식은 쉽게 풀리고 규격화된 파동 함수는 다음과 같다.

$$\psi(x)=\left(\frac{1}{\sqrt{2\pi}\Delta x}\right)^{1/2}\exp\left(-\frac{1}{4(\Delta x)^2}\left(x-\langle x\rangle\right)^2+\frac{i}{\hbar}\langle p\rangle x\right)\tag{6.42}$$

이 파동 함수는 가우시안 형태이다! 조화 진동자의 바닥 상태에 대한 파동 함수도 가우시안 형태이고 최소의 불확정도를 가진 것을 알았지만 여기서는 가우시안 형태만이 최소 불확정도를 가질 수 있음을 증명하였다.

6.5 Dirac 표기법

파동 함수는 일반적으로 복소 함수이고 함수 공간에서의 벡터로 간주할 수 있다. 특히 확률 밀도의 적분은 함수 벡터와 자신의 스칼라 곱이다. 이렇게 스칼라 곱이 정해진 함수 공간을 Hilbert 공간이라고 한다. 물론 우리에게 친숙한 유한 차원의 벡터 공간도 Hilbert 공간이다. 그러면 양자 역학은 수학적으로 Hilbert 공간에서 양자 상태를 기술하는 벡터 $\Psi(t)$ 의 시간적 변화를 공부하는 것이다. 수학 표현은 기호가 중요하다. 역학에서 벡터 기호가 필수적임을 실감했을 것이다. 양자 역학에서는 Dirac 기호를 이용하여 개념을 쉽게 파악할 수 있다.

Dirac은 특별한 표기법을 고안하여 양자 역학의 연산을 간단히 하였다. 벡터를 "$|\rangle$" 로 표기하여 케트(ket) 벡터, 파동 함수의 복소 공액에 해당하는 벡터는 "$\langle|$" 로 표기하며 브라(bra) 벡터라 부른다. 두 벡터의 스칼라 곱은 다음으로 표기한다.[14]

$$\langle f|g\rangle = \int dx\, f^*(x)\, g(x) \tag{6.43}$$

따라서 $\langle|$ 벡터와 $|\rangle$ 벡터가 결합해서 브라켓(bracket) "$\langle|\rangle$" 을 이루면 스칼라가 된다.

양자 상태란 Hilbert 공간의 벡터를 의미하며 Dirac 기호를 써서 $|\psi\rangle$ 로 표기한다. 상태 $|\psi\rangle$ 가 관측량 A 의 고유 상태일 경우 고유값이 α 라면 $|\alpha\rangle$ 로 표기한다.

$$A|\alpha\rangle = \alpha|\alpha\rangle \tag{6.44}$$

그러면 6.6절의 전개 명리에 따라서 $\{|\alpha\rangle\}$는 완전히 직교 규격화된 기준 벡터를 이룬다. 그리고 어떤 양자 상태 $|\psi\rangle$에 관측량 F가 작용할 때 다음이 성립한다. [식 (D.22) 참고]

$$F|\psi\rangle = \sum_\beta F\,|\beta\rangle\langle\beta|\psi\rangle = \sum_{\alpha\beta}|\alpha\rangle\langle\alpha|F|\beta\rangle\langle\beta|\psi\rangle \tag{6.45}$$

여기서 $\langle\alpha|F|\beta\rangle$는 F 연산자의 기준 벡터계에 대한 행렬 표현이다. 따라서 연산자들은 고유 벡터를 기준으로 하는 좌표계에서 행렬로 바꾸어서 생각할 수 있다.

특히 변위 $\mathbf{x}$ 와 운동량 $\mathbf{p}$ 의 고유 벡터를 생각할 수 있는데 연산자임을 강조하기 위하여 $\mathbf{x}_{op}$, $\mathbf{p}_{op}$ 등으로 표기하였다.

$$\mathbf{x}_{op}|\mathbf{x}\rangle = \mathbf{x}|\mathbf{x}\rangle \qquad \mathbf{p}_{op}|\mathbf{p}\rangle = \mathbf{p}|\mathbf{p}\rangle \tag{6.46}$$

고유값이 상이한 두 고유 벡터는 직교하므로

$$\langle\mathbf{x}|\mathbf{x}'\rangle = \delta^3(\mathbf{x}-\mathbf{x}') \qquad \langle\mathbf{p}|\mathbf{p}'\rangle = (2\pi\hbar)^3\delta^3(\mathbf{p}-\mathbf{p}') \tag{6.47}$$

인데 고유값이 연속이므로 Kronecker 델타 대신 Dirac 델타 함수를 사용하고 운동량은 식 (4.104)와 일치하도록 규격화하였다.

모든 변위 벡터 $\{|\mathbf{x}\rangle\}$는 전개 명리에 따라 완전히 직교 규격화된 벡터이므로 기준 벡터로 채택할 수 있다. 운동량 벡터 $\{|\mathbf{p}\rangle\}$도 마찬가지이다. $|\mathbf{x}\rangle$를 기준 벡터로 정한 "좌표계"에서 양자 상태 $|\psi\rangle$의 $\mathbf{x}$ 성분은 파동 함수 $\psi(\mathbf{x})$와 같다.

---

[14] Hilbert 공간에서 Dirac 표기 사용에 관하여 부록 D를 참고할 것.

$$\psi(\mathbf{x}) = \langle \mathbf{x} | \psi \rangle \tag{6.48}$$

마찬가지로 운동량 고유 벡터 $|\mathbf{p}\rangle$ 를 기준 벡터로 정한 "좌표계"에서는 $|\psi\rangle$ 의 $\mathbf{p}$ 성분, 즉 p-공간의 파동 함수 $\psi(\mathbf{p})$ 를 얻는다.[15]

$$\psi(\mathbf{p}) = \langle \mathbf{p} | \psi \rangle \tag{6.49}$$

그런데 $|\mathbf{x}\rangle$, $|\mathbf{p}\rangle$ 는 각각 완전성을 갖춘 고유 벡터이므로 다음처럼 표현할 수 있고 단위 연산자는 식 중의 적당한 곳에 삽입할 수 있다.

$$I = \sum_{\mathbf{x}} |\mathbf{x}\rangle\langle\mathbf{x}| \;\rightarrow \int d^3x\, |\mathbf{x}\rangle\langle\mathbf{x}| \qquad I = \sum_{\mathbf{p}} |\mathbf{p}\rangle\langle\mathbf{p}| \;\rightarrow \int \frac{d^3p}{(2\pi\hbar)^3} |\mathbf{p}\rangle\langle\mathbf{p}| \tag{6.50}$$

단위 연산자를 도입하고 고유값 $\mathbf{x}$, $\mathbf{p}$ 는 연속으로 모든 값을 가질 수 있으므로 고유값에 대한 합 ($\sum$) 을 적분 ($\int$) 으로 대체하였다. 그러면 다음이 성립한다.

$$\psi(\mathbf{x}) = \langle \mathbf{x} | \psi \rangle = \int \frac{d^3p}{(2\pi\hbar)^3} \langle \mathbf{x} | \mathbf{p} \rangle \langle \mathbf{p} | \psi \rangle = \int \frac{d^3p}{(2\pi\hbar)^3} \langle \mathbf{x} | \mathbf{p} \rangle\, \psi(\mathbf{p}) \tag{6.51}$$

식 (4.21) 의 역변환과 비교하면 다음을 확인할 수 있다.[16]

$$\langle \mathbf{x} | \mathbf{p} \rangle = e^{+\frac{i}{\hbar}\mathbf{p}\cdot\mathbf{x}} \tag{6.52}$$

그러므로 변위 공간과 운동량 공간 사이의 파동 함수 Fourier 변환은 Hilbert 공간에서 두 기준 벡터 좌표계의 선택에 따른 "좌표 변환"인 것이다. 그리고 $\langle \mathbf{x} | \mathbf{p} \rangle = \exp(+i\mathbf{p}\cdot\mathbf{x}/\hbar)$ 는 두 좌표계 사이의 "변환 계수" 이고 "방향 코씨인"이기도 하다.

Parseval 의 정리도 쉽게 이해할 수 있다. 기준 좌표계가 변해도 양자 상태 $|\psi\rangle$ 벡터의 크기는 변함없다는 것을 의미한다.

$$\begin{aligned} 1 = \langle \psi | \psi \rangle &= \langle \psi | \sum_{\mathbf{x}} |\mathbf{x}\rangle\langle \mathbf{x} | \psi \rangle = \int d^3x\, |\psi(\mathbf{x})|^2 \\ &= \langle \psi | \sum_{\mathbf{p}} |\mathbf{p}\rangle\langle \mathbf{p} | \psi \rangle = \int \frac{d^3p}{(2\pi\hbar)^3}\, |\psi(\mathbf{p})|^2 \end{aligned} \tag{6.53}$$

---

[15] $\psi(\mathbf{p})$ 는 실제로 식 (4.21) 의 $\Psi(\mathbf{p},t)$ 이다.

[16] 제 9 장에서 양자역학의 대칭성 논의에서 식 (6.52) 를 실제로 유도할 것이다.

양자 역학의 전개 명리도 새 시각으로 보면 Dirac 기호로 다음과 같다. [6.6 절]

$$\langle \mathbf{x}|\psi\rangle = \langle \mathbf{x}|\sum_i |\phi_i\rangle\langle\phi_i|\psi\rangle = \sum_i c_i\,\phi_i(\mathbf{x}) \qquad c_i = \langle\phi_i|\psi\rangle \tag{6.54}$$

우리는 $c_i = \langle\phi_i|\psi\rangle$ 를 양자 상태 $|\psi\rangle$ 가 어떤 고유 상태 $|\phi_i\rangle$ 에 있을 확률 진폭, $|c_i|^2$ 은 확률로 해석하겠다. 한 편 $\langle\phi_i|\psi\rangle$ 는 $|\psi\rangle$ 벡터의 $|\phi_i\rangle$ 벡터에 대한 "투영"이다.

어떤 물리량 F 의 기대값 $\langle F\rangle$ 도 식 (6.1) 에 따라 다음처럼 쓸 수 있다.

$$\langle F\rangle = \langle\Psi|F|\Psi\rangle \tag{6.55}$$

기대값 (평균값) 의 기호 "⟨ ⟩"와 브라-케트 결합 "⟨| |⟩"이 혼동될 듯 하지만 오히려 기억하기 편리하다.

지금까지 시간 독립인 양자 상태 $|\psi\rangle$ 를 다루었다. 그러나 양자 상태는 시간에 따라 변하는 $|\Psi(t)\rangle$ 이고 이에 관한 운동 방정식을 풀어야 한다. 시간적 변화를 보려면 Hilbert "세계 (世界)" 가 되겠는데 다음 절에서 논의하기로 한다.

지금까지 "입자"라는 용어를 자주 사용하였는데 이제 좀더 분명한 의미가 필요하다. 고전 역학에서 입자는 크기가 없는 점 (point) 이다. 그러나 단순한 수학적 점이 아니라 질량, 전하 등 물리적 성질을 가진다. 특히 운동량과 에너지도 있다. 고전 역학은 입자 위치의 시간적 변화를 예측한다. 그러한 입자는 이상적 극한이며 존재하지 않는다. 실제로 모든 물체는 유한한 크기를 갖는다. 반면에 이상적 파동은 무한히 펼쳐있는 결 (wave) 이다. 파동은 진폭, 파장, 진동수 등 물리적 성질을 갖고 가지며 에너지와 운동량을 동반한다. 무한히 퍼져있는 파동은 존재하지 않는다. 실제로 모든 파동은 유한한 영역에 펼쳐 있다. 그러므로 고전 역학에서 입자와 파동은 전혀 다른 개념이다. 우리는 양자 역학에서 입자와 파동의 이중성을 수용하기 위하여 파동 다발의 개념을 도입 하였고 관측 가능량의 고유 상태를 조사하였다. 이제 입자의 의미를 되돌아본다.

입자는 양자 상태 $|\Psi\rangle$ 이다. 그러나 아무 양자 상태나 입자가 아니라 질량, 전하, 회전량, 운동량, 하밀토니안 등 관측 가능량에 대한 연산자의 고유 상태이다. 양자 상태인 입자의 특성을 표현할 때 질량, 전하, 스핀 등 본질적 고유값 (양자번호) 으로 분류하는 것이 관례이다. 흔히 입자의 양자 상태는 그보다 하위 구조의 입자를 표현하는 양자 상태의 결합인데 더 이상 하부 구조가 없을 때의 양자 상태를 소립자 (素粒子, elementary particle) 라고 한다. 수소 원자의 경우를 보기로 들자. 수소 원자는 양성자와 전자로 구성되었으므로 수소 원자에 대한 파동 함수는 양성자와 전자의 파동 함수의 결합이다. 따라서 수소 원자는 입자이지만 소립자는 아니다. 양성자와 전자가 소립자이다. 현재는 양성자도 하부 구조가 밝혀져서 쿼크 입자의 결합체로 알려져 있다.

6.6 양자 역학의 명리

파동 함수에서 물리계에 관한 모든 정보를 얻을 수 있으므로 그 중요성은 아무리 강조해도 지나치지 않는다. 파동 함수에 대한 Born의 해석을 비롯하여 양자 역학의 여러 개념은 수학적으로 증명할 수 있는 것이 아니다. 오직 물리 실험으로만 진실 여부가 판명될 뿐이다. 그러나 논리의 일관성을 위해서 이미 도입한 개념을 비롯하여 몇 가지를 자명한 진리 (명리) 로 받아들일 필요가 있다. 우선 지금까지 여러 각도에서 살펴본 물리계와 관측량을 요약하면 다음과 같다.

물리계와 관측량에 관한 명리

어떤 물리계든지 Hilbert 공간에서 양자 상태 벡터 $|\Psi\rangle$ 로 표현하고 물리량은 실재 연산자로 나타낸다. 측정값은 해당하는 연산자의 고유값들 중에서 가능하다. 일반적으로 복소수 고유값을 허용하여 실수부와 허수부를 측정값과 연관시킬 수 있으나 그러면 두 개의 측정을 동시에 시행해야 하고 양자 역학의 불확정성 원리에서 이것은 항상 양립하지 않으므로 실수 고유값을 갖는 실재 연산자에 국한한다.

어떤 양자 상태가 고유 상태에 있지 않는 경우에는 고유 상태들의 선형 결합인 중첩 상태로 표현할 수 있다. 직교 규격화된 양자 상태임을 강조하기 위하여 고유 파동 함수를 $\phi_k(\mathbf{x})$로 표기하면 다음처럼 쓸 수 있다.

$$\psi(\mathbf{x}) = \sum_k c_k \phi_k(\mathbf{x}) \tag{6.56}$$

그리고 고유 함수들의 직교 규격화 조건 (6.18) 때문에 결합 상수 c_k 는 다음과 같다.

$$c_k = \int d^3x\, \phi_k^*(\mathbf{x})\, \psi(\mathbf{x}) \tag{6.57}$$

이상의 논리는 그럴듯하지만 수학적으로 중요한 내용을 포함하고 있다. 어떤 직교 규격화된 함수에서 기준 함수 ϕ_k 의 개수가 유한할 때에는 문제가 안되지만 무한할 경우에도 임의의 양자 상태를 식 (6.56) 처럼 나타낼 수 있는가 하는 의문이 제기된다. 보기로 Fourier 급수에서 주기 L 인 함수는 $\{\cos 2\pi kx/L, \sin 2\pi kx/L, (k=0,1,2,3,\cdots)\}$ 의 직교 함수로 전개할 수 있지만 그 부분 집합인 $\{\cos 2\pi kx/L, (k=0,1,2,3,\cdots)\}$ 로의 전개가 항상 가능한 것은 아니다. 전개하려는 함수가 우함수가 아니면 코싸인 기준 함수만으로는 충분하지 못하다. 그러므로 무한히 많은 직교 함수로 된 집합만으로는 파동 함수의 전개를 자동적으로 만족하지 않는다.

전개가 가능할 때 우리는 직교 규격화된 함수 집합 $\{\phi_k(\mathbf{x})\}$ 가 완전 (complete) 하다고 한다. 지금까지 우리는 물리량 연산자의 고유 함수들이 완전한 직교 규격화된 함수의 집합을 이루고 있음을 가정하였다. 실제로 $\{\phi_k(\mathbf{x})\}$ 의 완전성을 보이려면 식 (6.56) 처럼 수렴하는 직접적인 조건이 바람직하겠으나 이것은 강한 조건이고 더 약하게 다음과 같이 평균적으로 수렴하는 조건으로 충분하다.[17]

$$\lim_{n\to\infty}\int d^3x \left|\psi(\mathbf{x}) - \sum_{k=1}^{n} c_k\phi_k(\mathbf{x})\right|^2 = 0 \tag{6.58}$$

완전성을 갖출 때에는 함수 전개를 마치 유한항만의 전개처럼 다룰 수 있어서 항별로 미분, 적분을 비롯하여 일반 연산을 해도 괜찮다.

전개 명리

우리는 식 (6.56), (6.57)의 전개를 전개 명리 (expansion postulate)로 받아들인다. 물리량의 고유 함수들은 완전성을 가진 직교 규격화 함수의 집합을 이룬다. 그리고 임의의 양자 상태 $|\Psi\rangle$는 물리량의 고유 함수로 전개가 가능하다.

$$|\Psi\rangle = \sum_k c_k|\phi_k\rangle \qquad c_k = \langle\phi_k|\Psi\rangle \tag{6.59}$$

또한 $|\phi_k\rangle$가 어떤 물리량 A의 고유 상태라면 $|\Psi\rangle$ 양자 상태에 대한 기대값은

$$\langle A\rangle = \int d^3x\ \Psi^*(\mathbf{x},t)\,A\,\Psi(\mathbf{x},t) = \sum_k \alpha_k\,|c_k|^2 \tag{6.60}$$

이고, 특히 다음 관계식을 알 수 있다.

$$\int d^3x\ \Psi^*(\mathbf{x},t)\Psi(\mathbf{x},t) = \sum_k |c_k|^2 \tag{6.61}$$

위의 두 식에서 우리는 $|c_k|^2$ 을 양자 상태 $|\Psi\rangle$가 어떤 고유 상태 $|\phi_k\rangle$에 있을 확률로 해석한다. 그러면 입자의 존재 확률이나 물리량의 기대값을 자연스럽게 설명할 수 있기 때문이다. 만일 특정계수 $c_k=1$ 이외에는 모두 0 이어서 양자 상태 $|\Psi\rangle$가 고유 상태 $|\phi_k\rangle$에 있으면 앞서 6.2절의 논의와 일치한다. 계수 c_k는 흔히 확률 진폭 (probability amplitude)이라고 부른다.

측정 명리

어떤 물리계 $|\Psi\rangle$의 물리량 A를 측정하는 경우를 생각해 보자. A의 고유상태를

$$A\,|\alpha_k\rangle = \alpha_k\,|\alpha_k\rangle \tag{6.62}$$

라 하면 이 물리계의 양자 상태는 다음처럼 쓸 수 있다.

---

[17] 참고: P. Dennery & A. Krzywicki, *Mathematics for Physicists*, Chap 3

$$|\Psi\rangle = \sum_k c_k \,|\alpha_k\rangle \qquad c_k = \langle \alpha_k \,|\Psi\rangle \tag{6.63}$$

측정이 시행되면 물리계는 교란되고 Dirac의 환원명리 (reduction postulate)로 해석한다.[18]

- 측정이 이루어지면 물리계의 양자 상태는 측정한 물리량의 한 고유상태로 환원된다.

그러므로 양자상태가 이미 고유상태에 있지 않는 한 상태가 바뀐다. 그리고 모든 고유상태가 측정 결과가 될 수 있지만 어느 상태로 환원되는지는 미리 알 수 없다. 따라서 확률적 해석이 필요한데 $|c_k|^2$이 α_k의 측정 결과가 되는 확률로 해석하는 것이 자연스럽다. 이미 어떤 고유상태에 있는 물리계의 측정 결과는 그 상태의 고유값이기 때문이다.

그러면 어떤 물리량 A의 측정 기대값은 다음과 같아서 식 (6.60)과 일치한다.

$$\begin{aligned}\langle A\rangle &= \sum \alpha_k\,|c_k|^2 = \sum \alpha_k \langle\Psi|\alpha_k\rangle\langle\alpha_k|\Psi\rangle = \sum \langle\Psi|\,A\,|\alpha_k\rangle\langle\alpha_k|\Psi\rangle \\ &= \langle\Psi|\,A\,|\Psi\rangle\end{aligned} \tag{6.64}$$

측정은 반드시 특정 물리량만 계속하여 재는 것이 아니고 매번 바꿀 수도 있다. 그리고 측정 행위 사이에는 시간 간격이 있다. 그 동안에 양자상태는 시간 종속인 Schrödinger 방정식에 따라 진행한다.

완전한 직교규격화 함수집합의 대표적 보기는 5.9절에서 다룬 조화진동자의 파동함수이다. 그러나 우물 벌판에서 보듯이 몇 개의 불연속 에너지 고유값과 연속 스펙트럼이 있는 경우에 어떻게 직교규격화한 함수를 구하는지 새로운 의문이 제기된다. Schrödinger 방정식에서 우리는 제곱적분이 가능한 고유함수를 찾는다. 그러나 자유 입자의 파동함수에서 제곱적분이 어려운 점을 알았고 이를 해결하기 위해 입자를 큰 상자에 유폐하거나 주기적 경계 조건을 사용하여 불연속적이고 유한한 파동함수를 사용하였다. 상자의 크기를 점점 크게 하면 에너지 스펙트럼은 연속 스펙트럼에 가까워지고 각 고유값에 해당하는 파동함수의 기여는 점점 줄어든다. 매번 이러한 과정을 거치는 것보다 연속 스펙트럼을 직교규격화 함수집합에 포함시켜 다음과 같이 전개하는 것이 편리하다.

$$\Psi(\mathbf{x},t) = \sum_k c_k \phi_k(\mathbf{x}) + \int d\alpha\, c(\alpha)\,\phi_\alpha(\mathbf{x}) \tag{6.65}$$

그러므로 고유값이 불연속일 때에는 보통의 합으로, 연속일 때에는 고유값에 대한 적분으로

---

[18] 참고: P. A. M. Dirac, *Principles of Quantum Mechanics, 4th ed*, 10절

나타낼 수 있다. 앞으로 합은 연속 스펙트럼 영역에서 적분으로 대체하는 것으로 가정하겠다.

전개 명리에 의하면 파동 함수가 식 (6.65) 로 전개될 때 어떤 물리량 A 의 기대값은 다음과 같아야 한다.

$$\langle A\rangle = \int d^3x\, \psi^*(\mathbf{x})\, A\, \psi(\mathbf{x}) = \sum_k \alpha_k\, |c_k|^2 + \int d\alpha\ \ \alpha\, |c(\alpha)|^2 \tag{6.66}$$

이 관계식이 성립하려면 연속 스펙트럼에 대한 고유 함수간에 다음의 직교 관계가 존재하여야 한다. 고유값이 불연속일 경우에는 델타 함수를 Kronecker 델타로 이해해야함은 물론이다.

$$\int d^3x\ \phi_\alpha^*(\mathbf{x})\, \phi_\beta(\mathbf{x}) = \delta\,(\alpha-\beta) \tag{6.67}$$

우리는 4.7 절에서 자유 입자의 규격화 방법 중 델타 함수에 의한 규격화를 다루었는데 바로 윗식의 한 보기이다.

식 (6.57) 의 적분으로 계산한 c_k 를 식 (6.56) 의 합에 대입하면 항등식을 얻는다.

$$\begin{aligned}\psi(\mathbf{x}) &= \sum_k c_k\phi_k(\mathbf{x}) = \sum_k \int d^3x'\ \phi_k^*(\mathbf{x}')\ \psi(\mathbf{x}')\, \phi_k(\mathbf{x}) \\ &= \int d^3x' \left(\sum_k \phi_k(\mathbf{x})\, \phi_k^*(\mathbf{x}')\right) \psi(\mathbf{x}')\end{aligned} \tag{6.68}$$

이식은 임의의 파동 함수 $\psi(\mathbf{x})$ 에 대하여 성립하므로 닫힌 관계식 (closure) 을 얻는다.

$$\sum_k \phi_k(\mathbf{x})\, \phi_k^*\,(\mathbf{x}') = \delta^3(\mathbf{x}-\mathbf{x}') \tag{6.69}$$

물론 연속 스펙트럼 영역에서는 $\sum$ 는 $\int d\alpha$ 로 바뀌어야 한다.

6.7 운동 방정식

고전 역학에서는 초기 조건 (예를 들면 $\mathbf{x}_0, \mathbf{v}_0$) 이 알려졌을 때 임의의 시각에 입자의 변위 $\mathbf{x}(t)$ 를 알아내어 운동을 기술한다. 양자 역학에서는 양자 상태가 입자라 하였으므로 초기의 양자 상태 $|\Psi(0)\rangle$ 가 알려졌을 때 임의의 시점에서의 양자 상태 $|\Psi(t)\rangle$ 를 계산하는 문제가 된다. 지금까지 Schrödinger 방정식을 중심으로 파동 함수에 초점을 맞추어 양자 역학적 현상을 살펴보았지만 동시 측정 문제, 불확정성 원리에서 보듯이 관측량 연산자의 역할이 파동 함수만큼 중요함을 느끼게 되었다. 연산자에 대한 방정식은 고전 역학의 방정식과 밀접한 연관을 갖는다.

앞 절에서는 시간 독립인 $|\Psi\rangle$ 양자 상태를 다루었으나 실제로는 전체 파동 함수에 해당하는 $|\Psi(t)\rangle$를 다뤄야 한다. 식 (4.76), (6.48)을 종합하면 양자 상태 $|\Psi(t)\rangle$의 Schrödinger 방정식은 다음과 같다.

$$i\hbar\frac{\partial}{\partial t}|\Psi(t)\rangle = H|\Psi(t)\rangle \tag{6.70}$$

윗식은 다른 관점에서 살펴볼 수 있다. $\langle\Psi(t)|\Psi(t)\rangle$ 는 입자가 공간 어디인가 존재할 확률이므로 1 로 규격화 되었고 시간이 지나도 변하지 않는다. [식 (4.41)] 즉 다음이 성립한다.

$$\langle\Psi(t)|\Psi(t)\rangle = \langle\Psi(t_0)|\Psi(t_0)\rangle = 1 \tag{6.71}$$

이것은 Hilbert 공간에서 벡터의 크기가 일정하게 유지되는 변환이다. 그러므로 변환 연산자 $U(t,t_0)$를 다음과 같이 도입하면 U 는 하나 연산자 (unitary operator) 임을 알 수 있다.

$$|\Psi(t)\rangle = U(t,t_0)|\Psi(t_0)\rangle \qquad U(t,t_0)^\dagger U(t,t_0) = I \tag{6.72}$$

하나 연산자 U 는 다음의 관계식을 만족한다.

$$U(t_2,t_0) = U(t_2,t_1)U(t_1,t_0) \qquad U(t,t) = I \tag{6.73}$$

또한 시간의 기준점을 $t \to t - t_0$ 로 바꾸어도 성립해야 하므로 U 는 $t - t_0$의 함수이다.

$$U(t,t_0) = U(t - t_0) \tag{6.74}$$

일반적으로 하나 연산자는 실재 연산자를 도입하여 지수형으로 쓸 수 있다.

$$U(t - t_0) = \exp\left[i\,\Re(t - t_0)\right] \qquad U(0) = I \qquad \Re(0) = 0 \tag{6.75}$$

이 관계를 식 (6.72) 에서 t 와 $t+\varepsilon$ (ε은 무한소) 에 적용하면

$$|\Psi(t+\varepsilon)\rangle = U(\varepsilon)|\Psi(t)\rangle \tag{6.76}$$

가 되는데 전개하여 두드러진 항들만 골라내면 다음과 같다.

$$\begin{aligned} &|\Psi(t+\varepsilon)\rangle = |\Psi(t)\rangle + \varepsilon\frac{\partial}{\partial t}|\Psi(t)\rangle + \cdots \\ &U(\varepsilon) = e^{i\Re(\varepsilon)} = I + i\,\Re(\varepsilon) + \cdots = I + i\,\varepsilon\Re'(0) + \cdots = I - \frac{i}{\hbar}\varepsilon H + \cdots \end{aligned} \tag{6.77}$$

여기서 $\Re'(0) = -H/\hbar$ 라 하였다. 그러면 식 (6.70) 을 얻고 H 는 하밀토니안 연산자임을 확인할 수 있다.

이제 식 (6.77) 을 이용하여 U, H 사이의 관계를 구할 수 있다. 시간 구간 $t - t_0$ 를 N 등분하여 $t_0, t_1, t_2, \cdots, t_N(=t)$, $\varepsilon = (t - t_0)/N$ 이라 하면 다음과 같다.

$$\begin{aligned} U(t, t_0) &= \lim_{N\to\infty} U(t_N, t_{N-1}) \cdots\cdots U(t_1, t_0) = \lim_{N\to\infty} [U(\varepsilon)]^N \\ &= \lim_{N\to\infty}\left[1 - \varepsilon\frac{i}{\hbar}H + O(\varepsilon^2)\right]^N = \lim_{N\to\infty}\left[1 - \frac{1}{N}\frac{i}{\hbar}H(t - t_0) + O\left(\frac{1}{N^2}\right)\right]^N \\ &= \exp\left[-\frac{i}{\hbar}H(t - t_0)\right] \end{aligned} \tag{6.78}$$

그러므로 다음과 같이 요약할 수 있다.

$$U(t - t_0) = e^{-\frac{i}{\hbar}H(t - t_0)} \qquad |\Psi(t)\rangle = e^{-\frac{i}{\hbar}H(t - t_0)}\,|\Psi(t_0)\rangle \tag{6.79}$$

둘째식은 식 (6.70) 을 "형식적"으로 적분해서 얻은 결과와 똑같다.

엄밀한 의미에서 식 (6.70) 과 식 (4.76) 은 동일한 Schrödinger 방정식이 아니다.

$$\begin{aligned} i\hbar\frac{\partial}{\partial t}|\Psi(t)\rangle &= H(\mathbf{x}, \mathbf{p})|\Psi(t)\rangle \\ i\hbar\frac{\partial}{\partial t}\Psi(\mathbf{x}, t) &= H(\mathbf{x}, -i\hbar\nabla)\Psi(\mathbf{x}, t) \end{aligned} \tag{6.80}$$

처음식은 Hilbert 공간에서 양자상태 벡터 $|\Psi(t)\rangle$ 에 관한 방정식이고 둘째 식은 $|\mathbf{x}\rangle$ 를 기준 벡터계로 하는 좌표계에서 $|\Psi(t)\rangle$ 벡터의 $|\mathbf{x}\rangle$ 성분, 즉 $\langle\mathbf{x}|\Psi(t)\rangle$ 에 관한 방정식이다. 이 두 표현은 대등하므로 혼용할 것이다. 성분 방정식을 얻으려면 벡터 방정식 (6.70) 에 $\langle\mathbf{x}|$ 를 곱하면 된다. 그러면

$$\begin{aligned} i\hbar\frac{\partial}{\partial t}\langle\mathbf{x}|\Psi(t)\rangle &= i\hbar\frac{\partial}{\partial t}\Psi(\mathbf{x}, t) \\ \langle\mathbf{x}|H|\Psi(t)\rangle &= \int d^3x'\,\langle\mathbf{x}|H|\mathbf{x}'\rangle\langle\mathbf{x}'|\Psi(t)\rangle \\ &= \int d^3x'\;\delta^3(\mathbf{x} - \mathbf{x}')\,H(\mathbf{x}'_{op}, \mathbf{p}'_{op})\,\Psi(\mathbf{x}', t) \\ &= H(\mathbf{x}_{op}, \mathbf{p}_{op})\;\Psi(\mathbf{x}, t) \end{aligned} \tag{6.81}$$

이 되어 $|\mathbf{x}\rangle$ 성분 $\Psi(\mathbf{x},t)$ 에 관한 파동 방정식을 얻는다. $\langle\mathbf{x}|$ 대신에 $\langle\mathbf{p}|$ 를 곱하면 운동량 공간에서의 파동 방정식 (4.108) 을 얻는다.

어떤 물리량 F 의 기대값은 다음과 같다.

$$\langle F\rangle = \langle\Psi|F|\Psi\rangle = \int d^3x\ \Psi^*(\mathbf{x},t)F\ \Psi(\mathbf{x},t) \tag{6.82}$$

물리량 F 는 x, p 같은 기본적인 관측량이거나 위치 에너지처럼 어떤 함수 관계를 가질 수도 있으며, 중요한 것은 시간 t 를 명시적으로 포함할 수도 있다는 것이다. 그러면 $\langle F\rangle$ 는 일반적으로 시간 t 의 함수이고 그 시간 도함수를 구해보자.

$$i\hbar\frac{d}{dt}\langle\Psi|F|\Psi\rangle = \left(i\hbar\frac{\partial}{\partial t}\langle\Psi|\right)F|\Psi\rangle + \langle\Psi|F\left(i\hbar\frac{\partial}{\partial t}|\Psi\rangle\right) + \langle\Psi|\left(i\hbar\frac{\partial F}{\partial t}\right)|\Psi\rangle \tag{6.83}$$

그런데 양자 상태 $|\Psi(t)\rangle$ 는 Schrödinger 방정식 (6.70) 을 만족하므로 윗식에 이를 이용하고 하밀토니안 H 가 실재 연산자임을 유념하면 다음 관계식을 얻는다.

$$i\hbar\frac{d}{dt}\langle\Psi|F|\Psi\rangle = \langle\Psi|[F,H]|\Psi\rangle + i\hbar\langle\Psi|\frac{\partial F}{\partial t}|\Psi\rangle \tag{6.84}$$

윗식에서 $\partial F/\partial t$ 항은 연산자 F 가 시간을 명시적으로 포함하지 않을 때에는 기여가 없다. 그러므로 어떤 물리량이 보존되려면, 즉 시간이 지나도 기대값이 변하지 않으려면 그 물리량에 해당되는 연산자는 하밀토니안 연산자와 가환이어야 한다. F 와 H 의 가환성은 양자 역학에서 보존 법칙을 다루는데 중요한 판단 근거가 된다. 식 (6.84) 에서 $F=H$ 를 택하면 하밀토니안 H 가 시간을 명시적으로 포함하지 않을 경우 $d/dt\langle H\rangle=0$ 이 되어 물리계 전체 에너지는 보존됨을 알 수 있다. 이 결과는 고전 역학에서도 잘 알려져 있다. 보존 법칙과 관련하여 H 와의 교환자가 중요한 것은 하밀토니안이 양자 역학에서 단순히 에너지 연산자 이상의 핵심적 역할을 하는 연산자임을 말해준다.

연산자들의 교환자를 다루는 것이 양자 역학에서 중요함을 알게 되었다. 예제로 양자 역학의 비리얼 정리를 생각해보자.[19]

예 제 6.1 비리얼 (virial) 정리

식 (6.84) 에서 연산자 F 를 $\mathbf{x}\cdot\mathbf{p}$ 로 택해보자. 그러면 이 연산자는 시간을 명시적으로 포함하지 않으므로 다음이 성립한다.

---

[19] 고전 역학적 비리얼 정리는 H.Goldstein, *Classical Mechanics, 2nd ed*, Chap 3 을 참고

$$i\hbar \frac{d}{dt}\langle\Psi|\, \mathbf{x}\cdot\mathbf{p}\,|\Psi\rangle = \langle\Psi|\,[\mathbf{x}\cdot\mathbf{p},\, H]\,|\Psi\rangle \qquad H = \frac{\mathbf{p}^2}{2m} + V(\mathbf{x}) \tag{6.85}$$

그런데 우변의 교환자는 다음과 같이 계산할 수 있다.

$$\begin{aligned}[\mathbf{x}\cdot\mathbf{p},\, H] &= \sum_i [x_i p_i,\, H] = \sum_i [x_i,\, H]\, p_i + \sum_i x_i [p_i,\, H] \\ &= \sum_i \left[x_i,\, \frac{1}{2m}\mathbf{p}^2\right] p_i + \sum_i x_i [p_i, V(\mathbf{x})] \\ &= i\hbar \frac{\mathbf{p}^2}{m} + (-i\hbar)\,\mathbf{x}\cdot(\nabla V)\end{aligned} \tag{6.86}$$

그러므로 다음을 얻는다.

$$\frac{d}{dt}\langle\mathbf{x}\cdot\mathbf{p}\rangle = \left\langle\frac{\mathbf{p}^2}{m}\right\rangle - \langle\mathbf{x}\cdot(\nabla V)\rangle \tag{6.87}$$

정류 상태의 양자 상태에서는 좌변이 시간과 무관하고 양자 역학의 비리얼 정리는 다음과 같다.

$$2\langle K\rangle = \langle\mathbf{x}\cdot(\nabla V)\rangle \tag{6.88}$$

여기서 $K = \mathbf{p}^2/2m$ 은 운동 에너지 연산자이다. 흔히 응용되는 중심력 $V(\mathbf{x}) \propto r^n$ 인 위치 에너지에 대하여는 $2\langle K\rangle = n\langle V\rangle$ 이고 몇 가지 보기는 다음과 같다.[20]

Coulomb 벌판	$V(r) = -\dfrac{\alpha}{r}$	$(n=-1)$	$\langle V\rangle = 2\langle E\rangle$
직선형 벌판	$V(r) = ar$	$(n=+1)$	$\langle V\rangle = \frac{2}{3}\langle E\rangle$
조화 진동 벌판	$V(r) = \frac{1}{2}kr^2$	$(n=+2)$	$\langle V\rangle = \frac{1}{2}\langle E\rangle$

◁◁

양자 역학에서 운동 방정식을 푼다는 것은 $|\Psi(t_0)\rangle$ 가 알려졌을 때 $|\Psi(t)\rangle$ 를 알아내는 것이고 식 (6.70) 의 Schrödinger 방정식이 대표적 표현이다. 그러나 그것만이 유일한 방도는 아니다. 식 (6.72) 의 $U(t, t_0)$ 를 구해도 된다. 그러면 $|\Psi(t_0)\rangle$ 의 시간적 변화를 알 수 있다.

---

20 $V(\lambda\mathbf{x}) = \lambda^n V(\mathbf{x})$ 이므로 $V(\mathbf{x})$ 는 동차 함수 (homogenous function) 이고 $\mathbf{x}\cdot\nabla V = nV$ 이다.

이번에는 $U(t,t_0)$ 에 대한 방정식을 찾도록 하자. 전형적인 방법은 시간의 무한소 증분에 따른 양자 상태의 변화를 조사하는 것이다.

$$|\Psi(t+\varepsilon)\rangle = U(t+\varepsilon, t_0)\,|\Psi(t_0)\rangle \tag{6.89}$$

윗식을 전개하여 $O(\varepsilon)$ 항까지 택하고 식 (6.70) 을 이용하면 하나 연산자 $U(t,t_0)$ 의 방정식을 얻게 된다.

$$i\hbar\frac{\partial}{\partial t}U(t,t_0) = H\,U(t,t_0) \tag{6.90}$$

하밀토니안 H 가 시간을 명시적으로 포함하지 않으면 방정식의 풀이는 식 (6.79) 가 된다.

지금까지 우리는 $|\Psi(t)\rangle$ 의 시간 변화를 살펴보았다. Hilbert 세계에서 기준 벡터계는 시간이 지나도 고정되어 있고 $|\Psi\rangle$ 가 변하며, 물리량 연산자는 대부분 명시적인 시간 의존 관계가 없는 것으로 간주하였다. 그리고 방정식 (6.70) 을 풀면 된다. 그러나 기대값 계산 (6.84) 에서

$$A_H(t) = U^\dagger(t)AU(t) \qquad\qquad H_H(t) = U^\dagger(t)HU(t)$$

로 정의하면 운동 방정식은 다음과 같다.

$$i\hbar\frac{d}{dt}\langle\Psi(0)|A_H(t)|\Psi(0)\rangle = \langle\Psi(0)|[A_H(t),\, H_H(t)]|\Psi(0)\rangle + \langle\Psi(0)|\frac{\partial A_H(t)}{\partial t}|\Psi(0)\rangle \tag{6.91}$$

하밀토니안이 시간을 명시적으로 포함하지 않으면 $U(t) = \exp(-i/\hbar\, Ht)$ 이므로 $H_H(t) = H$ 이고 식 (6.91) 은 모든 $|\Psi(0)\rangle$ 에 대하여 성립하므로 연산자에 관한 방정식으로 쓸 수 있다.

$$i\hbar\frac{dA_H}{dt} = \Big[A_H,\, H\Big] + i\hbar\frac{\partial A_H}{\partial t} \tag{6.92}$$

그러면 양자 상태는 항상 $|\Psi(0)\rangle$ 에 고정되어 있고 물리량 연산자가 시간에 따라 변하며 연산자 방정식을 풀어야 한다. 연산자는 흔히 행렬의 형태로 표현되므로 식 (6.92) 에 근거한 양자 역학의 접근 방법을 행렬 역학 (matrix mechanics) 이라 한다. 또 이런 관점에서 양자 상태를 기술하는 것을 Heisenberg 묘사 (picture) 라 한다. Heisenberg 묘사에서는 Hilbert 세계에서 시간에 따라 기준 벡터들이 변하고 양자 상태 벡터는 변하지 않는 대신 물리량 연산자가 시간에 따라 변한다. 종전의 방법은 파동 역학 (wave mechanics) 이고 양자 상태가 시간에 따라 변하며 물리량 연산자는 변하지 않는다. 이것을 Schrödinger 묘사라 한다. 삼차원 공간에서 벡터 회전과 좌표축 회전이 대등함에 비유할 수 있다. 두 묘사 방법을 요약하면 표 6.1 과 같다.

표 6.1 양자 운동에 관한 두 묘사 방법

	Schrödinger 묘사	Heisenberg 묘사
양자 상태	$\lvert\Psi_S(t)\rangle = e^{-\frac{i}{\hbar}Ht}\lvert\Psi_H(0)\rangle$	$\lvert\Psi_H(0)\rangle$
물리 관측량	$A_S(0)$	$A_H(t) = e^{+\frac{i}{\hbar}Ht} A_H(0)\, e^{-\frac{i}{\hbar}Ht}$
운동 방정식	$i\hbar\frac{\partial}{\partial t}\lvert\Psi_S(t)\rangle = H\lvert\Psi_S(t)\rangle$	$i\hbar\frac{dA_H}{dt} = [A_H, H] + i\hbar\frac{\partial A_H}{\partial t}$

마지막으로 Green 함수를 통하여 양자 상태의 시간 변화를 구하는 방법을 공부한다. 물질파동은 파동 다발이므로 Huygens의 원리에 따라 식 (3.98)을 만족한다.

$$\theta(t-t_0)\,\Psi(\mathbf{x},t) = \int G(\mathbf{x},t;\,\mathbf{x}_0,t_0)\,\Psi(\mathbf{x}_0,t_0)\,d^3x_0 \tag{6.93}$$

그러므로 Green 함수 $G(\mathbf{x},\,t;\mathbf{x}_0,t_0)$를 알면 $\lvert\Psi(t_0)\rangle$ 양자 상태가 어떻게 시간 변화를 하는지 파악할 수 있다. 즉 양자 역학 방정식을 푼다는 것은 Green 함수에 관한 방정식을 세워서 푸는 것과 대등하다. 식 (6.93)의 양변을 시간으로 미분하면 [식 (3.73) 참고]

$$\delta(t-t_0)\,\Psi(\mathbf{x},t) + \theta(t-t_0)\frac{\partial}{\partial t}\Psi(\mathbf{x},t) = \int \frac{\partial}{\partial t}G(\mathbf{x},t;\,\mathbf{x}_0,t_0)\,\Psi(\mathbf{x}_0,t_0)\,d^3x_0 \tag{6.94}$$

인데 Schrödinger 방정식 (6.70)과 델타 함수의 자명한 식을 대입하면

$$\Psi(\mathbf{x},t) = \int \delta^3(\mathbf{x}-\mathbf{x}_0)\,\Psi(\mathbf{x},t)\,d^3x_0 \qquad i\hbar\frac{\partial}{\partial t}\Psi(\mathbf{x},t) = H\Psi(\mathbf{x},t) \tag{6.95}$$

가 되고 이 관계는 모든 $\Psi(\mathbf{x}_0,t_0)$에 대해 성립하므로 Green 함수에 관한 미분 방정식을 얻는다.

$$\left(i\hbar\frac{\partial}{\partial t} - H\right) G(\mathbf{x},t;\mathbf{x}_0,t_0) = +i\hbar\,\delta(t-t_0)\,\delta^3(\mathbf{x}-\mathbf{x}_0) \tag{6.96}$$

Green 함수의 미분 방정식에 델타 함수가 포함되는 것은 유명하다. 물리학적으로는 어떤 순간 어떤 지점에 단위 크기의 역학적 입력이 주어질 때 주위 사방에 미치는 영향을 의미한다. 그러면 중첩 원리에 따라서 어느 형태의 파동이든지 전파 과정을 조사할 수 있다. 전자기학에서는 이 방법으로 Green 함수를 계산해서 전기 벌판을 알아낸다.[21]

---

[21] 참고: J. D. Jackson, *Classical Electrodynamics 2nd ed*, Sect 1.10

식 (6.96) 의 Green 함수를 찾아내는 것 자체가 문제를 푸는 것이다. 풀이는 하밀토니안에 따라 다르겠으나 섭동 방법이 보편적이다. 이에 관하여는 13.4-13.5 절에서 상술하였고 여기서는 Schrödinger 묘사로 Green 함수를다루어본다.

우선 다음의 관계를 유념하면

$$\Psi(\mathbf{x}_0, t_0) = \langle \mathbf{x}_0 | \Psi(t_0) \rangle$$
$$\Psi(\mathbf{x}, t) = \langle \mathbf{x} | \Psi(t) \rangle \qquad |\Psi(t)\rangle = U(t, t_0)|\Psi(t_0)\rangle = e^{-\frac{i}{\hbar}H(t-t_0)}|\Psi(t_0)\rangle \tag{6.97}$$

파동 함수에 관하여 다음이 성립한다.

$$\begin{aligned}\Psi(\mathbf{x}, t) &= \langle \mathbf{x} | \Psi(t) \rangle = \langle \mathbf{x} | U(t, t_0) | \Psi(t_0) \rangle = \langle \mathbf{x} | e^{-\frac{i}{\hbar}H(t-t_0)} | \Psi(t_0) \rangle \\ &= \int d^3x_0 \langle \mathbf{x} | e^{-\frac{i}{\hbar}H(t-t_0)} | \mathbf{x}_0 \rangle \langle \mathbf{x}_0 | \Psi(t_0) \rangle \\ &= \int d^3x_0 \langle \mathbf{x} | e^{-\frac{i}{\hbar}H(t-t_0)} | \mathbf{x}_0 \rangle \Psi(\mathbf{x}_0, t_0)\end{aligned} \tag{6.98}$$

그러므로 $t > t_0$ 일 때 식 (6.93) 과 비교하면 Green 함수는 다음처럼 형식적인 풀이를 얻는다.

$$G(\mathbf{x}, t;\ \mathbf{x}_0, t_0) = \langle \mathbf{x} | e^{-\frac{i}{\hbar}H(t-t_0)} | \mathbf{x}_0 \rangle \tag{6.99}$$

그러나 $|\mathbf{x}\rangle, |\mathbf{x}_0\rangle$ 가 하밀토니안의 고유 상태가 아니므로 자세한 풀이를 얻기 힘들다. 자유 입자의 경우에는 쉽게 풀린다. 이 때 $H_0 = \mathbf{p}^2/2m$ 이므로 단위 연산자 $I = \int d^3p/(2\pi\hbar)^3 |\mathbf{p}\rangle\langle\mathbf{p}|$ 등 [식 (6.50)] 을 삽입하면 H_0 의 고유 상태가 되어 연산자 H_0 를 $E = \mathbf{p}^2/2m$ 로 바꿔 놓을 수 있고 $\langle \mathbf{p} | \mathbf{p}_0 \rangle = (2\pi\hbar)^3\, \delta^3(\mathbf{p} - \mathbf{p}_0)$ [식 (6.47)] 을 이용하면 p_0-적분이 바로 된다.

$$\begin{aligned}G_0(\mathbf{x}, t;\ \mathbf{x}_0, t_0) &= \langle \mathbf{x} | e^{-\frac{i}{\hbar}H_0(t-t_0)} | \mathbf{x}_0 \rangle \\ &= \int \frac{d^3p}{(2\pi\hbar)^3} \int \frac{d^3p_0}{(2\pi\hbar)^3} \langle \mathbf{x} | \mathbf{p} \rangle \langle \mathbf{p} | e^{-\frac{i}{\hbar}H_0(t-t_0)} | \mathbf{p}_0 \rangle \langle \mathbf{p}_0 | \mathbf{x}_0 \rangle \\ &= \int \frac{d^3p}{(2\pi\hbar)^3} \exp\left(+\frac{i}{\hbar}\mathbf{p}\cdot(\mathbf{x} - \mathbf{x}_0) - \frac{i}{\hbar}\frac{p^2(t - t_0)}{2m} \right)\end{aligned} \tag{6.100}$$

이 적분은 가우시안 적분이므로 감마 함수를 이용하여 쉽게 계산할 수 있다.

$$G_0(\mathbf{x}, t;\ \mathbf{x}_0, t_0) = \left(\frac{m}{2\pi i\hbar(t - t_0)} \right)^{3/2} \exp\left(\frac{i}{\hbar}\frac{1}{2}m\frac{(\mathbf{x} - \mathbf{x}_0)^2}{t - t_0} \right) \tag{6.101}$$

6.8 조화 진동자의 연산자 풀이

우리는 5.9절 에서 양자 역학의 일차원 조화 진동자 문제를 파동 방정식인 Hermite 미분 방정식으로 풀어서 에너지 고유값과 고유 파동 함수를 구했다. 결국 파동 함수를 중심으로 논의 되었는데 연산자의 역할도 중요하다. 파동 함수는 반드시 변위나 운동량 **x, p** 의 함수일 필요는 없다. 단지 그들을 기준 벡터로 정한 좌표계에서 본 양자 상태 벡터의 성분일 뿐이다. 양자 상태는 더욱 추상적이다. 특히 후에 다룰 입자의 스핀은 **x, p** 에 관계되지 않으므로 좀 더 일반적인 시도를 해 볼 필요가 있다. 이제 고전 역학에서 잘 알려진 조화 진동자를 연산자 방법으로 풀어본다.

일차원 조화진동자의 하밀토니안 연산자는 다음과 같다.

$$H = \frac{1}{2m} p^2 + \frac{m\omega^2}{2} x^2 \tag{6.102}$$

여기서 p 와 x 는 물리량을 나타내므로 실재 연산자이다. 그러나 지금까지 흔히 사용한 미분 연산자 $p = -i\hbar\, d/dx$ 같은 “편견”을 배제한다. 단지 두 연산자의 교환자에 대한 양자화 규칙 [식 (6.3)] 만 받아들인다.

$$[x,\, p] = +i\hbar \tag{6.103}$$

우선 손쉽게 무차원의 연산자를 다루기 위하여 다음처럼 X, P 연산자를 도입하면

$$x = \sqrt{\frac{\hbar}{m\omega}}\, X \qquad p = \sqrt{m\hbar\omega}\, P \tag{6.104}$$

양자화 규칙과 하밀토니안은 다음과 같다.

$$[X, P] = +i \qquad H = \frac{1}{2}\hbar\omega\left(P^2 + X^2\right) \tag{6.105}$$

연산자 x 와 p 는 물리적인 관측량이므로 실재 연산자이다. X, P 도 마찬가지이다. 이제 비실재 (nonhermitian) 연산자 A 를 아래와 같이 도입한다.

$$A = \frac{1}{\sqrt{2}}(X + iP) \qquad A^\dagger = \frac{1}{\sqrt{2}}(X - iP) \tag{6.106}$$

그러면 양자화 규칙과 하밀토니안을 다음처럼 A 연산자로 표현할 수 있다.

$$[A, A^\dagger] = 1 \qquad H = \frac{1}{2}\hbar\omega\left(AA^\dagger + A^\dagger A\right) = \hbar\omega\left(A^\dagger A + \frac{1}{2}\right) \tag{6.107}$$

또한 하밀토니안과의 교환자도 계산할 수 있다.

$$[H, A] = -\hbar\omega A \qquad [H, A^\dagger] = +\hbar\omega A^\dagger \tag{6.108}$$

이제 조화진동자의 에너지 고유값 문제를 생각해 보자.

$$H\,|\psi\rangle = E\,|\psi\rangle \tag{6.109}$$

고유 벡터 $|\psi\rangle$ 에 교환자 식 (6.108) 을 연산하면 다음을 얻는다.

$$\begin{aligned} HA\,|\,\psi\rangle &= (AH - \hbar\omega A)\,|\,\psi\rangle = (E - \hbar\omega)A\,|\,\psi\rangle \\ HA^\dagger\,|\,\psi\rangle &= (A^\dagger H + \hbar\omega A^\dagger)\,|\,\psi\rangle = (E + \hbar\omega)A^\dagger\,|\,\psi\rangle \end{aligned} \tag{6.110}$$

이 식들을 잘 살펴보면 $|\psi\rangle$ 가 고유값 E 인 고유상태일 때 $A|\psi\rangle$ 는 고유값 $E-\hbar\omega$ 인 고유상태이고, $A^\dagger|\psi\rangle$ 는 고유값 $E+\hbar\omega$ 인 고유상태임을 확인할 수 있다. 그러므로 $A^n|\psi\rangle$ 는 고유값이 $E-n\hbar\omega$ 인 고유상태이다. 충분히 n 을 크게 하면 임의로 낮은 에너지의 고유상태 얻을 수 있다. 그러나 그것은 안될 일이다. 식 (6.107) 에서

$$E = \langle H\rangle = \hbar\omega\,\langle\psi|\left(A^\dagger A + \frac{1}{2}\right)|\psi\rangle \geq \frac{1}{2}\hbar\omega \tag{6.111}$$

이므로 고유값은 항상 양수이어야 하기 때문이다. 이 모순을 해결하는 방법은 어떤 고유벡터 $|\psi_0\rangle$ 에 대하여

$$A\,|\psi_0\rangle = 0 \tag{6.112}$$

이 성립하는 것이다. 그러면 $A|\psi_0\rangle$ 은 고유 벡터가 아니므로 식 (6.111) 과 상치하지 않는다.

이 고유상태 $|\psi_0\rangle$ 에 하밀토니안 (6.107) 를 작용하면 에너지 고유값을 얻는다.

$$H\,|\psi_0\rangle = \hbar\omega\left(A^\dagger A + \frac{1}{2}\right)|\psi_0\rangle = \frac{1}{2}\hbar\omega\,|\psi_0\rangle \tag{6.113}$$

이제 $|\psi_0\rangle$ 에서 시작하여 $A^\dagger$ 연산자를 잇달아 작용하면 다른 에너지 고유값에 해당하는 고유 벡터를 얻을 수 있다.

$$A^\dagger|\psi_0\rangle = |\psi_1\rangle \qquad H|\psi_1\rangle = \frac{3}{2}\hbar\omega|\psi_1\rangle$$
$$A^\dagger|\psi_1\rangle = |\psi_2\rangle \qquad H|\psi_2\rangle = \frac{5}{2}\hbar\omega|\psi_2\rangle \tag{6.114}$$
$$\cdots\cdots\cdots\cdots\cdots\cdots\cdots\cdots\cdots\cdots\cdots$$

일반적으로 다음과 같다. 고유 상태는 무한히 많다.

$$\left(A^\dagger\right)^n|\psi_0\rangle = |\psi_n\rangle \qquad H|\psi_n\rangle = \left(n+\frac{1}{2}\right)\hbar\omega\,|\psi_n\rangle \qquad (n=0,1,2,3,\cdots) \tag{6.115}$$

이렇게 밝혀진 고유 벡터는 아직 규격화되지 않았다. 규격화 상수를 계산하려면 $\langle\psi_n|\psi_n\rangle$의 값을 알아야 한다. 그러려면

$$\langle\psi_n|\psi_n\rangle = \langle\psi_0|\,A^n(A^\dagger)^n\,|\psi_0\rangle = \langle\psi_0|\,AAA\cdots A^\dagger A^\dagger A^\dagger\cdots|\psi_0\rangle \tag{6.116}$$

에 양자화 규칙 (6.107)를 $AA^\dagger = A^\dagger A + 1$ 로 변형하여 반복 적용함으로써 A 는 오른쪽에, $A^\dagger$ 는 왼쪽에 모이게 한다.

$$\langle\psi_0|\,\overbrace{AA\cdots A\,A}^{n}\,\overbrace{A^\dagger A^\dagger\cdots A^\dagger A^\dagger}^{n}\,|\psi_0\rangle = \langle\psi_0|\,\overbrace{AA\cdots A}^{n-1}\,\overbrace{A^\dagger\cdots A^\dagger A^\dagger}^{n-1}\,|\psi_0\rangle$$
$$+\langle\psi_0|\,\overbrace{AA\cdots AA^\dagger}^{n}\,\overbrace{AA^\dagger\cdots A^\dagger A^\dagger}^{n}\,|\psi_0\rangle$$

결과는 A 연산자가 오른쪽으로 한 단계 옮기면서 추가로 $\langle\psi_{n-1}|\psi_{n-1}\rangle$ 가 생긴다. 이 연산을 반복하면 A 가 한 단계 자리 바꿈할 때마다 $\langle\psi_{n-1}|\psi_{n-1}\rangle$ 이 생기고 마지막에는 $|\psi_0\rangle$ 옆에 와서 $A|\psi_0\rangle$ 가 된다. 그러면 식 (6.112) 에 의하여 영이다. 그러므로 다음이 성립한다.

$$\langle\psi_n|\psi_n\rangle = n\,\langle\psi_{n-1}|\psi_{n-1}\rangle = n(n-1)\langle\psi_{n-2}|\psi_{n-2}\rangle = \cdots$$
$$= n!\,\langle\psi_0|\psi_0\rangle = n!$$

여기서 바닥 상태는 규격화된 것, $\langle\psi_0|\psi_0\rangle=1$, 으로 가정하였다. 따라서 우리는 규격화 상수로 $1/\sqrt{n!}$ 을 얻는다.

요약하면 조화 운동자의 고유값과 직교 규격화된 고유 벡터는 다음과 같은데 이 결과를 유도하기 위하여 하밀토니안 (6.102) 과 양자화 규칙, $[x,\ p]=i\hbar$ 밖에 이용한 것이 없다!

$$
\begin{aligned}
H\,|\psi_n\rangle = E_n\,|\psi_n\rangle \qquad E_n = \left(n+\frac{1}{2}\right)\hbar\omega \\
|\psi_n\rangle = \frac{1}{\sqrt{n!}}\left(A^\dagger\right)^n|\psi_0\rangle
\end{aligned}
\tag{6.117}
$$

고유벡터 $|\psi_n\rangle$에 $A^\dagger$를 작용하면 고유값이 $\hbar\omega$ 만큼 증가하고 A의 경우에는 $\hbar\omega$ 만큼 감소하므로 $A^\dagger$를 상승 (raising) 연산자, A를 하강 (lowering) 연산자라 부른다.

$$
\begin{aligned}
A^\dagger\,|\psi_n\rangle &= \sqrt{n+1}\,|\psi_{n+1}\rangle \\
A\,|\psi_n\rangle &= \sqrt{n}\,|\psi_{n-1}\rangle
\end{aligned}
\tag{6.118}
$$

우리는 연산자를 $x,p \to X,P \to A,A^\dagger$ 로 바꾸어 조화 진동자 문제를 풀었다. 모든 고유상태를 알았고 물리량을 기술할 기대값을 계산할수 있다. 윗식에서 $A,\ A^\dagger$ 의 행렬은 다음과 같다.

$$
\begin{aligned}
\langle\psi_m|A^\dagger|\psi_n\rangle &= \delta_{m,n+1}\sqrt{m} \\
\langle\psi_m|A|\psi_n\rangle &= \delta_{m,n-1}\sqrt{n}
\end{aligned}
\tag{6.119}
$$

$$
A^\dagger = \begin{pmatrix} 0 & 0 & 0 & 0 & \cdots \\ \sqrt{1} & 0 & 0 & 0 & \cdots \\ 0 & \sqrt{2} & 0 & 0 & \cdots \\ 0 & 0 & \sqrt{3} & 0 & \cdots \\ \vdots & \vdots & \vdots & \vdots & \ddots \end{pmatrix} \qquad A = \begin{pmatrix} 0 & \sqrt{1} & 0 & 0 & \cdots \\ 0 & 0 & \sqrt{2} & 0 & \cdots \\ 0 & 0 & 0 & \sqrt{3} & \cdots \\ 0 & 0 & 0 & 0 & \cdots \\ \vdots & \vdots & \vdots & \vdots & \ddots \end{pmatrix}
$$

또한 식 (6.104), (6.106) 에서 $x,\ p$ 의 행렬도 얻게된다.

$$
\begin{aligned}
\langle\psi_m|x|\psi_n\rangle &= \sqrt{\frac{\hbar}{2m\omega}}\left(\delta_{m,n-1}\sqrt{n}+\delta_{m,n+1}\sqrt{m}\right) \\
\langle\psi_m|p|\psi_n\rangle &= i\sqrt{\frac{\hbar m\omega}{2}}\left(-\delta_{m,n-1}\sqrt{n}+\delta_{m,n+1}\sqrt{m}\right)
\end{aligned}
\tag{6.120}
$$

$$
x=\sqrt{\frac{\hbar}{2m\omega}}\begin{pmatrix} 0 & \sqrt{1} & 0 & 0 & \cdots \\ \sqrt{1} & 0 & \sqrt{2} & 0 & \cdots \\ 0 & \sqrt{2} & 0 & \sqrt{3} & \cdots \\ 0 & 0 & \sqrt{3} & 0 & \cdots \\ \vdots & \vdots & \vdots & \vdots & \ddots \end{pmatrix} \quad p=i\sqrt{\frac{\hbar m\omega}{2}}\begin{pmatrix} 0 & -\sqrt{1} & 0 & 0 & \cdots \\ +\sqrt{1} & 0 & -\sqrt{2} & 0 & \cdots \\ 0 & +\sqrt{2} & 0 & -\sqrt{3} & \cdots \\ 0 & 0 & +\sqrt{3} & 0 & \cdots \\ \vdots & \vdots & \vdots & \vdots & \ddots \end{pmatrix}
$$

하밀토니안의 고유 상태를 찾았으므로 이에 대한 하밀토니안의 행렬 요소 $\langle\psi_m|H|\psi_n\rangle$ 는 대각 행렬이 되어야 한다. 연산자 A, $A^\dagger$ 로 표현된 하밀토니안 (6.107) 를 사용하여 행렬 요소를 계산하면 다음을 얻고 대각 요소는 고유값이 된다.

$$\langle\psi_m|\, H\, |\psi_n\rangle = \delta_{mn}\left(n+\frac{1}{2}\right)\hbar\omega \tag{6.121}$$

물론 연산자 x, p 의 행렬요소 (6.120)와 하밀토니안 (6.102) 로도 계산할 수 있는데 같은 결과를 얻는다. [연습문제 6.17]

조화 진동자에서 중요한 연산자 중의 하나는 $N = A^\dagger A$ 이다. 고유 상태 $|\psi_n\rangle$ 에 작용하면 우선 A 를 연산할 때 $|\psi_{n-1}\rangle$ 이 되고, $A^\dagger$ 연산에 의해 다시 $|\psi_n\rangle$ 이 되므로 N 의 고유 상태이기도 하다.

$$N\,|\psi_n\rangle = A^\dagger A\,|\psi_n\rangle = \sqrt{n}\,A^\dagger\,|\psi_{n-1}\rangle = n\,|\psi_n\rangle \tag{6.122}$$

즉 N 연산자는 고유 상태의 양자 번호를 알려주는 실재 연산자이다. 이 연산자는 다른 의미로 양자 벌판 이론에서 응용된다.

아무래도 파동함수 $\psi_n(x)$를 계산해야 문제를 완전히 푼 것 같은 느낌이다. 우선 파동함수 $\psi_n(x)$는 $\langle x|$를 기준으로 하는 좌표계에서 성분이므로, 운동량 연산자들은 미분 연산자로 바꾸어 놓을 수 있다. [식 (9.12) 참고]

$$\begin{aligned} &x \to x \qquad p \to -i\hbar\frac{d}{dx} \qquad \xi \equiv \sqrt{\frac{m\omega}{\hbar}}\,x \\ &X \to \xi \qquad P \to -i\frac{d}{d\xi} \\ &A \to \frac{1}{\sqrt{2}}\left(\xi+\frac{d}{d\xi}\right) \qquad A^\dagger \to \frac{1}{\sqrt{2}}\left(\xi-\frac{d}{d\xi}\right) \end{aligned} \tag{6.123}$$

우선 바닥 상태, $\psi_0(x)$를 살펴보자. 식 (6.112) 에 $\langle x|$ 를 곱하면

$$\langle x|A|\psi_0\rangle = 0 \quad \Rightarrow \quad \left(\xi+\frac{d}{d\xi}\right)\langle x|\psi_0\rangle = 0 \tag{6.124}$$

이 미분 방정식은 쉽게 풀리고 규격화까지 고려하면 바닥 상태의 파동 함수는 다음과 같다.

$$\langle\psi_0|\psi_0\rangle = 1 \qquad \psi_0(\xi) = \langle\psi_0|\psi_0\rangle = \sqrt[4]{\frac{m\omega}{\pi\hbar}}\; e^{-\xi^2/2} \tag{6.125}$$

이것은 일차원 Schrödinger 방정식을 풀어서 얻은 결과 (5.84) 와 일치한다.

들뜬 상태에 대한 파동 함수 $\psi_n(x)$ 은 식 (6.117) 를 이용하여 계산한다.

$$\psi_n(\xi) = \frac{1}{\sqrt{n!}}\left[\frac{1}{\sqrt{2}}\left(\xi - \frac{d}{d\xi}\right)\right]^n \psi_0(\xi) = \sqrt[4]{\frac{m\omega}{\pi\hbar}}\frac{1}{\sqrt{2^n n!}}\left(\xi - \frac{d}{d\xi}\right)^n e^{-\xi^2/2} \tag{6.126}$$

마지막으로 윗식이 Hermite 함수임을 증명해야 한다. 그 목적으로 다음 관계에 주목할 필요가 있다. [연습문제 6.16]

$$\left(\xi - \frac{d}{d\xi}\right)e^{-\xi^2/2} = e^{+\xi^2/2}\left(-\frac{d}{d\xi}\right)e^{-\xi^2} = \left[e^{+\xi^2/2}\left(-\frac{d}{d\xi}\right)e^{-\xi^2/2}\right]e^{-\xi^2/2} \tag{6.127}$$

윗식에서 $\xi - d/d\xi$ 연사자를 [ ] 안의 연산자로 대체할 수 있다. 그러면 규격화 상수를 제외한 파동 함수는 다음과 같다.

$$\left(\xi - \frac{d}{d\xi}\right)^n e^{-\xi^2/2} = e^{+\xi^2/2}\left(-\frac{d}{d\xi}\right)^n e^{-\xi^2} \tag{6.128}$$

다음에는 새로운 변수 t 를 도입하여 미분 연산을 변형한다. 그러면 Hermite 다항식의 발생 함수가 되어 파동 함수를 얻는다. [식 (C.28) 참고]

$$\begin{aligned}\left(-\frac{d}{d\xi}\right)^n e^{-\xi^2} &= \left(\frac{d}{dt}\right)^n_{t=0} e^{-(\xi-t)^2} \\ &= e^{-\xi^2}\left(\frac{d}{dt}\right)^n_{t=0} e^{-t^2+2t\xi} = e^{-\xi^2}H_n(\xi)\end{aligned} \tag{6.129}$$

식 (6.126),(6.128), (6.129) 를 종합하면 5.9 절에서 Hermite 미분 방정식을 풀어서 얻은 결과, (5.83) 과 같음을 확인할 수 있다.

조화 진동자는 고전 역학이나 양자 역학에서 모두 중요한 이론적 역할을 한다. 평형 상태에서 그리 크게 벗어나지 않는 물리계를 조화 진동자로 근사시킬 수 있고 해석적인 풀이가 가능하기 때문이다. 특히 양자 벌판 이론에서는 새로운 해석으로 입자의 생성과 소멸 현상을 설명하기도 한다.

연 습 문 제

6.1 반대 선형 연산자 (antilinear operator) 는 연산자 작용이 $Of(x) = f^*(x)$ 이다. 그러면 다음 성질을 가지므로 선형 연산자가 아님을 보이라.

$$O[c_1 f_1(x) + c_2 f_2(x)] = c_1{}^* Of_1(x) + c_2{}^* Of_2(x)$$

6.2 실재 공액 연산자의 정의 [식 (6.7)] 를 사용하여 두 연산자 A_1, A_2 곱의 실재 공액 (hermitian conjugate) 연산자는 다음을 만족함을 증명하라.

$$(A_1 A_2)^\dagger = A_2^\dagger A_1^\dagger$$

6.3 회전 운동량 연산자 $\mathbf{L} = \mathbf{x} \times \mathbf{p}$ 는 실재 연산자임을 증명하라.

$$L_x^\dagger = L_x \quad L_y^\dagger = L_y \quad L_z^\dagger = L_z$$

6.4 다음의 연산자 공식을 증명하라.

$$\mathbf{x} \times \mathbf{L} + \mathbf{L} \times \mathbf{x} = 2i\hbar\, \mathbf{x}$$

6.5 다음의 연산자 관계식을 증명하라.

$$e^A B e^{-A} = B + [A, B] + \frac{1}{2!}[A, [A, B]] + \frac{1}{3!}[A, [A, [A, B]]] + \cdots$$

6.6 A, B 두 연산자가 이들의 교환자 $[A, B]$ 와 가환이면 다음이 성립함을 증명하라.

$$e^A e^B = \exp\left(A + B + \frac{1}{2}[A, B]\right)$$

6.7 폭이 L 이고 무한 깊이인 우물형 벌판의 바닥 상태에 입자가 있다. 우물의 폭이 갑자기 $2L$ 로 증가하였을 때 새로운 우물형 벌판의 이 입자가 바닥 상태에 있을 확률과 처음 들뜬 상태에 있을 확률을 계산하라.

6.8 완전히 직교 규격화된 기준 벡터의 집합 $\{|\phi_n\rangle\}$ 에 하나 연산자를 작용하여 $|\psi_n\rangle = U|\phi_n\rangle$ 로 얻은 $\{|\psi_n\rangle\}$ 의 집합도 완전히 직교 규격화 되었음을 보이라.

6.9 식 (6.4), (6.6) 을 이용하여 다음의 교환자식을 증명하라.

$$[L_i, x_j] = +i\hbar\, \varepsilon_{ijk}\, x_k \quad [L_i, p_j] = +i\hbar\, \varepsilon_{ijk}\, p_k \quad [L_i, L_j] = +i\hbar\, \varepsilon_{ijk}\, L_k$$

6.10 연산자 A가 $A^2 = I$ 일 때 다음의 Moivre 공식을 유도하라.

$$e^{i\theta A} = I\cos\theta + iA\sin\theta$$

6.11 자유 낙하하는 입자의 하밀토니안은 다음과 같다. Heisenberg 묘사 방법으로 운동 방정식을 구하라.

$$H = \frac{1}{2m}p^2 + mgz$$

6.12 식 (6.120)의 행렬을 이용하여 조화 진동자의 고유 상태에서 불확정도 사이에 다음 관계식이 성립함을 증명하라.

$$\Delta x \cdot \Delta p = \left(n + \frac{1}{2}\right)\hbar$$

6.13 다음의 연산자 항등식을 증명하고 하밀토니안 H의 고유 상태 $|\psi_1\rangle$, $|\psi_2\rangle$에 대한 $\langle\psi_1|\,\mathbf{p}\,|\psi_2\rangle$ 를 계산하라.

$$\mathbf{p} = \frac{im}{\hbar}[H, \mathbf{x}]$$

6.14 연습문제 6.13을 참고하여 Thomas-Reiche-Kuhn의 합의 규칙을 증명하라.

$$\sum_k (E_k - E_n)\,|\langle k|\,x\,|n\rangle|^2 = \frac{\hbar^2}{2m}$$

6.15 일차원 조화 진동자에 관한 x의 행렬 요소 (6.120)을 이용하여 연습문제 6.14의 합의 규칙을 확인하라.

6.16 임의의 함수 $f(x)$에 대하여 다음 관계식이 성립하며 두 연산자는 대등함을 입증하라.

$$\left(\frac{d}{dx} - x\right)f(x) = \left(e^{+x^2/2}\frac{d}{dx}e^{-x^2/2}\right)f(x)$$

6.17 조화 진동자에 관한 x, p의 행렬, (6.120)을 제곱하여 하밀토니안 (6.102)의 행렬을 구하고 연산자로 얻은 (6.121)과 일치함을 확인하라

6.18 조화 진동자에서 x^4 연산자의 대각 행렬 요소는 다음과 같음을 증명하라. [행렬을 네번 곱하는 것 보다 $x^4 = x^2x^2$ 으로 계산하는 것이 편리하다.]

$$\langle\psi_n|\,x^4\,|\psi_n\rangle = \frac{3}{4}\left(2n^2 + 2n + 1\right)$$

7. 삼차원에서의 양자 역학

7.1 두 입자 문제

우리는 살고 있는 공간은 삼차원이다. 그러므로 현실의 문제도 삼차원에서 다루어야 마땅하다. 지금까지 공부한 일차원의 문제들은 미시 세계의 양자 역학적 현상을 개념적으로 이해하는데 큰 도움이 되지만 아직 현실과 동떨어진 면이 있었다. 이제 삼차원에서 Schrödinger 방정식을 생각해 보자.

물리계는 상호 작용하는 여러 입자들로 구성된 뭇 입자계이다. 흔히 우리는 벌판 (field) 의 개념으로 설명한다. 사과가 땅에 떨어지는 것은 지구와 사과 사이의 중력때문이지만 다른 시각으로 보면 지구는 그 주위의 공간을 특별한 성질을 갖는 벌판으로 만들어서 이 중력 벌판에 사과를 놓으면 그 질량으로 인하여 중력이 미친다고 해석할 수 있다. 마찬가지로 전기 벌판에 놓인 전하를 띄운 물체는 전기력을 받고 자기 벌판에 놓여 있는 자성체에는 자기력이 작용한다. 벌판은 통상 시간과 공간의 함수이다. 그리고 위치 에너지 $V(\mathbf{x}, t)$ 는 일반 벌판을 표현한다.

상호 작용하는 두 입자로 구성된 물리계를 생각해 보자. 상호 작용이란 이들 입자들이 서로 힘을 미친다는 뜻이다. 힘의 개념을 직접 사용하지 않고 벌판의 개념으로 이해하면 이렇다. 입자는 그 주위 시공간이 특별한 성격을 띄우게한다. 즉 벌판을 만든다. 벌판은 물리학적 성질을 갖는 시공간이다. 이 벌판에 다른 입자가 들어오면 물리적 영향, 즉 힘을 받는다. 또는 두 입자가 만드는 벌판들이 상호 작용한다고 볼 수도 있다. 따라서 두 입자계는 두 개의 입자와 벌판으로 이루어진다. 양자화 과정에서는 두 입자와 관련된 물리량들만 양자화하고 이것이 양자 역학이다. 그러나 벌판도 양자화시켜야 할 것이다. 전자기 벌판을 양자화하면 광자가 되는데 이것은 양자 벌판 이론의 대표적 보기이다. 물론 양자화된 벌판도 입자로 다루어야 하며 소립자 물리학에서 입자를 기술하는 전형적 방법이다. 이책에서는 벌판은 양자화하지 않고 관련된 입자만 양자화된 "양자 역학"을 다루며 제 16 장에서 전자기 벌판의 양자화를 취급한다.

물체는 많은 입자들로 구성되었는데 뭇 입자계를 다루는 것은 고전 역학에서도 어려운 문제이다. 세 입자 문제조차도 상당히 까다롭다.[1] 한편 두 입자 문제는 비교적 다루기 쉽고 많은 경우 주어진 위치 에너지 벌판에서 한 입자가 운동하는 문제로 귀착되므로 양자 역학에서도 두 입자계에 관한 삼차원에서의 Schrödinger 방정식을 다루겠다.

---

[1] 참고: G. R. Fowles, G. L. Cassiday, *Analytical Mechanics 6th ed*, Chap 7

먼저 우리는 두 입자계를 고전역학에 준하는 개념으로 분석해 보자. 그림 7.1에 보이듯이 질량 m_1 인 입자가 위치 $\mathbf{x}_1$ 에, 질량 m_2 인 입자가 위치 $\mathbf{x}_2$ 에서 움직인다고 하자. 우선 고전역학에서 관계를 살피기 위하여 질량중심 좌표 $\mathbf{R}$ 과 상대 좌표 $\mathbf{r}$ 를 다음처럼 정의한다.

$$\begin{aligned} M\mathbf{R} &= m_1\mathbf{x}_1 + m_2\mathbf{x}_2 \qquad M = m_1 + m_2 \\ \mathbf{r} &= \mathbf{x}_2 - \mathbf{x}_1 \end{aligned} \tag{7.1}$$

그러면 Newton의 운동 방정식은 다음과 같다.

$$m_1\frac{d^2\mathbf{x}_1}{dt^2} = \mathbf{F}_{12}(\mathbf{r}) \equiv -\mathbf{F}(\mathbf{r}) \qquad m_2\frac{d^2\mathbf{x}_2}{dt^2} = \mathbf{F}_{21}(\mathbf{r}) = +\mathbf{F}(\mathbf{r}) \tag{7.2}$$

위의 두 운동 방정식에서 다음을 쉽게 유도할 수 있다.

$$\begin{aligned} M\frac{d^2\mathbf{R}}{dt^2} &= 0 \qquad & M &= m_1 + m_2 \\ m\frac{d^2\mathbf{r}}{dt^2} &= \mathbf{F}(\mathbf{r}) \qquad & \frac{1}{m} &= \frac{1}{m_1} + \frac{1}{m_2} \end{aligned} \tag{7.3}$$

첫째식의 의미는 두 입자간의 상호작용 이외에는 다른 외부 작용력이 없으므로 전체의 질량이 질량중심 $\mathbf{R}$ 에 모여서 등속운동을 하는 것이다. 둘째 식은 두 입자의 상대적인 운동을 나타내며 둘 중 한 입자에 원점이 고정된 좌표계에서 상호작용을 받으면서 움직이는 다른 한개의 입자 운동으로 환원해서 기술할 수 있음을 뜻한다. 물론 이때 식 (7.3)의 환산 질량 (reduced mass) m 을 사용해야 한다. 즉 상호 작용의 벌판에서 한 개 입자의 운동으로 문제를 인식할 수 있다.

그림 7.1 두 입자계의 질량중심 운동과 상대 운동을 기술하는 좌표 $\mathbf{R}$, $\mathbf{r}$ 의 정의

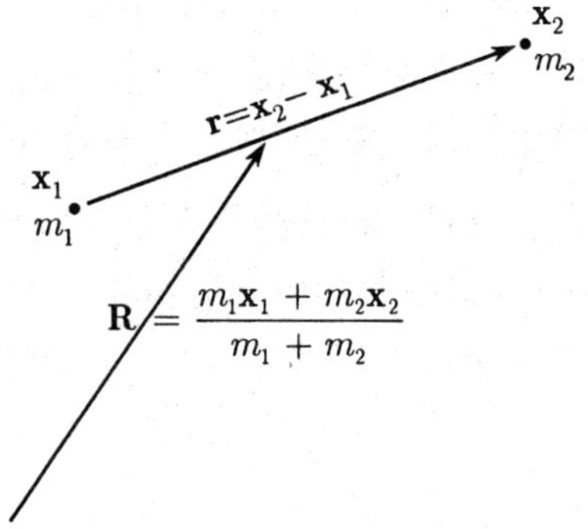

양자 역학에서도 비슷한 결과가 예상되지만 구체적 확인이 필요하다. 변위, 운동량 등이 연산자가 되기 때문이다. 우선 삼차원의 두 입자 문제에서 하밀토니안은 두 입자의 운동 에너지와 위치 에너지의 합이므로 비 상대론적 Schrödinger 방정식은 다음과 같다.

$$i\hbar\frac{\partial}{\partial t}\Psi(\mathbf{x}_1,\mathbf{x}_2,t)=\left(\frac{\mathbf{p}_1^2}{2m_1}+\frac{\mathbf{p}_2^2}{2m_2}+V(\mathbf{x}_2-\mathbf{x}_1)\right)\Psi(\mathbf{x}_1,\mathbf{x}_2,t) \tag{7.4}$$

그러면 연산자로서 $\mathbf{p}_1^2$, $\mathbf{p}_2^2$ 은 식 (7.1) 을 이용하여 다음과 같이 $\mathbf{R}$ 에 대한 연산 $\mathbf{P}$ 와 $\mathbf{r}$ 에 대한 연산 $\mathbf{p}$ 로 표현할 수 있다.[2]

$$\begin{aligned}\mathbf{p}_1^2&=\left(\frac{m_1}{M}\right)^2\mathbf{P}^2-2\frac{m_1}{M}\mathbf{P}\cdot\mathbf{p}+\mathbf{p}^2\\ \mathbf{p}_2^2&=\left(\frac{m_2}{M}\right)^2\mathbf{P}^2+2\frac{m_2}{M}\mathbf{P}\cdot\mathbf{p}+\mathbf{p}^2\end{aligned} \tag{7.5}$$

따라서 Schrödinger 방정식 (7.4) 는 다음과 같게 된다. 이 식은

$$i\hbar\frac{\partial}{\partial t}\Psi(\mathbf{R},\mathbf{r},t)=\left(\frac{-\hbar^2}{2M}\nabla_{\mathbf{R}}^2+\frac{-\hbar^2}{2m}\nabla_{\mathbf{r}}^2+V(\mathbf{r})\right)\Psi(\mathbf{R},\mathbf{r},t) \tag{7.6}$$

질량 중심 좌표 $\mathbf{R}$ 과 상대 좌표 $\mathbf{r}$ 로 변수 분리가 가능하고 전체 파동 함수는 다음과 같다.

$$\Psi(\mathbf{R},\mathbf{r},t)=\Phi(\mathbf{R})\,\psi(\mathbf{r})\,\exp\left(-\frac{i}{\hbar}(E_{cm}+E)\,t\right) \tag{7.7}$$

$$\frac{-\hbar^2}{2M}\nabla_{\mathbf{R}}^2\,\Phi(\mathbf{R})=E_{cm}\,\Phi(\mathbf{R}) \tag{7.8}$$

$$\left(\frac{-\hbar^2}{2m}\nabla_{\mathbf{r}}^2+V(\mathbf{r})\right)\psi(\mathbf{r})=E\,\psi(\mathbf{r}) \tag{7.9}$$

식 (7.8) 은 질량 중심에 관한 방정식으로 두 입자계에는 아무런 외부 힘이 작용하지 않으므로

---

[2] x-성분만 고려하면 $\frac{\partial}{\partial x_1}=\frac{\partial X}{\partial x_1}\frac{\partial}{\partial X}+\frac{\partial x}{\partial x_1}\frac{\partial}{\partial x}=\frac{m_1}{M}\frac{\partial}{\partial X}-\frac{\partial}{\partial x}$ 이고 다른 성분도 마찬가지여서 $\mathbf{p}_1=\frac{m_1}{M}\mathbf{P}-\mathbf{p}$ 가 되고 이를 제곱하면 된다.

질량 M 의 자유 입자와 똑같은 평면 파동 $\exp[i/\hbar(\mathbf{P}\cdot\mathbf{R}-E_{cm}t)]$ 로 표현된다. 상대 운동에 대한 파동 방정식 (7.9) 는 환산 질량으로 기술되는 Schrödinger 방정식이다. 질량 중심의 운동은 전체 파동 함수의 위상 인자가 되므로 상대 운동을 기술하는 대부분 물리량의 기대값 계산에서 상쇄되고 아무 영향을 미치지 않는다. 즉 질량 중심의 운동과 두 입자의 상대 운동은 전혀 별개로 따로 취급할 수 있다. 고전 역학에서처럼 양자 역학에서도 입자의 질량을 환산 질량으로 바꿀 뿐 두 입자 문제는 한 입자 문제로 환원시킬 수 있다. 요약하자면 두 입자계의 운동은 질량 중심의 운동과 상대 운동으로 구분한다. 질량 중심의 운동은 질량 중심에 전체의 질량이 집중되었을 때의 자유 입자 운동과 같으며 상대 운동은 한 입자가 고정되었다고 가정하고 그 입자가 만드는 고전 벌판에서 환산 질량을 가진 다른 입자가 양자 운동을 하는 것으로 풀이한다.

우리는 계속해서 정해진 벌판 $V(\mathbf{x},t)$ 에서 한 개의 입자가 움직이는 보통의 Schrödinger 방정식을 다루겠으나 실제 물리 현상에 적용할 때에는 원점에 한 입자가 있고 식에 나오는 질량은 환산 질량으로 이해한다. 환산 질량 효과는 수소 원자의 경우는 10^{-3} 정도에 불과하지만 양전자와 음전자가 결합 상태를 이룬 포지트로늄 (positronium) 의 경우에는 두 전자의 질량이 같으므로 환산 질량은 절반이 된다.

벌판으로 기술되는 Schrödinger 방정식은 뭇 입자 문제에도 응용된다. 원자는 핵과 그 주위에 여러 전자들로 둘러 싸였는데 관심 대상인 전자이외의 다른 전자들의 작용 효과를 벌판 $V(\mathbf{x},t)$ 에 포함시키는 원자 물리학의 Hartree 이론이 그것이다. 핵 물리학에서도 원자 핵 내의 양성자나 중성자의 운동을 기술하는데 마찬가지로 뭇 입자 효과를 주는 핵 껍질 이론이 있다.

두 입자간에 작용하는 힘의 성격에 따라 두 입자는 충돌, 산란하거나 결합 상태를 형성한다. 편의상 두 입자가 무한히 떨어졌을 때 운동, 위치 에너지를 각각 영이라 하면 결합 상태의 에너지 고유값은 음수 $-E_B(E_B>0)$ 가 된다. 결합상태의 입자들을 분리하려면 에너지가 외부로부터 주입되어야 하기 때문이다. 두 입자계의 전체 에너지는 구성 입자들의 정지 질량 에너지까지 포함해야 하므로 전체 에너지에 해당하는 질량을 M 이라 하면 다음과 같다.

$$E[1,\ 2]=Mc^2=m_1c^2+m_2c^2-E_B \tag{7.10}$$

우리는 E_B 를 결합 에너지 (binding energy) 라 한다. 두 입자를 갈라 놓으려면 외부에서 공급할 최소의 에너지이기 때문이다. 보기로 수소 원자는 양성자와 전자로 구성되어 있으며 결합 에너지는 13.6 eV 이다. [식 (2.10) 참고] 그러므로 수소 원자의 질량은 m_p+m_e 가 아니라

$$m_H=m_p+m_e-13.6\ \mathrm{eV}/c^2 \tag{7.11}$$

이다. 이처럼 원자에서 결합 에너지가 질량에 미치는 효과는 10^{-8} 정도로 실험값 보다 높은

정밀도에 해당하므로 원자들간의 화학 반응에서 질량은 보존되고 열이 발생하거나 흡수된다고 간주한다. 그러나 핵에서는 사정이 달라서 양성자와 중성자로 구성된 중 양성자 (deuteron) 는

$$m_d = m_p + m_n - 2.23\ \text{MeV}/c^2 \tag{7.12}$$

이 되어 결합 에너지의 질량 기여 효과는 10^{-3} 정도이고 실험으로 쉽게 확인할 수 있다. 소립자의 경우에는 경향이 더욱 두드러진다. 그러나 결합 에너지가 커지는 것은 구성 입자들의 운동에너지 증가를 의미하므로 비 상대론 이론인 Schrödinger 이론은 적용 한계에 이르게 된다. 그러므로 식 (7.9) 의 풀이를 구체적인 물리계에 적용할 때에는 고유값 E 가 전체 질량에너지 $(m_1 + m_2)c^2$ 보다 훨씬 작은지 확인해야 한다.

7.2 중심력 벌판

두 입자간의 상호 작용을 기술하는 위치 에너지는 두 입자간의 거리에만 관계되고 방향과는 무관한 경우가 많다. 즉 다음과 같다.

$$V(\mathbf{x}) = V(r) \tag{7.13}$$

잘 알려진 Newton 의 중력 작용이나 Coulomb 의 전기 작용에서는 위치 에너지가 $1/r$ 에 비례하고 방향과 무관하다. 이처럼 위치 에너지가 r 만의 함수이면 힘은 $\mathbf{F}=-\nabla V(r)=-\hat{\mathbf{r}}\,\partial V/\partial r$ 이 되어 방향은 원점을 향하거나 그 반대방향이다. 좌우간 원점에 다른 입자가 놓여 있으므로 힘은 두 입자를 연결하는 직선 방향으로 작용하고 이것을 중심력 벌판 (central force field) 이라고 한다. 중심력 벌판에서는 특별히 선호되는 공간 방향이 따로 없고 회전에 의해 모두 대등하므로 구면 대칭성을 보유한다. 일 차원에서처럼 대칭성은 파동 함수의 특성을 결정하게 된다. 중심력이 작용할 때 시간 독립인 Schrödinger 방정식은 다음과 같다.

$$\left(\frac{-\hbar^2}{2m}\nabla^2 + V(r)\right)\psi(\mathbf{x}) = E\,\psi(\mathbf{x}) \tag{7.14}$$

구면 대칭성을 고려하여 정방 좌표 x, y, z 보다 구면 좌표 r, θ, ϕ 가 훨씬 사용하기 편리하다.

$$\begin{aligned} x &= r\sin\theta\,\cos\phi \\ y &= r\sin\theta\,\sin\phi \\ z &= r\cos\theta \end{aligned} \tag{7.15}$$

구면 좌표계에서의 라플라시안 연산자 ∇^2 은 정방 좌표계보다 복잡해 보이지만 실제로는 변수 분리에 큰 도움이 된다. 구면 좌표계에서 Schrödinger 방정식은 다음 형태를 갖는다.

$$-\frac{\hbar^2}{2m}\left[\frac{1}{r^2}\frac{\partial}{\partial r}\left(r^2\frac{\partial}{\partial r}\right)+\frac{1}{r^2\sin\theta}\frac{\partial}{\partial\theta}\left(\sin\theta\frac{\partial}{\partial\theta}\right)+\frac{1}{r^2\sin^2\theta}\frac{\partial^2}{\partial\phi^2}\right]\psi(r,\theta,\phi) \\ +V(r)\psi(r,\theta,\phi)=E\psi(r,\theta,\phi) \tag{7.16}$$

변수 분리 가능성을 조사하려고 파동 함수를 각 변수들의 함수의 곱으로 가정해 보자.

$$\psi(r,\theta,\phi)=R(r)\,\Theta(\theta)\,\Phi(\phi) \tag{7.17}$$

이것을 식 (7.16) 에 대입한 후 $\psi=R\Theta\Phi$ 로 나누면 다음의 방정식을 얻는다.

$$-\frac{\hbar^2}{2m}\left[\frac{1}{r^2R}\frac{d}{dr}\left(r^2\frac{dR}{dr}\right)+\frac{1}{r^2\Theta\sin\theta}\frac{d}{d\theta}\left(\sin\theta\frac{d\Theta}{d\theta}\right)+\frac{1}{r^2\sin^2\theta}\frac{1}{\Phi}\frac{d^2\Phi}{d\phi^2}\right]+V(r)=E \tag{7.18}$$

윗식에서 ϕ 의 변화에 따른 영향은 $(1/\Phi)\,d^2\Phi/d\phi^2$ 에만 국한되므로 이 값은 어떤 상수 ν 와 같아야 한다.

$$\frac{d^2\Phi}{d\phi^2}=\nu\,\Phi \tag{7.19}$$

이번에는 θ 만의 방정식을 분리시킬 수 있다.

$$\frac{1}{\sin\theta}\frac{d}{d\theta}\left(\sin\theta\frac{d\Theta}{d\theta}\right)+\left(\lambda+\frac{\nu}{\sin^2\theta}\right)\Theta=0 \tag{7.20}$$

마지막으로 지름 방향의 방정식을 얻는다.

$$-\frac{\hbar^2}{2m}\frac{1}{r^2}\frac{d}{dr}\left(r^2\frac{dR}{dr}\right)+\left(\frac{\lambda\hbar^2}{2mr^2}+V(r)\right)R=ER \tag{7.21}$$

변수가 분리된 세 개의 상미분 방정식에서 위치 에너지는 지름 방정식에만 나타나고 방향에 관한 다른 두 방정식은 모든 중심력 문제에서 공통된 풀이를 갖는다. 우리는 ϕ, θ 방정식을 체계적으로 급수 전개하여 풀 수 있지만 다음 절에서 다루기로 하고 지름 방정식을 살펴보자. 이 방정식의 풀이 $R(r)$ 을 다시 정의하여

$$R(r) = \frac{1}{r} u(r) \tag{7.22}$$

이라 하면 지름 방정식은 다음처럼 쓸 수 있다.

$$\left(-\frac{\hbar^2}{2m} \frac{d^2}{dr^2} + \frac{\lambda \hbar^2}{2mr^2} + V(r) \right) u(r) = E\, u(r) \tag{7.23}$$

이 방정식은 일차원에서 $V(r) + \lambda\hbar^2/2mr^2$ 의 위치 에너지를 갖는 입자에 관한 Schrödinger 방정식이 되고 유효 에너지에는 $\lambda\hbar^2/2mr^2$ 항이 추가되었다. 추가항은 고전 역학에서 원심력에 해당하는데 다음 절에서 분명해질 것이다.

7.3 회전 운동량

이제 회전 운동량(angular momentum) 연산자를 다루어 보자, 고전적인 궤도 운동에 따른 회전 운동량은 $\mathbf{L} = \mathbf{x} \times \mathbf{p}$ 이므로 해당하는 회전 운동량 또는 회전량 연산자는 다음처럼 정방 좌표와 구면 좌표로 표현된다.

$$\begin{aligned}
L_x &= y\, p_z - z\, p_y = -i\hbar \left(y \frac{\partial}{\partial z} - z \frac{\partial}{\partial y} \right) = -i\hbar \left(-\sin\phi \frac{\partial}{\partial \theta} - \cos\phi \cot\theta \frac{\partial}{\partial \phi} \right) \\
L_y &= z\, p_x - x\, p_z = -i\hbar \left(z \frac{\partial}{\partial x} - x \frac{\partial}{\partial z} \right) = -i\hbar \left(+\cos\phi \frac{\partial}{\partial \theta} - \sin\phi \cot\theta \frac{\partial}{\partial \phi} \right) \\
L_z &= x\, p_y - y\, p_x = -i\hbar \left(x \frac{\partial}{\partial y} - y \frac{\partial}{\partial x} \right) = -i\hbar \frac{\partial}{\partial \phi}
\end{aligned} \tag{7.24}$$

회전량 연산자는 운동량과 달리 가환이 아니다. 실제로 계산해 보면 이들의 교환자는 영이 아니고 다음처럼 순환 관계가 존재한다.

$$[L_x, L_y] = i\hbar L_z \qquad [L_y, L_z] = i\hbar L_x \qquad [L_z, L_x] = i\hbar L_y \tag{7.25}$$

지표 x, y, z 대신 $1, 2, 3$ 을 쓰면 위의 가환 관계식은 다음과 같이 요약된다.

$$[L_i, L_j] = i\hbar\, \varepsilon_{ijk} L_k \qquad (i, j, k = 1, 2, 3) \tag{7.26}$$

위의 교환자 공식에서 ε_{ijk} 는 Levi-Civita 기호로서 어느 두 지표에 관해서도 반대 대칭이고 (보기: $\varepsilon_{ijk} = -\varepsilon_{jik}$) $\varepsilon_{123} = \varepsilon_{231} = \varepsilon_{312} = +1$, $\varepsilon_{321} = \varepsilon_{213} = \varepsilon_{132} = -1$ 이며 그 외에는 모두 영이다.

식 (7.25) 에서 보듯이 회전량의 세 성분 연산자중 어느 두개도 가환이 아니고 이들의 동시 측정은 불가능하다. 그러나 $\mathbf{L}^2 = L_x^2 + L_y^2 + L_z^2$ 연산자는 모든 성분 연산자와 가환임을 알 수 있다.

$$[\mathbf{L}^2,\ L_i] = 0 \qquad (i = 1, 2, 3) \tag{7.27}$$

그러므로 회전량의 크기와 어느 특정 방향의 한 성분은 동시 측정이 가능하다. 편의상 그 특정 방향을 z 방향이라 하자. 그러면 구면좌표 r, θ, ϕ 와 정방좌표 x, y, z 사이의 관계식 (7.15) 를 이용하여 식 (7.24) 에서 L_z 와 $\mathbf{L}^2$ 연산자를 얻을 수 있고 두 연산자의 공통 고유 함수를 $Y(\theta,\phi)$ 라 하면 다음이 성립한다.

연산자	고유값 방정식
$\mathbf{L}^2 = -\hbar^2\left[\dfrac{1}{\sin\theta}\dfrac{\partial}{\partial\theta}\left(\sin\theta\dfrac{\partial}{\partial\theta}\right) + \dfrac{1}{\sin^2\theta}\dfrac{\partial^2}{\partial\phi^2}\right]$	$\mathbf{L}^2\, Y(\theta,\phi) = \lambda\hbar^2\, Y(\theta,\phi)$ (7.28)
$L_z = -i\hbar\dfrac{\partial}{\partial\phi}$	$L_z\, Y(\theta,\phi) = \mu\hbar\, Y(\theta,\phi)$

회전량 연산자는 실재 연산자이므로 고유값 λ, μ 는 실수이며 이들을 무차원으로 만들려고 고유값 문제 방정식에 $\hbar$ 를 도입하였다.

우선 L_z 에 관한 고유값 문제는 쉽게 풀린다.

$$-i\hbar\frac{\partial}{\partial\phi}Y(\theta,\phi) = \mu\hbar\, Y(\theta,\phi) \quad \Rightarrow \quad Y(\theta,\phi) = y(\theta)\, e^{+i\mu\phi} \tag{7.29}$$

여기서 $y(\theta)$ 는 ϕ-적분의 결과로 생기는 적분상수인데 일반적으로 θ 의 함수이다. 그러므로 $Y(\theta,\phi)$ 의 ϕ 풀이로 $\exp(+i\mu\phi)$를 얻었는데 파동함수가 $\phi \to \phi + 2\pi$ 에 대하여 일가함수가 되려면 $\mu = 0, \pm 1, \pm 2, \cdots$ 등의 정수만 허용한다. 따라서 $\mu = m$ 으로 표기하면 다음을 얻는다.

$$Y(\theta,\phi) = y(\theta)\, e^{im\phi} \qquad (m = 0, \pm 1, \pm 2, \cdots) \tag{7.30}$$

다음에는 $\mathbf{L}^2$ 연산자의 고유값 문제를 살펴보자. 편의상 $\lambda = l(l+1)$ 로 정의하고, θ 대신 $z = \cos\theta$ 로 새로운 변수 z 를 도입하면 $\mathbf{L}^2$ 에 대한 미분 방정식은 다음과 같다.

$$\frac{d}{dz}\left(\left(1 - z^2\right)\frac{dy}{dz}\right) + l(l+1)\, y - \frac{m^2}{1 - z^2}\, y = 0 \tag{7.31}$$

우선 $m=0$ 인 경우를 집중적으로 고려하면 미분 방정식은 다음과 같은 형태인데

$$\left(1-z^2\right)\frac{d^2y}{dz^2}-2z\frac{dy}{dz}+l(l+1)y=0 \tag{7.32}$$

Legendre 미분 방정식으로 알려져 있다. 푸는 방법은 부록 C에 요약되었으며 급수 풀이로 두 개의 독립 풀이가 존재한다. 이들은 흔히 Legendre 함수 $P_l(z)$, $Q_l(z)$로 표현되는데 제곱 적분의 조건을 만족해야 한다. 그러려면 $0\leq\theta\leq\pi$ 이므로 변수 $z(=\cos\theta)$는 $-1\leq z\leq+1$ 이고 식 (7.32)의 풀이는 $z=\pm1$ 에서 유한해야 한다. 실제의 급수 풀이는 식 (C.11)로 표현되는데 모두 $z=\pm1$ 일 때 발산한다. 단지 l 이 정수일 때에만 그 중 하나는 다항식으로 끝나서 유한하다. 이것이 Legendre 다항식 $P_l(z)$ 이다. 둘째 풀이 $Q_l(z)$는 항상 발산한다. 우리는 5.9절의 일차원 조화 진동 벌판에서도 비슷한 상황을 경험했다.

식 (7.32)에서 $l\to-l-1$ 을 대입하여도 똑같으므로 음의 정수 $-1,-2,-3,-4,\cdots$ 는 비음정수 $0,1,2,3,\cdots$ 과 같은 풀이를 준다. 우리는 비음정수 l 을 채택하기로 한다. 그래도 일반성은 결여되지 않는다.

요약하면 연산자 $\mathbf{L}^2$의 고유값 λ 는 비음정수 l 로 표현된다. 그리고 $P_l(\cos\theta)$는 $m=0$ 인 경우에 $\mathbf{L}^2$, L_z의 공통 고유 함수가 된다. 따라서 상이한 l 값을 갖는 두 Legendre 다항식은 서로 직교해야 하는데 실제로 Legendre 다항식의 정의에서 다음을 증명할 수 있다.[3]

$$\int_{-1}^{+1}dz\,P_l(z)\,P_{l'}(z)=\frac{2}{2l+1}\delta_{ll'} \tag{7.33}$$

일반의 경우 $(m\neq0)$ 에는 식 (7.31)을 풀어야 하는데 $m>0$ 인 경우 Legendre 미분 방정식 (7.32)를 m 번 미분한 후 변수 변환을 통하여

$$P_l^m(z)=\left(1-z^2\right)^{m/2}\frac{d^m}{dz^m}P_l(z) \tag{7.34}$$

가 풀이임을 쉽게 확인할 수 있다. $P_l^m(z)$는 Legendre 연관 함수라 부른다. $(1-z^2)^{m/2}$ 때문에 다항식이 아니고 함수이다. 단지 $P_l(z)$는 l 의 짝홀에 따라 우함수 또는 기함수의 다항식이므로 그 m-계 도함수를 포함한 $P_l^m(z)$는 $l-m$ 의 짝홀에 따라 결정된다. 식 (7.34)에서 $m>l$ 이면 도함수가 영이므로 주어진 l 에 대하여 $m=0,1,2,\cdots,l$ 의 값들만 허용된다. 실제로는 고유값 방정식 (7.31)에서 m 이 음수도 될 수 있는데 식 (7.34)를 어떻게 다루어야

---

[3] 부록 C 참고. Legendre 다항식은 대부분의 수리물리학 교재에서 상세히 다루고 있다.

할지 망설이게 된다. 그러나 식 (7.31) 을 살펴보면 m^2 이 나타나므로 음의 m 을 양의 m 으로 대체하여도 무방하다. 우리는 식 (7.34) 를 $|m|$ 으로 이해한다. 따라서 $m = l, l-1, \cdots, -l+1, -l$ 의 $(2l+1)$ 값들만 허용된다.

Legendre 연관 함수 $P_l^m(\cos\theta)$ 는 $\mathbf{L}^2$ 연산자의 고유 함수이므로 상이한 고유값을 갖는 두 고유 함수는 직교한다. 실제로 다음이 성립한다.

$$\int_{-1}^{+1} dz\, P_l^m(z)\, P_{l'}^m(z) = \frac{2}{2l+1}\frac{(l+m)!}{(l-m)!}\delta_{ll'} \tag{7.35}$$

7.4 구면 조화 함수

우리는 l, m 으로 특성을 나타내는 $\mathbf{L}^2$, L_z 의 공통 고유 함수 $Y_{lm}(\theta,\phi)$ 를 얻었다.

$$\begin{aligned} &\mathbf{L}^2\, Y_{lm}(\theta,\phi) = l(l+1)\hbar^2\, Y_{lm}(\theta,\phi) && (l = 0, 1, 2, 3, \cdots) \\ &L_z\, Y_{lm}(\theta,\phi) = m\hbar\, Y_{lm}(\theta,\phi) && (m = l, l-1, \cdots, -l+1, -l) \end{aligned} \tag{7.36}$$

이들은 식 (6.15) 의 일반 논리에 따라서 직교한다. m 이 다를 때의 직교 관계는 쉽고 l 이 다를 경우에는 식 (7.35) 를 이용하면 된다. 이들을 직교 규격화하려면 다음이 성립하도록 해야 한다.

$$\int d\Omega\, Y_{lm}^*(\theta,\phi)\, Y_{l'm'}(\theta,\phi) = \delta_{ll'}\,\delta_{mm'} \qquad d\Omega = \sin\theta\, d\theta\, d\phi \tag{7.37}$$

여기서 $d\Omega = \sin\theta\, d\theta\, d\phi$ 는 입체각의 요소이고 적분 구간은 $0 \le \phi \le 2\pi$, $0 \le \theta \le \pi$ 이다. 식 (7.35) 를 적용하여 규격화된 고유 함수는 다음과 같다.

$$Y_{lm}(\theta,\phi) = \sqrt{\frac{2l+1}{4\pi}\frac{(l-m)!}{(l+m)!}}\,(-1)^m P_l^m(\cos\theta)\, e^{im\phi} \tag{7.38}$$

음의 m 인 경우에는 식 (7.34) 를 적용할 때 문제가 생기는데 $|m|$ 을 사용키로 하였으므로 Legendre 연관함수 $P_l^m(\cos\theta)$ 는 변하지 않고 $\exp(+im\phi)$ 만 $\exp(-im\phi)$ 로 바뀌어 Y_{l-m} 은 Y_{lm}^* 에 비례한다. 따라서 우리는 다음의 관례를 따르겠다.

$$Y_{l-m}(\theta,\phi) = (-1)^m\, Y_{lm}^*(\theta,\phi) \tag{7.39}$$

식 (7.38) 의 $Y_{lm}(\theta,\phi)$ 를 구면 조화 함수 (spherical harmonics) 라 부른다. 중심력 벌판 문제에 공통으로 적용되는 고유 함수이다. 몇 가지 보기는 다음과 같다.

$$
\begin{aligned}
&Y_{00}(\theta,\phi)=\frac{1}{\sqrt{4\pi}} \\
&Y_{10}(\theta,\phi)=\sqrt{\frac{3}{4\pi}}\cos\theta \qquad\qquad Y_{1\pm1}(\theta,\phi)=\mp\sqrt{\frac{3}{8\pi}}\sin\theta\, e^{\pm i\phi} \\
&Y_{20}(\theta,\phi)=\sqrt{\frac{5}{16\pi}}\left(3\cos^2\theta-1\right) \qquad Y_{2\pm1}(\theta,\phi)=\mp\sqrt{\frac{15}{8\pi}}\cos\theta\sin\theta\, e^{\pm i\phi} \\
&Y_{2\pm2}(\theta,\phi)=\sqrt{\frac{15}{32\pi}}\sin^2\theta\, e^{\pm 2i\phi}
\end{aligned}
\tag{7.40}
$$

예 제 7.1 구면 조화함수의 가법정리

공간에 두 벡터 $\mathbf{x}_1$, $\mathbf{x}_2$ 의 구면좌표를 각각 r_1, θ_1, ϕ_1 및 r_2, θ_2, ϕ_2 라 하고 두 벡터 사이의 각도를 α 라 하면 다음의 가법 정리가 성립한다.

$$
P_l(\cos\alpha)=\frac{4\pi}{2l+1}\sum_{m=-l}^{+l} Y_{lm}^*(\theta_1,\phi_1)\,Y_{lm}(\theta_2,\phi_2) \tag{7.41}
$$

이 정리는 특수 함수의 성질만 사용하면 증명하기 상당히 어렵지만 회전 대칭을 활용하여 쉽게 이해할 수 있다.[4]

우선 $P_l(\cos\alpha)$ 는 $\mathbf{L}^2$ 의 고유함수이고 $Y_{lm}(\theta_1,\phi_1)$, $Y_{lm}(\theta_2,\phi_2)$ 는 기준벡터 함수가 될 수 있으므로 다음의 전개가 가능하다.

$$
P_l(\cos\alpha)=\sum_{m_1,m_2} c_{m_1m_2} Y_{l\,m_1}(\theta_1,\phi_1)\,Y_{l\,m_2}(\theta_2,\phi_2) \tag{7.42}
$$

이제 z-축 주위의 회전을 생각하면 좌변은 불변이고 우변에서는 ϕ_1, ϕ_2 만 일정한 각도만큼 변한다. 따라서 $\phi_1-\phi_2$ 의 함수이어야 하며 $m_1=-m_2=-m$ 인데 Y_{l-m} 은 Y_{lm}^* 에 비례하므로 식 (7.42) 는 다음처럼 다시 쓸 수 있다.

$$
P_l(\cos\alpha)=\sum_{m=-l}^{+l} c_m\, Y_{lm}^*(\theta_1,\phi_1)\,Y_{lm}(\theta_2,\phi_2) \tag{7.43}
$$

---

[4] 참고: G. B. Arfken and H. J. Weber, *Mathematical Methods for Physicists, 5th ed*, Sect 12.8

한편 Y_{lm} 은 완전히 직교 규격화된 함수의 집합을 이루므로 입체각의 어느 함수, $f(\theta,\phi)$ 든지 $Y_{lm}(\theta,\phi)$ 로 전개할 수 있다.

$$f(\Omega_1)=\sum_{lm} f_{lm}\,Y_{lm}(\Omega_1) \qquad f_{lm}=\int d\Omega_2\,Y_{lm}^*(\Omega_2)\,f(\Omega_2) \tag{7.44}$$

여기서 입체각 $\Omega_1=(\theta_1,\phi_1)$, $\Omega_2=(\theta_2,\phi_2)$ 를 사용하였다. 그리고 $d\Omega=d\phi\, d(\cos\theta)$ 이다. 윗식에서 계수 f_{lm} 에 관한 적분을 급수에 대입하면 $f(\Omega_1)$ 에 대한 항등식이 되고 아래의 닫힌 관계식 (closure relation) 을 얻는다.

$$\sum_{l=0}^{\infty}\sum_{m=-l}^{+l} Y_{lm}^*(\Omega_1)\,Y_{lm}(\Omega_2)=\delta(\Omega_1-\Omega_2)=\delta(\phi_1-\phi_2)\;\delta(\cos\theta_1-\cos\theta_2) \tag{7.45}$$

입체각 $\Omega=\Omega_1-\Omega_2$ 라 하면 $\delta(\Omega_1-\Omega_2)$ 는 $Y_{l0}(\Omega)$ 의 급수로 전개가 가능하다. 입체각 $\Omega_1-\Omega_2$ 는 그 사이의 각도 α 에만 관계되기 때문이다.

$$\delta(\Omega_1-\Omega_2)=\sum_{l=0}^{\infty} a_l\,Y_{l0}(\Omega) \qquad a_l=\sqrt{\frac{2l+1}{4\pi}}\int d\Omega\;\delta(\Omega_1-\Omega_2)\,P_l(\cos\alpha) \tag{7.46}$$

그런데 $\delta(\Omega_1-\Omega_2)$ 를 $\Omega(\alpha,\beta)$ 에 관해서 적분하면 $P_l(1)=1$ 이 된다. 다음에 식 (7.43) 과 (7.46) 을 종합하면 c_m 을 알 수 있고 식 (7.41) 을 얻는다. ◁◁

일차원 문제에서 위치 에너지가 좌우 대칭이어서 $V(-x)=V(x)$ 라면 파동 함수가 특별한 형태임을 알았다. 삼차원에서 구면 대칭에 따른 효과를 살펴보자. 위치 에너지 $V(r)$ 은 공간 반전 (space inversion), $\mathbf{x}\to\mathbf{x}'=-\mathbf{x}$ 에 대하여 불변이고 운동 에너지도 마찬가지이므로 공간 반전에 대한 연산자를 P 라 하면 다음처럼 기술할 수 있다.

$$\begin{array}{llll} P:\mathbf{x}\to\mathbf{x}'=-\mathbf{x} & & [P,H]=0 & \\ \text{정방 좌표계} & x'=-x & y'=-y & z'=-z \\ \text{구면 좌표계} & r'=+r & \theta'=\pi-\theta & \phi'=\phi+\pi \end{array} \tag{7.47}$$

공간 반전에 따른 좌표 변환을 정방 좌표계와 구면 좌표계에서 구체적으로 표현하였다. 연산자 P, H 는 가환이므로 공통 고유 함수가 존재하고 이들은 우함수 또는 기함수 $\psi(-\mathbf{x})=\pm\psi(\mathbf{x})$ 가 된다. [9.3 절 참고] 실제로 공간 반전으로 구면 조화 함수는 다음의 성질을 가진다.

$$Y_{lm}(\pi-\theta,\phi+\pi)=(-1)^l\,Y_{lm}(\theta,\phi) \tag{7.48}$$

구면 조화 함수 $Y_{lm}(\theta,\phi)$는 $\mathbf{L}^2$, L_z 연산자의 공통 고유 함수인데 이 함수에 L_x, L_y 의 영향을 살펴보도록 하자. 연산자 L_x, L_y 대신 이들의 선형결합인 $L_+=L_x+iL_y$ 와 그 실재공액인 $L_-=L_x-iL_y$ 를 다루는 것이 더욱 편리한데 구면좌표계에서 다음과 같다.

$$\begin{aligned} L_+ &= L_x + i\,L_y = +\hbar\, e^{+i\phi}\left(\frac{\partial}{\partial\theta} + i\cot\theta\,\frac{\partial}{\partial\phi}\right) \\ L_- &= L_x - i\,L_y = -\hbar\, e^{-i\phi}\left(\frac{\partial}{\partial\theta} - i\cot\theta\,\frac{\partial}{\partial\phi}\right) \end{aligned} \tag{7.49}$$

그러면 위의 미분 연산자를 $Y_{lm}(\theta,\phi)$ 의 정의식 (7.38) 에 작용하면 된다. 구체적 과정에서 Legendre 연관 함수의 복잡한 회귀 공식을 활용하여 다음 관계식이 성립함을 보일 수 있다.

$$\begin{aligned} L_+ Y_{lm}(\theta,\phi) &= \sqrt{(l-m)(l+m+1)}\,\hbar\; Y_{l\,m+1}(\theta,\phi) \\ L_- Y_{lm}(\theta,\phi) &= \sqrt{(l+m)(l-m+1)}\,\hbar\; Y_{l\,m-1}(\theta,\phi) \end{aligned} \tag{7.50}$$

윗식에서 보듯이 구면 조화 함수 Y_{lm}에 L_+를 작용하면 $Y_{l\,m+1}$ 상태로 m 이 $+1$ 증가한 고유상태가 되고, L_-의 경우에는 $Y_{l\,m-1}$ 이 되어 m 이 $m-1$ 로 줄어든다. 이러한 이유로 L_+, L_- 를 조화진동자의 $A^\dagger, A$ 처럼 [6.8절 참고] 각각 상승, 하강 연산자라 부른다. $m=l$ 이면 윗식에서 오른변 $Y_{l\,m+1}$ 의 계수가 영이 된다. 그러므로 $L_+ Y_{ll}(\theta,\phi)=0$ 이고 m이 $+l$보다 클 수 없다. 또한 $L_- Y_{l-l}(\theta,\phi)=0$ 이고 $m\geq -l$ 이다. 후에 일반화된 회전량 연산자 방법으로 다시 다룰 것이다. [9.4절 참고]

회전량의 크기는 그 고유값과 같아야 하므로 크기는 $\sqrt{l(l+1)}\,\hbar$ 이고, z-축 방향의 성분은 $m\hbar$ 이다. 그러나 크기를 매번 $\sqrt{l(l+1)}\,\hbar$ 라 부르는 것은 번거로운 표현이므로 회전량의 크기를 간단히 $l\hbar$ 또는 l 이라 한다. 물리량 연산자의 고유값을 양자 역학에서는 양자 번호 (quantum number) 라 한다. 불연속으로 양자화 되었을 경우에는 각각의 양자 상태 (고유 함수) 에 번호를 매길 수 있기 때문이다.

고전 역학에서는 회전량이 $\mathbf{L}=\mathbf{x}\times\mathbf{p}$ 이어서 연속적으로 모든 크기와 온갖 방향을 가질 수 있다. 반면에 양자론에서는 회전량이 양자화한다. 그러나 별로 새삼스러운 것이 아니다. Bohr 모형에서 이미 받아들였기 때문이다. 그러나 구식 양자론과 올바른 양자 이론에는 큰 차이가 있다. 구식 양자론은 $L=l\hbar\,(l=1,2,3,\cdots)$ 으로만 양자화하지만 실제로 $L=\sqrt{l(l+1)}\,\hbar$ 가 올바른 양자화이며 한걸음 나아가 회전량의 제 3성분 L_z 도 양자화 한다는 사실이다.

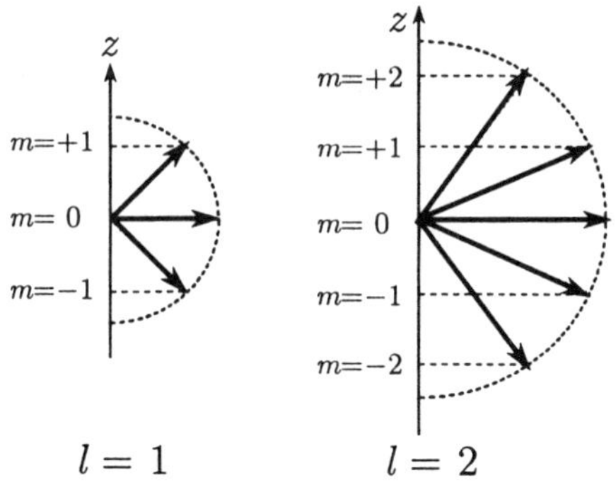

그림 7.2
양자화한 회전량의 벡터 모형.

회전량의 크기와 한 방향의 성분만 확실하고 다른 성분들은 불확실하다.

회전량의 양자화를 도형으로 이해할 수 있는 벡터 모형이 가능하다. 회전량 벡터의 크기는 $L=\sqrt{l(l+1)}\,\hbar$ 만 가능하고 z 성분은 $m=l, l-1, \cdots, -l+1, -l$ 의 $(2l+1)$ 가지만 가능하므로 이러한 성분을 갖는 벡터로서 회전량을 연상할 수 있다. 그림 7.2에 $l=1,2$ 인 경우가 나타나 있다. 그림에서 보듯이 $m=l$ 과 $m=-l$ 의 경우에도 회전량 벡터는 z-축에 나란하지 않다. 만일 평행이라면 $L_x=L_y=0$ 이 되어 불확정도가 영이 된다.

7.5 보존 법칙, 지름 방정식

중심력이 작용하는 역학계에서는 회전량이 보존된다. 행성 운동에서는 Kepler의 제 2법칙으로 나타나고, 해석 역학에서는 각도가 무시 가능한 좌표이기에 회전 운동량이 보존된다. 양자 역학에서도 회전 운동량은 보존되는데 입증하려면 하밀토니안 H 와 가환임을 보여야 한다.

$$H = \frac{\mathbf{p}^2}{2m} + V(r) \tag{7.51}$$

위치 에너지 $V(r)$ 은 θ, ϕ 를 포함하지 않고 r 만의 함수이므로 회전량 연산자와의 가환 관계 $[\mathbf{L}^2, V(r)]=0$ 과 $[L_z, V(r)]=0$ 은 쉽게 증명된다. 한편 $\mathbf{p}^2$ 은 다음과 같다.

$$\begin{aligned}\mathbf{p}^2 = -\hbar^2\nabla^2 &= -\hbar^2\left[\frac{1}{r^2}\frac{\partial}{\partial r}\left(r^2\frac{\partial}{\partial r}\right) + \frac{1}{r^2\sin\theta}\frac{\partial}{\partial\theta}\left(\sin\theta\frac{\partial}{\partial\theta}\right) + \frac{1}{r^2\sin^2\theta}\frac{\partial^2}{\partial\phi^2}\right] \\ &= -\hbar^2\frac{1}{r^2}\frac{\partial}{\partial r}\left(r^2\frac{\partial}{\partial r}\right) + \frac{\mathbf{L}^2}{r^2}\end{aligned} \tag{7.52}$$

따라서 운동 에너지 연산자는 구면 좌표계에서

$$K = \frac{\mathbf{p}^2}{2m} = -\frac{\hbar^2}{2mr^2}\frac{\partial}{\partial r}\left(r^2\frac{\partial}{\partial r}\right) + \frac{\mathbf{L}^2}{2mr^2} \tag{7.53}$$

이 되고 이것도 $\mathbf{L}^2, L_z$ 와 가환이다. 즉 $[\mathbf{L}^2, H]=0$ 과 $[L_z, H]=0$ 이므로 회전량의 크기와 z 성분은 보존된다. 시간이 지나도 기대값은 변하지 않는다는 의미이다. 회전량의 x, y 성분은 동시 측정이 안되고 $\mathbf{L}^2$ 과 L_z 만 가능하다는 사실을 흔히 그림 7.3에 보이는 현상으로 연상한다. l 과 m 이 고정되었으므로 회전량 벡터는 원뿔 모양으로 세차 운동을 하고 L_x 와 L_y 를 측정한다면 그 불확정도는 다음과 같다.

$$\Delta L_x \cdot \Delta L_y \geq \frac{1}{2}\left|\langle [L_x, L_y] \rangle\right| = \frac{1}{2}|m|\hbar \tag{7.54}$$

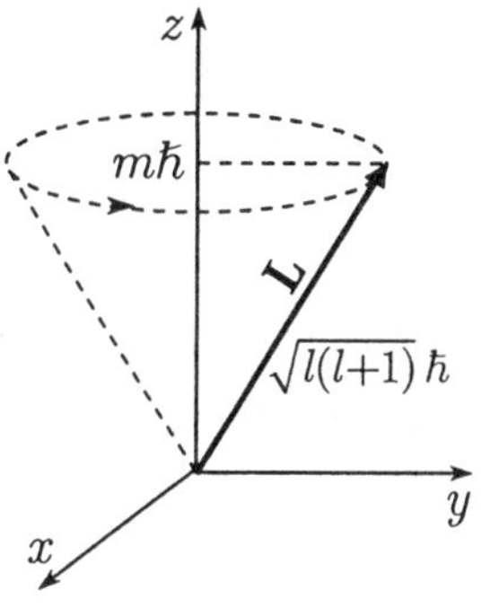

그림 7.3 양자화한 회전량.

회전량의 크기와 한 방향의 성분만 확실하므로 회전량 벡터는 세차 운동을 한다.

앞 절에서 보았듯이 공간 반전 연산자 P 는 하밀토니안 H 와 가환이고 회전량 $\mathbf{L}^2, L_z$ 와도 가환이어서 H, P, $\mathbf{L}^2$, L_z 중 어느 두 연산자도 가환이므로 이들의 공통된 파동 함수를 구할 수 있고 이것이 우리가 계산한 $R(r)Y_{lm}(\theta,\phi)$ 이다.

이제 지름 방정식을 다시 정리하면

$$\left(-\frac{\hbar^2}{2m}\frac{d^2}{dr^2} + \frac{l(l+1)\hbar^2}{2mr^2} + V(r)\right)u_{nl}(r) = E_{nl}\,u_{nl}(r) \tag{7.55}$$

인데 $\lambda = l(l+1)$ 을 대입하고 일반적으로 고유값 풀이가 여러 개 가능하므로 지름 방향의 양자 번호 n 을 사용한다. 이것은 일차원 Schrödinger 방정식인데 유효 에너지의 $l(l+1)\hbar^2/2mr^2$ 의 의미가 더욱 분명해졌다. 고전 역학에서 원 운동을 다룰 때 회전 좌표계에서는 원심력 mv^2/r 의 가상 힘이 작용하는데 회전량 $L=mvr$ 을 쓰면 원심력은 L^2/mr^3 이 되고 이에 해당하는 위치 에너지는 $L^2/2mr^2$ 이다. 이 항의 존재로 입자가 원점에 접근하는 것을 방해하는 원심력이 생긴다. $l(l+1)\hbar^2/2mr^2$ 는 원심 장벽 에너지로 불리운다.

회전량 l 이 같으면 에너지 E_{nl} 은 n 과 더불어 함께 커진다. 에너지가 커지면 de Broglie 파장이 짧아지고 보다 많은 파동의 마디를 수용할 수 있기 때문이다. 지름 양자 번호 n 이 같을 때에는 l 이 커지면 E_{nl} 도 함께 커진다. 원심 장벽이 높아지므로 같은 수의 마디를 유지하려면 에너지가 높아짐으로써 보완이 된다. 회전량 l 이 고정되었을 때는 n 의 증가, n 이 고정되었을 때는 l 의 증가에 따라 에너지 E_{nl} 이 커지는 것은 중심력 문제의 일반적 특성이다.

식 (7.55) 에서 보듯이 원점 부근에서 위치 에너지가 $1/r^2$ 보다 빨리 무한 발산하지 않는 한 원심력 벌판이 주요 역할을 할 것이고 이는 $V(r)$ 과 무관하다. 잘 알려진 중력이나 전기력 벌판은 $1/r$ 로 발산하므로 이 논의에 적합하다. 그러면 원점 부근에서 지름 방정식은 다음으로 근사 시킬 수 있다.

$$\frac{d^2u}{dr^2} - \frac{l(l+1)}{r^2}\, u \simeq 0 \tag{7.56}$$

따라서 원점 근처에서의 지름 파동 함수 $u(r)$ 는 r^{l+1} 또는 r^{-l} 가 되고 원래의 지름 파동 함수 $R(r)$ 은 r^l 또는 r^{-l-1} 이 된다. 파동 함수가 원점에서 발산하면 확률 밀도가 무한대가 되므로 원점 부근에서 $R(r)\approx r^l$ 즉 $u(r)\approx r^{l+1}$ 을 택하겠다. 그러면 원점에서의 파동 함수에 관한 경계 조건을 얻는다.

$$u(r{=}0) = 0 \tag{7.57}$$

그러므로 지름 방정식은 일차원에서 원심 장벽 항 $l(l+1)\hbar^2/2mr^2$ 이 추가된 위치 에너지에 대한 Schrödinger 방정식을 풀면 된다. 단지 $[0, \infty]$ 구간의 r 만 다루고 $u(0)=0$ 의 경계 조건을 만족해야 한다. 완전한 대응으로는 일차원 문제에서 $V(r<0)=\infty$ 로 위치 에너지를 가정하면 된다.

중심력 $V(r)$ 에 대하여 요약하자면 파동 함수는 n, l, m 세 개의 양자 번호로 특성이 나타나고 전체 파동 함수는 다음과 같다.

$$\psi_{nlm}(r,\theta,\phi) = R_{nl}(r)Y_{lm}(\theta,\phi) = \frac{1}{r}u_{nl}(r)Y_{lm}(\theta,\phi) \tag{7.58}$$

파동함수의 각도 부분은 항상 구면 조화함수 $Y_{lm}(\theta,\phi)$ 이며 지름방정식 (7.55)를 풀어서 양자화된 에너지 E_{nl} 과 지름 파동함수를 구한다. E_{nl} 은 다른 양자번호 m 과는 무관하므로 각각의 E_{nl} 마다 $m=l,l-1,\cdots,-l+1,-l$ 의 $(2l+1)$ 개의 양자상태가 존재하고 따라서 겹침도는 $2l+1$ 이다. 추가로 E_{nl} 사이에 겹침 현상이 있으면 겹침도는 더 증가한다.

확률밀도를 알려면 $|\psi(r,\theta,\phi)|^2$ 을 계산해야 하는데 각도분포는 $|Y_{lm}(\theta,\phi)|^2$ 으로 판단할 수 있다. 식 (7.38)에서 $|Y_{lm}(\theta,\phi)|^2$ 는 ϕ 와 무관하므로 ϕ 방향으로는 확률밀도의 변화가 없다. 그러나 방위각 θ 방향은 Legendre 연관함수에 의존하고 $l\neq 0$ 상태는 확률밀도가 유난히 큰 방향이 존재한다. $l=0$ 상태의 확률밀도는 r 에만 관계되는 등방성을 갖는다.

기체방전에서 발생하는 선스펙트럼은 양자역학이 출현하기 이전에 이미 자세히 조사되었고 분광학 기호가 많이 통용되는 실정이다. 매번 "$n=2$, $l=1$ 양자상태"라고 인용하기보다 "$2P$" 상태로 분광학 기호를 채택하는 것이 더 간편하다. 일반적으로 "nL"의 형태로 표기하는데 L 은 회전량의 크기로서 $l=0$ 일 때에는 S, $l=1,2,3,\cdots$ 일 때에는 각각 $P, D, F,\cdots$ 등을 사용한다. n 은 지름방향의 양자번호로서 $1,2,3,\cdots$ 의 값을 가지는데 핵물리학, 입자물리학에서 사용하는 표기방식이다. 원자물리학에서는 지름 양자번호 대신 수소원자 유형을 따라 주 양자번호를 사용한다. 중심력 문제에서 전형적 에너지 고유값은 그림 7.4에 나타난 바와 같고 에너지 준위 도표라 한다.

각 에너지 준위는 $(2l+1)$ 개가 겹쳤으므로 P-상태 $(l=1)$ 는 실제로 3개 $(m=+1,0,-1)$ 의 상이한 양자상태가 같은 에너지 값을 갖는 것이다. 에너지 준위가 실제로 겹쳐졌는지를 확인하려면 시료에 자기벌판을 걸어서 Zeeman 효과로 구면대칭을 깨뜨리는 것이 관행이다. 그러면 겹쳐진 에너지 준위가 $2l+1$ 개로 갈라져서 겹침의 존재를 알 수 있다. 그런 이유로 흔히 L_z의 양자번호 m 을 자성(磁性) 양자번호 (magnetic quantum number)라고 부른다.

식 (7.58)이 규격화된 파동함수라면 원점에서의 확률밀도는 매우 작은 반경의 구 내부에 입자가 있을 확률을 구의 부피로 나누어서

$$\begin{aligned}\rho(0) &= \frac{1}{4/3\,\pi\delta^3}\int_{r<\delta} d^3x\,|\psi(r,\theta,\phi)|^2 \\ &= \frac{1}{4\pi}\left|R_{nl}(0)\right|^2 = \delta_{l0}\,\frac{1}{4\pi}\left|R_{n0}(0)\right|^2\end{aligned} \tag{7.59}$$

이 되는데 지름 파동함수 $R_{nl}(r)$ 은 원점 부근에서 r^l에 비례하므로 $l=0$ 이 아닌 한 확률밀도는 영이다. 즉 S-상태에 있는 입자는 원점에서 발견될 확률이 유한하지만 기타의 경우에는 전혀 없다. 원자핵의 종류에 따라서 어떤 경우에는 궤도 전자를 포획하는 일이 있다. 포획

하려면 우선 핵과 전자의 파동 함수가 서로 겹칠 확률이 높아야 하는데 핵은 원점에 집중되어 있으므로 S -상태에 있는 전자들만 포획이 가능하다. 쿼크와 반대 쿼크가 결합된 중간자의 경우에도 이들이 소멸하여 새로운 입자로 붕괴하려면 $l=0$ (S -상태)에서만 가능하다. 전자와 양전자의 결합 상태인 포지트로늄의 소멸도 마찬가지이다.

7.6 자유 입자

자유 입자는 힘을 안 받으므로 $V(\mathbf{x})=0$ 이고 이미 4.7절에서 정방 좌표계를 이용하여 파동 함수가 $\exp(+i/\hbar\,\mathbf{p}\cdot\mathbf{x})=\exp(+i\,\mathbf{k}\cdot\mathbf{x})$ 임을 배웠다. 그러나 $V(\mathbf{x})=0$ 도 당연히 중심력 $V(r)$ 의 조건을 만족하므로 구면 좌표계에서 풀이를 구해볼 필요가 있다. 그러나 비록 $V(\mathbf{x})=0$ 이더라도 원심 장벽 벌판 $l(l+1)\hbar^2/2mr^2$ 은 고려해야 한다. 삼차원 자유 입자의 파동 함수는 식 (7.58)의 형태이고 방향 파동 함수는 구면 조화 함수 $Y_{lm}(\theta,\phi)$ 이다. 그리고 지름 파동 함수 $u_{nl}(r)$ 은 다음 방정식을 만족한다.

$$-\frac{\hbar^2}{2m}\frac{d^2u}{dr^2}+\frac{l(l+1)\hbar^2}{2mr^2}\,u=E\,u \tag{7.60}$$

이제 파동수 k 를 도입하고 원점부터의 거리 r 을 무차원 변수로 하기 위해서

$$E=\frac{\hbar^2k^2}{2m}\qquad\qquad \rho=kr \tag{7.61}$$

로 표현하면 다음 형태의 미분 방정식을 얻는다.

$$\frac{d^2u}{d\rho^2}+\left(1-\frac{l(l+1)}{\rho^2}\right)u=0 \tag{7.62}$$

이번에는 종속 변수 u 를 $u(\rho)=\sqrt{\rho}\,y(\rho)$ 로 대체하면 $y(\rho)$ 에 관한 미분 방정식은

$$\rho^2\frac{d^2y}{d\rho^2}+\rho\frac{dy}{d\rho}+\left(\rho^2-\left(l+\frac{1}{2}\right)^2\right)y=0 \tag{7.63}$$

의 형태로 다시 쓸 수 있고 이것은 유명한 Bessel 미분 방정식이다. [부록 C 참고] 그 풀이는 Bessel 함수 $J_{l+1/2}(\rho)$, $J_{-l-1/2}(\rho)$ 의 두 가지가 있으므로 일반 풀이는 다음과 같다.

$$u(r)=c_+\sqrt{kr}\,J_{l+1/2}(kr)+c_-\sqrt{kr}\,J_{-l-1/2}(kr) \tag{7.64}$$

그런데 Bessel 함수의 지표가 $l+1/2$ 이면 구면 Bessel 함수 $j_l(\rho)$와 $n_l(\rho)$로 표현할 수 있고

$$j_l(\rho) = \sqrt{\frac{\pi}{2\rho}}\, J_{l+1/2}(\rho) \qquad n_l(\rho) = \sqrt{\frac{\pi}{2\rho}}\, Y_{l+1/2}(\rho) \tag{7.65}$$

지름 함수 풀이는 일반적으로 구면 Bessel 함수 $j_l(\rho)$과 $n_l(\rho)$의 선형 결합이다.

$$R(r) = c_1\, j_l(kr) + c_2\, n_l(kr) \tag{7.66}$$

그러나 경계 조건 $u(0)=0$ 을 만족하려면 $j_l(kr)$만 택해야 한다. $n_l(kr)$은 $r \to 0$ 일 때 r^{-l-1} 의 형태로 발산하기 때문이다. 결국 우리가 찾는 삼차원 자유 입자의 파동 함수는 다음과 같다

$$\psi(r,\theta,\phi) = A\, j_l(kr)\, Y_{lm}(\theta,\phi) \tag{7.67}$$

구면 Bessel 함수 $j_l(kr)$은 r이 커질 때 $1/r \sin(kr - l\pi/2)$ 이므로 좌표계 원점에서 사방으로 퍼져나가는 파동이라 할 수 있다. 진동을 다룰 때 일차원에서는 싸인, 코싸인의 삼각 함수로 표현되지만 이차원이나 삼차원에서는 Bessel 함수가 그 역할을 한다.

정방 좌표계에서 자유 입자의 파동 함수로 $\exp(+i\,\mathbf{k}\cdot\mathbf{x})$를 얻었고 모든 $\mathbf{k}$에 대한 평면 파동의 집합 $\{\exp(+i\,\mathbf{k}\cdot\mathbf{x})\}$ 는 완전성을 갖춘 고유 함수이다. 마찬가지로 식 (7.67)의 구면 파동 함수들의 집합 $\{j_l(kr)\, Y_{lm}(\theta,\phi)\}$ 도 완전성을 갖춘 고유 함수이다. 따라서 임의의 파동 $\exp(+i\,\mathbf{k}\cdot\mathbf{x})$ 는 $j_l(kr)\, Y_{lm}(\theta,\phi)$ 의 선형 결합으로 표현할 수 있어야 한다.

$$e^{+i\mathbf{k}\cdot\mathbf{x}} = \sum_{l=0}^{\infty}\sum_{m=-l}^{+l} c_{lm}\, j_l(kr)\, Y_{lm}(\theta,\phi) \tag{7.68}$$

편의상 $\mathbf{k}$ 방향을 z-축으로 정하고 ϕ 각도에 대하여 적분하면 다음처럼 쓸 수 있다.

$$e^{+ikr\cos\theta} = \sum_{l=0}^{\infty} a_l\, j_l(kr)\, P_l(\cos\theta) \tag{7.69}$$

여기서 a_l 은 결정해야 할 계수들이다. Legendre 다항식의 직교 관계를 이용하면

$$a_l\, j_l(kr) = \frac{2l+1}{2}\int_{-1}^{+1} d(\cos\theta)\; e^{+ikr\cos\theta} P_l(\cos\theta) \tag{7.70}$$

이 되는데 윗식은 kr 에 관한 항등식이므로 급수로 전개한 후 $(kr)^l$ 항의 계수를 비교하여 a_l 을 계산하면 평면 파동과 구면 파동 사이의 중요한 관계식을 얻는다.

$$e^{+ikz} = \sum_{l=0}^{\infty}(2l+1)\, i^l\, j_l(kr)\, P_l(\cos\theta) \qquad z = r\cos\theta \tag{7.71}$$

7.7 구형 우물 벌판

우물이 깊어서 다음과 같다면

$$\begin{aligned} V(r) &= 0 \qquad\qquad (r < a) \\ &= \infty \qquad\qquad (r > a) \end{aligned} \tag{7.72}$$

자유 입자의 풀이를 그대로 사용할 수 있다. 이 경우 "우물형"이라 하였으나 실제로는 삼차원의 단단한 공 내부에 갇힌 입자를 기술하는 것이다.

이러한 보기로 안정한 원자핵 내에서 중성자의 운동을 생각하면 원자핵 내부 $(r<a)$ 에서는 주위의 핵자로부터 근거리 핵력을 골고루 받으므로 균형을 이루어 자유 입자처럼 움직이지만 외부 $(r>a)$ 로 나가려면 표면에서 안쪽으로 강한 핵력을 받아서 운동이 원자핵 내부에만 국한되어 있다. 이러한 핵자는 구형 우물 벌판 문제로 근사시킬 수 있다.

경계면 $r=a$ 에 투과 불가능한 장벽이 있으므로 지름 파동 함수가 $r=a$ 에서 영 이어야 하고, $j_l(ka)=0$ 방정식을 풀면 양자화된 에너지를 얻는다. 지름 양자 번호 n 을 도입하여 구면 Bessel 함수 j_l 의 근을 x_{nl} 이라면 에너지 고유값은 다음과 같다.

$$E_{nl} = \frac{\hbar^2 x_{nl}^2}{2ma^2} \qquad\qquad j_l(x_{nl}) = 0 \qquad (n = 1, 2, 3, \ldots) \tag{7.73}$$

Bessel 함수의 근은 무한히 많으므로 일차원의 경우처럼 결합 상태의 수도 무한히 많다. 그림 7.4에는 에너지 준위가 나타나 있다. 낮은 에너지부터 회전량의 순서가 $SPDSFPGDS\cdots$ 인데 핵의 껍질 모형 (shell model)에 응용된다. [12.6절 참고]

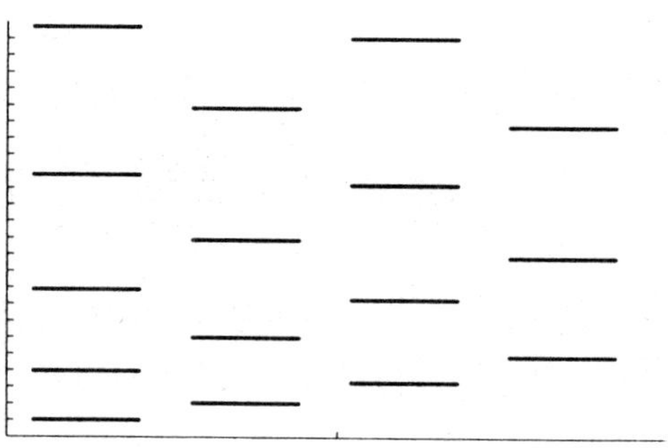

그림 7.4
단단한 공안에서 움직이는 입자의 에너지 준위

이번에는 좀더 현실적으로 우물의 깊이가 유한한 경우를 다루어보자. 위치 에너지는 다음과 같은데 회전 효과를 함께 고려해야 한다.

$$V(r) = -V_0 \qquad (r < a)$$
$$= 0 \qquad (r > a) \tag{7.74}$$

그리고 $-V_0 < E < 0$ 인 경우와 $E > 0$ 인 경우로 나누어 미분방정식을 풀어야 한다. 유효 에너지는 그림 7.5에 보인다. 이번에는 다음처럼 매개 변수를 도입한다.

$$k = \frac{1}{\hbar}\sqrt{2mE} \qquad \kappa = \frac{1}{\hbar}\sqrt{-2mE} \qquad k_1 = \frac{1}{\hbar}\sqrt{2m(E+V_0)} \tag{7.75}$$

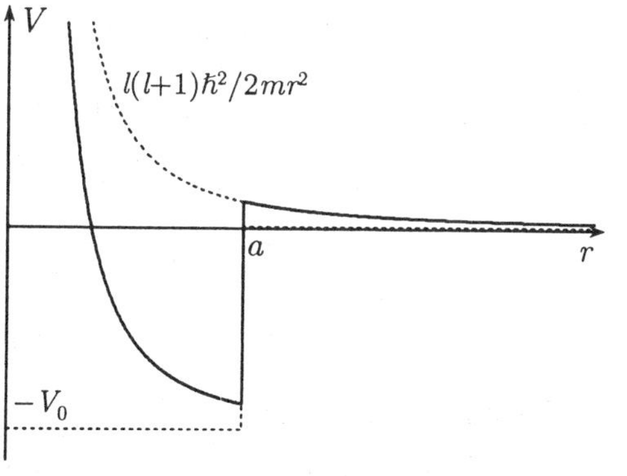

그림 7.5 유한 깊이의 삼차원 우물 벌판에서 유효 위치 에너지

$\boxed{-V_0 < E < 0}$ $r < a$ 영역에서는 자유 입자의 경우와 같지만 $-V_0$ 때문에 k 대신 k_1 을 사용해야 하고, $r > a$ 영역에서는 독립적인 두 Bessel 함수가 모두 포함되어야 한다.

$$R(r) = c_1\, j_l(k_1 r) \qquad (r < a)$$
$$= d_1\, h_l^{(1)}(i\kappa r) + d_2\, h_l^{(2)}(i\kappa r) \qquad (r > a) \tag{7.76}$$

구 밖의 $r > a$ 영역에서 파동함수는 점근적으로 지수형일 터이므로 j_l, n_l 함수 대신 무한점근 형태를 고려하여 Hankel 함수 h_l 을 채택하였다. 그러나 $r \to \infty$ 일 때 $h_l^{(2)}$ 는 $e^{+\kappa r}$ 의 형태로 발산하므로 제곱 적분이 안되어 받아들일 수 없다. 결국 $r < a$ 영역의 $j_l(k_1 r)$ 풀이와 $r > a$ 영역의 $h_l^{(1)}(i\kappa r)$ 의 풀이만 고려하면 되는데 경계 조건은 식 (5.11) 에서처럼 $d/dr \ln R(r)$ 이 $r = a$ 에서 연속이어야 한다.

$$k_1 \frac{j_l'(k_1 a)}{j_l(k_1 a)} = i\kappa \frac{h_l'^{(1)}(i\kappa a)}{h_l^{(1)}(i\kappa a)} \tag{7.77}$$

식 (7.75) 를 참고하면 윗식은 E 에 관한 방정식이고 이를 풀면 에너지 고유값을 얻는다. 결과는 그림 7.4 의 무한 깊이 우물의 경우와 비슷한데 차이점은 에너지 준위의 수가 유한하다는 것이다.

회전 운동량이 $l=0$ 인 경우에는 원심 장벽 에너지가 영이 되고 일차원 우물형 벌판 문제로 환원한다. 그러나 원점에서의 경계조건 $u(0)=0$ 때문에 원점에 무한대인 에너지 장벽이 설치된 벌판과 동등하다. 그러므로 식 (7.77) 은 식 (5.53) 의 기함수 풀이가 된다.

$E>0$ 이 경우 지름 함수는 다음과 같다.

$$\begin{aligned} R(r) &= c_1\, j_l(k_1 r) && (r<a) \\ &= c_2\Big(\cos\delta_l\, j_l(kr) - \sin\delta_l\, n_l(kr)\Big) && (r>a) \end{aligned} \tag{7.78}$$

이번에는 파동 함수가 $r>a$ 영역에서도 진동형이므로 두 풀이 $j_l(kr),\, n_l(kr)$ 을 모두 사용하였다. $r=a$ 에서 경계 조건을 적용하면 다음 관계식을 얻는다.

$$\tan\delta_l = \frac{k\, j_l'(ka) - \gamma_l\, j_l(ka)}{k\, n_l'(ka) - \gamma_l\, n_l(ka)} \qquad \gamma_l = \frac{k_1\, j_l'(k_1 a)}{j_l(k_1 a)} \tag{7.79}$$

우물형 벌판의 $V_0 \to 0$ 의 극한에서는 자유 입자의 파동과 같아야 한다. 그 경우 식 (7.75) 에서 $k=k_1$ 이므로 식 (7.79) 에서 $\delta_l=0$ 을 얻는다. 그러면 $r>a$ 영역에서의 풀이는 $j_l(kr)$ 항 뿐이고 $r<a$ 영역의 파동 함수와 같다.

원점에서 멀리 떨어진 영역 $(r\to\infty)$ 에서 지름 파동 함수는 다음의 점근 형태로 역시 원점에서 퍼져나가는 파동이 된다.

$$\begin{aligned} R(r) \xrightarrow[r\to\infty]{} & c_2\left(\cos\delta_l \frac{\sin(kr - l\pi/2)}{kr} + \sin\delta_l \frac{\cos(kr - l\pi/2)}{kr}\right) \\ &= \frac{c_2}{kr}\sin(kr - l\pi/2 + \delta_l) \end{aligned} \tag{7.80}$$

그러므로 우물 벌판의 역할은 파동 함수의 위상 변화를 야기한다. 반대로 위상 변화를 잘 조사하면 V_0, a 등에 관한 정보를 얻을 수도 있다. 식 (7.80) 의 결과는 $V(\infty)=0$ 의 형태의 어떤 벌판에도 적용되므로 산란 이론에 중요하다. 위상 변화 δ_l 에 입자 상호 작용에 관한 정보가 담겨 있는 것이다.

7.8 조화 진동 벌판

지름 방정식은 다음과 같은데 자유 입자의 경우처럼 무차원화 시킨다.

$$\left(-\frac{\hbar^2}{2m}\frac{d^2}{dr^2}+\frac{l(l+1)\hbar^2}{2mr^2}+\frac{1}{2}m\omega^2r^2-E\right)u(r)=0 \tag{7.81}$$

일차원 조화 진동자의 바닥 상태를 참고하여 에너지의 단위를 $1/2\,\hbar\omega$ 로, 그리고 이 에너지에 해당하는 고전 진동자의 진폭을 길이의 단위로 채택하면

$$E=\frac{1}{2}\hbar\,\omega\,\varepsilon \qquad r=\sqrt{\frac{\hbar}{m\omega}}\,\rho \qquad \rho=\mu r \qquad \mu=\sqrt{\frac{m\omega}{\hbar}} \tag{7.82}$$

아래의 무차원 미분 방정식을 얻는다.

$$\left(\frac{d^2}{d\rho^2}-\frac{l(l+1)}{\rho^2}-\rho^2+\varepsilon\right)u(\rho)=0 \tag{7.83}$$

이 방정식의 풀이를 찾기 전에 $\rho\to 0$ 와 $\rho\to\infty$ 인 양 극단의 경우 $u(\rho)$의 형태를 살펴볼 필요가 있다. $\rho\to 0$ 일 때에는 $-l(l+1)/\rho^2$ 이 가장 두드러지므로 $u(\rho)\approx\rho^{l+1}$ 의 형태가 되며 [식 (7.56) 참고], $\rho\to\infty$ 일 때에는 ρ^2이 다른 항보다 두드러지므로 $u(\rho)\approx\exp(-\rho^2/2)$ 의 형태가 된다. 따라서 다음처럼 새로운 변수 $v(\xi)$ 를 도입하면

$$u(\rho)=e^{-\frac{1}{2}\rho^2}\rho^{l+1}v(\xi) \qquad\qquad \xi=\rho^2 \tag{7.84}$$

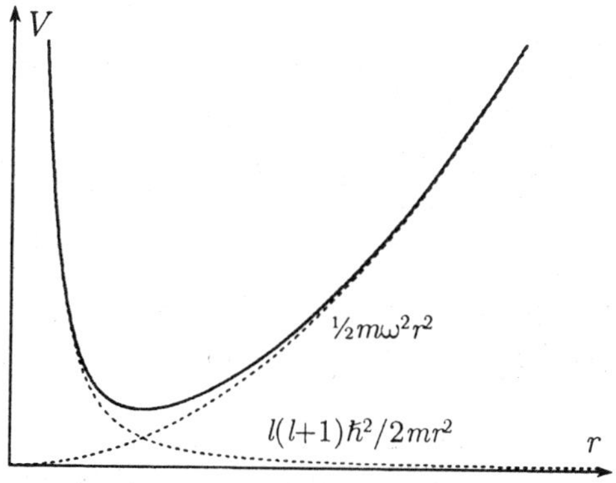

그림 7.6 삼차원 조화 진동 벌판

새 종속 변수 $v(\xi)$ 에 대한 미분 방정식을 얻는다.

$$\xi\frac{d^2v}{d\xi^2}+\left(l+\frac{3}{2}-\xi\right)\frac{dv}{d\xi}+\frac{1}{4}(\varepsilon-2l-3)\,v=0 \tag{7.85}$$

이것은 수학에서 자세히 연구된 합류된 초기하 함수 (confluent hypergeometric function) 또는 Kummer 함수에 대한 미분 방정식이다. [식 (C.44)]

$$x\,y''+(b-x)\,y'-a\,y=0 \tag{7.86}$$

식 (7.85) 의 두 독립 풀이는 다음과 같다. [부록 C 참고]

$${}_1F_1\left(-\frac{\varepsilon-2l-3}{4};\, l+\frac{3}{2};\, \xi\right),\qquad \xi^{-l-1}\,{}_1F_1\left(1-\frac{\varepsilon-2l-3}{4}-l-\frac{3}{2};\, -l+\frac{1}{2};\, \xi\right) \tag{7.87}$$

그런데 $r=0$ ($\xi=0$) 에서의 경계조건 $u(0)=0$ 를 만족시키려면 우리는 첫째 풀이만 택하여야 한다. 그러므로

$$v(\xi)={}_1F_1\left(-\frac{\varepsilon-2l-3}{4};\, l+\frac{3}{2};\, \xi\right) \tag{7.88}$$

이렇게 얻은 $v(\xi)$ 도 무한 점근형태는 $\exp(+\xi)$ 가 되어 $v(\rho)\approx\exp(+\rho^2)$ 이 되므로 제곱적분이 가능한 지름함수 $u(\rho)$를 구성할 수 없다. 해결책은 식 (7.88) 의 한 지표 $-(\varepsilon-2l-3)/4$ 가 비양 (non-positive) 정수 $0,-1,-2,-3,\cdots$ 이 되어 무한 급수가 아닌 다항식으로 끝나는 것이다. 즉 다음이 성립하는 것이다.

$$-\frac{1}{4}(\varepsilon-2l-3)=-(n-1)\qquad\qquad (n=1,2,3,\cdots) \tag{7.89}$$

이 식을 정리하면 양자화된 에너지 준위를 얻는다.

$$E_{nl}=\left(2n+l-\frac{1}{2}\right)\hbar\omega\qquad \begin{matrix}(n=1,2,3,4,\cdots)\\(l=0,1,2,3,\cdots)\end{matrix} \tag{7.90}$$

한편 이 에너지 준위에 대한 파동 함수는 식(7.88) 이고 결과적으로 에너지 고유값과 규격화된 지름 파동 함수는 다음과 같다.[5]

---

5 $L_{n-1}^{l+1/2}(x)$ 는 Laguerre 연관 다항식, $\Lambda_{n-1}^{l+1/2}(x)$ 는 규격화된 다항식임. 부록 C 참고

$$E_{nl} = \left(p + \frac{3}{2}\right)\hbar\omega \qquad (p = 2n + l - 2 = 0, 1, 2, 3, \cdots) \tag{7.91}$$

$$\begin{aligned} R_{nl}(r) &= \left(\frac{m\omega}{\hbar}\right)^{3/4} \frac{1}{\Gamma(l+3/2)} \sqrt{\frac{2\,\Gamma(n+l+1/2)}{\Gamma(n)}}\, \rho^l e^{-\frac{1}{2}\rho^2}\, {}_1F_1\left(-n+1;\, l+3/2;\, \rho^2\right) \\ &= \left(\frac{m\omega}{\hbar}\right)^{3/4} \sqrt{\frac{2\,(n-1)!}{\Gamma(n+l+1/2)}}\, \rho^l e^{-\frac{1}{2}\rho^2} L_{n-1}^{l+1/2}(\rho^2) \qquad \rho = \sqrt{\frac{m\omega}{\hbar}}\, r \\ &= \left(\frac{m\omega}{\hbar}\right)^{3/4} \sqrt{2}\, \rho^l e^{-\frac{1}{2}\rho^2} \Lambda_{n-1}^{l+1/2}(\rho^2) \qquad \begin{matrix} (n = 1, 2, 3, 4, \cdots) \\ (l = 0, 1, 2, 3, \cdots) \end{matrix} \end{aligned} \tag{7.92}$$

$n = 1,\ 2$인 특별한 경우에 지름 파동 함수는 다음과 같다.

$$\begin{aligned} R_{1l}(r) &= \left(\frac{m\omega}{\hbar}\right)^{3/4} \left(\frac{2^{l+2}}{(2l+1)!!\,\sqrt{\pi}}\right)^{1/2} \rho^l e^{-\frac{1}{2}\rho^2} \qquad \rho = \sqrt{\frac{m\omega}{\hbar}}\, r \\ R_{2l}(r) &= \left(\frac{m\omega}{\hbar}\right)^{3/4} \left(\frac{2^{l+1}(2l+3)}{(2l+1)!!\,\sqrt{\pi}}\right)^{1/2} \rho^l e^{-\frac{1}{2}\rho^2} \left(1 - \frac{2}{2l+3}\rho^2\right) \end{aligned} \tag{7.93}$$

이제 모든 물리량의 기대값을 구할 수 있고 우리는 조화 진동자의 양자 역학적 문제를 풀었다.

우선 에너지를 살펴보자. 그림 7.7에 에너지 준위가 나타나 있다. 식 (7.91)에서 보듯이 가장 낮은 에너지 상태는 $3/2\,\hbar\omega$ 이다. 일차원 진동자에서는 바닥상태의 에너지가 $1/2\,\hbar\omega$ 이었는데 각 차원마다 $1/2\,\hbar\omega$ 이어서 삼차원에서는 그렇게 된 것이다. 또 에너지 준위는 겹쳐진다. 회전량에 의한 겹침 이외에 지름 양자 번호에도 겹침이 있다. 보기로 $2S$와 $1D$ 상태가 겹쳐지는 것이다. 겹침도는 $1/2\,(p+1)(p+2)$ 이다.

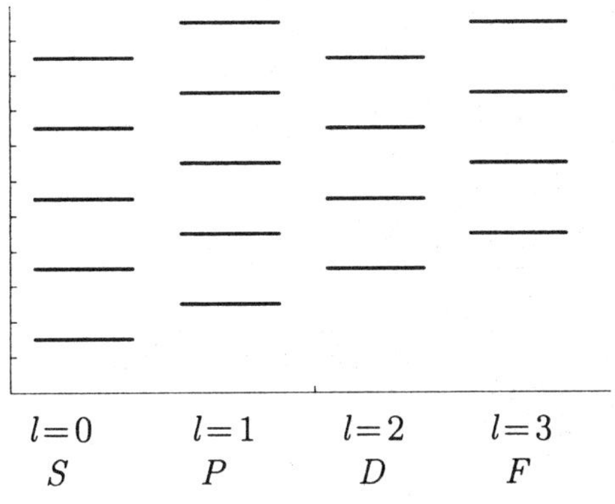

그림 7.7
삼차원 조화 진동자의 에너지 준위

바닥 상태의 에너지는 $3/2\,\hbar\omega$ 이다.

7.9 Coulomb 벌판

Coulomb 벌판 문제는 비상대론 양자 역학의 핵심이라 할 수 있다. Bohr의 이론에서 시작하여 양자 이론이 확립되기까지, 또 그 이후에도 수소 원자 스펙트럼은 항상 중심 소재가 되었다. $1/r$ 형태의 위치 에너지는 고전 역학에서와 마찬가지로 중요한 역할을 한다. 행성의 궤도 운동에 적용할 때는 Kepler 문제로 알려져 있다. 이제 원자에 Schrödinger 이론을 적용하겠는데 단순한 수소 원자가 아니라 임의의 원자에서 한 개의 전자 이외에는 모두 제거한 수소 같은 원자(hydrogenlike atom)를 고려하겠다. 수소 같은 원자는 $+Ze$ 의 전하를 띄운 핵과 $-e$ 의 전하를 가진 전자가 결합된 두 입자 문제인데 Coulomb 전기 벌판에서 전자가 움직인다고 환원해서 생각할 수 있다. 즉 다음의 위치 에너지에 대한 Schrödinger 방정식을 푸는 것이다.

$$V(r) = -\frac{Ze^2}{4\pi\varepsilon_0 r} = -\frac{\alpha\hbar c}{r} \qquad \alpha = \frac{e^2}{4\pi\varepsilon_0 \hbar c} \simeq \frac{1}{137} \tag{7.94}$$

그러면 지름 방향의 파동 방정식은 다음과 같다.

$$\left(-\frac{\hbar^2}{2m}\frac{d^2}{dr^2} + \frac{l(l+1)\hbar^2}{2mr^2} - \frac{Z\alpha\hbar c}{r} - E\right) u(r) = 0 \tag{7.95}$$

우선 $E<0$ 의 결합상태를 다루기로 한다. 수소 원자 문제에서 제일 관심 있는 결합상태의 에너지 스펙트럼 문제이다. 전과 마찬가지로 방정식을 무차원화 하는 것이 필요하므로 다음처럼 새로운 변수를 도입한다.

$$\hbar\kappa = \sqrt{-2mE} \qquad \xi = 2\kappa r \qquad A = Z\alpha c\sqrt{\frac{m}{-2E}} \tag{7.96}$$

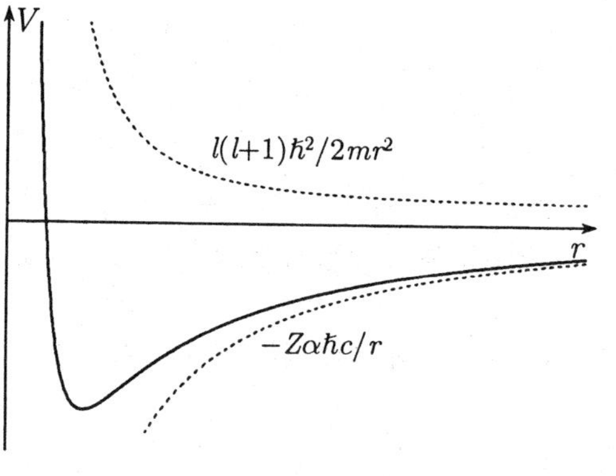

그림 7.8
수소 같은 원자에 대한 Coulomb 벌판

그러면 지름 방정식은 다음과 같다.

$$\left(\frac{d^2}{d\xi^2}-\frac{l(l+1)}{\xi^2}-\frac{1}{4}+\frac{A}{\xi}\right)u(\xi)=0 \tag{7.97}$$

지름 파동 함수 $u(\xi)$ 는 원점 근처에서는 ξ^{l+1}, 무한 점근 형태는 $\exp(-\xi/2)$의 형태이므로 새로운 종속 변수 $v(\xi)$ 를 다음과 같이 도입하면

$$u(\xi)=\xi^{l+1}e^{-\frac{1}{2}\xi}\,v(\xi) \tag{7.98}$$

다음의 Kummer 미분 방정식을 얻는다. [식 (C.44) 참고]

$$\xi\frac{d^2v}{d\xi^2}+(2l+2-\xi)\frac{dv}{d\xi}+(A-l-1)\,v=0 \tag{7.99}$$

이 미분 방정식의 풀이는 이미 조화 진동자에서 다루었다. 원점에서 유한하려면

$$v(\xi)={}_1F_1(-A+l+1;2l+2;\xi) \tag{7.100}$$

라야 하는데 이 함수는 무한 점근 형태가 $\exp(+\xi)$ 이고 그러면 제곱 적분이 수렴하지 않으므로 다항식으로 끝나야 한다. 그러려면 다음 조건을 만족하면 된다.

$$-A+l+1=-(n_r-1) \qquad (n_r=1,2,3,\cdots) \tag{7.101}$$

이 식에서 양자화된 에너지를 구할 수 있다.

$$E_n=-\frac{1}{2n^2}Z^2\alpha^2mc^2 \qquad (n=n_r+l=1,2,3,\cdots) \tag{7.102}$$

원자 문제에서는 지름 양자 번호 n_r 보다 $n=n_r+l$ 이 에너지 준위를 결정하는 주요 역할을 하므로 n 을 주 양자 번호 (principal quantum number) 라 부른다. 수소 같은 원자의 에너지 준위는 그림 7.9 에 나타나 있다. 이 에너지 준위들도 겹쳐져 있는데 회전량이 달라도 추가로 겹쳐짐을 알 수 있다. 겹침도는 다음과 같다.

$$\text{겹침도:}\quad \sum_{l=0}^{n-1}(2l+1)=n^2 \tag{7.103}$$

즉 양자 번호 n 이 알려지면 l 은 0 부터 $n-1$ 까지 모든 값을 가질 수 있고 그 때마다 $(2l+1)$ 개의 자성 겹침이 있기 때문이다.

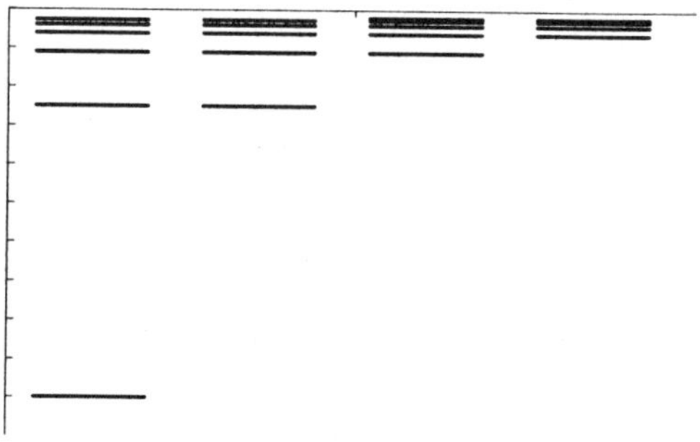

그림 7.9
수소 같은 원자의 에너지 준위

회전량이 다른 상태들의 추가 겹침은 $1/r$ 벌판의 특징이다. 흔히 우연한 겹침으로 불리지만 구면 대칭 이외의 추가 대칭을 의미하며 $1/r$ 형태에서 조금만 벗어나도 이 겹침은 없어진다.

윗식들을 종합하면 지름 파동 함수도 규격화된 형태로 다음과 같다.[6]

$$
\begin{aligned}
R_{nl}(r) &= \left(\frac{Z}{a_B}\right)^{\frac{3}{2}} \frac{2}{n^2(2l+1)!}\sqrt{\frac{(n+l)!}{(n-l-1)!}}\left(\frac{2\rho}{n}\right)^l e^{-\frac{\rho}{n}} {}_1F_1\left(-n+l+1;\ 2l+2;\ \frac{2\rho}{n}\right) \\
&= \left(\frac{Z}{a_B}\right)^{\frac{3}{2}} \frac{2}{n^2}\sqrt{\frac{(n-l-1)!}{(n+l)!}}\left(\frac{2\rho}{n}\right)^l e^{-\frac{\rho}{n}} L^{2l+1}_{n-l-1}\left(\frac{2\rho}{n}\right) \\
&= \left(\frac{Z}{a_B}\right)^{\frac{3}{2}} \frac{2}{n^2}\left(\frac{2\rho}{n}\right)^l e^{-\frac{\rho}{n}} \Lambda^{2l+1}_{n-l-1}\left(\frac{2\rho}{n}\right) \\
\rho &= \frac{Z}{a_B} r \qquad (n = 1,2,3,4,\cdots) \quad (l = 0,1,2,3,\cdots,n-1)
\end{aligned}
\tag{7.104}
$$

여기서 길이의 척도를 재조정하여 a_B/Z 를 단위로 하는 ρ 를 도입하였다. a_B/Z 는 식 (2.8) 에서 보다시피 수소 같은 원자가 바닥상태에 있을 때 원자의 반경이다. 지름 파동 함수의 몇 가지 보기는 다음과 같다.[7]

---

[6] $L^{2l+1}_{n-l-1}(x), \Lambda^{2l+1}_{n-l-1}(x)$ 에 관하여는 부록 C 참고. 식 (7.104) 의 규격화 상수는 Laguerre 연관 다항식의 직교 관계와 무관함. M. L. Boas, *Mathematical Methods in the Physical Sciences, 2nd ed*, Sect 12.22, G. B. Arfken and H. J. Weber, *Mathematical Methods for Physicists, 5th ed*, Sect 13.2 참고

[7] 지름 적분에서 r^2dr 을 $\rho^2d\rho$ 로 척도 조정하면 R_{nl} 의 $(Z/a_B)^{3/2}$ 는 무시해도 무방하다.

$$
\begin{aligned}
R_{10}(r) &= \left(\frac{Z}{a_B}\right)^{\frac{3}{2}} 2\,e^{-\rho} & R_{30}(r) &= \left(\frac{Z}{a_B}\right)^{\frac{3}{2}} \frac{2}{3\sqrt{3}}\left(1-\frac{2}{3}\rho+\frac{2}{27}\rho^2\right)e^{-\frac{1}{3}\rho} \\
R_{20}(r) &= \left(\frac{Z}{a_B}\right)^{\frac{3}{2}} \frac{1}{\sqrt{2}}\left(1-\frac{1}{2}\rho\right)e^{-\frac{1}{2}\rho} & R_{31}(r) &= \left(\frac{Z}{a_B}\right)^{\frac{3}{2}} \frac{8}{27\sqrt{6}}\left(\rho-\frac{1}{6}\rho^2\right)e^{-\frac{1}{3}\rho} \\
R_{21}(r) &= \left(\frac{Z}{a_B}\right)^{\frac{3}{2}} \frac{1}{2\sqrt{6}}\,\rho\,e^{-\frac{1}{2}\rho} & R_{32}(r) &= \left(\frac{Z}{a_B}\right)^{\frac{3}{2}} \frac{4}{81\sqrt{30}}\,\rho^2\,e^{-\frac{1}{3}\rho}
\end{aligned}
\tag{7.105}
$$

파동함수가 밝혀졌으므로 각종 물리량의 기대값들은 계산이 가능하다. 특히 관심의 대상은 $\langle r^k \rangle$ 인데 길이의 단위가 a_B/Z 이므로 몇 가지 $\langle \rho^k \rangle$ 를 증명없이 열거한다.[8]

$$
\begin{aligned}
\langle \rho^2 \rangle &= \langle nl|\,\rho^2\,|nl\rangle &&= \frac{n^2}{2}\Big[5n^2+1-3\,l(l+1)\Big] \\
\langle \rho \rangle &= \langle nl|\,\rho\,|nl\rangle &&= \frac{1}{2}\Big[3n^2-l(l+1)\Big] \\
\langle 1/\rho \rangle &= \langle nl|\,1/\rho\,|nl\rangle &&= \frac{1}{n^2} \\
\langle 1/\rho^2 \rangle &= \langle nl|\,1/\rho^2\,|nl\rangle &&= \frac{1}{n^3(l+1/2)} \\
\langle 1/\rho^3 \rangle &= \langle nl|\,1/\rho^3\,|nl\rangle &&= \frac{1}{n^3\,l\,(l+1/2)(l+1)}
\end{aligned}
\tag{7.106}
$$

바닥상태의 수소원자 $(Z=1,\ n=1,\ l=0)$에서 r 의 기대값은 예상과 다르게 $\langle r \rangle = 3a_B/2$ 이다. 오히려 $\langle r^{-1} \rangle = a_B^{-1}$ 이다. 따라서 Bohr 반경 a_B 는 $\langle r \rangle$이 아니라 $1/\langle 1/r \rangle$ 인 것이다.

식 (7.106)에서 $\langle 1/r^3 \rangle$ 은 수소원자의 스핀-궤도 작용 계산에 필요한데 $l=0$ 일 때 무한대가 되어 의문이 생길 수 있지만 다른 역학 효과와 상쇄하므로 문제되지 않는다. [12.2절 참고]

기대값 계산의 보기로 위치에너지의 경우에는 다음과 같이 예제 6.1에서 비리얼 정리로 알고 있는 결과를얻는다.

---

[8] 구체적인 $\langle r^k \rangle$ 은 H. A. Bethe and E. E. Salpeter, *Quantum Mechanics of One- and Two-Electron Atoms*, 17쪽 참고, 특별한 기교를 사용한 공식의 증명은 A.Das & A.Melissinos, *Quantum Mechanics*, appendix 11 참고. 이 책에서는 길이의 단위로 a_B 대신 a_B/Z 를 사용하므로 식 (7.104), (7.105) 및 (7.106)에 Z 가 안 나타난다.

$$\langle V(r)\rangle = \left\langle -\frac{Z\alpha\hbar c}{r}\right\rangle = -\frac{1}{n^2}\frac{Z^2\alpha\hbar c}{a_B} = -\frac{1}{n^2}Z^2\alpha mc^2 = 2E_n \tag{7.107}$$

앞서 중심력 벌판에 관한 일반적인 논의에서 원점 부근의 지름 파동 함수는 r^l 에 비례하여 S-상태 이외에는 원점에서의 파동 함수가 영이 됨을 배웠다. 수소 같은 원자의 경우에는 식 (7.104) 에서 다음을 알 수 있다.

$$|R_{nl}(0)|^2 = \left(\frac{Z}{a_B}\right)^3 \frac{4}{n^3}\,\delta_{l0} \tag{7.108}$$

포지트로니움을 구성하는 전자-양전자는 서로 반대입자이며 소멸한다. 그러나 결합 상태에 있을 때 Bohr 모형에서는 거리가 100 pm 정도 떨어져 있고 수소처럼 안정해야 할것이다. 그럼에도 소멸하는 것은 입자의 파동 함수 때문이다. 비록 평균적으로는 상당히 떨어졌더라도 두 입자가 같은 위치에 있을 확률, 즉 원점에서 파동 함수가 영이 아니기에 소멸 확률이 존재한다.

7.10 직선형 벌판

원자 핵을 구성하는 양성자나 중성자처럼 강한 핵력이 미치는 입자들을 강입자 (hadron) 라 한다. 강입자는 쿼크 3개로 결합된 중입자 (baryon) 와 2개가 결합한 중간자 (meson) 가 있다. 중간자는 쿼크와 반대 쿼크의 결합 상태인데 매혹 쿼크처럼 무거운 쿼크들이 결합할 때에는 충분히 속도가 낮고 비상대론적인 Schrödinger 이론으로 다룰 수 있다. 더욱이 쿼크는 아무리 에너지를 주어도 이온화 시켜 분리시킬 수 없다는 면에서 쿼크간의 위치 에너지는 거리에 비례하여 늘어나는 직선형 벌판 $V(r)=ar$ 이 적용되고 있다.

일차원에서는 직선형 벌판을 생각할 수 없다. 위치 에너지 $V(x)$ 의 하한이 없기 때문이다. 그러나 삼차원에서는 $r>0$ 영역에만 국한하므로 풀이가 존재한다. 이제 매혹 쿼크 c 와 그 반대 쿼크 $\bar{c}$ 가 직선형 벌판으로 결합하여 차모니움 (charmonium) 입자가 될 때 에너지 고유 상태를 찾아보기로 하자. 우선 지름 방정식은 아래와 같다.

$$\left(-\frac{\hbar^2}{2m}\frac{d^2}{dr^2} + \frac{l(l+1)\hbar^2}{2mr^2} + ar - E\right)u(r) = 0 \tag{7.109}$$

첫 단계는 방정식을 무차원화하는 것이다. 다음과 같이 $\alpha, \varepsilon, \rho$ 를 정의하면

$$\rho = \alpha r \qquad \alpha = \left(\frac{2ma}{\hbar^2}\right)^{1/3} \qquad E = \varepsilon\left(\frac{a^2\hbar^2}{2m}\right)^{1/3} \tag{7.110}$$

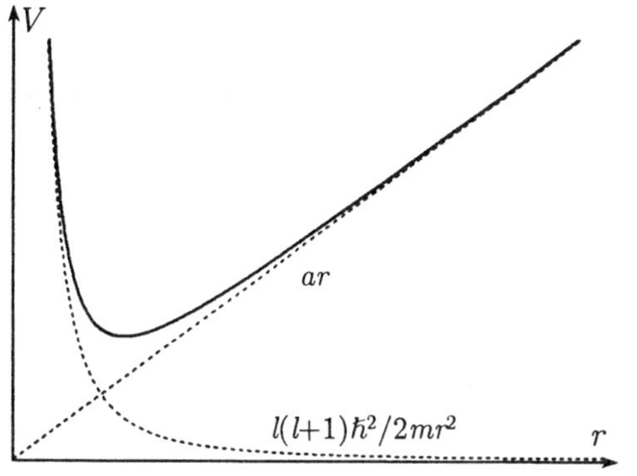

그림 7.10
무거운 중간자에 대한 직선형 벌판

지름 방정식의 수학적 구조가 간명해진다.

$$\left(\frac{d^2}{d\rho^2}-\frac{l(l+1)}{\rho^2}+\varepsilon-\rho\right)u(\rho)=0 \tag{7.111}$$

$\boxed{l=0}$ 이 방정식의 해석적 풀이는 S-상태일 때 알려져 있다.[9]

$$\frac{d^2u}{d\rho^2}+(\varepsilon-\rho)u=0 \tag{7.112}$$

이 방정식은 $\xi=\rho-\varepsilon$ 의 변수 변환으로

$$\frac{d^2u}{d\xi^2}-\xi u=0 \tag{7.113}$$

가 되어 쉽게 풀릴 것 같지만 사실은 좀더 변환을 해보면 지표가 ±1/3 인 Bessel 함수가 풀이이다.[10] 일반 풀이는 다음과 같다.

$$u(\xi)=c_+\sqrt{\xi}\,J_{+1/3}\left(\frac{2}{3}\xi^{3/2}\right)+c_-\sqrt{\xi}\,J_{-1/3}\left(\frac{2}{3}\xi^{3/2}\right) \tag{7.114}$$

이 Bessel 함수는 Airy 함수 $Ai(\xi)$, $Bi(\xi)$ 로 알려져 있으며 다음처럼 다시 쓸 수 있다. [부록 C 참고]

---

[9] 식 (7.109) 는 좌표 공간에서의 파동 방정식이다. 운동량 공간에서의 방정식 (4.108) 을 이용하면 1 계 미분 방정식이 된다. 운동량 공간에서의 풀이는 A. Goswami, *Quantum Mechanics*, Sect 4.5 를 참고할 것.

[10] 참고: M. Abramowitz & A.Stegun (ed), *Handbook of Mathematical Functions*, 446 쪽

$$u(\xi) = c_1 Ai(\xi) + c_2 Bi(\xi) \tag{7.115}$$

그런데 Bi 함수는 무한 점근 형태가 $Bi(\xi) \approx \exp(+2/3\,\xi^{3/2})$ 이 되어 발산하므로 $Ai(\xi)$ 만 선택하여야 한다.

$$u(\rho) = c_1\, Ai(\rho - \varepsilon) \tag{7.116}$$

그러나 이 파동함수도 $r=0$ $(\rho=0)$ 에서의 경계 조건 $u(0)=0$ 을 만족해야 하므로 에너지 고유값에 대한 방정식을 얻는다. 해답은 Airy 함수의 근이다.

$$Ai(-\varepsilon) = 0 \tag{7.117}$$

Airy 함수의 근은 음의 실수 축 위에만 있는 것이 밝혀졌다. 그 근을 $-\varepsilon_n$ 이라 하면 에너지 고유값은 다음과 같다.

$$Ai(-\varepsilon_n) = 0 \qquad \Rightarrow \qquad E_n = \varepsilon_n \left(\frac{a^2\hbar^2}{2m}\right)^{1/3} \tag{7.118}$$

처음 몇 개의 근은 수치가 다음과 같다.[11]

$$\varepsilon_1 = 2.338107 \quad \varepsilon_2 = 4.087949 \quad \varepsilon_3 = 5.520559 \quad \varepsilon_4 = 6.786708 \tag{7.119}$$

$\boxed{l \neq 0}$ 이 경우에 해석적 풀이는 알려지지 않았지만 무거운 강입자 연구에 중요한 과제이므로 고유값 문제를 수치 계산으로 구한다. 그러나 양자 물리학의 근사 이론을 적용하면 물리적 의미가 있는 풀이를 얻게 된다. 보기로 WKB 근사를 이용하여 에너지 고유값을 알아낼 수 있다. [예제 8.4 참고]

더욱 구체적인 방법은 변분 이론을 적용하는 것이다. 고유값 문제를 하밀토니안의 극소값 문제로 환원하여 적당한 시도 함수를 가정함으로써 에너지 고유값과 고유 함수를 체계적으로 알아내는 방법이 개발되었다. 예제 10.7 과 부록 E에서 상세히 다룰 것이다.

---

[11] 참고: M. Abramowitz & A.Stegun (ed), *Handbook of Mathematical Functions*, 478 쪽

연 습 문 제

7.1 중심력 벌판의 하밀토니안은 다음과 같이 표현할 수 있음을 보이라.

$$H = \frac{\mathbf{p}^2}{2m} + V(r) = -\frac{\hbar^2}{2m}\frac{1}{r}\frac{\partial^2}{\partial r^2}r + \frac{\mathbf{L}^2}{2mr^2} + V(r)$$

그리고 회전량 연산자 $\mathbf{L}^2$, L_i 와 가환임을 증명하라.

$$[H,\ L_i] = 0 \qquad [H,\ \mathbf{L}^2] = 0$$

7.2 삼차원 조화 진동자의 겹침도는 회전량 l 이 짝수이거나 홀수이거나 상관없이 다음과 같음을 증명하라.

$$\text{겹침도 :}\ \frac{1}{2}(p+1)(p+2)$$

7.3 구면 Bessel 함수

$$j_0(x) = \frac{1}{x}\sin x \qquad h_0^{(1)}(x) = -\frac{i}{x}e^{ix}$$

를 사용하여 삼차원 우물형 문제의 $l=0$ 인 경우 갇힌 상태의 에너지에 대한 방정식 (7.77) 은 일차원 우물형 문제의 기함수 풀이 [식 (5.52) 의 $y=-\cot x/2$] 과 같음을 증명하라.

7.4 $l=0$ 인 삼차원 방정식의 풀이는 일차원에서 다음 중 한가지로 대응시켜도 무방하다.

1. $V(-x)=V(x)$ 인 일차원 문제의 기함수 풀이
2. $x<a$ 일때 $V(x)=\infty$

그러므로 삼차원 진동자의 풀이 (7.92) 의 $l=0,\ n=1,2,3\cdots$ 풀이는 일차원 진동자 풀이 (5.83) 의 $n=1,3,5\cdots$ 풀이에서 얻을 수 있음을 확인하라.

7.5 반지름 R 인 단단한 공 내부에서 움직이는 입자의 양자화된 에너지 식 (7.73) 은 S-상태의 경우 구식 양자론에서 얻은 결과 [연습문제 2.5] 와 같음을 보이라.

7.6 실제의 수소 원자 문제에서는 식 (7.102) 의 에너지 준위에 관한 식에서 m 은 전자의 환산 질량을 택하여야 한다. 수소 원자와 중 수소 원자 스펙트럼에서 환산 질량 효과가 $2P$-$1S$ 전이에 미치는 파장의 변화를 계산하라.

7.7 식 (7.40) 에 보기로 예시한 구면 조화 함수들을 확인하라.

7.8 식 (7.93) 에 보기로 예시한 조화 진동 벌판의 지름 파동 함수들을 확인하라.

7.9 질량이 같은 두 조화 진동자가 양끝이 고정된 벽에 탄성 계수가 같은 스프링으로 연결되어 있다. 이 물리계의 하밀토니안은 다음과 같다.

$$H=\frac{1}{2m}p_1^2+\frac{1}{2m}p_2^2+\frac{1}{2}m\,\omega^2\left[\,x_1^2+x_2^2+\left(x_1-x_2\right)^2\right]$$

질량 중심의 운동과 상대 운동으로 나누어 에너지 고유값과 고유 함수를 구하라.

7.10 식 (7.105)에 보기로 예시한 Coulomb 벌판의 지름 파동 함수들을 확인하라.

7.11 양성자와 중성자의 결합 상태는 $l=0$ 인 중양성자 뿐이고 결합 에너지는 2.23 MeV 로 알려졌다. 두 핵자 간의 힘은 폭 1.5 fm 인 우물이라 가정하면 우물은 최소한 얼마나 깊은 것인가? 중성자와 양성자의 질량이 거의 비슷하므로 환산 질량 효과에 유의하라.

7.12 지수형 중심력 벌판이 있다.

$$V(r)=-V_0\exp(-2\lambda r)\qquad\qquad (V_0,\ \lambda>0)$$

S-상태에 대한 Schrödinger 방정식은 적당한 변수 변환으로 Bessel 미분 방정식이 된다. 경계 조건을 적용하여 에너지 고유값에 관한 방정식을 구하라. 그리고 결합 상태가 한 개 이상 존재할 조건을 찾으라.

7.13 반지름 R, 길이 L 인 단단한 원통형 우물 안에서 입자가 움직이고 있다.

$$\begin{aligned} V(\rho,\phi,z) &= 0 \qquad\qquad (\rho<R,\ \ 0<z<L) \\ &= \infty \qquad\qquad (\text{기타 영역}) \end{aligned}$$

다음의 에너지 고유값을 유도하라. x_{mn} 은 Bessel 함수 $J_m(x)$의 n 번째 근이다.

$$E_{lmn}=\frac{\hbar^2}{2m}\left(\frac{x_{mn}^2}{R^2}+\frac{l^2\pi^2}{L^2}\right)\qquad \begin{array}{l}(l=1,2,3,\cdots)\\ (m=0,1,2,\cdots)\end{array}$$

7.14 중심력 벌판 $V(r)$에서 $nS\,(n=1,2,\cdots)$ 상태 파동 함수의 원점에서의 값은 다음 관계식을 만족함을 증명하라.

$$|\psi(0)|^2=\frac{m}{2\pi\hbar^2}\left\langle\frac{dV}{dr}\right\rangle$$

그리고 수소 원자의 경우에 $|\psi(0)|^2$ 를 계산하라.

7.15 비리알 정리를 이용하여 식 (7.106)의 기대값 $\langle 1/\rho\rangle$을 증명하라.

8. 양자 역학과 고전 근사

8.1 고전 역학적 근사

고전적인 Newton 역학이 미시 세계에서는 유효하지 않으며 우리는 양자 역학 이론으로 자연 현상을 설명해야 한다. 초기의 Bohr 이론이나 Sommerfeld-Wilson 구식 양자론은 고전 역학에 짜깁기를 하여 만든 양자 이론들이므로 일관성이 결여되고 체계가 미흡하다. Schrödinger 방정식으로 대표되는 올바른 양자 이론이 확립된 이상 양자 역학 이론이 거시 현상에서 어떻게 고전 역학적인 이론으로 근사 되는가를 살펴볼 필요가 있다.

간단하게 고전적 근사를 살펴볼 수 있는 것은 최소 불확정도를 갖는 자유 입자의 파동 다발에서 $\hbar \to 0$ 극한을 고려하는 것이다. 예제 3.3에서 보듯이 이 극한에서 시간의 흐름에 따른 파동의 퍼짐은 $\alpha(=\hbar/m) \to 0$ 이므로 확률 밀도의 극한은 다음과 같고

$$\lim_{\hbar \to 0} \rho(x,t) = \frac{1}{\sqrt{\pi}\sigma} \exp\left(-\frac{1}{\sigma^2}(x - v_{cl}t)^2\right) \tag{8.1}$$

입자를 발견할 확률은 고전 입자의 경로 $x = v_{cl}t$ 주위에 σ 정도에 국한되어 있다. 이제 $\sigma \to 0$ 극한을 택하면 식 (3.71) 에 의하여

$$\lim_{\substack{\hbar \to 0 \\ \sigma \to 0}} \rho(x,t) = \lim_{\sigma \to 0} \frac{1}{\sqrt{\pi}\sigma} \exp\left(-\frac{1}{\sigma^2}(x - v_{cl}t)^2\right) = \delta(x - v_{cl}t) \tag{8.2}$$

이므로 확률 밀도가 델타 함수가 되어 고전적 입자인 점의 운동을 기술한다.

Ehrenfest 의 정리 (4.62), (4.63) 은 양자 역학의 고전 역학적 근사를 연결시켜 주는 교량 역할을 한다. 물리량의 기대값 사이의 관계를 나타내는 이 정리의 내용은

$$m\frac{d}{dt}\langle \mathbf{x} \rangle = \langle \mathbf{p} \rangle \qquad\qquad \frac{d}{dt}\langle \mathbf{p} \rangle = \langle -\nabla V(\mathbf{x}) \rangle \tag{8.3}$$

인데 기대값을 고전 역학적 물리량으로 해석하여 $\mathbf{x}_{cl} = \langle \mathbf{x} \rangle$, $\mathbf{p}_{cl} = \langle \mathbf{p} \rangle$ 등으로 간주하면 고전 역학의 운동 방정식이 성립되지만 다음의 조건을 만족하여 한다.

$$\langle \nabla V(\mathbf{x}) \rangle \simeq \nabla V(\langle \mathbf{x} \rangle) \tag{8.4}$$

일반적으로 $\langle f(x)\rangle \simeq f(\langle x\rangle)$ 의 가능성 여부를 검사하기 위하여 $x=\langle x\rangle$ 주위에 급수전개를 한다. 그러면 다음과 같다.

$$f(x) = f(\langle x\rangle) + f'(\langle x\rangle)(x-\langle x\rangle) + \frac{1}{2!}f''(\langle x\rangle)(x-\langle x\rangle)^2 + \cdots \tag{8.5}$$

이 식의 2차항까지 고려하여 평균값을 택하면 f' 항은 영이 되고 다음을 얻는다.

$$\langle f(x)\rangle \simeq f(\langle x\rangle) + \frac{1}{2}(\Delta x)^2 f''(\langle x\rangle) \tag{8.6}$$

따라서 식 (8.4)의 근사가 가능하려면 불확정도 Δx 가 매우 작거나 $f(x)$가 매우 완만한 함수이어야 한다. 실제로 거시적 전자기 벌판은 이 조건을 만족하며 고 에너지 입자 가속기 안에서 움직이는 소립자들의 운동은 고전 역학으로 기술할 수 있다. $\hbar\to 0$ 인 극한에서는 불확정성 문제에서 벗어날 수 있으므로 Δx 를 임의로 작게 택할 수 있고 식 (8.4)가 성립토록 할 수 있다.

양자 역학과 고전 역학의 관계는 파동 광학과 기하 광학에 비유할 수 있다. 광학에서 빛의 파장보다 큰 물체를 다룰 때에는 기하 광학으로 충분하다. 간섭, 회절 현상을 무시할 수 있기 때문이다. 즉 파동 광학의 $\lambda\to 0$ 극한은 기하 광학이다. 마찬가지로 양자 역학에서는 $\hbar\to 0$ 이 $\lambda(=h/p)\to 0$ 과 같아서 $\hbar\to 0$ 인 극한에는 양자 역학은 고전 역학으로 기술할 수 있다.[1]

예 제 8.1 양자 진동자와 고전 진동자

조화 진동자는 식 (8.4)를 만족하는 특별한 보기이다. Ehrenfest 정리에 따르면

$$\begin{aligned}\frac{d}{dt}\langle p\rangle &= -\langle dV/dx\rangle = -m\omega^2\langle x\rangle \\ \frac{d}{dt}\langle x\rangle &= \frac{1}{m}\langle p\rangle\end{aligned} \quad\Rightarrow\quad \frac{d^2}{dt^2}\langle x\rangle + \omega^2\langle x\rangle = 0 \tag{8.7}$$

이고 $\langle x\rangle$ 는 고전 방정식을 만족하며 $\langle x\rangle = x_{cl}(t)$ 로 간주할 수 있다. 구체적으로 증명해 보자.

처음 순간 평형점에서 진폭 b 만큼 벗어난 고전 진동자의 풀이는 다음과 같다.

$$x_{cl}(t) = b\cos\omega t \tag{8.8}$$

그러나 양자 역학적으로는 파동이므로 바닥 상태 (5.84)와 똑같은 최소 불확정도를 가지고 원점에서 b 만큼 떨어진 $x=b$ 에 집중된 가우시안 파동 다발을 생각해보자.

---

[1] 참고: A. Messiah, *Quantum Mechanics*, Chap 6

$$\Psi(x,0) = \left(\frac{m\omega}{\pi\hbar}\right)^{1/4} \exp\left(-\frac{1}{2}\frac{(x-b)^2}{\sigma^2}\right) = \left(\frac{1}{\sqrt{\pi}\sigma}\right)^{1/2} e^{-\frac{1}{2}(\xi-\beta)^2}$$
$$\xi = \frac{x}{\sigma} \qquad \beta = \frac{b}{\sigma} \qquad \sigma = \sqrt{\frac{\hbar}{m\omega}} \tag{8.9}$$

이 파동 다발의 시간적 변화를 알아내려면 우선 직교 규격화된 조화 진동자의 고유 함수 [식 (5.83)] 으로 전개하고 각각의 고유성분이 전형적인 시간 전개를 하여 전체적인 파동 다발이 구성되도록 한다.

$$\Psi(x,0) = \sum_n c_n \psi_n(x) \qquad \Psi(x,t) = \sum_n c_n\, e^{-\frac{i}{\hbar}E_n t}\, \psi_n(x) \tag{8.10}$$

전개 계수 c_n 은 조화 진동자의 고유 함수 $\psi_n(x)$ 의 직교성 (5.82) 를 이용하여 구한다.

$$c_n = \int_{-\infty}^{+\infty} dx\, \psi_n^*(x)\, \Psi(x,0) = \frac{1}{\sqrt{2^n n!\,\pi}} \int_{-\infty}^{+\infty} d\xi\; e^{-\frac{1}{2}\xi^2 - \frac{1}{2}(\xi-\beta)^2} H_n(\xi) \tag{8.11}$$

적분 안의 지수 함수 중 일부는 Hermite 다항식의 발생 함수이므로 [식 (C.28) 참고]

$$e^{\xi\beta} = e^{+\frac{1}{4}\beta^2} \sum_{n=0}^{\infty} \frac{1}{n!}\left(\frac{\beta}{2}\right)^n H_n(\xi) \tag{8.12}$$

이들의 직교성을 이용하여 c_n 을 구체적으로 계산할 수 있다.

$$c_n = \frac{1}{\sqrt{2^n n!}}\, \beta^n e^{-\frac{1}{4}\beta^2} \tag{8.13}$$

위의 c_n 과 식 (5.83) 의 $\psi_n(x)$ 및 $E_n = (n+1/2)\hbar\omega$ 를 이용하면 식 (8.9) 의 파동 다발은 시간에 따라서 다음처럼 진행한다.

$$\Psi(x,t) = \left(\frac{m\omega}{\pi\hbar}\right)^{1/4} \exp\left(-\frac{i}{2}\omega t - \frac{1}{2}\xi^2 - \frac{1}{4}\beta^2\right) \sum_{n=0}^{\infty} \frac{\beta^n}{2^n n!} e^{-in\omega t} H_n(\xi) \tag{8.14}$$

그런데 윗식에서 n 에 대한 무한 합은 바로 Hermite 다항식의 발생 함수 (C.28) 이 되어 다음의 파동 함수를 얻게 된다.

$$\Psi(x,t) = \left(\frac{m\omega}{\pi\hbar}\right)^{1/4} \exp\left(-\frac{1}{2}(\xi - \beta\cos\omega t)^2 - \frac{i}{2}\left(\omega t + 2\beta\xi\sin\omega t - \beta^2\cos\omega t\sin\omega t\right)\right) \tag{8.15}$$

그러므로 확률 밀도는 다음과 같고

$$|\Psi(x,t)|^2 = \left(\frac{m\omega}{\pi\hbar}\right)^{1/2} e^{-(x-b\cos\omega t)^2/\sigma^2} \tag{8.16}$$

파동 다발의 퍼짐은 변하지 않고 최대 확률을 갖는 점만 $x = b\cos\omega t$ 로 변하여 고전 진동자의 운동을 따른다.

어느 n 에 해당하는 고유 상태 $\psi_n(x)$ 가 파동 다발에 최대 기여하는지를 알려면 식 (8.13)의 계수 c_n 을 최대로 하는 n 을 찾으면 된다. Stirling의 공식 (C.5) 에서

$$\ln c_n = -\frac{1}{2}\left(n\ln 2 + (n+1/2)\ln n - n + \frac{1}{2}\ln 2\pi\right) + n\ln\beta - \frac{1}{4}\beta^2 + O\left(\frac{1}{n}\right) \tag{8.17}$$

이므로 n 으로 미분하여 근을 구하면 다음의 양자 번호가 주로 기여하고

$$n = \frac{1}{2}\beta^2 = \frac{1}{2}\frac{m\omega}{\hbar}b^2 \tag{8.18}$$

그 에너지는 다음과 같다.

$$E = \left(n + \frac{1}{2}\right)\hbar\omega \simeq \frac{1}{2}m\omega^2 b^2 \tag{8.19}$$

그러므로 고전 조화 진동자와 같은 에너지를 갖는 양자 상태가 최대로 기여하는 파동 다발이다.

한편 $\langle x\rangle = x_{cl}(t)$ 를 확인하려면 $\langle x\rangle$ 를 계산해야 한다. 식 (8.10) 에서 $\langle x\rangle$ 는 다음처럼 조화 진동자의 고유 함수로 표현할 수 있다.

$$\begin{aligned}\langle x\rangle &= \sum_{m,n} c_m^* c_n\, e^{+i(m-n)\omega t}\,\langle\psi_m|\,x\,|\psi_n\rangle \\ &= \sqrt{\frac{\hbar}{2m\omega}}\ \sum_n\left(c_{n-1}^* c_n\, e^{-i\omega t}\sqrt{n} + c_{n+1}^* c_n\, e^{+i\omega t}\sqrt{n+1}\right) \\ &= \sqrt{\frac{\hbar}{2m\omega}}\ e^{-\frac{1}{2}\beta^2}\ \frac{\beta}{\sqrt{2}}\ e^{-i\omega t}\sum_n \frac{1}{n!}\left(\frac{\beta^2}{2}\right)^n + cc \\ &= b\cos\omega t\end{aligned} \tag{8.20}$$

여기서 $\langle\psi_m|x|\psi_n\rangle$ 은 식 (6.120) 을 활용하였고 c_n 을 대입하여 정리하면 무한 급수는 지수 함수가 되어 $\langle x\rangle = x_{cl}(t) = b\cos\omega t$ 의 예상 결과를 얻는다. 구체적으로 알려진 파동 함수를 활용하여 $\langle x\rangle = x_{cl}(t)$ 를 직접 증명한 것이다. ≺≺

8.2 정준 양자화 규칙과 고전 근사

똑같이 관측가능한 물리량이라 하더라도 고전역학과 양자역학에서 다루는 방법이 다르다. 고전물리량은 단순한 숫자이고 양자물리량은 연산자이다. Dirac은 이를 구별하기 위하여 고전역학적 물리량들을 c-숫자, 양자역학적 물리량들을 q-숫자라 하였다.

어떤 물리량 F의 운동방정식은 식 (6.84)에서 다음과 같다.

$$i\hbar\frac{d}{dt}\langle F\rangle = \langle [F,H]\rangle + i\hbar\left\langle\frac{\partial F}{\partial t}\right\rangle \tag{8.21}$$

한편 대응원리에 따라서 $\hbar\to 0$ 인 극한에서는 양자역학 법칙은 고전역학의 법칙이 되어야 한다. 단순히 q-숫자인 연산자 F, H 를 c-숫자인 F_{cl}, H_{cl} 로 바꾸어 놓는 것은 너무 강한 요구이고 무의미하다. 항상 $[F_{cl}, H_{cl}]=0$ 이기 때문이다. 오히려 Ehrenfest의 정리를 참고하여 양자역학의 q-숫자 기대값이 $\hbar\to 0$ 인 극한에서 고전역학의 c-숫자라고 대응원리를 이해하는 것이 합리적이다.

양자방정식 (8.21)에서 하밀토니안 H가 항상 관계하므로 고전역학의 방정식도 Newton 방정식보다는 Hamilton의 정준방정식으로 표현함이 바람직하다. 고전역학에서 하밀토니안은 일반좌표와 일반운동량의 함수 $H_{cl}(q_{cl}, p_{cl})$ 이다. 또한 정준방정식은 다음과 같다.[2]

$$\frac{dq^i_{cl}}{dt} = \frac{\partial H_{cl}}{\partial p^i_{cl}} \qquad \frac{dp^i_{cl}}{dt} = -\frac{\partial H_{cl}}{\partial q^i_{cl}} \tag{8.22}$$

그런데 식 (8.21)에 $F=q_i$, $F=p_i$ 를 차례로 대입하면 다음과 같다.

$$\frac{d\langle q_i\rangle}{dt} = \frac{\langle [q_i,H]\rangle}{i\hbar} \qquad \frac{d\langle p_i\rangle}{dt} = \frac{\langle [p_i,H]\rangle}{i\hbar} \tag{8.23}$$

그러므로 대응원리는 아래처럼 표현할 수 있다.

$$\lim_{\hbar\to 0}\frac{\langle [q_i,H]\rangle}{i\hbar} = \frac{\partial H_{cl}}{\partial p^i_{cl}} \qquad \lim_{\hbar\to 0}\frac{\langle [p_i,H]\rangle}{i\hbar} = -\frac{\partial H_{cl}}{\partial q^i_{cl}} \tag{8.24}$$

윗식에서 $H=q_j$, $H=p_j$ 등의 보기를 택하여 계산하면

$$\lim_{\hbar\to 0}\frac{\langle [q_i,q_j]\rangle}{i\hbar} = \frac{\partial q^j_{cl}}{\partial p^i_{cl}} = 0 \qquad \lim_{\hbar\to 0}\frac{\langle [p_i,q_j]\rangle}{i\hbar} = -\frac{\partial q^j_{cl}}{\partial q^i_{cl}} = -\delta_{ij} \tag{8.25}$$

---

[2] 참고: H. Goldstein, *Classical Mechanics, 2nd ed*, Chap 8

$$\lim_{\hbar\to 0}\frac{\langle[q_i, p_j]\rangle}{i\hbar} = \frac{\partial p_{cl}^j}{\partial p_{cl}^i} = \delta_{ij} \qquad \lim_{\hbar\to 0}\frac{\langle[p_i, p_j]\rangle}{i\hbar} = -\frac{\partial p_{cl}^j}{\partial q_{cl}^i} = 0$$

을 얻는데 이들을 만족할 수 있는 가장 간단한 방법은 다음의 양자화 규칙이다.

$$[q_i, q_j] = 0 \qquad [p_i, p_j] = 0 \qquad [q_i, p_j] = i\hbar\,\delta_{ij} \tag{8.26}$$

이것은 바로 식 (6.4) 에서 논의한 양자화 규칙이다.

고전 역학에서 물리량 $F_{cl}(q_{cl}, p_{cl}, t)$ 에 대한 운동 방정식은 다음과 같다.

$$\begin{aligned}\frac{d}{dt}F_{cl} &= \sum_i\left(\frac{\partial F_{cl}}{\partial q_{cl}^i}\frac{dq_{cl}^i}{dt} + \frac{\partial F_{cl}}{\partial p_{cl}^i}\frac{dp_{cl}^i}{dt}\right) + \frac{\partial F_{cl}}{\partial t}\\ &= \sum_i\left(\frac{\partial F_{cl}}{\partial q_{cl}^i}\frac{\partial H_{cl}}{\partial p_{cl}^i} - \frac{\partial H_{cl}}{\partial q_{cl}^i}\frac{\partial F_{cl}}{\partial p_{cl}^i}\right) + \frac{\partial F_{cl}}{\partial t}\\ &= \left\{F_{cl}, H_{cl}\right\} + \frac{\partial F_{cl}}{\partial t}\end{aligned} \tag{8.27}$$

여기서 $\{F_{cl}, H_{cl}\}$ 은 Poisson 괄호라 부른다. 모두 c-숫자로 표현했을 때 $\{A, B\}$ 는 다음으로 정의한다. (반대 교환자 $\{A, B\}$ 와 혼동하지 말 것)

$$\{A, B\} = \sum_i\left(\frac{\partial A}{\partial q_i}\frac{\partial B}{\partial p_i} - \frac{\partial B}{\partial q_i}\frac{\partial A}{\partial p_i}\right) \tag{8.28}$$

식 (8.21) 이 $\hbar\to 0$ 인 극한에서 식 (8.27) 이 되려면 다음이 성립하면 된다.

$$\lim_{\hbar\to 0}\frac{\langle[F, G]\rangle}{i\hbar} = \left\{F_{cl}, G_{cl}\right\} \tag{8.29}$$

그러므로 식 (8.26) 의 양자화 규칙을 일반화할 수 있는데

$$[F, G] = i\hbar\{F_{cl}, G_{cl}\}_{op} \tag{8.30}$$

그러므로 두 연산자의 교환자는 연산자를 c-숫자로 간주하여 Poisson 괄호를 계산한 후 결과식에서 c-숫자를 q-숫자로 바꾸면 된다. 이것을 정준 양자화 (canonical quantization) 규칙이라 한다. 식 (8.26) 은 F, G 로서 q_i, p_j 를 택한 특별한 경우에 해당한다. 이러한 간단한 양자화 규칙을 조화 진동자에 적용할 때 얻는 결과는 6.8 절에서 이미 경험하였다.

8.3 Feynman 경로 적분

양자화에서 c-숫자를 q-숫자로 대체하는 정준 양자화 과정은 이미 눈에 익은 양자화 규칙 (8.26) 을 도출하여 이해가 쉽다. 그러나 거시 현상에서 점점 작은 크기의 현상을 들여다 볼 때 어느 정도 규모로 작아야 q-숫자로 바뀌는지 중간 과정이 분명치 않다. 이제 다른 각도에서 양자화 과정을 살펴보자.

정준 양자화에서는 하밀토니안과 위상 공간을 활용하였으나 이번에는 배위 공간에서 라그랑지안 방법으로 접근해 본다. [부록 B 참고] 고전 역학의 운동 방정식은 "최소 작용 원리 (principle of least action)"를 따른다. 우선 일반 좌표, 일반 속력으로 표현되는 라그랑지안의 시간 적분으로 물리 작용 (action) 을 정의한다.

$$S[q] = \int_{t_1}^{t_2} dt\, L[q, \dot{q}\,; t] \tag{8.31}$$

논리 편의상 자유도가 1 인 경우를 다룬다. 독립변수는 시간 t 이고, 일반 좌표와 속력 $q(t)$, $\dot{q}(t)$ 는 시간 함수이므로 라그랑지안 L 과 물리 작용 S 는 함수의 함수, 즉 범함수 (functional) 이다. 범함수들의 독립 변수 (독립 함수) 는 $q(t)$이고 변분 $\delta q(t)$는 임의의 시각 $q(t)$의 가상 변화이다. 그러면 $q_1 = q(t_1)$과 $q_2 = q(t_2)$를 잇는 모든 가능한 가상 경로 (virtual path) 중에서 작용을 최소로 하는 경로가 입자의 운동 경로이다. [그림 8.1 참고][3]

$$\delta S[q] = \delta \int_{t_1}^{t_2} dt\, L[q, \dot{q}\,; t] = 0 \qquad \delta q_1 = \delta q(t_1) = 0 \qquad \delta q_2 = \delta q(t_2) = 0 \tag{8.32}$$

그림 8.1 최소 작용의 원리

고전 역학에서는 물리 작용을 최소화 하는 경로를 따라 움직이며 이 고전 경로는 고전 역학의 풀이이다.

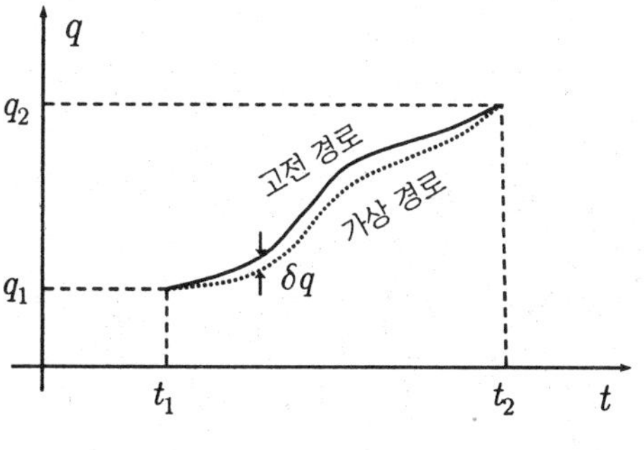

그리고 실제의 경로는 Lagrange 운동 방정식을 풀어서 구한다.

[3] 참고 : G. R. Fowles and G. L. Cassiday, *Analytical Mechanics, 6th ed*, Chap 10

$$\frac{\partial L}{\partial q} - \frac{d}{dt}\frac{\partial L}{\partial \dot{q}} = 0 \tag{8.33}$$

거시 세계에서는 입자 운동이 미시 세계처럼 확률적이 아니라 확정적이어서 입자의 운동 경로는 방정식(8.33)의 풀이인데 $q_{cl}(t)$ 로 표기하자.

고전 역학에서는 고전 경로 $q_{cl}(t)$ 만 관심 대상이다. 하지만 양자 역학에서는 그에 해당하는 작용 $S_{cl} = S[q_{cl}(t)]$의 값이 중요한 의미를 갖는다. 보기로 직선위에서 움직이는 자유 입자를 생각해보자. 힘을 받지 않으므로 등속 운동을하며 라그랑지안은 $L = K - V = 1/2\, m\dot{x}^2$ 이어서 시각 t_1 일때 위치 x_1 에서 출발하여 시각 t_2 일때 위치 x_2 로 등속 운동하는 고전 입자의 고전 작용 S_{cl} 은 다음과 같다.

$$S_{cl}(x_2, t_2\,; x_1, t_1) = \int_{t_1}^{t_2} dt\, \frac{1}{2} m\dot{x}^2 = \frac{1}{2} m \frac{(x_2 - x_1)^2}{t_2 - t_1} \tag{8.34}$$

그런데 자유 입자의 고전 작용은 바로 양자 역학에서 자유 입자의 전파자 Green 함수의 위상각이다. [식(6.101) 참고] 따라서 물질 파동의 전파 과정에서 $1/\hbar\, S_{cl}$ 만큼 위상이 변한다.

$$\begin{aligned} G_0(x_2, t_2;\, x_1, t_1) &= \left(\frac{m}{2\pi i\hbar(t_2 - t_1)}\right)^{1/2} \exp\left(\frac{i}{\hbar}\frac{1}{2} m \frac{(x_2 - x_1)^2}{t_2 - t_1}\right) \\ &= \left(\frac{m}{2\pi i\hbar(t_2 - t_1)}\right)^{1/2} \exp\left(\frac{i}{\hbar} S_{cl}(x_2, t_2; x_1, t_1)\right) \end{aligned} \tag{8.35}$$

전파자 함수는 (x_1, t_1)에서 (x_2, t_2)로 바로 가지 않고 Huygens 원리에 따라 중간 과정을 거칠 수 있다. [식 (13.45) 참고]

$$\theta(t_2 - t_1)\; G_0(x_2, t_2; x_1, t_1) = \int dx\; G_0(x_2, t_2; x, t)\; G_0(x, t; x_1, t_1) \tag{8.36}$$

여기에 규격화 상수를 제외한 고전작용으로 표현한식 (8.35) 를 대입하면 다음을 얻는다.

$$\exp\frac{i}{\hbar} S_{cl}(x_2, t_2; x_1, t_1) \approx \int dx \exp\frac{i}{\hbar}\left[S_{cl}(x_2, t_2; x, t) + S_{cl}(x, t; x_1, t_1)\right] \tag{8.37}$$

그러므로 (x_1, t_1)과 (x_2, t_2) 사이의 고전 경로를 따른 고전 작용은 중간의 시각 t 에 임의의 지점을 경유하는 두 고전 경로에 대한 고전 작용의 합과 같다.

이제 그림 8.2 에 보듯이 시간 $[t_0, t]$를 N 등분하여 구간을 잘게 나누어 보자.

$$t_0, t_1, t_2, t_3, \cdots, t_N (= t) \qquad t_{n+1} - t_n = \varepsilon = \frac{t - t_0}{N} \tag{8.38}$$

각각의 시각마다 식 (8.37) 을 적용하면 다음과 같다.

$$G_0(x,t;x_0,t_0)=\int\frac{dx_1}{A}\int\frac{dx_2}{A}\cdots\int\frac{dx_{N-1}}{A}\ e^{+\frac{i}{\hbar}[S_{cl}(t_0,t_1)+S_{cl}(t_1,t_2)+\cdots+S_{cl}(t_{N-1},t_N)]} \tag{8.39}$$

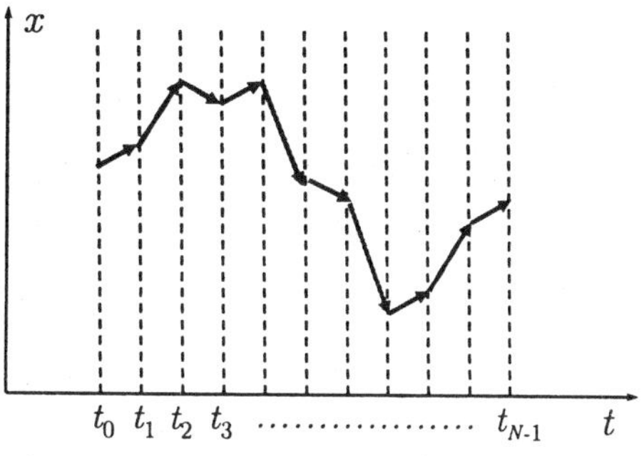

그림 8.2 임의의 경로에 대한 물리 작용은 세부 구간의 고전 작용들의 합과 같다.

여기서 $A=(2\pi i\hbar\varepsilon/m)^{1/2}$ 는 규격화 상수이다. 윗식 우변의 고전 작용들의 합은 그림 8.2 에 예시한 경로의 각 구간에서 고전 경로를 따라 물리 작용을 계산한것이다. $N\to\infty(\varepsilon\to 0)$ 극한에서는 매끈한 경로가 포함된다. 그러므로 비록 고전 운동 방정식의 풀이인 고전 경로가 아닌 어떤 경로에 대하여도 작용을 계산할수 있고 모든 경로는 똑같은 비중으로 위상 변화에 기여한다.[4]

논리를 일반화하여 (x_1,t_1)에서 (x_2,t_2)로 전파하는 파동은 다음에 비례한다.

$$G(x_2,t_2,x_1,t_1)\quad\propto\sum_{\text{모든경로}} e^{+\frac{i}{\hbar}S_{path}[x(t)]} \tag{8.40}$$

모든 경로에 대해 합하는 것은 식 (8.39) 에서 보듯이 각 순간에 모든 $x(t)$ 에 대하여 적분하는 것이므로 다음처럼 범함수 적분으로 표현할 수 있다.

$$G(x_2,t_2,x_1,t_1)=\int_{x_1(t_1)}^{x_2(t_2)}\delta x(t)\ e^{+\frac{i}{\hbar}S[x(t)]} \tag{8.41}$$

이것이 Feynman 의 경로 적분(path integal)이다. 고전적 입자의 고전 경로만 파동의 전파에 관여하지 않고 다른 가상 경로도 모두 물리 작용에 해당하는만큼 파동 위상에 기여한다.

---

[4] 참고 : R. P. Feynman and A. R. Hibbs, *Quantum Mechanics and Path Integrals*

고전 역학에서는 오직 한 개의 고전 경로만 물리학적 의미가 있지만, 양자 역학에서는 모든 경로가 참여한다. 이러한 양분 논리는 양자 역학에서 고전 역학으로 점차적인 변화를 허용하지 않는 듯하다.

그러나 이와 반대로 경로 적분은 양자 역학의 고전 근사를 잘 이해하도록 도움이 된다. 식 (8.40) 에서 보듯이 각개 경로에 해당하는 작용만큼 위상이 변한다. 하지만 물리 작용은 회전량의 차원을 가지므로 $\hbar$ 로 나누어서 무차원의 위상각이 되었다. 이제 경로가 약간 변하면 작용도 조금 변할 것이다. 위상 변화는 작용 변화를 Planck 상수로 나누어야 하고 작용 변화가 큰 경로들은 다양한 위상 때문에 상쇄되어 전파자에 큰 영향을 못 미친다. 결국 최소 작용을 실현하는 고전 경로 부근에서는 경로 변화에 대한 1차적 작용 변화가 없기에 고전 경로의 위상이 보강된다. 따라서 고전 경로 주위에 작용 변화가 $\delta S \approx \hbar$ 이내의 경로들이 보강 간섭으로 두드러진 효과를 보인다. [그림 8.3 참고]. 그 결과 경로는 확정되지 않고 확률적으로 기술하게 되며 불확정도가 생긴다. 고전 근사의 극한 $\hbar \to 0$ 에서는 고전 경로 이외의 파동들은 큰 위상각으로 인하여 상쇄 간섭을 일으켜서 고전 경로만 기여한다.

그림 8.3 고전 경로 부근에서는 경로 변화에 대한 1차 작용의 변화가 없으므로 위상 변화가 보강하게 된다.

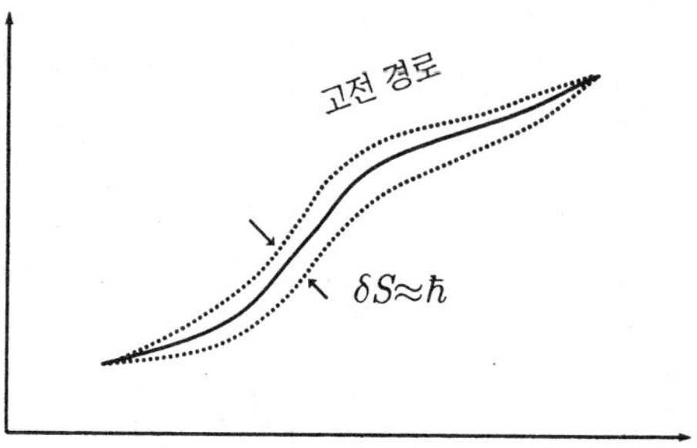

실례를 통하여 현실감을 느낄 수 있다. 전형적인 미시 세계 현상은 수소 원자이다. L 은 에너지이므로 eV 정도의 크기이고 시간은 바닥 상태 궤도를 한 번 도는데 걸리는 시간 10^{-16}s 를 택하면 $S \approx 10^{-16}$ eV·s 로 어림할 수 있는데 이것은 $\hbar$ 와 비슷한 크기여서 많은 경로들이 기여하고 양자 역학적 현상이 뚜렷하다.

거시 세계에서는 작용도 커진다. 따라서 작용변화도 커지고 위상도 빨리 변한다. 보기로 예제 1.1 의 거시적 조화 진동자를 고려하면 $S \approx Lt \approx Et \approx 10^{-4}$ J·s 정도이고 $S/\hbar \approx 10^{30}$ rad 이나 되어서 고전 경로에서 조금만 벗어나도 큰 위상 변화를 야기하고 상쇄한다. 따라서 고전 역학에서는 Lagrange 방정식의 풀이인 고전 경로 $x_{cl}(t)$ 만 물리적 의미가 있다.

8.4 WKB 근사

위치 에너지가 완만하게 변할 경우에는 고전 역학으로 운동을 상당히 잘 기술할 수 있고 이것은 Planck 상수 $\hbar$를 영으로 하는 것과 같다. 양자 역학 효과를 체계적으로 알아 보려고 $\hbar$가 전개 상수인 근사 양자 이론을 생각할 수 있다. 그 중에서 WKB (Wentzel-Kramers-Brillouin) 근사 이론이 대표적이다.

간단하게 일차원 Schrödinger 방정식을 다루도록 하자.

$$-\frac{\hbar^2}{2m}\frac{d^2\psi(x)}{dx^2}+V(x)\,\psi(x)=E\,\psi(x) \tag{8.42}$$

이 식을 다시 쓰면 $E>V(x)$ 인 영역과 $E<V(x)$ 인 영역으로 나누어서 다음과 같다.

$$E>V(x)\text{ 영역:}\qquad \frac{d^2\psi}{dx^2}+k^2(x)\,\psi=0 \qquad \hbar\,k(x)=+\sqrt{2m\Big(E-V(x)\Big)} \tag{8.43}$$

$$E<V(x)\text{ 영역:}\qquad \frac{d^2\psi}{dx^2}-\kappa^2(x)\,\psi=0 \qquad \hbar\,\kappa(x)=+\sqrt{2m\Big(V(x)-E\Big)} \tag{8.44}$$

식 (8.43)는 진동형 파동 함수의 영역, 식 (8.44)은 지수형 파동 함수의 영역을 다룬다. 기술적으로는 식 (8.43)에서 $k(x)\to -i\kappa(x)$ 로 대체하여 지수형 영역도 다룰 수 있으므로 중복을 피할 수 있는 부분은 진동형 방정식으로만 계산해도 괜찮다.

위치 에너지 $V(x)$가 매우 완만해서 상수에 가까울 때 방정식 (8.42)의 풀이는 $\exp(\pm ikx)$ 또는 $\exp(\pm ipx/\hbar)$에 충분히 가까울 것이다. 따라서 $V(x)$가 매우 느리게 변할 때에는 파동 함수 $\psi(x)$ 대신에 새로운 함수 $s(x)$ 또는 $\varphi(x)$를 다음처럼 도입하여

$$\psi(x)=e^{\frac{i}{\hbar}s(x)}=e^{i\varphi(x)} \tag{8.45}$$

$\psi(x)$에 관한 방정식 대신 $s(x)$에 대한 다음 미분 방정식을 풀어도 좋다.

$$i\hbar\frac{d^2s}{dx^2}-\left(\frac{ds}{dx}\right)^2+2m(E-V)=0 \tag{8.46}$$

이것은 비선형 미분 방정식이다. 그러나 Planck 상수는 2계 도함수에만 나타나므로 반복 근사법 (successive approximation)으로 $\hbar$ 가 전개 상수인 근사 풀이를 구할 수 있다. 즉 양자 역학적 효과를 단계적으로 조사할 수 있다. 이를 염두에 두고 식 (8.42) 대신 $\varphi(x)$에 관한

식을 다루기로 하자.

$$i\frac{d^2\varphi}{dx^2} - \left(\frac{d\varphi}{dx}\right)^2 + k^2(x) = 0 \qquad k^2(x) = [k(x)]^2 = \frac{2m[E-V(x)]}{\hbar^2} \tag{8.47}$$

윗식을 다시 쓰면 다음과 같은데

$$\frac{d\varphi}{dx} = \pm\sqrt{k^2(x) + i\frac{d^2\varphi}{dx^2}} \tag{8.48}$$

고전 역학적 근사에서

$$\left|\frac{d^2\varphi}{dx^2}\right| \ll \left(\frac{d\varphi}{dx}\right)^2 \tag{8.49}$$

이므로 $\varphi_n(x)$를 n 번째 반복 근사라 하면 $\varphi_0(x)=0$ 에서 시작하여 다음 방법으로 반복하여 $\varphi_1(x)$, $\varphi_2(x)$, $\varphi_3(x)\cdots$ 를 계산할 수 있다.

$$\varphi_{n+1}(x) = \pm\int^x dx\sqrt{k^2(x) + i\varphi_n''(x)} \tag{8.50}$$

결과는 다음과 같다. 여기서 k는 모두 $k(x)$ 이다.

$$\begin{aligned} \varphi_1(x) &= \pm\int^x dx\, k(x) && \Rightarrow\ \psi_1(x) = e^{\pm i\int^x k\,dx} \\ \varphi_2(x) &= \pm\int^x dx\sqrt{k^2 \pm ik'} \simeq \pm\int^x k\,dx + \frac{i}{2}\ln k && \Rightarrow\ \psi_2(x) = \frac{1}{\sqrt{k}}e^{\pm i\int^x k\,dx} \end{aligned} \tag{8.51}$$

$\psi_2(x)$ 는 파동 함수에 관한 충분한 정보를 담고 있으므로 이를 토대로 공부하기로 한다. 물론 지수형 영역에서는 $k(x)\to -i\kappa(x)$ 로 바꾸어야 한다. 우선 이러한 근사는 조건식 (8.49) 에 근거하고 있는데 $d\varphi/dx \simeq k$, $p=\hbar k$, $p=h/\lambda$ 이므로 다음과 같다.

$$\left|\frac{d^2\varphi}{dx^2}\right| \ll \left(\frac{d\varphi}{dx}\right)^2 \quad\Rightarrow\quad \frac{dk}{dx} \ll k^2 \quad\Rightarrow\quad \frac{1}{p}\frac{dp}{dx}\lambda\!\!\!^- \ll 1 \tag{8.52}$$

즉 물질 파동의 한 파장 동안 입자 운동량의 상대적 변화가 매우 작을 때 위의 논리는 타당하다. $V(x)$가 완만한 함수이면 이 조건을 만족한다. 그러나 전향점 (classical turning point) 부근에서는 $E\simeq V$ 즉 $p\simeq 0$ 이 되므로 정당성을 잃는다.

그림 8.4에 보이듯이 전향점 $x=a$ 좌우에서의 파동 함수를 조사해 보자. $x\ll a$ 일 때에는 지수형 파동 함수로 근사된다.

$$\psi(x) = A_+ \frac{1}{\sqrt{\kappa}} e^{+\int \kappa\, dx} + A_- \frac{1}{\sqrt{\kappa}} e^{-\int \kappa\, dx} \qquad (x \ll a) \tag{8.53}$$

한편 $x \gg a$ 일 때에는 진동형 파동 함수로 기술된다.

$$\psi(x) = B_+ \frac{1}{\sqrt{k}} e^{+i\int k\, dx} + B_- \frac{1}{\sqrt{k}} e^{-i\int k\, dx} \qquad (x \gg a) \tag{8.54}$$

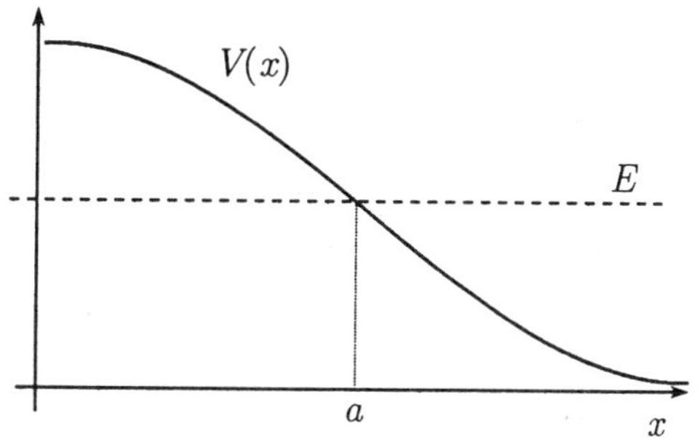

그림 8.4 고전 역학에서 에너지가 E 인 입자는 전향점 $x=a$ 에서 방향이 바뀐다.

그러나 A_+, A_-와 B_+, B_-를 연결할 수 있는 방도가 있어야 할 것이다. 계단형 벌판 [5.4절]의 경우에는 불연속인 경계에서 경계 조건 (5.24)로 해결했으나 이번에는 $x=a$ 부근에서 양자 방정식 (8.47)을 구체적으로 풀어야 한다. 편의상 전향점 $x=a$ 부근을 CTP 영역, $x=a$ 에서 상당히 떨어져서 식 (8.53) 또는 (8.54)으로 기술 가능한 영역을 WKB 영역이라 부르도록 한다.

CTP 영역에서 위치 에너지를 직선으로 근사 시키면 양자 방정식 (8.47)은 해석적으로 풀린다. 그 목적으로 독립 변수 x 대신 ϕ, 종속 변수 ψ 대신 v 를 다음과 같이 도입한다.

$$\phi = \int_a^x k(x)\, dx \qquad v(\phi) = \sqrt{k(x)}\, \psi(x) \tag{8.55}$$

그러면 Schrödinger 방정식 (8.42)은 다음과 같다.

$$\frac{d^2 v}{d\phi^2} + \left[1 + \frac{1}{4k^2}\left(\frac{dk}{d\phi}\right)^2 - \frac{1}{2k}\frac{d^2 k}{d\phi^2} \right] v = 0 \tag{8.56}$$

식 (8.42) 또는 (8.47)과 달리 이제는 ϕ 가 독립 변수이다. $x=a$ 일 때 $\phi=0$ 이고, $x>a$ 이면 ϕ 는 양의 실수, $x<a$ 이면 ϕ 는 양의 허수가 된다. 어떻든지 $x=a$ 에서 상당히

떨어진 영역에서는 $|\phi|$ 도 크고 근사적인 파동함수 (8.53), (8.54)을 사용할 수 있는 WKB 영역이다. 반면에 CTP 영역에서는 $|\phi| \ll 1$ 이다.

지수형 WKB 영역과 진동형 WKB 영역의 파동 함수를 연결하려면 CTP 영역의 파동 함수를 알아야 한다. 즉 방정식 (8.56)를 풀어야 한다. 이 식은 근사식이 아니라 표현만 바뀌었을 뿐 Schrödinger 방정식 그대로이다. 다음에 전향점 부근에서 위치 에너지를 직선으로 근사시킨다. 간단하게 $k^2(x) = \alpha(x-a)$ 로 쓸 수 있는데 α 는 직선의 기울기와 관계된다. 그러면 새로운 독립 변수 ϕ 는 다음처럼 표현된다.

$$k^2(x) = \alpha\,(x-a) \tag{8.57}$$

$$\phi = \int_a^x k(x)\,dx = \frac{2}{3}\sqrt{\alpha}\,(x-a)^{\frac{3}{2}} = \frac{2k^3}{3\alpha} \qquad \Rightarrow \qquad k = \left(\frac{3}{2}\alpha\phi\right)^{\frac{1}{3}} \tag{8.58}$$

이것을 식 (8.56)에 대입하면 위치 에너지를 직선으로 근사시킨 경우에 Schrödinger 방정식은

$$\frac{d^2v}{d\phi^2} + \left(1 + \frac{5}{36\phi^2}\right)v = 0 \tag{8.59}$$

으로 바뀌고 이 방정식은 전향점 부근에서 성립하지만 WKB 영역에서도 유효하다. WKB 영역에서 $|\phi| \gg 1$ 이므로 식 (8.59)은 $v'' + v = 0$ 이 되고 풀이는 $v = \exp(\pm i\phi)$ 가 되어 식 (8.55)를 참고할 때 식 (8.53), (8.54)과 일치한다.

식 (8.59)은 기본적으로 직선형 벌판에 대한 Schrödinger 방정식이므로 7.10절에서 다룬 문제와 유사함을 볼 수 있고 실제로 다음과 같이 다시 한번의 변환으로 눈에 익숙한 Bessel 미분 방정식이 된다.

$$v = \sqrt{\phi}\,w(\phi) \qquad \phi^2\frac{d^2w}{d\phi^2} + \phi\frac{dw}{d\phi} + \left(\phi^2 - \frac{1}{9}\right)w = 0 \tag{8.60}$$

이 식의 풀이는 $J_{+1/3}(\phi)$, $J_{-1/3}(\phi)$ 이다. 그러면 원래의 파동 함수는 다음과 같다.

$$\psi(x) = C_+\frac{\sqrt{\phi}}{\sqrt{k}}\,J_{+1/3}(\phi) + C_-\frac{\sqrt{\phi}}{\sqrt{k}}\,J_{-1/3}(\phi) \tag{8.61}$$

이들 풀이는 두 WKB 영역에서의 진동형 풀이와 지수형 풀이를 연결하는 열쇠가 된다. WKB 영역에서 $|\phi| \gg 1$ 이므로 점근 공식

$$\begin{aligned} J_p(\phi) &\simeq \sqrt{\frac{2}{\pi\phi}}\cos\left(\phi-\frac{\pi}{4}-\frac{p\pi}{2}\right) \\ &= \sqrt{\frac{2}{\pi\phi}}\left[\cos\left(\phi-\frac{\pi}{4}\right)\cos\frac{p\pi}{2}+\sin\left(\phi-\frac{\pi}{4}\right)\sin\frac{p\pi}{2}\right] \end{aligned} \tag{8.62}$$

을 이용하여 진동형 삼각 함수를 점근적 Bessel 함수에 대응시킬 수 있다. [식 (C.62) 참고] 윗식에 $p=\pm 1/3$ 을 대입한 후 $\cos(\phi-\pi/4)$, $\sin(\phi-\pi/4)$ 에 대하여 풀면 오히려 삼각 함수들을 Bessel 함수로 점근시키게 된다.

$$\begin{aligned} \cos\left(\phi-\frac{\pi}{4}\right) &\Rightarrow \sqrt{\frac{\pi\phi}{2}}\frac{1}{2\cos\pi/6}\left(J_{+1/3}(\phi)+J_{-1/3}(\phi)\right) \\ \sin\left(\phi-\frac{\pi}{4}\right) &\Rightarrow \sqrt{\frac{\pi\phi}{2}}\frac{1}{2\sin\pi/6}\left(J_{+1/3}(\phi)-J_{-1/3}(\phi)\right) \end{aligned} \tag{8.63}$$

윗 공식들은 진동형 WKB 영역에서의 파동 함수를 CTP 영역에서의 Bessel 함수로 연결해준다. 그러나 우리는 한 걸음 더 나아가 지수형 WKB 영역까지 연결해야 한다. 이 영역에서는 ϕ 가 허수로 커지므로 그에 해당하는 복소 함수의 변화로 점근 형태를 조사해야 한다.[5] Bessel 함수의 두 WKB 영역으로의 점근 형태를 비교하면 그림 8.4 의 경우에 아래의 연결 공식을 얻는다.

$$\begin{array}{ccc} x \ll a \quad \text{영역} & & x \gg a \quad \text{영역} \\ \dfrac{1}{2\sqrt{\kappa}}\exp\left(-\displaystyle\int_x^a \kappa(x)\,dx\right) & \Rightarrow & \dfrac{1}{\sqrt{k}}\cos\left(\displaystyle\int_a^x k(x)\,dx-\frac{\pi}{4}\right) \\ -\dfrac{1}{\sqrt{\kappa}}\exp\left(+\displaystyle\int_x^a \kappa(x)\,dx\right) & \Leftarrow & \dfrac{1}{\sqrt{k}}\sin\left(\displaystyle\int_a^x k(x)\,dx-\frac{\pi}{4}\right) \end{array} \tag{8.64}$$

주의할 점은 이들의 대응 관계가 1 대 1 이 아니라는 점이다. 지수 증가 함수는 싸인 함수에 연결되는데 그 속에 숨어있는 지수 감소 부분이 있었다면 코싸인 함수 성분으로 연결되기 때문이다. WKB 영역에서의 함수는 오직 두드러진 부분만 택하므로 지수 감소 부분은 확인하기 힘들다. 따라서 싸인 성분을 지수 증가 부분에 연결시키는 것은 무방하나 반대 방향의 연결은 조심해야 한다. 마찬가지 논리로 지수 감소 부분은 코싸인 함수로 연결되어야 한다. 즉 식 (8.64) 에 보이는 화살표 방향으로만 연결하는 것이 안전하다.

---

[5] 참고: P. M. Morse and H. Feshbach, *Methods of Theoretical Physics*, 622 쪽

8.5 결합 상태

WKB 근사의 연결 공식 (8.64) 을 경계 조건으로 활용하여 결합 상태의 에너지를 구할 수 있다. 그림 8.5 와 같이 전향점이 a, b 인 위치 에너지를 생각하자.

우선 제곱 적분이 가능하려면 $x<a$ 인 WKB 영역에서 지수 감소형 파동 함수이어야 한다.

$$(x<a) \qquad \psi(x) = \frac{1}{2\sqrt{\kappa}}\exp\left(-\int_x^a \kappa(x)\,dx\right) \tag{8.65}$$

이것은 $a<x<b$ 의 WKB 영역에서 코싸인 진동 함수로 연결되지만 $x>b$ 영역으로 다시 연결해야 하므로 다음처럼 쓴다.

$$\begin{aligned}\psi(x) &= \frac{1}{\sqrt{k}}\cos\left(\int_a^x k dx - \frac{\pi}{4}\right) = \frac{1}{\sqrt{k}}\sin\left(\int_a^b k dx - \int_x^b k dx + \frac{\pi}{4}\right)\\ &= \frac{1}{\sqrt{k}}\left[\sin\left(\int_a^b k dx\right)\cos\left(\int_x^b k dx - \frac{\pi}{4}\right) - \cos\left(\int_a^b k dx\right)\sin\left(\int_x^b k dx - \frac{\pi}{4}\right)\right]\end{aligned} \tag{8.66}$$

이 파동 함수를 다시 $x>b$ WKB 영역에 연결시킬 때 지수 증가항이 있으면 파동 함수가 발산하므로 이를 막으려면 코싸인 계수항이 영, 즉 다음이 성립해야 한다.

$$\int_a^b k(x)\,dx = \left(n+\frac{1}{2}\right)\pi \qquad (n=0,1,2,3,\cdots) \tag{8.67}$$

한편 파동수 $k(x)$ 는 운동량 $p(x)$ 와 $p(x)=\hbar k(x)=hk(x)/2\pi$ 의 관계 (de Broglie 공식) 이므로 윗식은 다음처럼 쓸 수 있다.

$$2\int_a^b p(x)\,dx = \left(n+\frac{1}{2}\right)h \quad \Rightarrow \quad \oint p(x)\,dx = \left(n+\frac{1}{2}\right)h \tag{8.68}$$

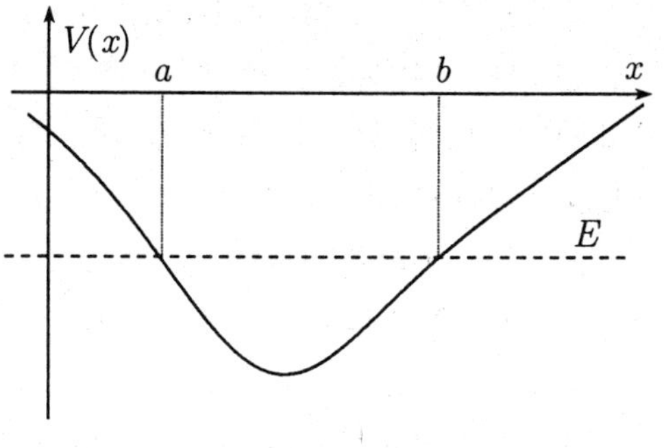

그림 8.5
WKB 근사법으로 결합 상태의 에너지를 구할 수 있다.

구식 양자론에서는 작용 적분이 nh 를 사용하였으나 양자 역학에 근거한 WKB 근사 이론에서는 $(n+1/2)h$ 가 올바른 것을 알게 되었다. 윗식을 다시 쓰면

$$2\int_a^b \sqrt{2m[E-V(x)]}\,dx = \left(n+\frac{1}{2}\right)h \qquad (n=0,1,2,3,\cdots) \tag{8.69}$$

인데 전향점 a, b 는 $V(x)=E$ 의 근이다. 따라서 좌변의 적분은 E 의 함수이고 이 식을 풀어 결합 상태의 에너지를 구할 수 있다.

현실적인 삼차원 문제에서는 식 (8.42) 대신 지름 방정식 (7.55) 를 풀어야 한다.

$$\frac{d^2u}{dr^2}+k^2(r)u=0 \qquad k^2(r)=\frac{2m}{\hbar^2}\left(E-V(r)-\frac{l(l+1)\hbar^2}{2mr^2}\right) \tag{8.70}$$

언뜻 보면 원심력 효과를 추가한 위치 에너지로 바꾸면 일차원 WKB 근사와 결론이 같을 것처럼 보이지만 삼차원에서는 일차원과 달리 r 은 $[0,\infty]$ 구간에서만 변하므로 $[-\infty,+\infty]$ 구간을 수용하려고 새로운 변수 $r=e^{\xi}$ 와 $u(r)=e^{\xi/2}v(\xi)$ 를 도입하면 방정식 (8.70) 대신 $[-\infty,+\infty]$ 구간을 다루는 새로운 방정식을 풀게 된다.

$$\begin{array}{c} r=e^{\xi} \\ u(r)=e^{\xi/2}\,v(\xi) \end{array} \quad \Rightarrow \quad \frac{d^2v}{d\xi^2}+\left(-\frac{1}{4}+e^{2\xi}k^2(e^{\xi})\right)v=0 \tag{8.71}$$

식 (8.70) 대신 윗식에 근거한 WKB 근사 이론을 펼친다면 식 (8.67) 의 작용 적분은 다음과 같다.

$$\begin{aligned}\int k(x)\,dx \quad \Rightarrow \quad \int d\xi\sqrt{e^{2\xi}k^2(e^{\xi})-\frac{1}{4}} &= \int dr\sqrt{k^2(r)-\frac{1}{4r^2}} \\ &= \int dr\sqrt{2m\left(E-V(r)-\frac{(l+1/2)^2\hbar^2}{2mr^2}\right)}\end{aligned} \tag{8.72}$$

요약하면

결합 상태에 관한 Sommerfeld-Wilson 의 규칙과 WKB 근사 이론
$nh \Rightarrow (n+1/2)h$
$L^2 \Rightarrow (l+1/2)^2\hbar^2$

(8.73)

으로 바꿔 놓으면 된다. 그러면 에너지 고유값에 관한 방정식은 다음과 같다.

$$2\int_{r_1}^{r_2} dr\sqrt{2m\left(E - V(r) - \frac{(l+1/2)^2\hbar^2}{2mr^2}\right)} = \left(n+\frac{1}{2}\right)h \qquad (n = 0,1,2,3,\cdots) \tag{8.74}$$

여기서 r_1, r_2 는 제곱근 안의 식을 영으로 하는 근, 즉 전향점의 위치이다.

예 제 8.2 삼차원 조화 진동자

식 (7.82) 처럼 새로운 변수를 도입하여

$$r = \sqrt{\frac{\hbar}{m\omega}}\,\rho \qquad E = \frac{1}{2}\hbar\omega\,\varepsilon \tag{8.75}$$

WKB 공식 (8.74) 의 적분을 무차원화하면 다음처럼 간단해진다.

$$2\hbar\int_{\rho_1}^{\rho_2} d\rho\sqrt{\varepsilon - \rho^2 - \frac{(l+1/2)^2}{\rho^2}} = \left(n+\frac{1}{2}\right)h \qquad (n = 0,1,2,3,\cdots) \tag{8.76}$$

또 한번 변수를 바꿔서 ρ 대신 $\xi = \rho^2$ 을 택하여 윗식을 다시 쓴다.

$$\int_{\xi_1}^{\xi_2}\frac{d\xi}{\xi}\sqrt{-\xi^2 + \varepsilon\xi - (l+1/2)^2} = (2n+1)\pi \tag{8.77}$$

여기서 ξ_1, ξ_2 는 제곱근 안에 있는 2 차식의 두 근이다.

이 적분에는 이미 구식 양자 이론 중 수소 원자에 관한 Sommerfeld 모형에서 이용한 식 (2.50) 을 이용한다. 식 (8.77) 을 계산한 결과는 다음과 같다.

$$\varepsilon = 2\left(2n + l + \frac{3}{2}\right) \quad\Rightarrow\quad E = \left(2n + l + \frac{3}{2}\right)\hbar\omega \qquad (n = 0,1,2,\cdots) \tag{8.78}$$

분광 기호와 일관성을 유지하려면 $n = 1,2,3,\cdots$ 이어야 하므로 $n \to n-1$ 로 바꿔야 한다.

$$E_{nl} = \left(2n + l - \frac{1}{2}\right)\hbar\omega \qquad (n = 1,2,3,\cdots) \tag{8.79}$$

이것은 식 (7.90) 과 일치한다. 즉 조화 진동자의 경우 WKB 근사법으로 얻은 에너지 고유값은 Schrödinger 방정식을 해석적으로 풀어 얻은 에너지 준위와 완전히 일치한다. 이보다 간단한 일차원 조화 진동자의 경우에는 식 (8.69) 을 적용해야 하는데그 결과도 역시 해석적 풀이 (5.83) 과 일치한다.

◀◀

예 제 8.3 수소 같은 원자

WKB 공식 (8.74) 의 적분을 무차원화기 위하여 Bohr 반경을 길이의 단위로 $r=\rho a_B$ 로 택하고 $a_B=\hbar/\alpha mc$ 에 유의하면서 다음처럼 척도를 재조정한다.

$$V(r)=-\frac{Ze^2}{4\pi\varepsilon_0}\frac{1}{r}=-\frac{Z\alpha\hbar c}{r}=-\frac{Z\alpha^2mc^2}{\rho}$$
$$\frac{\hbar^2}{2mr^2}=\frac{1}{2}\alpha^2mc^2\frac{1}{\rho^2} \tag{8.80}$$
$$E=-\frac{1}{2}\alpha^2mc^2\,\varepsilon \qquad (\varepsilon>0)$$

그러면 결합 상태에 관한 WKB 방정식은 다음과 같다.

$$2\hbar\int_{\rho_1}^{\rho_2}d\rho\sqrt{-\varepsilon+\frac{2Z}{\rho}-\frac{(l+1/2)^2}{\rho^2}}=\left(n_r+\frac{1}{2}\right)h \qquad (n_r=0,1,2,\cdots) \tag{8.81}$$

윗식에서 좌변의 정적분은 공식 (2.50) 을 활용하도록 정리할 수 있고 곧바로 계산하여 양자화된 에너지 준위를 얻는다.

$$\varepsilon=\frac{Z^2}{n^2} \quad\Rightarrow\quad E_n=-\frac{Z^2}{2n^2}\alpha^2mc^2 \quad n=n_r+l+1 \quad (n_r=0,1,2,3,\cdots) \tag{8.82}$$

이번에도 WKB 에너지 준위는 해석적 풀이의 에너지 고유값과 일치한다. [식 (7.102) 참고]. 흥미로운 것은 구식 양자론에서 Sommerfeld 의 수소 원자 모형을 다룰 때 양자화 조건식 (2.43) 에 $n_r\to n_r+1/2$, $L\to(l+1/2)\hbar$ 로 대체하면 식 (8.81) 의 WKB 에너지 고유값도 구식 양자론은 물론 Schrödinger 이론의 결과와 일치하는 것이다. ≺≺

예 제 8.4 매혹 중간자

7.10 절에서 다룬 직선형 위치 에너지의 경우 식 (7.109) 에서 $l=0$ 인 경우 해석적 풀이가 가능했다. 이 문제를 WKB 근사로 접근해 보자. $V(r)=ar$ 이므로 식 (8.74) 은 다음과 같다.

$$2\int_{r_1}^{r_2}dr\sqrt{2m\left(E-ar-\frac{(l+1/2)^2\hbar^2}{2mr^2}\right)}=\left(n+\frac{1}{2}\right)h \qquad (n=0,1,2,3,\cdots) \tag{8.83}$$

식 (7.110) 의 변수들을 그대로 사용하여 윗식을 다음처럼 표현한다.

$$\int_{\rho_1}^{\rho_2} d\rho \sqrt{\varepsilon_n - \rho - \frac{(l+1/2)^2}{\rho^2}} = \left(n + \frac{1}{2}\right)\pi \tag{8.84}$$

윗식에서 적분은 피적분함수의 두 실근 사이에서 수행되어야 하는데 보통의 기초함수들로 표현되지 않는다. 그러나 에너지 고유값은 곧바로 수치 계산으로 얻을 수 있다. $l=0$ 인 경우 그 결과를 해석적으로 얻은 Airy 함수의 근인 7.10절의 풀이와 비교하면 몇 개의 고유값은 표 8.1과 같다. 직선형 위치 에너지 문제에서도 WKB 근사는 훌륭한 근사값을 준다.

표 8.1 직선형 벌판의 고유값 비교. 해석적 풀이는 Airy 함수의 근이다.

ε_n	$n=1$	$n=2$	$n=3$	$n=4$	$n=5$
Airy 함수	2.338	4.088	5.521	6.787	7.944
WKB	2.349	4.091	5.519	6.781	7.935

≺≺

결합상태에 관한 WKB공식 (8.69), (8.74)은 정밀도를 가늠하기 힘들다. 식 (8.50)에서 고차항 $\varphi_3(x)$ 에 대한 논의가 필요하기 때문이다. 그러나 위치 에너지가 지름 거리의 멱 함수인 $V(r)=cr^n$ 을 조사하면 $n=-1$ (Coulomb 벌판), $n=+2$ (조화 진동자)의 경우에는 WKB 공식으로 얻은 결합 상태의 에너지가 7.8, 7.9절에서 얻은 해석적 결과와 신기하게도 일치한다. $n=+1$ (직선형 벌판)에서도 수치면에서 좋은 결과를 준다. 그러므로 $-1<n<+2$ 인 경우에도 상당히 좋은 근사 효과를 주리라 예상된다.

표 8.2 몇가지 벌판에서 에너지 고유값에 관한 이론 결과

	Schrödinger 이론	WKB 근사	구식 양자론
Coulomb 벌판 (3차원)	$-\frac{1}{2n^2}\alpha^2 mc^2$	$-\frac{1}{2n^2}\alpha^2 mc^2$	$-\frac{1}{2n^2}\alpha^2 mc^2$
직선형 벌판 (3차원)	표 8.1 참고	표 8.1 참고	
조화 진동 벌판 (1차원)	$\left(n+\frac{1}{2}\right)\hbar\omega$	$\left(n+\frac{1}{2}\right)\hbar\omega$	$n\hbar\omega$
조화 진동 벌판 (3차원)	$\left(2n+l+\frac{3}{2}\right)\hbar\omega$	$\left(2n+l+\frac{3}{2}\right)\hbar\omega$	$(2n+l)\hbar\omega$
단단한 상자 (1차원)	$\frac{\pi^2\hbar^2}{2mL^2}n^2$	$\frac{\pi^2\hbar^2}{2mL^2}\left(n+\frac{1}{2}\right)^2$	$\frac{\pi^2\hbar^2}{2mL^2}n^2$

구식 양자론이 고전 역학에서 바라본 양자 역학적 접근 방법이라면 WKB 근사는 양자 역학의 고전 역학적 근사 이론이라 할 수 있다. WKB 근사법은 일반적으로 고차항 보정이 힘들고 후에 일반적으로 다룰 섭동 이론과 변분 이론으로 풀이를 찾는 것이 더욱 체계적이다.

표 8.2에는 WKB 근사법, Sommerfeld-Wilson 구식 양자론 및 Schrödinger 이론이 제시하는 몇 가지 벌판 문제에 대한 에너지 고유값들이 나타나 있다. 두 근사의 결과가 양자 이론 결과와 우연히 일치하는 경우가 많아서 혼동의 소지가 있으나 그렇기에 양자 이론이 확립되기 이전에도 근사 이론으로 양자 현상을 파악하기 쉬웠을 것이다.

8.6 장벽 투과

5.5절에서는 직사각형 장벽 투과를 다루었으나 WKB 근사법으로 일반형 장벽에 대한 계산이 가능하다. 그림 8.6에 보이는 장벽을 고전 역학에서는 통과할 수 없다. $a<x<b$ 는 고전 입자에게 금지된 영역이기 때문이다. 그러나 양자 역학에서는 투과가 가능하다. 물질 파동이기 때문이다. 이제 에너지 E 를 가진 입자가 투과할 확률을 알아보자.

우선 세 개의 WKB 영역으로 나누어서 파동 함수는 다음과 같이 고전적으로 허용되는 영역에서는 진동형, 금지되는 영역에서는 지수형이 된다.

$$\begin{aligned}\psi(x) &= A_+ \frac{1}{\sqrt{k}} e^{+i\int k\,dx} + A_- \frac{1}{\sqrt{k}} e^{-i\int k\,dx} && (x<a)\\ &= B_+ \frac{1}{\sqrt{\kappa}} e^{+\int \kappa\,dx} + B_- \frac{1}{\sqrt{\kappa}} e^{-\int \kappa\,dx} && (a<x<b) \qquad (8.85)\\ &= C_+ \frac{1}{\sqrt{k}} e^{+i\int k\,dx} + C_- \frac{1}{\sqrt{k}} e^{-i\int k\,dx} && (x>b)\end{aligned}$$

이번에도 연결 공식 (8.64)을 사용하여 A_+, A_-와 C_+, C_- 사이의 관계를 얻어야 하는데 점근 영역에서 파동 함수가 지수형이 아닌 진동형 풀이이므로 식 (8.64)의 연결 방향제한 조건을 완화할 수 있다. 식 (8.54)에서 진동항 $\exp(\pm i\int k dx)$ 를 $\cos(\int k dx-\pi/4)$, $\sin(\int k dx-\pi/4)$ 항으로 고치고 식 (8.64)의 대응 관계를 적용하면 다음을 얻는다.

$$\begin{pmatrix} A_+ \\ A_- \end{pmatrix} = \frac{1}{2}\begin{pmatrix} \zeta+\zeta^{-1} & +i(\zeta-\zeta^{-1}) \\ -i(\zeta-\zeta^{-1}) & \zeta+\zeta^{-1} \end{pmatrix}\begin{pmatrix} C_+ \\ C_- \end{pmatrix}$$
$$\zeta = 2\exp\left(\int_a^b dx\,\kappa(x)\right) \qquad (8.86)$$

그러므로 장벽을 투과할 확률은 다음과 같다.

$$T = \left| \frac{C_+}{A_+} \right|^2 = \frac{4}{(\zeta + \zeta^{-1})^2} \simeq \frac{4}{\zeta^2} = \exp\left(-2\int_a^b dx\, \kappa(x) \right) \tag{8.87}$$

장벽이 상당히 높고 넓어서 $\zeta \gg 1$ 이라 가정하면 마지막 근사식이 성립한다.

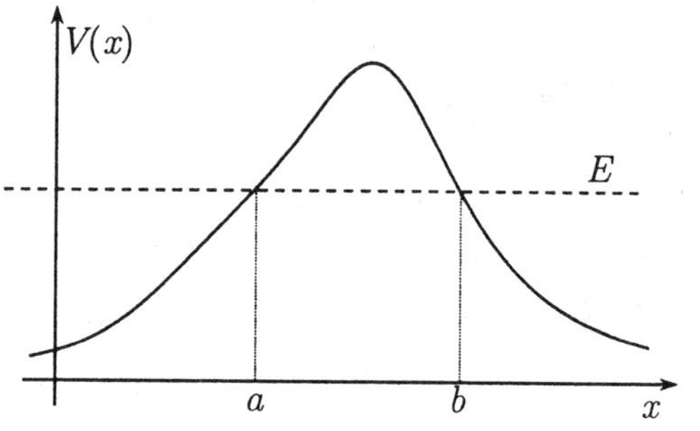

그림 8.6 일반형 장벽의 투과

세 영역에서의 WKB 풀이를 연결 공식으로 이어서 투과 확률을 계산한다.

지수 형태의 투과 확률 [식 (8.87)] 은 직사각형 장벽형 벌판 문제의 투과 확률 [식 (5.39)] 에서 유도할 수 있다. 그림 8.6의 $a < x < b$ 사이의 장벽을 폭 Δx 의 얇은 장벽 N 개의 겹침으로 생각하자. 얇은 장벽은 직사각형 장벽으로 근사시킬 수 있고 투과 확률은 $\exp(-2\kappa_i \Delta x)$ 이다. 얇은 장벽 모두를 투과하는 조건으로 그림 8.6의 장벽 투과가 일어나므로 그 투과 확률은 얇은 장벽 투과 확률들의 곱이다.

$$T = \prod_i^N \exp(-2\kappa_i \Delta x) = \exp\left(-2\sum_i^N \kappa_i \Delta x \right) \tag{8.88}$$

이제 윗식에서 $\Delta x \to 0$, $N \to \infty$ 의 극한을 택하면 마지막 식의 지수는 구분 구적법으로 얻는 식 (8.87) 이다.

예 제 8.5 Gamow 인자

양성자나 α 입자가 원자핵에 닥아오는 경우를 생각해 보자. 핵에 접근하면서 두 양전하의 Coulomb 벌판은 서로 미는 힘을 미친다. 그러나 일단 양성자나 α 입자가 원자핵 내부에 들어오면 강한 핵력때문에 전자기적 힘의 영향은 줄어든다. 이것을 일차원 문제로 다음처럼 근사시켰을 때 투과 확률을 계산해 보자. 벌판은 그림 8.7에 나타나 있는데 양성자의 원자핵 접근을 막아주는 힘이 작용하고 다음처럼 쓸 수 있다.

$$\begin{aligned} V(x) &= -\frac{Z_1 Z_2\, \alpha \hbar c}{x} \qquad (x<0) \\ &= 0 \qquad\qquad\quad (x>0) \end{aligned} \tag{8.89}$$

그림에서 보듯이 두 전향점은 $x=-Z_1Z_2\alpha c/E$ 과 $x=0$ 이고 이 사이의 구간이 고전 역학에서 금지된 영역이다. 그러므로 투과 확률은 다음과 같다.

$$T \simeq e^{-2\int_a^0 dx\, \kappa(x)} = \exp\left(-\frac{2\pi Z_1 Z_2\, \alpha c}{v}\right) \tag{8.90}$$

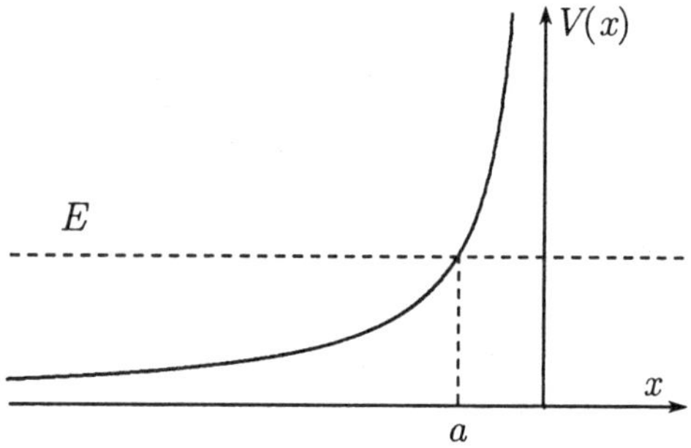

그림 8.7
일차원 Coulomb 벌판 장벽의 투과

이 인자는 삼차원의 구체적 모델에서도 성립하고 중요한 역할을 한다. 위에서는 Coulomb 장벽을 극복하고 투과하는 경우를 생각했는데 반대 방향으로의 투과는 핵 붕괴이다. 따라서 핵의 α 붕괴의 설명에 자주 쓰이고 Gamow 인자라 불리운다. ≪

예제 8.6 접촉한 두 금속 사이의 양자투과

금속 내부의 전자를 일차원 계단형 벌판으로 단순화할 때 양자 역학적으로도 투과 확률은 영이어서 전자가 금속을 벗어나려면 해방 에너지 W 가 필요하다. 이제 두 금속체가 매우 좁은 간격 d 로 근접해 있고 그 사이에 V_0 의 전압이 걸려있다고 가정하자. 그러면 전자의 위치 에너지는 그림 8.8 와 같을 것이고 한쪽에서 다른 쪽으로 전자가 벌판의 장벽을 투과할 수 있다. 이 장벽은 실제로는 진공이지만 외부 전압 때문에 장벽 역할을 한다.

해방 에너지만 얻으면 금속체를 벗어날 수 있는 전자가 그대로 투과할 확률을 계산해 보자.

벌판함수를 $V(x) = -ax + b$ 라 하면 $a = eV_0/d,\, b - E = W$ 이다. 그러므로 투과확률을 쉽게 얻을 수 있다.

$$T \simeq e^{-2\int_0^d dx\,\kappa(x)} = \exp\left(-\frac{4}{3}\frac{d}{eV_0}\left[W^{3/2} - (W - eV_0)^{3/2}\right]\right) \tag{8.91}$$

투과확률이 작은 것은 금속체 사이의 간격이 전기저항의 역할을 하기 때문인데 윗식에서 보듯이 간격이 좁을수록, 걸린 전압이 높을수록 투과확률이 커진다. 두개의 동선을 납땜하지 않고 엮어 놓기만 해도 전류가 통하는 것은 양자 투과 현상의 결과이다.

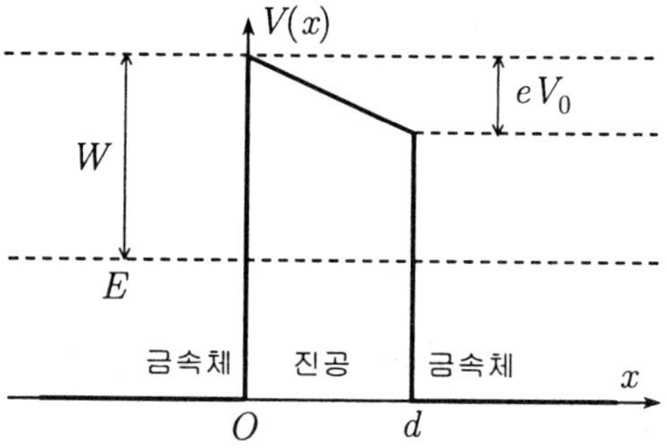

그림 8.8 전위차가 있는 접촉 상태의 두 금속체 사이의 양자 투과

투과확률은 지수에 위치벌판의 적분이 있으므로 이에 상당히 민감하다. 보기로 약간의 불순물이라도 큰 변화를 야기할 수 있다. 따라서 그림 8.8의 벌판은 양자 투과를 오직 정성적으로 기술하기에 적당하다. ◁◁

연 습 문 제

8.1 정준 양자화 규칙 (8.30) 에서 $F=x$, $G=G(p)$ 로 놓으면 다음식이 성립해야 한다.

$$[x, G(p)] = i\hbar\{x_{cl}, G_{cl}(p)\}_{op} = i\hbar\frac{\partial G(p)}{\partial p}$$

$G(p)$ 가 연산자 p 의 급수로 전개 가능하다고 가정하고 이 관계식을 확인하라

8.2 정준 양자화를 위하여는 Poisson 괄호가 식 (6.6) 의 교환자 관계를 만족할 필요가 있다. 이들을 확인하고 특히 Jacobi 항등식이 Poisson 괄호에 대해서도 성립함을 보이라.

$$\{A, \{B, C\}\} + \{B, \{C, A\}\} + \{C, \{A, B\}\} = 0$$

8.3 일차원 조화 진동자의 라그랑지안은 $L=1/2\,m\dot{x}^2-1/2\,m\omega^2x^2$ 이다. 이 진동자가 $x_1=x(t_1)$ 에서 $x_2=x(t_2)$ 까지 움직일 때 고전 작용은 다음과 같음을 증명하라.

$$S_{cl}(x_2, t_2; x_1, t_1) = \frac{ma}{2\sin\omega(t_2-t_1)}\Big((x_1^2+x_2^2)\cos\omega(t_2-t_1) - 2x_1x_2\Big)$$

8.4 다음과 같은 우물 벌판에서 양자화된 에너지를 WKB 근사로 계산하라.

$$\begin{aligned} V(x) &= -2V_0 \qquad (0<x<a) \\ &= -V_0 \qquad (a<x<2a) \\ &= 0 \qquad (\text{기타 영역}) \end{aligned}$$

8.5 단단한 지면에 질량 m 인 공(입자로 가정)을 떨어뜨리면 탄성 충돌하여 다시 처음 높이로 튀어 오른다. 입자의 위치 에너지는 다음으로 기술할 수 있다.

$$\begin{aligned} V(z) &= mgz \qquad (z>0) \\ &= \infty \qquad (z<0) \end{aligned}$$

이 입자의 양자화된 에너지를 WKB 근사로 계산하라.

8.6 삼차원의 유한깊이 우물 벌판이 다음과 같이 주어졌을 때 양자화된 에너지를 WKB 근사 이론으로 풀어라.

$$\begin{aligned} V(r) &= -V_0 \qquad (r<a) \\ &= 0 \qquad (r>a) \end{aligned}$$

8.7 질량 m 인 입자가 탄성 상수 k 인 용수철에 수직으로 매달려 있다. 이 입자의 양자화된 에너지를 WKB 근사 이론으로 계산하라.

8.8 위치 에너지가 $V(x)=k\,x^{\nu}(k,\nu>0)$ 일 때 결합 상태의 에너지 고유값을 WKB 근사 방법으로 구하라.

8.9 위치 에너지가 다음과 같은 장애물이 있다.

$$V(x) = V_0\left(1-\frac{x^2}{a^2}\right) \qquad (-a < x < +a)$$
$$= 0 \qquad (\text{기타 영역})$$

에너지 $E\,(<V_0)$ 인 입자의 투과 계수를 계산하라.

8.10 연습문제 8.9에서 $V_0 = 2\,\mathrm{m}$, $a = 10\,\mathrm{cm}$ 라 하고 입자의 질량은 사람의 체중 정도인 $m = 60\,\mathrm{kg}$ 이라 하자. 이 장벽을 투과할 확률을 계산하라. 가령 매 초 한 번씩 투과 여부 실험을 쉬지 않고 계속 실행한다고 하자. 우주의 역사를 대략 150 억년으로 추산하고 그동안 몇 번이나 장벽 투과에 성공했겠는가?

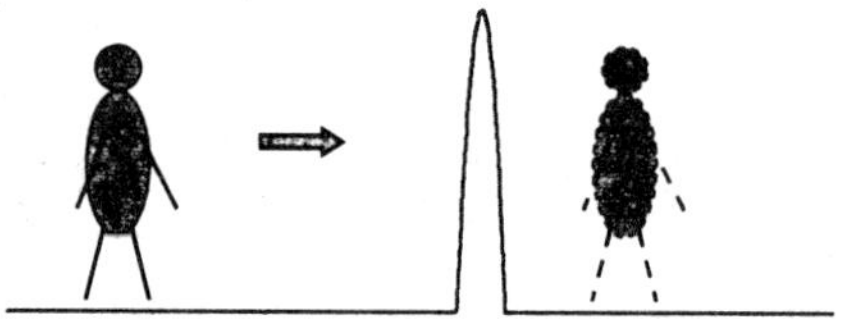

8.11 반지름 R 인 단단한 구형 동굴 안에서 움직이는 입자의 양자화된 에너지를 WKB 근사법으로 수치 계산하라. 그리고 해석적 풀이 식 (7.73) 과 비교하라.

8.12 WKB 연결 공식 (8.64) 에 이르는 수학적 과정을 확인하라.

8.13 삼차원 직선형 벌판에서 S -상태의 에너지를 WKB 방법으로 풀어라. 수치 계산이 필요할 수 있다. 그리고 일차원 직선형 벌판 [연습문제 8.5] 의 결과와 비교하라.

9. 대칭과 보존 법칙

9.1 대칭 연산과 운동 상수

20세기에 발전한 물리학은 양자론과 상대론으로 대표되지만 자연계의 대칭성을 인식하고 그 의미를 물리학의 법칙에서 찾으려는 노력이 또한 큰 흐름이다. 대칭은 조화를 나타내고 아름다운 것이다. 물리학에서 대칭이 중요한 이유는 대칭성과 보존 법칙 사이에 밀접한 관계가 있기 때문이다. 시간이 지나도 변하지 않는 물리량은 여러 가지로 편리한 개념이다. 보존되는 불변량이기에 물리계의 특성을 표시하고 보존 원리는 실용적으로 문제 풀이에서 매우 편리한 도구이다. 고전 역학에서 운동 방정식을 직접 푸는 대신 에너지 보존 법칙을 활용하면 손쉽게 해결되는 수가 많다. 해석적 풀이를 구하는 것이 훨씬 힘든 양자 역학에서는 특히 대칭성이 큰 역할을 한다. 좌우 대칭이 있는 물리계의 파동 함수는 우함수나 기함수이어야 한다는 사실을 알고 파동 방정식을 푼다던가 구면 대칭이 있으므로 곧바로 지름 방정식만 푸는 사례에서 이미 경험한 바 있다.

고전 역학에서도 대칭-보존 원리는 널리 사용되고 있다. 라그랑지안이 어떤 일반 좌표를 포함하지 않으면 해당하는 운동량이 보존되는 것은, 그 좌표 방향으로 변위를 하더라도 라그랑지안이 불변이라는 대칭성이 있기에 운동량이 보존되는 것이다. 실제로 우리가 사는 공간은 등질성과 등방성을 모두 갖추고 있다. 공간의 어느 점에 좌표계를 설정해도 물리학의 법칙은 똑같은 형태이며 이러한 병진 (translation) 대칭은 운동량 보존 법칙으로 나타난다. 또한 공간의 어느 방향을 축으로 잡아도 똑같은 물리 법칙이 성립하는 것은 회전 (rotation) 대칭의 결과로서 회전량의 보존으로 이어진다. 같은 맥락에서 시간의 시점을 어떻게 정하더라도 물리 법칙이 계속 적용되는 것은 에너지 보존 법칙으로 표현된다. 그러므로 에너지, 운동량, 회전량의 보존 법칙은 물리학에서 가장 소중한 보존 법칙들이다. 만일 이에 어긋나는 실험 사실이 밝혀지면 시공간의 등질성, 등방성에 문제가 있음이 분명하기 때문이다. 어떤 면에서는 당연히 이러한 대칭을 자명한 진리로 받아들여야 할 것 같다.

공간 반전에 대한 대칭도 마찬가지이다. 공간 반전이란 오른손 좌표계와 왼손 좌표계의 대칭성인데 어느 것을 사용해도 무방하고 이 때 보존되는 것은 홀짝도 (parity) 이다. 그러나 대칭은 분명히 우리가 바라는 현상이지만 물리학에서 제일 중요한 것은 자연의 검증이다. 즉 실험으로 입증되어야 한다. 실제로 물질의 약한 상호 작용에서는 공간 반전 대칭의 깨짐이 발견되었다. 더욱 신비한 것은 완전한 대칭에서 약간 벗어나는 근사 대칭이다. 근사 방법에 익숙한 물리학자들은 완전 대칭에서 출발하여 대칭 깨짐 현상을 체계적으로 조사한다. 특히 대칭이 자연스럽게 깨지는 자연 파괴 대칭 (spontaneously broken symmetry) 은 근사 대칭을 일으키는 좋은 방편이다. 그 과정에서 자연의 숨겨진 원리를 알 수 있으리라는 기대가 크다.

원자 이하의 세계를 설명하는 완벽한 이론은 아직 확립되지 않았다. 다시 말하면 Newton, Schrödinger 방정식 같은 우주의 기본적 "운동 방정식" 자체를 모른다는 것이다. 이 상황에서 대칭 원리는 좋은 지침이 된다. 보존 법칙과 밀접한 관련이 있는 대칭 논리로 많은 이론적 제안을 배제할 수 있기 때문이다. 이러한 배제 과정이 계속되면 끝까지 남아 있는 이론이 궁극적 물리학 이론이라는 견해가 지배적이다.

이 책에서는 양자 역학에서 중요한 몇 가지 대칭을 다루고자 한다. 그 방법론은 양자 벌판 이론에도 확장, 적용된다. 실제로 소립자의 세계에서는 내부 대칭의 형태로 훨씬 많은 대칭이 존재한다. 새로운 입자나 현상이 발견되면서 새로운 대칭이 밝혀지기도 하며 또한 깨지는 것이 알려지기도 한다.

모든 논리는 Schrödinger 방정식에서 출발한다. 그리고 물리량 F 의 기대값을 다룬다.

$$i\hbar\frac{\partial}{\partial t}|\Psi(t)\rangle = H|\Psi(t)\rangle \qquad \langle F\rangle = \langle\Psi(t)|F|\Psi(t)\rangle \tag{9.1}$$

그러면 식 (6.84) 에서 보듯이 다음이 성립한다. 물리량 연산자 F 는 시간을 명시적으로 포함하지 않는다고 가정하였다.

$$i\hbar\frac{d}{dt}\langle F\rangle = \langle\Psi(t)|[F,H]|\Psi(t)\rangle \tag{9.2}$$

여기서 $|\Psi(t)\rangle$ 는 임의의 양자 상태이므로 다음 결론을 얻는다.

$$\langle F\rangle = \text{상수} \quad \Leftrightarrow \quad [F,H]=0 \quad \Leftrightarrow \quad F,H \text{의 동시측정 가능} \tag{9.3}$$

즉 하밀토니안과 가환인 연산자의 기대값은 시간에 따라 변하지 않고 보존되는 운동 상수이다.

문제는 H 와 가환인 F 를 찾는 것이다. 물리량이므로 실재 연산자이겠지만 아무렇게나 시도하기는 힘든 일이다. 이 때 대칭 연산의 중요성이 부각되고 보존 법칙이 활용된다. 가령 어떤 연산자 U가 있어서 양자 상태 $|\Psi\rangle$ 에 작용하여 $|\Psi'\rangle$ 의 상태로 변환한다고 하자.

$$|\Psi\rangle \;\rightarrow\; |\Psi'\rangle = U|\Psi\rangle \tag{9.4}$$

이러한 연산은 대칭성과 관련없이 별도로 생각할 수 있다. 그러나 그 결과로 파동방정식이 불변이라면, 즉 $|\Psi'\rangle$ 도 Schrödinger 방정식을 만족한다면

$$i\hbar\frac{\partial}{\partial t}|\Psi'\rangle = H|\Psi'\rangle \qquad \Rightarrow \qquad [U,H]=0 \tag{9.5}$$

연산자 U는 하밀토니안 H와 가환임을 알 수 있다. 이러한 U 연산자는 대칭 연산자가 될 수 있고 운동상수의 후보가 된다.

양자 역학적 의미를 가지려면 연산을 하더라도 양자 상태의 규격화는 유지되어야 한다. 즉 다음이 성립해야 한다.

$$\langle\Psi'|\Psi'\rangle = \langle\Psi|\Psi\rangle = 1 \tag{9.6}$$

그 결과 U는 하나 연산자임을 알 수 있다.

$$U^{\dagger}U = UU^{\dagger} = I \tag{9.7}$$

물리량이 되려면 U는 실재 연산자라야 한다. 만일 U가 실재성을 동시에 가지면 U 자체를 물리량 연산자로 받아드릴 수 있다. 아니라면 하나 연산자 U를 실재 연산자 F의 지수형으로 표시하여 하나 연산자 U대신 실재 연산자 F가 H와 가환이 되게 할 수 있다.

$$U = e^{iF}, \ \ F^{\dagger} = F \qquad \Rightarrow \qquad [F,H]=0 \tag{9.8}$$

물론 이렇게 도입된 물리량은 보존되고 시간상수가 된다.

이상의 논의는 매우 원론적이지만 점차 잠재적 중요성이 노출될 것이다. 대칭 연산은 시공간에서의 병진, 회전, 반전이 될 수 있고 상대 운동을 하는 Lorentz 변환이 될 수도 있다. 그뿐 아니라 Hilbert 공간에서의 내부적인 대칭이 될 수도 있다.

9.2 공간 병진과 공간 회전

공간 병진은 다음으로 표현되는데

$$\mathbf{x} \ \rightarrow \ \mathbf{x}' = \mathbf{x} - \mathbf{a} \tag{9.9}$$

연산자 $\mathbf{x}_{op}$ 의 고유상태 $|\mathbf{x}\rangle$ 는 $|\mathbf{x}'\rangle$ 으로 변환한다. 이 때 양자 상태의 규격화 [식 (9.6)] 는 보존되고 이들은 하나 연산자로 연관된다.[1]

[1] 연산자와 고유값을 같은 기호를 써서 혼동이 생길 경우에는 연산자임을 강조하기 위하여 $\mathbf{x}_{op}$, $\mathbf{p}_{op}$ 등 op를 아래 글자로 명기한다.

$$|\mathbf{x}\rangle \;\rightarrow\; |\mathbf{x}'\rangle = |\mathbf{x}-\mathbf{a}\,\rangle = U(\mathbf{a})|\mathbf{x}\rangle \qquad\qquad U(0)=I \tag{9.10}$$

공간 병진은 벡터 $\mathbf{x}$ 자체가 $\mathbf{a}$ 만큼 병진하는 능동적 변환과 $\mathbf{x}$ 는 그대로 두고 좌표계를 병진하는 수동적 변환을 생각할 수 있다. 두 변환은 대등하다. 수동적 변환은 동일한 물리 현상을 두 입장에서 바라 본다는 면에서 상대성 이론을 비롯하여 흔히 다루는 편리한 방법이다. 여기서는 좌표계를 $\mathbf{a}$ 만큼 병진한 수동적 변환을 채택하고 있다. 병진 벡터 $\mathbf{a}$ 가 매우 작아서 무한소 정도, $O(\varepsilon)$ 의 크기라면 1차 근사로 다음처럼 쓸 수 있다.

$$U(\mathbf{a}) = I + \frac{i}{\hbar}\mathbf{p}\cdot\mathbf{a} + O(\varepsilon^2) \tag{9.11}$$

U 는 하나 연산자이므로 $\mathbf{p}=(p_x, p_y, p_z)$ 는 실재 연산자들이다. 식 (9.11) 을 식 (9.10) 에 대입하고 $|\mathbf{x}-\mathbf{a}\,\rangle$ 를 급수 전개하여 $O(\varepsilon)$ 까지 정리하면 다음과 같다.

$$\begin{aligned} &-\mathbf{a}\cdot\nabla|\mathbf{x}\rangle = +\frac{i}{\hbar}\mathbf{a}\cdot\mathbf{p}\,|\mathbf{x}\rangle \\ &\Rightarrow \qquad \mathbf{p}_{op}|\mathbf{x}\rangle = +i\hbar\,\overrightarrow{\nabla}|\mathbf{x}\rangle \qquad \langle\mathbf{x}|\mathbf{p}_{op} = -\,i\hbar\,\langle\mathbf{x}|\overleftarrow{\nabla} \end{aligned} \tag{9.12}$$

그러므로 $\mathbf{p}$ 는 운동량 연산자임이 확인되었다. 윗식에서 $\boldsymbol{\nabla}$ 의 화살표는 그 쪽의 $\mathbf{x}$ 를 비분하는 연산자이므로 의미만 분명하면 브라 또는 케트 벡터 좌우에 써도 무방하다. 그러나 이원 공액으로 바꿀 때에는 실재 공액을 택해야한다. 보기로 $\langle\mathbf{x}|\,\mathbf{p}_{op}$ 에 $|\psi\rangle$를 곱하면 파동 함수 $\psi(\mathbf{x})$에 대한 $\mathbf{p}_{op}$ 의 작용은 $-i\hbar\nabla$ 가 된다.

병진 변위 $\mathbf{a}$ 가 유한한 경우에는 이를 N 등분하여 식 (9.11) 의 연산을 계속함으로써 $U(\mathbf{a})$ 를 구할 수 있다.

$$U(\mathbf{a}) = \lim_{N\to\infty}\left(I + \frac{i}{\hbar}\mathbf{p}\cdot\frac{\mathbf{a}}{N} + O\left(\frac{1}{N^2}\right)\right)^N = \exp\left(+\frac{i}{\hbar}\mathbf{p}\cdot\mathbf{a}\right) \tag{9.13}$$

결국 $U(\mathbf{a})$는 $\mathbf{p}$ 로 얻어지므로 $\mathbf{p}$ 를 병진 변환의 발생자 (generator) 라 부른다.

식 (9.12) 에 $\mathbf{p}_{op}$의 고유상태 $\langle\mathbf{p}|$ 를 곱하면 $\langle\mathbf{p}|\mathbf{x}\rangle$ 에 관한 미분 방정식을 얻고

$$\langle\mathbf{p}|\mathbf{p}_{op}|\mathbf{x}\rangle = \mathbf{p}\,\langle\mathbf{p}|\mathbf{x}\rangle = +i\hbar\,\nabla\langle\mathbf{p}|\mathbf{x}\rangle \tag{9.14}$$

풀이는 다음과 같다.

$$\langle\mathbf{p}|\mathbf{x}\rangle = A\,e^{-\frac{i}{\hbar}\mathbf{p}\cdot\mathbf{x}} \tag{9.15}$$

적분상수 A 는 $|\mathbf{x}\rangle$ 또는 $|\mathbf{p}\rangle$ 의 규격화 조건에서 $A=1$ 로 정할수 있다.

$$\int \frac{d^3p}{(2\pi\hbar)^3}\langle \mathbf{x}|\mathbf{p}\rangle\langle \mathbf{p}|\mathbf{x}'\rangle = \delta^3(\mathbf{x}-\mathbf{x}') = |A|^2 \int \frac{d^3p}{(2\pi\hbar)^3}\; e^{+\frac{i}{\hbar}\mathbf{p}\cdot(\mathbf{x}-\mathbf{x}')} \tag{9.16}$$

또한 Schrödinger 방정식은 양자 상태에 관한 방정식 (9.1) 에 $\langle \mathbf{x}|$ 를 곱하여 얻을 수 있다.

$$\langle \mathbf{x}| i\hbar \frac{\partial}{\partial t}|\Psi(t)\rangle = \langle \mathbf{x}|H|\Psi(t)\rangle = \int d^3x' \langle \mathbf{x}|H|\mathbf{x}'\rangle\langle \mathbf{x}'|\Psi(t)\rangle$$

$$i\hbar\frac{\partial}{\partial t}\Psi(\mathbf{x},t) = \int d^3x'\left(\frac{-\hbar^2\nabla^2}{2m}+V(\mathbf{x})\right)\delta^3(\mathbf{x}-\mathbf{x}')\,\Psi(\mathbf{x}',t) \tag{9.17}$$

$$= -\frac{\hbar^2}{2m}\nabla^2\Psi(\mathbf{x},t)+V(\mathbf{x})\,\Psi(\mathbf{x},t)$$

공간 병진을 나타내는 모든 하나 연산자들의 집합은 리 군 (Lie group) 이라 불리는 연속 수학 군을 이룬다. 그리고 리 군의 특징은 단위 요소 주위의 국부 영역에서의 성질로 전체 영역에서의 리 군의 성격이 결정된다는 것이다.[2] 이때 핵심 역할을 하는 것은 리 군의 요소를 특정 짓는 발생 연산자와 이들간의 교환자이다. 공간 병진을 나타내는 리 군에서 어떤 결론을 얻을 수 있는지 알아 보려면 두 단계 병진 운동을 순서를 바꾸어서 두 가지 방법으로 수행한다.

$$\begin{aligned} &\text{방법 1} \qquad \mathbf{x} \;\rightarrow\; \mathbf{x}'=\mathbf{x}-\mathbf{a} \;\rightarrow\; \mathbf{x}''=\mathbf{x}'-\mathbf{b}=\mathbf{x}-\mathbf{a}-\mathbf{b} \\ &\text{방법 2} \qquad \mathbf{x} \;\rightarrow\; \mathbf{x}'=\mathbf{x}-\mathbf{b} \;\rightarrow\; \mathbf{x}''=\mathbf{x}'-\mathbf{a}=\mathbf{x}-\mathbf{b}-\mathbf{a} \end{aligned} \tag{9.18}$$

벡터의 합은 $\mathbf{a}+\mathbf{b}=\mathbf{b}+\mathbf{a}$ 이어서 가환이므로 마지막 결과는 똑같다.

이것을 Hilbert 공간에서 하나 연산자를 사용하면 다음과 같다. [식 (9.10) 참고]

$$U(\mathbf{b})U(\mathbf{a})\,|\mathbf{x}\rangle = U(\mathbf{a})U(\mathbf{b})|\mathbf{x}\rangle \tag{9.19}$$

윗식을 전개하면 $\mathbf{a}, \mathbf{b}$ 에 관한 1차 항까지는 스스로 상쇄되고 2차 항까지 전개에서

$$\sum_{ij} a_i b_j\,[\,p_i,\ p_j\,] = 0 \tag{9.20}$$

---

[2] 리 군의 간단한 개념은 G. B. Arfken and H. J. Weber, *Mathematical Methods for Physicists, 5th ed* 를 참고할 것.

의 결과를 얻는다. $\mathbf{a}, \mathbf{b}$ 는 $O(\varepsilon)$ 이고 독립적으로 임의의 값을 가질 수 있으므로 운동량 연산자들의 교환자는 다음 관계를 갖는다.

$$[p_i, p_j] = 0 \qquad (i, j = 1,2,3) \tag{9.21}$$

그러므로 운동량 각각의 성분 연산자들은 서로 가환이고 동시 측정이 가능하다.

운동량이 보존되려면 식 (9.8) 에서처럼 $\mathbf{p}$ 가 하밀토니안 H 와 가환이어야 한다.

$$[\mathbf{p}, H] = 0 \tag{9.22}$$

파동 방정식에서 $H = \mathbf{p}^2/2m + V(\mathbf{x})$ 이어서 $\mathbf{p}$ 와 H 가 가환이 아니므로 일반적으로 운동량이 보존되지는 않는다. 그러나 자유 입자 $(V=0)$ 의 경우에는 보존된다.

다음에는 공간 회전을 생각해 보자. 삼차원 공간에서 회전은 다음의 직교 변환

$$\mathbf{x} \to \mathbf{x}' = R\,\mathbf{x} \qquad (x_i' = R_{ij}x_j) \tag{9.23}$$

으로 나타낸다. 직교변환은 벡터의 크기가 변하지 않는 변환, 즉 $\mathbf{x}'^2 = \mathbf{x}^2$ 인데 공간 회전 뿐만 아니라 공간 반전 (space inversion) 도 포함된다. 회전은 연속적으로 변할 수 있이서 연속군을 이루지만 반전은 불연속 변환이다. 회전을 나타내는 3×3 직교행렬 R 은 $RR^T = R^T R = I$ 이어야 하므로 $\det|R| = \pm 1$ 인데 $\det|R| = +1$ 인 직교변환만 선택하면 순수한 회전을 표현한다. 따라서

$$R^T R = RR^T = I \qquad \det|R| = +1 \tag{9.24}$$

인 직교변환의 회전만 다루겠는데 수학에서 $SO(3)$ 군이라 한다. 특별한 직교군 (special orthogonal group) 이라는 뜻이다. 공간 반전은 다음 절에서 취급할 것이다.

이번에는 Hilbert 공간에서 $|\mathbf{x}\rangle$ 상태의 변환을 살펴보자. 식 (9.4) 에서처럼

$$|\mathbf{x}\rangle \to |\mathbf{x}'\rangle = |R\,\mathbf{x}\rangle = U(R)|\mathbf{x}\rangle \qquad U(I) = I \tag{9.25}$$

인데 문제를 간단히 하기 위하여 z-축주위의 무한소 회전 φ, $R_z(\varphi)$ 를 고려한다. 그러면 하나 연산자 $U(R_z)$ 는

$$U(R_z) = 1 + \frac{i}{\hbar}\varphi J_z + O(\varphi^2) \tag{9.26}$$

으로 쓸 수 있고 J_z 는 실재 연산자이다. 한편 Euclid 공간에서 회전된 $R\mathbf{x}$ 와 Hilbert 공간

에서 그에 대응하는 회전을 한 $|R\mathbf{x}\rangle$ 는 다음과 같다.

$$R_z(\varphi)\mathbf{x} = \begin{pmatrix} \cos\varphi & +\sin\varphi & 0 \\ -\sin\varphi & \cos\varphi & 0 \\ 0 & 0 & 1 \end{pmatrix}\begin{pmatrix} x \\ y \\ z \end{pmatrix} = \begin{pmatrix} x+\varphi y \\ y-\varphi x \\ z \end{pmatrix} + O\left(\varphi^2\right) \tag{9.27}$$

$$|R_z(\varphi)\mathbf{x}\rangle = |x+\varphi y,\ y-\varphi x,\ z\rangle = |\mathbf{x}\rangle - \varphi\left(x\frac{\partial}{\partial y} - y\frac{\partial}{\partial x}\right)|\mathbf{x}\rangle \tag{9.28}$$

식 (9.25), (9.26), (9.28) 에서 다음 결과를 얻는다. 둘째식 (브라 벡터) 은 첫째식 (케트 벡터) 의 이원 (dual) 공액이다.

$$J_z\,|\mathbf{x}\rangle = +i\hbar\,\overrightarrow{\left(x\frac{\partial}{\partial y} - y\frac{\partial}{\partial x}\right)}|\mathbf{x}\rangle \qquad \langle\mathbf{x}|\,J_z = -i\hbar\,\langle\mathbf{x}|\,\overleftarrow{\left(x\frac{\partial}{\partial y} - y\frac{\partial}{\partial x}\right)} \tag{9.29}$$

그러므로 J_z 는 $|\mathbf{x}\rangle$ 상태 벡터에 작용할 때 궤도 회전량 연산자와 같음을 알 수 있다. 여기서도 미분 연산자는 화살표 쪽에 있는 $\mathbf{x}$ 를 미분하는 것이므로 운동량 연산자 $\mathbf{p}$ 의 경우와 같다. 실제로 궤도 회전량의 z 성분에 관한 고유상태 $|\psi_m\rangle$ 의 고유값을 $m\hbar$ 라 하면 윗식에서 파동함수에 대한 J_z 의 고유값 방정식을 얻는다.

$$\begin{aligned} \langle\mathbf{x}|\,J_z\,|\psi_m\rangle &= m\hbar\,\langle\mathbf{x}|\psi_m\rangle = m\hbar\,\psi_m(\mathbf{x}) \\ &= -i\hbar\,\langle\mathbf{x}|\,\overleftarrow{\left(x\frac{\partial}{\partial y} - y\frac{\partial}{\partial x}\right)}|\psi_m\rangle = -i\hbar\left(x\frac{\partial}{\partial y} - y\frac{\partial}{\partial x}\right)\psi_m(\mathbf{x}) \end{aligned} \tag{9.30}$$

x-축, y-축에 대한 무한소 회전도 마찬가지로 논의할 수 있고 하나 연산자 $U(R)$ 을 다음처럼 쓸 수 있다.

$$U(R) = e^{+\frac{i}{\hbar}\boldsymbol{\alpha}\cdot\mathbf{J}} = 1 + \frac{i}{\hbar}\boldsymbol{\alpha}\cdot\mathbf{J} + O(\alpha^2) \tag{9.31}$$

벡터 $\boldsymbol{\alpha}$ 는 회전 벡터로서 $\boldsymbol{\alpha}$ 를 축으로 α 각도만큼 회전을 의미한다. 유한 각도 α 에 대한 지수형 연산자는 식 (9.13) 과 같은 과정으로 얻는다. 그리고 $\mathbf{J} = (J_1, J_2, J_3)$ 는 회전 변환의 발생자이다.

연산자 $\mathbf{J}$ 성분 사이의 교환자를 알아내기 위하여 공간 병진의 경우처럼 순서를 바꾼 두 회전을 비교할 수 있다. 이번에도 문제를 간단히 하기 위하여 x-축 주위의 회전 $R_\alpha = R_x(\alpha)$, y-축 주위의 회전 $R_\beta = R_y(\beta)$ 를 생각한다. 그런데 회전은 가환이 아니므로

$$U(R_\beta)^{-1}U(R_\alpha)^{-1}U(R_\beta)U(R_\alpha)$$

의 4단계 회전을 계산해 본다. α, β 는 무한소 각도로 $O(\varepsilon)$ 이다. 그러면 $O(\varepsilon)$ 항들은 모두 상쇄하고 $O(\varepsilon^2)$ 항의 역할이 중요해진다. 계산 결과는 다음과 같다.

$$U(R_\beta)^{-1}U(R_\alpha)^{-1}U(R_\beta)U(R_\alpha) = I + \frac{1}{\hbar^2}\alpha\beta\left[J_x, J_y\right] + O\left(\varepsilon^3\right) \tag{9.32}$$

네 번 회전의 결과를 알기 위하여 삼차원에서 벡터의 회전을 살펴보면

$$R_z(\phi) = \begin{pmatrix} \cos\phi & +\sin\phi & 0 \\ -\sin\phi & \cos\phi & 0 \\ 0 & 0 & 1 \end{pmatrix} = I + i\phi\begin{pmatrix} 0 & -i & 0 \\ +i & 0 & 0 \\ 0 & 0 & 0 \end{pmatrix} + O\left(\phi^2\right) \tag{9.33}$$

이므로 마찬가지로 $R_x(\alpha)$, $R_y(\beta)$ 도 계산하면 다음을 얻는다.

$$R_x(\alpha) = I + i\alpha\begin{pmatrix} 0 & 0 & 0 \\ 0 & 0 & -i \\ 0 & +i & 0 \end{pmatrix} + O\left(\alpha^2\right) \quad R_y(\beta) = I + i\beta\begin{pmatrix} 0 & 0 & +i \\ 0 & 0 & 0 \\ -i & 0 & 0 \end{pmatrix} + O\left(\beta^2\right) \tag{9.34}$$

따라서 네 번의 무한소 회전의 결과는 다음과 같다.

$$R_y^{-1}(\beta)R_x^{-1}(\alpha)R_y(\beta)R_x(\alpha) = I + i\alpha\beta\begin{pmatrix} 0 & -i & 0 \\ +i & 0 & 0 \\ 0 & 0 & 0 \end{pmatrix} + O\left(\varepsilon^3\right) \tag{9.35}$$

결과는 z-축에 대한 회전 $R_z(\alpha\beta)$ 이다. 그러므로 식 (9.32)는 이에 상응하는 연산자

$$U(R_z(\alpha\beta)) = I + \frac{i}{\hbar}\alpha\beta J_z + O(\varepsilon^4)$$

과 같아야 한다. 결국 다음 관계가 성립하고

$$[J_x, J_y] = i\hbar J_z \tag{9.36}$$

마찬가지로 x, y, z-축의 역할을 순환적으로 바꿈으로써 다른 교환자를 얻을 수 있으며 다음 결론에 도달하게 된다.

$$[J_i,\, J_j] = i\hbar\, \varepsilon_{ijk}\, J_k \qquad (i,j,k = 1,2,3) \tag{9.37}$$

여기서 ε_{ijk} 는 Levi-Civita 기호인데 [식 (7.26) 참고] 수학의 연속군 이론에서는 $SO(3)$ 군의 구조상수이다.

회전량이 보존되려면 식 (9.8) 에서처럼 $\mathbf{J}$ 가 하밀토니안 H 와 가환이어야 한다.

$$[\mathbf{J},\, H] = 0 \tag{9.38}$$

회전량 연산자는 파동 함수에 작용할 때 궤도 회전량이 되어 $\mathbf{J}$ 대신 $\mathbf{L}$ 로 되어 표기하고 7.3 절의 논의가 그대로 적용된다. $\mathbf{L}$ 연산자는 각도에 관한 미분만 포함하므로 중심력 벌판의 경우 윗식이 성립한다. [연습문제 7.1 참고] 그러나 $\mathbf{J}$ 가 운동계의 보존량이 될 수는 없다. 보존되려면 J_x, J_y, J_z, H 중 어느 두 연산자도 가환이어야 하는데 식 (9.37) 에서 그렇지 않음을 알게 되었다. 결국 회전량의 보존에 관하여는 특별한 접근이 필요하다. 9.4 절에서 자세히 다룰 것이다.

9.3 공간 반전과 내부 대칭

공간 반전은 다음으로 표현되는데

$$\mathbf{x} \;\; \rightarrow \;\; \mathbf{x}' = -\mathbf{x} \tag{9.39}$$

이 변환으로도 양자 상태의 규격화 [식 (9.6)] 는 보존된다. 따라서 Hilbert 공간에서 하나 연산자를 P 로 표기하면 다음과 같다.

$$|\mathbf{x}\rangle \;\; \rightarrow \;\; |\mathbf{x}'\rangle = |-\mathbf{x}\rangle = P|\mathbf{x}\rangle \tag{9.40}$$

그리고 공간 반전을 한번 더 작용하면 원래의 좌표계로 돌아간다.

$$P|-\mathbf{x}\rangle = P^2|\mathbf{x}\rangle = |\mathbf{x}\rangle \tag{9.41}$$

그러므로 $P^2 = I$ 이 되어 $P^{-1} = P$ 이며 한편으로 $P^\dagger P = I$ 이므로 $P^\dagger = P$ 가 되어 P 는 하나 연산자이면서 동시에 실재 연산자이다. 따라서 P 가 H 와 가환이면 P 를 운동상수로 채택할 수 있다. 그때 P 와 H 의 공통 고유상태를 $|\psi\rangle$ 라 하면 $P^2 = I$ 이므로 고유값은 ± 1 중 하나이다.

$$P\,|\psi_+\rangle = +\,|\psi_+\rangle \qquad P\,|\psi_-\rangle = -\,|\psi_-\rangle \tag{9.42}$$

여기서 $\langle\mathbf{x}|$ 를 곱하면 파동 함수에 관한 식을 얻는다.

$$\begin{aligned}\psi_+(-\mathbf{x}) &= \langle -\mathbf{x}|\psi_+\rangle = \langle \mathbf{x}|P|\psi_+\rangle = +\langle \mathbf{x}|\psi_+\rangle = +\psi_+(\mathbf{x}) \\ \psi_-(-\mathbf{x}) &= \langle -\mathbf{x}|\psi_-\rangle = \langle \mathbf{x}|P|\psi_-\rangle = -\langle \mathbf{x}|\psi_-\rangle = -\psi_-(\mathbf{x})\end{aligned} \tag{9.43}$$

그러므로 파동함수는 우함수나 기함수 중 하나이고 공간반전 연산자의 고유값은 ± 1 이다. 이것을 양자상태의 홀짝도(parity)라 부른다. 이 경우에도 $[P,H]=0$ 이면 홀짝도가 보존된다.

지금까지 공간에서의 대칭을 살펴보았는데 시공간과 무관하게 Hilbert 공간 내부에서의 대칭 변환을 생각할 수 있다. 보기로 가상적인 이차원 복소공간에서의 회전을 생각할 수 있고 더욱 고차원에서의 대칭 변환을 고려할 수도 있다. 또한 간단히 양자상태에 위상 인자만 곱하는 변환도 대상이 된다. 실제로 이차원 복소공간에서의 회전대칭은 $SU(2)$ 연속군으로 구현되는데 이것은 $SO(3)$ 연속군과 같은 꼴(isomorphic)이므로 식 (9.37)의 양자화 규칙으로 분석할 수 있고 입자의 스핀이 된다. 소립자들은 더욱 다양한 내부 대칭을 갖는데 이 책의 범위를 벗어난다.

이제 위상 인자의 곱이 나타내는 내부 대칭 효과를 살펴본다. 흔히 게이지 대칭(gauge symmetry)이라 하는데 측정에서 척도의 변화와 관계가 있으리라는 예상 속에 그렇게 불리운 것이다. 게이지 변환은 간단하게 양자상태에 임의의 위상 인자 $e^{i\alpha}$ 를 곱해도 Schrödinger 방정식은 불변이라는 것이다.

$$|\Psi\rangle \quad \rightarrow \quad |\Psi'\rangle = e^{i\alpha}|\Psi\rangle \tag{9.44}$$

그런데 식 (9.4)에 따라 $|\Psi'\rangle = U|\Psi\rangle$ 이어야 하므로

$$U|\Psi\rangle = e^{i\alpha}|\Psi\rangle \tag{9.45}$$

실재 연산자 Q를 도입하여 $U(\alpha)=\exp(i\alpha Q)$ 라 하면 다음이 성립한다.

$$Q|\Psi\rangle = |\Psi\rangle \tag{9.46}$$

즉 모든 양자상태는 Q 연산자의 고유상태이고 고유값은 $+1$ 이다. 식 (9.45)의 변환으로 Schrödinger 방정식이 당연히 불변이고 $[Q,H]=0$ 이다. 그러므로 $\langle Q\rangle$ 는 시간 독립 상수이다.

$$\langle Q\rangle = \langle\Psi|Q|\Psi\rangle = \langle\Psi|\Psi\rangle = \text{일정} \tag{9.47}$$

이것은 확률 보존의 법칙 (4.41)이다. 입자는 우주공간 어딘가에 있다는 것이다. 그러나 입자의 확률밀도를 전하밀도로 해석하면 전하 보존법칙으로 볼 수도 있다. 그리고 식 (9.44)의 게이지 대칭은 전하의 보존을 의미한다.

식 (9.44) 는 시공간과 관계없이 $e^{i\alpha}$ 를 곱하는 것이므로 모든 시공간에서 똑같은 변환을 하는 것으로 보아야 한다. 그래서 식 (9.44) 를 포괄 (global) 게이지 변환이라 한다. 이것은 너무 강한 조건이고 임의의 위상 인자 $e^{i\alpha(\mathbf{x},t)}$ 를 시공간 각 점에서 곱해주는 국소 (local) 게이지 변환을 생각할 수 있다.

$$|\Psi\rangle \quad \rightarrow \quad |\Psi'\rangle = e^{i\alpha(\mathbf{x},t)}|\Psi\rangle \tag{9.48}$$

그리고 국소 게이지 변환에 대해 Schrödinger 방정식이 불변일 수 있는가를 확인해 본다.

$$i\hbar\frac{\partial}{\partial t}|\Psi'\rangle = H|\Psi'\rangle \quad \rightarrow \quad i\hbar\frac{\partial}{\partial t}e^{i\alpha(\mathbf{x},t)}|\Psi\rangle = H(\mathbf{x},\mathbf{p})e^{i\alpha(\mathbf{x},t)}|\Psi\rangle \tag{9.49}$$

윗식의 양변에 $e^{-i\alpha(\mathbf{x},t)}$ 를 곱하면 다음이 되는데 [이하 게이지 위상 $\alpha(\mathbf{x},t)$는 α 로 표기]

$$i\hbar e^{-i\alpha}\frac{\partial}{\partial t}e^{+i\alpha}|\Psi\rangle = H(e^{-i\alpha}\mathbf{x}e^{+i\alpha},\ e^{-i\alpha}\mathbf{p}e^{+i\alpha})|\Psi\rangle \tag{9.50}$$

하밀토니안이 $\mathbf{x}$, $\mathbf{p}$ 의 다항식이라 가정하고 미분 연산자를 $e^{+i\alpha}$ 와 $|\Psi\rangle$ 에 차례로 작용하여 계산하면 다음 결과를 얻는다.

$$\left(i\hbar\frac{\partial}{\partial t} - \hbar\frac{\partial\alpha}{\partial t}\right)|\Psi\rangle = H(\mathbf{x},\ \mathbf{p} + \hbar\nabla\alpha)|\Psi\rangle \tag{9.51}$$

이 식은 임의의 함수 $\alpha(\mathbf{x},t)$ 를 포함하고 있어서 파동방정식으로 유효하지 않고 따라서 식 (9.48) 의 국소 게이지 변환은 대칭과 관계가 없어 보인다. 그렇지만 전자기 작용을 고려한 양자 방정식은 사정이 완전히 다르다. 전자기 벌판은 세계 벡터 $(\mathbf{A}, c\phi)$ 로 기술되는데 물리 측정량은 전기 벌판 $\mathbf{E}$ 와 자기 벌판 $\mathbf{B}$ 이다.

$$\mathbf{E} = -\nabla\phi - \frac{\partial\mathbf{A}}{\partial t} \qquad \mathbf{B} = \nabla\times\mathbf{A} \tag{9.52}$$

$\mathbf{E}, \mathbf{B}$ 를 결정하는 $\mathbf{A}, \phi$ 는 유일하지 않다. 세계 벡터를 시공간의 임의의 함수 $\chi(\mathbf{x},t)$ 를 써서

$$\mathbf{A} \ \rightarrow \ \mathbf{A}' = \mathbf{A} + \nabla\chi(\mathbf{x},t) \qquad\qquad \phi \ \rightarrow \ \phi' = \phi - \frac{\partial\chi(\mathbf{x},t)}{\partial t} \tag{9.53}$$

으로 바꾸어도 $\mathbf{E}, \mathbf{B}$ 는 바뀌지 않고 이것은 전자기학에서 배운 게이지 변환이다.

대전 입자가 전자기 벌판 $(\mathbf{A}, c\phi)$ 에서 운동할 때에 하밀토니안은 다음의 대입으로 기술할 수 있다.[3] [15.1 절 참고]

---

[3] 참고: H. Goldstein, *Classical Mechanics 2nd ed*, Chap 8

$$H \;\rightarrow\; H - q\phi \qquad\qquad \mathbf{p} \;\rightarrow\; \mathbf{p} - q\mathbf{A} \tag{9.54}$$

그러므로 Schrödinger 방정식은 아래의 형태가 되고

$$\left(i\hbar\frac{\partial}{\partial t} - q\phi\right)|\Psi\rangle = H(\mathbf{x},\, \mathbf{p} - q\mathbf{A})|\Psi\rangle \tag{9.55}$$

여기에 식 (9.51), (9.54) 와 식 (9.53) 의 게이지 변환을 하면 다음과 같이 쓸 수 있다.

$$\left(i\hbar\frac{\partial}{\partial t} - q\phi - \hbar\frac{\partial\alpha}{\partial t} + q\frac{\partial\chi}{\partial t}\right)|\Psi\rangle = H(\mathbf{x},\, \mathbf{p} - q\mathbf{A} + \hbar\nabla\alpha - q\nabla\chi)|\Psi\rangle \tag{9.56}$$

함수 $\alpha(\mathbf{x},t)$, $\chi(\mathbf{x},t)$ 는 임의의 함수이므로 $\chi(\mathbf{x},t) = \hbar/q\,\alpha(\mathbf{x},t)$ 로 정하면 식 (9.56) 은 식 (9.55) 로 환원되어 Schrödinger 방정식이 복원된다.

요약하자면 전자기 벌판의 작용에서 양자상태가 국소 게이지 변환을 할 경우에 전자기 벌판도 상응한 게이지 변환을 하면 $\mathbf{E}$, $\mathbf{B}$ 는 변하지 않고 동일한 Schrödinger 방정식을 만족한다. 그러므로 국소게이지 대칭을 자연의 근본적 대칭으로 받아들이면 전자기 벌판이 존재해야 할 당위성을 제시한다. 전자기 벌판을 양자화하면 광자 (photon) 가 되고 세상에 왜 빛이 존재해야 하는지 자연스럽게 설명이 된다.

9.4 회전량의 양자화

우리는 7.3, 7.4절에서 구면 대칭인 중심력 벌판에서 파동 방정식을 풀면서 구면 조화 함수로서 양자화된 회전량을 배웠다. 그러나 좌표공간에서 고유값 미분방정식을 푸는 것은 한 수단에 불과하다. 6.8절에서 조화진동자를 연산자 방법으로 풀었듯이 회전량에 대해서도 양자화 규칙 (9.37) 에서 출발하여 연산자 방법으로 푸는 것이 바람직하다. 제 7장에서는 궤도 회전량으로서, 9.2절에서는 공간회전 대칭의 결과로, 또 9.3절에서는 내부대칭으로 회전량의 양자화를 논의했지만 중요한 것은 (9.37) 의 양자화 규칙이다. 그러므로 이 규칙만으로 어느 정도까지 물리계를 이해할 수 있는지를 알아볼 필요가 있다.

회전량의 양자화 규칙에서

$$\left[J_x, J_y\right] = i\hbar\, J_z \qquad \left[J_y, J_z\right] = i\hbar\, J_x \qquad \left[J_z, J_x\right] = i\hbar\, J_y \tag{9.57}$$

세 성분은 서로 비가환이므로 이들을 동시에 측정할 수는 없지만 연산자 $\mathbf{J}^2 = J_x^2 + J_y^2 + J_z^2$ 은

$$\left[\mathbf{J}^2, J_x\right] = 0 \qquad \left[\mathbf{J}^2, J_y\right] = 0 \qquad \left[\mathbf{J}^2, J_z\right] = 0 \tag{9.58}$$

이므로 회전량의 크기 연산자 $\mathbf{J}^2$ 과 한 쪽 성분, 예를 들면 z 성분인 J_z 의 공통 고유상태는 가능하다. 이를 $|\lambda m\rangle$ 이라 하면 다음 식들이 성립한다.

$$\mathbf{J}^2 |\lambda m\rangle = \lambda \hbar^2 |\lambda m\rangle \qquad J_z |\lambda m\rangle = m\hbar |\lambda m\rangle \tag{9.59}$$

연산자 $\mathbf{J}^2$ 과 J_z 의 고유값은 각각 $\lambda\hbar^2$ 과 $m\hbar$ 로 표기하였다. 그러므로써 λ 와 m 은 무차원 물리량이다. 이제 식 (9.57), (9.58) 의 J_x, J_y 대신 비실재 연산자 J_+, J_- 를 다음처럼 도입하면

$$J_+ = J_x + iJ_y \qquad J_- = J_x - iJ_y \tag{9.60}$$

$J_+^\dagger = J_-$, $J_-^\dagger = J_+$ 이다. 그리고 J_+, J_-, J_z 사이의 교환자 식들은 다음과 같으며

$$[J_+, J_-] = 2\hbar J_z \qquad [J_z, J_+] = +\hbar J_+ \qquad [J_z, J_-] = -\hbar J_- \tag{9.61}$$

회전량의 크기 연산자도 아래처럼 다시 쓸 수 있다.

$$\begin{aligned} \mathbf{J}^2 &= J_x^2 + J_y^2 + J_z^2 \\ &= J_+J_- + J_z^2 - \hbar J_z = J_-J_+ + J_z^2 + \hbar J_z = \frac{1}{2}\left(J_+J_- + J_-J_+\right) + J_z^2 \end{aligned} \tag{9.62}$$

이 연산자의 λm 대각 행렬 요소는 윗식의 마지막 표현식을 사용하면 다음과 같다.

$$\langle\lambda m|\, \mathbf{J}^2|\lambda m\rangle = \frac{1}{2}\langle\lambda m|\, J_+J_- + J_-J_+|\lambda m\rangle + \langle\lambda m|\, J_z^2|\lambda m\rangle \tag{9.63}$$

그런데 $|\lambda m\rangle$ 은 $\mathbf{J}^2$, J_z 연산자의 공통 고유벡터이고 $\langle\lambda m|J_-J_+|\lambda m\rangle$ 은 $\langle\lambda m|J_+^\dagger J_+|\lambda m\rangle$ 이어서 케트 벡터 $J_+|\lambda m\rangle$ 는 영 벡터가 아닌한 크기의 제곱이 항상 플러스인 양부호 형식 (positive definite) 이다. 또한 $\langle\lambda m|J_+J_-|\lambda m\rangle$ 도 영보다 작을 수 없으므로 다음 관계가 성립한다.

$$\lambda \geq m^2 \tag{9.64}$$

이번에는 $J_+|\lambda m\rangle$ 을 생각해 보자. 우선 $[\mathbf{J}^2, J_+]=0$ 이므로

$$\mathbf{J}^2 J_+ |\lambda m\rangle = J_+ \mathbf{J}^2 |\lambda m\rangle = \lambda\hbar^2 J_+ |\lambda m\rangle \tag{9.65}$$

이고 또한 $[J_z, J_+] = \hbar J_+$ 이므로

$$J_z J_+ |\lambda m\rangle = \left(J_+J_z + J_+\right)|\lambda m\rangle = (m+1)\hbar J_+ |\lambda m\rangle \tag{9.66}$$

식 (9.65), (9.66) 에서 $J_+|\lambda m\rangle$ 은 $\mathbf{J}^2$, J_z 의 고유벡터가 되고 고유값은 각각 $\lambda\hbar^2$ 과 $(m+1)\hbar$

임을 알 수 있다. 즉 $J_+|\lambda m\rangle$ 은 $|\lambda, m+1\rangle$ 에 비례한다.

$$J_+|\lambda\ m\rangle = C^+_{\lambda m}|\lambda\ m+1\rangle \tag{9.67}$$

$C^+_{\lambda m}$은 규격화된 고유 벡터를 사용할 때 계산해야 할 상수이다. 마찬가지로 $J_-|\lambda m\rangle$도 $\mathbf{J}^2$, J_z의 고유 벡터가 된다.

$$\begin{aligned} \mathbf{J}^2 J_-|\lambda\, m\rangle &= \lambda\hbar^2 J_-|\lambda\, m\rangle \\ J_z J_-|\lambda\, m\rangle &= (m-1)\hbar J_-|\lambda\, m\rangle \\ J_-|\lambda\, m\rangle &= C^-_{\lambda m}|\lambda\, m-1\rangle \end{aligned} \tag{9.68}$$

식 (9.64) 에서 $\lambda \geq m^2$ 이므로 λ 가 정해졌을 때 m의 최대값이 존재한다. $m=j$ 를 최대값이라 하고 $J_+|\lambda j\rangle$ 를 계산하면 식 (9.67) 에 따라 $|\lambda\, j+1\rangle$ 이 되어야 하지만 이미 j 를 m 의 최대값이라 가정하였으므로 모순이 생긴다. 이것을 해결하는 방도는 $J_+|\lambda j\rangle$ 가 영 벡터가 되는 것이다. 그러면 고유 벡터가 아니기 때문이다.[4]

$$J_+\,|\lambda j\rangle = 0 \tag{9.69}$$

이 식에 J_- 를 작용하고 식 (9.62) 를 이용하면 다음을 얻는다.

$$\begin{aligned} J_- J_+|\lambda j\rangle &= \left(\mathbf{J}^2 - J_z^2 - \hbar J_z\right)|\lambda j\rangle = \left(\lambda - j^2 - j\right)\hbar^2|\lambda j\rangle = 0 \\ &\Rightarrow\ \lambda = j(j+1) \end{aligned} \tag{9.70}$$

마찬가지로 $\lambda \geq m^2$ 을 만족하는 m 의 최소값을 j' 이라 하면 J_- 연산으로 $|\lambda\, j'-1\rangle$ 이 되어야 하지만 이미 j' 을 최소값이라 하였으므로 $J_-|\lambda\, j'\rangle$이 영 벡터가 되어야 한다.

$$J_-\,|\lambda\, j'\rangle = 0 \tag{9.71}$$

이식에 J_+ 를 작용하고 식 (9.62) 를 이용하면 다음을 얻는다.

$$\begin{aligned} J_+ J_-|\lambda j'\rangle &= \left(\mathbf{J}^2 - J_z^2 + \hbar J_z\right)|\lambda j'\rangle = \left(\lambda - j'^2 + j'\right)\hbar^2|\lambda j'\rangle = 0 \\ &\Rightarrow\ \lambda = j'(j'-1) \end{aligned} \tag{9.72}$$

식 (9.70), (9.72) 에서 $j(j+1)=j'(j'-1)$ 이므로 $j'=-j$ 이거나 $j'=j+1$ 이어야 하는데 j 를 최대, j' 을 최소값이라 하였으므로 $j'=-j$ 의 결과를 얻는다.

---

[4] 고유값 문제에서 고유 벡터 $\mathbf{x}$ 는 영이 아닌 벡터로서 고유 문제 $A\mathbf{x}=a\mathbf{x}$ 의 풀이를 일컬음

J_+, J_- 연산자는 $|\lambda m\rangle$ 의 m-값을 1 올리거나 내리는 역할을 하므로 $|\lambda\, j\rangle$ 에서 시작하여 J_- 를 반복하여 작용하면 $|\lambda\ j'\rangle = |\lambda\ -j\rangle$ 에 이른다. 따라서 그 차이 $j-j' = j-(-j) = 2j$ 는 비음 정수 0, 1, 2, 3,$\cdots$ 라야 하고 j 는 0, 1/2, 1, 3/2, 2,$\cdots$ 로 비음정수이거나 반홀수가 되어야 한다. 이제 λ 대신 j 로 특성을 표현해도 무방하므로 고유값 방정식 (9.59) 를 정리하면 다음과 같다.

$$\begin{aligned} \mathbf{J}^2 |j\,m\rangle &= j(j+1)\hbar^2 |j\,m\rangle & (j = 0,\ 1/2,\ 1,\ 3/2,\ 2, \cdots) \\ J_z |j\,m\rangle &= m\hbar |j\,m\rangle & (m = j,\ j{-}1,\ \cdots, -j{+}1,\ -j) \end{aligned} \tag{9.73}$$

7.3 절에서 궤도 회전량을 양자화할 때는 $j = 0, 1, 2, 3, \cdots$ 의 비음정수가 가능하였지만 일반적으로 1/2, 3/2,$\cdots$ 등 반홀수도 허용됨을 알 수 있다.

규격화된 고유 벡터 $|j\,m\rangle$ 은 식 (9.67), (9.68) 에서 계수 C^+_{jm}, C^-_{jm} 을 알아야 하는데

$$J_+ |jm\rangle = C^+_{jm} |j\,m{+}1\rangle \qquad J_- |jm\rangle = C^-_{jm} |j\,m{-}1\rangle \tag{9.74}$$

그러려면 식 (9.62) 에서 J_-J_+ 연산자의 행렬 요소를 두 가지 방법으로 계산하면 된다. 한번은 식 (9.74) 를 이용하고 또한번은 식 (9.62) 를 사용한다.

$$\begin{aligned} \langle jm|J_-J_+|jm\rangle &= |C^+_{jm}|^2 \langle j\,m{+}1|j\,m{+}1\rangle = |C^+_{jm}|^2 \\ &= \langle jm|\Big(\mathbf{J}^2 - J_z^2 - \hbar J_z\Big)|jm\rangle = \Big(j(j+1) - m^2 - m\Big)\hbar^2 \end{aligned} \tag{9.75}$$

고유 벡터 $|j\,m\rangle$ 에 임의의 위상 인자를 곱하여도 규격화에 아무 영향이 없으므로 C^+_{jm} 은 양수로 택하는 것이 간편하고 또한 무방하다. C^-_{jm} 에 대하여도 마찬가지이다. 이들을 종합하면 다음 결과를 얻는다.

$$\begin{aligned} J_+ |j\,m\rangle &= \sqrt{(j-m)(j+m+1)}\,\hbar\,|j\,m{+}1\rangle \\ J_- |j\,m\rangle &= \sqrt{(j+m)(j-m+1)}\,\hbar\,|j\,m{-}1\rangle \end{aligned} \tag{9.76}$$

이제 회전량 연산자 J_x, J_y, J_z 의 행렬을 모두 계산할 수 있다. 이들은 $\infty\times\infty$ 행렬인데 고유 벡터 $|j,m\rangle$ 를 기준 벡터로 하면 $\mathbf{J}^2$, J_z 는 대각선화 되었고 고유값들은 대각 요소이다. 행렬 요소는 j 값이 다르면 직교성 때문에 영이므로 각각의 j 값을 별도로 고려한 하부공간을 다루면 되고 식 (9.76) 을 이용하여 차례로 계산할 수 있다. J_x, J_y 의 행렬은 우선 J_+, J_- 행렬을 계산한 후 식 (9.60) 에서 구할 수 있다. 특정 j-값에 대한 회전량 행렬은 $(2j{+}1)\times(2j{+}1)$ 행렬인데 몇몇 j-값에 관하여 다음과 같다.

예 제 9.1 회전량 0, 1/2, 1 의 행렬

식 (9.60), (9.76) 에서 다음을 쉽게 확인할 수 있다.

$$j=0:\quad J_x=(0)\qquad J_y=(0)\qquad J_z=(0)$$

$$j=\frac{1}{2}:\quad J_x=\frac{\hbar}{2}\begin{pmatrix}0&1\\1&0\end{pmatrix}\qquad J_y=\frac{\hbar}{2}\begin{pmatrix}0&-i\\+i&0\end{pmatrix}\qquad J_z=\frac{\hbar}{2}\begin{pmatrix}+1&0\\0&-1\end{pmatrix}\tag{9.77}$$

$$j=1:\quad J_x=\frac{\hbar}{\sqrt{2}}\begin{pmatrix}0&1&0\\1&0&1\\0&1&0\end{pmatrix}\quad J_y=\frac{\hbar}{\sqrt{2}}\begin{pmatrix}0&-i&0\\+i&0&-i\\0&+i&0\end{pmatrix}\quad J_z=\hbar\begin{pmatrix}+1&0&0\\0&0&0\\0&0&-1\end{pmatrix}$$

◁◁

회전량이라면 $\mathbf{L}=\mathbf{x}\times\mathbf{p}$ 인데 이것을 궤도 회전량 (orbital angular momentum) 이라 한다. 따라서 정지한 ($\mathbf{p}=0$) 입자는 회전량이 없다. 그러나 정지한 입자도 내부 대칭으로 자체의 회전량을 가질 수 있다. 이것은 스핀 회전량 (spin angular momentum) 이라 하고 $\mathbf{S}$ 로 표기한다. 스핀은 질량, 전하처럼 입자의 본질적인 속성이다. 그리고 내부 대칭에 의한 것이다. 따라서 궤도 회전량과 달리 비음정수 0, 1, 2, 3,⋯ 이외에 반홀수 1/2, 3/2,⋯ 도 가능하다. 실제로 전자가 스핀 1/2 인 것은 원자의 다양한 성질을 이해하는데 핵심적 요소이다.

그러면 회전량 보존은 어떠한가? 전체 회전량은 보존되므로 $\mathbf{J}=\mathbf{L}+\mathbf{S}$ 도 보존되어야 할 것이다. 고전 역학에서는 큰 문제가 아니다. 회전량은 벡터이기에 단순히 벡터 합을 하면 된다. 그러나 양자 역학에서는 다르다. $\mathbf{L}$ 과 $\mathbf{S}$ 는 양자화되었으므로 제한이 있고 또 그 합 $\mathbf{J}$ 도 양자화 조건에 합치해야 한다. 이 문제는 9.6 절에서 상세히 다룬다.

9.5 똑 같은 입자와 교환 대칭

똑같은 입자 (particle) 란 모든 물리적 성질이 같다는 뜻이다. 고전 역학에서 입자는 질량, 전하 등 물리적 성질이 같은 점 (point) 으로 이해하지만 양자 역학에서는 고유 양자 번호가 같은 두 양자 상태가 똑같은 입자가 된다. 고전 역학에서 똑같은 입자는 구별이 가능하다. 이들이 충돌 같은 상호작용을 하더라도 각각의 입자를 추적할 수 있다. 그러나 양자 역학에서는 구별이 불가능하다. 입자가 파동이 되고 중첩하므로 추적이 불가능하다. 그래서 여러 개의 똑같은 입자가 있을 때 각각의 입자에 고유번호를 매길 수 없고 1, 2, 3,⋯번의 입자라고 표기하더라도 가령 1, 2 를 바꿔 표기했을 때와 물리적으로 분간할 수 없다. 이렇게 똑같은 입자의 표기를 바꾸어도 물리계에 변화가 없는 대칭을 교환 대칭 (exchange symmetry) 이라 한다.

똑같은 입자 두개로 구성된 물리계를 생각해 보자. 하밀토니안은 다음과 같다.

$$H(1,2) = \frac{\mathbf{p}_1^2}{2m} + \frac{\mathbf{p}_2^2}{2m} + V(\mathbf{x}_1) + V(\mathbf{x}_2) + U(\mathbf{x}_1, \mathbf{x}_2) \tag{9.78}$$

여기서 $V(\mathbf{x})$ 는 외부의 작용, $U(\mathbf{x}_1, \mathbf{x}_2)$ 는 똑같은 입자간의 상호 작용을 나타내고 $H(1,2)$ 의 1, 2 는 각각의 입자에 관한 모든 물리량 연산자를 포괄적으로 표기한 것이다. 윗식에서 입자 1, 입자 2 로 표기하여 이미 양자 역학적으로 똑같은 입자의 구별 가능성을 받아들인 것 같지만 물리계를 수리적으로 기술하기 위하여 필요한 수단일 뿐이며 다만 이어지는 논리 전개에서 구별 불능성 (indistinguishability) 을 실현할 것이다. 한 개의 입자는 이렇고 또 한 개의 입자는 저렇고 하는 식으로 식 (9.78) 을 이해해야 한다.

$H(1,2)$ 는 똑같은 입자에 관한 하밀토니안이므로 입자 표기를 바꾸어도 괜찮다.

$$H(1,2) = H(2,1) \tag{9.79}$$

즉 하밀토니안은 입자의 교환에 대해 불변이다. $H(1,2)$ 에 관한 고유값 문제는

$$H(1,2)\,|\psi_n(1,2)\rangle = E_n\,|\psi_n(1,2)\rangle \tag{9.80}$$

인데 $|\psi_n(1,2)\rangle$ 의 1, 2 도 각 입자와 관련된 모든 고유값을 의미한다. 윗식에서 입자 표기 1, 2 는 서로 바꾸어도 무방하다.

$$H(2,1)\,|\psi_n(2,1)\rangle = E_n\,|\psi_n(2,1)\rangle \tag{9.81}$$

그런데 $H(2,1) = H(1,2)$ 이므로 $|\psi_n(1,2)\rangle$, $|\psi_n(2,1)\rangle$ 은 $H(1,2)$ 의 공통 고유 상태이다.

이제 교환 연산자 (exchange operator) P_{12} 를 다음처럼 도입하면

$$P_{12}\,|\psi_n(1,2)\rangle = |\psi_n(2,1)\rangle \tag{9.82}$$

P_{12} 는 하밀토니안 H 와 가환이고 P_{12} 는 보존되는 것을 알 수 있다.

$$[\,P_{12},\, H\,] = 0 \tag{9.83}$$

식 (9.82) 에서 P_{12} 를 한번 더 작용하면 $P_{12}^2 = I$ 이 되므로

$$P_{12}^2\,|\psi_n(1,2)\rangle = P_{12}\,|\psi_n(2,1)\rangle = |\psi_n(1,2)\rangle \tag{9.84}$$

P_{12} 의 고유값은 ± 1 이고 두 연산자 P_{12}, H 의 공통 고유 상태는 다음과 같다.

$$
\begin{aligned}
|\psi_n^{(+)}(1,2)\rangle &= \frac{1}{\sqrt{2}}\Big(|\psi_n(1,2)\rangle + |\psi_n(2,1)\rangle\Big) \\
|\psi_n^{(-)}(1,2)\rangle &= \frac{1}{\sqrt{2}}\Big(|\psi_n(1,2)\rangle - |\psi_n(2,1)\rangle\Big)
\end{aligned}
\tag{9.85}
$$

즉 입자 교환에 대해 $|\psi^{(+)}(1,2)\rangle$ 는 대칭이고 $|\psi^{(-)}(1,2)\rangle$ 는 반대 대칭이다. 이들은 에너지 고유값이 같지만 P_{12} 의 고유값은 각각 $+1$ 과 -1 이다.

$$
\begin{aligned}
P_{12}\,|\psi_n^{(+)}(1,2)\rangle &= +\,|\psi_n^{(+)}(1,2)\rangle \qquad & H(1,2)|\psi_n^{(+)}(1,2)\rangle &= E_n\,|\psi_n^{(+)}(1,2)\rangle \\
P_{12}\,|\psi_n^{(-)}(1,2)\rangle &= -\,|\psi_n^{(-)}(1,2)\rangle \qquad & H(1,2)|\psi_n^{(-)}(1,2)\rangle &= E_n\,|\psi_n^{(-)}(1,2)\rangle
\end{aligned}
\tag{9.86}
$$

P_{12} 의 보존이란 바로 대칭성과 반대 대칭성이다. 처음에 대칭인 양자 상태이면 시간이 지나도 계속하여 대칭 상태이고 반대 대칭의 경우도 마찬가지이다.

이상의 논리는 3개 이상 N개의 똑같은 입자 물리계로 연장할 수 있다. 다만 부분적으로 대칭과 반대 대칭이 혼합될 가능성이 있지만 그렇다면 똑같은 입자들 중에도 구별이 가능할 것이므로 전체적으로 대칭이거나 반대 대칭이 되어야 한다. N=3 인 경우는 다음과 같다.

$$
\begin{aligned}
\psi^{(+)}(1,2,3) &= \frac{1}{\sqrt{6}}\Big[\psi(1,2,3) + \psi(2,3,1) + \psi(3,1,2) \\
&\qquad\qquad + \psi(3,2,1) + \psi(2,1,3) + \psi(1,3,2)\Big] \\
\psi^{(-)}(1,2,3) &= \frac{1}{\sqrt{6}}\Big[\psi(1,2,3) + \psi(2,3,1) + \psi(3,1,2) \\
&\qquad\qquad - \psi(3,2,1) - \psi(2,1,3) - \psi(1,3,2)\Big]
\end{aligned}
\tag{9.87}
$$

대칭 상태의 경우에는 1, 2, 3 입자 표기의 모든 순열 (permutation) 을 합한 것이고 반대 대칭 상태에서는 짝 순열의 경우 +, 홀 순열의 경우 − 부호를 부친 것이다. $\sqrt{6}$ 는 규격화 상수이다.

교환 대칭 상태는 뭇입자계의 양자 상태에 결정적 영향을 미친다. 공간 파동 함수를 살펴보면 반대 대칭 상태의 경우 두 입자의 양자 번호가 같으면 파동 함수가 영이므로 각각의 양자 상태를 한 개의 입자만 점유할 수 있고 이것이 Pauli 의 배타 원리 (exclusion principle) 이다. 또한 두 입자간의 거리가 가까울 때에 파동 함수의 크기가 작아지므로 확률도 작아지고 따라서 입자들은 서로 멀어지려는 경향이 있어서 마치 미는 힘이 작용하는 효과가 있다. 교환 대칭

상태에서는 반대로 끄는 힘의 효과가 있다. 이것을 교환작용(exchange interaction)이라 한다. 교환 대칭 상태에서는 Pauli의 배타원리 대신 서로 같은 양자상태에 몰리려는 응집(condensation) 현상이 일어난다. 따라서 똑같은 입자의 뭇입자계에서 나타나는 통계적 현상은 완연히 구분된다.

자연계의 중요한 법칙 중의 하나는 교환 대칭성과 입자의 스핀-통계 관계이다.

- 입자 스핀이 반홀수 $(1/2, 3/2, \cdots)$인 똑같은 입자들의 물리계는 교환 연산에 대해 반대 대칭인 양자상태로 기술된다. 이러한 입자를 페르미온(fermion)이라 하며 페르미온 물리계는 Fermi-Dirac 통계를 따르고 Pauli의 배타 원리가 적용된다.
- 입자 스핀이 정수 $(0, 1, 2, \cdots)$인 똑같은 입자들의 물리계는 교환 연산에 대해 대칭인 양자상태로 기술된다. 이러한 입자를 보오존(boson)이라 하며 보오존 물리계는 Bose-Einstein 통계를 따르고 같은 양자상태에 응집하려는 경향이 있다.

원자물리, 핵물리, 입자물리학에서 스핀이 1/2 인 경우가 특별히 중요하다. 원자의 성질을 지배하는 전자, 핵을 구성하는 핵자, 강입자를 형성하는 쿼크 입자들이 모두 스핀 1/2 을 보유하기 때문이다.

똑같은 입자들의 교환 대칭성으로 거시적인 문제점이 제기된다. 가령 지구상의 전자와 화성의 전자를 식 (9.85)에서처럼 반대대칭인 파동함수로 받아들여야 하겠는가라는 것이다. 원론적으로는 '그렇다'지만 식 (9.85)의 $\psi_n^{(-)}(1,2)$와 $\psi_n(1,2)$의 차이점은 거리에 따라 급격히 감소하므로 거시적으로 떨어져 있는 똑같은 입자간에는 구별 불능성을 고려하지 않아도 괜찮다. 거시적으로 떨어져 있으면 똑같은 입자라도 그들의 파동이 중첩되지 않고 각각 독립이므로 고전 역학에서처럼 구별이 가능하다.

9.6 회전량의 합성

물리계는 입자들로 구성되어 있다. 입자는 양자상태로서 Hilbert 공간에서의 벡터이다. 그러므로 물리계를 표현하는 양자상태는 각각의 양자상태에 의해 결정된다. 입자 A의 모든 고유값인 양자번호의 집합을 α라 하고 $|A;\alpha\rangle$로 표기하기로 하자. 그러면 두 입자 A, B로 구성된 물리계에서 A, B가 상호작용하지 않던가 매우 약하게 작용한다면 이들이 결합된 물리계의 양자상태는 두 입자 양자상태의 직접 곱(direct product)으로 쓸 수 있다.

$$|\Psi\rangle = |A;\alpha\rangle \otimes |B;\beta\rangle \tag{9.88}$$

이제 무한소 공간 병진에 따른 $|\Psi\rangle$의 변화를 살펴보자. $O(\mathbf{a})$ 까지 계산하면

$$\left(I+\frac{i}{\hbar}\mathbf{a}\cdot\mathbf{p}\right)|\Psi\rangle=\left(I+\frac{i}{\hbar}\mathbf{a}\cdot\mathbf{p}\right)|A;\alpha\rangle\otimes\left(I+\frac{i}{\hbar}\mathbf{a}\cdot\mathbf{p}\right)|B;\beta\rangle \tag{9.89}$$

인데 이 식을 전개하면 다음과 같다.

$$\mathbf{p}_{op}|\Psi\rangle=\left(\mathbf{p}_{op}|A;\alpha\rangle\right)\otimes|B;\beta\rangle+|A;\alpha\rangle\otimes\left(\mathbf{p}_{op}|B;\beta\rangle\right) \tag{9.90}$$

입자 A 의 모든 고유값의 집합이 α 이므로 그 중에는 운동량 $\mathbf{p}_A$ 도 포함되며 $\mathbf{p}_{op}$ 의 고유상태이다, 즉 $\mathbf{p}_{op}|A;\alpha\rangle=\mathbf{p}_A|A;\alpha\rangle$ 이다. 입자 B 에 관하여도 마찬가지이며 다음 관계가 성립한다.

$$\mathbf{p}_{op}|\Psi\rangle=(\mathbf{p}_A+\mathbf{p}_B)|A;\alpha\rangle\otimes|B;\beta\rangle=(\mathbf{p}_A+\mathbf{p}_B)|\Psi\rangle \tag{9.91}$$

결합계의 운동량은 각 입자의 운동량의 합과 같다. 예상했던 일이다. 그러나 식 (9.89) 를 보면 연속 군으로 표현되는 대칭에서는 항상 무한소 변환이 가능하므로 연속인 대칭에서 결합계의 물리량은 구성 입자들의 물리량의 합이 된다는 것을 알 수 있다. 이러한 물리량을 더하기 성격 (additive) 의 양자 번호라고 한다.

이번에는 불연속적인 공간 반전을 생각해 보자. 무한소 변환이 불가능하므로 반전 연산자 P 자체를 적용해야 하며 다음과 같다.

$$P|\Psi\rangle=P|A;\alpha\rangle\otimes P|B;\beta\rangle \tag{9.92}$$

공간 반전이 물리계의 대칭이라면 $|A;\alpha\rangle$ 는 P 의 고유상태이므로 $P|A;\alpha\rangle=\pi_A|A;\alpha\rangle$ 이다. 입자 B 에 대하여도 마찬가지이고 다음 관계를 얻는다.

$$P|\Psi\rangle=\pi_A\,\pi_B\,|A;\alpha\rangle\otimes|B;\beta\rangle=\pi_A\,\pi_B\,|\Psi\rangle \tag{9.93}$$

즉 결합계의 홀짝도는 각각의 홀짝도의 곱과 같다. 이 과정에서 우리는 불연속 대칭에 대하여 결합계의 물리량은 구성 입자들의 물리량들의 곱이 됨을 알 수 있다. 이러한 물리량을 곱하기 성격 (multiplicative) 의 양자 번호라고 한다.

다음에는 공간 회전을 다루어 보자. $U(\alpha)=\exp(+i/\hbar\,\boldsymbol{\alpha}\cdot\mathbf{J})$ 를 $O(\mathbf{a})$ 항까지 전개한 후 식 (9.88) 에 적용하면 식 (9.90) 처럼 다음 관계를 얻는다.

$$\mathbf{J}_{op}|\Psi\rangle=\left(\mathbf{J}_{op}|A;\alpha\rangle\right)\otimes|B;\beta\rangle+|A;\alpha\rangle\otimes\left(\mathbf{J}_{op}|B;\beta\rangle\right) \tag{9.94}$$

이번에는 운동량처럼 더 이상 나아갈 수 없다. 운동량 연산자는 $[p_i,\ p_j]=0$ 으로 모두 가환이어서 α 에 p_x, p_y, p_z 고유값이 포함될 수 있으나 회전량 연산자는 비가환이므로 J_x, J_y, J_z 의 공통 고유상태가 존재하지 않기 때문이다. 결국 9.4절에서처럼 $\mathbf{J}^2$ 과 J_z 의 공통 고유상태로 만족해야 한다. 회전량에 대한 고유값 j, m 에만 집중하여 다음과 같이 표기하기로 한다.

$$|j_1\, m_1\rangle = |A;\alpha\rangle \qquad |j_2\, m_2\rangle = |B;\beta\rangle \qquad |\Psi\rangle = |j_1\, m_1\rangle \otimes |j_2\, m_2\rangle \tag{9.95}$$

그리고 식 (9.94) 를 다음처럼 다시 쓴다.

$$\mathbf{J}|\Psi\rangle = \Big(\mathbf{J}|j_1\, m_1\rangle\Big) \otimes |j_2\, m_2\rangle + |j_1\, m_1\rangle \otimes \Big(\mathbf{J}|j_2\, m_2\rangle\Big) \tag{9.96}$$

우선 J_z 에 대하여는 쉽게 확인할 수 있고

$$J_z|\Psi\rangle = (m_1 + m_2)\hbar\ |j_1\, m_1\rangle \otimes |j_2\, m_2\rangle = (m_1 + m_2)\hbar|\Psi\rangle \tag{9.97}$$

자성 양자 번호는 더하기 성격을 갖고 있다.

식 (9.96) 은 상징적으로 다음처럼 표현한다.

$$\mathbf{J} = \mathbf{J}_1 + \mathbf{J}_2 \tag{9.98}$$

두 회전량을 합한다는 것이다. 수학적으로는 $\mathbf{J} = \mathbf{J} \otimes I + I \otimes \mathbf{J}$ 로 표기해야겠으나 위의 표현이 자연스럽다. 직접 곱 $|j_1 m_1\rangle \otimes |j_2 m_2\rangle$ 에서 $\mathbf{J}_1$ 은 $|j_1 m_1\rangle$ 에만, $\mathbf{J}_2$ 는 $|j_2 m_2\rangle$ 에만 작용하는 연산자로 간주한다. 그리고 $\mathbf{J}_1$ 과 $\mathbf{J}_2$ 는 가환으로 취급해야 한다.

$$[\,\mathbf{J}_1,\ \mathbf{J}_2\,] = 0 \tag{9.99}$$

확인 과정은 항상 식 (9.96) 에 근거하고 있다.

이제 $|j_1 m_1\rangle \otimes |j_2 m_2\rangle$ 는 두 Hilbert 공간의 직접 곱인 더 큰 Hilbert 공간에서의 기준 벡터이며 $|j_1 j_2;\, m_1 m_2\rangle$ 로 표기한다.

$$|j_1 j_2; m_1 m_2\rangle = |j_1 m_1\rangle \otimes |j_2 m_2\rangle \tag{9.100}$$

한편 $\mathbf{J}^2, J_z$ 의 공통 고유상태는 이들의 선형결합이 되도록 할 수 있다. 그 고유상태를 $|j_1 j_2;\, JM\rangle$ 또는 $|j_1 j_2;\, m_1 m_2\rangle$ 와 혼동을 피하기 위하여 $|j_1 j_2;\, JM)$ 로 표기하면 $|j_1 m_1\rangle$, $|j_2 m_2\rangle$ 의 두 회전량이 결합하여 $|JM\rangle$ 이 된 양자 상태를 의미한다. $|j_1 j_2;\, JM)$ 는 $|JM)$ 로 표기를 간소화 할 수도 있다.

$$|j_1 j_2; JM) = \sum_{m_1, m_2} |j_1 j_2; m_1 m_2\rangle\langle j_1 j_2; m_1 m_2 | JM) \tag{9.101}$$

위의 전개식에서 $\langle j_1 j_2; m_1 m_2 | j_1 j_2; JM) = \langle j_1 j_2; m_1 m_2 | JM)$ 은 선형결합 계수로서 Clebsch-Gordan 계수 (C-G 계수) 라 부른다.

C-G 계수는 수학에서 $SO(3)$ 또는 $SU(2)$ 군을 분석하여 공식을 유도할 수 있다.[5] 그렇지만 여기에서는 직관적인 방법을 사용하도록 한다. 우선 식 (9.97) 에서 $M=+m_1+m_2$ 인데 최대값은 $M=+j_1+j_2$ 이다. 따라서 J 의 최대값도 j_1+j_2 이다. 그보다 크다면 $|JM)$ 의 상태를 식 (9.101) 에서 구성할 수 없기 때문이다. 그래서 $|J=j_1+j_2, M=+j_1+j_2)$ 상태는 다음과 같다.

$$|j_1+j_2, +j_1+j_2) = |j_1 j_2; +j_1, +j_2\rangle \tag{9.102}$$

이 양자 상태는 J_z 의 고유 상태이고 고유값은 $(j_1+j_2)\hbar$ 이다. [식 (9.97)] 그러나 $\mathbf{J}^2=(\mathbf{J}_1+\mathbf{J}_2)^2$ 의 고유 상태인지도 한번 검사할 필요가 있다. $|j_1+j_1\rangle \otimes |j_2+j_2\rangle$ 에 $\mathbf{J}^2$ 을 작용하기 위하여 다음과 같이 풀어 쓴다.

$$\begin{aligned}\mathbf{J}^2 = (\mathbf{J}_1 + \mathbf{J}_2)^2 &= \mathbf{J}_1^2 + \mathbf{J}_2^2 + 2\mathbf{J}_1 \cdot \mathbf{J}_2 \\ &= \mathbf{J}_1^2 + \mathbf{J}_2^2 + J_{1+}J_{2-} + J_{1-}J_{2+} + 2J_{1z}J_{2z}\end{aligned} \tag{9.103}$$

연산자 J_{1+}, J_{2+} 는 $|j_1+j_1\rangle \otimes |j_2+j_2\rangle$ 에 작용할 때 영이 되어 식 (9.102) 는 $\mathbf{J}^2$ 의 고유 상태가 된다. 고유값은 다음과 같다.

$$j_1(j_1+1) + j_2(j_2+1) + 2j_1 j_2 = (j_1+j_2)(j_1+j_2+1) \tag{9.104}$$

즉 식 (9.102) 의 양자 상태는 $J=j_1+j_2, M=+j_1+j_2$ 인 고유 상태이다. 이미 예상했던 바이다. 회전량 $\mathbf{J}$ 도 양자화되어야 하기 때문이다.

다음에 $|J=j_1+j_2, M=+j_1+j_2-1)$ 상태를 얻으려면 하강 연산자 J_- 를 작용한다.

$$J_- = J_{1-} + J_{2-} \tag{9.105}$$

이므로 식 (9.102) 에 작용하고 식 (9.76) 을 이용하면 다음과 같다.

$$\sqrt{2(j_1+j_2)}\,|j_1+j_2, +j_1+j_2-1) = \sqrt{2j_1}\,|j_1 j_2; +j_1-1, +j_2\rangle + \sqrt{2j_2}\,|j_1 j_2; +j_1, +j_2-1\rangle \tag{9.106}$$

---

[5] 참고: A. R. Edmonds, *Angular Momentum in Quantum Mechanics*, Chap3

하강 연산자를 반복하여 작용하면 $|J=j_1+j_2, M)$ 의 모든 $M=+(j_1+j_2),\cdots,-(j_1+j_2)$ 에 해당하는 고유상태에 관한 C-G 계수를 얻게 된다.

이번에는 $|J=j_1+j_2-1, M)$ 상태를 찾아낼 차례이다. 우선 $|J=j_1+j_2-1, M=+j_1+j_2-1)$ 은 식 (9.106) 의 $|J=j_1+j_2, M=+j_1+j_2-1)$ 과 J 가 달라서 서로 직교하여야 하므로 식 (9.106) 의 우변에 Schmidt 의 직교 규격화 과정을 통하여 얻을 수 있다. 그 후 J_- 연산자를 반복 작용하면 $|J=j_1+j_2-1, M)$ 의 모든 $M=+(j_1+j_2-1),\cdots,-(j_1+j_2-1)$ 의 양자 상태를 알아내게 된다.

그 후에 계산은 점점 복잡해져도 원리는 계속 적용된다. $|J=j_1+j_2-2, M=+j_1+j_2-2)$ 는 $|J=j_1+j_2, M=+j_1+j_2-2)$ 와 $|J=j_1+j_2-1, M=+j_1+j_2-2)$ 에 직교상태인 선형결합에서 얻고 J_- 를 연속 작용하여서 $|J=j_1+j_2-2, M)$ 들을 알아낸다. 이 과정을 계속하면 $J=|j_1-j_2|$ 에 이르게 된다. 그 이후에는 기존 고유상태와 직교하는 양자상태를 만들 수 없다.

이 과정에서 선형독립인 기준벡터의 수는 같아야 하는데 $|j_1 j_2; m_1 m_2\rangle$ 기준계에서는 $(2j_1+1)(2j_2+1)$ 개의 독립벡터가 있고 $|j_1 j_2; JM)$ 기준계에서는 J 가 j_1+j_2 부터 $|j_1-j_2|$ 까지 가능한데 각 J 마다 $(2J+1)$ 상태가 있으므로 두 기준계에서 독립 벡터의 전체 수는 같음을 알 수 있다.

$$[2(j_1+j_2)+1]+[2(j_1+j_2-1)+1]+\cdots+[2|j_1-j_2|+1]=(2j_1+1)(2j_2+1) \tag{9.107}$$

합성 회전량의 고유상태 $|JM)$ 에서 가능한 값은 $J=j_1+j_2, j_1+j_2-1,\cdots,|j_1-j_2|$ 이고 각각의 J 에서 $M=J, J-1,\cdots -J+1, -J$ 이다. J 는 j_1+j_2 부터 $|j_1-j_2|$ 까지의 정수 또는 반홀수이다. $|j_1-j_2|\le J\le j_1+j_2$ 는 $\mathbf{J}=\mathbf{J}_1+\mathbf{J}_2$ 의 벡터합으로 이루어지는 삼각형에서 쉽게 이해할 수 있다. 두 변의 길이가 j_1, j_2 인 삼각형의 다른변의 길이는 $|j_1-j_2|$ 부터 j_1+j_2 까지의 범위에서 변하는데 양자화되어야 하므로 J 의 크기도 이 범위 내에서 ±1 씩 변할수 있고 M 은 J_z 성분이므로 $+J$ 부터 $-J$ 까지 $2J+1$ 값을 가질 수 있다.

위의 회전량 합성에서 하강 연산자와 식 (9.76) 을 사용하여 모든 C-G 계수들은 실수가 되게 할 수 있다. 그런데 C-G 계수들은 두 기준벡터계 사이의 변환이므로 실수 요소를 가진 하나 행렬, 즉 직교행렬을 이룬다. 그러므로 식 (9.101) 은 직교변환이 되고 다음의 직교관계가 성립한다.

$$\begin{aligned}\sum_{m_1,m_2}\langle j_1 j_2; m_1 m_2\,|\,JM)\langle j_1 j_2; m_1 m_2\,|\,J'M') &= \delta_{JJ'}\,\delta_{MM'}\\ \sum_{J,M}\langle j_1 j_2; m_1 m_2\,|\,JM)\langle j_1 j_2; m_1' m_2'\,|\,JM) &= \delta_{m_1 m_1'}\,\delta_{m_2 m_2'}\end{aligned} \tag{9.108}$$

비록 모든 C-G 계수가 실수이더라도 부호에 관한 모호성이 있다. 관례는 특정한 C-G 계수, $\langle j_1 j_2; j_1 J-j_1 | JJ)$ 가 양수가 되도록 정하는 것인데 Condon-Shortley 규약이라 한다.[6]

요약하면 두 회전량 $|j_1 m_1\rangle, |j_2 m_2\rangle$ 의 합성으로 이루어지는 회전량 $|JM)$ 은 C-G 계수를 변환 계수로 하는 선형 결합이다.

$$
\begin{aligned}
|j_1 j_2; JM) &= \sum_{\substack{m_1, m_2 \\ M=m_1+m_2}} |j_1 j_2; m_1 m_2\rangle \langle j_1 j_2; m_1 m_2 | JM) \\
J &= j_1+j_2, j_1+j_2-1, \cdots, |j_1-j_2| \\
M &= +J, +J-1, \cdots, -J+1, -J
\end{aligned}
\tag{9.109}
$$

예 제 9.2 스핀 1/2 인 두 입자의 합성스핀

원자, 핵, 소립자의 물리 현상을 기술하는 기본 입자들은 각각 전자, 핵자, 쿼크들인데 이들은 모두 스핀이 1/2 이므로 페르미온의 역할이 특히 중요하다. 이제 두 회전량 $j_1=1/2$, $j_2=1/2$ 을 합성하면 $J=1,0$ 이 가능한데 $J=1$ 이면 $M=+1,0,-1$ 의 세 상태가 있고 $J=0$ 인 경우에는 $M=0$ 의 상태 한 개뿐이다.

$|m_1 m_2\rangle = |j_1 j_2; m_1 m_2\rangle$ 기준계의 상태들은 다음의 4개이다.

$$
\left|+\frac{1}{2},+\frac{1}{2}\right\rangle \quad \left|+\frac{1}{2},-\frac{1}{2}\right\rangle \quad \left|-\frac{1}{2},+\frac{1}{2}\right\rangle \quad \left|-\frac{1}{2},-\frac{1}{2}\right\rangle
\tag{9.110}
$$

식 (9.102) 에 따라서 $|JM\rangle = |j_1 j_2; JM)$ 상태 (다시 $|JM) = |j_1 j_2; JM)$ 을$|JM\rangle$ 으로 복원하였다.)는 $|1,+1\rangle = |+1/2,+1/2\rangle$ 에서 시작해서 왼변에 J_- 연산을 오른변에는 J_{1-}, J_{2-} 연산을 통해서 $|1,0\rangle$, $|1,-1\rangle$ 을 구할 수 있다.

$$
\begin{aligned}
|1,+1\rangle &= \left|+\frac{1}{2},+\frac{1}{2}\right\rangle \\
|1,\ 0\ \rangle &= \frac{1}{\sqrt{2}}\left(\left|+\frac{1}{2},-\frac{1}{2}\right\rangle + \left|-\frac{1}{2},+\frac{1}{2}\right\rangle\right) \\
|1,-1\rangle &= \left|-\frac{1}{2},-\frac{1}{2}\right\rangle
\end{aligned}
\tag{9.111}
$$

---

[6] 참고: E. U. Condon and G. H. Shortley, *The Theory of Atomic Spectra*

$|0, 0\rangle$ 상태는 $|1, 0\rangle$ 와 직교해야 하므로 Condon-Shortley 규약을 따르도록 하려면 다음처럼 표현한다.

$$|0,\ 0\ \rangle = \frac{1}{\sqrt{2}}\left(\left|+\frac{1}{2},-\frac{1}{2}\right\rangle - \left|-\frac{1}{2},+\frac{1}{2}\right\rangle\right) \tag{9.112}$$

스핀과 관련된 자기 능률이 외부 자기 벌판에서 $J=1$ 상태는 세개의 준위로 갈리므로 식 (9.111)의 세 상태를 삼중항(triplet)이라 한다. 식 (9.112)의 상태는 단일항(singlet)이라 한다.

두 입자의 역할을 바꾸면 삼중항은 변하지 않는 대칭 상태이고, 단일항은 반대 대칭이어서 부호가 바뀐다. 흔히 $|jm\rangle=|1/2,+1/2\rangle$을 α, $|jm\rangle=|1/2,-1/2\rangle$을 β로 표기하면 다음과 같다.

$$\begin{aligned} &|1,+1\rangle = \alpha\alpha \\ &|1,\ 0\ \rangle = \frac{1}{\sqrt{2}}(\alpha\beta+\beta\alpha) \qquad |0,0\rangle = \frac{1}{\sqrt{2}}(\alpha\beta-\beta\alpha) \\ &|1,-1\rangle = \beta\beta \end{aligned} \tag{9.113}$$

◁◁

예제 9.3 궤도 회전량과 스핀 회전량의 합성

원자나 핵에서 궤도 회전량 **L** 과 스핀 회전량 **S** 를 합성해야 할 필요가 자주 생긴다. 그러므로 각각 l, $s(=½)$인 두 회전량의 LS 결합을 생각해 본다. 구체적으로는 앞서 기술한 방법을 따라서 차근히 계산하는 것이다.

합성 회전량을 **J** 라 하면 다음과 같은데

$$\mathbf{J}=\mathbf{L}+\mathbf{S} \qquad j=l+\frac{1}{2} \quad \text{또는} \quad j=l-\frac{1}{2} \tag{9.114}$$

$l=0$인 경우에는 $j=l+½=½$ 뿐이다. 회전량 합성에 필요한 C-G 계수를 알아보도록 하자. 그 목적으로 최대의 JM 상태인 $|j=l+1/2, m=l+1/2\rangle$ 에 하강 연산자 J_- 를 되풀이 작용하고 $|l\,m_l\rangle$, $|s\,m_s\rangle$ 에는 각각 L_-, S_- 를작용하면 된다. $|j=l-1/2, m=l-1/2\rangle$ 는 직교성을 활용한다. 우선 식 (9.76)에서 다음을 쉽게 확인할 수 있다.

$$(J_-)^n\,|j,+j\rangle = \sqrt{2j(2j-1)\cdots(2j-n+1)\,n!}\,|j,+j-n\rangle = \sqrt{\frac{(2j)!\,n!}{(2j-n)!}}\,|j,+j-n\rangle \tag{9.115}$$

이제 식 (9.102)에서 시작하자.

$$|J{=}j, M{=}+j\rangle = |l\,s; +l, +s\rangle \tag{9.116}$$

실제로 $j{=}l{+}½$, $s{=}½$ 이지만 궤도와 스핀의 양자번호를 추적하기 위하여 그대로 사용한다. 그러면 식 (9.115) 에서 $n{=}j{-}m$ 을 택함으로써

$$(J_-)^{j-m}\,|j,+j\rangle = \sqrt{\frac{(2j)!(j-m)!}{(j+m)!}}\;|j,+m\rangle \tag{9.117}$$

식 (9.116) 의 우변에 J_- 를 작용할 때에는 $J_-{=}L_-{+}S_-$ 로 나누어 생각해야 한다. 그러면

$$(J_-)^n = (L_- + S_-)^n = (L_-)^n + n(L_-)^{n-1}S_- + \cdots \tag{9.118}$$

연산자의 이항정리 전개식에서 우변에서 명시한 처음 두 항의 합으로 충분하다. 나머지 연산자들은 S_- 를 2번이상 포함하므로 $|\,l\,s;+l,+s\rangle$ 에 작용할 때 영이 되기 때문이다. 따라서 식 (9.117) 은 다음과 같게 된다.

$$\begin{aligned}&(L_-)^{j-m}\,|ls;+l,+s\rangle + (j-m)(L_-)^{j-m-1}S_-\,|ls;+l,+s\rangle\\ &=\sqrt{\frac{(2j)!(j{-}m)!}{(2l{-}j{+}m)!}}\,|ls;m{-}1/2,+1/2\rangle + (j{-}m)\sqrt{\frac{(2j)!(j{-}m{-}1)!}{(2l{-}j{+}m{+}1)!}}\,|ls;m{+}1/2,-1/2\rangle\end{aligned} \tag{9.119}$$

식 (9.117) 과 식 (9.119) 를 정리하면 다음 결과를 얻는다.

$$|l{+}1/2,m\rangle = \sqrt{\frac{(l{+}1/2{-}m)}{(2l{+}1)}}\;|ls;m{+}1/2,-1/2\rangle + \sqrt{\frac{(l{+}1/2{+}m)}{(2l{+}1)}}\;|ls;m{-}1/2,+1/2\rangle \tag{9.120}$$

$j{=}l{-}½$ 일 때에는 윗식에서 $|\,l{+}½,{+}l{-}½\rangle$ 상태와 직교상태를 찾아서 하강 연산자 J_- 를 반복 작용하면 된다. 그러나

$$\langle l{+}1/2,m\,|\,l{-}1/2,m'\rangle = 0 \tag{9.121}$$

이어야 하므로 식 (9.120) 에서 쉽게 다음을 얻는다.

$$|l{-}1/2,m\rangle = \sqrt{\frac{(l{+}1/2{+}m)}{(2l{+}1)}}\;|ls;m{+}1/2,-1/2\rangle - \sqrt{\frac{(l{+}1/2{-}m)}{(2l{+}1)}}\;|ls;m{-}1/2,+1/2\rangle \tag{9.122}$$

윗식에서 전체적인 부호의 애매한 점은 Condon-Shortly 규약에 따라 $|ls;+l,-½\rangle$ 의 계수가 + 가 되도록 정했다. ≺≺

9.7 여러 회전량의 합성

세개의 회전량 $\mathbf{J}_1$, $\mathbf{J}_2$, $\mathbf{J}_3$ 를 합성하려면 일단 $\mathbf{J}_1+\mathbf{J}_2$ 를 구하고 그 결과와 $\mathbf{J}_3$ 를 합성하면 된다. 그런데 이러한 합성은 결합성 (associative) 이 없다. 즉 일반적으로

$$(\mathbf{J}_1+\mathbf{J}_2)+\mathbf{J}_3 \neq \mathbf{J}_1+(\mathbf{J}_2+\mathbf{J}_3) \tag{9.123}$$

이고 합성하는 순서에 관계된다. 그 이유는 $\mathbf{J}_1+\mathbf{J}_2$ 가 상징적인 표기법이고 실제로 두 연산자의 벡터 합이 아니기 때문이다. 구체적으로 어떻게 다른가를 이해하기 위하여 $\mathbf{J}=\mathbf{J}_1+\mathbf{J}_2+\mathbf{J}_3$ 에서 j 의 최대값은 $J=j_1+j_2+j_3$ 이다. 그리고 다음과 같다.

$$\begin{aligned}|j{=}J, m{=}J\rangle &= |m_1{=}+j_1, m_2{=}+j_2, m_3{=}+j_3\rangle = |+j_1, +j_2, +j_3\rangle \\ &= |j_1, +j_1\rangle \otimes |j_2, +j_2\rangle \otimes |j_3, +j_3\rangle\end{aligned} \tag{9.124}$$

다른 m 상태들은 윗식에 J_- 를 연달아 작용하여 얻는다. 특히 $m{=}J-1$ 인 상태는

$$|j{=}J, m{=}J-1\rangle = \sqrt{\frac{j_1}{J}}\,|j_1-1, j_2, j_3\rangle + \sqrt{\frac{j_2}{J}}\,|j_1, j_2-1, j_3\rangle + \sqrt{\frac{j_3}{J}}\,|j_1, j_2, j_3-1\rangle \tag{9.125}$$

이다. 다음에 $|j{=}J-1,\ m{=}J-1\rangle$ 상태는 윗식과의 직교관계에서 얻는다. 그러나 선형결합으로 유일한 직교상태를 얻을 수는 없고 식 (9.125) 의 좌변의 세 고유상태 중 어느 두 상태의 선형결합으로도 직교상태를 만드는 것이 가능하므로 그 상태에 J_- 를 잇달아 작용할 수 있다. $|j_1-1,\ j_2,\ j_3\rangle$ 와 $|+j_1,\ j_2-1,\ +j_3\rangle$ 의 선형결합을 택하면 $\mathbf{J}_1+\mathbf{J}_2$ 를 먼저 합성하는 것이고 $|j_1,\ j_2-1,\ j_3\rangle$ 와 $|j_1,\ j_2,\ j_3-1\rangle$ 의 결합은 $\mathbf{J}_2+\mathbf{J}_3$ 를 먼저 계산하는 것이다. 그러므로 결합하는 순서에 따라 다른 결과를 얻게 된다.

보기로 $j_1{=}j_2{=}j_3{=}\frac{1}{2}$ 인 경우를 생각해 보자. $\mathbf{J}_1+\mathbf{J}_2$ 의 합성에서 $j'=1,0$ 이 가능하고 이것을 $\mathbf{J}_3$ 와 합성하면 $j{=}3/2, 1/2, 1/2$ 의 세가지가 가능하다. $\mathbf{J}_1+\mathbf{J}_2$ 연산을 먼저 실행하고 그 결과인 j' 과 $\mathbf{J}_3$ 를 합성하여 마지막으로 j, m 의 고유값을 갖는 상태를 $|(j_1j_2)\ j_3;j'j_3;j\ m\rangle$ 로 표기하면 가장 큰 $j{=}3/2$ 고유상태는 결합성이 있다. 최대의 $m{=}+3/2$ 인 성분은 $m_1{=}\ m_2{=}\ m_3{=}+1/2$ 인 경우에만 유일하게 가능하고 $j{=}3/2$ 의 다른 성분들은 여기에 하강 연산자를 연속 작용하여 얻게 되기 때문이다. 결과는 다음과 같다.

$$|(\tfrac{1}{2}\tfrac{1}{2})\tfrac{1}{2};1\tfrac{1}{2};\ \tfrac{3}{2}+\tfrac{3}{2}\rangle = |+\tfrac{1}{2}+\tfrac{1}{2}+\tfrac{1}{2}\rangle$$

$$|(\tfrac{1}{2}\tfrac{1}{2})\tfrac{1}{2};1\tfrac{1}{2};\ \tfrac{3}{2}+\tfrac{1}{2}\rangle = \frac{1}{\sqrt{3}}|-\tfrac{1}{2}+\tfrac{1}{2}+\tfrac{1}{2}\rangle + \frac{1}{\sqrt{3}}|+\tfrac{1}{2}-\tfrac{1}{2}+\tfrac{1}{2}\rangle + \frac{1}{\sqrt{3}}|+\tfrac{1}{2}+\tfrac{1}{2}-\tfrac{1}{2}\rangle$$

$$|(\tfrac{1}{2}\tfrac{1}{2})\tfrac{1}{2};1\tfrac{1}{2};\ \tfrac{3}{2}-\tfrac{1}{2}\rangle=\frac{1}{\sqrt{3}}|+\tfrac{1}{2}-\tfrac{1}{2}-\tfrac{1}{2}\rangle+\frac{1}{\sqrt{3}}|-\tfrac{1}{2}+\tfrac{1}{2}-\tfrac{1}{2}\rangle+\frac{1}{\sqrt{3}}|-\tfrac{1}{2}-\tfrac{1}{2}+\tfrac{1}{2}\rangle$$
$$|(\tfrac{1}{2}\tfrac{1}{2})\tfrac{1}{2};1\tfrac{1}{2};\ \tfrac{3}{2}-\tfrac{3}{2}\rangle=|-\tfrac{1}{2}-\tfrac{1}{2}-\tfrac{1}{2}\rangle \tag{9.126}$$

그러나 나머지 $j=1/2$ 에 대한 고유상태들은 다르다. $\mathbf{J}_1+\mathbf{J}_2$ 를 먼저 수행하면 중간 결과로 $j'=1,0$ 이 가능한데 $j=1/2$ 를 구성하는 방법은 다음처럼 두 가지가 존재한다. [식 (9.111), (9.112), (9.120), (9.122) 참고]

$j'=1\ \Rightarrow\ j=1/2$:

$$|(\tfrac{1}{2}\tfrac{1}{2})\tfrac{1}{2};1\tfrac{1}{2};\ \tfrac{1}{2}+\tfrac{1}{2}\rangle=-\frac{1}{\sqrt{6}}|-\tfrac{1}{2}+\tfrac{1}{2}+\tfrac{1}{2}\rangle-\frac{1}{\sqrt{6}}|+\tfrac{1}{2}-\tfrac{1}{2}+\tfrac{1}{2}\rangle+\frac{2}{\sqrt{6}}|+\tfrac{1}{2}+\tfrac{1}{2}-\tfrac{1}{2}\rangle$$
$$|(\tfrac{1}{2}\tfrac{1}{2})\tfrac{1}{2};1\tfrac{1}{2};\ \tfrac{1}{2}-\tfrac{1}{2}\rangle=+\frac{1}{\sqrt{6}}|+\tfrac{1}{2}-\tfrac{1}{2}-\tfrac{1}{2}\rangle+\frac{1}{\sqrt{6}}|-\tfrac{1}{2}+\tfrac{1}{2}-\tfrac{1}{2}\rangle-\frac{2}{\sqrt{6}}|-\tfrac{1}{2}-\tfrac{1}{2}+\tfrac{1}{2}\rangle \tag{9.127}$$

$j'=0\ \Rightarrow\ j=1/2$:

$$|(\tfrac{1}{2}\tfrac{1}{2})\tfrac{1}{2};0\tfrac{1}{2};\ \tfrac{1}{2}+\tfrac{1}{2}\rangle=+\frac{1}{\sqrt{2}}|+\tfrac{1}{2}-\tfrac{1}{2}+\tfrac{1}{2}\rangle-\frac{1}{\sqrt{2}}|-\tfrac{1}{2}+\tfrac{1}{2}+\tfrac{1}{2}\rangle \tag{9.128}$$
$$|(\tfrac{1}{2}\tfrac{1}{2})\tfrac{1}{2};0\tfrac{1}{2};\ \tfrac{1}{2}-\tfrac{1}{2}\rangle=+\frac{1}{\sqrt{2}}|+\tfrac{1}{2}-\tfrac{1}{2}-\tfrac{1}{2}\rangle-\frac{1}{\sqrt{2}}|-\tfrac{1}{2}+\tfrac{1}{2}-\tfrac{1}{2}\rangle$$

마찬가지로 $\mathbf{J}_2+\mathbf{J}_3$ 를 먼저 합성하면 다음의 결과를 얻는다.

$j'=1\ \Rightarrow\ j=1/2$:

$$|\tfrac{1}{2}(\tfrac{1}{2}\tfrac{1}{2});\tfrac{1}{2}1;\ \tfrac{1}{2}+\tfrac{1}{2}\rangle=+\frac{1}{\sqrt{6}}|+\tfrac{1}{2}-\tfrac{1}{2}+\tfrac{1}{2}\rangle+\frac{1}{\sqrt{6}}|+\tfrac{1}{2}+\tfrac{1}{2}-\tfrac{1}{2}\rangle-\frac{2}{\sqrt{6}}|-\tfrac{1}{2}+\tfrac{1}{2}+\tfrac{1}{2}\rangle$$
$$|\tfrac{1}{2}(\tfrac{1}{2}\tfrac{1}{2});\tfrac{1}{2}1;\ \tfrac{1}{2}-\tfrac{1}{2}\rangle=-\frac{1}{\sqrt{6}}|-\tfrac{1}{2}+\tfrac{1}{2}-\tfrac{1}{2}\rangle-\frac{1}{\sqrt{6}}|-\tfrac{1}{2}-\tfrac{1}{2}+\tfrac{1}{2}\rangle+\frac{2}{\sqrt{6}}|+\tfrac{1}{2}-\tfrac{1}{2}-\tfrac{1}{2}\rangle \tag{9.129}$$

$j'=0\ \Rightarrow\ j=1/2$:

$$|\tfrac{1}{2}(\tfrac{1}{2}\tfrac{1}{2});\tfrac{1}{2}0;\ \tfrac{1}{2}+\tfrac{1}{2}\rangle=+\frac{1}{\sqrt{2}}|+\tfrac{1}{2}+\tfrac{1}{2}-\tfrac{1}{2}\rangle-\frac{1}{\sqrt{2}}|+\tfrac{1}{2}+\tfrac{1}{2}-\tfrac{1}{2}\rangle$$
$$|\tfrac{1}{2}(\tfrac{1}{2}\tfrac{1}{2});\tfrac{1}{2}0;\ \tfrac{1}{2}-\tfrac{1}{2}\rangle=+\frac{1}{\sqrt{2}}|-\tfrac{1}{2}+\tfrac{1}{2}-\tfrac{1}{2}\rangle-\frac{1}{\sqrt{2}}|-\tfrac{1}{2}-\tfrac{1}{2}+\tfrac{1}{2}\rangle \tag{9.130}$$

원자를 구성하는 전자들은 각각 궤도 회전량과 스핀 회전량을 가지고 있다. 그러므로 전체 회전량은

$$\mathbf{J} = \mathbf{L}_1 + \mathbf{S}_1 + \mathbf{L}_2 + \mathbf{S}_2 + \cdots + \mathbf{L}_N + \mathbf{S}_N \tag{9.131}$$

인데 회전량의 합성은 결합 순서에 관계하므로 실제적인 문제에 직면한다. 해결책은 전자에 작용하는 힘의 성질을 파악하는 것이다. 전자는 핵에 속박되어 있으나 전자들의 상호 작용과, 전자 스핀과 궤도 회전량의 상호 작용이 추가로 존재한다. 각각의 전자의 스핀-궤도 작용이 클 때에는 $\mathbf{j}_1 = \mathbf{l}_1 + \mathbf{s}_1, \mathbf{j}_2 = \mathbf{l}_2 + \mathbf{s}_2, \cdots$ 등으로 먼저 합성한 후 $\mathbf{J} = \mathbf{j}_1 + \mathbf{j}_2 + \cdots$ 등으로 합성하는 것이 바람직하고 이를 jj-결합이라 부른다.

$$\mathbf{J} = (\mathbf{L}_1 + \mathbf{S}_1) + (\mathbf{L}_2 + \mathbf{S}_2) + \cdots + (\mathbf{L}_N + \mathbf{S}_N) = \mathbf{j}_1 + \mathbf{j}_2 + \cdots + \mathbf{j}_N \tag{9.132}$$

반대의 경우에는 $\mathbf{L} = \mathbf{l}_1 + \mathbf{l}_2 + \cdots$, $\mathbf{S} = \mathbf{s}_1 + \mathbf{s}_2 + \cdots$ 로 먼저 결합하고 $\mathbf{J} = \mathbf{L} + \mathbf{S}$ 를 합성한다. 이는 LS-결합이라 부른다.

$$\mathbf{J} = (\mathbf{L}_1 + \mathbf{L}_2 + \cdots + \mathbf{L}_N) + (\mathbf{S}_1 + \mathbf{S}_2 + \cdots + \mathbf{S}_N) = \mathbf{L} + \mathbf{S} \tag{9.133}$$

원자 번호가 낮은 원자에서는 LS-결합이, 클 때에는 jj-결합이 우세한 것으로 알려져 있다.

연 습 문 제

9.1 변환 U 를 양자 상태에 작용하더라도 입자의 존재 확률은 보존되어야 한다는 조건, $\langle\Psi|\Psi\rangle = \langle U\Psi|U\Psi\rangle$ 에서 $U^\dagger U = I$ 를 유도하였다. $UU^\dagger = I$ 도 성립함을 보이라.

9.2 매개 상수 λ 가 충분히 작을 때 다음의 연산자 전개가 가능함을 보이라.

$$(A - \lambda B)^{-1} = A^{-1} + \lambda A^{-1}BA^{-1} + \lambda^2 A^{-1}BA^{-1}BA^{-1} + \cdots\cdots$$

9.3 H가 실재 연산자일 때 그 지수 연산자는 다음으로 정의한다.

$$e^{iH} = \sum_{n=0}^{\infty} \frac{i^n}{n!} H^n$$

$\exp(iH)$ 연산자의 실재 공액(hermitian conjugate)연산자는 $\exp(-iH)$ 임을 보이라.

9.4 H가 실재 연산자이면 $\exp(iH)$ 는 하나(unitary) 연산자임을 보이라.

9.5 A, B가 실재 연산자일 때 다음 하나 연산자들의 곱에 관한 전개식이 성립함을 증명하라.

$$e^{-i\varepsilon B}\, e^{-i\varepsilon A}\, e^{+i\varepsilon B}\, e^{+i\varepsilon A} = I + \varepsilon^2[A,B] + O(\varepsilon^3)$$

9.6 회전량이 1 인 역학계가 있다. 이 역학계에서 $J_xJ_y + J_yJ_x$ 연산자의 고유 함수와 고유값을 구하라.

9.7 두 회전량 $\mathbf{J}_1$ 과 $\mathbf{J}_2$ 를 합성하여 $\mathbf{J} = \mathbf{J}_1 + \mathbf{J}_2$ 를 만들 때 $\mathbf{J}_1{}^2, \mathbf{J}_2{}^2$ 및 $\mathbf{J}^2$ 의 공통 고유상태 $|j_1 j_2 : JM\rangle$ 은 $\mathbf{J}_1 \cdot \mathbf{J}_2$ 연산자의 고유 상태도 되며 고유값은 다음과 같음을 보이라.

$$\mathbf{J}_1 \cdot \mathbf{J}_2\, |j_1 j_2 : JM\rangle = \frac{1}{2}\Big[J(J+1) - j_1(j_1+1) - j_2(j_2+1)\Big]\,\hbar^2\, |j_1 j_2 : JM\rangle$$

9.8 회전량 $\mathbf{J}^2, J_z$ 의 고유 벡터 $|j,m\rangle$ 에 대한 J_x, J_y 의 불확정도는 다음과 같음을 증명하라.

$$(\Delta J_x)^2 = (\Delta J_y)^2 = \frac{\hbar^2}{2}\Big[j(j+1) - m^2\Big]$$

9.9 두 회전량 $j_1=1, j_2=1/2$ 일 때 이들을 합성하여 만들어진 $J=3/2, 1/2$ 인 회전량의 고유 상태를 구성하라. 그리고 결과를 식 (9.120), (9.122) 와 비교하라.

9.10 전자는 스핀이 1/2 인 페르미온이므로 두 전자의 파동 함수는 반대 대칭이다. 파동 함수가 공간 함수와 스핀 함수의 곱으로 보고 스핀 상태와 교환 작용을 기술하라.

9.11 벡터 연산자 $\mathbf{A}$ 는 회전량 연산자와 다음의 교환자 관계식을 만족한다.

$$[J_i, A_j] = i\hbar\, \varepsilon_{ijk}\, A_k$$

물론 $\mathbf{A}$ 는 $\mathbf{L}, \mathbf{S}, \mathbf{J}$ 등일 수 있다. 벡터 연산자에 관한 다음의 교환자 관계식을 증명하라.

$$[\mathbf{J}^2, A_i] = i\hbar\, \varepsilon_{ijk}\, \{J_j, A_k\} \qquad\qquad [\mathbf{J}\cdot\mathbf{A}, J_i] = 0$$

$$\Big[\mathbf{J}^2, [\mathbf{J}^2, A_i]\Big] = 2\hbar^2\Big(\mathbf{J}^2 A_i + A_i\,\mathbf{J}^2\Big) - 4\hbar^2\,\mathbf{J}\cdot\mathbf{A}\,J_i$$

9.12 연습문제 9.11 의 마지막 교환자 관계식의 행렬 요소를 $|jm\rangle$ 기준계에서 계산하면 다음 식이 성립함을 증명하라.

$$j(j+1)\langle jm|A_i|jm'\rangle = \langle jm|J_i|jm'\rangle\langle jm|\mathbf{J}\cdot\mathbf{A}|jm\rangle$$

10. 결합 상태 섭동 이론

10.1 근사 풀이

이론 물리학의 연구는 대략 두 방향으로 분류된다. 한가지는 자연현상을 설명할 수 있는 새로운 법칙을 알아내어 방정식을 얻는 것이다. 새로운 원리를 찾아내는 것이다. 그 다음에는 알려진 방정식의 풀이를 구해서 실험결과와 비교하는 것이다. 해석적 풀이를 안다면 현상을 더욱 깊이 이해할 수 있어서 다행이지만 그리 흔하지 않고 많은 경우 우리들은 근사풀이에 의존하게 된다. 그러나 실험에는 항상 측정 오차가 따르므로 오차범위 이내에서 근사풀이와 실험결과가 합치하면 객관적인 검증이 이루어진 것으로 판단한다. 물론 시간이 지나면서 실험 기술의 발달과 근사 계산의 향상으로 더욱 심도 있는 자연의 이해가 가능하다.

물리학에서 방정식의 풀이를 비록 근사하게 알아내더라도 그 의미는 방정식 자체만큼 중요하다. Newton의 운동방정식, Maxwell의 전자기방정식, Schrödinger 파동방정식 등 유명한 방정식들도 엄격히 말하자면 자연을 기술하는 근사이론들이다. 자체 논리적으로는 완전한 이론이라도 자연현상의 기본이론은 아니고 적용범위가 제한되었기 때문이다. 그러므로 이들 방정식의 해석적 풀이는 수학적으로 완벽하고 그런대로 가치가 있지만 자연을 정확히 묘사한다고는 할 수 없다. 오히려 실험적 현실을 확인할 정도의 정밀도로 근사풀이를 체계적으로 찾아내는 작업이 중요하다.

우리는 제8장에서 WKB 근사법으로 고전역학에 가까운 근사 계산법을 공부했다. 이 근사는 Planck 상수가 영으로 되는 상황, 즉 양자번호가 매우 크거나, 관련 물질파동의 파장이 매우 짧은 환경에 적용된다. 이 장에서는 결합상태의 섭동이론과 변분이론을 다루고자 한다.

섭동이론(perturbation theory)은 주요작용에 관하여 이미 해석적 풀이가 알려졌고 추가로 약한 작용이 존재할 때이거나 이론 자체의 근사성으로 체계적 보정이 필요할 때 그 영향을 밝히는 것이다. 거시세계에서는 천왕성 궤도를 섭동이론으로 분석하여 해왕성의 존재를 예측한 것이 대표적 보기이다. 천왕성에게는 태양의 인력이 두드러진 힘이며 해왕성의 인력은 약한 작용이다. 미시세계에서는 수소원자의 경우에 단순한 Coulomb 작용이 모든 힘이라 할 수 없다. 물론 이것이 주요한 힘이고 해석적 풀이가 가능하지만 현실은 더욱 복잡하여 전자의 스핀에 의한 자기력도 간과할 수 없다. 또한 상대론적 보정도 무시할 수 없다. 그러나 추가작용은 부차적이어서 원래의 작용보다 약하다고 가정한다. 원래 섭동작용이 약할수록 섭동 이론의 결과는 신빙성이 높아진다. 양자 역학에서 섭동 이론은 비록 엄밀한 해석적 풀이가 없는 많은 상황에서 현실을 올바로 이해하는데 큰 도움이 된다. 미시 세계의 실험 데이터를 설명할 수 있는 가장 보편적 방도이다.

근사 풀이를 구하는 방법은 문제의 성격에 따라 다르겠지만 여기서는 고유값 문제의 근사 풀이에 치중한다. 우선 근사 풀이의 방법론을 익히기 위하여 다음의 간단한 대수 방정식을 푸는 경우를 생각해보자.

$$x^3 - 2.1x - 4.2 = 0 \tag{10.1}$$

이 3차 방정식은 실근이 한 개 있으며 풀이는 $2.039454\cdots$ 이다. 이제 이 문제를 근사 이론의 시각으로 풀어본다. 우선 $\varepsilon = 0.1$ 이라 하면 윗식은 다음처럼 쓸 수 있다.

$$x^3 - (2+\varepsilon)x - (4+2\varepsilon) = 0 \tag{10.2}$$

$\varepsilon = 0$ 일 때의 풀이는 $x^3 - 2x - 4 = 0$ 을 풀어서 $x = 2$ 임을 알고 있다고 가정하자. 그러면 정확한 풀이 x 는 ε 의 급수로 전개하여

$$x = x_0 + x_1\varepsilon + x_2\varepsilon^2 + x_3\varepsilon^3 + \cdots \qquad x_0 = 2 \tag{10.3}$$

식 (10.2) 에 대입한 후 ε 의 각 차수에 해당하는 계수를 영으로 놓음으로써 $x_1, x_2, x_3, \cdots$ 들을 단계적으로 체계성 있게 계산할 수 있다. 구체적으로는 다음과 같다.

$$\begin{aligned}
&0\text{차 근사: } x_0^3 - 2x_0 - 4 = 0 && \Rightarrow \ x_0 = 2 \quad (\text{풀렸다고 가정}) \\
&1\text{차 근사: } 10x_1 - 4 = 0 && \Rightarrow \ x_1 = 0.4, \qquad x = 2.04 + O(\varepsilon^2) \\
&2\text{차 근사: } 10x_2 - x_1 + 6x_1^2 = 0 && \Rightarrow \ x_2 = -0.056, \quad x = 2.03944 + O(\varepsilon^3)
\end{aligned} \tag{10.4}$$

이상에서 보듯이 고차 근사를 택할수록 더욱 정밀한 풀이를 얻는다. 이 보기에서 예상되는 오차는 1차 근사에서 $O(0.01)$ 정도이나 실제로는 $O(10^{-4})$ 이고 2차 근사에서는 $O(0.001)$ 의 오차가 예상되었으나 실제로는 $O(10^{-6})$ 이 되어 기대 이상으로 좋은 근사 풀이를 얻게 되었다. 식 (10.1) 을 물리학의 어떤 방정식이라 보면 실험 정밀도가 향상되면서 이론 예측과 실험 결과 사이의 차이를 확인하는 좋은 수단을 근사 풀이가 제공하는 것을 엿볼 수 있다.

그러나 하밀토니안의 주요 작용력에 대한 풀이를 모르면 섭동 이론을 적용할 수 없다. 그런데 해석적으로 풀리는 주요 작용력의 범주는 극히 제한되어서 대부분이 양자 역학에 관한 문헌에 실려 있을 정도이다. 따라서 주요 작용력에 의한 결합 상태를 처음부터 찾는 것이 중요

한데 변분방법(variational method)이 활용되고 있다. 변분원리에 근거한 이 근사풀이 방법은 시도함수를 현명하게 채택함으로써 실제의 풀이에 가까운 만족스러운 결과가 가능하게 한다.

결합상태는 주로 시간 독립인 Schrödinger 방정식의 고유값 문제로 해결하기 때문에 이를 시간독립 섭동이론이라 한다. 시간에 의존하는 섭동이론은 입자들이 충돌할 때 필요한데 제 13장에서 다룰 것이다.

10.2 Rayleigh-Schrödinger 섭동 이론

결합상태에 관한 하밀토니안이 알려졌을 때 다음 고유값 문제를 푸는것이 과제이다.

$$H\,|\psi_n\rangle = E_n\,|\psi_n\rangle \tag{10.5}$$

이제 시간 독립인 하밀토니안이 두 부분으로 구성되었는데

$$H = H_0 + gV \tag{10.6}$$

주요작용 H_0 부분에 대하여는 이미 해석적 풀이가 알려져 있고

$$H_0\,|\phi_n\rangle = E_n^{(0)}\,|\phi_n\rangle \tag{10.7}$$

섭동작용 gV 는 H_0 보다 약하다고 가정한다. g 는 섭동이론의 전개상수인데 섭동작용의 상대적 세기를 표시하는 지표이다. $|\phi_n\rangle$ 은 비섭동 고유상태인 동시에 물리량 H_0 의 고유상태이므로 직교규격화 되었고 완전성을 갖춘 것으로 본다.

$$\langle\phi_m|\phi_n\rangle = \delta_{mn} \tag{10.8}$$

섭동전개는 전개상수 g 에 대한 급수전개로 간주할 수 있다.

$$H = H_0 + gV \tag{10.9}$$

$$E_n = E_n^{(0)} + gE_n^{(1)} + g^2E_n^{(2)} + \cdots \tag{10.10}$$

$$|\psi_n\rangle = |\psi_n^{(0)}\rangle + g|\psi_n^{(1)}\rangle + g^2|\psi_n^{(2)}\rangle + \cdots \tag{10.11}$$

우선 섭동전개식(10.11)은 유일하지 않다. $|\psi_n\rangle$ 이 풀이라면 $e^{i\alpha(g)}|\psi_n\rangle$ 도 풀이가 되며 $\alpha(g)$ 는 g 의 임의의 실함수이므로 식(10.11)은 여러가지 전개가 가능하다. 우리는 $|\psi_n\rangle$ 의 규격화가 매번 차수마다 이루어 지도록 하고 고차항은 무시한다.

$$N\text{차 섭동:}\quad \langle\psi_n|\psi_n\rangle = 1 + O(g^{N+1}) \tag{10.12}$$

이제 식 (10.9) - (10.11) 을 식 (10.5) 에 대입한 후 $O(g^2)$ 까지 각 차수마다 정리하면 다음의 섭동 차수별 방정식을 얻는다.

$$\left(H_0 - E_n^{(0)}\right)|\psi_n^{(0)}\rangle = 0 \tag{10.13}$$

$$\left(H_0 - E_n^{(0)}\right)|\psi_n^{(1)}\rangle + \left(V - E_n^{(1)}\right)|\psi_n^{(0)}\rangle = 0 \tag{10.14}$$

$$\left(H_0 - E_n^{(0)}\right)|\psi_n^{(2)}\rangle + \left(V - E_n^{(1)}\right)|\psi_n^{(1)}\rangle - E_n^{(2)}|\psi_n^{(0)}\rangle = 0 \tag{10.15}$$

일반적으로 p-차 근사에 관한 방정식은 다음과 같다.

$$\left(H_0-E_n^{(0)}\right)|\psi_n^{(p)}\rangle + \left(V-E_n^{(1)}\right)|\psi_n^{(p-1)}\rangle - E_n^{(2)}|\psi_n^{(p-2)}\rangle - \cdots - E_n^{(p)}|\psi_n^{(0)}\rangle = 0 \tag{10.16}$$

구체적으로 더욱 자세히 섭동 이론을 조사하려면 에너지 스펙트럼이 안 겹친 경우와 겹친 경우로 나누어서 다루어야 한다. 우선 안 겹친 스펙트럼을 살펴본다. 겹친 스펙트럼은 다음 절에서 다룰 것이다.

제 0 차 섭동 0차 섭동 이론은 자명하다. 식 (10.13) 은 비섭동 상태의 고유값 방정식으로 이미 해결된 것으로 가정하고 섭동 이론 논의의 출발점이다. 안 겹친 경우에 에너지 고유값 $E_n^{(0)}$ 에 대한 고유 상태 $|\psi_n^{(0)}\rangle$ 은 유일해서 $|\phi_n\rangle$ 과 일치한다.

$$|\psi_n^{(0)}\rangle = |\phi_n\rangle \tag{10.17}$$

제 1 차 섭동 식 (10.14) 를 다시 쓰면 다음과 같다.

$$\left(H_0 - E_n^{(0)}\right)|\psi_n^{(1)}\rangle + \left(V - E_n^{(1)}\right)|\phi_n\rangle = 0 \tag{10.18}$$

윗식에 $\langle\phi_n|$을 곱하고 $\langle\phi_n|H_0 = \langle\phi_n|E_n^{(0)}$ 를 이용하면 1차 섭동 에너지 $E_n^{(1)}$ 을 얻는다.

$$E_n^{(1)} = \langle\phi_n|V|\phi_n\rangle \tag{10.19}$$

다음에 $k \neq n$ 인 $\langle\phi_k|$ 를 곱하면 $\langle\phi_k|\psi_n^{(1)}\rangle$ 을 계산할 수 있다.

$$\langle\phi_k|\psi_n^{(1)}\rangle = \frac{V_{kn}}{E_n^{(0)} - E_k^{(0)}} \qquad (k \neq n) \tag{10.20}$$

여기서 V_{kn} 은 섭동작용력 V 의 비섭동 고유상태에 대한 행렬요소이다.

$$V_{kn} = \langle \phi_k | V | \phi_n \rangle \tag{10.21}$$

식 (10.20) 에서 $\langle \phi_n | \psi_n^{(1)} \rangle$ 이외의 모든 계수가 밝혀졌으므로 1차 섭동 파동함수는 다음과 같다.

$$\begin{aligned} |\psi_n^{(1)}\rangle &= \sum_k |\phi_k\rangle\langle\phi_k|\psi_n^{(1)}\rangle = \sum_{k\neq n} |\phi_k\rangle\langle\phi_k|\psi_n^{(1)}\rangle + |\phi_n\rangle\langle\phi_n|\psi_n^{(1)}\rangle \\ &= \sum_{k\neq n} |\phi_k\rangle \frac{V_{kn}}{E_n^{(0)} - E_k^{(0)}} + |\phi_n\rangle\langle\phi_n|\psi_n^{(1)}\rangle \end{aligned} \tag{10.22}$$

섭동 파동함수 $|\psi_n^{(1)}\rangle$ 의 미정계수 $\langle \phi_n | \psi_n^{(1)} \rangle$ 은 파동함수 $|\psi_n\rangle$ 이 $O(g)$ 항까지 규격화되어야 한다 [식 (10.12)] 는 조건에서 결정할 수 있다.

$$\begin{aligned} \langle\psi_n|\psi_n\rangle &= \Big(\langle\phi_n| + g\langle\psi_n^{(1)}| + \cdots\Big)\Big(|\phi_n\rangle + g|\psi_n^{(1)}\rangle + \cdots\Big) \\ &= 1 + g\Big(\langle\phi_n|\psi_n^{(1)}\rangle + cc\Big) + O(g^2) \end{aligned} \tag{10.23}$$

따라서 $O(g)$ 까지 $|\psi_n\rangle$ 이 규격화 되려면 $\langle\phi_n|\psi_n^{(1)}\rangle = 0$ 으로 충분하다.[1] 요약하면 다음과 같다.

> 1 차 섭동 과정
>
> $$\begin{aligned} E_n^{(1)} &= V_{nn} = \langle\phi_n|V|\phi_n\rangle \\ |\psi_n^{(1)}\rangle &= \sum_{k\neq n} |\phi_k\rangle \frac{V_{kn}}{E_n^{(0)} - E_k^{(0)}} \end{aligned} \tag{10.24}$$

제 2 차 섭동 식 (10.15) 를 다시 쓰면 다음과 같다.

$$\Big(H_0 - E_n^{(0)}\Big)|\psi_n^{(2)}\rangle + \Big(V - E_n^{(1)}\Big)|\psi_n^{(1)}\rangle - E_n^{(2)}|\phi_n\rangle = 0 \tag{10.25}$$

윗식에 $\langle\phi_n|$을 곱하면 $|\psi_n^{(2)}\rangle$ 항은 영이 되고 2차 섭동에너지 $E_n^{(2)}$ 를 0차, 1차 섭동 에너지와 파동함수로 얻고 결국 비섭동 풀이로 표현할 수 있다.

$$E_n^{(2)} = \langle\phi_n|V|\psi_n^{(1)}\rangle = \sum_{k\neq n} \frac{|V_{kn}|^2}{E_n^{(0)} - E_k^{(0)}} \tag{10.26}$$

---

[1] 실제로는 $\langle\phi_n|\psi_n^{(1)}\rangle$ 의 실수부분만 영이 되고 허수부분은 미정인데 이는 임의 위상인자 $\exp(ig\alpha)$ 를 도입하여 $|\psi_n\rangle \to \exp(ig\alpha)|\psi_n\rangle$ 로 제거할 수 있다.

여기서 $|\psi_n^{(1)}\rangle$ 을 이미 알았으므로 식 (10.24)를 대입하여 비섭동 고유상태로 표현하였다. 다음에 $k \neq n$ 인 $\langle\phi_k|$를 곱하면 $\langle\phi_k|\psi_n^{(2)}\rangle$를 계산할 수 있다.

$$\begin{aligned}\langle\phi_k|\psi_n^{(2)}\rangle &= \frac{1}{E_n^{(0)} - E_k^{(0)}}\langle\phi_k|\left(V - E_n^{(1)}\right)\psi_n^{(1)}\rangle \qquad (k \neq n)\\ &= -\frac{V_{kn}V_{nn}}{\left(E_n^{(0)} - E_k^{(0)}\right)^2} + \sum_{l\neq n}\frac{V_{kl}V_{ln}}{\left(E_n^{(0)} - E_k^{(0)}\right)\left(E_n^{(0)} - E_l^{(0)}\right)}\end{aligned} \tag{10.27}$$

이번에도 $\langle\phi_n|\psi_n^{(2)}\rangle$ 은 계산이 안 되는데 식 (10.12)의 $O(g^2)$항까지 규격화 조건에서 얻는다.

$$\begin{aligned}\langle\psi_n|\psi_n\rangle &= \left(\langle\phi_n| + g\langle\psi_n^{(1)}| + g^2\langle\psi_n^{(2)}| + \cdots\right)\left(|\phi_n\rangle + g|\psi_n^{(1)}\rangle + g^2|\psi_n^{(2)}\rangle + \cdots\right)\\ &= 1 + g^2\left(\langle\phi_n|\psi_n^{(2)}\rangle + cc + \langle\psi_n^{(1)}|\psi_n^{(1)}\rangle\right) + O(g^3)\end{aligned} \tag{10.28}$$

그러므로 $\langle\phi_n|\psi_n^{(2)}\rangle$ 을 다음과 같이 택하면 2차 섭동까지 파동 함수가 규격화 되는 것은 충분하다.[2]

$$\langle\phi_n|\psi_n^{(2)}\rangle = -\frac{1}{2}\langle\psi_n^{(1)}|\psi_n^{(1)}\rangle = -\frac{1}{2}\sum_{l\neq n}\frac{|V_{ln}|^2}{\left(E_n^{(0)} - E_l^{(0)}\right)^2} \tag{10.29}$$

2 차 섭동 과정

$$\begin{aligned}E_n^{(2)} &= \sum_{k\neq n}\frac{|V_{kn}|^2}{E_n^{(0)} - E_k^{(0)}}\\ |\psi_n^{(2)}\rangle &= -\frac{1}{2}|\phi_n\rangle\sum_{l\neq n}\frac{|V_{ln}|^2}{\left(E_n^{(0)} - E_l^{(0)}\right)^2}\\ &\quad + \sum_{k\neq n}|\phi_k\rangle\left(-\frac{V_{kn}V_{nn}}{\left(E_n^{(0)} - E_k^{(0)}\right)^2} + \sum_{l\neq n}\frac{V_{kl}V_{ln}}{\left(E_n^{(0)} - E_k^{(0)}\right)\left(E_n^{(0)} - E_l^{(0)}\right)}\right)\end{aligned} \tag{10.30}$$

[2] 이번에도 $\langle\phi_n|\psi_n^{(2)}\rangle$ 의 실수부분만 결정되고 허수부분은 미정이다. 그러나 임의 위상인자 $\exp(ig^2\beta)$ 를 도입하여 $|\psi_n\rangle \to \exp(ig^2\beta)|\psi_n\rangle$ 로 허수부분을 제거할 수 있다.

고차의 섭동근사 계산은 일반적으로 다루는 것이 바람직하다. 우선 $|\psi_n\rangle$ 을 다음과 같이 규격화한다. 그리고 $|\psi_n\rangle$ 자체의 규격화를 각 차수마다 실행한다.[3]

$$\langle\phi_n|\psi_n\rangle = 1 \qquad \Rightarrow \qquad \langle\phi_n|\psi_n^{(1)}\rangle = \langle\phi_n|\psi_n^{(2)}\rangle = \cdots = 0 \tag{10.31}$$

식 (10.16) 을 다시 쓰면 다음과 같다.

$$\left(H_0 - E_n^{(0)}\right)|\psi_n^{(p)}\rangle + \left(V - E_n^{(1)}\right)|\psi_n^{(p-1)}\rangle - E_n^{(2)}|\psi_n^{(p-2)}\rangle - \cdots - E_n^{(p)}|\phi_n\rangle = 0 \tag{10.32}$$

우선 $\langle\phi_n|$을 곱하여 $E_n^{(p)}$ 를 계산한다. 이번에는 식 (10.31) 로 규격화 되었으므로 다음과 같다.

$$E_n^{(p)} = \langle\phi_n|V|\psi_n^{(p-1)}\rangle \tag{10.33}$$

이미 $(p-1)$ 차까지 섭동계산을 마쳤다고 가정하면 p-차 섭동에너지를 얻을 수 있다. 우선 섭동 고유상태를 구할 목적으로 다음의 연산자를 도입한다.

$$P_n = \sum_{k\neq n} \frac{|\phi_k\rangle\langle\phi_k|}{E_n^{(0)} - E_k^{(0)}} \qquad \Rightarrow \qquad P_n\,|\phi_n\rangle = 0 \tag{10.34}$$

P_n 은 $|\phi_n\rangle$ 만 제외한 하부공간으로의 투영인데 $E_n^{(0)}$ 에 가까운 성분에 더 큰 가중치가 주어졌다. 이 투영 연산자를 식 (10.32) 에 적용하고 $\langle\phi_n|\psi_n^{(p)}\rangle = 0$ 에 유의하면 다음의 회귀공식을 얻는다.

$$|\psi_n^{(p)}\rangle = P_n\left(\left(V - E_n^{(1)}\right)|\psi_n^{(p-1)}\rangle - E_n^{(2)}|\psi_n^{(p-2)}\rangle - \cdots - E_n^{(p-1)}|\psi_n^{(1)}\rangle\right) \tag{10.35}$$

그러면 낮은 차수부터 체계적으로 섭동효과를 계산할 수 있다. 2차 섭동까지는 다음과 같고 구체적으로 연산자를 대입하여 정리하면 식 (10.24), (10.30) 을 얻는다.

$$\begin{aligned} |\psi_n^{(1)}\rangle &= P_n V|\phi_n\rangle \\ |\psi_n^{(2)}\rangle &= P_n[V - E_n^{(1)}]P_n V|\phi_n\rangle \end{aligned} \tag{10.36}$$

이렇게 알아낸 $|\psi_n\rangle$ 은 식 (10.31) 의 형태로 규격화되었으므로 자체 규격화되어야 한다. 그러므로 2차 섭동까지 고려한 고유상태는 다음과 같다.

---

[3] 섭동이론이 유효하려면 $|\psi_n\rangle \simeq |\phi_n\rangle$ 이므로 $\langle\phi_n|\psi_n\rangle \simeq 1$ 이고 규격화 (10.31) 은 항상 가능하다. $\langle\phi_n|\psi_n\rangle$ 이 복소수라면 $|\psi_n\rangle \to \exp(i\alpha(g))|\psi_n\rangle$ 으로 허수부분을 없앨 수 있다.

$$|\psi_n\rangle = \Big(1 + gP_nV + g^2P_n[V - E_n^{(1)}]P_nV + O(g^3)\Big)|\phi_n\rangle \tag{10.37}$$

식 (10.34) 의 $P_n|\phi_n\rangle = 0$ 을 염두에 두고 $\langle\psi_n|\psi_n\rangle$ 을 $O(g^2)$ 까지 전개하면

$$\langle\psi_n|\psi_n\rangle = 1 + g^2\langle\phi_n|VP_nP_nV\,|\phi_n\rangle + O(g^3) \tag{10.38}$$

이므로 규격화 상수를 다음으로 정하여 식 (10.30) 의 $|\phi_n\rangle$ 성분을 얻는다.

$$\begin{aligned}|\psi_n\rangle &\to \Big(1 + g^2\langle\phi_n|VP_nP_nV|\phi_n\rangle + O(g^3)\Big)^{-1/2}\,|\psi_n\rangle \\ &= \Big(1 - \frac{1}{2}g^2\langle\phi_n|VP_nP_nV|\phi_n\rangle + O(g^3)\Big)|\psi_n\rangle\end{aligned} \tag{10.39}$$

고차 섭동은 그다지 활용되지 않는다. 계산이 복잡한 이유도 있지만 고차 섭동을 진지하게 추구하려면 식 (10.6) 에서 고려하지 않았던 다른 물리학적 고차 섭동 작용을 고려하고 계산에 포함시켜야 하기 때문이다. 이 두 가지를 동시에 고려함으로써 실험값과 비교할 수 있는 결과를 얻게 된다. 따라서 $H_0 + gV$ 자체가 자연을 기술하는 근사한 하밀토니안이라면 필요 이상의 수학적 섭동 계산은 물리학에서 의미가 없다. 그러나 대칭성 등으로 인하여 낮은 차수의 섭동 에너지가 모두 영이라면 최초의 섭동 효과를 파악하기 위하여 고차 섭동을 조사하는 경우가 있다. 가령 처음의 $(p-1)$ 차 섭동까지 계산 결과가 영이라면 p-차 섭동 계산의 의미가 있다.

$$E_n^{(1)} = E_n^{(2)} = \cdots = E_n^{(p-1)} = 0 \tag{10.40}$$

이때에는 회귀 공식과 섭동 에너지가 간단해 진다.

$$|\psi_n^{(p)}\rangle = P_nV|\psi_n^{(p-1)}\rangle = (P_nV)^2|\psi_n^{(p-2)}\rangle = \cdots = (P_nV)^p|\phi_n\rangle \tag{10.41}$$

$$E_n^{(p)} = \langle\phi_n|V(P_nV)^{p-1}|\phi_n\rangle \tag{10.42}$$

섭동 전개는 전개 상수 g 가 작을수록 신뢰성이 높다. 그러나 2차 섭동까지의 결과식에 항상 $V_{kn}/(E_n^{(0)} - E_k^{(0)})$ 행렬 요소가 에너지 차이보다 적어야 한다는 조건이 추가된다.

1차 섭동 에너지는 비섭동 상태를 기준계로 보는 관점에서 섭동 작용의 기대값이다. 그러나 2차 섭동에서는 모든 비섭동 상태가 영향을 미치며 에너지 격차가 작을수록 영향이 크다. 특히 식 (10.26) 을 보면 바닥 상태는 모두 음수이므로 2차 섭동 에너지는 항상 음수임을 주목할 수 있다.

예 제 10.1 비조화 진동자

조화 진동자가 물리학에서 중요한 이유는 많은 평형 상태 부근에서의 미소 진동을 근사적으로 기술할 수 있고 해석적 풀이가 가능하기 때문이다. 그러나 진동 폭이 커지면 비조화 운동이 되는데 그 효과를 섭동 이론으로 조사할 수 있다. 그림 10.1에는 분자의 진동을 기술하는데 활용되는 Morse 퍼텐셜이 보이는데 평형점 근처에서 2차 근사와 4차 근사가 함께 나타나 있다. 평형점 부근에서 위치 에너지를 4차 항까지 급수 전개하면 다음과 같다.

$$V(x) = \frac{1}{2} m\omega^2 x^2 + g_3 x^3 + g_4 x^4 \tag{10.43}$$

진폭이 작은 경우 2차 항만으로 구성되는 조화 진동자를 비섭동항으로 취급하고 나머지 고차항들을 섭동으로 다룬다. 1차 섭동의 효과를 알기 위하여 에너지 준위의 변화를 계산하면

$$E_n^{(1)} = \langle \psi_n | \, g_3 x^3 + g_4 x^4 \, | \psi_n \rangle = g_3 \langle \psi_n | x^3 | \psi_n \rangle + g_4 \langle \psi_n | x^4 | \psi_n \rangle \tag{10.44}$$

인데 [식 (10.24) 참고] 이미 5.9절에서 비섭동 상태인 조화 진동자의 풀이 $\psi_n(x)$를 알고 있으므로 x^3, x^4 연산자의 대각 행렬 요소를 계산하면 된다.

$$\begin{aligned} (x^3)_{nn} &= \langle \psi_n | x^3 | \psi_n \rangle = \int_{-\infty}^{+\infty} dx \, x^3 \left[\psi_n(x)\right]^2 \\ (x^4)_{nn} &= \langle \psi_n | x^4 | \psi_n \rangle = \int_{-\infty}^{+\infty} dx \, x^4 \left[\psi_n(x)\right]^2 \end{aligned} \tag{10.45}$$

그러나 $(x^3)_{nn}$은 영이다. 5.9절에서 논의한 바처럼 대칭성 때문에 $(x^3)_{nn}$의 피적분 함수가 기함수이기 때문이다. 따라서 $g_4 x^4$ 작용의 섭동만 계산하면 되는데 일반적인 n에 대한 무한 적분을 계산하는 것은 Hermite 함수를 포함한 상당히 복잡한 적분이다. 그러나 바닥 상태처럼 양자 번호가 주어진 경우에는 감마 함수의 성질을 이용하여 쉽게 결과를 얻을 수 있다. 이보다 6.8절의 연산자 방법으로 구한 행렬을 이용하는 것이 편리하다. 식 (6.120)에서 x_{mn}을 알 수 있으므로 x^2 행렬 요소를 우선 계산한다.

$$\begin{aligned} (x)_{mn} &= \langle \psi_m | x | \psi_n \rangle = \sqrt{\frac{\hbar}{2m\omega}} (\delta_{m,n-1}\sqrt{n} + \delta_{m,n+1}\sqrt{m}) \\ (x^2)_{mn} &= \langle \psi_m | x^2 | \psi_n \rangle = \sum_l \langle \psi_m | x | \psi_l \rangle \langle \psi_l | x | \psi_n \rangle \\ &= \frac{\hbar}{2m\omega} \left(\delta_{m,n-2}\sqrt{n(n-1)} + \delta_{mn}(2n+1) + \delta_{m,n+2}\sqrt{m(m-1)} \right) \end{aligned} \tag{10.46}$$

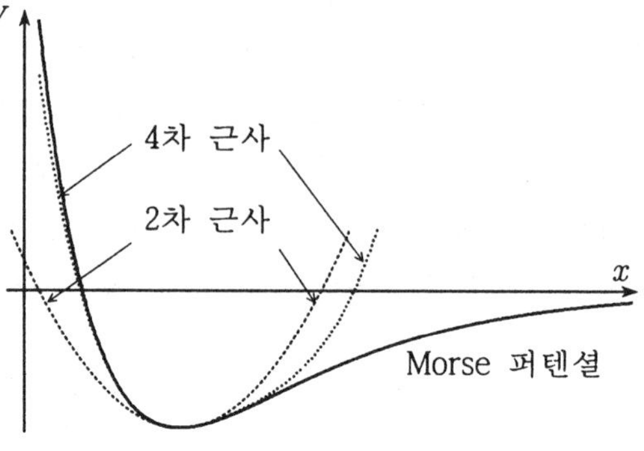

그림 10.1
Morse 퍼텐셜의 평형점 부근에서
2차 근사와 4차 근사

마찬가지로 $(x^4)_{mn}$ 을 $(x^2)_{mk}$ 과 $(x^2)_{kn}$ 의 행렬 곱으로 계산할 수 있는데 우리는 $(x^4)_{mn}$ 행렬의 대각 요소를 원하므로 δ_{nn} 항만 찾으면 된다. 그러므로 1차 섭동 에너지는 다음과 같다.

$$E_n^{(1)} = \frac{3}{4} g_4 \left(\frac{\hbar}{m\omega} \right)^2 \left(2n^2 + 2n + 1 \right) \tag{10.47}$$

1차 섭동의 결과 g_4 의 부호에 따라서 에너지 준위는 올라갈 수도, 내려갈 수도 있다. $g_4 < 0$ 일 경우에는 식 (10.43) 의 위치 에너지가 하한이 없기에 파동 방정식의 풀이에 문제가 있음을 이미 지적하였다. 그러나 문제가 될 정도로 진폭이 커지면 더욱 고차항이 필요하므로 $g_4 < 0$ 인 비조화 진동자를 진지하게 받아들일 필요는 없고 섭동 효과만 물리학적 의미가 있는 것으로 보면 된다.

Morse 퍼텐셜은 해석적 풀이가 알려져 있다.[4] 그리고 이 풀이의 적당한 극한에서 식 (10.47) 을 확인할 수 있다. ◁◁

예 제 10.2 He 원자의 바닥 상태

He 원자는 2개의 전자를 갖고 있다. 일반적으로 $+Ze$ 의 전하를 띈 핵 주위에 2개의 전자가 운동하는 He 같은 원자를 생각하면 하밀토니안은 다음과 같다.

$$H = \frac{\mathbf{p}_1^2}{2m} + \frac{\mathbf{p}_2^2}{2m} - \frac{Ze^2}{4\pi\varepsilon_0 r_1} - \frac{Ze^2}{4\pi\varepsilon_0 r_2} + \frac{e^2}{4\pi\varepsilon_0 |\mathbf{x}_1 - \mathbf{x}_2|} \tag{10.48}$$

위의 하밀토니안은 다음과 같이 분류하여 섭동 이론을 적용할 수 있다.

---

[4] 참고: S. Flugge, *Practical Quantum Mechanics*, Prob 70

$$H_0 = \left(\frac{\mathbf{p}_1^2}{2m} - \frac{Ze^2}{4\pi\varepsilon_0 r_1}\right) + \left(\frac{\mathbf{p}_2^2}{2m} - \frac{Ze^2}{4\pi\varepsilon_0 r_2}\right)$$
$$gV = \frac{e^2}{4\pi\varepsilon_0|\mathbf{x}_1 - \mathbf{x}_2|} = \frac{\alpha\hbar c}{|\mathbf{x}_1 - \mathbf{x}_2|} \tag{10.49}$$

H_0 에 대한 고유값 문제는 변수 분리하여 7.9 절의 Coulomb 벌판 문제에서 알 수 있다. 바닥 상태의 풀이는 다음처럼 에너지 고유값은 수소같은 원자의 고유값의 두 배이고 파동 함수의 곱이 He 원자의 파동 함수가 된다.

$$E^{(0)} = 2 \times \left(-\frac{1}{2}Z^2\alpha^2 mc^2\right) \simeq -108.8 \text{ eV} \quad (\text{He} : Z = 2) \tag{10.50}$$

$$\psi^{(0)}(\mathbf{x}_1, \mathbf{x}_2) = R_{10}(r_1)Y_{00}(\Omega_1)R_{10}(r_2)Y_{00}(\Omega_2) \tag{10.51}$$

지름 거리 r_1, r_2 를 재는데 a_B/Z 를 단위로 쓰면, 즉 무차원 변수

$$\rho_1 = \frac{Z}{a_B}r_1 \qquad \rho_2 = \frac{Z}{a_B}r_2 \tag{10.52}$$

를 정의하면 비섭동 파동 함수는 식 (7.105) 를 참고하여 다음과 같다.

$$\psi^{(0)}(\mathbf{x}_1, \mathbf{x}_2) = \left(\frac{Z}{a_B}\right)^3 \frac{1}{\pi} e^{-(\rho_1 + \rho_2)} \tag{10.53}$$

이제 섭동 에너지 $E^{(1)}$ 을 계산할 차례이다. 식 (10.24) 에서 다음과 같다.

$$gE^{(1)} = \left(\frac{Z}{a_B}\right)^6 \frac{1}{\pi^2}\int d^3x_1 \int d^3x_2\, e^{-2(\rho_1+\rho_2)} \frac{\alpha\hbar c}{|\mathbf{x}_1 - \mathbf{x}_2|}$$
$$= \frac{Z}{a_B}\frac{\alpha\hbar c}{\pi^2}\int_0^\infty d\rho_1\, \rho_1^2\, e^{-2\rho_1}\int_0^\infty d\rho_2\, \rho_2^2\, e^{-2\rho_2}\int d\Omega_1 d\Omega_2 \frac{1}{\sqrt{\rho_1^2 - 2\rho_1\rho_2\cos\theta + \rho_2^2}} \tag{10.54}$$

여기서 θ 는 $\mathbf{x}_1, \mathbf{x}_2$ 사이의 각도이다. 각도 적분의 피적분 함수는 부록의 식 (C.15) 에 보는바처럼 Legendre 다항식의 급수로 나타낼 수 있고 그 다음에 구면 조화 함수의 가법 정리 [예제 7.1] 를 적용하면 아래와 같다.

$$\frac{1}{\sqrt{\rho_1^2 - 2\rho_1\rho_2\cos\theta + \rho_2^2}} = \sum_{l=0}^{\infty} \frac{\rho_<^l}{\rho_>^{l+1}} P_l(\cos\theta)$$

$$= \sum_{l=0}^{\infty} \frac{4\pi}{2l+1} \frac{\rho_<^l}{\rho_>^{l+1}} \sum_{m=-l}^{+l} Y_{lm}^*(\theta_1,\phi_1)\, Y_{lm}(\theta_2,\phi_2) \tag{10.55}$$

$$\rho_> = \max(\rho_1,\rho_2) \qquad \rho_< = \min(\rho_1,\rho_2)$$

각도 적분은 형식적으로 l, m 에 관한 급수가 되지만 구면 조화 함수의 직교성 때문에 $l = m = 0$ 이외의 조화 함수가 포함된 적분은 모두 영이 된다. 따라서 식 (10.54) 를 계산하면 다음처럼 간단한 결과를 얻는다.

$$\int d\Omega_1\, d\Omega_2 \frac{1}{\sqrt{\rho_1^2 - 2\rho_1\rho_2\cos\theta + \rho_2^2}} = \frac{(4\pi)^2}{\rho_>} \tag{10.56}$$

그러면 섭동 에너지는 ρ_1, ρ_2 에 관해서만 적분하면 된다. 이들은 부분적분으로 곧바로 계산할 수 있고 1차 섭동 에너지는 다음과 같다.

$$gE^{(1)} = 16 \frac{Z\alpha\hbar c}{a_B} \int_0^{\infty} d\rho_1\, \rho_1^2\, e^{-2\rho_1} \int_0^{\infty} d\rho_2\, \frac{\rho_2^2}{\rho_>} e^{-2\rho_2} = \frac{5}{8} \frac{Z\alpha\hbar c}{a_B} \tag{10.57}$$

ρ_2-적분은 $[0, \rho_1]$ 구간과 $[\rho_1, \infty]$ 구간으로 나누어서 수행한다. 두 구간에서 $\rho_>$ 가 다르기 때문이다. 한편 Bohr 반경 a_B 는 식 (2.11) 에 따라 전자의 질량과 다음 관계가 있으므로

$$\frac{1}{a_B} = \frac{me^2}{4\pi\varepsilon_0\, \hbar^2} = \frac{\alpha mc}{\hbar} \tag{10.58}$$

1차 섭동까지 고려한 He 원자 바닥 상태의 에너지는 다음과 같다.

$$E^{(0)} + gE^{(1)} = -\frac{1}{2}\alpha^2 mc^2 \left(2Z^2 - \frac{5}{4}Z\right) \simeq -74.8 \text{ eV} \quad (Z = 2) \tag{10.59}$$

섭동 근사가 정당화되려면 섭동항이 비섭동항보다 작아야 한다. 이 예제에서는 Z 가 클수록 뚜렷한 경향을 나타낸다. He ($Z = 2$) 원자의 경우에는 상대적 비중이 30 % 로 2차 섭동까지 계산하더라도 10 % 정도의 변화가 있으리라 예상된다. 실제로 실험값은 −78.975 eV 이어서 이를 뒷받침해준다. ≺≺

He 원자의 하밀토니안을 (10.48)로 택할 때 Coulomb 힘만 고려하였고 그 외의 다른 효과는 무시하였다. 우선 환산질량 효과를 무시하였는데 세 입자 문제에서는 불분명한 개념이다. 그러나 핵의 질량이 커질수록 그 효과는 줄어들 것이다. 그보다 중요한 것은 전자의 스핀 효과이다. 전자의 스핀으로 인한 자기 능률 때문에 궤도 회전량은 자기 능률과 자기 작용을 한다. 그러나 이러한 스핀-궤도 상호작용은 통상 $O(\alpha^4 mc^2)$ 이므로 하밀토니안 (10.48)의 전자간 상호작용보다 약하고 미세 구조로 나타날 것이다. 또한 전자의 스핀이 1/2 이므로 페르미온이 지녀야 하는 전체 파동함수의 반대 대칭성이 고려되지 않은 듯하다. 실제로 식 (10.51)의 파동함수와 스핀 파동함수를 곱해야 전체 파동함수가 된다. 그런데 바닥상태의 공간 파동함수는 반대 대칭이 될 수 없으므로 스핀함수가 단일항으로 반대 대칭이 되어야 한다. 즉 비섭동 파동함수는 식 (10.51) 대신 다음과 같다.

$$\psi^{(0)}(\mathbf{x}_1, \mathbf{x}_2; s, s_z) = R_{10}(r_1) Y_{00}(\Omega_1) R_{10}(r_2) Y_{00}(\Omega_2) \chi(s{=}0, s_z{=}0) \tag{10.60}$$

그러나 규격화된 단일항 스핀 함수 $\chi(0,0)$는 섭동 계산에 아무 영향을 미치지 않으므로 똑같은 입자들이 지켜야 하는 반대 대칭성은 만족된 것이다.

10.3 겹친 스펙트럼의 섭동

앞서 공부한 안 겹친 물리계는 그리 흔하지 않다. 구형대칭을 가진 중심력 문제에서 이미 회전량에 기인한 겹침을 알았고 겹친 스펙트럼은 일반적이고 현실에서 더욱 자주 만난다. 또한 주요 작용 H_0 보다 섭동작용 gV 가 덜 대칭성을 가져서 섭동의 결과로 겹침 현상이 제거되는 경우가 많다. 따라서 이에 관한 섭동 결과는 대칭성을 확인할 수 있는 좋은 보기가 된다.

겹침이 있는 물리계에서는 에너지 고유값 $E_n^{(0)}$ 에 해당하는 독립한 고유상태가 겹침도 만큼 존재한다. 이들은 일반적으로 직교하지 않지만 Schmidt의 방법으로 직교규격화 할 수 있다. [부록 D 참고] 직교규격화된 고유상태를 $|n, \alpha\rangle$ 라 하면 n은 에너지 $E_n^{(0)}$ 를 가리키고 α는 겹침지표이며 $\alpha = 1, 2, 3, \cdots, d$ 이다. 겹침도는 d 이다. 그러면 섭동전개는 다음과 같은데 $E_n^{(0)}$ 만 겹침도 지표 α 가 없다. 겹친 에너지 스펙트럼 때문이다.

$$H_0 |n, \alpha\rangle = E_n^{(0)} |n, \alpha\rangle \qquad \langle m, \alpha | n, \beta \rangle = \delta_{mn} \delta_{\alpha\beta} \tag{10.61}$$

$$E_{n,\alpha} = E_n^{(0)} + gE_{n,\alpha}^{(1)} + g^2 E_{n,\alpha}^{(2)} + \cdots \tag{10.62}$$

$$|\psi_{n,\alpha}\rangle = |\psi_{n,\alpha}^{(0)}\rangle + g|\psi_{n,\alpha}^{(1)}\rangle + g^2 |\psi_{n,\alpha}^{(2)}\rangle + \cdots \tag{10.63}$$

안 겹친 물리계에서는 $E_n^{(0)}$에 해당하는 고유상태가 오직 한 개만 존재하므로 비섭동 함수를 $|\psi_{n,\alpha}^{(0)}\rangle = |n,\alpha\rangle$ ($\alpha=1,\ d=1$)로 선택할 수 있으나 지금은 선형 결합을 생각해야 한다.

$$|\psi_{n,\alpha}^{(0)}\rangle = \sum_{\beta=1}^{d} A_{\alpha\beta}\,|n,\beta\rangle \tag{10.64}$$

한편 식 (10.63)의 $|\psi_{n,\alpha}^{(0)}\rangle$는 규격화되었으므로 $AA^{\dagger}=I$가 되어 A는 하나 행렬이다.

제1차 섭동 방정식 (10.14)는 겹침이 있는 경우 다음과 같다.

$$\left(H_0 - E_n^{(0)}\right)|\psi_{n,\alpha}^{(1)}\rangle + \left(V - E_{n,\alpha}^{(1)}\right)|\psi_{n,\alpha}^{(0)}\rangle = 0 \tag{10.65}$$

다음에 $\langle n,\beta|$를 곱하고 식 (10.64)를 대입하면 A 행렬에 관한 연립 방정식을 얻는다. 그리고 비섭동항의 고유값 관계식에서 $\langle n,\beta|H_0 = \langle n,\beta|E_n^{(0)}$ 이기 때문에 다음이 성립한다.

$$\begin{aligned}\langle n,\beta|\left(V-E_{n,\alpha}^{(1)}\right)|\psi_{n,\alpha}^{(0)}\rangle &= \sum_{\gamma=1}^{d}\langle n,\beta|\left(V-E_{n,\alpha}^{(1)}\right)|n,\gamma\rangle A_{\alpha\gamma} \\ &= \sum_{\gamma=1}^{d}\left(V_{\beta\gamma}-\delta_{\beta\gamma}E_{n,\alpha}^{(1)}\right)A_{\alpha\gamma} = 0 \qquad V_{\beta\gamma} = \langle n,\beta|V|n,\gamma\rangle\end{aligned} \tag{10.66}$$

그런데 하나 행렬 A가 존재하려면 그 계수들의 행렬식이 영이 되어야 한다. 겹침 지표를 다시 정리하면 다음의 특성 방정식을 얻는다.

$$\det\left|V_{\alpha\beta} - \delta_{\alpha\beta}E_{n,\gamma}^{(1)}\right| = 0 \tag{10.67}$$

위의 방정식은 d차 다항식이므로 일반적으로 d개의 풀이가 존재하며 이들이 1차 섭동 에너지이다. 그리고 각 섭동 에너지에 대하여 식 (10.66)을 풀면 식 (10.64)의 선형 결합 계수를 알 수 있다. 만일 겹친 파동 함수 $|n,\alpha\rangle$에 대하여 $V_{\alpha\beta}$가 대각 행렬이라면 특성 방정식의 풀이는 바로 $V_{\alpha\beta}$의 대각 요소가 된다.

이번에는 섭동 상태 $|\psi_{n,\alpha}^{(1)}\rangle$을 계산한다. 겹침이 없는 경우와 마찬가지로 식 (10.65)에서 $k \neq n$ 인 $\langle k,\beta|$를 곱하는 것이 바람직하다.

$$\langle k,\beta|\psi_{n,\alpha}^{(1)}\rangle = \frac{1}{E_n^{(0)} - E_k^{(0)}}\langle k,\beta|\left[V - E_{n,\alpha}^{(1)}\right]|\psi_{n,\alpha}^{(0)}\rangle = \frac{\langle k,\beta|}{E_n^{(0)} - E_k^{(0)}}V\,|\psi_{n,\alpha}^{(0)}\rangle \tag{10.68}$$

따라서 $k=n$ 이외의 모든 변환 계수가 밝혀지고 1차 섭동 상태 $|\psi_{n,\alpha}^{(1)}\rangle$를 얻는다.

$$
\begin{aligned}
|\psi_{n,\alpha}^{(1)}\rangle &= \sum_{\substack{k,\beta \\ k\neq n}} |k,\beta\rangle\langle k,\beta|\psi_{n,\alpha}^{(1)}\rangle + \sum_{\beta}|n,\beta\rangle\langle n,\beta|\psi_{n,\alpha}^{(1)}\rangle \\
&= \sum_{\substack{k,\beta \\ k\neq n}} \frac{|k,\beta\rangle\langle k,\beta|}{E_n^{(0)} - E_k^{(0)}} V|\psi_{n,\alpha}^{(0)}\rangle + \sum_{\beta}|n,\beta\rangle\langle n,\beta|\psi_{n,\alpha}^{(1)}\rangle
\end{aligned}
\tag{10.69}
$$

$k=n$ 인 경우의 변환계수는 아직 미정인데 $|\psi_{n,\alpha}\rangle$가 $O(g)$ 까지 규격화되어야 한다는 조건에서 $\langle n,\beta|\psi_{n,\alpha}^{(1)}\rangle=0$ 으로 충분함을 알 수 있다.

매번 특성 방정식 (10.67) 을 풀어서 근을 찾아내고 각각의 근에 대하여 A 행렬을 구하는 것은 상당히 번거로울 수 있다. 그러나 특성 방정식의 근이 서로 다르면 1차 섭동으로 에너지 스펙트럼의 겹침이 제거된다. 어떻든 이렇게 얻은 $|\psi_{n,\alpha}^{(1)}\rangle$를 $|\phi_{n\alpha}\rangle$라 하면 비섭동 극한 $(g\to 0)$ 에서의 고유상태이다. 이것을 미리 알 수는 없으나 물리계의 대칭성 등으로 $|n,\alpha\rangle$ 대신 $|\phi_{n\alpha}\rangle$를 사용할 수 있다면 그 때 $V_{\alpha\beta}$는 대각선화 되어서 $A=I$ 이므로 식 (10.66) 과 (10.67) 은 쉽게 풀린다. $|\phi_{n\alpha}\rangle$ 의 예측은 섭동 작용의 대칭성에서 요령을 아는 경우가 흔하다.

$$
\begin{aligned}
&|\phi_{n,\alpha}\rangle = |n,\alpha\rangle \\
&V_{\alpha\beta} = V_\alpha \delta_{\alpha\beta} \qquad E_{n,\alpha}^{(1)} = V_\alpha = \langle\phi_{n,\alpha}|V|\phi_{n,\alpha}\rangle
\end{aligned}
\tag{10.70}
$$

식 (10.67), (10.69) 를 보면 안 겹침의 경우와 상당히 유사한 것을 알 수 있고 결합상태 섭동 이론은 겹침, 안 겹침을 막론하고 다음과 같이 요약할 수 있다.

풀어야 할 방정식 $(H_0 + gV)|\psi_n\rangle = \mathcal{E}_n|\psi_n\rangle$

비섭동 방정식 $H_0|\phi_n\rangle = E_n|\phi_n\rangle \qquad V_{mn} \equiv \langle\phi_m|V|\phi_n\rangle$

섭동 에너지 $\mathcal{E}_n = E_n + gV_{nn} + g^2 \sum_{E_k\neq E_n} \frac{|V_{kn}|^2}{E_n - E_k} + O(g^3)$ (10.71)

섭동 파동함수 $|\psi_n\rangle = |\phi_n\rangle + g\sum_{E_k\neq E_n} |\phi_k\rangle \frac{V_{kn}}{E_n - E_k} + O(g^2)$

섭동계산의 결과에는 비섭동에너지 $E_n^{(0)}$ 만 표현되므로 혼동의 염려없이 E_n 으로 표기하였고 합에서 $E_k\neq E_n$ 은 안 겹침의 경우에는 한 개의 상태만, 겹친 경우에는 E_n 과 겹친 모든 상태를 제외해야 한다. 1차 섭동 에너지 V_{nn} 은 V_{mn} 행렬의 대각요소 즉 섭동작용 V 의 기대값으로 이해한다.

예 제 10.3 정상 Zeeman 효과

외부 자기벌판의 영향으로 구면대칭이 깨지고 에너지 스펙트럼의 겹침이 사라지는 현상을 Zeeman 효과라 한다. 스핀을 무시하고 궤도 회전량만 고려하면 전자의 궤도 운동으로 생기는 자기 능률은 외부 자기 벌판과 상호작용을 한다.

$$gV = -\boldsymbol{\mu}\cdot\mathbf{B} = +\frac{\mu_B}{\hbar}\mathbf{B}\cdot\mathbf{L} \tag{10.72}$$

여기서 $\mu_B = e\hbar/2m_e$ 는 Bohr 마그네톤이다. 실험실 환경에서는 $B \approx 1$ T 정도이고, 에너지는 10^{-5} eV 정도로 충분히 작으므로 섭동 작용으로 간주할 수 있다.

섭동효과를 알려면 $l \neq 0$ 일 때 겹침 섭동이론을 적용해야 한다. 하지만 식 (10.67) 에서 $V_{\alpha\beta}$ 가 대각선화 되도록 비섭동 고유상태를 선정하면 겹침이 없는 경우처럼 섭동에너지를 구할 수 있다. 균일한 외부 자기 벌판의 방향을 회전량과 가환인 z-축방향으로 정하면 $V_{\alpha\beta}$ 에 해당하는 행렬은 다음과 같다.

$$(gV)_{\alpha\beta} \;\Rightarrow\; \langle\psi_{nlm'}|\frac{\mu_B}{\hbar}BL_z|\psi_{nlm}\rangle = m\mu_B B\;\delta_{m'm} \tag{10.73}$$

그러므로 1차 섭동에너지를 쉽게 얻고 양자번호 m 에 대한 겹침이 제거된다.

$$E_n^{(0)} + gE_n^{(1)} \;\Rightarrow\; E_{nl} + m\mu_B B \qquad (m = l, l-1, \cdots -l+1, -l) \tag{10.74}$$

겹쳤던 에너지 스펙트럼은 외부 자기벌판으로 인하여 그림 10.2 에서 보듯이 같은 간격으로 갈라진다.

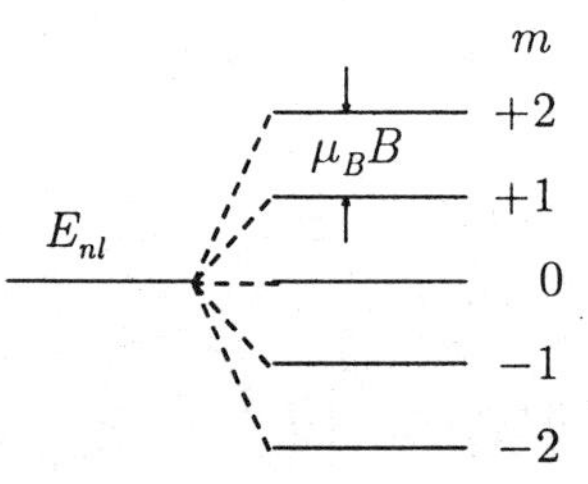

그림 10.2 정상 Zeeman 효과.

외부 자기벌판의 영향으로 $2l+1$ 개로 겹쳐진 에너지 준위가 분리된다. ($l=2$ 인 경우)

전자의 스핀을 고려하지 않은 위의 현상을 정상(正常, normal) Zeeman 효과라 부른다. 현실에서는 스핀이 존재하므로 이를 포함시켜야 하는데 그 경우는 이상(異常, anomalous) Zeeman 효과라 불리운다. 이것은 15.4 절에서 다룰 것이다. ◂◂

예 제 10.4 Stark 효과

외부의 전기벌판의 영향으로도 구면대칭이 깨지고 에너지 스펙트럼의 겹침이 사라지는 현상이 일어나는데 Stark 효과라 한다. Zeeman 효과는 자기벌판에 의한 것이다.

균일한 외부 전기벌판 $\mathbf{E}$ 에 놓인 전자의 전기 에너지는

$$gV = e\,\mathbf{E}\cdot\mathbf{x} = e|\mathbf{E}|z \tag{10.75}$$

인데 전자의 음전하까지 고려하여 윗식에서 $e>0$ 이고, $\mathbf{E}$ 의 방향을 z-축으로 정했다. 원자의 내부 전기벌판은 대략 $13.6\,\mathrm{V}/53\,\mathrm{pm} \approx 10^{11}\,\mathrm{V/m}$ 이므로 외부 전기벌판의 영향은 섭동으로 취급하여도 좋은 근사가 된다.

2차 섭동까지 포함한 에너지 준위는 다음과 같다.

$$E_n = E_n^{(0)} + e|\mathbf{E}|z_{nn} + e^2\mathbf{E}^2 \sum_{E_k\neq E_n} \frac{|z_{nk}|^2}{E_n^{(0)} - E_k^{(0)}} \qquad z_{mn} = \langle\phi_m|r\cos\theta|\phi_n\rangle \tag{10.76}$$

비섭동 상태가 구면대칭을 가지면 홀짝도가 분명하므로 $z_{nn}=\langle n|z|n\rangle=0$ 이고 1차섭동으로 전기벌판의 세기에 비례하는 직선형 Stark 효과는 없다. 따라서 2차섭동으로 전기벌판의 제곱에 비례하는 효과가 나타난다. 그러나 수소 같은 원자의 경우는 예외이다. 회전량 이외의 추가 겹침 때문에 홀짝도가 다를 수 있으므로 이 때에는 직선형 Stark 효과가 생긴다.

수소 같은 원자의 $2S$, $2P$ 상태의 에너지 변화를 계산해 보자. 식 (10.67)의 행렬식을 풀어야 한다. 편의상 비섭동 상태를 nlm 양자번호로 표기하고 $E_{2lm}^{(1)}=e|\mathbf{E}|\lambda$ 라 하면 다음 방정식을 풀면 된다.

$$\begin{array}{c} \\ |2\,0\,0\rangle \\ |2\,1\,{+1}\rangle \\ |2\,1\,0\rangle \\ |2\,1\,{-1}\rangle \end{array}
\begin{array}{c} \begin{array}{cccc} |2\,0\,0\rangle & |2\,1\,{+1}\rangle & |2\,1\,0\rangle & |2\,1\,{-1}\rangle \end{array} \\
\left|\begin{array}{cccc} -\lambda & 0 & \langle 200|z|210\rangle & 0 \\ 0 & -\lambda & 0 & 0 \\ \langle 210|z|200\rangle & 0 & -\lambda & 0 \\ 0 & 0 & 0 & -\lambda \end{array}\right| \end{array} = 0 \tag{10.77}$$

이 방정식은 $\lambda=0,0,\pm|\langle 210|z|200\rangle|$ 의 4개의 근을 갖는다. $\langle 210|z|200\rangle$ 는 식 (7.40), (7.105)를 이용하여 계산할 수 있다.

$$\begin{aligned} &\langle 210|z|200\rangle = \langle 210|r\cos\theta|200\rangle \\ &= \int_0^\infty dr\, r^3 R_{21}(r)R_{20}(r)\int_0^{2\pi}d\phi\int_{-1}^{+1}d(\cos\theta)\,\cos\theta\, Y_{10}^*(\theta,\phi)Y_{00}(\theta,\phi) = -3\,a_B \end{aligned} \tag{10.78}$$

그러므로 1차 섭동의 결과 $|2\ 1\ \pm1\rangle$ 상태는 에너지가 변하지 않고 $|2\ 1\ 0\rangle$, $|2\ 0\ 0\rangle$ 는 겹침이 제거되어 $\Delta E = \pm 3 a_B\, e|\mathbf{E}|$ 만큼 에너지가 이동한다. 그리고 고유 파동 함수는 다음과 같은 선형 결합을 이루는데 서로 직교한다.

$$
\begin{array}{rll}
 & 0 & |21{+}1\rangle,\ |21{-}1\rangle \\
gE^{(1)} = & +3a_B e|\mathbf{E}| & \frac{1}{\sqrt{2}}(|200\rangle - |210\rangle) \\
 & -3a_B e|\mathbf{E}| & \frac{1}{\sqrt{2}}(|200\rangle + |210\rangle)
\end{array}
\tag{10.79}
$$

2차 섭동 에너지를 얻으려면 다른 모든 고유 상태들의 기여를 고려해야 하므로 정확한 계산이 힘들고 특별한 요령이 필요한 경우가 많다.[5] ≺≺

예 제 10.5 원자의 전기 쌍극 능률

입자가 있음직한 곳에 전하도 공존한다고 가정하면 전자의 전하 분포 밀도는 확률 분포에 비례한다. 그러면 원자의 전기적 성질을 양자 역학에서 표현하기 수월하다. 원자의 전기 쌍극 능률 (electric dipole moment) 은 한가지 보기이다.

$$
\mathbf{p} = -e\int d^3x\, \rho(\mathbf{x})\mathbf{x} = -e\int d^3x\, \psi_n^*(\mathbf{x})\ \mathbf{x}\ \psi_n(\mathbf{x}) \tag{10.80}
$$

외부에서 전기 벌판 $gV = e\mathbf{E}\cdot\mathbf{x}$ 가 원자에 작용하면 섭동이 되고 파동 함수가 변하게 되며 따라서 전기 쌍극 능률 $\mathbf{p}$ 도 변한다. 우선 비섭동 상태에서는

$$
\mathbf{p}_{\text{영구}} = -e\int d^3x\, \psi_n^{(0)*}(\mathbf{x})\ \mathbf{x}\ \psi_n^{(0)}(\mathbf{x}) \tag{10.81}
$$

이고 비섭동 파동 함수를 쓰는데 이것은 영구한 전기 쌍극 능률로 해석할 수 있다.

원자에 공간 대칭이 있어서 양자 상태가 분명한 홀짝도를 가지면 위의 적분은 영이고 영구 쌍극 능률도 존재하지 않는다. 이런 경우에는 유도 전기 쌍극 능률이 중요한 역할을 한다. 식 (10.80) 에서 $\psi(\mathbf{x})$ 를 제1차 섭동까지 택하면 다음과 같다.

$$
\begin{aligned}
\mathbf{p} &= -\,e\int d^3x\ \mathbf{x}\left(\psi_n^{(0)*} + g\psi_n^{(1)*}\right)\left(\psi_n^{(0)} + g\psi_n^{(1)}\right) \\
&= \mathbf{p}_{\text{영구}} - e^2 \sum_{E_k \neq E_n} \frac{\mathbf{x}_{nk}\,\mathbf{x}_{kn}\cdot\mathbf{E}}{E_n - E_k} + cc
\end{aligned}
\tag{10.82}
$$

---

[5] 참고: E. Merzbacher, *Quantum Mechanics, 2nd ed*, Section 17.5

첫항은 식 (10.81) 에서 보듯이 영구한 능률이고 둘째항은 외부의 전기 벌판으로 유도된 쌍극 전기 능률이다. 이것을 $\mathbf{p}_{유도}$ 라 하면

$$\mathbf{p}_{유도} = -\mathbf{P}\cdot\mathbf{E} \qquad \mathbf{P} = e^2 \sum_{E_k \neq E_n} \frac{\mathbf{x}_{nk}\mathbf{x}_{kn} + \mathbf{x}_{kn}\mathbf{x}_{nk}}{E_n - E_k} \tag{10.83}$$

인데 $\mathbf{P}$ 는 3×3 대칭 행렬로서 분극률 (polarizability) 이라 부른다. ≺≺

10.4 변분 이론

섭동 이론에서는 하밀토니안이 $H = H_0 + gV$ 의 형태일 때 주요 작용 H_0 에 관한 고유값 문제가 해석적으로 풀렸다고 가정하였다. 만일 H_0 에 대한 풀이를 모른다면 H_0 는 운동 에너지와 작용 항으로 구성되었으므로 운동 에너지를 주요 항, 작용 항을 섭동으로 간주하여 풀 수 있으리라 생각할 수 있으나 비리얼 정리 등에서 본 것처럼 대부분의 경우 운동 에너지와 작용의 크기가 같은 정도이어서 섭동 이론을 적용할 수 없다. 결국 고유값 문제를 근본적으로 푸는 문제를 고안해낼 필요가 있는데 시도 함수를 도입하여 에너지를 극소화하는 Rayleigh-Ritz 변분 원리가 한가지 방법이다.

변분법 (variational method) 은 "모든 자연 현상은 최적화 과정을 통해서 일어난다" 는 철학으로 물리학 개념을 수립하는데 역사적으로 핵심 역할을 해왔다. Hamilton 의 변분 원리로 Newton 역학을 설명할 수 있고 한걸음 더 나아가서 Maxwell 의 전자기 이론, Schrödinger 방정식도 변분 원리가 통용한다. 특히 양자 벌판 이론의 근간이 되는 변분 논리는 가급적 많은 물리 현상을 통합된 원리로 설명하려는 시도에서 매우 자연스런 접근 방법이다.

역학에서는 일반 좌표 q 와 일반 속도 $\dot{q}$ 의 함수로서 Lagrange 운동 방정식을 만족한다.

$$\frac{d}{dt}\left(\frac{\partial L}{\partial \dot{q}}\right) - \frac{\partial L}{\partial q} = 0 \tag{10.84}$$

벌판 이론에서는 독립 변수로 시간 이외에 공간이 추가되고 일반 좌표 q 는 벌판으로서 시공간의 함수이다. 그리고 윗식에 공간 도함수도 포함되어야 한다. Maxwell 의 방정식에서는 벌판 함수가 전자기 퍼텐셜 $\mathbf{A}(\mathbf{x}, t)$, $\phi(\mathbf{x}, t)$ 이며[6], Schrödinger 방정식에서 q 는 파동 함수 $\Phi(\mathbf{x}, t)$ 이다.[7]

[6] 참고: H.Goldstein, *Classical Mechanics 2nd ed,* Section 12.6
[7] 참고: G.B.Arfken and H.J.Weber, *Mathematical Methods for Physicists, 5th ed,* Ex 17.7.3

양자 역학의 고유값 방정식을 변분 원리로 풀려면 규격화된 파동 함수 중에서 하밀토니안의 기대값을 극소로 하는 문제를 다루어야 한다.

$$\begin{aligned} &\langle\Phi|\Phi\rangle = 1 \text{ 의 조건하에 } \quad \langle\Phi|H|\Phi\rangle \text{ 의 극소화} \\ &\Rightarrow \quad H|\psi_n\rangle = E_n|\psi_n\rangle \end{aligned} \tag{10.85}$$

어떤 제한조건하에 극대-극소 문제를 푸는 것은 Lagrange 곱수(multiplier) 방법을 이용하면 편리하다. 이 경우에는 다음을 극소화하는 것이다.

$$F[\Phi] = \langle\Phi|H|\Phi\rangle - \lambda\langle\Phi|\Phi\rangle \tag{10.86}$$

극대-극소점에서 변분 $\delta F = 0$ 이어야 하므로 다음과 같다.

$$\begin{aligned} \delta F[\Phi] = 0 = F[\Phi+\delta\Phi] - F[\Phi] \\ &= \Big(\langle\Phi| + \langle\delta\Phi|\Big) H \Big(|\Phi\rangle + |\delta\Phi\rangle\Big) - \langle\Phi|H|\Phi\rangle \\ &\quad - \lambda\Big(\langle\Phi| + \langle\delta\Phi|\Big)\Big(|\Phi\rangle + |\delta\Phi\rangle\Big) + \lambda\langle\Phi|\Phi\rangle \\ &= \langle\delta\Phi|(H-\lambda)|\Phi\rangle + \langle\Phi|(H-\lambda)|\delta\Phi\rangle \end{aligned} \tag{10.87}$$

여기서 $|\delta\Phi\rangle$, $\langle\delta\Phi|$는 독립적으로 변분을 택할 수 있으므로 Schrödinger 방정식을 얻는다. Φ 를 파동 함수로 생각하면 실수부와 허수부를 독립적으로 변분시키는 것과 Φ, Φ^* 를 독립 변분하는 것은 동등하기 때문이다.

$$H|\Phi\rangle = \lambda|\Phi\rangle \qquad \Rightarrow \qquad H|\psi_n\rangle = E_n|\psi_n\rangle \tag{10.88}$$

그러므로 Lagrange 곱수가 바로 구하는 에너지 고유값이고 H 의 기대값을 최소로하는 함수가 고유 함수임을 알 수 있다.

풀려는 고유값 문제는 식(10.88)인데 편의상 $E_0 \le E_1 \le E_2 \le \cdots$ 라 가정하자. 물론 $|\psi_n\rangle$ 들은 완전히 직교 규격화된 집합이므로 어느 함수 $|\Phi\rangle$ 든지 $|\psi_n\rangle$ 으로 전개할 수 있다. 그러면 하밀토니안의 기대값은 다음과 같다.

$$\begin{aligned} \langle\Phi|H|\Phi\rangle &= \sum_{m,n}\langle\Phi|\psi_m\rangle\langle\psi_m|H|\psi_n\rangle\langle\psi_n|\Phi\rangle = \sum_n E_n\langle\Phi|\psi_n\rangle\langle\psi_n|\Phi\rangle \\ &\ge E_0\sum_n\langle\Phi|\psi_n\rangle\langle\psi_n|\Phi\rangle = E_0\langle\Phi|\Phi\rangle \end{aligned} \tag{10.89}$$

따라서
$$E_0 \le \frac{\langle \Phi | H | \Phi \rangle}{\langle \Phi | \Phi \rangle} \tag{10.90}$$

이고 등호는 $|\Phi\rangle = |\psi_0\rangle$ 일 때 성립한다. 그러므로 다음 요령으로 문제를 풀면 된다.

> **변분 원리를 이용한 양자 방정식의 풀이**
>
> - 우선 경험을 살려서 어떤 파동함수 $|\Phi\rangle$ 를 시도 함수 (trial function) 로 고려한다. 시도 함수는 기존에 해석적으로 풀린 문제나 일반적인 점근 형태를 감안하여 채택하는데 미정의 매개 상수를 포함하고 있다.
> - 식 $\langle \Phi | H | \Phi \rangle / \langle \Phi | \Phi \rangle$ 를 극소화하도록 매개 상수들을 결정한다.

이렇게 계산된 H 의 기대값은 바닥상태의 에너지 E_0 에 대한 상한값이다. 우리가 시도 함수를 현명하게 택하면 E_0 에 가까운 상한값을 얻을 것이다.

들뜬상태에 대한 에너지 고유값 $E_1, E_2, E_3, \cdots$ 들은 직교 관계를 활용하면 된다. 변분법으로 구한 고유값과 고유함수를 $\bar{E}_0, |\bar{\psi}_0\rangle$ 라 하자. 물론 근사 풀이이다. 그러면 들뜬상태에 대한 새로운 시도 함수 $|\Phi\rangle$ 는 $|\psi_0\rangle$ 와 직교하여야 하므로 임의의 시도 함수 $|\Phi\rangle$ 가 있을 때 다음을 시도 함수로 쓰는 것이 바람직하다.

$$|\Phi_1\rangle = |\Phi\rangle - |\psi_0\rangle \langle \psi_0 | \Phi \rangle \tag{10.91}$$

그러나 정확한 고유함수 $|\psi_0\rangle$ 는 모르고, 오직 근사 함수 $|\bar{\psi}_0\rangle$ 만 구했으므로 현실적으로 시도 함수로 식 (10.91) 대신 $|\bar{\psi}_0\rangle$ 와 직교하는 함수를 사용하도록 한다.

$$|\Phi_1\rangle = |\Phi\rangle - |\psi_0\rangle \langle \psi_0 | \Phi \rangle \quad \Rightarrow \quad |\Phi_1\rangle = |\Phi\rangle - |\bar{\psi}_0\rangle \langle \bar{\psi}_0 | \Phi \rangle \tag{10.92}$$

그러면 다음의 부등식을 얻는다.

$$E_1 \le \frac{\langle \Phi_1 | H | \Phi_1 \rangle}{\langle \Phi_1 | \Phi_1 \rangle} + (E_1 - E_0) \frac{|\langle \Phi_1 | \psi_0 \rangle|^2}{\langle \Phi_1 | \Phi_1 \rangle} \tag{10.93}$$

윗식의 마지막 항은 영이 아니다. 그러나 $|\psi_0\rangle \approx |\bar{\psi}_0\rangle$ 라면 $\langle \Phi_1 | \psi_0 \rangle \approx \langle \Phi_1 | \bar{\psi}_0 \rangle = 0$ 이 되어 이 항을 무시하고 변분 원리를 적용하여 들뜬상태의 $\bar{E}_1, |\bar{\psi}_1\rangle$ 를 구할 수 있다. 더 높이 들뜬상태에 대하여도 마찬가지 과정을 반복할 수 있다.

섭동 문제를 변분 풀이의 입장에서 보면 $\langle \Phi | H_0 + gV | \Phi \rangle$ 를 극소화하는 것인데 비섭동상태 $H = H_0$ 의 고유 상태 $|\phi_n\rangle$ 을 시도 함수로 택하면 다음 관계를 얻는다.

$$E_n \le \langle \phi_n | H_0 + gV | \phi_n \rangle = E_n^{(0)} + gE_n^{(1)} \tag{10.94}$$

그러므로 1차 섭동은 0차 섭동 함수 (비섭동 함수) 를 시도 함수로 한 결과이며 실제의 에너지 고유값은 1차 섭동 결과보다 항상 낮다. 우리는 예제 10.2에서 He 원자의 바닥상태 에너지를 계산했을 때 실제의 실험값이 섭동값보다 낮은 보기를 알고 있다.

변분법으로 구한 에너지 고유값 $\bar{E}_0, \bar{E}_1, \cdots$ 은 모두 실제 고유값의 상한이므로 정확도를 예측하려면 하한을 알 필요가 있다. 이 목적으로 하밀토니안 H 의 시도 함수에 대한 기대값의 불확정도를 계산해 본다.

$$\Delta\bar{E}_n{}^2 = \langle \bar{\psi}_n | \left(H - \bar{E}_n\right)^2 | \bar{\psi}_n \rangle = \overline{E_n^2} - \bar{E}_n{}^2 \qquad \overline{E_n^2} = \langle \bar{\psi}_n | H^2 | \bar{\psi}_n \rangle \tag{10.95}$$

인데 한편 다음 결과를 얻는다.

$$\begin{aligned} \Delta\bar{E}_n{}^2 &= \sum_{lm} \langle \bar{\psi}_n | \psi_l \rangle \langle \psi_l | \left(H - \bar{E}_n\right)^2 | \psi_m \rangle \langle \psi_m | \bar{\psi}_n \rangle \\ &= \sum_l \left(E_l - \bar{E}_n\right)^2 \langle \bar{\psi}_n | \psi_l \rangle \langle \psi_l | \bar{\psi}_n \rangle \ge \left(E_n - \bar{E}_n\right)^2 \end{aligned} \tag{10.96}$$

이 과정에서 단위 연산자 $I = \Sigma |\psi_n\rangle\langle\psi_n|$ 를 적절히 삽입하여 계산하였다. 마지막 부등호 이후에서는 변분 방법으로 얻은 고유값 중에서 $\bar{E}_n$ 이 정확한 고유값 E_n 에 가장 가깝다고 가정하였다. 그러면 다음의 관계식을 얻는다.

$$\bar{E}_n - \Delta\bar{E}_n \le E_n \le \bar{E}_n + \Delta\bar{E}_n \tag{10.97}$$

그러므로 변분 계산이 어느 정도의 정확도를 유지하는 수준에 도달하면 고유값의 하한도 예측 가능하여 계산 결과의 정밀도를 확인할 수 있다.

예 제 10.6 일차원 인력 벌판의 결합 상태

일차원에서 인력 벌판 $[V(x) \le 0]$ 에는 최소 한 개의 결합상태가 존재함을 변분 이론으로 증명할 수 있다.

시도 함수를
$$\Phi(x) = e^{-\frac{1}{2}\alpha x^2} \qquad (\alpha > 0) \tag{10.98}$$

의 가우시안 형태로 택하면 바닥상태의 에너지 고유값은 식 (10.90) 에 따라 하밀토니안의 기대값을 계산하면 된다.

$$E_0 \leq \frac{\int_{-\infty}^{+\infty} dx\, \Phi^*(x) \left(-\frac{\hbar^2}{2m} \frac{d^2}{dx^2} + V(x) \right) \Phi(x)}{\int_{-\infty}^{+\infty} dx\, \Phi^*(x) \Phi(x)} \tag{10.99}$$

그러면 아래의 결과를 얻는다.

$$E_0 \leq \frac{\hbar^2}{4m}\alpha + \sqrt{\frac{\alpha}{\pi}} \int_{-\infty}^{+\infty} dx\, e^{-\alpha x^2}\, V(x) \tag{10.100}$$

고유값의 상한은 윗식에서 부등호 우변의 식을 α 로 미분하여 영으로 놓고 최소값을 구한 후 다시 대입하면 된다. 따라서 다음을 확인할 수 있다.

$$E_0 \leq \sqrt{\frac{\alpha}{4\pi}} \int_{-\infty}^{+\infty} dx \left(1 + 2\alpha x^2\right) e^{-\alpha x^2}\, V(x) \tag{10.101}$$

인력 벌판의 경우 $V(x) \leq 0$ 이므로 고유값의 상한이 음수이고 따라서 결합상태가 최소 한 개는 존재한다. ⋞⋞

예 제 10.7 직선형 벌판 문제의 바닥상태

우리는 7.10절에서 직선형 벌판이 $V(r) = ar$ 인 결합상태 문제에서 $l = 0$ 인 경우 Airy 함수로 해석적 풀이가 가능함을 알았다. 이 문제를 변분 방법으로 구해보자. 우선 무차원의 변수를 다루기 위하여 식 (7.110) 에 따라 변수를 바꾸면 파동방정식은 무차원의 하밀토니안에 대한 고유값 방정식이 된다.

$$\left(-\frac{d^2}{d\rho^2} + \frac{l(l+1)}{\rho^2} + \rho \right) u(\rho) = \varepsilon\, u(\rho) \tag{10.102}$$

$l = 0$ 인 경우 바닥상태를 구하는 문제를 생각해보자. $\rho \to 0$ 일 때 파동함수의 조건과 바닥상태는 지름 방향으로 마디가 없을 터이므로 다음처럼 시도 함수를 택하는 것이 합리적이리라.

$$\Phi(\rho) = \rho\, e^{-\frac{1}{2}\lambda\rho} \tag{10.103}$$

원점 부근에서 $u(\rho) \approx \rho^{l+1} = \rho$ 를 감안하고 지수 함수는 단순하게 수소 원자의 파동 함수 형태를 선택했다. 매개 변수 λ 는 변분 원리로 알아내야 한다. 그러려면 식 (10.90) 에 따라서 무차원 하밀토니안의 기대값 ε 을 계산한다.

$$\varepsilon = \frac{\langle\Phi|H|\Phi\rangle}{\langle\Phi|\Phi\rangle} = \frac{\int_0^\infty d\rho\,\Phi(\rho)\left(-\frac{d^2}{d\rho^2}+\rho\right)\Phi(\rho)}{\int_0^\infty d\rho\,\Phi^2(\rho)} = \frac{1}{4}\lambda^2 + \frac{3}{\lambda} \tag{10.104}$$

이것을 λ 로 미분하여 $d\varepsilon/d\lambda = 0$ 으로부터 $\lambda = \sqrt[3]{6}$ 일 때 최소임을 알 수 있고 바닥상태의 에너지는 다음과 같다.

$$\varepsilon = \left[\frac{1}{4}\lambda^2 + \frac{3}{\lambda}\right]_{\lambda=\sqrt[3]{6}} = \left(\frac{243}{16}\right)^{1/3} = 2.4764 \tag{10.105}$$

이 값은 해석적으로 얻은 고유값 ε 보다 6 % 정도 크다. [식 (7.119) 참고] 변분 방법으로 계산했으므로 고유값의 상한이 되고 실제값보다 큰 것이다.

식 (10.103) 의 시도 함수에 보이는 지수 함수는 Coulomb 벌판 문제에서 파동 함수의 무한 점근 형태이다. [식 (7.105) 참고] 직선형 벌판은 조화 진동자처럼 유폐형이므로 진동자와 같은 점근 형태의 시도 함수를 도입하는 것이 더욱 합리적일 것으로 생각된다. [식 (7.93) 참고]

$$\Phi(\rho) = \rho\, e^{-\frac{1}{2}\lambda\rho^2} \tag{10.106}$$

그러면 하밀토니안의 기대값은 다음과 같다.

$$\varepsilon = \frac{\langle\Phi|H|\Phi\rangle}{\langle\Phi|\Phi\rangle} = \frac{3}{2}\lambda + \frac{2}{\sqrt{\pi}}\frac{1}{\sqrt{\lambda}} \tag{10.107}$$

이식은 $\lambda = \sqrt[3]{4/9\pi}$ 일 때 최소이며 그때 ε 은 다음과 같다.

$$\varepsilon = \left[\frac{3}{2}\lambda + \frac{2}{\sqrt{\pi}}\frac{1}{\sqrt{\lambda}}\right]_{\lambda=\sqrt[3]{4/9\pi}} = \left(\frac{81}{2\pi}\right)^{1/3} = 2.344778 \tag{10.108}$$

이 값은 해석적 풀이와의 차이가 0.3 % 정도 밖에 안되어 식 (10.103) 보다 식 (10.106) 이 좋은 시도 함수임을 알 수 있다. ⋖⋖

직선형 벌판의 멱수 (r^{+1}) 는 Coulomb 벌판 (r^{-1}) 과 조화 진동자 (r^{+2}) 사이에 있으므로 시도 함수를 다음처럼 일반화 시킬 수 있다.

$$\Phi(\rho) = \rho\, e^{-\frac{1}{2}\lambda\rho^{\mu}} \tag{10.109}$$

그러면 시도 함수가 2개의 매개 변수를 포함하므로 이들에 대한 극소값을 찾아야 한다. μ 의 함수로 최소 고유값 ε 의 모양이 그림 10.3에 보인다. $\mu=1.75$ 근처에서 최소가 됨을 알 수 있다. 실제로 $\mu=1.75$ 일 때 $\varepsilon=2.338255$ 가 되어 정확한 해석적 풀이와 정밀도 6×10^{-5} 범위 내에서 일치하고 식 (10.109) 형태의 최적화된 시도 함수가 된다.

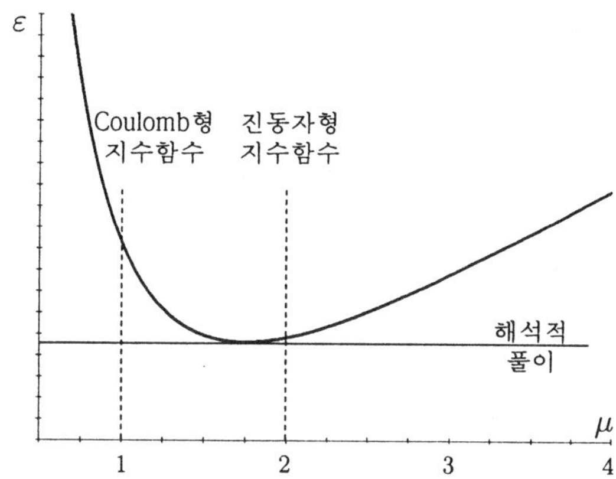

그림 10.3 식 (10.109)의 시도 함수를 사용한 직선형 벌판의 바닥상태에 대한 무차원 에너지 고유값 ε 과 매개 변수 μ 의 관계

삼차원의 경우에 이 논의를 일반화하여 처음부터 $r=0$, $r=\infty$ 에서 점근 형태를 갖는 시도 함수를 체계적으로 활용할 수 있다. 최적화된 점근형 함수와 다항식의 곱으로 시도 함수를 택하고 다항식을 Laguerre 연관 다항식으로 전개함으로써 고유값 문제를 체계적으로 변분 계산할 수 있다. 다음 절에서는 이러한 새로운 변분 방법을 살펴 본다.

10.5 최적 점근 직교 함수 전개

변분 이론에서 시도 함수의 선택은 매우 중요하다. 그리고 시도 함수를 어떻게 정할 것인가는 파동 함수의 점근 형태, 마디 수 등 물리학적 직관을 필요로 한다. 이제 결합 상태에 관한 고유값 문제를 다른 시각에서 접근하도록 한다. 우선 식 (10.5)의 고유값 문제에서 구하는 고유 함수 $|\psi_n\rangle$ 을 알려진 기준 벡터 함수 $|\bar{\psi}_n\rangle$ 로 전개한다. $|\psi_n\rangle$ 과 $|\bar{\psi}_n\rangle$ 은 각각 직교 규격화 되었다.

$$\langle\psi_m|\psi_n\rangle=\delta_{mn} \qquad \langle\bar{\psi}_i|\bar{\psi}_j\rangle=\delta_{ij} \tag{10.110}$$

그러면 다음의 전개가 가능하다.

$$|\psi_n\rangle=\sum_j^{\infty}|\bar{\psi}_j\rangle\langle\bar{\psi}_j|\psi_n\rangle=\sum_j^{\infty}c_{jn}|\bar{\psi}_j\rangle \qquad c_{jn}=\langle\bar{\psi}_j|\psi_n\rangle \tag{10.111}$$

$|\bar{\psi}_j\rangle$ 는 편의상 도입된 임의의 직교 기준벡터이지만 $|\psi_n\rangle$ 에 가까우면 위의 전개식은 빨리 수렴할 것이다. 그런 의미에서 $|\bar{\psi}_j\rangle$ 의 선택은 시도함수의 선택에 비유할 수 있다. 그러면 고유값 문제를 다음처럼 쓸 수 있다.

$$H\,|\psi_n\rangle = E_n\,|\psi_n\rangle \quad\Rightarrow\quad \sum_j^{\infty} H\,|\bar{\psi}_j\rangle\, c_{jn} = \sum_j^{\infty} E_n\,|\bar{\psi}_j\rangle\, c_{jn} \tag{10.112}$$

여기에 $\langle\bar{\psi}_j|$를 곱하면 아래의 결과를 얻는다.

$$\sum_j^{\infty}\left(\bar{H}_{ij} - E_n\,\delta_{ij}\right) c_{jn} = 0 \qquad\qquad \bar{H}_{ij} = \langle\bar{\psi}_i|\,H\,|\bar{\psi}_j\rangle \tag{10.113}$$

식 (10.111) 을 식 (10.110) 에 대입하면 c_{jn} 은 하나 행렬이 되는데 윗식에서 자명하지 않은 c_{jn} 풀이가 존재하려면 다음의 $\infty\times\infty$ 행렬식이 영이 되어야 한다.

$$\det\left|\,\bar{H}_{ij} - E_n\,\delta_{ij}\right| = 0 \tag{10.114}$$

그러므로 위의 행렬식을 풀어 정확한 에너지 고유값을 계산할 수 있고 식 (10.113) 에서 c_{jn} 을 구하면 식 (10.111) 으로부터 고유함수를 얻을 수 있다.

실용적 계산에서는 식 (10.111) 에서 무한급수 대신 N 개의 유한항에 국한한다.

$$\begin{gathered} |\psi_n(N)\rangle = \sum_j^{N} c_{jn}(N)\,|\bar{\psi}_j\rangle \\ \sum_j^{N}\left[\,\bar{H}_{ij} - E_n(N)\,\delta_{ij}\right] c_{jn}(N) = 0 \\ \det\left|\,\bar{H}_{ij} - E_n(N)\,\delta_{ij}\right| = 0 \qquad N\times N \ \text{행렬식} \end{gathered} \tag{10.115}$$

그러면 다음을 알 수 있다.

$$|\psi_n\rangle = |\psi_n(\infty)\rangle \qquad\quad c_{jn} = c_{jn}(\infty) \qquad\quad E_n = E_n(\infty) \tag{10.116}$$

그런데 식 (10.115) 자체는 고유값 문제이다. 바닥상태에 관하여

$$|\psi_0(N)\rangle = \sum_j^{N} c_j\,|\bar{\psi}_j\rangle \tag{10.117}$$

을 시도함수로 택하고 c_j를 매개변수로 간주하면

$$\sum_{j}^{N} c_j{}^* c_j = 1 \quad \text{조건하에} \quad \sum_{ij}^{N} c_i{}^* \bar{H}_{ij} c_j \quad \text{를 최소화} \tag{10.118}$$

문제의 풀이가 식 (10.117) 이고 $\bar{H}$ 의 고유값이 E_n 에 충분히 가까우면 $\bar{H}$ 의 고유값 문제로 들뜬상태의 고유값과 고유함수도 구할 수 있다. 이것은 매개변수에 관하여 제곱형식을 극소화하는 과정이므로 풀이는 선형문제로 환원되며 그러면 체계적인 전개가 가능하다. 이 방법은 직선형 벌판, 조화 진동 벌판처럼 유폐형 문제에 특히 적합하다.

식 (10.117) 이 좋은 근사풀이가 되려면 빨리 수렴하여야 하고 그러려면 $|\psi_n\rangle$ 에 가깝도록 $|\bar{\psi}_n\rangle$ 을 택해야 할 것이다. 일반적으로 파동함수의 점근형태는 쉽게 파악할 수 있으므로 $|\psi_n\rangle$ 과 같은 점근형태를 갖는 직교규격화된 함수를 $|\bar{\psi}_n\rangle$ 으로 택하는 것이 바람직할 것이다. 이미 해석적 풀이가 알려진 문제에서는 점근형태가 최적화된 기준함수 $|\bar{\psi}_n\rangle$ 이 $|\psi_n\rangle$ 과 같아서 고유값 문제는 쉽게 풀린다. 그러나 이 방법론을 구체적으로 살펴보자.

예 제 10.8 조화 진동자의 최적 점근 직교함수 전개

일차원 조화 진동자에 관한 Schrödinger 방정식 (5.72) 를 무차원화하여 간단히 하면 고유값 문제는 다음과 같다. [식 (5.74) 참고]

$$H\psi_n(\xi) = \left(-\frac{d^2}{d\xi^2} + \xi^2\right)\psi_n(\xi) = \varepsilon\,\psi_n(\xi) \tag{10.119}$$

그리고 풀이는 식 (5.83) 에서 아래와 같다.

$$\varepsilon_n = 2n+1 \qquad \psi_n(\xi) = \left(\frac{1}{2^n n!\sqrt{\pi}}\right)^{1/2} e^{-\xi^2/2} H_n(\xi) \tag{10.120}$$

이것을 변분방법으로 푸는 것은 다음으로 표현할 수 있다.

$$\begin{aligned} &\int_{-\infty}^{+\infty} d\xi\, \psi_n{}^*(\xi)\,\psi_n(\xi) = 1 && \text{조건하에} \\ &\int_{-\infty}^{+\infty} d\xi\, \psi_n{}^*(\xi)\, H\, \psi_n(\xi) && \text{최소화} \end{aligned} \tag{10.121}$$

우선 $\psi_n(\xi)$ 의 점근형태를 살펴본다. 식 (10.119) 에서 $\exp(-\xi^2/2)$ 의 형태임을 쉽게 알 수 있다. 그러면 다음과 같이 파동함수를 정함으로써

$$\psi_n(\xi) = e^{-\xi^2/2} v(\xi) \tag{10.122}$$

규격화 조건은 새롭게 표현된다.

$$\int_{-\infty}^{+\infty} d\xi\, \psi_n{}^*(\xi)\, \psi_n(\xi) = 1 \qquad \Rightarrow \qquad \int_{-\infty}^{+\infty} d\xi\; e^{-\xi^2} v_n{}^*(\xi)\, v_n(\xi) = 1 \tag{10.123}$$

그러므로 $[-\infty, +\infty]$ 구간에서 $\exp(-\xi^2)$ 가 가중함수인 직교다항식을 최적 점근함수로 택하는 것이 바람직하다. 이것은 바로 Hermite 다항식이고 최적 기준 함수는 Hermite 함수이다. 다음에는 $\psi_n(\xi)$을 $\bar{\psi}_n(\xi)$로 전개한다.

$$\psi_n(N;\xi) = \sum_j^N c_{jn}(N)\, \bar{\psi}_n(\xi) \qquad \bar{\psi}_n(\xi) = \left(\frac{1}{2^n n!\sqrt{\pi}}\right)^{1/2} e^{-\xi^2/2} H_n(\xi) \tag{10.124}$$

그러면 식 (10.115)의 고유값 문제에서 $\bar{H}_{ij}$를 계산할 수 있다.

$$\begin{aligned} \bar{H}_{ij} &= \langle \bar{\psi}_i | H | \bar{\psi}_j \rangle \\ &= \int_{-\infty}^{+\infty} d\xi\, \bar{\psi}_i{}^*(\xi) \left(-\frac{d^2}{d\xi^2} + \xi^2 \right) \bar{\psi}_j(\xi) = (2j+1)\, \delta_{ij} \end{aligned} \tag{10.125}$$

따라서 이미 대각선화 되었으므로 식 (10.115)의 고유값 문제는 곧바로 풀린다.

$$\begin{aligned} &\varepsilon_n(N) = 2n+1 \\ &c_{jn}(N) = \delta_{jn} \qquad \Rightarrow \qquad \psi_n(N;\xi) = \bar{\psi}_n(\xi) \end{aligned} \tag{10.126}$$

이 예제에서는 $\bar{H}_{ij}$가 대각선화 되었으므로 수월해 보이지만 비 대각선화된 경우 $\bar{H}$의 고유값 문제를 풀어야 하므로 효용성이 나타난다. 부록 E에서는 삼차원의 문제를 다루는데 원점에서의 파동함수 경계 조건 때문에 최적 점근 직교함수는 항상 Laguerre 연관 다항식이 되어 시도함수를 체계적으로 선정할 수 있다. 삼차원 문제는 더욱 실용적이므로 이 방법은 활용성이 많다. ◀◀

연 습 문 제

10.1 탄성계수 $k(=m\omega^2)$인 용수철에 약한 용수철(탄성계수 $k'=m\omega'^2$, $k' \ll k$)이 병렬로 연결되었고 그 끝에 질량 m인 입자가 매달려 있다. 이 물리계의 하밀토니안은

$$H = \frac{p^2}{2m} + \frac{1}{2}m\omega^2 x^2 + \frac{1}{2}m\omega'^2 x^2$$

이다. 추가 용수철로 인한 에너지의 변화를 1차 섭동까지 계산하라. 결과는 고전 역학에서 일어나듯이 $(\omega^2+\omega'^2)^{1/2}$의 회전빈도를 갖는 고전 조화 진동자에서 $k' \ll k$ 와 같은 상황임을 확인하라.

10.2 스핀 1/2 인 하밀토니안이 다음의 2×2 행렬로 알려져 있다. 에너지 고유값은 전형적 방법으로 풀어서 $E \pm \sqrt{\varepsilon^2+\alpha^2}$ 임을 증명하라.

$$H = \begin{pmatrix} E+\varepsilon & \alpha \\ \alpha & E-\varepsilon \end{pmatrix}$$

이제 ε 또는 α를 전개상수로 섭동이론을 적용하여 고유값을 이차항까지 계산하고 정확한 고유값의 전개에서 예상하는 결과와 같음을 확인하라. 비섭동항과 섭동항의 구별은 다음과 같다.

$$\begin{pmatrix} E+\varepsilon & \alpha \\ \alpha & E-\varepsilon \end{pmatrix} \xrightarrow{\varepsilon \ll 1} \begin{pmatrix} E & \alpha \\ \alpha & E \end{pmatrix} + \begin{pmatrix} \varepsilon & 0 \\ 0 & -\varepsilon \end{pmatrix} \qquad \begin{pmatrix} E+\varepsilon & \alpha \\ \alpha & E-\varepsilon \end{pmatrix} \xrightarrow{\alpha \ll 1} \begin{pmatrix} E+\varepsilon & 0 \\ 0 & E-\varepsilon \end{pmatrix} + \begin{pmatrix} 0 & \alpha \\ \alpha & 0 \end{pmatrix}$$

10.3 스프링을 수직으로 늘어뜨려 중력을 받게 하면 mgx 항이 추가되어 하밀토니안은

$$H = \frac{1}{2m}p^2 + \frac{1}{2}m\omega^2 x^2 + mgx$$

이 된다. 중력을 섭동으로 보고 에너지 고유값을 1차 섭동과 2차 섭동까지 계산하라.

10.4 연습문제 10.3에서 추가항은 평형점의 위치만 바꾸므로 에너지 고유값은 g^2에 비례하는 상수뿐이고 3차 이상의 모든 차수의 섭동 에너지가 영이리라 예상된다. 증명하는 방도를 찾아보라.

10.5 일정한 자기벌판 $\mathbf{B}$에 놓여 있는 바닥상태의 포지트로늄에서 입자의 스핀 작용은

$$H = a\,\mathbf{S}_1\cdot\mathbf{S}_2 + b(\mathbf{S}_1-\mathbf{S}_2)\cdot\mathbf{B}$$

와 같다. $\mathbf{S}_1, \mathbf{S}_2$는 각각 전자와 양전자의 스핀 연산자이다. 자기벌판이 약할 때 $\mathbf{B}$항을 섭동 작용으로 간주할 수 있다. 겹친 섭동 이론으로 1차 섭동 에너지를 구하라.

10.6 약간 비등방성인 삼차원 조화 진동자의 하밀토니안은 다음과 같다.

$$H = \frac{\mathbf{p}^2}{2m} + \frac{m}{2}\left(\omega^2 x^2 + \omega^2 y^2 + \omega_z^2 z^2\right) \qquad \omega_z = \omega + \delta \quad |\delta| \ll \omega$$

이것은 정방 좌표계에서 해석적으로 쉽게 풀리며 바닥 상태는 $E_0 = 3/2\,\hbar\omega + 1/2\,\hbar\delta$ 의 에너지를 갖는다. 위의 하밀토니안의 바닥 상태를 구면 좌표계의 1차 섭동 문제로 풀고 결과를 비교하라.

10.7 수소 원자가 균일한 외부 자기 벌판 $\mathbf{B}$ 에 놓여 있다. 하밀토니안은 다음과 같다.

$$H = \frac{1}{2m}\mathbf{p}^2 - \frac{e^2}{4\pi\varepsilon_0}\frac{1}{r} + \frac{e}{2m}\mathbf{B}\cdot\mathbf{L} + \frac{e^2}{8m}\left[B^2 r^2 - (\mathbf{B}\cdot\mathbf{x})^2\right]$$

S -상태의 에너지 변화를 $O(B^2)$ 까지 계산하라.

10.8 Stark 효과로 수소 원자의 바닥 상태에 미치는 영향을 논하라. 1, 2차 섭동 에너지를 고려하고 2차 섭동에 기여하는 에너지 준위를 지적하라. 그리고 $2P$ 상태의 기여를 계산하여 에너지 이동을 어림하라.

10.9 다음의 시도 함수를 변분 이론에 활용하여 수소 원자의 바닥 상태 에너지를 계산하라.

$$\begin{aligned} \Phi(r) &= 1 - \frac{r}{\lambda} \qquad && r < \lambda \\ &= 0 && r \geq \lambda \end{aligned}$$

10.10 단단한 구형 우물 벌판 [식 (7.72)] 에 조화 진동자 벌판이 추가되었다.

$$H_{SHO} = \frac{1}{2}m\omega^2 x^2$$

조화 진동자 항을 섭동 작용으로 보고 바닥 상태의 에너지를 1차 섭동까지 계산하라. 그리고 결과를 조화 진동자만의 고유값과 비교하라.

10.11 Yukawa 벌판의 바닥 상태 에너지를 변분 이론으로 구하라.

$$V(r) = -\frac{g^2}{4\pi}\frac{1}{r}e^{-\mu r}$$

시도 함수로 $\Phi(r) = Ar\exp(-\alpha r)$ 을 사용하라.

11. 두 양자 상태 문제

11.1 두 상태 문제 방정식

고전 역학에서 구체적인 문제를 풀려면 적당한 좌표계를 선택해야 한다. 양자 역학에서도 마찬가지로 고유상태로 구성된 기준계를 정한다. Schrödinger 방정식은 변위 연산자 $\mathbf{x}$ 의 고유상태 $|\mathbf{x}\rangle$ 를 기준계로 표현한 것이다. 물리계의 모든 관측 가능한 물리량의 고유상태를 전체적으로 다룬다는 것은 엄청난 일이다. 그러므로 문제를 간단히 하기 위하여 그 부분 집합에 집중할 수 있다. 나머지에 대해서는 특정한 고유상태에 있어서 관심의 대상이 아니라던가 부분집합에 미치는 영향을 무시할 수 있다고 가정한다. 보기로 스핀 1/2인 전자는 스핀 회전량, 운동량 등의 총체적 고유상태를 기준계로 삼아야 한다. 그러나 자기 능률의 세차 운동을 알아보려면 운동량을 특정한 값에 고정시키고 스핀 회전량에 관한 양자 역학 현상만 조사하면 된다. 또한 암모니아 분자(NH_3)는 3개의 수소 원자가 대칭적인 정 삼각형을 이루고 질소 원자가 사면체의 꼭지점에 위치하는데 두 가지 상태가 가능하므로 이들간의 진동을 조사한다. NH_3 분자는 그 외에도 분자의 진동, 회전, 병진과 원자의 들뜸 등 복잡한 역학 변수가 많지만 이들을 모두 무시하면 수소 원자 평면 양쪽 상태로 단순화된 두 상태 문제가 된다.

두 상태 문제에서는 완전히 직교 규격화된 기준 벡터 상태가 2개만 존재한다고 가정한다. 이들을 $|\phi_1\rangle, |\phi_2\rangle$ 로 표기하면 다음이 성립한다.

$$\langle\phi_1|\phi_1\rangle=\langle\phi_2|\phi_2\rangle=1 \qquad \langle\phi_1|\phi_2\rangle=0 \qquad |\phi_1\rangle\langle\phi_1|+|\phi_2\rangle\langle\phi_2|=I \tag{11.1}$$

그리고 풀어야 할 양자 방정식은 다음과 같다.

$$i\hbar\frac{d}{dt}|\psi\rangle = H|\psi\rangle \tag{11.2}$$

하밀토니안 H 는 이제 공간 함수 $\mathbf{x}$ 를 포함하지 않으므로 시간에 대한 편미분은 상미분으로 바뀌었다. 윗식에 $\langle\phi_1|, \langle\phi_2|$를 곱하고 $\langle\phi_1|\psi\rangle=\psi_1, \langle\phi_2|\psi\rangle=\psi_2$ 라 하면 H 는 2×2 행렬이 되고 다음의 연립 미분 방정식을 얻는다.

$$i\hbar\frac{d}{dt}\begin{pmatrix}\psi_1\\ \psi_2\end{pmatrix}=\begin{pmatrix}H_{11} & H_{12}\\ H_{21} & H_{22}\end{pmatrix}\begin{pmatrix}\psi_1\\ \psi_2\end{pmatrix} \qquad \psi_i=\langle\phi_i|\psi\rangle \quad H_{ij}=\langle\phi_i|H|\phi_j\rangle \tag{11.3}$$

$$\text{또는} \quad i\hbar\frac{d}{dt}\psi = H\psi \qquad \psi = \begin{pmatrix}\psi_1\\ \psi_2\end{pmatrix} \qquad H = \begin{pmatrix}H_{11} & H_{12}\\ H_{21} & H_{22}\end{pmatrix}$$

비록 식 (11.2), (11.3) 은 모두 두 상태 문제에 대한 방정식이지만 $|\psi\rangle$ 는 일반적인 양자 상태이고 ψ_i 는 (ϕ_1, ϕ_2) -기준계에 대한 좌표성분, ψ 는 이들 성분들로 구성된 것으로 2×1 열 벡터로 구별한다. 규격화 조건을 $|\psi\rangle$ 대신 ψ 로 쓰면 다음과 같다.

$$\langle\psi|\psi\rangle = 1 \quad \Rightarrow \quad \psi^\dagger\psi = 1 \tag{11.4}$$

식 (11.3) 을 풀려면 2×2 하나 행렬 U 를 사용하여 (ϕ_1, ϕ_2) -기준계에서 새로운 기준계로 바꿈으로써 H 를 대각선화 시켜야 한다. 그러면 ψ 의 두 성분이 분리되어 독립적인 방정식 두 개를 따로 풀 수 있기 때문이다. 따라서

$$\psi = U\psi' \tag{11.5}$$

의 변환을 하면 방정식 (11.3) 은 다음과 같고 행렬 U 의 각 열은 H 의 고유 벡터이다.

$$i\hbar\frac{d}{dt}\psi' = H'\psi' \qquad H' = U^{-1}HU \tag{11.6}$$

실재 행렬 H 는 두 개의 실수 고유값을 가지며 이들은 행렬식

$$\det\begin{vmatrix}H_{11}-\lambda & H_{12}\\ H_{21} & H_{22}-\lambda\end{vmatrix} = 0 \tag{11.7}$$

을 풀어 구하고 두 근을 E_1, E_2 라 하면 식 (11.6) 은 변수가 분리되고 풀이를 얻는다.

$$i\hbar\frac{d}{dt}\begin{pmatrix}\psi_1'\\ \psi_2'\end{pmatrix} = \begin{pmatrix}E_1 & 0\\ 0 & E_2\end{pmatrix}\begin{pmatrix}\psi_1'\\ \psi_2'\end{pmatrix} \tag{11.8}$$

$$\psi' = \begin{pmatrix}\psi_1'\\ \psi_2'\end{pmatrix} = \begin{pmatrix}c_1\exp(-i/\hbar\, E_1 t)\\ c_2\exp(-i/\hbar\, E_2 t)\end{pmatrix} \tag{11.9}$$

그러면 (ϕ_1, ϕ_2) -기준계에서의 풀이는 식 (11.5) 에 따라서 U 를 곱해서 얻는다.

요약하자면 우선 식 (11.3) 의 하밀토니안 H 에 대한 두 고유값과 고유 벡터를 찾아낸다. 그리고 고유 벡터를 열 벡터로 구성하는 하나 행렬 U 를 만든다. 그러면 U 에 의하여 H 가 대각

행렬이 되고 식 (11.8) 처럼 2개의 독립적인 방정식으로 분리된다. 이 식을 풀고 식 (11.5) 를 이용하여 기준계 변환을 하면 된다.

11.2 Pauli 의 스핀 행렬

앞 절에서 두 상태 문제의 하밀토니안은 2×2 실재 행렬로 표현됨을 알았다. 따라서 이러한 행렬들을 손쉽게 다룰 수 있는 방법이 필요하다. Pauli 의 스핀 행렬은 이 목적으로 도입되었다. 예제 9.1 에서 보듯이 스핀 1/2 인 물리계의 회전량 행렬은 2×2 이다. 스핀 회전량 연산자를 **S** 라 하고 Pauli 스핀 행렬을 다음과 같이 정의한다.

$$\mathbf{S} = \frac{\hbar}{2}\boldsymbol{\sigma} \tag{11.10}$$

그러면 예제 9.1 에서 다음을 알 수 있다.

$$\sigma_x = \begin{pmatrix} 0 & 1 \\ 1 & 0 \end{pmatrix} \qquad \sigma_y = \begin{pmatrix} 0 & -i \\ +i & 0 \end{pmatrix} \qquad \sigma_z = \begin{pmatrix} +1 & 0 \\ 0 & -1 \end{pmatrix} \tag{11.11}$$

세 행렬은 모두 실재 행렬이며 9.4 절에서 $\mathbf{S}^2$, S_z 는 공통 고유 벡터를 가지므로 σ_z 가 대각선화 되었다.

스핀 회전량 **S** 의 교환 관계식에서 다음을 알 수 있다.

$$[\sigma_x, \sigma_y] = 2i\sigma_z \qquad [\sigma_y, \sigma_z] = 2i\sigma_x \qquad [\sigma_z, \sigma_x] = 2i\sigma_y \tag{11.12}$$

이상은 모든 회전량 연산자의 공통된 성질이다. 그런데 Pauli 행렬은 2×2 행렬이므로 추가적인 성질을 가지고 있다.

$$\begin{gathered} \sigma_x^2 = \sigma_y^2 = \sigma_z^2 = 1 \\ \sigma_x\sigma_y = -\sigma_y\sigma_x = i\sigma_z \qquad \sigma_y\sigma_z = -\sigma_z\sigma_y = i\sigma_x \qquad \sigma_z\sigma_x = -\sigma_x\sigma_z = i\sigma_y \end{gathered} \tag{11.13}$$

$\sigma_x, \sigma_y, \sigma_z$ 표기와 $\sigma_1, \sigma_2, \sigma_3$ 표기를 혼용하여 Pauli 스핀 행렬의 성질을 요약하면 다음과 같다.

$$[\sigma_i, \sigma_j] = 2i\varepsilon_{ijk}\sigma_k \qquad \{\sigma_i, \sigma_j\} = 2\delta_{ij} \tag{11.14}$$

여기서 $[A, B] = AB - BA$ 는 교환자, $\{A, B\} = AB + BA$ 는 반대 교환자 (anticommutator) 이다. 식 (11.14) 는 다음으로 요약할 수 있다.

$$\sigma_i \sigma_j = \delta_{ij} + i\,\varepsilon_{ijk}\,\sigma_k \tag{11.15}$$

윗식을 이용하면 $\mathbf{A}, \mathbf{B}$ 가 $\boldsymbol{\sigma}$ 와 가환인 연산자일 때 다음이 성립한다.

$$(\boldsymbol{\sigma}\cdot\mathbf{A})(\boldsymbol{\sigma}\cdot\mathbf{B}) = \mathbf{A}\cdot\mathbf{B} + i\,\boldsymbol{\sigma}\cdot(\mathbf{A}\times\mathbf{B}) \tag{11.16}$$

행렬 $\sigma_x, \sigma_y, \sigma_z$ 는 단위행렬 I 와 함께 선형독립이다. 그러므로 임의의 2×2 행렬은 이들의 선형 결합으로 표현할 수 있다.

$$A = a_0 I + a_x\sigma_x + a_y\sigma_y + a_z\sigma_z = a_0 I + \mathbf{a}\cdot\boldsymbol{\sigma} \tag{11.17}$$

계수 a_0 와 $\mathbf{a}$ 는 일반적으로 복소수이다. 그러나 A 가 실재 행렬일 경우에는 a_0 와 $\mathbf{a}$ 가 실수임을 쉽게 증명할 수 있다.

$$A^\dagger = A \qquad \Rightarrow \qquad A = a_0 I + \mathbf{a}\cdot\boldsymbol{\sigma} \qquad\qquad a_0,\ \mathbf{a}\text{: 실수} \tag{11.18}$$

한편 하나 행렬의 경우에는 다음을 증명할 수 있다.

$$U^\dagger U = I \qquad \Rightarrow \qquad U = e^{i\alpha}(I\cos\omega + i\,\mathbf{n}\cdot\boldsymbol{\sigma}\sin\omega) \tag{11.19}$$

여기서 α, ω, $\mathbf{n}$ 은 모두 실수이다. 윗식은 Moivre 공식을 이용하여 간단해진다. [연습문제 6.10 참고]

$$U = e^{i\alpha}e^{i\omega\,\mathbf{n}\cdot\boldsymbol{\sigma}} = \exp(i\alpha + i\omega\,\mathbf{n}\cdot\boldsymbol{\sigma}) \tag{11.20}$$

$\sigma_x, \sigma_y, \sigma_z$ 의 고유값은 모두 ±1 이며 대각 요소의 합인 추적 (trace) 은 모두 영이다.

$$\mathrm{Tr}\,\sigma_i = 0 \tag{11.21}$$

스핀 행렬을 2차원 복소 공간에서의 연산자로 볼 수 있는데 스핀 행렬과 관련된 벡터 ψ 를 스피너 (spinor) 라 부른다. ψ 가 스피너임을 강조하기 위하여 ψ 대신 χ 로, ψ_1, ψ_2 대신 c_1, c_2 로 표기하기도 한다.

식 (11.11) 의 Pauli 행렬은 σ_z 의 고유벡터가 기준인 좌표계에서의 표현이다. 고유벡터를 χ_+, χ_- 로 쓰면 다음과 같다.

$$\sigma_z\,\chi_\pm = \pm\chi_\pm \qquad\qquad \chi_+ = \begin{pmatrix}1\\0\end{pmatrix} \qquad \chi_- = \begin{pmatrix}0\\1\end{pmatrix} \tag{11.22}$$

χ_+ 는 고유값이 $+1$ 이므로 스핀 **S** 는 양의 z-축 방향이고 χ_- 는 음의 z-축 방향이다. 흔히 χ_+ 를 스핀-상 (up), χ_- 를 스핀-하 (down) 상태라 한다.

σ_z 를 기준으로 하는 대신 σ_x 또는 σ_y 의 고유벡터를 기준좌표계로 삼으려면 기준계의 유사 (similarity) 변환이 필요하다.

$$\sigma_i \quad \rightarrow \quad U^{-1}\sigma_i U \tag{11.23}$$

U 는 하나 행렬이다. 관계식 (11.14) 는 위의 유사변환을 하여도 변하지 않으므로 식 (11.12), (11.13) 은 기준좌표계와 무관하게 성립함을 알 수 있다. σ_x 의 고유벡터 $\chi_\pm$ 를 구하려면

$$\begin{pmatrix} 0 & 1 \\ 1 & 0 \end{pmatrix}\begin{pmatrix} c_1 \\ c_2 \end{pmatrix} = \pm\begin{pmatrix} c_1 \\ c_2 \end{pmatrix} \tag{11.24}$$

을 풀면 되는데 규격화된 $\chi_\pm$ 는 다음과 같다.

$$\sigma_x \chi_\pm = \pm\chi_\pm \qquad \chi_+ = \frac{1}{\sqrt{2}}\begin{pmatrix} 1 \\ 1 \end{pmatrix} \qquad \chi_- = \frac{1}{\sqrt{2}}\begin{pmatrix} 1 \\ -1 \end{pmatrix} \tag{11.25}$$

σ_y 에 관하여도 마찬가지로 다음 결과를 얻는다.

$$\sigma_y \chi_\pm = \pm\chi_\pm \qquad \chi_+ = \frac{1}{\sqrt{2}}\begin{pmatrix} 1 \\ i \end{pmatrix} \qquad \chi_- = \frac{1}{\sqrt{2}}\begin{pmatrix} 1 \\ -i \end{pmatrix} \tag{11.26}$$

그러므로 σ_x, σ_y 를 대각선화 하는데 필요한 하나 행렬은 다음과 같다.

$$\begin{aligned} U_x &= \frac{1}{\sqrt{2}}\begin{pmatrix} 1 & 1 \\ 1 & -1 \end{pmatrix} \qquad \sigma_x \rightarrow U_x^{-1}\sigma_x U_x = \begin{pmatrix} +1 & 0 \\ 0 & -1 \end{pmatrix} \\ U_y &= \frac{1}{\sqrt{2}}\begin{pmatrix} 1 & 1 \\ i & -i \end{pmatrix} \qquad \sigma_y \rightarrow U_y^{-1}\sigma_y U_y = \begin{pmatrix} +1 & 0 \\ 0 & -1 \end{pmatrix} \end{aligned} \tag{11.27}$$

σ_z 가 대각화된 식 (11.11) 의 표현을 사용하면 상승 및 하강 연산자는 다음과 같다.

$$\sigma_+ = \frac{1}{2}(\sigma_x + i\sigma_y) = \begin{pmatrix} 0 & 1 \\ 0 & 0 \end{pmatrix} \qquad \sigma_- = \frac{1}{2}(\sigma_x - i\sigma_y) = \begin{pmatrix} 0 & 0 \\ 1 & 0 \end{pmatrix} \tag{11.28}$$

그러면 σ_z 의 고유벡터에 대하여 다음과 같이 작용하고

$$\sigma_+\begin{pmatrix}1\\0\end{pmatrix}=\begin{pmatrix}0\\0\end{pmatrix}\qquad \sigma_+\begin{pmatrix}0\\1\end{pmatrix}=\begin{pmatrix}1\\0\end{pmatrix}\qquad \sigma_-\begin{pmatrix}1\\0\end{pmatrix}=\begin{pmatrix}0\\1\end{pmatrix}\qquad \sigma_-\begin{pmatrix}0\\1\end{pmatrix}=\begin{pmatrix}0\\0\end{pmatrix} \tag{11.29}$$

일반적인 스피너에 대하여는 다음과 같다.

$$\sigma_+\begin{pmatrix}\alpha\\\beta\end{pmatrix}=\begin{pmatrix}\beta\\0\end{pmatrix}\qquad \sigma_-\begin{pmatrix}\alpha\\\beta\end{pmatrix}=\begin{pmatrix}0\\\alpha\end{pmatrix} \tag{11.30}$$

11.3 암모니아 분자

암모니아 분자 (NH_3) 의 원자 배열은 4면체의 꼭지점을 이룬다. 3개의 수소로 구성되는 평면을 x, y -평면으로 결정하면 N 원자는 z-축상에 놓이게 된다. 위치 에너지의 개략도는 그림 11.1에서 보듯이 이중 조화 진동자의 형태로 보면 된다. $V(z)$ 의 평형점이 상하 두 군데 존재하므로 N 원자는 각각의 평형점 근처에서 진동할 것이다. 그러나 에너지는 양자화되어야 하므로 특정한 상태만 허용된다. 그리고 N 원자가 장벽 투과를 통하여 두 평형점 사이를 진동하는 현상이 일어난다.

문제를 단순화하기 위하여 가장 낮은 에너지 준위 2개만을 고려한다. 나머지 준위는 너무 높아서 거의 영향을 안 미친다고 가정하자. 구체적인 고유값 문제는 $V(z)$ 에 따라 결정되지만 여기서는 z-축에 대하여 상하 대칭만 가정하자. 한편 $z=0$ 인 x, y -평면에 무한히 높은 가상의 장벽을 $-H_1$ 이라 하고 $H=(H-H_1)+H_1=H_0+H_1$ 으로 쓰면 H_0 를 비섭동, H_1 을 섭동

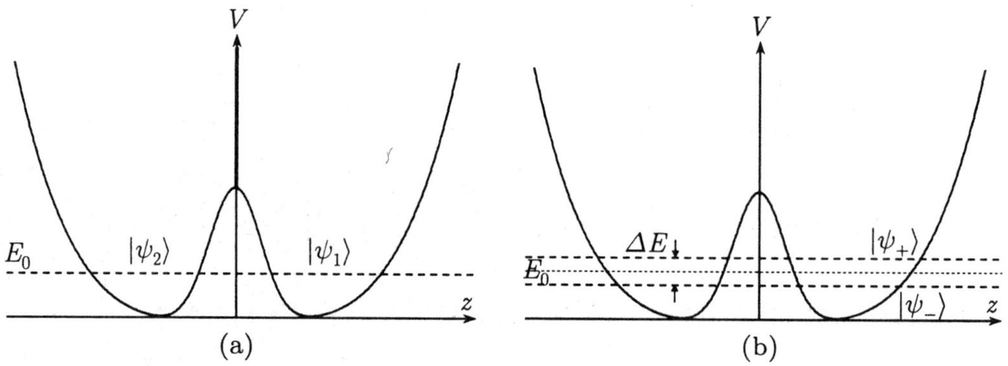

그림 11.1 암모니아 분자의 이중 조화 진동자 모형.
(a) $z=0$ 에 무한 높이의 장벽으로 투과가 없으며 겹쳐진 두 상태가 존재,
(b) 장벽이 제거되면 겹침이 없어지고 새로운 고유상태가 생김.

작용으로 보고 다음 양자 방정식을 풀면 된다.

$$i\hbar \frac{d}{dt}\psi = (H_0 + H_1)\psi \qquad \psi = \begin{pmatrix} \psi_1 \\ \psi_2 \end{pmatrix} \tag{11.31}$$

그러면 H_0 는 중간에 무한 장벽이 있는 하밀토니안이 된다. 따라서 장벽 투과가 안 일어나고, 대칭성에 의하여 겹쳐진 에너지 준위가 x, y -평면 상하 두 곳에 있다. 이것을 각각 $|\psi_1\rangle$, $|\psi_2\rangle$ 라 하자. 즉 $|\psi_1\rangle$, $|\psi_2\rangle$ 는 H_0 의 고유 상태이고 겹쳐졌으므로 에너지 준위가 같으며 물질 파동은 각각의 우물에만 국한된다. 즉 $|\psi_1\rangle$ 는 오른쪽 우물에만 존재하므로 왼쪽 우물에서는 파동 함수가 영이고 $|\psi_2\rangle$ 상태는 반대이다. 그러므로 $|\psi_1\rangle$, $|\psi_2\rangle$ 사이의 행렬 요소는 영이 되고 나머지는 대칭성을 이용하여 다음 관계가 성립한다.

$$H_0 = \begin{pmatrix} \tilde{E}_0 & 0 \\ 0 & \tilde{E}_0 \end{pmatrix} \qquad \begin{aligned} \langle\psi_1|H_0|\psi_1\rangle &= \langle\psi_2|H_0|\psi_2\rangle = \tilde{E}_0 \\ \langle\psi_1|H_0|\psi_2\rangle &= \langle\psi_2|H_0|\psi_1\rangle = 0 \end{aligned} \tag{11.32}$$

H_1 은 섭동항으로 간주한다. 그 행렬 요소들은 다음으로 정의한다. 이번에도 $|\psi_1\rangle$ 과 $|\psi_2\rangle$ 의 대칭성을 활용한다.

$$H_1 = \begin{pmatrix} \tilde{E}_1 & A \\ A & \tilde{E}_1 \end{pmatrix} \qquad \begin{aligned} \langle\psi_1|H_1|\psi_1\rangle &= \langle\psi_2|H_1|\psi_2\rangle = \tilde{E}_1 \\ \langle\psi_1|H_1|\psi_2\rangle &= \langle\psi_2|H_1|\psi_1\rangle = A \end{aligned} \tag{11.33}$$

섭동항 H_1 은 투과를 허용하므로 $\langle\psi_1|H_1|\psi_2\rangle \neq 0$ 이다. 그러므로 $E_0 = \tilde{E}_0 + \tilde{E}_1$ 으로 대체하면 식 (11.31) 은 다음과 같게 된다.

$$i\hbar \frac{d}{dt}\begin{pmatrix} \psi_1 \\ \psi_2 \end{pmatrix} = \begin{pmatrix} E_0 & A \\ A & E_0 \end{pmatrix}\begin{pmatrix} \psi_1 \\ \psi_2 \end{pmatrix} \tag{11.34}$$

이 문제를 섭동 문제로 보든지 또는 대각선화 문제로 다루든지 우선 고유값을 구해야 한다. 행렬식 $\det|H - \lambda I| = 0$ 을 계산하여 특성 방정식을 얻고 λ 에 관하여 풀면 다음 두 근을 구할 수 있다.

$$\lambda = E_0 + A, \quad E_0 - A \tag{11.35}$$

두 고유값에 대한 고유 벡터를 각각 ψ_+, ψ_- 로 표기하면 다음을 얻는다.

$$\lambda_+ = E_+ = E_0 + A \qquad \lambda_- = E_- = E_0 - A$$
$$\psi_+ = \frac{1}{\sqrt{2}}\begin{pmatrix}1\\1\end{pmatrix} \qquad \psi_- = \frac{1}{\sqrt{2}}\begin{pmatrix}1\\-1\end{pmatrix} \tag{11.36}$$

이들을 양자 상태의 케트 벡터로 표현하면 다음과 같다.

$$|\psi_+\rangle = \frac{1}{\sqrt{2}}\Big(|\psi_1\rangle + |\psi_2\rangle\Big) \qquad |\psi_-\rangle = \frac{1}{\sqrt{2}}\Big(|\psi_1\rangle - |\psi_2\rangle\Big) \tag{11.37}$$

ψ 열 벡터를 $|\psi\rangle$ 케트 벡터로 바꾸는 과정은 $I = |\psi_1\rangle\langle\psi_1| + |\psi_2\rangle\langle\psi_2|$ 를 이용한 전형적인 좌표 변환이다.

$$\begin{aligned}|\psi_+\rangle &= \Big(|\psi_1\rangle\langle\psi_1| + |\psi_2\rangle\langle\psi_2|\Big)|\psi_+\rangle \\ &= |\psi_1\rangle\langle\psi_1|\psi_+\rangle + |\psi_2\rangle\langle\psi_2|\psi_+\rangle \\ &= |\psi_1\rangle(1\ 0)\frac{1}{\sqrt{2}}\begin{pmatrix}1\\1\end{pmatrix} + |\psi_2\rangle(0\ 1)\frac{1}{\sqrt{2}}\begin{pmatrix}1\\1\end{pmatrix} \\ &= \frac{1}{\sqrt{2}}(|\psi_1\rangle + |\psi_2\rangle)\end{aligned} \tag{11.38}$$

H 를 대각선화 하는데 필요한 하나 행렬은 다음과 같다.

$$U = \frac{1}{\sqrt{2}}\begin{pmatrix}1 & 1\\1 & -1\end{pmatrix} \tag{11.39}$$

이 행렬로 기준계의 변환을 하면 식 (11.34) 는 아래와 같다.

$$i\hbar\frac{d}{dt}\begin{pmatrix}\psi_+\\\psi_-\end{pmatrix} = \begin{pmatrix}E_+ & 0\\0 & E_-\end{pmatrix}\begin{pmatrix}\psi_+\\\psi_-\end{pmatrix} \tag{11.40}$$

윗식에서 ψ_+, ψ_- 는 식 (11.8) 의 $\psi_1{}'$, $\psi_2{}'$ 에 해당한다.

식 (11.40) 은 변수가 분리되었으므로 쉽게 풀이를 얻게 된다.

$$\psi_+(t) = c_+\,e^{-i/\hbar\,E_+t} \qquad \psi_-(t) = c_-\,e^{-i/\hbar\,E_-t}$$
$$|\psi_+(t)|^2 + |\psi_-(t)|^2 = 1 \tag{11.41}$$

그러므로 식 (11.5) 에 따라 두 상태 양자 방정식 (11.34) 의 풀이를 알아 내었다.

$$\begin{pmatrix}\psi_1\\ \psi_2\end{pmatrix}=\frac{1}{\sqrt{2}}\begin{pmatrix}1 & 1\\ 1 & -1\end{pmatrix}\begin{pmatrix}\psi_+\\ \psi_-\end{pmatrix}=\frac{1}{\sqrt{2}}\begin{pmatrix}c_+e^{-i/\hbar E_+t}+c_-e^{-i/\hbar E_-t}\\ c_+e^{-i/\hbar E_+t}-c_-e^{-i/\hbar E_-t}\end{pmatrix} \tag{11.42}$$

그리고 $|\psi\rangle$ 표기로는 아래와 같다.

$$|\psi\rangle=\frac{1}{\sqrt{2}}\left(c_+e^{-i/\hbar E_+t}+c_-e^{-i/\hbar E_-t}\right)|\psi_1\rangle+\frac{1}{\sqrt{2}}\left(c_+e^{-i/\hbar E_+t}-c_-e^{-i/\hbar E_-t}\right)|\psi_2\rangle \tag{11.43}$$

이제 처음 $(t=0)$ 에 $|\psi\rangle$ 가 $|\psi_1\rangle$ 상태에 있었다고 하자. 질소 원자가 (x,y)-평면 윗쪽에 있는 상태이다. 그러면 식 (11.41) 에서 $c_+=c_-=1/\sqrt{2}$ 이다. 따라서 $|\psi\rangle$ 를 아래처럼 다시 쓰고

$$|\psi\rangle=e^{-i/\hbar E_0t}\cos\frac{A}{\hbar}t\,|\psi_1\rangle-i\,e^{-i/\hbar E_0t}\sin\frac{A}{\hbar}t\,|\psi_2\rangle \tag{11.44}$$

N 원자가 $|\psi_1\rangle$ 또는 $|\psi_2\rangle$ 상태에 있을 확률 P 를 계산하면 다음과 같다.

$$P(|\psi_1\rangle)=\cos^2\frac{\Delta E}{2\hbar}t \qquad P(|\psi_2\rangle)=\sin^2\frac{\Delta E}{2\hbar}t \tag{11.45}$$

여기서 $\Delta E=E_+-E_-=2A$ 이다. 윗식을 살펴보면 처음에 $|\psi_1\rangle$ 상태인 N 원자가 장벽 투과로 $|\psi_1\rangle$, $|\psi_2\rangle$ 영역의 존재 확률이 진동하며 진동수는 $\nu=\Delta E/h$ 이다.

암모니아 기체의 흡수 스펙트럼 실험에서 ΔE 는 10^{-4} eV 정도임이 알려졌다. 이 준위의 차이는 NH_3 분자의 회전 에너지는 10^{-1} eV, 진동 에너지는 1 eV 정도라는 사실과 비교하면 매우 작으므로 두 상태만 다루어도 무방하다는 논리가 정당화된 셈이다.

11.4 중성 K 중간자

소립자들 중 전하가 중성인 K-입자는 K^0 와 $\bar{K}^0$ 의 두 가지가 존재한다. 이들은 질량, 전하, 스핀, 홀짝도 등이 똑같지만 기묘도 (strangeness) 라는 양자 번호가 서로 반대여서 구별이 가능하다. 이들 양자 번호들은 입자를 분류할 때 사용되며 그에 해당하는 내부 대칭이 존재한다. 그런데 핵력 같은 강한 상호 작용에서는 기묘도가 보존되지만 핵의 β 붕괴 같은 약한 상호 작용에서는 보존이 안 된다.

K 중간자를 형성하는 하밀토니안을 $H=H_{strong}+H_{weak}$ 로 표현하면 H_{strong} 을 비섭동 작용, H_{weak}를 섭동 작용으로 간주할 수 있다. H_{strong}의 고유 상태는 $|K^0\rangle$, $|\bar{K}^0\rangle$ 가 되고 강작용

에 국한하여 적용할 때 분명히 구별된다. 이것은 11.1절의 일반 논의에서 $|\psi_1\rangle, |\psi_2\rangle$ 상태에 해당한다. 그러나 약작용의 섭동을 포함하면 기묘도가 더 이상 보존되지 않고 $|K^0\rangle, |\bar{K}^0\rangle$ 는 섞여서 새로운 고유상태가 만들어지고 이들이 실제로 관측되는 입자로 인식하게 된다.
11.1절에서 (ϕ_1, ϕ_2)기준계를 $(K^0, \bar{K}^0)$ 기준계로 생각하고 풀어야 하는 방정식은 다음과 같다.

$$i\hbar\frac{d}{dt}\begin{pmatrix}\psi_1\\ \psi_2\end{pmatrix} = \begin{pmatrix} m & \Delta m/2 \\ \Delta m/2 & m\end{pmatrix}\begin{pmatrix}\psi_1\\ \psi_2\end{pmatrix} \tag{11.46}$$

이것은 암모니아 분자의 경우와 같은 물리 문제로 되고 앞절에서 $E_0 \to m,\ A \to \Delta m/2$ 으로 대체하면 된다. 식 (11.46)의 하밀토니안에 대한 고유상태는

$$|K_2^0\rangle = \frac{1}{\sqrt{2}}(|K^0\rangle + |\bar{K}^0\rangle) \qquad |K_1^0\rangle = \frac{1}{\sqrt{2}}(|K^0\rangle - |\bar{K}^0\rangle) \tag{11.47}$$

로 표기하겠는데 식 (11.37)의 $|\psi_+\rangle \to |K_2^0\rangle, |\psi_-\rangle \to |K_1^0\rangle$ 에 해당한다. K_1^0는 2개의 π 중간자로 빨리 붕괴하고(평균수명: 10^{-10}s) K_2^0는 3개의 π 중간자로 비교적 느리게 붕괴하므로 (평균수명: 5×10^{-8}s) 각각 K_S^0, K_L^0 로 표기한다. 약작용에서 입자-반대 입자, 공간 반전의 두 종류 내부 대칭이 각각은 파괴되지만 전체로는 보존되는 영향 때문이다. CP 대칭이라 부른다. 그런데 CP 대칭도 파괴된다면 실험실에서 관측하는 고유상태 K_S^0, K_L^0 에서는 각각 K_1^0 와 K_2^0 가 조금씩 섞이게 된다.

NH_3 분자에서 $|\psi_1\rangle$ 또는 $|\psi_2\rangle$ 상태 사이를 번갈아 진동하는 것처럼 중성 K 중간자에서도 $|K^0\rangle$ 와 $|\bar{K}^0\rangle$상태 사이의 진동이 있다. 입자 물리학에서는 각각의 양자 상태들이 소립자이고 양자화 에너지는 바로 질량 에너지이므로 비록 직접 측정은 아니지만 질량 차이에 해당하는 진동수로 $K^0 - \bar{K}^0$ 진동이 일어난다.

$$\Delta m = 3.52\times10^{-6}\,\mathrm{eV}/c^2 \tag{11.48}$$

11.5 전기 벌판 내의 암모니아 분자

이제 외부의 전기벌판 $\mathbf{E}$ 에 놓여있는 NH_3 분자를 생각해 보자. 질소 원자는 전하분포가 고르지 않고 전기 쌍극 능률 $\mathbf{p}$ 를 갖는다. 그 방향은 수소 원자들의 평면에 수직이다. 그런데 쌍극자에 의한 추가 에너지는 $-\mathbf{p}\cdot\mathbf{E}$ 이다. $\mathbf{E}$ 방향을 z-축으로 택하면 $|\psi_1\rangle$ 상태에서는 $+p\mathcal{E}$ 그리고 $|\psi_2\rangle$ 상태에서는 $-p\mathcal{E}$의 추가 에너지가 발생한다. 여기서 $\mathcal{E}=|\mathbf{E}|$ 이다.

그러면 이번에는 다음 방정식을 풀어야 한다.

$$i\hbar\frac{d}{dt}\begin{pmatrix}\psi_1\\ \psi_2\end{pmatrix}=\begin{pmatrix}E_0+p\mathcal{E} & A\\ A & E_0-p\mathcal{E}\end{pmatrix}\begin{pmatrix}\psi_1\\ \psi_2\end{pmatrix} \tag{11.49}$$

우선 고유값을 구하려고 다음을 풀면 에너지를 얻는다.

$$\det\begin{vmatrix}E_0+p\mathcal{E}-\lambda & A\\ A & E_0-p\mathcal{E}-\lambda\end{vmatrix}=0 \tag{11.50}$$

$$\begin{aligned}E_+ &= E_0+(A^2+p^2\mathcal{E}^2)^{1/2}\\ E_- &= E_0-(A^2+p^2\mathcal{E}^2)^{1/2}\end{aligned} \tag{11.51}$$

외부의 전기 벌판이 영인 경우 ($\mathcal{E}=0$) 에 윗식은 식 (11.35) 와 일치한다. 외부 전기 벌판이 약할 때와 강할 때에 각각 다음 식으로 근사시킬 수 있다.

$$\begin{aligned}A \gg p\mathcal{E} \qquad & E_\pm = E_0 \pm\left(A+\frac{p^2}{2A}\mathcal{E}^2\right)\\ A \ll p\mathcal{E} \qquad & E_\pm = E_0 \pm\left(p\mathcal{E}+\frac{A^2}{2p\mathcal{E}}\right)\end{aligned} \tag{11.52}$$

전기 벌판의 두 극한에서 유효한 식 (11.52) 는 식 (11.49) 의 섭동 원리로도 풀 수 있다.[1]

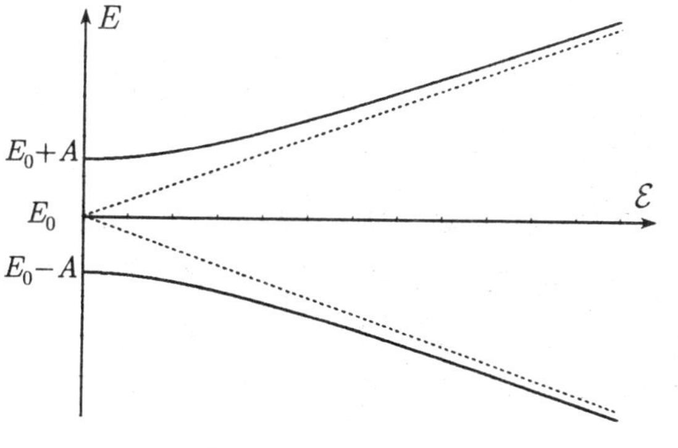

그림 11.2
외부 전기 벌판의 세기에 따른 암모니아 분자의 에너지 준위.

점선은 강한 벌판의 극한을 보임

[1] A. Das and A. C. Melissinos, *Quantum Mechanics*, Sect 4.5

하밀토니안을 다음과 같이 분리해서 H_1 을 섭동항으로 다루면 된다. 전기 벌판이 약할 때와 강할 때 섭동항을 적절히 선택하는 것이 중요하다.

$$\begin{aligned} A \gg p\mathcal{E} \qquad & H = H_0 + H_1 = \begin{pmatrix} E_0 & A \\ A & E_0 \end{pmatrix} + \begin{pmatrix} +p\mathcal{E} & 0 \\ 0 & -p\mathcal{E} \end{pmatrix} \\ A \ll p\mathcal{E} \qquad & H = H_0 + H_1 = \begin{pmatrix} E_0 + p\mathcal{E} & 0 \\ 0 & E_0 - p\mathcal{E} \end{pmatrix} + \begin{pmatrix} 0 & A \\ A & 0 \end{pmatrix} \end{aligned} \tag{11.53}$$

전기 벌판의 강약에 관계 없이 식 (11.52) 는 섭동항의 제곱에 비례하므로 2차 섭동까지 계산해야 확인할 수 있을 것이다. [연습문제 10.2 참고]

11.6 스 핀

전자의 스핀은 여러가지 분광학적 증거로 알 수 있지만 스핀을 가장 극명하게 보여주는 것은 Stern-Gerlach 실험이다. 스핀에 수반되는 자기 능률은 외부의 자기 벌판과 쉽게 상호작용하기 때문이다. 모든 자기적 성질은 근본을 전류 현상에 귀착시킬 수 있다는 Ampere의 가정에 따라서 전자의 궤도 운동에 의한 자기 능률을 추론해 보자. 간단한 문제로 전하 q 인 입자가 반지름 r 인 등속 원운동을 한다고 가정하자. 움직이는 전하는 전류를 발생하고 자기 능률이 생긴다. 자기 능률은 전류 i 와 넓이 A 의 곱이다. 그런데 i 는 $qv/2\pi r$ 이고 $A = \pi\, r^2$ 이므로

$$\mu = iA = q\frac{v}{2\pi r} \times \pi r^2 = \frac{qmvr}{2m} = \frac{q\hbar}{2m}\frac{L}{\hbar} \tag{11.54}$$

이며 자기 능률과 회전량을 벡터로 보면 $q > 0$ 일 때 같은 방향이므로 다음처럼 벡터 식으로 표현할 수 있다.

$$\boldsymbol{\mu} = \frac{q\hbar}{2m}\frac{\mathbf{L}}{\hbar} \tag{11.55}$$

회전량의 단위가 $\hbar$ 이고 전자에 관하여는 $q = -e$ 이므로 원자 정도의 미시 세계에서 $e\hbar/2m_e$ 는 자기 능률의 척도가 된다. 이를 Bohr 마그네톤(magneton)이라 하며 크기는 대략 다음과 같아서 1T 의 강한 자기 벌판에서도 10^{-5}eV 정도의 에너지를 가지며 원자의 에너지 준위보다 훨씬 작다.

$$\mu_B = \frac{e\hbar}{2m_e} = 5.788 \times 10^{-5}\ \text{eV/T} \tag{11.56}$$

위의 논의는 고전역학에 근거한 어림 계산이고 원자 세계에서는 다를수 있다. 궤도와 스핀 회전량에 대한 자기 능률을 각각 $\boldsymbol{\mu}_l$, $\boldsymbol{\mu}_s$라 하면 다음과 같이 표현한다.

$$\boldsymbol{\mu}_l = -g_l \mu_B \frac{\mathbf{L}}{\hbar} \qquad \boldsymbol{\mu}_s = -g_s \mu_B \frac{\mathbf{S}}{\hbar} \tag{11.57}$$

실험사실에 근거하여 자기회전 비율 $g_l = 1$, $g_s \simeq 2$ 임이 알려졌다. Dirac의 상대론적 양자방정식에서는 $g_s = 2$ 관계식이 자연스럽게 도출되고 전자의 자기능률은 Bohr 마그네톤 μ_B가 된다. 그러나 실험적으로는 12자리 유효숫자의 놀라운 정밀도로 측정이 가능하다.[2]

$$\mu_e = 1.001\ 159\ 652\ 187(40)\,\mu_B \tag{11.58}$$

QED에서는 체계적인 상대론적 벌판보정을 통하여 같은 정도의 정밀도로 이론 계산이 수행되었고 오차범위 내에서 실험 측정값과 이론 예측값이 일치한다!

자기능률이 자기벌판에 놓이면 추가 에너지가 생기는데 스핀으로 인한 하밀토니안은

$$H = -\boldsymbol{\mu}\cdot\mathbf{B} \qquad \boldsymbol{\mu} = -g_e \mu_B \frac{\mathbf{S}}{\hbar} \tag{11.59}$$

이다. 이 논의는 전자에 국한하였으나 같은 논리가 양성자, 중성자 등 핵자에도 적용된다. 고전역학 이론에서는 자기능률의 방향이 자기벌판 $\mathbf{B}$ 에 대하여 아무 방향이나 향할 수 있으므로 에너지는 $-\mu B$ 부터 $+\mu B$ 까지 모든 값에 걸쳐 연속으로 변한다.

자기벌판이 일정하면 자기능률에 작용하는 힘은 영이고 회전력만 존재할 뿐이다. 따라서 질량중심은 등속운동을 하고 자기능률은 그 주위에서 회전한다. 그러나 $\mathbf{B}$ 의 세기가 변하면 자기능률에 알짜 힘이 작용한다.

$$\mathbf{F} = -\nabla(-\boldsymbol{\mu}\cdot\mathbf{B}) = \mu_z \nabla_z B_z \tag{11.60}$$

여기서 자기벌판의 세기는 z-축 방향으로 가장 급히 변하도록 전자석이 설계되었다고 가정한다. 그런데 $-m \leq m_z \leq +m$ 이므로 변하는 자기벌판으로 전자의 궤도는 특정한 영역내에서 연속으로 변할 것이다. 그러나 Stern-Gerlach 실험 결과 오직 2개의 분리된 흔적만 관측되었다. 이것은 자기능률 즉 회전량이 양자화 됨을 입증하고 2개의 상태만 존재한다는 사실에서 $2S+1 = 2$, 즉 $S = 1/2$ 임을 알 수 있다.

스핀은 새로운 역학변수이다. 그리고 파동함수 $\Psi(\mathbf{x}, t)$ 는 $\Psi(\mathbf{x}, t; s)$ 로 써야 한다.

---

[2] K. Hagiwara et al., *Phys.Rev.* ***D66***, 010001 (2002)

만일 하밀토니안이 시공간에만 의존하는 부분과 스핀에만 의존하는 부분으로 구성되어

$$H = H_{space}(\mathbf{x}, \mathbf{p}) + H_{spin}(\sigma)$$

이라 하면 파동 함수는 $\Psi(\mathbf{x}, t; s) = \Psi(\mathbf{x}, t)\,\chi(s)$로 변수 분리가 가능하다. 시공간 부분은 기존의 Schrödinger 방정식 (4.6) 이 되고 스핀 부분은

$$i\hbar \frac{d}{dt}\chi = H_{spin}(\boldsymbol{\sigma})\,\chi \tag{11.61}$$

가 되는데 이것은 바로 우리가 주제로 다루는 두 양자 상태 문제이다. 그러면 시공간 파동 함수와 스핀 파동 함수를 각각 별도로 다룰 수 있다. 단지 스칼라 곱에서 공간 적분 등은 스핀 합도 포함시켜야 한다.

$$\int d^3x \qquad \Rightarrow \qquad \sum_s \int d^3x \tag{11.62}$$

그렇다고 공간 파동 함수와 스핀 파동 함수의 곱이 바로 전체 하밀토니안 H의 고유 상태가 되는 것은 아니다. 중심력 문제에서 $\psi_{nlm}(\mathbf{x})\,\chi_s$를 생각하면 이 파동 함수는 $\mathbf{L}^2$, L_z, $\mathbf{S}^2$, S_z의 고유 상태일 뿐 전체 회전량 $\mathbf{J}^2 = (\mathbf{L}+\mathbf{S})^2$, J_z의 고유 상태는 아니다. 그러나 이들은 C-G 계수로 연결되므로 [예제 9.3 참고] H의 고유 상태를 얻을 수 있다. 구체적으로 다음과 같다.

$$\begin{aligned} j = l + \frac{1}{2} \text{ 인 경우} \quad |jm\rangle &= \frac{1}{\sqrt{2l+1}} \begin{pmatrix} \sqrt{j+m}\,\psi_{n\,l\,m-1/2}(\mathbf{x}) \\ \sqrt{j-m}\,\psi_{n\,l\,m+1/2}(\mathbf{x}) \end{pmatrix} \\ j = l - \frac{1}{2} \text{ 인 경우} \quad |jm\rangle &= \frac{1}{\sqrt{2l+1}} \begin{pmatrix} \sqrt{j-m+1}\,\psi_{n\,l\,m-1/2}(\mathbf{x}) \\ \sqrt{j+m+1}\,\psi_{n\,l\,m+1/2}(\mathbf{x}) \end{pmatrix} \end{aligned} \tag{11.63}$$

그러므로 파동 함수는 2개의 성분을 가진 스피너가 된다.

예 제 11.1 스핀-궤도 상호작용

전자는 스핀이 있기에 자기 능률을 가지고 전하로 인하여 자기 벌판이 생기므로 이들간의 상호 작용이 존재한다. 간단하게 수소 같은 원자에서 원형 궤도의 전자를 고전적으로 생각해 보자. 핵 주위의 원형 전자 궤도 [그림 11.4(a)] 를 좌표 변환을 통하여 전자 주위의 핵의 원형 궤도 [그림 11.4(b)] 로 바꾸어 분석해 본다. 핵의 전하 $+Ze$ 는 $-\mathbf{v}$ 의 속력으로 움직이며 전류가 발생하여 전자가 위치한 중심에 자기 벌판을 만든다. 그 크기는 Biot-Savart 법칙으로 얻는다.

$$\mathbf{B} = \frac{\mu_0}{4\pi}\oint \frac{i\,d\mathbf{l}\times\mathbf{x}}{r^3} = \frac{\mu_0}{4\pi}\oint \frac{Ze(-\mathbf{v})\,dl}{2\pi r}\times\frac{\mathbf{x}}{r^3} = \frac{1}{mec^2}\frac{1}{r}\frac{dV}{dr}\mathbf{L} \tag{11.64}$$

둘레 적분에서 r 은 일정하고 $\mathbf{v}\times\mathbf{x}$ 또한 회전량 상수에 비례하는 사실을 이용했다. 전류 i 는 단위 시간당 한 점을 지나간 횟수에 전하 $+Ze$ 를 곱한 것이다. 그리고 $V = Ze^2/4\pi\varepsilon_0 r$ 에 국한하지 않고 일반적 중심력 벌판에 대한 $1/r\,dV/dr$ 로 표기하였다.

그러면 전자의 자기 능률 $\boldsymbol{\mu}$ 가 자기 벌판 $\mathbf{B}$ 에 있으므로 식 (11.59) 에 따라 자기 에너지가 생길 것이다. 전자의 자기 회전 비율이 2 에 매우 가까운 점을 고려하면 전자의 자성에 의한 에너지는 다음과 같다.

$$H_{LS} = -\left(-2\mu_B\frac{\mathbf{S}}{\hbar}\right)\cdot\frac{1}{mec^2}\frac{1}{r}\frac{dV}{dr}\mathbf{L} = \frac{1}{m^2c^2}\frac{1}{r}\frac{dV}{dr}\mathbf{S}\cdot\mathbf{L} \tag{11.65}$$

그림 11.3
스핀-궤도 상호 작용의
고전 역학적 설명

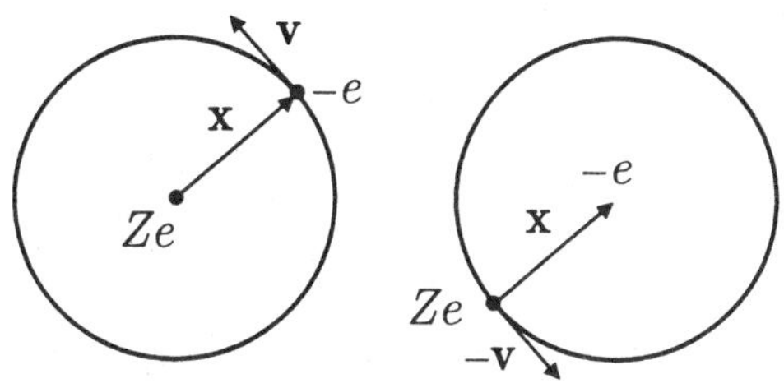

(a) (b)

실제로는 "Thomas 세차 운동"으로 알려진 상대론적 운동 효과로 1/2 인자가 추가된다.[3]
이 작용을 스핀-궤도 상호 작용 (spin-orbit interaction) 이라 하며 다음과 같다.

$$H_{LS} = \frac{1}{2m^2c^2}\frac{1}{r}\frac{dV}{dr}\mathbf{S}\cdot\mathbf{L} \tag{11.66}$$

◁◁

이상은 고전적인 논리이다. 양자 역학적으로 스핀-궤도 작용을 설명하려면 Dirac 방정식의 비 상대론적 극한을 고려하여 보정항으로 윗식을 유도할 수 있다. [17.4 절 참고]

---

[3] J. D. Jackson *Classical Electrodynamics, 2nd ed*, Sect 11.8

Pauli의 스핀 행렬을 채택하면 σ_z 의 고유벡터 χ_+, χ_- 를 기준으로 벡터를 표현할 수 있고 스피너 χ 를 다음처럼 성분 c_1, c_2 를 갖는 2×1 열 벡터로 표기한다.

$$\chi = \begin{pmatrix} c_1 \\ c_2 \end{pmatrix} \qquad c_1 = \langle \chi_+ | \chi \rangle \qquad c_2 = \langle \chi_- | \chi \rangle \tag{11.67}$$

그러면 규격화 조건은 다음과 같고

$$\langle \chi | \chi \rangle = 1 \qquad \Rightarrow \qquad \chi^\dagger \chi = 1 \qquad |c_1|^2 + |c_2|^2 = 1 \tag{11.68}$$

어떤 물리량 F 의 기대값은 다음으로 계산할 수 있다.

$$\langle F \rangle = \chi^\dagger F \chi \tag{11.69}$$

스피너 χ 와 관련된 연산은 밀도 행렬 (density matrix) ρ 로 바꾸어서 계산하는 것이 편리할 수 있다. 밀도 행렬은 다음으로 정의되는데

$$\rho = \chi \chi^\dagger = \begin{pmatrix} c_1 \\ c_2 \end{pmatrix} (c_1^* \quad c_2^*) = \begin{pmatrix} |c_1|^2 & c_1 c_2^* \\ c_1^* c_2 & |c_2|^2 \end{pmatrix} \qquad \rho_{ij} = c_i c_j^* \tag{11.70}$$

스피너 χ 가 가질 수 있는 임의의 위상 인자는 자체적으로 상쇄된다. 그리고 규격화 조건 (11.68) 은 다음과 같다.

$$\mathrm{Tr}\, \rho = 1 \tag{11.71}$$

밀도 행렬 ρ 는 실재 행렬임도 쉽게 확인할 수 있다.

$$\rho^\dagger = (\chi \chi^\dagger)^\dagger = \chi \chi^\dagger = \rho \tag{11.72}$$

한편 물리량의 기대값 (11.69) 도 다음처럼 밀도행렬과 연산자의 곱의 추적으로 쓸 수 있다.[4]

$$\langle F \rangle = \chi^\dagger F \chi = \sum_{ij} \chi_i^* F_{ij} \chi_j = \sum_{ij} F_{ij} \chi_j \chi_i^* = \sum_i (F\rho)_{ii} = \mathrm{Tr}\,(F\rho) = \mathrm{Tr}\,(\rho F) \tag{11.73}$$

밀도 행렬은 실재 행렬이므로 식 (11.18) 에 따라

[4] $\chi^\dagger$, F, χ 는 모두 행렬이므로 $\mathrm{Tr} AB = \mathrm{Tr} BA$, $\chi^\dagger F \chi = \mathrm{Tr}\,(\chi^\dagger F \chi)$ 로 이해할 수도 있다.

$$\rho = \frac{1}{2}(I + \mathbf{P}\cdot\boldsymbol{\sigma}) \tag{11.74}$$

로 표현할 수 있고 **P** 는 실수이다.

$$P_x = 2\,\mathrm{Re}(c_1{}^*c_2) \qquad P_y = 2\,\mathrm{Im}(c_1{}^*c_2) \qquad P_z = |c_1|^2 - |c_2|^2 \tag{11.75}$$

그런데 $$\rho^2 = (\chi\chi^\dagger)(\chi\chi^\dagger) = \chi\chi^\dagger = \rho$$

이므로 $\mathbf{P}^2 = I$ 임을 알 수 있다. 또한 식 (11.73) 에서 스핀과 밀접한 관계가 있는 Pauli 행렬의 기대값을 구하면 **P** 가 스핀 방향의 단위 벡터임을 알 수 있다.

$$\langle\boldsymbol{\sigma}\rangle = \mathrm{Tr}\,(\rho\,\boldsymbol{\sigma}) = \frac{1}{2}\mathrm{Tr}\Big(\boldsymbol{\sigma} + (\mathbf{P}\cdot\boldsymbol{\sigma})\boldsymbol{\sigma}\Big) = \mathbf{P} \tag{11.76}$$

그러므로 **P** 벡터를 스핀 쏠림 (polarization) 벡터로 부른다.

밀도 행렬의 시간 변화에 관한 방정식은 식 (11.61) 을 이용한다.

$$i\hbar\frac{d\rho}{dt} = i\hbar\frac{d\chi}{dt}\chi^\dagger + i\hbar\chi\frac{d\chi^\dagger}{dt} = H\chi\chi^\dagger - \chi\chi^\dagger H = [H, \rho] \tag{11.77}$$

그리고 식 (11.73) 의 시간 도함수는 다음과 같고 예상대로 식 (8.21) 과 일치한다.

$$\begin{aligned} \frac{d}{dt}\langle F\rangle &= \mathrm{Tr}\left(\frac{d\rho}{dt}F\right) + \mathrm{Tr}\left(\rho\frac{\partial F}{\partial t}\right) = \frac{1}{i\hbar}\mathrm{Tr}\,([H,\rho]F) + \left\langle\frac{\partial F}{\partial t}\right\rangle \\ i\hbar\frac{d}{dt}\langle F\rangle &= \langle[F, H]\rangle + i\hbar\left\langle\frac{\partial F}{\partial t}\right\rangle \end{aligned} \tag{11.78}$$

이제 쏠림 벡터 **P** 의 운동방정식을 알아보자. 우선 하밀토니안 H 도 2×2 실재 행렬이므로

$$H = \frac{1}{2}(H_0 I + \mathbf{H}\cdot\boldsymbol{\sigma}) \tag{11.79}$$

처럼 쓸 수 있다. 여기서 H_0 와 **H** 는 모두 실수이다. 그러면 **P** 의 시간 변화율은 다음과 같다.

$$\begin{aligned} i\hbar\frac{d\mathbf{P}}{dt} &= i\hbar\frac{d}{dt}\langle\boldsymbol{\sigma}\rangle = \langle[\boldsymbol{\sigma}, H]\rangle = \frac{1}{2}\langle[\boldsymbol{\sigma}, \mathbf{H}\cdot\boldsymbol{\sigma}]\rangle = i\,\mathbf{H}\times\langle\boldsymbol{\sigma}\rangle \\ \text{즉} \qquad \frac{d\mathbf{P}}{dt} &= \frac{1}{\hbar}\mathbf{H}\times\mathbf{P} \end{aligned} \tag{11.80}$$

이것은 세차 (precession) 운동에 관한 방정식이고 풀이는 **P** 벡터가 **H** 벡터 주위에서 회전 속도 $|\mathbf{H}|/\hbar$ 로 세차 운동을 하는 것이다. [그림 11.4 참고] 보기로 식 (11.59) 의 외부 자기 벌판에 놓인 전자의 자기 능률에 의한 하밀토니안은

$$H = +\frac{g_e}{2}\mu_B\,\boldsymbol{\sigma}\cdot\mathbf{B} \tag{11.81}$$

이므로 쏠림 벡터 **P** 는 자기 벌판 **B** 주위로 $\omega = g_e/2\hbar\,(\mu_B B)$ 의 회전 속도로 세차 운동을 한다.

식 (11.80) 에 이르는 논의는 일반적이고 식 (11.79) 의 다양한 H 에 해당하므로 물론 식 (11.81) 의 간단한 형태의 하밀토니안에도 적용되지만 이 경우 풀이를 직접 얻을 수 있다. 편의상 **B** 의 방향을 z -축으로 정하면 다음 방정식을 풀면 된다.

$$i\hbar\frac{d}{dt}\begin{pmatrix}c_1\\c_2\end{pmatrix} = H\begin{pmatrix}c_1\\c_2\end{pmatrix} \qquad H = \frac{1}{2}g_e\mu_B B\begin{pmatrix}+1 & 0\\0 & -1\end{pmatrix} = \frac{\hbar\omega}{2}\begin{pmatrix}+1 & 0\\0 & -1\end{pmatrix} \tag{11.82}$$

이 방정식의 풀이는 쉽게 구할 수 있다.

$$c_1(t) = c_1(0)\exp(-i\,\omega t) \qquad c_2(t) = c_2(0)\exp(+i\,\omega t) \tag{11.83}$$

이들을 식 (11.75) 에 대입하면 P_z 는 일정하며 (P_x, P_y) 는 x, y -평면에서 일정한 회전 속도로 세차 운동을 한다.

$$\begin{aligned} P_x &= \langle\sigma_x\rangle = 2\,\mathrm{Re}\ c_1{}^*(0)\,c_2(0)\exp(2i\omega t)\\ P_y &= \langle\sigma_y\rangle = 2\,\mathrm{Im}\ c_1{}^*(0)\,c_2(0)\exp(2i\omega t)\\ P_z &= \langle\sigma_z\rangle = |c_1(0)|^2 - |c_2(0)|^2 \end{aligned} \tag{11.84}$$

그림 11.4 쏠림 벡터의 세차 운동.

쏠림 벡터 **P** 는 벡터 **H** 주위에 $|\mathbf{H}|/\hbar$ 의 회전속도로 세차 운동을 한다.

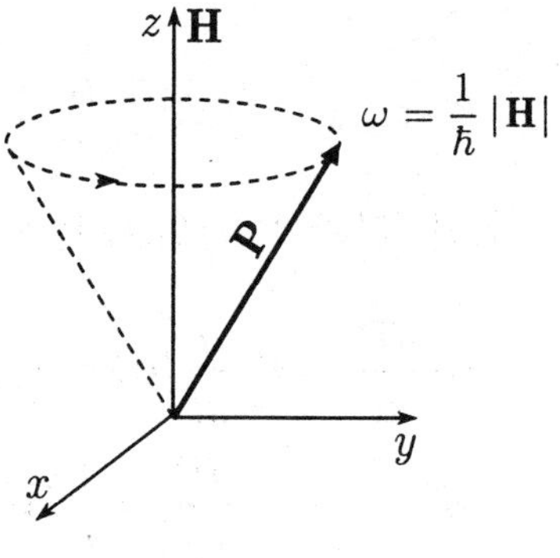

11.7 자기 공명

외부 자기벌판 내에서 양성자와 전자의 운동은 두 상태 문제로 매우 적합하다. 자기능률에 의한 에너지의 변화가 생기고 자기능률은 입자의 스핀과 밀접한 관계가 있기 때문이다. 특히 스핀 1/2 인 입자에게는 자연스런 두 상태 문제가 된다.

스핀 1/2 인 전자의 자기능률을 $\boldsymbol{\mu}$ 라 하자. 실제로는 전자나 양성자를 염두에 두고 있다. 이 자기능률은 외부 자기벌판 $\mathbf{B}$ 에서 에너지를 갖고 다음 하밀토니안으로 기술된다.

$$H = -\boldsymbol{\mu}\cdot\mathbf{B} \tag{11.85}$$

자기능률 $\boldsymbol{\mu}$ 는 입자의 스핀 $\mathbf{S}$ 와 다음의 관계가 있다.

$$\boldsymbol{\mu} = g_s \frac{q\hbar}{2m}\frac{\mathbf{S}}{\hbar} = \mu\boldsymbol{\sigma} \tag{11.86}$$

여기서 g_s 는 입자의 자기회전(gyromagnetic) 비율이고 전자의 경우에는 $\mu = -\mu_B$, 양성자에서는 $\mu = +2.79\,\mu_N$ 이다. 그러면 하밀토니안은 $H = -\mu\boldsymbol{\sigma}\cdot\mathbf{B}$ 가 되므로 외부에서 가해진 일정한 세기의 자기벌판이 z-축 방향이라면, 즉 $\mathbf{B} = B_0\mathbf{k}$ 라 하면 H 는 쉽게

$$H = -\mu B_0\,\sigma_z = -\mu B_0\begin{pmatrix} +1 & 0 \\ 0 & -1 \end{pmatrix} \tag{11.87}$$

로 대각선화 되어 풀이를 쉽게 얻는다. 그리고 겹침이 제거되어 $2mB_0$ 의 에너지 차이가 발생한다.

일정한 세기의 자기벌판이 z-축 방향으로 걸리고 또 x-축 방향으로 시간에 따라 변하는 자기벌판 $B_x = B_1\cos\omega t$ 가 추가된다고 하자. 그러면 하밀토니안은 다음처럼 쓸 수 있다.

$$H = -\boldsymbol{\mu}\cdot\mathbf{B} = -\mu B_0\,\sigma_z - \mu B_1\cos\omega t\ \sigma_x = -\begin{pmatrix} +\mu B_0 & \mu B_1\cos\omega t \\ \mu B_1\cos\omega t & -\mu B_0 \end{pmatrix} \tag{11.88}$$

$B_1 \ll B_0$ 인 경우에는 B_1 항을 섭동으로 다룰 수 있다. 비섭동항에 대하여는

$$i\hbar\frac{d}{dt}\begin{pmatrix} \psi_+ \\ \psi_- \end{pmatrix} = -\mu B_0\begin{pmatrix} +1 & 0 \\ 0 & -1 \end{pmatrix}\begin{pmatrix} \psi_+ \\ \psi_- \end{pmatrix} \tag{11.89}$$

이므로 방정식이 분리되어 풀이를 쉽게 얻는다.

$$\psi_+(t) = c_+ \, e^{+\frac{i}{\hbar}\mu B_0 \, t} \qquad \psi_-(t) = c_- \, e^{-\frac{i}{\hbar}\mu B_0 \, t} \tag{11.90}$$

그런데 섭동항은 시간에 의존하므로 제 10 장의 섭동 이론보다는 제 13 장의 시간 의존성 섭동 이론을 적용해야 한다. 그러나 여기서는 상태가 두 개뿐이므로 식 (11.34) 의 개념을 적용하여 직접 풀기로 한다. 시간 의존성 섭동 $B_1 \cos \omega t$ 가 작용할 때 그 영향이 c_+, c_- 에 반영하여 이들을 시간의 함수로 택하자.

$$\begin{gathered} \psi_+(t) = c_+(t) e^{+\frac{i}{2}\omega_0 \, t} \qquad \psi_-(t) = c_-(t) e^{-\frac{i}{2}\omega_0 \, t} \\ \omega_0 = \frac{2\mu B_0}{\hbar} \end{gathered} \tag{11.91}$$

그러면 식 (11.40) 은 $c_+(t)$, $c_-(t)$ 에 관한 미분 방정식이 된다.

$$\begin{aligned} i\hbar \frac{d}{dt} c_+(t) &= -\mu B_1 \cos \omega t \, e^{-i\omega_0 t} \, c_-(t) \\ i\hbar \frac{d}{dt} c_-(t) &= -\mu B_1 \cos \omega t \, e^{+i\omega_0 t} \, c_+(t) \end{aligned} \tag{11.92}$$

위의 연립 미분 방정식은 첫식에서 $c_-(t)$ 를 $c_+(t)$ 로 표현한 후 둘째 식에 대입하면 $c_+(t)$ 에 관한 미분 방정식을 얻는다. 물론 계수들은 시간의 함수이다. 대신 우리들은 물리적 직관을 활용하여 풀이를 조사하겠다. 섭동 $B_1 \cos \omega t$ 가 작으면 풀이는 식 (11.90) 에 가까우므로 $c_+(t)$, $c_-(t)$ 는 상수에 가깝든지 또는 시간에 따라 매우 완만하게 변할 것이다. 그러면 식 (11.92) 을 적분하여 다음 관계를 얻는다.

$$i\hbar \, c_+(t) = -\frac{\mu B_1}{2} \left(\int^t d\tau \, e^{+i(\omega-\omega_0)\tau} c_-(\tau) + \int^t d\tau \, e^{-i(\omega+\omega_0)\tau} c_-(\tau) \right) \tag{11.93}$$

ω 는 외부 자기 벌판의 회전 빈도이고 ω_0 는 물리계 자체의 고유 빈도이다. $c_-(\tau)$ 는 시간에 따라 완만하게 변하므로 $\omega + \omega_0$ 적분은 서로 상계하는 부분이 많고 $\omega - \omega_0$ 적분은 $\omega \simeq \omega_0$ 에서 기여하는 바가 크리라 예상된다. 그러므로 윗식은 $\omega - \omega_0$ 항만으로 근사시킬 수 있다.

$$\begin{aligned} i\hbar \frac{d}{dt} c_+(t) &= -\frac{\mu B_1}{2} \, e^{+i(\omega-\omega_0)t} \, c_-(t) \\ i\hbar \frac{d}{dt} c_-(t) &= -\frac{\mu B_1}{2} \, e^{-i(\omega-\omega_0)t} \, c_+(t) \end{aligned} \tag{11.94}$$

문제를 더욱 간단히 하기 위하여 공명상태, 즉 $\omega = \omega_0$ 인 상태에서는 $c_+(t)$, $c_-(t)$ 의 풀이는 다음과 같다.

$$\begin{aligned} c_+(t) &= a_+ \exp\left(+i\frac{\mu B_1}{2\hbar}t\right) - a_- \exp\left(-i\frac{\mu B_1}{2\hbar}t\right) \\ c_-(t) &= ia_+ \exp\left(+i\frac{\mu B_1}{2\hbar}t\right) - ia_- \exp\left(-i\frac{\mu B_1}{2\hbar}t\right) \end{aligned} \tag{11.95}$$

처음에 물리계가 ψ_+ 상태에 있었다면, 즉 $c_-(0) = 0$ 이라 하면 $a_+ = a_- = a$ 이므로

$$c_+(t) = 2a\cos\left(\frac{\mu B_1}{2\hbar}t\right) \qquad c_-(t) = 2a\sin\left(\frac{\mu B_1}{2\hbar}t\right) \tag{11.96}$$

가 되어 임의의 순간 ψ_+ 및 ψ_- 에 있을 확률은 각각 다음과 같아서

$$P_+(t) = 4a^2\cos^2\left(\frac{\mu B_1}{2\hbar}t\right) \qquad P_-(t) = 4a^2\sin^2\left(\frac{\mu B_1}{2\hbar}t\right) \tag{11.97}$$

전체 확률은 보존되고 자기 능률은 ψ_+ 와 ψ_- 상태 사이에서 $\mu B_0/\hbar$ 의 진동수로 진동한다.

연 습 문 제

11.1 Pauli 행렬이 포함된 추적에 관한 다음 관계식들을 증명하라. $\mathbf{A}$, $\mathbf{B}$, $\mathbf{C}$ 는 연산자이다.

$$\mathrm{Tr}(\boldsymbol{\sigma}\cdot\mathbf{A}) = 0$$
$$\mathrm{Tr}(\boldsymbol{\sigma}\cdot\mathbf{A})(\boldsymbol{\sigma}\cdot\mathbf{B}) = \mathbf{A}\cdot\mathbf{B}$$
$$\mathrm{Tr}(\boldsymbol{\sigma}\cdot\mathbf{A})(\boldsymbol{\sigma}\cdot\mathbf{B})(\boldsymbol{\sigma}\cdot\mathbf{C}) = \mathbf{A}\cdot(\mathbf{B}\times\mathbf{C})$$

11.2 다음을 증명하라.

$$[AB, CD] = -AC\{B,D\} + A\{B,C\}D - C\{A,D\}B + \{A,C\}DB$$

$\{A, B\} = AB + BA$ 는 반대 교환자 (anticommutator) 이다.

11.3 임의의 2×2 행렬을 다음과 같이 표현할 때

$$A = a_0 I + a_x \sigma_x + a_y \sigma_y + a_z \sigma_z = a_0 I + \mathbf{a} \cdot \boldsymbol{\sigma}$$

계수 a_0, a 는 다음과 같음을 증명하라.

$$a_0 = \frac{1}{2}\mathrm{Tr}(A) \qquad \mathbf{a} = \frac{1}{2}\mathrm{Tr}(A\,\boldsymbol{\sigma})$$

11.4 바닥 상태의 포지트로늄이 일정한 자기 벌판 $\mathbf{B}$ 에 놓여 있다. [연습문제 10.5]

$$H = a\,\mathbf{S}_1 \cdot \mathbf{S}_2 + b\,(\mathbf{S}_1 - \mathbf{S}_2) \cdot \mathbf{B}$$

$\mathbf{S}_1, \mathbf{S}_2$ 는 각각 전자와 양전자의 스핀 연산자이다. 자기 벌판의 방향을 z-축으로 삼고 $\chi_1^{\pm}\chi_2^{\pm}$ 스피너를 기준 벡터로 삼아서 위의 하밀토니안의 에너지 고유값을 구하라. 그리고 $\mathbf{B} \to 0$ 의 극한에서 섭동 이론으로 푼 결과와 일치함을 보이라

11.5 $K^0 - \bar{K}^0$ 진동으로 인하여 초기에 K^0 상태에 있는 입자가 시간이 t 만큼 지난 후 $\bar{K}^0$ 상태에 있을 확률을 계산하라. 이 현상은 얼마만큼의 빈도로 발생하겠는가? K_1^0, K_2^0 는 붕괴하지 않는다고 가정하라.

11.6 탄성 계수가 같은 세 개의 스프링이 질량 m 인 입자 2개를 매듭으로 연결되어 있다. 매듭이 아닌 양끝은 팽팽하게 당겨져 고정되어 있다. 그러면 이 물리계의 하밀토니안은 다음과 같다.

$$H = \frac{1}{2m}p_1^2 + \frac{1}{2m}p_2^2 + \frac{1}{2}m\omega^2\left(x_1^2 + (x_1 - x_2)^2 + x_2^2\right)$$

바닥 상태의 에너지 고유값과 파동 함수를 구하라.

11.7 전자가 초기 $(t=0)$ 에 다음 스피너 상태에 있다.

$$\chi = \begin{pmatrix} \alpha_0 \\ \beta_0 \end{pmatrix}$$

이 때 외부의 자기 벌판이 y-방향으로 일정하게 작용한다. 즉 $\mathbf{B} = B\mathbf{j}$ 이다. 시간이 t 만큼 지난 후의 스피너 상태를 구하라.

11.8 두 입자의 스핀 행렬을 $\boldsymbol{\sigma}_1, \boldsymbol{\sigma}_2$ 라 할 때 합성 스핀 영인 단일항에 대한 $(\boldsymbol{\sigma}_1 \cdot \mathbf{e}_1)(\boldsymbol{\sigma}_2 \cdot \mathbf{e}_2)$ 의 기대값은 다음과 같음을 증명하라.

$$\langle (\boldsymbol{\sigma}_1 \cdot \mathbf{e}_1)(\boldsymbol{\sigma}_2 \cdot \mathbf{e}_2) \rangle = -\cos\theta$$

12. 입자 스펙트럼

12.1 서 론

두 개 이상의 입자가 서로 끌어당길 때 이들은 결합상태가 되어 입자들의 물리계는 외부적으로 한 개의 입자처럼 행동한다. 반대로 구성입자의 세부구조를 살펴보면 더욱 작은 기본입자들의 결합상태로 형성되었음을 알 수 있다. 분자는 원자로 구성되었고, 원자는 원자핵과 전자들로 이루어졌으며, 핵은 핵자들의 결집체이고, 핵자를 비롯한 많은 소립자들은 쿼크 입자들이 결합한 것이다. 쿼크나 전자 같은 입자가 자연을 구성하는 궁극적인 기본 입자인지 아니면 더욱 근본적인 입자들로 얽매어 있는지는 현재 미지수이다.

양자역학은 발달 초기에 주로 결합상태의 규명에 초점이 맞추어졌고 결과적으로 원자 스펙트럼의 이해에 큰 도움이 되었다. 원자세계에서는 전자기 작용이 주요 작용인데 구체적 형태가 고전전자기학에서 예측 가능하였고 원자현상은 양자역학이 탄생하고 성장하는 온상이 되었다. 물론 우리 주위에는 원자현상보다 분자현상이 훨씬 더 많고 실용성을 중시한다면 분자현상을 연구해야 할 것이다. 되돌아보면 분자현상의 연구에서 과연 Schrödinger 방정식이 그리 쉽게 개발되었을까 의문스럽다. 물리학의 발전 전략중의 하나는 될 수 있는 대로 간단한 물리계를 심도있게 철저히 분석하여 자연계의 기본원리를 터득하여 알아내고 그 원리를 더욱 복잡한 물리계에 적용하는 것이다. 분자보다 단순한 원자, 그 중에서도 가장 간단한 수소원자의 스펙트럼을 철저히 분석하여 양자원리를 알아내고 이 원리를 복잡한 원자와 분자에 적용하는 것이다.

양자역학은 미시세계에서의 새로운 원리이므로 원자규모의 척도에서 끝날 일이 아니다. 그보다 작은 원자핵, 소립자의 세계에까지 넓힐 수 있다. 그러나 10^{-14} m 정도의 핵의 세계에서는 핵력이나 약작용에 의한 새로운 현상이 나타나고 이들에 관하여는 아직 전자기 작용만큼 자세히 알려지지 않았다. 더욱이 작은 척도로 갈수록 상대론적 효과가 커지고 특히 새로운 입자가 생성, 소멸되는 현상이 빈번하여 미시세계를 좀더 충실하게 기술하려면 지금까지 우리가 다룬 이론으로는 불충분하고 양자벌판 이론을 적용하여야 한다. 하지만 비상대론 양자역학으로도 다룰 수 있는 핵물리학, 입자물리학의 영역이 있다. 핵 스펙트럼에 관한 껍질이론 (shell model)과 무거운 쿼크로 결합된 중간자 결합상태 (quark model)들이 대표적인 보기이다.

분자-원자-핵-핵자-쿼크의 결합상태 서열에서 하위구조의 결합상태에 있는 입자들은 그 상위구조의 구성입자가 된다. 보기로 핵은 핵자들의 결합상태인데 원자를 다룰때에는 결합상태라기보다 핵 자체를 하나의 입자로 보는 것이 편리하다. 입자는 물리량연산자의 고유값을 갖는 양자상태인데 이들은 하부구조의 양자상태에서 결정된다. 예를 들면 원자의 스핀은 전자의 스핀 회전량과 궤도 회전량의 합이며 핵의 스핀은 핵자들의 스핀과 궤도 회전량의 합이다. 그러므로 하부구조를 표현하는 Hilbert 공간이 상위구조에서는 새로운 관측물리량이 되는 것이다.

결합상태의 에너지 고유값은 시간독립인 양자방정식을 풀어서 구한다. 결합상태 물리계의 에너지는 여럿이 가능한데 그 각각의 양자상태가 한 개의 입자이다. 물론 이 결합상태를 하나의 입자로 간주하면 그 질량은 구성입자의 질량들의 합에 결합에너지를 마이너스해야 한다. 그러므로 에너지 스펙트럼이 바로 입자 스펙트럼인 것이다. 그러나 원자물리학과 핵물리학에서는 바닥상태의 양자상태를 입자로 간주하고 다른 에너지 고유값 상태들은 들뜬상태로 취급한다. 입자물리학에서는 들뜬상태도 각각 다른 입자로 다룬다. 원자에서는 선택규칙에 따라 에너지 차이에 따른 전이가 일어날 때 흔히 광자를 방출하고 구성입자는 변화가 없다. 핵에서는 광자, 전자, α 입자 등이 방출입자가 될 수 있다. 소립자의 경우에는 다른 종류의 소립자를 방출할 수도 있다. 바닥상태의 입자도 보존법칙과 선택규칙이 허용하면 다른 입자들로 붕괴한다. 흔히 광자를 방출할 때 전이가 일어났다고 하며 다른 경우에는 입자가 붕괴하였다는 용어가 사용되는데 한 입자상태에서 여러 입자들의 다른 양자상태로 전이가 일어나는 것이 공통점이다.

입자의 양자상태를 기술할 때 역사적인 이유로 분광기호 표기 $n^{2S+1}L_J$를 자주 사용하는데 결합상태에 관한 상당한 정보를 내포하고 있다. 이 표기의 의미는 궤도 회전량이 L, 스핀 회전량은 S, 이들이 결합해서 합성된 전체 회전량은 J라는 것이다. n은 지름 방향의 양자번호인데 원자물리학에서는 주 양자번호를 사용하고 핵물리학과 입자물리학에서는 지름 양자번호를 사용한다. 원자에서는 수소원자의 특성상 주 양자번호로 에너지 준위를 파악하기 쉽기 때문이다. 그러므로 회전량 $l=0,1,2,\cdots$ 에 따라서 원자 스펙트럼은 $1S$, $2P$, $3D,\cdots$ 부터 시작되고 핵과 입자의 경우에는 $1S$, $1P$, $1D,\cdots$ 부터 시작해서 높은 에너지 상태로 가면서 n이 증가한다. 그러나 실제로는 이들은 서로 섞여 외부로 한 개의 입자처럼 행세할 수도 있다.

입자 스펙트럼은 전이현상으로 매우 쉽게 파악할 수 있다. 그러므로 물리현상을 제대로 다루려면 결합상태와 그 전이과정을 함께 취급해야 한다. 이 장에서는 입자 스펙트럼 자체만 살펴보고 전이 또는 붕괴현상은 제13장에서 시간종속 섭동이론의 논의에서 다루기로 한다.

12.2 수소 원자

수소 원자는 7.9절에서 다룬 수소 같은 원자의 $Z=+1$ 인 특수한 경우로 생각할 수 있고 제일 간단한 원자이기에 가장 자세하게 조사된 입자이다. 수소 원자는 전자와 양성자로 구성되었는데 질량을 가졌으므로 우선 중력이 작용할 터이고 전하를 띄고 있으므로 전기력도 작용할 것이다. 그러나 원자 세계에서 중력은 전기력의 10^{-40} 배 정도로 미약하여 무시할 수 있다. [예제 2.1 참고] 한편 전자와 양성자는 자기 능률을 가지므로 전하를 띄운 자석들이 어울려서 결합된 상태로 보는 것이 타당하다. 이들간의 상호 작용에서 가장 두드러진 효과는 전기력이다. 그러므로 우선 양성자의 Coulomb 벌판에서 전자의 운동을 생각한다. 전자의 속도는 빛의 속도에 비하여 느리다고 가정하고 $1/r$ 전기력만 고려한 비상대론적 하밀토니안 H_{NR} 은 다음과 같다.

$$H_{NR}=\frac{\mathbf{p}^2}{2m}-\frac{e^2}{4\pi\varepsilon_0 r}=\frac{\mathbf{p}^2}{2m}-\frac{\alpha\hbar c}{r}=\frac{\mathbf{p}^2}{2m}-\frac{\alpha^2mc^2}{\rho} \tag{12.1}$$

여기서 ρ 는 Bohr 반경 a_B 를 단위로 측정한 핵으로부터의 거리 $(r=\rho\, a_B)$ 이다.

H_{NR} 의 고유값 문제는 해석적 풀이가 존재하고 [7.9절 참고]

$$H_{NR}\,|nlm\rangle=E_{NR}^{(0)}\,|nlm\rangle \qquad E_{NR}^{(0)}=-\frac{1}{2n^2}\alpha^2mc^2 \tag{12.2}$$

이며 고유상태 함수 $\psi_{nlm}(\mathbf{x})=\langle\mathbf{x}\,|\,nlm\rangle$ 은 식 (7.104)의 지름 파동함수와 식 (7.38)의 구면조화함수의 곱이다. Coulomb 벌판은 공간 회전에 관하여 대칭이므로 자성 양자 번호 m 에 대하여 $m=+l,\cdots,-l$ 의 겹침이 있다. 겹침도는 $2l+1$ 이다. 그러나 수소 원자의 경우에는 추가로 회전량 l 사이에 겹침이 존재한다. 그리고 전체 겹침도는 n^2 이다. [식 (7.103)]

실제의 수소원자는 그보다 복잡하다. 우선 환산 질량 효과인데 2.2절 및 7.1절에서 논의한대로 H_{NR} 의 m 은 전자의 질량 m_e 가 아니라 환산 질량이다.

$$m\rightarrow\frac{1}{1+m_e/m_p}\,m_e=0.999\,456\,m_e \tag{12.3}$$

그 결과는 10^{-3} 정도로 비교적 크지만 에너지 스펙트럼의 전체적인 척도만 조정하는 역할을 할 뿐이다. 그런데 수소 원자의 원자 핵은 양성자의 동위 원소인 중양성자 (deuteron) 일 수도 있다. 이 경우에는 중수소 (重水素) 원자이다. 동위 원소에 기인한 환산 질량의 차이로 생기는 에너지 준위의 변화는 10^{-3} 정도이고 실험적으로 충분히 확인할 수 있다.

그보다 실제의 수소 원자 문제를 복잡하게 하는 것은 전자의 스핀이 1/2 이라는 점이다. 고전적으로 비유하기는 어렵지만 대전 입자가 자체 회전하므로 자기 능률이 생긴다. 한편 전자의 궤도 운동으로 자기 벌판이 발생하며 이들간의 전자기적 상호작용, 즉 스핀-궤도 작용이 생긴다. 그 결과 에너지 스펙트럼의 변화가 생긴다. 한편 원자핵인 양성자도 자기 능률을 가지므로 전자의 자기 능률과 상호작용하는 스핀-스핀 작용을 생각할 수 있다. 더욱이 파동 방정식의 비상대론적 성격에 비추어서 정밀도를 향상시키려면 상대론적인 보정도 필요하다. 그 외에도 양성자 핵이 점 전하가 아니라 크기가 10^{-15} m 정도의 전하 분포를 갖고 있으므로 그 효과도 고려해야 할 것이다. 한편 정밀도가 높은 보정은 전자기 벌판 자체의 양자화와 이들의 자체 작용에서 나타난다. 그리고 매우 높은 정밀도로 보정하려면 전자기 작용이외에 강한 핵력, 약작용력들도 포함 대상이 된다. 수소 원자를 철저히 이해한다는 것은 우주 자체를 이해하는 것과 조금도 다름없다.

스핀-궤도 작용

스핀-궤도 작용은 전자기 작용이다. 전자를 중심으로 생각하면 주위를 도는 양성자의 전류가 중심에 자기 벌판을 만들어 전자의 자기 능률과 작용한다. 핵이 중심인 좌표계로 Lorentz 변환을 하면 전기 벌판 성분이 나타나고, 회전에 기인한 상대론 운동학적 영향 (Thomas 인자) 을 고려하면 다음의 섭동 작용을 얻는다. [예제 11.1 참고]

$$H_{LS} = \frac{1}{2m^2c^2}\mathbf{L}\cdot\mathbf{S}\frac{1}{r}\frac{dV}{dr} \tag{12.4}$$

한편 양자 역학적으로는 Pauli 이론에서 유도할 수도 있다. [17.4절 참고] 이것은 상대론적 Dirac 전자 이론의 비 상대론적 근사를 통하여 상대론적 보정을 체계적으로 조사하는 이론이다.

스핀-궤도 작용 에너지의 크기는 쉽게 어림 짐작할 수 있다. 양자화된 회전량, $\mathbf{L}$,$\mathbf{S}$ 는 각각 $O(\hbar)$ 이므로 $\mathbf{L}\cdot\mathbf{S}$ 는 $O(\hbar^2)$ 이다. 한편 지름항은 $1/r\, dV/dr = \alpha\hbar c/r^3$ 이고 $r \simeq a_B$ 라 하면 H_{LS} 의 크기는 대략 $\alpha^4 mc^2$ 이 된다. 그런데 Coulomb 작용에 의한 에너지가 $O(\alpha^2 mc^2)$ 이므로 스핀-궤도 작용에 의한 에너지 준위의 변화는 원래 준위의 $O(\alpha^2) = 10^{-4}$ 정도이다. 결과적으로 원자 스펙트럼에 미세한 변화를 미치고 α 를 미세 구조 상수 (fine structure constant) 라고 부르는 이유가 여기에 있다.

궤도 회전량 $\mathbf{L}$ 과 스핀 회전량 $\mathbf{S}$ 는 다른 연산자이고 스핀-궤도 작용은 $\mathbf{L}$, $\mathbf{S}$ 의 어느 성분도 하밀토니안 H 와 가환이 아니므로 전체 운동량 $\mathbf{J} = \mathbf{L} + \mathbf{S}$ 를 생각해야 한다. 식 (9.109) 에서 $j_1 = l$, $j_2 = s$ 라 하면 $|l, s; jm\rangle$ 은 $\mathbf{L}^2$, $\mathbf{S}^2$, $\mathbf{J}^2$ J_z 의 공통 고유 벡터인데 한편

$$\mathbf{J}^2 = (\mathbf{L}+\mathbf{S})^2 = \mathbf{L}^2 + \mathbf{S}^2 + 2\,\mathbf{L}\cdot\mathbf{S} \tag{12.5}$$

이므로 $\mathbf{L}\cdot\mathbf{S}$의 고유벡터이기도 하다. j는 $l+s,\cdots,|l-s|$ 의 값을 가질수 있는데 수소 원자에서는 $s=1/2$ 이므로 $l+1/2, l-1/2$ 의 두 경우가 가능하다. 물론 $l=0$ 일때에는 $j=1/2$ 만 가능하다. [예제 9.7 참고]

겹쳐진 양자상태를 $|l,s;m_l m_s\rangle$로 기술하는 대신 $|l,s;jm\rangle$으로 택하면 식 (10.67)의 겹쳐진 섭동에너지 계산에서 행렬 $V_{\alpha\beta}$가 대각선화 되어 쉽게 스핀-궤도 작용에너지를 구할 수 있다.

$$E_{LS} = \langle ls, jm|H_{LS}|\, ls; jm\rangle = \frac{1}{2m^2c^2}\langle ls, jm|\mathbf{L}\cdot\mathbf{S}\,|\, ls; jm\rangle\langle nl|\frac{\alpha\hbar c}{r^3}|nl\rangle \tag{12.6}$$

그러므로 $\mathbf{L}\cdot\mathbf{S}$ 의 행렬요소는 식 (12.5)를 이용하고, $\langle 1/r^3\rangle$ 은 식 (7.106)을 사용하여 정리하면 다음 결과를 얻는다.

$$E_{LS} = +\frac{1}{4}\frac{\alpha^4 mc^2}{n^3 l(l+1/2)(l+1)}\begin{pmatrix} l \\ -l-1 \end{pmatrix} \qquad \begin{pmatrix} j=l+1/2 \\ j=l-1/2 \end{pmatrix} \tag{12.7}$$

S-상태는 $l=0$ 이므로 스핀-궤도 작용이 없어야 하는데 윗식의 결과는 그렇지 않다. 식 (12.6)에서 $\mathbf{L}\cdot\mathbf{S}$ 항만 주목하면 사실이나 $\langle 1/r^3\rangle$ 이 무한대가 되어 상쇄하고 유한한 섭동기여를 하게 된다. 섭동이론으로서는 괴이하지만 Dirac 방정식의 풀이와 비교할때 틀리지 않음을 확인할 수 있다.

상대론 보정

구식 양자론에 의하면 바닥상태의 전자는 $\alpha c(\approx 1/137\,c)$의 속도로 움직인다. [2.2 절] 따라서 스펙트럼의 미세구조를 조사하려면 상대론적 보정을 고려해야 할 것이다. Schrödinger 방정식에 사용한 운동 에너지 $\mathbf{p}^2/2m$ 은 상대론적 운동에너지에서 가장 두드러진 항이다.

$$T = \sqrt{m^2c^4 + \mathbf{p}^2c^2} - mc^2 = \frac{\mathbf{p}^2}{2m} - \frac{1}{8}\frac{(\mathbf{p}^2c^2)^2}{m^3c^6} + O(p^6) \tag{12.8}$$

그러므로 상대론적 보정을 고려한 하밀토니안은 다음과 같다.

$$H = H_{NR} + H_{rel} \qquad H_{rel} = -\frac{1}{8}\frac{(\mathbf{p}^2c^2)^2}{m^3c^6} \tag{12.9}$$

비상대론적 하밀토니안 H_{NR} 은 식 (12.1) 이다. 비리얼 정리에서 $\langle \mathbf{p}^2 \rangle$ 은 $O(\alpha^2 m^2 c^2)$ 이므로 H_{rel}은 $O(\alpha^4 mc^2)$ 이 되고 스핀-궤도 작용과 맞먹는 크기이다. 따라서 H_{rel}을 섭동으로 취급하여 상대론적 보정을 할 수 있다. 그러면 H_{rel}에 기인한 에너지의 변화는 다음과 같다.

$$E_{rel} = -\frac{1}{8m^3c^6}\langle nl|(\mathbf{p}^2c^2)^2|nl\rangle \tag{12.10}$$

이 행렬 요소를 계산하려면 H_{NR} 의 성질을 활용하는 것이 편리하다. 식 (12.1) 에서

$$\mathbf{p}^2c^2 = 2mc^2\left(H_{NR} + \frac{\alpha^2 mc^2}{\rho}\right) \tag{12.11}$$

이므로 1차 섭동 에너지는 다음을 계산하면 되는데

$$E_{rel} = -\frac{1}{2mc^2}\left\langle nl\left|\left(H_{NR} + \frac{\alpha^2 mc^2}{\rho}\right)\left(H_{NR} + \frac{\alpha^2 mc^2}{\rho}\right)\right|nl\right\rangle \tag{12.12}$$

이 경우의 섭동 하밀토니안은 스핀과 무관하므로 식 (12.6) 에서처럼 스핀 부분을 고려할 필요는 없고 변위 공간의 $|n,l,m\rangle$ 만 다루면 된다. 또한 섭동항은 각도를 포함하지 않으므로 위의 기대값 계산에서 지름 방향만 수행하면 된다. 한편 양자상태 $|n,l\rangle$은 H_{NR} 의 고유상태이기 때문에 윗식에서 H_{NR} 은 $E_{NR}^{(0)}$ 로 바꿔도 무방하다. 그러면

$$E_{rel} = -\frac{1}{2}\alpha^4 mc^2\left\langle nl\left|\frac{1}{4n^4} - \frac{1}{n^2}\frac{1}{\rho} + \frac{1}{\rho^2}\right|nl\right\rangle \tag{12.13}$$

을 얻는데 $\langle 1/\rho \rangle$ 와 $\langle 1/\rho^2 \rangle$ 은 식 (7.106) 을 사용하여 다음 결과에 이르게 된다.

$$E_{rel} = -\frac{1}{2}\alpha^4 mc^2\left(\frac{1}{n^3(l+1/2)} - \frac{3}{4n^4}\right) \tag{12.14}$$

이제 스핀-궤도 작용과 상대론적 보정의 종합효과를 알아본다. 식 (12.7) 과 식 (12.14) 에서 $j = l \pm 1/2$ 에 관계없이 다음을 알 수 있다.

$$E_{LS} + E_{rel} = -\frac{1}{2n^2}\alpha^4 mc^2\left(\frac{1}{n(j+1/2)} - \frac{3}{4n^2}\right) \tag{12.15}$$

스핀-궤도 작용으로 회전량 l 에 관한 겹침이 제거되었다. 그런데 상대론적 보정을 하면 이번에는 전체 회전량 j 에 대한 겹침 현상이 일어난다.

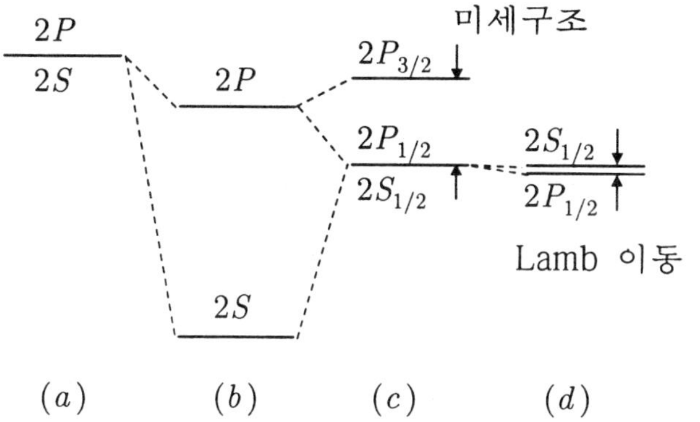

그림 12.1 수소 원자의 미세 구조.
(a) Coulomb 작용, (b) 상대론 보정
(c) 상대론 보정 + 스핀-궤도 작용,
(d) Lamb 이동

식 (12.15) 의 결과를 수긍하려면 아무래도 수소 원자 문제를 상대론적으로 다루어야 할 것 같다. 실제로 스핀 1/2 인 입자에 대한 Dirac 방정식을 풀면 에너지 고유값이 다음과 같은데[1]

$$E_{nj} = mc^2 \left[1 + \left(\frac{\alpha}{n - (j+1/2) + \sqrt{(j+1/2)^2 - \alpha^2}} \right)^2 \right]^{-1/2} \tag{12.16}$$

이 식을 α 의 급수로 전개하면 다음과 같고

$$E_{nj} = mc^2 - \frac{1}{2n^2}\alpha^2 mc^2 - \frac{1}{2n^2}\alpha^4 mc^2 \left(\frac{1}{n(j+1/2)} - \frac{3}{4n^2} \right) + O(\alpha^6) \tag{12.17}$$

$O(\alpha^4)$ 항이 스핀-궤도 작용과 상대론적 보정의 합 (12.15) 임을 알 수 있다.

전자의 스핀을 고려한 분광기호 표기 $n^{2S+1}L_J$ 에서 항상 $S = 1/2$ 이므로 $2S+1$ 을 생략한다. Coulomb 작용에 대한 H_{NR} 만 생각하면 $2S$ - $2P$ 와 $3S$ - $3P$ - 3D 등의 에너지 준위 사이

[1] 참고: J. D. Bjorken and S. D. Drell, *Relativistic Quantum Mechanics*, Sect 4.4

에 l-겹침이 생기는데 스핀-궤도 작용, 상대론적 보정의 영향으로 l-겹침은 제거되지만 아직도 $2S_{1/2}$- $2P_{1/2}$, $3S_{1/2}$- $3P_{1/2}$, $3P_{3/2}$- $3D_{3/2}$ 의 j-겹침이 존재한다. $2P_{3/2}$- $2P_{1/2}$ 준위 차이는 식 (12.17) 에서 4.528×10^{-5} eV 이다.

실제로는 j-겹침도 제거되어 $2S_{1/2}$ - $2P_{1/2}$ 두 준위의 차이가 4.372×10^{-6} eV, 진동수로는 1.057 GHz 임이 실험적으로 발견되었는데 Lamb 이동 (shift) 이라 부른다. 이는 스핀-궤도 작용의 약 10% 인데 Dirac 이론으로도 밝히지 못하고 전자기 벌판을 양자화시킨 양자 전자기학으로 설명이 가능하다. 수소원자에서 Coulomb 작용 이외의 효과를 체계적으로 보정할 때 에너지 준위 도표는 그림 12.1 에 나타나 있다.

스핀-스핀 작용

지금까지는 전자의 스핀만을 고려하였다. 그러나 원자의 핵인 양성자도 스핀 1/2 인 입자이다. 이것을 추가로 고려하면 수소원자의 전체 회전량은 두 입자의 스핀 회전량의 합에 궤도 회전량을 더한 것이다. 분광표기는 일관성 있게 $n^{2S+1}L_J$ 로 하는데 전체 스핀은 1 (삼중선) 또는 0 (단일선) 이 된다. 그리고 그림 12.2 에서 보듯이 에너지 준위는 겹쳐진 삼중선과 단일선으로 갈라진다.

두 자기능률 $\boldsymbol{\mu}_1, \boldsymbol{\mu}_2$ 사이의 상호작용 에너지는 다음과 같다.[2]

$$H_{12} = -\frac{2\mu_0}{3}\boldsymbol{\mu}_1\cdot\boldsymbol{\mu}_2\,\delta^3(\mathbf{x}) + \frac{\mu_0}{4\pi}\frac{1}{r^3}[\boldsymbol{\mu}_1\cdot\boldsymbol{\mu}_2 - 3(\boldsymbol{\mu}_1\cdot\hat{\mathbf{x}})(\boldsymbol{\mu}_2\cdot\hat{\mathbf{x}})] \tag{12.18}$$

전자기학에서 통상 둘째항만 다루지만 첫째항도 필요하다. 자기능률 주위에 임의의 작은 공간에서 $\mathbf{B}$ 의 적분은 유한하기 때문이다. 우리는 $\boldsymbol{\mu}_2=\boldsymbol{\mu}_p$ 로 양성자의 자기능률을 택한다. $\boldsymbol{\mu}_1$ 은 전자의 스핀에 따른 자기능률 $\boldsymbol{\mu}_e$ 와 궤도운동으로 생기는 자기능률 $-e/2m_e\,\mathbf{L}$ 과의 합을 택할 수 있다. 이제 S-상태 ($l=0$) 에만 논의를 국한하면 식 (12.18) 의 $\delta(\mathbf{x})$ 항만 고려하는 것으로 충분하다. 다른 항은 각도 적분에서 영이 될 터이고 궤도운동도 $l=0$ 일 때는 무시할 수 있기 때문이다. 그러면 스핀-스핀 작용에 대한 하밀토니안은 다음과 같다.

$$H_{SS} = -\frac{2}{3\varepsilon_0 c^2}\boldsymbol{\mu}_e\cdot\boldsymbol{\mu}_p\,\delta^3(\mathbf{x}) \qquad \boldsymbol{\mu}_e = -\,g_e\frac{\mu_B}{\hbar}\mathbf{S}_e \quad \boldsymbol{\mu}_p = +\,g_p\frac{\mu_N}{\hbar}\mathbf{S}_p \tag{12.19}$$

양성자의 자기능률은 핵마그네톤 (nuclear magneton) $m_N = e\hbar/2m_p$ 로 표시하였는데 이 경우 $g_p = 2\times2.7928$ 이 되어 비정상적일 정도로 자기능률이 예상보다 크다. 이것은 양성자의

---

[2] 참고: J. D. Jackson, *Classical Electrodynamics, 2nd ed*, Sect 5.8

내부 구조가 존재함을 암시하고 전자보다 복잡한 것을 의미한다.

그러므로 스핀-스핀 작용 H_{SS} 를 간추리면 다음과 같고

$$H_{SS} = +\frac{2\,g_e g_p}{3\varepsilon_0 \hbar^2 c^2}\mu_B \mu_N\, \mathbf{S}_e\cdot\mathbf{S}_p\, \delta^3(\mathbf{x}) \tag{12.20}$$

두 입자의 스핀 곱은 전체 스핀 $\mathbf{S} = \mathbf{S}_e + \mathbf{S}_p$ 와 다음 관계를 가지므로

$$\mathbf{S}_e\cdot\mathbf{S}_p = \frac{1}{2}(\mathbf{S}^2 - \mathbf{S}_e^2 - \mathbf{S}_p^2) \tag{12.21}$$

1 차 섭동 에너지를 쉽게 계산할 수 있다.

$$H_{SS} = +\frac{2g_e g_p}{3\varepsilon_0 \hbar^2 c^2}\frac{e\hbar}{2m_e}\frac{e\hbar}{2m_p}\langle 1/2, 1/2; S, M|\mathbf{S}_e\cdot\mathbf{S}_p|1/2, 1/2; S, M\rangle\langle n0|\delta^3(\mathbf{x})\,|n0\rangle \tag{12.22}$$

그런데 $$\langle 1/2, 1/2; S, M|\mathbf{S}_e\cdot\mathbf{S}_p|1/2, 1/2; S, M\rangle = \begin{pmatrix} +1/4 \\ -3/4 \end{pmatrix}\hbar^2 \qquad \begin{pmatrix} S=1 \\ S=0 \end{pmatrix} \tag{12.23}$$

이고 $$\langle n0|\delta^3(\mathbf{x})\,|n0\rangle = \frac{1}{4\pi}|R_{n0}(0)|^2 = \frac{1}{n^3 \pi a_B^3} = \frac{1}{n^3\pi}\left(\frac{\alpha mc^2}{\hbar c}\right)^3 \tag{12.24}$$

이므로 n^3S_1, n^1S_0 준위 사이의 에너지 차이는 다음과 같다.

$$\Delta E_{n0} = E(n^3S_1) - E(n^1S_0) = \frac{2g_e g_p}{3n^3}\frac{m_e}{m_p}\alpha^4 m_e c^2 \tag{12.25}$$

윗식을 보면 스핀-스핀 작용 에너지는 $O(\alpha^4 mc^2)$ 으로 스핀-궤도 에너지와 같은 크기 정도로 생각할 수 있으나 $m_e/m_p \approx 1/2000$ 이기 때문에 미세 구조보다 10^{-3} 정도로 작다. 그래서 스핀-스핀 작용은 초미세 구조 (hyperfine structure) 를 이룬다.

수소 원자의 바닥 상태의 경우 초미세 구조의 에너지 차이는 다음과 같고

$$\Delta E_{10} = E(1^3S_1) - E(1^1S_0) = 5.877\times 10^{-6}\ \text{eV} \tag{12.26}$$

파장과 진동수로 환산하면 다음의 마이크로파이다.

$$\lambda = 21.4\ \text{cm} \qquad \nu = 1.42\ \text{GHz} \tag{12.27}$$

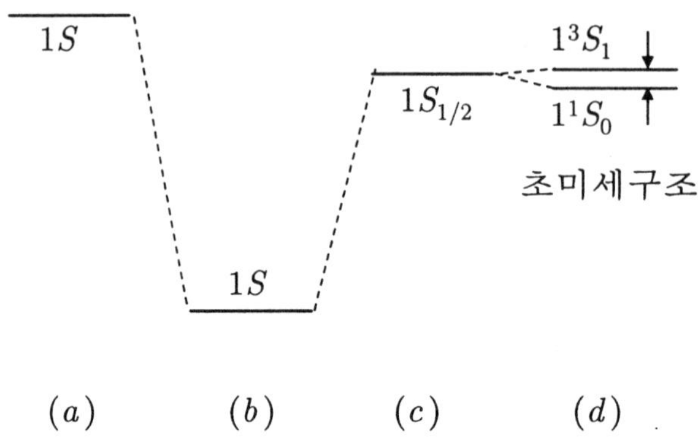

그림 12.2 수소 원자의 초미세 구조.
(a) Coulomb 작용, (b) 상대론 보정
(c) 상대론 보정 + 스핀-궤도 작용,
(d) 스핀-스핀 작용

수소 원자간의 충돌로 들뜬 상태로 올라간 수소가 바닥 상태로 떨어지면서 발생하는 파장 21.4 cm의 복사선은 수소의 존재를 확인하는 것으로 천문학에서 별 들 사이의 우주 공간에 기체 분포를 탐색하는 중요한 도구이다. 한편 1.42 GHz 의 초미세 구조를 이용하여 수소 메이저 (maser)를 만들고 원자 시계 동작 원리의 근본이 된다.

수소 원자의 초미세 구조는 매우 정밀하게 측정되었다.[3]

$$\Delta E_{1S} = E(1^3S_1) - E(1^1S_0) = 1.420\,405\,751\,786\,4(17)\ \mathrm{GHz} \tag{12.28}$$

이 유효 숫자는 지구 둘레를 수십 μm 의 오차 범위내에서 측정하는 정밀도이다. 그런데 전자의 자기 능률과 달리 이론적 설명은 이미 알려진 온갖 이론으로도 매우 미흡한 실정이다.

핵의 전하 분포

양성자를 비롯하여 원자 핵은 유한한 크기를 가지며 핵의 전하 분포에 의한 에너지 스펙트럼의 변화가 예상된다. 경험적으로 핵은 $r_0 = a_0 A^{1/3}$ ($a_0 \cong 1\,\mathrm{fm}$, A 는 원자의 질량 번호)의 크기를 가진 것이 알려졌다. 계산 편의상 반경 r_0 인 구에 전하가 균일하게 분포되었다면 $r > r_0$ 일 때에는 점 전하의 Coulomb 벌판과 같고, $r > r_0$ 일 때에는 다음과 같다.

[3] R.Vessot, et al., *IEEE Trans Instr Meas* IM−15, 165 (1966)

$$V(r) = -\frac{Ze^2}{4\pi\varepsilon_0}\left(\frac{3}{2}\frac{1}{r_0} - \frac{1}{2}\frac{r^2}{r_0^3}\right) \qquad (r < r_0) \tag{12.29}$$

섭동 이론을 적용할 목적으로 위의 벌판 함수를 점 전하 Coulomb 작용을 비섭동항, 나머지 핵 전하 분포 효과를 섭동항으로 구분한다.

$$H = H_{NR} + H_{nucl}$$
$$H_{nucl} = \frac{Ze^2}{4\pi\varepsilon_0}\left(\frac{1}{r} - \frac{3}{2}\frac{1}{r_0} + \frac{1}{2}\frac{r^2}{r_0^3}\right) \qquad (r < r_0) \tag{12.30}$$
$$= 0 \qquad (r > r_0)$$

그러면 1차 섭동에 의한 에너지 변화는 다음과 같다.

$$\Delta E_{nucl}(nl) = \langle nl \mid H_{nucl} \mid nl\rangle = Z^2\alpha^2mc^2\left\langle nl\left|\left(\frac{1}{\rho} - \frac{3}{2}\frac{1}{\rho_0} + \frac{1}{2}\frac{\rho^2}{\rho_0^3}\right)\right|nl\right\rangle \tag{12.31}$$

여기서 관례대로 a_B/Z 를 척도 단위로 택하였다. 즉 $r = \rho\, a_B/Z$, $r_0 = \rho_0\, a_B/Z$ 이다. 윗식의 기대값 계산에서 지름적분은 0 부터 ρ_0 까지 실행해야 한다. 그 이상에서는 섭동항이 영이기 때문이다. 핵의 전하 분포 효과는 바닥상태에서 가장 클 터이므로 $1S$ 상태에 국한하여 계산하면 다음과 같다.

$$\Delta E_{nucl}(1S) = Z^2\alpha^2mc^2\int_0^{\rho_0} d\rho\, \rho^2\left(\frac{1}{\rho} - \frac{3}{2}\frac{1}{\rho_0} + \frac{1}{2}\frac{\rho^2}{\rho_0^3}\right)|R_{10}(\rho)|^2 \tag{12.32}$$

그런데 $\rho_0 = Zr_0/a_B$ 이고 10^{-5}~10^{-3} 이므로 $R_{10}(r) = 2\exp(-\rho) \cong 2$ 로 놓고 계산해도 좋은 근사가 되리라 예상된다. 따라서 $1S$ 상태의 에너지 변화는 다음과 같다.

$$\Delta E_{nucl}(1S) = Z^2\alpha^2mc^2\,\frac{1}{10}\rho_0^2 = \frac{1}{2}Z^2\alpha^2mc^2 \times \frac{1}{5}\rho_0^2 \tag{12.33}$$

상대적인 에너지 변화 $\Delta E_{nucl}(1S)/E_{1S}$ 는 $Z=1$ 의 수소 원자의 경우 7×10^{-11} 에서 $Z=92$ 의 우라늄의 경우 2×10^{-5} 까지 변한다. 수소 원자에서는 초미세 구조보다 작음을 알 수 있다. 그러나 원자 번호가 커지면 핵 전하 분포의 효과도 급격히 커지는데 그 이유는 핵 전하의 분포 공간이 커지는 한편 바닥 상태의 궤도는 a_B/Z 로 줄어들기 때문이다.

12.3 헬륨 원자

수소 원자 다음으로 간단한 원자는 α 입자인 핵과 2개의 전자로 구성된 He 원자이다. 그러므로 세 입자 문제가 되는데 고전 역학에서처럼 해석적인 풀이를 알 수 없다. 만일 알게 된다면 양자 역학 풀이의 고전 역학적 극한을 택하여 고전 역학 풀이도 해석적으로 구할 수 있으리라. 그러나 He 원자는 물리계가 수학적으로 다룰 수 있을 정도로 간단해서 양자 역학 발달 초기부터 많이 연구된 주제이다. 더욱이 똑같은 입자들을 다루는 가장 간단한 물리계여서 Pauli의 배타 원리가 적용되고 파동 함수의 반대 대칭성에 관한 물리적 효과를 조사할 수 있다.

바닥 상태

예제 10.2에서 He 원자의 바닥 상태에 섭동 이론을 적용하여 1차 섭동으로 계산하여 −74.8 eV (실험값: −78.975 eV)를 얻었다. 여기서는 다른 방도로서 물리학적 직관에 근거한 변분 방법을 적용하기로 한다.

우선 He 원자의 하밀토니안은 식 (10.48)에서 다음과 같고 $Z=2$ 는 He 원자에 해당한다.

$$\begin{gathered}
H = H_1 + H_2 + V \\
H_1 = \frac{\mathbf{p}_1^2}{2m} - Z\frac{e^2}{4\pi\varepsilon_0}\frac{1}{r_1} \qquad H_2 = \frac{\mathbf{p}_2^2}{2m} - Z\frac{e^2}{4\pi\varepsilon_0}\frac{1}{r_2} \\
V = +\frac{e^2}{4\pi\varepsilon_0}\frac{1}{|\mathbf{x}_1 - \mathbf{x}_2|}
\end{gathered} \tag{12.34}$$

비록 하밀토니안은 윗식과 같지만 각각의 전자를 살펴보면 사정이 다르다. He 핵은 전자들의 구름으로 둘러싸였기 때문에 한 전자는 다른 전자에게 핵의 전하를 일부 차단하는 효과를 일으킨다. 그러므로 H_1, H_2 의 실질적인 Z 는 $r \to 0$ 일 때는 2 이지만 $r \to \infty$ 일 때에는 $Z=1$ 이 된다. 차폐 효과를 반영하려면

$$H_1^{eff} = \frac{\mathbf{p}_1^2}{2m} - Z_{eff}\frac{e^2}{4\pi\varepsilon_0}\frac{1}{r_1} \qquad H_2^{eff} = \frac{\mathbf{p}_2^2}{2m} - Z_{eff}\frac{e^2}{4\pi\varepsilon_0}\frac{1}{r_2} \tag{12.35}$$

의 고유 함수를 시도 함수로 택하고 독립 변수 $Z_{eff} = Z - \sigma$ 를 변분 방법으로 결정한다.

그러면 식 (12.34)의 하밀토니안은 다음처럼 쓸 수 있다.

$$H = H_1^{eff} + H_2^{eff} + V - (Z - Z_{eff})\frac{e^2}{4\pi\varepsilon_0}\frac{1}{r_1} - (Z - Z_{eff})\frac{e^2}{4\pi\varepsilon_0}\frac{1}{r_2} \tag{12.36}$$

윗식의 기대값을 계산하면 우선 $H_1^{eff}+H_2^{eff}+V$ 의 기대값은 식 (10.59) 에서 $Z\to Z_{eff}=Z-\sigma$ 로 바꾸면 된다. 또한 식 (12.36) 에서 $1/r_1$ 항의 기대값은 다음과 같다.

$$(Z-Z_{eff})\frac{e^2}{4\pi\varepsilon_0}\left\langle\frac{1}{r_1}\right\rangle=\sigma\alpha\hbar c\left\langle\frac{1}{r_1}\right\rangle=\sigma Z_{eff}\,\alpha^2mc^2 \tag{12.37}$$

식 (12.36) 의 $1/r_2$ 항도 같은 기대값을 가지며 이들을 종합하면 $\langle H\rangle$ 를 얻는다.

$$\langle H\rangle=-\frac{1}{2}\alpha^2mc^2\left(2(Z-\sigma)^2-\frac{5}{4}(Z-\sigma)+4\sigma(Z-\sigma)\right) \tag{12.38}$$

다른 전자의 차폐 효과를 표현하는 σ 는 독립한 매개 변수이므로 $\langle H\rangle$ 를 극소화하도록 정하면 $\sigma=5/16$ 이다. 그리고 바닥 상태의 에너지는

$$\langle H\rangle=-\frac{1}{2}\alpha^2mc^2\times2\left(Z-\frac{5}{16}\right)^2\simeq-77.46\text{ eV}\quad(Z=2) \tag{12.39}$$

가 되어 섭동이론의 결과보다 더 실험값에 가까운 결과를 얻는다. 윗식은 바닥 상태의 전자들은 자신의 전자 구름으로 핵의 전하 $+2e$ 를, 즉 약 $-0.3\,e$ 정도 가린다고 해석할 수 있다.

변분 방법으로 정밀도를 향상시키려면 더욱 많은 매개 변수를 포함한 복잡한 시도 함수를 사용해야 한다. 현재 10^{-6} 정도의 정밀도내에서 이론값과 실험값이 일치하는 실정이다.[4]

들뜬 상태

헬륨 원자의 들뜬 상태는 수소 원자보다 훨씬 복잡하다. 전자 2개가 똑같은 입자이고 스핀 1/2 인 페르미온이기 때문이다. 편의상 각 입자와 관련된 변수들을 1, 2 로 표기하면 He 원자의 전체 파동 함수 $\Psi(1,2)$ 는 입자 교환에 대해 반대 대칭이어야 한다.

$$\Psi(1,2)=-\Psi(2,1) \tag{12.40}$$

변위 공간의 파동 함수 $\psi_{space}(1,2)$ 와 스핀 공간의 파동 함수 $\chi_{spin}(1,2)$ 의 곱을 파동 함수의 기준으로 삼으면 전체 파동 함수 $\Psi(1,2)$ 는 다음과 같이 쓸 수 있다.

$$\begin{aligned}\Psi(1,2)&=\psi^{(+)}_{space}(1,2)\ \chi^{(-)}_{spin}(1,2)\qquad\text{또는}\\ \Psi(1,2)&=\psi^{(-)}_{space}(1,2)\ \chi^{(+)}_{spin}(1,2)\end{aligned} \tag{12.41}$$

[4] 참고: H. A. Bethe and R. Jackiw, *Intermediate Quantum Mechanics, 3rd ed.* Chap3

여기서 대칭을 (+), 반대 대칭을 (−) 로 표기하였다. 식 (9.111), (9.112) 에서 두 전자의 스핀이 같은 방향일 때에는 합성 스핀이 1 이고 입자 교환에 대해 스핀 파동 함수는 대칭이며, 반대 방향인 경우에는 합성 스핀이 0이 되어 반대 대칭이 된다. 그러므로 $S=1$ 상태를 $\chi_{spin}{}^{(+)}(1,2)$ 에 $S=0$ 상태를 $\chi_{spin}{}^{(-)}(1,2)$ 에 대응시키면 된다.

이제 변위 공간의 파동함수를 살펴보자. 식 (12.34) 의 고유값 문제를 풀어야 하겠으나 $H=H_1+H_2$ 에 대한 고유값 문제의 완전 직교 규격화된 함수를 기준으로 He 원자를 기술하면

$$\psi_{space}(1,2)=\psi_{n_1 l_1 m_1}(\mathbf{x}_1)\ \psi_{n_2 l_2 m_2}(\mathbf{x}_2) \tag{12.42}$$

처럼쓸수있다. 독립적인 어떤 함수 집합을 기준으로 사용해도 무방하므로 위의 선택은 항상 가능하지만 윗식이 H 의 고유상태가 되지는 않는다. 그러나 H_1, H_2 가 에너지 스펙트럼에 두드러진 기여를 한다면 식 (12.42) 을 기준 함수계로 삼는 것이 편리하다. 그러면 양자 상태는 (1s)(2s), (1s)(2p) 형식의 전자 배열로 명시할 수 있다. (1s)(2p) 란 한 전자는 $n=1$, $l=0$ 상태, 다른 전자는 $n=2$, $l=1$ 상태에 있다는 뜻이다. 또 다른 표기법은 $n^{2S+1}L_J$ 방식이다. (1s)(2p) 의 경우에는 $L=1$ 이고 $J=L+S$ 인데 $S=0,1$ 이므로 $J=1,2,1,0$ 이고 $2\,{}^1P_1$, $2\,{}^3P_2$, $2\,{}^3P_1$, $2\,{}^3P_0$ 상태를 포함한다.

식 (12.42) 에서 $\psi_{nlm}(\mathbf{x})$ 는 수소 같은 원자의 파동 함수 (7.40), (7.105) 이다. 그러나 윗식은 입자 교환에 대해 대칭성을 가지지 못하므로 다음의 조합을 고려한다.

$$\begin{aligned}\psi_{ab}^{(+)}(1,2)&=\frac{1}{\sqrt{2}}\Big(\psi_a(\mathbf{x}_1)\psi_b(\mathbf{x}_2)+\psi_a(\mathbf{x}_2)\psi_b(\mathbf{x}_1)\Big)\\ \psi_{ab}^{(-)}(1,2)&=\frac{1}{\sqrt{2}}\Big(\psi_a(\mathbf{x}_1)\psi_b(\mathbf{x}_2)-\psi_a(\mathbf{x}_2)\psi_b(\mathbf{x}_1)\Big)\end{aligned} \tag{12.43}$$

여기서 $a=(n_1l_1m_1)$, $b=(n_2l_2m_2)$ 로 간추렸고 $a\neq b$ 로 가정한다. $\sqrt{2}$ 는 규격화 상수이다. 그러면 $\psi_{ab}^{(+)}(1,2)$, $\psi_{ab}^{(-)}(1,2)$ 는 각각 입자 교환에 대하여 대칭 및 반대 대칭이 된다.
두 양자 번호가 같은 $a=b$ 인 경우에는 다음과 같다.

$$\psi_{aa}^{(+)}(1,2)=\psi_a(\mathbf{x}_1)\psi_a(\mathbf{x}_2) \qquad \psi_{aa}^{(-)}(1,2)=0 \tag{12.44}$$

$\psi_{aa}^{(+)}(1,2)$ 에는 $\sqrt{2}$ 가 없음에 유의해야 한다.

이제 식 (12.34) 의 전자 상호간 에너지 V 를 섭동으로 간주하여 1차 섭동 에너지를 계산하면 된다. 식 (12.43) 은 비섭동 상태의 파동 함수이므로 $\langle V\rangle$ 는 다음과 같다.

$$\begin{aligned}\langle V\rangle &= \int d^3x_1 \int d^3x_2 \;\; \psi_{ab}^{(\pm)*}(1,2)\frac{\alpha\hbar c}{|\mathbf{x}_1-\mathbf{x}_2|}\psi_{ab}^{(\pm)}(1,2)\\ &= \int d^3x_1 \int d^3x_2 \;\; \left|\psi_a(\mathbf{x}_1)\right|^2 \frac{\alpha\hbar c}{|\mathbf{x}_1-\mathbf{x}_2|}\left|\psi_b(\mathbf{x}_2)\right|^2\\ &\quad\pm\int d^3x_1 \int d^3x_2 \;\; \psi_a^*(\mathbf{x}_1)\psi_b(\mathbf{x}_1)\frac{\alpha\hbar c}{|\mathbf{x}_1-\mathbf{x}_2|}\psi_a(\mathbf{x}_2)\psi_b^*(\mathbf{x}_2)\\ &= J(a,b)\pm K(a,b)\end{aligned} \tag{12.45}$$

윗식에서 $\mathbf{x}_1, \mathbf{x}_2$ 는 적분변수이므로 바꿔 써도 무방함을 이용했다. 그리고 파동함수를 비롯하여 ± 표기는 같은 순서이다. 비록 전자들이 똑같은 입자지만 고전적인 입자처럼 구별가능(distinguishable) 하면 식 (12.42) 의 파동 함수를 사용할 수 있고 위의 계산 과정에서 $J(a,b)$ 만 얻게 된다.

$J(a,b)$ 는 다음처럼 쓸 수 있는데

$$J(a,b)=\int d^3x_1\, e\left|\psi_a(\mathbf{x}_1)\right|^2\int d^3x_2 \;\; \frac{1}{4\pi\varepsilon_0}\frac{1}{|\mathbf{x}_1-\mathbf{x}_2|}e\left|\psi_b(\mathbf{x}_2)\right|^2 \tag{12.46}$$

우리가 $e|\psi(\mathbf{x})|^2$ 을 전하 밀도로 해석하면 x_2-적분은 전자 2의 전하 분포가 $\mathbf{x}_1$ 에 미치는 전기 벌판이고 x_1-적분은 그 결과 전자 1의 전하 분포가 갖는 전기 에너지이다. 즉 두 전자의 전기 에너지로 고전적 설명이 가능하다. 우리는 $J(a,b)$ 를 직접 적분 (direct integral) 이라 부른다.

한편 $K(a,b)$ 는 고전적인 비유가 없는 에너지 항이다. 똑같은 입자를 구별하기 불가능하여 대칭성 있는 파동 함수를 사용해야 하기에 생기는 항이고

$$K(a,b)=\int d^3x_1\, \psi_a^*(\mathbf{x}_1)\psi_b(\mathbf{x}_1)\int d^3x_2 \;\; \frac{\alpha\hbar c}{|\mathbf{x}_1-\mathbf{x}_2|}\psi_a(\mathbf{x}_2)\psi_b^*(\mathbf{x}_2) \tag{12.47}$$

같은 입자의 두 양자상태 a, b 의 고유함수들의 곱에 관계된다. 이것은 교환 적분 (exchange integral) 이라 부른다. 식 (12.41) 의 논의에 따라 전하들의 합성 스핀이 0 이면 스핀 함수가 반대 대칭이므로 $\psi_{ab}^{(+)}(1,2)$ 를 선택해야 하고 그 결과 섭동 에너지는 $J(a,b)+K(a,b)$ 이다. 그러나 합성 스핀이 1 이 되어 대칭이면 $\psi_{ab}^{(-)}(1,2)$ 를 선택하고 에너지는 $J(a,b)-K(a,b)$ 이다.

직접 적분은 식 (12.46) 에서 보듯이 양수이다. 교환 적분 $K(a,b)$ 도 마찬가지인데 $l=n-1$ 일 때에는 $n_r=0$ 이 되어 지름 파동함수 $R_{nl}(r)$ 는 마디가 없고 항상 같은 부호이므로 $K(a,b)$ 가 양수가 되는 것이 확실하다. 실제 계산은 상당히 복잡하므로 직관적인 방법으로

이해하도록 하겠다. 반대 대칭인 파동 함수의 경우 $\psi_{ab}^{(-)}(\mathbf{x},\mathbf{x})=0$ 이 되어 두 전자가 서로 근접했을 때 확률밀도가 작아짐을 알 수 있다. 그러므로 이 경우 전자들은 서로 떨어져 있으려는 경향이 있다. 한편 대칭 파동 함수의 경우에는 $\psi_{ab}^{(+)}(\mathbf{x},\mathbf{x})=\sqrt{2}\,\psi_a(\mathbf{x})\psi_b(\mathbf{x})$ 가 되어 두 전자가 근접했을 때 확률밀도가 증대함을 알 수 있다. 그러므로 이 경우 전자들은 서로 가까이 있으려는 경향이 있다. 그런데 섭동 에너지는 두 전자간의 전기 에너지이므로 가까이 있을수록 커진다. 따라서 다음의 결론을 얻고 $K(a,b)>0$ 임을 확인할 수 있다.

$$J(a,b)+K(a,b)>J(a,b)-K(a,b) \tag{12.48}$$

식 (12.41) 에서 보듯이 같은 방향의 스핀인 경우 $S=1$ 이고 $\psi_{ab}^{(-)}(1,2)$ 와 결합하는데 두 전자가 멀어지려는 경향을 띄우고, 서로 반대 방향의 스핀인 경우에는 $S=0$ 이고 $\psi_{ab}^{(+)}(1,2)$ 와 결합하여 두 전자는 가까이 하려는 경향이 크다. 그러므로 "다른 방향의 스핀은 서로 당기고 같은 방향의 스핀끼리는 서로 미는 효과"가 있으며 $J(a,b)\pm K(a,b)$ 만큼 에너지 준위의 이동이 생긴다. 비록 스핀 사이에 구체적으로 어떤 힘이 작용하는 것은 아니지만 전체 파동 함수의 대칭성 때문에 마치 스핀의 배열에 따른 추가 작용이 있다고 해석하는 것도 무난하다. 그런 의미에서 식 (12.47) 의 교환 적분을 교환 작용 (exchange interaction) 의 결과로 보게 된다. 이처럼 스핀에 관계되는 에너지는 스핀-궤도 작용과 달리 직접 적분만큼 강하다. 원자의 강자성 (ferromagnetism) 은 이러한 교환 작용의 결과인데 바닥 상태에서는 삼중항처럼 스핀들이 같은 방향을 향한다.

구체적 보기로 첫번째 들뜬 상태 $(1s\,2s)$, $(1s\,2p)$ 를 다루어 보자. 전자간의 상호 작용을 무시한 비섭동 에너지는 다음과 같다.

$$E(1s\,2s)=E(1s\,2p)=\left(-\frac{Z^2}{1^2}-\frac{Z^2}{2^2}\right)\times 13.6\ \text{eV}=-68.0\ \text{eV}\quad (Z=2) \tag{12.49}$$

섭동으로 변하는 에너지는 직접 적분 $J(a,b)$ 와 교환 적분 $K(a,b)$ 를 계산해야는데 식 (7.106) 의 $\langle r\rangle \propto \langle\rho\rangle$ 의 평균값에서 다음 결과들을 짐작할 수 있다.

$$\begin{array}{llll} \langle r\rangle_{1s}<\langle r\rangle_{2s} & \Rightarrow & J(1s\,1s)>J(1s\,2s) & \text{바닥상태와 비교} \\ \langle r\rangle_{2s}>\langle r\rangle_{2p} & \Rightarrow & J(1s\,2s)<J(1s\,2p) & \text{직접 적분} \\ \langle r\rangle_{1s}<\langle r\rangle_{2s}>\langle r\rangle_{2p} & \Rightarrow & K(1s\,2s)<K(1s\,2p) & \text{교환 적분} \end{array} \tag{12.50}$$

바닥 상태와 들뜬 상태의 에너지 준위가 그림 12.3 에 나타나 있다.

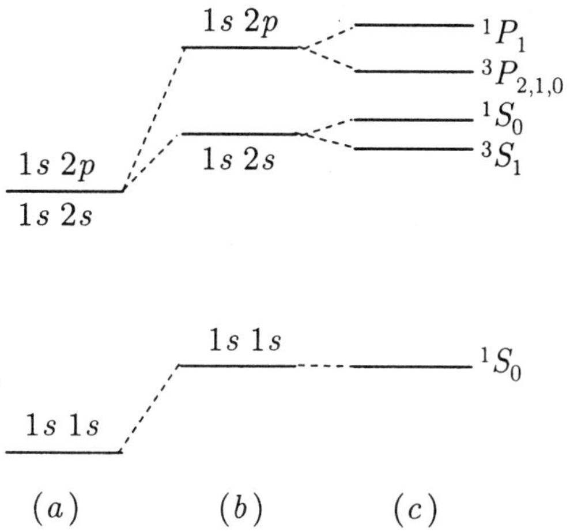

그림 12.3 헬륨 원자의 바닥상태와 들뜬상태.
(a) 비섭동 이론, (b) 직접 적분 (c) 교환 적분 포함,
바닥 상태는 삼중항에 해당하는 준위가 없음

그림에서 보듯이 바닥 상태는 삼중항이 없음에 유의하라. 만일 있다면 스핀 함수가 대칭이므로 공간 함수는 반대대칭이어야 하는데 바닥 상태에서는 영이다. 역사적으로 He 원자 스펙트럼의 바닥 상태는 삼중항이 없다는 사실에서 Pauli는 배타 원리를 발견한 것으로 알려져 있다.

높은 에너지 상태의 전자는 낮은 상태로 전이하면서 광자를 방출하는데 아무 에너지 준위로나 옮기는 것이 아니고 전이를 선택하는 규칙 (selection rule)이 있다. 원자의 전자기 전이에서는 전기 쌍극자 전이가 두드러지고 이에 대한 선택 규칙은 $\Delta l = \pm 1, \Delta S = 0$ 이다. [15.6절 참고] 즉 전자의 스핀 방향이 변하지 않는다. 그러므로 삼중항 준위간 또는 단일항 준위간에만 전자가 전이하며 이들은 마치 다른 입자처럼 행동한다. 우리는 이들에게 특별한 명칭을 부친다.

$S=1$ (삼중항) 정 헬륨 (正 He, orthoHelium)

$S=0$ (단일항) 부 헬륨 (副 He, paraHelium)

전자간의 상호 작용을 고려하지 않으면 바닥 상태의 에너지는 −108.8 eV 인데 이것은 중성 He 원자에서 두개 전자를 모두 제거하는데, 즉 He^{++} 를 만드는데 필요한 에너지이다. 한 개의 전자만 이온화하여 He^{+} 를 만드는데에는 −54.4 eV 로 충분하다. 그러므로 −54.4 eV 이상의 불연속인 He 에너지 스펙트럼이 전자가 하나만 이온화된 He^{+} 의 연속 스펙트럼 속에 묻혀

있다. 따라서 He^+ 의 연속 스펙트럼 내의 불연속인 He 양자상태에 있는 전자는 헬륨 원자를 자동적으로 이온화시키면서 낮은 에너지 상태로 전이할 수 있다.

똑같은 입자들의 파동 함수에 대칭성을 요구하는 것은 지나친 제한 조건처럼 보일 수 있다. 가령 한 개의 전자는 서울 남산에, 다른 것은 한라산에 있을 때에도 대칭성을 가진 파동 함수를 구성해야 할까 의문이 생긴다. 그러나 교환 적분 (12.47)를 살펴보면 공간의 같은 위치에서 두 양자 상태의 파동 함수의 곱이 중요한 역할을 하고 이들 겹침의 정도가 $K(a,b)$의 크기를 결정한다. 일반적으로 파동 함수가 위치의 기대값 주위에 de Broglie 파장만큼 퍼져 있으므로 원자 규모의 미시 세계에서 근접한 양자 상태에서만 교환 적분의 값이 중요하다. 남산과 한라산에 있는 전자들은 전혀 독립적이고 구별 가능하다.

12.4 원자의 주기율

원자는 핵과 여러 개의 전자로 구성된다. 100가지 종류 정도의 원자가 존재하므로 많은 전자의 뭇 입자계를 다루어야 한다. 오히려 입자의 수가 Avogadro 수 만큼 많다면 통계적으로 취급할 수 있지만 원자의 경우에는 그렇지 못하다. 그러나 원자의 주기율이 길라잡이가 된다. 1869년 Mendeleev는 원자량이 증가하는 순서대로 원소를 나열했을 때 그 화학적 성질이 주기적으로 비슷하게 반복히는 것을 발견했다. 그리고 당시 미발견 중의 원소의 존재를 예측하였고 이들은 후에 확인되었다. 그러므로 올바른 원자 이론이라면 주기율을 설명할 수 있어야 할 것이다.

핵의 전하가 $+Ze$ 인 중성 원자는 주위에 Z 개의 전자를 가지고 있다. 이들 간에 Coulomb 전기력만 작용한다면 원자의 하밀토니안은 다음과 같다.

$$H = \sum_{n=1}^{Z}\left(\frac{\mathbf{p}_n^2}{2m} - \frac{Ze^2}{4\pi\varepsilon_0}\frac{1}{r_n}\right) + \frac{1}{2}\sum_{\substack{k,n \\ k\neq n}}^{Z}\frac{e^2}{4\pi\varepsilon_0}\frac{1}{|\,\mathbf{x}_n - \mathbf{x}_k\,|} \tag{12.51}$$

첫째 항은 각각의 전자와 핵의 전기 작용이고 둘째 항은 전자간의 척력 작용이다. 둘째 항의 합을 그대로 수행하면 같은 항이 두 번씩 나타나므로 1/2 인자를 넣었다. 그러면 풀어야 할 파동 방정식은 다음과 같다.

$$H\,\psi(\mathbf{x}_1,\mathbf{x}_2,\cdots,\mathbf{x}_Z) = E\,\psi(\mathbf{x}_1,\mathbf{x}_2,\cdots,\mathbf{x}_Z) \tag{12.52}$$

이제 파동 함수 $\psi(\mathbf{x}_1,\mathbf{x}_2,\ldots,\mathbf{x}_Z)$ 가 단일 입자 파동 함수 $\phi_n(\mathbf{x})$ 들의 곱이라 가정하자.

$$\psi(\mathbf{x}_1,\mathbf{x}_2,\cdots,\mathbf{x}_Z) = \phi_1(\mathbf{x}_1)\,\phi_2(\mathbf{x}_2)\cdots\phi_Z(\mathbf{x}_Z) \tag{12.53}$$

핵-전자간의 작용을 비섭동 작용, 전자-전자간의 척력을 섭동으로 간주하면 $\phi_n(\mathbf{x})$ 는 수소 같은 원자의 파동 함수가 될 것이다. 그러나 변분 원리로 $\phi_n(\mathbf{x})$ 에 대한 방정식을 유도해 보자. 그러면 식 (12.53) 을 시도 함수로 $\langle\psi|H|\psi\rangle$ 를 극소화하는 문제로 귀착된다. 물론 ψ 는 규격화 되어야 하므로 다음의 제한 조건을 수반한다.

$$\int d^3x_n\ \phi_n^*(\mathbf{x}_n)\ \phi_n(\mathbf{x}_n) = 1 \qquad (n = 1, 2, \cdots, Z) \tag{12.54}$$

변분 원리로 파동 방정식을 얻는 방법은 이미 10.4절에서 다루었다. 제한 조건마다 Lagrange 곱수를 도입하여 $\langle\psi|H|\psi\rangle$ 를 극소화하면 다음 방정식을 얻는다.

$$\left(\frac{\mathbf{p}_n^2}{2m} - \frac{Ze^2}{4\pi\varepsilon_0\, r_n} + \frac{e^2}{4\pi\varepsilon_0}\sum_{k\neq n}^{Z}\int d^3x_k\, \frac{|\phi_k(\mathbf{x}_k)|^2}{|\mathbf{x}_n - \mathbf{x}_k|}\right)\phi_n(\mathbf{x}_n) = E_n\, \phi_n(\mathbf{x}_n) \tag{12.55}$$

단일 입자 풀이를 가정하여 생긴 이 방정식은 미분과 적분을 포함한 연립 미적분 방정식이고 Hartree 방정식이라 부른다. 식 (12.55) 는 한 전자가 핵으로부터 전기 인력을 받고 또한 다른 전자들에게서는 전기 척력을 받는 문제가 된다. 전자들의 전하 분포는 마치 구름처럼 퍼져 있으므로 그 효과는 핵의 전하 $+Ze$ 를 일부 차단하는 역할을 한다.

Hartree 방정식은 풀기 힘들지만 그 이전에 전자가 페르미온이라는 사실을 등한히 했다. 식 (12.53) 의 시도 함수에서 합당하게 대칭 또는 반대 대칭인 파동 함수를 구성해야 했다. 결과적으로 엄청나게 문제가 복잡해진다. Hartree 의 원자 이론은 같은 맥락을 유지하면서 자체 일관적 (self consistent) 인 근사 이론으로 대신한다. 요점은 다음과 같다.

- Z 개의 전자를 갖는 원자의 하밀토니안을 도입한다. 전자간의 작용은 각도로 평준화하여 구면 대칭인 하밀토니안을 다룬다.

$$H = \frac{\mathbf{p}^2}{2m} - \frac{e^2}{4\pi\varepsilon_0}\frac{Z(r)}{r} \tag{12.56}$$

- $Z(r)$ 은 전자간 상호 작용에 의한 핵의 전하 차폐 효과를 포함하고 r 의 함수이다. $Z(r)$ 은 $Z(0) = Z$, $Z(\infty) = 1$ 의 조건을 만족하는 시도 함수를 선택한다.
- 시도 함수 $Z(r)$ 에 대한 식 (12.56) 의 고유값 문제를 계산한다.
- 파동 방정식의 풀이에서 얻은 파동 함수 $\phi(\mathbf{x})$ 에서 $e|\phi(\mathbf{x})|^2$ 을 전하 밀도로 간주하고 전자기학 이론을 적용하여 차폐 효과에 의한 $Z(r)$ 을 계산한다.

- 이렇게 얻은 $Z(r)$ 이 입력시의 $Z(r)$ 과 다르면 시도 함수의 매개 변수를 조정하여 입력한 시도 함수와 같을 때까지 반복한다.
- 자체 일관적인 $Z(r)$ 이 얻어지면 전자의 배열은 에너지가 낮은 상태부터 스핀을 고려하여 2개씩 채워 올라간다.

Hartree 이론을 수치 계산해서 얻은 결과를 에너지가 높아지는 순서로 나열하면 표 12.1과 같다. 주 양자 번호 n 도 병기하였는데 n 이 다르면 현격한 에너지 차이가 있다. 그래서 똑 같은 n 에 대한 전자 배열을 주 껍질이라 한다. 또한 주 껍질 내에는 l 에 해당하는 부 껍질이 있다.

표 12.1 원자 모형에서 껍질이 수용할 수 있는 전자의 수

주 껍질 n	부 껍질 nl	점유한도 $2(2l+1)$	점유도 누계
1	$1s$	2	2
2	$2s, 2p$	8	10
3	$3s, 3p$	8	18
4	$4s, 3d, 4p$	18	36
5	$5s, 4d, 5p$	18	54
6	$6s, 4f, 5d, 6p$	32	86

그러면 중성 원자는 전자 배열을 다음과 같이 채워가면 된다.

$$
\begin{array}{ll}
{}_1\mathrm{H} & (1s) \\
{}_2\mathrm{He} & (1s)^2 \\
{}_3\mathrm{Li} & (1s)^2(2s) = (\mathrm{He})(2s) \\
{}_4\mathrm{Be} & (1s)^2(2s)^2 = (\mathrm{He})(2s)^2 \\
{}_5\mathrm{B} & (1s)^2(2s)^2(2p) = (\mathrm{He})(2s)^2(2p) \\
{}_6\mathrm{C} & (1s)^2(2s)^2(2p)^2 = (\mathrm{He})(2s)^2(2p)^2 \\
{}_7\mathrm{N} & (1s)^2(2s)^2(2p)^3 = (\mathrm{He})(2s)^2(2p)^3 \\
{}_8\mathrm{O} & (1s)^2(2s)^2(2p)^4 = (\mathrm{He})(2s)^2(2p)^4
\end{array}
$$

$_{9}\mathrm{F}$ $(1s)^2(2s)^2(2p)^5 = (\mathrm{He})(2s)^2(2p)^5$

$_{10}\mathrm{Ne}$ $(1s)^2(2s)^2(2p)^6 = (\mathrm{He})(2s)^2(2p)^6$

$_{11}\mathrm{Na}$ $(1s)^2(2s)^2(2p)^6(3s) = (\mathrm{Ne})(3s)$

$_{12}\mathrm{Mg}$ $(1s)^2(2s)^2(2p)^6(3s)^2 = (\mathrm{Ne})(3s)^2$

$_{13}\mathrm{Al}$ $(1s)^2(2s)^2(2p)^6(3s)^2(3p) = (\mathrm{Ne})(3s)^2(3p)$

$_{14}\mathrm{Si}$ $(1s)^2(2s)^2(2p)^6(3s)^2(3p)^2 = (\mathrm{Ne})(3s)^2(3p)^2$

전자 배열이 $_{18}\mathrm{Ar} = (1s)^2(2s)^2(2p)^6(3s)^2(3p)^6$ 에 이르면 다음에 $3d$ 보다 에너지가 낮은 주 껍질의 $4s$ 를 채우게 된다. K, Ca 에서 각각 $4s$ 준위에 전자를 채운 후에는 $3d$ 를 채우기 시작한다. 이런 방법으로 다른 원소의 전자 배열도 알아낼 수 있다.

원자의 화학적 성질은 외곽 전자들에 관계된다. 위의 표에서 주 껍질이 채워지면 다른 준위까지는 상당한 에너지 차이가 있고 따라서 주 껍질이 채워진 원자들은 들뜨게 하기 힘들며 화학적으로 안정하다. 이들은

$$_{2}\mathrm{He} \quad _{10}\mathrm{Ne} \quad _{18}\mathrm{Ar} \quad _{36}\mathrm{Kr} \quad _{54}\mathrm{Xe} \quad _{86}\mathrm{Rn}$$

인데 모두 불활성 기체 (inert gas) 들이다.

주 껍질을 완성한 전자들은 서로 쌍을 이루어 스핀, 궤도 회전량 등의 합이 영이 된다. 그러므로 이보다 전자가 1개 더 많으면 이들의 원자적 성질, 즉 화학적 성질이 비슷하고 주기율이 설명된다.

원자의 내부, 핵 근처에 있는 전자들은 $Z(0) = Z$ 이지만 $n = 1$ 의 주 껍질에서 $Z(r)$ 값은 대략 $Z-2$ 임이 계산 결과 밝혀졌다. 그 의미는 첫번째 주 껍질에서 핵을 바라볼 때 다른 전자의 구름들이 $-2e$ 정도 핵을 가린다는 뜻이다. 그러므로 Bohr 모델을 이용한 단순 추정을 하더라도 원자의 제일 낮은 바닥 상태의 에너지 준위는 $-(Z-2)^2 \times 13.6\,\mathrm{eV}$ 정도이며 무거운 원자의 경우에는 10 keV 정도이다. 따라서 안쪽 껍질에서 전자가 전이할 때 방출하는 광자는 x-선 영역의 파장을 갖는다. 실제로 Mosley 는 특성 x-선을 분석하여 파장 λ 와 원자번호 Z 사이에 다음 관계가 존재함을 입증하였다.

$$\frac{1}{\lambda} = a(Z-b)^2 \tag{12.57}$$

특성 x-선 스펙트럼은 원자 스펙트럼처럼 원자의 고유한 성격을 나타낸다.

12.5 중 양성자

양성자와 중성자가 결합한 중양성자 (deuteron)는 제일 간단한 핵자들의 결합체이다. 질량측정에서 결합 에너지는 2.23 MeV 임이 알려졌고 스핀은 1 이며 전기 4극 능률도 측정되었다. 이들을 결합하는 힘은 무엇인가? 중력은 수소 원자에서 보듯이 너무 약하고 중성자는 전기적으로 중성이므로 전자기 작용도 아니고 핵자들을 좁은 공간에 묶어 핵을 구성하게 하는 핵력(nuclear force) 임이 밝혀졌다. 핵력은 전자기 힘에 비하여 대단히 강한 한편 10^{-15} m 정도의 극히 짧은 거리 이내에서만 작용한다. Coulomb 벌판만큼 구체적 형태는 불확실하지만 우물형 벌판으로 근사시켜 윤곽을 살펴보기로 하자.

두 핵자 간의 상호 작용 벌판은 반지름 a 깊이 $-V_0$ 인 삼차원 우물형 벌판으로 가정한다. 풀이는 7.7절에 구체적 방법이 제시되었다. 바닥 상태는 S-상태라는 점을 고려하여 $l=0$ 에 대한 풀이만 다룬다면 구면 Bessel 함수를 쓸 필요가 없고 일차원 우물 벌판 문제에서 해답을 얻을 수 있다. 일차원에서 홀함수 풀이가 존재하려면 a, V_0 가 충분히 커야 한다. 따라서 삼차원 우물 문제에서는 결합 상태가 있으려면 전제 조건이 필요하다.

중 양성자는 바닥 상태이므로 그림 5.8 에서 $\pi \le x \le 3\pi$ 의 범위 내에 교점이 있어야 한다. 이것은 식 (5.44), (5.49) 에서 다음과 같다.

$$\frac{\pi^2\hbar^2}{4m_p a^2} \le V_0 + E \le \frac{9\pi^2\hbar^2}{4m_p a^2} \tag{12.58}$$

양성자와 중성자는 거의 질량이 비슷하므로 환산 질량 $m = m_p m_n/(m_p+m_n) \simeq m_p/2$ 를 채택하였다. 핵력은 π 중간자를 매개로 이루어지고 그 작용 범위는 매개 입자의 Compton 파장 정도이므로 $a=\hbar/m_p c$ 로 정하면 식 (12.58) 은 수치적으로 다음과 같다.

$$52\,\text{MeV} \le V_0 - 2.23\,\text{MeV} \le 468\,\text{MeV} \tag{12.59}$$

그러므로 우물의 깊이는 50 MeV 이상으로 상당히 깊은 것을 깨닫게 된다.

중양성자가 $l=0$ 임에도 스핀 1 인 것은 합성 스핀이 $S=1$ 즉 $^3S_1$ 상태임을 알 수 있다. 그러면 $^1S_0$ 상태도 존재해야 할 것이다. $^1S_0$ 의 실험적 부재는 핵력이 스핀에 직접 관계됨을 의미한다. 삼차원 우물에서 $^3S_1$ 상태의 힘이 겨우 한 개의 결합 상태를 허용하고 $^1S_0$ 상태의 힘은 그보다 약하다면 $^1S_0$ 결합 상태는 생기지 않는다. 핵력이 스핀에 크게 의존하는 것은 다음 절의 껍질 모형에서 중요한 역할을 한다.

중양성자는 S-상태 ($l=0$) 이고 파동 함수는 구면 대칭이다. 따라서 전기 4극 능률을 계산하면 영이 된다. 이것은 공간에서 방향에 의존하지 않기 때문이다. 그런데 4극 능률이 영이 아니라는 사실은 중양성자가 순수한 $^3S_1$ 상태에 있는 것이 아니라 전체 회전량 1, 홀짝도 + 인 $^3D_1$ 상태가 섞였음을 의미한다.

12.6 핵의 껍질 모형

Hartree의 원자 이론은 수소 원자만큼 정밀하게 원자 성질을 규명하지 못하더라도 뭇입자계를 근사하게 기술한다는 점에서 양자 이론이 옳다는 것을 입증한다. 특히 원자에서 마법의 수 (magic number)인 $Z = 2, 10, 18, 36, 54, 86$ 의 원자 번호를 가진 원소들은 유달리 안정해서 불활성 기체인 현상을 올바로 설명하고 있다. 원자 핵의 세계에도 마법의 수가 존재한다. 양성자의 수 Z 나 중성자의 수 N 이 2, 8, 20, 28, 50, 82, 126 인 핵은 안정된 구조를 가지고 있으며 둘 다 마법의 수 일 때에는 특별히 안정된 핵이다. 올바른 방향의 핵 모형은 우선 마법의 수를 설명할 수 있어야 할 것이다.

핵력은 핵 크기의 근거리에서만 강하게 끌어 당기는 작용을 하며 핵자들을 단단히 뭉치게 한다. 전자기력보다 훨씬 강해서 핵안에서 핵력은 전기력을 압도한다. 그러면 핵 내부의 핵자들이 사방의 핵자들에 막혀서 꼼짝 못할 것 같지만 역설적으로 보면 모든 방향에서 똑같이 강한 힘을 받으므로 서로 상쇄되어 오히려 자유롭게 움직일 수 있다. 단지 핵의 표면을 벗어나려면 힘이 균형을 잃고 핵 안쪽으로 강한 인력이 작용한다. 그러므로 핵 내부에서는 자유입자이고 핵의 표면에는 장벽이 있는 삼차원 구형 우물 벌판이 적당한 핵 모형이다. 이미 앞 절에서 중양성자를 우물형 벌판 문제로 다루었다. 핵자들로 구성된 핵은 근본적으로 뭇입자계이지만 원자에서처럼 단일 핵자의 운동으로 대체한 유효 이론으로 설명이 가능하다. 이제 Mayer, Haxel, Jensen, Suess 가 제시한 핵의 껍질 이론을 살펴보자.

핵의 껍질 모형에서는 Hartree의 원자 이론처럼 핵의 단일 입자 유효 이론을 수용한다. 핵자를 원자핵 내에 가두는 상호 작용 벌판은 간단한 조화 진동자나 우물형 벌판을 생각할 수 있다. 조화 진동자 벌판의 에너지 고유값은 식 (7.91)로 표현되고 그림 7.7에 보이듯이 에너지 준위의 겹침이 심하다. 한편 단단한 공의 우물형 벌판에서는 에너지 고유값은 식 (7.73)에서 보듯이 구면 Bessel 함수의 근으로 표현되며 에너지 준위는 그림 7.4에 보인다. 그래서 핵자의 에너지 준위를 우선 조화 진동자의 에너지 준위로 구별하고 겹침이 있을 경우에 단단한 공 벌판의 준위로 나열하면 낮은 에너지 준위부터 다음과 같다.

$$1s \quad 2p \quad 1d \quad 2s \quad 1f \quad 2p \quad 1g \quad 2d \quad 3s \quad 1h \quad 2f \quad 3p \quad 1i \quad 2g \cdots$$

이들은 표 12.2에 스핀 무관한 핵력의 준위 표기로 나타나 있다. l-부껍질은 $2(2l+1)$ 개의 핵자를 수용할 수 있으므로 그 점유한도와 바닥상태로부터의 점유도 누계도 함께 나타나 있다. 표에서 보듯이 마법의 수 2, 8, 20 은 설명이 가능하지만 나머지는 그렇지 않다. 회전량이 급변하면 이에 따른 원심장벽도 크게 바뀌므로 에너지 준위차도 커질 것이고 표에서 20, 40, 70, 112 … 가 핵 물리학에서의 마법의 수 일 것으로 예상된다. 실제로는 28, 50, 82, 126 … 이 마법의 수이다.

그 차이는 8, 10, 12, 14 인데 이들을 $2J+1$ 의 형태로 이해하면 $J=7/2, 9/2, 11/2, 13/2$ 의 반홀수가 된다. 따라서 스핀-궤도 작용 같은 스핀에 의존하는 핵력의 존재 필요성이 생긴다. 중양성자의 경우 $^1S_0$ 상태가 존재하지 않는 사실도 스핀에 의존하는 핵력을 암시한다. 단지 원자의 미세구조는 너무 미약해서 원래의 에너지 준위에 큰 영향을 못 미치므로 강한 스핀-궤도 작용력이 바람직하다.

스핀-궤도 작용으로 $J=7/2$ 을 얻으려면 궤도 회전량은 $l=3$ 또는 4 이어야 하고 $l=3$ 인 $1f$ 준위가 20개까지 채운 $2s$ 부껍질 다음에 있다. $1f$ 상태와 핵자 스핀 1/2 을 합성하면 원자핵 스핀인 총 회전량은 $J=7/2$ 또는 5/2 가 되는데 마법의 수 28 을 설명하려면 $J=7/2$ 이 낮은 상태이어야 한다.

그 다음 마법의 수는 50 인데 $l=4$ 인 $1g$ 상태의 스핀-궤도 작용이 해결책이다. $J=9/2$ 또는 7/2 인데 $J=9/2$ 상태가 낮은 에너지를 가지므로 40개가 채워진 기존의 부껍질에 10개를 추가하여 마법의 수 50 을 얻는다.

그러므로 다음과 같은 스핀-궤도 작용을 도입할 수 있다.

$$H_{LS} = -U(r)\mathbf{L}\cdot\mathbf{S} \tag{12.60}$$

여기서 $U(r) > 0$ 이어야 한다. 원자에서는 반대이었다. 그러므로 핵의 스핀-궤도 작용은 원자와 반대방향이고 세기는 주요작용만큼 강하다. H_{LS} 를 포함한 에너지 준위 분포도 표 12.2에 실려있다.

식 (12.60)의 작용에서 $j=l+1/2$ 이 $j=l-1/2$ 보다 에너지 준위가 낮다. 회전량이 급증하기 직전의 핵자의 점유도는 20, 40, 70, 112 인데 강한 스핀-궤도 작용으로 $1f_{7/2}$, $1g_{9/2}$, $1h_{11/2}$, $1i_{13/2}$ 의 8, 10, 12, 14 개의 준위가 그 이하의 완성된 껍질에 추가되면 28, 50, 82, 126 의 마법의 수를 얻게 된다.

이상의 논의에서 핵 스펙트럼도 단일입자의 효과이론으로 설명이 가능하다는 점을 인식하게 되었다. 더 이상 핵의 구체적 성질을 조사하려면 좀더 현실적인 유한깊이의 우물모양의 여러가지 벌판 모형을 다루는 것이 필요하다.

표 12.2 핵 껍질의 핵자 배열

		스핀 무관 핵력			스핀-궤도 작용 추가		
n	l	준위	점유 한도	점유도 누계	준위	점유 한도	점유도 누계
1	0	$1s$	2	2	$1s_{1/2}$	2	2
1	1	$1p$	6	8	$1p_{3/2}$	4	6
					$1p_{1/2}$	2	8
1	2	$1d$	10	18	$1d_{5/2}$	6	14
					$1d_{3/2}$	4	18
2	0	$2s$	2	20	$2s_{1/2}$	2	20
1	3	$1f$	14	34	$1f_{7/2}$	8	28
					$1f_{5/2}$	6	34
2	1	$2p$	6	40	$2p_{3/2}$	4	38
					$2p_{1/2}$	2	40
1	4	$1g$	18	58	$1g_{9/2}$	10	50
					$1g_{7/2}$	8	58
2	2	$2d$	10	68	$2d_{5/2}$	6	64
					$2d_{3/2}$	4	68
3	0	$3s$	2	70	$3s_{1/2}$	2	70
1	5	$1h$	22	92	$1h_{11/2}$	12	82
					$1h_{9/2}$	10	92
2	3	$2f$	14	106	$2f_{7/2}$	8	100
					$2f_{5/2}$	6	106
3	1	$3p$	6	112	$3p_{3/2}$	4	110
					$3p_{1/2}$	2	112
1	6	$1i$	26	138	$1i_{13/2}$	14	126
					$1i_{11/2}$	12	138
2	4	$2g$	18	156	$2g_{9/2}$	10	148
					$2g_{7/2}$	8	156

12.7 무거운 중간자

두 입자의 결합 문제를 다른 각도에서 살펴보자. 빠른 속도로 움직이는 두 입자가 결합 상태일 때 전체 에너지와 운동량은 다음과 같다.

$$\begin{aligned} E &= \sqrt{m_1^2c^4 + \mathbf{p}_1^2c^2} + \sqrt{m_2^2c^4 + \mathbf{p}_2^2c^2} + V \\ \mathbf{P} &= \mathbf{p}_1 + \mathbf{p}_2 \end{aligned} \tag{12.61}$$

여기서 V는 두 입자의 상호 작용 에너지이다. 그러면 Einstein의 질량 공식, $E^2 = Mc^4 + \mathbf{P}^2c^2$에서 결합 상태의 질량 M을 얻을 수 있다. E와 $\mathbf{P}$는 세계 벡터의 성분으로 관측자마다 다르다. 여러 관성계 중에서 $\mathbf{p}_1 + \mathbf{p}_2 = 0$ 인 관성계는 특별한 의미를 지닌다. 입자계의 전체 운동량이 영이므로 $\mathbf{P} = 0$ 이고, 전체 에너지는 바로 질량 $E = Mc^2$ 이 되기 때문이다. 이 관성계를 질량중심계 (center-of-mass frame)라 부른다. 질량중심계에서는 $\mathbf{p}_1 = -\mathbf{p}_2 = \mathbf{p}$ 가 되고 상대 운동이 비교적 느린 결합 상태라면 에너지에 대한 전체 하밀토니안을 비상대론적으로 전개하여 다음을 얻는다.

$$\begin{aligned} H &= \sqrt{m_1^2c^4 + \mathbf{p}^2c^2} + \sqrt{m_2^2c^4 + \mathbf{p}^2c^2} + V \\ &= m_1c^2 + m_2c^2 + \frac{\mathbf{p}^2}{2m_1} + \frac{\mathbf{p}^2}{2m_2} + V + O(p^4) \\ &= (m_1 + m_2)c^2 + H_0 + O(p^4) \\ H_0 &= \frac{\mathbf{p}^2}{2m} + V \qquad \frac{1}{m} = \frac{1}{m_1} + \frac{1}{m_2} \end{aligned} \tag{12.62}$$

지금까지 우리가 취급한 Schrödinger 방정식의 결합 상태 문제는 윗식에서 보듯이 환산 질량 m 을사용하여 비상대론적 하밀토니안 H_0에 대한 고유값 문제를 푼 것이다. 따라서 수소 원자의 질량은 양성자와 전자 질량의 합 $(m_p + m_e)$ 보다 13.6 eV$/c^2$, 즉 $10^{-8} \times (m_p + m_e)$ 정도 가볍다. 이렇게 어떤 입자의 질량은 그 구성 입자들의 질량 합보다 작다. 질량을 좀더 자세히 알려면 윗식에서 $O(p^4)$ 항의 상대론적 보정을 해야 한다. 이것은 섭동으로 다룰 수 있다.

식 (12.62)의 비상대론적 전개가 합리화되려면 H_0의 고유값인 결합 에너지 $|E_B|$가 정지 질량 에너지 $(m_1 + m_2)c^2$ 보다 작아야 한다. 작을수록 비상대론적 파동방정식은 신빙성이 높다. 수소 원자와 중양성자를 보기로 들면 다음과 같다.

$$
\begin{aligned}
&\text{수소 원자 :} \quad \frac{E_B}{(m_p+m_e)c^2} \simeq \frac{13.6\,\mathrm{eV}}{938\,\mathrm{MeV}} \simeq 1.5\times 10^{-8} \\
&\text{중 양성자 :} \quad \frac{E_B}{(m_p+m_n)c^2} \simeq \frac{2.23\,\mathrm{MeV}}{2\times 938\,\mathrm{MeV}} \simeq 1.2\times 10^{-3}
\end{aligned}
\tag{12.63}
$$

그러므로 원자 물리학과 핵 물리학에서는 Schrödinger 방정식으로 자연 현상을 잘 기술할 수 있으며 널리 활용된다.

소립자 물리학에서는 다르다. 같은 종류의 쿼크-반대 쿼크로 구성된 스핀 1 인 입자들을 살펴보면 표 12.3과 같다. 그러므로 u, d, s 의 가벼운 쿼크로 구성된 중간자는 비상대론적 풀이가 의미가 없고 처음부터 상대론적으로 다루어야 한다. 반면에 c, b 등 무거운 쿼크로 구성된 중간자는 비상대론적으로 다룰 수 있다. 하지만 상대론적 보정, 스핀-궤도 작용, 스핀-스핀 작용 등이 에너지 스펙트럼에 상당한 영향을 미친다.

표 12.3 쿼크 질량에 따른 결합/질량 에너지 비율

쿼크 q	쿼크 질량 m_q	중간자 $\bar{q}q$	중간자 질량 $m_{\bar{q}q}$	결합 에너지/ 질량 에너지
u, d	$1.5 \sim 5\,\mathrm{MeV}/c^2$	ρ	$770\,\mathrm{MeV}/c^2$	〉150
s	$60 \sim 170\,\mathrm{MeV}/c^2$	ϕ	$1020\,\mathrm{MeV}/c^2$	〉2
c	$1.0 \sim 1.4\,\mathrm{GeV}/c^2$	J/ψ	$3.10\,\mathrm{GeV}/c^2$	$0.1 \sim 0.5$
b	$4.0 \sim 4.5\,\mathrm{GeV}/c^2$	Υ	$9.46\,\mathrm{GeV}/c^2$	$0.05 \sim 0.18$

고에너지 현상중에도 무거운 중간자는 비상대론적인 문제로 환원되고 보정항을 섭동으로 취급할 수 있다. 비섭동 하밀토니안의 쿼크 작용 에너지 V를 전자기 현상에서처럼 유도하기는 쉽지 않다. 에너지를 주입하여 쿼크를 들뜨게 하여도 이온화되어 독립적인 쿼크가 안 생기는 현상을 보면 쿼크간의 작용력은 조화 진동자 같은 유폐형 벌판임을 알 수 있다. 실제로 r^2 에 비례하는 조화 진동자라기 보다 r 에 비례하는 직선형 유폐 형태인 $V = ar$ 이 연구 대상이 된다. 한편 쿼크 사이의 거리가 짧아질수록 핵력의 결합 상수가 약해져서 핵 Coulomb 힘이 작용함을 알 수 있다. 이것은 마치 두 입자 사이의 거리가 가까우면 중력에서는 질량이 줄어

들고 전자기 현상에서는 전하가 작아지는 효과와 같다. 이러한 특성은 핵력의 특유한 성질로서 점근자유 (asymptotic freedom) 현상이라 부른다. 흔히 선호되는 쿼크 사이의 상호작용은 다음과 같다.

$$V(r) = -\frac{4}{3}\frac{\alpha_S \hbar c}{r} + ar \tag{12.64}$$

윗식에서 α_S 는 핵력에 관한 미세구조 상수에 해당한다. 이러한 벌판 함수에 대한 고유값 문제의 해석적 풀이는 안 알려져 있다. 단지 순수한 직선형 벌판의 경우 그것도 $l=0$ 인 S 상태에 한하여 Airy 함수의 풀이가 존재한다. [7.10절 참고] 그러나 일반적인 경우의 고유값 문제는 수치 계산으로 얻을 수 있다. WKB 근사법을 사용하여 에너지 스펙트럼을 구할 수도 있고 [예제 8.4 참고] 변분 방법으로 문제를 푸는 것도 가능하다. [부록 E 참고]

쿼크 작용을 단순하게 $V = ar$ 로 택하고 인력상수 a 를 계산해 보자. 식 (7.118), (12.62) 에서 S-상태의 무거운 두 쿼크 $Q\bar{Q}$ 로 형성된 중간자 질량은 다음과 같다.

$$M_{\bar{Q}Q}c^2 = 2\, m_Q c^2 + \varepsilon_n \left(\frac{a^2\hbar^2}{m_Q}\right)^{1/3} \tag{12.65}$$

무거운 중간자 중에서 $1S$, $2S$ 상태는 잘 알려져 있다. 그 차이를 계산하면

$$M_{\bar{Q}Q}(2S)\, c^2 - M_{\bar{Q}Q}(1S)\, c^2 = (\varepsilon_2 - \varepsilon_1)\left(\frac{a^2\hbar^2}{m_Q}\right)^{1/3} \tag{12.66}$$

인데 ε_1, ε_2 는 Airy 함수의 근이고 $\varepsilon_2 - \varepsilon_1 = 1.75$ 이다. 윗식을 c 쿼크와 b 쿼크에 적용하면 다음을 얻는다.

$$\begin{aligned} &\bar{c}c \text{ 쿼크 결합상태} \quad a = 1.20 \text{ GeV/fm} \\ &\bar{b}b \text{ 쿼크 결합상태} \quad a = 1.96 \text{ GeV/fm} \end{aligned} \tag{12.67}$$

무거운 중간자의 에너지 스펙트럼을 자세히 파악하려면 스핀에 관계되는 상대론적 보정을 포함시켜야 한다. 이 목적으로 수소원자가 길라잡이는 되어도 맹목적으로 받아 드릴 수는 없다. 전자기 작용은 광자의 교환으로 이루어지는데 광자의 스핀은 1 이다. 쿼크 작용에서는 다양한 스핀을 가진 입자의 교환을 고려해야 하므로 현상론적으로 복잡하다. 핵 껍질 모형에서 전자기 작용과 다른 스핀-궤도 작용을 경험한바 있다.

요약하자면 우리는 결합 상태 문제에서 비록 두 입자의 경우에도 비상대성 이론의 한계에 부딪힌 셈이다. 바람직한 것은 상대성 결합 상태에 관한 방정식이다. 그것도 스핀 1/2 인 두 입자의 결합 상태를 다룰 수 있다면 현실적이다. 이것은 이 책의 범위를 벗어난다.

12.8 강입자의 쿼크 모형

핵을 구성하는 양성자, 중성자를 강입자(hadron)라 한다. 강한 핵력을 미치기 때문이다. 그러나 이 두 입자들만 핵력을 가진 것이 아니다. 비록 빨리 붕괴되어 사라지지만 수백 종의 강입자들이 그동안 알려졌다. 문제는 이들 강입자 스펙트럼을 어떻게 이해해야 하는가 이다. 원자 스펙트럼의 경우에는 점에 가까운 원자핵 주위에 전자들의 전자기적 결합으로 이해하였고 핵 스펙트럼은 핵자 간의 핵력을 껍질 모형으로 설명할 수 있었다. 마찬가지로 강입자 스펙트럼은 쿼크 모형으로 기술할 수 있다.

핵이 핵자로 구성되었듯이 핵자를 포함한 모든 강입자들은 보다 기본적인 쿼크 입자로 구성되어 있다. 쿼크는 전자처럼 스핀 1/2 을 가지고 강입자는 보오존 입자인 중간자(中間子, meson)와 페르미온 입자인 중입자(重粒子, baryon)로 구분되는데 쿼크 모형에서는 다음과 같은 결합이다.

중간자:	쿼크와 반대 쿼크의 두 쿼크 결합 상태	$q\bar{q}$
중입자:	세 쿼크의 결합 상태	qqq

그런데 쿼크에는 6가지 종류가 있다. 이들은 u, d, s, c, b, t 로 불리는데 질량도 다르고 각각 특유한 양자 번호를 가진다. 위의 $q\bar{q}$, qqq 결합 중 각각의 q 는 6종류 쿼크 중의 하나이다.

쿼크의 종류를 구별하는 양자 상태를 맛깔(flavor)이라 부른다. 쿼크들의 맛깔이 다른 이유는 기묘도(strangeness), 매혹도(charm) 등의 새로운 성격의 전하라 할 수 있는 양자 번호가 존재하기 때문이다. 이들은 관련된 내부 대칭과 연관시킬 수 있다.

u, d 쿼크는 마치 스핀 1/2 입자의 스핀-상, 스핀-하 상태처럼 행동하는데 이것은 공간 회전과는 무관하고 Hilbert 공간의 내부 대칭에 기인하는 것이다. 그러나 수학적 구조는 똑같으므로 회전량에 관하여 얻은 지식을 그대로 활용할 수 있다. 그런 의미에서 동위 스핀(isospin)이라 부른다. 그러면 u, d 쿼크는 동위 스핀 1/2 인 쿼크의 두 스핀 상태가 되며 다른 맛깔의 쿼크들은 동위 스핀이 모두 영이다.

이들의 양자 번호는 표 12.4에 요약되었다. 동위 스핀, S, C, B, T 는 맛깔에 따른 양자 번호이고 B 는 중입자 수이다. 표에는 쿼크의 전하 Q 도 명시되었는데 기본전하 e 의 분수배임을 알 수 있다. 이는 지금까지 관측된 입자들의 전하가 기본전하 e 의 정수배로 양자화 되었고 중간자, 중입자의 강입자들도 마찬가지이므로 이를 설명하기 위하여 도입된 개념이다. 일반적으로 쿼크 전하와 맛깔 사이에는 다음 관계식이 성립한다.

$$Q = I_3 + \frac{1}{2}(\mathcal{B} + S + C + B + T) \tag{12.68}$$

중입자수 $\mathcal{B}$ 를 1/3 씩으로 정한 이유는 중간자에 $\mathcal{B}=0$, 중입자에 $\mathcal{B}=+1$ 을 적용하기 위함이다. 그러면 맛깔 등 양자 번호는 동위 스핀의 제3성분 I_3 와 함께 더하기 성격의 양자 번호이므로 식 (12.68) 은 쿼크는 물론 모든 강입자에게 적용된다.

표 12.4 쿼크 맛깔을 구별하는 양자 번호.
동위 스핀(I, I_3) 이외에 S(trangeness), C(harm), B(ottom), T(op) 양자 번호가 있다.

	스핀 $J/\hbar$	전하 Q/e	중입자수 $\mathcal{B}$	I	I_3	S	C	B	T
u	1/2	+2/3	1/3	1/2	+1/2	0	0	0	0
d	1/2	−1/3	1/3	1/2	−1/2	0	0	0	0
s	1/2	−1/3	1/3	0	0	−1	0	0	0
c	1/2	+2/3	1/3	0	0	0	+1	0	0
b	1/2	−1/3	1/3	0	0	0	0	−1	0
t	1/2	+2/3	1/3	0	0	0	0	0	+1

쿼크들을 결합하여 강입자를 형성하는 힘의 전달자는 글루온 (gluon) 이란 입자이다. 이는 마치 광자가 전자기 힘의 전달자 역할을 하는 것과 같다. 그러나 구체적 기술은 전자기 작용보다 훨씬 복잡하고 현상론적으로 Coulomb 작용이 추가된 직선형 벌판 [식 (12.64)] 이 흔히 사용된다.

분수전하를 가진 쿼크는 아직 독립상태로 발견되지 않았다. 쿼크 사이의 강한 작용력은 직선형 벌판과 같은 유폐형 작용으로서 강입자 내의 쿼크를 들뜨게 하면 이온화되어 자유 쿼크로 분리되지 않고 새로운 강입자가 생성될 뿐이다. 지금까지 자유 입자 상태로 발견된 입자들은 모두 기본 전하의 정수배로 양자화 되어 있다.

강입자 (중간자: $q\overline{q}$, 중입자: qqq) 의 고유 양자 번호는 구성된 쿼크에서 알 수 있다. 동위스핀을 제외한 맛깔 양자 번호는 더하기 성격을 띄우므로 대수적으로 합하면 되고 동위 스핀에 관하여는 회전량을 다룰 때 사용한 공식들을 적용하면 된다. 다만 강입자의 스핀을 알려면 두 쿼크 또는 세 쿼크 사이의 궤도 회전량과 쿼크들의 자체 스핀 회전량을 결합하여야 할 것이다. 보통 질량이 작은 입자부터 알려지고 성질이 파악될 것이므로 $l=0$ 인 S-상태가 강입자 스펙트럼의 대부분을 이룬다. S-상태의 강입자는 중간자 (스핀 1/2 인 두 쿼크의 결합) 의 경우 합성 스핀이 0 또는 1 이며 중입자 (스핀 1/2 인 세 쿼크의 결합) 의 경우에는 1/2 또는 3/2 이 가능하다.

핵 물리학에서 핵력을 제공하는 π 중간자를 고려해 보자. 이 중간자는 u, d 쿼크로 구성되는데 동위 스핀이 1/2 이므로 쿼크 스피너를 다음처럼 쓸 수 있다.[5]

$$q=\begin{pmatrix} u \\ d \end{pmatrix} \qquad \overline{q}=\begin{pmatrix} -\overline{d} \\ \overline{u} \end{pmatrix} \tag{12.69}$$

궤도 회전량과 스핀 회전량이 모두 영이 되는 결합에서 전체 회전량은 영이다. 이것을 π 입자라 하면 스핀 영인 중간자이다. 동위 스핀을 분석하면 각각 $I=1/2$ 인 두 쿼크가 결합하므로 전체의 동위 스핀은 1 또는 0 이 가능하다. $I=1$ 인 경우에는 $I_3=+1,0,-1$ 의 세가지 상태가 있으므로 각각 π^+, π^0, π^- 에 해당하는 다음의 결합을 얻는다. 결합 과정은 회전량의 합성과 똑같다. [예제 9.2 참고]

$$\begin{aligned} |I,I_3\rangle \ : \quad & |1,+1\rangle & \pi^+ &: |u\overline{d}\rangle \\ & |1,\ 0\rangle & \pi^0 &: \frac{1}{\sqrt{2}}\Big(|u\overline{u}\rangle-|d\overline{d}\rangle\Big) \\ & |1,-1\rangle & \pi^- &: |d\overline{u}\rangle \end{aligned} \tag{12.70}$$

마찬가지로 다른 맛깔의 쿼크로 구성된 입자 상태들을 생각할 수 있고 지금까지 알려진 강입자들은 이러한 구성으로 설명이 가능하다. 특히 양성자와 중성자는 다음과 같은 세 개의 쿼크로 구성된 결합 상태이다.

$$\begin{aligned} |\,I,I_3\rangle \ : \quad & |\,1/2,+1/2\rangle & p &: |\,u\,u\,d\,\rangle \\ & |\,1/2,-1/2\rangle & n &: |\,u\,d\,d\,\rangle \end{aligned} \tag{12.71}$$

[5] u, d 의 동위 스핀 z-성분은 $+½,-½$ 이고 반대 쿼크에서는 $-\overline{d}, \overline{u}$ 가 $+½,-½$ 성분이 된다.

u, d 쿼크는 스핀 1/2, 동위 스핀도 1/2 이므로 u, u, d 또는 u, d, d 의 세 쿼크가 모여서 합성 스핀이 1/2, 합성 동위스핀도 1/2 이 되도록 결합한 상태를 구성해야는데 구체적인 결합은 회전량에 관한 9.7절의 논의를 따르면 된다. 이러한 쿼크 모형에서는 양성자와 중성자의 자기 능률의 비가 비정상적으로 큰 이유를 설명할 수 있다.

$$\frac{\mu_p}{\mu_n} = \frac{+2.792\,\mu_N}{-1.913\,\mu_N} = -1.460 \qquad \frac{\mu_p}{\mu_n} = -\frac{3}{2} \text{ (쿼크 이론)} \tag{12.72}$$

중입자 중에 Ω^- 입자가 있다. 세 개의 동일한 쿼크 s, s, s 로 구성되어 있고 궤도 회전량은 0 이지만 스핀이 3/2 이므로 s 쿼크의 스핀들이 모두 나란함을 알 수 있다. 그러면 공간 파동 함수와 스핀 파동 함수가 쿼크 입자 교환에 관해 모두 대칭이므로 Ω^- 입자의 전체 파동함수는 대칭이다. 그런데 Ω^- 는 페르미온 입자이므로 반대 대칭 파동함수로 나타내야 한다. 우리는 스핀-통계 원칙을 쿼크의 세계에도 확장 적용하기 위하여 또 다른 새 양자번호를 도입한다. 이것은 빛깔 (color) 이라 부르는데 3 가지가 있다. 그러므로 표 12.4의 6 가지 맛깔의 쿼크들은 각각 3 가지 빛깔을 추가로 가진다. 빛깔의 존재는 실험적으로 검증되었고 12.7절의 쿼크간 상호 작용에서 Coulomb 항의 4/3 [식 (12.64)] 는 쿼크의 빛깔을 고려하였기 때문이다.

결론적으로 강입자를 구성하는 기본 입자는 3 가지 빛깔을 띤 6 종류 맛깔의 쿼크 입자로서 중간자와 중입자로 분류되는 강입자 스펙트럼을 구성한다. “맛깔 (flavor)”, “빛깔 (color)” 의 새로운 양자번호는 일상적인 “맛”, “빛” 과는 무관한 상징적 개념이다. 지금까지 가능한 쿼크 입자들의 결합 모드가 모두 발견되지는 않았으나 꾸준한 탐색으로 기본 입자간의 상호 작용을 더욱 잘 이해할 수 있게 될 것이다.[6]

12.9 기본 입자

지금까지 원자, 핵, 핵자들의 스펙트럼을 그 구성 입자들의 결합 상태로 설명하였다. 그러면 쿼크 입자들은 또 다른 더 근본적인 입자들의 결합체가 아닐가? 쿼크 입자가 Democritus 의 주장처럼 더 이상 분할할 수 없는 궁극의 입자인지 아닌지 현재로서는 알 수 없다. 궁극의 입자를 atom (原子) 또는 素粒子 (elementary particle) 라 불렀으나 결국 이들도 내부 구조의 존재가 밝혀졌고 우리는 현재 쿼크를 기본 입자 (fundamental particle) 라 부른다.

그러나 쿼크만이 기본 입자는 아니다. 표 12.5 에서 보듯이 그 외에도 경입자 (lepton) 와 힘

[6] Particle Data Group, *Journ.Phys.G.* vol.33 (July, 2006). 주기적으로 최신 자료로 갱신되는데 http://www.iop.org/journals/jphysg 참고

의 전달자가 있다. 경입자에는 잘 알려진 전자 e 를 비롯하여 뮤온 μ 및 타우 τ 의 세 계보 (generation)가 있으며 여기에는 3종류의 중성 미자(neutrino)가 포함된다.

한편 힘의 전달자로서 γ, g, Z, W 의 네 종류가 발견되었다. 전자기 상호 작용을 매개하는 광자(γ)는 친숙하며 전하를 띈 모든 입자들 사이에 작용한다. 즉 중성 미자를 제외한 경입자와 모든 쿼크 사이에 작용한다. 글루온(g) 입자는 강작용을 유발시키며 쿼크 사이에서만 작용한다. 그러나 Z, W 입자는 질량이 무거우나 약작용을 일으키고 쿼크, 경입자 모두에 영향을 미친다.

표 12.5 기본 입자
쿼크 이외에도 경입자와 힘의 전달자가 있다.

<table>
<tr><td rowspan="2">쿼크</td><td>u</td><td>c</td><td>t</td><td>γ</td><td rowspan="4">힘의 전달자</td></tr>
<tr><td>d</td><td>s</td><td>b</td><td>g</td></tr>
<tr><td rowspan="2">경입자</td><td>ν_e</td><td>ν_μ</td><td>ν_τ</td><td>Z</td></tr>
<tr><td>e</td><td>μ</td><td>τ</td><td>W</td></tr>
</table>

현재의 양자 이론으로서는 쿼크 입자가 결합하여 핵자를 이루고 핵자가 합쳐져 원자핵이 되고 그 주위에 경입자인 전자가 모여 원자가 되고 원자들의 결합체가 분자가 된다. 분자의 다양한 물리적 성질을 우리는 거시적 자연 현상으로 관찰하는 것이다.

연 습 문 제

12.1 수소 원자 문제를 Dirac 이론으로 풀어서 얻은 해석적 에너지 고유값 (12.16) 을 미세 구조 상수 전개할 때 식 (12.15) 와 일치함을 확인하라.

12.2 식 (12.32) 에서 지름 함수를 근사시키지 않고 식 (7.105) 를 사용하여 정확한 결과를 도출하라. 그리고 이를 급수 전개하여 식 (12.33) 을 확인하라.

12.3 He 원자의 $1s2s$ 상태에 대한 직접 적분 $J(1s2s)$ 와 교환 적분 $K(1s2s)$ 를 계산하라? 그리고 그 크기를 비섭동 에너지와 비교하라.

12.4 중성 원자 $_{18}$Ar 부터 $_{30}$Zn 까지 전자배열을 나열하라.

12.5 불활성 기체 $_2$He, $_{10}$Ne, $_{18}$Ar, $_{36}$Kr, $_{54}$Xe, $_{86}$Rn 의 전자 배열을 나열하라. 그 공통성은 무엇인가?

12.6 다음처럼 분광 기호로 표현되는 양자 상태의 스핀, 궤도 및 전체 회전량과 지름 양자 번호를 기술하라. 생략된 양자 번호는 자명하다.

$$1S_{1/2} \quad 2P_{1/2} \quad 2P_{3/2} \quad 1\,^1S_0 \quad 3\,^3S_1 \quad 1\,^3P_0 \quad 1\,^3P_1 \quad 1\,^3P_2 \quad 1\,^1P_1$$

12.7 중양성자를 구형 우물 벌판의 유일한 결합 상태로 볼 때 결합 에너지가 우물의 깊이보다 훨씬 작은 점을 감안하여 ($E_B \ll V_0$) 중양성자의 규격화된 파동 함수를 구하라.

12.8 핵의 껍질 모형에서 126 보다 큰 마법의 수 2개를 예측하라.

12.9 식 (12.71) 의 $p:\{uud\}$, $n:\{udd\}$ 에서 π 중간자처럼 동위 스핀 결합 상태를 표시하라. 양성자의 두 u 쿼크들은 동위 스핀 1 만 가능함을 염두에 두면 9.7절의 어느 공식을 활용할 수 있는지 알 것이다. 참고로 그 공식에서 +½은 u, −½은 d 쿼크이다.

12.10 세 개의 쿼크 u, d, s 로 이루어지는 결합상태, 즉 중간자들을 분류하라. 쿼크 간의 궤도 회전량은 영이라 가정한다. 그러나 쿼크의 스핀으로 인하여 중간자의 스핀은 1 또는 0 이 될 수 있다.

12.11 핵의 강한 스핀-궤도 작용 [식 (12.60)] 으로 마법의 수를 설명할 수 있으려면 $U(r)$ 이 어느 정도의 크기를 가져야 하는가?

12.12 b, $\bar{b}$ 쿼크의 결합 상태인 Υ 입자에서 두 지름 모드의 입자 질량은 다음과 같다.

$$\Upsilon(1S) : 9.460\,\mathrm{GeV}/c^2 \qquad \Upsilon(2S) : 10.023\,\mathrm{GeV}/c^2$$

쿼크들은 직선형 벌판으로 결합되었다고 가정하고 $\Upsilon(3S)$ 및 $\Upsilon(4S)$ 의 질량을 계산하라. 그리고 참고 문헌에서 실험값과 비교하라.

13. 시간 의존성 섭동 이론

13.1 서 론

물리학에서는 물질을 구성하는 가장 근본적인 입자가 무엇이며 이들간에 상호작용이 어떠한지를 궁극적으로 밝혀내려 한다. 그럼으로써 우주의 삼라만상을 설명할 수 있는 기본원리를 알게되는 것이다. 그런데 상호작용을 조사하는 방법은 대개 세 가지로 분류할 수 있다. 상호작용이 충분히 강한 인력인 경우에 입자들은 모여서 결합상태를 이루고 외부적으로 하나의 입자처럼 행동한다. 따라서 결합상태를 조사하는 것이다. 두번째는 선택 규칙에 따라 허용되는 낮은 에너지 준위의 양자상태가 있으면 그 곳으로 전이 (transition) 하는 것이다. 물론 에너지가 보존되기 위하여 입자를 방출하는데 광자를 내보낼 때에는 전이, 다른 입자로 바뀔 경우에는 붕괴 (decay) 라 한다. 광자도 소립자이므로 모두 "붕괴과정"으로 설명이 가능하다. 마지막으로 충돌현상을 생각할 수 있다. 충돌이 일어나기 오래 전에는 두 입자가 충분히 떨어져있고 서로 아무 힘을 안 미친다. 충돌은 짧은 시간 동안 좁은 공간에서 일어난다. 그리고 충돌이 있은 한참 후에는 또다시 서로 멀리 떨어져서 자유로운 상태이다.

제 10 장에서 다룬 섭동 이론은 섭동작용이 시간과 무관하여 고유값 문제를 체계 있게 풀어가는 도구로 사용하였으며 결합상태에 적용하였다. 섭동작용이 시간에 의존할 경우는 새로운 시각에서 살펴보아야 한다. 물론 시간 무관한 이론은 시간 의존 이론의 특별한 경우이므로 시간 의존성 섭동이론만 알면 될 것 같으나 적용대상이 에너지 고유값보다는 입자들의 충돌, 산란, 붕괴 등에 중점을 두기에 큰 차이가 있다. 우리는 입자계를 기술하는 하밀토니안을 다음처럼

$$H = H_0 + V(\mathbf{x}, t) \tag{13.1}$$

쓰고 H_0 는 시간과 무관하여 고유상태의 풀이를 갖는다고 가정한다. 그러면 처음에 H_0 의 한 고유상태 $|\alpha\rangle$ 가 섭동 $V(\mathbf{x},t)$ 의 영향을 받은 후 나중에 고유상태 $|\beta\rangle$ 로 전이할 확률을 알아내는 것이 핵심이다. 즉 상호작용이 있을 때 양자상태간의 전이확률을 계산하는 것이다. 처음 상태 $|\alpha\rangle$ 가 한 개의 입자이면 붕괴현상이 되고 두 개인 경우에는 충돌 또는 산란현상이 될 뿐이다.

시간 의존성 섭동이론을 여러 가지 방법으로 다룬다. 파동함수를 직접 활용하여 전이진폭과 확률을 얻는 방법이 가장 직접적인데 2차 이상의 섭동을 체계적으로 다루는 것이 힘들다.

다른 방법은 Schrödinger 묘사와 Heisenberg 묘사의 중간의 상호작용 묘사 방법인데 양자 상태의 시간 변화를 기술하는 비섭동 하나 행렬 $U(t,t_0)$에 초점을 맞추고 추가 작용의 영향을 섭동전개하는 것이다. 그리고 전파자에 근거한 Green 함수 방법이 있는데 전개 방법을 숙달한 후에는 Feynman 도식 방법을 사용할 수 있어서 직관적 이해에 편리하다. Feynman 도식과 처방법은 물리학의 여러 분야에 보편화되어 활용되는 이론 도구이다.

13.2 Fermi 의 황금률

하밀토니안 (13.1) 에서 H_0 의 고유값 문제는 풀려서 에너지 고유값과 고유 함수가 알려졌다고 가정하자.

$$H_0\,|\phi_n\rangle = E_n\,|\phi_n\rangle \tag{13.2}$$

그러면 $|\phi_n\rangle$ 은 전개 명리에 따라서 [6.6 절 참고] 완전히 직교 규격화 되었다고 가정하므로 임의의 양자 상태 $|\Psi(t)\rangle$ 는 이들로 전개가 가능한데 단지 전개 상수가 시간의 함수일 뿐이다.

$$|\Psi(t)\rangle = \sum a_n(t)|\phi_n\rangle \tag{13.3}$$

만일 섭동 항 $V(t)$ 가 없다면 $|\Psi(0)\rangle$ 에서 $a_n(0)$ 를 구하고 각각의 고유상태는 그 에너지 상태에 적합하도록 시간적으로 전개될 것이다.

$$|\Psi(t)\rangle = \sum a_n(0)\; e^{-\frac{i}{\hbar}E_n t}\;|\phi_n\rangle \tag{13.4}$$

섭동 항은 약하다고 가정하므로 파동 방정식의 풀이는 윗식에서 크게 벗어나지 않으리라 판단되고 파동 함수를 다음처럼 쓸 수 있다.

$$|\Psi(t)\rangle = \sum c_n(t)\; e^{-\frac{i}{\hbar}E_n t}\;|\phi_n\rangle \tag{13.5}$$

상수 $a_n(0)$ 대신 함수 $c_n(t)$ 를 사용한 것은 섭동 효과를 $c_n(t)$ 에서 알아보려는 의도에서 가정한 것이다. 그러면 Schrödinger 방정식

$$i\hbar\frac{\partial}{\partial t}|\Psi(t)\rangle = \Big(H_0 + V(t)\Big)|\Psi(t)\rangle \tag{13.6}$$

은 $c_n(t)$ 에 대한 방정식으로 대체할 수 있다. 식 (13.5) 를 식 (13.6) 에 대입하여 $\langle\phi_n|$을 곱하면 다음과 같다.

$$i\hbar \frac{dc_n(t)}{dt} = \sum_k \langle \phi_n | V(t) | \phi_k \rangle \ e^{+\frac{i}{\hbar}(E_n - E_k)t} c_k(t) = \sum_k V_{nk}(t) \ e^{i\omega_{nk}t} c_k(t) \tag{13.7}$$
$$\hbar\omega_{nk} \equiv E_n - E_k \qquad\qquad V_{nk}(t) \equiv \langle \phi_n | V(t) | \phi_k \rangle$$

이것은 많은 변수의 연립 미분 방정식으로 그대로 풀이를 알아내는 것은 매우 힘들고 섭동 이론을 사용하여 단계적으로 구하는 방법이 합리적이다.

$$c_n(t) = c_n^{(0)} + c_n^{(1)}(t) + c_n^{(2)}(t) + \cdots \tag{13.8}$$

윗식에서 0차 섭동을 고려하면 식 (13.4) 에서 보듯이 $c_n^{(0)}$는 시간과 무관하다. 초기조건으로 섭동 작용이 미치기 전 ($t = -\infty$) 에 초기 상태가 H_0 의 고유상태중의 하나인 $|\alpha\rangle$라 하면

$$c_n(-\infty) = \delta_{n\alpha} \tag{13.9}$$

이고 0차 계수 이외에는 초기에 모든 차수의 계수가 영이 되어 다음이 성립한다.

$$c_n^{(0)} = \delta_{n\alpha} \qquad c_n^{(1)}(-\infty) = c_n^{(2)}(-\infty) = \cdots = 0 \tag{13.10}$$

그리고 식 (13.7) 의 1차 섭동 결과는 다음과 같다.

$$i\hbar \frac{d}{dt} c_n^{(1)}(t) = \sum_k V_{nk}(t) \ e^{i\omega_{nk}t} \ c_k^{(0)} = V_{n\alpha}(t) e^{i\omega_{n\alpha}t} \tag{13.11}$$

$$c_\beta^{(1)}(\infty) = -\frac{i}{\hbar} \int_{-\infty}^{+\infty} dt \ V_{\beta\alpha}(t) e^{i\omega_{\beta\alpha}t} \tag{13.12}$$

그러므로 1차 섭동까지의 계산 결과는 다음과 같다.

$$c_\beta(\infty) = \delta_{\beta\alpha} - \frac{i}{\hbar} \int_{-\infty}^{+\infty} dt \ V_{\beta\alpha}(t) e^{i\omega_{\beta\alpha}t} = \delta_{\beta\alpha} - \frac{i}{\hbar} \overline{V}_{\beta\alpha} \int_{-\infty}^{+\infty} dt \ \ e^{i\omega_{\beta\alpha}t} \tag{13.13}$$

여기서 $\overline{V}_{\beta\alpha}$는 $\langle\beta|V(t)|\alpha\rangle$의 시간 평균값인데 앞으로 $V_{\beta\alpha}$로 표기하겠다. 윗식은 초기에 $|\alpha\rangle$ 상태에 있는 물리계가 자체적으로 상호 작용을 하여서 한참 후에는 $|\beta\rangle$에 있을 확률 진폭이고 그 제곱 $|c_\beta(+\infty)|^2$ 은 확률이 된다. 그러므로 전이 확률을 다음처럼 쓸 수 있다.

$$P(\alpha \to \beta) = \frac{1}{\hbar^2} \left| \langle \beta | V | \alpha \rangle \right|^2 \left| \int_{-\infty}^{+\infty} dt \, e^{i\omega_{\beta\alpha}t} \right|^2 \tag{13.14}$$

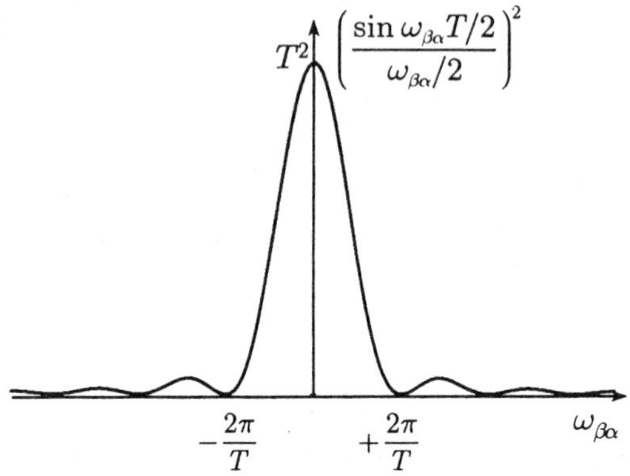

그림 13.1 식 (13.15) 의 그래프 $\omega_{\beta\alpha}=0$ 일 때 뾰족한 최대가 되고 최대값은 T^2 이 된다.

시간 적분은 델타 함수가 되는데 실제로는 델타 함수의 제곱이므로 그 뜻을 올바로 이해할 필요가 있다. 식 (13.1) 에서 시간 의존성 섭동이 $-T/2<t<+T/2$ 인 시간 동안만 일어난다면 식 (13.14) 에서 적분의 제곱은 다음과 같다. 나중에 T 는 임의로 길게 택할 수 있다.

$$\left|\int_{-\infty}^{+\infty} dt\, e^{i\omega_{\beta\alpha}t}\right|^2 \;\Rightarrow\; \left|\int_{-T/2}^{+T/2} dt\, e^{i\omega_{\beta\alpha}t}\right|^2 = \frac{\sin^2 \omega_{\beta\alpha}T/2}{(\omega_{\beta\alpha}/2)^2} \tag{13.15}$$

그림 13.1 에는 윗식의 그래프가 $\omega_{\beta\alpha}$ 의 함수로 나타나 있다. $\omega_{\beta\alpha}=0$ 일 때는 최대값 T^2이 되고 좌우로 빠르게 진동하는 형태이다. 그러므로 $-2\pi/T\le\omega_{\beta\alpha}\le+2\pi/T$ 의 좁은 영역에 있는 최종 상태들이 대부분 기여할 터이고 이들을 $|b\rangle$ 라 하면 전이 확률은 다음 적분으로 대체할 수 있다.

$$\begin{aligned}P(\alpha\to\beta) &= \frac{1}{\hbar^2}\left|\langle\beta\,|\,V\,|\,\alpha\rangle\right|^2 \lim_{T\to\infty}\sum_b \frac{\sin^2 \omega_{b\alpha}T/2}{(\omega_{b\alpha}/2)^2}\,dN(E_b)\\ &= \frac{1}{\hbar^2}\left|\langle\beta\,|\,V\,|\,\alpha\rangle\right|^2 \int_{-\infty}^{+\infty} \frac{\sin^2 \omega_{b\alpha}T/2}{(\omega_{b\alpha}/2)^2}\,\rho(E_b)\,\hbar\, d\omega_{b\alpha}\end{aligned} \tag{13.16}$$

$\rho(E_b)=dN/dE$ 는 양자 상태 밀도의 에너지 스펙트럼이다. 피적분 함수는 $\omega_{b\alpha}=0$ 즉 $b=\beta$ 일때 좁고 높은 돌기로 적분에 주요 기여를 하므로 $\rho(E_b)$ 는 $\rho(E_\beta)$ 로 놓고 적분을 수행하면 T 에 비례함을 알 수 있다. 그러므로 단위 시간당 전이 확률 $R(\alpha\to\beta)$는 다음과 같다.[1]

[1] I.S.Gradshteyn and I.M.Ryzhik, *Table of Integrals, Series and Products*, 3.741_3

Fermi의 황금률

$$R(\alpha \to \beta) = \frac{1}{T} P(\alpha \to \beta) = \frac{2\pi}{\hbar} \left| \langle \beta \,|\, V \,|\, \alpha \rangle \right|^2 \rho(E_\beta) \tag{13.17}$$

이 식을 Fermi의 황금률 (golden rule) 이라 부른다. 많은 실용 문제에 응용된다.

식 (13.15) 의 델타 함수 제곱을 적당한 극한으로 물리적 해석을 하였는데 일단 결과를 알았으므로 다음처럼 해석할 수도 있다.

$$\left| \int_{-\infty}^{+\infty} dt\, e^{i\omega_{\beta\alpha} t} \right|^2 = \int_{-\infty}^{+\infty} dt\, e^{i\omega_{\beta\alpha} t} \int_{-T/2}^{+T/2} dt = 2\pi\, \delta(\omega_{\beta\alpha}) T \tag{13.18}$$

한쪽 적분에서 $\delta(\omega_{\beta\alpha})$ 가 생기므로 다른 적분에서는 처음부터 $\omega_{b\alpha}=0$ 으로 놓고 계산했다. 그러면 단위 시간당 전이 확률은 식 (13.17) 과 똑같은 결과에 이른다.

$$\begin{aligned} R(\alpha \to \beta) &= \frac{1}{T} P(\alpha \to \beta) = \frac{1}{T} \frac{1}{\hbar^2} \left| \langle \beta \,|\, V \,|\, \alpha \rangle \right|^2 \int_{b \in \beta} 2\pi\, \delta(\omega_{b\alpha}) T \frac{dN}{dE} dE_b \\ &= \frac{2\pi}{\hbar} \left| \langle \beta \,|\, V \,|\, \alpha \rangle \right|^2 \frac{dN}{dE} \end{aligned} \tag{13.19}$$

적분 계산은 양자 상태 β 에 관한 것이고 $E = \hbar\, \omega_{\beta\alpha}$ 이며 델타 함수의 성질인 식 (3.77) 을 활용하였다. 많은 경우 최종 상태의 에너지 스펙트럼은 자유 입자의 것으로 근사시킬 수 있고 이미 4.7 절에서 다루었다. 즉 위상 공간에서의 부피를 h^3 으로 나눈 것이 양자 상태의 수이다.

$$N = \frac{1}{h^3} \int d^3x\, d^3p = \int \frac{d^3x\, d^3p}{(2\pi\hbar)^3} = V \int \frac{d^3p}{(2\pi\hbar)^3} = V \int \frac{p^2 dp\, d\Omega}{(2\pi\hbar)^3} \tag{13.20}$$

그러므로 상태 밀도의 에너지 스펙트럼은 다음과 같다.

$$\frac{1}{V} \frac{dN}{dE} = \frac{p^2}{(2\pi\hbar)^3} \frac{dp}{dE} d\Omega \tag{13.21}$$

그런데 입자를 비상대론적으로 취급하든지 상대론으로 다루든지 $dp/dE = 1/v$ 이다.
따라서 다음 결과를 얻는다.

$$\rho(E) = \frac{dN}{dE} = \frac{V}{(2\pi\hbar)^3} \frac{p^2}{v} d\Omega \tag{13.22}$$

V는 자유 입자의 규격화 체적인데 [식 (4.96) 참고] $|\langle\beta|V(\mathbf{x},t)|\alpha\rangle|^2$ 에서 $1/V$와 상쇄하므로 전이 확률에는 아무 영향을 미치지 않는다. 원래 인위적으로 도입한 것이므로 당연히 기대했던 바이다. 그리고 상태 밀도의 스펙트럼 $1/V\,dN/dE$ 와 양자 상태의 스펙트럼 dN/dE 를 혼용해도 무방하다.

13.3 상호 작용 묘사와 섭동

우리는 6.7절에서 양자 상태의 방정식을 두 가지 시각에서 보았다. 연산자는 시간과 무관하고 상태 벡터가 시간에 따라 변하는 Schrödinger 묘사와 상태 벡터가 시간적으로 고정되고 연산자가 시간의 함수인 Heisenberg 묘사가 있는데 이들은 동등하다. 앞 절에서 파동 함수의 형식으로 시간 의존성 섭동을 다루었는데 고차항을 다루려면 연산자 형식으로 다루는 것이 바람직하다. Schrödinger 묘사에서

$$i\hbar\frac{\partial}{\partial t}|\Psi_S(t)\rangle = H\,|\Psi_S(t)\rangle \qquad H = H_0 + V(t) \tag{13.23}$$

상태 함수를 하나 변환 $\exp(+i/\hbar\,Ht)$ 를 통하여 Heisenberg 묘사를 얻었는데 전체 하밀토니안 H 대신 이미 풀이가 알려진 중간적인 비섭동항 H_0 만 사용하는 것이 상호 작용 묘사 (interaction picture) 이다.

$$|\Psi_I(t)\rangle = e^{+\frac{i}{\hbar}H_0\,t}\,|\Psi_S(t)\rangle \tag{13.24}$$

그러면 상호 작용 묘사에서 양자 상태 벡터 $|\Psi_I(t)\rangle$ 에 대한 방정식은 다음과 같다.

$$i\hbar\frac{\partial}{\partial t}|\Psi_I(t)\rangle = V_I(t)\,|\Psi_I(t)\rangle \qquad V_I(t) = e^{+\frac{i}{\hbar}H_0\,t}V(t)e^{-\frac{i}{\hbar}H_0\,t} \tag{13.25}$$

상호작용 묘사에서 H_0 는 상태 벡터의 위상에 포함되어 있고 섭동에 의한 효과를 윗식에서 체계적으로 알아내면 된다. 표기를 간단히 하여 상호 작용 묘사를 강조하는 밑 글자 I 를 생략하기로 하자. 그러나 항상 식 (13.25) 의 입장에서 이해해야 한다.

$$i\hbar\frac{\partial}{\partial t}|\Psi(t)\rangle = V(t)\,|\Psi(t)\rangle \tag{13.26}$$

양자 상태의 시간 전개는 6.7절에서처럼 하나 행렬 $U(t,t_0)$ 로 표현할 수 있고

$$|\Psi(t)\rangle = U(t,t_0)\,|\Psi(t_0)\rangle \qquad U(t,t) = I \tag{13.27}$$

그에 관한 운동 방정식은 다음과 같다.

$$i\hbar\frac{\partial}{\partial t}U(t,t_0) = V(t)U(t,t_0) \tag{13.28}$$

이제 섭동 하밀토니안 $V(t)$ 는 시간의 함수이므로 윗식은 섭동 방법으로 푼다. 그 목적으로 시간 적분을 하면

$$U(t,t_0) = I - \frac{i}{\hbar}\int_{t_0}^{t} d\tau\, V(\tau)U(\tau,t_0) \tag{13.29}$$

이 되는데 우변의 $U(\tau,t_0)$ 에 우변 전체를 반복하여 대입함으로써 체계적인 섭동 계산이 가능하다. 그러면 다음과 같이 무한 급수의 연산자 전개로서 형식적인 풀이를 얻는다.

$$\begin{aligned} U(t,t_0) &= I - \frac{i}{\hbar}\int_{t_0}^{t} dt_1\, V(t_1)U(t_1,t_0) \\ &= I - \frac{i}{\hbar}\int_{t_0}^{t} dt_1\, V(t_1) + \left(\frac{-i}{\hbar}\right)^2 \int_{t_0}^{t} dt_1\, V(t_1)\int_{t_0}^{t_1} dt_2\, V(t_2) + \cdots \end{aligned} \tag{13.30}$$

이 식의 표현을 간략히 하기 위하여 $O(V^2)$ 항을 생각해 보자.

$$\int_{t_0}^{t}dt_1\int_{t_0}^{t_1}dt_2V(t_1)V(t_2) = \int_{t_0}^{t}dt_2\int_{t_0}^{t_2}dt_1V(t_2)V(t_1) = \frac{1}{2}\int_{t_0}^{t}dt_1\int_{t_0}^{t}dt_2\; T[V(t_1)V(t_2)] \tag{13.31}$$

인데 V 는 t 의 함수이므로 두 연산자의 곱 $V(t_1)V(t_2)$ 는 일반적으로 가환이 아니며 처음 두 식을 보면 시간적으로 미래인 연산자가 항상 먼저 나온다. 이것을 시간 정렬 (time ordered) 되었다고 하며 다음으로 정의한다.

$$T[V(t_1)V(t_2)] = \theta(t_1-t_2)V(t_1)V(t_2) + \theta(t_2-t_1)V(t_2)V(t_1) \tag{13.32}$$

마찬가지로 $O(V^3)$ 항은

$$\frac{1}{3!}\int_{t_0}^{t}dt_1\int_{t_0}^{t}dt_2\int_{t_0}^{t}dt_3\; T[V(t_1)V(t_2)V(t_3)] \tag{13.33}$$

가 되며 나머지 항들도 마찬가지 논리로 시간 정렬시킬 수 있고 식 (13.30) 을 형식적으로 다음과 같이 간략하게 표현한다.

$$U(t,t_0) = T\exp\left(-\frac{i}{\hbar}\int_{t_0}^{t} d\tau\, V(\tau)\right) \tag{13.34}$$

여기서 시간 정렬 연산자 T는 지수 전개 후 식 (13.31), (13.33) 등으로 이해해야 한다.

앞 절에서 $t=-\infty$ 일 때 $|\alpha\rangle$의 상태가 $t=+\infty$ 일 때 $|\beta\rangle$의 상태로 전이할 진폭과 확률을 계산했다. 이것은 연산자를 이용하여 다음처럼 쓸 수 있다.

$$P(\alpha \to \beta) = \left| \langle \beta(t{=}+\infty) \,|\, \alpha(t{=}-\infty) \rangle \right|^2 = \left| \langle \beta \,|\, U(+\infty,-\infty) \,|\, \alpha \rangle \right|^2 \qquad (13.35)$$

$U(+\infty,-\infty)$는 산란 행렬 (S-행렬 :scattering matrix) 이라 부른다. 그러면 S-행렬은 다음처럼 표현할 수 있다.

$$S = U(+\infty,-\infty) = T \exp\left(-\frac{i}{\hbar} \int_{-\infty}^{+\infty} dt \; e^{+\frac{i}{\hbar} H_0 t} V(t) e^{-\frac{i}{\hbar} H_0 t} \right) \qquad (13.36)$$

식 (13.34)의 $V(\tau)$는 상호작용 묘사의 연산자이므로 윗식에서 Schrödinger 묘사로 복귀하여 표기하였다. S-행렬은 하나 행렬이고 요소 $\langle \beta | S | \alpha \rangle$는 $|\alpha\rangle \to |\beta\rangle$ 전이에 대한 산란 진폭이다.

이제 섭동 전개의 의미를 파악해 보자. 1차 섭동에서 다음과 같은데

$$\begin{aligned} \langle \beta | S | \alpha \rangle = \langle \beta | U(+\infty,-\infty) | \alpha \rangle &= -\frac{i}{\hbar} \int_{-\infty}^{+\infty} dt \; \langle \beta | e^{+\frac{i}{\hbar} H_0 t} V(t) e^{-\frac{i}{\hbar} H_0 t} | \alpha \rangle \\ &= -\frac{i}{\hbar} \int_{-\infty}^{+\infty} dt \; e^{+i\omega_{\beta\alpha} t} \langle \beta | V(t) | \alpha \rangle \end{aligned} \qquad (13.37)$$

여기서 $|\alpha\rangle$와 $|\beta\rangle$는 H_0의 고유 상태임을 이용했다. 윗식은 식 (13.13)과 일치한다.

대칭 등 여러 이유로 $\langle \beta | S | \alpha \rangle$가 영이 될 수 있다. 그러면 Fermi의 황금률을 보완하여야 한다. 즉 2차 섭동을 고려해야 한다. 13.2절의 파동함수 방법으로는 간단하지 않지만 연산자 방법으로는 쉽게 파악할 수 있다. S-행렬의 2차 섭동항은 다음과 같고 섭동 V는 연산자로서 식 (13.31)에서 보듯이 시간 정렬되어 있다.

$$\langle \beta | S | \alpha \rangle = -\frac{1}{\hbar^2} \int_{-\infty}^{+\infty} dt_1 \int_{-\infty}^{t_1} dt_2 \, \langle \beta | e^{+\frac{i}{\hbar} H_0 t_1} V(t_1) e^{-\frac{i}{\hbar} H_0 t_1} \sum | n \rangle \langle n | e^{+\frac{i}{\hbar} H_0 t_2} V(t_2) e^{-\frac{i}{\hbar} H_0 t_2} | \alpha \rangle \qquad (13.38)$$

두 연산자 사이에 완전히 직교 규격화된 고유 상태의 집합을 삽입했다. 이들은 모두 H_0의 고유 상태이므로 지수 연산자의 H_0는 해당하는 비섭동 에너지 고유값으로 대체할 수 있다. 시간 정렬은 시간 적분 구간으로 구현하였다.

$$\langle\beta|S|\alpha\rangle = -\frac{1}{\hbar^2}\sum_n \int_{-\infty}^{+\infty} dt_1 \int_{-\infty}^{t_1} dt_2\, e^{+i\omega_{\beta n}t_1} e^{+i\omega_{n\alpha}t_2} \langle\beta|V(t_1)|n\rangle\langle n|V(t_2)|\alpha\rangle$$

$$= -\frac{1}{\hbar^2}\sum_n \langle\beta|V|n\rangle\langle n|V|\alpha\rangle \int_{-\infty}^{+\infty} dt_1 \int_{-\infty}^{t_1} dt_2\, e^{+i\omega_{\beta n}t_1} e^{+i\omega_{n\alpha}t_2} \tag{13.39}$$

$$= -\frac{i}{\hbar}\sum_n \langle\beta|V|n\rangle\langle n|V|\alpha\rangle \int_{-\infty}^{+\infty} dt_1\, \frac{-1}{\hbar\omega_{n\alpha}}\left(e^{+i\omega_{\beta\alpha}t_1} - e^{+i\omega_{\beta n}t_1 - i\omega_{n\alpha}T/2}\right)$$

1차 섭동에서 $\langle\beta|V|\alpha\rangle = 0$ 이면 $|n\rangle$이 $|\alpha\rangle$ 또는 $|\beta\rangle$인 상태는 제외해야 하며 $\omega_{n\alpha} \neq 0$ 인데 $\exp(i\omega_{n\beta}t)$ 적분은 $\delta(\omega_{n\beta})$가 되므로 관련된 항은 영이 된다. 그러므로 다음과 같다.

$$\langle\beta|S|\alpha\rangle = -\frac{i}{\hbar}\int_{-\infty}^{+\infty} dt_1\, e^{+i\omega_{\beta\alpha}t_1} \sum_{E_n \neq E_\alpha} \frac{\langle\beta|V|n\rangle\langle n|V|\alpha\rangle}{E_\alpha - E_n} \tag{13.40}$$

윗식과 식 (13.37)을 비교하면 또 다른 Fermi의 황금률을 얻는다.

Fermi의 황금률 $\langle\beta|V|\alpha\rangle = 0$ 인 경우에는 다음으로 대체한다.
$$\langle\beta|V|\alpha\rangle \quad \Rightarrow \quad \sum_{E_n \neq E_\alpha} \frac{\langle\beta|V|n\rangle\langle n|V|\alpha\rangle}{E_\alpha - E_n} \tag{13.41}$$

13.4 Huygens 원리와 전파자 이론

파동 전파에 관한 Huygens 원리와 수학 표현은 3.9절에 소개하였으며 물질파동에 적용할 때 전파자 함수 $G(\mathbf{x},t;\mathbf{x}_0,t_0)$에 관한 방정식은 식 (6.93), (6.96)에 나타나 있다. 이제 N개 입자로 구성된 물리계의 파동 함수 $\Psi(\mathbf{x}_1,\cdots,\mathbf{x}_N,t)$로 일반화한 Schrödinger 방정식은 다음과 같다.

$$i\hbar\frac{\partial}{\partial t}\Psi(\mathbf{x}_1,\cdots,\mathbf{x}_N,t) = H(\mathbf{x}_1,\cdots,\mathbf{x}_N,\mathbf{p}_1,\cdots,\mathbf{p}_N)\,\Psi(\mathbf{x}_1,\cdots,\mathbf{x}_N,t) \tag{13.42}$$

한편 Huygens 원리는 식 (6.93)을 일반화하여 다음처럼 표현한다.

$$\theta(t'-t)\Psi(\mathbf{x}'_1,\cdots,\mathbf{x}'_N,t') = \int d^3x_1\cdots d^3x_N\; G(\mathbf{x}'_1,\cdots,\mathbf{x}'_N,t';\mathbf{x}_1,\cdots,\mathbf{x}_N,t)\,\Psi(\mathbf{x}_1,\cdots,\mathbf{x}_N,t) \tag{13.43}$$

윗식에서 θ-함수는 파동이 미래로만 전파하는 인과율(causality)을 명시하기 위하여 삽입하였다. 우변에서 적분 결과가 일반적으로 $\mathbf{x}_1,\cdots,\mathbf{x}_N,t$ 및 t'의 함수가 되어야 할 것이나 좌변을 보면 $t'>t$ 일 때에는 t' 과 무관하고 $t>t'$ 이면 영이라는 것이 Huygens 원리의 핵심이다.

N 입자의 변위, 운동량 등 변수를 매번 상세히 표기하는 것이 번거로우므로 간략하게 기호를 쓰도록 하자. $\mathbf{x}_1, \mathbf{x}_2, \cdots, \mathbf{x}_N$ 은 줄여서 간단하게 x 로, $\mathbf{p}_1, \mathbf{p}_2, \cdots, \mathbf{p}_N$ 은 p 로 표기한다. 그러면 식 (13.42), (13.43) 은 다음처럼 쓸 수 있다.

$$\overrightarrow{\left(i\hbar\frac{\partial}{\partial t} - H\right)}\Psi(x,t) = 0 \qquad H = H(x,p)$$
$$\theta(t'-t)\,\Psi(x,t) = \int dx\, G(x',t';x,t)\,\Psi(x,t) \tag{13.44}$$

물론 $dx = d^3x_1 \cdots d^3x_N$ 이다. 스핀등 기타 자유도에 관한 표기는 생략되었으며 Ψ 를 여러 성분의 열벡터로 보면 된다. 그러면 Green 함수 G는 행렬이 된다. 즉 $G\Psi$ 등은 파동함수에 전파자 연산자의 작용으로 해석한다. 따라서 그 위치가 중요하다.

Huygens의 원리인 식 (13.43) 은 과거 공간의 파동이 미래 공간의 파동으로 전파하므로 단계별로 생각할 수 있다.

$$\theta(t_2-t)\;\Psi(x_2,t_2) = \int dx\;\, G(x_2,t_2;x,t)\;\Psi(x,t)$$
$$\theta(t-t_1)\;\Psi(x,t) = \int dx_1\;\, G(x,t;x_1,t_1)\;\Psi(x_1,t_1)$$
$$\theta(t_2-t_1)\;\Psi(x_2,t_2) = \int dx_1\;\, G(x_2,t_2;x_1,t_1)\;\Psi(x_1,t_1) \tag{13.45}$$
$$\Rightarrow\;\; \theta(t_2-t_1)\;G(x_2,t_2;x_1,t_1) = \int dx\;\, G(x_2,t_2;x,t)\;G(x,t;x_1,t_1)$$

양자 역학의 계산에서 $\Psi^\dagger(x,t)$ 도 활용할 것이므로 이에 대한 관계는 식 (13.44) 에서 곧바로 얻는다. 파동 함수는 스핀까지 고려하여 Ψ^* 보다 $\Psi^\dagger$ 로 쓰도록 한다.

$$\Psi^\dagger(x,t)\overleftarrow{\left(-i\hbar\frac{\partial}{\partial t} - H\right)} = 0$$
$$\theta(t'-t)\,\Psi^\dagger(x',t') = \int dx\,\Psi^\dagger(x,t)\;G^\dagger(x',t';x,t) \tag{13.46}$$

확률 보존의 법칙이 성립하려면 $\Psi^\dagger\Psi$ 의 공간 적분을 조사하면 된다.

$$\theta(t-t_0)\int dx\,\Psi^\dagger(x,t)\,\Psi(x,t) = \int dx dx_1 dx_2 \Psi^\dagger(x_1,t_0)\,G^\dagger(x,t;x_1,t_0)\,G(x,t;x_2,t_0)\,\Psi(x_2,t_0) \tag{13.47}$$

이 식이 모든 파동 함수에 대하여 항등식이 되려면 다음 관계식이 성립해야 한다.

$$\int dx\, G^\dagger(x,t;x_1,t_0)\, G(x,t;x_2,t_0) = \theta(t-t_0)\,\delta(x_1-x_2) \tag{13.48}$$

여기서 $\delta(x_1-x_2)=\delta(\mathbf{x}_1^1-\mathbf{x}_1^2)\,\delta(\mathbf{x}_2^1-\mathbf{x}_2^2)\cdots\delta(\mathbf{x}_N^1-\mathbf{x}_N^2)$ 을 의미한다. 식 (13.46) 에 $G(x',t';x_0,t_0)$ 를 곱하여 x -적분을 한 후 식 (13.48) 을 이용하고 순서대로 $x',t' \to x,t$ 과 $x_0,t_0 \to x',t'$ 의 치환으로 역할을 바꾸면 다음을 얻는다.

$$\theta(t-t')\,\Psi^\dagger(x',t') = \int dx\, \Psi^\dagger(x,t)\, G(x,t;x',t') \tag{13.49}$$

파동 전파에 관한 모든 정보는 Green 함수 $G(x,t;x_0,t_0)$ 에 포함되었으므로 이에 관한 방정식을 세우고 풀어야 한다. G 가 연산자임을 감안하면 식 (6.96) 에서 다음을 알 수 있다.

$$\begin{aligned} \overrightarrow{\left(+i\hbar\frac{\partial}{\partial t} - H\right)} G(x,t;x_0,t_0) &= i\hbar\,\delta(t-t_0)\,\delta(x-x_0) \\ G(x_0,t_0;x,t)\overleftarrow{\left(-i\hbar\frac{\partial}{\partial t} - H\right)} &= i\hbar\,\delta(t-t_0)\,\delta(x-x_0) \end{aligned} \tag{13.50}$$

$G(x,t;x_0,t_0)$ 는 N 입자에 관한 것이고 $\delta(x-x_0)$ 는 각 입자들에 대한 델타 함수들의 곱이다.

식 (13.50) 은 $t=t_0, x=x_0$ 인 시공간의 한 순간, 한 지점에 단위 입력이 주어졌을 때 그 이후 파동의 전파를 나타낸다. 정전기학에서 Green 함수로서 익숙한 개념이다.[2] 정전기학에서 전하 밀도 $\rho(\mathbf{x})$ 가 알려진 상태에서 전기 퍼텐셜 $\Phi(\mathbf{x})$ 에 대한 Poisson 방정식을 푸는 것은 점 전하에 관한 Green 함수 $G(\mathbf{x},\,\mathbf{x}_0)$ 에 관한 방정식을 푸는 것과 동등하다.

$$\nabla^2\Phi(\mathbf{x}) = -\frac{1}{\varepsilon_0}\rho(\mathbf{x}) \qquad \nabla^2 G(\mathbf{x}_1,\mathbf{x}_2) = -\frac{1}{\varepsilon_0}\delta^3(\mathbf{x}_1-\mathbf{x}_2) \tag{13.51}$$

답은 다음과 같다.

$$\Phi(\mathbf{x}) = \int d^3x'\, G(\mathbf{x},\mathbf{x}')\,\rho(\mathbf{x}') \tag{13.52}$$

실제로 Green 함수와 Poisson 방정식의 풀이는 다음과 같다.

$$G(\mathbf{x},\mathbf{x}') = \frac{1}{4\pi\varepsilon_0}\frac{1}{|\mathbf{x}-\mathbf{x}'|} \qquad \Phi(\mathbf{x}) = \int d^3x'\,\frac{1}{4\pi\varepsilon_0}\frac{\rho(\mathbf{x}')}{|\mathbf{x}-\mathbf{x}'|} \tag{13.53}$$

양자 역학에서는 식 (13.50) 을 풀어서 $G(x,t;x_0,t_0)$ 를 구하면 식 (13.44) 에 대입하여 물질 파동의 전파 과정을 알 수 있다.

---

[2] 참고: J.D.Jackson, *Classical Electrodynamics, 2nd ed,* Sect 1.10

13.5 전파자 섭동 이론

하밀토니안 H가 알려졌을 때 식 (13.50) 을 풀어야 하는데 $H=H_0+V$ 라 하고 H_0 는 풀이가 알려졌다고 가정하자.

$$\begin{aligned}\left(i\hbar\frac{\partial}{\partial t}-H\right)G(x,t;x_0,t_0)&=i\hbar\,\delta(t-t_0)\,\delta(x-x_0) \qquad H=H_0+V \\ \left(i\hbar\frac{\partial}{\partial t}-H_0\right)G_0(x,t;x_0,t_0)&=i\hbar\,\delta(t-t_0)\,\delta(x-x_0) \qquad G_0\text{: 알려진 풀이}\end{aligned} \tag{13.54}$$

그러면 섭동전개의 목적으로 윗식을 다음처럼 쓴다.

$$\left(i\hbar\frac{\partial}{\partial t}-H_0\right)G(x,t;x_0,t_0)=i\hbar\,\delta(t-t_0)\,\delta(x-x_0)+V(x,t)\,G(x,t;x_0,t_0) \tag{13.55}$$

섭동전개 상수는 V에 포함되었다. 이제 전파자 함수 $G(x,t;x_0,t_0)$ 를 다음처럼 섭동 전개하여

$$G(x,t;x_0,t_0)=G_0(x,t;x_0,t_0)+G_1(x,t;x_0,t_0)+G_2(x,t;x_0,t_0)+\cdots \tag{13.56}$$

라 하고 식 (13.55) 에 대입하여 섭동 차수별로 징리하면 다음과 같다.

$$\begin{aligned}\text{0차 섭동 : }&\left(i\hbar\frac{\partial}{\partial t}-H_0\right)G_0(x,t;x_0,t_0)=i\hbar\,\delta(t-t_0)\,\delta(x-x_0) \\ \text{1차 섭동 : }&\left(i\hbar\frac{\partial}{\partial t}-H_0\right)G_1(x,t;x_0,t_0)=V(x,t)\,G_0(x,t;x_0,t_0) \\ \text{2차 섭동 : }&\left(i\hbar\frac{\partial}{\partial t}-H_0\right)G_2(x,t;x_0,t_0)=V(x,t)\,G_1(x,t;x_0,t_0) \\ &\cdots\cdots\cdots \quad \cdots\cdots\cdots \quad \cdots\cdots\cdots \quad \cdots\cdots\cdots \\ n\text{차 섭동 : }&\left(i\hbar\frac{\partial}{\partial t}-H_0\right)G_n(x,t;x_0,t_0)=V(x,t)\,G_{n-1}(x,t;x_0,t_0)\end{aligned} \tag{13.57}$$

0차 섭동은 새롭지 않다. 비섭동 방정식으로 이미 풀이가 알려진 것으로 가정하였기 때문이다.

일반적인 n차 섭동을 고려해 보자. 이 식의 왼쪽에 $G_0(x_1,t_1;x,t)$ 를 곱하여 x-, t-적분을 실행한다. 연산자 $(i\hbar\,\partial/\partial t-H)$는 오른쪽 전파자 함수 G_n 에 작용하지만 부분적으로 적분하여 왼쪽의 비섭동 전파자 함수 G_0 에 작용하도록 하고 식 (13.57) 의 0 차 섭동식을 활용하면 좌변은 다음처럼 G_n 이된다.

$$\begin{aligned}
&\int dxdt\, G_0(x_1,t_1;x,t\overrightarrow{\left(i\hbar\frac{\partial}{\partial t}-H_0\right)}G_n(x,t;x_0,t_0)\\
&=\int dxdt\, G_0(x_1,t_1;x,t)\overleftarrow{\left(-i\hbar\frac{\partial}{\partial t}-H_0\right)}G_n(x,t;x_0,t_0)\\
&=\int dxdt\, i\hbar\,\delta(t_1-t)\,\delta(x_1-x)\,G_n(x,t;x_0,t_0)=i\hbar G_n(x_1,t_1;x_0,t_0)
\end{aligned}\tag{13.58}$$

우변까지 정리하면 다음을 얻는다.

$$G_n(x,t;x_0,t_0)=\int d\tau d\xi\, G_0(x,t;\xi,\tau)\left(-\frac{i}{\hbar}V(\xi,\tau)\right)G_{n-1}(\xi,\tau;x_0,t_0)\tag{13.59}$$

표기를 더욱 간단히 하여 전파자 $G(x,t;x_0,t_0)$는 (x,t), (x_0,t_0)가 행, 열 지표인 무한행렬, 섭동항 $V(x,t)$는 무한 대각 행렬이라고 보면 윗식은 다음처럼 쓸 수 있고

$$G_n=G_0\left(-\frac{i}{\hbar}V\right)G_{n-1}\tag{13.60}$$

전파자 함수에 대한 섭동 전개 풀이는 다음과 같다.

$$\begin{aligned}
G&=G_0+G_0\frac{-i}{\hbar}V\,G_0+G_0\frac{-i}{\hbar}V\,G_0\frac{-i}{\hbar}V\,G_0+\cdots\\
&=G_0+G_0\frac{-i}{\hbar}V\left(G_0+G_0\frac{-i}{\hbar}V\,G_0+G_0\frac{-i}{\hbar}V\,G_0\frac{-i}{\hbar}V\,G_0+\cdots\right)\\
&=G_0+G_0\frac{-i}{\hbar}V\,G
\end{aligned}\tag{13.61}$$

마지막 표현식은 전파자 함수에 관한 적분 방정식이다.

$$G(x,t;x_0,t_0)=G_0(x,t;x_0,t_0)+\int d\tau d\xi\, G_0(x,t;\xi,\tau)\frac{-i}{\hbar}V(\xi,\tau)G(\xi,\tau;x_0,t_0)\tag{13.62}$$

식 (13.61)의 의미를 물리학적으로 살펴보면 다음과 같다. 상호작용 V가 존재하는 상황에서 파동이 t_0부터 t까지 전파되는 동안 한번도 작용하지 않는 것이 0차 섭동 G_0이고, 한 번 작용한 것은 G_0VG_0, 두 번 작용한 것은 $G_0VG_0VG_0$ 등이다.[3] 식 (13.62)에 시간 적분이 있는 이유는 $[t_0,\ t]$ 구간 어느 순간에나 상호작용이 가능하기 때문이고 시간에 대한 무한적분은 실제로 인과율 때문에 $t>\tau>t_0$에 국한된다.

[3] 참고: J.D.Bjorken and S.D.Drell, *Relativistic Quantum Mechanics*, Sect 6.2

충돌 과정을 측정할 때 위치와 시간보다 에너지와 운동량을 재는 것이 용이하다. 따라서 Fourier 변환을 통하여 (E,p)-공간의 전파자 함수를 다루는 것이 편리하다. (E,p)-공간에서는 다음의 Fourier 변환 규약을 따르기로 한다.

$$G(x_2t_2;x_1t_1)=\int dp_1dE_1\,dp_2dE_2\,G(p_2E_2;p_1E_1)\,e^{+i(p_2x_2-E_2t_2)}e^{-i(p_1x_1-E_1t_1)}$$
$$G(p_2E_2;p_1E_1)=\int dx_1dt_1\,dx_2dt_2\,G(x_2t_2;x_1t_1)\,e^{-i(p_2x_2-E_2t_2)}e^{+i(p_1x_1-E_1t_1)} \tag{13.63}$$

$$V(x,t)=\int dpdE\,V(p,E)\,e^{+i(px-Et)}$$
$$V(p,E)=\int dxdt\,V(x,t)\,e^{-i(px-Et)} \tag{13.64}$$

표기법이 지나치게 간소화되었으므로 다시 한번 정리하면 다음과 같다.

$$x\to\mathbf{x}_1,\mathbf{x}_2,\cdots\mathbf{x}_N \qquad dx\to d^3x_1d^3x_2\cdots d^3x_N$$
$$p\to\mathbf{p}_1,\mathbf{p}_2,\cdots\mathbf{p}_N \qquad dp\to\frac{d^3p_1}{(2\pi\hbar)^3}\frac{d^3p_2}{(2\pi\hbar)^3}\cdots\frac{d^3p_N}{(2\pi\hbar)^3} \qquad dE\to\frac{dE}{2\pi\hbar}$$
$$px\to\frac{1}{\hbar}(\mathbf{p}_1\cdot\mathbf{x}_1+\cdots+\mathbf{p}_N\cdot\mathbf{x}_N) \qquad Et\to\frac{1}{\hbar}Et \tag{13.65}$$
$$\delta(x-x')\to\delta^3(\mathbf{x}_1-\mathbf{x}_1')\,\delta^3(\mathbf{x}_2-\mathbf{x}_2')\cdots\delta^3(\mathbf{x}_N-\mathbf{x}_N')$$
$$\delta(p-p')\to(2\pi\hbar)^3\delta^3(\mathbf{p}_1-\mathbf{p}_1')\,(2\pi\hbar)^3\delta^3(\mathbf{p}_2-\mathbf{p}_2')\cdots(2\pi\hbar)^3\delta^3(\mathbf{p}_N-\mathbf{p}_N')$$
$$\delta(E-E')\to2\pi\hbar\,\delta(E-E')$$

Fourier 변환된 전파자 함수는 원래 $\tilde{G}$ 등으로 표기하였으나 혼동이 안될 경우 똑같이 G 로 표기하였다. [4장 각주 2 참고] 식 (13.62) 에 합당한 지수 함수를 곱하여 적분하면 다음과 같다.

$$G(p_2E_2;p_1E_1)=G_0(p_2E_2;p_1E_1)$$
$$-\frac{i}{\hbar}\int dk_1d\omega_1dk_2d\omega_2\,G_0(p_2E_2;k_2\omega_2)V(k_2-k_1,\omega_2-\omega_1)\,G(k_1\omega_1;p_1E_1) \tag{13.66}$$

윗식을 보면 G 를 무한 행렬로 보았을 때 (x,t)-공간이나 (E,p)-공간이나 식 (13.60), (13.61) 의 똑같은 기호식으로 표현이 가능하다. 어느 공간의 표현을 사용할가는 Hilbert 공간에서 기준 좌표계를 선정하는 것이다.

13.6 자유 입자의 전파자

충돌현상에서 비섭동 상태는 대부분 자유입자에 관한 것이다. 그러므로 풀어야 할 방정식은 다음과 같다.

$$\left(i\hbar\frac{\partial}{\partial t_2}-\frac{p_{op}^2}{2m}\right)G_0(x_2t_2;x_1t_1)=i\hbar\,\delta(t_2-t_1)\,\delta(x_2-x_1) \tag{13.67}$$

비섭동 하밀토니안 $p^2/2m$ 은 실제로 N 입자 전파자에 대한 연산자이다.

$$\frac{p^2}{2m}\rightarrow\frac{\mathbf{p}_1^2}{2m_1}+\frac{\mathbf{p}_2^2}{2m_2}+\cdots+\frac{\mathbf{p}_N^2}{2m_N} \tag{13.68}$$

그리고 Fourier 변환으로 (E,p)-공간에서 전파자는 다음 방정식을 만족한다.

$$\left(E_2-\frac{p_2^2}{2m}\right)G_0(p_2E_2;p_1E_1)=i\hbar\,\delta(E_2-E_1)\,\delta(p_2-p_1) \tag{13.69}$$

그런데 식 (13.67) 은 좌표 병진하여도 불변이므로 $G(x_2,t_2;x_1,t_1)$ 은 x_2-x_1, t_2-t_1 의 함수이다.

$$G_0(x_2t_2;x_1t_1)=G_0(x_2-x_1,t_2-t_1) \tag{13.70}$$

그러므로 식 (13.67) 은 다음처럼 쓸 수 있다.

$$\left(i\hbar\frac{\partial}{\partial t}-\frac{p_{op}^2}{2m}\right)G_0(x,t)=i\hbar\,\delta(t)\,\delta(x) \tag{13.71}$$

그러면 Fourier 변환으로 (E,p)-공간에서의 전파자를 얻는다. 좌표 병진에 관한 대칭으로 에너지와 운동량이 보존되어 아래처럼 표현한다.

$$\begin{aligned} G_0(pE;p'E')&=\delta(E-E')\,\delta(p-p')\,G_0(p,E)\\ G_0(p,E)&=\frac{i\hbar}{E-p^2/2m}\end{aligned} \tag{13.72}$$

이번에도 $p^2/2m$ 은 식 (13.68) 과 같은 의미를 가지지만 c-숫자들이다. 그러면 (x,t)-공간에서 구하는 전파자는 역 Fourier 변환 (13.63) 으로 계산한다. 간단한 두 입자 ($N=2$) 물리계의 경우에는 다음과 같다.

$$
\begin{aligned}
G_0(x,t) &= \int dp\, dE\, G_0(p,E)\, e^{+i(px-Et)} \\
&= \int \frac{d^3p}{(2\pi\hbar)^3} \frac{dE}{2\pi\hbar} \frac{i\hbar}{E-p^2/2m} e^{+\frac{i}{\hbar}(\mathbf{p}\cdot\mathbf{x}-Et)} \\
&= \frac{i}{2\pi} \int \frac{d^3p}{(2\pi\hbar)^3} e^{+\frac{i}{\hbar}\mathbf{p}\cdot\mathbf{x}} \int_{-\infty}^{+\infty} dE\, \frac{1}{E-p^2/2m} e^{-\frac{i}{\hbar}Et}
\end{aligned}
\tag{13.73}
$$

적분 영역은 전체의 무한공간이다. 우선 E-적분을 살펴보면 $E=p^2/2m$ 에 특이점이 존재하여 무한대로 발산한다. 적분은 복소수 이론의 유수정리를 사용하는 것이 편리하다.[4] 복소 E-평면에서 실수축을 포함한 큰 반원에 유수정리를 적용하는데 $t>0$ 일 때에는 아래의 반원, $t<0$ 인 경우에는 위의 반원을 선택함으로써 E-적분을 계산한다. [그림 13.2 참고] 그리고 특이점을 피하도록 적분경로를 설정하면 된다. 그런데 특이점을 위나 아래로 피하는 두 가지 방법이 있다. 어느 길을 선택할 것인가는 지금까지 받아들였으나 사용하지 않았던 인과율을 활용한다. $G_0(x,t)$가 과거로 파동이 전파하지 않음을 의미하는 것은 식 (3.99) 이다.

$$
t<0 \text{ 일 때} \qquad G_0(x,t)=0 \tag{13.74}
$$

그러려면 위로 피함으로써 유수정리를 적용할 때 특이점이 큰 반원 밖에 있어서 식 (13.74) 를 만족하게 된다. 이것은 식 (13.72), (13.73) 에서 다음과 같은 처방을 주는 것과 동등하다.

$$
G_0(p,E)=\frac{i\hbar}{E-p^2/2m} \quad \Rightarrow \quad G_0(p,E)=\frac{i\hbar}{E-p^2/2m+i\varepsilon} \tag{13.75}
$$

그러면 (x,t)-공간의 전파자 함수는 식 (13.73) 에서 유수 정리로 E-적분을 한 후 p-적분은 가우시안 적분이 되어 다른 방법으로 얻은 결과 [식 (6.106)] 와 똑같은 공식을 확인할 수 있다.

그림 13.2
자유 입자 전파자의 계산
[식 (13.73)]에 필요한 적분 경로

복소 E-평면에서 유수정리를 적용한다.

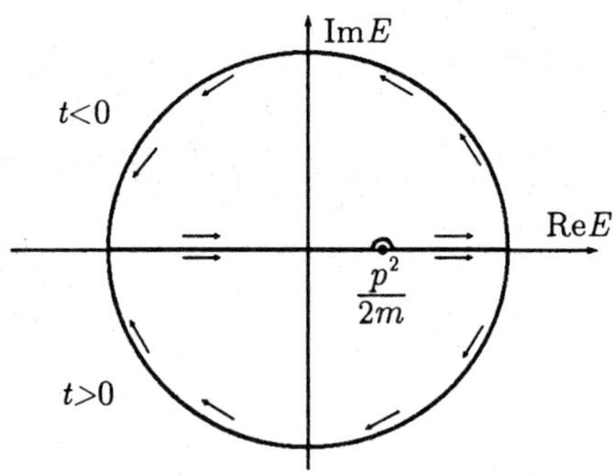

[4] 참고: G.B.Arfken and H.J.Weber, *Mathematical Methods for Physicists, 5th ed*, Ex 7.2.3.

13.7 산란 행렬

13.3절에서 도입한 S-행렬을 전파자 방법으로 표현하면 초기상태 $|\Psi_i\rangle$에서 최종상태 $|\Psi_f\rangle$로의 전이 진폭은 다음과 같다. 지금부터 $|\alpha\rangle$, $|\beta\rangle$ 대신 $|i\rangle$, $|f\rangle$로 표기한다.

$$S_{fi} = \lim_{\substack{t'\to+\infty \\ t\to-\infty}} \int dx\, dx'\, \Psi_f^\dagger(x't')\, G(x't';xt)\, \Psi_i(x,t) \tag{13.76}$$

초기 상태와 최종 상태는 비섭동 하밀토니안 H_0의 풀이라고 가정한다.

$$\overrightarrow{\left(i\hbar\frac{\partial}{\partial t} - H_0\right)}\Psi_i(x,t) = 0 \qquad \Psi_f^\dagger(x',t')\overleftarrow{\left(-i\hbar\frac{\partial}{\partial t'} - H_0'\right)} = 0 \tag{13.77}$$

우선 시간 t와 관련된 항들을 살펴보면. 다음 관계가 십한다.

$$\lim_{t\to-\infty} G(x't';xt)\,\Psi_i(x,t) = -\int_{-\infty}^{+\infty} dt\,\frac{\partial}{\partial t}[G(x't';xt)\,\Psi_i(x,t)] \tag{13.78}$$

우변 적분의 상한은 $G(x't';x,+\infty)$인데 인과율에 따라서 영이므로 위의 식은 성립한다. 적분 안의 미분을 계속하고 식 (13.44)를 활용하면 다음과 같다.

$$\begin{aligned}\lim_{t\to-\infty} G(x't';xt)\,\Psi_i(x,t) &= -\int_{-\infty}^{+\infty} dt\, \left(\frac{\partial}{\partial t}G(x't';xt)\right)\Psi_i(x,t) + G(x't';xt)\frac{\partial}{\partial t}\Psi_i(x,t) \\ &= \frac{1}{i\hbar}\int dt\, G(x't';xt)\overleftarrow{\left(-i\hbar\frac{\partial}{\partial t} - H_0\right)}\Psi_i(x,t)\end{aligned} \tag{13.79}$$

마찬가지로 다음을 알 수 있다.

$$\begin{aligned}\lim_{t'\to+\infty} \Psi_f^\dagger(x',t')\,G(x't';xt) &= \int_{-\infty}^{+\infty} dt'\,\frac{\partial}{\partial t'}\left(\Psi_f^\dagger(x',t')\,G(x't';xt)\right) \\ &= \int dt'\,\Psi_f^\dagger(x',t')\overrightarrow{\left(i\hbar\frac{\partial}{\partial t'} - H_0'\right)}G(x't';xt)\end{aligned} \tag{13.80}$$

그러므로 S-행렬 요소는 다음과 같게 된다.

$$S_{fi} = \int dx'dt' \int dx\, dt\ \Psi_f^\dagger(x',t')\,\frac{1}{i\hbar}\overrightarrow{\left(i\hbar\frac{\partial}{\partial t'} - H_0'\right)}G(x't';xt)\,\frac{1}{i\hbar}\overleftarrow{\left(-i\hbar\frac{\partial}{\partial t} - H_0\right)}\Psi_i(x,t) \tag{13.81}$$

윗식에 섭동 이론으로 얻은 전파자 식 (13.62)를 대입하여 산란 진폭을 단계별로 구할 수 있다.

섭동전개 (13.62)의 첫째항은 0차 섭동으로서 상호작용이 없으므로 흥미 대상이 아니고 초기상태와 최종상태가 같으리라 예상된다. 0차 섭동항을 $S_{fi}^{(0)}$ 라 하면 다음과 같다.

$$S_{fi}^{(0)}=\int dx'dt'\int dx\,dt\;\Psi_f^\dagger(x',t')\frac{1}{i\hbar}\overrightarrow{\left(i\hbar\frac{\partial}{\partial t'}-H_0'\right)}G_0(x't';xt)\frac{1}{i\hbar}\overleftarrow{\left(-i\hbar\frac{\partial}{\partial t}-H_0\right)}\Psi_i(x,t) \tag{13.82}$$

자유전파자 G_0 는 식 (13.45)를 이용하여 다음처럼 쓸 수 있다. 인과율 $t'>\tau>t$ 는 G_0 에 포함되어 있다.

$$G_0(x't';xt)=\int d\xi\;G_0(x't';\xi\tau)\,G_0(\xi\tau;xt) \tag{13.83}$$

그러면 식 (13.82)는 다음과 같이 정리된다.

$$\begin{aligned}S_{fi}^{(0)}&=\int dx'dt'\int dx\,dt\int d\xi\;\;\Psi_f^\dagger(x',t')\,\delta(t'-\tau)\,\delta(x'-\xi)\,\delta(\tau-t)\,\delta(\xi-x)\,\Psi_i(x,t)\\&=\int dx\;\Psi_f^\dagger(x,\tau)\,\Psi_i(x,\tau)=\delta_{fi}\end{aligned} \tag{13.84}$$

윗식에서 τ 는 임의의 시각이고 처음과 나중의 파동 함수들은 직교 규격화되었다. 이것은 0차 섭동에서 산란이 일어나지 않는 과정이고 최종상태는 초기상태와 같으며 우리의 관심 대상이 아니다.

섭동전개의 고차항은 Fourier 변환으로 (E,p)-공간에서 조사하는 것이 실험 결과와 비교하는데 도움이 된다. 입자 검출기로 위치를 재더라도 측정값은 입자의 에너지나 운동량이기 때문이다.

$$S_{fi}=\int dpdE\int dp'dE'\;\Psi_f^\dagger(p'E')\,G_0^{-1}(p'E')\,G(p'E';pE)\,G_0^{-1}(pE)\Psi_i(pE) \tag{13.85}$$

여기서 $G_0(pE)$ 는 델타 함수가 없는 식 (13.72)의 자유 전파자이다. 초기상태와 최종상태가 자유입자 상태라면

$$\Psi_i(pE)=\delta(p-p_i)\delta(E-E_i)\qquad \Psi_f(p'E')=\delta(p'-p_f)\delta(E'-E_f) \tag{13.86}$$

가 되어 S_{fi} 는 간단히 다음과 같다.

$$S_{fi}=G_0^{-1}(p_fE_f)\;G(p_fE_f;p_iE_i)\;G_0^{-1}(p_iE_i) \tag{13.87}$$

따라서 위의 전파자 G 를 식 (13.61) 처럼 전개하여 1차, 2차,…등 고차 섭동을 계산할 수 있다.

이제 1차 섭동에서는 G 전파자와 S_{fi} 요소를 쉽게 얻는다.

$$\begin{aligned} G_1 &= \int dp_1 dE_1 \int dp_2 dE_2\, G_0(p_f E_f; p_2 E_2) \frac{-i}{\hbar} V(p_2 - p_1, E_2 - E_1) G_0(p_1 E_1; p_i E_i) \\ &= G_0(p_f E_f) \frac{-i}{\hbar} V(p_f - p_i, E_f - E_i) G_0(p_i E_i) \\ S_{fi}^{(1)} &= \frac{-i}{\hbar} V(p_f - p_i, E_f - E_i) \end{aligned} \tag{13.88}$$

산란 행렬의 1차 섭동은 상수 계수만 다를 뿐 벌판 함수의 Fourier 변환이다. 이 관계식은 산란 이론에서 Born 근사로 알려져 있으며 산란 단면적의 계산에서 제일 먼저 사용되는 항이다. [14.5절 참고] 실제로 대부분의 산란 단면적이나 붕괴율의 계산은 이 1차섭동만으로 충분하다.

다음에는 2차 섭동을 생각해 보자 전파자 G_2는 다음과 같다.

$$\begin{aligned} G_2 &= \int dp dE\, G_0(p_f E_f) \frac{-i}{\hbar} V(p_f - p, E_f - E) G_0(pE) \frac{-i}{\hbar} V(p - p_i, E - E_i) G_0(p_i E_i) \\ S_{fi}^{(2)} &= \int dp dE\, \frac{-i}{\hbar} V(p_f - p, E_f - E) G_0(pE) \frac{-i}{\hbar} V(p - p_i, E - E_i) \end{aligned} \tag{13.89}$$

산란 행렬 요소는 전파자에서 처음과 나중의 자유 전파자를 제거한 것과 같다. 그리고 3차 이상의 고차 항들도 체계적으로 얻을 수 있다. 보기로 3차 섭동항은 다음과 같다.

$$\begin{aligned} S_{fi}^{(3)} = \int dp_1 dE_1 \int dp_2 dE_2 \frac{-i}{\hbar} V(p_f - p_2, E_f - E_2) \cdot G_0(p_2 E_2) \cdot \frac{-i}{\hbar} V(p_2 - p_1, E_2 - E_1) \\ \cdot G_0(p_1 E_1) \cdot \frac{-i}{\hbar} V(p_1 - p_i, E_1 - E_i) \end{aligned} \tag{13.90}$$

이제 좀더 구체적으로 살펴보자. 우선 섭동 작용 V가 시간을 명시적으로 포함하지 않은 $V(x)$ 라 하자. 그러면 Fourier 변환은 다음과 같아서

$$V(pE) = \int dx \int dt\ V(x) e^{+i(px - Et)} = V(p)\ \delta(E) \tag{13.91}$$

에너지 보존을 의미한다. 한편 각 차수의 섭동마다 $V(p, E)$와 관련된 델타 함수의 E-적분은 쉽게 실행되고 p-적분만 계산하면 된다. 그리고 모든 차수의 S_{fi} 요소에 $\delta(E_f - E_i)$, 실제로는 $2\pi\hbar\,\delta(E_f - E_i)$ 가 공통으로 생긴다. [식 (13.65) 참고] 그러므로 산란 행렬은 모든 섭동항의 공통 인수인 $2\pi\hbar\,\delta(E_f - E_i)$ 을 걸러낸 전이 행렬로 재정의할 수 있다.

13.8 Feynman 도식과 규칙

섭동 작용이 시간과 무관하면 $2\pi\hbar\,\delta(E_f-E_i)$가 각 차수마다 공통인데 식 (13.67)에서 G_0에 $+i\hbar$가 포함됨을 염두에 두면 역시 각 차수마다 $-i/\hbar$가 공통항이 된다. 따라서 다음처럼 전이 행렬 (transition matrix)를 정의한다.

$$S_{fi}=\delta_{fi}+2\pi\hbar\,\delta(E_f-E_i)\left(-\frac{i}{\hbar}T_{fi}\right)=\delta_{fi}-2\pi i\,\delta(E_f-E_i)T_{fi} \tag{13.92}$$

그러면 $-i/\hbar\,T_{fi}$의 섭동 전개는 다음과 같다.

$$\begin{aligned}
\frac{-i}{\hbar}T_{fi}^{(1)}&=\frac{-i}{\hbar}V(p_f-p_i)\\
\frac{-i}{\hbar}T_{fi}^{(2)}&=\int dp\,\frac{-i}{\hbar}V(p_f-p)G_0(pE)\frac{-i}{\hbar}V(p-p_i)\\
\frac{-i}{\hbar}T_{fi}^{(3)}&=\int dp_1dp_2\,\frac{-i}{\hbar}V(p_f-p_2)G_0(p_2E)\frac{-i}{\hbar}V(p_2-p_1)G_0(p_1E)\frac{-i}{\hbar}V(p_1-p_i)
\end{aligned} \tag{13.93}$$

전이 행렬 진폭에 관한 섭동 전개식들은 그림 13.3처럼 도식화가 가능하다. 이것을 Feynman 도식 (diagram)이라 한다. 식 (13.93)을 살펴보면 Feynman 도식에서 Feynman 규칙 (rule)을 적용하여 S-행렬 요소를 계산할 수 있다.

> Feynman 도식과 규칙
>
> - 초기 상태 $|i\rangle$에서 최종 상태 $|f\rangle$로 진행하는 중 임의 횟수의 상호 작용을 고려한다.
> - 자유 입자의 전파자는 직선으로, 섭동 작용은 꼭지점이 있는 점선으로 표시한다.
> - 외부의 자유 입자 전파자는 무시한다. 즉 이들이 제거된 도식만 고려한다.
> - 전파자와 꼭지점에는 다음 규칙을 적용한다.
>
> $$\begin{aligned}\text{전파자 : }\ & G_0(p,E)=\frac{i\hbar}{E-\mathbf{p}^2/2m}\\ \text{꼭지점 : }\ & -\frac{i}{\hbar}V(\mathbf{q})\end{aligned} \tag{13.94}$$
>
> - 내부 전파자의 운동량에 대하여 적분한다. $$\int\frac{d^3p_1}{(2\pi\hbar)^3}\int\frac{d^3p_2}{(2\pi\hbar)^3}\int\frac{d^3p_3}{(2\pi\hbar)^3}\cdots \tag{13.95}$$
> - 초기 상태나 최종 상태가 자유 입자가 아닌 경우에는 그에 해당하는 파동 함수 $\Psi^\dagger(p_f,E_f)$와 $\Psi(p_i,E_i)$를 곱한 후 내부 적분을 수행한다

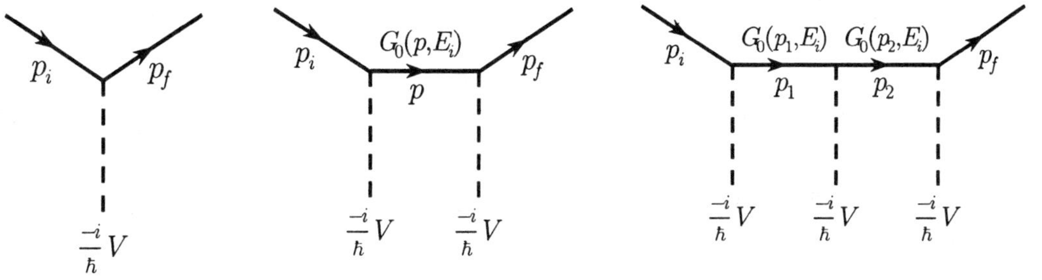

그림 13.3 벌판 산란의 섭동 전개에 관한 Feynman 도식

마지막 규칙은 식 (13.85), (13.86) 에서 보듯이 자유 입자의 파동 함수를 결합 상태의 파동 함수로 바꾸어야 하기 때문이다.

$V(q)$ 의 운동량은 꼭지점에서 들어오고 나옴이 보존되도록 결정하며 내부 운동량은 어느 값이나 가능하므로 위상 공간의 적분으로 나타내야 한다. Feynman 도식과 규칙을 활용하는 접근 방법은 물리학에서 강력한 연구 도구이다. 글로 설명된 이론보다 수식으로 표현된 이론이 개념 파악에 도움이 되며 수식보다는 도식이 더욱 직관적이기 때문이다.

Feynman 도식 방법으로 Coulomb 벌판에서 산란을 조사해보자. 전하가 $Z_1 e$ 인 입자가 전기 벌판의 원점에 놓여있고 전하 $Z_2 e$ 인 입자가 산란하는 경우에 섭동 작용은 다음과 같다.

$$V(\mathbf{x}) = \frac{1}{4\pi\varepsilon_0}\frac{Z_1 Z_2 e^2}{r} = \frac{Z_1 Z_2 \alpha\hbar c}{r} \tag{13.96}$$

이 작용은 시간과 무관하므로 델타 함수가 되고 전체 에너지는 보존된다. 따라서 x -공간에서만 Fourier 변환을 하면 된다.

$$V(\mathbf{q}) = Z_1 Z_2 \alpha\hbar c \int d^3x \frac{1}{r} e^{+\frac{i}{\hbar}\mathbf{q}\cdot\mathbf{x}} \tag{13.97}$$

q 를 적분 변수의 z-축으로 삼고 구면 좌표계에서 적분하면 다음과 같다.

$$V(\mathbf{q}) = Z_1 Z_2 \alpha\hbar c \frac{2\pi\hbar}{iq}\int_0^\infty dr \left[e^{+\frac{i}{\hbar}qr} - e^{-\frac{i}{\hbar}qr}\right] \tag{13.98}$$

나머지 r-적분에서 윗식 자체로는 진동하므로 수렴하지 않는다. 이를 극복하여 유한한 결과를 얻는 방법은 적분 인자 $e^{-\mu r}$ $(\mu > 0)$을 도입해서 유한한 적분 값을 계산하고 $\mu \to 0$ 인 극한을 택하는 방법이다. 식 (13.97)에서 $1/r \to e^{-\mu r}/r$ 로 대체하면 다음을 얻는다.

$$V(\mathbf{q}) = Z_1 Z_2 \alpha \hbar c \frac{2\pi\hbar}{iq} \int_0^\infty dr\, e^{-\mu r} [e^{+\frac{i}{\hbar}qr} - e^{-\frac{i}{\hbar}qr}] = \frac{4\pi Z_1 Z_2 \alpha \hbar^3 c}{q^2 + \mu^2 \hbar^2} \tag{13.99}$$

따라서 $\mu \to 0$ 인 극한을 택하면 전이 진폭 계산에 필요한 섭동항의 Fourier 변환은

$$\frac{-i}{\hbar} V(\mathbf{q}) = \frac{(iZ_1 e)(iZ_2 e)}{\varepsilon_0} \frac{i\hbar}{\mathbf{q}^2} \tag{13.100}$$

인데 Coulomb 작용에 관한 Feynman 규칙 중 전파자와 꼭지점에 관하여 더욱 자세하게 다음처럼 쓸 수 있다.

- 전파자를 나타내는 직선에는 $i\hbar/(E - \mathbf{p}^2/2m)$ 를 부여한다.
- 전하를 띄운 입자를 연결하는 구불선에는 $i\hbar/q^2$ 의 전파자를 도입한다.
- 전하 Ze인 꼭지점에는 iZe의 값을 부여한다.[5]

물론 외부의 전파자는 제외하고 내부 전파자들의 운동량에 대하여 적분을 해야 하는 것은 변함 없다. 가상적인 구불선의 전파자는 실제로 가상 광자의 전파자이다. 이들을 종합한 결과는 그림 13.4에 나타나 있다.

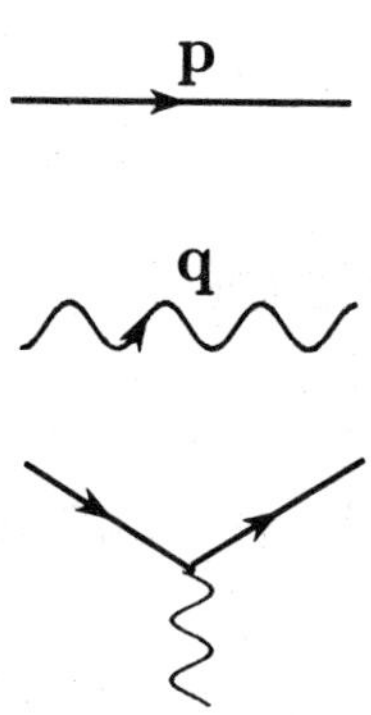

$\dfrac{i\hbar}{E - \mathbf{p}^2/2m}$

$\dfrac{i\hbar}{\mathbf{q}^2}$

iZe

그림 13.4
Coulomb 벌판에서 산란의 섭동 전개에 관한 Feynman 규칙

[5] 편의상 $\varepsilon_0 = 1$로 놓았으며 마지막 결과에서 $e^2 \to e^2/\varepsilon_0$ 로 대체하면 된다.

Feynman 규칙의 의미를 좀더 확실하게 이해하기 위하여 두 입자의 Coulomb 상호작용을 고려해 보자.

$$V(\mathbf{x}_1, \mathbf{x}_2) = \frac{1}{4\pi\varepsilon_0}\frac{Z_1 Z_2 e^2}{|\mathbf{x}_1 - \mathbf{x}_2|} = \frac{Z_1 Z_2 \alpha\hbar c}{|\mathbf{x}_1 - \mathbf{x}_2|} \tag{13.101}$$

$p_1 E_1$, $p_2 E_2$ 인 입자가 $p_1' E_1'$, $p_2' E_2'$ 의 상태로 바뀔 때 필요한 항은 식 (13.64) 에서 알 수 있다.

$$e^{+\frac{i}{\hbar}(\mathbf{p}_1'\mathbf{x}_1 + \mathbf{p}_2'\mathbf{x}_2 - E_1' t - E_2' t)} \frac{-i}{\hbar} V(\mathbf{x}_1, \mathbf{x}_2, t) e^{-\frac{i}{\hbar}(\mathbf{p}_1\mathbf{x}_1 + \mathbf{p}_2\mathbf{x}_2 - E_1 t - E_2 t)} \tag{13.102}$$

두 입자를 1, 2번 입자 표기로 명기하였다. 그리고 윗식에 나오는 변수, $\mathbf{x}_1$, $\mathbf{x}_2$, t 들에 대하여 모두 적분하여야 한다. 그런데 상호작용 $V(\mathbf{x}_1, \mathbf{x}_2)$ 는 시간 t 를 포함하지 않으므로 t-적분은 손쉽게 $\delta(E_1' + E_2' - E_1 - E_2)$ 가 되어 전체 에너지 보존법칙이 된다. 한편 식 (13.101) 에서 보듯이 $V = V(\mathbf{x}_2 - \mathbf{x}_1)$ 이므로 $\mathbf{x}_2 = \mathbf{x}_1 + \mathbf{r}$ 로 변수변환을 하면 x_1-적분도 바로 계산되어 전체 운동량 보존에 관한 델타 함수가 된다. 결국 r-적분만 수행하면 되고 다음 결과를 얻는다.

$$\begin{aligned} &(2\pi\hbar)^4\, \delta(E_1' + E_2' - E_1 - E_2)\, \delta^3(\mathbf{p}_1' + \mathbf{p}_2' - \mathbf{p}_1 - \mathbf{p}_2) \frac{-i}{\hbar} V(\mathbf{r}) \int d^3 r\, e^{+\frac{i}{\hbar}(\mathbf{p}_2' - \mathbf{p}_2)\mathbf{r}} \\ &\Rightarrow (2\pi\hbar)^4\, \delta(E_1' + E_2' - E_1 - E_2)\, \delta^3(\mathbf{p}_1' + \mathbf{p}_2' - \mathbf{p}_1 - \mathbf{p}_2) \frac{(iZ_1 e)(iZ_2 e)}{\varepsilon_0} \frac{i\hbar}{(\mathbf{p}_2' - \mathbf{p}_2)^2} \end{aligned} \tag{13.103}$$

도식으로는 그림 13.5와 같다. 전체 에너지, 운동량에 관한 델타 함수 때문에 충돌 전후의 에너지와 운동량이 보존되고 꼭지점에는 iZe, 구불선에는 $i\hbar/q^2$ 의 전파자를 지정하면 된다.

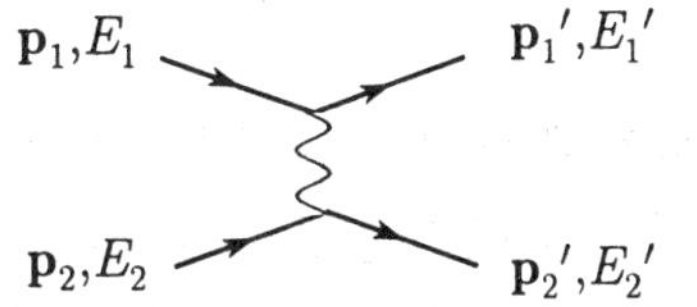

그림 13.5 두 대전 입자들의 Coulomb 산란. 외부 전파자를 제외한 Feynman 도식에 규칙을 적용하면 된다.

일반 논리로 확장하면 N 입자간의 상호 작용이 다음처럼 Coulomb 작용일 때에도

$$V(\mathbf{x}_1, \cdots \mathbf{x}_N) = \sum_i \frac{1}{4\pi\varepsilon_0}\frac{ZZ_i e^2}{|\mathbf{x}_i|} + \frac{1}{2}\sum_{i\neq j}\frac{1}{4\pi\varepsilon_0}\frac{Z_i Z_j e^2}{|\mathbf{x}_i - \mathbf{x}_j|} \tag{13.104}$$

산란 행렬 요소를 계산하려면 그림 13.4의 Feynman 도식에 규칙을 적용하면 된다.

이상에서 다룬 S-행렬 이론은 비상대성 이론이다. 그러나 방법론은 상대론적 운동으로 확장할 수 있으며 그러려면 양자 벌판 이론으로 다루는 것이 바람직한데 이 책의 범위를 벗어난다.[6]

13.9 입자 붕괴, 평균 수명, 스펙트럼 선폭

입자의 붕괴와 산란은 모두 양자 상태의 전이 현상이므로 똑 같은 S-행렬 요소로 실험 관측량을 계산할 수 있다. 오직 차이는 위상 공간에서 운동학적 고려일 뿐이다. 여기서는 입자 붕괴에 관하여 Fermi의 황금률이 Feynman 도식법과 동일함을 확인하고 붕괴 현상의 일반적 성질을 살펴본다. 산란 현상에 관하여는 다음 장에서 논의할 것이다.

최초의 $|\alpha\rangle$ 상태에 있는 입자는 시간이 흐르면서 다른 양자 상태로 전이한다. 그러므로 $|\alpha\rangle$ 상태만 주목하면 입자를 발견할 확률이 점점 줄어든다. 이제 단위 시간당 어떤 입자가 모든 가능한 최종 상태로 전이할 확률을 R 이라 하고

$$R = \sum_{\beta\neq\alpha} R(\alpha\rightarrow\beta) = \sum_i R_i \tag{13.105}$$

시간 $[t, t+dt]$ 구간에서 입자를 발견할 확률을 $P(t)\,dt$ 라 하면 $P(t+dt)$ 는 상대적으로 $P(t)$ 보다 $(1-R\,dt)$ 배 만큼 줄어든다.

$$P(t+dt) = P(t)(1-Rdt) \qquad \Rightarrow \qquad \frac{dP(t)}{dt} = -R\,P(t) \tag{13.106}$$

윗식을 적분하면 눈에 익은 지수형 붕괴 법칙을 얻는다.

$$P(t) = P(0)\,e^{-Rt} \tag{13.107}$$

이것은 한 입자에 대한 잔존 확률이지만 똑같은 입자가 Avogadro 수 정도로 많은 시료라면 시간 t 가 지난 후의 잔존량에 비례한다. 시료가 50 % 로 줄어드는데 걸리는 시간을 반감기 (halflife time) 라 부르고 $\tau_{1/2}$ 로 표기한다. 반감기는 핵 물리학에서 주로 사용하는 개념이다.

$$e^{-R\tau_{1/2}} = 0.5 \qquad \Rightarrow \qquad \tau_{1/2} = \frac{0.6931}{R} \tag{13.108}$$

---

[6] 참고: J.D.Bjorken and S.D.Drell, *Relativistic Quantum Fields*, Chap 16

입자 물리학에서는 입자의 평균수명 τ 를 고려한다. 붕괴가 빨리 일어나고 Avogadro 수만큼 시료가 많을 수 없기 때문이다. 평균 수명은 식 (1.13) 의 기대값 계산처럼 다음과 같다.

$$\tau = \langle t \rangle = \frac{\int_0^\infty dt\, t\, e^{-Rt}}{\int_0^\infty dt\, e^{-Rt}} = \frac{1}{R} \qquad \Rightarrow \qquad \tau R \doteq 1 \tag{13.109}$$

그러므로 반감기 수명은 평균수명과 $\tau_{1/2} = 0.6931\,\tau$ 의 관계가 있다. 한편 윗식에서 보듯이 단위 시간당 붕괴할 확률의 역수가 입자의 평균 수명이다.

그런데 입자가 붕괴한다는 것은 공간 어딘가에 입자는 반드시 존재해야 한다는 확률보존 법칙에 어긋난다. 비상대성 양자 역학에서는 입자 보존에 관한 문제를 근원적으로 해결할 수 없다. 결국 양자 벌판 이론으로 다루어야 하는데 입자의 생성과 소멸을 허용하여 확률보존의 법칙을 S-행렬의 하나 속성 (unitarity) 으로 대체한다. 산란 행렬은 하나 행렬이므로 $S^\dagger S = I$ 에서 어떤 초기상태가 가능한 모든 최종상태로 전이할 확률의 합이 1 이다.! 즉 "어딘가 있어야 한다" 를 "무슨 상태로든가 전이해야 한다" 로 이해해야 한다.

윗식에서 입자가 어떤 고유상태 E_0 에 있으면 파동 함수는

$$\Psi(\mathbf{x}, t) = e^{-\frac{i}{\hbar}E_0 t}\,\psi_{E_0}(\mathbf{x}) \tag{13.110}$$

가 되고 확률이 보존되어 입자는 붕괴하지 않는다. 실제로 전이가 일어나는 것은 에너지 준위 E_0 에 불확정도가 있기 때문이다. 그런데 E_0 가 복소수라면 파동 함수는 다음처럼 쓸 수 있고

$$E_0 \to E_0 - \frac{i}{2}\Gamma \qquad \Rightarrow \qquad \Psi(\mathbf{x}, t) = e^{-\frac{i}{\hbar}(E_0 - \frac{i}{2}\Gamma)t}\,\psi_{E_0}(\mathbf{x}) \tag{13.111}$$

입자를 발견할 확률은

$$P(t) = |\Psi(\mathbf{x}, t)|^2 \propto e^{-\frac{\Gamma}{\hbar}t} \tag{13.112}$$

가 되어 R, τ, Γ 사이에는 다음 관계식이 성립한다.

$$\tau R = 1 \qquad \Gamma = R\hbar \qquad \tau\Gamma = \hbar \tag{13.113}$$

한 입자가 여러가지 최종상태로 붕괴가 가능한 경우에는 각 모드마다 윗식이 적용된다. 그러므로 식 (13.105) 에서 다음이 성립한다.

$$R = \sum R_i \qquad \frac{1}{\tau} = \sum \frac{1}{\tau_i} \qquad \Gamma = \sum \Gamma_i \tag{13.114}$$

R_i/R 는 $\alpha \to \beta_i$ 붕괴모드의 상대 비율이고 갈래비(branching ratio)라 부른다. 입자의 선폭과 평균수명을 알고 붕괴모드의 갈래비를 알면 각 모드별로 선폭과 평균수명을 알 수 있다. 보기로 η 중간자는 $\Gamma = 1.18\,\text{keV}$ 인데 표 13.1의 갈래비만 알면 나머지는 윗식에서 계산하면 된다.

표 13.1 η 중간자의 붕괴

$\eta \to$ 모든 모드	100 %	Γ=1.18 keV	τ=5.58×10^{-19} s	R=1.79×10^{18} s^{-1}
붕괴 모드	갈래비	Γ_i	τ_i	R_i
$\eta \to \gamma\gamma$	39 %	460 eV	1.43×10^{-18} s	6.99×10^{17} s^{-1}
$\eta \to \pi^0\pi^0\pi^0$	32 %	377 eV	1.74×10^{-18} s	5.74×10^{17} s^{-1}
$\eta \to \pi^+\pi^-\pi^0$	23 %	271 eV	2.43×10^{-18} s	4.12×10^{17} s^{-1}
$\eta \to \pi^+\pi^-\gamma$	5 %	59 eV	1.12×10^{-17} s	8.96×10^{16} s^{-1}
$\eta \to$ 기타	1 %	12 eV	5.58×10^{-17} s	1.79×10^{16} s^{-1}

식 (13.113)은 시간과 에너지의 불확정성 원리 $\Delta t \Delta E \approx \hbar$ 를 표현한다. 식 (13.111)에 도입한 Γ 를 에너지의 불확정도로 해석할 수 있다. 더욱 자세히 살펴보기 위하여 E-공간에서의 파동함수를 구해본다. 이것은 시간변수에 관한 Fourier 변환으로 얻을 수 있다.

$$\begin{aligned}\tilde{\Psi}(\mathbf{x}, E) &= \int dt\, e^{+\frac{i}{\hbar}Et}\,\Psi(\mathbf{x}, t) = \int dt\ e^{+\frac{i}{\hbar}(E-E_0+\frac{i}{2}\Gamma)t}\,\psi_{E_0}(\mathbf{x}) \\ &\propto \frac{1}{E - E_0 + \frac{i}{2}\Gamma}\end{aligned} \tag{13.115}$$

따라서 에너지의 함수로 보는 확률밀도는 다음과 같다.

$$|\tilde{\Psi}(\mathbf{x}, E)|^2 \propto \frac{1}{(E - E_0)^2 + \Gamma^2/4} \tag{13.116}$$

이것은 Lorentz 분포로 알려져 있는데 그림 13.6에 형태가 나타나 있다. $E = E_0$ 에서 최대이며 $E = E_0 \pm \Gamma/2$ 일 때 확률이 최대값의 50 % 로 줄어든다. 이 때의 에너지 선폭은 Γ 이다.

그래서 Γ 를 최대-절반-선폭 (full width at half maximum) 이라 부른다. $\Gamma=0$ 인 경우에는 $E=E_0$ 에서 무한대가 되고 파동함수를 규격화 하려면 델타함수가 된다. 또는 식 (13.115) 에서 직접 $\delta(E-E_0)$ 를 알 수 있다. 이것은 E_0 가 안정한 상태 ($\Gamma=0$, $\tau=\infty$) 임을 의미한다. 그러므로 전이가 생기려면 고유값을 중심으로 적당한 폭의 스펙트럼이 형성되어야 한다.

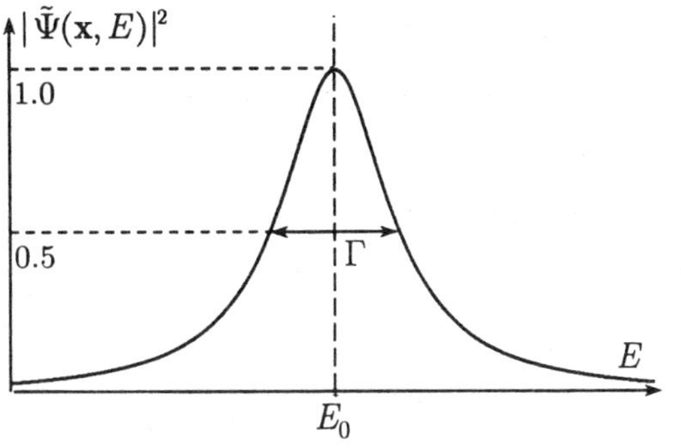

그림 13.6
Lorentz 스펙트럼선 형태. 평균 수명이 짧을수록 선폭은 넓어진다.

지금까지 우리는 띄엄띄엄 불연속인 에너지 고유값이 스펙트럼이 수학적인 의미로 폭이 영 인 "선 (line)" 으로 이해하였다. 그러나 전이 현상인 입자 붕괴에서 보듯이 에너지 불확정도가 존재하고 이는 평균 수명과 관련된다. 따라서 스펙트럼 "선" 은 정도의 차이는 있더라도 모두 Lorentz 분포 형태로 표현할 수 있다. 그리고 Γ 는 고유 선폭 (natural line width) 이다. 이는 이론적인 불확정도이므로 항상 존재하지만 실제 측정에서는 다른 효과에 가려서 뚜렷하게 관측되지 않는 경우도 많다.

보기로 수소 원자의 $2P \to 1S$ 전이를 생각해 보자. 평균 수명은 1.6×10^{-9} s 로 알려져 있다. 그러면 선폭은 다음과 같다. [15.6절 참고]

$$\Gamma=\frac{\hbar}{\tau}=\frac{6.58\times10^{-16}\mathrm{eV\cdot s}}{1.6\times10^{-9}\mathrm{s}}=4.1\times10^{-7}\mathrm{eV} \tag{13.117}$$

이렇게 좁은 자연 선폭은 측정하기 어렵다. 다른 요소들을 고려해야 하기 때문이다. 그 중 Doppler 확장 (broadening) 현상이 두드러진데 수소 원자는 열 운동을 하므로 움직이는 원자에서 복사선이 방출하고 관측자와의 상대 운동에 따른 Doppler 이동 (shift) 이 생긴다. 구체적으로 $T=300$ K 의 상온에서 수소 원자는 $3/2\ kT=0.038$ eV 정도의 평균 에너지를 갖고 열 운동에 의한 원자 속도는 $10^{-5}c$ 정도이며 이에 수반하는 진동수의 변화로 스펙트럼의 에너지는 $h\Delta\nu=10^{-4}$ eV 만큼 흐려지는데 고유 선폭보다 훨씬 넓다.

그러나 선폭이 넓은 경우도 흔하다. 중간자인 ρ 입자는 760 MeV/c^2 의 질량 에너지를 가지며 대부분의 경우 두개의 π 중간자로 붕괴한다. ρ 입자는 선폭이 150 MeV 나 되어 선폭의 측정이 용이하다. 다만 평균 수명이 지극히 짧아서 시간의 직접 측정이 어려울 뿐이다.

$$\tau = \frac{\hbar}{\Gamma} = \frac{6.58\times 10^{-16}\ \mathrm{eV\cdot s}}{150\ \mathrm{MeV}} = 4.38\times 10^{-24}\ \mathrm{s} \tag{13.118}$$

입자의 수명은 10^{-9}s 정도까지 직접 잴 수 있다. 그보다 짧으면 Γ 를 측정하여 $\tau\Gamma=\hbar$ 공식에서 평균 수명을 구한다. τ, Γ 를 동시에 측정할 수 있으면 불확정도 관계식을 검증할 수 있다.

이번에는 입자의 붕괴 현상을 식 (13.93) 의 전파자 섭동 전개와 Feynman 도식 방법에 근거하여 살펴보자. 식 (13.92) 의 전이 진폭을 제곱하여 전이 확률을 얻는데 우리는 델타 함수의 제곱 중 하나는 시간 구간 T 로 대체하는데 익숙하였으므로

$$\left|2\pi\hbar\,\delta(E_f-E_i)\right|^2 \left|\frac{-i}{\hbar}T_{fi}\right|^2 = T\frac{2\pi}{\hbar}\delta(E_f-E_i)\left|T_{fi}\right|^2 \tag{13.119}$$

로 쓸 수 있고 입자의 붕괴율은 단위 시간당 전이 확률이므로 다음과 같다.

$$\begin{aligned} R &= \frac{1}{T}\int\frac{d^3p_f}{(2\pi\hbar)^3}d^3x\ \ T\frac{2\pi}{\hbar}\delta(E_f-E_i)\left|T_{fi}\right|^2 \\ &= \frac{V}{4\pi^2\hbar^4}\int {p_f}^2dp_f\,d\Omega\ \ \delta(E_f-E_i)\left|T_{fi}\right|^2 \end{aligned} \tag{13.120}$$

최종 상태는 $E_f=E_i$ 조건 이외에는 위상 공간에서 임의의 값을 가질 수 있으므로 적분을 실행하였다. $E^2 = m^2c^4+p^2c^2$ 을 염두에 두고 위의 적분을 계산하면 다음을 얻는다.

$$R = \frac{V}{4\pi^2\hbar^4}\frac{p^2}{v}\int d\Omega\left|T_{fi}\right|^2 \tag{13.121}$$

전이 진폭 T_{fi} 는 1차 근사로서 $V(p_f-p_i)$ 이지만 초기 상태와 최종 상태가 자유 입자가 아닌 결합 상태일 수 있으므로 Feynman 규칙을 적용하여 다음처럼 쓸 수 있다.

$$T_{fi} = \Psi_f^\dagger(\mathbf{p}_f)V(\mathbf{p}_f-\mathbf{p}_i)\Psi_i(\mathbf{p}_i) = \left\langle\Psi_f\middle|V\middle|\Psi_i\right\rangle \tag{13.122}$$

따라서 붕괴율에 관한 식 (13.121) 은 식 (13.19), (13.22) 의 Fermi 의 황금률과 동등함을 알 수 있다. 그러나 전파자 방법은 섭동 전개가 체계적이므로 직관적인 이해가 용이하다.

연 습 문 제

13.1 상호 작용 묘사의 섭동 전개 [식 (13.30)] 에서 3차 섭동항이 식 (13.33) 과 같음을 증명하라. 일반적으로 n 차항은 어떠한가?

13.2 다음과 같은 구형의 우물형 또는 장벽형 벌판이 있다. V_0 의 부호로 알 수 있다. V_0 가 음수이면 우믈형, 양수이면 장벽형이다.

$$V(r) = V_0 \qquad (r < a)$$
$$= 0 \qquad (r > a)$$

1차 섭동에 의한 전이 진폭 T_{fi} 를 계산하고 저 에너지와 고 에너지 극한에서의 특징을 조사하라.

13.3 구면 대칭인 델타 함수 벌판

$$V(r) = \frac{\hbar^2 Q}{2m}\,\delta(r-a) \qquad (Q > 0)$$

에 관하여도 1차 섭동에 의한 전이 진폭 T_{fi} 를 계산하고 저 에너지와 고 에너지 극한에서의 특징을 조사하라.

13.4 다음과 같은 시간 의존성 벌판에서 입자가 산란하고 있다.

$$V(\mathbf{x}, t) = U(\mathbf{x})\,\cos\omega t$$

그러면 1차 섭동의 결과 반사하는 입자의 에너지는 $\hbar\omega$ 만큼 높거나 낮음을 보이라.

13.5 바닥 상태에 있는 일차원 조화 진동자에 다음의 시간 의존성 섭동 작용이 추가되었다. 진동수는 ω 이다.

$$gV(x,t) = \frac{1}{2} m\,\delta^2 x^2 \cos\omega t$$

바닥 상태에서 들뜬 상태로 전이할 확률을 계산하라.

13.6 자유 입자에 관한 (x,t)-공간에서의 전파자 (13.73) 을 계산하라. 인과율을 표현하는 식 (13.75) 의 처방에 유의하라.

13.7 Coulomb 벌판 산란에서 2차, 3차 섭동에 대한 Feynman 도식 [그림 13.3 참고] 을 참고하여 전이 행렬 요소 $T_{fi}^{(2)}$, $T_{fi}^{(3)}$ 에 관한 식을 쓰라. 그리고 2차 전이 행렬 요소를 구체적으로 계산해 보도록 하라.

13.8 Compton 산란에 관한 Feynman 도식은 그림과 같다. 그리고 전자의 스핀을 무시한 Feynman 규칙은 그림 13.4 에 나타나 있다. 이 도식에 대한 산란 진폭을 도출하라.

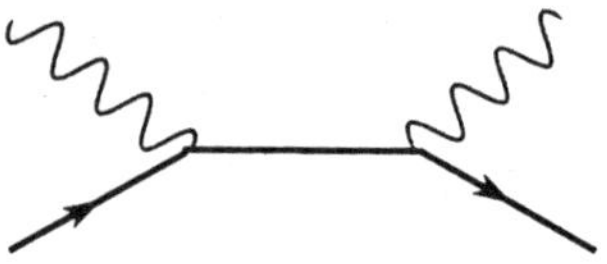

13.9 뮤온 입자는 평균 수명 $\tau = 2.20\,\mu s$ 를 가지고 β-붕괴를 한다. 뮤온의 질량을 이론적으로 어느 정도까지 정확히 측정할 수 있는가?

13.10 J/ψ 중간자는 질량이 3.097 GeV/c^2, 선폭은 87 keV 로 알려져 있다. 그리고 붕괴 모드는 다음과 같다.

$$\begin{aligned} J/\psi &\to \text{강입자} \quad (88\,\%) \\ &\to e^+e^- \quad (6\,\%) \\ &\to \mu^+\mu^- \quad (6\,\%) \end{aligned}$$

각 모드에 대한 평균 수명을 계산하라. 이러한 수명을 직접 잴 수 있는 방법은 무엇인가?

13.11 일차원 조화 진동자에 다음의 시간 의존성 섭동작용이 추가되었다.

$$\begin{aligned} H_1(x,t) &= 0 && (t < 0) \\ &= \frac{1}{2} m a^2 x^2 \exp(-t/\tau) && (t > 0) \end{aligned}$$

바닥 상태에서 들뜬 상태로 전이할 확률을 계산하라.

14. 벌판 산란 이론

14.1 서　론

여기서는 위치 에너지가 알려진 벌판에서 입자가 산란하는 벌판 산란 (potential scattering) 현상을 다룬다. 벌판이 다른 입자에 의하여 생겼다면 충돌 현상으로 볼 수 있다. 구체적으로 똑같은 Schrödinger 방정식이라도 다른 시각에서 풀이를 찾아야 한다. 지금까지 결합 상태 문제에서는 주로 에너지 스펙트럼에 관한 고유값이 관심 대상이었다. 그러나 산란에서는 입자 에너지가 알려졌고 고유 함수인 파동 함수에 집중하게 된다. 벌판에서 산란하여 흐뜨러지는 입자들은 그 운동량의 방향만 바뀔 뿐 크기는 변하지 않는다. 즉 에너지가 보존되는 과정이다.

일반적으로 충돌 현상에서 초기 상태 $|i(t=-\infty)\rangle$ 는 두 개의 자유 입자 상태이다. [그림 14.1 참고] 한 개의 입자라면 붕괴 현상이 되고 그 역학적 구조는 충돌 현상과 같다. 초기 상태가 두 개보다 많은 경우는 고려할 필요가 없다. 두 입자간의 연속적인 충돌로 간주할 수 있기 때문이다. 세 개 이상의 입자가 동시에 충돌하는 것은 극히 드물다. 그러나 최종 상태 $|f(t=+\infty)\rangle$ 는 매우 다양할 수 있다. 초기 상태의 구성 입자와 똑같고 에너지, 운동량, 스핀 등만 다를 수 있고 이 경우 탄성 충돌 (elastic scattering) 이라 한다. 초기 상태와 최종 상태의 정지 질량 에너지가 같으므로 운동 에너지가 충돌 과정에서 보존되기 때문이다. 최종 상태는 구성 입자가 다르거나 세 개 이상의 입자로 구성된 비탄성 충돌을 고려할 수 있다. 광자와의 충돌은 흔히 산란 (scattering) 이라 한다. 원자, 분자, 핵 사이의 충돌은 반응 (reaction) 이라 부른다. 그러므로 초기 상태가 한 개의 입자 (붕괴, 전이) 인가 두 개의 입자 (충돌, 산란, 반응) 인가의 차이만 있을 뿐이고 초기의 양자 상태 $|i\rangle$ 에서 최종의 양자 상태 $|f\rangle$ 로의 전이를 다루는 충돌 이론은 이들에게 공통으로 적용된다.

산란 현상은 물질의 구조와 성질을 파악할 수 있는 적극적인 방도이다. 지금까지 원자, 분자의 화학 반응, 원자 핵의 핵 반응 및 고에너지 실험의 연구 결과 많은 구조가 밝혀졌다. 언뜻 보기에 산란이 아닌 것도 실제로는 산란 또는 충돌 현상인 사례가 많다. 보기로 우리가 작은 유리 구슬을 들여다 볼 때 실제로는 구슬과 상호 작용하는 광자들을 육안으로 검출하는 것이다. 그러므로 반사하든지 투과하든지 구슬의 세부적인 단면을 조사할 수 있고 이들을 종합하면 전체적인 단면을 파악할 수 있다. 결국 광자를 구슬에 산란 시킴으로써 유리 구슬의 구조를 알아낼 수 있는 것이다.

두 입자계는 미시세계에서도 고전역학에서처럼 좌표계의 원점에 한 입자가 상호작용으로 표현되는 벌판에서 환산질량을 가진 다른 입자의 운동으로 기술할 수 있다. [7.1절 참고] 따라서 벌판 산란은 실제로 두 입자 사이의 충돌현상이고 입자의 질량은 늘 환산질량으로 이해해야 한다.

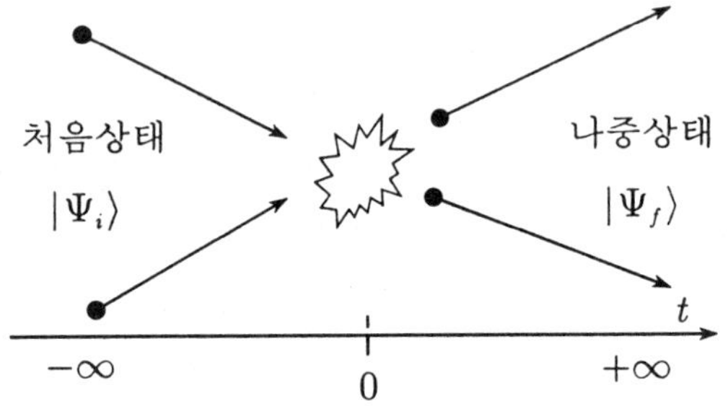

그림 14.1
충돌 현상의 개념적 도식.

초기 상태 ($t=-\infty$) 의 자유 입자는 짧은 시간, 좁은 공간에서 상호작용하고 최종 ($t=+\infty$) 에도 자유 입자 상태가 된다.

충돌 과정을 조사하려면 물질파동의 시간전개를 알아야 한다. 제 13장에서는 파동함수 방법 [13.2절] 과 연산자 방법 [13.3절] 으로 시간 의존성 섭동 이론을 다루었다. 그리고 전파자 (propagator) 의 Green 함수를 사용하는 방법 [13.5절] 도 취급하였다. 이 장에서는 전파자 이론에 근거한 섭동 이론을 취급하겠는데 Green 함수 방법은 뭇입자계를 다루는데 특히 편리하다.

14.2 산란 단면적

입자의 충돌은 통상 고정된 목표에 입자의 다발을 보내서 이루어진다. 입사 입자의 다발은 입사 신속 (incident flux) F 로 표현하는데 단위 시간, 단위 면적당 입사하는 입자의 수이다. 입사선이 퍼져있는 면적을 A 라 하고 넓이 A 안에 들어있는 목표 입자들의 수를 N 이라 하면 이들은 충돌 가능성이 있는 입자들이다. 충돌이 일어나면 원래의 입자 궤도에서 벗어날 것이고 단위 시간당 산란하는 입자의 수를 N_S 라 하면 N_S 는 F 와 N 에 비례할 것이다. 비례 상수를 $d\sigma$ 라 하면 다음 식이 성립한다.

$$dN_S = d\sigma\, FN \tag{14.1}$$

여기서 σ, N_S 대신 미분 기호를 사용한 것은 특정방향이나 에너지 등 어떤 제한조건을 만족하며 산란할 때에도 같은 비례 관계가 성립하기 때문이다. 보기로 특정방향으로 산란하는 경우에는 다음과 같다.

$$dN_S = \frac{d\sigma}{d\Omega} d\Omega\, FN \tag{14.2}$$

식 (14.1) 양변에서 차원을 점검하면 σ 는 넓이의 차원을 가진다. $d\sigma/d\Omega$ 를 미분 산란 단면적 (differential scattering cross section) σ 를 전체 산란 단면적이라 부른다.[1] 입사 궤도에서 조금이라도 벗어나는 것을 산란으로 간주하면 $N_S = \sigma FN$ 이고 전체 단면적을 알 수 있다. 단위 시간당 입사하는 입자의 수를 $N_{입사}$ 라 하면 $F = N_{입사}/A$ 이다. 그러면 다음이 성립한다.

$$\frac{N_S}{N_{입사}} = \frac{\sigma N}{A} \tag{14.3}$$

상식으로 살펴보면 단면의 면적이 σ 인 물체 N 개가 넓이 A 인 공간에 겹치지 않고 퍼져 있을 때 제멋대로 달려오는 입사 입자가 목표를 맞힐 확률은 목표 입자가 차지하는 상대적인 넓이의 비인 $\sigma N/A$ 이다. 그리고 $N_S/N_{입사}$ 와 같아야 한다. 그러므로 σ 를 단면적이라 부르는 것이 합당하다. 또한 $N_S = \sigma FN$ 에서 목표 입자가 한 개일 때 입사선속과 산란 입자 사이의 비율 또는 산란할 확률을 단면적 σ 로 해석할 수도 있다.

고전 역학에서 산란 현상은 충격 변수 (impact parameter) 에 의하여 결정된다. 충격 변수는 그림 14.2 에서 보듯이 충돌을 일으키는 고정된 입자에서 입사 입자의 초기 직선 궤도까지의 수직 거리이다. 충격 변수가 충돌 당하는 입자의 작용 거리 이내라면 입사 입자는 산란할 것이고 힘의 작용 거리보다 크다면 아무런 궤도의 변화 없이 지나갈 것이다. 산란할 때에도 그 산란각은 충격 변수, 작용한 힘의 세기에 관계된다. 그러므로 그 단면의 각 점으로 입사하는 입자가 산란하는 현상을 종합함으로써 충돌 당하는 입자의 구조를 탐색할 수 있다. 충격 변수를 b 방위각을 ϕ 라 하면 단면적에 기여하는 면적 요소는 $b\ db\ d\phi$ 이고 산란각을 θ 라 하면 산란이 일어나는 전체의 면적과 특정한 방향으로 산란하는 면적은 다음처럼 쓸 수 있다.

$$\begin{aligned} \sigma &= \int b\, db\, d\phi = \int \frac{b\, db}{d(\cos\theta)} d(\cos\theta)\, d\phi = \int \frac{b}{\sin\theta}\left|\frac{db}{d\theta}\right| d\Omega \\ \Rightarrow \quad & \frac{d\sigma}{d\Omega} = \frac{b}{\sin\theta}\left|\frac{db}{d\theta}\right| \end{aligned} \tag{14.4}$$

방위각 ϕ 는 입사 입자의 각도이지만 우리는 중심력 벌판을 다룰것이므로 산란 입자의 방위각과 같다. 여기서 σ 는 식 (14.3) 의 산란 단면적이다. 미시 세계에서 단면적은 충격 변수 b

[1] 참고문헌에 따라서 미분 산란 면적을 $\sigma(\theta,\phi)$, 전체 산란단면적을 σ_{tot}, 또는 σ_T 로 표기하지만 이책에서는 미분기호를 활용하겠음.

보다 산란 입체각 Ω 로 측정하는 것이 용이하므로 $d\sigma/d\Omega$ 를 활용하고 미분 단면적이 된다. 고전 역학에서는 입자의 운동 궤도가 명확히 밝혀지므로 충격 변수와 산란각 사이의 관계를 알 수 있고 따라서 산란 단면적이 결정된다.[2]

입사 입자가 다발로 들어올 때에는 산란도 다발로 일어날 것이므로 단위 시간당 특정 방향으로 산란하는 입자의 수와 입사 선속의 비가 단면적이 된다.

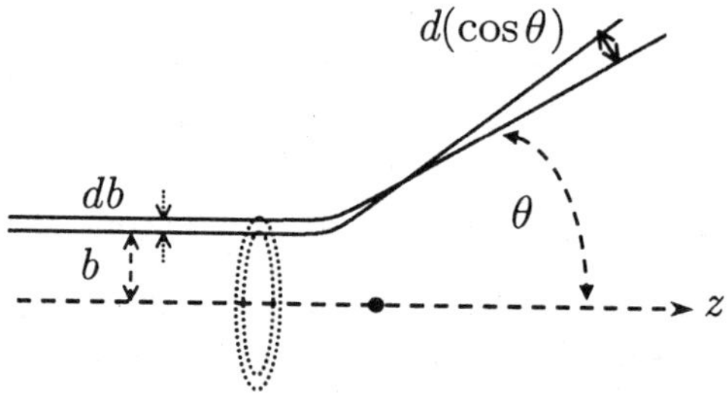

그림 14.2 고전 역학적 충돌현상.

입사 입자의 충격 변수가 산란 단면적에 직접 영향을 미친다.

양자 역학적인 산란 현상은 다르다. 입사 입자의 운동량과 충격 변수는 불확정도가 있기에 입사 입자의 회전량은 고전 역학에서처럼 분명하지 않다. 더욱이 이제 입자는 파동이므로 그림 14.3 에서 보듯이 입사 파동이 벌판의 입자와 부딪힌 후 사방으로 퍼져나가는 파동이 산란 현상이다. 편의상 입사 입자의 진행 방향을 z -축으로 택하면 산란 훨씬 이전 $(t=-\infty)$의 입사 입자는 $\exp(+ikz)$ 로 표현할 수 있고 산란 훨씬 이후 $(t=+\infty)$에는 산란 없이 그대로 진행하는 파동과 산란 후 중심에서 사방으로 퍼져 나가는 파동의 중첩으로 생각할 수 있다.

$$
\begin{aligned}
t = -\infty: &\quad \psi_{in}(\mathbf{x}) = e^{+ikz} \\
t = +\infty: &\quad \psi_{out}(\mathbf{x}) = \psi_{in} + \psi_S = e^{+ikz} + \frac{e^{+ikr}}{r} F(\theta,\phi)
\end{aligned}
\tag{14.5}
$$

양자 역학적 산란의 의미를 이해하기 위하여 확률 흐름 밀도 $\mathbf{J}(\mathbf{x},t)$ 를 계산해보면 된다. 식 (4.33) 에서 $\mathbf{J}$ 는 단위 시간마다 단위 면적을 지나가는 입자를 발견할 확률이고 따라서 입사 선속에 비례한다. 식 (14.5) 의 $\psi_{in}(\mathbf{x})=\exp(+ikz)$ 평면 파동의 확률 흐름 밀도는 다음과 같다.

---

[2] Coulomb 산란에 관한 고전역학적 산란 단면적의 계산은 G.R.Fowles and G.L.Cassiday, *Analytical Mechanics, 6th ed*, Sect 6.12 참고

$$\psi_{in}(\mathbf{x}) = e^{+ikz} \qquad \Rightarrow \qquad \mathbf{J}_{in} = \frac{-i\hbar}{2m}\psi_{in}^*(\mathbf{x})\overleftrightarrow{\nabla}\psi_{in}(\mathbf{x}) = \frac{\hbar k}{m}\hat{\mathbf{z}} \tag{14.6}$$

산란 파동은 지름 파동이므로 ∇ 연산자를 구면 좌표로 표현하는 것이 합리적이다.

$$\nabla = \hat{\mathbf{r}}\frac{\partial}{\partial r} + \hat{\boldsymbol{\theta}}\frac{1}{r}\frac{\partial}{\partial\theta} + \hat{\boldsymbol{\phi}}\frac{1}{r\sin\theta}\frac{\partial}{\partial\phi} \tag{14.7}$$

그러면 산란 확률 흐름 밀도 $\mathbf{J}_S$ 는 다음과 같다.

$$\psi_S(\mathbf{x}) = \frac{e^{+ikr}}{r}F(\theta,\phi) \qquad \Rightarrow \qquad \mathbf{J}_S = \frac{\hbar k}{mr^2}|F(\theta,\phi)|^2\,\hat{\mathbf{r}} + O\left(\frac{1}{r^3}\right) \tag{14.8}$$

따라서 $d\Omega$ 방향으로의 확률 흐름은 $\mathbf{J}_S\cdot d\mathbf{S}=r^2 J_S\,d\Omega$ 이고 J_S 는 지름방향으로 단위시간, 단위면적당 산란하는 입자 수에 비례한다. 그러므로 단면적은 다음과 같다.

$$\sigma = \frac{\int \mathbf{J}_S\cdot d\mathbf{S}}{J_{in}} = \int d\Omega\,|F(\theta,\phi)|^2 \qquad \Rightarrow \qquad \frac{d\sigma}{d\Omega} = |F(\theta,\phi)|^2 \tag{14.9}$$

산란 단면적이 $|F|^2$ 이므로 $F(\theta,\phi)$는 산란 진폭 (scattering amplitude) 이라 부른다.

그림 14.3 양자 역학적 충돌현상.

입자의 운동은 파동의 전파로 보아야 한다.

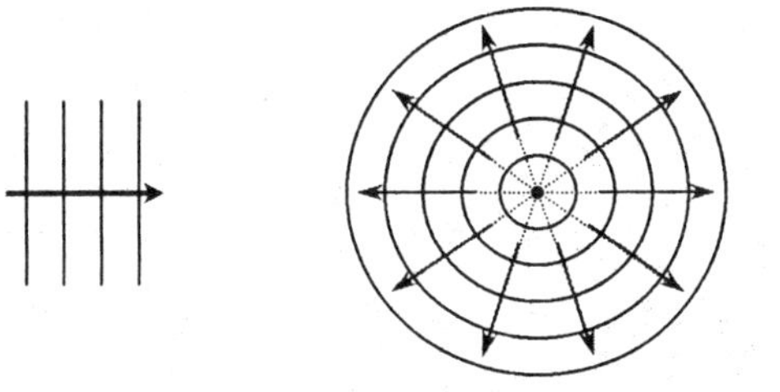

이제 제 13장에서 다룬 S-행렬의 개념으로 충돌현상을 고찰해 보자. 단면적은 확률이므로 양자역학의 개념과 곧바로 연결된다. 입자의 다발이 넓이 A 에 퍼져서 v 의 속도로 입사한다고 하자. 그러면 체적 AvT 내부의 입자들은 시간 T 동안에 입사하므로 단위면적당 입사하는 입자의 수는 vT/V 이다. 입사 입자가 자유입자이고 식 (4.96)에 따라 부피 V 로 규격화 되었으므로 부피 V 마다 한 개의 입사 입자가 포함되었다고 볼 수 있다. 따라서 입사 선속을 구하려면 V 로 나누어야 한다. 다른 한편 $|i\rangle$ 상태의 입사 입자가 $|f\rangle$ 상태의 산란

입자로 전이할 확률은 $|S_{fi}|^2$이고 $N_S/N_{입사}$ 와 같다. 그러므로 산란 단면적은 다음과 같다.

$$\sigma = \left(\frac{vT}{V}\right)^{-1} \sum_f \left| 2\pi\hbar\,\delta(E_f - E_i)\left(-\frac{i}{\hbar}\right) T_{fi} \right|^2 \tag{14.10}$$

이번에도 델타 함수의 제곱이 나오는데 이미 13.2절에서 배웠듯이 어떻게 다룰지 잘 안다. 둘 중 하나의 델타 함수는 시간 구간 T로 대체하면 된다. 나중 상태 $|f\rangle$에 대한 합은 위상 공간에서의 적분을 의미하는데 한 개의 입자가 벌판 산란하는 경우에는 다음처럼 쓸 수 있다.

$$\begin{aligned} \sigma &= \int \frac{d^3x_f\, d^3p_f}{(2\pi\hbar)^3} \frac{V}{v_i} 2\pi\hbar\,\delta(E_f - E_i)\frac{1}{\hbar^2} |\,T_{fi}\,|^2 \\ &= \frac{V^2}{4\pi^2\hbar^4} \int d\Omega\, p_f^2\, dp_f\, \delta(E_f - E_i)\frac{m}{p_i} |\,T_{fi}\,|^2 \end{aligned} \tag{14.11}$$

입자가 차지하는 공간은 V이고 규격화 상수는 $1/\sqrt{V}$ 이므로 $|T_{fi}|^2$에 $1/V^2$이 생겨서 σ 의 계산에서 상쇄된다. 규격화 크기는 임의이므로 결과와 무관한 것은 자연스럽다. $E_f = p_f^2/2m$ 을 이용하여 p_f-적분을 수행하면 미분 산란 단면적에 관하여 또 다른 공식을 얻는다.

$$\frac{d\sigma}{d\Omega} = \frac{m^2}{4\pi^2\hbar^4} |\,T_{fi}\,|^2 \tag{14.12}$$

전이 행렬 요소 T_{fi} 는 Feynman 도식과 규칙에서 임의의 차수까지 알아낼 수 있다. 윗식과 식 (14.9)는 산란 단면적에 관한 두 공식이므로 이들을 비교하면 산란 진폭과 S-행렬 요소 간에 다음 관계가 성립한다.[3]

$$F(\theta,\phi) = -\frac{m}{2\pi\hbar^2} T_{fi} \tag{14.13}$$

14.3 실험실계와 질량 중심계

흔히 충돌 실험에서 목표 입자는 고정되었고 입사 입자가 다발을 이루어 부딪히는 것으로 간주한다. 그러나 이것은 보기 나름이다. 입사 입자와 같은 속력으로 움직이는 관측자에게는 입사 입자가 정지해 있고 목표 입자가 반대 방향에서 입사하여 충돌하는 것으로 보일 것이다.

[3] (−) 부호는 뒤에 전개할 논리와 일관성을 유지하기 위하여 포함되었을 뿐 단면적의 계산에는 아무 영향을 미치지 않는다. 식(13.93)과 (14.39)를 비교하라.

또한 어떤 관측자에게는 두 다발의 입자들이 마주보고 달려오는 정면 충돌로 보일 수도 있다. 이처럼 관측자에 따라서 다른 현상으로 보이므로 그 사이의 관계를 정립할 필요가 생긴다.

여러 관측계 중에 한 입자가 고정되고 다른 입자가 입사하여 충돌하는 실험실계 (laboratory frame)와 질량 중심이 고정된 질량 중심계 (center-of-mass frame)를 고려한다. 실험실계는 보통 실험이 이루어지는 좌표계이므로 중요하고, 질량중심계는 유일한 특성을 가지므로 의미 있다. 산란 단면적은 충돌이 일어난 사건의 수이므로 관측자와 무관하다. 한 관측자가 산란이 일어난 것으로 관찰했다면 이에 대해 어떤 상대 속도로 움직이는 관측자도 똑같이 사건이 일어난 것으로 관찰할 것이다. 그러나 미분 산란 단면적은 다르다. 관측자마다 각도는 다를 수 있기 때문이다.

이제 질량이 각각 m_1, m_2 인 두 입자의 탄성충돌을 다루어 보자. 그림 14.4(a)에 보듯이 실험실계에서는 충돌이전에 m_2 입자는 정지한 상태이고 m_1 입자가 $\mathbf{v}_1$ 의 속도로 입사한다. 충돌 이후에는 m_1 입자는 $\mathbf{v}_1'$ 의 속력을 가지고 θ_1 방향으로 산란하며 m_2 입자는 $\mathbf{v}_2'$ 의 속력으로 θ_2 방향으로 반동한다. 그러나 질량중심계에서는 그림 14.4(b)에서 보듯이 질량중심을 향하여 두 입자가 정면으로 다가오고 충돌후에는 서로 멀어진다. 운동량과 에너지는 두 좌표계에서 보존되므로 다음이 성립한다. 입자는 1, 2 로 구분하고 충돌 후의 물리량은 "′" 으로 구별하며 질량중심계를 강조하기 위하여 "~" 기호를 사용한다.

$$\text{실험실계 :}\quad \mathbf{v}_2 = 0 \qquad \mathbf{p}_1 = \mathbf{p}_1' + \mathbf{p}_2'$$
$$\frac{1}{2m_1}\mathbf{p}_1^2 = \frac{1}{2m_1}\mathbf{p}_1'^2 + \frac{1}{2m_2}\mathbf{p}_2'^2 \tag{14.14}$$

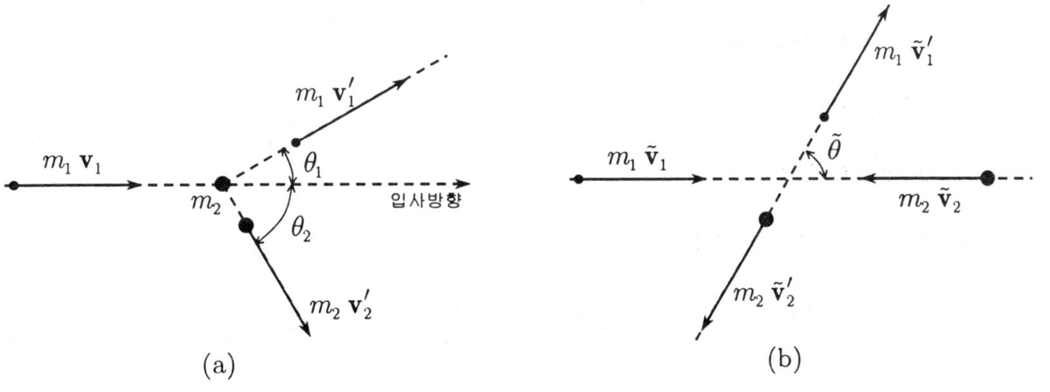

그림 14.4 실험실계(a)와 질량중심계 (b)에서 본 충돌현상.

$$\text{질량중심계 : } \tilde{\mathbf{p}}_1 + \tilde{\mathbf{p}}_2 = \tilde{\mathbf{p}}_1' + \tilde{\mathbf{p}}_2' = 0 \quad \Rightarrow \quad \tilde{\mathbf{p}}_1 = -\tilde{\mathbf{p}}_2 = \tilde{\mathbf{p}} \qquad \tilde{\mathbf{p}}_1' = -\tilde{\mathbf{p}}_2' = \tilde{\mathbf{p}}'$$

$$\frac{1}{2m_1}\tilde{\mathbf{p}}_1^2 + \frac{1}{2m_2}\tilde{\mathbf{p}}_2^2 = \frac{1}{2m_1}\tilde{\mathbf{p}}_1'^2 + \frac{1}{2m_2}\tilde{\mathbf{p}}_2'^2 \quad \Rightarrow \quad \tilde{p} = \tilde{p}' \tag{14.15}$$

우선 윗식에서 질량중심계에서 운동량의 크기는 입자와 무관하며 충돌전후에도 변함이 없다. 즉 $\tilde{p} = \tilde{p}'$ 을 알 수 있고 이는 $\tilde{v}_1' = \tilde{v}_1$, $\tilde{v}_2' = \tilde{v}_2$ 를 의미한다. 한편 실험실계에서 본 질량 중심의 속도는 다음과 같다.

$$v_{cm} = \frac{m_1 v_1 + m_2 \cdot 0}{m_1 + m_2} = \frac{m_1}{m_1 + m_2} v_1 \tag{14.16}$$

그런데 질량 중심계에서 관측한 속력과 실험실계에서 관측한 속력 사이에는 $\mathbf{v}_{cm}$ 만큼 차이가 나므로 다음의 속력 벡터 합성식이 성립한다.

$$\begin{aligned} \tilde{\mathbf{v}}_1 &= \mathbf{v}_1 - \mathbf{v}_{cm} \quad \Rightarrow \quad \tilde{v}_1 = \frac{m_2}{m_1 + m_2} v_1 \\ \tilde{\mathbf{v}}_2 &= \mathbf{v}_2 - \mathbf{v}_{cm} \quad \Rightarrow \quad \tilde{v}_2 = v_{cm} = \frac{m_1}{m_1 + m_2} v_1 \end{aligned} \tag{14.17}$$

$$\begin{aligned} \tilde{\mathbf{v}}_1' &= \mathbf{v}_1' - \mathbf{v}_{cm} \\ \tilde{\mathbf{v}}_2' &= \mathbf{v}_2' - \mathbf{v}_{cm} \end{aligned} \tag{14.18}$$

충돌 후의 속력 벡터 합성에 관한 식 (14.18)은 그림 14.5에 나타나 있고 다음처럼 성분별로 관계식을 얻는다.

$$\begin{aligned} \tilde{v}_1' \cos\tilde{\theta} &= v_1' \cos\theta_1 - v_{cm} \\ \tilde{v}_1' \sin\tilde{\theta} &= v_1' \sin\theta_1 \end{aligned} \quad \Rightarrow \quad \tan\theta_1 = \frac{\sin\tilde{\theta}}{v_{cm}/\tilde{v}_1' + \cos\tilde{\theta}} \tag{14.19}$$

$$\begin{aligned} -\tilde{v}_2' \cos\tilde{\theta} &= v_2' \cos\theta_2 - v_{cm} \\ \tilde{v}_2' \sin\tilde{\theta} &= v_2' \sin\theta_2 \end{aligned} \quad \Rightarrow \quad \tan\theta_2 = \frac{\sin\tilde{\theta}}{v_{cm}/\tilde{v}_2' - \cos\tilde{\theta}} \tag{14.20}$$

위의 두식 (14.16), (14.17) 에서 다음을 알 수 있으므로

$$\frac{v_{cm}}{\tilde{v}_1'} = \frac{m_1}{m_2}\frac{\tilde{v}_1}{\tilde{v}_1'} = \frac{m_1}{m_2} \qquad \frac{v_{cm}}{\tilde{v}_2'} = \frac{\tilde{v}_2}{\tilde{v}_2'} = 1 \tag{14.21}$$

실험실계의 산란각 θ_1, θ_2 와 질량 중심계의 산란각 $\tilde{\theta}$ 사이에 성립하는 관계식을 얻는다.

$$\tan\theta_1 = \frac{\sin\tilde{\theta}}{\gamma + \cos\tilde{\theta}} \qquad \gamma = \frac{m_1}{m_2}$$
$$\theta_2 = \frac{1}{2}(\pi - \tilde{\theta}) \tag{14.22}$$

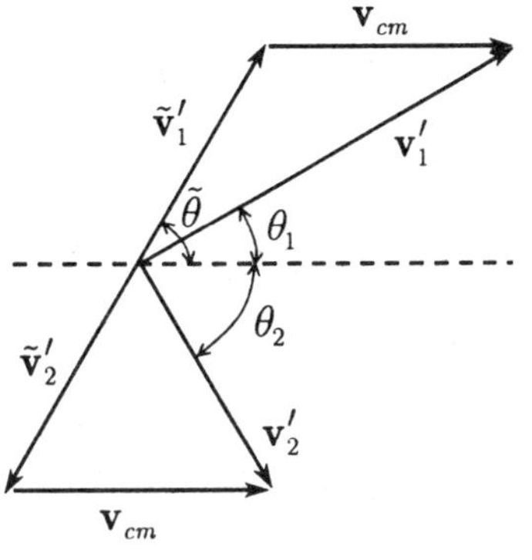

그림 14.5
실험실계와 질량 중심계에서 본 속력 벡터의 합성

이제 두 좌표계에서 미분 산란 단면적을 비교해 본다. 중심력 벌판에서의 산란 문제에 국한하면 방위각 방향으로 대칭성을 가지므로 $\phi = \tilde{\phi}$ 이다. 그러므로 다음이 성립한다.

$$\left(\frac{d\sigma}{d\Omega_1}\right)_{lab} = \frac{d\sigma}{d(\cos\theta_1)\,d\phi} = \frac{d\sigma}{d(\cos\tilde{\theta})\,d\tilde{\phi}}\left|\frac{d(\cos\tilde{\theta})}{d(\cos\theta_1)}\right| = \left(\frac{d\sigma}{d\tilde{\Omega}}\right)_{cm}\left|\frac{d(\cos\tilde{\theta})}{d(\cos\theta_1)}\right| \tag{14.23}$$

여기서 $d(\cos\tilde{\theta})/d(\cos\theta)$ 는 식 (14.22) 에서 θ_1, θ_2 에 관하여 각각 계산할 수 있고 두 좌표계에서 미분 단면적 사이에 성립하는 관계식은 다음과 같다.

$$\left(\frac{d\sigma}{d\Omega_1}\right)_{lab} = \frac{\sqrt{1+\gamma^2+2\gamma\cos\tilde{\theta}}}{\left|1+\gamma\cos\tilde{\theta}\right|}\left(\frac{d\sigma}{d\tilde{\Omega}}\right)_{cm} \qquad \gamma = \frac{m_1}{m_2}$$
$$\left(\frac{d\sigma}{d\Omega_2}\right)_{lab} = 4\cos\theta_2\left(\frac{d\sigma}{d\tilde{\Omega}}\right)_{cm} \tag{14.24}$$

측정한 좌표계를 강조하기 위하여 lab, cm 등 밑글자를 부쳤다. 질량 중심계는 특별하다. 그러므로 모든 관측자들의 실험 결과를 윗식에 따라 질량 중심계에서의 데이터로 환산하면 실험 결과의 상호 검증이 가능하다.

14.4 산란 진폭 함수

산란진폭 함수 $F(\theta,\phi)$ 는 식 (14.13)에 따라 S-행렬요소 T_{fi} 와 연관이 되지만 여기서는 또다른 방법으로 접근해 본다. 구체적으로 산란진폭 함수 $F(\theta,\phi)$ 를 알려면 Schrödinger 방정식을 풀어서 $r\to\infty$ 에서의 점근형태를 조사해야 한다. 만일 벌판이 시간과 무관한 $V(\mathbf{x})$ 로 표현된다면 파동 방정식은 다음처럼 쓸 수 있다.

$$\left(\nabla^2+k^2\right)\psi(\mathbf{x})=U(\mathbf{x})\,\psi(\mathbf{x}) \qquad E=\frac{\hbar^2k^2}{2m} \qquad V(\mathbf{x})=\frac{\hbar^2}{2m}U(\mathbf{x}) \tag{14.25}$$

이 방정식을 푸는 방법은 여러 가지 있겠으나 여기서는 Green 함수 방법으로 위의 미분 방정식을 적분방정식 형태로 바꾸고 파동함수의 무한 점근형태를 조사함으로써 산란진폭 함수를 구하도록 하겠다.

전자기학에서 Poisson 방정식을 Green 함수로 푸는 방법은 잘 알려져 있다.[4] 식 (14.25)에 해당하는 Green 함수에 관한 방정식

$$\left(\nabla^2+k^2\right)G(\mathbf{x},\mathbf{x}')=-\,\delta^3(\mathbf{x}-\mathbf{x}') \tag{14.26}$$

을 풀면 구하는 풀이는 다음과 같다.

$$\psi(\mathbf{x})=-\int d^3x'\,G(\mathbf{x},\mathbf{x}')U(\mathbf{x}')\,\psi(\mathbf{x}') \tag{14.27}$$

그런데 식 (14.25)는 $\psi(\mathbf{x})$ 에 관한 선형 미분방정식이므로 일반 풀이는 우변을 영으로 한 제차 (homogeneous) 방정식의 풀이를 포함해야 되고, $U\psi=0$ 에 대한 풀이는 자유 입자의 파동함수 $\exp(+i\mathbf{k}\cdot\mathbf{x})$이다. 또한 식 (14.26)에서 $G(\mathbf{x},\mathbf{x}')=G(\mathbf{x}-\mathbf{x}')$이라 할 수 있으므로 식 (14.25)의 일반 풀이로서 다음을 얻는다.

$$\psi(\mathbf{x})=e^{+i\mathbf{k}\cdot\mathbf{x}}-\int d^3x'\,G(\mathbf{x}-\mathbf{x}')U(\mathbf{x}')\,\psi(\mathbf{x}') \tag{14.28}$$

이것은 적분방정식이다. 우선 식 (14.26)를 풀어서 $G(\mathbf{x}-\mathbf{x}')$ 을 구해야 할 것이다. 그 목적으로 Fourier 변환을 하면

$$G(\mathbf{x})=\int\frac{d^3q}{(2\pi)^3}\,e^{+i\mathbf{q}\cdot\mathbf{x}}\,G(\mathbf{q}) \tag{14.29}$$

[4] 식 (13.51)–(13.53) 참고

오히려 q-공간에서의 Green 함수는 간단한 형태를 갖는다.

$$G(\mathbf{q}) = \frac{1}{\mathbf{q}^2 - \mathbf{k}^2} \tag{14.30}$$

이 식을 식 (14.29) 에 대입하면 $G(\mathbf{x})$ 를 구체적으로 계산할 수 있다.

$$G(\mathbf{x}) = \int \frac{d^3q}{(2\pi)^3}\, e^{+i\mathbf{q}\cdot\mathbf{x}} \frac{1}{q^2 - k^2} = \frac{1}{8\pi^3}\int_0^\infty q^2 dq \int_{-1}^{+1} d(\cos\theta) \int_0^{2\pi} d\phi \frac{e^{+iqr\cos\theta}}{q^2 - k^2} \tag{14.31}$$

ϕ-적분은 2π, θ-적분은 $\exp(+iqr) - \exp(-iqr)$ 이 되는데 q-적분에서 변수 변환을 하여 다음처럼 바꿔 쓸 수 있다.

$$G(\mathbf{x}) = \frac{1}{4\pi^2 ri}\int_{-\infty}^{+\infty} dq \frac{q\, e^{iqr}}{q^2 - k^2} \tag{14.32}$$

무한적분은 수학의 유수정리를 사용하여 계산 가능한데 $r > 0$ 이므로 q-복소평면에서 $\mathrm{Im}\, q > 0$ 영역으로 무한히 큰 반원을 택해야 된다.[5] 그런데 피적분함수는 $q = \pm k$ 에서 특이점을 가지므로 엄밀한 의미에서는 적분이 존재하지 않는다. 물리적 의미를 부여하려면 이 두 특이점을 피해서 적분하여야 한다. 특이점을 비껴가는 방법은 네 가지가 있고 그림 14.6에 결과가 나타나 있다.

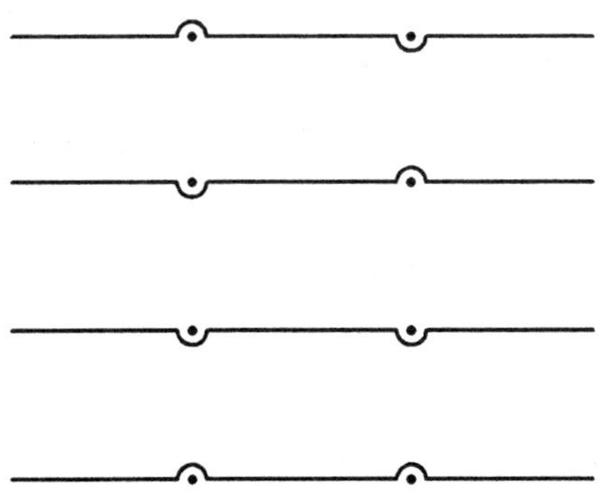

$$G(\mathbf{x}) = \frac{1}{4\pi\, r} e^{+ikr}$$

$$G(\mathbf{x}) = \frac{1}{4\pi\, r} e^{-ikr}$$

$$G(\mathbf{x}) = \frac{1}{2\pi\, r} \cos(kr)$$

$$G(\mathbf{x}) = 0$$

그림 14.6 식 (14.31) 계산에서 q-복소평면의 특이점을 피하는 가능한 방법과 결과

[5] 참고: G.B.Arfken and H.J.Weber, *Mathematical Methods for Physicists, 5th ed*, Ex 7.2.4.

그런데 $\exp(+ikr)$ 은 원점에서 산란하여 사방으로 퍼져나가는 파동이고, $\exp(-ikr)$ 은 원점으로 집속하는 파동이다. 한편 $\cos kr$ 은 정류파동이다. 산란 논의에 필요한 파동은 $\exp(+ikr)$ 이고 따라서 무한 적분의 경로는 그림 14.7 과 같도록 선택해야 한다. 그러면 구하는 Green 함수는 다음이다.

$$G(\mathbf{x}) = \frac{1}{4\pi r} e^{+ikr} \tag{14.33}$$

그림 14.7
Green 함수가 사방으로 퍼지는 파동이 되기 위하여 q-복소평면에서 식 (14.32) 의 적분 경로

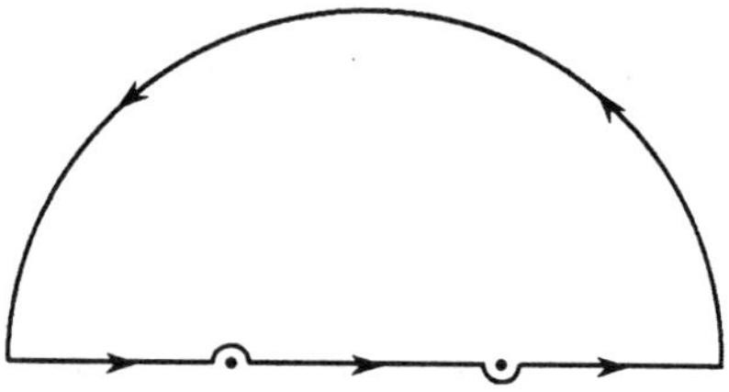

우리는 $\exp(+ikr)$ 산란파동을 얻기 위하여 식 (13.75) 처럼 식 (14.30) 에 $i\varepsilon$ 을 다음처럼 추가함으로써 특이점을 피하면서 원하는 결과를 얻을 수 있다.

$$G(\mathbf{q}) = \frac{1}{q^2 - k^2 - i\varepsilon} \tag{14.34}$$

여기서 ε 은 양의 무한소이다. 그러면 q-복소평면에서 특이점이 $q = (k^2 + i\varepsilon)^{1/2} \simeq \pm k \pm i\varepsilon$ 에 있으므로 그림 14.7 에서 특이점을 피하는 것과 동일한 효과를 준다. 이러한 $i\varepsilon$-처방은 여러 가지 미묘한 상황에서 의미를 간략하게 나타낸다. 보기로 $q^2 \to q^2 - i\varepsilon$ 대신 $q^2 \to q^2 + i\varepsilon$ 로 처방하면 $\exp(-ikr)$ 즉 원점으로 집속하는 파동을 얻는다.

이제 Green 함수를 알았으므로 식 (14.28) 에 대입하여 점근 형태를 구하고 산란진폭 함수를 찾을 수 있다.

$$\psi(\mathbf{x}) = e^{+i\mathbf{k}\cdot\mathbf{x}} - \frac{1}{4\pi} \int d^3x' \frac{e^{+ik|\mathbf{x}-\mathbf{x}'|}}{|\mathbf{x}-\mathbf{x}'|} U(\mathbf{x}')\psi(\mathbf{x}') \tag{14.35}$$

적분변수 $\mathbf{x}'$ 은 상호작용이 두드러진 좌표계의 원점 부근에 국한되어 있고 우리는 $r \to \infty$ 에서 파동함수의 점근형태에 관심을 가지므로 $1/|\mathbf{x}-\mathbf{x}'| \simeq 1/r$ 로 근사시킬 수 있으며 또 다음을 확인할 수 있다.

$$k\,|\,\mathbf{x}-\mathbf{x}'\,| = k\sqrt{r^2 - 2\mathbf{x}\cdot\mathbf{x}' + r'^2} = kr\left(1 - \frac{\hat{\mathbf{x}}\cdot\mathbf{x}'}{r} + O\left(\frac{1}{r^2}\right)\right)$$
$$= kr - \mathbf{k}'\cdot\mathbf{x}' + O\left(\frac{1}{r}\right) \qquad \mathbf{k}' = k\,\hat{\mathbf{x}} \tag{14.36}$$

여기서 $\mathbf{k}'$ 은 입사파동과 크기는 같고 지름방향이므로 산란 후의 파동수 벡터이다. 이들을 종합하면 점근 형태의 파동 함수는 다음과 같다.

$$t = +\infty: \quad \psi_{out}(\mathbf{x}) = e^{+i\mathbf{k}\cdot\mathbf{x}} - \frac{e^{+ikr}}{4\pi r}\int d^3x'\, e^{-i\mathbf{k}'\cdot\mathbf{x}'}\, U(\mathbf{x}')\,\psi(\mathbf{x}') \tag{14.37}$$

이 식과 식 (14.5) 를 비교하면 파동진폭 함수를 얻는다.

$$F(\theta,\phi) = -\frac{m}{2\pi\hbar^2}\int d^3x'\, e^{-i\mathbf{k}'\cdot\mathbf{x}'}\, V(\mathbf{x}')\,\psi(\mathbf{x}') \tag{14.38}$$

중심력 벌판 $V(r)$ 에서는 파동함수 $\psi(\mathbf{x}')$ 를 구면 조화함수로 전개하면 윗식에서 $m=0$ 상태만 기여하고 산란진폭은 방위각 ϕ 와 무관하게 $F(\theta)$ 로 쓸 수 있다.

14.5 Born 근사

식 (14.38) 은 산란진폭에 관한 표현식일 뿐 풀이는 아니다. $\psi(\mathbf{x}')$ 을 알아야 하고 이는 식 (14.25) 를 풀어야 하기 때문이다. 벌판의 세기 $V(\mathbf{x}')$이 충분히 약하면 일차적으로 식 (14.38) 의 적분 안의 $\psi(\mathbf{x}')$ 를 $\exp(+i\mathbf{k}\cdot\mathbf{x}')$ 으로 대체할 수 있다. 그러면 산란진폭은 다음과 같다.

$$F(\theta,\phi) = -\frac{m}{2\pi\hbar^2}\int d^3x'\, e^{-i(\mathbf{k}'-\mathbf{k})\cdot\mathbf{x}'}\, V(\mathbf{x}') \tag{14.39}$$

이것을 Born 근사라 한다. Born 근사는 벌판함수의 Fourier 변환임을 알 수 있다. 그리고 $\mathbf{k}'-\mathbf{k}$ 는 입사입자와 산란입자의 운동량 변화와 같으므로 산란각을 결정해 주고 중심력 벌판에서 θ 만의 함수이다. 그러므로 우리는 산란 단면적을 양자 역학적으로 계산하는 방법을 찾아내었다. 벌판함수 $V(\mathbf{x})$ 의 Fourier 변환으로 식 (14.39) 에 따라 산란진폭을 구하고 식 (14.9) 를 이용하여 산란 단면적을 구하면 된다.

Born 근사의 유효성을 검증해 볼 필요가 있다. 그러려면 정확한 풀이 (14.37) 에서 산란 파동의 상대적 크기가 작아야 할 것이다. $V(\mathbf{x}')$은 $\mathbf{x}'=0$ 주위에 국한되므로 $\mathbf{x}'=0$ 일 때의 상대적 산란파동의 크기가 1 보다 매우 작으면 Born 근사는 충분히 유효하다. 즉 다음과 같다.

$$\frac{1}{4\pi}\frac{2m}{\hbar^2}\left|\int d^3x'\ \frac{e^{ikr'}}{r'}V(\mathbf{x}')\right| \ll 1 \tag{14.40}$$

이 적분을 수행하면 다음 조건이 Born 근사가 유효할 조건이다.

$$\frac{2m}{k\hbar^2}\left|\int_0^\infty dr' e^{ikr'}\sin kr' V(\mathbf{x}')\right| \ll 1 \tag{14.41}$$

즉 Born 근사는 벌판의 세기 $V(\mathbf{x})$가 약하거나 고에너지 영역에서 특히 유효하다. 그러나 고에너지에서는 Schrödinger 이론 자체가 현실에서 벗어나므로 맹목적으로 Born 근사를 받아들이기는 어렵다.

산란진폭 $F(\theta,\phi)$와 S-행렬 T_{fi}의 관계식 (14.13)에서 산란진폭의 Born 근사 (14.39)는 S-행렬 요소의 1차 섭동과 같음을 알 수 있다. 따라서 Born 근사에 대한 Feynman 도식은 그림 14.8로 표현된다.

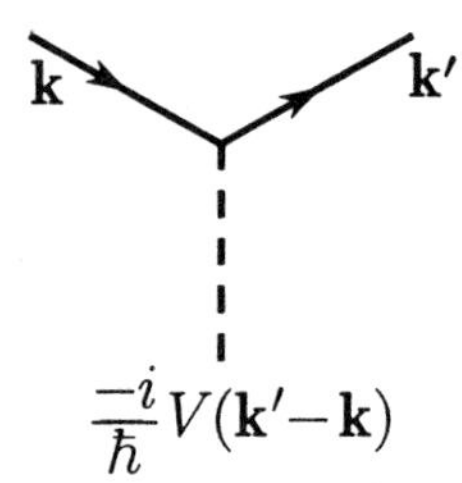

그림 14.8
Born 근사에 대한 Feynman 도식

예 제 14.1 Rutherford 산란

Rutherford는 금(Au) 입자에 대한 α 입자의 산란 실험으로 원자핵의 존재를 발견했는데 두 점 전하간의 Coulomb 산란을 Rutherford 산란이라 부른다. Born 근사는 1차 섭동에서 전이행렬 T_{fi} 인데 이에 관한 Feynman 도식은 그림 14.9와 같고 다음처럼 전이행렬 T_{fi} 를 곧바로 얻는다. [ε_0 에 관하여는 13장 각주 5 참고]

$$-\frac{i}{\hbar}T_{fi} = \frac{(iZ_1e)(iZ_2e)}{\varepsilon_0}\frac{i\hbar}{(\mathbf{p}_f-\mathbf{p}_i)^2} \tag{14.42}$$

운동량은 산란 전후에 방향만 바뀔 뿐 크기는 변하지 않으므로 $p_f=p_i=p=\sqrt{2mE}$ 로 대체하고, θ 는 산란 각도이므로 $(\mathbf{p}_f-\mathbf{p}_i)^2=4p^2\sin^2(\theta/2)$ 이며 Rutherford 산란 공식을 얻는다.

$$\frac{d\sigma}{d\Omega}=\left(\frac{Z_1Z_2e^2}{4\pi\varepsilon_0}\right)^2\frac{1}{16E^2\sin^4\theta/2} \tag{14.43}$$

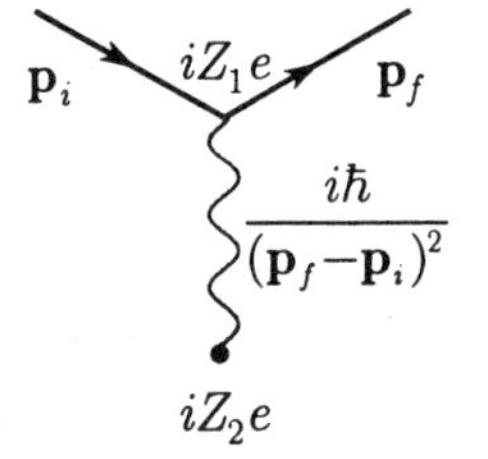

그림 14.9
Rutherford 산란에 대한 Feynman 도식

윗식에서 보다시피 $\sin^4\theta/2$ 인자 때문에 $\theta=\pi$ 일 때 즉 입사 방향과 정반대 방향으로 산란할 수 있는 상당한 확률이 존재한다. Rutherford는 후방 산란하는 α-입자에서 원자 핵의 존재를 밝혀내었다. 미분 산란 단면적이 $\theta=0$ 일 때 무한대가 되는 것은 Coulomb 작용의 범위가 역시 무한대이기 때문이다.

양자 현상의 특징은 Planck 상수 $\hbar$ 의 존재로 표현되는데 식 (14.43) 을 보면 Born 근사에서 Rutherford 산란 단면적은 $\hbar$ 를 포함하지 않는다. 이것은 고전 역학과의 연계성을 연상시킨다. 실제로 Rutherford 산란 공식은 고전 역학에서도 유도 가능하여 똑같은 (14.43) 의 결과를 얻는다.[6] 한편 식 (14.43) 은 1차 섭동의 근사 공식인데 Coulomb 벌판 ($1/r$ 형태) 의 경우 모든 차수의 섭동을 포함하는 해석적인 풀이가 알려져 있고 그때에도 산란 단면적은 역시 식 (14.43) 과 동일하다.[7] 즉 Rutherford 산란 단면적은 고전 역학에서나 양자 역학에서나, 1차 섭동 근사에서나 정확한 해석적 풀이를 이용하거나 똑같은 결과이다. Coulomb 벌판에서 상대론적 보정이 에너지 스펙트럼의 미세 구조를 설명할 수 있어서 우리가 전자의 스핀을 알아내는데 걸림돌이 된 것과는 대조로 Rutherford 산란 단면적의 우연한 일치는 우리가 원자 핵의 존재를 인식하는데 큰 도움이 되었다. ◂◂

---

[6] 참고: G.R.Fowles and G.L.Cassiday, *Analytical Mechanics, 6th ed*, Sect 6.12

[7] 참고: E.Merzbacher, *Quantum Mechanics, 2nd ed*, Sect 11.8

예제 14.2 Yukawa 벌판 산란

Yukawa 벌판은 핵력을 기술하는데 많이 사용되며 다음 형태로 쓴다.

$$V(r) = \frac{g^2}{4\pi}\,\frac{1}{r}\,e^{-\mu r} \tag{14.44}$$

여기서 $g^2/4\pi \approx 1$ 정도로 커서 강한 작용이고 지수 인자 때문에 $r=1/\mu$ 거리 이내에서 주로 작용한다. π 중간자를 매개로 핵력이 발생한다면 $1/\mu=\hbar/m_\pi c \simeq 1.2\,\text{fm}$ 가 되어 π 입자의 Compton 파장 범위 내에서 핵력이 작용한다고 볼 수 있다.

우선 전이 행렬은 1차 근사에서 Yukawa 벌판의 Fourier 변환이므로

$$V(\mathbf{q}) = \int d^3x\, e^{+\frac{i}{\hbar}\mathbf{q}\cdot\mathbf{x}}\; V(r) = \frac{g^2}{4\pi}\int d^3x\, e^{+\frac{i}{\hbar}\mathbf{q}\cdot\mathbf{x}}\;\frac{1}{r}e^{-\mu r} \tag{14.45}$$

를 계산하면 되는데 13장에서 이미 Coulomb 벌판의 Fourier 변환을 다룰 때 중간 과정이었으므로 그 결과에 $\mu\to 0$ 과정만 철회하면 된다. [식 (13.99) 참고]

$$V(\mathbf{q}) = \frac{g^2}{4\pi}\frac{4\pi\hbar^2}{\mathbf{q}^2+\mu^2\hbar^2} \tag{14.46}$$

여기서 $\mathbf{q}=\mathbf{p}_f-\mathbf{p}_i$ 이고 $\mathbf{q}^2=4p^2\sin^2(\theta/2)$ 이다. 따라서 다음의 미분 산란 단면적을 얻는다.

$$\frac{d\sigma}{d\Omega} = \left(\frac{g^2}{4\pi}\right)^2 \frac{1}{\left(4E\sin^2\theta/2\,+\,\mu^2\hbar^2/2m\right)^2} \tag{14.47}$$

이 공식에서 $\mu\to 0,\; g^2/4\pi \to Z\alpha\hbar c$ 로 놓으면 Rutherford 산란 단면적이 된다. Yukawa 단면적은 Coulomb 산란과 달리 전방 $(\theta=0)$으로 특별히 큰 산란이 일어나지 않는다. 오히려 낮은 에너지에서는 산란 단면적이 방향과 무관하고 일정하다. 핵 물리학 초기에 핵자 산란의 등방성은 우물형 벌판을 핵 모형으로 취급하게 된 동기가 되었다. ≺≺

예제 14.3 원자핵의 전하분포

Rutherford 산란에서 우리는 핵을 점 전하로 가정하였다. 원자의 크기가 대략 $O(10^{-10}\text{m})$ 임에 비하면 핵의 크기 $O(10^{-14}\text{m})$ 는 매우 작아서 점 전하로 근사 시킬 수 있으나 그렇다고 핵의 크기가 영은 아니다. 따라서 유한한 크기의 핵에 의한 산란을 생각해 볼 필요가 있다. 이것은

핵의 전하 밀도 $\rho(\mathbf{x})$ 로 표현한다. 그러면 핵 전하 분포가 만드는 전기 벌판은

$$V(\mathbf{x}) = \frac{Z_1 Z_2 e^2}{4\pi\varepsilon_0} \int d^3x' \frac{\rho(\mathbf{x}')}{|\mathbf{x}-\mathbf{x}'|} \tag{14.48}$$

인데 $\rho(\mathbf{x})$ 는 그 공간 적분이 1 이 되도록 규격화하였다. Born 근사에서는 윗식의 Fourier 변환을 계산하면 된다.

$$V(\mathbf{q}) = \int d^3x\, V(\mathbf{x})\, e^{-\frac{i}{\hbar}\mathbf{q}\cdot\mathbf{x}} = \frac{Z_1 Z_2 e^2}{4\pi\varepsilon_0} \int d^3x\, d^3x' \frac{\rho(\mathbf{x}')}{|\mathbf{x}-\mathbf{x}'|} e^{-\frac{i}{\hbar}\mathbf{q}\cdot\mathbf{x}} \tag{14.49}$$

적분 순서를 바꾸고 x-적분에서 좌표 변환 $\mathbf{x}=\mathbf{x}'+\boldsymbol{\xi}$ 을 하면 두 개의 개별 적분의 곱을 얻는다.

$$V(\mathbf{q}) = \frac{Z_1 Z_2 e^2}{4\pi\varepsilon_0} \int d^3x'\, \rho(\mathbf{x}')\, e^{-\frac{i}{\hbar}\mathbf{q}\cdot\mathbf{x}'} \int d^3\xi \frac{1}{|\boldsymbol{\xi}|} e^{-\frac{i}{\hbar}\mathbf{q}\cdot\boldsymbol{\xi}} \tag{14.50}$$

그러므로 전이 진폭 T_{fi} 는 점 전하에 대한 산란 진폭과 전하 밀도 $\rho(\mathbf{x})$ 의 Fourier 변환인 $\rho(\mathbf{q})$ 의 곱이다.

$$T_{fi} = (T_{fi})_{point}\, \rho(\mathbf{q}) \tag{14.51}$$

따라서 전하 분포 $\rho(\mathbf{x})$ 에 대한 산란 단면적과 점 전하에 대한 Rutherford 산란 단면적의 비는 전하 분포의 Fourier 변환과 밀접한 관계가 있다.

$$\frac{d\sigma}{d\Omega} = \rho^2(\mathbf{q}) \left(\frac{d\sigma}{d\Omega}\right)_{Rutherford} \tag{14.52}$$

그러므로 산란 단면적을 정밀 측정하여 Rutherford 공식과 비교함으로써 핵이 점 전하가 아님을 확인할 수 있다. 그리고 핵의 전하 분포를 조사하여 원자핵의 크기 측정이 가능하다. $\rho(\mathbf{q})$ 는 전하 분포 형태를 알아낼 수 있으므로 입자의 내부 구조를 탐색하는 형태 인자 (form factor) 라 부른다. ◁◁

14.6 부분 파동

이제 중심력 벌판에 대하여 자세히 살펴보자. 고전적으로는 특정한 회전량을 가지더라도 양자 역학적으로는 불확정도가 존재한다. 그래도 소수의 회전량 상태만 벌판 산란에 기여한다면 회전량의 고유 상태인 부분 파동 (partial wave) 으로 나누어서 분석하는 것이 바람직하다.

우선 $t=\pm\infty$ 에서 $V(\mathbf{x})=0$ 이므로 식 (14.5) 에서 $\psi_{in}(\mathbf{x})$, $\psi_{out}(\mathbf{x})$ 는 자유 입자의 파동 함수이어야 한다. $\psi_{in}(\mathbf{x})$ 이 자유 입자 풀이임은 자명하지만 $\psi_{out}(\mathbf{x})$ 은 자세히 살펴보아야 한다. 자유 입자의 구면 파동 풀이는 이미 7.6절에서 알았지만 $\psi_{out}(\mathbf{x})$ 은 점근적으로만 자유 입자 상태이므로 식 (7.66) 에서 두 구면 Bessel 함수 $j_l(kr)$, $n_l(kr)$ 을 모두 포함해야 한다. 그 선형 결합 상수들을 각각 $a\cos\delta_l$ 과 $-a\sin\delta_l$ 이라 하면

$$R(r)=a_l\cos\delta_l\, j_l(kr)-a_l\sin\delta_l\, n_l(kr)\ \xrightarrow[r\to\infty]{}\ a_l\frac{\sin(kr-l/2\,\pi+\delta_l)}{kr} \tag{14.53}$$

이 되어 δ_l 은 $V=0$ 때의 자유 입자 풀이에서 위상이 변한 정도를 나타내고 위상 이동 (phase shift) 이라 부른다. ψ_{out} 은 일반적으로 다음처럼 쓸 수 있다.

$$\psi_{out}(\mathbf{x})=\sum_{l,m}a_{lm}\frac{\sin(kr-l/2\,\pi+\delta_l)}{kr}Y_{lm}(\theta,\phi) \tag{14.54}$$

그런데 식 (14.5) 의 ψ_{out} 에는 $\exp(+ikz)$ 파동이 포함된다. 비록 평면 파동이지만 구면 파동의 중첩으로 간주할 수 있다. 식 (7.71) 을 이용하여 구면 파동으로 바꾸면 다음과 같다.

$$e^{+ikz}=\sum_{l=0}^{\infty}(2l+1)\,i^l j_l(kr)P_l(\cos\theta)\to\sum_{l=0}^{\infty}(2l+1)\,i^l\frac{\sin(kr-l/2\,\pi)}{kr}P_l(\cos\theta) \tag{14.55}$$

그러므로 무한 점근 파동 $\psi_{out}(\mathbf{x})$ 가 자유 입자 파동이 되려면 다음 관계식을 만족해야 한다.

$$\sum_{l,m}a_{lm}\frac{\sin(kr-l/2\,\pi+\delta_l)}{kr}Y_{lm}(\theta,\phi)=\sum_{l=0}^{\infty}(2l+1)\,i^l\frac{\sin(kr-l/2\,\pi)}{kr}P_l(\cos\theta)+\frac{e^{+ikr}}{r}F(\theta) \tag{14.56}$$

그런데 $\sin kr\approx\exp(+ikr)-\exp(-ikr)$ 이므로 원점에서 퍼져나가는 파동과 원점으로 집속하는 파동의 중첩이다. 산란 현상에서 이들은 독립이므로 각각의 계수들이 짝지어 같아야 한다. 우선 중심으로 집속하는 파동 $\exp(-ikr)$ 을 살펴보면 식 (14.55) 의 좌변에서 $m=0$ 만 기여하고 다음 조건을 만족해야 한다.

$$a_{lm}\,e^{-i\delta_l}\sqrt{\frac{2l+1}{4\pi}}=\delta_{m0}\,(2l+1)\,i^l \tag{14.57}$$

그 다음 원점에서 퍼져나가는 파동 $\exp(+ikr)$ 을 고려하여 산란 진폭 $F(\theta)$ 에 관한 식을 얻는다.

$$F(\theta) = \frac{1}{2ik}\sum_{l=0}^{\infty}(2l+1)(e^{2i\delta_l}-1)P_l(\cos\theta)$$
$$= \frac{1}{k}\sum_{l=0}^{\infty}(2l+1)\, f_l(\theta)\, P_l(\cos\theta) \qquad f_l(\theta) = e^{i\delta_l}\sin\delta_l \tag{14.58}$$

따라서 산란진폭은 각 회전량에 대한 산란진폭 $f_l(\theta)$ 의 합으로 표현되며 $f_l(\theta)$ 는 부분파동 (partial wave) 이라 부른다. 그러면 미분 산란 단면적은

$$\frac{d\sigma}{d\Omega} = |F(\theta)|^2 = \frac{1}{k^2}\left|\sum_{l=0}^{\infty}(2l+1)\, e^{i\delta_l}\sin\delta_l\, P_l(\cos\theta)\right|^2 \tag{14.59}$$

이고 Legendre 다항식의 직교관계를 이용하여 각도에 관한 적분을 수행하면 전체 산란 단면적은 다음과 같다.

$$\sigma = \int d\Omega\, |F(\theta)|^2 = \frac{4\pi}{k^2}\sum_{l=0}^{\infty}(2l+1)\, \sin^2\delta_l \tag{14.60}$$

그러므로 각각의 부분파동마다 위상의 이동량 δ_l 을 모두 알면 산란진폭을 구할 수 있고 이 방법은 몇 개의 회전량 상태가 주요한 기여를 할 경우에 유용하다. 이동한 위상 δ_l 은 산란각 이외의 역학변수 특히 입사 에너지 E 의 함수이다.

식 (14.58) 의 공식에서 앞 방향 $(\theta = 0)$ 의 산란진폭은 특별한 의미가 있다.

$$F(\theta{=}0) = \frac{1}{k}\sum_{l=0}^{\infty}(2l+1)\, e^{i\delta_l}\sin\delta_l\, P_l(1) \tag{14.61}$$

이므로 앞 방향 산란진폭의 허수부를 택하면 전체 단면적 (14.60) 과 같다.

$$\sigma = \frac{4\pi}{k}\,\mathrm{Im}\, F(\theta{=}0) \tag{14.62}$$

이것은 광학정리 (optical theorem) 로 알려져 있다.

S-행렬은 $S = U(-\infty, +\infty)$ 인 하나행렬이므로 S 의 하나속성에서 광학정리를 직접 유도할 수도 있다. 전이 행렬 T 를

$$S = I - iT \tag{14.63}$$

로 정의한다. 구체적으로 행렬요소를 계산할 때에는 $T \to 2\pi\hbar\,\delta(E_f - E_i)T_{fi}$ 로 이해해야 한다. 하나속성으로부터 전이 행렬은 다음 조건을 만족한다.

$$S^\dagger S = I \qquad \Rightarrow \qquad i(T - T^\dagger) = T^\dagger T \tag{14.64}$$

이제 $\langle f|$와 $|i\rangle$ 상태를 곱하면 다음 관계식을 얻는다.

$$i(T_{fi} - T_{if}^*)\, 2\pi\hbar\, \delta(E_f - E_i) = \sum_n T_{nf}^*\, T_{ni}\;\; 2\pi\hbar\, \delta(E_f - E_i)\, 2\pi\hbar\, \delta(E_n - E_i) \tag{14.65}$$

이 식을 정리하고 $f = i$ 상태를 택하면 T_{fi}는 운동량의 변화가 없는 앞 방향으로의 전이 행렬 요소가 되고 $F(q=0)$ 와 관계된다. 그러면 다음과 같이 쓸 수 있다.

$$-2i\,\mathrm{Im}\, T_{ii} = \sum_n \int \frac{d^3 p_n}{(2\pi\hbar)^3}\, |T_{ni}|^2\, 2\pi\hbar\, \delta(E_n - E_i) \tag{14.66}$$

윗식의 우변은 식 (14.11) 과 비교할 때 산란 단면적으로 표현할 수 있고 또 관계식 (14.13) 을 이용하여 광학 정리 (14.62) 를 증명할 수 있다. 광학정리는 섭동 근사와 무관한 S-행렬의 하나(unitary) 속성에서 오는 일반적인 결론이다.

14.7 위상 이동

산란에 관한 모든 양자 역학적 정보는 위상 이동량에 의존하므로 Schrödinger 방정식을 풀어서 자유 입자의 풀이와 비교하여 결정하면 된다. 그러나 정성적으로 δ_l 의 부호는 쉽게 파악할 수 있다. 만일 인력의 벌판이라면 입자는 산란하면서 가속할 터이고 그러면 de Broglie 파장이 짧아진다. 따라서 위상은 + 쪽으로 이동한다. 척력의 경우는 반대이다.

구체적으로 7.7절에서 다룬 구형 우물 벌판을 생각해 보자. 변수 사이의 관계는

$$\hbar k = \sqrt{2mE} \qquad\qquad \hbar k_1 = \sqrt{2m(E + V_0)} \tag{14.67}$$

인데 추가로 β, β_1 을 다음과 같이 도입하면

$$\beta = ka \qquad\qquad \beta_1 = k_1 a \tag{14.68}$$

위상 이동에 관한 공식 (7.79) 는 다음처럼 쓸 수 있다.

$$\tan\delta_l = \frac{\beta\, j_l'(\beta) - \gamma_l\, j_l(\beta)}{\beta\, n_l'(\beta) - \gamma_l\, n_l(\beta)} \qquad\qquad \gamma_l = \frac{\beta_1\, j_l'(\beta_1)}{j_l(\beta_1)} \tag{14.69}$$

이 식은 구면 Bessel 함수를 포함하므로 수치 계산 이외에 해석적으로 다루기는 힘들다.

저 에너지에서는 주로 낮은 회전량이 기여할 터이므로 $l=0$ 를 고려해 보자. S-상태에서 구면 Bessel 함수는 간단한 삼각 함수 형태를 갖는다. [식 (C.63) 참고]

$$j_0(x) = \frac{\sin x}{x} \qquad n_0(x) = -\frac{\cos x}{x} \tag{14.70}$$

그리고 식 (14.69)에서 다음 결과를 얻는다.

$$\tan\delta_0 = \frac{\beta\tan\beta_1 - \beta_1\tan\beta}{\beta_1 + \beta\tan\beta_1\tan\beta} \tag{14.71}$$

부분 파동이 전체 단면적에 기여하는 것은 $\sin^2\delta_l$ 이므로 이에 대해 계산하면

$$\sin^2\delta_0 = \frac{\tan^2\delta_0}{1+\tan^2\delta_0} = \frac{(\beta\tan\beta_1 - \beta_1\tan\beta)^2}{(1+\tan^2\beta)(\beta_1^2 + \beta^2\tan^2\beta_1)} \tag{14.72}$$

인데 에너지가 낮은 경우에는 $\beta = ka \ll 1$ 이므로 윗식은 다음처럼 근사시킬 수 있다.

$$\sin^2\delta_0 = \frac{\beta^2(\tan\beta_1 - \beta_1)^2}{\beta_1^2 + \beta^2\tan^2\beta_1} \tag{14.73}$$

그런데 β_1 은 정의식에 V_0 가 있으므로 $\beta_1 \ll 1$ 이라 할 수는 없다. 그러므로 에너지는 비록 낮아도 $\beta_1=(n+1/2)\pi$ 일 때에는 $\sin^2\delta_0=1$ 이지만 그렇지 않으면 $\sin^2\delta_0 \propto \beta^2$ 이 되어 매우 작은 값을 갖게 된다. 그림 14.10에 S-파동의 부분 단면적이 에너지의 함수로 그려져 있다. $\beta_1=(n+1/2)\pi$ 의 조건을 만족할 때 공명 (resonance) 상태가 생긴다.

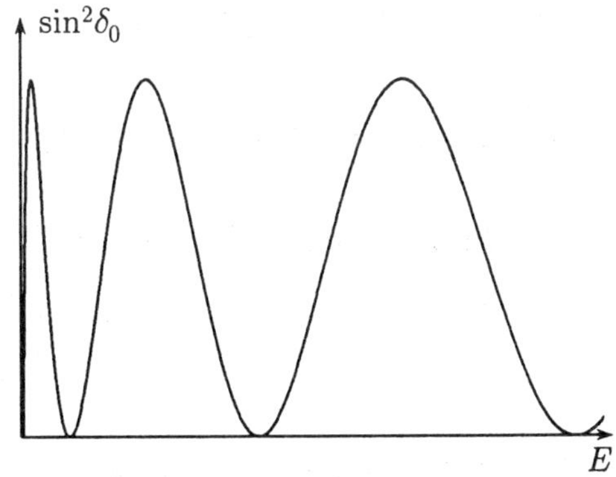

그림 14.10 S-파동의 부분 산란 단면적 위상 이동 $\delta_0=(n+1/2)\pi$ 일 때에는 공명, $\delta_0=n\pi$ 인 때에는 Ramsauer-Townsend 효과가 생긴다.

삼차원 구형 우물 벌판의 S-상태는 일차원 우물형 문제의 기함수 풀이와 같고 식 (5.51), (5.52) 에서 얻을 수 있다.

$$\begin{aligned} &y = \frac{\sqrt{\lambda^2 - x^2}}{x} \qquad y = -\cot\frac{x}{2} \\ &\hbar\lambda = 2a\sqrt{2mV_0} \qquad x = 2k_1 a = 2\beta_1 \qquad y = \sqrt{-E/(E+V_0)} \end{aligned} \tag{14.74}$$

그림 5.8 에서 보듯이 $\beta_1 = (n+1/2)\pi$ 일 때 $E = 0$ 는 결합상태의 풀이가 된다. 그러므로 $k_1 a = (n+1/2)\pi$ 의 조건을 만족하는 우물의 깊이, 너비 및 입자 에너지의 관계가 성립할 때 공명 상태가 발생하고 $E = 0$ 은 결합 상태가 된다. 이 공명 상태는 결합 상태가 아니므로 입자라 할 수는 없으나 준 입자 (quasi-particle) 로 간주할 수 있다.

낮은 에너지 $ka \ll 1$ 에서 $\beta_1 = n\pi$ 인 경우에는 그림 14.10 에서 보듯이 $\sin^2\delta_0 = 0$ 이 되어 아무 산란도 일어나지 않고 입사 입자는 그대로 통과한다. 입사 입자에게 표적은 투명한 것이다. 이것은 Ramsauer-Townsend 효과인데 낮은 에너지의 전자가 불활성 기체 원자를 지나갈 때 관측된다.

14.8 Breit-Wigner 공식

부분 파동은 $\sin\delta_l$ 에 따라서 결정되므로 $\sin\delta_l = 1$ 일 때 최대가 되고 공명 상태가 된다. 공명 상태의 에너지를 E_0 로 하고 그 부근에서의 부분 파동함수의 형태를 살펴보자. 식 (14.58) 에서 부분 산란 진폭은 다음처럼 쓸 수 있다.

$$f_l(E) = e^{i\delta_l}\sin\delta_l = \frac{\sin\delta_l}{\cos\delta_l - i\sin\delta_l} \tag{14.75}$$

위상 이동 δ_l 은 에너지 E 의 함수이다. 이제 $\sin\delta_l$, $\cos\delta_l$ 을 $E = E_0$ 주위에 전개하면

$$\begin{aligned} \sin\delta_l(E) &= \sin\delta_l(E_0) + \cos\delta_l(E_0)\frac{\partial\delta_l(E_0)}{\partial E}(E - E_0) = 1 \\ \cos\delta_l(E) &= \cos\delta_l(E_0) - \sin\delta_l(E_0)\frac{\partial\delta_l(E_0)}{\partial E}(E - E_0) = -\frac{2}{\Gamma}(E - E_0) \\ \frac{2}{\Gamma} &= \left.\frac{\partial\delta_l}{\partial E}\right|_{E=E_0} \end{aligned} \tag{14.76}$$

인데 공명 상태 부근에서 부분 산란 진폭 함수는 다음과 같다.

$$f_l(E) = -\frac{\Gamma/2}{E - E_0 + i\Gamma/2} \tag{14.77}$$

그러므로 부분 산란 단면적의 에너지 산란 관계는

$$|f_l(E)|^2 = \frac{\Gamma^2/4}{(E - E_0)^2 + \Gamma^2/4} \tag{14.78}$$

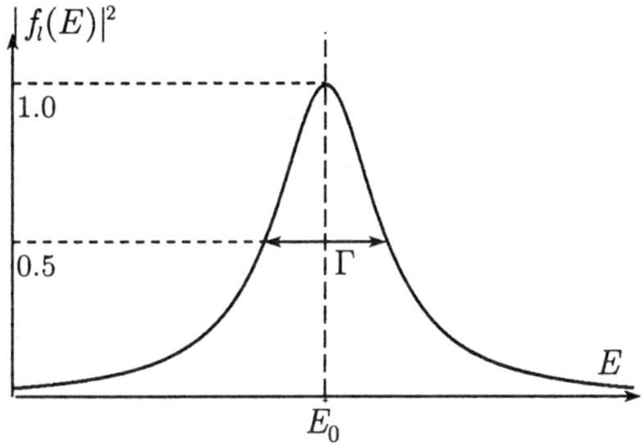

그림 14.11
공명 상태 부근에서 부분 산란 단면적은 Breit-Wigner 형태를 이룬다.

이 되어 $E = E_0$ 일 때 최대값을 갖고 양쪽으로 감소하는 그림 14.11의 형태를 이룬다. 이것은 식 (13.116)의 Breit-Wigner 공식이다. 그림에서 보듯이 $E = E_0 + \Gamma/2$ 일 때 부분 단면적은 최대값의 절반이 되고 Γ 는 최대-절반-선폭이다. 입자 붕괴의 경우에 스펙트럼 선이 똑같은 형태인 것을 이미 경험한 바 있다. [13.9절 참고]

부분 산란진폭 함수 $f_l(E)$ 는 복소수이므로 복소평면에 표시하는 것은 직관적 도움이 된다. 복소평면에서 $f_l(E)$는 $+i/2$ 를 중심으로 반지름 $1/2$ 인 원을 그린다. 또한 중심에서 허수축을 기준으로 잰 각도는 $2\delta_l$ 이다. [그림 14.12 참고] 따라서 $\delta_l = \pi/2$ 일 때 최대진폭이 되고 $\sin^2\delta_0 = 1$ 이 되어 공명상태가 된다.

단단한 구형 벌판은 $r < a$ 일 때 $V(r) = \infty$, $r > a$ 일 때 $V(r) = 0$ 인 벌판이다. 그러면 7.7절의 $E > 0$ 인 경우 풀이를 쓸 수 있는데 단지 $r < a$ 일 때 $R(r) = 0$ 이고 경계조건 $R(a) = 0$ 을 만족해야 하므로 위상이동은 다음과 같다.

$$\tan\delta_l = \frac{j_l(ka)}{n_l(ka)} \tag{14.79}$$

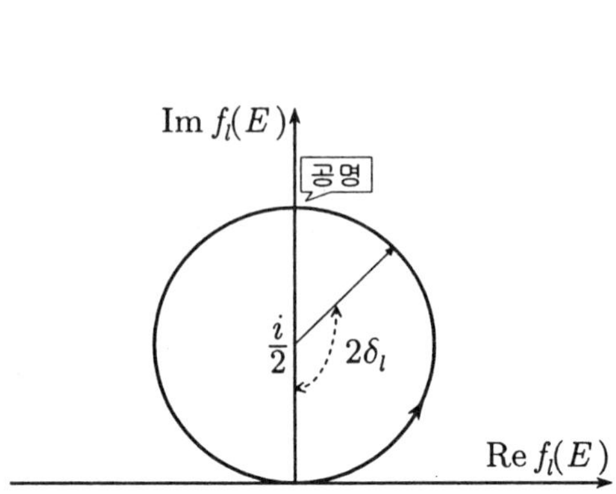

그림 14.12
복소 평면에서의 부분 산란 진폭

위상 이동 $\delta_l=(n+1/2)\pi$ 일 때에는 공명, $\delta_l=n\pi$ 인 때에는 Ramsauer-Townsend 효과가 생긴다.

낮은 에너지에서 $ka \ll 1$ 이므로 위상 이동은 $(ka)^{l+1}$ 에 비례하여 $l=0$ 인 상태가 주요한 기여를 한다. 이 극한에서 산란 단면적은 다음과 같아서 고전적인 단면적 πa^2 보다 4배나 크다.

$$\sigma \simeq \frac{4\pi}{k^2}\sin^2\delta_0 = 4\pi a^2 \tag{14.80}$$

이것은 낮은 에너지에서 파장이 길고 회절 현상 때문에 표적 입자가 실제보다 커 보이는 것으로 해석된다. 하지만 고 에너지 ($ka \gg 1$) 에서도 $\sigma=2\pi a^2$ 이고 기하학적인 단면적의 2배이다.[8] 그 이유는 구형 우물이 아무리 단단하더라도 단면적에 해당하는 그림자가 입자 뒤에 생기는 것이 아니고 결국은 회전 파동으로 채워지기에 그만큼 단면적이 증가하는 효과를 준다. 이른바 그늘 산란 효과 때문이다.

양성자와 중성자 사이의 상호 작용은 12.5절의 중 양성자 이론에서 보듯이 구형 우물 벌판으로 기술할 수 있다. 결합 에너지 2.23 MeV 는 우물 깊이 (≥ 52 MeV) 보다 훨씬 작으므로 $\beta \ll 1$ 에 유의하여 식 (14.71) 에서 위상 이동을 구하면 된다. 약한 결합 에너지는 β_1 이 $\pi/2$ 에 가까움을 의미하고 식 (14.71) 에서 $\beta_1=\pi/2-\beta_0$ 로 놓으면 β_0 또한 작은 양이므로 다음처럼 새로운 매개 변수를 도입하여 전개할 수 있다.

$$k\cot\delta_0 = \frac{1}{a_0} + \frac{1}{2}r_0k^2 + O(k^4) \tag{14.81}$$

이와 같은 전개를 유효 범위 (effective range) 전개 이론이라 하는데 일반적인 산란 현상에 적용할 수 있다. 그러면 낮은 에너지 ($ka \ll 1$) 에서 위상 이동은 $\delta_0 \simeq k_0a_0$ 이고 산란 단면적은 $4\pi a_0^2$ 이 된다. a_0 는 산란 길이 (scattering length) 라 부른다.

[8] 참고: L.I.Schiff, *Quantum Mechanics, 2nd ed,* Eq(19.24)

14.9 위상 공간과 전이 확률

지금까지 입자의 벌판 산란을 살펴보았고 산란단면적은 식 (14.11)에서 보듯이 전이확률의 위상공간 적분으로 표현하였다. 마찬가지로 붕괴율은 식 (13.120)에서 처럼 V/v_i 인자만 차이가 날 뿐, 역시 전이확률의 위상공간 적분이다. 그러나 좀더 분명히 해야 할 필요가 있다. 식 (13.120)은 $|i\rangle \to |f\rangle$ 전이확률인데 $E_f - E_i$ 의 에너지를 갖는 광자를 방출한다는 묵시적 가정이 담겨있다. 그림 14.13(a)로 표현된다. 실제로는 그림 14.13(b)처럼 $|i\rangle$ 상태의 입자가 $|f\rangle$ 상태의 입자와 광자의 두 입자로 붕괴하는 과정으로 해석해야 할 것이다.

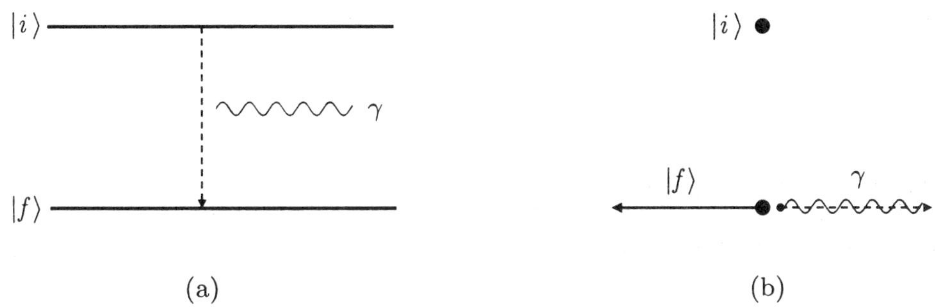

그림 14.13 입자의 전이 또는 붕괴 과정.
(a) 양자 상태의 전이와 함께 광자가 방출한다.
(b) 초기의 입자 i 가 최종의 입자 f 와 광자로 붕괴한다.

산란도 마찬가지이다. 벌판 산란이므로 그림 14.14(a)에서 보듯이 중심의 입자는 변하지 않고 입사 입자의 운동량만 변한다고 묵시적으로 받아드렸다. 실제로는 그림 14.14(b)처럼 두 입자의 충돌로 보아야 한다. 그럼으로써 광자가 아닌 입자를 방출하거나 두 개 이상의 입자로 붕괴하는 전이는 물론 세 개 이상의 최종상태인 비탄성 충돌을 조사할 수 있다.

충돌이나 붕괴공식에서 공통적인 것은 전이진폭의 제곱인 전이확률의 위상공간 적분이다. 에너지 보존이나 운동량 보존 법칙은 델타함수의 형태로 구현된다. 위상공간의 의미는 식 (4.100)에서 언급한대로 불확정성 원리를 적용하는 것이 자연스럽다. 고전역학에서는 위상공간의 각 점 (point)들이 입자가 될 수 있으나 양자역학에서는 불확정성 때문에 $\Delta x \cdot \Delta p_x = h$, $\Delta y \cdot \Delta p_y = h$, $\Delta z \cdot \Delta p_z = h$ 인 방 (房, cell)마다 한 개의 양자상태가 있다고 해석하는 것이 가능하다. [부록 B 참고] 그러면 각 상태로의 전이확률의 합이 구하는 붕괴 또는 충돌 확률이 되고 위상 공간의 적분이 된다. 즉 전이확률은 다음과 같다.

$$R(i \to f) = \int \frac{d^3 p_f \, d^3 x_f}{h^3} \; 2\pi\hbar \, \delta(E_f - E_i) \frac{1}{\hbar^2} \left| T_{fi} \right|^2 \qquad (14.82)$$

산란 단면적 σ 는 V/v_i 만 곱해주면 된다.

(a) (b)

그림 14.14 충돌 또는 산란과정.
(a) 중심에 고정된 입자가 있고 그 영향으로 입사 입자가 산란한다.
(b) 두 입자가 초기 상태이며 서로 충돌한다. 최종 상태는 2개 이상의 입자일 수도 있다.

최종 상태가 2개 이상인 n 개인 경우 이 식은 다음과 같이 일반화 할 수 있다.

$$R(i \to f) = \int \frac{d^3 p_1 \, d^3 x_1}{(2\pi\hbar)^3} \cdots \int \frac{d^3 p_n \, d^3 x_n}{(2\pi\hbar)^3} 2\pi\hbar \, \delta(E_1 + \cdots + E_n - E_i)(2\pi\hbar)^3 \delta^3(\mathbf{p}_1 + \cdots + \mathbf{p}_n - \mathbf{p}_i) \frac{1}{\hbar^2} \left| T_{fi} \right|^2 \qquad (14.83)$$

각각의 입자에 대하여 위상 공간 적분을 수행해야 하고 식 (13.103) 의 논리에 따라 전체 에너지와 운동량 보존은 델타 함수로 처리하였다.

우선 x-적분은 입자가 차지하는 체적인데 이는 $|T_{fi}|^2$ 에서 파동함수의 규격화 상수와 상쇄되어 결과에 영향을 주지 않음을 알았고 여러 입자인 경우에도 마찬가지이다. 그러므로 식 (14.83) 에서 x-적분은 고려할 필요가 없다.

다음에 최종 상태가 한 개 입자인 경우를 생각해 보자. 붕괴나 충돌이 고정 중심에 의하여 일어나므로 운동량은 보존되지 않고 에너지 보존 법칙으로 충분하다. 그러면 다음과 같다.

$$R(i \to f) = \int \frac{d^3 p_1}{(2\pi\hbar)^3} \; 2\pi\hbar \, \delta(E_1 - E_i) \frac{1}{\hbar^2} \left| T_{fi} \right|^2 \qquad (14.84)$$

그런데 $\int d^3p_1 = \int d\Omega_1 \int p_1^2 dp_1$ 이고 $E_1^2 = m_1^2c^4 + p_1^2c^2$ 이므로 다음이 성립한다.

$$E_1\, dE_1 = c^2 p_1\, dp_1 \tag{14.85}$$

위상공간 적분의 개념은 상대론에서도 유효하고 광자가 포함된 과정에서는 항상 상대론적 운동 효과를 고려하여야 하므로 윗식을 사용한다. 그러면

$$\begin{aligned} R(i\to f) &= \frac{1}{4\pi^2\hbar^4}\int d\Omega_1 \int dE_1\, \frac{p_1E_1}{c^2}\,\delta(E_1 - E_i)\left|T_{fi}\right|^2 \\ &= \frac{1}{4\pi^2\hbar^4}\frac{p_iE_i}{c^2}\int d\Omega_1 \left|T_{fi}\right|^2 \end{aligned} \tag{14.86}$$

을 얻는데 비상대론적 극한에서 $E_i = m_i c^2$ 이므로 식 (13.121) 과 일치한다.

최종상태가 두개의 입자인 경우를 다루어 보자. 이때에는 질량 중심계를 택하는 것이 편리하고 초기 운동량은 $\mathbf{p}_i = \mathbf{p}_1 + \mathbf{p}_2 = 0$ 이다. 그러면 식 (14.83) 은 다음처럼 쓸 수 있다.

$$R(i\to f) = \int\frac{d^3p_1}{(2\pi\hbar)^3}\int\frac{d^3p_2}{(2\pi\hbar)^3}\, 2\pi\hbar\,\delta(E_1+E_2-E_i)(2\pi\hbar)^3\delta^3(\mathbf{p}_1+\mathbf{p}_2)\frac{1}{\hbar^2}\left|T_{fi}\right|^2 \tag{14.87}$$

운동량 델타 함수는 p_2-적분을 용이하게 하고 p_1-적분만 수행하면 된다.

$$R(i\to f) = \frac{1}{4\pi^2\hbar^4}\int d\Omega_1 \int dp_1\, p_1^2\, \delta(E_1 - E_2 - E_i)\left|T_{fi}\right|^2 \tag{14.88}$$

그런데 이번에는 두 입자가 관계되므로

$$dE_i = dE_1 + dE_2 = \frac{c^2p_1dp_1}{E_1} + \frac{c^2p_2dp_2}{E_2} = c^2\left(\frac{1}{E_1} + \frac{1}{E_2}\right)p_1\,dp_1 \tag{14.89}$$

이어서 결과는 다음과 같다.

$$R(i\to f) = \frac{1}{4\pi^2\hbar^4}\frac{p_1E_1E_2}{c^2E_i}\int d\Omega_1 \left|T_{fi}\right|^2 \tag{14.90}$$

이제 극한으로서 $m_2 \gg m_1$ 을 생각하면 $E_i = E_1 + E_2 = (m_1 + m_2)c^2 \simeq m_2c^2$ 이 되어 윗식은 식 (14.86) 과 동일하고 지금까지의 고정된 별판 산란이나 붕괴 전이에 관한 공식들이 정당해진다. 물론 식 (14.90) 이 더욱 일반적이다. 질량중심계를 선택하였으므로 p_1, E_1, E_2 는 모두 입사 에너지 E_i 로 계산할 수 있다.

최종 상태가 세 입자의 경우도 같은 방법으로 계산할 수 있다. 질량 중심계에서 다음과 같다.

$$R(i \to f) = \int \frac{d^3p_1}{(2\pi\hbar)^3} \int \frac{d^3p_2}{(2\pi\hbar)^3} \int \frac{d^3p_3}{(2\pi\hbar)^3} 2\pi\hbar\, \delta(E_1+E_2+E_3-E_i)(2\pi\hbar)^3 \delta^3(\mathbf{p}_1+\mathbf{p}_2+\mathbf{p}_3) \frac{1}{\hbar^2} \left| T_{fi} \right|^2 \tag{14.91}$$

두 입자의 경우 $|\mathbf{p}_1| = |\mathbf{p}_2|$이고 일정한 값을 가지지만 세 입자의 경우는 $|\mathbf{p}_3| = |\mathbf{p}_1 + \mathbf{p}_2|$이어서 $|\mathbf{p}_1|$, $|\mathbf{p}_2|$, $|\mathbf{p}_3|$가 변할 수 있으므로 윗식의 위상 공간 적분은 매우 복잡해진다.

최종 상태 $|f\rangle$로 명시되는 모든 양자 상태로의 전이 확률을 합하는 것이 위상 공간 적분의 의미이다. 그러나 입자들은 에너지, 운동량이외에도 내부적인 양자 번호를 가질 수 있으며 $|f\rangle$에서 명시되지 않았다면 이들에 대한 배려를 해야 한다. 보기로 전자의 스핀이나 광자의 편광 등이다. 한편 초기 상태 $|i\rangle$의 경우에도 내부 양자 번호가 있다면 특별한 조건이 없는 한 이들은 골고루 섞여있다고 가정한다. 따라서 초기 상태에 관하여는 평균을 택하여야 한다.

충돌과 붕괴에 관하여 요약하면 다음과 같다. 초기 상태 $|i\rangle$에서 n 개의 입자로 구성된 최종 상태 $|f\rangle$로 전이할 확률과 산란 단면적은 다음과 같다.

입자의 붕괴율과 산란 단면적

붕괴율:

$$R(i \to f) = \int \frac{d^3p_1}{(2\pi\hbar)^3} \cdots \int \frac{d^3p_n}{(2\pi\hbar)^3} 2\pi\hbar\, \delta(E_1+\ldots+E_n-E_i)$$
$$(2\pi\hbar)^3 \delta^3(\mathbf{p}_1+\ldots+\mathbf{p}_n-\mathbf{p}_i) \frac{1}{\hbar^2} \left| T_{fi} \right|^2$$

산란 단면적:

$$\sigma(i \to f) = \frac{1}{v_i} R(i \to f)$$

- $|i\rangle$, $|f\rangle$의 조건을 만족하는 양자 상태가 여럿 있는 경우에 초기 상태에 관하여는 평균을, 최종 상태에 관하여는 합을 한다.
- T_{fi}는 Feynman 도식과 규칙에서 구체적 수식을 알아낸다.

연 습 문 제

14.1 실험실계와 질량 중심계에서 비록 미분 산란 단면적은 달라도 전체 단면적은 같다. 이를 직접 계산으로 증명하라

$$\sigma = \int d\Omega_{lab}\left(\frac{d\sigma}{d\Omega}\right)_{lab} = \int d\Omega_{cm}\left(\frac{d\sigma}{d\Omega}\right)_{cm}$$

14.2 구형 우물 벌판에 대한 위상 이동에 관한 공식 (14.69) 에서 위상 이동 δ_l 은 E 또는 k 의 함수이다. 구면 Bessel 함수의 원점 주위에 관한 점근 공식 (C.62) 를 이용하여 $\delta_1(k=0)=0$ 임을 증명하고 k 가 작을 때의 $\delta_1(k)$ 를 계산하라.

14.3 구형 대칭인 벌판에서 핵자가 산란하는데 $l=0,1$ 의 두 부분 파동만 기여한다고 하자. 그러면 미분 산란 단면적은 다음과 같음을 보이라.

$$\frac{d\sigma}{d\Omega} = A + B\cos\theta + C\cos^2\theta$$

세 계수 A, B, C 를 위상 이동량으로 표현하라. 또한 전체 산란 단면적을 계산하라.

14.4 식 (14.53) 부터 식 (14.56) 까지의 논리 전개 과정을 확인하라

14.5 Green 함수의 적분 계산에서 보듯이 특이점을 포함한 적분에서 물리학적 의미를 부여하기 위하여 현명하게 피해 가는 처방이 흔히 "$i\varepsilon$-처방"으로 표현한다. ε 는 무한소의 양수이다. 계단 함수에 관한 다음의 적분 관계식을 증명하라.

$$\theta(t) = \frac{1}{2\pi i}\int_{-\infty}^{+\infty} d\omega \frac{1}{\omega - i\varepsilon}\, e^{-i\omega t}$$

14.6 식 (14.32) 의 적분에서 특이점을 그림 14.6 에 나타난대로 피하려 한다. 각각 어떤 $i\varepsilon$-처방이 필요한가?

14.7 Born 근사에서 2 차 근사 공식을 유도하고 전파자 섭동 전개로 얻은 Feynman 도식과도 비교하라.

14.8 단단한 구형 우물 벌판 [7.7 절 참고] 에서 어떤 입자가 산란할 때 S-파동의 위상 이동과 산란 길이를 계산하라.

14.9 연습문제 13.2 에서 입사하는 입자의 에너지를 $E=\hbar^2k^2/2m$ 이라 하자. Born 근사를 사용하여 낮은 에너지 $ka \ll 1$ 에서 미분 산란 단면적은 산란 방향에 무관하게 일정함을 보이라. 그리고 전체 단면적은

$$\sigma = \int \frac{d\sigma}{d\Omega} d\Omega = \frac{16\pi}{9} \frac{m^2 V_0^2 a^6}{\hbar^4}$$

임을 증명하라. 연습문제 14.3 에서의 부분 파동 방법으로도 확인하라. 또한 에너지를 높이면 미분 단면적이 $d\sigma/d\Omega = A + B\cos\theta$ 의 형태임을 보이고 A, B 를 계산하라.

14.10 구면 대칭인 델타 함수 벌판 [연습문제 13.3] 이 있다.

$$V(r) = \frac{\hbar^2 Q}{2m}\, \delta(r-a) \qquad (Q > 0)$$

낮은 에너지에서 산란 단면적을 구하라. Born 근사를 사용하고 부분 파동 방법으로 확인하라.

14.11 Breit-Wigner 형태식 (14.78) 은 공명 상태 부근의 양자 상태를 잘 기술한다. 그러므로 확률 분포 함수로 사용할 수 있다. 이것을 Lorentz 분포라 한다. 규격화된 Lorentz 분포 함수는 다음과 같음을 보이고 평균값과 표준편차를 계산하라

$$P_L(x) = \frac{1}{\pi} \frac{\Gamma/2}{(x-\mu)^2 + (\Gamma/2)^2}$$

그리고 잘 알려진 Gauss 분포 함수 (또는 정상 분포 함수) 와의 공통점과 차이점들을 열거하라.

$$P_G(x) = \frac{1}{\sqrt{2\pi}\,\sigma} \exp\left[-\frac{1}{2}\left(\frac{x-\mu}{\sigma}\right)^2\right]$$

15. 전자기 벌판의 전자

15.1 Maxwell 이론

미시 세계에서 전자기 작용은 중력 작용보다 지극히 강해서 원자 현상들은 대부분 전자기 현상이다. 그래서 양자 역학, 특히 비상대론 양자 역학에서는 외부의 전자기 벌판에서 전자의 운동을 다루는 것이 큰 흐름이다. 하지만 Einstein의 광 양자 이론에서 보듯이 전자기 파동은 광자로 양자화되어 있다. 그러므로 광자와 전자의 상호 작용을 공부하는 것이 바람직하다. 이 과제는 양자 벌판 이론에서 상세히 다루게 된다. 여기서는 전자만 양자화되고 전자기 벌판은 고전적 의미의 벌판으로 취급하는 준 고전적 (semiclassical) 방법을 택하겠다. 양자화된 전자기 벌판은 다음 장에서 다룰 것이다.

고전 전자기 이론은 Maxwell 방정식으로 집약된다. 유전체가 없는 자유 공간에서 전자기 벌판 $\mathbf{E}, \mathbf{B}$ 는 다음을 만족한다.[1]

$$
\begin{aligned}
\nabla\cdot\mathbf{E} &= \frac{1}{\varepsilon_0}\rho & \nabla\cdot\mathbf{B} &= 0 \\
\nabla\times\mathbf{E} &= -\frac{\partial\mathbf{B}}{\partial t} & \nabla\times\mathbf{B} &= \mu_0\mathbf{J} + \mu_0\varepsilon_0\frac{\partial\mathbf{E}}{\partial t}
\end{aligned}
\tag{15.1}
$$

그러면 스칼라 ϕ 와 벡터 $\mathbf{A}$ 벌판을 도입하여 전자기 벌판 $\mathbf{E}, \mathbf{B}$ 를 표현할 수 있다.

$$
\mathbf{E} = -\nabla\phi - \frac{\partial\mathbf{A}}{\partial t} \qquad \mathbf{B} = \nabla\times\mathbf{A} \tag{15.2}
$$

한편 전하 보존 법칙은 다음과 같다.

$$
\nabla\cdot\mathbf{J} + \frac{\partial\rho}{\partial t} = 0 \tag{15.3}
$$

Minkowski 세계에서 보면 $(c\mathbf{A}, \phi)$ 는 세계 벡터가 되지만 $\mathbf{E}$, $\mathbf{B}$ 는 그렇지 않고 4×4 반대 대칭 텐서의 시간 성분, 공간 성분이 될 뿐이며 세계 벡터의 일부가 아니다. 그러나 $(\mathbf{J}, c\rho)$ 는 세계 벡터이다.

---

[1] 참고: R.K.Wangsness, *Electromagnetic Fields, 2nd ed*, Sect 21-2. 단위계는 지금까지처럼 국제 단위계(SI)를 사용한다.

역학에서는 위치 에너지의 기준점을 바꾸어 상수만큼 변해도 운동 방정식에 아무 영향을 미치지 않지만 전자기학의 벡터 $\mathbf{A}$ 및 스칼라 ϕ 벌판은 융통성이 더욱 넓어서 임의의 함수 $\chi(\mathbf{x},t)$ 에 관하여

$$\mathbf{A} \to \mathbf{A}' = \mathbf{A} + \nabla\chi \qquad \phi \to \phi' = \phi - \frac{\partial\chi}{\partial t} \tag{15.4}$$

의 게이지 변환을 하여도 $\mathbf{E}$, $\mathbf{B}$ 는 변하지 않는다. [식 (9.53) 참고] 그러므로 χ 를 잘 선정하면 다음 조건을 만족시킬 수 있다.

$$\begin{aligned} &\nabla\cdot\mathbf{A} = 0 && \text{(Coulomb 게이지)} \\ \text{또는}\quad &\nabla\cdot\mathbf{A} + \frac{1}{c^2}\frac{\partial\phi}{\partial t} = 0 && \text{(Lorentz 게이지)} \end{aligned} \tag{15.5}$$

이 책에서는 Coulomb 게이지와 Lorentz 게이지의 장점을 활용할 것이다.

Maxwell 방정식 (15.1) 은 $\mathbf{E}$, $\mathbf{B}$ 에 관한 연립 1계 미분방정식이다. 연립 방정식이므로 체계적으로 풀기가 힘들다. 이것을 $\mathbf{A}, \phi$ 에 관한 방정식으로 바꾸면

$$\begin{aligned} &\nabla^2\phi + \frac{\partial}{\partial t}\nabla\cdot\mathbf{A} = -\frac{1}{\varepsilon_0}\rho \\ &\nabla^2\mathbf{A} - \frac{1}{c^2}\frac{\partial^2}{\partial t^2}\mathbf{A} - \nabla\left(\nabla\cdot\mathbf{A} + \frac{1}{c^2}\frac{\partial\phi}{\partial t}\right) = -\mu_0\mathbf{J} \end{aligned} \tag{15.6}$$

이 되는데 이번에는 연립 2계 미분방정식이 된다. 그러나 $\mathbf{A}$, ϕ 벌판은 게이지 변환의 융통성이 있으므로 Lorentz 게이지를 택하면 각 성분별로 변수분리된 Maxwell 방정식을 얻는다.

$$\begin{aligned} \nabla^2\phi - \frac{1}{c^2}\frac{\partial^2}{\partial t^2}\phi &= -\frac{1}{\varepsilon_0}\rho \\ \nabla^2\mathbf{A} - \frac{1}{c^2}\frac{\partial^2}{\partial t^2}\mathbf{A} &= -\mu_0\mathbf{J} \end{aligned} \tag{15.7}$$

여기서 진공 ($\mathbf{J} = \rho = 0$) 속의 $\mathbf{A}, \phi$ 벌판은 c 의 속도로 진행하는 전자기 파동임을 알 수 있다.

대전 입자가 전자기 벌판에서 움직일 때의 운동 방정식은 에너지 E 와 운동량 $\mathbf{p}$ 대신 다음으로 대체하면 된다. [식 (9.54) 참고]

$$E \to E - q\phi \qquad \mathbf{p} \to \mathbf{p} - q\mathbf{A} \tag{15.8}$$

이 처방은 최소 전자기 작용 (minimal electromagnetic interacton) 으로 알려져 있다. 전자기 성질을 표현하는 속성으로 전하, 전류, 전기쌍극, 자기쌍극 등 다중극들이 있지만 오직 전하에만 기본 의미를 둔다는 것이다. 다른 성질들은 모두 전하에서 유도할 수 있다는 뜻이다.

그러므로 전자기 벌판에서 비상대론적 속도로 움직이는 대전입자에 대한 하밀토니안은 다음과 같다.

$$H = \frac{1}{2m}\mathbf{p}^2 \quad \rightarrow \quad H = \frac{1}{2m}(\mathbf{p} - q\mathbf{A})^2 + q\phi \tag{15.9}$$

이것을 고전적인 하밀토니안으로 보고 정준 운동방정식 (B.3) 을 적용하면 Lorentz 의 힘에 관한 방정식을 얻는다.

$$\mathbf{F} = \frac{d\mathbf{p}}{dt} = q(\mathbf{E} + \mathbf{v}\times\mathbf{B}) \tag{15.10}$$

자기 벌판 $\mathbf{B}$ 가 일정할 때 그 벡터 벌판 $\mathbf{A}$ 는 다음과 같고 Coulomb 게이지 조건 $\nabla\cdot\mathbf{A} = 0$ 을 만족한다. 물론 벌판 $\mathbf{A}$ 의 표현은 유일하지 않으며 게이지 변환의 여유가 있다.

$$\mathbf{A} = \frac{1}{2}\mathbf{B}\times\mathbf{x} \qquad \Rightarrow \qquad \begin{aligned} \nabla\times\mathbf{A} &= \mathbf{B} \\ \nabla\cdot\mathbf{A} &= 0 \quad \text{(Coulomb 게이지)} \end{aligned} \tag{15.11}$$

15.2 균일한 자기 벌판

전자기 벌판에 놓인 전자 ($q=-e$) 의 파동방정식은 식 (15.9) 에서 얻을 수 있다.

$$i\hbar\frac{\partial}{\partial t}\Psi(\mathbf{x},t) = \left(\frac{1}{2m}(\mathbf{p} + e\mathbf{A})^2 - e\phi\right)\Psi(\mathbf{x},t) \tag{15.12}$$

이제 $\mathbf{p}$, ϕ, $\mathbf{A}$ 는 연산자가 되었으므로 나열 순서를 조심해서 다루어야 한다. 보기로 다음 연산자 전개에서

$$(\mathbf{p} + e\mathbf{A})^2 = (\mathbf{p} + e\mathbf{A})\cdot(\mathbf{p} + e\mathbf{A}) = \mathbf{p}^2 + e(\mathbf{p}\cdot\mathbf{A} + \mathbf{A}\cdot\mathbf{p}) + e^2\mathbf{A}^2 \tag{15.13}$$

인데 이 연산자는 파동함수 $\Psi(\mathbf{x},t)$ 에 작용하므로 $\mathbf{A}\cdot\mathbf{p} = \mathbf{p}\cdot\mathbf{A}$ 라 할 수 없다. 실제로

$$(\mathbf{p}\cdot\mathbf{A} - \mathbf{A}\cdot\mathbf{p})\Psi(\mathbf{x},t) = \mathbf{p}\cdot(\mathbf{A}\Psi) - \mathbf{A}\cdot(\mathbf{p}\,\Psi) = +(\mathbf{p}\cdot\mathbf{A})\Psi \tag{15.14}$$

이므로 $\mathbf{p}\cdot\mathbf{A} = \mathbf{A}\cdot\mathbf{p} + (\mathbf{p}\cdot\mathbf{A})$ 로 쓸 수 있다. 그리고 $(\mathbf{p}\cdot\mathbf{A})$ 의 $\mathbf{p}$ 는 $\mathbf{A}$ 에만 작용한다. 그런데

Coulomb 게이지를 택하면 $(\mathbf{p}\cdot\mathbf{A}) = i\hbar(\nabla\cdot\mathbf{A}) = 0$ 이고 하밀토니안은 다음과 같게 된다.

$$H = \frac{1}{2m}\mathbf{p}^2 + \frac{e}{m}\mathbf{A}\cdot\mathbf{p} + \frac{e^2}{2m}\mathbf{A}^2 - e\phi \tag{15.15}$$

균일한 자기 벌판이라면 식 (15.11) 을 이용하여

$$\begin{aligned} \frac{e}{m}\mathbf{A}\cdot\mathbf{p} &= \frac{e}{m}\frac{1}{2}(\mathbf{B}\times\mathbf{x})\cdot\mathbf{p} = \frac{e}{2m}\mathbf{B}\cdot(\mathbf{x}\times\mathbf{p}) = \frac{e}{2m}\mathbf{B}\cdot\mathbf{L} \\ \frac{e^2}{2m}\mathbf{A}^2 &= \frac{e^2}{2m}\frac{1}{4}(\mathbf{B}\times\mathbf{x})^2 = \frac{e^2}{8m}\Big(B^2r^2 - (\mathbf{B}\cdot\mathbf{x})^2\Big) \end{aligned} \tag{15.16}$$

이므로 구하는 하밀토니안은 다음이다.

$$H = \frac{1}{2m}\mathbf{p}^2 + \frac{e}{2m}\mathbf{B}\cdot\mathbf{L} + \frac{e^2}{8m}\Big(B^2r^2 - (\mathbf{B}\cdot\mathbf{x})^2\Big) - e\phi \tag{15.17}$$

전자의 궤도 운동에 의한 자기 능률은 $-e/2m$ [식 (11.55)] 이므로 윗식에서 $\mathbf{B}\cdot\mathbf{L}$ 항은 궤도 운동으로 생기는 자기 능률의 에너지이다.

그런데 전자의 스핀은 1/2 이다. 스핀의 영향을 조사하려고 식 (15.9) 를 다음처럼 쓴다.

$$\begin{aligned} H &= \frac{1}{2m}\mathbf{p}^2 = \frac{1}{2m}(\boldsymbol{\sigma}\cdot\mathbf{p})(\boldsymbol{\sigma}\cdot\mathbf{p}) \\ \Rightarrow \quad H &= \frac{1}{2m}\boldsymbol{\sigma}\cdot(\mathbf{p}+e\mathbf{A})\ \boldsymbol{\sigma}\cdot(\mathbf{p}+e\mathbf{A}) - e\phi \end{aligned} \tag{15.18}$$

Pauli 행렬에 관한 공식 (11.16) 을 이용하면

$$\boldsymbol{\sigma}\cdot(\mathbf{p}+e\mathbf{A})\ \boldsymbol{\sigma}\cdot(\mathbf{p}+e\mathbf{A}) = (\mathbf{p}+e\mathbf{A})\cdot(\mathbf{p}+e\mathbf{A}) + i\,\boldsymbol{\sigma}\cdot(\mathbf{p}+e\mathbf{A})\times(\mathbf{p}+e\mathbf{A}) \tag{15.19}$$

이 되어 $\boldsymbol{\sigma}$ 에 관한 추가항이 생긴다. 이 항은 미분 연산자이기에 영이 아니고

$$\begin{aligned} i\,\boldsymbol{\sigma}\cdot(\mathbf{p}+e\mathbf{A})\times(\mathbf{p}+e\mathbf{A})\,\Psi &= ie\,\boldsymbol{\sigma}\cdot\Big(\mathbf{p}\times(\mathbf{A}\Psi) + \mathbf{A}\times\mathbf{p}\Psi\Big) \\ &= ie\,\boldsymbol{\sigma}\cdot(\mathbf{p}\times\mathbf{A})\Psi \\ &= e\hbar\,\boldsymbol{\sigma}\cdot\mathbf{B}\,\Psi = 2e\,\mathbf{S}\cdot\mathbf{B}\,\Psi \end{aligned} \tag{15.20}$$

이 되어 이들을 종합하면 스핀 1/2 인 전자에 대한 하밀토니안은 다음과 같다.

$$H = \frac{1}{2m}\mathbf{p}^2 + \frac{e}{2m}\mathbf{B}\cdot(\mathbf{L}+2\mathbf{S}) + \frac{e^2}{8m}\Big(B^2r^2 - (\mathbf{B}\cdot\mathbf{x})^2\Big) - e\phi \tag{15.21}$$

위의 하밀토니안에 근거한 파동방정식을 Pauli-Schrödinger 방정식이라 한다. 17장에서 더욱 자세히 다룰 것이다.

윗식에서 $\mathbf{B}\cdot\mathbf{L}$ 과 $\mathbf{B}\cdot\mathbf{S}$ 는 궤도 회전량과 스핀 회전량이 갖는 자기 쌍극 능률과 외부 자기 벌판의 상호작용인데 스핀은 궤도보다 두 배의 자성을 띄운다. 전자의 자기회전 비율이 2 인 사실은 Dirac 이론에서 자연스럽게 도출된다고 하였지만 위의 유도과정에서 보듯이 상대론적 효과 때문이 아니라 전자의 스핀이 1/2 이라는 점에 기인한다.

위의 하밀토니안에서 $O(B^2)$ 항은 $O(B)$ 항보다 매우 작다. 상대적 크기를 비교할 목적으로 어림해서 $\mathbf{L} = O(\hbar)$, $r = O(a_B)$ 로 택하면 그 비는

$$\frac{e^2}{m}B^2a_B^2\Big/\frac{e}{m}\hbar B = \frac{e\,a_B^2}{\hbar}B \approx 10^{-5}B \tag{15.22}$$

가 되어 보통 실험실에서 얻을 수 있는 1T 정도의 자기벌판에서는 $O(B)$ 항의 10^{-5} 정도에 불과하다. $O(B^2)$ 항을 의미있게 받아 드리려면 Pauli 방정식에서 고려하지 않았던 다른 항들을 함께 다루어야 한다.

15.3 Aharanov-Bohm 효과

우리는 9.3절에서 국소게이지 변환

$$|\Psi\rangle \;\rightarrow\; |\Psi'\rangle = e^{i\alpha(\mathbf{x},t)}\,|\Psi\rangle \tag{15.23}$$

에 대하여 Schrödinger 방정식이 변하지 않으려면 전자기 벌판 $\mathbf{E}$, $\mathbf{B}$ 가 존재하여 세계벡터인 $(c\mathbf{A},\phi)$ 벌판이 게이지 변환을 하는데

$$\begin{aligned} \mathbf{A} &\rightarrow \mathbf{A}' = \mathbf{A} + \nabla\chi \\ \phi &\rightarrow \phi' = \phi - \frac{\partial\chi}{\partial t} \end{aligned} \tag{15.24}$$

다음 관계가 성립하면 되는 것을 알았다.

$$\alpha(\mathbf{x},t) = \frac{q}{\hbar}\chi(\mathbf{x},t) \tag{15.25}$$

즉 식 (15.24) 의 게이지 변환을 하면 $\exp(iq\chi/\hbar)|\Psi\rangle$ 가 Schrödinger 방정식 (15.12) 의 풀이가 된다. 따라서 파동 방정식을 두 가지로 쓸 수 있다.

$$
\begin{aligned}
i\hbar\frac{\partial}{\partial t}|\Psi\rangle &= \left(\frac{1}{2m}(\mathbf{p}+e\mathbf{A})^2 - e\phi\right)|\Psi\rangle \\
i\hbar\frac{\partial}{\partial t}|\Psi'\rangle &= \left(\frac{1}{2m}(\mathbf{p}+e\mathbf{A}')^2 - e\phi'\right)|\Psi'\rangle
\end{aligned} \tag{15.26}
$$

$$
\mathbf{A}\to\mathbf{A}' = \mathbf{A}+\nabla\chi \qquad \phi\to\phi' = \phi - \frac{\partial\chi}{\partial t} \qquad |\Psi'\rangle = e^{-i\frac{e}{\hbar}\chi}|\Psi\rangle
$$

이제 자기 벌판 $\mathbf{A}'=0$, 즉 $\mathbf{B}=\nabla\times\mathbf{A}'=0$ 이어서 자기 벌판이 없는 경우를 생각해 보자. 그래도 다음은 성립한다.

$$
\mathbf{A} = -\nabla\chi \qquad |\Psi\rangle = e^{+\frac{i}{\hbar}\chi}|\Psi'\rangle \tag{15.27}
$$

$|\Psi\rangle$ 는 $\mathbf{A}=-\nabla\chi$ 인 게이지 계에서 관측한 파동 함수이고 $|\Psi'\rangle$ 은 $\mathbf{A}'=0$ 인 게이지 계에서의 파동 함수이다. 그런데 $\mathbf{A} = -\nabla\chi$ 는 쉽게 선 적분으로 바꾸어서 다음을 알 수 있다.

$$
\nabla\chi(\mathbf{x},t) = -\int_C \mathbf{A}(\mathbf{x},t)\cdot d\mathbf{x} \tag{15.28}
$$

선 적분에서 기준점은 임의로 택할 수 있고 경로도 마찬가지인데 입자의 운동 경로를 선 적분의 경로로 택하도록 하자. 그러면 두 경로의 차이는

$$
\chi_1(\mathbf{x},t) - \chi_2(\mathbf{x},t) = -\int_{C_1}\mathbf{A}(\mathbf{x},t)\cdot d\mathbf{x} + \int_{C_2}\mathbf{A}(\mathbf{x},t)\cdot d\mathbf{x} = \oint \mathbf{A}(\mathbf{x},t)\cdot d\mathbf{x} \tag{15.29}
$$

인데 기준점에서 $(\mathbf{x},t)$ 에 이르는 두 경로 C_1 과 C_2 로 둘러싸인 폐곡선 C 에 대한 닫힌 적분이 된다. 그러나 $\mathbf{A}$ 의 닫힌 선 적분은 Stokes의 정리에 따라 자기 벌판 $\mathbf{B}$ 의 면 적분이 된다. 이것은 바로 폐곡선 내의 자기 다발 (magnetic flux) 이다.

$$
\oint \mathbf{A}(\mathbf{x},t)\cdot d\mathbf{x} = \int_S(\nabla\times\mathbf{A})\cdot d\mathbf{S} = \int_S \mathbf{B}\cdot d\mathbf{S} = \Phi_B \tag{15.30}
$$

그러므로 재미있는 현상이 생긴다. 자기 벌판이 영 $(\mathbf{B}=0)$ 인 영역을 두 경로로 전자가 진행할 때 그 사이에 자기 벌판이 존재하면 $(\mathbf{B}\neq 0)$ 경로들로 에워싼 폐곡선을 지나는 자기 다발이 존재하므로 전자의 파동 함수는 $\exp(+iq\Phi/\hbar)$ 의 위상 변화가 생긴다. 위상각 $q\Phi/\hbar$ 의 존재는 실험으로 확인할 수 있다. 그림 15.1 에 보이는 전자의 물질 파동을 이용한 이중 슬릿

실험을 생각해 보자. 일반 광학실험에서 일어나는 것과 똑같다. 파동이 두 개의 좁은 틈을 지나 따로 진행하므로 스크린에 도달했을 때에는 경로차에 따라서 두 파동은 위상차가 생기고 결과는 스크린 위에 명암이 반복하는 간섭 무늬로 나타난다. 이제 두 슬릿 바로 뒤 전하가 도달하지 않는 곳에 슬릿과 평행으로 가느다란 도선에 전류를 통하여 도선이 존재하는 영역에만 자기 벌판이 존재하도록 실험 장치가 준비되었다 하자. 그러면 전자는 자기 벌판이 없는 영역에서만 진행하므로 위의 논의가 적용되고 두 경로를 택한 파동은 $q\Phi/\hbar$의 위상차를 갖는다. 그 결과 간섭 무늬의 위치가 변한다. 이것은 실험으로 확인되었으며 Aharanov-Bohm 효과라 한다. 이 효과는 전자기 벌판이 게이지 벌판임을 입증하는 것이다.

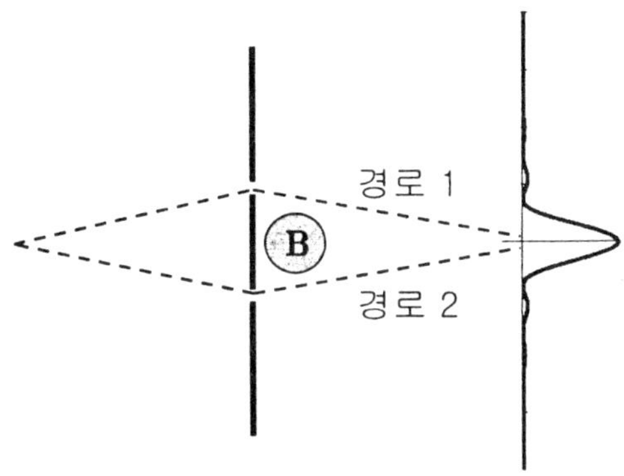

그림 15.1
Aharanov-Bohm 효과.

전자는 자기 벌판을 안 지나가지만 파동 함수는 위상이 변하여 간섭 무늬의 변화가 생긴다.

또 다른 현상은 자기 다발의 양자화(magnetic flux quantization) 현상이다. 동그란 고리 모양의 초전도체에 자기 벌판이 고리에 수직으로 작용한다 하자. 임계 온도보다 높을 때에는 보통의 도체가 되어 자기 다발이 고리 안팎은 물론 고리를 통해 지나 갈 것이다. 그러나 임계 온도 이하가 되면 Meissner 효과로 알려진 현상 때문에 모든 자기 다발은 초전도체에서 제거되고 고리의 안팎에만 국한된다. 그러므로 초전도체 고리를 따라서 돌고 있는 전자는 $\mathbf{B}=0$ 인 공간에서 움직이며 고리를 한번 돌 때마다 $-e\Phi/\hbar$ 의 위상변화가 생긴다. 그런데 전자의 파동 함수는 일가 함수이어야 하므로

$$\frac{e}{\hbar}\Phi = 2n\pi \qquad (n = 0, \pm 1, \pm 2, \cdots) \tag{15.31}$$

즉 초전도체 고리 안에 유폐된 자기 다발은 임의의 값을 갖지 않고 윗식을 만족하도록 양자화된다. 실제의 실험 결과는 $2e\Phi/\hbar = 2n\pi$ 인데 이는 초전도체에서 전하의 운반자는 전자 쌍이라는 BCS 이론을 확인케 한다.

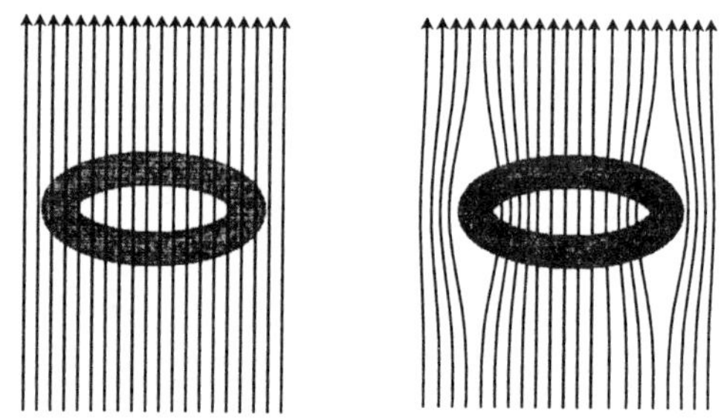

그림 15.2 자기 다발의 양자화.

Meissner 효과로 임계 온도 이하의 초전도체에서 자기 다발은 제거되고 자기 다발은 양자화한다.

15.4 Zeeman 효과

외부의 자기 벌판이 원자의 에너지 준위에 미치는 영향을 Zeeman 효과라 한다. 원자 내에서의 상호 작용은 구면 대칭이고 그 결과 m-겹침이 있는 것을 우리는 이미 알고 있다. 그러나 외부의 자기 벌판에 원자가 놓이면 공간에서 특정 방향이 정해지므로 구면 대칭이 깨지고 m-겹침도 제거된다.

먼저 전자의 스핀을 고려하지 않은 식 (15.17)을 살펴보자. $O(B^2)$ 항은 실험실 환경에서 무시할 수 있으므로 다음과 같은데

$$H = \frac{1}{2m}\mathbf{p}^2 + \frac{e}{2m}\mathbf{B}\cdot\mathbf{L} - e\phi = \frac{1}{2m}\mathbf{p}^2 - e\phi + \frac{\mu_B}{\hbar}\mathbf{B}\cdot\mathbf{L} \tag{15.32}$$

$e\phi$ 는 전자를 원자핵에 결합시키는 Coulomb 벌판이다. 이에 대하여는 수소 원자 문제에서 이미 풀이를 알고 있다. [7.9절] 나머지 $\mu_B\mathbf{B}\cdot\mathbf{L}/\hbar$ 항은 섭동 작용으로 간주할 수 있고 이미 예제 10.3에서 다루었다. 외부의 자기 벌판 방향을 z-축으로 정하면 궤도 회전량과의 상호 작용은 섭동 이론으로 다룰 수 있으며

$$H' = +\frac{\mu_B}{\hbar}BL_z \tag{15.33}$$

에너지 준위를 보면 m-겹침이 제거되고 $\mu_B B$ 의 같은 간격으로 갈라진다. [그림 10.2 참고]

$$E_{nl} \to E_{nl} + m\mu_B B \qquad (m = +l, +l-1, \cdots, -l+1, -l) \tag{15.34}$$

전자기 작용으로 전이는 $\Delta l = 1$, $\Delta m = 0, \pm 1$ 조건을 만족할 때에만 일어나는 선택규칙(selection rule)이 적용된다. [15.6절 참고] $l+1$ 상태에서 l 상태로 전이할 때 에너지 차이는

$$(E_{nl+1} + m'\mu_B B) - (E_{nl} + m\mu_B B) = E_{nl+1} - E_{nl} + (m' - m)\mu_B B \tag{15.35}$$

가 되어 실제로 관측되는 것은 원래의 스펙트럼 선과 이 선에서 $\pm\mu_B B$ 간격이 있는, 모두 세 개의 스펙트럼 선이 된다. $B = 1\,\mathrm{T}$ 일 때 $\mu_B B = 5.8 \times 10^{-5}\,\mathrm{eV}$ 가 되어 원자의 미세 구조보다 작다.

그러나 전자는 스핀이 있으므로 식 (15.17) 대신 식 (15.21)을 사용하는 것이 정상적으로 보인다. 하지만 역사적인 이유로 스핀을 고려한 경우를 비정상인 이상(anomalous) Zeeman 효과라 부른다. 스핀을 고려하지 않는 정상(normal) Zeeman 효과는 고전 물리학으로도 설명이 가능하기 때문이다.

이상 Zeeman 효과를 나타내는 섭동 항의 기대값, 즉 에너지 준위의 변화는 정상 효과의 경우처럼 쉽게 계산되지 않는다. 전자의 스핀을 고려할 때 에너지 준위는 $n^{2S+1}L_J$ 로 표기하고 양자 상태는 $|n,l,s;jm\rangle$ 으로 표현한다. 전자의 스핀은 $s = 1/2$ 이므로 $j = l+1/2$ 또는 $j = l-1/2$ 이며, $m = +j, +j-1, \cdots, -j+1, -j$ 이다. 그리고 섭동 하밀토니안은 다음과 자기 벌판과 궤도 회전량 및 스핀 회전량의 상호 작용이다.

$$H' = +\frac{\mu_B}{\hbar} B(L_z + 2S_z) = +\frac{\mu_B}{\hbar} B(J_z + S_z) \tag{15.36}$$

여기서 $|n,l,s;jm\rangle$ 은 $\mathbf{J}^2$, J_z 의 공통 고유 상태이지만 S_z 의 고유 상태는 아니다. 따라서 외부 벌판으로 인한 에너지 준위의 변화에서 S_z 의 기대값을 계산할 필요가 있다.

$$\Delta E = \mu_B B m + \frac{\mu_B B}{\hbar} \langle nls\, jm|\, S_z\, |nls\, jm\rangle \tag{15.37}$$

$\langle S_z\rangle$ 를 알려면 $|n,l,s;jm\rangle$ 을 S_z 의 고유상태 $|n,l,s;m_l m_s\rangle$ 로 표현해야 하는데 이들을 연결하는 것이 C-G 계수이다. 이미 예제 9.3 에서 다루었다.

$$\begin{aligned}
|\,ls; l+1/2, m\rangle &= \sqrt{\frac{(l+1/2-m)}{(2l+1)}}\,|ls; m+1/2, -1/2\rangle + \sqrt{\frac{(l+1/2+m)}{(2l+1)}}\,|ls; m-1/2, +1/2\rangle \\
|ls; l-1/2, m\rangle &= \sqrt{\frac{(l+1/2+m)}{(2l+1)}}\,|ls; m+1/2, -1/2\rangle - \sqrt{\frac{(l+1/2-m)}{(2l+1)}}\,|ls; m-1/2, +1/2\rangle
\end{aligned} \tag{15.38}$$

그러므로 $\langle S_z \rangle$ 는 다음과 같다.

$$j = l+1/2 \text{ 경우: } \langle S_z \rangle = -\frac{\hbar}{2}\frac{(l+1/2-m)}{(2l+1)} + \frac{\hbar}{2}\frac{(l+1/2+m)}{(2l+1)} = +\frac{m\hbar}{2l+1}$$
$$j = l-1/2 \text{ 경우: } \langle S_z \rangle = -\frac{\hbar}{2}\frac{(l+1/2+m)}{(2l+1)} + \frac{\hbar}{2}\frac{(l+1/2-m)}{(2l+1)} = -\frac{m\hbar}{2l+1} \tag{15.39}$$

따라서 에너지 준위의 변화는 다음으로 요약된다. ± 부호는 같은 순서이다.

$$\Delta E = \mu_B B m \left(1 \pm \frac{1}{2l+1}\right) \qquad (j = l \pm 1/2) \tag{15.40}$$

흔히 Lande의 g-인자를 도입하여 다음처럼 표현하는데 정상 Zeeman 효과에서는 $g=1$ 이다. 따라서 1 에서 벗어난 정도가 스핀 효과이다.

$$g = \left(1 \pm \frac{1}{2l+1}\right) \qquad \Delta E = g\mu_B B m \qquad (j = l \pm 1/2) \tag{15.41}$$

이번에도 에너지 준위는 같은 간격으로 갈리지만 그 폭은 j, l 에 관계되고 이상 Zeeman 효과로 생기는 스펙트럼은 훨씬 다양해진다. 보기로 전자 스핀을 고려한 $2P$, $1S$ 상태에서 Zeeman 효과로 생기는 에너지 준위가 그림 15.3에 나타나 있다.

여러 전자를 가진 LS-결합형 원자에서는 $s=1/2$ 에 국한할 필요가 없고 더욱 복잡한 C-G 전개가 예상된다. 일반적 s 에 대하여는 회전량에 관한 $SO(3)$ 군 이론에서 Wigner-Eckart

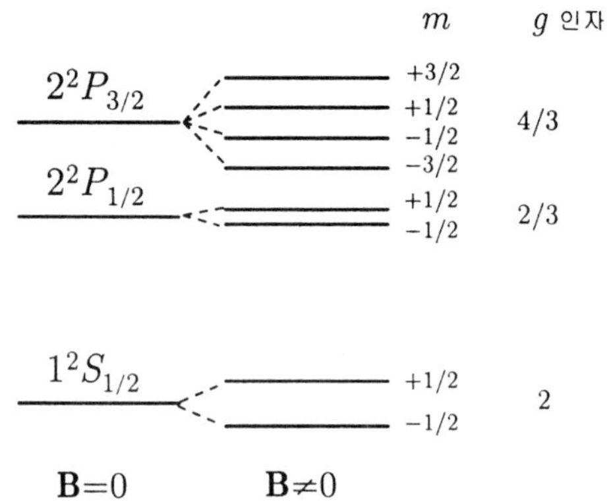

그림 15.3
이상 Zeeman 효과에 따른 에너지 준위의 갈라짐.

이중에서 $\Delta l=1$, $\Delta m=0,\pm1$ 의 선택 규칙을 만족하는 전이만 일어난다.

정리를 사용하는 방법이 있다.[2] 그러나 여기서는 간단하게 벡터 연산자 방법을 사용하겠다. 우선 스핀 연산자 $\mathbf{S}$ 는 벡터 연산자이고 다음의 교환자식이 성립한다.

$$[J_i, S_j] = i\hbar\,\varepsilon_{ijk}\,S_k \tag{15.42}$$

그리고 벡터 연산자에 관한 다음의 교환자식을 증명할 수 있다. [연습문제 9.11]

$$\Big[\,\mathbf{J}^2,\,[\,\mathbf{J}^2,\,S_i]\Big] = 2\hbar^2\Big(\mathbf{J}^2 S_i + S_i\,\mathbf{J}^2\Big) - 4\hbar^2\,\mathbf{J}\cdot\mathbf{S}\,J_i \tag{15.43}$$

이제 $S_i = S_z$ 로 택하고 $|n,l,s;jm\rangle$ 상태에 대한 윗식의 기대값을 계산하면 $|n,l,s;jm\rangle$ 은 $\mathbf{J}^2$ 의 고유상태이므로 고유값 $j(j+1)\hbar^2$ 으로 바꾸어 놓을 수 있어서 좌변의 기대값은 영이 되고 우변에서 다음 관계식을 얻는다.

$$j(j+1)\hbar\,\langle nls\,jm|\,S_z\,|nls\,jm\rangle = m\,\langle nls\,jm|\,\mathbf{J}\cdot\mathbf{S}\,|nls\,jm\rangle \tag{15.44}$$

그런데 $\mathbf{J} = \mathbf{L} + \mathbf{S}$ 에서 $\mathbf{J} - \mathbf{S} = \mathbf{L}$ 이므로 이를 제곱하면 다음을 얻는다.

$$\mathbf{J}\cdot\mathbf{S} = \frac{1}{2}\Big(\mathbf{J}^2 - \mathbf{L}^2 + \mathbf{S}^2\Big) \tag{15.45}$$

이 식을 식 (15.44)에 대입하고 연산자에 관한 고유값들로 대체하면 $\langle S_z\rangle$ 를 알게 되고 Lande 의 g-인자는 다음과 같다.

$$g = 1 + \frac{j(j+1) - l(l+1) + s(s+1)}{2j(j+1)} \tag{15.46}$$

물론 $s = 1/2$ 인 경우에는 $j = l + 1/2$ 또는 $j = l - 1/2$ 만 가능하므로 식 (15.41)과 일치한다.

$\langle S_z\rangle$ 의 계산에 직관적인 회전량의 벡터 모형을 이용할 수도 있다.[3] 회전량의 벡터 모형은 이미 수학적으로 증명된 내용을 그럴듯하게 이해하는 방법이다. 그림 7.2에 나타나 있다. 두 회전량의 합성 $\mathbf{J} = \mathbf{J}_1 + \mathbf{J}_2$ 에서 $\mathbf{J}_1$, $\mathbf{J}_2$ 는 각각 회전량이므로 나름대로 양자화되었고 벡터 합에 관한 삼각형에서 j 는 $j_1 + j_2$ 부터 $|j_1 - j_2|$ 까지 변할 수 있음을 쉽게 이해하게 된다.

이상 Zeeman 효과의 경우에는 $\mathbf{B}\cdot(\mathbf{L} + 2\mathbf{S})$ 를 계산하는 것이 목적이다. 원래 두 벡터의

---

[2] M.E.Rose, *Elementary Theory of Angular Momentum*, Sect 19

[3] 참고: R.Eisberg and R.Resnick, *Quantum Physics of Atoms, Molecules, Solids, Nuclei and Particles, 2nd ed*, Sect 10.6

스칼라 곱은 한 벡터의 크기와 다른 벡터의 투영의 곱이다. 그런데 전체 회전량 $\mathbf{J}$ 는 한 방향으로만 양자화가 되어야 하므로 $\mathbf{B}$ 와 $\mathbf{L}+2\mathbf{S}$ 중 어느 방향을 선택할지 망설이게 한다. 따라서 이들을 직접 투영하는 대신 $\mathbf{J}$ 에 대한 $\mathbf{B}$ 와 $\mathbf{L}+2\mathbf{S}$ 의 간접 투영의 곱으로 $\mathbf{B}\cdot(\mathbf{L}+2\mathbf{S})$ 를 이해하도록 한다. [그림 15.4 참고] 그러면 다음처럼 표현할 수 있다.

$$\mathbf{B}\cdot(\mathbf{L}+2\mathbf{S}) \;\Rightarrow\; \frac{(\mathbf{B}\cdot\mathbf{J})(\mathbf{L}+2\mathbf{S})\cdot\mathbf{J}}{\mathbf{J}^2} = \frac{(\mathbf{B}\cdot\mathbf{J})(\mathbf{J}+\mathbf{S})\cdot\mathbf{J}}{\mathbf{J}^2} = \frac{(\mathbf{B}\cdot\mathbf{J})(\mathbf{J}^2+\mathbf{J}\cdot\mathbf{S})}{\mathbf{J}^2} \tag{15.47}$$

이제 $\mathbf{B}\cdot(\mathbf{L}+2\mathbf{S})$는 연산자 $\mathbf{L}^2$, $\mathbf{S}^2$, $\mathbf{J}^2$ 및 J_z 로 표현되었으므로 각각 그들의 고유값 $l(l+1)\hbar^2$, $s(s+1)\hbar^2$, $j(j+1)\hbar^2$ 및 $m\hbar$ 로 바꾸면 아래의 결과를 얻고 식 (15.46) 이 "증명"된 셈이다.

$$\mathbf{B}\cdot(\mathbf{L}+2\mathbf{S}) \;\Rightarrow\; mB\left(1+\frac{j(j+1)-l(l+1)+s(s+1)}{2j(j+1)}\right) \tag{15.48}$$

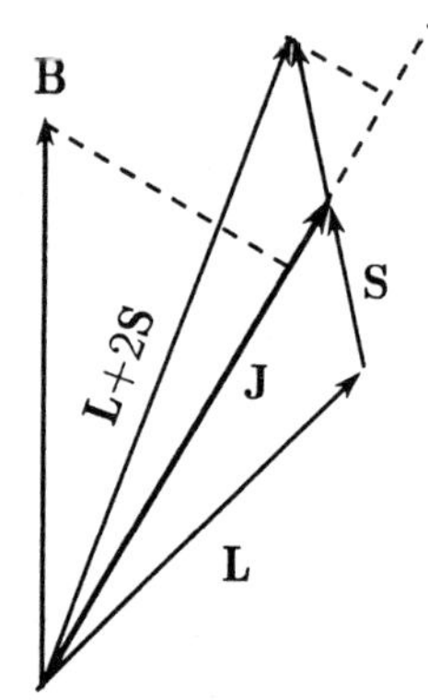

그림 15.4
이상 Zeeman 효과에 관한 벡터 모형.

15.5 전자기 복사의 흡수와 방출

원자가 높은 에너지 준위에서 낮은 준위로 전이를 하면서 에너지 차이를 갖는 광자를 방출하는 것은 이미 Bohr의 이론에서 다루었으나 전이가 얼마나 빨리 일어나는지를 예견할 수 없는 것이 구식 양자론의 결함이었다. 이제 Schrödinger 이론으로 이 문제를 제대로 다루어 보자.

우선 Maxwell 방정식으로 다시 돌아가서 $\mathbf{A}$, ϕ 는 게이지 변환이 가능하므로 이번에는 Coulomb 게이지 ($\nabla\cdot\mathbf{A}=0$) 를 선택한다. 그러면 다음 식을 얻는다.

$$\nabla^2\phi = -\frac{1}{\varepsilon_0}\rho \qquad \nabla^2\mathbf{A} - \frac{1}{c^2}\frac{\partial^2\mathbf{A}}{\partial t^2} = -\mu_0\mathbf{J} + \frac{1}{c^2}\frac{\partial}{\partial t}\nabla\phi \tag{15.49}$$

스칼라 벌판 ϕ 는 정 전기학의 Poisson 방정식을 만족하고 풀이는 순간적 Coulomb 벌판이다. 전하 분포는 시간 지연없이 온 벌판에 '즉시' 영향을 미치기 때문이다.

$$\phi(\mathbf{x},t) = \frac{1}{4\pi\varepsilon_0}\int d^3x'\,\frac{\rho(\mathbf{x}',t)}{|\,\mathbf{x}-\mathbf{x}'\,|} \tag{15.50}$$

한편 전류 밀도 $\mathbf{J}$ 에서 발산 성분이 제거되며 $(\nabla\cdot\mathbf{J} = 0)$ 가로 성분만 남는다.[4]

이번에는 진공 $(\rho = 0,\ \mathbf{J} = 0)$ 에서의 Maxwell 방정식을 살펴보자. Coulomb 게이지를 택하였으므로 식 (15.50) 에서 $\phi = 0$ 이고 $\mathbf{A}$ 는 파동 방정식을 만족하며 전자기 벌판 $\mathbf{E}, \mathbf{B}$ 는 벡터 벌판 $\mathbf{A}$ 로만 표현된다.

$$\nabla^2\mathbf{A} - \frac{1}{c^2}\frac{\partial^2\mathbf{A}}{\partial t^2} = 0 \qquad \mathbf{E} = -\frac{\partial\mathbf{A}}{\partial t} \qquad \mathbf{B} = \nabla\times\mathbf{A} \tag{15.51}$$

윗식에서 $\mathbf{A}$ 는 속도 c 로 진행하는 파동방정식을 만족하는데 평면파동은 $\exp(\mathbf{k}\cdot\mathbf{x}-\omega t)$ 형태의 풀이를 가지므로 다음처럼 쓰도록 한다.

$$\mathbf{A}(\mathbf{x},t) = \mathbf{A}_0\, e^{+i(\mathbf{k}\cdot\mathbf{x}-\omega t)} + cc \tag{15.52}$$

$\mathbf{A}$ 는 실수이므로 복소공액을 추가했다. 그런데 $\mathbf{E} = -\partial\mathbf{A}/\partial t$ 이므로 $\mathbf{A}_0$ 는 $\mathbf{E}$ 와 나란하다. 그런데 광학에서 $\mathbf{E}$ 의 방향을 편광 방향으로 정의하므로 $\mathbf{A}_0$ 는 편광 방향을 가리키는 단위 벡터 $\boldsymbol{\epsilon}_\lambda$에 나란하고 식 (15.52) 은 다음처럼 쓸 수 있다.

$$\mathbf{A}(\mathbf{x},t) = A_0\,\boldsymbol{\epsilon}_\lambda\, e^{+i(\mathbf{k}\cdot\mathbf{x}-\omega t)} + cc \tag{15.53}$$

빛은 횡파이고 두 가지 독립한 편광 방향이 가능하므로 지표 λ 는 1, 2 두 독립한 방향이 있으며 $\boldsymbol{\epsilon}_1, \boldsymbol{\epsilon}_2, \mathbf{k}$ 는 직교 규격화된 벡터들이다.

$$\boldsymbol{\epsilon}_\lambda\cdot\boldsymbol{\epsilon}_{\lambda'} = \delta_{\lambda\lambda'} \qquad \boldsymbol{\epsilon}_\lambda\cdot\mathbf{k} = 0 \tag{15.54}$$

우리가 풀고자 하는 것은 식 (15.52) 의 전자기 벌판에서, 원자 같은 결합상태의 전자기 복사의 흡수나 방출 과정을 알아보는 것이다. 그러려면 방정식 (15.15) 를 풀어야 한다. 그런데

[4] 참고: J.D.Jackson, *Classical Electrodynamics, 2nd ed*, Sect 6.5

$-e\phi$ 는 전자를 원자에 결합하게 하는 작용이므로 일반의 중심력 벌판 함수 $V(r)$ 로 놓고 비섭동 하밀토니안에 포함시킨다. 한편 $\mathbf{A}^2$ 항은 식 (15.22) 에서 보듯이 상대적 크기가 작으므로 이를 진지하게 다루려면 다른 보정항 특히 상대성 보정과 함께 고차항을 다루어야 하고 이 논의에서는 무시하기로 한다. 그러면 풀어야 할 방정식은

$$H = \frac{1}{2m}\mathbf{p}^2 + V(r) + \frac{e}{m}\mathbf{A}\cdot\mathbf{p} = H_0 + \frac{e}{m}\mathbf{A}\cdot\mathbf{p} \tag{15.55}$$

이고 $e/m\,\mathbf{A}\cdot\mathbf{p}$ 는 시간 의존성 섭동 이론으로 취급하면 된다.

섭동 작용의 e 를 주목해야 한다. 전자의 전하 e 는 기본 전하로 이해하였으나 이제는 섭동 작용의 세기를 나타내는 매개 변수이다. 그림 13.3 의 Feynman 도식에서 꼭지점마다 나타나므로 e 를 전자기 작용의 결합 상수 (coupling constant) 라 한다. 같은 맥락에서 Newton 의 중력 법칙에 나오는 질량 m 은 중력 작용의 결합 상수이다. 섭동 전개는 결합 상수 e 에 관한 전개이다. 따라서 1 차 섭동의 결과 전이 확률은 $O(e^2)$ 이 예상된다. 실제로는 미세 구조 상수 $(\alpha = e^2/4\pi\varepsilon_0\hbar c = 1/137)$ 로 표현되고 1 차 섭동은 $O(\alpha)$ 이다. 이러한 시각에서 보면 $\mathbf{A}^2$ 항을 무시하는 것이 정당화된다. $\mathbf{A}^2$ 항은 $O(\alpha^2)$ 크기이기 때문이다.

섭동 이론을 적용하기 전에 A_0 를 알 필요가 있다. 전기 벌판 $\mathbf{E}$ 는

$$\mathbf{E}(\mathbf{x}, t) = -\frac{\partial \mathbf{A}}{\partial t} = (i\omega)A_0\,\boldsymbol{\epsilon}_\lambda\, e^{+i(\mathbf{k}\cdot\mathbf{x}-\omega t)} + cc \tag{15.56}$$

인데 전기 벌판의 에너지를 계산하면 아래 결과를 얻는다.

$$\int d^3x \frac{1}{2}\varepsilon_0 \mathbf{E}^2 = \varepsilon_0\,\omega^2 \left|A_0\right|^2 \tag{15.57}$$

식 (15.52) 를 제곱할 때 $A_0 A_0$, $A_0{}^* A_0{}^*$ 항도 생기지만 이들은 시간 인자 $\exp(\pm 2i\omega t)$ 를 포함하므로 시간 평균을 하면 영 이다. 따라서 $A_0 A_0{}^*$, $A_0{}^* A_0$ 즉 $|A_0|^2$ 만 고려하면 된다.

마찬가지로 자기 벌판의 에너지도 똑같은 결과를 얻고 전자기 벌판의 전체 에너지는

$$H_{em} = \int d^3x \left(\frac{1}{2}\varepsilon_0\mathbf{E}^2 + \frac{1}{2\mu_0}\mathbf{B}^2\right) = \int d^3x \frac{1}{2}\varepsilon_0\left(\mathbf{E}^2 + c^2\mathbf{B}^2\right) = 2\,\varepsilon_0\,\omega^2\left|A_0\right|^2 V \tag{15.58}$$

이다. V 는 전자기 벌판의 부피이다. 그런데 이 에너지가 양자화하여 광자가 된다면 H_{em} 은 $\hbar\omega$ 와 같아야 할 것이다. 따라서 A_0 를 구할 수 있고 식 (15.52) 를 다음처럼 쓸 수 있다.

$$\mathbf{A}(\mathbf{x},t) = \sqrt{\frac{\hbar}{2\varepsilon_0 \omega V}}\, \boldsymbol{\epsilon}_\lambda\, e^{+i(\mathbf{k}\cdot\mathbf{x}-\omega t)} + cc \tag{15.59}$$

이제 섭동 이론을 적용하면 섭동 작용은

$$gV = \frac{e}{m} A_0\, e^{+i(\mathbf{k}\cdot\mathbf{x}-\omega t)}\, \boldsymbol{\epsilon}_\lambda \cdot \mathbf{p} + cc \tag{15.60}$$

이고 1차 섭동 결과 전이에 관한 S-행렬 요소는 식 (13.85), (13.88) 에서 다음과 같다.

$$S_{fi} = \frac{-i}{\hbar}\frac{e}{m}\int d^3x\, dt\, \Psi_f{}^*(\mathbf{x},t) \left(A_0\, e^{+i(\mathbf{k}\cdot\mathbf{x}-\omega t)}\, \boldsymbol{\epsilon}_\lambda \cdot \mathbf{p} + cc \right) \Psi_i(\mathbf{x},t) \tag{15.61}$$

여기서 13.7절의 논리 전개가 유효하지만 이번에는 (p,E)-공간 대신 (x,t)-공간을 이용하였다. 처음 상태와 최종 상태의 파동 함수는 시공간에서 우리에게 더욱 친숙하기 때문이다. 그런데 비섭동 하밀토니안 $H_0 = \mathbf{p}^2/2m + V(r)$ 은 시간 독립이므로

$$\begin{aligned} &H_0\psi_i(\mathbf{x}) = E_i\psi_i(\mathbf{x}) \qquad E_i = \hbar\omega_i \qquad \Psi_i(\mathbf{x},t) = \psi_i(\mathbf{x})\, e^{-i\omega_i t} \\ &H_0\psi_f(\mathbf{x}) = E_f\psi_f(\mathbf{x}) \qquad E_f = \hbar\omega_f \qquad \Psi_f(\mathbf{x},t) = \psi_f(\mathbf{x})\, e^{-i\omega_f t} \end{aligned} \tag{15.62}$$

로 쓸 수 있고 시간 적분은 쉽게 실행된다.

$$\begin{aligned} &A_0 \text{ 항}:\ S_{fi} = \frac{-i}{\hbar}\frac{e}{m} A_0\, 2\pi\delta(\omega_f - \omega_i - \omega) \int d^3x\ \psi_f{}^*(\mathbf{x})\, e^{+i\mathbf{k}\cdot\mathbf{x}} \boldsymbol{\epsilon}_\lambda \cdot \mathbf{p}\, \psi_i(\mathbf{x}) \\ &A_0^* \text{ 항}:\ S_{fi} = \frac{-i}{\hbar}\frac{e}{m} A_0^*\, 2\pi\delta(\omega_f - \omega_i + \omega) \int d^3x\ \psi_f{}^*(\mathbf{x})\, e^{-i\mathbf{k}\cdot\mathbf{x}} \boldsymbol{\epsilon}_\lambda \cdot \mathbf{p}\, \psi_i(\mathbf{x}) \end{aligned} \tag{15.63}$$

에너지 델타 함수를 살펴보면 A_0 항은 $E_f = E_i + E$ 인 과정 즉 광자의 흡수를 의미하고 $A_0{}^*$ 항은 $E_f = E_i - E$ 의 광자 방출 과정을 의미한다. 외부의 전자기 벌판에 의한 방출인 경우에는 이에 해당하는 A_0 를 사용하고 유도 방출 (stimulated emission) 이라 한다. 자체적으로 복사를 방출할 때에는 식 (15.59) 를 쓰고 자발 방출 (spontaneous emission) 이라 한다. 다음부터의 논의는 광자의 자발 방출에 집중하기로 한다.

전이 행렬의 정의 (13.92) 와 식 (15.63) 을 비교하면 T_{fi} 는 다음과 같다.

$$T_{fi} = \frac{e}{m} A_0{}^* \int d^3x\ \psi_f{}^*(\mathbf{x})\, e^{-i\mathbf{k}\cdot\mathbf{x}} \boldsymbol{\epsilon}_\lambda \cdot \mathbf{p}\, \psi_i(\mathbf{x}) \tag{15.64}$$

윗식의 지수항은 $k = \omega/c = (E_f - E_i)/\hbar c = O(\alpha^2 mc^2/\hbar c)$ 이고 $|\mathbf{x}| = O(a_B) = \alpha^{-1}\hbar/mc$ 이므로

$\mathbf{k}\cdot\mathbf{x}=O(\alpha)$ 가 되어 $\exp(-i\mathbf{k}\cdot\mathbf{x})=1-i\mathbf{k}\cdot\mathbf{x}+\cdots$ 의 급수전개에서 일차적으로 무시할 수 있고 $\exp(-i\mathbf{k}\cdot\mathbf{x})$는 1 로 대체할 수 있다. 식 (15.64) 자체가 1차 섭동 근사인데 한걸음 나아가서 지수항을 1 로 추가해서 근사시킨 것이다. 한편 운동량 연산자 $\mathbf{p}$ 는 다음 항등식을 만족하므로 [연습문제 6.13 참고]

$$[H_0, \mathbf{x}] = -\frac{i\hbar}{m}\mathbf{p} \tag{15.65}$$

식 (15.64) 의 $\mathbf{p}$ 를 윗식의 교환자로 바꾸고 $\psi_i(\mathbf{x})$, $\psi_f(\mathbf{x})$ 가 H_0 의 고유함수임에 유의하면 $E_f-E_i=-\hbar\omega$ 를 고려하여 다음을 얻는다.

$$T_{fi} = -ie\omega A_0{}^* \boldsymbol{\epsilon}_\lambda\cdot\int d^3x\ \psi_f{}^*(\mathbf{x})\,\mathbf{x}\,\psi_i(\mathbf{x}) = -ie\omega A_0{}^* \boldsymbol{\epsilon}_\lambda\cdot\langle f|\mathbf{x}|i\rangle \tag{15.66}$$

윗식에서 $|f\rangle$ 가 $|i\rangle$ 와 같을 때 x-적분은 전기 쌍극 능률이 되므로 $\exp(-i\mathbf{k}\cdot\mathbf{x})\simeq 1$ 의 근사를 전기 쌍극 근사 (electric dipole approximation) 라 부른다.

나머지 과정은 식 (13.121) 을 활용하여 $|T_{fi}|^2$ 을 적분함으로써 전이 확률 R 을 계산하는 것이다. 단지 이번에는 독립한 편광 방향이 둘 이므로 R 의 계산에서 이들에 관한 합을 추가한다.

$$R(i\rightarrow f) = \frac{V}{4\pi^2\hbar^2c^3}\,\omega^2\sum_\lambda\int d\Omega\,\left|T_{fi}\right|^2 \tag{15.67}$$

여기서 방출 입자는 광자이므로 위상 공간의 적분에서 $v=c$, $p=E/c=\hbar\omega/c$ 를 적용하였다.

식 (15.54) 에서 보듯이 $\boldsymbol{\epsilon}_1$, $\boldsymbol{\epsilon}_2$, $\mathbf{k}$ 는 수직이므로 $\boldsymbol{\epsilon}_1$ 을 x-축 방향, $\boldsymbol{\epsilon}_2$ 를 y-축 방향으로 선택하면 $\Sigma_\lambda|T_{fi}|^2$ 에 다음을 활용한다.

$$\begin{aligned}|\boldsymbol{\epsilon}_1\cdot\langle f|\mathbf{x}|i\rangle|^2 + |\boldsymbol{\epsilon}_2\cdot\langle f|\mathbf{x}|i\rangle|^2 &= |\langle f|x|i\rangle|^2 + |\langle f|y|i\rangle|^2\\ &= |\langle f|x|i\rangle|^2 + |\langle f|y|i\rangle|^2 + |\langle f|z|i\rangle|^2 - |\langle f|z|i\rangle|^2\\ &= |\langle f|\mathbf{x}|i\rangle|^2 - |\langle f|z|i\rangle|^2\end{aligned} \tag{15.68}$$

그 다음 R 의 계산에서 각도적분 $\int d\Omega$ 을 수행하면 다음 결과를 얻는다.

$$\begin{aligned}\int d\Omega\left(|\boldsymbol{\epsilon}_1\cdot\langle f|\mathbf{x}|i\rangle|^2 + |\boldsymbol{\epsilon}_2\cdot\langle f|\mathbf{x}|i\rangle|^2\right) &= \int d\Omega\left(|\langle f|\mathbf{x}|i\rangle|^2 - |\langle f|z|i\rangle|^2\right)\\ &= |\langle f|\mathbf{x}|i\rangle|^2\int d\Omega\,\sin^2\theta = \frac{8}{3}\pi\,|\langle f|\mathbf{x}|i\rangle|^2\end{aligned} \tag{15.69}$$

여기서 각도 적분은 최종상태 입자의 운동량 방향에 관한 적분이다. $\langle f|\mathbf{x}|i\rangle$ 의 계산에서 또다른 각도 적분을 만나게 될 것이다. 결과적으로 식 (15.66) - (15.69) 를 종합하면 전이 확률 R 은 다음과 같다. ω 는 방출하는 광자의 회전 진동수이다.

$$R(i \to f) = \frac{4\alpha}{3c^2}\omega^3 \left|\langle f|\, \mathbf{x}\, |i\rangle\right|^2 \tag{15.70}$$

15.6 선택 규칙

전이 확률 R 을 계산하려면 우선 식 (15.55) 의 비섭동 하밀토니안 H_0 의 고유값 문제를 풀어서 고유함수를 찾아내고 $\langle f|\mathbf{x}|i\rangle$ 를 계산해서 식 (15.70) 에 대입하면 된다. 그러나 $\langle f|\mathbf{x}|i\rangle$ 를 구체적으로 계산하지 않아도 어떤 경우에 영임을 안다면 그 과정이 일어날 확률은 영이므로 전혀 일어나지 않는다. 따라서 어떤 과정이 일어날지 선택을 할 수 있는 일반적 규칙, 즉 선택 규칙 (selection rule) 을 알아낼 수 있다.

먼저 섭동 하밀토니안 $e/m\,\mathbf{A}\cdot\mathbf{p}$ 는 스핀과 무관하므로 최종상태에서 스핀 크기나 방향은 변하지 않는다.

$$S_f = S_i \qquad \Rightarrow \qquad \Delta S = 0 \tag{15.71}$$

중심력 벌판에서는 회전량에 관련된 nlm 양자 번호를 사용할 수 있다. $|\psi_i\rangle$ 를 $|nlm\rangle$, $|\psi_f\rangle$ 를 $|n'l'm'\rangle$ 로 표기하면 다음처럼 쓸 수 있다.

$$\langle f|\mathbf{x}|i\rangle = \langle n'l'm'|\mathbf{x}|nlm\rangle \tag{15.72}$$

우선 홀짝도를 살펴보자. $|nlm\rangle$ 은 공간 반전에 따라서 $(-1)^l$ 의 홀짝도를 가진다. 그러므로 $\langle n'l'm'|\mathbf{x}|nlm\rangle$ 의 피적분 함수는 공간 반전할 때 $(-1)^{l+1-l'}$ 을 곱해야 하고 초기 상태와 최종 상태의 홀짝도가 같다면 $\langle f|\mathbf{x}|i\rangle$ 는 영이다. 다시 말하면 $\langle f|\mathbf{x}|i\rangle$ 의 피적분 함수가 기함수이므로 공간 적분이 영이 되는 것이다. 이것은 다음으로 표현할 수 있다.

$$\Delta l = l' - l = 0, \pm 2, \cdots \quad \text{이면} \quad \langle f|\mathbf{x}|i\rangle = 0 \tag{15.73}$$

즉 홀짝도가 같은 상태 간에는 전이가 일어날 수 없는 것이다. 적어도 전기 쌍극 근사에 관한한 그렇다는 것이다.

이제 $\langle f|\mathbf{x}|i\rangle$ 를 구체적으로 살펴보자. 정방 좌표계의 기준 벡터로 $\mathbf{e}_1, \mathbf{e}_2, \mathbf{e}_3$ 대신 $\mathbf{e}_+, \mathbf{e}_-, \mathbf{e}_0$ 를 사용하면 다음과 같다. 두 좌표계 모두 규격화된 직교 좌표계이다. [식 (3.94), (3.96) 참고]

$$\mathbf{e}_+ = \frac{1}{\sqrt{2}}(\mathbf{e}_1 + i\,\mathbf{e}_2) \qquad \mathbf{e}_- = \frac{1}{\sqrt{2}}(\mathbf{e}_1 - i\,\mathbf{e}_2) \qquad \mathbf{e}_0 = \mathbf{e}_3$$
$$\mathbf{e}_\pm{}^*\cdot\mathbf{e}_\pm = 1 \quad \mathbf{e}_\pm{}^*\cdot\mathbf{e}_\mp = 0 \quad \mathbf{e}_\pm{}^*\cdot\mathbf{e}_0 = 0 \quad \mathbf{e}_0{}^*\cdot\mathbf{e}_0 = 1 \tag{15.74}$$

$\mathbf{e}_1, \mathbf{e}_2$ 로 나타내면 선형편광을 의미하고 $\mathbf{e}_+, \mathbf{e}_-$ 로 표현하면 원형편광을 의미한다. 그러면 벡터 $\mathbf{x}$ 는 다음처럼 쓸 수 있다.

$$\mathbf{x} = x\,\mathbf{e}_1 + y\,\mathbf{e}_2 + z\,\mathbf{e}_3 = \frac{1}{\sqrt{2}}(x - i\,y)\,\mathbf{e}_+ + \frac{1}{\sqrt{2}}(x + i\,y)\,\mathbf{e}_- + z\,\mathbf{e}_0 \tag{15.75}$$

다음에 구면좌표계를 사용하여 $\mathbf{x}$ 를 구면 조화 함수로 표현한다. [식 (7.40) 참고]

$$\mathbf{x} = \sqrt{\frac{4\pi}{3}}\, r\Big(Y_{1-1}(\Omega)\,\mathbf{e}_+ - Y_{1+1}(\Omega)\,\mathbf{e}_- + Y_{10}(\Omega)\,\mathbf{e}_0\Big) \tag{15.76}$$

그러므로 $\langle f|\mathbf{x}|i\rangle$ 의 각도적분은 다음처럼 세 구면조화 함수의 곱의 적분이다.

$$\int d\Omega\; Y_{l'm'}{}^*(\Omega)\, Y_{1\mu}(\Omega)\, Y_{lm}(\Omega) \qquad (\mu = +1,\, 0,\, -1) \tag{15.77}$$

적분은 체계적으로 계산할 수 있다.[5] $Y_{1\mu}(\Omega)\,Y_{lm}(\Omega)$ 은 두 회전량의 곱이므로 C-G 계수를 이용하면 $l{+}1,\ l,\ l{-}1$ 의 세 회전량이 가능하다. 그 다음에는 구면조화 함수의 직교 규격화 조건을 적용하여 다음 결과를 얻는다. 물론 m 양자 번호 사이에는 단순한 합의 법칙이 성립한다.

$$l' = l+1,\, l,\, l-1 \quad\Rightarrow\quad \Delta l = 0,\, \pm 1$$
$$m' = m + \mu \quad\Rightarrow\quad \Delta m = 0,\, \pm 1 \tag{15.78}$$

그러나 $\Delta l = 0$ 은 식 (15.73) 에 따라 배제되고 다음의 선택 규칙을 최종으로 얻는다.

원자의 전자기 전이 선택 규칙

$$\Delta l = \pm 1 \qquad \Delta m = 0,\, \pm 1 \qquad \Delta S = 0 \tag{15.79}$$

선택 규칙을 만족할 때 식 (15.77) 의 계산은 복잡하겠으나 $l=1$ 에서 $l'=0$ 으로 전이하는 $2P \rightarrow 1S$ 전이 과정의 경우에는 간단히 계산할 수 있다. 식 (7.39), (7.40) 을 이용하면 식 (15.77) 의 각도적분은 다음과 같다.

[5] 참고: A.R.Edmonds, *Angular Momentum in Quantum Mechanics*, Set 4.6

$$\int d\Omega\ Y_{l'm'}^{*}(\Omega)Y_{1\mu}(\Omega)Y_{lm}(\Omega) = \frac{1}{\sqrt{4\pi}}(-1)^{\mu}\int d\Omega\ Y_{1-\mu}^{*}(\Omega)Y_{1m}(\Omega)$$
$$= \frac{1}{\sqrt{4\pi}}(-1)^{\mu}\,\delta_{-\mu m} \tag{15.80}$$

그러므로 $\langle f|\mathbf{x}|i\rangle$ 의 각도 적분 부분의 계산 결과를 알게 되었는데

$$\int d\Omega\ Y_{00}^{*}(\Omega)\ \mathbf{x}\ Y_{1m}(\Omega) = \frac{r}{\sqrt{3}}\Big(-\delta_{-1,m}\,\mathbf{e}_{+} + \delta_{+1,m}\,\mathbf{e}_{-} + \delta_{0,m}\,\mathbf{e}_{0}\Big) \tag{15.81}$$

지름 적분까지 고려하면 $|\langle f|\mathbf{x}|i\rangle|^2$ 은 다음과 같다.

$$\Big|\langle 1,0,0|\mathbf{x}|2,1,m\rangle\Big|^2 = \frac{1}{3}\Big|\int_0^{\infty} dr\, r^3 R_{1S}(r)R_{2P}(r)\Big|^2\Big(\delta_{-1,m} + \delta_{+1,m} + \delta_{0,m}\Big) \tag{15.82}$$

초기의 $2P$ 상태는 $l=1$ 이므로 $m=+1,\ 0,\ -1$ 의 세 상태가 가능하다. 외부의 영향이 없다면 $2P$ 상태는 이들이 골고루 섞여 있다고 보아야 한다. 그러면 전이 확률의 계산에서 초기의 m 값에 대한 평균을 해야 한다. 즉 $1/3\sum_m$ 처방이 필요한 것이다.

$$\Big|\langle 1S\,|\,\mathbf{x}\,|2P\rangle\Big|^2 \ \Rightarrow\ \frac{1}{3}\sum_m\Big|\langle 1,0,0|\mathbf{x}|2,1,m\rangle\Big|^2 = \frac{1}{3}\Big|\int_0^{\infty} dr\, r^3 R_{1S}(r)R_{2P}(r)\Big|^2 \tag{15.83}$$

드디어 식 (15.70) 에 따라 전이에 관한 확률을 지름 함수 적분으로 나타낼 수 있고

$$R(2P\to 1S) = \frac{4\alpha}{3c^2}\omega^3\Big|\langle 1S|\,\mathbf{x}\,|2P\rangle\Big|^2 = \frac{4\alpha}{9c^2}\omega^3\Big|\int_0^{\infty} dr\, r^3 R_{1S}(r)R_{2P}(r)\Big|^2 \tag{15.84}$$

결과는 결합 상태에 따라 다르다. 수소 같은 원자를 보기로 계산하면 식 (7.105) 의 지름 파동함수를 이용하여 다음 결과를 얻는다.

$$R(2P\to 1S) = \frac{1}{\tau(2P\to 1S)} = \left(\frac{2}{3}\right)^8 Z^4\alpha^5\,\frac{mc^2}{\hbar} = \frac{Z^4}{1.6\times 10^{-9}\mathrm{s}} \tag{15.85}$$

전이 확률이 $O(\alpha^5)$ 으로 표현되었으나 Feynman 도식으로 보는 섭동 이론의 입장에서는 $O(\alpha)$ 이고 나머지는 운동학적 효과이다. 다른 준위 사이의 전이에도 똑같은 효과가 있다. 또한 지름 적분은 두 상태 지름 함수의 곱의 적분인데 파동 함수의 겹친 부분이 많을수록 적분값이 커지고 전이 확률도 증가한다. 따라서 $2P\to 1S$ 전이가 $3P\to 1S$ 보다 잘 일어나리라고 쉽게 짐작할 수 있다. 원자 번호 Z 가 커지면 x-선 영역의 복사를 방출하는데 방출률은 Z^4 에 비례한다.

전자기 복사의 자발방출에 관한 논의를 요약하면 1차 섭동에서 $\exp(-i\mathbf{k}\cdot\mathbf{x})\simeq 1$ 의 근사로 전이확률 (15.70) 을 계산하였고 식 (15.79) 의 선택규칙을 얻었다. 이러한 과정으로 설명되는 복사를 전기쌍극 복사 (*E1* 복사: electric dipole radiation) 라 한다. 그러면 선택규칙으로 금지된 전이과정은 전혀 안 일어날 것인가? 이에 관하여는 고차 섭동을 고려해야 한다. 그보다 우선 $\exp(-i\mathbf{k}\cdot\mathbf{x})=1-i\mathbf{k}\cdot\mathbf{x}+\cdots$ 전개에서 무시했던 $\mathbf{k}\cdot\mathbf{x}$ 항을 살펴보아야 한다. 즉 $(\boldsymbol{\epsilon}\cdot\mathbf{p})$ 대신 $(\mathbf{k}\cdot\mathbf{x})(\boldsymbol{\epsilon}\cdot\mathbf{p})$ 를 다룰 필요가 있다.

지수전개의 보정항 $(\mathbf{k}\cdot\mathbf{x})(\boldsymbol{\epsilon}\cdot\mathbf{p})$ 는 다음처럼 $\mathbf{x}$, $\mathbf{p}$ 의 교환에 대해 대칭인 부분과 반대대칭인 부분의 합으로 쓸 수 있다.

$$(\mathbf{k}\cdot\mathbf{x})(\boldsymbol{\epsilon}\cdot\mathbf{p})=\frac{1}{2}\Big[(\mathbf{k}\cdot\mathbf{x})(\boldsymbol{\epsilon}\cdot\mathbf{p})+(\mathbf{k}\cdot\mathbf{p})(\boldsymbol{\epsilon}\cdot\mathbf{x})\Big]+\frac{1}{2}\Big[(\mathbf{k}\cdot\mathbf{x})(\boldsymbol{\epsilon}\cdot\mathbf{p})-(\mathbf{k}\cdot\mathbf{p})(\boldsymbol{\epsilon}\cdot\mathbf{x})\Big] \tag{15.86}$$

그러면 첫번째 항은 다음과 같이 정리된다.

$$\begin{aligned}(\mathbf{k}\cdot\mathbf{x})(\boldsymbol{\epsilon}\cdot\mathbf{p})+(\mathbf{k}\cdot\mathbf{p})(\boldsymbol{\epsilon}\cdot\mathbf{x}) &= \sum_{i,j} k_i\varepsilon_j(x_ip_j+p_ix_j)\\ &= \frac{i}{\hbar}m\sum_{i,j}k_i\varepsilon_j\Big(x_i\big[H_0,x_j\big]+\big[H_0,x_i\big]x_j\Big)\\ &= \frac{i}{\hbar}m\sum_{i,j}k_i\varepsilon_j\big[H_0,x_ix_j\big]\\ &\Rightarrow i\omega m\sum_{i,j}k_i\varepsilon_j\langle f|x_ix_j|i\rangle\end{aligned} \tag{15.87}$$

$e\langle f|x_i|i\rangle$ 가 전기쌍극자이듯이 $e\langle f|x_ix_j|i\rangle$ 는 전기 4중극 (electric quadrupole moment) 이다. 따라서 이 항으로 설명할 수 있는 과정을 전기 4중극 복사 (*E2* 복사) 라 한다. 그러나 *E2* 복사를 올바로 기술하려면 2차 섭동항을 포함시켜야 한다.

이번에는 식 (15.86) 의 둘째항을 정리하여 다음처럼 쓸 수 있다.

$$\begin{aligned}(\mathbf{k}\cdot\mathbf{x})(\boldsymbol{\epsilon}\cdot\mathbf{p})-(\mathbf{k}\cdot\mathbf{p})(\boldsymbol{\epsilon}\cdot\mathbf{x}) &= \sum_{i,j}k_i\varepsilon_j(x_ip_j-p_ix_j)\\ &= \sum_{i,j,k}k_i\varepsilon_j(\mathbf{x}\times\mathbf{p})_k\\ &= (\mathbf{k}\times\boldsymbol{\epsilon})\cdot(\mathbf{x}\times\mathbf{p})\\ &\Rightarrow \langle f|\mathbf{B}\cdot\mathbf{L}|i\rangle\end{aligned} \tag{15.88}$$

이것은 궤도 회전량이 갖는 자기 쌍극 능률이 자기 벌판과 작용함을 의미하고 이렇게 기술되는 전이 과정을 자기 쌍극 복사 ($M1$ 복사, magnetic dipole radiation) 라 한다. 그러나 $M1$ 복사를 제대로 설명하려면 전자의 스핀에 의한 자기 쌍극 능률도 포함하여야 한다. $E2$ 복사나 $M1$ 복사에서 선택 규칙은 $E1$ 복사의 선택 규칙 (15.79) 와 다르다.

이 논의는 원론적으로 지수함수 $\exp(-i\mathbf{k}\cdot\mathbf{x})$ 의 급수전개에서 고차항까지 확장할 수 있다. 그러나 이를 체계적으로 다루려면 다중극 (multipole) 전개 이론을 적용하는 것이 편리하다.[6]

구식 양자론 [제2절] 에서 Bohr 의 수소 원자 이론은 이 선택 규칙과 어긋나는듯 하다. 보기로 Balmer 공식으로 표현되는 스펙트럼에서는 모든 회전량 양자 상태에서 $n=2(l=0)$ 로 전이하는데 방금 유도한 규칙에서는 $\Delta l=\pm 1$ 의 전이만 가능하기 때문이다. Schrödinger 이론에서는 실제로 $n=n_r+l$ $(n_r=1,2,3,\cdots)$, $(l=0,1,2,3,\cdots)$ 이며 Bohr 이론은 $n_r=1$, $(l=n-1)$ 인 특수한 경우이고 특정 회전량을 가진 원형 궤도에 해당한다. 일반적으로 에너지 준위를 결정하는 주 양자번호는 $l=0,1,2,\cdots,(n-1)$ 이므로 $\Delta l=\pm 1$ 을 만족하도록 선택 규칙은 n 과 무관하고 결국 Bohr 이론은 두번 틀려서 맞는 결과를 얻는 셈이다. 여기에서도 Coulomb 벌판의 우연한 겹침때문에 양자 원리를 쉽게 터득하도록 도움이 되었다.

연 습 문 제

15.1 "최소 전자기 작용"의 처방으로 얻은 하밀토니안 (15.9) 에서 전자기 힘에 관한 Lorentz 방정식 (15.10) 을 유도하라.

15.2 균일한 자기 벌판에 있는 전자에 미치는 작용항들 (15.16) 을 증명하라. 식 중에서 연산자의 순서에 유의하라.

15.3 수소 원자가 1 T 의 외부 자기 벌판에 놓여 있다. 이상 Zeeman 효과로 $2P$-$1S$ 전이 스펙트럼 선이 어떻게 갈라지겠는가? 정상 Zeeman 효과로는 어떠한가? 선택 규칙을 적용하라.

15.4 Zeeman 효과로 에너지 준위가 갈라져 그림 15.3 처럼 다양한 스펙트럼을 얻어도

[6] 참고: J.M.Blatt and V.F.Weisskopf, *Theoretical Nuclear Physics*, Chap 12

무조건 모든 높은 에너지 준위에서 낮은 준위로 전이하는 것은 아니다. 선택규칙 (15.79) 를 적용하여 그림 15.3 의 에너지 준위 도표에서 가능한 전위들을 화살표로 표시하라.

15.5 광자의 자발 방출에 관한 유도 과정 식 (15.66) - (15.70) 과 식 (15.81) - (15.85) 를 확인하라.

15.6 수소 원자가 아닌 조화 진동자에서 (15.85) 에 해당하는 $1P$-$1S$ 전이율을 계산하라. 조화 진동자의 경우에 선택 규칙은 어떠할 것인가?

15.7 전자기 작용의 하밀토니안 (15.9) 에서

$$i\hbar\frac{\partial}{\partial t}\Psi(\mathbf{x},t)=\left(\frac{1}{2m}(\mathbf{p}-q\mathbf{A})^2+q\phi\right)\Psi(\mathbf{x},t)$$

확률 흐름 밀도는 다음으로 표현됨을 증명하라.

$$\mathbf{J}(\mathbf{x},t)=-\frac{i\hbar}{2m}\Psi^*\overleftrightarrow{\nabla}\Psi-\frac{q}{m}\Psi^*\mathbf{A}(\mathbf{x},t)\Psi$$

15.8 수소 원자에서 $2S$-$1S$ 전이는 선택 규칙에 어긋나서 일어나지 않는다. 그러나 $2S$-$1S$ 전이는 두 개의 광자를 방출함으로써 가능하다. 이에 대한 Feynman 도식을 그리고 전이 진폭 T_{fi} 를 구하라. 그리고 전이 확률에 관한 식을 최대한 간단하게 표현하라.

16. 전자기 벌판의 양자화

16.1 정준 양자화

양자 이론의 출발은 Einstein의 광 양자 이론이었지만 막상 양자 이론으로 전자기 벌판 자체를 양자화하는 것은 역학계보다 까다롭다. 근본적인 문제점은 자유도보다 많은 변수를 다루어야 하기 때문이다. 비록 $\mathbf{E}$, $\mathbf{B}$ 가 물리 관측량이라도 상호 작용은 세계 벡터인 $(c\mathbf{A},\ \phi)$ 벌판으로 기술하는 것이 용이하다. 그런데 전자기 파동은 횡파로서 자유도가 2 인 반면, 세계 벡터는 4 개의 변수를 가지므로 이들을 모두 정준 좌표로 택하여 양자화할 수는 없다. 그러면 자체 모순에 빠질 수 있다. 따라서 꼭 필요한 성분만 골라서 양자화하도록 한다.

제 15 장에서 광자의 방출과 흡수 문제에서 전자기 작용은 고전적 벌판을 사용하였다. 실제로는 광자로 취급하는 것이 제 격이다. 방출, 흡수 과정에서 양자화된 광자가 관여하기 때문이다. 전자기 벌판은 역학계의 양자화와 약간 다르다. 고전 물리학의 입장에서 역학계를 기술하는 변수들은 변위, 운동량, 회전량 등이고 이들은 모두 독립 변수인 시간의 함수이다. 그래서 비록 변위 $\mathbf{x}$ 는 양자화되어도 시간 t 는 양자 역학에서 독립 변수로 남아 있는 것이다. 그러나 벌판은 시공간의 함수이므로 변위 $\mathbf{x}$ 도 독립 변수이고 역학계의 시간처럼 양자화되지 않는다. 더욱이 광자의 질량은 영이므로 Schrödinger 방정식 같은 비상대론적 근사를 택할 수 없다.

Coulomb 게이지를 택하고 진공에서의 Maxwell 방정식을 살펴보자. 그러면 $\phi = 0$ 이고 파동 방정식을 만족하는 벡터 벌판 $\mathbf{A}$ 로만 표현된다.

$$\nabla^2 \mathbf{A} - \frac{1}{c^2}\frac{\partial^2 \mathbf{A}}{\partial t^2} = 0 \qquad \Rightarrow \qquad \mathbf{E} = -\frac{\partial \mathbf{A}}{\partial t} \qquad \mathbf{B} = \nabla \times \mathbf{A} \tag{16.1}$$

이 방정식의 풀이는 $\exp i(\mathbf{k}\cdot\mathbf{x} - \omega t)$ 인데 전자기 파동은 파동 다발을 이룰 것이므로 평면파들의 중첩인 Fourier 급수로 다음처럼 쓸 수 있다.[1]

$$\mathbf{A}(\mathbf{x}, t) = \frac{1}{\sqrt{V}} \sum_{\mathbf{k},\lambda} A_\lambda(\mathbf{k})\, \boldsymbol{\epsilon}_\lambda\, e^{+i(\mathbf{k}\cdot\mathbf{x} - \omega t)} + cc \tag{16.2}$$

---

[1] $\mathbf{k}$ 에 관한 합 Σ 는 적분으로 이해해야 한다. 즉 $\sum_{\mathbf{k}} \to \int \frac{d^3k}{(2\pi)^3}$

벡터 벌판 $\mathbf{A}$ 는 실수이므로 복소공액을 추가했고 편광 벡터 $\boldsymbol{\epsilon}_\lambda$ 에 비례하므로 이를 도입하였다. [15.5절 참고] 평면파는 체적 V 내에서 주기적 경계조건을 만족하는 파동 (4.96) 을 택하였다. 체적 V 를 충분히 크게 하면 k-스펙트럼은 얼마든지 밀집하여 모든 $\mathbf{k}$ 값을 포함할 수 있으므로 연속으로 간주할 수 있다. 따라서 $\mathbf{A}_{\mathbf{k}\lambda}$ 대신에 $A_\lambda(\mathbf{k})$를 사용하였다. 두 편광 방향을 가리키는 단위벡터는 $\boldsymbol{\epsilon}_1, \boldsymbol{\epsilon}_2$ 의 선형편광이거나 $\boldsymbol{\epsilon}_+, \boldsymbol{\epsilon}_-$ 의 원형편광일 수 있다. 이들의 직교 규격화 조건은 다음과 같다. [식 (3.92), (3.96) 참고]

$$\begin{array}{lll} \boldsymbol{\epsilon}_1\cdot\boldsymbol{\epsilon}_1 = \boldsymbol{\epsilon}_2\cdot\boldsymbol{\epsilon}_2 = 1 & \boldsymbol{\epsilon}_1\cdot\boldsymbol{\epsilon}_2 = 0 & \boldsymbol{\epsilon}_1\cdot\mathbf{k} = \boldsymbol{\epsilon}_2\cdot\mathbf{k} = 0 \\ \boldsymbol{\epsilon}_+^*\cdot\boldsymbol{\epsilon}_+ = \boldsymbol{\epsilon}_-^*\cdot\boldsymbol{\epsilon}_- = 1 & \boldsymbol{\epsilon}_+^*\cdot\boldsymbol{\epsilon}_- = 0 & \boldsymbol{\epsilon}_+^*\cdot\mathbf{k} = \boldsymbol{\epsilon}_-^*\cdot\mathbf{k} = 0 \end{array} \tag{16.3}$$

윗식에서 $\mathbf{k}\cdot\mathbf{A}(\mathbf{x},t)=0$ 이므로 벡터 벌판의 수직성분 $\mathbf{A}_\perp(\mathbf{x},t)$ 만 남고 이들을 역학적 변수로 받아드려 양자화하면 된다. 그런데 특수 상대성 이론과 관련하여 식 (16.3) 이 관측자와 무관하지 않는 점이 석연치 않다. Lorentz 변환을 하면 다른 관측자에게는 $\mathbf{A}_\parallel$, ϕ 가 생겨날 수 있기 때문이다. 한가지 해결책은 Lorentz 변환을 할 때마다 적당한 게이지 변환을 병행하여 Coulomb 게이지를 유지함으로써 식 (16.3) 이 불변토록 하는 것이다.

전자기 벌판의 하밀토니안은 전기와 자기 에너지 밀도를 공간 적분하여 얻는다.

$$H_{em} = \int d^3x \left(\frac{1}{2}\varepsilon_0 \mathbf{E}^2 + \frac{1}{2\mu_0}\mathbf{B}^2 \right) = \int d^3x \frac{1}{2}\varepsilon_0 \left(\mathbf{E}^2 + c^2\mathbf{B}^2 \right) \tag{16.4}$$

우선 전기 에너지를 계산하기 위하여 $\mathbf{E}$ 를 구한다.

$$\mathbf{E}(\mathbf{x},t) = -\frac{\partial \mathbf{A}}{\partial t} = \frac{1}{\sqrt{V}} \sum_{\mathbf{k},\lambda} (i\omega)\, A_\lambda(\mathbf{k})\, \boldsymbol{\epsilon}_\lambda\, e^{+i(\mathbf{k}\cdot\mathbf{x}-\omega t)} + cc \tag{16.5}$$

윗식에서 $\mathbf{E}^2$ 을 계산할 때 한번은 $\mathbf{k}, \lambda$ 또 한번은 $\mathbf{k}', \lambda'$ 지표를 사용하고 식 (16.4) 에 대입하면 $\mathbf{k}, \mathbf{k}'$ 에 대한 합과 x 에 관한 적분을 얻는다. x-적분을 실행하면 $\delta_{\mathbf{k}\pm\mathbf{k}'}$ 이 되어 k' 합까지 쉽게 실행된다. 피적분 함수는 AA, A^*A, AA^*, A^*A^* 의 4개항을 포함하지만 AA, A^*A^* 항들은 시간 인자 $e^{\pm 2i\omega t}$ 를 포함하여 시간 평균을 하면 영이 되므로 AA^*, A^*A 들만 고려하면 된다. 결과는 다음과 같다.

$$\int d^3x \frac{1}{2}\varepsilon_0 \mathbf{E}^2 = \sum_{\mathbf{k},\lambda} \varepsilon_0 \omega^2\, A_\lambda^*(\mathbf{k})\, A_\lambda(\mathbf{k}) \tag{16.6}$$

마찬가지로 자기 에너지도 똑같은 결과를 얻게 되어 전자기 벌판의 하밀토니안은 다음과 같다.

$$H_{em} = \sum_{\mathbf{k},\lambda} 2\varepsilon_0 \omega^2 A_\lambda{}^*(\mathbf{k})\, A_\lambda(\mathbf{k}) \tag{16.7}$$

다음에 $A_\lambda(\mathbf{k})$ 의 실수부와 허수부를 $X_\lambda(\mathbf{k})$, $P_\lambda(\mathbf{k})$ 로 도입하면

$$\begin{aligned} A_\lambda(\mathbf{k}) &= \frac{1}{2\sqrt{\varepsilon_0}}\Big(X_\lambda(\mathbf{k}) + \frac{i}{\omega} P_\lambda(\mathbf{k})\Big) \\ A_\lambda{}^*(\mathbf{k}) &= \frac{1}{2\sqrt{\varepsilon_0}}\Big(X_\lambda(\mathbf{k}) - \frac{i}{\omega} P_\lambda(\mathbf{k})\Big) \end{aligned} \tag{16.8}$$

전자기 벌판의 하밀토니안은 다음처럼 쓸 수 있다.

$$H_{em} = \sum_{\mathbf{k},\lambda} \frac{1}{2}\Big(P_\lambda^2(\mathbf{k}) + \omega^2 X_\lambda^2(\mathbf{k})\Big) \tag{16.9}$$

윗식을 식 (6.105) 와 비교하면 무수히 많은 조화 진동자의 집합으로 해석할 수 있다. 즉 전자기 벌판의 하밀토니안은 k-공간의 각 점과 각 편광 방향이 독립된 진동 모드인 진동자들의 집합이다. 전자기 벌판은 $A_\lambda(\mathbf{k})$ 로 결정하는데 아직 양자화하지 않았다. 그 지름길은 $A_\lambda(\mathbf{k})$ 의 실수부와 허수부에 대해 Poisson 괄호를 이용하여 정준 양자화하는 방법이다. [8.2절 참고] 그런데 식 (6.105) 의 양자화 규칙을 적용할 때 자유도가 많으므로 다음처럼 확장할 수 있다.[2]

$$\begin{aligned} &\Big[\, X_\lambda(\mathbf{k}),\ P_{\lambda'}(\mathbf{k}')\,\Big] = i\hbar\, \delta_{\lambda\lambda'}\, \delta_{\mathbf{k}\mathbf{k}'} \\ &\Big[\, X_\lambda(\mathbf{k}), X_{\lambda'}(\mathbf{k}')\,\Big] = 0 \\ &\Big[\, P_\lambda(\mathbf{k}),\ P_{\lambda'}(\mathbf{k}')\,\Big] = 0 \end{aligned} \tag{16.10}$$

일단 $X_\lambda(\mathbf{k})$, $P_\lambda(\mathbf{k})$ 가 양자화 되었으므로 식 (16.7) 의 A, A^* 는 A, $A^\dagger$ 의 연산자가 되어야 한다. 벡터 벌판 $\mathbf{A}(\mathbf{x},t)$ 가 실재 연산자가 되어야 하기 때문이다. A, $A^\dagger$ 대신 척도를 조정한 $a_\lambda(\mathbf{k})$, $a_\lambda^\dagger(\mathbf{k})$ 를 다음과 같이 정의하면

$$\begin{aligned} a_\lambda(\mathbf{k}) &= \frac{1}{\sqrt{2\hbar\omega}}\Big(\omega\, X_\lambda(\mathbf{k}) + iP_\lambda(\mathbf{k})\Big) \\ a_\lambda^\dagger(\mathbf{k}) &= \frac{1}{\sqrt{2\hbar\omega}}\Big(\omega\, X_\lambda(\mathbf{k}) - iP_\lambda(\mathbf{k})\Big) \end{aligned} \quad \Leftrightarrow \quad \begin{aligned} X_\lambda(\mathbf{k}) &= \sqrt{\frac{\hbar}{2\omega}}\Big(a_\lambda(\mathbf{k}) + a_\lambda^\dagger(\mathbf{k})\Big) \\ P_\lambda(\mathbf{k}) &= \frac{1}{i}\sqrt{\frac{\hbar\omega}{2}}\Big(a_\lambda(\mathbf{k}) - a_\lambda^\dagger(\mathbf{k})\Big) \end{aligned} \tag{16.11}$$

---

[2] k-스펙트럼은 연속이므로 $\delta_{\mathbf{k}\mathbf{k}'} = (2\pi)^3\, \delta^3(\mathbf{k}-\mathbf{k}')$ 로 이해해야한다. $\delta_{\mathbf{k}\mathbf{k}'}$ 는 간략기호이다.

하밀토니안 H_{em}과 $a_\lambda(\mathbf{k})$, $a_\lambda^\dagger(\mathbf{k})$ 연산자의 양자화 규칙은 다음처럼 쓸 수 있다.

$$H_{em} = \sum_{\mathbf{k},\lambda} \frac{1}{2}\hbar\omega\Big(a_\lambda^\dagger(\mathbf{k})a_\lambda(\mathbf{k}) + a_\lambda(\mathbf{k})a_\lambda^\dagger(\mathbf{k})\Big) \tag{16.12}$$

$$\begin{aligned} \Big[\, a_\lambda(\mathbf{k}),\, a_{\lambda'}^\dagger(\mathbf{k}') \,\Big] &= \delta_{\lambda\lambda'}\,\delta_{\mathbf{kk}'} \\ \Big[\, a_\lambda(\mathbf{k}),\, a_{\lambda'}(\mathbf{k}') \,\Big] &= 0 \\ \Big[\, a_\lambda^\dagger(\mathbf{k}),\, a_{\lambda'}^\dagger(\mathbf{k}') \,\Big] &= 0 \end{aligned} \tag{16.13}$$

그 다음부터는 6.8절의 논의를 따른다. 단지 새로운 연산자 $N_\lambda(\mathbf{k})$를

$$N_\lambda(\mathbf{k}) = a_\lambda^\dagger(\mathbf{k})a_\lambda(\mathbf{k}) \tag{16.14}$$

로 정의하면 $a_\lambda(\mathbf{k})$, $a_\lambda^\dagger(\mathbf{k})$ 연산자와 다음의 교환자 관계식이 성립한다.

$$\begin{aligned} \Big[\, N_\lambda(\mathbf{k}),\, a_{\lambda'}^\dagger(\mathbf{k}') \,\Big] &= +\,\delta_{\lambda\lambda'}\,\delta_{\mathbf{kk}'}\,a_\lambda^\dagger(\mathbf{k}) \\ \Big[\, N_\lambda(\mathbf{k}),\, a_{\lambda'}(\mathbf{k}') \,\Big] &= -\,\delta_{\lambda\lambda'}\,\delta_{\mathbf{kk}'}\,a_\lambda(\mathbf{k}) \end{aligned} \tag{16.15}$$

그리고 전자기 벌판의 하밀토니안은 다음처럼 쓸 수 있다.

$$H_{em} = \sum_{\mathbf{k},\lambda}\left(a_\lambda^\dagger(\mathbf{k})\,a_\lambda(\mathbf{k}) + \frac{1}{2}\right)\hbar\omega = \sum_{\mathbf{k},\lambda}\left(N_\lambda(\mathbf{k}) + \frac{1}{2}\right)\hbar\omega \tag{16.16}$$

이미 6.8절에서 공부한 조화 진동자 문제의 풀이를 요약하면 다음과 같다.

$$\begin{aligned} &N \equiv a^\dagger a \qquad |n\rangle \equiv |\psi_n\rangle \equiv \frac{1}{\sqrt{n!}}\left(a^\dagger\right)^n |0\rangle \qquad (n = 0,1,2,3,\ldots) \\ &H = \left(a^\dagger a + 1/2\right)\hbar\omega = \left(N + 1/2\right)\hbar\omega \\ &N\,|n\rangle = n\,|n\rangle \qquad H\,|n\rangle = (n+1/2)\hbar\,|n\rangle \\ &a^\dagger\,|n\rangle = \sqrt{n+1}\,|n+1\rangle \qquad a\,|n\rangle = \sqrt{n}\,|n-1\rangle \qquad a\,|0\rangle = 0 \end{aligned} \tag{16.17}$$

연산자 $N_\lambda(\mathbf{k})$의 고유값을 $n_\lambda(\mathbf{k})$라 하면 고유 상태 $|n_\lambda(\mathbf{k})\rangle$는 6.8절의 $|\psi_n\rangle = |n\rangle$과 같게 된다. 고유값 $n_\lambda(\mathbf{k})$는 $0, 1, 2, 3, \cdots$의 비음정수만 가능하다. 연산자들은 $\mathbf{k}$와 λ가 같지

않으면 가환이므로 $\mathbf{k}$, λ 가 다르면 독립된 모드이다. 따라서 다음과 같은 $(\mathbf{k},\lambda)$ 지표를 추가하여 식 (16.16) 의 고유값 문제를 풀 수 있다.

$$\begin{aligned} &a \to a_\lambda(\mathbf{k}) \quad a^\dagger \to a_\lambda^\dagger(\mathbf{k}) \\ &N \to N_\lambda(\mathbf{k}) \quad n \to n_\lambda(\mathbf{k}) \quad |n\rangle \to |n_\lambda(\mathbf{k})\rangle \end{aligned} \tag{16.18}$$

16.2 광자의 양자 상태

우리는 $|n_\lambda(\mathbf{k})\rangle$를 운동량 $\hbar\mathbf{k}$, 편광 방향 ϵ_1 인 광자가 $n_\lambda(\mathbf{k})$ 개 있는 양자 상태로 해석한다. 고유값은 $n_\lambda(\mathbf{k}) = 0,1,2,3\cdots$ 이므로 $N_\lambda(\mathbf{k})$ 는 $(\mathbf{k},\lambda)$ 상태를 점유한 광자의 수를 헤아리는 점유수 (occupation number) 연산자라 부른다. 편광 지표 λ 는 1, 2 또는 +, − 만 가능하지만 $\mathbf{k}$ 는 연속으로 무한하므로 모든 가능한 $(\mathbf{k},\lambda)$에 대한 고유 벡터의 직접 곱인 다음 양자 상태를 생각할 수 있다.

$$|n_{\lambda_1}(\mathbf{k}_1), n_{\lambda_2}(\mathbf{k}_2), n_{\lambda_3}(\mathbf{k}_3),\cdots\rangle = |n_{\lambda_1}(\mathbf{k}_1)\rangle\otimes|n_{\lambda_2}(\mathbf{k}_2)\rangle\otimes|n_{\lambda_3}(\mathbf{k}_3)\rangle\otimes\cdots \tag{16.19}$$

점유수 연산자 $N_\lambda(\mathbf{k})$ 는 $(\mathbf{k},\lambda)$가 같은 상태 $|n_\lambda(\mathbf{k})\rangle$ 에만 작용하고 위의 양자상태는 하밀토니안 (16.16) 의 고유상태이다.

$$H_{em}|n_{\lambda_1}(\mathbf{k}_1), n_{\lambda_2}(\mathbf{k}_2), n_{\lambda_3}(\mathbf{k}_3),\cdots\rangle = \sum_{\mathbf{k},\lambda}\left(n_\lambda(\mathbf{k})+\frac{1}{2}\right)\hbar\omega\,|n_{\lambda_1}(\mathbf{k}_1), n_{\lambda_2}(\mathbf{k}_2), n_{\lambda_3}(\mathbf{k}_3),\cdots\rangle \tag{16.20}$$

또 연산자 $N_\lambda(\mathbf{k})$ 의 고유상태이며 $(\mathbf{k},\lambda)$ 상태를 점유하는 광자 수 $n_\lambda(\mathbf{k})$가 고유값이다.

$$N_{\lambda_i}(\mathbf{k}_i)\,|n_{\lambda_1}(\mathbf{k}_1), n_{\lambda_2}(\mathbf{k}_2),\cdots, n_{\lambda_i}(\mathbf{k}_i),\cdots\rangle = n_{\lambda_i}(\mathbf{k}_i)\,|n_{\lambda_1}(\mathbf{k}_1), n_{\lambda_2}(\mathbf{k}_2),\cdots, n_{\lambda_i}(\mathbf{k}_i),\cdots\rangle \tag{16.21}$$

식 (16.19) 의 뭇입자 양자상태들은 완전히 직교수직인 기준벡터계를 이룬다고 가정하고 이들로 형성된 Hilbert 공간을 Fock 공간이라 한다. 이제 식 (16.19) 의 양자상태에 $a_{\lambda_i}^\dagger(\mathbf{k}_i)$ 연산을 해보자. 이 연산자는 오직 $(\mathbf{k}_i,\lambda_i)$ 모드, 즉 $|n_{\lambda_i}(\mathbf{k}_i)\rangle$에만 작용하므로 다음과 같다.

$$a_{\lambda_i}^\dagger(\mathbf{k}_i)|n_{\lambda_1}(\mathbf{k}_1), n_{\lambda_2}(\mathbf{k}_2),\cdots, n_{\lambda_i}(\mathbf{k}_i),\cdots\rangle = \sqrt{n_{\lambda_i}(\mathbf{k}_i)+1}\,|n_{\lambda_1}(\mathbf{k}_1), n_{\lambda_2}(\mathbf{k}_2),\cdots, n_{\lambda_i}(\mathbf{k}_i),\cdots\rangle \tag{16.22}$$

그러므로 $a_{\lambda_i}^\dagger(\mathbf{k}_i)$ 는 $(\mathbf{k}_i,\lambda_i)$ 모드의 광자를 한 개 더 만들어내는 역할을 한다. 다른 모드의 광자들은 변함이 없다. 그래서 $a_\lambda^\dagger(\mathbf{k})$ 는 $(\mathbf{k},\lambda)$ 상태의 광자를 한 개 만드는 창생 (creation) 연산자라 한다. 마찬가지로 $a_\lambda(\mathbf{k})$ 는 $(\mathbf{k},\lambda)$ 상태의 광자를 한 개 없애는 소멸 (annihilation)

연산자라 한다. 한편 $n_\lambda(\mathbf{k})$ 는 $(\mathbf{k}, \lambda)$ 상태에 있는 광자의 수를 알아내는 점유수 연산자이다. 조화 진동자에서는 $a^\dagger$ 와 a 가 높은 에너지로 올라가는 상승(raising) 연산자와 낮은 에너지로 내려가는 하강(lowering) 연산자였다. 양자 전자기 벌판과 조화 진동자의 비유가 그림 16.1 에 요약된다.

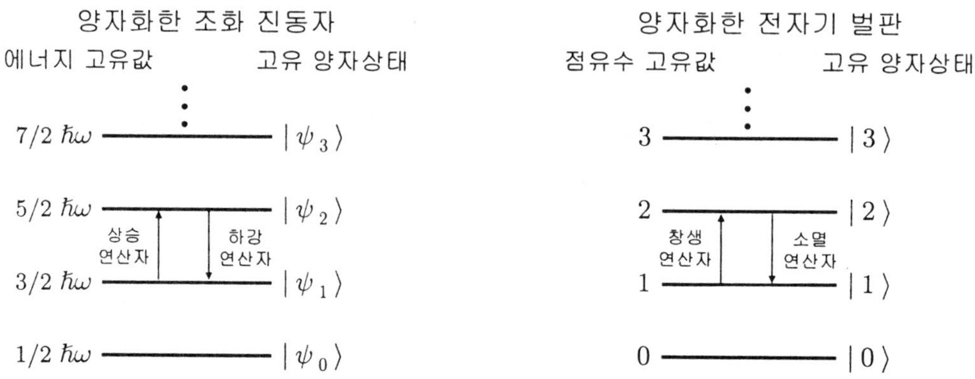

그림 16.1 양자화한 전자기 벌판과 조화 진동자의 비유.
진동자의 바닥상태를 아무 입자도 없는 허공상태, 진동자의 들뜬 상태는 여러 광자 상태로 해석한다.

Fock 공간의 양자 상태 (16.19) 중에는 모든 $(\mathbf{k}, \lambda)$ 모드에 대하여 점유수가 영인, 즉 아무 입자도 존재하지 않는 상태도 포함한다. 이것은 허공(vacuum) 상태이고 간단히 $|\text{vac}\rangle$ 또는 $|0\rangle$ 로 표기한다.

$$|\text{vac}\rangle \equiv |\text{허공}\rangle \equiv |0\rangle \equiv |0_{\lambda_1}(\mathbf{k}_1), 0_{\lambda_2}(\mathbf{k}_2), 0_{\lambda_3}(\mathbf{k}_3), \cdots\rangle \tag{16.23}$$

그러면 $(\mathbf{k}, \lambda)$ 상태에 있는 광자 한 개를 $a_\lambda^\dagger(\mathbf{k})$ 는 창생, $a_\lambda(\mathbf{k})$ 는 소멸하는 연산자이므로 다음처럼 쓴다. $|\gamma_\lambda(\mathbf{k})\rangle$ 는 운동량 $\hbar\mathbf{k}$, 편광 방향 $\boldsymbol{\epsilon}_1$ 인 광자 상태이다.

$$|\gamma_\lambda(\mathbf{k})\rangle = a_\lambda^\dagger(\mathbf{k})\,|0\rangle \qquad a_\lambda(\mathbf{k})\,|\gamma_\lambda(\mathbf{k})\rangle = |0\rangle \qquad a_\lambda(\mathbf{k})\,|0\rangle = 0 \tag{16.24}$$

각각 $(\mathbf{k}_1, \lambda_1)$, $(\mathbf{k}_2, \lambda_2)$ 상태에 있는 두 광자는 다음과 같다.

$$|\gamma_{\lambda_1}(\mathbf{k}_1),\ \gamma_{\lambda_2}(\mathbf{k}_2)\rangle = a_{\lambda_1}^\dagger(\mathbf{k}_1) a_{\lambda_2}^\dagger(\mathbf{k}_2)\,|0\rangle \tag{16.25}$$

윗식은 똑같은 광자 입자 두 개가 일반적으로 다른 운동량과 편광을 가진 양자 상태이다. $a^\dagger$ 연산자는 서로 가환이므로 $(\mathbf{k}_1, \lambda_1) \leftrightarrow (\mathbf{k}_2, \lambda_2)$ 의 교환으로 변하지 않는다.

$$\begin{aligned} |\gamma_{\lambda_1}(\mathbf{k}_1), \gamma_{\lambda_2}(\mathbf{k}_2)\rangle &= a^\dagger_{\lambda_1}(\mathbf{k}_1)\, a^\dagger_{\lambda_2}(\mathbf{k}_2)\, |0\rangle \\ &= a^\dagger_{\lambda_2}(\mathbf{k}_2)\, a^\dagger_{\lambda_1}(\mathbf{k}_1)\, |0\rangle \\ &= |\gamma_{\lambda_2}(\mathbf{k}_2), \gamma_{\lambda_1}(\mathbf{k}_1)\rangle \end{aligned} \tag{16.26}$$

즉 두 광자의 입자 교환에 대하여 양자 상태가 불변이고 파동함수는 대칭이다. 이는 광자가 보오존(boson)임을 말해주고 Bose-Einstein 통계를 따르게 한다. 만일 $a^\dagger$ 끼리 반대 가환이면 입자 교환으로 반대 대칭인 상태가 되어 페르미온(fermion)이 되고 Fermi-Dirac 통계를 따른다.

이제 a, $a^\dagger$ 연산자로 간명하게 양자화되었으므로 식 (16.8), (16.11) 을 이용하여 식 (16.2) 의 양자화된 벡터 벌판 $\mathbf{A}(\mathbf{x}, t)$ 를 다시 쓸 수 있다.

$$\mathbf{A}(\mathbf{x}, t) = \sqrt{\frac{\hbar}{2\varepsilon_0 V}} \sum_{\mathbf{k}, \lambda} \frac{1}{\sqrt{\omega}} \left(a_\lambda(\mathbf{k})\, \boldsymbol{\epsilon}_\lambda\, e^{+i(\mathbf{k}\cdot\mathbf{x} - \omega t)} + a^\dagger_\lambda(\mathbf{k})\, \boldsymbol{\epsilon}_\lambda{}^{*}\, e^{-i(\mathbf{k}\cdot\mathbf{x} - \omega t)} \right) \tag{16.27}$$

이식을 보면 벡터 벌판 $\mathbf{A}(\mathbf{x}, t)$ 는 모든 $(\mathbf{k}, \lambda)$ 상태의 광자를 한 개 창생하며 또한 소멸한다. 실제로 어느 상태의 광자를 창생 또는 소멸시킬지는 초기상태 $|i\rangle$ 와 최종상태 $|f\rangle$ 로 알 수 있다. 광자 방출 과정에서는 새로 생겨나는 것이고 광자 흡수 과정에서는 없어져 사라지는 것이다. 어느 $(\mathbf{k}, \lambda)$ 상태의 광자가 생성 또는 소멸되는가는 운동량 보존법칙과 편광 벡터의 직교 관계로 결정된다. 이제 15.5절에서 다룬 광자 방출에 관한 논의가 정당화되었다. 식 (16.27) 과 식 (15.55) 를 비교하면 광자 방출을 설명하는데 왜 복소 공액항을 사용하였는지 이해가 된다. 양자 벌판에서는 $a^\dagger$ 로 광자가 방출되고 고전 벌판에서는 에너지 델타 함수로 방출항을 판단한다.

식 (15.51) 에서 보듯이 전자기 작용은 $e/m\, \mathbf{A}\cdot\mathbf{p}$ 이고 $\mathbf{A}$ 는 a 와 $a^\dagger$ 연산자를 포함하고 있으므로 1차 섭동으로는 한 개의 광자를 흡수하거나 방출하는 과정만 설명할 수 있다. 초기 상태가 이미 여러 개의 광자를 포함한 상태라면 여기에 a 나 $a^\dagger$ 연산자를 적용하게 된다. 식 (16.17) 의 $a^\dagger |n\rangle = \sqrt{n+1}\, |n+1\rangle$, $a\, |n\rangle = \sqrt{n}\, |n-1\rangle$ 을 참고하면 양자화한 벡터 벌판 대신에 다음 규칙에 따라 고전적인 벌판으로 바꾸어 사용하여서 문제를 풀어도 무방하다. 또한 식 (15.59) 의 전자기 전이에 관한 준 고전적 근사의 타당성이 입증되었다.

전자기 전이에 관한 준 고전적 처방

전하를 가진 입자가 광자를 흡수하거나 방출하는 과정에서 양자화 벌판의 효과는 고전적 벌판을 사용하는 것과 동일하다. $n_\lambda(\mathbf{k})$ 는 초기상태에 있는 광자의 수이다.

- 빛의 흡수 : $$\mathbf{A}(\mathbf{x},t) = \sqrt{\frac{n_\lambda(\mathbf{k})\hbar}{2\varepsilon_0\omega V}}\ \boldsymbol{\epsilon}_\lambda\, e^{+i(\mathbf{k}\cdot\mathbf{x}-\omega t)} \tag{16.28}$$
- 빛의 방출 : $$\mathbf{A}(\mathbf{x},t) = \sqrt{\frac{[n_\lambda(\mathbf{k})+1]\hbar}{2\varepsilon_0\omega V}}\ \boldsymbol{\epsilon}_\lambda{}^*\, e^{-i(\mathbf{k}\cdot\mathbf{x}-\omega t)} \tag{16.29}$$

16.3 광자의 질량과 스핀

아무 입자도 존재하지 않는 허공상태 $|0\rangle$ 의 에너지를 계산해보도록 하자. 식 (16.20), (16.23)에서 다음과 같다.

$$H_{em}|0\rangle = \sum_{\mathbf{k},\lambda} \hbar\omega\left(a_\lambda^\dagger(\mathbf{k})\,a_\lambda(\mathbf{k}) + \frac{1}{2}\right)|0\rangle = \left(\sum_{\mathbf{k},\lambda}\frac{1}{2}\hbar\omega\right)|0\rangle = \infty\,|0\rangle \tag{16.30}$$

즉 허공의 에너지는 무한대이다! 무한대에 관한 골칫거리는 양자벌판 이론에서 흔히 만나는 현상이다. 무한대의 허공 에너지가 생기는 이유는 전자기 벌판이 무한히 많은 조화 진동자의 결합이고 각 모드가 최소한 $1/2\,\hbar\omega$ 의 에너지를 지니기 때문이다. 한편 허공상태 $|0\rangle$ 의 에너지는 영이 되어야 함이 바람직하다. 아무입자도 없기 때문이다. 한편 에너지 척도에서 기준점을 바꾸어 상수만큼 가감하여도 물리 현상의 기술에 아무 영향도 안 미치므로 비록 매우 큰 값이지만 에너지의 원점을 허공의 에너지로 정하면 된다. 즉 다음의 처방으로 해결이 가능하다.

$$H_{em} = \sum_{\mathbf{k},\lambda} \hbar\omega\left(a_\lambda^\dagger(\mathbf{k})\,a_\lambda(\mathbf{k}) + \frac{1}{2}\right) \quad\Rightarrow\quad H_{em} = \sum_{\mathbf{k},\lambda} \hbar\omega\, a_\lambda^\dagger(\mathbf{k})\,a_\lambda(\mathbf{k}) \tag{16.31}$$

그러면 $H_{em}|0\rangle = 0$ 가 되어 허공의 에너지는 영이 된다. 그리고 여러 광자 상태의 에너지는 위의 연산자로 얻는 고유값이다.

한 개의 광자상태 $|\gamma_\lambda(\mathbf{k})\rangle$ 를 생각해 보자. 당연히 에너지는 Einstein 이론에 따라서 $\hbar\omega$ 이겠지만 양자 전자기 벌판 이론을 활용하면 다음과 같이 설명한다.

$$
\begin{aligned}
H_{em}\,|\,\gamma_\lambda(\mathbf{k})\rangle &= \sum_{\mathbf{k}',\lambda'} \hbar\omega'\, a^\dagger_{\lambda'}(\mathbf{k}')\, a_{\lambda'}(\mathbf{k}')\,|\,\gamma_\lambda(\mathbf{k})\rangle \\
&= \sum_{\mathbf{k}',\lambda'} \hbar\omega'\, a^\dagger_{\lambda'}(\mathbf{k}')\, a_{\lambda'}(\mathbf{k}')\, a^\dagger_\lambda(\mathbf{k})\,|\,0\rangle \\
&= \sum_{\mathbf{k}',\lambda'} \hbar\omega'\, a^\dagger_{\lambda'}(\mathbf{k}')\Big(a^\dagger_\lambda(\mathbf{k})\, a_{\lambda'}(\mathbf{k}') + \delta_{\mathbf{k}\mathbf{k}'}\delta_{\lambda\lambda'}\Big)\,|\,0\rangle \\
&= \sum_{\mathbf{k}',\lambda'} \hbar\omega'\, a^\dagger_{\lambda'}(\mathbf{k}')\, \delta_{\mathbf{k}\mathbf{k}'}\delta_{\lambda\lambda'}\,|\,0\rangle \\
&= \hbar\omega\, a^\dagger_\lambda(\mathbf{k})\,|\,0\rangle = \hbar\omega\,|\,\gamma_\lambda(\mathbf{k})\rangle
\end{aligned}
\tag{16.32}
$$

전자기 벌판은 에너지 이외에 운동량도 가지고 있다.[3] 그 운동량 밀도는 에너지 흐름을 가름하는 Poynting 벡터에 비례한다.

$$
\mathbf{P}_{em} = \int d^3x\, \varepsilon_0\, \mathbf{E}\times\mathbf{B} \tag{16.33}
$$

식 (16.27) 에서 $\mathbf{E}$, $\mathbf{B}$ 를 계산하고 정리하면 다음 결과를 얻는다. 하밀토니안 H_{em} 에서 처럼 $a_\lambda(\mathbf{k})\, a_\lambda(\mathbf{k})$, $a^\dagger_\lambda(\mathbf{k})\, a^\dagger_\lambda(\mathbf{k})$ 항들은 시간 평균 과정에서 영이 된다.

$$
\mathbf{P}_{em} = \sum_{\mathbf{k},\lambda} \frac{1}{2}\hbar\mathbf{k}\Big(a^\dagger_\lambda(\mathbf{k})\, a_\lambda(\mathbf{k}) + a_\lambda(\mathbf{k})\, a^\dagger_\lambda(\mathbf{k})\Big) = \sum_{\mathbf{k},\lambda} \hbar\mathbf{k}\left(a^\dagger_\lambda(\mathbf{k})\, a_\lambda(\mathbf{k}) + \frac{1}{2}\right) \tag{16.34}
$$

이번에도 허공 $|0\rangle$ 의 운동량은 무한대가 되지만 에너지와 같은 처방

$$
\mathbf{P}_{em} = \sum_{\mathbf{k},\lambda} \hbar\mathbf{k}\left(a^\dagger_\lambda(\mathbf{k})\, a_\lambda(\mathbf{k}) + \frac{1}{2}\right) \quad \Rightarrow \quad \mathbf{P}_{em} = \sum_{\mathbf{k},\lambda} \hbar\mathbf{k}\, a^\dagger_\lambda(\mathbf{k})\, a_\lambda(\mathbf{k}) \tag{16.35}
$$

을 사용하면 $\mathbf{P}_{em}|0\rangle = 0$ 이 되어 허공의 운동량은 영이 된다. 그리고 한 개 광자 상태의 운동량은 다음과 같다.

$$
\mathbf{P}_{em}\,|\,\gamma_\lambda(\mathbf{k})\rangle = \hbar\mathbf{k}\,|\,\gamma_\lambda(\mathbf{k})\rangle \tag{16.36}
$$

광자의 질량을 알기 위하여 Einstein의 질량 공식에 근거하여 질량 연산자 M 을 다음의 연산자 식으로 정의한다.

$$
M^2c^4 = H_{em}^2 - \mathbf{P}_{em}^2c^2 \tag{16.37}
$$

---

[3] 참고: R. K. Wangsness, *Electromagnetic Fields, 2nd ed*, Sect 21−5

그러면 $|\gamma_\lambda(\mathbf{k})\rangle$는 E_{em}, $\mathbf{P}_{em}$의 고유상태이므로 M^2 연산자의 고유상태이기도 하며 고유값은 광자의 질량의 제곱과 같다.

$$\begin{aligned} M^2c^4\,|\gamma_\lambda(\mathbf{k})\rangle &= \left(H_{em}^2 - \mathbf{P}_{em}^2c^2\right)|\gamma_\lambda(\mathbf{k})\rangle \\ &= \left(\hbar^2\omega^2 - \hbar^2\mathbf{k}^2c^2\right)|\gamma_\lambda(\mathbf{k})\rangle = 0 \end{aligned} \tag{16.38}$$

따라서 광자는 질량이 영인 무질량 입자이고 항상 빛의 속도로 움직인다.

전자기 벌판은 에너지, 운동량뿐만 아니라 회전량도 지니고 있다. 다음과 같다.[4]

$$\mathbf{J}_{em} = \int d^3x\,\varepsilon_0\,\mathbf{x}\times(\mathbf{E}\times\mathbf{B}) \tag{16.39}$$

회전량은 궤도 회전량과 스핀 회전량으로 나눌 수 있고 스핀 부분은 아래와 같다.[5]

$$\mathbf{S}_{em} = \int d^3x\,\varepsilon_0\,\mathbf{E}\times\mathbf{A} \tag{16.40}$$

양자 전자기 벌판 (16.27)을 윗식에 대입하여 벡터 곱에 관한 연산과 교환자 관계식 (16.13)을 활용하면 다음 결과에 이르게 된다.

$$\mathbf{S}_{em} = \sum_{\mathbf{k}} i\hbar\hat{\mathbf{k}}\left(a_2^\dagger(\mathbf{k})\,a_1(\mathbf{k}) - a_1^\dagger(\mathbf{k})\,a_2(\mathbf{k})\right) \tag{16.41}$$

선형편광된 $|\gamma_1(\mathbf{k})\rangle$ 또는 $|\gamma_2(\mathbf{k})\rangle$ 들은 $\mathbf{S}_{em}$ 연산자의 고유벡터가 아니다. 대신 원형편광된 경우를 조사하기 위하여 다음의 창생 연산자를 정의한다.

$$a_\pm^\dagger(\mathbf{k}) = \frac{1}{\sqrt{2}}\left(a_1^\dagger(\mathbf{k}) \pm i a_2^\dagger(\mathbf{k})\right) \tag{16.42}$$

그러면 이 연산자로 생성되는 광자 상태를

$$|\gamma_\pm(\mathbf{k})\rangle = a_\pm^\dagger(\mathbf{k})\,|0\rangle \tag{16.43}$$

라 하면 $\mathbf{S}_{em}\cdot\hat{\mathbf{k}}$ 연산자의 고유상태가 된다.

$$\mathbf{S}_{em}\cdot\hat{\mathbf{k}}\,|\gamma_\pm(\mathbf{k})\rangle = \pm\hbar\,|\gamma_\pm(\mathbf{k})\rangle \tag{16.44}$$

${\mathbf{S}_{em}}^2$ 연산자의 고유상태 여부를 검사하는 과정은 좀 더 복잡하다. 지금까지 에너지, 운동량

[4] 참고: 각주 1 및 J. D. Jackson, *Classical Electrodynamics, 2nd ed*, Sect 12,10

[5] 참고: A. Messiah, *Quantum Mechanics,* Chap 21, Sect 23

계산에서 $a_\lambda(\mathbf{k})a_\lambda(\mathbf{k})$, $a_\lambda^\dagger(\mathbf{k})a_\lambda^\dagger(\mathbf{k})$ 항들은 무시하였다. 시간 관련 $e^{\pm 2i\omega t}$ 지수 인자는 평균을 하면 영이었기 때문이다. ${\mathbf{S}_{em}}^2$ 연산자의 계산에서도 이 점을 염두에 두고 연산자 전개를 하여 $|\gamma_\pm(\mathbf{k})\rangle$ 상태에 적용하면 다음을 얻는다.

$$\mathbf{S}_{em}^2 \,|\gamma_\pm(\mathbf{k})\rangle = 2\hbar^2 \,|\gamma_\pm(\mathbf{k})\rangle = 1\cdot(1+1)\hbar^2 \,|\gamma_\pm(\mathbf{k})\rangle \tag{16.45}$$

그러므로 광자는 스핀 1 인 보오존임을 알 수 있다. 회전량은 크기와 한 성분만 동시에 측정 가능하므로 그 성분방향을 식 (16.41)에서 전자기파의 진행방향 $\hat{\mathbf{k}}$ 방향으로 정하는 것이 편리하다. 스핀 벡터의 광자 운동방향 성분, $\mathbf{S}_{em}\cdot\hat{\mathbf{k}}$ 을 나선성 (helicity)이라 한다. 따라서 식 (16.44)는 $|\gamma_\pm(\mathbf{k})\rangle$ 의 나선성이 ± 1 임을 의미한다. 나선성이 분명한 광자들의 다발은 원형 편광으로 나타난다. 나선성이 $+1$ (-1) 이면 왼원 (오른원) 편광이 된다. [그림 3.6 참고]

회전량이 1 이라면 제3성분은 $+1$, 0, -1 이 가능한데 0 성분은 이 경우에 존재하지 않는다. 만일 존재한다면 해당 편광방향은 광자의 진행방향인 $\hat{\mathbf{k}}$ 방향이 될 것이다. 광자의 질량이 영 이라는 사실과 나선성이 영인 성분은 존재하지 않는다는 현상은 밀접한 관계가 있다. 무질량 입자는 항상 빛의 속도로 움직이고 어느 관측자도 빛이 정지해 있는 것으로 관측하는 사람은 없기 때문이다.

16.4 Planck의 복사 법칙

양자 역학의 효시가 된 Planck의 흑체 복사 법칙을 제1장에서 고전 역학적 방법으로 얻었다. 이제 양자 전자기 벌판을 이용하여 다시 한번 제대로 다루기로 하자.

동굴 복사에서 안쪽 벽을 구성하는 원자에서 방출하고 흡수하는 광자가 열평형 상태를 유지한다고 가정하자. 문제를 간단히 하기 위하여 원자의 두 준위 A, B 만 고려한다. $E_A > E_B$ 라 하자. 그러면 광자 방출과 광자 흡수에 관한 다음의 두 과정은 열평형을 이루어야 하므로 전이하는 수가 같아야 한다.

방출: $A \to B + \gamma$ 흡수: $B + \gamma \to A$

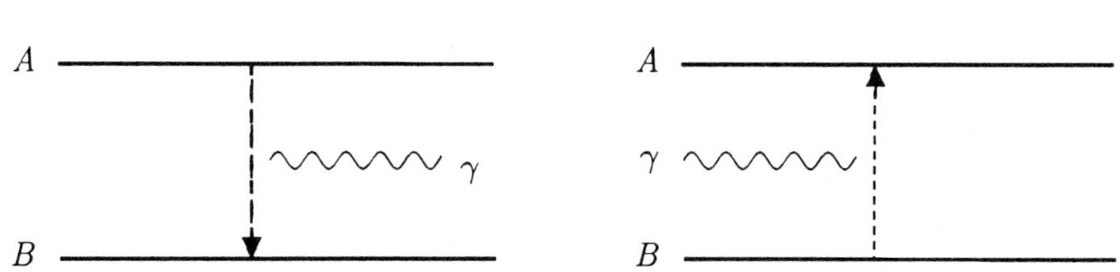

물론 두개 또는 그 이상의 광자를 방출하거나 흡수할 수 있다. 그러나 이들은 섭동전개에서 고차항에 의해서 일어나고 1 차 섭동에서는 무시할 수 있다.

양자상태 A, B 에 있는 원자들의 수를 각각 $N(A)$, $N(B)$ 라 하자. 이들이 열평형을 이루려면 단위시간당 상대편 준위로의 전이가 평균적으로 같아야 할 것이다. 그런데 R 은 단위입자당, 단위시간당 전이 확률이므로 열평형상태에서는 다음 조건이 만족되어야 한다.

$$N(A)\,R(A \to B+\gamma) = N(B)\,R(B+\gamma \to A) \tag{16.46}$$

그런데 열평형 상태에서 입자의 에너지가 E 일 확률은 Boltzmann 인자 $\exp(-E/kT)$ 에 비례한다. 따라서 다음을 알 수 있다.

$$\frac{N(A)}{N(B)} = \frac{\exp(-E_A\,/\,kT)}{\exp(-E_B\,/\,kT)} = \exp\left(-\frac{E_A - E_B}{kT}\right) = \exp\left(-\frac{\hbar\omega}{kT}\right) \tag{16.47}$$

윗식의 마지막 단계에서 $E_A - E_B = \hbar\omega$ 로 놓은 것은 한 개의 광자만 방출 또는 흡수한다는 1 차 섭동을 적용하기 때문이다.

한편 식 (16.46) 에서 $N(A)/N(B)$ 는 다음과 같다.

$$\frac{N(A)}{N(B)} = \frac{R(B+\gamma \to A)}{R(A \to B+\gamma)} \tag{16.48}$$

전자기 작용은 $e/m\,\mathbf{A}\cdot\mathbf{p}$ 이므로 광자의 방출 및 흡수 확률은 다음과 같다. [식 (16.28), (16.29) 참고]

$$\begin{aligned} R(B+\gamma \to A) &= (e\,/\,m)^2 \sum n_\lambda(\mathbf{k}) \left| \langle A|\, e^{+i\mathbf{k}\cdot\mathbf{x}} \boldsymbol{\epsilon}_\lambda \cdot \mathbf{p}\,|B\rangle \right|^2 \\ R(A \to B+\gamma) &= (e\,/\,m)^2 \sum (n_\lambda(\mathbf{k})+1) \left| \langle B|\, e^{-i\mathbf{k}\cdot\mathbf{x}} \boldsymbol{\epsilon}_\lambda{}^* \cdot \mathbf{p}\,|A\rangle \right|^2 \end{aligned} \tag{16.49}$$

그런데 두 전이 진폭은 서로 복소 관계이므로

$$\langle B|\, e^{-i\mathbf{k}\cdot\mathbf{x}} \boldsymbol{\epsilon}_\lambda{}^* \cdot \mathbf{p}\,|A\rangle = \langle A|\, e^{+i\mathbf{k}\cdot\mathbf{x}} \boldsymbol{\epsilon}_\lambda \cdot \mathbf{p}\,|B\,\rangle^* \tag{16.50}$$

쌍극자 근사를 할 필요도 없이 크기가 같다. 이들을 종합하면

$$\frac{N(A)}{N(B)} = \exp(-\hbar\omega\,/\,kT) = \frac{n_\lambda(\mathbf{k})}{n_\lambda(\mathbf{k})+1} \tag{16.51}$$

이 성립하고 점유수에 관한 다음 결론에 도달한다.

$$n_\lambda(\mathbf{k}) = \frac{1}{\exp(\hbar\omega / kT) - 1} \tag{16.52}$$

위의 논의 과정에서 A, B 두 상태는 에너지 준위만 중요하고 나머지 세부사항과는 무관함을 알았다. 또한 에너지 차이도 임의이므로 점유수에 관한 식 (16.51) 은 일반성을 가진다.

이제 Planck의 복사도 스펙트럼 (1.18) 을 유도할 차례이다. 제 1장에서는 고전 전자기 벌판을 사용하면서 진동자의 에너지가 특정한 즉, 양자화 되었다는 가정하에 복사 법칙을 유도하였다. 지금은 양자 전자기 벌판이므로 광자의 입장에서 접근하여야 할 것이다.

동굴 내 광자들이 갖는 에너지를 계산해 보자. 위상 공간에서 $\Delta x \cdot \Delta p = h = 2\pi\hbar$ 마다 한 개의 양자 상태가 존재하므로 전형적인 위상 적분을 하면 된다. 물론 광자의 나선성 (편광) 도 고려하여 전체를 2배로 곱해야 한다. 그리고 각 양자 상태는 $n_\lambda(\mathbf{k})$ 만큼만 점유되었으므로 이를 곱함으로써 실제의 점유된 광자의 수를 얻을 것이다. 한편 광자는 각각 $\hbar\omega$ 의 에너지를 가지므로 결국 동굴 내의 광자들의 에너지는 다음으로 표현할 수 있다.

$$E = \sum_\lambda \int \frac{d^3x\, d^3p}{(2\pi\hbar)^3} n_\lambda(\mathbf{k})\hbar\omega = \frac{V}{\pi^2\hbar^3}\int p^2\, dp \frac{\hbar\omega}{\exp(\hbar\omega / kT) - 1} \tag{16.53}$$

위에서 $n_\lambda(\mathbf{k})\,\hbar\omega$ 는 광자의 운동방향과 무관하므로 방향 적분을 실행했고 두 편광방향도 포함하였다. 그런데 광자에 관하여 $p = \hbar k = \hbar\omega/c$ 이므로 다음 식을 얻는다.

$$\frac{d\rho}{d\omega} = \frac{1}{V}\frac{dE}{d\omega} = \frac{\hbar}{\pi^2 c^3}\frac{\omega^3}{\exp(\hbar\omega / kT) - 1} \tag{16.54}$$

이렇게 구한 에너지 밀도에 $c/4$ 를 곱하여 복사도 스펙트럼을 계산하면 식 (1.18) 과 동일한 공식을 얻는다. [연습문제 1.4 참고]

16.5 양자 통계

점유수에 관한 식 (16.52) 를 얻게 된 배경에는 근본적으로 광자가 스핀 1 인 사실이 중요한 역할을 한다. 두 광자의 파동 함수는 입자 교환으로 대칭이므로 [식 (16.26) 참고] 스핀과 통계의 연관성을 다시 살펴보기로 한다.

양자 역학적으로 전혀 다른 통계 분포 현상을 나타내는 이유는 똑같은 입자의 구별 불능성

(indistinguishability) 때문이다. 고전역학에서는 똑같은 입자들의 구별이 가능하다. 구별 불능이면 9.5절의 논의에 따라 파동함수는 완전대칭이거나 반대대칭이다. 스핀이 정수인 보오존은 완전대칭인 함수로 표현되고 Bose-Einstein 통계를 따르며 스핀이 반홀수인 페르미온은 반대대칭 함수로 기술되고 Fermi-Dirac 통계를 따른다.

N개의 뭇입자로 구성된 물리계의 파동함수를 단일입자 파동함수의 곱으로 표현하면

구별가능: $$\Psi(1,2,\ldots,N)=\psi_1(\alpha_1)\psi_2(\alpha_2)\ldots\psi_N(\alpha_N) \tag{16.55}$$

구별불능: $$\begin{cases} \text{완전대칭}: \Psi_{BE}(1,2,\ldots,N)=\dfrac{1}{\sqrt{N!}}\displaystyle\sum_{\alpha_1\alpha_2\cdots\alpha_N}\psi_1(\alpha_1)\psi_2(\alpha_2)\ldots\psi_N(\alpha_N) \\ \text{반대대칭}: \Psi_{FD}(1,2,\ldots,N)=\dfrac{1}{\sqrt{N!}}\displaystyle\sum_{\alpha_1\alpha_2\cdots\alpha_N}(-1)^P\psi_1(\alpha_1)\psi_2(\alpha_2)\ldots\psi_N(\alpha_N) \end{cases} \tag{16.56}$$

로 쓸 수 있다. 단일입자 파동함수 $\psi_i(\alpha)$ 에서 i 입자를 가리키고 α 는 양자번호를 포괄적으로 일컫는다. 구별불능인 경우에는 α_1, $\alpha_2,\ldots$, α_N 의 모든 순열에 관하여 합하여야 한다. 모두 $N!$ 개의 항이 있다. 반대대칭의 경우에는 짝순열인지 홀순열인지도 확인해서 + 또는 − 부호를 추가해야 한다. Ψ_{BE}, Ψ_{FD} 는 각각 Bose-Einstein 통계를 따르는 보오존, Fermi-Dirac 통계를 따르는 페르미온의 파동함수를 의미한다. [$N=3$ 인 경우 식 (9.87) 참고] $\psi_i(\alpha)$ 는 규격화되었고 Ψ 도 마찬가지이다. 그래서 Ψ_{BE}, Ψ_{FD} 는 규격화 상수 $\sqrt{N!}$ 이 필요하다.

이제 양자상태가 모두 같은 $\alpha_1=\alpha_2=\cdots=\alpha_N=\alpha$ 인 상황을 다루어 보자. 우선 페르미온의 경우에는 어느 두개의 α_i 가 같아도 $\Psi_{FD}=0$ 이다. 즉 어느 두 페르미온도 똑같은 양자상태를 공유할 수 없다. 보오존의 경우에는 합하는 항들이 모두 똑같고 $N!$ 개이므로 구별가능한 파동함수 Ψ 와 비교하여 확률적으로 다음과 같다.

$$|\Psi_{BE}(1,2,\ldots,N)|^2=N!\,|\Psi(1,2,\ldots,N)|^2 \tag{16.57}$$

그러므로 이미 N개 보오존이 있는 상태에서 똑같은 입자 한 개가 추가될 확률은 다음과 같다.

$$\begin{aligned} |\Psi_{BE}(1,2,\ldots,N+1)|^2 &= (N+1)!\,|\Psi(1,2,\ldots,N+1)|^2 \\ &= (N+1)\frac{|\Psi(1,2,\ldots,N+1)|^2}{|\Psi(1,2,\ldots,N)|^2}\,|\Psi_{BE}(1,2,\ldots,N)|^2 \\ &= (N+1)\,|\psi(\alpha)|^2\,|\Psi_{BE}(1,2,\ldots,N)|^2 \end{aligned} \tag{16.58}$$

그런데 $|\psi_i(\alpha)|^2$은 구별 가능한 입자 한 개를 추가하는 확률이므로 양자 역학적으로 N개의 똑같은 입자를 발견할 확률은 구별 가능한 경우보다 $(N+1)$ 배 만큼 커진다. 전이률로 표현하면 다음처럼 같이 쓸 수 있다.

$$R_{BE}(A \to B) = (n_B + 1)\, R(A \to B) \tag{16.59}$$

여기서 $R(A \to B)$ 는 똑같은 입자들이 구별 가능 하다고 가정했을 때의 전이율이다.

다음에 에너지가 다른 두 준위 A, B 상태가 열 평형 상태에 있다고 하자. 평형 상태이므로 다음이 성립한다.

$$n_A\, R_{BE}(A \to B) = n_B\, R_{BE}(B \to A) \tag{16.60}$$

식 (16.59) 를 활용하면 다음 결과를 얻는다.

$$\frac{n_A}{n_B} = \frac{R_{BE}(B \to A)}{R_{BE}(A \to B)} = \frac{(n_A + 1)\, R(B \to A)}{(n_B + 1)\, R(A \to B)} = \frac{n_A + 1}{n_B + 1}\, \frac{\exp(-E_A/kT)}{\exp(-E_B/kT)} \tag{16.61}$$

$$\frac{n_A + 1}{n_A}\, e^{-E_A/kT} = \frac{n_B + 1}{n_B}\, e^{-E_B/kT} = \alpha \tag{16.62}$$

여기서 $R(\beta \to \alpha)/R(\alpha \to \beta)$는 똑같은 입자 (identical particle) 라도 구별 가능하다고 가정하였으므로 Boltzmann 인자를 사용하였다. 식 (16.62) 는 양자 상태 A, B 와는 무관하므로 고작해야 온도의 함수인 상수 α 와 같아야 한다. 즉 에너지 E 인 양자 상태에 있는 보오존의 수 $n(E)$ 는 다음과 같다.

$$n_{BE}(E) = \frac{1}{\alpha\, e^{E/kT} - 1} \tag{16.63}$$

이것이 Bose-Einstein 분포이다. 식 (16.52) 와 비교하면 광자의 경우 $\alpha = 1$ 이다. 윗식에서 보듯이 보오존은 낮은 에너지 상태에 몰리려는 경향이 강하다.

페르미온의 경우는 배타 원리를 생각해야 한다. $n_B = 1$ 이면 $R_{FD}(A \to B) = 0$ 이다. 그러나 $n_B = 0$ 이면 입자가 없는 상태에서 한 개를 추가하는 것이므로 구별 불능의 전이율이나 구별 가능한 입자의 전이율이 같다. 이것은 다음으로 요약된다.

$$R_{FD}(A \to B) = (1 - n_B)\, R(A \to B) \tag{16.64}$$

나머지는 보오존의 경우처럼 논의가 진행한다. 열 평형이므로 다음이 성립한다.

$$n_A\, R_{FD}(A \to B) = n_B\, R_{FD}(B \to A) \tag{16.65}$$

$$\frac{n_A}{n_B}=\frac{R_{FD}(B\to A)}{R_{FD}(A\to B)}=\frac{(1-n_A)\,R(B\to A)}{(1-n_B)\,R(A\to B)}=\frac{1-n_A}{1-n_B}\,\frac{\exp(-E_A/kT)}{\exp(-E_B/kT)} \tag{16.66}$$

그리고 $R(A\to B)$, $R(B\to A)$ 는 구별가능한 입자로 간주했을 때의 전이율이므로 역시 Boltzmann 인자에 비례하고

$$\frac{1-n_A}{n_A}\,e^{-E_A/kT}=\frac{1-n_B}{n_B}\,e^{-E_B/kT}=\alpha \tag{16.67}$$

그러므로 이번에는 다음의 Fermi-Dirac 분포를 얻는다.

$$n_{FD}(E)=\frac{1}{\alpha\,e^{E/kT}+1}=\frac{1}{e^{(E-E_F)/kT}+1} \tag{16.68}$$

윗식에서 $T\to 0$ 인 극한 온도에서 분포를 조사하면

$$\begin{aligned} n_{FD}(E)&=1 \qquad (0<E<E_F)\\ &=0 \qquad (E>E_F)\end{aligned}$$

$E=0$ 부터 $E=E_F$ 까지는 모든 양자상태가 점유되고 그 이상의 에너지 준위는 안 채워진 상태이다. 이것이 부록 B에서 논의한 Fermi 에너지이다.

16.6 전자기 상호작용

양자전자기 벌판은 광자를 창생하거나 소멸시키며 광자는 모든 전자기 상호작용을 야기시킨다. 그러므로 그림 13.3의 구불선은 광자의 전파자로 해석할 수 있다.[6] 꼭지점에서의 Feynman 규칙은 광자가 모든 대전된 입자와 상호작용을 할 수 있음을 의미한다. 전자기 작용은 거시세계는 물론 원자, 핵, 입자의 미시세계에까지 그 영향을 미치며 특히 원자 현상에서는 가장 두드러진 작용이다. 물성에 관한 연구는 대부분 원자의 전자기 작용에 관한 것이다. 양자 전자기학이나 주제별 참고문헌에서 구체적으로 다루어지며 이 책의 범위를 벗어나지만 정성적으로 몇 가지 기본적인 현상들을 살펴보고자 한다. 아래에서 전자 등 구체적 입자는 e^-, 원자는 일반적으로 A, 들뜬 원자는 A^* 등으로 표기하였다. 경우에 따라서 원자 전체와 작용할 수 도 있고 또 원자의 전자가 마치 자유전자이듯이 또는 원자핵과 작용하기도 한다.

---

[6] 좀 더 세련된 양자 전자기학에서는 추가적으로 에너지 관련항과 편광에 대한 항이 있는데 정성적으로는 그림 13.3 으로 충분하다.

빛의 흡수

$$\gamma + A \;\Rightarrow\; A^*$$

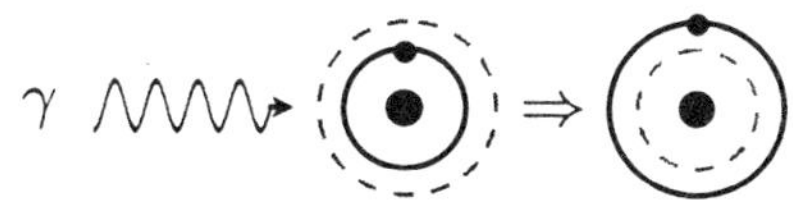

낮은 준위의 원자에 광자가 흡수되어 높은 준위의 들뜬 원자 상태로 전이한다. 이 과정은 공명 과정으로서 광자의 에너지가 두 준위의 에너지 차와 같을 때 가장 잘 일어난다. 빛의 흡수 현상은 분자의 회전이나 진동 모드의 들뜸으로서도 다양하게 일어난다.

빛의 자발 방출

$$A^* \;\Rightarrow\; A + \gamma$$

들뜬 상태에 있는 원자는 자발적으로 에너지 준위차에 해당하는 광자를 방출하고 낮은 상태의 원자로 전이한다. 15.5절에서 상세히 다룬 과정으로 자체의 전자기 벌판으로 광자를 내보내는 것이다. 자발 방출은 빛의 흡수 과정의 역과정이라 할 수 있다.

빛의 유도 방출

$$\gamma + A^* \;\Rightarrow\; A + \gamma + \gamma$$

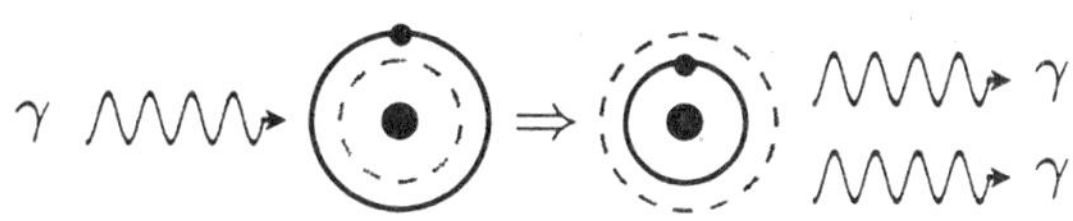

입사한 광자가 들뜬 상태를 유도하여 낮은 상태로 전이하면서 광자를 방출시키는 것이다. 이것은 공명 과정이다. 최종 상태에는 입사 광자와 유도 광자 두개가 있는데 보강 간섭을 하도록 동위상 (in-phase) 이다. 유도 방출은 레이저의 기본 원리이다.

광전 효과

$$\gamma + A \;\Rightarrow\; (A - e^-) + e^-$$

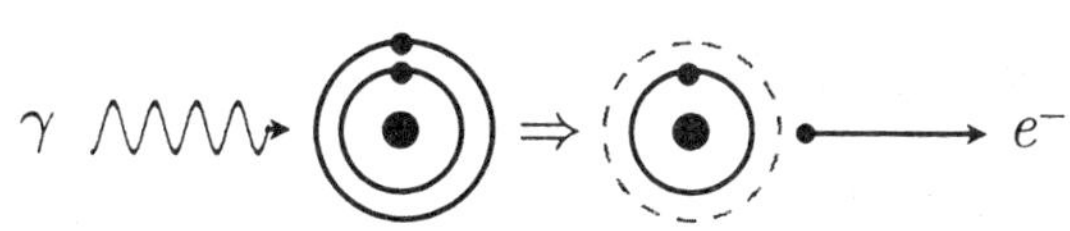

원자에 결합된 속박 전자에 해방 에너지 이상의 에너지를 가진 광자가 흡수되어 자유 전자로 방출하는 현상이다. 에너지-운동량 보존때문에 광자가 자유 전자에만 흡수하는 과정은 일어나지 않는다. 그러므로 광전 효과는 속박된 전자에서만 가능하다.

Auger 효과

$\gamma + A \;\Rightarrow A^* \Rightarrow\; (A - e^-) + e^-$

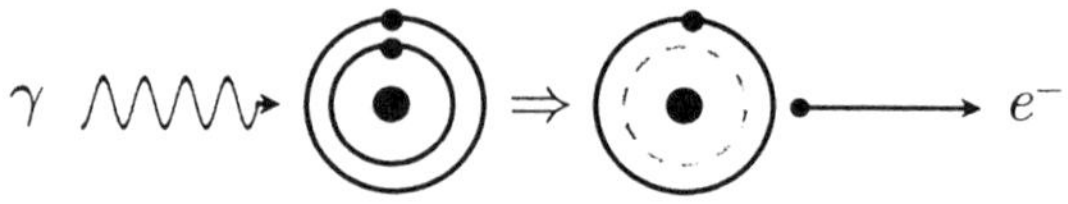

광자가 내부 껍질에 있는 전자에 흡수되어 들뜨게 하면 들뜬 전자가 낮은 준위로 전이하면서 외각 전자를 방출하는 과정이다. 운동 에너지는 원자의 에너지 준위차와 같다. Auger 효과는 원자핵 가까이 있는 전자가 핵에 포획될 경우에도 일어난다.

제동 복사 (Bremsstrahlung)

$e^- + A \;\Rightarrow\; A + e^- + \gamma$

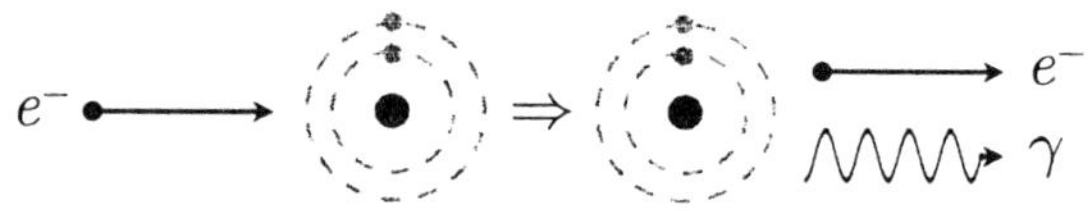

전자가 원자핵의 강한 Coulomb 벌판을 지나가면서 광자를 방출하는 현상이다. 광자 방출로 에너지가 줄어들기에 제동 복사라 한다. 에너지-운동량 보전때문에 자유 전자 단독으로 제동 복사를 할 수는 없다. 광자는 통상 연속 x-선 스펙트럼을 이룬다.

전자-양전자 쌍생성

$\gamma + A \;\Rightarrow\; A + e^+ + e^-$

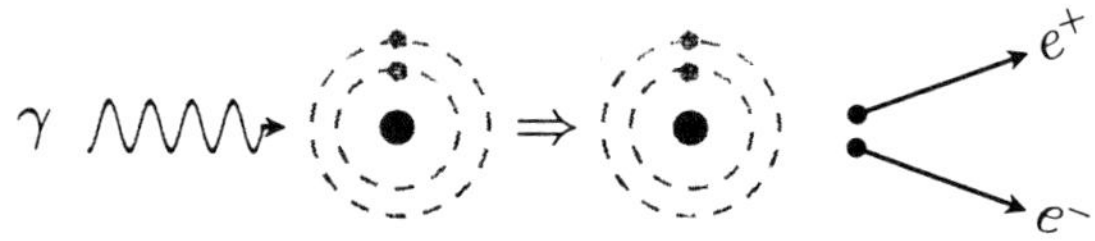

광자의 에너지가 1 MeV 이상인 경우에 광자는 원자핵과 작용하여 전자-양전자의 입자와 반대 입자 쌍을 창생할 수 있다. 광자 단독으로는 쌍생성을 할 수 없다. 에너지-운동량이 보존되어야 하기 때문이다. 역과정인 전자-양전자의 쌍 소멸도 가능하다.

Rayleigh 산란

$\gamma + A \;\Rightarrow\; A + \gamma$

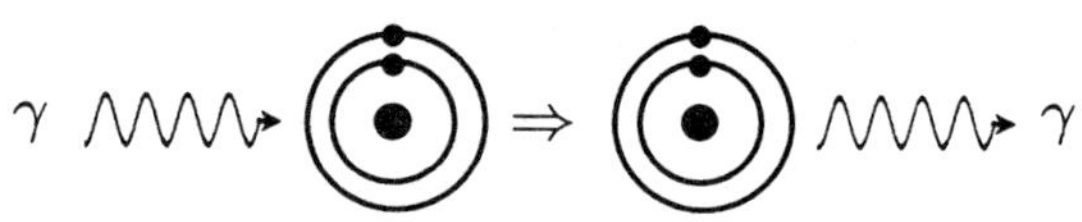

광자와 원자의 탄성 산란으로 원자 상태의 변화가 없다. 산란 단면적은 파장의 4 제곱에 역비례한다. [즉 ω^4에 비례한다] 하늘이 파란 이유는 태양 빛이 공기 분자에 산란할 때 짧은 파장의 빛이 더욱 많이 산란하고 우리가 보는 하늘은 산란한 빛이기 때문이다.

Raman 산란

$$\gamma + A \Rightarrow A^* + \gamma$$

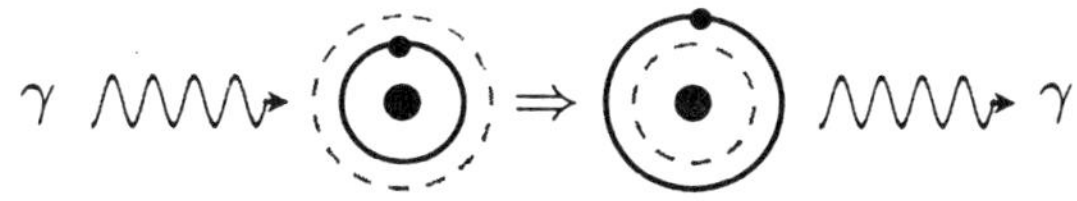

광자와 원자의 비탄성 산란으로 원자 상태가 변한다. 낮은 상태에서 높은 상태로 올라갈 수도 있고 반대로 높은 준위에서 낮은 준위로 내려올 수도 있다. 비탄성 충돌이므로 들뜬 상태를 조사할 수 있고 분자의 구조를 알아 내는데 효과적이다.

Compton 산란

$$\gamma + e^- \Rightarrow e^- + \gamma$$

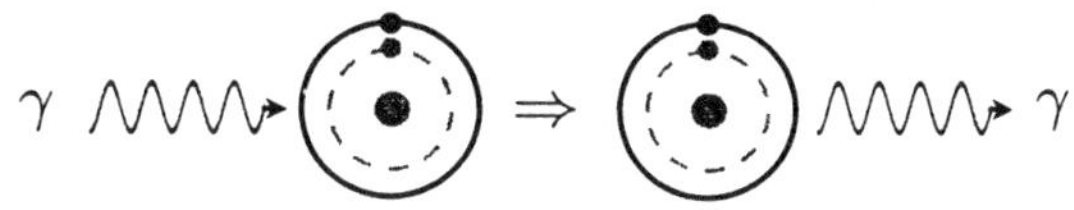

광자의 에너지가 수백 keV 정도면 원자의 바깥 껍질에 있는 전자들은 자유 전자처럼 행동하여 광자와 탄성 산란을 일으킨다. 그리고 에너지는 줄어서 파장이 길어진다. 고 에너지 입자 가속기를 이용하여 직접 전자를 가속한 후 광자와 충돌시킬 수도 있다.

Rutherford 산란

$$e^- + A \Rightarrow A + e^-$$

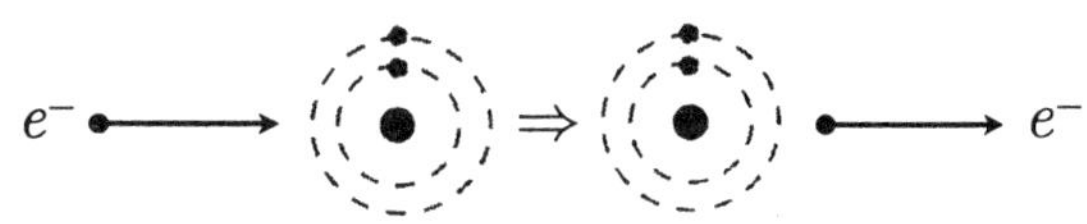

대전된 입자끼리 가상 광자를 교환함으로써 일어나는 충돌 현상이다. 전자와 원자핵의 충돌을 생각할 수 있다. 산란 단면적이 $\sin^4\theta/2$에 역비례하여 입사 입자의 진행 방향으로 대부분 산란하지만 반대 방향인 입사 입자쪽으로도 산란할 확률이 상당히 있다.

이외에도 많은 산란 또는 충돌과정을 통하여 미시세계의 물질 구조를 조사할 수 있다. 고에너지 소립자 물리학에서는 입자-반대 입자의 충돌이 특히 중요한 의미를 갖는다. 입자와 반대 입자는 서로 충돌할 때 소멸되어 질량 에너지가 엄청난 에너지로 생성하기 때문이다. 지금까지 우리는 양자 전자기 벌판을 고려하여 광자의 방출만 생각했으나 실제로 강작용 벌판, 약작용 벌판들도 포함하면 다른 종류의 소립자들도 얼마든지 생성이 가능하다. 이 과정에서 Einstein의 질량 공식에 따라 초기 상태의 입자-반대 입자의 소멸된 에너지가 엉겨서 새로운 입자들이 창생한다.

16.7 양자 전자기학

전자기 벌판을 양자화하여 여러가지 전자기 현상을 공부하는 이론 물리 분야를 양자 전자기학 (QED: quantum electrodynamics)이라 한다. 앞 절에서 여러 전자기 현상에 대한 개략적 개념을 얻었고 구체적인 것은 적당한 Feynman 도식에서 전이 진폭을 계산하여야 할 것이다. QED에서는 스핀과 상대론적 고려를 한 입자와 양자 전자기 벌판의 상호 작용을 섭동 이론으로 푼다. 구체적 Feynman 도식과 규칙은 복잡해지지만 근본적으로 그림 13.4의 규칙에서 크게 벗어나지 않는다.

대부분의 경우 1차 섭동으로 만족할 수 있으나 1차 섭동이 영이든지 또는 단순히 이론적 정밀도를 높이기 위하여 고차 섭동을 생각할 필요가 생긴다. 그 중에서 두 가지가 대표적이다. 자유로이 움직이는 전자를 생각해 보자. 이 전자는 외부에서 힘은 안 받겠으나 내부적으로는 가상 광자를 끊임없이 방출하고 자체 흡수할 수 있다. 관련된 Feynman 도식을 그림 16.2에 나타나 있다. 이것은 전자의 자체 에너지이다. 또 다른 전형적인 경우는 꼭지점에서 전하 e로 결합을 하지만 역시 가상의 광자를 방출-흡수할 수 있다. [그림 16.3]

QED 섭동 이론의 전개 상수는 결합 상수 e이고 이는 Feynman 도식에서 꼭지점의 수이다. 그러므로 그림 16.2, 16.3에서처럼 시각적인 전개가 가능하다. 무한이 많은 도식이 있으나 싱징적으로 두 개만 표현하였다. 산란 행렬 요소 S_{fi} 에서 고차항으로 갈수록 e 의 멱수가 커지고 기본 전하 e 는 미세 구조 상수 α 로 표현되므로 섭동 전개는 수렴하리라 기대한다. 그러나 2차 섭동항은 e 의 멱수만 보면 겉보기에 작아 보이지만 구체적 계산을 수행하면 무한대가 된다. 그림 16.2의 경우 전자의 전파자에서는 전자 질량이 무한대만큼 변하는 것이며 꼭지점의 경우는 무한대 전하가 도입되는 것이다. 이것은 QED에서 피할 수 없는 난제이다.

QED에서는 이 무한대 문제를 슬기롭게 해결한다. 그저 실용적인 한 방편에 불과한지 아니면 어떤 심오한 원리가 깔려있는지 아직 알려지지 않았다. 1차 섭동에서는 입자의 질량과 전하가 알짜 질량, 알짜 전하뿐인데 섭동 작용으로 겉옷 질량과 전하가 추가되었고 우리가 실제로 측정하는 것은 알몸과 겉옷의 합이라는 것이다. 그런데 알몸과 겉옷의 질량과 전하들은 각각 플러스 무한대와 마이너스 무한대가 되어 이론적으로는 "$\infty - \infty =$ 부정형"이지만 그 차이가 물리적 현상으로 나타나 우리가 측정하는 질량과 전하라는 것이다. 알몸 질량과 알몸 전하를 보려면 무한히 짧은 de Broglie 파장의 물질 파동 즉 무한이 높은 에너지가 필요하다. 이 과정은 무한대를 무한대로 나누는 "$\infty/\infty =$ 부정형"의 형태로도 설명할 수 있고 질량과 전하의 크기를 다시 규격화하는 것이다. 이것을 재 규격화 (renormalization) 과정이라 한다. 이러한 무한대로의 발산 문제는 벌판 이론의 특징이다.

그림 16.2 전자의 자체 에너지

2차 섭동은 e^2 때문에 작으리라 예상되지만 계수가 무한대로 된다.

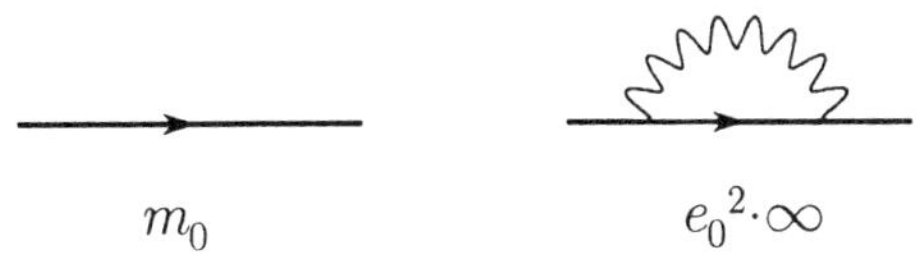

재규격화 과정은 인위적이지만 QED에서의 무한대 문제를 해결한다. 단지 무한대가 제거된 후 남은 유한한 이론값과 실험값을 비교 검증해야 한다. 많은 검사가 있으나 수소 원자에서 Lamb 이동 [12.2절]의 올바른 설명이나 특히 11.6절 [식 (11.58)]에서 언급한 전자의 자기 쌍극 능률이 오차 범위 내에서 12자리 유효숫자까지 이론과 실험이 일치하는 것은 재규격화 이론을 받아드려도 좋다는 결론에 이르게 한다. 실제로 다른 대안이 없는 상황에서 재규격화는 올바른 이론이 되기 위한 필요충분 조건으로 인식되고 있다.

그림 16.3 전자의 전하

무한대의 알몸전하는 무한대의 겉옷전하에 가려서 유한한 기본 전하를 관측하게 된다.

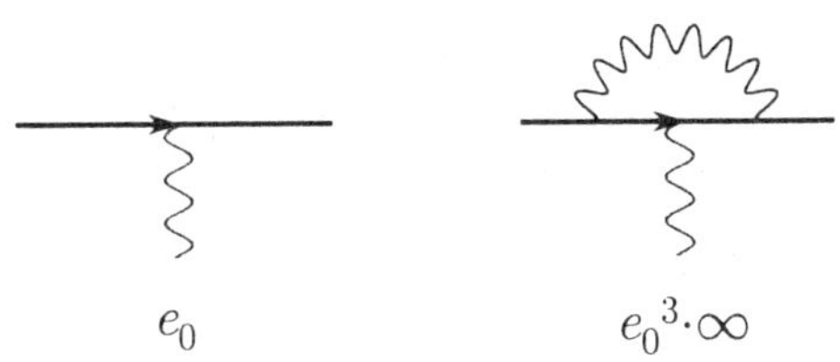

전자기학은 물리학의 발전에 커다란 길라잡이 횃불이라 할 수 있다. Maxwell의 이론으로 그 이전까지 서로 아무 관련이 없는듯한 전기, 자기, 복사(빛) 현상이 하나의 원리로 통합되었다. 그리고 관측자에 따라서 다르게 볼 수 있는 Maxwell 이론의 순수성을 유지하기 위하여 Einstein은 시간과 공간의 개념을 바꿔 놓았다. 한편 흑체 복사의 이론적 결함을 보완하기 위하여 양자 역학이 확립되었다. 양자화된 벌판은 강작용, 약작용 등 다른 벌판의 양자화로도 일반화하게 되었다. 또한 전자기학의 게이지 원리도 확장된 개념으로 발전하여 현대 물리학에서 중요시되는데 궁극적 물리학 이론이 되기 위한 표준 모형 이론은 근본적으로 원리는 전자기 이론에서 유래한다.

연 습 문 제

16.1 식 (16.2) 로 주어진 벡터 벌판 $\mathbf{A}(\mathbf{x},t)$ 에서 전기 벌판의 에너지 [식 (16.6)] 과 전자기 벌판의 에너지 [식 (16.7)] 을 유도하라.

16.2 양자화하기 전의 벡터 벌판 $\mathbf{A}(\mathbf{x},t)$ [식 (16.2)] 는 주기적 경계 조건을 만족하도록 규격화된 평면파 [식 (4.96)] 를 사용하였다. 이제 체적 V 를 무한히 크게 하면 식 (16.2) 의 $\mathbf{k}$ 에 관한 합은 적분이 된다.

$$\mathbf{A}(\mathbf{x},t)=\sum_{\lambda}\int\frac{d^3k}{(2\pi)^3}\,a_\lambda(\mathbf{k})\,\boldsymbol{\epsilon}_\lambda\,e^{+i(\mathbf{k}\cdot\mathbf{x}-\omega t)}+cc$$

이 과정을 확인하고 전기 벌판 [식 (16.5)] 과 전기 벌판 에너지 [식 (16.6)] 에 관한 표현이 어떻게 수정될지 조사하라.

16.3 전자기 벌판의 운동량 연산자 $\mathbf{P}_{em}$ 은 식(16.34)와 같음을 보이고 광자 상태는 $\mathbf{P}_{em}$ 의 고유상태 [식 (16.36)] 임을 증명하라.

16.4 벡터 벌판 $\mathbf{A}(\mathbf{x},t)$ 를 양자화하여 [식 (16.27)] 광자를 한 개 창생 또는 소멸시킬 수 있으므로 $\mathbf{A}^2(\mathbf{x},t)$ 는 두개를 창생, 소멸 또는 한 개를 창생한 후 다시 소멸할 수 있을 것이다. 따라서 식 (15.15) 에서 무시했던 항은 고차 섭동에서 고려되어야 할 것이다. 해당하는 Feynman 도식은 그림과 같아서. "갈매기 도식"이라 불리는데 이에 대한 Feynman 규칙은 어떠한가?

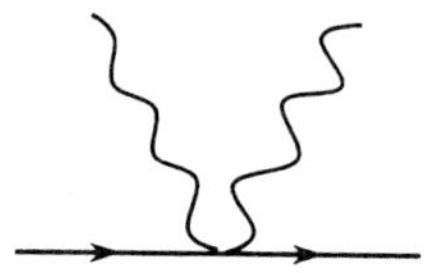

16.5 반대 대칭인 파동 함수 [식 (16.56)] 은 다음의 Slater 행렬식으로 표현할 수 있음을 보이라. Pauli 의 배타 원리는 이 행렬식에서 어떤 의미를 갖는가?

$$\Psi_{FD}(1,2,\ldots,N)=\frac{1}{\sqrt{N!}}\sum_{\alpha_1\alpha_2\cdots\alpha_N}(-1)^P\psi_1(\alpha_1)\psi_2(\alpha_2)\ldots\psi_N(\alpha_N)$$

$$=\frac{1}{\sqrt{N!}}\begin{vmatrix}\psi_1(\alpha_1) & \psi_1(\alpha_2) & \cdots & \psi_1(\alpha_N)\\ \psi_2(\alpha_1) & \psi_2(\alpha_2) & \cdots & \psi_2(\alpha_N)\\ \vdots & \vdots & \vdots & \vdots\\ \psi_N(\alpha_1) & \psi_N(\alpha_2) & \cdots & \psi_N(\alpha_N)\end{vmatrix}$$

17. DIRAC 방정식

17.1 서　론

지금까지 전자기 벌판의 양자화 이외에는 Schrödinger 방정식에 근거한 비상대성 양자 역학을 다루었다. 비상대론적 결함을 근본적으로 보완하려면 상대론 양자 방정식에서 출발할 필요가 있다. Einstein의 질량 공식 $E^2 = m^2c^4 + \mathbf{p}^2c^2$ 에 근거한 Klein-Gordon 방정식 (4.9)는 이미 고려한 바 있다.

$$-\hbar^2 \frac{\partial^2}{\partial t^2}\Psi(\mathbf{x},t) = \left(-c^2\hbar^2\nabla^2 + m^2c^4\right)\Psi(\mathbf{x},t) \tag{17.1}$$

이 방정식에 유도되는 확률 흐름 보존의 법칙에서 확률 밀도와 확률 흐름 밀도는 다음과 같다. [연습문제 4.12 참고]

$$\rho(\mathbf{x},t) = \frac{i\hbar}{2mc}\left(\Psi^*\frac{\partial\Psi}{\partial t} - \frac{\partial\Psi^*}{\partial t}\Psi\right) \qquad \mathbf{J}(\mathbf{x},t) = \frac{-i\hbar}{2m}\left(\Psi^*\nabla\Psi - (\nabla\Psi^*)\Psi\right) \tag{17.2}$$

Schrödinger 이론에서는 확률 밀도가 $\rho = |\Psi|^2$ 이며 파동 함수에 관한 Born의 해석을 적용시킬 수 있었다. 하지만 Klein-Gordon 이론의 경우에는 그렇지 않다. 확률은 음수가 될 수 없음에도 불구하고 윗식은 이를 허용하기 때문이다. Born의 해석이 통용되지 않는다면 파동 함수 자체만으로 물리학적 의미가 별로 없다.

Klein-Gordon 이론에서 Born의 해석을 적용하려면 식 (17.2)의 ρ 를 전하 확률 밀도로 이해하면 된다. 그러므로 식 (17.1)은 스핀 0 인 전하를 띄운 입자의 운동을 기술하기에 적당하다. 그러나 Schrödinger 이론의 연장선상에서 $\rho = |\Psi|^2$ 같은 확률 밀도를 얻는 것이 바람직한 것은 말할 나위 없다.

Schrödinger 방정식이 양부호 (positive definite) 형식의 확률 밀도를 제시하는 것은 시간 도함수가 1계인 미분 방정식이기에 가능하다. 그러나 Klein-Gordon 방정식은 2계 시간 도함수를 포함하고 있다. 그러므로 Einstein의 질량 공식의 조건을 만족하면서도 시간의 1계 도함수를 포함한 양자 방정식을 찾아보도록 한다. 그 전형적인 과정은 변수의 수를 늘리는 것으로 이미 우리는 역학과 전자기학에서 그 방법론에 익숙하고 준비가 되었다.

Lagrange 역학 이론에서는 N개의 일반좌표 $q(t)$ 에 관한 2계 미분 방정식으로 물리계를 표현한다. [식 (B.2)] 그러나 Hamilton의 정준이론에서는 N개의 정준 좌표 $q(t)$ 와 N개의 정준 운동량 $p(t)$, 모두 $2N$개의 변수에 관한 1계 미분 방정식으로 기술한다. [식 (B.3)] Maxwell의 전자기 이론에서도 마찬가지이다. Maxwell 방정식은 전자기 벌판 $\mathbf{E}(\mathbf{x},t)$, $\mathbf{B}(\mathbf{x},t)$ 에 관한 8개의 1계 미분 방정식인데 [식 (15.1)] 세계벡터 벌판 $\mathbf{A}(\mathbf{x},t)$, $\phi(\mathbf{x},t)$ 에 관한 4개의 2계 미분 방정식으로 기술할 수 있다. [식 (15.7)]

Dirac은 1계 시간 도함수가 포함된 상대론 양자 방정식을 알아내었다. 스핀 1/2 인 파동함수는 2개의 성분을 갖는데 이를 상대론 영역으로 확장하여 4개의 성분을 갖는 파동함수가 되면서 시간 도함수는 1계만 포함하도록 한 것이다. 결과는 양부호 형식을 갖고 확률밀도의 해석이 가능한 Dirac 방정식이다. 이 이론은 상대론을 이미 수용하므로 상대론적 보정이 따로 필요 없고 전자의 여러 성질 특히 $g_s=2$ 를 자연스럽게 설명한다.

상대론적 양자이론의 특징은 음에너지 풀이의 해석이다. 입자는 Einstein의 질량공식 $E^2=m^2c^4+\mathbf{p}^2c^2$ 을 만족해야 하고 그 풀이는 $E=\pm(m^2c^4+\mathbf{p}^2c^2)^{1/2}$ 의 두 가지가 존재한다. 고전 역학에서는 양의 부호를 택한다. 대응원리를 적용하여 입자가 느리게 움직일 경우에는 에너지가 $E=mc^2+\mathbf{p}^2/2m$ 으로 환원되어야 하기 때문이다. 그러나 양자역학에서는 사정이 복잡하다. 파동함수의 전개가 중요한 역할을 하는데 양에너지는 물론 음에너지의 고유함수까지 포함하여 모든 에너지 값에 대한 파동함수의 집합을 고려해야 완전히 직교 수직하는 기준 벡터계를 이루기 때문이다. 고전역학에서처럼 양에너지에 대한 고유 파동함수만 다룬다면 완전하지 못한 기준벡터를 사용하는 결과가 된다.

음에너지 풀이를 꼭 포함해야 하는데 그러면 여러가지 역설(paradox)이 생기고 양음에너지 준위 사이의 격렬한 진동 등 새로운 난관에 직면하게 된다. Dirac은 음에너지 문제의 해결책으로 양공이론에 근거한 반대입자(antiparticle)의 개념을 도입하였다. 그리고 1933년 전자의 반대입자인 양전자(positron)가 우주선에서 발견으로 Dirac 이론은 반석 위에 놓이게 되었다.

그렇다고 Dirac 이론에 얽힌 문제점이 말끔히 해소된 것은 아니다. 곧이어 Dirac의 상대성 양자론은 양자 전자기학을 완성시켰으며 물리학에서 가장 중추적인 역할을 하는 양자 벌판 이론으로 발전하게 되었다. 이 책에는 Dirac 이론의 기본적인 면을 살펴보고 비 상대성 극한에서 Schrödinger 이론과 비교하기로 한다.[1]

---

[1] 참고: J.D.Bjorken and S.D.Drell, *Relativistic Quantum Mechanics*, J.J.Sakurai, *Advanced Quantum Mechanics*

17.2 Dirac 방정식

아무런 힘을 받지 않고 움직이는 자유 입자는 우선 Einstein의 질량 공식을 만족한다.

$$E^2 = m^2 + \mathbf{p}^2 \tag{17.3}$$

이 장에서는 $c=1$ 인 자연단위계 (natural unit system)를 택한다. 실제로 수치계산의 필요성이 있으면 E, pc, mc^2 이 같은 차원임을 염두에 두고 c에 관한 인자를 곧바로 결정할 수 있다. [부록 F 참고]

양자 방정식을 추리하는 방법은 Schrödinger 이론과 마찬가지이다. 에너지와 운동량이 $E \to +i\hbar\,\partial/\partial t$, $\mathbf{p} \to -i\hbar\nabla$ 의 연산자가 되고 파동 함수에 작용하는 것이다.

$$\left(E^2 - \mathbf{p}^2\right)\Psi(\mathbf{x},t) = m^2\,\Psi(\mathbf{x},t) \tag{17.4}$$

이것이 바로 Klein-Gordon 방정식인데 상대론 양자 방정식으로 미흡한 점은 이미 지적한 바 있다. 그러나 파동 함수 Ψ 가 여러 성분을 가지고 있다고 가정하고 특히 전자의 스핀이 1/2 인 점을 감안하여 윗식을 다음과 같이 쓴다. 비상대론에서도 비슷한 기교를 활용한 적이 있다. [식 15.17 참고]

$$(E - \boldsymbol{\sigma}\cdot\mathbf{p})(E + \boldsymbol{\sigma}\cdot\mathbf{p})\,\Psi = m^2\,\Psi \tag{17.5}$$

여기서 E, $\mathbf{p}$ 는 시공간에서의 미분 연산자이며 Ψ 는 2 성분 스피너 파동 함수이다. 그러나 필요에 따라서는 운동량-에너지 공간에서 기술하고 그러면 $E, \mathbf{p}$ 는 c-숫자로 다룰 수 있다.

이제 파동 함수의 수를 늘리기 위하여 다음의 파동 함수를 정의한다.

$$(E + \boldsymbol{\sigma}\cdot\mathbf{p})\,\Psi = m\,\Psi_1 \tag{17.6}$$

이 식을 식 (17.5)에 대입하면 다음 결과를 얻는다.

$$(E - \boldsymbol{\sigma}\cdot\mathbf{p})\,\Psi_1 = m\,\Psi \tag{17.7}$$

대칭성을 유지하기 위하여 $\Psi \to \Psi_2$로 표기하면 다음과 같다.

$$(E + \boldsymbol{\sigma}\cdot\mathbf{p})\,\Psi_2 = m\,\Psi_1 \qquad (E - \boldsymbol{\sigma}\cdot\mathbf{p})\,\Psi_1 = m\,\Psi_2 \tag{17.8}$$

이번에는 Ψ_1, Ψ_2 의 새로운 결합

$$\Psi_+ = \Psi_1 + \Psi_2 \qquad\qquad \Psi_- = \Psi_1 - \Psi_2 \tag{17.9}$$

를 도입하면 식 (17.8)을 다음처럼 쓸 수 있다.

$$\begin{aligned} E\Psi_+ - \boldsymbol{\sigma}\cdot\mathbf{p}\,\Psi_- &= m\,\Psi_+ \\ E\Psi_- - \boldsymbol{\sigma}\cdot\mathbf{p}\,\Psi_+ &= -m\,\Psi_- \end{aligned} \quad \Rightarrow \quad \begin{aligned} E\Psi_+ &= \boldsymbol{\sigma}\cdot\mathbf{p}\,\Psi_- + m\,\Psi_+ \\ E\Psi_- &= \boldsymbol{\sigma}\cdot\mathbf{p}\,\Psi_+ - m\,\Psi_- \end{aligned} \tag{17.10}$$

이 식들은 행렬형태로는 아래와 같다.

$$\begin{aligned} E\begin{pmatrix}\Psi_1\\ \Psi_2\\ \Psi_3\\ \Psi_4\end{pmatrix} &= \begin{pmatrix}0 & \boldsymbol{\sigma}\\ \boldsymbol{\sigma} & 0\end{pmatrix}\cdot\mathbf{p}\begin{pmatrix}\Psi_1\\ \Psi_2\\ \Psi_3\\ \Psi_4\end{pmatrix} + \begin{pmatrix}I & 0\\ 0 & -I\end{pmatrix} m\begin{pmatrix}\Psi_1\\ \Psi_2\\ \Psi_3\\ \Psi_4\end{pmatrix} \\ \Psi(\mathbf{x},t) &= \begin{pmatrix}\Psi_+(\mathbf{x},t)\\ \Psi_-(\mathbf{x},t)\end{pmatrix} = \begin{pmatrix}\Psi_1(\mathbf{x},t)\\ \Psi_2(\mathbf{x},t)\\ \Psi_3(\mathbf{x},t)\\ \Psi_4(\mathbf{x},t)\end{pmatrix} \end{aligned} \tag{17.11}$$

그러므로 다음과 같은 $\boldsymbol{\alpha}, \beta$ 행렬을 정의하면

$$\boldsymbol{\alpha} = \begin{pmatrix}0 & \boldsymbol{\sigma}\\ \boldsymbol{\sigma} & 0\end{pmatrix} \qquad\qquad \beta = \begin{pmatrix}I & 0\\ 0 & -I\end{pmatrix} \tag{17.12}$$

4성분 파동함수 $\Psi(\mathbf{x},t)$ 에 관한 Dirac의 양자 방정식으로 표현할 수 있다.

$$\begin{aligned} E\,\Psi &= (\boldsymbol{\alpha}\cdot\mathbf{p} + \beta m)\,\Psi \\ \text{또는} \qquad i\hbar\frac{\partial}{\partial t}\Psi &= (-i\hbar\,\boldsymbol{\alpha}\cdot\nabla + \beta m)\,\Psi \end{aligned} \tag{17.13}$$

이 방정식은 1계 시간 도함수를 포함한다. 따라서 양부호의 확률밀도를 얻어 Born의 해석이 가능하다. 이를 확인하기 위하여 먼저 Dirac 방정식에 나타나는 $\boldsymbol{\alpha}, \beta$ 행렬부터 살펴보자. 이들은 4×4 행렬이다. 그리고 실재 행렬들이다.

$$\alpha_i^\dagger = \alpha_i \qquad\qquad \beta^\dagger = \beta \tag{17.14}$$

또한 다음의 성질들은 쉽게 확인이 가능하다.

$$\begin{aligned} \alpha_i^2 &= \alpha_i \qquad & \beta^2 &= \beta \\ \{\alpha_i, \alpha_j\} &= 2\,\delta_{ij} \qquad & \{\alpha_i, \beta\} &= 0 \end{aligned} \tag{17.15}$$

Dirac 방정식 (17.13) 에서 $\boldsymbol{\alpha}, \beta$ 는 4×4 행렬로서 Ψ 의 4 성분에 작용하고, E, $\mathbf{p}$ 는 미분 연산자로 $\Psi(\mathbf{x}, t)$ 에 작용한다는 점을 항상 유의해야 한다. 그러므로 식 (17.13) 은 4성분 파동 함수에 관한 1계 연립 방정식이다. 성분별로 쓰면 다음과 같다.

$$i\hbar \frac{\partial}{\partial t} \Psi_\mu = \left(-i\hbar\,(\alpha_i)_{\mu\nu} \frac{\partial}{\partial x_i} + \beta_{\mu\nu} m \right) \Psi_\nu \tag{17.16}$$

여기서 반복되는 지표 ν, i 등에 관하여는 Einstein의 규약에 따라 가능한 모든 지표에 대한 합으로 이해한다.

이제 식 (17.13) 과 이에 대한 실재 공액을 택하여 보자. $\boldsymbol{\alpha}$, β 가 실재 행렬이므로

$$\begin{aligned} i\hbar \frac{\partial}{\partial t} \Psi &= -i\hbar\, \boldsymbol{\alpha} \cdot \nabla \Psi + \beta m\, \Psi \\ -i\hbar \frac{\partial}{\partial t} \Psi^\dagger &= +i\hbar\, \nabla \Psi^\dagger \cdot \boldsymbol{\alpha} + \Psi^\dagger \beta m \end{aligned} \tag{17.17}$$

가 성립한다. 이제 첫째 식에는 $\Psi^\dagger$ 를 왼쪽에, 둘째 식에는 Ψ 를 오른쪽으로 곱하여 서로 빼면 다음 결과를 얻는다.

$$\frac{\partial}{\partial t}(\Psi^\dagger \Psi) + \nabla \cdot (\Psi^\dagger \boldsymbol{\alpha}\, \Psi) = 0 \tag{17.18}$$

이것은 확률 흐름 보존의 법칙이며 확률 밀도와 확률 흐름 밀도는 각각 다음과 같다.

$$\rho(\mathbf{x}, t) = \Psi^\dagger(\mathbf{x}, t)\, \Psi(\mathbf{x}, t) \qquad \mathbf{J}(\mathbf{x}, t) = \Psi^\dagger(\mathbf{x}, t)\, \boldsymbol{\alpha}\, \Psi(\mathbf{x}, t) \tag{17.19}$$

Dirac 방정식의 확률 밀도는 양 부호 형식이다. 그러므로 Born의 해석을 적용할 수 있고 Dirac 방정식을 상대론적 영역에서의 양자 방정식으로 받아드릴 수 있다.

비록 Dirac 방정식은 1 계 미분 방정식이지만 질량 공식을 만족해야 한다. 즉 Klein-Gordon 방정식을 만족해야 한다. 이 목적으로 식 (17.13) 을

$$(E - \boldsymbol{\alpha} \cdot \mathbf{p} - \beta m)\, \Psi = 0 \tag{17.20}$$

으로 쓰고 $(E + \boldsymbol{\alpha} \cdot \mathbf{p} + \beta m)$의 연산을 하면

$$\begin{aligned}(E+\boldsymbol{\alpha}\cdot\mathbf{p}+\beta m)(E-\boldsymbol{\alpha}\cdot\mathbf{p}-\beta m)\Psi &= \left(E^2-(\boldsymbol{\alpha}\cdot\mathbf{p}+\beta m)^2\right)\Psi \\ &= \left(E^2-\alpha_i\alpha_j\,p_ip_j-(\alpha_i\beta+\beta\alpha_i)p_i-\beta^2 m\right)\Psi\end{aligned} \tag{17.21}$$

이 되는데 $\beta^2=I,\ \alpha_i\beta+\beta\alpha_i=0$ 이고

$$\alpha_i\alpha_j\,p_ip_j=\frac{1}{2}(\alpha_i\alpha_j+\alpha_j\alpha_i)\,p_ip_j=\frac{1}{2}\{\alpha_i,\alpha_j\}\,p_ip_j=\mathbf{p}^2 \tag{17.22}$$

이 되어 Ψ 의 모든 성분은 Klein-Gordon 방정식을 만족한다. 윗식에서 $\alpha_i\alpha_j$ 를 대칭이 되도록 $(\alpha_i\,\alpha_j+\alpha_j\,\alpha_i)/2$ 로 쓴 것은 지표 $i,\ j$ 가 합의 지표이기에 표기를 바꾸어도 무방하기 때문이다.

17.3 Dirac 대수학

Dirac 방정식의 특징은 $\boldsymbol{\alpha}$, β 의 4×4 행렬이다. 이들은 Dirac 행렬이라 부른다. 그러나 2×2 내부 행렬 구조는 식 (17.12) 에서 보듯이 Pauli 행렬이다. Dirac 방정식을 공부하려면 $\boldsymbol{\alpha}$, β 행렬을 자주 다루어야 하므로 이들의 성질을 살펴보자.

우선 Dirac 파동함수의 각 성분들이 Klein-Gordon 방정식을 만족하는 증명과정, 식 (17.20) - (17.22) 에서 식 (17.15) 의 반대 교환자 (anticommutator) 만 사용하였다. 식 (17.12) 는 분명히 식 (17.15) 를 만족하지만 반대 교환자 관계식을 만족하는 유일한 풀이는 아니다. 그저 한가지 "표현"일 뿐이다. 그러나 보편적으로 사용되는 표현이므로 필요한 경우 언제든지 식 (17.12) 를 활용할 것이다. 반대 교환자 관계식에 근거한 Dirac 행렬의 성질을 알아 보는 것을 Dirac 대수학이라 한다.

식 (17.14) 에서 $\boldsymbol{\alpha}$, β 는 실재행렬이고 식 (17.15) 에서 $\alpha_i^2=\alpha_i,\ \beta^2=\beta$ 임을 알았다. 그러므로 $\boldsymbol{\alpha}$, β 의 고유값은 ±1 뿐이다. 또한 $\boldsymbol{\alpha}$, β 의 추적 (trace) 은 영이다. 전형적인 증명과정은 반대 교환자 관계식 (17.15) 에 의존한다.

$$\begin{aligned}\mathrm{Tr}\,\alpha_i &= \mathrm{Tr}\,\alpha_i\beta^2=\mathrm{Tr}\,\beta\alpha_i\beta=-\,\mathrm{Tr}\,\alpha_i\beta\beta=-\,\mathrm{Tr}\,\alpha_i\beta^2=-\,\mathrm{Tr}\,\alpha_i=0 \\ \mathrm{Tr}\,\beta &= \mathrm{Tr}\,\beta\alpha_i^2=\mathrm{Tr}\,\alpha_i\beta\alpha_i=-\,\mathrm{Tr}\,\beta\alpha_i\alpha_i=-\,\mathrm{Tr}\,\beta\alpha_i^2=-\,\mathrm{Tr}\,\beta=0\end{aligned} \tag{17.23}$$

상대성 물리이론의 특징은 Einstein의 가정에 따라 모든 관성계에서 물리학의 법칙이 동일해야 한다. 그것을 입증하는 제일 간단한 방법은 물리법칙을 상대론적으로 공변하는 형태로 표현하는 것이다. [부록 A 참고] 그 목적으로 Dirac의 γ 행렬을 다음처럼 정의한다.

$$\gamma^0 = -i\beta \qquad \gamma^i = -i\beta\alpha^i \tag{17.24}$$

그러면 γ^0 는 반대실재 (antihermitian), γ^i 는 실재 행렬임을 보일 수 있다.

$$(\gamma^0)^\dagger = -\gamma^0 \qquad (\gamma^i)^\dagger = \gamma^i \tag{17.25}$$

이들은 각각 세계 벡터의 시간 및 공간 성분처럼 행동한다. 그리고 식 (17.15)에 해당하는 반대교환자는 다음과 같다.

$$\{\gamma^\mu, \gamma^\nu\} = 2\,g^{\mu\nu} \tag{17.26}$$

여기서 $g^{\mu\nu}$ 는 Pauli의 계측 텐서 (metric tensor)를 사용하였다.[2] [식 (A.19) 참고]

그러면 Dirac 방정식 (17.20)은 상대론적으로 공변 (covariant)하는 아래의 형태로 된다.

$$(i\gamma^\mu p_\mu + m)\Psi = 0 \qquad \text{또는} \qquad (\gamma^\mu \partial_\mu + m)\Psi = 0 \tag{17.27}$$

두 관성계에서 시공간 좌표를 각각 $(\mathbf{x}, t)$, $(\mathbf{x}', t')$이라 할 때 이들은 Lorentz 변환식 (A.5)로 연결되고 Dirac 방정식의 공변성은 다음을 의미한다.

$$(\gamma^\mu \partial_\mu + m)\Psi(x) = 0 \qquad \Rightarrow \qquad (\gamma^\mu \partial'_\mu + m)\Psi'(x') = 0 \tag{17.28}$$

Dirac 스피너 $\Psi(\mathbf{x})$ 와 $\Psi'(\mathbf{x}')$ 사이에는 Lorentz 변환과 관련된 선형 변환 관계가 존재한다.[3] 그러나 Lorentz 변환 자체가 아니므로 네 성분을 가졌다 해도 Ψ 는 세계 벡터가 아니다.

확률 흐름 보존의 법칙 (17.18)은 역시 Lorentz 공변하는 형태로 쓸 수 있다.

$$\begin{aligned} \partial_\mu j^\mu &= 0 \\ j^0 = \Psi^\dagger\Psi \qquad &\mathbf{j} = \Psi^\dagger\boldsymbol{\alpha}\Psi \end{aligned} \tag{17.29}$$

확률 밀도는 세계 벡터의 시간성분, 흐름 밀도는 공간성분이다.

공변성을 손쉽게 파악하기 위하여 Ψ의 실재 공액 (hermitian conjugate) $\Psi^\dagger$ 대신 다음으로 정의되는 공변 공액 (covariant conjugate) $\overline{\Psi}$ 를 도입한다.

---

2 γ 행렬도 Pauli의 표기법을 따른다. 그러나 γ_4 대신 γ^0 를 쓰기로 한다. $\gamma^0 = -\gamma_0 = -i\gamma_4$ 이다. 또 자주 사용하는 표기법은 Bjorken-Drell 표기법인데 이들의 비교는 J. J. Sakurai, *Advanced Quantum Mechanics*, 부록 B를 참고하라.

3 참고: J. J. Sakurai, *Advanced Quantum Mechanics*, Sect 3-4

$$\overline{\Psi}(x) = \Psi^\dagger(x)\beta = \Psi^\dagger(x)(i\gamma^0) \tag{17.30}$$

그러면 $(\mathbf{J}, \rho)$ 세계 벡터는

$$j^\mu(x) = i\,\overline{\Psi}(x)\,\gamma^\mu\,\Psi(x) \tag{17.31}$$

로 쓸 수 있고 공변성이 명확해진다. 보기로 $\rho = \Psi^\dagger\Psi$ 보다 $\rho = i\,\overline{\Psi}\,\gamma^0\,\Psi$ 의 표현에서 세계 벡터의 시간 성분임을 곧바로 알 수 있다.

17.4 Pauli 이론

새로운 영역으로 확장된 이론은 적당한 극한에서 기존 영역의 이론과 일치함을 확인해야 한다. 그러므로 Dirac 방정식이 비상대성 극한에서 Schrödinger 방정식으로 환원되어야 할 것이다. 그 목적으로 전자기 벌판에서 움직이는 대전 입자를 생각해 보자. 그러면 식 (15.8) 의 최소 전자기 작용에 관한 처방에 따라 Dirac 방정식은 다음과 같다.

$$H\,\Psi = \boldsymbol{\alpha}\cdot(\mathbf{p} - q\mathbf{A})\,\Psi + \beta m\,\Psi + q\phi\,\Psi \tag{17.32}$$

자유 입자의 경우에는 $q=0$, 일반 벌판일 때에는 $\mathbf{A}=0$, $q\phi=V$ 로 놓으면 된다. 그러므로 윗식의 비상대성 극한은 전자기 작용에만 국한된 것은 아니다.

이제 Dirac 스피너 Ψ 를 윗쪽의 2성분 φ 와 아래쪽 2성분 χ 로 나누면 윗식은 다음처럼 쓸 수 있다.

$$\Psi = \begin{pmatrix}\varphi\\ \chi\end{pmatrix} \qquad \begin{pmatrix}0 & \boldsymbol{\sigma}\\ \boldsymbol{\sigma} & 0\end{pmatrix}(\mathbf{p} - q\mathbf{A})\begin{pmatrix}\varphi\\ \chi\end{pmatrix} = \begin{pmatrix}E-m-q\phi & 0\\ 0 & E+m-q\phi\end{pmatrix}\begin{pmatrix}\varphi\\ \chi\end{pmatrix} \tag{17.33}$$

이 식을 정리하면 아래와 같고

$$\begin{aligned}(E - m - q\phi)\varphi &= \boldsymbol{\sigma}\cdot(\mathbf{p} - q\mathbf{A})\,\chi\\ (E + m - q\phi)\,\chi &= \boldsymbol{\sigma}\cdot(\mathbf{p} - q\mathbf{A})\,\varphi\end{aligned} \tag{17.34}$$

윗쪽 2성분 φ 에 대한 다음 방정식이 성립한다.

$$(E - m - q\phi)\varphi = \boldsymbol{\sigma}\cdot(\mathbf{p} - q\mathbf{A})\frac{1}{E + m - q\phi}\,\boldsymbol{\sigma}\cdot(\mathbf{p} - q\mathbf{A})\,\varphi \tag{17.35}$$

식 (17.34) 를 보면 비상대성 극한에서 $\chi = O(p/m)\varphi$ 가 되어 χ 는 φ 보다 매우 작음을 알 수

있다. 그래서 φ 를 Dirac 스피너 Ψ 의 큰 성분, χ 를 작은 성분이라 부른다. 그러므로 이제는 4 성분 Ψ 에 관한 Dirac 방정식 대신 큰 2성분 φ 에 대한 상대론적 방정식을 다루면 된다.

비상대론에서는 정지 질량 에너지를 뺀 $E-m$ 이 비상대성 하밀토니안 W 라 할 수 있다. W 는 여전히 에너지 연산자이다. 이제 윗식에서 $W=E-m$ 으로 놓고 섭동전개를 실행하면 다음처럼 쓸 수 있다. 운동량은 항상 $\mathbf{p}-q\mathbf{A}$ 의 형태로 나타나므로 $\tilde{\mathbf{p}}=\mathbf{p}-q\mathbf{A}$ 로 정의한다.

$$\begin{gathered}(W-q\phi)\varphi=\frac{1}{2m}\boldsymbol{\sigma}\cdot\tilde{\mathbf{p}}\left(1-\frac{W-q\phi}{2m}\right)\boldsymbol{\sigma}\cdot\tilde{\mathbf{p}}\,\varphi\\ \left(W-q\phi-\frac{1}{2m}(\boldsymbol{\sigma}\cdot\tilde{\mathbf{p}})^2\right)\varphi=-\frac{1}{4m^2}\boldsymbol{\sigma}\cdot\tilde{\mathbf{p}}\,(W-q\phi)\,\boldsymbol{\sigma}\cdot\tilde{\mathbf{p}}\,\varphi\end{gathered}\tag{17.36}$$

Pauli 이론은 상대론 보정에 대한 섭동전개이다. W, $q\phi$ 는 $O(p^2/m^2)$ 이고 $q\mathbf{A}$ 는 더욱 고차항이다. 따라서 윗식의 우변은 좌변보다 고차항이다. 우선 0차 근사에서 우변을 영으로 놓으면

$$W\varphi=\left(\frac{1}{2m}(\boldsymbol{\sigma}\cdot\tilde{\mathbf{p}})^2+q\phi\right)\varphi=\frac{1}{2m}[\boldsymbol{\sigma}\cdot(\mathbf{p}-q\mathbf{A})]^2\varphi+q\phi\,\varphi\tag{17.37}$$

가 되어 식 (15.18) 과 같고 전자의 경우 Pauli-Schrödinger 방정식과 일치한다. 주목할 점은 식 (15.21) 에서 보듯이 전자의 자기 회전 비율이 $g_s=2$ 임을 자연스럽게 설명한다.

식 (17.36) 은 상대론적 보정항을 체계적으로 계산토록 한다. 그러나 4성분의 Dirac 스피너 Ψ 대신 2성분의 Pauli 스피너 φ 를 다루므로 규격화 조건을 점검해 볼 필요가 있다.

$$1=\int d^3x\,\Psi^\dagger\Psi=\int d^3x\,(\varphi^\dagger\varphi+\chi^\dagger\chi)=\int d^3x\,\varphi^\dagger\left(1+\frac{1}{4m^2}(\boldsymbol{\sigma}\cdot\tilde{\mathbf{p}})^2\right)\varphi\tag{17.38}$$

따라서 φ 는 자동적으로 규격화하지 않으므로 새로운 스피너 ψ 를 다음처럼

$$\psi=\left(1+\frac{1}{8m^2}(\boldsymbol{\sigma}\cdot\tilde{\mathbf{p}})^2\right)\varphi\tag{17.39}$$

도입하면 ψ 는 $O(p^2/m^2)$ 까지 규격화된다. 그러면 ψ 에 관한 아래의 방정식을 풀면 된다.

$$\left(W-q\phi-\frac{(\boldsymbol{\sigma}\cdot\tilde{\mathbf{p}})^2}{2m}\right)\left(1-\frac{(\boldsymbol{\sigma}\cdot\tilde{\mathbf{p}})^2}{8m^2}\right)\psi=-\boldsymbol{\sigma}\cdot\tilde{\mathbf{p}}\frac{(W-q\phi)}{4m^2}\boldsymbol{\sigma}\cdot\tilde{\mathbf{p}}\left(1-\frac{(\boldsymbol{\sigma}\cdot\tilde{\mathbf{p}})^2}{8m^2}\right)\psi\tag{17.40}$$

양변에 $\left(1-(\boldsymbol{\sigma}\cdot\tilde{\mathbf{p}})^2/8m^2\right)$ 연산자를 곱하고 $O(p^4)$ 항까지 전개하면 다음 결과를 얻는다.

$$\left(W-q\phi-\frac{(\boldsymbol{\sigma}\cdot\tilde{\mathbf{p}})^2}{2m}+\frac{(\boldsymbol{\sigma}\cdot\tilde{\mathbf{p}})^4}{8m^3}+\frac{q}{8m^2}\left\{(\boldsymbol{\sigma}\cdot\tilde{\mathbf{p}})^2,\phi\right\}\right)\psi=\frac{q}{4m^2}\boldsymbol{\sigma}\cdot\tilde{\mathbf{p}}\,\phi\,\boldsymbol{\sigma}\cdot\tilde{\mathbf{p}}\;\psi \tag{17.41}$$

이 식을 정리하면 다음과 같다.

$$W\phi=\left(\frac{(\boldsymbol{\sigma}\cdot\tilde{\mathbf{p}})^2}{2m}+q\phi-\frac{(\boldsymbol{\sigma}\cdot\tilde{\mathbf{p}})^4}{8m^3}-\frac{q}{8m^2}\left\{(\boldsymbol{\sigma}\cdot\tilde{\mathbf{p}})^2,\phi\right\}+\frac{q}{4m^2}\boldsymbol{\sigma}\cdot\tilde{\mathbf{p}}\,\phi\,\boldsymbol{\sigma}\cdot\tilde{\mathbf{p}}\right)\psi \tag{17.42}$$

위의 방정식에서 우변의 처음 두 항은 이미 0차 근사에서 다루었다. 셋째 항은 이미 고차항이므로 $\tilde{\mathbf{p}}$ 를 $\mathbf{p}$ 로 놓는 것으로 충분하고

$$-\frac{(\boldsymbol{\sigma}\cdot\tilde{\mathbf{p}})^4}{8m^3}=-\frac{(\boldsymbol{\sigma}\cdot\mathbf{p})^4}{8m^3}\;+\;\text{고차항}=-\frac{(\mathbf{p}^2)^2}{8m^3}\;+\;\text{고차항} \tag{17.43}$$

이 되어 상대성 질량증가에 관한 보정항이다. 스핀과 무관하게 $E=(m^2+p^2)^{1/2}$ 의 전개에서 얻을 수 있고 수소 원자에서 이미 취급한바 있다. [식 (12.9) 참고]

마지막 두 항은 $\boldsymbol{\sigma}$ 행렬을 정리하면 다음과 같다.

$$-\frac{q}{8m^2}\left\{(\boldsymbol{\sigma}\cdot\tilde{\mathbf{p}})^2,\phi\right\}+\frac{q}{4m^2}\boldsymbol{\sigma}\cdot\tilde{\mathbf{p}}\,\phi\,\boldsymbol{\sigma}\cdot\tilde{\mathbf{p}}=\frac{q}{4m^2}\boldsymbol{\sigma}\cdot(\nabla\phi\times\mathbf{p})+\frac{q}{8m^2}\nabla^2\phi \tag{17.44}$$

우변의 두 항은 각각 Thomas항, Darwin항이라 하는데 특별한 의미를 가진다. 스칼라 벌판 $q\phi$ 를 일반 벌판 $V(r)$ 로 간주하면 중심력 벌판의 경우 Thomas항은 다음처럼 쓸 수 있다.

$$\begin{aligned}\frac{q}{4m^2}\boldsymbol{\sigma}\cdot(\nabla\phi\times\mathbf{p})&\Rightarrow\frac{1}{4m^2}\boldsymbol{\sigma}\cdot(\nabla V\times\mathbf{p})=\frac{1}{4m^2}\frac{1}{r}\frac{dV}{dr}\boldsymbol{\sigma}\cdot(\mathbf{x}\times\mathbf{p})\\&=\frac{1}{2m^2}\frac{1}{r}\frac{dV}{dr}\mathbf{S}\cdot\mathbf{L}\end{aligned} \tag{17.45}$$

이것은 바로 수소원자 문제에서 다루었던 전자의 궤도운동으로 생기는 자기벌판과 전자 자신의 자기 쌍극능률 사이의 스핀-궤도 작용이다. 예제 11.1에서 Thomas 세차운동으로 인한 1/2 인자가 자연스럽게 유도되었다.

스칼라 벌판이 $1/r$ 형태일 때 $\nabla^2\phi\propto\delta^3(\mathbf{x})$가 되어 Darwin 항을 섭동으로 다루면 원점에서의 파동함수 값으로 결정된다. 그런데 $l=0$ 인 양자상태만 원점에서 파동함수가 영이 아니므로 Darwin 항은 S-상태의 에너지 준위에만 영향을 미친다. 그리고 스핀과도 무관하다.

17.5 자유 입자 풀이

Schrödinger 방정식의 자유 입자 풀이는 평면 파동 $\exp[+i/\hbar\,(\mathbf{p}\cdot\mathbf{x}-Et)]$ 이었고 $E=\mathbf{p}^2/2m$ 이다. 상대론적 입자는 Einstein의 $E=\hbar\omega$, de Broglie의 $\mathbf{p}=\hbar\mathbf{k}$ 를 만족하므로 Dirac 방정식의 풀이도 $\exp[+i/\hbar\,(\mathbf{p}\cdot\mathbf{x}-Et)]$ 형태지만 질량 공식 때문에 이번에는 $E=\pm(m^2+\mathbf{p}^2)^{1/2}$ 이다.

먼저 정지 상태의 입자를 고려하면 평면 파동은 $\exp(\pm imt/\hbar)$ 이다. 이식을 Dirac 방정식에 대입하면

$$\pm m\begin{pmatrix}\varphi\\ \chi\end{pmatrix}e^{\mp\frac{i}{\hbar}mt}=m\begin{pmatrix}I & 0\\ 0 & -I\end{pmatrix}\begin{pmatrix}\varphi\\ \chi\end{pmatrix}e^{\mp\frac{i}{\hbar}mt} \tag{17.46}$$

$E\to+i/\hbar\,\partial/\partial t$ 연산자이므로 $\exp(-imt/\hbar)$ 는 양, $\exp(+imt/\hbar)$는 음의 에너지를 나타낸다. 윗식에서 양 에너지의 경우에는 $\chi=0$, 음 에너지일 때에는 $\varphi=0$ 이 된다. 따라서 비상대성 극한에서 2성분 파동 함수는 스핀 파동 함수 χ_s가 된다.

이제 양, 음의 에너지로 나누어서 자유 입자의 풀이를 구해본다. 양, 음 에너지 평면파는 다음으로 요약할 수 있다.

$$\text{양 에너지 : }\exp\left(+\frac{i}{\hbar}(\mathbf{p}\cdot\mathbf{x}-Et)\right)=\exp\left(+\frac{i}{\hbar}\,p\cdot x\right)\qquad E=+\sqrt{\mathbf{p}^2+m^2} \tag{17.47}$$

$$\text{음 에너지 : }\exp\left(-\frac{i}{\hbar}(\mathbf{p}\cdot\mathbf{x}-Et)\right)=\exp\left(-\frac{i}{\hbar}\,p\cdot x\right)\qquad E=+\sqrt{\mathbf{p}^2+m^2} \tag{17.48}$$

두 경우 모두 E 값은 $+$ 값으로 정했고 식 중의 부호로 양음을 구별하였다.

양 에너지 풀이를 살펴보자. 시공간 함수 관계는 평면 파동 $\exp[+i/\hbar\,(\mathbf{p}\cdot\mathbf{x}-Et)]$ 라도 아직 Dirac 스피너 4 성분이 있다. 이들은 운동량 p, 스핀 s 에 따라 변한다. 이를 $u(\mathbf{p},s)$로 표기할 수 있는데 $u(p,s)$로 간소화 하겠다. 운동량을 세계 벡터로 보면 된다. 그러면 $u(p,s)$는 4×1 행렬이 되고 Dirac 방정식은 다음과 같다.

$$\begin{gathered}\Psi(\mathbf{x},t)=u(p,s)\,e^{+\frac{i}{\hbar}p\cdot x}\\ E\,\Psi=(\boldsymbol{\alpha}\cdot\mathbf{p}+\beta m)\,\Psi\quad\Rightarrow\quad E\,u(p,s)=(\boldsymbol{\alpha}\cdot\mathbf{p}+\beta m)\,u(p,s)\end{gathered} \tag{17.49}$$

위에서 Ψ 에 관한 방정식에서는 E, p 가 q-숫자이고 $u(p,s)$ 방정식에서는 c-숫자이다. 이제 $u(p,s)$를 두 성분 u_1, u_2로 나누면 다음을 얻는다.

$$
\begin{aligned}
u(p,s) &= \begin{pmatrix} u_1(p,s) \\ u_2(p,s) \end{pmatrix} \\
E u_1 &= (\boldsymbol{\sigma}\cdot\mathbf{p})\, u_2 + m\, u_1 \\
E u_2 &= (\boldsymbol{\sigma}\cdot\mathbf{p})\, u_1 - m\, u_2 \quad \Rightarrow \quad u_2 = \frac{\boldsymbol{\sigma}\cdot\mathbf{p}}{E+m} u_1
\end{aligned}
\tag{17.50}
$$

$u(p,s)$에 관한 Dirac 방정식은 4개의 변수에 관한 제차 연립방정식인데 4×4 행렬식이 영이므로 풀이가 존재한다. $u_2 = \boldsymbol{\sigma}\cdot\mathbf{p}/(E+m)\, u_1$ 이 바로 그 풀이이다. 한편 u_1은 임의의 두 성분 벡터가 될 수 있으나 비상대성 극한에서 Pauli 스피너가 되므로 χ_s를 택한다. 그러면 양 에너지를 갖는 Dirac 자유입자의 풀이는 다음과 같이 쓸 수 있다. 규격화 상수는 곧 그 의미가 분명해질 것이다.

$$
u(p,s) = \sqrt{\frac{E+m}{2m}} \begin{pmatrix} \chi_s \\ \dfrac{\boldsymbol{\sigma}\cdot\mathbf{p}}{E+m}\chi_s \end{pmatrix} = \sqrt{\frac{E+m}{2m}} \begin{pmatrix} I \\ \dfrac{\boldsymbol{\sigma}\cdot\mathbf{p}}{E+m} \end{pmatrix} \chi_s
\tag{17.51}
$$

마찬가지로 음 에너지 풀이를 $v(p,s)$라 하면 다음을 얻는다.

$$
v(p,s) = \sqrt{\frac{E+m}{2m}} \begin{pmatrix} \dfrac{\boldsymbol{\sigma}\cdot\mathbf{p}}{E+m} \\ I \end{pmatrix} \chi_s
\tag{17.52}
$$

규격화 상수를 $\sqrt{(E+m)/2m}$ 으로 정했으므로 $u(p,s)$, $v(p,s)$ 사이에 아래의 직교관계가 성립한다.

$$
\begin{aligned}
u^\dagger(p,s)\, u(p,s') &= \frac{E}{m}\delta_{ss'} \qquad & u^\dagger(p,s)\, v(-p,s') &= 0 \\
v^\dagger(p,s)\, v(p,s') &= \frac{E}{m}\delta_{ss'} \qquad & v^\dagger(p,s)\, u(-p,s') &= 0
\end{aligned}
\tag{17.53}
$$

$u^\dagger u$, $v^\dagger v$ 는 확률밀도 $\Psi^\dagger\Psi$ 처럼 세계벡터의 시간성분이 되어야 하므로 윗식의 결과에 이른다. E/m 은 시간성분이며 비상대성 극한에서 1 이 되어 원만히 비상대론과 연결된다.

실재공액 $u^\dagger(p,s)$, $v^\dagger(p,s)$ 대신 공변공액 $\overline{u}(p,s)$, $\overline{v}(p,s)$를 택하면 다음과 같이 직교 규격화 한다.

$$
\begin{aligned}
\overline{u}(p,s)\, u(p,s') &= +\delta_{ss'} \qquad & \overline{u}(p,s)\, v(p,s') &= 0 \\
\overline{v}(p,s)\, v(p,s') &= -\delta_{ss'} \qquad & \overline{v}(p,s)\, u(p,s') &= 0
\end{aligned}
\tag{17.54}
$$

양, 음 에너지 풀이가 모두 허용되므로 이들을 함께 다루어야 완전성이 성립한다. 실제로 다음을 증명할 수 있다.

$$\sum_s \Big(u(p,s)\,\overline{u}(p,s) - v(p,s)\,\overline{v}(p,s) \Big) = I \tag{17.55}$$

양, 음 에너지의 자유 입자 풀이는 각각

$$u(p,s)\,e^{+\frac{i}{\hbar}p\cdot x} \qquad\qquad v(p,s)\,e^{-\frac{i}{\hbar}p\cdot x} \tag{17.56}$$

이므로 임의의 파동 다발은 이들의 중첩으로 표현할 수 있다.

$$\Psi(x) = \sum_s \int \frac{d^3p}{(2\pi\hbar)^3}\frac{m}{E}\left(b(p,s)\,u(p,s)\,e^{+\frac{i}{\hbar}p\cdot x} + d^*(p,s)\,v(p,s)\,e^{-\frac{i}{\hbar}p\cdot x} \right) \tag{17.57}$$

윗식을 Fourier 변환으로 해석하면 $b(p,s)$, $d^*(p,s)$ 는 에너지-운동량 공간에서의 파동함수이다. m/E 는 식 (17.53) 의 규격화 때문에 삽입하였다.

윗식으로 기술되는 파동 다발의 확률 밀도와 확률 흐름 밀도를 생각해 보자. Parseval 정리에 해당하는 식은 다음과 같다.

$$\int d^3x\,\rho(\mathbf{x},t) = \int d^3x\,\Psi^\dagger\Psi = \sum_s \int \frac{d^3p}{(2\pi\hbar)^3}\frac{m}{E}\left(|b(p,s)|^2 + |d(p,s)|^2 \right) \tag{17.58}$$

적분 과정에서 x-적분을 제일 먼저 수행하면 운동량에 관한 델타 함수가 되고 두 운동량 적분 중 하나는 쉽게 수행된다. 그 다음에 식 (17.53) 의 직교규격화 조건을 이용하면 위의 결과를 얻는다. 윗식의 우변을 보면 $|b(p,s)|^2$, $|d(p,s)|^2$ 을 각각 에너지-운동량 공간에서 양, 음 에너지를 갖는 확률 밀도로 해석할 수 있다.

확률 흐름도 마찬가지로 계산할 수 있다.

$$\begin{aligned}\int d^3x\,\mathbf{J}(\mathbf{x},t) &= \int d^3x\,\Psi^\dagger\boldsymbol{\alpha}\Psi \\ &= \sum_s \int \frac{d^3p}{(2\pi\hbar)^3}\frac{m}{E}\frac{\mathbf{p}}{m}\left(|b(p,s)|^2 + |d(p,s)|^2 \right) \\ &\quad + \sum_{ss'} \int \frac{d^3p}{(2\pi\hbar)^3}\frac{m}{E}\,e^{+\frac{i}{\hbar}2Et}\,b^*(p,s)\,d^*(p,s)\,u^\dagger(p,s)\,\boldsymbol{\alpha}\,v(-p,s') + cc\end{aligned} \tag{17.59}$$

첫번째 운동량 공간 적분은 쉽게 이해가 된다. 그러나 두번째 항은 양, 음 에너지의 간섭으로 일어나며 진동수는 $2mc^2/\hbar$ 보다 크다. 그 값은 원자의 보통 전이에 따른 진동수보다 훨씬 크다. 이 현상을 Zitterbewegung이라 한다. 만일 초기의 파동 다발이 양 에너지 상태로만 구성되었다면 음 에너지 상태가 형성되지 않고 심한 요동도 없을 것이다. 그러나 처음에 제한된 영역에 국한된 파동 다발은 일반적으로 양, 음 에너지 상태를 모두 가지므로 Zitterbewegung을 피할 수 없다. 여기서 Dirac 이론의 문제점을 엿볼 수 있다.

17.6 Klein 역설

Dirac 방정식의 음 에너지 풀이는 골칫거리이다. 문제점은 간단한 계단형 벌판에서도 볼 수 있는데 Klein 역설 (paradox) 이라 한다. 지금 그림 17.1 의 일차원 계단형 벌판을 생각해 보자. 그러면 $x<0$, $x>0$ 인 영역에서 $V(x)$ 는 상수이므로 자유 입자 풀이를 쓸 수 있고 $x=0$ 에서 경계 조건으로 연결시켜 주면 된다. 비 상대성 풀이는 5.4절에서 이미 다루었다. 계단 영역 $(x>0)$ 에서 파동 함수는 $0<E<V_0$ 인 경우에 지수형, $E>V_0$ 일 때에는 진동형인 것이 특징이다.

이 문제를 Dirac 방정식에 적용해 보자. 파동 함수는 두 자유입자 풀이의 선형 결합이다.

$$
\begin{aligned}
x<0: \quad \Psi(x) &= A_+u(p,s)e^{+\frac{i}{\hbar}(px-Et)} + A_-v(p,s)e^{-\frac{i}{\hbar}(px-Et)} \\
&\quad + B_+u(p,s)e^{+\frac{i}{\hbar}(-px-Et)} + B_-v(p,s)e^{-\frac{i}{\hbar}(-px-Et)} \\
x>0: \quad \Psi(x) &= C_+u(p',s)e^{+\frac{i}{\hbar}(p'x-Et)} + C_-v(p',s)e^{-\frac{i}{\hbar}(p'x-Et)} \\
p' &= \sqrt{(E-V_0)^2-m^2}
\end{aligned}
\tag{17.60}
$$

윗식에서 $A_\pm$ 항은 왼쪽에서 입사하는 양과 음 에너지 파동, $B_\pm$ 는 왼쪽으로 반사하는 파동, $C_\pm$ 는 투과 파동을 가리킨다. $x>0$ 영역의 풀이를 살펴보자. 계단 높이를 V_0 라 하면 $E>m+V_0$ 인 경우는 별 문제가 없다. 항상 p' 은 실수이고 $x>0$ 영역에서 진동형 파동 함수가 된다. [그림 17.1(a), 17.1(b) 의 E_1] 그러나 $E<m+V_0$ 인 지수형 파동 함수의 경우는 문제점이 생긴다. V_0 가 충분히 낮으면 항상 p' 은 허수이고 $x>0$ 영역에서 지수형 파동 함수가 된다. [그림 17.1(a) 의 E_2] 그렇지만 V_0 가 매우 높아지면 p' 은 실수가 되고 진동형 파동 함수로 바뀐다. [그림 17.1(b) 의 E_3] 그 이유는

$$p'^2 = (E - m - V_0)(E + m - V_0) < 0 \tag{17.61}$$

에서 음에너지가 p' 를 실수로 변하게 하기 때문이다. 비상대성 이론에서는 입자가 투과 못하는 상황이 상대론적 고려를 하면 쉽게 투과하는 것이다. 이것을 Klein 역설이라한다.

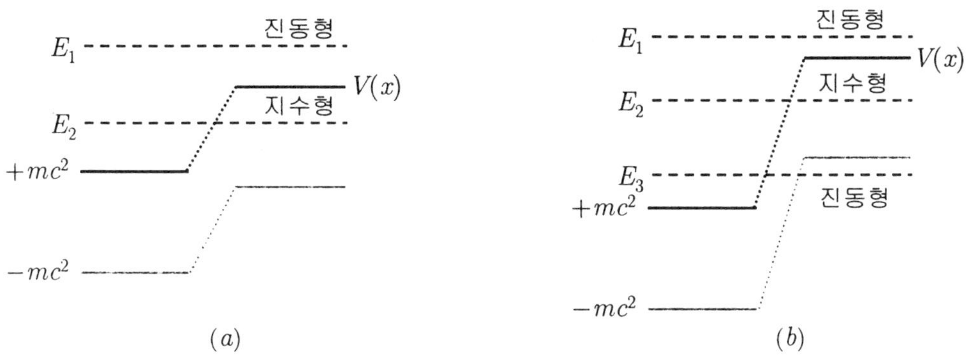

그림 17.1 Klein 역설: (a) 계단의 높이가 낮을 때에는 비상대론의 경우처럼 지수형 영역과 진동형 영역으로 나뉜다. (b) 계단이 높아지면 비상대론의 지수형 영역의 풀이가 진동형이 된다. $x=0$ 에서 $V(x)$ 의 급격한 변화를 완만하게 표시하였다.

고전역학의 입장에서 보면 입자의 운동이 금지된 영역이 음 에너지 풀이 때문에 운동이 허용되는 영역으로 변하는 것인데 상대론을 고려한 고전역학에서 문제가 되지 않는 것은 양에너지 풀이만 다루기 때문이다.

양자역학에서는 고유함수의 완전성 때문에 양, 음에너지를 항상 포함시켜야 되고 Klein 역설처럼 고전적으로 금지된 영역에서 지수형이 아닌 진동형 파동함수가 가능한 현상이 일어난다.

17.7 Dirac 의 양공 이론

음에너지 풀이를 무시하면 완전성을 잃고 고려하면 문제점이 제기된다. 이유는 양자역학에 기인한다. 고전역학에서는 입자가 에너지를 잃으면 위치에너지가 극소(local minimum)인 점으로 전이하지만 양자역학에서는 최소(global minimum)인 상태로 전이하기 때문이다.

[5.2절 참고] 이제 질량 m 인 입자를 생각해 보자. 그 에너지는 $E \geq +mc^2$ 또는 $E \leq -mc^2$ 이다. 움직이는 양 에너지 상태의 입자는 복사로 운동량을 잃고 결국 정지하게 될 것이다. 이때 $E = +mc^2$ 이다. 즉 정지 질량 에너지를 갖는 상태이다. 고전적으로는 극소 에너지 상태에 도달하였으므로 그대로 머물러 있게 된다. $-mc^2 < E < +mc^2$ 영역은 고전적으로 금지된 영역이다. 그러나 양자 역학에서는 이 장벽을 투과할 수 있으므로 $E = +mc^2$ 에 도달한 입자는 $E = -mc^2$ 상태로 전이가 가능하다. 물론 이때 $2mc^2$ 의 에너지를 갖는 광자를 방출한다. 일단 음 에너지 상태가 되면 계속해서 복사를 방출하고 더욱 낮은 에너지로 전이하는 이변이 일어난다. 수소 원자의 경우에 높은 에너지 준위의 전자가 복사를 방출하며 바닥 상태에 이른 후에도 계속해서 에너지를 방출하며 핵에 흡수되는 것이다.

이 난관을 해결하기 위하여 Dirac 은 양공 (陽孔) 이론 (hole theory) 을 제안하였다. 전자는 스핀 1/2 이고 페르미온이다. 따라서 Pauli 의 배타 원리를 따라야 한다. 즉 어떤 양자 상태든지 한 개의 전자만 채울 수 있다. 그러므로 여러 개의 전자가 있다면 낮은 에너지 준위부터 채워질 것이다. Dirac 은 허공 상태는 아무 입자도 존재하지 않는 상태가 아니라 모든 음 에너지 상태가 완전히 채워진 상태라고 가정하였다. [그림 17.2(a)] 그러면 한 개의 전자 상태는 꽉 채워진 음 에너지 상태 이외에 양 에너지에 한 개의 전자가 추가로 있는 상태이다. [그림 17.2(b)] 16.3 절에서 허공의 에너지를 영 으로 기준 삼은 것과 마찬가지로 음 에너지를 모두 채운 상태를 기준으로 정한 것이다. 그러면 허공의 전하는 $-\infty$ 가 아니라 영이다. 그리고 양 에너지 상태의 전자는 음 에너지로 전이할 수 없다. 빈 에너지 상태가 없기 때문이다.

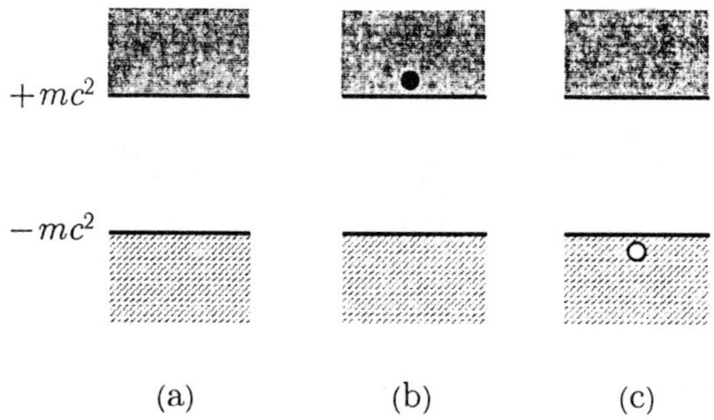

그림 17.2 (a) 허공: 모든 음 에너지 상태가 점유되었음
(b) 전자: 음 에너지는 모두 채워지고 양 에너지 상태에 전자가 있음
(c) 양전자: 허공에서 전자가 하나 모자라는 양공의 상태

이번에는 음에너지 상태가 한 개만 제외하고 모두 채워진 상태를 생각해 보자. [그림 17.2(c)] 무한히 넓은 Dirac의 바다에 구멍이 생긴 것이다.[4] 전기적으로 중성인 허공에서 $-|e|$ 만큼 부족하므로 $+|e|$ 의 전하를 띄울 것이다. 에너지는 허공에서 $-|E|$ 만큼 모자라는 상태이므로 $+|E|$ 의 에너지를 가질 것이다. 따라서 질량은 $+m$ 이 될 것이다. 이것은 양전하를 가진 구멍이므로 양공이라 한다.

이 양공상태와 한 개의 전자상태를 결합하는 상황을 고려해 보자. 결과는 음에너지 상태뿐이다. 즉 허공 뿐이다. 즉 양공상태는 전자와 결합하면 소멸되어 모두 복사로 변한다. Dirac은 이 양공상태를 전자의 반대입자인 양전자로 해석하였다. 이렇게 반대입자가 이론적으로 예측되었고 물론 실험적으로 확인되었다.

양공이론은 전자-양전자의 쌍소멸 현상은 물론 쌍생성까지도 설명한다. 음에너지가 모두 채워진 허공상태에 $2mc^2$ 이상의 광자가 입사하였다고 하자. 광전효과에서처럼 음에너지의 전자가 양에너지 전자로 전이하면서 구멍이 생길 것이다. [그림 17.3 참고] 즉 전자와 양전자가 한 쌍으로 창생하는 것이다. Dirac의 바다에서 전자를 낚아내면 음에너지 전자가 하나 부족한 바다(허공)는 양전자가 된다. 일반적으로 입자와 반대입자가 쌍으로 창생하거나 소멸하는데 이들은 서로 반대의 전하를 띄우므로 전하보존 법칙은 계속 유효하다.

Dirac의 양공이론은 음에너지에 얽힌 문제를 상당히 해결하여 매력적이나 완전한 이론으로 받아드리기는 어렵다. 우선 Dirac 방정식은 한 개의 입자에 관한 방정식이다. 그러나 양공이론에서 모든 음에너지가 채워졌다는 뭇입자 이론을 적용한다. 원자에 관한 Hartree의 근사이론이 뭇전자 물리계를 한 전자에 관한 Schrödinger 방정식의 효과로 설명한 것처럼 Dirac 방정식도 효과적인 근사이론이라면 근본적인 이론을 찾아야 할 것이다.

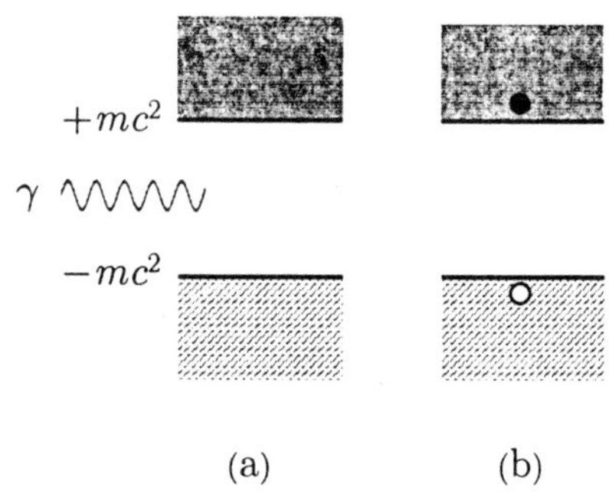

그림 17.3 전자-양전자 쌍생성
(a) 허공에 광자가 작용하여
(b) 전자를 들뜨게 하고 허공에는 양공(양전자)을 만든다.

[4] 마찬가지로 Fermi 바다를 생각할 수 있음. 부록B 참고

허공에도 문제가 있다. 양전자가 가능한 것은 Dirac의 음 에너지 바다가 전자로 꽉 채워졌기 때문이다. 그러면 양성자와 중성자도 반대 입자가 있으므로 Dirac의 바다는 반대 양성자, 반대 중성자로도 채워져야 할 것이다. 아니 수많은 반대 입자로 채워져야 할 것이다, 그리고 이들은 쌍으로 생성될 것이다. 하지만 핵 내부에서 일어나는 반응을 보면 전자의 동반 생성 없이 양전자만 창생하는 경우도 가능하다.

또 다른 개념적인 문제는 전자와 양전자의 비대칭성이다. Dirac의 바다는 양전자로 꽉 차 있고 여기에 생긴 구멍은 전자라고 해석해도 무방하고 전혀 모순이 되지 않는다. 이것은 입자-반대 입자 대칭인데 전하 공액 (charge conjugation) 이라 부른다.

17.8 양자 벌판의 언저리

고에너지 입자 반응 과정에서는 입자가 생성되고 소멸되는 현상이 자주 일어나므로 이에 걸맞는 공식과 논리가 필요하다. 우리는 전자기 벌판의 양자화 과정에서 얻은 교훈을 활용할 수 있다. 고전적인 전자기 벌판 (16.2) 의 파동 함수는

$$\mathbf{A}(\mathbf{x},t) = \frac{1}{\sqrt{V}} \sum_{\mathbf{k},\lambda} \left(A_\lambda(\mathbf{k})\,\boldsymbol{\epsilon}_\lambda\, e^{+i(\mathbf{k}\cdot\mathbf{x}-\omega t)} + A_\lambda{}^*(\mathbf{k})\,\boldsymbol{\epsilon}_\lambda{}^*\, e^{-i(\mathbf{k}\cdot\mathbf{x}-\omega t)} \right) \tag{17.62}$$

c-숫자인데 운동량 공간의 파동 함수 $A_\lambda(\mathbf{k})$ 를 양자화해서 q-숫자로 격상함으로써 전자기 벌판은 광자를 창생하거나 소멸시키는 연산자가 되었다.

$$\mathbf{A}(\mathbf{x},t) = \sqrt{\frac{\hbar}{2\varepsilon_0 V}} \sum_{\mathbf{k},\lambda} \frac{1}{\sqrt{\omega}} \left(a_\lambda(\mathbf{k})\,\boldsymbol{\epsilon}_\lambda\, e^{+i(\mathbf{k}\cdot\mathbf{x}-\omega t)} + a_\lambda^\dagger(\mathbf{k})\,\boldsymbol{\epsilon}_\lambda{}^*\, e^{-i(\mathbf{k}\cdot\mathbf{x}-\omega t)} \right) \tag{17.63}$$

마찬가지로 Dirac 벌판의 파동 함수는 스핀 1/2 인 입자의 물질파 벌판 함수이므로

$$\Psi(x) = \sum_s \int \frac{d^3p}{(2\pi\hbar)^3} \frac{m}{E} \left(b(p,s)\,u(p,s)\,e^{+\frac{i}{\hbar}p\cdot x} + d^*(p,s)\,v(p,s)\,e^{-\frac{i}{\hbar}p\cdot x} \right) \tag{17.64}$$

윗식에서 $b(p,s), d(p,s)$를 양자화하여 전자와 양전자를 마음대로 생성 및 소멸시키는 것이다. 그러면 b, d 는 q-숫자가 되고 $\Psi(x)$ 도 연산자로서 다음처럼 쓴다.

$$\Psi(x) = \sum_s \int \frac{d^3p}{(2\pi\hbar)^3} \frac{m}{E} \left(b(p,s)\,u(p,s)\,e^{+\frac{i}{\hbar}p\cdot x} + d^\dagger(p,s)\,v(p,s)\,e^{-\frac{i}{\hbar}p\cdot x} \right) \tag{17.65}$$

양자화된 전자기 벌판에서 광자의 생성과 소멸에 관한 해석을 염두에 두면 다음과 같이 말할 수 있다. Dirac 벌판의 $b^\dagger(p,s)$, $b(p,s)$는 각각 전자를 창생 소멸시키는 연산자이고 $d^\dagger(p,s)$, $d(p,s)$는 양전자를 창생, 소멸시키는 연산자이다. 그러므로 Dirac 벌판 연산자 Ψ는 전자를 소멸시키고 양전자를 창생하며 $\Psi^\dagger$는 전자를 창생하며 양전자를 소멸시킨다.

Dirac 파동함수의 벌판 $\Psi(\mathbf{x},t)$ 는 이미 양자화 과정을 통하여 얻은 것이다. 그러나 그 파동함수를 다시 한번 더 양자화하여 입자의 창생, 소멸 연산자로 공식화 한 것이다. 이런 과정을 제 2 양자화 (second quantization)라 한다.

지금 우리는 양자 벌판의 언저리에 서 있고. 양자 벌판 이론 (quantum field theory)이라는 새로운 지평을 바라 보는 것이다.

연 습 문 제

17.1 운동량 공간에서 스피너에 관한 Dirac 방정식은 상대론적 공변 형태로 다음과 같음을 증명하라.

$$(+i\gamma^\mu p_\mu + m)\,u(p,s) = 0 \qquad \overline{u}(p,s)(+i\gamma^\mu p_\mu + m) = 0$$
$$(-i\gamma^\mu p_\mu + m)\,v(p,s) = 0 \qquad \overline{v}(p,s)(-i\gamma^\mu p_\mu + m) = 0$$

17.2 Dirac 행렬은 γ^μ 이외에도 이들에서 유도된 다음의 행렬들이 있다. Pauli 표현 (17.12)를 사용하여 다음 행렬들을 표현하라.

$$\gamma^5 = i\gamma^0\gamma^1\gamma^2\gamma^3 \qquad \gamma^\mu\gamma^5 \qquad \sigma^{\mu\nu} = -\frac{1}{2}[\gamma^\mu, \gamma^\nu]$$

17.3 Dirac 행렬의 추적에 관한 다음 공식들을 증명하라.

$$\mathrm{Tr}(\gamma^\mu\gamma^\nu) = 4g^{\mu\nu}$$
$$\mathrm{Tr}(\gamma^\mu\gamma^\nu\gamma^\rho\gamma^\sigma) = 4(g^{\mu\nu}g^{\rho\sigma} - g^{\mu\rho}g^{\nu\sigma} + g^{\mu\sigma}g^{\nu\rho})$$
$$\mathrm{Tr}(\gamma^{\alpha_1}\gamma^{\alpha_2}\cdots\gamma^{\alpha_r}) = 0 \qquad (r:\ \text{홀수})$$

17.4 Dirac 스피너 $u(p,s)$, $v(p,s)$ 를 직접 대입하여 완전성에 관한 식 (17.55) 를 증명하라.

17.5 Gordon 의 분해 규칙으로 알려진 다음식을 유도하라.

$$\overline{u}(p_2,s_2)\gamma^\mu u(p_1,s_1) = -\frac{i}{2m}\overline{u}(p_2,s_2)\Big[(p_2+p_1)^\mu + i\sigma^{\mu\nu}(p_2-p_1)_\nu\Big]u(p_1,s_1)$$

17.6 Zitterbewegung 의 진동수는 최소한 어느 정도 빠른가? 수소 원자의 $2P$-$1S$ 전이의 진동수와 비교하라.

17.7 Dirac 입자에 대한 나선성 (helicity) 연산자는 다음과 같다.

$$\Sigma(\hat{\mathbf{p}}) = \frac{\boldsymbol{\sigma}\cdot\mathbf{p}}{|\mathbf{p}|} = \frac{1}{|\mathbf{p}|}\begin{pmatrix}\boldsymbol{\sigma}\cdot\mathbf{p} & 0\\ 0 & \boldsymbol{\sigma}\cdot\mathbf{p}\end{pmatrix}$$

$\Sigma(\hat{\mathbf{p}})$ 의 고유값은 ± 1 임을 보이라. 그리고 양 에너지 풀이에 대한 고유 벡터를 구하라. $\mathbf{p}$ 가 z-방향이라면 어떻게 되겠는가?

17.8 Dirac 방정식의 파동 다발에 관한 확률 흐름 식 (17.59) 를 유도하라. 확률 계산에서는 [식 (17.58)] 양 음 에너지의 교차항이 없으나 확률 흐름에서는 존재하는 이유를 살펴보라.

17.9 초기에 가우시안 파동 다발이 다음과 같다.

$$\Psi(\mathbf{x},t=0) = \frac{1}{(\pi d^2)^{3/4}}\exp\left(-\frac{\mathbf{x}^2}{2d^2}\right)\begin{pmatrix}1\\0\\0\\0\end{pmatrix}$$

이 파동 다발은 식 (17.57) 의 형태로 Fourier 변환을 할 수 있다. 임의의 순간에 파동 함수 $\Psi(\mathbf{x},t)$ 를 구하고 음 에너지 부분이 어떻게 커지는지 조사하라.

17.10 13 장에서 다룬 전파자 이론은 Dirac 의 자유 입자에도 적용된다. 공변 형태의 Dirac 방정식 (17.27) 을 이용하면 전파자에 관한 미분 방정식은 다음과 같다.

$$(\gamma^\mu\partial_\mu + m)G_D(x;x') = i\hbar\,\delta(t-t')\,\delta^3(\mathbf{x}-\mathbf{x}')$$

G_D 는 γ 행렬처럼 4×4 행렬이다. Fourier 변환으로 운동량-에너지 공간에서 전파자는 다음과 같음을 증명하라.

$$G_D(p;p') = (2\pi\hbar)^4\,\delta(E-E')\;\delta^3(\mathbf{p}-\mathbf{p}')\frac{i\hbar}{i\gamma^\mu p_\mu + m}$$

부 록

부록 A. 특수 상대론

상대성 이론은 상대적으로 움직이는 두 관측자가 같은 물리 현상을 다루는 데서 시작한다. 그림 A.1 에 보이듯이 관측자 O' 은 관측자 O 에 대하여 일정한 상대 속도 $\mathbf{V}$ 로 움직인다. 물론 O' 은 O 가 $-\mathbf{V}$ 의 속도로 움직이는 것으로 관측할 것이다. 편의상 상대 속도 $\mathbf{V}$ 의 방향을 z, z' - 축으로 정하고 $t=0$ 인 시각에 두 좌표계의 원점이 일치했다고 하자. 이제 어떤 사건 P가 발생하면 O 의 좌표계에서는 $\mathbf{r}=(x,y,z)$ 에 일어난 것으로 관측하고 O' 은 $\mathbf{r}'=(x',y',z')$ 으로 관측할 것이다. 그러면 $\mathbf{r}, \mathbf{r}'$ 사이에는 다음 관계가 있다.

$$\mathbf{r} = \mathbf{r}' + \mathbf{V}t \qquad \Rightarrow \qquad \mathbf{r}' = \mathbf{r} - \mathbf{V}t \tag{A.1}$$

두 좌표계에서 재는 시간은 똑같다고 가정하고 이 식을 시간으로 미분하여 속도를 계산하면

$$\mathbf{v}' = \frac{d\mathbf{r}'}{dt} \qquad \mathbf{v} = \frac{d\mathbf{r}}{dt} \qquad \Rightarrow \qquad \mathbf{v}' = \mathbf{v} - \mathbf{V} \tag{A.2}$$

가 되고, 시간으로 한번 더 미분하면 가속도를 얻는다.

$$\mathbf{a}' = \frac{d\mathbf{v}'}{dt} \qquad \mathbf{a} = \frac{d\mathbf{v}}{dt} \qquad \Rightarrow \qquad \mathbf{a}' = \mathbf{a} \tag{A.3}$$

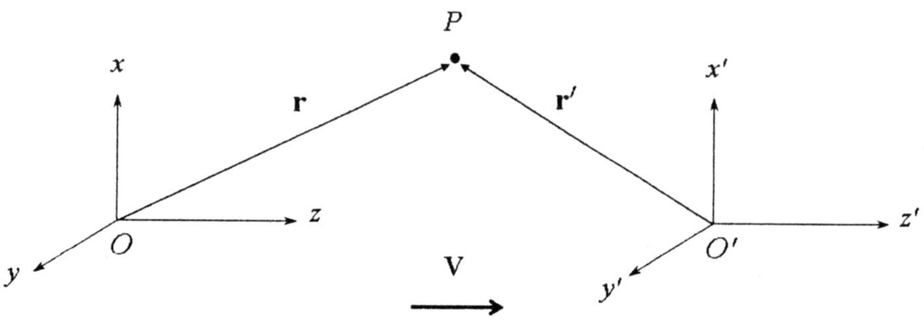

그림 A.1 상대 운동하는 두 관측자.
동일한 사건 P 를 각각 $\mathbf{r}, \mathbf{r}'$ 으로 관측하고
두 벡터 사이에는 식 (A.1) 의 관계가 성립한다.

그런데 힘은 일반적으로 구성 입자간에 작용하여 $\mathbf{F}(\mathbf{r}_i - \mathbf{r}_j)$ 형태이고 이는 O' 좌표계에서도 똑같아서 $\mathbf{F}(\mathbf{r}_i' - \mathbf{r}_j') = \mathbf{F}(\mathbf{r}_i - \mathbf{r}_j)$ 이며, 또한 질량도 두 좌표계에서 다를 이유가 없으므로 Newton의 운동법칙 $\mathbf{F} = m\mathbf{a}$ 는 두 좌표계에서 똑같이 성립한다. 즉 역학 현상에만 국한하면 O', O 중 어느 것도 특별히 선호되는 좌표계가 아니고 대등한 관성계이다. 따라서 상대적으로 등속 운동을 하며 움직이는 두 좌표계는 대등하다.

그러나 전자기 현상을 포함시키면 복잡해진다. Maxwell의 전자기 이론에서 빛의 속도는 $c^2 = 1/\varepsilon_0\mu_0$ 로 전기와 자기 현상만으로 결정되는데 식 (A.2)에서 빛의 속도가 상대 속도만큼 다르므로 O, O' 중 적어도 한 관측자에게는 Maxwell 방정식이 성립하지 않는다. 따라서 Newton과 Maxwell의 이론이 모두 유효한 절대 좌표계가 있으리라 추정되고 이에 대한 지구의 상대 운동 속도를 재려는 시도가 있었다. 그러나 결과는 부정적이었고 Einstein은 특수 상대성 이론으로 해결하였다. 그의 특수 상대론 가정은 다음과 같다.

1. 물리학 법칙은 모든 관성계에서 동일한 형태이다.
2. 허공에서 빛의 속도는 관측자에 관계없이 일정하다.

명시적으로 표현하지 않았으나 가정 2의 허공에서의 빛의 속도는 파장, 진폭 등 파동의 구체적 성질과 무관함이 내포되어 있다. 위의 두 가정에서 시작하여 시간과 공간의 의미를 다시 이해하게 되었고 그 동안 의심의 여지가 없었던 시간의 절대성에 근본적인 인식의 변화가 뒤따랐다. 좌표의 변환으로 말하자면 식 (A.1)에 근거한 변환을 Galileo 변환

$$\left.\begin{aligned} \mathbf{r}' &= \mathbf{r} - \mathbf{V}t \\ \\ t' &= t \end{aligned}\right) \Rightarrow \left(\begin{aligned} & x' = x, \quad y' = y \\ & z' = z - Vt \\ & t' = t \end{aligned}\right. \tag{A.4}$$

Einstein의 가정에 근거한 변환을 Lorentz 변환이라 한다.

$$\left.\begin{aligned} \mathbf{r}_\perp' &= \mathbf{r}_\perp \\ \mathbf{r}_\parallel' &= \gamma(\mathbf{r}_\parallel - \mathbf{V}t) \\ t' &= \gamma(t - Vz/c^2) \end{aligned}\right) \Rightarrow \left(\begin{aligned} & x' = x, \quad y' = y \\ & z' = \gamma(z - Vt) \\ & t' = \gamma(t - Vz/c^2) \end{aligned}\right. \qquad \gamma = \frac{1}{\sqrt{1 - V^2/c^2}} \tag{A.5}$$

여기서 γ 는 Lorentz 인자이고 $1 \le \gamma < \infty$ 이다. 그리고 $\mathbf{r}_\parallel, \mathbf{r}_\perp$ 는 상대 속도 $\mathbf{V}$ 에 평행하거나 수직인 성분을 의미한다.

Lorentz 변환에서 $V/c \to 0$ 인 극한, 즉 허공에서 빛의 속도가 무한히 빠르다고 간주하거나 ($c \to \infty$) 또는 물체가 매우 느리게 ($V \to 0$) 움직일 때에는 Galileo 변환으로 환원되고

특수상대론은 기존 이론을 빠른 속도의 영역까지 확장한 것이다. 또한 대응 원리 (1.49) 이 적용됨을 알 수 있다.

시간과 공간을 재인식한 후에 상식으로는 쉽게 이해하기 어려운 현상들이 일어나는데 시간 신장 (time dilation) 과 길이 수축 (Lorentz contraction) 이 전형적인 사례이다.

이제 시간은 더 이상 절대적 의미를 갖지 않는다. 관측자마다 다를 수 있다. O' 좌표계에 고정된 시계로 $\Delta t'$ 의 시간이 흘렀다면 O 좌표계에서는 다음과 같다.

$$\Delta t = \gamma \ \Delta t' \tag{A.6}$$

즉 움직이면 시간이 빨리 지나간다. 시계가 빨리 움직일 수록 관측자는 더욱 시간이 빨리 지나간 것으로 인식한다. 그래서 시계가 정지한 것처럼 보이는 관측자에게는 시간이 제일 느리게 지나가는데 이를 고유 시간 (proper time), 이렇게 시간이 늘어나 보이는 현상을 시간 신장이라 한다.

한편 O' 좌표계에 놓인 물체의 상대 운동 방향의 길이를 $\Delta z'$ 라 하면 O 좌표계에서는

$$\Delta z = \frac{1}{\gamma} \ \Delta z' \tag{A.7}$$

가 된다. 즉 움직이면 짧아 보인다. 물체가 빨리 움직일수록 관측자에게는 운동 방향으로 더욱 짧아 보인다. 그래서 물체가 정지한 것으로 보이는 관측자에게는 물체가 가장 길어 보이는데 이를 고유 길이 (proper length), 이렇게 길이가 짧아 보이는 현상을 길이 수축이라 한다.

속도의 변환은 예상보다 복잡하다. 시간은 관측자에 따라 다르므로 속도는 각자의 시간 t', t 로 미분하여 각각 $\mathbf{v}' = d\mathbf{r}'/dt'$, $\mathbf{v} = d\mathbf{r}/dt$ 로 계산해야 한다.

$$\mathbf{v}_\perp = \frac{\mathbf{v}'_\perp}{\gamma(1 + \mathbf{V}\cdot \mathbf{v}'/c^2)} \qquad \mathbf{v}_\parallel = \frac{\mathbf{v}'_\parallel + \mathbf{V}}{1 + \mathbf{V}\cdot \mathbf{v}'/c^2} \tag{A.8}$$

여기서 $\mathbf{v}_\parallel$, $\mathbf{v}_\perp$ 는 상대 속도 $\mathbf{V}$ 에 평행하거나 수직인 성분이다.

Lorentz 변환으로 상대 운동하는 두 좌표계에서 Maxwell 방정식은 모두 성립함을 확인할 수 있다. 한편 역학 법칙도 두 좌표계에서 성립하려면 운동량 $\mathbf{p} = m\mathbf{v}$, 에너지 $E = \mathbf{p}^2/2m$ 을 수정해야 한다. 똑같은 두 입자의 충돌에서 운동량 보존법칙 (Newton 의 제 3 법칙) 을 상대 운동하는 두 좌표계에서 성립한다고 받아드리고, 또한 일과 에너지의 정리 (Newton 의 제 2 법칙) 를 재점검함으로써 다음 관계식을 얻는다.[1]

---

[1] 참고: R. Eisberg and R. Resnick, *Quantum Physics of Atoms, Molecules, Solids, Nuclei and Particles, 2nd ed*, 부록 A

$$\begin{aligned} \mathbf{p} &= m\gamma\mathbf{v} \\ E &= m\gamma c^2 \end{aligned} \qquad \gamma = \frac{1}{\sqrt{1 - v^2/c^2}} \tag{A.9}$$

위의 두 식에서 $\mathbf{v}$ 를 제거하면 Einstein의 질량 공식을 얻는다.

$$E^2 = m^2c^4 + \mathbf{p}^2c^2 \tag{A.10}$$

Newton 역학은 3차원 Euclid 세계에서 관측자와 무관한 절대적 의미를 지닌 시간의 함수로서 입자 운동을 다루지만, Einstein의 상대론은 시간과 공간이 어울리는 4차원 Minkowski 세계에서 입자의 운동으로 기술한다. 그러므로 $\mathbf{x}$, ct 를 Minkowski 세계의 벡터로 간주하고 이를 세계 벡터 (world vector 또는 four-vector)라 부른다. 그런데 $(\mathbf{x}, ct)$ 벡터는

$$\mathbf{x}'^2 - c^2t'^2 = \mathbf{x}^2 - c^2t^2 \tag{A.11}$$

이 되어 벡터의 크기를 $\mathbf{x}^2 - c^2t^2$ 에 연관시켜서 4차원 공간에서 일반적인 회전으로 다루기 힘들다. 한가지 방법은 제4좌표로 허수 $x_4 = ict$ 를 도입하여 $\mathbf{x}^2 + x_4^2$ 이 일정하게 변환하는 것이다. 그러면 회전 각도도 허수이어야 한다.

한편 식 (A.11)을 새로운 "길이"의 정의로 받아드릴 수 있다. 그래서 4차원 Euclid 세계가 아니라 Minkowski 세계인 것이다. 일반적으로 세계 벡터는 $A = (\mathbf{A}, A_0)$ 로 표기하는데 $\mathbf{A}$, A_0를 각각 세계 벡터 A의 공간성분, 시간성분이라 한다. 세계 벡터가 되려면 두 좌표계에서 보았을 때 Lorentz 변환식 (A.5)를 만족해야 한다.

그리고 두 세계 벡터 A, B 의 스칼라 곱은 다음으로 정의한다. 이것으로 Minkowski 공간과 Euclid 공간이 구별된다.

$$AB = A \cdot B = \mathbf{A} \cdot \mathbf{B} - A_0B_0 \tag{A.12}$$

즉 공간성분끼리 곱하여 더한 다음 시간성분들의 곱을 빼는 것이다. 두 세계 벡터의 스칼라 곱은 Lorentz 변환에 대하여 불변이다. 다시 말하면 관측자와 무관하다.

$$A \cdot B = A' \cdot B' \qquad \mathbf{A} \cdot \mathbf{B} - A_0B_0 = \mathbf{A}' \cdot \mathbf{B}' - A_0' B_0' \tag{A.13}$$

시공간 좌표 $(\mathbf{x}, ct)$는 Lorentz 변환식 (A.5)를 만족한다. 그러므로 세계 벡터이다. 마찬가지로 속도의 변환식 (A.8)을 이용하여 $(\mathbf{p}, E/c)$도 세계 벡터임을 보일 수 있다. 그리고 파동수 벡터와 회전 빈도수 $(\mathbf{k}, \omega/c)$, 흐름과 밀도 $(\mathbf{J}, c\rho)$, 전자기 벌판 $(\mathbf{A}, c\phi)$도 모두 세계 벡터이다. 그러므로 양자 역학에 자주 나타나는 물질 파동의 위상 $\mathbf{k} \cdot \mathbf{x} - \omega t$ 또는 $\mathbf{p} \cdot \mathbf{x} - Et$ 는 세계 벡터들의 스칼라 곱으로서 Lorentz 불변량들이다. 속도 $\mathbf{v}$는 식 (A.5)를 만족하지 못하므로 세계

벡터가 아니다. 특히 전자기 벌판 **E**, **B** 가 3차원 Euclid 세계에서는 벡터이지만 4차원 Minkowski 세계에서는 세계 벡터가 아니라 세계 텐서가 된다.

세계 벡터 $(\mathbf{p}, E/c)$ 와 관련된 불변량으로 자신과의 스칼라 곱을 생각할 수 있다. 그것은 정지 좌표계에서의 세계 벡터 $(\mathbf{p}=0, E=mc^2)$ 와 비교할 때 바로 입자의 질량이다.

$$\mathbf{p}^2 - (E/c)^2 = -m^2c^2 \tag{A.14}$$

윗식은 식 (A.9) 에서 직접 유도할 수도 있다.

Lorentz 불변량은 입자들의 충돌 현상을 다룰 때 특히 편리하다. 두 입자가 충돌하는 경우에 충돌 후 입자 상태가 변하면 전체 운동 에너지가 충돌 전후에 보존되지 않고 비탄성 충돌이 일어난다. 충돌 후에도 입자가 똑같은 경우에는 탄성 충돌이다.

$$m_1(\mathbf{p}_1, E_1) + m_2(\mathbf{p}_2, E_2) \to m_3(\mathbf{p}_3, E_3) + m_4(\mathbf{p}_4, E_4) \tag{A.15}$$

탄성, 비탄성 반응에 관계없이 충돌 전후의 전체 에너지와 운동량은 보존되고 또한 입자들은 각각의 질량 공식을 만족해야 한다.

$$\begin{aligned} &\mathbf{p}_1 + \mathbf{p}_2 = \mathbf{p}_3 + \mathbf{p}_4 \qquad E_1 + E_2 = E_3 + E_4 \\ &E_a{}^2 = m_a{}^2c^4 + \mathbf{p}_a{}^2c^2 \qquad (a = 1, 2, 3, 4) \end{aligned} \tag{A.16}$$

운동량과 에너지는 관측자마다 다르다. 어느 한 입자와 같은 속도로 움직이는 관측자에게는 그 입자는 정지한 것으로 보이고 운동량은 영이다. 자주 다루는 관측계는 한 입자가 정지해 있는 $(\mathbf{p}_2=0)$ 소위 실험실계 (laboratory frame) 와 전체 운동량이 영인 $(\mathbf{p}_1+\mathbf{p}_2=0)$ 질량 중심계 (center-of-mass frame) 이다. 그러면 $[\mathbf{p}_1+\mathbf{p}_2, (E_1+E_2)/c]$ 도 세계 벡터이므로 불변량을 두 좌표계에서 계산하면

$$(\mathbf{p}_1 + \mathbf{p}_2)^2_{lab} - (E_1 + E_2)^2_{lab} / c^2 = -(E_1 + E_2)^2_{cm} / c^2 \tag{A.17}$$

인데, $\mathbf{p}_2=0$ 이고 $E_2 = m_2c^2$ 이므로 다시 쓰면

$$\begin{aligned} s = (E_1 + E_2)^2_{cm} &= (E_1 + m_2c^2)^2_{lab} - (\mathbf{p}_1^2)_{lab}c^2 \\ &= 2E_1m_2c^2 + m_1^2c^4 + m_2^2c^4 \end{aligned} \tag{A.18}$$

이고 $\sqrt{s}$ 는 질량중심계의 전체 에너지이며 Lorentz 불변량이다. 즉 상대 운동하는 어느 관측자도 $\sqrt{s}$ 에 관하여 똑 같은 측정값을 얻는다.

Minkowski 세계에서 세계 벡터는 텐서 해석의 표기를 활용하면 더 편리하고 깊은 의미를

쉽게 파악할 수 있다.[2] 벡터 A 는 A^0, A^1, A^2, A^3 의 반변 (contravariant) 지표로 표기한다. 또한 A^μ 로도 표기하는데 이 때 $\mu = 0, 1, 2, 3$ 이고 A^i 로 표기할 때에는 $i = 1, 2, 3$ 으로 공간 성분만을 의미한다. 그러면 공변 (covariant) 성분은 계측 텐서 $g_{\mu\nu}$ 에 의하여 $A_\mu = g_{\mu\nu} A^\nu$ 로 되는데 반복지표 ν 에 관하여는 모든 ν 에 대한 합으로 이해하여 Einstein의 규약을 따른다. 또한 Pauli의 계측 텐서를 채택한다.

$$g_{\mu\nu} = \begin{pmatrix} -1 & 0 & 0 & 0 \\ 0 & +1 & 0 & 0 \\ 0 & 0 & +1 & 0 \\ 0 & 0 & 0 & +1 \end{pmatrix} \tag{A.19}$$

따라서 $A_\mu = (A_0, A_1, A_2, A_3) = (-A^0, A^1, A^2, A^3)$ 가 된다. 그러면 두 세계 벡터의 스칼라 곱은 $A \cdot B = A^\mu B_\mu$ 형태로도 쓸 수 있다. 그리고 파동의 위상은 다음처럼 간략하게 표기할 수 있다.

$$\mathbf{k} \cdot \mathbf{x} - \omega t = k \cdot x = k^\mu x_\mu \qquad \mathbf{p} \cdot \mathbf{x} - E t = p \cdot x = p^\mu x_\mu \tag{A.20}$$

식 (A.5) 의 판정 기준에 따라 세계 벡터 여부가 결정되지만 반변, 공변 벡터는 구체적 점검으로 판별한다. 특기할것은 미분 연산자 $(\partial/\partial x^0, \partial/\partial x^1, \partial/\partial x^2, \partial/\partial x^3)$ 인데 이들은 공변 벡터이고 다음으로 요약 표기한다.

$$\partial_\mu = \frac{\partial}{\partial x^\mu} = \left(\frac{\partial}{\partial x^0}, \frac{\partial}{\partial x^1}, \frac{\partial}{\partial x^2}, \frac{\partial}{\partial x^3} \right) \tag{A.21}$$

그러므로 확률 흐름의 보존 법칙 (4.32) 는 다음과 같이 쓸 수 있고

$$\partial_\mu j^\mu = 0 \qquad j^\mu = (\mathbf{J}, c\rho) \tag{A.22}$$

이 식은 Lorentz 불변량이므로 관측자에 관계없이 항상 성립한다.

우리는 식 (4.8) 에서 연산자 E 와 $\mathbf{p}$ 를 도입하였다. 하밀토니안은 에너지이므로 윗식들은 Minkowski 세계에서 단일 표기가 가능하다.

$$E \to +i\hbar \frac{\partial}{\partial t} \qquad \mathbf{p} \to -i\hbar \nabla \quad \Rightarrow \quad p^\mu \to -i\hbar\, \partial^\mu \tag{A.23}$$

한편 최소 전자기 작용에 관한 처방도 단일하게 표시할 수 있다.

$$E \to E - q\phi \qquad \mathbf{p} \to \mathbf{p} - q\mathbf{A} \quad \Rightarrow \quad p^\mu \to p^\mu - qA^\mu \tag{A.24}$$

---

[2] 참고: M. L. Boas, *Mathematical Methods in the Physical Sciences, 2nd ed*, Chap 10

부록 B. 물리 공간, 배위 공간 및 위상 공간

고전 역학에서 우리는 입자의 위치를 기술하기 위하여 공간의 개념을 도입한다. 그리고 시간에 따른 입자의 위치 변화를 조사한다. 입자의 위치는 삼차원 물리 공간 (physical space) 에서 한 점 P 로 나타내며 그 위치를 나타내는 좌표 (x, y, z)는 시간에 따라서 변한다. 즉 시간의 함수이다 이 운동의 자유도는 3 이지만 만일 입자가 주어진 곡선상에 움직여야 한다는 등 제한 조건이 있으면 그만큼 자유도는 줄어든다. 일반적으로 M개의 입자가 삼차원 물리 공간에서 L가지 제한조건 하에서 움직이면 $N=3M-L$ 개의 자유도를 갖는 운동이 된다. 그리고 Newton 역학에서 이 입자계의 운동 방정식은 다음과 같다.

$$\mathbf{F}_i = m_i \frac{d^2\mathbf{x}_i}{dt^2}(i = 1,2,\cdots,M) \tag{B.1}$$

힘 $\mathbf{F}_i$ 는 제한력 (constraint force) 을 포함하여 입자 i 에 작용하는 모든 힘의 벡터 합이다.

제한조건을 적용하면 운동은 N개의 2계 미분방정식으로 표현된다. 따라서 풀이에서 자유도마다 2개의 적분상수가 생겨서 모두 $2N$ 개의 운동상수가 필요하다. 이들은 경계 조건으로 결정되는데 보통의 경우 초기에 입자들의 위치 $\mathbf{x}_i(t=0)$와 속력 $\mathbf{v}_i(t=0)$로 알아낸다.

삼차원 공간에서 M개의 점으로 표현되는 물리 공간은 현실적인 직관이 가능하여 편리하다. [그림 B.1 참고] 그러나 물리공간에 분포된 M개의 점들이 어떤 시각 t 이후에 어떤 운동으로 진행할 것인지 알 수 없다. 운동을 기술하려면 그 시점에서의 속력도 필요하기 때문이다. 또한 제한조건 때문에 $3M$개의 좌표가 모두 독립일 수는 없고 따라서 $3M$개의 초기 위치와 초기 속력도 임의로 주어질 수는 없다.

제한조건을 적용하여 독립인 좌표들만 쓰려면 일반좌표 (generalized coordinate) 가 편리하다. 각각의 운동 자유도마다 한 개의 일반좌표 $q_i(t)$ 를 할당하여 이들은 독립변수가 된다. 이때 입자계의 운동은 Lagrange 운동 방정식으로 기술된다.

$$\frac{d}{dt}\left(\frac{\partial L}{\partial \dot{q}_i}\right) - \frac{\partial L}{\partial q_i} = 0 \qquad (i = 1,2,\cdots,N) \tag{B.2}$$

라그랑지안 $L(q_i, \dot{q}_i; t)$ 는 일반좌표 $q_i(t)$ 와 일반속도 $\dot{q}_i(t)$ 의 함수로서 위의 방정식은 일반좌표에 대한 2계 미분방정식이다. 그러므로 이번에도 물리계는 N개의 2계 미분방정식으로 주어지며 $2N$개의 적분상수가 필요하다. 이들은 흔히 일반좌표와 일반속도의 초기값 $q_i(0)$, $\dot{q}_i(0)$으로 결정된다.

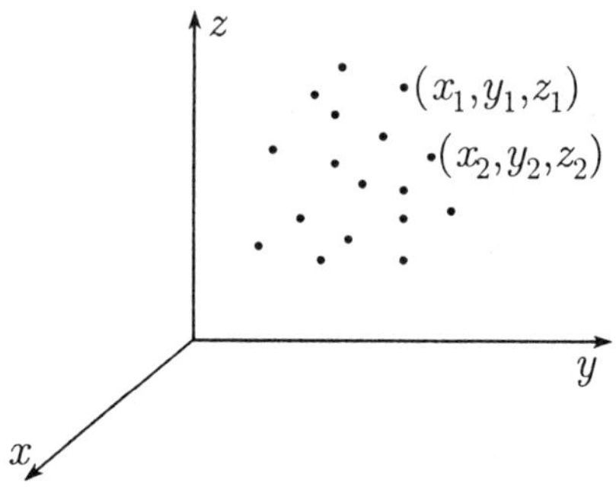

그림 B.1 물리 공간
삼차원 공간에서 M개의 점으로 기술되며 각 점에 있는 입자는 Newton의 운동 방정식 (B.1)을 따른다.

Lagrange 방정식은 Newton 방정식과 대등하지만 독립 변수만의 미분 방정식이므로 기술이 편리하다. 이제 뭇입자들의 입자계를 기술하기 위하여 $q_1, q_2, \cdots, q_N$의 N개 좌표로 구성된 상상적인 N차원 공간을 생각해 보자. [그림 B.2 참고] 공간의 한 점 $(q_1, q_2, \cdots, q_N)$은 입자들이 물리 공간에서 배치된 위치를 유일하게 결정한다. 이 N차원 공간을 배위 공간(configuration space)이라 부른다. 물리공간과 다른 것은 차원은 비록 많다 하더라도 상상적인 배위 공간에서는 M개의 점이 아닌 한 개의 점으로 물리계가 표현된다는 것이다.

시간이 지나면 입자계를 기술하는 점은 배위 공간에서 곡선을 그리면서 어떤 궤도를 움직일 것이다. 그 위치와 시간 도함수는 물리 공간에서 모든 입자의 위치와 속도를 결정하고 우리는 입자계 운동의 진행 과정을 추정할 수 있다. 그러나 이번에도 초기의 어떤 시점에서 배위 공간의 한 점이 결정되면 그 이후의 운동이 확정되는 것은 아니다. 2계 미분 방정식인 Lagrange 방정식의 풀이는 배위 공간에서 초기에 각 입자들의 위치와 시간 도함수가 필요하기 때문이다.

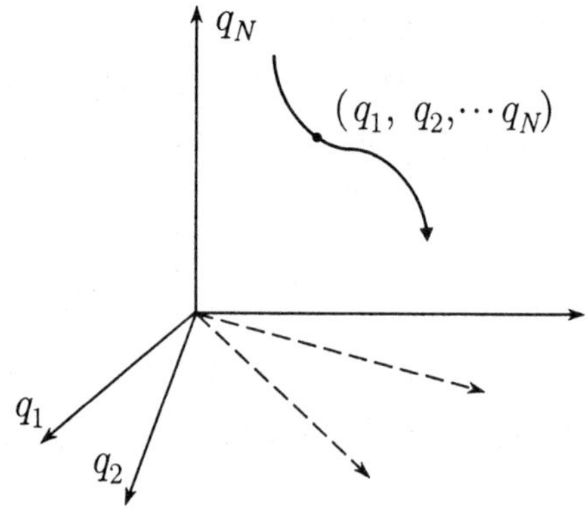

그림 B.2 배위 공간
물리계는 일반 좌표의 다차원 공간에서 한 점으로 기술되며 Lagrange 운동 방정식 (B.2)를 따른다.

운동을 기술하는 또 다른 방법은 변위-운동량 공간을 이용하는 것이다. 일반좌표와 일반속도를 이용하는 라그랑지안 $L(q,\dot{q})$ 대신 일반좌표와 이에 해당하는 공액 운동량을 이용한 하밀토니안 $H(q,p)$ 를 사용한다. 그러면 물리계의 뭇입자 운동은 Hamilton의 정준 방정식(canonical equation)으로 기술하며 다음과 같다.

$$\frac{\partial H}{\partial p_i} = \dot{q}_i \qquad \frac{\partial H}{\partial q_i} = -\dot{p}_i \qquad (i = 1, 2, \cdots, N) \tag{B.3}$$

이번에는 $2N$개의 1계 미분방정식을 얻는다. 따라서 전과 마찬가지로 $2N$개의 적분상수가 필요하다. 그러나 1계 미분 방정식이므로 운동의 기술은 편리해진다.

이제 $q_1, q_2, \cdots, q_N, p_1, p_2, \cdots, p_N$ 의 좌표로 구성되는 $2N$차원의 공간을 상상해 보자. [그림 B.3 참고] 이 공간에서 한 점은 $2N$개의 일반좌표와 운동량을 결정한다. 그러나 Hamilton 방정식은 1계 도함수만 포함하므로 초기의 입자계 운동을 기술하는 한 점이 주어지면 그 이후의 운동은 유일하게 결정된다.

자유도가 N인 입자계에서 일반 좌표와 그 공액 운동량을 독립 좌표로 구성된 $2N$차원 공간을 위상 공간(phase space)이라 한다. 운동량과 변위의 곱은 물질파의 위상 각도가 되기 때문이다. 위상 공간에서의 운동을 기술하는 것은 배위 공간에서 푸는 것과 대등하고 각각 장단점이 있으므로 두 개념을 모두 알아두어야 한다.

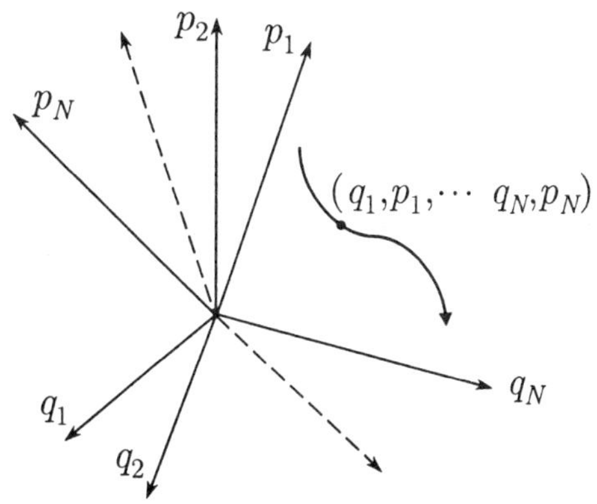

그림 B.3 위상 공간
물리계는 일반 좌표와 그 공액 운동량 공간에서 한 개의 점으로 기술되며 Hamilton의 정준 방정식 (B.3)을 따른다.

입자계의 운동 범위가 제한되어 있는 속박 운동을 물리 공간, 배위 공간, 위상 공간에서 비교하면 모두 유한 영역 내에 궤도가 국한되어 있다. 그러나 주기 운동을 고려하면 세 공간에서 기술할 때 특징이 두드러진다. 물리 공간에서는 한 주기가 지난 후에 모든 입자가 원래의 위치에 원래의 속도로 돌아오고 그 이후에는 똑같은 운동이 반복된다. 배위 공간과 위상 공간에서는 입자계의 운동 상태가 한 개의 점으로 표현되므로 시작점으로 돌아와서 똑같은 궤도를 움직이는 경로 (path) 로 기술되고 한 주기가 끝난 후에는 다시 되풀이하게 된다. 그러므로 두 공간에서 주기 운동에 대한 입자계의 경로는 폐곡선이 된다. 그러나 배위 공간에서는 경로가 시작점에 돌아왔다 하더라도 도함수까지 같지 않는 한 다른 경로를 따라 움직일 것이며 경로가 자기 자신과 교차할 수 있다. 한편 위상 공간에서는 일단 시작점으로 돌아오면 같은 경로를 따라서 다시 운동을 되풀이 해야 한다. 위상 공간에서는 경로가 서로 교차할 수 없다. 교차한다면 그 점에서의 $q_1, q_2, \cdots, q_N, p_1, p_2, \cdots, p_N$ 의 값을 초기값으로 하는 역학 풀이가 2개 이상 존재하는 결과가 되는데 운동 방정식은 그렇지 않기 때문이다. 따라서 주기 운동에 대한 위상 공간의 경로는 자체적으로는 교차하지 않고 단순한 폐곡선이 된다.

주목할 것은 위상 공간에서 한 변위와 그 공액 운동량으로 구성된 정준 부분 공간 (2차원의 위상 평면) 에 주기 운동의 경로를 투영하면 이것 또한 단순한 폐곡선이 된다. 그러나 그 역(逆)은 반드시 옳다고 할 수 없다. 즉 입자계의 경로가 모든 위상 평면에서 폐곡선을 이루어도 입자계의 운동이 반드시 주기 운동은 아니다.

위상 공간은 양자 역학에서 특별한 의미를 갖는다. 불확정성 원리 $\Delta x \cdot \Delta p \approx h$ 는 각 입자의 양자 상태가 위상 공간에서 h^3 의 체적을 점유하는 방 (cell) 정도의 불확실성이 있다고 해석할 수 있다. 따라서 h^3 마다 한 개의 양자 상태를 가정하면 전체 양자 상태의 수는 x-p 위상 공간에서 적분한 값을 $h^3 = (2\pi\hbar)^3$ 으로 나누어야 한다. 즉 다음과 같다. [그림 B.4 참고]

$$N = \int \frac{d^3x \; d^3p}{(2\pi\hbar)^3} \tag{B.4}$$

이 결과는 양자 상태 밀도의 스펙트럼 계산에 응용할 수 있다. [식 (4.100) 참고]

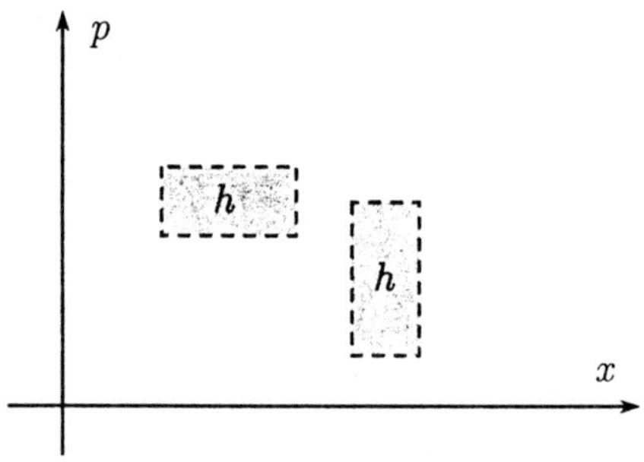

그림 B.4 위상 공간의 적분: 크기 h (삼차원에서는 h^3) 마다 한 개의 양자 상태가 존재하므로 $dx \cdot dp$ 를 h 로 나눈 것이 양자 상태의 수이다.

여러 입자로 구성된 물리계에서는 각 입자마다 위상 공간 적분을 수행해야 한다. 물론 전체적인 운동량과 에너지가 보존된다는 조건을 달아야 한다. 이것은 통상 제한 조건을 피적분 함수에 포함시키거나 적분 영역을 한정함으로써 가능하다.

$$N = \sum_s \int \frac{d^3x_1\ d^3p_1}{(2\pi\hbar)^3} \int \frac{d^3x_2\ d^3p_2}{(2\pi\hbar)^3} \dots \int \frac{d^3x_n\ d^3p_n}{(2\pi\hbar)^3} \tag{B.5}$$

물론 스핀 등 다른 자유도가 추가로 존재하면 이에 관하여도 합해야 하고 상징적으로 Σ 로 표기하였다. 윗식에서 공간 적분은 규격화 체적을 택하는 것이 관례이다. [식 (4.96) 참고] 운동량에 관하여는 모든 가능한 값에 관한 적분이지만 실제로는 전체 운동량과 전체 에너지 보존법칙 등의 제한을 받으므로 이를 고려해야 한다. 이는 흔히 델타 함수를 이용하여 이루어진다. 양자 전이가 일어날 때에는 위상 공간의 각 양자 상태로 전이할 확률이 $|T_{fi}|^2$ 이므로 가능한 모든 양자 전이 확률을 더해야 하고 이것이 바로 위상 공간 적분이다. 식 (B.5)를 계산하면 양자 상태 밀도의 스펙트럼을 얻을 수 있다. 물론 1, 2차원의 경우에는 식 (B.5)의 적분 공간도 줄여야 한다. [식 (4.102) 참고]

입자의 수가 많아지면 뭇입자 위상 공간 적분 (B.5)를 수행하기 어렵다. 고체 물리학, 핵물리학에서 흔히 당면하는 문제이다. 그러므로 한 입자에 대한 위상 공간에서 여러 가능한 양자 상태에 입자들을 배치하는 "효과적인 이론 (effective theory)"으로 뭇입자계를 표현한다.
전자와 핵자는 스핀 1/2 인 페르미온이므로 Pauli의 배타 원리 (exclusion principle)를 적용하여 똑같은 양자 상태를 두 입자가 동시에 점유할 수 없다. 따라서 N개의 전자가 있다면 에너지가 낮은 양자 상태부터 채우면 된다. 전자는 두 가지 스핀 상태가 존재하므로 이에 대한 고려도 해야 한다. 그러면 어느 에너지 E_F 까지의 양자 상태는 모두 채워지고 그 이상은 안 채워진 상태일 것이다. 이러한 가장 높은 에너지 E_F 를 Fermi 에너지라 부른다. 그런데 $E = p^2/2m$ 이므로 위상 공간 적분 중 운동량 공간에서는 반지름 p_F 인 구 안의 양자 상태들은 모두 채워질 것이다. p_F 는 Fermi 운동량이고 $E_F = p_F^2/2m$ 의 관계가 있다. 운동량 공간에서 볼 때 낮은 에너지부터 채워진 양자 상태의 구 (sphere)를 Fermi 바다 (sea)라 부르기도 한다. [그림 B.5 참고]

N개의 전자가 Fermi 바다에 있다면 다음이 성립한다.

$$N = 2\int \frac{d^3x\ d^3p}{(2\pi\hbar)^3} = \frac{V}{\pi^2\hbar^3} \int_0^{p_F} p^2 dp = \frac{V}{3\pi^2\hbar^3} p_F^3 \tag{B.6}$$

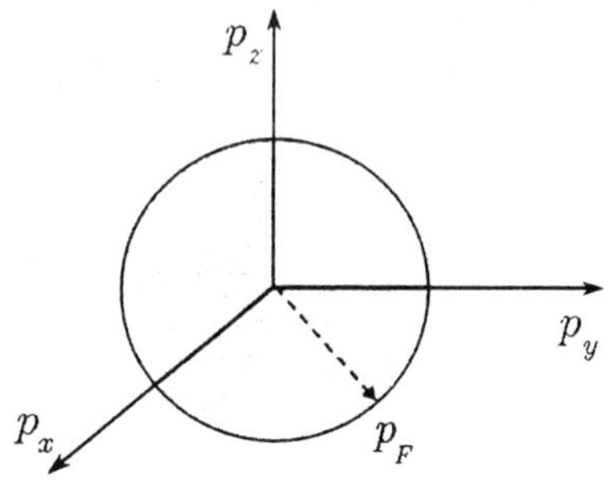

그림 B.5 Fermi 바다
Pauli의 배타 원리에 따라 페르미온이 낮은 에너지 준위부터 채워지므로 Fermi 운동량까지 양자 상태는 완전히 점유된 상태이다.

그러므로 Fermi 에너지 E_F는 다음과 같다.

$$E_F = \frac{p_F^2}{2m} = \frac{\pi^2 \hbar^3}{2m}\left(\frac{3n}{\pi}\right)^{3/2} \qquad n = \frac{N}{V} \tag{B.7}$$

여기서 n는 단위 체적당 전자의 개수, 즉 전자의 농도이다.

그러나 열 운동을 고려하면 Fermi 바다의 표면에 있는 전자들은 열적 (thermal) 으로 들뜬 상태에 있을 수 있다. E_F는 금속의 경우 보통 5~10 eV 정도이다. $kT \simeq 1/40$ eV 이므로 극히 일부의 전자들만 들뜨게 된다. 그러나 이 전자들은 금속 내에서 자유롭게 움직일 수 있으며 마치 용기 속의 기체 분자처럼 행동한다. 이것을 Fermi의 기체 모형이라 부른다. 이 모형은 원자 핵의 핵자에도 적용하는데 Fermi 에너지가 40 MeV 정도이다.

부록 C. 특수 함수와 관련된 미분 방정식

양자 역학에서 고유값 문제와 관련된 미분 방정식을 풀어야 할 경우가 많다. 그리고 대부분의 경우 2계 선형 미분 방정식을 풀게 된다. 이 방정식을 최상급 도함수의 계수가 1 이 되도록 정리하면 다음 형태가 된다.[1]

$$y'' + f(x)y' + g(x)y = 0 \tag{C.1}$$

2계 미분 방정식은 2개의 독립된 풀이를 갖는다. 방정식을 푸는 일반적 방법은 무한 급수를 가정하여 계수간의 회귀 공식을 설정하고 풀이를 확정하는 것이다. 그러나 급수 전개의 중심 $x=x_0$가 방정식 (C.1) 에서 $f(x), g(x)$ 함수의 특이점 (singularity) 이 될 수 있다. 그런 경우라도 $(x-x_0)f(x)$, $(x-x_0)^2 g(x)$ 가 $x=x_0$ 에서 유한한 f_0, g_0 가 되면 정상 특이점 (regular singularity) 이 되어 급수전개가 가능하다. 단지 무한 급수는 $u(x)=(x-x_0)^\alpha \sum a_n (x-x_0)^n$ 의 형태이며 지수 α는 2차방정식 $\alpha(\alpha-1)+f_0\alpha+g_0=0$ 의 근이다. 만일 $x=x_0$ 가 특이점이 아니고 정상점 (regular point) 이라면 $\alpha=0,1$ 이고 보통의 급수로 풀린다. 지수 방정식의 두 근 α_1, α_2를 구했을 때 $\alpha_1-\alpha_2$가 정수가 아니면 각 지수에 해당하는 무한 급수 $u_1(x), u_2(x)$는 독립 풀이다. 만일 $\alpha_1=\alpha_2$라면 두 독립 풀이는 다음과 같다.

$$\begin{aligned} u_1(x) &= (x-x_0)^{\alpha_1} \sum_{n=0}^{\infty} a_n (x-x_0)^n \\ u_2(x) &= (x-x_0)^{\alpha_2} \sum_{n=0}^{\infty} b_n (x-x_0)^n + u_1(x)\ln(x-x_0) \end{aligned} \tag{C.2}$$

$\alpha_1-\alpha_2$가 자연수일 경우에도 풀이는 비슷하다.

그러나 무한 급수가 발산하면 아무 소용이 없으므로 수렴 반경을 알아야 한다. 급수 풀이 (C.2) 의 수렴 반경은 $x=x_0$에서 계수 함수 $f(x)$, $g(x)$의 제일 가까운 특이점까지의 거리이다.

일반적으로 2계 상미분 방정식은 무한대 점 (point at infinity) 을 포함한 정상 특이점의 수로 분류할 수 있다. 3개의 정상 특이점을 갖는 방정식의 풀이는 초 기하 함수를 포함하여 흔히 알려진 특수 함수들이다.

파동 방정식은 2계 미분 방정식이므로 일반 풀이를 구해야 하겠으나 고유 함수를 찾으려면

[1] 대부분의 수리 물리학 문헌에서 2계 미분 방정식과 특수 함수를 다루고 있음.

제곱 적분이 가능한 풀이를 얻어야 한다. 따라서 양자 역학 문제는 흔히 고유값과 그에 해당하는 미분 방정식 풀이를 찾는 과제가 된다. 다음에 양자 역학에서 자주 다루는 몇몇 특수 함수들을 살펴보기로 한다.

감마 함수 감마 함수 (gamma function)는 계승 (factorial) $n!$을 복소함수로 일반화한 것으로 다음 적분으로 정의한다.

$$\Gamma(z) = \int_0^\infty dt\ e^{-t}\, t^{z-1} \qquad (\operatorname{Re} z > 0) \tag{C.3}$$

위의 정의를 해석적으로 연속 (analytic continuation) 시키면 모든 복소수 z에 대한 감마 함수를 정의할 수 있다. 감마 함수에 관한 다음 공식들은 유용하다.

$$z\Gamma(z) = \Gamma(z+1) \qquad \Gamma(z)\Gamma(1-z) = \frac{\pi}{\sin \pi z} \tag{C.4}$$

감마 함수에서 z가 클 때에는 다음의 Stirling 점근 전개를 근사식으로 사용하는 것이 편리하다.

$$\text{Stirling 급수:}\quad \ln \Gamma(z+1) \xrightarrow[z\to\infty]{} \left(z+\frac{1}{2}\right)\ln z - z + \frac{1}{2}\ln 2\pi + O\left(\frac{1}{z}\right) \tag{C.5}$$

감마 함수의 특별한 값은 다음과 같다.

$$\begin{array}{llll} \Gamma(n+1) = n! & \Gamma(1) = 0! = 1 & \Gamma(2) = 1! & \Gamma(3) = 2! \\ \Gamma\left(\frac{1}{2}\right) = \sqrt{\pi} & \Gamma\left(\frac{3}{2}\right) = \frac{1}{2}\sqrt{\pi} & & \end{array} \tag{C.6}$$

가우시안 형태의 적분은 감마 함수로 변환시켜 계산할 수 있다.[2]

$$\int_{-\infty}^{+\infty} e^{-x^2} dx = 2\int_0^\infty e^{-x^2} dx = \int_0^\infty e^{-t}\, t^{-1/2} dt = \Gamma\left(\frac{1}{2}\right) = \sqrt{\pi} \tag{C.7}$$

감마 함수와 관련하여 베타 함수 (beta function)가 있는데 그 관계는 다음과 같다.

$$B(p,q) = \int_0^1 t^{p-1}(1-t)^{q-1} dt = 2\int_0^{\pi/2} \sin^{2p-1}\theta\, \cos^{2q-1}\theta\, d\theta = \frac{\Gamma(p)\Gamma(q)}{\Gamma(p+q)} \tag{C.8}$$

---

[2] 이 적분의 상한이 ∞ 가 아니고 유한할 때에는 불완전한 감마 함수(incomplete gamma function)가 되는데 여러가지 표현식 중에서 오차 함수(error function)가 대표적이다.

$$\operatorname{erf}(x) = \frac{2}{\sqrt{\pi}}\int_0^x dt\, e^{-t^2} \qquad \operatorname{erf}(\infty) = 1 \text{로 규격화 되었음}$$

Legendre 다항식 Legendre 미분 방정식은 다음과 같다.

$$(1-x^2)y'' - 2xy' + l(l+1)y = 0 \tag{C.9}$$

이 식에서 $x=0$ 은 정상점이므로 무한 급수 $y(x)=\Sigma a_n x^n$ 을 가정하여 미분방정식에 대입하면 계수간의 회귀 공식을 얻는다.

$$(n+1)(n+2)a_{n+2} = -(l-n)(l+1+n)a_n \tag{C.10}$$

위의 회귀 공식은 짝수항 또는 홀수항 계수끼리만 연계하므로 두 계수 a_0 와 a_1 만 알면 나머지 계수들은 모두 결정된다. 그러므로 다음의 일반 풀이를 얻는다.

$$\begin{aligned} y(x) &= a_0\left(1-\frac{l(l+1)}{1\cdot 2}x^2+\frac{l(l-2)(l+1)(l+3)}{1\cdot 2\cdot 3\cdot 4}x^4-\frac{l(l-2)(l-4)(l+1)(l+3)(l+5)}{1\cdot 2\cdot 3\cdot 4\cdot 5\cdot 6}x^6+\cdots\right) \\ &+ a_1\left(x-\frac{(l-1)(l+2)}{2\cdot 3}x^3+\frac{(l-1)(l-3)(l+2)(l+4)}{2\cdot 3\cdot 4\cdot 5}x^5-\frac{(l-1)(l-3)(l-5)(l+2)(l+4)(l+6)}{2\cdot 3\cdot 4\cdot 5\cdot 6\cdot 7}x^7+\cdots\right) \end{aligned} \tag{C.11}$$

매개 변수 l 이 정수 $(0,\pm1,\pm2,\pm3,\cdots)$ 라면 위의 두 풀이 중 하나는 다항식이고 나머지는 무한 급수인데 $x^2<1$ 일 때 수렴한다. 식 (C.9) 에서 $l \to -l-1$ 을 대입하여도 같으므로 음의 정수 -1, -2, -3, -4,… 는 비음 정수 (non-negative integer) 0, 1, 2, 3, … 과 똑같은 결과를 준다. 우리는 비음정수 l 을 택하기로 한다. 규격화한 다항식의 풀이를 $P_l(x)$, 이와 독립인 둘째 풀이를 $Q_l(x)$ 라 하면 Legendre 방정식의 일반 풀이는 다음과 같다.

$$y(x) = a\,P_l(x) + b\,Q_l(x) \tag{C.12}$$

둘째 풀이 $Q_l(x)$ 는 $x=\pm1$ 근처에서 $1/2\,P_l(x)\ln(1+x)/(1-x)$ 형태로 발산한다.

Legendre 다항식의 몇 가지 보기는 다음과 같다.

$$\begin{aligned} &P_0(x) = 1 && P_1(x) = x \\ &P_2(x) = \frac{1}{2}(3x^2-1) && P_3(x) = \frac{1}{2}(5x^3-3x) \\ &P_4(x) = \frac{1}{8}(35x^4-30x^2+3) && P_5(x) = \frac{1}{8}(63x^5-70x^3+15x) \end{aligned} \tag{C.13}$$

Legendre 다항식의 성질을 체계적으로 알아볼 수 있고 벌판 문제를 다루는데 이용되는 발생 함수 (generating function) 는

$$\frac{1}{\sqrt{1-2xh+h^2}} = \sum_{l=0}^{\infty} h^l P_l(x) \tag{C.14}$$

인데 중력이나 전기력처럼 $1/r$ 법판 문제에서 $1/|\mathbf{x}_1 - \mathbf{x}_2|$을 체계적으로 전개할 때 편리한 공식은 다음과 같다.

$$\begin{gathered}\frac{1}{|\mathbf{x}_1-\mathbf{x}_2|} = \frac{1}{\sqrt{r_1^2 - 2r_1 r_2 \cos\theta + r_2^2}} = \sum_{l=0}^{\infty} \frac{r_<^l}{r_>^{l+1}} P_l(\cos\theta) \\ r_> = \max(r_1, r_2) \qquad r_< = \min(r_1, r_2)\end{gathered} \tag{C.15}$$

여기서 r_1, r_2 중에 큰 것을 $r_>$ 작은 것을 $r_<$ 로 선택해야 급수가 수렴한다. θ 는 두 벡터 $\mathbf{x}_1$, $\mathbf{x}_2$ 사이의 각도이다. $\mathbf{x}_1$, $\mathbf{x}_2$ 의 방향각을 각각 θ_1, ϕ_1 및 θ_2, ϕ_2 라 하면 다음의 구면 조화함수에 관한 가법 정리가 성립한다. [예제 7.4 참고]

$$P_l(\cos\theta) = \frac{4\pi}{2l+1} \sum_{m=-l}^{+l} Y_{lm}^*(\theta_1, \phi_1) Y_{lm}(\theta_2, \phi_2) \tag{C.16}$$

발생 함수에 대한 식 (C.14) 에서 h, x 를 $-h$, $-x$ 로 바꿔도 불변이므로 Legendre 다항식은 l 의 짝홀에 따라 우함수 또는 기함수가 된다.

$$P_l(-x) = (-1)^l P_l(x) \tag{C.17}$$

직교함수라는 점이 중요하다. 즉 두 Legendre 다항식의 곱의 적분은 다음 관계를 만족하여 $l \neq l'$ 일 때에는 적분이 영이 되고 서로 직교한다.

$$\int_{-1}^{+1} dx\, P_l(x) P_{l'}(x) = \frac{2}{2l+1} \delta_{ll'} \tag{C.18}$$

이처럼 직교 관계가 성립하는 다항식을 직교 다항식 (orthogonal polynomial) 이라 부른다. Legendre 다항식, Hermite 다항식, Laguerre 다항식 등이 대표적 보기이다.

삼각함수의 직교성에 근거하여 Fourier 급수를 얻었듯이 Legendre 다항식의 직교성을 이용하여 임의의 함수를 Legendre 다항식의 무한 급수로 전개할 수 있다.

$$\begin{gathered}f(x) = \sum_{l=0}^{\infty} f_l P_l(x) = f_0 P_0(x) + f_1 P_1(x) + f_2 P_2(x) + f_3 P_3(x) + \cdots \\ f_l = \frac{2l+1}{2} \int_{-1}^{+1} dx\, f(x) P_l(x)\end{gathered} \tag{C.19}$$

Legendre 미분 방정식과 연관된 방정식으로 다음을 생각할 수 있다.

$$\left(1-x^2\right)y''-2x\,y'+\left(l(l+1)-\frac{m^2}{1-x^2}\right)y=0 \tag{C.20}$$

여기서도 식 (C.11) 처럼 급수 전개를 할 수 있지만 $y(x)=(1-x^2)^{m/2}u(x)$라 하면 $u(x)$에 관한 방정식의 풀이는 $d^m/dx^m P_l(x)$, $d^m/dx^m Q_l(x)$ 인데 $x=\pm 1$ 에서 유한한 풀이는 Legendre 연관 함수 $P_l^m(x)$ 이다.

$$P_l^m(x)=\left(1-x^2\right)^{m/2}\frac{d^m}{dx^m}P_l(x) \tag{C.21}$$

이것이 구면 조화 함수에 나오는 Legendre 연관 함수이다.

Legendre 연관 함수들도 m 지표가 같을 때 직교 함수계를 만든다.

$$\int_{-1}^{+1}dx\,P_l^m(x)\,P_{l'}^m(x)=\frac{2}{2l+1}\frac{(l+m)!}{(l-m)!}\delta_{ll'} \tag{C.22}$$

Hermite 다항식 Hermite 미분 방정식은 다음과 같다.

$$y''-2xy'+2ny=0 \tag{C.23}$$

이 식에서 $x=0$ 은 정상점이므로 무한 급수 풀이 $y(x)=\Sigma a_l x^l$ 을 가정하여 풀 수 있다. 계수 간의 회귀 공식과 일반 풀이는 다음과 같다.

$$(l+1)(l+2)\,a_{l+2}=-2(n-l)\,a_l \tag{C.24}$$

$$\begin{aligned}y(x)=&\,a_0\left(1-\frac{2n}{1\cdot 2}x^2+\frac{2^2n(n-2)}{1\cdot 2\cdot 3\cdot 4}x^4-\frac{2^3n(n-2)(n-4)}{1\cdot 2\cdot 3\cdot 4\cdot 5\cdot 6}x^6+\cdots\right)\\&+a_1\left(x-\frac{2(n-1)}{2\cdot 3}x^3+\frac{2^2(n-1)(n-3)}{2\cdot 3\cdot 4\cdot 5}x^5-\frac{2^3(n-1)(n-3)(n-5)}{2\cdot 3\cdot 4\cdot 5\cdot 6\cdot 7}x^7+\cdots\right)\end{aligned} \tag{C.25}$$

이 경우에도 n 이 비음정수라면 한 개의 급수 풀이는 유한개의 항으로 끝나서 다항식이 되고 다른 풀이는 무한 급수인데 수렴 반경이 ∞ 이다. 규격화된 유한항의 풀이를 Hermite 다항식 $H_n(x)$ 라 하며 Hermite 방정식의 풀이는 다음과 같다.

$$y(x)=a\,H_n(x)\;+\;\text{무한 급수 풀이} \tag{C.26}$$

지표 l 이 매우 큰 수일 때 회귀 공식 (C.24) 는 점근적으로 $a_{l+2} \simeq 2a_l/l$ 이 되어 무한 급수 풀이는 $x \to \pm\infty$ 일 때 $\exp(x^2)$ 의 무한 급수와 같은 형태로 발산한다. Hermite 다항식도 발산하지만 x^n 의 형태이다.

Hermite 다항식의 몇 가지 보기는 다음과 같다.

$$\begin{aligned} &H_0(x) = 1 && H_1(x) = 2x \\ &H_2(x) = -2 + 4x^2 && H_3(x) = -12x + 8x^3 \\ &H_4(x) = 12 - 48x^2 + 16x^4 && H_5(x) = 120x - 160x^3 + 32x^5 \end{aligned} \tag{C.27}$$

Hermite 다항식의 발생함수는 다음과 같은데

$$\exp(-t^2 + 2tx) = \sum_{n=0}^{\infty} \frac{t^n}{n!} H_n(x) \tag{C.28}$$

발생 함수 식에서 t, x 를 $-t, -x$ 로 바꿔도 불변이므로 Hermite 다항식은 n의 짝홀에 따라 우함수 또는 기함수가 된다.

$$H_n(-x) = (-1)^n H_n(x) \tag{C.29}$$

Hermite 다항식은 가중 함수가 $\exp(-x^2)$인 무한 구간 $[-\infty, +\infty]$ 에서 직교한다.

$$\int_{-\infty}^{+\infty} dx\, e^{-x^2} H_m(x) H_n(x) = 2^n n! \sqrt{\pi}\ \delta_{mn} \tag{C.30}$$

Hermite 함수 $\psi_n(x)$ 를 다음처럼 정의하면

$$\psi_n(x) = (-1)^n e^{-\frac{x^2}{2}} H_n(x) \tag{C.31}$$

새로운 변수 $\psi_n(x)$ 에 대한 미분 방정식은 일차원 조화 진동자의 방정식 (5.74) 와 같으며

$$y'' - x^2 y = -(2n+1) y \tag{C.32}$$

그 풀이는 바로 Hermite 함수 $\psi_n(x)$ 이다. n 은 양자 번호에 해당한다. 직교 관계식은 적분 구간만 다를 뿐 Legendre 다항식처럼 눈에 익숙한 형태로 쓸 수 있다.

$$\int_{-\infty}^{+\infty} dx\ \psi_m(x) \psi_n(x) = 2^n n! \sqrt{\pi}\ \delta_{mn} \tag{C.33}$$

Laguerre 다항식 다음의 미분 방정식을 풀면 된다.

$$x\,y'' + (1-x)\,y' + n\,y = 0 \tag{C.34}$$

이 방정식에서 $x=0$ 은 정상 특이점이지만 지수가 $\alpha=0$ 의 이중 근을 가지므로 한 풀이는 무한 급수 $y(x)=\Sigma a_l x^l$ 의 형태이고 회귀 공식은

$$(l+1)^2\,a_{l+1} = -(n-l)\,a_l \tag{C.35}$$

이 되어 a_0 만 결정되면 나머지 계수들은 모두 알 수 있다. 그러면 급수 풀이는 다음과 같다.

$$y(x) = a_0\left(1 - \frac{n}{1}\frac{x}{1} + \frac{n(n-1)}{1\cdot 2}\frac{x^2}{2!} - \frac{n(n-1)(n-2)}{1\cdot 2\cdot 3}\frac{x^3}{3!} + \cdots\right) \tag{C.36}$$

이 무한 급수는 n 이 비음 정수일 때 유한항의 다항식으로 끝나는데 Laguerre 다항식이라 한다.

$$L_n(x) = 1 - \frac{n}{1}\frac{x}{1} + \frac{n(n-1)}{1\cdot 2}\frac{x^2}{2!} - \frac{n(n-1)(n-2)}{1\cdot 2\cdot 3}\frac{x^3}{3!} + \cdots \tag{C.37}$$

두 지수가 같으며 둘째 풀이는 식 (C.2) 의 형태인데 $L_n(x)\ln x$ 로 인해서 $x=0$ 에서 발산한다.

Laguerre 다항식의 몇 가지 보기는 다음과 같다.

$$\begin{aligned} &L_0(x) = 1 && L_1(x) = 1 - x \\ &L_2(x) = 1 - 2x + \frac{1}{2}x^2 && L_3(x) = 1 - 3x + \frac{3}{2}x^2 - \frac{1}{6}x^3 \end{aligned} \tag{C.38}$$

Laguerre 다항식 $L_{n+k}(x)$ 에 관한 미분 방정식을 k 번 미분하면 다음 미분 방정식을 얻는데

$$x\,u'' + (k+1-x)\,u' + n\,u = 0 \tag{C.39}$$

그 풀이는 $u(x)=d^k/dx^k L_{n+k}(x)$ 이고 Laguerre 연관 다항식은 다음으로 정의한다.[3]

$$L_n^k(x) = (-1)^k\,\frac{d^k}{dx^k}\,L_{n+k}(x) \tag{C.40}$$

---

[3] Laguerre 연관 다항식의 정의는 대부분의 수리 물리학 문헌마다 이렇게 정의하고 원자 물리학에서 많이 응용되고 있다. 그러나 원자 물리학의 권위 저서인 Bethe & Salpeter, *Quantum Mechanics of One- and Two-Electron Atoms* 를 비롯한 많은 양자 역학 문헌에서 $(d/dx)^k L_n(x)$ 로 정의한다. 더욱이 $L_n(x)$ 의 정의도 $n!$ 의 차이가 있어 혼동될 수 있다. 이 책에서는 수리 물리학 문헌의 규약을 따른다. 구체적 계산에서 수학 문헌의 공식들을 최대한 참고하기 위해서이다. 아울러 규격화된 Laguerre 다항식 $\Lambda_n^k(x)$ 를 도입하는데 지름 파동함수를 포함한 계산이 간단해진다.

Laguerre 다항식은 가중 함수를 $\exp(-x)$로 무한 구간 $[0,+\infty]$ 에서 직교하고

$$\int_0^{+\infty} dx\, e^{-x}\, L_m(x)\, L_n(x) = \delta_{mn} \tag{C.41}$$

Laguerre 연관 다항식은 가중 함수를 $x^k \exp(-x)$로 구간 $[0,+\infty]$에서 직교한다.

$$\int_0^{+\infty} dx\, x^k e^{-x}\, L_m^k(x)\, L_n^k(x) = \delta_{mn}\, \frac{(n+k)!}{n!} \tag{C.42}$$

그러나 수소 원자의 파동 함수 규격화에는 위의 직교 관계식보다 다음이 유용하다.

$$\int_0^{+\infty} dx\, x^{k+1} e^{-x} \left[L_n^k(x)\right]^2 = (2n+k+1)\frac{(n+k)!}{n!} \tag{C.43}$$

미분 방정식 (C.34) 의 둘째 풀이를 찾기 위하여 일반화된 다음 경우를 생각하자.

Kummer 함수 미분 방정식은 다음과 같다.

$$x\,y'' + (b-x)\,y' - a\,y = 0 \tag{C.44}$$

이 방정식에서 $x=0$ 은 정상 특이점이고 지표는 $\alpha=0,\ 1-b$ 이다. $\alpha=0$ 에 대한 풀이는

$${}_1F_1(a;\ b;\ x) = 1 + \frac{a}{b}\frac{x}{1!} + \frac{a(a+1)}{b(b+1)}\frac{x^2}{2!} + \frac{a(a+1)(a+2)}{b(b+1)(b+2)}\frac{x^3}{3!} + \cdots \tag{C.45}$$

의 무한 급수이고 수렴 반경은 ∞ 로서 모든 x 값에서 수렴한다.

이 급수 함수는 흔히 합류된 초기하 함수 (confluent hypergeometric function) 또는 Kummer 함수라 부른다. 흔히 간략화 표기 $(a)_n$ 을 사용하면 다음처럼 쓸 수 있다.

$${}_1F_1(a;\ b;\ x) = \sum_{n=0}^{\infty} \frac{(a)_n}{(b)_n}\frac{x^n}{n!} \qquad (a)_n = a(a+1)(a+2)\cdots(a+n-1) \tag{C.46}$$

이 함수는 a 가 비양정수 0,-1,-2,-3,⋯ 일 때 다항식으로 끝난다. 둘째 풀이를 미분 방정식의 이론에 따라서 풀면 일반 풀이는 다음과 같다.

$$y(x) = c_1\, {}_1F_1(a;b;x) + c_2\, x^{1-b}\, {}_1F_1(1+a-b;2-b;x) \tag{C.47}$$

한편 Kummer 함수의 무한 점근 형태는 다음과 같다.

$${}_1F_1(a;b;x) \xrightarrow[x\to\infty]{} \frac{1}{\Gamma(a)}\, x^{a-b} e^{+x} \tag{C.48}$$

Laguerre 다항식을 비롯하여 많은 함수들을 Kummer 함수로 표현할 수 있다. 몇 가지

보기는 다음과 같다

$$
\begin{aligned}
e^x &= {}_1F_1\Big(a\,;a\,;\ x\Big) \\
J_n(x) &= \frac{1}{\Gamma(n+1)}\left(\frac{x}{2}\right)^n e^{ix}\ {}_1F_1\Big(n{+}1/2\,;2n{+}1\,;-2ix\Big) \\
\mathrm{erf}(x) &= \frac{2x}{\sqrt{\pi}}\ {}_1F_1\Big(\ 1/2\,;3/2\,;\ -x^2\Big) \\
H_n(x) &= 2^n x\ {}_1F_1\Big((1{-}n)/2\ \ ;3/2\,;\ x^2\Big) \qquad (n:\text{홀수}) \\
L_n(x) &= {}_1F_1\Big(-n\,;1\,;\ x\Big) \\
L_n^\alpha(x) &= \frac{\Gamma(\alpha+n+1)}{n!\ \Gamma(\alpha+1)}\ {}_1F_1\Big(-n\,;\ \alpha+1\,;\ x\Big)
\end{aligned}
\tag{C.49}
$$

마지막 식으로 정의된 Laguerre 연관 다항식은 α 가 정수가 아닐 경우에도 연장해서 성립한다.

우리는 규격화된 Laguerre 연관 다항식 $\Lambda_n^\alpha(x)$ 를 다음처럼 도입한다.

$$
\Lambda_n^\alpha(x) = \sqrt{\frac{n!}{\Gamma(n{+}\alpha{+}1)}}\ L_n^\alpha(x) = \frac{1}{\Gamma(\alpha{+}1)}\sqrt{\frac{\Gamma(n{+}\alpha{+}1)}{n!}}\ \ {}_1F_1(-n;\ \alpha+1;x) \tag{C.50}
$$

그러면 직교 조건 (C.42) 는 다음과 같아서 규격화한 파동 함수를 표현할 때 편리하다.

$$
\int_0^{+\infty} dx\, x^\alpha e^{-x}\ \Lambda_m^\alpha(x)\,\Lambda_n^\alpha(x) = \delta_{mn} \tag{C.51}
$$

Laguerre 연관 다항식의 도함수도 역시 Laguerre 연관 다항식이다. 식 (C.49), (C.50) 에서 다음을 쉽게 증명할 수 있다.

$$
\frac{d}{dx}\Lambda_n^\alpha(x) = -\sqrt{n}\ \Lambda_{n-1}^{\alpha+1}(x) \tag{C.52}
$$

초 기하 함수 미분 방정식은 다음과 같다.

$$
x(1-x)\,y'' + [c-(a+b+1)x]\,y' - ab\,y = 0 \tag{C.53}
$$

이 방정식에서 $x=0,1$ 은 정상 특이점이다. $x=0$ 주위의 급수 풀이는

$$y(x) = {}_2F_1(a,b;\,c;\,x) = 1 + \frac{ab}{c}\frac{x}{1!} + \frac{a(a+1)b(b+1)}{c(c+1)}\frac{x^2}{2!} + \cdots$$
$$= \sum_{n=0}^{\infty} \frac{(a)_n(b)_n}{(c)_n}\frac{x^n}{n!} \tag{C.54}$$

가 되는데 무한 급수로 정의되는 이 함수는 초 기하 함수 (hypergeometric function) 라 한다. $a=b=c=1$ 인 경우에 눈에 익은 기하 급수이므로 이를 일반화한 것으로 간주할 수 있다.

이 무한 급수는 $|x|<1$ 일 때 수렴하고 $|x|>1$ 이면 발산한다. 그리고 $|x|=1$ 인 경우에는 $a+b-c<0$ 이면 수렴한다. 지표 a 나 b 가 음의 정수라면 다항식으로 끝난다. 둘째 풀이는

$$y(x) = x^{1-c}\ {}_2F_1(a+1-c,\, b+1-c; 2-c; x) \tag{C.55}$$

이고 미분 방정식 (C.53) 의 일반 풀이는 (C.54) 와 (C.55) 의 선형 결합이다.

많은 초급 함수들이 초 기하 함수로 표현된다. Legendre 다항식도 그 중의 하나이다.

$$\begin{aligned} \frac{1}{1-x} &= 1 + x + x^2 + \cdots = {}_2F_1\left(1,1;1;\,x\right) \\ \ln(1-x) &= x\ {}_2F_1\left(1,1;2;\,x\right) \\ \tan^{-1} x &= x\ {}_2F_1\left(1/2,\,1\,;3/2;-x^2\right) \\ P_l(1-2x) &= {}_2F_1\left(-l,\, l+1;1;\,x\right) \end{aligned} \tag{C.56}$$

Bessel 함수 특수 함수로 유명한 Bessel 함수는 다음 미분 방정식의 풀이이다.

$$x^2 y'' + x y' + (x^2 - p^2) y = 0 \tag{C.57}$$

이번에는 $x=0$ 이 정상 특이점이 되어 지수는 $\alpha = \pm p$ 이므로 급수 풀이에서 Bessel 함수는 다음으로 정의한다.

$$J_p(x) = \sum_{n=0}^{\infty} \frac{(-1)^n}{n!\,\Gamma(p+n+1)}\left(\frac{x}{2}\right)^{p+2n} \tag{C.58}$$

Bessel 방정식의 둘째 풀이는 p 가 정수가 아니라면 $J_{-p}(x)$ 가 되겠으나 그렇지 않은 경우도 있으므로 다음의 선형 결합을 택하는 것이 관례이다.

$$Y_p(x) = \frac{1}{\sin p\pi}\left(\cos p\pi\, J_p(x) - J_{-p}(x)\right) \tag{C.59}$$

이결합은 p가 정수가 아닐 때에는 $J_p(x)$와 독립이며 정수일 때에는 극한으로 이해해야 한다.

Bessel 함수는 일차원의 진동 함수인 삼각 함수를 고차원으로 확장한 것이라 볼 수 있다. $J_p(x)$, $Y_p(x)$의 무한 점근 형태는 각각 $\cos x$, $\sin x$ 의 형태이기 때문이다. 따라서 점근적으로 $\exp(\pm ix)$ 형태의 결합도 필요한데 그것이 Hankel 함수이다.

$$H_p^{(1)}(x) = J_p(x) + iY_p(x) \qquad H_p^{(2)}(x) = J_p(x) - iY_p(x) \tag{C.60}$$

양자 역학에서는 $p = l+1/2$ 의 반 홀수인 경우가 자주 나오는데 이것을 구면 Bessel 함수 (spherical Bessel function)라 부른다.

$$\begin{aligned} j_l(x) &= \sqrt{\frac{\pi}{2x}}\, J_{l+1/2}(x) \qquad & n_l(x) &= \sqrt{\frac{\pi}{2x}}\, Y_{l+1/2}(x) \\ h_l^{(1)}(x) &= j_l(x) + i\, n_l(x) \qquad & h_l^{(2)}(x) &= j_l(x) - i\, n_l(x) \end{aligned} \tag{C.61}$$

경계 조건을 적용하거나 제곱 적분 가능성을 검사하려면 원점 주위에서나 무한 점근 상태에서 함수가 어떤 형태인가 알 필요가 있는데 다음과 같다.

$$\begin{array}{lll}
 & |x| \gg 1 & |x| \ll 1 \\
\hline
J_p(x) & \sqrt{\dfrac{2}{\pi x}} \cos\left(x - \dfrac{2p+1}{4}\pi\right) & \dfrac{1}{\Gamma(p+1)}\left(\dfrac{x}{2}\right)^p \\
Y_p(x) & \sqrt{\dfrac{2}{\pi x}} \sin\left(x - \dfrac{2p+1}{4}\pi\right) & \\
H_p^{(1)}(x) & \sqrt{\dfrac{2}{\pi x}} \exp\left[+i\left(x - \dfrac{2p+1}{4}\pi\right)\right] & \\
H_p^{(2)}(x) & \sqrt{\dfrac{2}{\pi x}} \exp\left[-i\left(x - \dfrac{2p+1}{4}\pi\right)\right] & \\
j_l(x) & \dfrac{1}{x} \cos\left(x - \dfrac{l+1}{2}\pi\right) & \dfrac{1}{(2l+1)!!}\, x^l \\
n_l(x) & \dfrac{1}{x} \sin\left(x - \dfrac{l+1}{2}\pi\right) & -(2l-1)!!\, x^{-l-1} \\
h_l^{(1)}(x) & \dfrac{1}{x} \exp\left[+i\left(x - \dfrac{l+1}{2}\pi\right)\right] & \\
h_l^{(2)}(x) & \dfrac{1}{x} \exp\left[-i\left(x - \dfrac{l+1}{2}\pi\right)\right] &
\end{array} \tag{C.62}$$

구면 Bessel 함수는 $1/x$ 의 다항식을 계수로 하는 삼각 함수인데 몇 가지 보기는 다음과 같다.

$$
\begin{aligned}
j_0(x) &= \frac{\sin x}{x} & n_0(x) &= -\frac{\cos x}{x} \\
h_0^{(1)}(x) &= -\frac{i}{x}e^{+ix} & h_0^{(2)}(x) &= -\frac{i}{x}e^{-ix} \\
j_1(x) &= \frac{\sin x}{x^2} - \frac{\cos x}{x} & n_1(x) &= -\frac{\cos x}{x^2} - \frac{\sin x}{x} \\
h_1^{(1)}(x) &= -\left(\frac{1}{x} + \frac{i}{x^2}\right)e^{+ix} & h_1^{(2)}(x) &= -\left(\frac{1}{x} + \frac{i}{x^2}\right)e^{-ix}
\end{aligned}
\tag{C.63}
$$

직선형 벌판 문제나 WKB 근사 이론에서 특별한 Bessel 함수를 만나는데 이들은 일반적으로 Airy 함수로 알려져 있다. 그 미분 방정식은 매우 간단한 형태이지만

$$
y'' - x\,y = 0 \tag{C.64}
$$

두 독립 풀이는 $Ai(x)$, $Bi(x)$ 로 표기하는데 의외로 복잡하여 지표가 ±1/3 인 Bessel 함수 $J_{+1/3}$, $J_{-1/3}$ 의 선형 결합이다. 편의상 $x > 0$ 이라 하면 다음과 같다.

$$
\begin{aligned}
Ai(-x) &= \frac{\sqrt{x}}{3}\left[J_{-1/3}(\xi) + J_{+1/3}(\xi)\right] \qquad \xi = \frac{2}{3}x^{3/2} \\
Bi(-x) &= \sqrt{\frac{x}{3}}\left[J_{-1/3}(\xi) - J_{+1/3}(\xi)\right]
\end{aligned}
\tag{C.65}
$$

Airy 함수들의 무한 점근 형태는 다음과 같다.

$$
\begin{aligned}
Ai(x) &\xrightarrow[x\to\infty]{} \frac{1}{2\sqrt{\pi}x^{1/4}}e^{-\xi} \\
Bi(x) &\xrightarrow[x\to\infty]{} \frac{1}{\sqrt{\pi}x^{1/4}}e^{+\xi}
\end{aligned}
\tag{C.66}
$$

부록 D. HILBERT 공간

우리는 Newton 역학을 배우면서 "공간"과 "벡터"를 상식적으로 받아들였으나 수학에서는 이를 추상화해서 벡터 공간을 정의한다.

어떤 수학 집합 $V=\{\mathbf{a},\mathbf{b},\mathbf{c},\cdots\}$ 에서 두 요소의 합과, 임의의 숫자 (일반적으로 복소수) 와 한 요소의 곱이 정의되고 그 결과는;

- ✧ 결집성 (closure) 이 있어서 $\mathbf{a}+\mathbf{b}\in V,\ \ c\mathbf{a}\in V$ 가 성립하고,
- ✧ 합은 가환적 (commutative) 이고 $\mathbf{a}+\mathbf{b}=\mathbf{b}+\mathbf{a}$,
  결합적 (associative) 이며 $(\mathbf{a}+\mathbf{b})+\mathbf{c}=\mathbf{a}+(\mathbf{b}+\mathbf{c})$,
- ✧ 곱은 배분적 (distributive) 이고 $c(\mathbf{a}+\mathbf{b})=c\mathbf{a}+c\mathbf{b},(\mathbf{a}+\mathbf{b})c=\mathbf{a}c+\mathbf{b}c$,
  결합적 (associative) 이며 $a(b\mathbf{c})=(ab)\mathbf{c}$,
- ✧ 또 $\mathbf{0}$ 요소 (null) 가 있어서 $\mathbf{a}+\mathbf{0}=\mathbf{a}$ 가 모든 요소에 대해 성립하고,
- ✧ 곱의 경우 $1\mathbf{a}=\mathbf{a}$ 가 되며,
- ✧ 어떤 $\mathbf{a}$ 든지 $-\mathbf{a}$ 가 존재하여 $\mathbf{a}+(-\mathbf{a})=\mathbf{0}$ 이 성립할 때,

$\mathbf{a},\mathbf{b},\mathbf{c},\cdots$ 를 벡터, 이들의 집합 V를 선형 벡터 공간 (linear vector space) 이라 부른다.

벡터 공간에서 k 개의 벡터 사이에

$$c_1\mathbf{a}_1+c_2\mathbf{a}_2+\cdots+c_k\mathbf{a}_k=0 \tag{D.1}$$

이 모든 c_i가 영일 때, 즉 $c_1=c_2=\cdots=c_k=0$ 일 때에만 성립하면 $\mathbf{a}_1,\mathbf{a}_2,\cdots,\mathbf{a}_k$ 는 선형 독립 (linearly independent) 이라 한다. 그리고 벡터 공간에서 n 개 벡터는 선형 독립이지만 $n+1$ 개는 독립일 수 없을 때 n 은 벡터 공간의 차원 (dimension) 이라 부른다. 이제 n 차원 공간에서 선형 독립인 n 개의 벡터를 $\mathbf{a}_1,\mathbf{a}_2,\cdots,\mathbf{a}_n$ 이라 한다면 이들과 임의의 벡터 $\mathbf{x}$ 는 선형 독립이 아니다. 차원의 정의에 따라서 $(n+1)$개의 벡터는 독립일 수 없기 때문이다. 그러므로 $\mathbf{x}$를 다른 벡터들의 선형결합 $\mathbf{x}=x_1\mathbf{a}_1+x_2\mathbf{a}_2+\cdots+x_n\mathbf{a}_n$ 으로 쓸 수 있고 $(x_1,x_2,\cdots,x_n)$ 은 $\{\mathbf{a}_1,\mathbf{a}_2,\cdots,\mathbf{a}_n\}$ 을 기준 벡터로 하는 좌표계의 좌표이다. 기준 벡터는 서로 독립이기만 하면 되지만 단위 크기를 갖고, 서로 직교하면 활용하기에 편리하다.

이처럼 추상적으로 정의하면 우리가 보통 알고 다루는 벡터 이상으로 벡터 개념을 확장할 수 있다. 우선 3 차원보다 높은 다차원, 심지어는 무한 차원의 공간으로 연장이 가능하고 그것도 자연수처럼 헤아릴 수 있게 많은 것과 실수처럼 헤아릴 수 없이 무한한 차원을 생각할 수 있다. 그러면 일반적으로 함수는 무한대 차원의 벡터라 할 수 있다. 함수 f를 보는 관점은 무한대 차원의 공간에서 각각의 x 값이 차원을 표시하는 지표이고 $f(x)$는 함수 벡터의 좌표 성분이 된다. 또한 벡터 공간의 정의에서 c는 통상 복소수를 의미하고 또한 복소 함수 벡터를 염두에 둔다.

두 벡터의 스칼라 곱 또는 내적 (inner product)은 성분끼리 곱한 후 합한 것으로 정의한다. 만일 차원 지표가 연속이면 곱한 후 적분한다. 그리고 복소 벡터를 포함시키면

$$\mathbf{a}\cdot\mathbf{b} = \sum a_i^* b_i \tag{D.2}$$

로 쓸 수 있는데 유한 차원의 경우에 우리에게 익숙한 벡터들의 곱이지만 함수 벡터의 스칼라 곱으로 확장할 수 있다. 두 함수 $f(x)$, $g(x)$의 스칼라 곱은 다음과 같다.

$$(f, g) = \int_a^b dx\, w(x)\; f^*(x)\, g(x) \tag{D.3}$$

구간 $[a, b]$나 가중 함수 $w(x)$는 적분 변수 등 문제의 성격에 따라서 결정된다. 적분 (D.3)이 영이면 두 함수 벡터의 스칼라 곱이 영이므로 두 함수 벡터는 직교 (orthogonal) 한다고 한다. Legendre 다항식은 $[-1, +1]$ 구간에서 가중 함수가 1 인 직교 함수이고 [식 (C.18)], Laguerre 다항식은 무한 구간 $[0, \infty]$에서 가중 함수 e^{-x} 인 직교 함수이다. [식 (C.41)] 또한. Hermite 다항식은 무한 구간 $[-\infty, +\infty]$에서 가중 함수가 $\exp(-x^2)$인 직교 함수이다. [식 (C.30)]

이렇게 스칼라 곱이 정의되고 완전성을 가진 선형 벡터 공간을 Hilbert 공간이라 부른다. 양자 역학에서 다루는 파동 함수는 Hilbert 공간에서의 함수 벡터이다.

벡터는 여러 가지 방법으로 표현이 가능하다. 선형 벡터 공간의 여러 성질을 만족하기만 하면 된다. 이를 적당한 기준 좌표계에 대한 좌표 성분 $(a_1, a_2, a_3, \cdots)$ 으로 표현할 수 있다. 한편 성분들 전체는 행렬로 간주할 수도 있는데 통상 열 행렬로 나타내는 것이 관례이다. 그러면 스칼라 곱은 다음처럼 행 행렬과 열 행렬의 행렬 곱으로 표현된다.

$$\mathbf{a}\cdot\mathbf{b} = \mathbf{a}^\dagger\,\mathbf{b} = (a_1{}^*, a_2{}^*, a_3{}^*, \cdots)\begin{pmatrix} b_1 \\ b_2 \\ b_3 \\ \vdots \end{pmatrix} \tag{D.4}$$

여기서 "†" 는 실재 공액 (hermitian conjugate) 으로서 **a** 열 행렬을 전치 (transpose) 한 후 요소의 복소 공액을 택한 것이다.

Dirac 은 Hilbert 공간에서 벡터 연산을 쉽게 하기 위해서 브라 (bra) 벡터 "$\langle\,|$"와 케트 (ket) 벡터 "$|\,\rangle$" 기호를 도입하였다. 함수 벡터 $f(x)$ 는 $|f\rangle$ 케트로 표기한다. 또한 복소공액인 $f^*(x)$ 는 이원 (二元, dual) 공액인 $\langle f|$ 브라로 표기한다. 행렬 표현에서 실재 공액 $\mathbf{a}^\dagger$, $\mathbf{a}$ 는 Dirac 표기에서는각각 이원 공액인 브라와 케트 $\langle a|$, $|a\rangle$가 된다.

$$\text{함수 벡터} \quad f(x) \xleftrightarrow{\text{복소 공액}} f^*(x)$$

$$\text{행렬 벡터} \quad \mathbf{a} \xleftrightarrow{\text{실재 공액}} \mathbf{a}^\dagger$$

$$\text{Dirac 벡터} \quad |a\rangle \xleftrightarrow{\text{이원 공액}} \langle a|$$

그러면 두 함수벡터 $f(x)$ 와 $g(x)$ 의 내적은 다음처럼 쓸 수 있는데 브라 벡터와 케트 벡터가 합쳐서 브라켓 (bracket) "$\langle\ \rangle$"을 이루어 스칼라 곱이 되고 결과는 벡터가 아닌 스칼라이다.

$$\langle f|g\rangle = \int dx\, f^*(x)\, g(x) \tag{D.5}$$

물론 차원 지표가 불연속이면 적분 대신 합이 된다. 식 (D.2) 는 다음과 같다.

$$\langle a|b\rangle = \sum a_i^*\, b_i \tag{D.6}$$

브라, 케트 벡터는 해당 행렬로 간주할 수도 있으므로 이들을 포함한 식에서 나열 순서가 중요하다. 그러나 결합 법칙 (associative law) 이 성립하므로 어떤 부분 계산을 먼저 수행해도 무방하다. 그리고 일단 브라켓 $\langle|\rangle$ 을 이루어 스칼라가 되면 식의 어느 곳으로도 이동할 수 있다.

브라켓 $\langle a|b\rangle$ 는 스칼라인데 $|b\rangle\langle a|$는 무엇일까? 이것을 임의의 케트 벡터 $|c\rangle$ 에 작용해 보면 다음과 같다.

$$|b\rangle\langle a|\,|c\rangle = |b\rangle\langle a|c\rangle = |b\rangle\ \langle a|c\rangle = \langle a|c\rangle\,|b\rangle \tag{D.7}$$

즉 벡터 $|b\rangle$가 되는 것이다. 그러므로 $|b\rangle\langle a|$는 연산자로 볼 수 있다. 따라서 브라 벡터와 케트 벡터는 브라켓으로 스칼라가 되기 전에는 순서에 주의해야 한다.

Dirac 기호에 익숙하기 위하여 삼차원 Euclid 공간에서 벡터 연산을 살펴보자. 세 개의 직교 단위 벡터 $\mathbf{e}_1, \mathbf{e}_2, \mathbf{e}_3$를 기준 벡터로 하는 좌표계에서 벡터 $\mathbf{x}$ 의 성분을 (x_1, x_2, x_3) 라 하면 보통의 벡터식과 Dirac 기호식을 다음처럼 비교할 수 있다.

$$
\begin{aligned}
\mathbf{e}_i \cdot \mathbf{e}_j &= \delta_{ij} & \langle e_i | e_j \rangle &= \delta_{ij} \\
\mathbf{x} &= x_1\mathbf{e}_1 + x_2\mathbf{e}_2 + x_3\mathbf{e}_3 & |x\rangle &= x_1|e_1\rangle + x_2|e_2\rangle + x_3|e_3\rangle \\
x_i &= \mathbf{e}_i \cdot \mathbf{x} & x_i &= \langle e_i | x \rangle \\
\mathbf{x} &= \mathbf{e}_1(\mathbf{e}_1\cdot\mathbf{x}) + \mathbf{e}_2(\mathbf{e}_2\cdot\mathbf{x}) + \mathbf{e}_3(\mathbf{e}_3\cdot\mathbf{x}) & |x\rangle &= |e_1\rangle\langle e_1|x\rangle + |e_2\rangle\langle e_2|x\rangle + |e_3\rangle\langle e_3|x\rangle \\
& & &= \Big(|e_1\rangle\langle e_1| + |e_2\rangle\langle e_2| + |e_3\rangle\langle e_3|\Big)|x\rangle
\end{aligned}
\tag{D.8}
$$

Dirac 표기법으로 $\sum|e_i\rangle\langle e_i|$ 연산자가 단위연산자 I 임을 쉽게 알 수 있다. 이 연산자를 어떤 벡터에 작용하더라도 자기 자신이 되기 때문이다.

$$
\begin{aligned}
&\Big(|e_1\rangle\langle e_1| + |e_2\rangle\langle e_2| + |e_3\rangle\langle e_3|\Big)|x\rangle = x_1|e_1\rangle + x_2|e_2\rangle + x_3|e_3\rangle = |x\rangle \\
&\Rightarrow \qquad \sum_{i=1}^{3}|e_i\rangle\langle e_i| = I
\end{aligned}
\tag{D.9}
$$

한편 $$\Lambda_1 = |e_1\rangle\langle e_1| \qquad \Lambda_{12} = |e_1\rangle\langle e_1| + |e_2\rangle\langle e_2| \tag{D.10}$$

는 임의의 벡터 $|a\rangle$에 작용했을 때 e_1 또는 e_1-e_2 하부 공간으로 투영하는 연산자 (projection operator) 이다.

다음은 좌표계의 회전에 따른 성분의 변화를 계산해보자.

$$
\begin{aligned}
\mathbf{a} &= a_1\mathbf{e}_1 + a_2\mathbf{e}_2 + a_3\mathbf{e}_3 & |a\rangle &= a_1|e_1\rangle + a_2|e_2\rangle + a_3|e_3\rangle \\
&= a_1'\mathbf{e}_1' + a_2'\mathbf{e}_2' + a_3'\mathbf{e}_3' & &= a_1'|e_1'\rangle + a_2'|e_2'\rangle + a_3'|e_3'\rangle \\
a_i' &= a_1(\mathbf{e}_1\cdot\mathbf{e}_i') + a_2(\mathbf{e}_2\cdot\mathbf{e}_i') + a_3(\mathbf{e}_3\cdot\mathbf{e}_i') & a_i' &= \langle e_i'|a\rangle = \langle e_i'|\sum|e_j\rangle\langle e_j|a\rangle \\
& & &= \sum\langle e_i'|e_j\rangle\langle e_j|a\rangle = \sum\langle e_i'|e_j\rangle a_j
\end{aligned}
\tag{D.11}
$$

좌표 변화에 따른 변환 계수 $\langle e_i'|e_j\rangle$는 방향 코싸인이다. Dirac 기호 방식에서는 단위 연산자 $I=\Sigma|e_i\rangle\langle e_i|$를 적절하게 삽입하여 성분간의 변환식을 구한다. 벡터에 연산자가 작용하는 경우에도 마찬가지로 생각할 수 있다.

$$
\begin{aligned}
\mathbf{y} &= O\,\mathbf{x} & |y\rangle &= O|x\rangle \\
y_i &= \sum_j O_{ij}x_j & \langle e_i|y\rangle &= \langle e_i|O\sum|e_j\rangle\langle e_j|x\rangle = \sum_j\langle e_i|O|e_j\rangle\langle e_j|x\rangle \\
& & O_{ij} &= \langle e_i|O|e_j\rangle
\end{aligned}
\tag{D.12}
$$

Schmidt의 직교 규격화 방법

어떤 벡터 공간에서든지 기준 벡터계로서 직교 규격화된 벡터계를 택하면 모든 연산이 매우 간편해진다. 그러면 임의의 벡터계에서 어떻게 직교 규격화된 기준 좌표계를 구성할 수 있는지 살펴 보도록 하자.

삼차원 공간에서 한 평면에 놓이지 않은 세 벡터를 생각해 보자. 이들은 선형 독립일 뿐 직교한다고는 볼 수 없다. 그렇지만 선형 결합을 통해서 직교하는 벡터 세트를 만들 수 있다. 우선 그 중 한 벡터를 단위 벡터로 만들고 다른 벡터에서 이 단위 벡터에 평행인 성분을 빼면 나머지는 처음 벡터에 수직인 벡터이다. 마지막 벡터에서는 처음 두 번 선정한 방향의 성분을 빼면 결과로 생기는 세 벡터는 서로 수직이며 이러한 과정을 Schmidt의 직교 규격화 방법이라 부른다.

이제 N개의 선형 독립인 벡터 $|\varphi_1\rangle, |\varphi_2\rangle, \cdots, |\varphi_N\rangle$의 경우에는 다음 과정을 거친다.

단계-1

$$\begin{aligned} &|\psi_1\rangle = |\varphi_1\rangle \qquad |\phi_1\rangle = \langle\psi_1|\psi_1\rangle^{-1/2}|\psi_1\rangle \\ &\quad \Rightarrow \quad \langle\phi_1|\phi_1\rangle = 1 \end{aligned} \tag{D.13}$$

단계-2

$$\begin{aligned} &|\psi_2\rangle = |\varphi_2\rangle - |\phi_1\rangle\langle\phi_1|\varphi_2\rangle \qquad |\phi_2\rangle = \langle\psi_2|\psi_2\rangle^{-1/2}|\psi_2\rangle \\ &\quad \Rightarrow \quad \langle\phi_2|\phi_2\rangle = 1, \quad \langle\phi_2|\phi_1\rangle = 0 \end{aligned} \tag{D.14}$$

단계-3

$$\begin{aligned} &|\psi_3\rangle = |\varphi_3\rangle - |\phi_1\rangle\langle\phi_1|\varphi_3\rangle - |\phi_2\rangle\langle\phi_2|\varphi_3\rangle \qquad |\phi_3\rangle = \langle\psi_3|\psi_3\rangle^{-1/2}|\psi_3\rangle \\ &\quad \Rightarrow \quad \langle\phi_3|\phi_3\rangle = 1, \quad \langle\phi_3|\phi_1\rangle = 0, \quad \langle\phi_3|\phi_2\rangle = 0 \end{aligned} \tag{D.15}$$

....

단계-n

$$\begin{aligned} &|\psi_n\rangle = |\varphi_n\rangle - \sum_{i=1}^{n-1}|\phi_i\rangle\langle\phi_i|\varphi_n\rangle \qquad |\phi_n\rangle = \langle\psi_n|\psi_n\rangle^{-1/2}|\psi_n\rangle \\ &\quad \Rightarrow \quad \langle\phi_n|\phi_n\rangle = 1, \quad \langle\phi_n|\phi_i\rangle = 0 \qquad (i = 1, 2, \cdots, n-1) \end{aligned} \tag{D.16}$$

이 과정을 계속 반복하면 N 개의 선형 독립인 벡터 $|\varphi_1\rangle, |\varphi_2\rangle, \cdots, |\varphi_N\rangle$ 에서 직교 규격화된 벡터 $|\phi_1\rangle, |\phi_2\rangle, \cdots, |\phi_N\rangle$ 를 얻을 수 있고 다음의 직교 관계가 성립한다.

$$\langle \phi_i | \phi_j \rangle = \delta_{ij} \tag{D.17}$$

Schmidt 방법의 예제로 Laguerre 다항식을 도출해 보자. 선형 독립인 $\varphi_i(x) = x^i$ 벡터의 집합으로 $\{1, x, x^2, x^3, \cdots\}$을 생각한다. 그리고 브라-케트 스칼라 곱 (D.3)은 $[0, +\infty]$ 구간에서 가중 함수 $\exp(-x)$인 적분으로 정의한다.

$$\langle f | g \rangle = \int_0^\infty dx\, e^{-x} f^*(x)\, g(x) \tag{D.18}$$

그러면 위 과정의 처음 세 단계는 다음과 같은데 스칼라 곱 적분 계산에서 $\int_0^\infty dx\, e^{-x} x^n = n!$을 적극 활용한다. [식 (C.3), (C.6) 참고]

단계-1

$$\psi_1(x) = \varphi_1(x) = 1$$

$$\langle \psi_1 | \psi_1 \rangle = \int_0^\infty dx\, e^{-x}\, 1 \cdot 1 = 0! = 1 \quad \Rightarrow \quad \phi_1(x) = 1 = L_0(x)$$

단계-2

$$\langle \phi_1 | \varphi_2 \rangle = \int_0^\infty dx\, e^{-x}\, 1 \cdot x = 1! = 1$$

$$\psi_2(x) = \varphi_2(x) - \phi_1(x) \langle \phi_1 | \varphi_2 \rangle = x - 1$$

$$\langle \psi_2 | \psi_2 \rangle = \int_0^\infty dx\, e^{-x} (x-1)^2 = 1 \quad \Rightarrow \quad \phi_2(x) = x - 1 = -L_1(x)$$

단계-3

$$\langle \phi_1 | \varphi_3 \rangle = \int_0^\infty dx\, e^{-x}\, 1 \cdot x^2 = 2! = 2 \qquad \langle \phi_2 | \varphi_3 \rangle = \int_0^\infty dx\, e^{-x} (x-1) x^2 = 4$$

$$\psi_3(x) = \varphi_3(x) - \phi_1(x) \langle \phi_1 | \varphi_3 \rangle - \phi_2(x) \langle \phi_2 | \varphi_3 \rangle = x^2 - 4x + 2$$

$$\langle \psi_3 | \psi_3 \rangle = \int_0^\infty dx\, e^{-x} (x^2 - 4x + 2)^2 = 4 \quad \Rightarrow \quad \phi_3(x) = \frac{1}{2} x^2 - 2x + 1 = L_2(x)$$

2단계에서 $-L_1(x)$를 얻었으나 이는 규격화의 문제일 뿐 직교 관계에 영향을 미치지 않는다. 결과적으로 이러한 단계를 체계적으로 거치면 모든 Laguerre 다항식을 알아낼 수 있다. 스칼라 곱 (D.18)의 적분 구간과 가중함수를 달리하면 다른 직교 다항식을얻는다. Legendre 다항식은 구간 [-1 ,+1] 에서 가중 함수 1 로 직교하며, Hermite 다항식은 구간 $[-\infty, +\infty]$ 에서 가중 함수 $\exp(-x^2)$로 직교하는 다항식들이다.

선형 독립이라는 조건이 중요하다. 중간 단계의 $|\psi_n\rangle$는 영 벡터가 되어서는 안되기 때문이다. 만일 $|\psi_n\rangle=0$ 이라면 식 (D.16) 에서 $|\varphi_i\rangle$ 사이에 영이 아닌 계수로 구성된 선형 결합이 가능하고 이것은 $|\varphi_i\rangle$가 모두 독립적이라는 가정에 어긋난다. 직교 규격화된 기준 벡터를 $|\phi_i\rangle$라 하면 i 는 불연속 지표일 수도 있고 연속인 지표일 수도 있다. 그러면 다음이 성립한다.

$$\begin{aligned} &\text{불연속 차원의 경우} \quad \langle\phi_i|\phi_j\rangle = \delta_{ij} \\ &\text{연속 차원의 경우} \quad \langle\phi_i|\phi_j\rangle = \delta(i-j) \end{aligned} \tag{D.19}$$

여기서 $\delta(i-j)$는 Dirac 의 델타 함수를 상징적으로 표현한 것인데 구체적으로는 관련된 $|\phi_i\rangle$의 고유값들에 관한 특성을 나타내는 양이다. 보기로 직교함수 벡터가 $\phi_k(x)=\exp(+i\mathbf{k}\cdot\mathbf{x})$ 형태의 평면파라면 다음과 같다.

$$\langle e^{+i\mathbf{k}'\cdot\mathbf{x}}|e^{+i\mathbf{k}\cdot\mathbf{x}}\rangle = \int_{-\infty}^{+\infty} d^3x\ e^{-i\mathbf{k}'\cdot\mathbf{x}} e^{+i\mathbf{k}\cdot\mathbf{x}} = (2\pi)^3\delta^3(\mathbf{k}-\mathbf{k}')$$

임의의 벡터 $|\psi\rangle$에 대하여 다음이 성립하면

$$|\psi\rangle = \sum |\phi_i\rangle\langle\phi_i|\psi\rangle = \sum \psi_i|\phi_i\rangle \tag{D.20}$$

$\Sigma|\phi_i\rangle\langle\phi_i|$는 단위 연산자가 되는데 유한 차원의 공간에서는 자명하지만 [식 (D.9)] 무한 차원에서는 다시 짚어 볼 문제이다. 식 (D.20) 에서 $|\psi\rangle$는 벡터, $\psi_i=\langle\phi_i|\psi\rangle$는 ϕ 기준 벡터계에서의 $|\psi\rangle$ 벡터 성분이다. 그리고 연산자에 관하여 O_{ij}는 연산자 O 의 행렬 표현이 된다.

$$|\psi'\rangle = O|\psi\rangle \quad \Rightarrow \quad \langle\phi_i|\psi'\rangle = \langle\phi_i|O|\phi_j\rangle\langle\phi_j|\psi\rangle \quad (\psi_i' = O_{ij}\psi_j) \tag{D.21}$$

식 (D.17) 과 다음 관계식이 성립할 때

$$\sum_i |\phi_i\rangle\langle\phi_i| = I \tag{D.22}$$

우리는 $\{|\phi_i\rangle\}$를 완전히 (completely) 직교 규격화된 기준 벡터계라 부른다. 연속 차원일 경우 합은 적분으로 대체해야 한다. 함수 벡터를 사용하면 완전성 (D.22) 은 다음처럼 표현된다.

$$\sum_n \phi_n{}^*(\mathbf{x})\,\phi_n(\mathbf{x}') = \delta^3(\mathbf{x}-\mathbf{x}') \tag{D.23}$$

양자 역학의 고유 파동 함수는 직교 규격화 되므로 완전성을 명리로 받아드려 (6.6 절) 파동 함수를 전개하는 것이 가능하다.

케트 벡터와 이에 작용하는 연산자의 이원 공액은 다음 성질을 가지고 있다.

$$\begin{aligned} c\,|\alpha\rangle &\xleftrightarrow{\text{이원 공액}} c^*\langle\alpha| \\ O\,|\alpha\rangle &\xleftrightarrow{\text{이원 공액}} \langle\alpha|\,O^\dagger \end{aligned} \tag{D.24}$$

연산자 $O^\dagger$ 는 실재 공액 (hermitian conjugate) 연산자라 한다. 그러면 식 (D.2), (D.24) 에서 다음을 곧바로 알 수 있다.

$$\langle\alpha|\beta\rangle^* = \langle\beta|\alpha\rangle \qquad \langle\alpha|\,O|\beta\rangle^* = \langle\beta|O^\dagger|\alpha\rangle \tag{D.25}$$

Dirac 기호를 사용하여 6.2 절 고유값 문제를 다시 다루어 보자.

$$A|\psi\rangle = \alpha\,|\psi\rangle \tag{D.26}$$

우선 실재 공액 연산자가 원래의 연산자와 같을 때 실재 (hermitian) 연산자라 한다.

$$H^\dagger = H \qquad\qquad : \text{실재 연산자} \tag{D.27}$$

그러면 실재 연산자의 고유값이 실수임을 다음과 같이 증명한다.

$$\begin{aligned} H\,|\psi\rangle = \lambda\,|\psi\rangle &\xrightarrow{\langle\psi|} \langle\psi|H\,|\psi\rangle = \lambda\,\langle\psi|\psi\rangle \\ \langle\psi|H^\dagger = \lambda^*\langle\psi| &\xrightarrow{|\psi\rangle} \langle\psi|H^\dagger\,|\psi\rangle = \lambda^*\,\langle\psi|\psi\rangle \\ & \qquad\qquad 0 = (\lambda - \lambda^*)\langle\psi|\psi\rangle \\ \text{그런데} \quad \langle\psi|\psi\rangle \neq 0 \quad &\Rightarrow \qquad \therefore \lambda = \lambda^* \end{aligned} \tag{D.28}$$

여기서 $|\psi\rangle$ 는 고유 벡터이므로 영 벡터가 아니고 $\langle\psi|\psi\rangle$ 는 영이 아니므로 λ 는 실수이다.

또한 고유값이 상이한 실재 연산자의 두 고유벡터는 직교한다. Dirac 표기법을 이용한 증명은 이렇다.

$$\begin{aligned} H\,|\psi_1\rangle = \lambda_1\,|\psi_1\rangle \to \langle\psi_1\,|H = \lambda_1\langle\psi_1| &\xrightarrow{|\psi_2\rangle} \langle\psi_1\,|H\,|\psi_2\rangle = \lambda_1\,\langle\psi_1|\psi_2\rangle \\ H\,|\psi_2\rangle = \lambda_2\,|\psi_2\rangle &\xrightarrow{\langle\psi_1|} \langle\psi_1\,|H\,|\psi_2\rangle = \lambda_2\,\langle\psi_1|\psi_2\rangle \\ & \qquad\qquad 0 = (\lambda_1 - \lambda_2)\langle\psi_1|\psi_2\rangle \\ \text{그런데} \quad \lambda_1 \neq \lambda_2 \quad &\Rightarrow \qquad \therefore \; \langle\psi_1|\psi_2\rangle = 0 \end{aligned} \tag{D.29}$$

그러므로 ψ_1과 ψ_2는 직교한다. $\lambda_1 = \lambda_2$인 경우에는 직교할 필요가 없지만 이들의 어떤 선형 결합도 같은 고유값을 갖는 고유 벡터이기에 Schmidt의 방법으로 직교시킬 수 있다. [(D.13)-(D.16) 참고] 따라서 실재 연산자의 고유 벡터들은 항상 직교한다고 보아도 무방하다.

고유값은 일반적으로 복소수이고 현실(real)의 실수가 아닌 상상(imaginary)의 허수를 포함하고 있다. 그러나 실재(實在) 연산자의 경우에는 고유값이 실수가 되어 실제로 존재하여 물리적으로 측정 가능한 결과를 준다.

스칼라 곱을 불변하게 하는 변환 연산자 $|\psi'\rangle = U|\psi\rangle$는 다음 관계를 만족하는데 U를 하나(unitary) 연산자라 한다.

$$U^\dagger U = UU^\dagger = I \qquad : \text{하나 연산자} \tag{D.30}$$

그러면 하나 연산자의 고유값은 절대값이 1인 것도 쉽게 확인된다.

$$\begin{aligned} &U|\psi\rangle = \alpha|\psi\rangle \qquad \langle\psi|U^\dagger = \alpha^* \langle\psi| \\ &\langle\psi|U^\dagger U|\psi\rangle = \alpha\alpha^* \langle\psi|\psi\rangle \quad \Rightarrow \quad |\alpha| = 1 \end{aligned} \tag{D.31}$$

하나 연산자는 고유값의 크기가 하나(1)이기 때문에 그렇게 부르도록 한다.

연산자가 실재 연산자 $(A^\dagger = A)$인 동시에 하나 연산자 $(A^\dagger A = I)$이면 $A^2 = I$ 즉 $A^{-1} = A$이며 고유값은 +1 또는 −1이다. 실수로서 절대값이 1이 되는 수는 +1, −1 뿐이기 때문이다.

요약하면 다음과 같다.

- 실재 연산자의 고유값은 실수이다.
- 고유값이 상이한 실재 연산자의 두 고유 벡터는 직교한다.
- 고유값이 동일한 경우에는 고유 벡터가 직교하도록 선형 결합을 할 수 있다.
  (보기 Schmidt의 직교 규격화 과정)
- 하나 연산자의 고유값은 절대값이 1이다.

Schwartz 부등식

삼차원 Euclid 공간에서 $\mathbf{A}\cdot\mathbf{B} = AB\cos\theta$ 이므로 $\mathbf{A}^2\mathbf{B}^2 \ge (\mathbf{A}\cdot\mathbf{B})^2$은 쉽게 이해된다. 등호가 성립할 경우는 $\mathbf{A}$와 $\mathbf{B}$가 나란할 때이다. 그러나 이 부등식은 무한 연속 차원의 함수 공간에서도 유효하며 Dirac의 기호를 사용하는 것이 편리하다. 이제 $|f - \lambda g\rangle$ 벡터를 생각해 보자. 그러면 λ가 어떤 값을 가지든지 자신과의 스칼라 곱은 영보다 작을 수 없다.

$$\langle f-\lambda g \,|\, f-\lambda g\rangle \geq 0 \tag{D.32}$$

그리고 등호는 $|f-\lambda g\rangle = 0$ 일 때에만 성립한다. 윗식을 전개하면 다음과 같다.

$$\langle f\,|\,f\rangle - \lambda\,\langle f\,|\,g\rangle - \lambda^*\langle g\,|\,f\rangle + \lambda\lambda^*\langle g\,|\,g\rangle \geq 0 \tag{D.33}$$

이 관계식은 모든 복소수 λ 에 대하여 성립한다. 따라서 좌변을 λ 또는 λ^* 로 미분한 것이 0 이 되는 값에 대하여도 성립하여야 한다. 이 값은 $\lambda = \langle g|f\rangle / \langle g|g\rangle$ 인데 식 (D.32) 에 대입하면 Hilbert 공간에서의 Schwartz 부등식을 얻는다.

$$\langle f\,|\,f\rangle\langle g\,|\,g\rangle \geq \langle f\,|\,g\rangle\langle g\,|\,f\rangle = |\langle f\,|\,g\rangle|^2 \tag{D.34}$$

등호가 성립할 경우는 $|f-\lambda g\rangle = 0$, 즉 $|f\rangle = \lambda|g\rangle$ 이며 이 때 두 벡터 $|f\rangle$, $|g\rangle$ 는 "평행"이다.

부록 E. 최적 점근 시도 함수

여기서는 삼차원 결합상태에 관한 고유값 문제로서 점근영역 ($r=0$, $r\to\infty$) 에서 최적화된 직교규격 함수를 시도함수 (trial function) 로 전개하여 고유값 문제를 다루겠다. 매개변수에 관한 제곱형으로 표현되므로 변분이론을 적용할 때 선형 문제로 환원되고 체계적인 변분 풀이가 가능하다.

위치 에너지가 멱함수인 $V(r)=ar^{\nu}$ 을 고려하자. $a>0$, $\nu>0$ 이다. $V(r)$ 가 하한을 가지려면 $a>0$ 이어야 하기 때문이다. ν 는 양의 실수라 가정한다. 그러면 풀려는 문제는 다음 미분방정식의 고유값과 고유함수를 구하는 것이다.

$$\left(-\frac{\hbar^2}{2m}\frac{d^2}{dr^2}+\frac{l(l+1)\hbar^2}{2mr^2}+ar^{\nu}\right)u(r)=E\,u(r) \tag{E.1}$$

우선 무차원의 방정식으로 변환하기 위하여 다음의 매개변수들을 도입하면

$$r=\beta\rho \qquad E=\frac{\hbar^2}{2m\beta^2}\varepsilon \qquad \beta^{\nu+2}=\frac{\hbar^2}{2ma} \tag{E.2}$$

고유값 방정식은 아래처럼 쓸 수 있다.

$$H\,v(\rho)=\left(-\frac{d^2}{d\rho^2}+\frac{l(l+1)}{\rho^2}+\rho^{\nu}\right)v(\rho)=\varepsilon\,v(\rho) \qquad v(\rho)=\sqrt{\beta}\,u(r) \tag{E.3}$$

우리는 식 (E.1) 보다 윗식에서 무차원 하밀토니안의 기대값을 최소화하는 문제를 다루겠다. 새로운 변수 $v(\rho)$는 무차원 규격화 조건을 만족한다.

$$\int_0^\infty dr\,u^2(r)=1 \qquad \Rightarrow \qquad \int_0^\infty d\rho\,v^2(\rho)=1 \tag{E.4}$$

이제 파동함수 $v(\rho)$ 의 점근형태를 살펴보자. 우선 $\rho\to 0$ 인 경우에는 원심장벽항 $l(l+1)/\rho^2$ 이 두드러지므로 식 (E.3) 의 점근 방정식에서 다음을 알 수 있다. [식 (7.56) 참고]

$$v(\rho)\xrightarrow[\rho\to 0]{}\rho^{\,l+1} \tag{E.5}$$

한편 $\rho\to\infty$ 일 때에 $v(\rho)=\exp(-\lambda\rho^{\mu})$ 라 하면 점근 방정식

$$\left(-\frac{d^2}{d\rho^2}+\rho^\nu\right)v(\rho)\simeq 0 \tag{E.6}$$

을 만족하기 위하여 다음이 성립해야 한다.

$$v(\rho)\xrightarrow[\rho\to\infty]{} e^{-\lambda\rho^\mu} \tag{E.7}$$

$$\lambda\mu=1 \qquad \mu=\frac{\nu+2}{2} \qquad \lambda=\frac{2}{\nu+2} \tag{E.8}$$

그리고 또다른 변수 x 를 다음처럼 도입하여 파동 함수 $v(\rho)$를 다시 쓴다.

$$\rho=(2\lambda)^{-\lambda}\,x^\lambda \qquad\qquad v(\rho)=\sqrt{2(2\lambda)^{\lambda-1}}\;x^{\lambda(l+1)}\,e^{-\frac{1}{2}x}\,w(x) \tag{E.9}$$

$w(x)$ 를 x 의 다항식으로 택하면 $v(\rho)$ 는 $r=0$, $r=\infty$ 에서의 점근조건을 만족하는 시도 함수가 된다. 이것을 최적점근 시도함수(asymptotically optimized trial function)라 부른다. $w(x)$ 에 대한 규격화 조건은 다음과 같다.

$$\int_0^\infty dx\,e^{-x}x^\alpha\,w^2(x)=1 \qquad\qquad \alpha=\lambda(2l+3)-1 \tag{E.10}$$

시도 함수 $v(\rho)$ 에서 $w(x)$ 를 다항식으로 택하였으므로 Taylor 급수전개를 생각할 수 있지만 우리는 규격화된 Laguerre 연관 다항식으로 전개한다. [식 (C.51) 참고]

$$w(x)=\sum_{n=0}^{N}c_n\,\Lambda_n^\alpha(x) \qquad\qquad v(\rho)=\sqrt{2(2\lambda)^{\lambda-1}}\;e^{-\frac{1}{2}x}\,x^{\frac{1}{2}(\alpha+1-\lambda)}\sum_{n=0}^{N}c_n\,\Lambda_n^\alpha(x) \tag{E.11}$$

그러면 식 (E.10) 의 규격화 조건은 다음과 같다.

$$\int_0^\infty dx\,e^{-x}x^\alpha\left(\sum_{n=0}^{N}c_n\,\Lambda_n^\alpha(x)\right)^2=\sum_{n=0}^{N}c_n^*\,c_n=1 \tag{E.12}$$

다음에는 시도 함수의 하밀토니안에 대한 기대값인데 식 (E.11) 을 이용하여 아래처럼 쓴다.

$$\begin{aligned}\langle H\rangle&=\sum_{m,n}^{N}c_m^*H_{mn}c_n\\ H_{mn}=\langle H\rangle_{mn}&=\int_0^\infty dx\,x^{\lambda-1}\;e^{-\frac{1}{2}x}\,x^{\frac{1}{2}(\alpha+1-\lambda)}\Lambda_m^\alpha(x)\;H\;e^{-\frac{1}{2}x}\,x^{\frac{1}{2}(\alpha+1-\lambda)}\Lambda_n^\alpha(x)\end{aligned} \tag{E.13}$$

그러므로 구하는 변분 풀이는 식 (E.12)를 만족하고 $\langle H\rangle$을 최소화 하도록 c_n을 정하는 것이다.

즉 $$\sum_{n=0}^{N} c_n{}^* c_n = 1 \text{ 인 조건하에 } \quad \langle H\rangle = \sum_{m,n}^{N} c_m{}^* H_{mn} c_n \text{ 을 최소화} \tag{E.14}$$

이것은 바로 H_{mn}을 대각선화하는 고유값 문제가 된다. 즉 H_{mn} 행렬의 고유값이 하밀토니안의 기대값으로서 식 (E.3)의 근사 고유값이 되고 고유벡터 c_n을 시도 함수에 대입함으로써 근사 파동 함수가 된다. 이것은 바닥 상태뿐만 아니라 들뜬 상태에도 적용된다. 고유 벡터들은 서로 직교하기 때문이다. 이 과정을 요약하면 다음과 같다.

- 하밀토니안 H가 식 (E.3) 처럼 주어지면 다음의 최적 점근 시도 함수를 택한다.

$$u(\rho) = \sqrt{2/\beta\,(2\lambda)^{\lambda-1}}\; e^{-\frac{1}{2}x}\, x^{\frac{1}{2}(\alpha+1-\lambda)} \sum_{n=0}^{N} c_n\, \Lambda_n^{\alpha}(x) \tag{E.15}$$

- 하밀토니안 행렬 요소 H_{mn}을 계산한다.

$$\begin{aligned} H_{mn} &= \langle H\rangle_{mn} \\ &= \int_0^{\infty} dx\, x^{\lambda-1} \left(e^{-\frac{1}{2}x}\, x^{\frac{1}{2}(\alpha+1-\lambda)} \Lambda_m^{\alpha}(x) \right) H \left(e^{-\frac{1}{2}x}\, x^{\frac{1}{2}(\alpha+1-\lambda)} \Lambda_n^{\alpha}(x) \right) \end{aligned} \tag{E.16}$$

- 행렬 H_{mn}의 고유값 문제를 푼다. 그 고유값은 H의 에너지 고유값이 되고 고유 벡터에서 식 (E.11), (E.3) 파동 함수 $u(r)$을 계산한다. α, β, λ 등은 식 (E.2),(E.8)에 정의되어 있다.

이제 구체적으로 $\langle 1/\rho^2\rangle$과 $\langle \rho^{\nu}\rangle$ 및 $\langle d^2/d\rho^2\rangle$를 계산한다. 멱 함수의 기대값은 쉽게 얻는다.

$$\left\langle \frac{1}{\rho^2} \right\rangle_{mn} = (2\lambda)^{2\lambda}\, J_{m\ n}^{\alpha\ \alpha\ \alpha-2\lambda} \qquad \left\langle \rho^{\nu} \right\rangle_{mn} = (2\lambda)^{2\lambda-2}\, J_{m\ n}^{\alpha\ \alpha\ \alpha-2\lambda+2} \tag{E.17}$$

여기서 규격화된 Laguerre 연관 다항식을 포함한 적분은 J로 표기하였다.

$$J_{m\ n}^{\alpha\ \beta\ \gamma} \equiv \int_0^{\infty} dx\, e^{-x} x^{\gamma}\ \Lambda_m^{\alpha}(x) \Lambda_n^{\beta}(x) \tag{E.18}$$

그러면 Laguerre 연관 다항식의 직교 관계식 (C.51)은 다음처럼 표현한다.

$$J_{m\ n}^{\alpha\ \alpha\ \alpha} = \delta_{mn} \tag{E.19}$$

운동 에너지 $\langle d^2/d\rho^2\rangle$ 은 더욱 복잡하다. 우선 다음이 성립하므로

$$\begin{aligned}\left\langle -\frac{d^2}{d\rho^2}\right\rangle &= \int d\rho\, v(\rho)\left(-\frac{d^2}{d\rho^2}\right)v(\rho) = \int d\rho\left(\frac{d}{d\rho}v(\rho)\right)^2 \\ &= (2\lambda)^{2\lambda-2}\int_0^\infty dx\, x^{\lambda-1}\left(x^{1-\lambda}\frac{d}{dx}e^{-\frac{1}{2}x}x^{\frac{1}{2}(\alpha+1-\lambda)}w(x)\right)^2\end{aligned} \tag{E.20}$$

행렬 요소 $\langle d^2/d\rho^2\rangle_{mn}$ 은 다음과 같다.

$$\begin{aligned}\left\langle -\frac{d^2}{d\rho^2}\right\rangle_{mn} =&(2\lambda)^{2\lambda-2}\int_0^\infty dx\, e^{-x}x^{\alpha-2\lambda}\left((\alpha+1-\lambda-x)\Lambda_m^\alpha(x)+2x\frac{d}{dx}\Lambda_m^\alpha(x)\right) \\ &\times\left((\alpha+1-\lambda-x)\Lambda_n^\alpha(x)+2x\frac{d}{dx}\Lambda_n^\alpha(x)\right)\end{aligned} \tag{E.21}$$

식 (C.52) 에서 보듯이 규격화된 Laguerre 연관 다항식의 도함수도 연관 다항식이고 식 (E.21) 을 계산하면 다음의 결과를 얻는다.

$$\begin{aligned}\left\langle -\frac{d^2}{d\rho^2}\right\rangle_{mn} =& -(2\lambda)^{2\lambda}l(l+1)\,J_{m\ n}^{\alpha\ \alpha\ \alpha-2\lambda}+(2\lambda)^{2\lambda-2}(4\lambda l+2\lambda+2)\,J_{m\ n}^{\alpha\ \alpha\ \alpha-2\lambda+1} \\ &-(2\lambda)^{2\lambda-2}\,J_{m\ n}^{\alpha\ \alpha\ \alpha-2\lambda+2}+(2\lambda)^{2\lambda-2}4\sqrt{mn}\,J_{m-1\ n-1}^{\alpha+1\ \alpha+1\ \alpha-2\lambda+2}\end{aligned} \tag{E.22}$$

그러므로 윗식의 우변에서 첫째항은 식 (E.17) 의 $\langle 1/\rho^2\rangle$ 과 상쇄함을 알 수 있다. 마찬가지로 우변의 셋째항은 식 (E.17) 의 $\langle \rho^\nu\rangle$ 과 상쇄한다. 따라서 구하는 H_{mn} 행렬은 다음과 같다.

$$H_{mn}=(2\lambda)^{2\lambda-2}(4\lambda l+2\lambda+2)\,J_{m\ n}^{\alpha\ \alpha\ \alpha-2\lambda+1}+(2\lambda)^{2\lambda-2}4\sqrt{mn}\,J_{m-1\ n-1}^{\alpha+1\ \alpha+1\ \alpha-2\lambda+2} \tag{E.23}$$

만일 하밀토니안에 추가항이 있어서 식 (E.3) 이 다음의 형태라면

$$\left(-\frac{d^2}{d\rho^2}+\frac{l(l+1)}{\rho^2}+\rho^\nu+b\rho^\gamma\right)v(\rho)=\varepsilon\, v(\rho) \tag{E.24}$$

이에 관한 기대값을 H_{mn} 에 추가하면 된다.

$$\langle b\rho^\gamma\rangle_{mn}= b\,(2\lambda)^{-\lambda\gamma}\int_0^\infty dx\, e^{-x}x^{\alpha+\lambda\gamma}\Lambda_m^\alpha(x)\Lambda_n^\alpha(x)=b\,(2\lambda)^{-\lambda\gamma}\,J_{m\ n}^{\alpha\ \alpha\ \alpha+\lambda\gamma} \tag{E.25}$$

H_{mn} 을 계산하려면 실제로 $J_{mn}^{\alpha\beta\gamma}$ 의 값을 알아야 한다. 이것은 정의식에 규격화된 Laguerre 연관 다항식을 대입하고 항별로 적분하면 된다.

$$J_{m\,n}^{\alpha\,\beta\,\gamma}=\frac{\Gamma(\gamma+1)}{\Gamma(\alpha+1)\Gamma(\beta+1)}\sqrt{\frac{\Gamma(\alpha+n+1)\Gamma(\beta+n+1)}{m!n!}}\sum_{ij}\frac{(-m)_i(-n)_j}{(\alpha+1)_i(\beta+1)_j}\frac{(\gamma+1)_{i+j}}{i!j!} \tag{E.26}$$

여기서 $(\alpha)_n=\alpha(\alpha+1)\cdots(\alpha+n-1)$ 의 기호를 사용하였다. m, n 은 비음정수이므로 윗식에서 i, j 합은 유한 급수이다.

조화 진동자는 항상 특별한 의미가 있는 듯하다. 최적 점근 시도 함수 방법을 조화 진동 벌판에 적용해 보자. 일차원 진동 벌판에 대해서는 이미 예제 10.8에서 다룬바 있다. 여기서는 삼차원 진동자에 관한 것이다.

$$a=\frac{1}{2}m\omega^2 \quad \nu=2 \quad \Rightarrow \quad \begin{matrix} \beta=\sqrt{\dfrac{\hbar}{m\omega}} \quad E=\dfrac{1}{2}\hbar\omega\,\varepsilon \\ \mu=2 \quad \lambda=\dfrac{1}{2} \quad \alpha=l+\dfrac{1}{2} \end{matrix} \tag{E.27}$$

그러면 하밀토니안의 행렬 요소인 식 (E.23) 의 H_{mn} 은 다음과 같다.

$$H_{mn}=(2l+3)J_{m\;\;\;\;\;\;n}^{l+1/2\,l+1/2\,l+1/2}+4\sqrt{mn}\,J_{m-1\;n-1}^{l+3/2\,l+3/2\,l+3/2}=(4n+2l+3)\,\delta_{mn} \tag{E.28}$$

일차원 진동자처럼 이번에도 H_{mn} 행렬을 이미 대각선화 되었다. 따라서 찾으려는 에너지 고유값을 곧바로 얻는다.

$$\varepsilon=4n+2l+3 \qquad E=\left(2n+l+\frac{3}{2}\right)\hbar\omega \qquad (n=0,1,2,\cdots) \tag{E.29}$$

직선형 벌판의 경우에는 직접 계산이 필요하다. $l=0$ 인 경우에는 해석적 풀이가 알려졌으므로 정확성을 비교할 수 있다. 이 경우 매개 변수는 다음과 같다.

$$l=0 \qquad \nu=1 \qquad \Rightarrow \qquad \lambda=\frac{2}{3} \qquad \alpha=1 \tag{E.30}$$

$$H_{mn}=\frac{10}{3}\left(\frac{3}{4}\right)^{2/3}J_{m\,n}^{1\;1\;2/3}+4\left(\frac{3}{4}\right)^{2/3}\sqrt{mn}\,J_{m-1\;n-1}^{2\;\;2\;\;5/3} \tag{E.31}$$

다음부터는 수치 계산에 의존하게 된다. 식 (E.15) 에서 N 을 선정하면 N 개의 매개 변수를 갖는 최적 점근화된 시도 함수를 택하게 된다. 실제로 $c_0, c_1, c_2, \cdots, c_N$ 의 $(N+1)$ 개 매개 변수가 있으나 규격화 조건 (E.12) 때문에 N개만 다루면 된다. 그런데 $\langle H \rangle$ 를 최소화하는 과정이 바로 H_{mn} 으로 구성된 $N \times N$ 행렬의 고유값을 찾는 과정이므로 식 (E.31) 의 행렬을 대각선화 시키면 된다. N 을 증가시키면 매개 변수가 많아지므로 좀더 정밀한 고유값을 얻으리라 예상된다.

최적 점근 시도 함수를 사용하면 접근 방식이 체계적이고 매개 변수에 관하여 이차 형식 문제가 되며 그것도 또다시 유한 차원의 고유값 문제로 환원되므로 정밀도를 높일 수 있고 무엇보다 파동 함수를 손쉽게 구할 수 있는 것이 장점이다.

표 E.1 에는 $N = 0$ 부터 $N = 8$ 까지 식 (E.31) 의 H_{mn} 행렬의 고유값이 실려있다. 규격화 조건 때문에 각 단계의 N 마다 가장 큰 고유값은 자동적으로 결정되므로 이를 제외하면 Airy 함수의 근으로 얻은 정확한 해석 풀이에 빨리 수렴함을 알 수 있다. $N = 1$ 만 택하더라도 유효숫자 4 자리까지, $N = 3$ 이면 5 자리까지 정밀함을 알 수 있다. 변분 방법으로 얻는 고유값은 상한이므로 항상 실제값보다 큰 쪽에서 접근하게 된다.

이 방법은 $\nu > 0$ 을 가정하므로 조화 진동자처럼 입자를 유폐하는 형태의 벌판 문제에 효율적이다. 비선형 진동자나 쿼코니움 (quarkonium) 같은 문제풀이에 응용된다.

표 E.1 직선형 벌판 분제, 식 (E.31) 의 에너지 고유값. N은 매개 변수의 수이고 $l = 0$ 상태의 고유값들을 해석 풀이값과 비교한다.

N	ε_1	ε_2	ε_3	ε_4	ε_5
0	2.483999				
1	2.338356	4.837642			
2	2.338338	4.112212	7.359669		
3	2.338195	4.089249	5.675302	10.118467	
4	2.338151	4.088057	5.533252	7.240294	13.091691
5	2.338132	4.088026	5.520765	6.851377	8.878341
6	2.338123	4.087996	5.520665	6.790326	8.140809
7	2.338117	4.087980	5.520613	6.787029	7.967509
8	2.338114	4.087970	5.520597	6.786755	7.946217
해석 풀이	2.338107	4.087949	5.520559	6.786708	7.944133

부록 F. 미시 세계에서의 계산 요령

일상생활에서는 국제 단위계(SI)가 통용되고 있다. 국제 법정계량단위일 뿐 아니라 단위의 정의가 정확하고 또한 정밀하여 물리 문제 풀이에서 실용적이다. 우리는 물리량 사이의 관계식을 계산할 때 숫자 계산과 단위 계산을 별도로 수행하는 것이 관례이다. 보기로 전자기학에 나오는 빛의 속도는 다음 공식으로 표현되는데

$$c=\frac{1}{\sqrt{\varepsilon_0\mu_0}} \qquad \frac{1}{4\pi\varepsilon_0}=9\times10^9\,\frac{\mathrm{N\cdot m^2}}{\mathrm{C^2}} \qquad \frac{\mu_0}{2\pi}\equiv2\times10^{-7}\,\frac{\mathrm{N}}{\mathrm{A^2}} \tag{F.1}$$

이 식에 수치와 단위를 대입하여 계산하면

$$c=\frac{1}{\sqrt{\varepsilon_0\mu_0}}=\frac{1}{\sqrt{\dfrac{1}{4\pi\times9\times10^9}\dfrac{\mathrm{C^2}}{\mathrm{N\cdot m^2}}\times4\pi\times10^{-7}\dfrac{\mathrm{N}}{\mathrm{A^2}}}}=\frac{3\times10^8}{\sqrt{\dfrac{\mathrm{C^2}}{\mathrm{N\cdot m^2}}\cdot\dfrac{\mathrm{N}}{\mathrm{A^2}}}}=3\times10^8\ \mathrm{m/s} \tag{F.2}$$

이고 숫자 계산과 단위 계산을 병행하여 구하는 답을 얻는다. 그러나 SI 의 장점은 단위 계산이 필요 없다는 것이다. 계산식에 나오는 모든 물리량들을 SI 로 표현하면 계산 결과 얻는 수치에 해당 물리량의 SI 단위를 함께 쓰면 된다. 보기로 빛의 속도식 (F.1) 에서 숫자 계산만 하면

$$c=\frac{1}{\sqrt{\varepsilon_0\mu_0}}=\frac{1}{\sqrt{\dfrac{1}{4\pi\times9\times10^9}\times4\pi\times10^{-7}}}=3\times10^8\Rightarrow3\times10^8\ \mathrm{m/s} \tag{F.3}$$

3×10^8 을 얻는데 c 는 속도를 나타내는 물리량이고 속도의 SI 단위는 m/s 이므로 구하는 결과는 $c=3\times10^8$ m/s 가 된다.

그렇지만 미시 세계에서 물리량을 다루기에 SI 는 너무 큰 단위이고 '비 실용적'이다. 양자물리학에 나오는 식에는 Planck 상수 $\hbar$ 와 빛의 속도 c 가 포함되는 것이 상례이다. 이들의 값은 이 책의 속표지에 나타난 대로 SI 단위로 계산할 수도 있지만 수치를 외우기도 힘들고 계산 과정에서 틀리기도 쉽다. 비록 계산기를 사용하더라도 중간 과정의 언더 플로우 (underflow: 수치의 크기가 너무 작으면 영으로 전산 처리 하는 것) 나 오버 플로우 (overflow: 수치가 너무 크면 전산 오류 처리하는 것) 로 원하는 결과를 얻기 힘든 경우가 자주 있다.

양자 물리학의 수치 계산에서는 에너지의 단위인 전자 볼트 (eV) 를 사용하는 것이 편리하다. 미시 세계에서 입자의 에너지는 흔히 전기 벌판으로 얻어지고 측정되기에 전위차 볼트 (V) 와 연관된 eV 를 사용하는 것이다. 다만 다루는 에너지의 영역이 매우 넓으므로 SI 접두 기호를 사용한다. 통상 원자 현상은 eV ~ keV 의 에너지 영역을, 핵 현상은 MeV, 고에너지 소립자 현상은 GeV 에너지 영역대를 취급한다.

그러면 질량의 단위는 에너지 공식 $E=mc^2$ 을 이용하여 eV/c^2 을 사용한다. 보기로 전자의 질량은 $m_e=0.511\,\mathrm{MeV}/c^2$ 로 표기하는데 이것은 $m_ec^2=0.511\,\mathrm{MeV}$ 와 같아서 전자의 질량을 모두 에너지로 전환하면 0.511 MeV 를 얻는다는 뜻이다. 마찬가지로 운동량의 단위는 eV/c 로 표기한다. 그외의 시간 단위는 $\hbar$ 로 연결시킬 수 있으며 길이의 단위는 $\hbar c$ 를 이용하면 된다. 실제로 $\hbar$ 보다 $\hbar c$ 를 활용하는 것이 편리하다. 어림 계산으로 다음은 쉽게 기억할 수 있다.

$$\begin{aligned} \hbar c &= 197\,\mathrm{eV\cdot nm} = 197\,\mathrm{MeV\cdot fm} \\ c &= 3\times10^8\,\mathrm{m/s} \end{aligned} \tag{F.4}$$

원자 현상에서는 $\hbar c$ 를 eV·nm 로 핵, 입자 현상에서는 MeV·fm 을 사용하면 된다.

보기로 전자의 Compton 파장 [식 (1.36)] 을 계산해 보자. SI 단위를 사용하면

$$\lambda_e = \frac{h}{m_e c} = \frac{6.63\times10^{-34}}{9.11\times10^{-31}\times3\times10^8} = 2.43\times10^{-12} \Rightarrow 2.43\times10^{-12}\,\mathrm{m} \tag{F.5}$$

가 될 것이나 다른 방법으로 질량 m 을 가급적 mc^2 의 형태로 바꾸어 에너지 값으로 변환하는 것이 편리하다.

$$\lambda_e = \frac{h}{m_e c} = \frac{2\pi\hbar c}{m_e c^2} = \frac{2\pi\times197\,\mathrm{MeV\cdot fm}}{0.511\,\mathrm{MeV}} = 2.43\,\mathrm{pm} \tag{F.6}$$

다른 보기로 100 V 의 전위차에서 가속된 전자의 de Broglie 파장을 구해보자. 전자는 100 eV 의 에너지를 얻으므로 이에 해당하는 운동량을 de Broglie 공식에 대입하면 된다. SI 계산에서는 다음과 같다.

$$\begin{aligned} E &= \frac{p^2}{2m} \quad\Rightarrow\quad p=\sqrt{2mE} \\ \lambda &= \frac{h}{\sqrt{2mE}} = \frac{6.63\times10^{-34}}{\sqrt{2\times9.11\times10^{-31}\times100\times1.60\times10^{-19}}} = 1.2\times10^{-10} \Rightarrow 0.12\,\mathrm{nm} \end{aligned} \tag{F.7}$$

그대신 다음처럼 계산하는 것이 편리하다.

$$\lambda = \frac{h}{\sqrt{2mE}} = \frac{2\pi\hbar c}{\sqrt{2mc^2E}} = \frac{2\pi \times 197\,\text{eV}\cdot\text{nm}}{\sqrt{2 \times 0.511\,\text{MeV} \times 100\,\text{eV}}} = 0.12\,\text{nm} \tag{F.8}$$

식 (F.7) 에서 비 상대론 공식을 사용하였다. 어떻게 정당화할 것인가? 기본적으로 v/c가 1 보다 매우 작음을 확인해야 할 것이며 SI 로는 상당한 계산이 추가로 필요할 것이다. 하지만 eV 에너지 척도를 사용하면 쉽게 알 수 있다. 위의 보기에서 전자의 운동 에너지가 100 eV 이므로 식 (A.9) 에서 $\gamma=(0.511\,\text{MeV}+100\,\text{eV})\,/\,0.511\,\text{MeV}=1+2\times10^{-4}$ 이어서 2 자리 정도의 정밀도라면 비 상대론으로 충분하다. 그러나 100 V 가 아니라 100만 V 라면 상대론으로 다루어야 한다.

원자 물리학에서는 주로 전자기 작용을 다루므로 수식이나 수치 계산에서 허공의 유전 상수가 $4\pi\varepsilon_0$ 가 자주 나타난다. 그러나 이들은 가급적 미세 구조 상수 α 로 표현하는 것이 간편하다.

$$\alpha = \frac{e^2}{4\pi\varepsilon_0\,\hbar c} = \frac{1}{137} \tag{F.9}$$

보기로 수소 원자의 바닥 상태의 에너지는 [식 (2.10) 에서 $Z = 1$]

$$E_1 = -\frac{me^4}{(4\pi\varepsilon_0)^2\,2\hbar^2} = -\frac{1}{2}\alpha^2 mc^2 \tag{F.10}$$

인데 $4\pi\varepsilon_0$ 를 포함한 식을 SI 로 계산하면

$$\begin{aligned}\frac{me^4}{(4\pi\varepsilon_0)^2\,2\hbar^2} &= \frac{9.11\times10^{-31}\times(1.60\times10^{-19})^4\times(9\times10^9)^2}{2\times(1.06\times10^{-34})^2} \\ &= 21.5\times10^{-19} \;\Rightarrow\; 21.5\times10^{-19}\,\text{J} = \frac{21.5\times10^{-19}}{1.60\times10^{-19}}\,\text{eV} = 13.6\,\text{eV}\end{aligned} \tag{F.11}$$

인데 식에 수치를 대입하였을 뿐 물리적 의미는 파악하기 힘들다. 계산기에 따라서는 중간 과정의 10의 멱수 때문에 언더플로우 오류가 발생할 수 있다. 반면에 두번째 식에서는 간단하게 다음처럼 결과를 얻는다.

$$\frac{1}{2}\alpha^2 mc^2 = \frac{1}{2}\left(\frac{1}{137}\right)^2 0.511\times10^6\,\text{eV} = 13.6\,\text{eV} \tag{F.12}$$

이 식에서는 바닥 상태의 에너지가 전자의 정지 질량 에너지의 $1/2\,\alpha^2$ 배임을 쉽게 알 수 있다.

방정식의 물리학적 의미를 파악한 후 구체적 수식 계산에서도 요령이 필요하다. 수식 계산은 수학적 과정이므로 가급적 무차원의 변수를 다루는 것이 편리하다. 보기로 조화 진동자의 경우에 식 (5.73) 에서 바닥상태 조화 진동자의 진폭을 길이의 단위로, 그때 진동자의 에너지를 에너지 단위로 정하여 무차원의 방정식 (5.74) 를 풀었다. 한편 수소 원자 문제에서는 Bohr 반경 a_B 를 길이의 단위로 선정하면 식 (7.96), (7.104) 에 보듯이 무차원의 길이 ρ 의 함수로 표현된다.

평면파의 중첩으로 표현되는 파동함수 계산에서 평면파동식 (3.63) $\exp[i/\hbar(\mathbf{p}\cdot\mathbf{x}-Et)]$ 이 자주 사용되며 Planck 상수 $\hbar$ 가 늘 들어갈 수 있다. 그렇지만 $\mathbf{p}=\hbar\mathbf{k}$, $E=\hbar\omega$ 의 관계를 기억하면 간단히 $\exp[i(\mathbf{k}\cdot\mathbf{x}-\omega t)]$ 로 쓰는 것이 간편하다. 제 13장 시간 종속 섭동 이론에서 활용한 방법이다. 그러나 한편으로는 꼭 질량, 길이, 시간의 단위만 고집할 필요가 없다. 오히려 회전량 $\hbar$, 빛의 속도 c 가 더욱 근본적 의미를 안고 있다. 그러므로 $\hbar=c=1$ 인 단위계를 생각할 수 있고 이를 자연단위계 (natural unit system) 라 한다. 이 단위계에서는 $\hbar c=1$ 이기도 하다. 그러면 Einstein 의 질량공식은 $E^2=m^2+\mathbf{p}^2$ 로 명료해지고 평면파 물질파동도 $\exp[+i(\mathbf{p}\cdot\mathbf{x}-Et)]$ 로 $\hbar$ 를 쓸 필요가 없으며 중간 계산이 훨씬 간편해진다. 마지막에는 측정 가능한 물리량과 비교하여야 하므로 $\hbar$, c 의 적당한 멱수를 곱해주면 원하는 공식을 얻을 수 있다. 산란 단면적이라면 (길이)$^{+2}$, 파장이라면 (길이)$^{+1}$, 진동수라면 (시간)$^{-1}$, 또 평균 수명이라면 (시간)$^{+1}$ 의 차원을 갖도록 최종 식에 $\hbar$ 또는 $\hbar c$ 및 c 를 곱하여 원하는 수치 계산을 하면 된다. $\hbar=c=1$ 로 이미 정했으므로 이들의 임의의 멱수를 곱할 수 있으며 차원이 일치하도록 조정하면 된다.

부록 G. 물리학 한글 용어에 관하여

물리학 전문 용어를 우리말로 옮기는 것은 쉬운 일이 아니다. 그러나 많은 물리학도들을 당황하게 하는 것은 너무 자주 새로운 대안이 제시되고 학계에서 혼용하는 현실이다. 물리학 법칙은 오랜 동안 그대로인데 말이다. 학회를 중심으로 물리학 한글 용어가 지속적으로 개선되고 있지만 아직도 발전의 여지가 많다.

물리학 용어에 한자 혼용, 한글 전용, 한자 유래어 사용, 순수 우리말 사용 등 얼마든지 논란의 소지가 있다. 한자 문화권을 살펴보면 일본에서는 많은 영어 용어들을 가나(カナ)로 표기하면서 한자로 보충하는 경향이고 중국에서는 모두 漢字만으로 표기하려는 독립성이 강하다. 우리나라는 중간 정도이며 한글 표기가 정착화 되고 순수 우리말이 선호되는 추세이다.

이 책에서 독자는 일반적으로 통용되지 않는 새로운 용어에 접하게 될 것이다. 필자의 소신은 한글 전용을 하되 순수 우리말과 한자 유래어를 모두 수용하여 물리적 의미가 풍부한 용어 체계를 세우자는 것이다. 여기에 한글 용어 선택에 따른 기준을 보기와 함께 제시하고자 한다.

➢ 표음 문자인 한글의 표의성 미흡을 보완하기 위하여 추가 음절을 삽입한다.

- 한자 용어가 통용, 병용되었을 때에는 量子와 陽子가 구별 가능했으나 한글 표기는 같으므로 양자, 양성자로 구분한다. 그러면 양성자, 중성자의 음운 일치도 되어서 좋다. 중국에서는 중성자를 中子라 하는데 표의 문자보다는 더 많은 음절로 한글 표기함으로써 혼동을 피하게 한다.
- antimatter 등 'anti'를 '반'물질로 옮기지 않고 '반대' 물질로 옮긴다. '반'에는 '反'대와 절'半'의 두 가지 의미가 있어 혼동의 여지가 있다. antiparticle은 '반대 입자'인 한편 half-odd-integer는 '반홀수'이다.

➢ 영문 용어보다 다양한 의미를 내포할 수 있는 한글 용어의 장점을 부각한다.

- time은 '시간'으로 옮기는데 실제로 time은 '시각'이라는 의미도 있다. 시간은 두 시각 사이의 간격이다. 그러므로 문맥에 따라서 시간, 시각을 구별하여 한글의 과학성을 발휘하도록 한다. '최초 시각 정지 상태에 있는 입자가 시간이 5초 지난 후에는…' 식 이다.
- mass는 질량, weight는 중량 또는 무게로 옮겨서 중량은 힘이라는 것이 관례인데 운동 법칙에 나오는 질량은 관성 질량 (줄여서 질량), 그리고 중력 법칙에 나오는 질량은 중력 질량 (줄여서 중량)으로 표기한다. 중력에 의한 힘인 weight는 '무게'로 옮긴다.

일반 상대론의 대등 원리에 따르면 중력 질량과 관성 질량은 같으므로 혼동해도 괜찮고 혼용해도 무방하다. 그러나 학문적으로 구별하자면 '질량 1 kg의 물체에 3 N의 힘이 작용하면…' 또는 '중량 5 kg인 물체에 작용하는 중력은…' 식으로 의미를 분명히 할 수 있다.

➢ 일상 생활의 용어와 가급적 같은 의미를 갖도록 물리학 용어를 정의한다.

- 중량과 질량은 일상 생활에서 일반인들이 혼용, 혼동되므로 용어 선택이 적절하다.
- 현재의 용어 옮김 관행과 달리 velocity를 '속력'으로 speed는 '속도'로 옮긴다. velocity는 벡터이므로 그 상징인 중력, 마찰력처럼 '力'을 벡터로 사용하면 '속력'이 걸맞는다. 또한 '度'는 온도, 밀도처럼 스칼라에 자주 사용하므로 speed는 '속도'가 적당하다고 본다. 일반 사회에서도 과속하는 차량을 '속도 위반'이라 하지 '속력 위반'이라 부르지 않는 것이 통념이다. 그러나 벡터의 성격을 강조하기 위하여 '속력'을 사용하고 두 용어는 포괄적으로 '속도'로 통용한다. '가속력'은 잘 사용되지 않기 때문이다.

➢ 물리 용어를 우리말로 옮김에 있어서 어휘 옮김보다 뜻 옮김에 충실한다.

- 회전 운동과 관련하여 angular를 '角'으로 옮겨서 '각 속도', '각 운동량'등으로 쓰는데 회전의 직접적인 의미를 갖도록 한다.
  angular momentum : 회전 운동량 또는 회전량
  angular velocity : 회전 속력 또는 회전 속도
  angular frequency : 회전 빈도
  torque : 회전력 또는 회전 능률
- work function은 '일 함수'로 옮기지만 실제로는 전자를 금속 표면에서 해방시키는데 필요한 에너지이므로 '해방 에너지'로 옮기는 것이 합리적이다.

➢ 한자 유래어에 순수 우리말을 섞어서 그 의미가 두드러지게 한다.

- 기대치, 평균치, 고유치 → 기대값, 평균값, 고유값

우리말로 옮기기 힘든 용어는 영문으로 표음 표기하는 것이 상례이다. '에너지'가 좋은 보기이다. 사용 빈도가 높은 용어일수록 올바른 옮김이 시급하다. 다음은 양자 물리학과 관련된 물리 용어에 대한 필자의 의견인데 본문에 반영된 용어도 있으나 어떤 것은 너무 미래 지향적이라 판단되어 유보한 용어도 있다.

- bound state → 결합 상태
  흔히 속박 상태로 옮겨지나 이는 어떤 입자의 작용력 벌판에 다른 입자가 속박된 시각이며 실제로는 뭇 입자들이 결합한 상태이므로 '결합 상태'가 더욱 적합한 용어이다. binding energy는 결합 에너지이다.

- vector → 향방량
  scalar → 무방량
  tensor → 다방량
  vector, scalar 처럼 흔히 사용되는 영문 용어에 해당하는 우리말이 없는 것은 아쉽다. vector 는 방향을 가지므로 向方量, scalar 는 방향이 없으므로 無方量 이라 부른다. 그러면 vector product, scalar product 는 각각 향방 곱, 무방 곱이 된다. 또한 tensor 는 多方量 으로 옮길 수 있다.
- unitary → 하나
  hermitian → 실재
  unitary 행렬에서 고유값의 절대값은 크기가 1, 즉 하나이므로 하나 행렬이라 하고 hermitian 행렬의 고유값은 실수 (real) 이므로 실재(實在) 행렬로 부르는 것이 타당하다.
- field → 벌판
  한글의 표의성을 보완하기 위하여 추가 음절 사용이라는 원칙에 비추어 단음절 단어는 피하는 것이 바람직하다. 대표적인 용어가 '일', '힘', '열', '몰', '場'등이다. 이 중에서 field (場) 는 '마당'이라고 옮겨지기도 하는데 필자는 '벌판'이 더 적합하다고 생각한다. field 는 물리적 성질을 가진 시공간인데 공간은 무한히 펼쳐 있고 시간은 한없이 흐르므로 '벌판'또는 '들판'이 어울린다. 구체적인 벌판의 성격은 물리적 성질에 따라 결정된다. 중력 벌판에 질량을 가진 입자를 놓으면 중력이 작용하고, 전기 벌판에 있는 대전된 입자에게는 전기력이 미친다. 양자 벌판 (quantized field) 에서는 입자가 생성, 소멸되는데 에너지가 충분하면 실제의 입자, 그렇지 않으면 가상 입자가 생기거나 없어질 수 있다. 그러므로 양자론에서 허허 벌판 (vacuum field) 은 아무 것도 없는 것이 아니라 온갖 가상 입자들이 신출귀몰하는 요지경과 같은 것이다.
- vacuum → 진공, 허공
  양자론에서는 vacuum 이 진짜 빈 것이 아니므로 虛空으로 옮긴다.
- big bang → 개벽
  black hole → 현황
  big bang 은 흔히 발음대로 '빅뱅'으로 옮기는데 천지 개벽 또는 개벽 (開闢) 이 올바른 번역이다. 조선 중기의 성리학자 서경덕의 理氣論에 의하면 태초에 우주는 기 (氣) 로 충만되었었는데 천지 개벽이 일어나면서 기가 엉겨 일월성신이 만들어졌다고 big bang 의 개념을 철학적으로 정확히 설명하고 있다. big bang 과 아울러 black hole 도 발음대로 '블랙홀'로 옮겨지는데 우리말로 현황 (玄荒) 으로 번역하는 것이 좋겠다고 판단한다. 검고 거칠다는 뜻이다.

- Cartesian coordinate → 정방 좌표
  generalized coordinate → 일반 좌표 또는 광의 좌표
  normal coordinate → 기준 좌표
  steady state →정상 상태
  standing wave → 정류 파동
  '카테시안'으로의 음역보다는 내용을 올바로 파악하기 위하여 정방 (正方) 좌표라 한다. 'normal', 'steady', 'standing'등은 대부분 '정상'으로 옮기는데 正常 또는 定常의 의미이므로 모두 '정상'으로 불러 헷갈리지 않고 steady state→정상 상태, standing wave→정류 파동, normal coordinate→기준 좌표 등으로 가급적 구별해서 부르는 것이 바람직하다. generalized coordinate 는 흔히 '일반화 좌표'로 옮겨지는데 다른 좌표계 이름과 조화를 위하여 '일반 좌표'로 옮긴다. generalized 좌표는 정방 좌표 구면 좌표 등을 넓은 의미의 좌표로 일반화한 것이므로 중국식으로 廣義 좌표로 부르는 것도 타당하다.
- energy → 원기, 기량
  에너지처럼 친근하면서도 적당한 우리말을 찾기 힘든 물리 용어는 드물다. 독일어의 Energie에서 '에네르기'라고 부른 때도 있었고 북한에서는 아직도 그렇게 불린다. 일본에서는 'エネルギ-'라 하여 독일식으로 표기하며 중국에서는 能 또는 能量으로 옮긴다. 우리말로는 氣라 함이 옳다고 생각한다. 동양 철학에서는 氣는 우주 만물을 생성, 소멸시키는 근원 요소로 energy의 뜻과 일치한다. 서경덕은 原理氣 와 理氣說 에서 氣는 형태를 바꿀 뿐 불멸이라 하였는데 이는 에너지 보존 법칙이고, 氣가 모여 천지 만물이 생긴다 하였는데 이는 $E=mc^2$ 을 뜻한다. 필자는 energy를 원기 (原氣) 로 옮기기를 제안한다. 근원이 되는 氣라는 뜻이다. energy 와 matter 를 原氣와 物質로 옮기면 음운이 맞는다. 물질의 정량적 척도는 질량이다. 그러므로 원기의 정량적 척도로 氣量을 쓰면 된다. 즉 energy를 개념적으로 사용할 때는 '원기', 정량적으로는 '기량'으로 옮기면 된다. 보기로 원기 보존 법칙 (energy conservation law) 이라 부르고, 운동 기량 (kinetic energy), 잠재 기량 (potential energy) 등으로 활용할 수 있다.

이 책의 '찾아보기'에서는 물리학에서 영문 용어와 한글 용어의 대응 관계를 제한된 범위 이내에서나마 파악하는데 도움이 되도록 병기하여 열거하였다.

참 고 문 헌

M. Abramowitz and A. Stegun ed, *Handbook of Mathematical Functions*, Dover, 1972

G. B. Arfken and H. J. Weber, *Mathematical Methods for Physicists, 5th ed*, Academic Press, 2001

G. Baym, *Lectures on Quantum Mechanics*, Benjamin Cummings, 1978

A. Beiser, *Concepts of Modern Physics, 6th ed* , McGraw Hill, 2003

H. A. Bethe and R. Jackiw, *Intermediate Quantum Mechanics, 3rd ed.* Benjamin Cummings, 1986

H. A. Bethe and E. E. Salpeter, *Quantum Mechanics of One- and Two-Electron Atoms,* Springer-Verlag, 1957

J. D. Bjorken and S. D. Drell, *Relativistic Quantum Mechanics*, McGraw-Hill, 1964

F. J. Blatt, *Modern Physics*, McGraw-Hill, 1992

J. M. Blatt and V. F. Weisskopf, *Theoretical Nuclear Physics*, John Wiley & Sons, 1952

M. L. Boas, *Mathematical Methods in the Physical Sciences, 2nd ed*, John Wiley & Sons, 1983 (옮김: 강주상, *수리 물리학*, 한동 출판사, 1990)

A. Das and A. C. Melissinos, *Quantum Mechanics*, Gordon & Breach, 1986

P. Dennery and A. Krzywicki, *Mathematics for Physicists*, Harper & Row, 1967

P. A. M. Dirac, *Principles of Quantum Mechanics, 4th ed*, Oxford, 1958

A. R. Edmonds, *Angular Momentum in Quantum Mechanics*, Princeton, 1968

R. Eisberg and R. Resnick, *Quantum Physics of Atoms, Molecules, Solids, Nuclei and Particles, 2nd ed*, John Wiley & Sons, New York, 1985

A. Erdélyi, et al. , *Higher Transcendental Functions* (Bateman Manuscript), 3 vols. , McGraw-Hill, 1953

A. Erdélyi, et al. , *Table of Integral Transforms* (Bateman Manuscript), 2 vols. , McGraw-Hill, 1954

R. P. Feynman and A. R. Hibbs, *Quantum Mechanics and Path Integrals*, McGraw-Hill, 1965

R. P. Feynman, R. B. Leighton and M. Sands, *Lectures on Physics, vol 3*, Addison-Wesley 1966

S. Flügge, *Practical Quantum Mechanics*, Springer-Verlag, 1974

G. R. Fowles and G. L. Cassiday, *Analytical Mechanics, 6th ed*, Saunders College Publishing, 1999 (옮김: 강주상, *해석 역학*, 홍릉과학 출판사, 2002)

S. Gasiorowicz, *Quantum Physics*, John Wiley & Sons, 1974

A. Goswami, *Quantum Mechanics*, Wm. C. Brown Publishers, 1992

I. S. Gradshteyn and I. M. Ryzhik, *Table of Integrals, Series and Products*, Academic Press, 1980

J. D. Jackson, *Classical Electrodynamics, 2nd ed*, John Wiley & Sons, 1975

J. Mathews and R. L. Walker, *Mathematical Methods of Physics, 2nd ed*, W. A. Benjamin, 1970

E. Merzbacher, *Quantum Mechanics, 2nd ed*, John Wiley & Sons, 1970

A. Messiah, *Quantum Mechanics, Vol I and II*, John Wiley & Sons, 1966

P. M. Morse and H. Feshbach, *Methods of Theoretical Physics*, McGraw-Hill, 1953

R. Resnick, *Introduction to Special Relativity*, John Wiley & Sons, 1968

J. W. Rohlf, *Modern Physics from* α *to* Z_0, John Wiley & Sons, New York, 1994

M. E. Rose, *Elementary Theory of Angular Momentum*, John Wiley & Sons, 1957

J. J. Sakurai, *Advanced Quantum Mechanics*, Addison-Wesley, 1980

J. J. Sakurai, *Modern Quantum Mechanics*, Benjamin/Cummings, 1985

L. I. Schiff, *Quantum Mechanics, 2nd ed*, McGraw-Hill, 1955

E. Segre, *From X-Rays to Quarks*, W. H. Freeman, 1980

송희성, *양자역학*, 교학연구사, 1984

R. K. Wangsness, *Electromagnetic Fields, 2nd ed*, John Wiley & Sons, 1986

찾 아 보 기

정가 33,000원

양자물리학(Quantum physics)

2008년 4월 10일 초판 인쇄
2008년 4월 20일 초판 발행
저 자 : 강주상
발행자 : 우명찬 . 송 준
발행처 : 홍릉과학출판사
주 소 : 서울시 강북구 인수동 455-60
142-885
등 록 : 1976년 10월 21일 제5-66호
전 화 : (02) 999-2274~5, 903-7037
팩 스 : (02) 905-6729
e-mail: hongpub@hongpub.co.kr
http://www.hongpub.co.kr

인 지
첨 부